토목기사·산업기사 필기 완벽 대비

응용역학

고영주 지음

핵심 시리즈 1

Civil Engineering Series

BM (주)도서출판 성안당

독자 여러분께 알려드립니다

토목기사/산업기사 필기시험을 본 후 그 문제 가운데 "**응용역학**" 10여 문제를 재구성해서 성안당 출판사로 보내주시면, 채택된 문제에 대해서 성안당 도서 중 "7개년 과년도 토목기사 [필기]" 1부를 증정해 드립니다. 독자 여러분이 보내주시는 기출문제는 더 나은 책을 만드는 데 큰 도움이 됩니다. 감사합니다.

e-mail coh@cyber.co.kr (최옥현)

★ 메일을 보내주실 때 성명, 연락처, 주소를 기재해 주시기 바랍니다.
★ 보내주신 기출문제는 집필자가 검토한 후에 도서를 증정해 드립니다.

도서 A/S 안내

성안당에서 발행하는 모든 도서는 저자와 출판사, 그리고 독자가 함께 만들어 나갑니다.

좋은 책을 펴내기 위해 많은 노력을 기울이고 있습니다. 혹시라도 내용상의 오류나 오탈자 등이 발견되면 "좋은 책은 나라의 보배"로서 우리 모두가 함께 만들어 간다는 마음으로 연락주시기 바랍니다. 수정 보완하여 더 나은 책이 되도록 최선을 다하겠습니다.

성안당은 늘 독자 여러분들의 소중한 의견을 기다리고 있습니다. 좋은 의견을 보내주시는 분께는 성안당 쇼핑몰의 포인트(3,000포인트)를 적립해 드립니다.

잘못 만들어진 책이나 부록 등이 파손된 경우에는 교환해 드립니다.

저자 문의 홈페이지 : http://www.pass100.co.kr(게시판 이용)
본서 기획자 e-mail : coh@cyber.co.kr(최옥현)
홈페이지 : http://www.cyber.co.kr 전화 : 031) 950-6300

3회독 플래너

SMART

핵심 토목시리즈 1. 응용역학

스스로 마스터하는 트렌디한 수험서

<table>
<tr><th>CHAPTER</th><th>Section</th><th>1회독</th><th>2회독</th><th>3회독</th></tr>
<tr><td>제1장
정역학의 기초</td><td>1. 힘~6. 도르래(활차), 예상 및 기출문제</td><td>1일</td><td>1일</td><td rowspan="3">1일</td></tr>
<tr><td rowspan="2">제2장
단면의 기하학적 성질</td><td>1. 단면 1차 모멘트~10. 평행축 정리</td><td>2일</td><td rowspan="2">2일</td></tr>
<tr><td>예상 및 기출문제</td><td>3일</td></tr>
<tr><td rowspan="3">제3장
재료의 역학적 성질</td><td>1. 응력~5. 축하중 부재</td><td>4일</td><td rowspan="3">3~4일</td><td rowspan="4">2일</td></tr>
<tr><td>6. 변형에너지(탄성에너지=레질리언스)~
9. 전단 중심</td><td>5일</td></tr>
<tr><td>예상 및 기출문제</td><td>6일</td></tr>
<tr><td>제4장
구조물 일반</td><td>1. 구조물의 종류~4. 구조물의 판별, 예상 및 기출문제</td><td>7일</td><td>5일</td></tr>
<tr><td rowspan="3">제5장
정정보</td><td>1. 보의 정의와 종류~4. 정정보의 단면력</td><td>8일</td><td rowspan="5">6일</td><td rowspan="5">3일</td></tr>
<tr><td>5. 하중·전단력·휨모멘트의 관계~
8. 단순보의 최대 단면력</td><td>9일</td></tr>
<tr><td>예상 및 기출문제</td><td>10일</td></tr>
<tr><td rowspan="2">제6장
정정 라멘, 아치, 케이블</td><td>1. 정정 라멘~3. 케이블</td><td>11~12일</td></tr>
<tr><td>예상 및 기출문제</td><td>13일</td></tr>
<tr><td rowspan="3">제7장
보의 응력</td><td>1. 휨응력~3. 경사평면의 축응력</td><td>14일</td><td rowspan="3">7일</td><td rowspan="4">4일</td></tr>
<tr><td>4. 보의 응력~5. 보의 소성 해석</td><td>15일</td></tr>
<tr><td>예상 및 기출문제</td><td>16일</td></tr>
<tr><td>제8장
기둥</td><td>1. 개요~3. 장주의 해석, 예상 및 기출문제</td><td>17일</td><td>8일</td></tr>
<tr><td rowspan="2">제9장
트러스</td><td>1. 트러스 부재의 명칭과 종류~
3. 트러스의 부재력에 관한 성질</td><td>18일</td><td rowspan="2">9일</td><td rowspan="2">5일</td></tr>
<tr><td>예상 및 기출문제</td><td>19일</td></tr>
<tr><td>제10장
탄성변형의 정리</td><td>1. 탄성구조 해석의 조건~5. 상반작용의 정리,
예상 및 기출문제</td><td>20일</td><td>10일</td><td>6일</td></tr>
<tr><td rowspan="3">제11장
구조물의 처짐과 처짐각</td><td>1. 개요~6. 중첩법(겹침법)</td><td>21일</td><td rowspan="3">11~12일</td><td rowspan="3">7일</td></tr>
<tr><td>7. 모멘트면적법~11. 보의 종류별 처짐각 및 처짐</td><td>22일</td></tr>
<tr><td>예상 및 기출문제</td><td>23~24일</td></tr>
<tr><td rowspan="2">제12장
부정정 구조물</td><td>1. 부정정 구조물의 특성~6. 모멘트분배법</td><td>25일</td><td rowspan="2">13일</td><td rowspan="2">8일</td></tr>
<tr><td>예상 및 기출문제</td><td>26일</td></tr>
<tr><td>부록 I
과년도 출제문제</td><td>2018~2022년 토목기사·산업기사</td><td>27~28일</td><td>14일</td><td>9일</td></tr>
<tr><td rowspan="2">부록 II
CBT 대비
실전 모의고사</td><td>토목기사 실전 모의고사 1~9회</td><td>29일</td><td rowspan="2">15일</td><td rowspan="2">10일</td></tr>
<tr><td>토목산업기사 실전 모의고사 1~9회</td><td>30일</td></tr>
<tr><td></td><td></td><td>30일 완성!</td><td>15일 완성!</td><td>10일 완성!</td></tr>
</table>

"수험생 여러분을 성안당이 응원합니다!"

절취선

스스로 체크하는 3회독 플래너

SMART

핵심 토목시리즈 1. 응용역학

스스로 마스터하는 트렌디한 수험서

CHAPTER	Section	1회독	2회독	3회독
제1장 정역학의 기초	1. 힘~6. 도르래(활차), 예상 및 기출문제			
제2장 단면의 기하학적 성질	1. 단면 1차 모멘트~10. 평행축 정리			
	예상 및 기출문제			
제3장 재료의 역학적 성질	1. 응력~5. 축하중 부재			
	6. 변형에너지(탄성에너지=레질리언스)~ 9. 전단 중심			
	예상 및 기출문제			
제4장 구조물 일반	1. 구조물의 종류~4. 구조물의 판별, 예상 및 기출문제			
제5장 정정보	1. 보의 정의와 종류~4. 정정보의 단면력			
	5. 하중·전단력·휨모멘트의 관계~ 8. 단순보의 최대 단면력			
	예상 및 기출문제			
제6장 정정 라멘, 아치, 케이블	1. 정정 라멘~3. 케이블			
	예상 및 기출문제			
제7장 보의 응력	1. 휨응력~3. 경사평면의 축응력			
	4. 보의 응력~5. 보의 소성 해석			
	예상 및 기출문제			
제8장 기둥	1. 개요~3. 장주의 해석, 예상 및 기출문제			
제9장 트러스	1. 트러스 부재의 명칭과 종류~ 3. 트러스의 부재력에 관한 성질			
	예상 및 기출문제			
제10장 탄성변형의 정리	1. 탄성구조 해석의 조건~5. 상반작용의 정리, 예상 및 기출문제			
제11장 구조물의 처짐과 처짐각	1. 개요~6. 중첩법(겹침법)			
	7. 모멘트면적법~11. 보의 종류별 처짐각 및 처짐			
	예상 및 기출문제			
제12장 부정정 구조물	1. 부정정 구조물의 특성~6. 모멘트분배법			
	예상 및 기출문제			
부록 I 과년도 출제문제	2018~2022년 토목기사·산업기사			
부록 II CBT 대비 실전 모의고사	토목기사 실전 모의고사 1~9회			
	토목산업기사 실전 모의고사 1~9회			

" 수험생 여러분을 성안당이 응원합니다! "

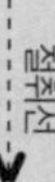

절취선

머리말

토목공학(Civil Engineering)이 '시민의', '시민을 위한' 공학이라는 직업적 자부심이 오늘날 토목을 전공한 학생들에게 크게 느껴지지 않는 현실을 보면서 토목공학을 전공한 선배로서 큰 책임감을 갖는다.

토목공학도가 사회에 진출해서 자긍심을 갖고 넓은 토목현장에서 마음껏 이상을 펼치기 위해서 필수적으로 준비해야 할 것은 자격증 취득이라고 할 수 있다. 향후 특급기술자로 발전해 나가는 출발점이 되기 때문이다.

본 교재는 토목공학에서 가장 기본이 되며 토목기사 및 산업기사의 필수과목으로 수험생이 가장 어렵게 생각하는 응용역학에 관한 수험서이다. 따라서 수험서의 특징을 충분히 고려하기 위하여 장황한 이론의 전개를 최대한 억제하고 압축하여 요약 및 설명하는 데 주력하였다.

각 단원별로 핵심이론의 기본개념을 간단하게 설명하고 예상 및 기출문제와 과년도 출제문제를 통해 개념을 활용할 수 있도록 구성하였다.

오랫동안 강단에서 학생들에게 강의하면서 느끼는 점은 본문의 내용이 어떻게 활용되며 최종적으로 학생이 무엇을 위해 이 단원을 배우는가에 관한 것이었다. 본 교재가 이러한 학생들의 의문을 풀어주기에는 수험서의 한계가 있음을 인정하며 향후 지속적으로 보완해 나가고자 한다.

끝으로 본 교재의 어려운 편집과 교정에 최선을 다한 성안당 관계자 여러분의 노고에 깊은 감사를 드립니다.

저자 씀

출제기준

• **토목기사** (적용기간 : 2022. 1. 1. ~ 2025. 12. 31.) : 20문제

과목명	주요 항목	세부항목	세세항목
응용역학	1. 역학적인 개념 및 건설구조물의 해석	(1) 힘과 모멘트	① 힘 ② 모멘트
		(2) 단면의 성질	① 단면 1차 모멘트와 도심 ② 단면 2차 모멘트 ③ 단면 상승모멘트 ④ 회전반경 ⑤ 단면계수
		(3) 재료의 역학적 성질	① 응력과 변형률 ② 탄성계수
		(4) 정정보	① 보의 반력 ② 보의 전단력 ③ 보의 휨모멘트 ④ 보의 영향선 ⑤ 정정보의 종류
		(5) 보의 응력	① 휨응력 ② 전단응력
		(6) 보의 처짐	① 보의 처짐 ② 보의 처짐각 ③ 기타 처짐 해법
		(7) 기둥	① 단주 ② 장주
		(8) 정정 트러스(truss), 라멘(rahmen), 아치(arch), 케이블(cable)	① 트러스 ② 라멘 ③ 아치 ④ 케이블
		(9) 구조물의 탄성변형	① 탄성변형
		(10) 부정정 구조물	① 부정정 구조물의 개요 ② 부정정 구조물의 판별 ③ 부정정 구조물의 해법

• **토목산업기사** (적용기간 : 2023. 1. 1. ~ 2025. 12. 31.) : 10문제

과목명	주요 항목	세부항목	세세항목
구조 설계	1. 역학적인 개념 및 건설구조물의 해석	(1) 힘과 모멘트	① 힘 ② 모멘트
		(2) 단면의 성질	① 단면 1차 모멘트와 도심 ② 단면 2차 모멘트 ③ 단면 상승모멘트 ④ 회전반경 ⑤ 단면계수
		(3) 재료의 역학적 성질	① 응력과 변형률 ② 탄성계수
		(4) 정정 구조물	① 반력 ② 전단력 ③ 휨모멘트
		(5) 보의 응력	① 휨응력 ② 전단응력
		(6) 보의 처짐	① 보의 처짐 ② 보의 처짐각 ③ 기타 처짐 해법
		(7) 기둥	① 단주 ② 장주

출제빈도표

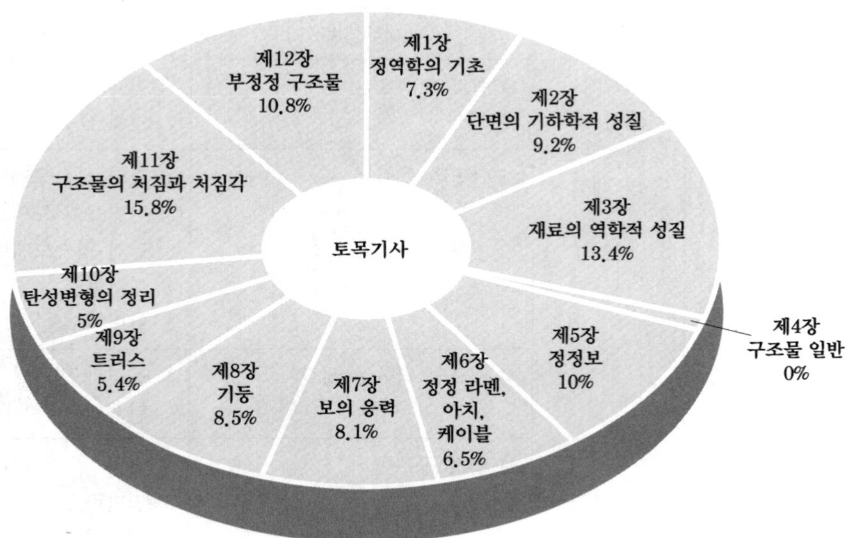

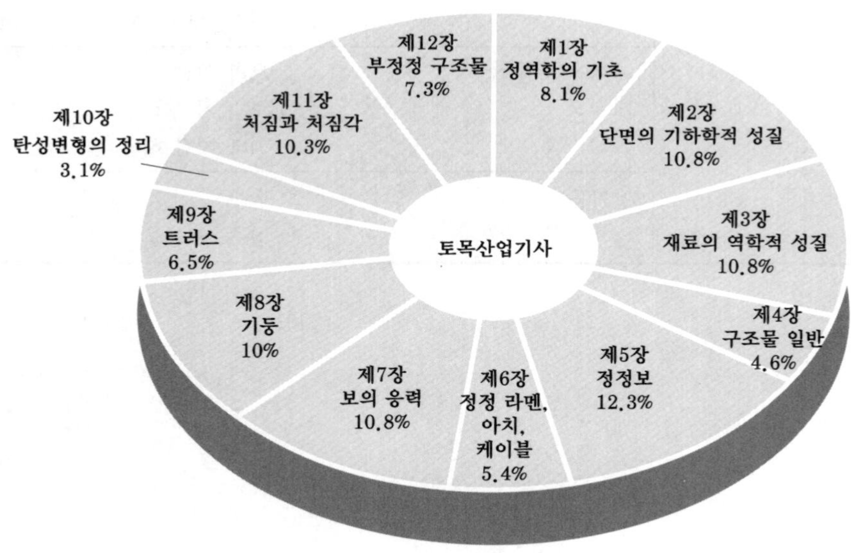

※ 제6장과 제9장은 2022년부터 '토목산업기사'에서 출제되지 않습니다.

차 례

제 1 장 정역학의 기초

Section 01 **힘 / 3**

1 정의 ············ 3
2 힘의 3요소 ············ 3
3 힘의 단위 ············ 3

Section 02 **힘의 합성과 분해 / 4**

1 힘의 합성 ············ 4
2 힘의 분해 ············ 7

Section 03 **모멘트와 우력 / 7**

1 모멘트(회전) ············ 7
2 우력(짝힘) ············ 8

Section 04 **힘의 평형 / 9**

1 정의 ············ 9
2 힘의 평형조건 ············ 9
3 라미의 정리 ············ 9
4 바리뇽의 정리 ············ 10

Section 05 **마찰 / 11**

1 정의 ············ 11
2 미끄럼마찰 ············ 11
3 구름마찰 ············ 12

Section 06 **도르래(활차) / 12**

1 고정도르래 ············ 12
2 움직이는 도르래 ············ 13
◆ 예상 및 기출문제 ············ 14

제 2 장 단면의 기하학적 성질

Section 01 **단면 1차 모멘트(단면 1차 휨력) / 25**

1 정의 ············ 25
2 단위 ············ 25
3 특성 및 적용 ············ 25

Section 02 **도심과 중심 / 26**

1 정의 ············ 26
2 각종 단면의 도심(G) ············ 26

Section 03 **단면 2차 모멘트 (관성모멘트, 단면 2차 휨력) / 27**

1 정의 ············ 27
2 단위 ············ 28
3 특성 및 적용 ············ 28
4 기본 도형의 단면 2차 모멘트 ············ 29
5 중공 단면의 2차 모멘트 ············ 29
6 복합 단면의 2차 모멘트 ············ 29
7 임의축 단면 2차 모멘트를 이용한 도심축 단면 2차 모멘트 ············ 30

Section 04 **단면 회전반경(회전반지름) / 30**

1 정의 ············ 30
2 단위 ············ 31
3 부호 ············ 31
4 적용 ············ 31
5 기본 단면의 회전반경 ············ 31

Section 05 **단면계수 / 32**

1 정의 ········ 32
2 단위 ········ 32
3 부호 ········ 32
4 적용 ········ 32
5 기본 단면의 단면계수 ········ 32

Section 06 **단면 2차 극모멘트(극관성모멘트, 극단면 2차 모멘트) / 33**

1 정의 ········ 33
2 단위 ········ 33
3 부호 ········ 33
4 적용 ········ 33
5 특성 ········ 33

Section 07 **단면 상승모멘트 (관성 상승모멘트) / 34**

1 정의 ········ 34
2 단위 ········ 34
3 부호 ········ 34
4 적용 ········ 35
5 기본 단면의 상승모멘트 ········ 35

Section 08 **주단면 2차 모멘트 / 36**

1 정의 ········ 36
2 주단면 2차 모멘트 ········ 37
3 주축의 방향 ········ 37
4 단위 ········ 37
5 부호 ········ 37
6 기본 단면의 주축 ········ 38

Section 09 **파푸스 정리 / 38**

1 제1정리(표면적에 대한 정리) ········ 38
2 제2정리(체적에 대한 정리) ········ 39

Section 10 **평행축 정리(평행이동 정리) / 40**

1 정의 ········ 40
2 단면 2차 모멘트에 대한 평행축 정리 ········ 40
◆ 예상 및 기출문제 ········ 41

제 3 장 재료의 역학적 성질

Section 01 **응력 / 61**

1 정의 ········ 61
2 단위 ········ 61
3 응력의 종류 ········ 61

Section 02 **변형률 / 65**

1 정의 ········ 65
2 세로변형률과 가로변형률 ········ 65
3 푸아송 비와 푸아송 수 ········ 65
4 변형률의 종류 ········ 66

Section 03 **응력-변형률도($\sigma-\varepsilon$ 관계도) / 67**

1 훅의 법칙 ········ 67
2 응력-변형률도 ········ 68
3 탄성계수 ········ 69

Section 04 **허용응력과 안전율 / 70**

1 허용응력(σ_a) ········ 70
2 안전율=안전계수(S_F) ········ 70
3 응력집중현상 ········ 71

Section 05 **축하중 부재 / 71**

1 강성도와 유연도 ········ 71
2 축하중 부재의 변위 ········ 72
3 합성부재의 분담하중과 응력 (변위가 일정한 경우) ········ 73
4 부정정 부재의 해석 ········ 74

Section 06 **변형에너지 (탄성에너지= 레질리언스) / 75**

1 정의 75
2 수직력에 의한 변형에너지 76

Section 07 **부재의 이음 / 76**

1 리벳이음의 전단세기 76
2 리벳이음의 지압세기 77
3 리벳 값(ρ) 77
4 리벳 수 77

Section 08 **조합응력 / 77**

1 1축 응력 77
2 2축 응력 78
3 평면응력 80

Section 09 **전단 중심 / 82**

1 정의 82
2 전단류(전단흐름) 82
3 중심선 이론 83
4 전단 중심의 특징 83
◆ 예상 및 기출문제 84

제 4 장 구조물 일반

Section 01 **구조물의 종류 / 103**

1 1차 구조물 103
2 2차 구조물 103
3 복합(구성) 구조물 104

Section 02 **구조물에 작용하는 하중 / 104**

1 하중의 이동 여부에 따른 분류 104
2 하중의 분포상태에 따른 분류 105
3 하중의 작용방법에 따른 분류 105

Section 03 **구조물의 구성요소 / 106**

1 지점과 지점반력 106
2 지점의 종류 106
3 절점 107

Section 04 **구조물의 판별 / 107**

1 안정과 불안정 107
2 정정과 부정정 108
3 구조물의 판별식 108
◆ 예상 및 기출문제 110

제 5 장 정정보

Section 01 **보의 정의와 종류 / 115**

1 정의 115
2 종류 115
3 정정보의 정의 115

Section 02 **반력과 단면력 / 116**

1 반력 116
2 단면력 116

Section 03 **정정보의 반력 / 116**

1 반력 계산 116

Section 04 **정정보의 단면력 / 117**

1 단면력 계산 117
2 단면력도 118

Section 05 **하중·전단력·휨모멘트의 관계 / 118**

1 하중과 전단력의 관계 119
2 전단력과 휨모멘트의 관계 119
3 하중, 전단력, 휨모멘트의 관계 119
4 하중, 전단력, 휨모멘트의 정리 120

Section 06 **정정보의 해석 / 120**

1 단순보의 해석 ······ 120
2 캔틸레버보의 해석 ······ 126
3 내민보의 해석 ······ 127
4 게르버보의 해석 ······ 129
5 기타 ······ 129

Section 07 **영향선 / 130**

1 정의 ······ 130
2 실제 작용하중의 단면력 계산 ······ 130
3 단순보의 영향선 ······ 131

Section 08 **단순보의 최대 단면력 / 132**

1 집중하중 1개 작용 ······ 132
2 집중하중 2개 작용 ······ 133
◆ 예상 및 기출문제 ······ 134

제 6 장 정정 라멘, 아치, 케이블

Section 01 **정정 라멘 / 163**

1 정의 ······ 163
2 라멘의 종류 ······ 163
3 라멘의 해법 ······ 163
4 단순보형 라멘 ······ 164

Section 02 **정정 아치 / 168**

1 정의 ······ 168
2 아치의 종류 ······ 169
3 아치의 해법 ······ 169
4 단순보형 아치 ······ 170
5 포물선 아치 ······ 171
6 타이드 아치 ······ 173

Section 03 **케이블 / 174**

1 지점반력 ······ 174
2 수평력(H_A)과 임의점까지 거리(y_C) ······ 175
3 휨모멘트(M_C) ······ 175
◆ 예상 및 기출문제 ······ 176

제 7 장 보의 응력

Section 01 **휨응력 / 189**

1 정의 ······ 189
2 보의 응력 ······ 189
3 휨응력의 가정(베르누이-오일러의 가정) 189
4 휨응력 일반식 ······ 190
5 최대 휨응력 ······ 190
6 휨응력의 특징 ······ 190
7 축방향력과 수직하중에 의한 조합응력 ······ 191

Section 02 **전단응력(휨-전단응력) / 192**

1 정의 ······ 192
2 전단응력 일반식 ······ 192
3 최대 전단응력 ······ 193
4 여러 단면의 전단응력 분포도 ······ 195
5 전단응력의 특성 ······ 195

Section 03 **경사평면의 축응력 / 195**

1 경사평면의 1축 응력 ······ 195
2 경사평면의 2축 응력 ······ 197
3 평면응력 ······ 198
4 주응력 ······ 199
5 1축 및 2축 응력상태의 주응력과 주전단응력 ······ 200

Section 04 **보의 응력 / 200**

1 주응력과 주전단응력 ······ 200
2 보 응력의 성질 ······ 201

Section 05 **보의 소성 해석 / 202**

1 개념 202
2 탄성설계와 소성설계 202
3 단순보의 소성 해석 204
◆ 예상 및 기출문제 206

제 8 장 기둥

Section 01 **개요 / 223**

1 정의 223
2 기둥의 판별 223
3 기둥의 종류 223

Section 02 **단주의 해석 / 224**

1 중심축하중을 받는 단주 224
2 1축 편심축하중을 받는 단주 224
3 2축 편심축하중을 받는 단주 225
4 단면의 핵, 핵점 225
5 편심거리에 따른 응력분포도 227

Section 03 **장주의 해석 / 228**

1 좌굴방향 228
2 좌굴축 228
3 오일러의 장주 공식(탄성이론 공식) 228
4 단부조건별 강성계수(n)와 유효길이(l_r) 229
◆ 예상 및 기출문제 230

제 9 장 트러스

Section 01 **트러스 부재의 명칭과 종류 / 247**

1 정의 247
2 트러스 부재의 명칭 247
3 트러스의 종류 248

Section 02 **트러스의 해석 / 248**

1 트러스의 해석상 가정사항 248
2 트러스의 해석법 248

Section 03 **트러스의 부재력에 관한 성질 / 252**

1 트러스 응력의 원칙 252
2 영(0)부재 253
3 트러스 부재의 인장 · 압축 구분 253
◆ 예상 및 기출문제 254

제 10 장 탄성변형의 정리

Section 01 **탄성구조 해석의 조건 / 271**

1 정의 271
2 구조 해석 시 만족조건 271

Section 02 **일(work) / 271**

1 정의 271
2 외력일 272
3 내력일＝탄성변형에너지 273

Section 03 **탄성변형의 정리 / 274**

Section 04 **보에서 외력이 한 일 / 276**

1 하중이 서서히 작용할 경우(변동하중) 276
2 하중이 갑자기 작용할 경우(비변동하중) 276
3 보에서 외력이 한 일의 종류 276

Section 05 **상반작용의 정리 / 277**

1 상반일의 정리(Betti의 상반작용 정리) 277
2 상반변위의 정리
(Maxwell의 상반작용 정리) 278
3 응용 278
◆ 예상 및 기출문제 279

제 11 장 구조물의 처짐과 처짐각

Section 01 **개요 / 289**

1 용어의 정의 289
2 부호의 약속 289

Section 02 **처짐의 해법 / 290**

1 기하학적 방법 290
2 에너지 방법 291
3 수치 해석법 291

Section 03 **탄성곡선식법 / 291**

1 곡률과 휨모멘트의 관계 291
2 탄성곡선식(처짐곡선식) 292
3 처짐각(θ) 292
4 처짐(y) 292
5 탄성곡선방정식, 처짐각, 처짐의 관계 293
6 탄성곡선방정식의 적용 293

Section 04 **탄성하중법(Mohr의 정리) / 295**

1 개념과 적용 295
2 탄성하중법의 정리 295
3 탄성하중법의 적용 296

Section 05 **공액보법 / 297**

1 개념과 적용 297
2 공액보를 만드는 방법 297
3 공액보법의 적용 297

Section 06 **중첩법(겹침법) / 298**

1 원리 298
2 중첩법의 적용 299

Section 07 **모멘트면적법(Green의 정리) / 299**

1 모멘트면적법 제1정리 299
2 모멘트면적법 제2정리 300
3 모멘트면적법의 적용 300

Section 08 **가상일의 방법(단위하중법, Maxwell-Mohr법) / 301**

1 개념 301
2 가상일의 방법(=단위하중법) 302
3 가상일의 방법 적용 303

Section 09 **실제 일의 방법 (에너지 불변의 법칙) / 304**

1 개념 304
2 실제 일의 원리 적용 304

Section 10 **카스틸리아노의 정리 / 306**

1 개념 306
2 변형에너지(U) 306
3 카스틸리아노의 제1정리 306
4 카스틸리아노의 제2정리 306
5 카스틸리아노의 정리 적용 306

Section 12 **보의 종류별 처짐각 및 처짐 / 307**

◆ 예상 및 기출문제 310

제 12 장 부정정 구조물

Section 01 **부정정 구조물의 특성 / 341**

1 정의 341
2 부정정 구조물의 장단점 341
3 부정정 구조물의 해법 342

Section 02 **변위일치법(변형일치법) / 343**

1 원리 343
2 적용방법 343
3 변위일치법의 적용 343

Section 03 3연모멘트법 / 344

1 원리 ········ 344
2 적용방법 ········ 344
3 3연모멘트 기본방정식 ($I_1=I_2=I$, E=일정) ········ 346
4 3연모멘트법의 적용 ········ 347

Section 04 최소 일의 방법(카스틸리아노의 제2정리 응용) / 348

1 원리 ········ 348
2 적용 ········ 349

Section 05 처짐각법(요각법) / 349

1 원리 ········ 349
2 처짐각법의 기본식(재단모멘트방정식) ········ 350
3 평형방정식 ········ 352
4 하중항(=고정단모멘트) ········ 356
5 처짐각법의 적용 ········ 357

Section 06 모멘트분배법 / 359

1 원리 ········ 359
2 해법순서 ········ 360
3 모멘트분배법의 적용 ········ 361
◆ 예상 및 기출문제 ········ 364

부록 I 과년도 출제문제

• 과년도 토목기사 · 산업기사

부록 II CBT 대비 실전 모의고사

• 토목기사 실전 모의고사
• 토목산업기사 실전 모의고사

시험 전 꼭 암기해야 할 필수 암기노트

APPLIED MECHANICS

01 정역학의 기초
CHAPTER

01 | 힘의 합성

① 합력 : $R=\sqrt{P_1^{\,2}+P_2^{\,2}+2P_1P_2\cos\alpha}$

② 합력방향 : $\tan\theta=\dfrac{P_2\sin\alpha}{P_1+P_2\cos\alpha}$

02 | 힘의 분해

$$\frac{R}{\sin\theta}=\frac{P_1}{\sin\beta}=\frac{P_2}{\sin\alpha}$$

03 | 힘의 평형조건

$\Sigma H=0,\ \Sigma V=0,\ \Sigma M=0$

04 | 바리뇽(Varignon)의 정리

합력에 의한 모멘트=분력들의 모멘트의 합

$M_O=Rl=P_v x+P_h y$ (합력 $M=\Sigma$ 분력 M)

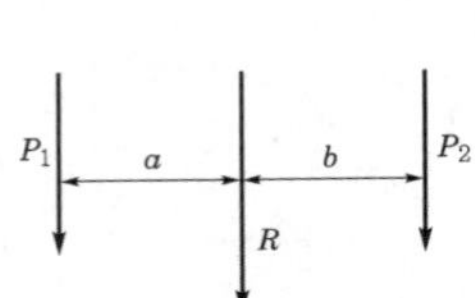

▲합력의 작용위치

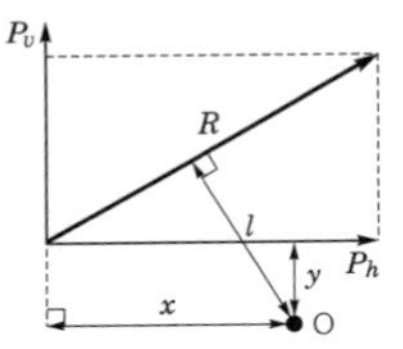

▲합력과 분력의 모멘트

02 단면의 기하학적 성질
CHAPTER

01 | 단면 1차 모멘트

$$G_x=\int_A ydA=A\bar{y},\ G_y=\int_A xdA=A\bar{x}$$

02 | 각종 단면의 도심(G)

① 사다리꼴 : 네 삼각형의 도심을 연결한 선분의 교차점

$$y_1=\frac{h}{3}\left(\frac{a+2b}{a+b}\right),\ y_2=\frac{h}{3}\left(\frac{2a+b}{a+b}\right)$$

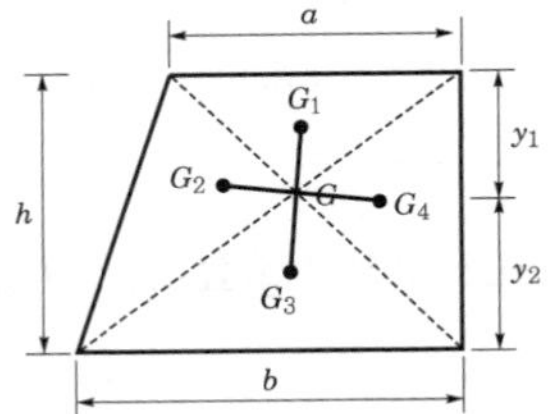

② 원 및 원호 : 원, 원호의 중심

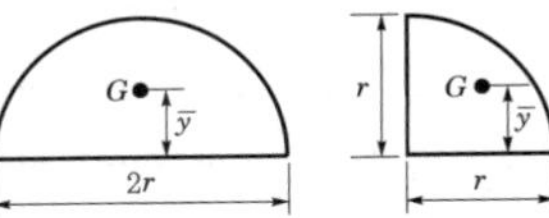

> [참고] 반원의 도심
>
> $V=A\bar{y}\times 2\pi$
>
> $\dfrac{\pi D^3}{6}=2\pi\times\dfrac{\pi D^2}{8}\times\bar{y}$
>
> $\therefore\ \bar{y}=\dfrac{2D}{3\pi}=\dfrac{4r}{3\pi}$
>
> 여기서, $V=\dfrac{\pi D^2}{4}\times D\times\dfrac{2}{3}=\dfrac{\pi D^3}{6}$
>
> $A=\dfrac{\pi D^2}{4}\times\dfrac{1}{2}=\dfrac{\pi D^2}{8}$

③ 포물선 단면의 도심 : $A_1=\dfrac{1}{3}bh,\ A_2=\dfrac{2}{3}bh$

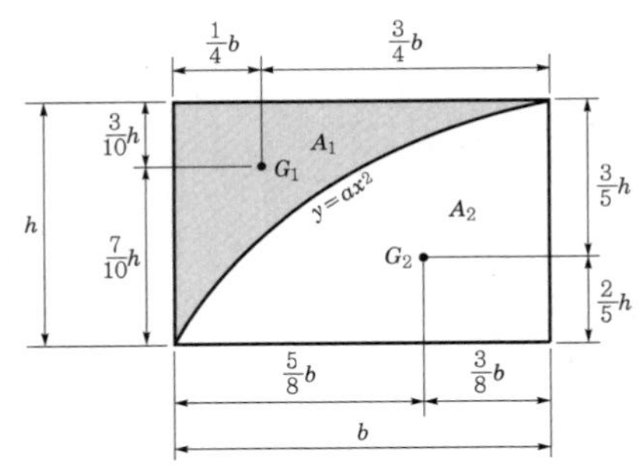

03 | 단면 2차 모멘트

$$I_x = \int_A y^2 dA = I_X + A\bar{y}^2,\ I_y = \int_A x^2 dA = I_Y + A\bar{x}^2$$

① 사각형 : $I_x = \frac{bh^3}{12}$, $I_y = \frac{hb^3}{12}$

② 원형 : $I_x = I_y = \frac{\pi D^4}{64} = \frac{\pi r^4}{4}$

③ 삼각형 : $I_x = \frac{bh^3}{36}$, $I_y = \frac{hb^3}{48}$

04 | 단면 회전반경(회전반지름)

$$r_X = \sqrt{\frac{I_X}{A}},\ r_Y = \sqrt{\frac{I_Y}{A}}$$

① 사각형 : $r_X = \frac{h}{2\sqrt{3}}$, $r_Y = \frac{b}{2\sqrt{3}}$

② 원형 : $r_X = r_Y = \frac{d}{4}$

③ 삼각형 : $r_X = \frac{h}{3\sqrt{2}}$

05 | 단면계수

$$Z_1 = \frac{I_X}{y_1},\ Z_2 = \frac{I_X}{y_2}$$

① 사각형 : $Z_1 = Z_2 = \frac{bh^2}{6}$

② 원형 : $Z_1 = Z_2 = \frac{\pi D^3}{32}$

③ 삼각형 : $Z_1 = \frac{I_X}{y_1} = \frac{bh^2}{24}$, $Z_2 = \frac{I_X}{y_2} = \frac{bh^2}{12}$

06 | 단면 2차 극모멘트

$$I_P = \int_A \rho^2 dA = \int_A (x^2 + y^2) dA = I_X + I_Y$$

CHAPTER 03 재료의 역학적 성질

01 | 응력(stress)

① 봉에 작용하는 응력

㉠ 압축응력 : $\sigma_c = -\frac{P}{A}$

㉡ 인장응력 : $\sigma_t = +\frac{P}{A}$

② 보(휨부재)에 작용하는 응력

㉠ 전단응력 : $\tau = \frac{SG_X}{Ib}$

㉡ 휨응력 : $\sigma = \pm\frac{M}{I}y = \pm\frac{M}{Z}$

③ 비틀림응력 : $\tau = \frac{Tr}{J} = \frac{Tr}{I_P}$

02 | 변형률(strain)

① 세로변형률 : $\varepsilon_l = \frac{\Delta l}{l}$

② 가로변형률 : $\varepsilon_d = \frac{\Delta d}{d}$

③ 단위 : 무차원

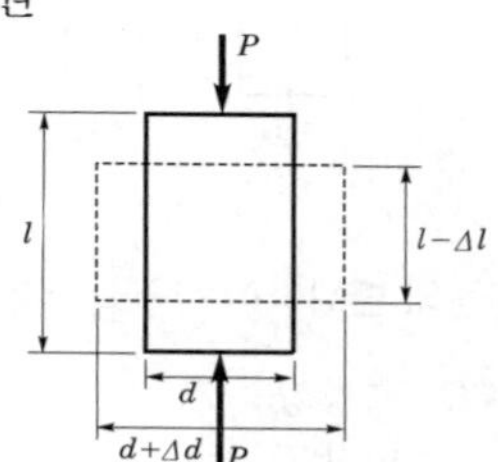

④ 푸아송 비(Poisson's ratio)

$$\nu = \frac{\text{가로변형도}(\varepsilon_d)}{\text{세로변형도}(\varepsilon_l)} = \frac{l\Delta d}{d\Delta l}$$

⑤ 전단변형률

$$\tan\gamma \fallingdotseq \gamma = \frac{\lambda}{l}[\text{rad}]$$

$$\therefore \varepsilon = \frac{\frac{\lambda}{\sqrt{2}}}{\sqrt{2}l} = \frac{\lambda}{2l} = \frac{\gamma}{2}$$

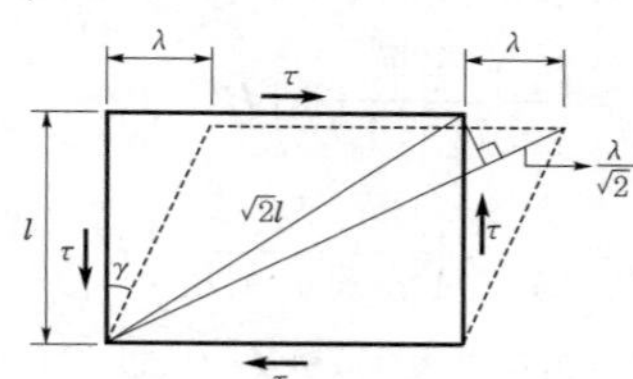

⑥ 비틀림변형률 : $\gamma = \rho\theta = \rho\left(\frac{\phi}{l}\right)$

⑦ 온도변형률 : $\varepsilon_t = \pm\frac{\Delta l}{l} = \frac{\alpha\Delta Tl}{l} = \alpha\Delta T$

⑧ 휨변형률 : $\varepsilon = \frac{y}{\rho} = ky = \frac{\Delta dx}{dx}$

03 | 응력 – 변형률도($\sigma-\varepsilon$ 관계도)

① 훅의 법칙(Hook's law) : $\Delta l = \dfrac{Pl}{AE}$

② 탄성계수(E, G, K)와 푸아송수(m)와의 관계

$E = 2G(1+\nu)$

$\therefore\ G = \dfrac{E}{2(1+\nu)} = \dfrac{mE}{2(m+1)} \fallingdotseq \dfrac{2}{5}E$

04 | 축하중 부재

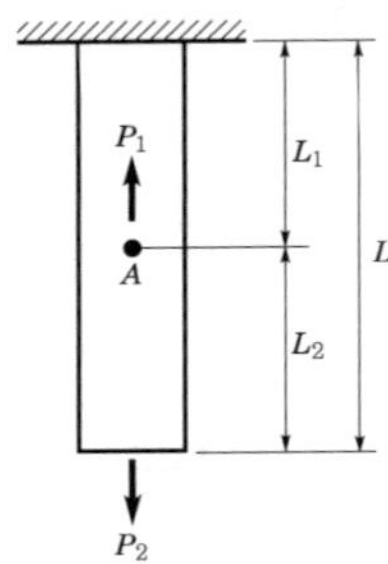

① 균일 단면봉의 변위 : $\delta = \dfrac{P_2L}{AE} - \dfrac{P_1L_1}{AE}$

여기서, AE : 축강성

$(+)$: 인장

$(-)$: 압축

② 합성부재의 분담하중과 응력(변위가 일정한 경우)

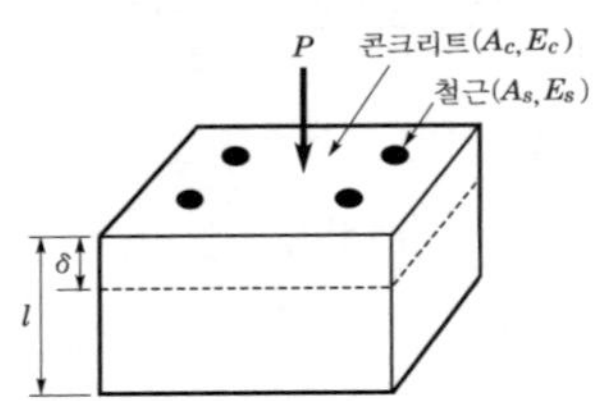

㉠ 철근이 받는 하중(P_s)과 응력(σ_s)

$$P_s = \left(\frac{A_sE_s}{A_cE_c + A_sE_s}\right)P$$

$$\sigma_s = \frac{P_s}{A_s} = \left(\frac{E_s}{A_cE_c + A_sE_s}\right)P$$

㉡ 콘크리트가 받는 하중(P_c)과 응력(σ_c)

$$P_c = \left(\frac{A_cE_c}{A_cE_c + A_sE_s}\right)P$$

$$\sigma_c = \frac{P_c}{A_c} = \left(\frac{E_c}{A_cE_c + A_sE_s}\right)P$$

05 | 조합응력

① 1축 응력

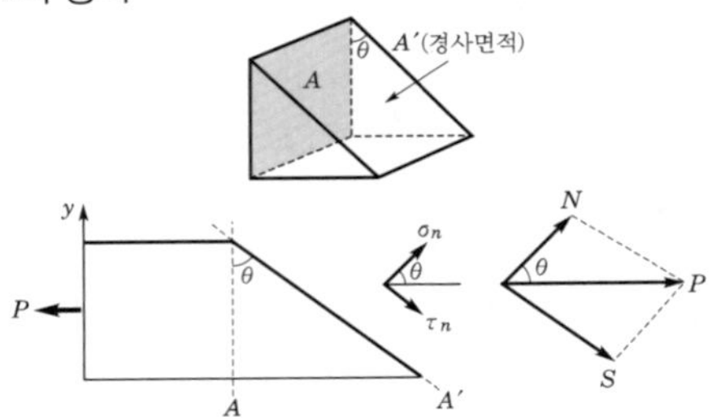

㉠ 수직응력(법선응력)

$$\sigma_n = \frac{N}{A'} = \frac{P\cos\theta}{A/\cos\theta} = \frac{P}{A}\cos^2\theta = \sigma_x\cos^2\theta$$

㉡ 전단응력

$$\tau_n = \frac{S}{A'} = \frac{P\sin\theta}{A/\cos\theta} = \frac{P}{A}\sin\theta\cos\theta$$

$$= \frac{1}{2}\sigma_x\sin2\theta = \sigma_x\sin\theta\cos\theta$$

② 평면응력

㉠ 주응력

$$\sigma_{\substack{\max\\\min}} = \frac{1}{2}(\sigma_x+\sigma_y) \pm \frac{1}{2}\sqrt{(\sigma_x-\sigma_y)^2 + 4\tau_{xy}^{\ 2}}$$

$$\tan2\theta_P = \frac{2\tau_{xy}}{\sigma_x - \sigma_y}$$

㉡ 주전단응력

$$\tau_{\substack{\max\\\min}} = \pm\frac{1}{2}\sqrt{(\sigma_x-\sigma_y)^2 + 4\tau_{xy}^{\ 2}}$$

$$\tan2\theta_S = \frac{-(\sigma_x-\sigma_y)}{2\tau_{xy}}$$

04 CHAPTER 구조물 일반

01 | 단층 구조물의 판별식

$N = r - 3 - h$

여기서, r : 반력수

h : 힌지절점수

02 | 모든 구조물에 적용 가능한 판별식(공통 판별식)

① $N = r + m + s - 2k$

② 외적 판별식(N_o) $= r - 3$

③ 내적 판별식(N_i) $= N_t - N_o = m + s + 3 - 2k$

여기서, m : 부재수
s : 강절점수
k : 절점 및 지점수(자유단 포함)

03 | 트러스의 판별식

① 절점이 모두 활절로 가정되므로 일반해법에서 강절점수$(P_3)=0$
② $N=m_1+r-2P_2$
③ 외적 판별식$(N_o)=r-3$
④ 내적 판별식$(N_i)=N_t-N_o=m_1+3-2P_2$

정정보

01 | 단순보의 해석

① 임의점에 집중하중이 작용
• 지점반력

㉠ $\Sigma M_B=0$; $R_A=\dfrac{Pb}{l}$

㉡ $\Sigma M_A=0$; $R_B=\dfrac{Pa}{l}$

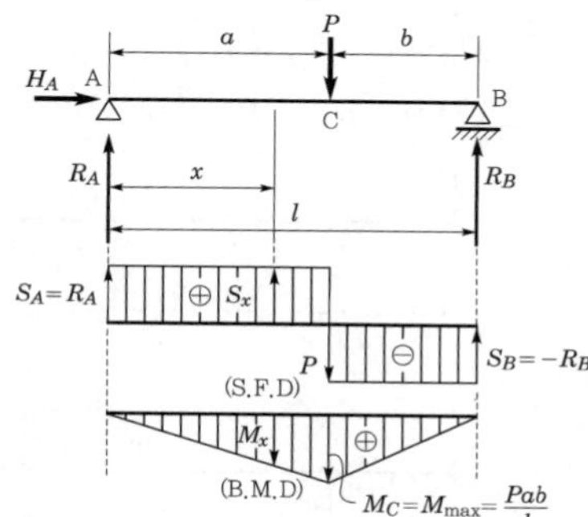

② 보 중앙에 집중하중이 작용
• 지점반력 : $\Sigma V=0$; $R_A=R_B=\dfrac{P}{2}$

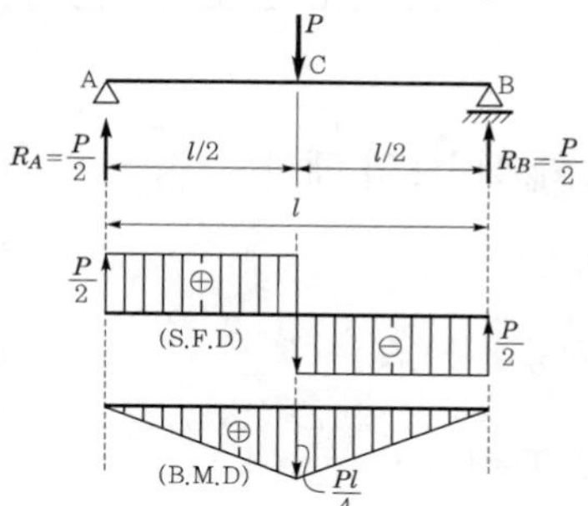

③ 분포하중이 작용
㉠ 등분포하중 작용

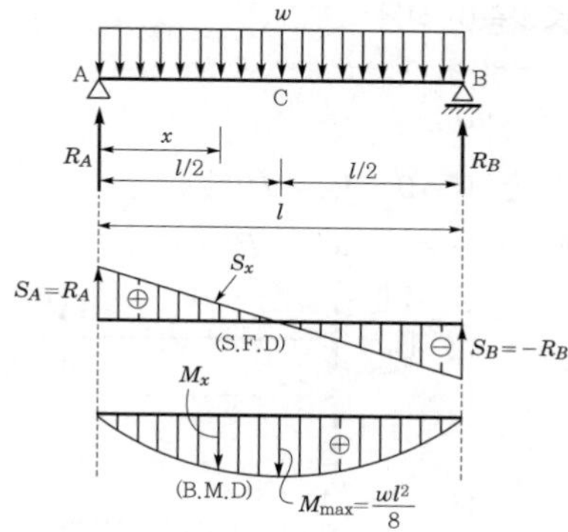

㉡ 등변분포하중 작용

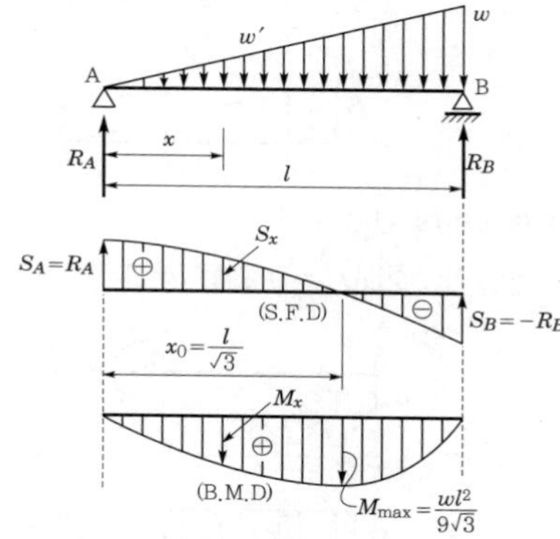

④ 지점에 모멘트하중이 작용
• 지점반력

㉠ $\Sigma M_B=0$; $R_A=\dfrac{M}{l}(\downarrow)$

㉡ $\Sigma V=0$; $R_B=\dfrac{M}{l}(\uparrow)$

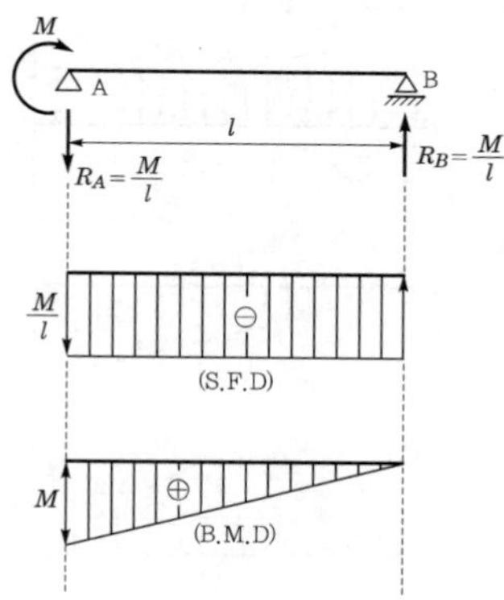

02 | 캔틸레버보의 해석

① 집중하중이 작용

- 지점반력

㉠ $\Sigma H = 0$; $H_A = 0$

㉡ $\Sigma V = 0$; $V_A = P(\uparrow)$

㉢ $\Sigma M = 0$; $M_A = Pl(\circlearrowleft)$

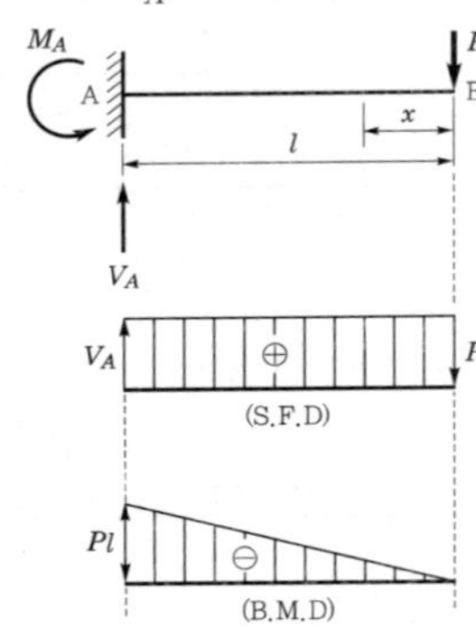

② 모멘트하중이 작용

- 지점반력 : $\Sigma M_A = 0$; $M_A = M$

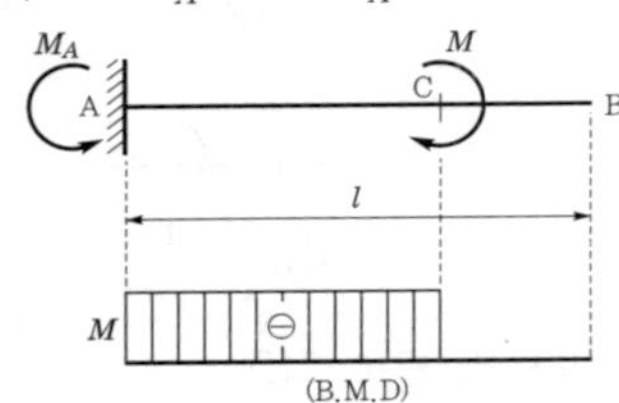

③ 등분포하중이 작용

- 지점반력

㉠ $\Sigma V = 0$; $V_A = wl(\uparrow)$

㉡ $\Sigma M_A = 0$; $M_A = \dfrac{wl^2}{2}(\curvearrowright)$

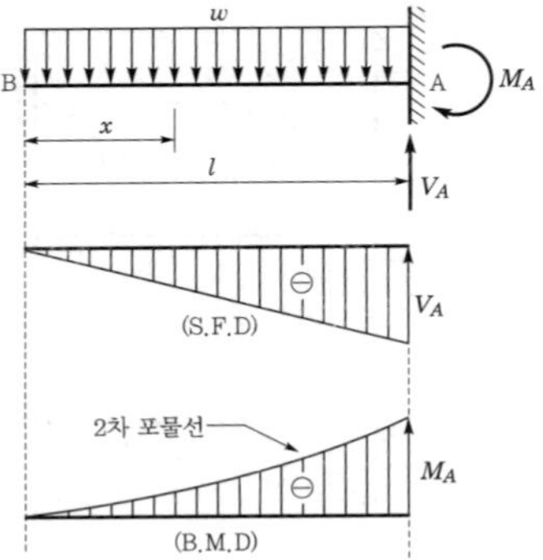

03 | 내민보의 해석

① 유형 Ⅰ(등분포하중+집중하중 작용 : 한쪽 내민보)

- 지점반력(단순보와 동일)

㉠ $\Sigma M_B = 0$; $R_A = \dfrac{wl}{2} - P$

㉡ $\Sigma V = 0$; $R_B = \dfrac{wl}{2} + 2P$

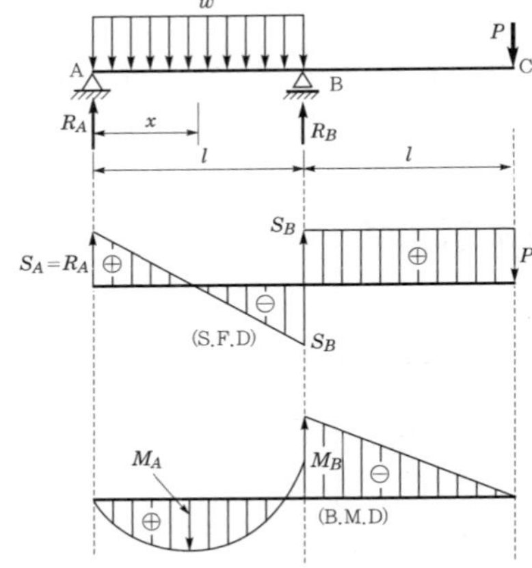

② 유형 Ⅱ(양쪽 내민보)

- 지점반력

㉠ $\Sigma M_B = 0$; $R_A = P$

㉡ $\Sigma V = 0$; $R_B = P$

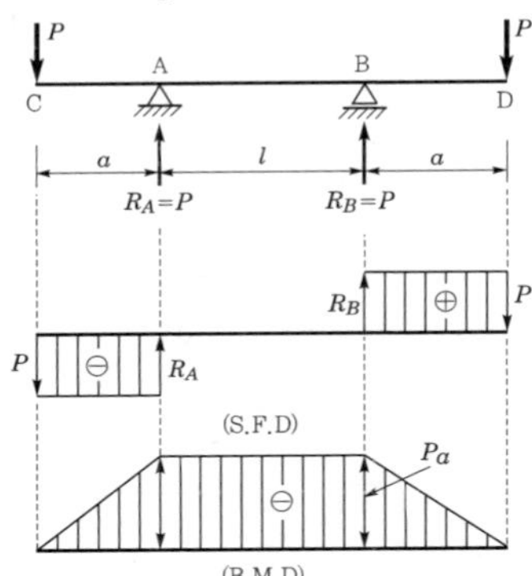

04 | 게르버보의 해석

- 지점반력

㉠ 하중대칭 : $R_B = R_D = \dfrac{P}{2}$

㉡ $\Sigma V = 0$; $V_A = wl + \dfrac{P}{2}$

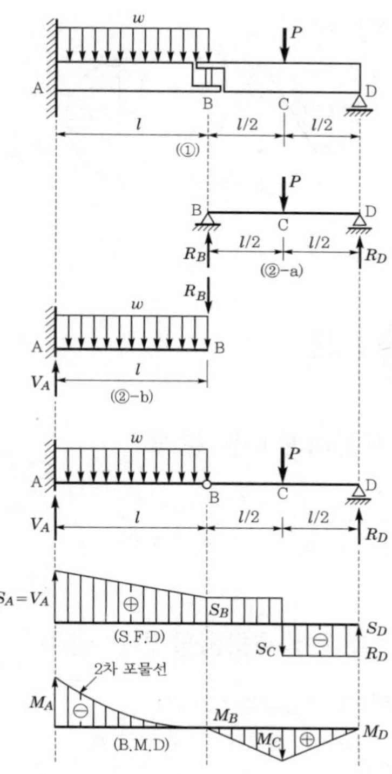

05 | 단순보의 최대 단면력

집중하중 2개 작용할 때

① 합력 : $R=P_1+P_2$

② 합력위치 : $x=\dfrac{P_2 d}{R}$

③ 합력과 가장 가까운 하중과의 거리 1/2 되는 곳을 보의 중앙점에 오도록 하중 이동

④ 최대 휨모멘트는 중앙점에서 가장 가까운 하중에서 발생

⑤ 최대 휨모멘트($M_{\max}$) : $\Sigma M_B=0$; R_A 구함

$$M_{\max}=R_A\left(\frac{l}{2}-\frac{x}{2}\right)$$

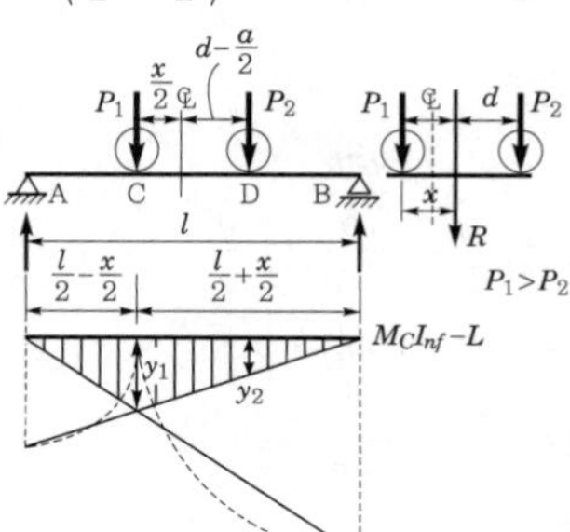

06 CHAPTER 정정 라멘, 아치, 케이블

01 | 단순보형 라멘

집중하중이 작용

① 수직하중 작용

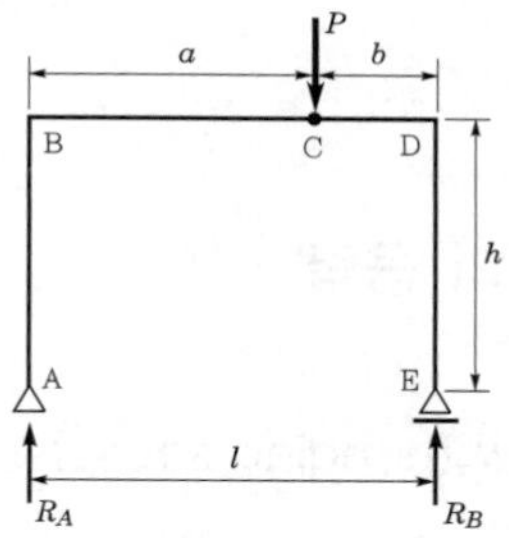

- 지점반력

㉠ $\Sigma M_E=0$; $R_A l-Pb=0$

$\therefore\ R_A=\dfrac{Pb}{l}(\uparrow)$

㉡ $\Sigma M_A=0$; $R_E=\dfrac{Pa}{l}(\uparrow)$

② 수평하중 작용

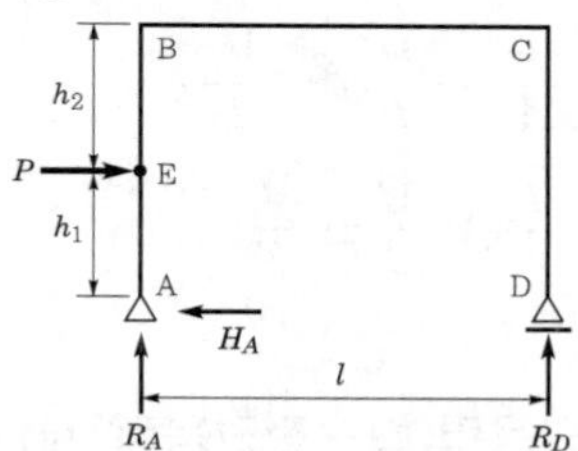

- 지점반력

㉠ $\Sigma M_D=0$; $R_A l+Ph_1=0$

$\therefore\ R_A=-\dfrac{Ph_1}{l}(\downarrow)$

㉡ $\Sigma M_A=0$; $R_D=\dfrac{Ph_1}{l}(\uparrow)$

㉢ $\Sigma H=0$; $H_A=P(\leftarrow)$

02 | 아치의 단면력

① 축력 : $A_D=-V_A\sin\theta-H_A\cos\theta$(압축)

② 전단력 : $S_D=V_A\cos\theta-H_A\sin\theta$

③ 휨모멘트 : $M_D=V_A x-H_A y$

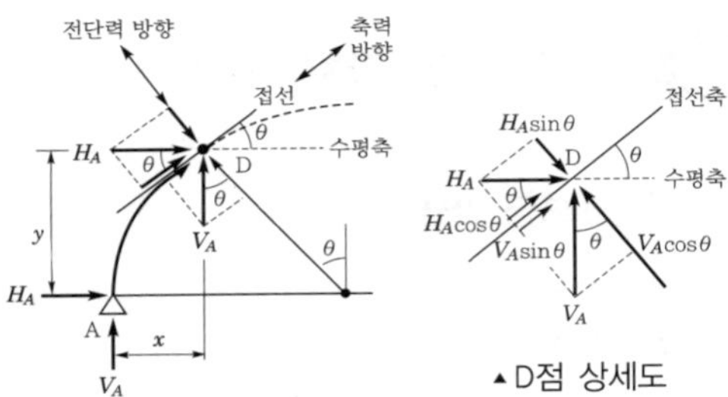

▲D점 상세도

07 CHAPTER 보의 응력

01 | 휨응력(bending stress)

① 휨응력 일반식

㉠ 휨모멘트만 작용 : $\sigma = \dfrac{M}{I}y$, $\sigma = \dfrac{E}{R}y$

㉡ 축방향력과 휨모멘트 작용 : $\sigma = \dfrac{N}{A} \pm \dfrac{M}{I}y$

② 축방향력이 중립축에 편심작용할 때(축방향력+휨모멘트+편심모멘트) 조합응력

$$\sigma = -\frac{P}{A} \mp \frac{M}{I}y \pm \frac{M_e}{I}y$$

$$= -\frac{P}{A} \mp \frac{M}{Z} \pm \frac{M_e}{Z}$$

02 | 전단응력(휨 – 전단응력, shear stress)

$$\tau = \frac{SG}{Ib}$$

① 구형 단면

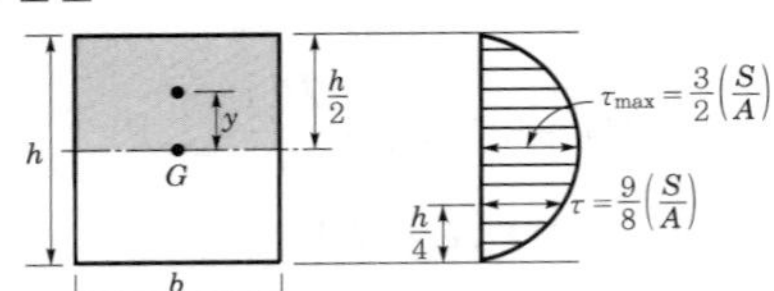

② 원형 단면

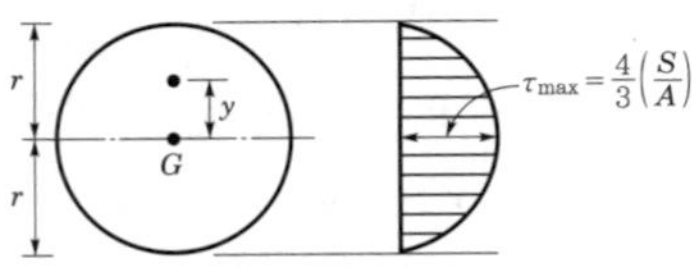

③ 삼각형 단면

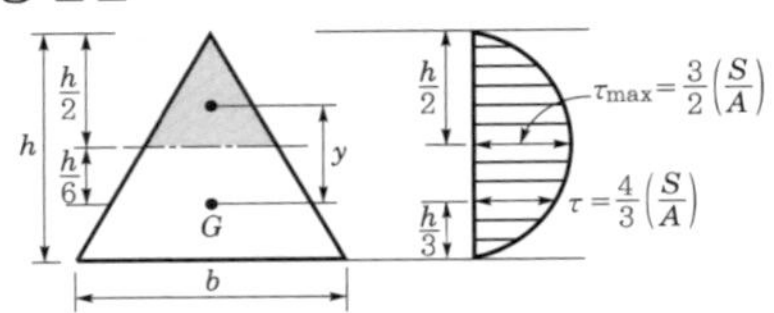

08 CHAPTER 기둥

01 | 세장비에 따른 분류

$$\lambda(\text{세장비}) = \frac{l_r(\text{좌굴길이})}{r_{min}(\text{최소 회전반경})} = \frac{kl}{r_{min}}$$

02 | 1축 편심축하중을 받는 단주

① x축상에 편심작용($e_y = 0$)

$$\sigma = \frac{P}{A} \pm \left(\frac{M_x}{I_y}\right)x = \frac{P}{A} \pm \left(\frac{Pe_x}{I_y}\right)x$$

② y축상에 편심작용($e_x = 0$)

$$\sigma = \frac{P}{A} \pm \left(\frac{M_y}{I_x}\right)y = \frac{P}{A} \pm \left(\frac{Pe_y}{I_x}\right)y$$

03 | 2축 편심축하중을 받는 단주

$$\sigma = \frac{P}{A} \pm \left(\frac{M_x}{I_y}\right)x \pm \left(\frac{M_y}{I_x}\right)y$$

$$= \frac{P}{A} \pm \left(\frac{Pe_x}{I_y}\right)x \pm \left(\frac{Pe_y}{I_x}\right)y$$

04 | 각 단면의 핵거리

① 구형 단면

㉠ $e_x = \dfrac{Z_y}{A} = \dfrac{\frac{b^2h}{6}}{bh} = \dfrac{b}{6}$

㉡ $e_y = \dfrac{Z_x}{A} = \dfrac{\frac{bh^2}{6}}{bh} = \dfrac{h}{6}$

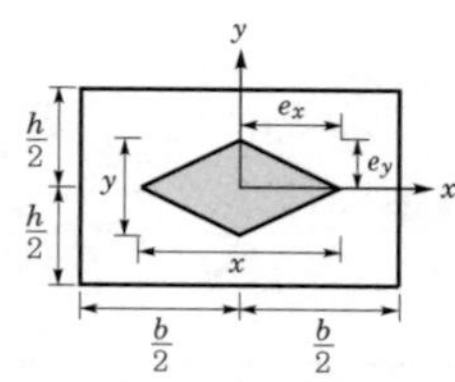

② 원형 단면

$$e_x = e_y = \frac{Z}{A} = \frac{\frac{\pi D^3}{32}}{\frac{\pi D^2}{4}}$$

$$\therefore \frac{D}{8} = \frac{r}{4}$$

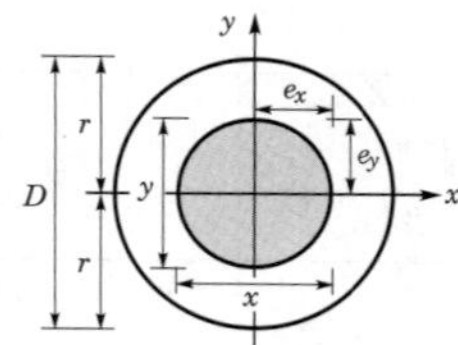

③ 삼각형 단면

㉠ $e_x = \frac{I_y}{Ax} = \frac{b}{8}$

㉡ $e_{y1} = \frac{I_x}{Ay_2} = \frac{h}{6}$

㉢ $e_{y2} = \frac{I_x}{Ay_1} = \frac{bh}{12}$

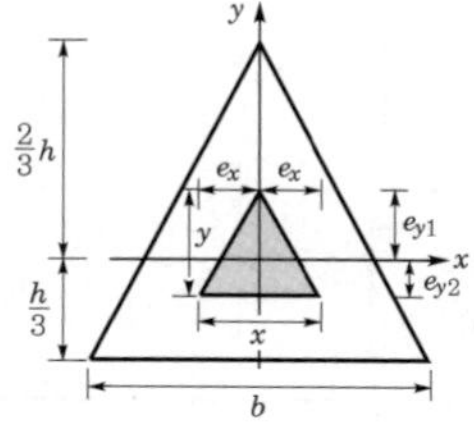

05 | 오일러(Euler)의 장주공식(탄성이론공식)

① 좌굴하중 : $P_{cr} = \frac{n\pi^2 EI}{l^2} = \frac{\pi^2 EI}{{l_r}^2}$

② 좌굴응력 : $\sigma_{cr} = \frac{P_{cr}}{A} = \frac{n\pi^2 E}{\lambda^2}$

CHAPTER 09 트러스

01 | 트러스의 해석상 가정사항

① 모든 부재는 직선재이다.

② 각 부재는 마찰이 없는 핀(pin)이나 힌지로 연결되어 있다.

③ 부재의 축은 각 절점에서 한 점에 모인다.

④ 모든 외력의 작용선은 트러스와 동일 평면 내에 있고, 하중과 반력은 절점(격점)에만 작용한다.

⑤ 각 부재의 변형은 미소하여 2차 응력은 무시한다. 따라서 단면 내력은 축방향력만 존재한다.

⑥ 하중이 작용한 후에도 절점(격점)의 위치는 변하지 않는다.

02 | 트러스의 해석법

① 격점법(절점법) : 자유물체도를 절점단위로 표현한 후 힘의 평형방정식을 이용하여 미지의 부재력을 구하는 방법
$\Sigma H = 0,\ \Sigma V = 0$

② 단면법(절단법) : 자유물체도를 단면단위로 표현한 후 힘의 평형방정식을 적용하여 미지의 부재력을 구하는 방법

㉠ 모멘트법(Ritter법) : $\Sigma M = 0$

㉡ 전단력법(Culmann법) : $\Sigma H = 0,\ \Sigma V = 0$

03 | 영(0)부재

① 영부재 설치이유

㉠ 변형 방지

㉡ 처짐 방지

㉢ 구조적으로 안정 유지

② 영부재 판별법

㉠ 외력과 반력이 작용하지 않는 절점 주시

㉡ 3개 이하의 부재가 모이는 점 주시

㉢ 트러스의 응력원칙 적용

㉣ 영부재로 판정되면 이 부재를 제외하고 다시 위의 과정 반복

10 탄성변형의 정리

CHAPTER

01 | 보의 탄성변형에너지

종류	하중작용상태	단면력	탄성에너지(U)	
축하중	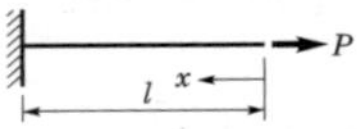	축방향력 $P_x = P$	$U = \int_0^l \frac{P^2}{2EA}dx = \int_0^l \frac{P_x l}{EA}dP_x = \boxed{\frac{P^2 l}{2EA}}$	
모멘트하중	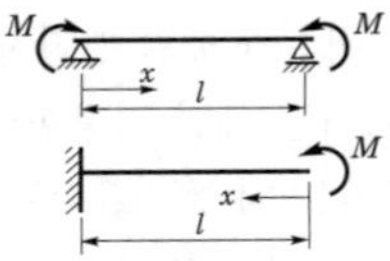	휨모멘트 $M_x = M$ 전단력 $S_x = 0$	휨모멘트에 의한 탄성에너지 $U = \int_0^l \frac{M^2}{2EI}dx = \boxed{\frac{M^2 l}{2EI}}$	전단력에 의한 탄성에너지 $U = \int_0^l K\left(\frac{S^2}{2GA}\right)dx = 0$
집중하중·등분포하중	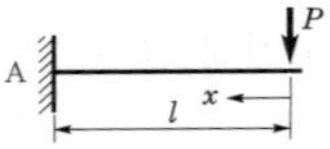	$M_x = -Px$ $S_x = P$	$U = \boxed{\frac{P^2 l^3}{6EI}}$	$U = \boxed{\frac{KP^2 l}{2GA}}$
	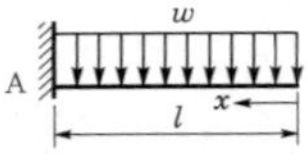	$M_x = -\frac{wx^2}{2}$ $S_x = wx$	$U = \boxed{\frac{w^2 l^5}{40EI}}$	$U = \boxed{\frac{Kw^2 l^3}{6GA}}$
	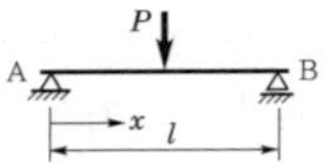	$M_x = R_A r = \frac{Px}{2}$ $S_x = R_A = \frac{P}{2}$	$U = \boxed{\frac{P^2 l^3}{96EI}}$	$U = \boxed{\frac{KP^2 l}{8GA}}$
	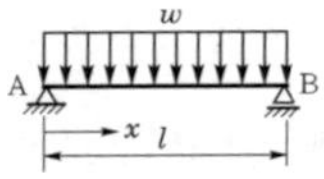	$M_x = \left(\frac{wl}{2}\right)x - \frac{wx^2}{2}$ $S_x = \frac{wl}{2} - wx$	$U = \boxed{\frac{w^2 l^5}{240EI}}$	$U = \boxed{\frac{Kw^2 l^2}{24GA}}$
	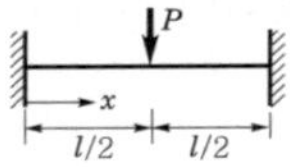	$M_x = \frac{P}{2}x - \frac{Pl}{8}$ $S_x = \frac{P}{2}$	$U = \boxed{\frac{P^2 l^3}{384EI}}$	$U = \frac{KP^2 l}{8GA}$
	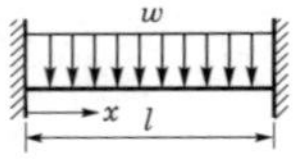	$M_x = \frac{wl}{2}x - \frac{w}{2}x^2 - \frac{wl^2}{12}$ $S_x = \frac{wl}{2} - wx$	$U = \boxed{\frac{w^2 l^5}{1,440EI}}$	$U = \frac{Kw^2 l^3}{24GA}$

02 | 상반일의 정리(Betti의 상반작용 정리)

$P_1 \delta_{12} = P_2 \delta_{21}$

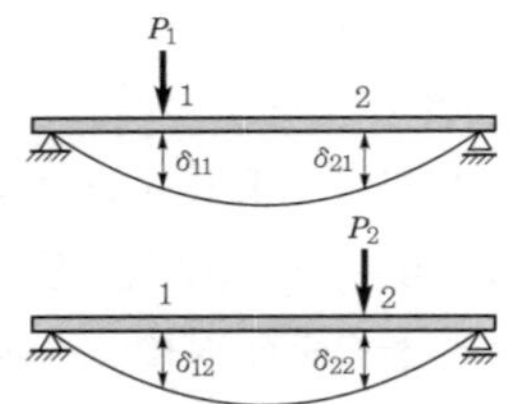

11 구조물의 처짐과 처짐각
CHAPTER

01 | 보의 종류별 처짐각 및 처짐

종류		하중작용상태	처짐각(θ)	최대 처짐(y_{max})
단순보	1	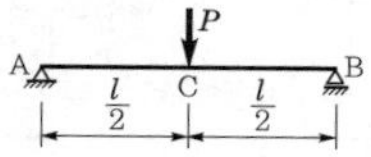	$\theta_A = -\theta_B = \dfrac{Pl^2}{16EI}$	$y_C = \dfrac{Pl^3}{48EI}$
	2	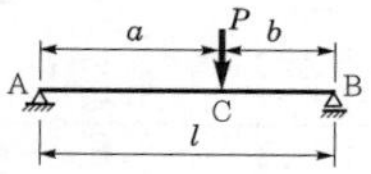	$\theta_A = -\dfrac{Pb}{16EIl}(l^2-b^2)$ $\theta_B = -\dfrac{Pa}{16EIl}(l^2-a^2)$	$y_C = \dfrac{Pa^2b^2}{3EIl}$
	3	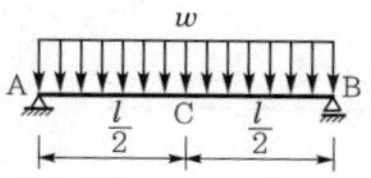	$\theta_A = -\theta_B = \dfrac{wl^3}{24EI}$	$y_C = \dfrac{5wl^4}{384EI}$
	4	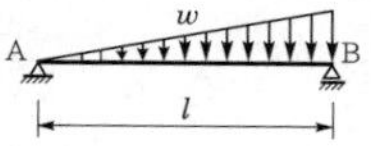	$\theta_A = \dfrac{7wl^3}{360EI}$ $\theta_B = -\dfrac{8wl^3}{360EI}$	$y_{max} = 0.00652 \times \dfrac{wl^4}{EI} = \dfrac{wl^4}{153EI}$
	5	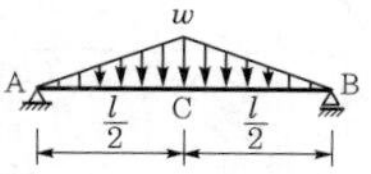	$\theta_A = -\theta_B = \dfrac{5wl^3}{192EI}$	$y_C = \dfrac{wl^4}{120EI}$
	6	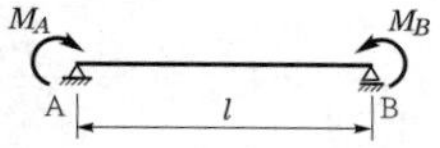	$\theta_A = \dfrac{l}{6EI}(2M_A + M_B)$ $\theta_B = -\dfrac{l}{6EI}(M_A + 2M_B)$	$M_A = M_B = M$ $y_{max} = \dfrac{Ml^2}{8EI}$
	7	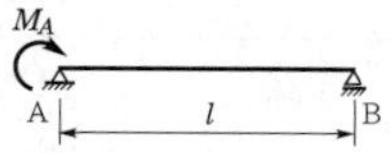	$\theta_A = \dfrac{M_Al}{3EI}$ $\theta_B = -\dfrac{M_Al}{6EI}$	$y_{max} = 0.064 \times \dfrac{Ml^2}{EI} = \dfrac{Ml^2}{9\sqrt{3}EI}$
	8	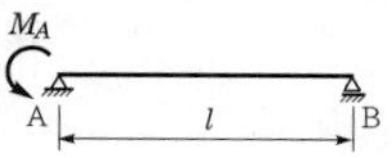	$\theta_A = -\dfrac{M_Al}{3EI}$ $\theta_B = \dfrac{M_Al}{6EI}$	$y_{max} = -0.064 \times \dfrac{Ml^2}{EI} = -\dfrac{Ml^2}{9\sqrt{3}EI}$
캔틸레버보	9	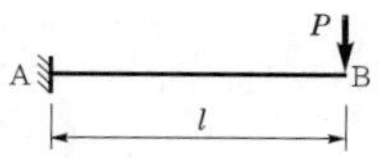	$\theta_B = \dfrac{Pl^2}{2EI}$	$y_B = \dfrac{Pl^3}{3EI}$

종류		하중작용상태	처짐각(θ)	최대 처짐(y_{max})
캔틸레버보	10	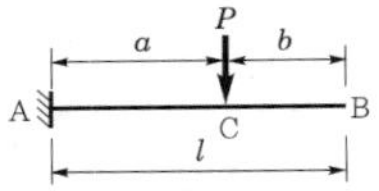	$\theta_C = \theta_B = \frac{Pa^2}{2EI}$	$y_B = \frac{Pa^3}{6EI}(3l-a)$
	11	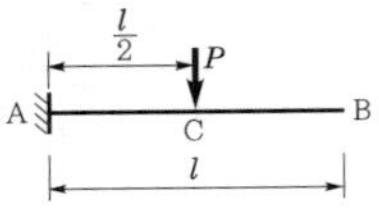	$\theta_C = \theta_B = \frac{Pl^2}{8EI}$	$y_B = \frac{5Pl^3}{48EI}$
	12	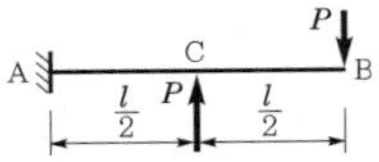	$\theta_B = \frac{3Pl^2}{8EI}$	$y_B = \frac{11Pl^3}{48EI}$
	13	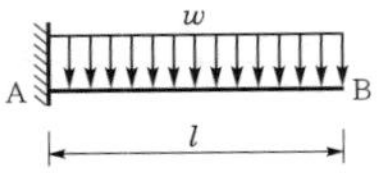	$\theta_B = \frac{wl^3}{6EI}$	$y_B = \frac{wl^4}{8EI}$
	14	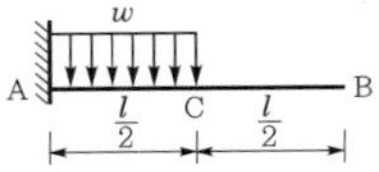	$\theta_C = \theta_B = \frac{wl^3}{48EI}$	$y_B = \frac{7wl^4}{384EI}$
	15	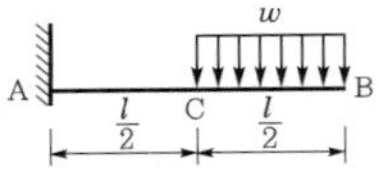	$\theta_B = \frac{7wl^3}{48EI}$	$y_B = \frac{41wl^4}{384EI}$
	16	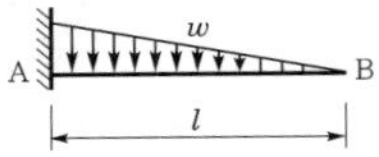	$\theta_B = \frac{wl^3}{24EI}$	$y_B = \frac{wl^4}{30EI}$
	17	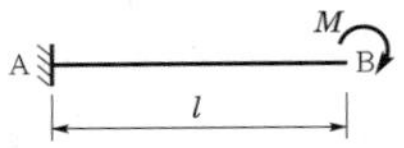	$\theta_B = \frac{Ml}{EI}$	$y_B = \frac{Ml^2}{2EI}$
	18	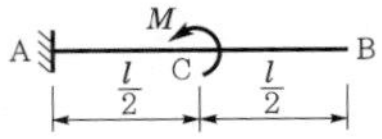	$\theta_B = \frac{Ml}{2EI}$	$y_B = \frac{3Ml^2}{8EI}$
부정정보	19	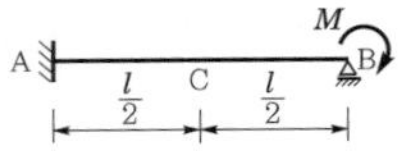	$\theta_B = -\frac{Ml}{4EI}$	
	20	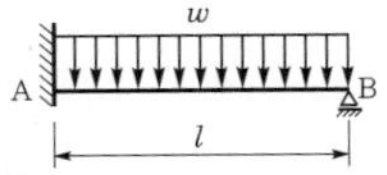	$\theta_B = -\frac{wl^3}{8EI}$	$y_{max} = \frac{wl^4}{185EI}$
	21	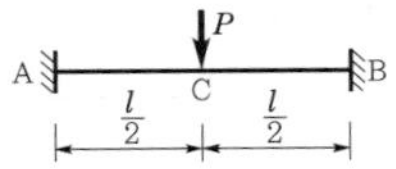		$y_C = \frac{Pl^3}{192EI}$
	22	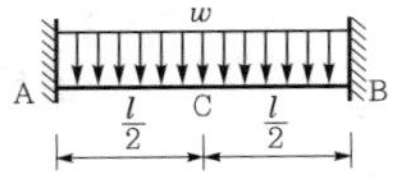		$y_C = \frac{wl^4}{384EI}$

12 CHAPTER 부정정 구조물

01 | 부정정 구조물의 장단점

① 장점

㉠ 휨모멘트 감소로 단면을 작게 할 수 있다. → 재료절감 → 경제적이다.

㉡ 같은 단면일 때 정정 구조물보다 더 큰 하중을 받을 수 있다. → 지간길이를 길게 할 수 있다. → 교각수가 줄고 외관상 아름답다.

㉢ 강성이 크므로 변형이 작게 발생한다.

㉣ 과대한 응력을 재분배하므로 안정성이 좋다.

② 단점

㉠ 해설과 설계가 복잡하다(E, I, A값을 알아야 해석 가능).

㉡ 온도변화, 지점침하 등으로 인해 큰 응력이 발생하게 된다.

㉢ 응력교체가 정정 구조물보다 많이 발생하여 부가적인 부재가 필요하다.

02 | 부정정 구조물의 해법

① 응력법(유연도법, 적합법) : 부정정 반력이나 부정 정 내력을 미지수로 취급하고, 적합조건을 유연도 계수와 부정정력의 항으로 표시하여 미지의 부정정력을 계산하는 방법

㉠ 변위일치법(변형일치법) : 부정정 차수가 낮은 단지간 고정보에 적용

㉡ 3연모멘트법 : 연속보에 적용(라멘에는 적용되지 않는다)

㉢ 가상일의 방법(단위하중법) : 부정정 트러스와 아치에 적용

㉣ 최소일의 방법(카스틸리아노의 제2정리 응용) : 변형에너지를 알 때 부정정 트러스와 아치에 적용

㉤ 처짐곡선(탄성곡선)의 미분방정식법

㉥ 기둥유사법 : 연속보, 라멘에 적용

② 변위법(강성도법, 평형법) : 절점의 변위를 미지수로 하여 절점변위와 부재의 내력을 구하는 방법

㉠ 처짐각법(요각법) : 직선재의 모든 부정정 구조물에 적용(간단한 직사각형 라멘에 적용)

㉡ 모멘트분배법 : 직선재의 모든 부정정 구조물에 적용(고층 다경간 라멘에 적용)

㉢ 최소일의 방법(카스틸리아노의 제1정리 응용)

㉣ 모멘트면적법(모멘트면적법 제1정리 응용)

03 | 3연모멘트

① 해법순서

㉠ 고정단은 → 힌지지점으로 가상지간을 만든다 ($I=\infty$ 가정).

㉡ 단순보 지간별로 하중에 의한 처짐각, 침하에 의한 부재각을 계산한다.

㉢ 왼쪽부터 2지간씩 중복되게 묶어 공식에 대입한다.

㉣ 연립하여 내부 휨모멘트를 계산한다.

㉤ 지간을 하나씩 구분하여 계산된 휨모멘트를 작용시키고 반력을 계산한다.

② 기본방정식($I_1=I_2=I$, $E=$일정)

㉠ 하중에 대한 처짐각 고려

$$M_A\left(\frac{l_1}{I_1}\right)+2M_B\left(\frac{l_1}{I_1}+\frac{l_2}{I_2}\right)+M_C\left(\frac{l_2}{I_2}\right)$$
$$=6E(\theta_{BA}-\theta_{BC})$$

㉡ 하중과 지점의 부등침하 고려

- $M_A\left(\frac{l_1}{I_1}\right)+2M_B\left(\frac{l_1}{I_1}+\frac{l_2}{I_2}\right)+M_C\left(\frac{l_2}{I_2}\right)$
  $=6E(\theta_{BA}-\theta_{BC})+6E(R_{AB}-R_{BC})$
- $R_{AB}=\dfrac{\delta_1}{l_1}$
- $R_{BC}=\dfrac{\delta_2}{l_2}$

04 | 처짐각법(요각법)

① 해법순서

㉠ 하중항과 감비 계산

㉡ 처짐각 기본식(재단모멘트식) 구성

㉢ 평형방정식(절점방정식, 층방정식) 구성

㉣ 미지수(처짐각, 부재각) 결정

㉤ 미지수를 처짐각 기본식에 대입하여 재단모멘트 M 계산

㉥ 지점반력과 단면력 계산

② 양단 고정절점(고정지점)

$$M_{AB} = 2EK_{AB}(2\theta_A + \theta_B - 3R) - C_{AB}$$

$$M_{BA} = 2EK_{BA}(\theta_A + 2\theta_B - 3R) + C_{BA}$$

05 | 모멘트분배법

① 해석순서

㉠ 강도(K), 강비(k) 계산

㉡ 분배율($D.F$) 계산

㉢ 하중항($F.E.M$) 계산

㉣ 불균형모멘트($U.M$) 계산

㉤ 분배모멘트($D.M$) 계산

㉥ 전달모멘트($C.M$) 계산

㉦ 적중(지단)모멘트 계산

② 부재강도 : $K = \dfrac{\text{단면 2차 모멘트}(I)}{\text{부재길이}(l)}$

③ 강비 : $k = \dfrac{\text{해당 부재강도}(K)}{\text{기준강도}(K_0)}$

④ 분배율(D.F) : 유효강비 사용

$$D.F = \frac{\text{해당 부재강비}(k)}{\text{전체 강비}(\sum k)}$$

㉠ $(D.F)_{OA} = \dfrac{k_{OA}}{k_{OA} + k_{OB} + \frac{3}{4}k_{OC}}$

㉡ $(D.F)_{OB} = \dfrac{k_{OB}}{k_{OA} + k_{OB} + \frac{3}{4}k_{OC}}$

㉢ $(D.F)_{OC} = \dfrac{\frac{3}{4}k_{OC}}{k_{OA} + k_{OB} + \frac{3}{4}k_{OC}}$

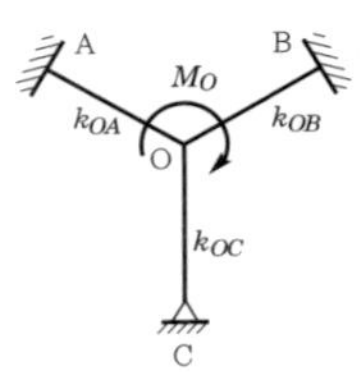

chapter 1

정역학의 기초

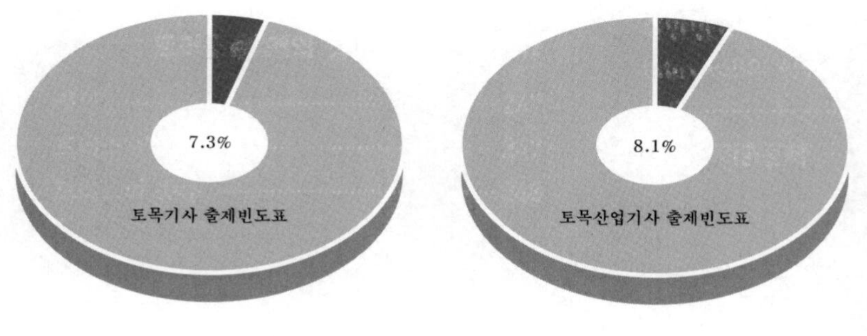

1 정역학의 기초

01 힘(force)

① 정의

정지하고 있는 물체를 움직이거나 운동하는 물체의 방향 및 속도를 변화시키는 원인으로 크기와 방향을 갖는 벡터(vector)량

② 힘의 3요소

① 크기 : 선분의 길이로 표시(l)
② 방향 : 선분의 기준선과 이루는 각도($\tan\theta$)
③ 작용점 : 힘이 작용하는 점 또는 좌표(작용선상에 위치)

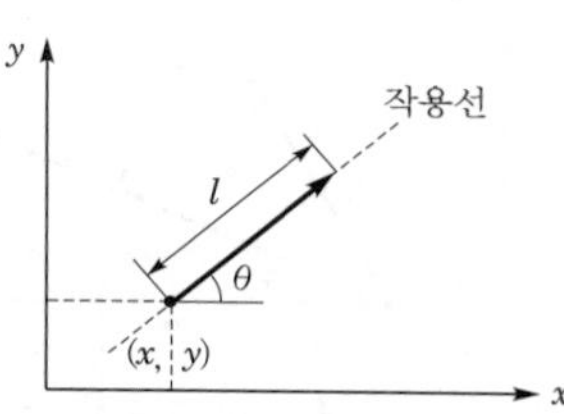

【그림 1.1】 힘의 3요소

③ 힘의 단위

(1) 절대단위계

① 1N : 질량 1kgf의 물체에 $1m/s^2$의 가속도를 내게 하는 힘 ($1kgf \times 1m/s^2 = 10^3 gf \times 10^2 cm/s^2 = 10^5 gf \cdot cm/s^2 = 10^5 dyn$)

② 1dyn : 질량 1gf의 물체에 $1cm/s^2$의 가속도를 내게 하는 힘 ($1gf \times 1cm/s^2 = 1gf \cdot cm/s^2$)

(2) 중력단위계

① 1kgf : 질량 1kgf의 물체에 중력가속도($g = 9.8m/s^2$)를 곱한 값 ($1kgf \times 9.8m/s^2 = 9.8kgf \cdot m/s^2 = 9.8N$)

② 1gf : 질량 1gf의 물체에 중력가속도($g = 9.8m/s^2$)를 곱한 값 ($1gf \times 9.8m/s^2 = 1gf \times 980cm/s^2 = 980dyn$)

알•아•두•기•

힘의 4요소
크기, 방향, 작용점, 작용선

힘의 축척(force scale)
힘의 크기는 선분의 길이에 비례

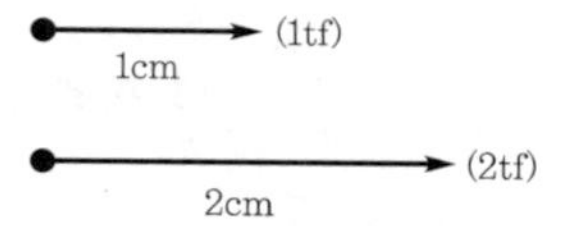

단위 요약
- $1N = 1kgf \cdot m/s^2 = 10^5 dyn$
- $1dyn = 1gf \cdot cm/s^2$
- $1kgf = 1kgw$ = 1kg의 무게 = 1kg의 힘 = 9.8N

알 • 아 • 두 • 기 •

02 힘의 합성과 분해

① 힘의 합성

여러 개의 힘을 크기가 같은 하나의 힘(합력)으로 표시

(1) 한 점에 작용하는 두 힘의 합성

① 도해법 : 평행사변형법, 삼각형법

㉠ 평행사변형법 : 힘 P_1, P_2의 평행사변형을 작도하여 대각선을 연결한 R이 두 힘의 합

㉡ 삼각형법 : 힘 P_1과 P_2에서 P_2를 B점에 평행이동한 후 삼각형을 작도하고, 삼각형의 빗변 R이 두 힘의 합

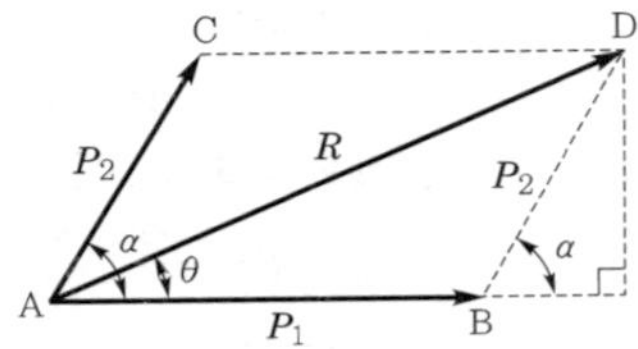

【그림 1.2】 평행사변형법

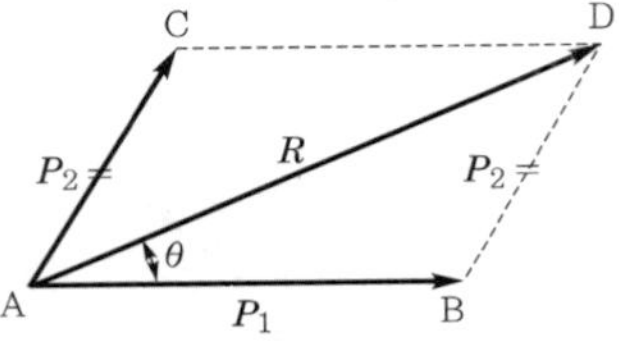

【그림 1.3】 삼각형법

② 해석법

㉠ 합력 : $R = \sqrt{P_1{}^2 + P_2{}^2 + 2P_1P_2\cos\alpha}$

㉡ 합력 방향 : $\tan\theta = \dfrac{P_2\sin\alpha}{P_1 + P_2\cos\alpha}$

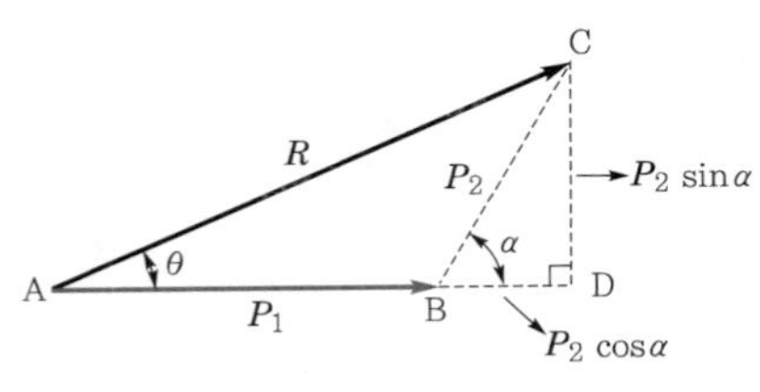

【그림 1.4】 힘의 합성

동점 역계 해석방법

- 두 힘의 합성(피타고라스 정리 이용)
  $R = \sqrt{P_1{}^2 + P_2{}^2 + 2P_1P_2\cos\alpha}$
  $\tan\theta = \dfrac{P_2\sin\alpha}{P_1 + P_2\cos\alpha}$
- 여러 힘의 합성
  $R = \sqrt{(\Sigma H)^2 + (\Sigma V)^2}$
  $\tan\theta = \dfrac{\Sigma V}{\Sigma H}$

$$\begin{aligned} R^2 &= (\overline{AB} + \overline{BD})^2 + \overline{CD}^2 \\ &= (P_1 + P_2\cos\alpha)^2 + (P_2\sin\alpha)^2 \\ &= P_1{}^2 + 2P_1P_2\cos\alpha + P_2{}^2\cos^2\alpha + P_2{}^2\sin^2\alpha \\ &= P_1{}^2 + 2P_1P_2\cos\alpha + P_2{}^2(\cos^2\alpha + \sin^2\alpha) \\ &= P_1{}^2 + 2P_1P_2\cos\alpha + P_2{}^2 \end{aligned}$$

여기서, $\cos^2\alpha + \sin^2\alpha = 1$

(2) 한 점에 작용하는 여러 힘의 합성

■ 해석법

㉠ 수평분력의 합

$$\Sigma H = H_1 + H_2 + H_3 = P_1 \cos\alpha_1 - P_2 \cos\alpha_2 - P_3 \cos\alpha_3$$

㉡ 수직분력의 합

$$\Sigma V = V_1 + V_2 + V_3 = P_1 \sin\alpha_1 + P_2 \sin\alpha_2 - P_3 \sin\alpha_3$$

㉢ 합력

$$R = \sqrt{(\Sigma H)^2 + (\Sigma V)^2}$$

㉣ 합력의 위치와 방향

합력의 위치 : ΣH와 ΣV의 부호에 따라 결정한다.

합력의 방향 : $\tan\theta = \dfrac{\Sigma V}{\Sigma H}$

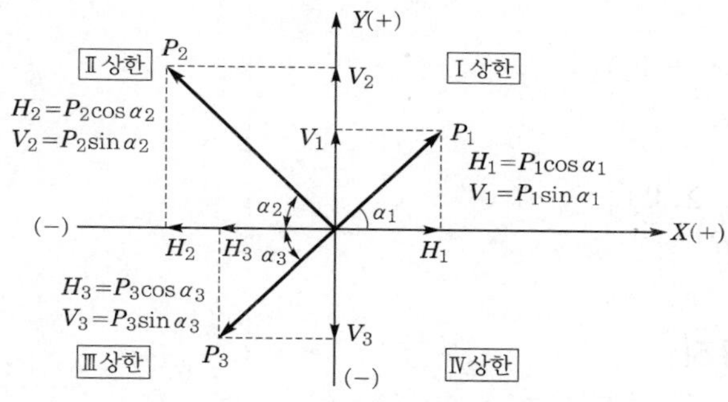

【그림 1.5】 한 점에서 여러 힘의 합성

(3) 한 점에 작용하지 않는 여러 힘의 합성

■ 해석법

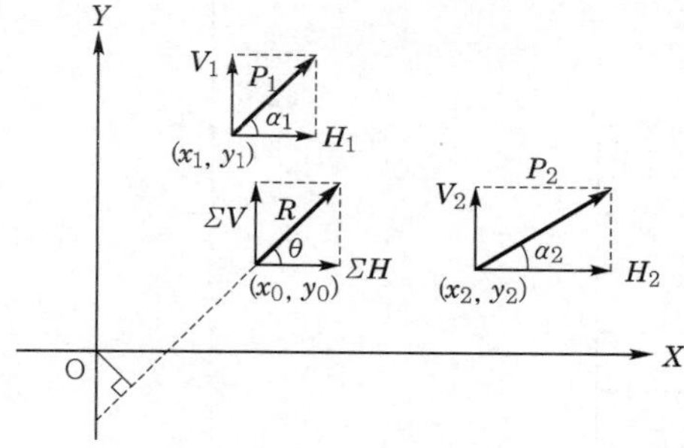

【그림 1.6】 해석법

▣ 시력도가 폐합하면 합력(R)이 0이고, 힘은 작용점에서 평형 상태

▣ **합력의 위치와 방향**

구분	ΣH	ΣV	$\tan\theta$
Ⅰ 상한	⊕	⊕	+
Ⅱ 상한	⊖	⊕	−
Ⅲ 상한	⊖	⊖	+
Ⅳ 상한	⊕	⊖	−

▣ **연력도법 적용순서**

(1) ① 시력도 : 합력 크기, 방향
② 시력도의 폐합 : $\Sigma H = 0$, $\Sigma V = 0$

(2) ① 연력도 : 합력의 작용점(작용선)
② 연력도의 폐합 : $\Sigma M = 0$

※ 거의 평형한 힘의 합성시 적용

㉠ 수평분력과 수직분력의 총합

$\sum H = H_1 + H_2 = P_1\cos\alpha_1 + P_2\cos\alpha_2$

$\sum V = V_1 + V_2 = P_1\sin\alpha_1 + P_2\sin\alpha_2$

㉡ 합력과 방향

$$R = \sqrt{(\sum H)^2 + (\sum V)^2}, \quad \tan\theta = \frac{\sum V}{\sum H}$$

㉢ 합력의 작용점

$$x_0 = \frac{\sum(V \times x)}{\sum V} = \frac{V_1x_1 + V_2x_2}{V_1 + V_2}$$

$$y_0 = \frac{\sum(H \times y)}{\sum H} = \frac{H_1y_1 + H_2y_2}{H_1 + H_2}$$

합력의 작용점(x_0, y_0)

바리뇽의 정리 이용
(분력모멘트 합=합력모멘트)

㉣ 좌표 원점에 대한 모멘트

$M_0 = (H_1y_1 + H_2y_2) - (V_1x_1 + V_2x_2)$

$= \sum Hy_0 - \sum Vx_0 = Rl$

$$\therefore \ l = \frac{M_0}{R} = \frac{\sum Hy_0 - \sum Vx_0}{R}$$

(4) 평행한 힘의 합성과 합력 위치

① 합력의 크기 : $R = P_1 - P_2 + P_3 + P_4$

② 합력의 위치 : 바리뇽의 정리에 의하여

$Rx = P_1l_1 - P_2l_2 + P_3l_3$

$$\therefore \ x = \frac{P_1l_1 - P_2l_2 + P_3l_3}{R}$$

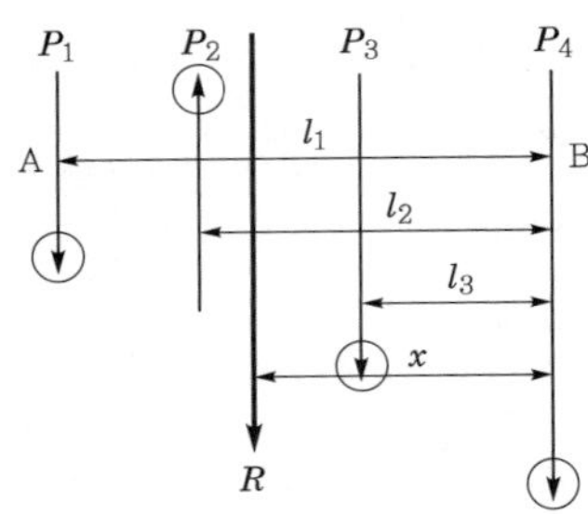

【그림 1.7】 평행한 힘의 합성

② 힘의 분해

하나의 힘을 크기가 같은 두 개 이상의 힘(분력)으로 표시

(1) 합력(R)과 힘의 사잇각(α, β)을 알고 분력(P_1, P_2)을 구하는 경우 ➡ sin법칙 적용

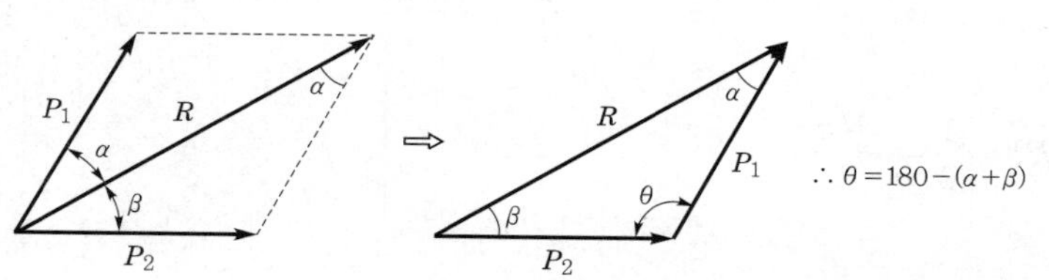

$\therefore \theta = 180-(\alpha+\beta)$

【그림 1.8】 힘의 분해　　【그림 1.9】 시력도

$$\frac{R}{\sin\theta} = \frac{P_1}{\sin\beta} = \frac{P_2}{\sin\alpha}$$

$$\therefore P_1 = \left(\frac{\sin\beta}{\sin\theta}\right)R, \quad P_2 = \left(\frac{\sin\alpha}{\sin\theta}\right)R$$

(2) 합력(R)과 분력(P_1, P_2)을 알고 힘의 사잇각(α, β)을 구하는 경우 ➡ cos 제2법칙 적용

$$\cos\alpha = \frac{R^2 + {P_2}^2 - {P_1}^2}{2RP_2} \qquad \cos\beta = \frac{R^2 + {P_1}^2 - {P_2}^2}{2RP_1}$$

$$\cos\theta = \frac{{P_1}^2 + {P_2}^2 - R^2}{2P_1 P_2}$$

sin법칙

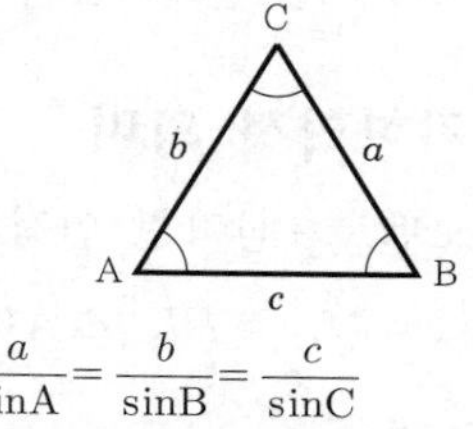

$$\frac{a}{\sin A} = \frac{b}{\sin B} = \frac{c}{\sin C}$$

cos 제2법칙

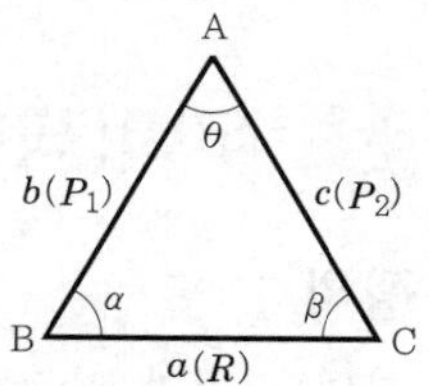

- $a^2 = b^2 + c^2 - 2bc\cos\theta$
- $b^2 = a^2 + c^2 - 2ac\cos\beta$
- $c^2 = a^2 + b^2 - 2ab\cos\alpha$

03 모멘트와 우력

① 모멘트(회전)

(1) 정의

임의의 한 점을 중심으로 물체를 회전시키려는 힘

모멘트(M)＝힘(P)×수직거리(l)

모멘트(moment)

- $M = Pl$
  여기서, l : 수직거리
- $M = 2$▲면적

알·아·두·기·

(2) 단위

tf · m, kgf · cm, N · m, dyn · cm

(3) 부호

시계방향(⊕), 반시계방향(⊖)

(4) 기하학적 의미

모멘트=삼각형 면적의 2배

즉, $M_O = Pl$, $\triangle AOB = Pl \times \frac{1}{2} = \frac{M_O}{2}$

$\therefore M_O = 2\triangle AOB$

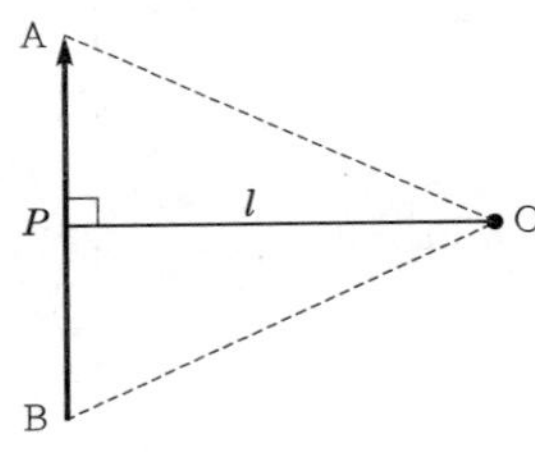

【그림 1.10】 모멘트의 기하학적 의미

② 우력(짝힘)

(1) 정의

힘의 크기가 같고 방향이 서로 반대인 한 쌍의 나란한 힘

> **우력(couple force)**
> 힘의 크기가 같고, 힘의 방향은 반대

(2) 우력모멘트

우력에 대한 힘의 모멘트

$M_A = -P_2 l$

$M_B = P_1 l$

$M_O = P_1 a - P_2(l + a)$

$= P_1 a - P_2 l - P_2 a$

(이때 $P_1 = P_2$)

$= -P_2 l$

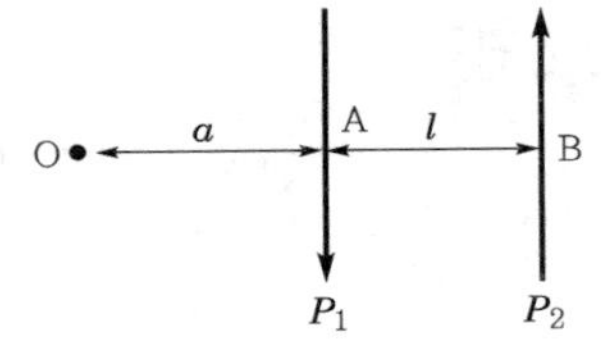

【그림 1.11】 우력과 우력모멘트

(3) 특징

① 우력의 합 = 0

② 우력모멘트는 항상 일정

③ 우력모멘트의 단위(회전모멘트로 표시) : tf·m, kgf·cm

④ 부체의 안정, 전단응력 등에 적용

04 힘의 평형

① 정의

물체나 구조물에 여러 개의 힘이 작용할 때 물체나 구조물이 이동 또는 회전하지 않고 정지된 상태

② 힘의 평형조건

(1) 동일 점에 작용하는 힘의 평형조건

① 도해적 조건 : 시력도(힘의 다각형)가 폐합해야 한다($R=0$).

② 해석적 조건

$$\sum H=0,\ \sum V=0$$

(2) 여러 점에 작용하는 힘의 평형조건

① 도해적 조건 : 시력도와 연력도가 폐합해야 한다($R=0$, $M=0$).

② 해석적 조건

$$\sum H=0,\ \sum V=0,\ \sum M=0$$

힘의 정역학적 평형조건식

$\sum H=0$, $\sum V=0$, $\sum M=0$

힘의 평형조건	역학적 표현
수직방향 이동 없음	$\sum V=0$
수평방향 이동 없음	$\sum H=0$
회전 없음	$\sum M=0$

③ 라미(Lami)의 정리

(1) 정의

동일 평면상에서 한 점에 작용하는 3개의 힘이 평형을 이루면 각각의 힘은 다른 2개의 힘 사잇각의 sin에 정비례한다(sin법칙 성립).

(2) 적용

시력도를 작도하고 sin법칙 적용

보각공식

- $\sin(180°-\theta)=\sin\theta$
- $\cos(180°-\theta)=-\cos\theta$

알•아•두•기•

$$\frac{P_1}{\sin(180° - \theta_1)} = \frac{P_2}{\sin(180° - \theta_2)} = \frac{P_3}{\sin(180° - \theta_3)}$$

$$\therefore \frac{P_1}{\sin\theta_1} = \frac{P_2}{\sin\theta_2} = \frac{P_3}{\sin\theta_3}$$

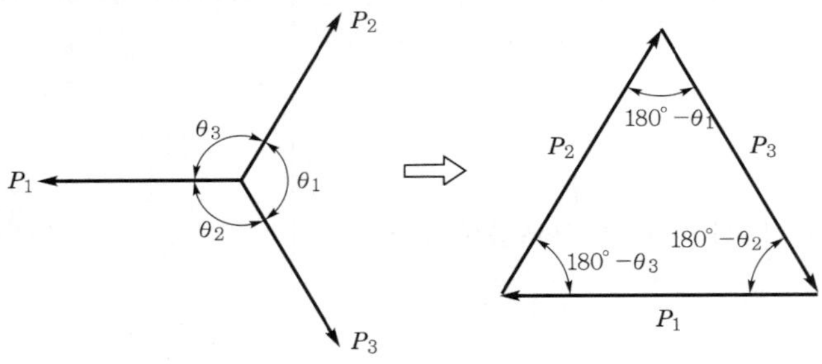

(a) 힘의 평형 (b) 시력도

【그림 1.12】 라미의 정리

④ 바리뇽(Varignon)의 정리

(1) 정의

합력에 의한 모멘트=분력들의 모멘트 합

(2) 적용

합력(R)의 작용위치(작용점)와 단면의 도심 계산에 적용

① $Ra = P_2(a+b)$

$(P_1 + P_2)a = P_2(a+b)$

$P_1 a = P_2 b$

$\therefore \frac{P_1}{P_2} = \frac{b}{a}$ (힘의 비와 거리의 비는 반비례)

② $M_O = Rl = P_v x + P_h y$(합력 $M = \sum$분력 M)

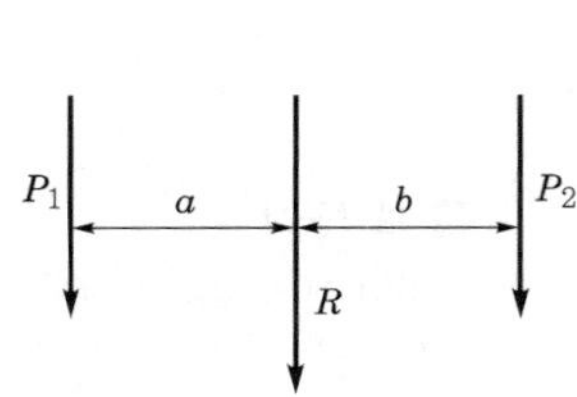

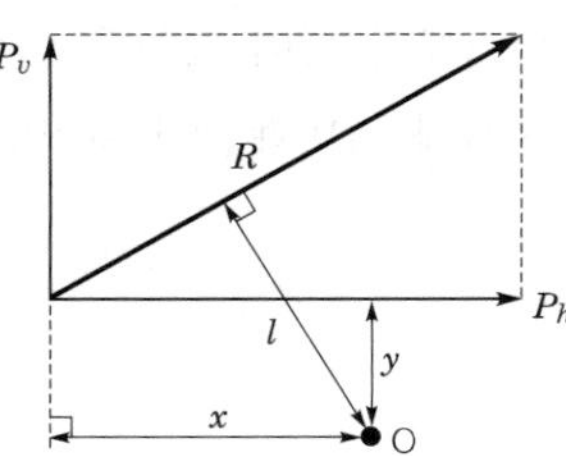

【그림 1.13】 합력의 작용위치 【그림 1.14】 합력과 분력의 모멘트

바리뇽의 정리
- 합력 $M = \sum$(분력 M)
- 합력의 작용위치(x_0, y_0), 단면 도심 계산에 적용

알•아•두•기•

05 마찰

① 정의

두 물체가 접촉면에서 활동하려고 할 때 저항력이 발생되는데, 이것을 마찰(friction)이라 한다.

② 미끄럼마찰

(1) 평면의 미끄럼마찰(마찰각 : ϕ)

① 마찰력

$$F = Wf = Vf$$

여기서, f : 마찰계수

② 마찰각

$$\tan\phi = \frac{F}{V} = f$$

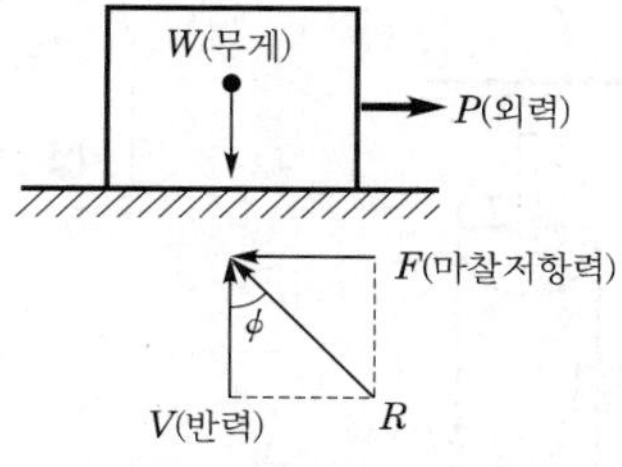

【그림 1.15】 평면의 미끄럼마찰

(2) 경사면의 미끄럼마찰(마찰각 : ϕ)

F(마찰력)$= W\sin\theta$

V(수직항력)$= W\cos\theta$

$$\tan\phi = \frac{F}{V} = \frac{\sin\theta}{\cos\theta} = f$$

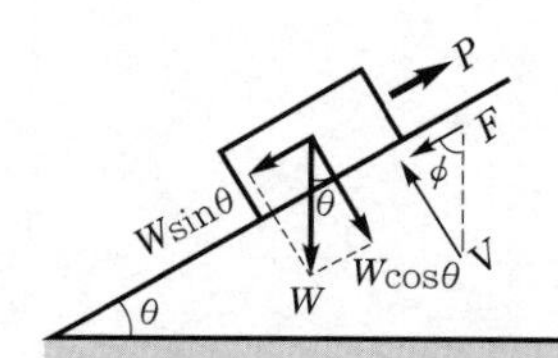

【그림 1.16】 경사면의 미끄럼마찰

마찰력(F)

- 물체무게(W) 또는 수직반력(V)에 비례
- 물체가 움직이려는 순간 최대 마찰력 작용

마찰각(ϕ)

합력(R)과 수직항력(V)이 이루는 각

③ 구름마찰

마찰력 $F = f\left(\frac{W}{r}\right)$

여기서, W : 자중
r : 구의 반경
f : 구름마찰계수
P : 수평력

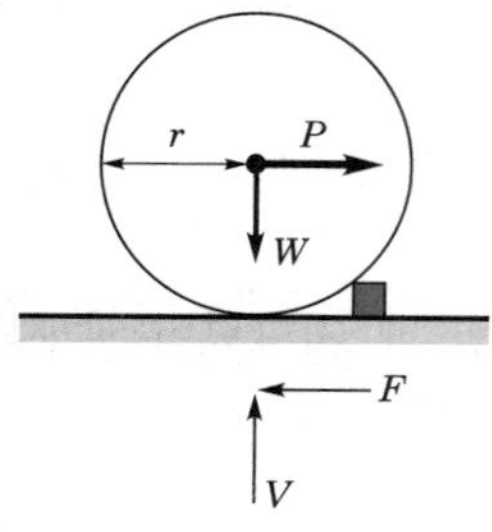

【그림 1.17】 구름마찰

06 도르래(활차)

① 고정도르래

(1) 정의

도르래 자체 축의 이동 없이 바퀴의 회전으로 물체를 들어 올리는 1종 지레의 역할을 한다.

고정도르래
힘의 방향을 바꾸어 주고 물체를 쉽게 들어 올릴 수 있다.

1종 지레
가위, 못 뽑기, 천칭, 대저울 등

(2) 원리

$\sum M_O = 0$; $Pr - Wr = 0$

$\therefore P = W$

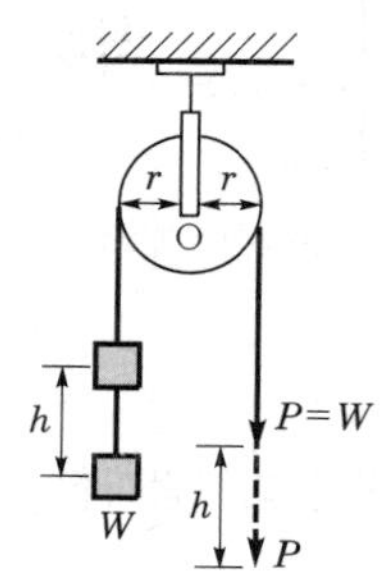

【그림 1.18】 고정도르래

고정도르래의 유형

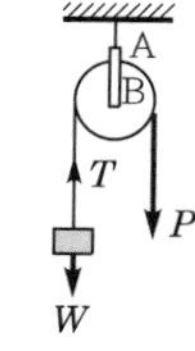

- 장력 T=힘 P
- AB부재력=$2P$

(3) 응용

① 힘(P), 무게(W)와 α의 관계

㉠ $W = 0$, $\alpha = 180°$

㉡ $P = W$, $\alpha = 120°$

㉢ $P > W$, $120° < \alpha < 180°$

㉣ $P < W$, $0° < \alpha < 120°$

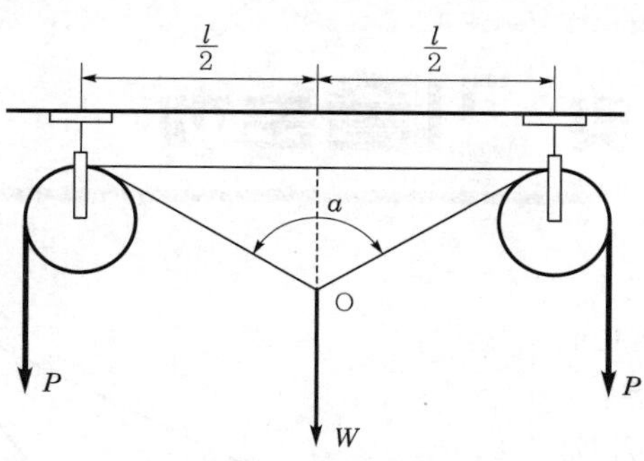

【그림 1.19】 고정도르래의 응용

② O점에서 힘의 균형을 유지할 때 P와 W의 관계

$\sum V_O = 0$에서

$$P\cos\frac{\alpha}{2} + P\cos\frac{\alpha}{2} - W = 0$$

$$2P\cos\frac{\alpha}{2} = W$$

$$\therefore\ P = \frac{W}{2\cos\frac{\alpha}{2}} = \frac{W}{2}\sec\frac{\alpha}{2}$$

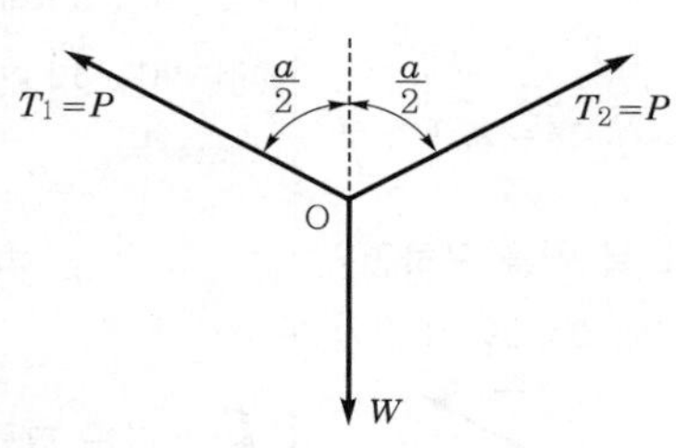

【그림 1.20】

② 움직이는 도르래

(1) 정의

바퀴가 돌면서 축 자체도 동시에 움직이는 2종 지레의 역할을 한다.

(2) 원리

$\sum M_O = 0$

$-P \times 2r + Wr = 0$

$Wr = P \times 2r$

$$\therefore\ P = \frac{W}{2}$$

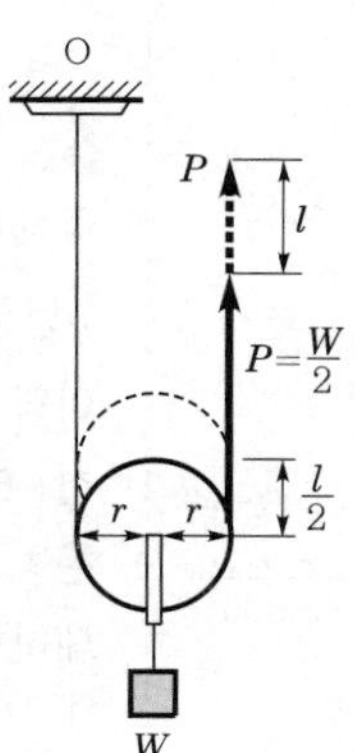

【그림 1.21】 움직이는 도르래

움직이는 도르래

- 힘(P)은 들어올려야 할 무게(W)의 $\frac{1}{2}$
- P의 이동거리 : l
- W의 이동거리 : $\frac{l}{2}$

(P의 이동거리 = 2배 × W의 이동거리)

2종 지레

병따개, 작두 등

움직이는 도르래의 유형

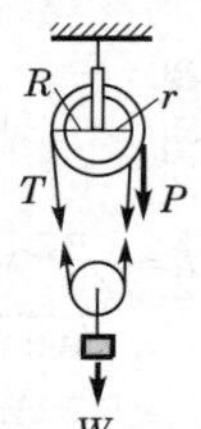

- 장력 $T = \frac{W}{2}$
- 힘 $P = \frac{W}{2}\left(\frac{R-r}{R}\right)$

예상 및 기출문제

1. 한 점에서 바깥쪽으로 작용하는 두 힘 P_1 =10tf, P_2 =12tf가 45°의 각을 이루고 있을 때 그 합력은?

[기사 00, 05, 09, 산업 07, 12]

① 30.0tf ② 32.4tf
③ 24.2tf ④ 20.3tf

해설 $R = \sqrt{P_1^2 + P_2^2 + 2P_1P_2\cos\theta}$

$= \sqrt{10^2 + 12^2 + 2 \times 10 \times 12 \times \cos 45°} = 20\text{tf}$

2. 다음 그림에서 두 힘 P_1, P_2의 합력 R을 구하면?

[기사 02, 07, 산업 05, 09, 16, 17]

① 70kgf
② 80kgf
③ 90kgf
④ 100kgf

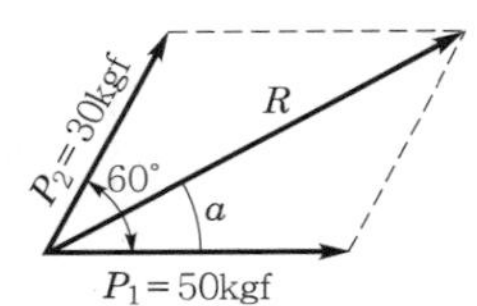

해설 $R = \sqrt{P_1^2 + P_2^2 + 2P_1P_2\cos\theta}$

$= \sqrt{50^2 + 30^2 + 2 \times 50 \times 30 \times \cos 60°}$

$= 70\text{kgf}$

3. 한 점에서 P_1 =3,000kgf, P_2 =4,000kgf가 30°의 각을 이루고 작용할 때 합력의 크기는?

[기사 05, 산업 12]

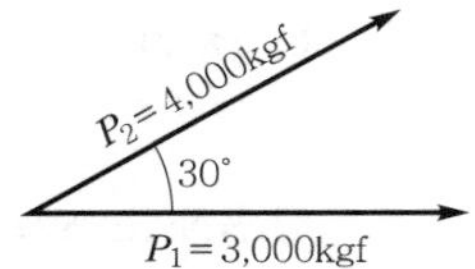

① 4,287kgf ② 5,463kgf
③ 6,766kgf ④ 5,228kgf

해설 $R = \sqrt{P_1^2 + P_2^2 + 2P_1P_2\cos\theta}$

$= \sqrt{3{,}000^2 + 4{,}000^2 + 2 \times 3{,}000 \times 4{,}000 \times \cos 30°}$

$= 6{,}766\text{kgf}$

4. 다음 그림에서 P_1 =20kgf, P_2 =20kgf일 때 P_1과 P_2의 합 R의 크기는?

[기사 04]

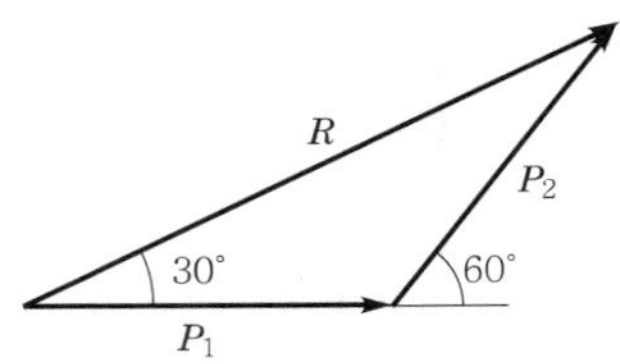

① $10\sqrt{3}$ kgf ② $15\sqrt{3}$ kgf
③ $20\sqrt{3}$ kgf ④ $25\sqrt{3}$ kgf

해설 $R = \sqrt{P_1^2 + P_2^2 + 2P_1P_2\cos\theta}$

$= \sqrt{20^2 + 20^2 + 2 \times 20 \times 20 \times \cos 60°}$

$= 20\sqrt{3}\text{kgf}$

5. 다음 그림의 삼각형 구조가 평행상태에 있을 때 법선방향에 대한 힘의 크기 P는?

[기사 07]

① 200.8kgf
② 180.6kgf
③ 133.2kgf
④ 141.4kgf

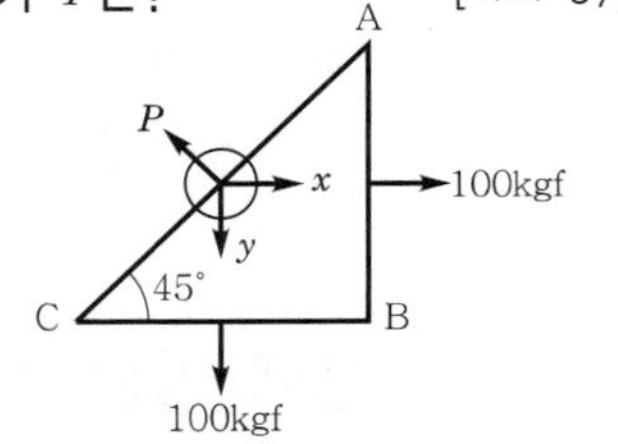

해설 동일점에 작용하는 두 힘의 합력

$R = P = \sqrt{P_1^2 + P_2^2 + 2P_1P_2\cos\theta}$

$= \sqrt{100^2 + 100^2 + 2 \times 100 \times 100 \times \cos 90°}$

$= 141.4\text{kgf}$

6. 다음 그림과 같은 삼각형 물체에 x방향으로 P_x =4tf, y방향으로 $P_y = \sqrt{3}$ tf로 잡아당길 때 평형을 이루기 위한 BC면의 저항력 P의 값은? (단, 물체는 단위길이에 대하여 고려한다.) [기사 04]

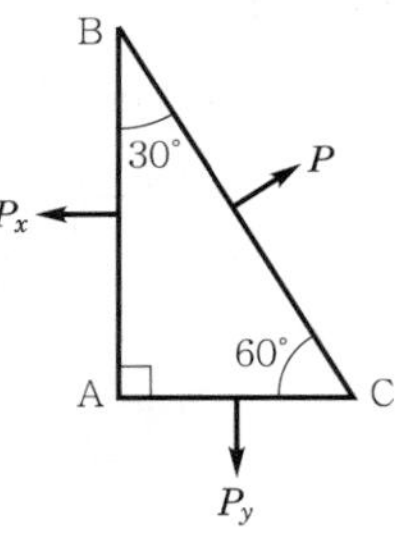

① 3.5tf ② 1.5tf
③ 4.3tf ④ 5.5tf

해설 $P = \sqrt{P_x^2 + P_y^2} = \sqrt{4^2 + (\sqrt{3})^2} = 4.36\text{tf}$

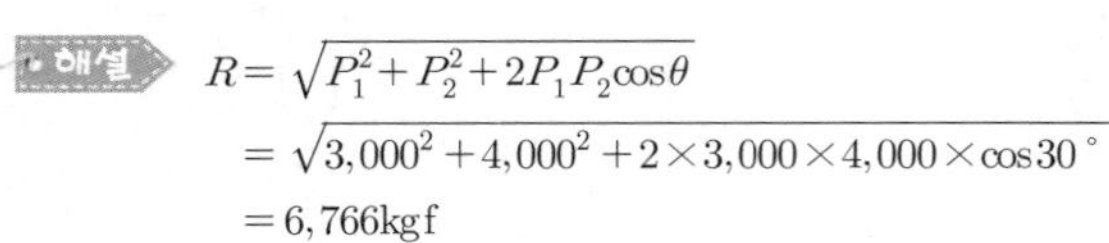

정답 1. ④ 2. ① 3. ③ 4. ③ 5. ④ 6. ③

7. 다음 그림과 같이 강선 A와 B가 서로 평형상태를 이루고 있다. 이때 각도 θ의 값은?

[기사 08, 11, 17, 산업 07]

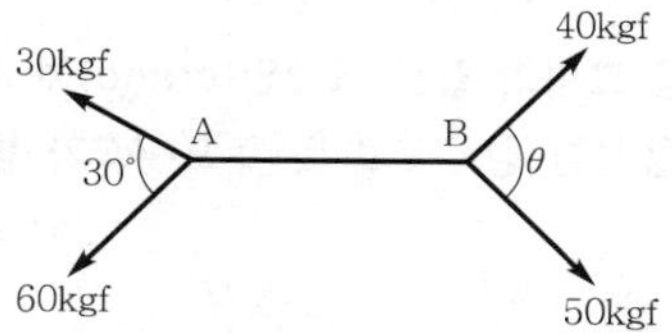

① 47.2° ② 32.6°
③ 28.4° ④ 17.8°

해설 A, B가 평형을 이룬다면 A, B점에서의 합력의 절대치가 같아야 한다. 그러므로 $R_A = R_B$이다.

$R_A = \sqrt{30^2 + 60^2 + 2 \times 30 \times 60 \times \cos 30^\circ}$

$R_B = \sqrt{40^2 + 50^2 + 2 \times 40 \times 50 \times \cos\theta}$

$\therefore \theta = 28.396^\circ$

8. 다음 그림과 같이 방향이 서로 반대이고 평행한 두 개의 힘이 A와 B점에 작용하고 있을 때 두 힘의 합력의 작용점 위치는? [기사 00, 05, 산업 03]

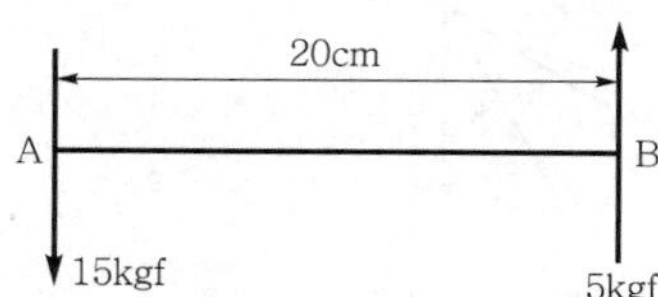

① A점에서 오른쪽으로 5cm 되는 곳
② A점에서 오른쪽으로 10cm 되는 곳
③ A점에서 왼쪽으로 5cm 되는 곳
④ A점에서 왼쪽으로 10cm 되는 곳

해설 바리농의 정리 이용

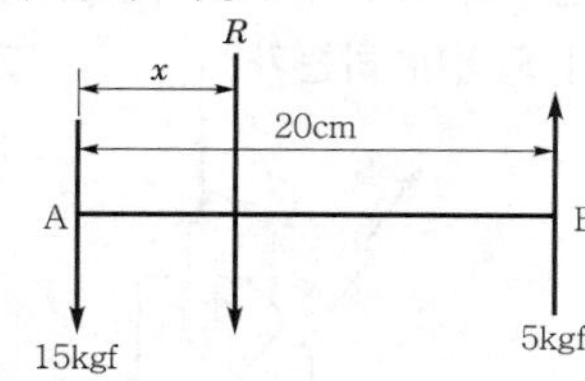

$\Sigma F_Y = 0(\downarrow \oplus)$

$R + 15 - 5 = 0$

$\therefore R = -10\text{kgf}(\uparrow)$

$\Sigma M_A = 0(\oplus)$

$Rx - 5 \times 20 = 0$

$\therefore x = \frac{5 \times 20}{R} = -\frac{5 \times 20}{10} = -10\text{cm}$

9. 두 평행한 힘의 합력점은 어디에 있는가?

[기사 06, 산업 02]

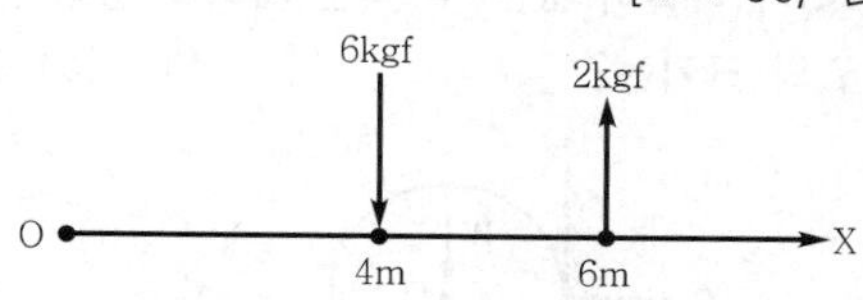

① O점에서 우로 3m
② O점에서 우로 5.66m
③ O점에서 좌로 5.66m
④ O점에서 좌로 3m

해설 바리농의 정리 이용

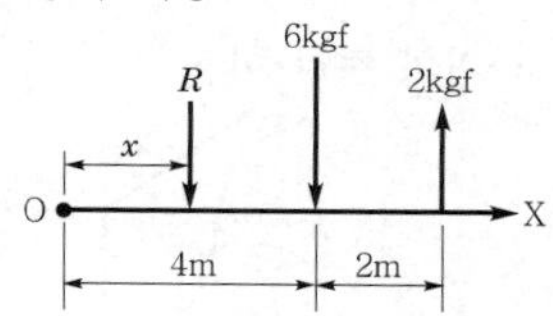

$\Sigma F_Y = 0(\downarrow \oplus)$

$R = 2 - 6 = -4\text{kgf}(\uparrow)$

$\Sigma M_O = 0(\oplus)$

$Rx - 6 \times 4 + 2 \times 6 = 0$

$\therefore x = \frac{6 \times 4 - 2 \times 6}{R} = \frac{24 - 12}{4} = 3\text{m}$

10. 다음 그림과 같은 역계에서 합력 R의 위치 x의 값은? [기사 07, 산업 15, 16, 17]

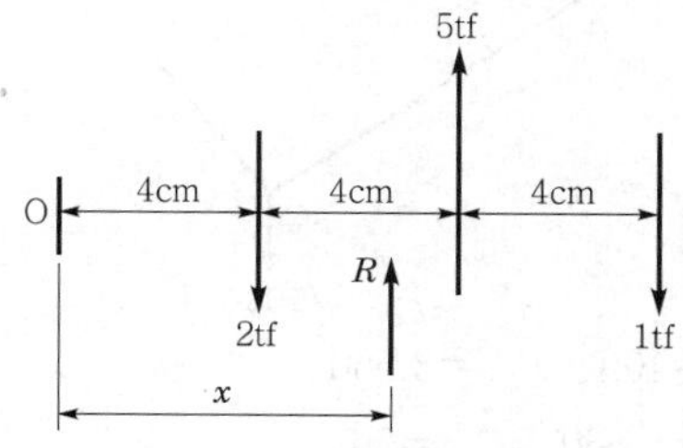

① 6cm ② 9cm
③ 10cm ④ 12cm

해설 바리농의 정리 이용

$\Sigma F_Y = 0(\uparrow \oplus)$

$R + 5 - 2 - 1 = 0$

$\therefore R = -2\text{tf}(\downarrow)$

$\Sigma M_O = 0(\oplus)$

$Rx + 4 \times 2 - 5 \times 8 + 1 \times 12 = 0$

$\therefore x = \frac{-8 + 40 - 12}{R} = \frac{20}{2} = 10\text{cm}$

정답 7. ③ 8. ④ 9. ① 10. ③

11. 다음 그림과 같이 밀도가 균일하고 무게가 W인 구(球)가 마찰이 없는 두 벽면 사이에 놓여 있을 때 반력 R_a의 크기는? [기사 01, 08, 17]

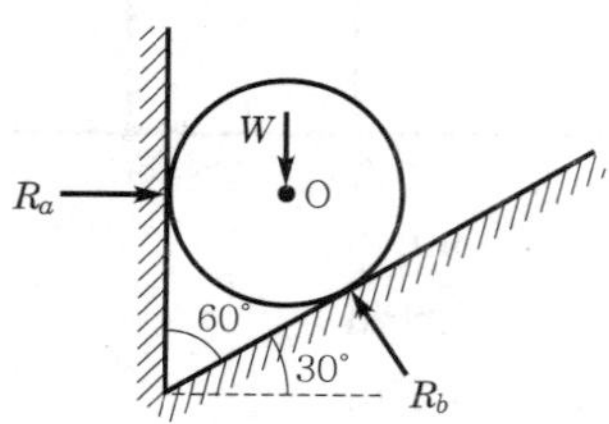

① 0.500 W ② 0.577 W
③ 0.707 W ④ 0.866 W

해설 라미의 정리 이용

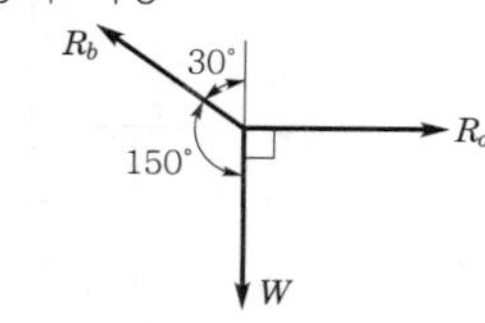

$$\frac{W}{\sin 120°} = \frac{R_a}{\sin 150°}$$

$$\therefore R_a = \frac{W}{\sqrt{3}} = 0.577W$$

12. 다음 그림의 AC, BC에 작용하는 힘 F_{AC}, F_{BC}의 크기는? [기사 03, 15, 16, 산업 09, 13, 16, 17]

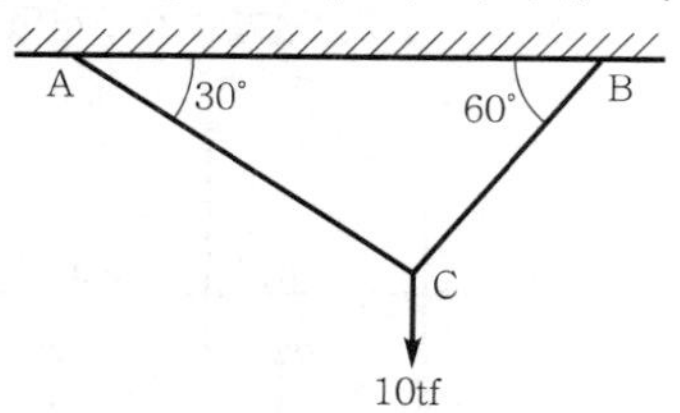

① F_{AC}=10tf, F_{BC}=8.66tf
② F_{AC}=8.66tf, F_{BC}=5tf
③ F_{AC}=5tf, F_{BC}=8.66tf
④ F_{AC}=5tf, F_{BC}=17.32tf

해설

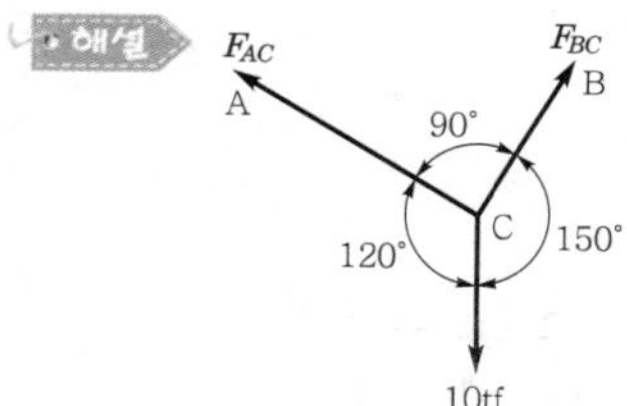

$$\frac{10}{\sin 90°} = \frac{F_{AC}}{\sin 150°} = \frac{F_{BC}}{\sin 120°}$$

$\therefore F_{AC}=5\text{tf},\ F_{BC}=8.66\text{tf}$

13. 다음 그림과 같은 크레인(crane)에 2,000kgf의 하중을 작용시킬 경우 AB 및 로프 AC가 받는 힘은? [기사 00, 04, 17]

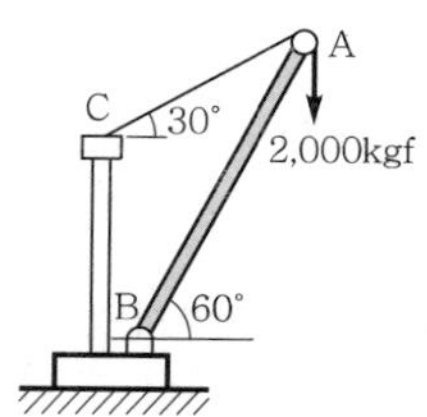

	AB	AC
①	1,732kgf(인장),	1,000kgf(압축)
②	3,464kgf(압축),	2,000kgf(인장)
③	3,864kgf(압축),	2,000kgf(인장)
④	1,732kgf(인장),	2,000kgf(인장)

해설

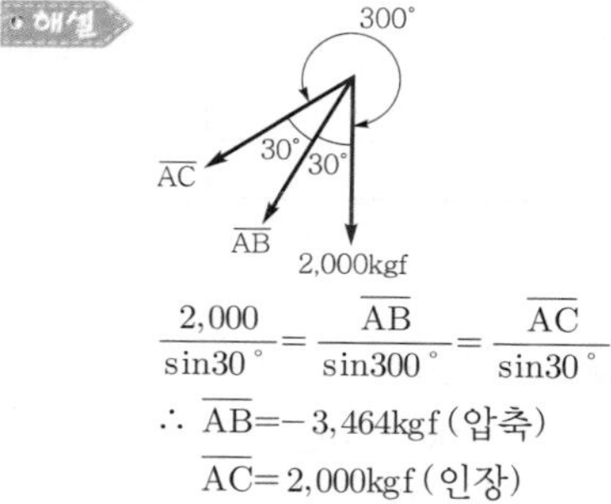

$$\frac{2,000}{\sin 30°} = \frac{\overline{AB}}{\sin 300°} = \frac{\overline{AC}}{\sin 30°}$$

$\therefore \overline{AB} = -3,464\text{kgf}$ (압축)

$\overline{AC} = 2,000\text{kgf}$ (인장)

14. 다음 그림과 같이 연결부에 두 힘 5tf와 2tf가 작용한다. 평행을 이루기 위해서는 두 힘 A와 B의 크기는 얼마가 되어야 하는가? [기사 09]

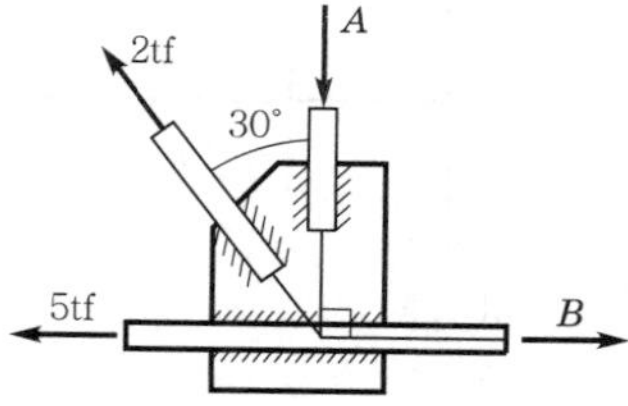

① $A=5+\sqrt{3}$ tf, $B=1$tf
② $A=\sqrt{3}$ tf, $B=6$tf
③ $A=6$tf, $B=\sqrt{3}$ tf
④ $A=1$tf, $B=5+\sqrt{3}$ tf

정답 11. ② 12. ③ 13. ② 14. ②

해설

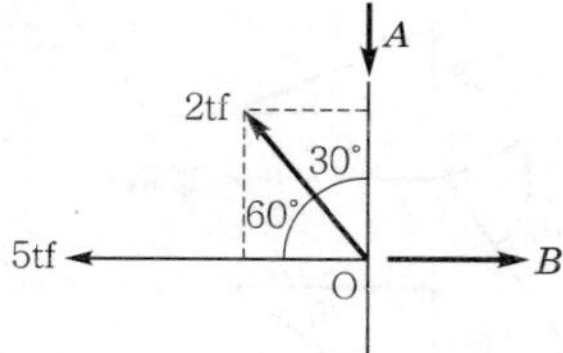

㉠ $\Sigma H=0$; $5+2\times\cos 60°-B=0$

$\therefore B=6\text{tf}$

㉡ $\Sigma V=0$; $-A+2\times\cos 30°=0$

$\therefore A=\sqrt{3}\,\text{tf}$

15. 다음 그림과 같은 구조물의 C점에 연직하중이 작용할 때 부재 AC가 받는 힘은? [기사 09, 16, 산업 03, 15, 16]

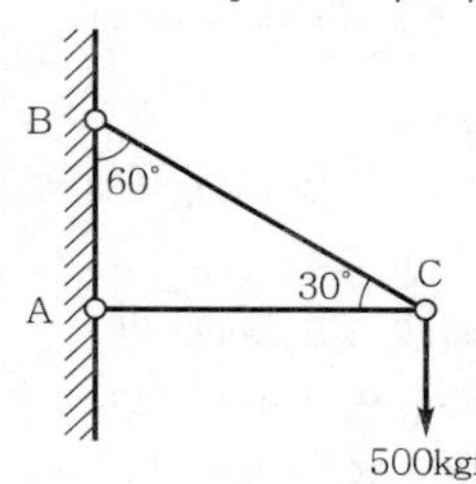

① 250kgf ② 500kgf

③ 866kgf ④ 1,000kgf

해설 비례법 이용

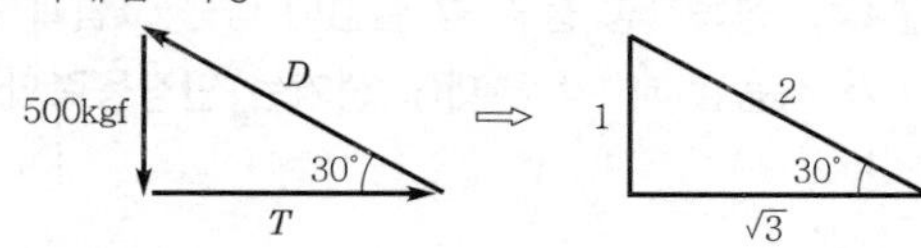

㉠ $500 : 1 = D : 2$

$\therefore D=1{,}000\text{kgf}$

㉡ $500 : 1 = T : \sqrt{3}$

$\therefore T=500\sqrt{3}=866\text{kgf}$

16. 다음 그림과 같이 각 점이 힌지로 연결된 구조물에서 부재 CD의 부재력은? [기사 11, 산업 08, 15]

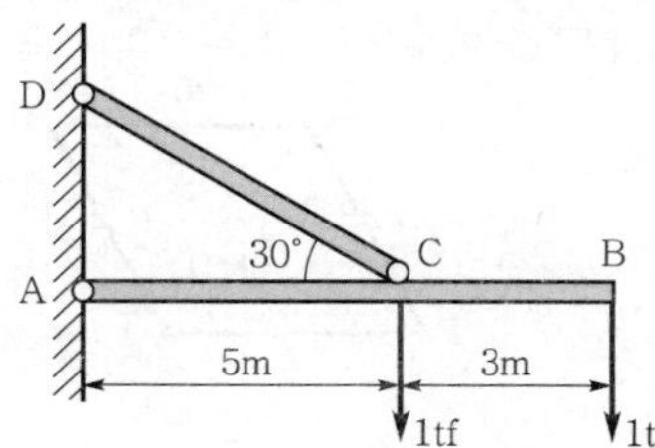

① 3tf(압축) ② 3tf(인장)

③ 5.2tf(압축) ④ 5.2tf(인장)

해설 자유물체도(F.B.D)

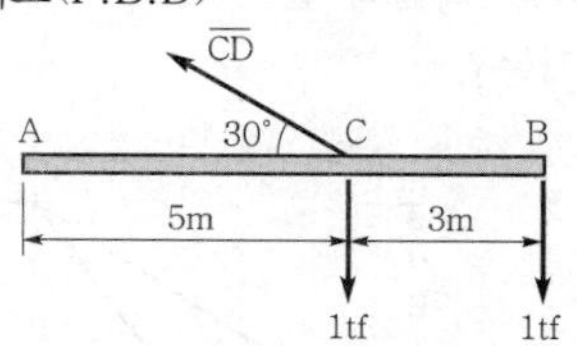

$\Sigma M_A=0$; $1\times5+1\times8-\overline{CD}\times\sin 30°\times5=0$

$\therefore \overline{CD}=5.2\text{tf}$(인장)

17. 무게 1,000kgf를 C점에서 매달 때 줄 AC에 작용하는 장력은? [기사 02]

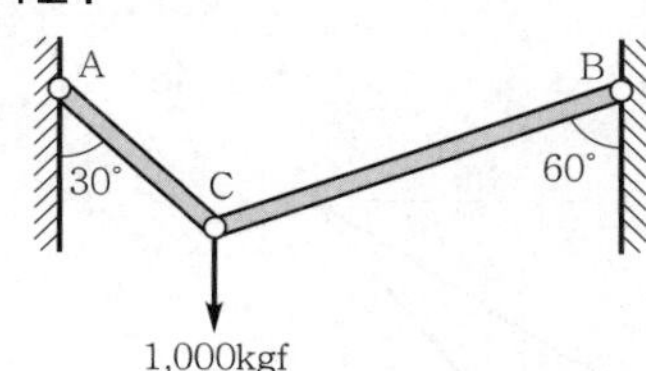

① 540kgf ② 670kgf

③ 972kgf ④ 866kgf

해설

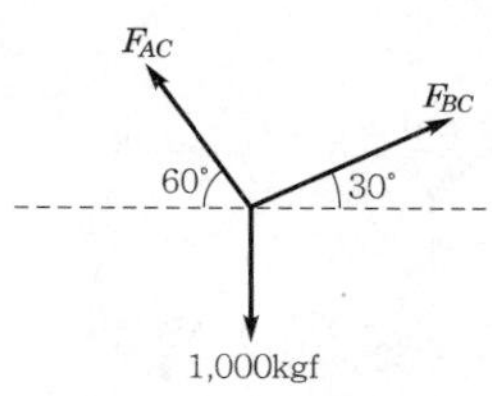

$\Sigma F_X=0(\rightarrow\oplus)$

$F_{BC}\cos 30°-F_{AC}\cos 60°=0$

$\therefore F_{BC}=\dfrac{1}{\sqrt{3}}F_{AC}$

$\Sigma F_Y=0(\uparrow\oplus)$

$F_{AC}\sin 60°+\dfrac{1}{\sqrt{3}}F_{AC}\sin 30°-1{,}000=0$

$\therefore F_{AC}=866\text{kgf}$

〔별해〕 Lami의 정리 이용

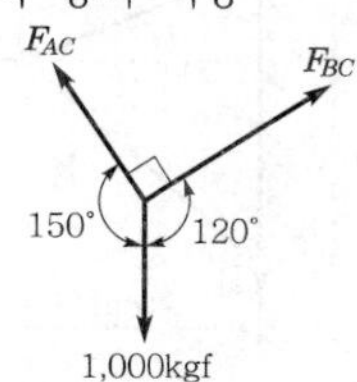

$$\frac{F_{AC}}{\sin 120°}=\frac{1{,}000}{\sin 90°}$$

$\therefore F_{AC}=1{,}000\times\sin 120°$

$=1{,}000\times\dfrac{\sqrt{3}}{2}=866\text{kgf}$

정답 15. ③ 16. ④ 17. ④

18. 다음 그림과 같은 구조물에서 부재 AB가 받는 힘의 크기는? [기사 03, 07]

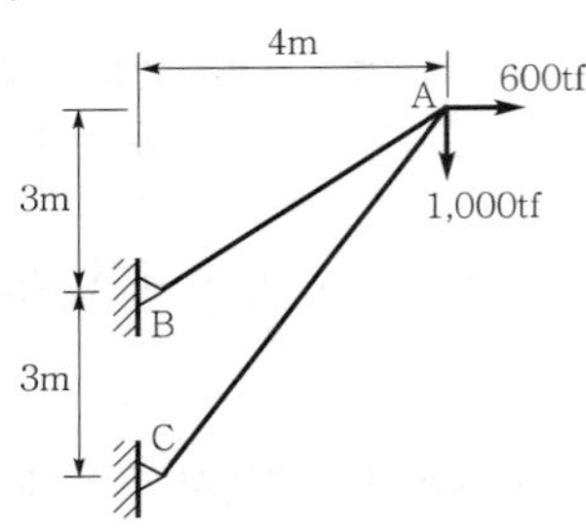

① 3,166.7tf ② 3,274.2tf
③ 3,368.5tf ④ 3,485.4tf

해설

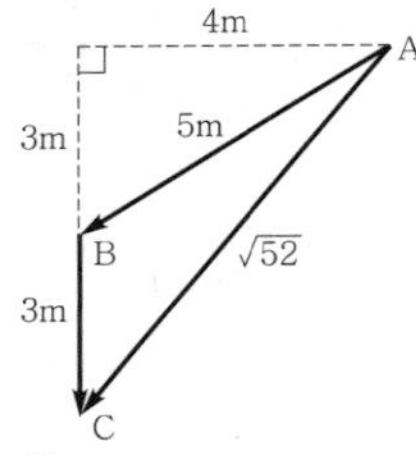

㉠ $\Sigma H=0$

$-\frac{4}{5}\overline{AB}-\frac{4}{\sqrt{52}}\overline{AC}+600=0$

㉡ $\Sigma V=0$

$-\frac{3}{5}\overline{AB}-\frac{6}{\sqrt{52}}\overline{AC}-1{,}000=0$

㉠과 ㉡을 연립해서 풀면

$\overline{AB}=3{,}166.7$tf(인장), $\overline{AC}=-3{,}485.4$tf(압축)

19. 다음 그림에서와 같이 케이블 C점에서 하중 33kgf가 작용하고 있다. 이때 AC케이블에 작용하는 인장력은? [기사 11]

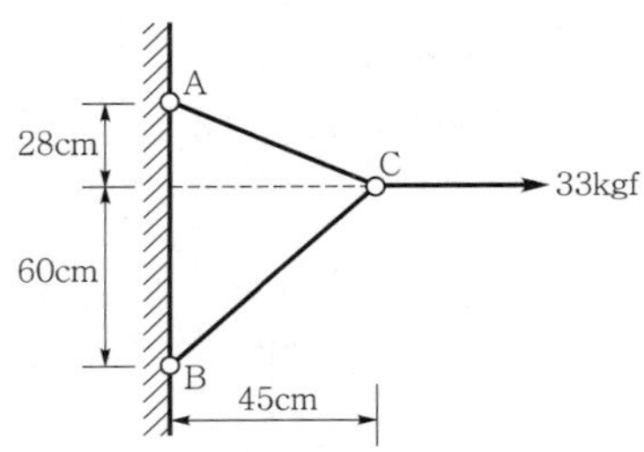

① 17.5kgf ② 18.5kgf
③ 25.5kgf ④ 26.5kgf

해설

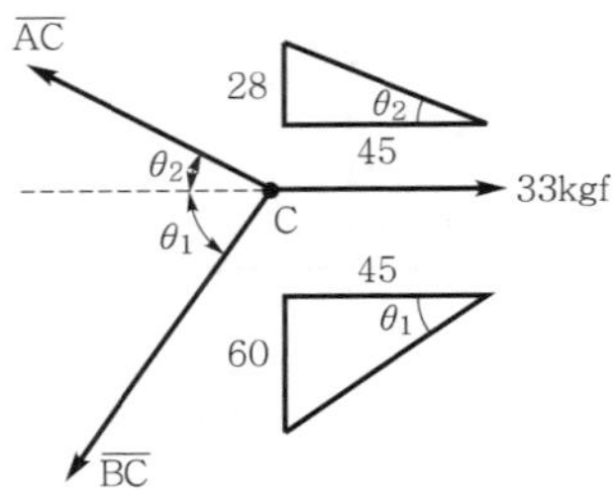

$\sin\theta_1=\frac{60}{\sqrt{45^2+60^2}}=0.8$

$\sin\theta_2=\frac{28}{\sqrt{28^2+45^2}}=0.528$

$\cos\theta_1=\frac{45}{\sqrt{45^2+60^2}}=0.6$

$\cos\theta_2=\frac{45}{\sqrt{28^2+45^2}}=0.849$

㉠ $\Sigma H=0$

$\overline{AC}\cos\theta_2+\overline{BC}\cos\theta_1=33$

㉡ $\Sigma V=0$

$\overline{AC}\sin\theta_2-\overline{BC}\sin\theta_1=0$

㉠과 ㉡을 연립해서 풀면

$\overline{BC}\times0.8=\overline{AC}\times0.528$

$\overline{BC}=0.66\overline{AC}$

$\therefore\ \overline{AC}=26.5$kgf, $\overline{BC}=17.5$kgf

20. 정육각형 틀의 각 절점에 다음 그림과 같이 하중 P가 작용할 때 각 부재에 생기는 인장응력의 크기는? [기사 04, 09]

① P
② $2P$
③ $\frac{P}{2}$
④ $\frac{P}{\sqrt{2}}$

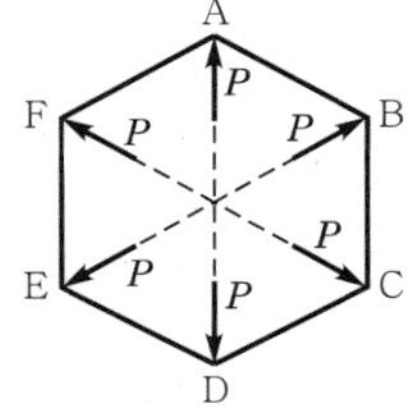

해설 임의 한 절점의 자유물체도에서 각각 두 힘들이 120°를 이루므로 각 부재의 응력 $T=P$이다.

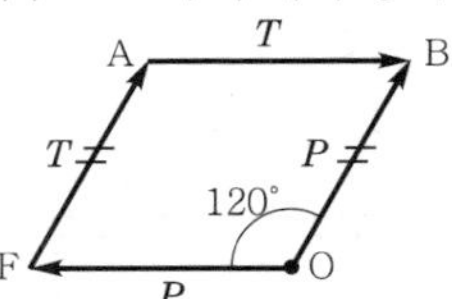

 정답 18. ① 19. ④ 20. ①

21. 삼각형 물체에 P_1, P_2가 다음 그림과 같이 작용할 때 AC면에 수직한 방향의 성분으로 변환할 경우 그 힘 P는? [기사 00]

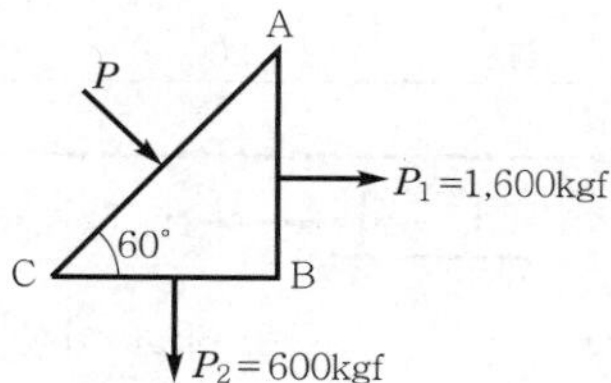

① 1,905kgf ② 1,320kgf
③ 1,686kgf ④ 1,708kgf

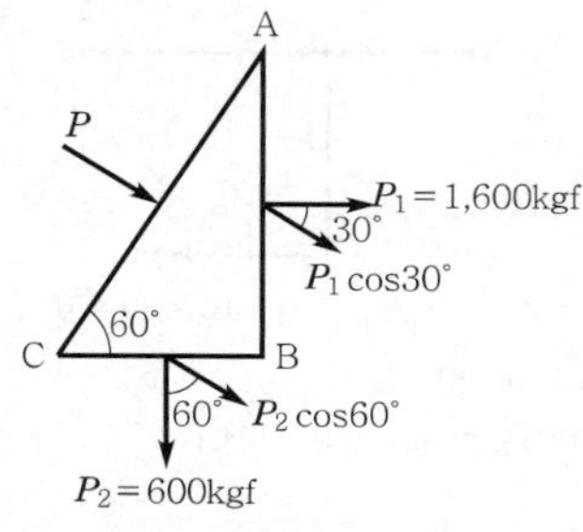

$P = P_1\cos30° + P_2\cos60°$
$= 1,600 \times \cos30° + 600 \times \cos60° = 1,685.64\text{kgf}$

22. 다음 그림과 같이 케이블(cable)에 500kgf의 추가 매달려 있다. 이 추의 중심선이 구멍의 중심축상에 있게 하려면 A점에 작용할 수평력 P의 크기는 얼마가 되어야 하는가? [기사 00, 06, 17]

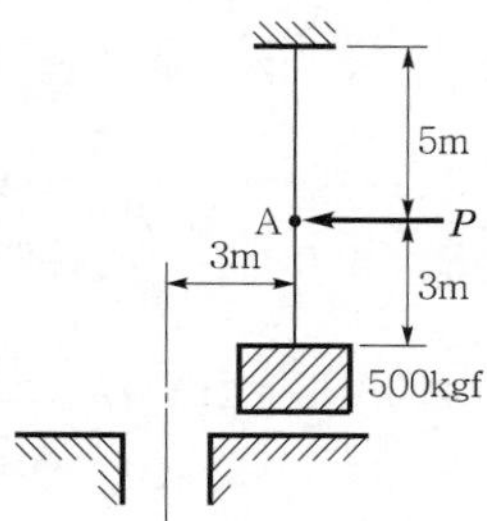

① 325kgf ② 350kgf
③ 375kgf ④ 400kgf

해설 비례법 이용

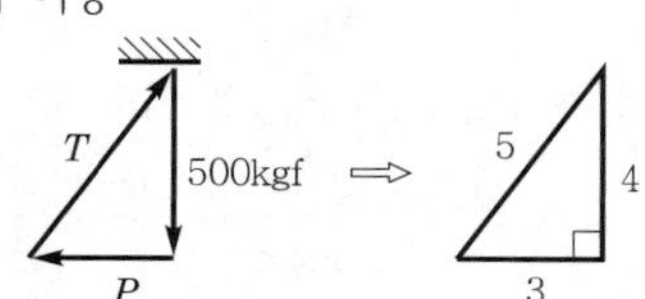

$500 : 4 = P : 3$

$\therefore P = \frac{3}{4} \times 500 = 375\text{kgf}$

23. 부양력 200kgf인 기구가 수평선과 60°의 각으로 정지상태에 있을 때 기구의 끈에 작용하는 인장력(T)과 풍압(W)을 구하면? [기사 01, 06, 10]

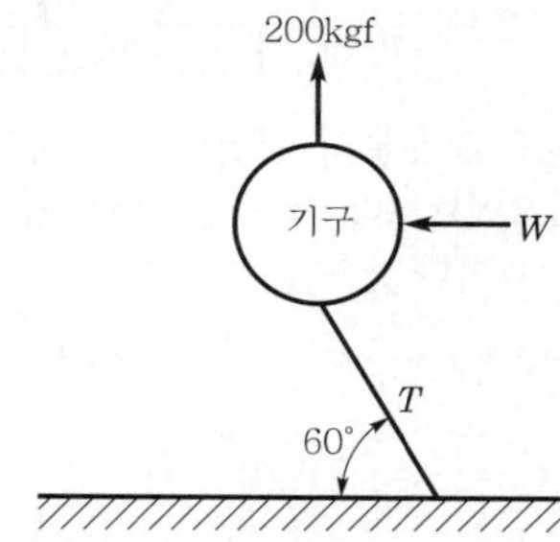

① 200.94kgf, 105.47kgf ② 230.94kgf, 115.47kgf
③ 220.94kgf, 125.47kgf ④ 230.94kgf, 135.47kgf

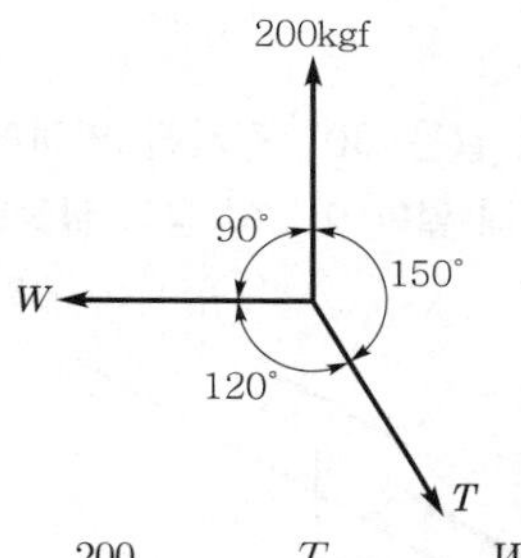

$$\frac{200}{\sin120°} = \frac{T}{\sin90°} = \frac{W}{\sin150°}$$

$\therefore T = \frac{200}{\sin120°} \times \sin90° = 230.94\text{kgf}$

$W = \frac{200}{\sin120°} \times \sin150° = 115.4\text{kgf}$

[별해] 동일점에 작용하는 힘 : 비례법 이용

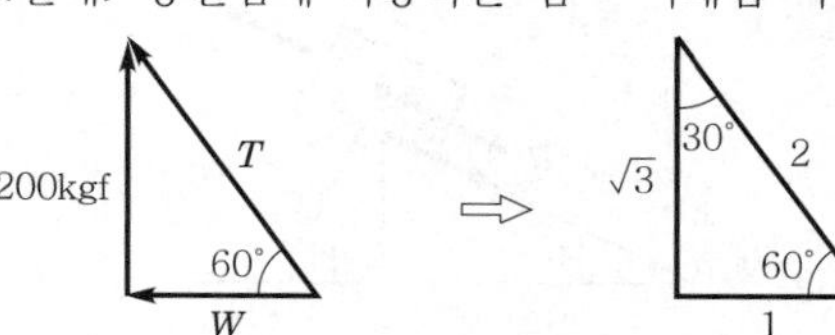

㉠ $T : 2 = 200 : \sqrt{3}$

$\therefore T = \frac{1}{\sqrt{3}} \times 400 = 230.94\text{kgf}$

㉡ $W : 1 = 200 : \sqrt{3}$

$\therefore W = \frac{1}{\sqrt{3}} \times 200 = 115.47\text{kgf}$

정답 21. ③ 22. ③ 23. ②

24. 다음 그림과 같은 1m의 지름을 가진 차륜이 높이 0.2m의 장애물을 넘어가기 위해서 최소로 필요한 수평력은? (단, 차륜의 자중 W=1.5tf) [기사 05]

① 1.33tf 이상
② 2.33tf 이상
③ 2.0tf 이상
④ 1.0tf 이상

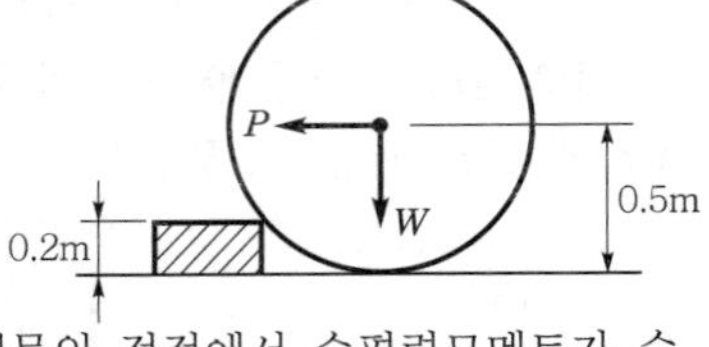

해설 차륜과 장애물의 접점에서 수평력모멘트가 수직력모멘트보다 커야 장애물을 통과하므로 $0.3P > 0.4W$이다.

$\therefore P > 1.5 \times \frac{0.4}{0.3} = 2\text{tf}$를 만족해야 한다.

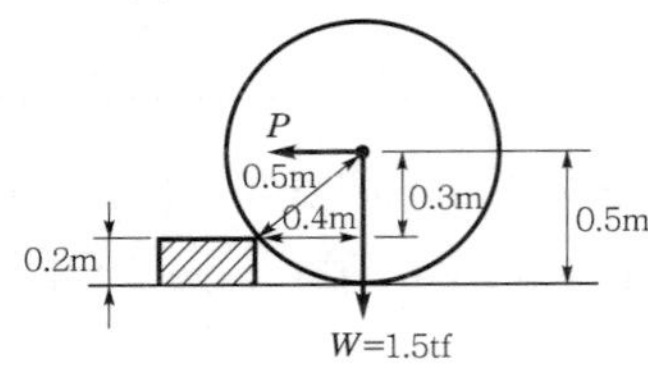

25. 다음 그림과 같은 30° 경사진 언덕에서 4tf의 물체를 밀어 올리는 데 얼마 이상의 힘이 필요한가? (단, 마찰계수는 0.25) [기사 02, 08, 산업 07]

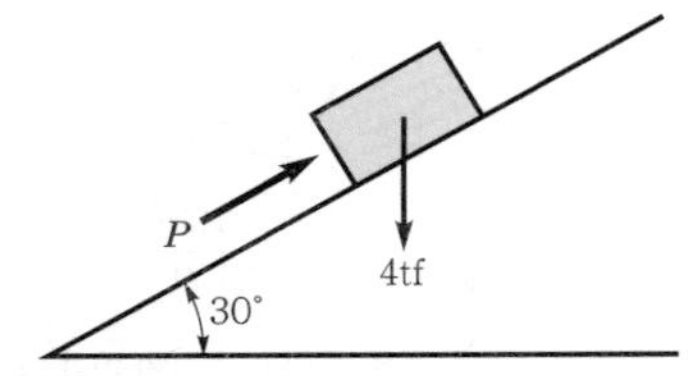

① 2.57tf ② 2.87tf
③ 3.02tf ④ 4tf

해설

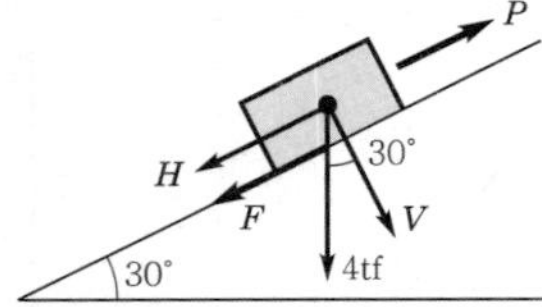

㉠ 수평분력
$H = 4 \times \sin 30° = 2\text{tf}$

㉡ 수직분력
$V = 4 \times \cos 30° = 2\sqrt{3}\text{tf}$

㉢ 경사면 마찰력
$F = V\mu = 2\sqrt{3} \times 0.25 = 0.866\text{tf}$

$\therefore P \geq H + F = 2 + 0.866 = 2.866\text{tf}$

26. 다음 그림에서 블록 A를 뽑아내는 데 필요한 힘 P는 최소 얼마 이상이어야 하는가? (단, 블록과 접촉면과의 마찰계수는 0.3이다) [기사 00, 06, 15, 17]

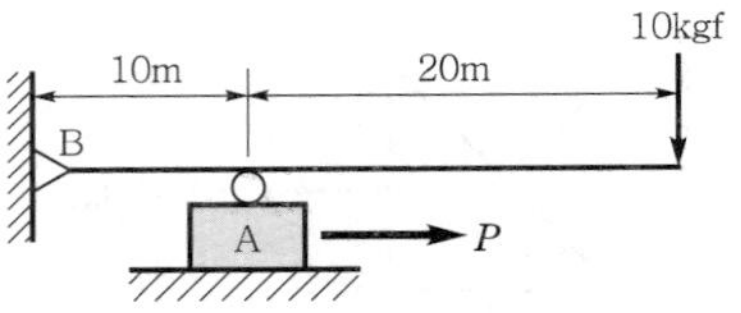

① 3kgf 이상 ② 6kgf 이상
③ 9kgf 이상 ④ 12kgf 이상

해설 자유물체도(F.B.D)

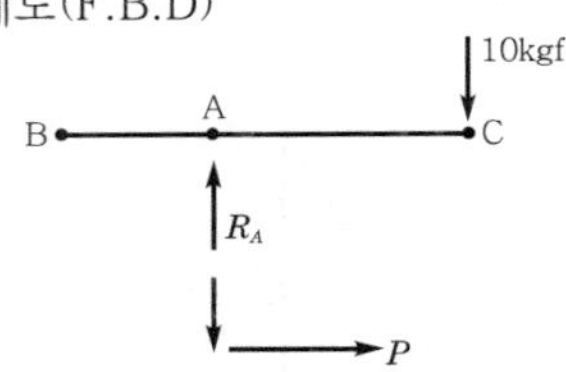

$\Sigma M_B = 0$; $-R_A \times 10 + 10 \times 30 = 0$

$\therefore R_A = 30\text{kgf}$

$\therefore P = V\mu = 30 \times 0.3 = 9\text{kgf}$

27. 다음 그림과 같은 구조물에 하중 W가 작용할 때 P의 크기는? (단, $0° < \alpha < 180°$이다.) [기사 01, 05, 06, 16]

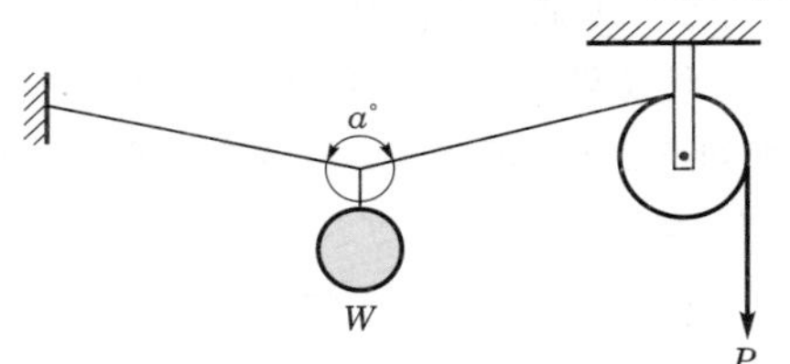

① $P = \dfrac{W}{2\cos\frac{\alpha}{2}}$ ② $P = \dfrac{W}{2\cos\alpha}$

③ $P = \dfrac{W}{\cos\frac{\alpha}{2}}$ ④ $P = \dfrac{2W}{\cos\frac{\alpha}{2}}$

해설

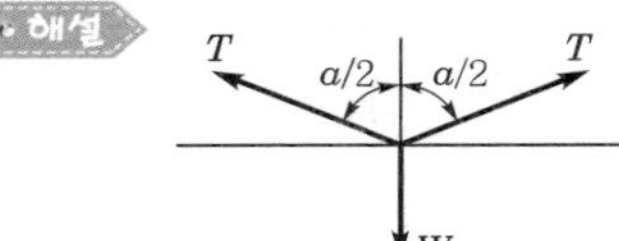

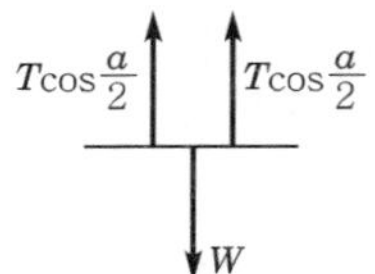

$\Sigma V = 0$; $2T\cos\frac{\alpha}{2} - W = 0$

$\therefore T = P = \dfrac{W}{2\cos\frac{\alpha}{2}} = \dfrac{W}{2}\sec\frac{\alpha}{2}$

정답 24. ③ 25. ② 26. ③ 27. ①

28. 다음 그림과 같이 두 개의 활차를 사용하여 물체를 매달 때 3개의 물체가 평형을 이루기 위한 θ값은? (단, 로프와 활차의 마찰은 무시한다.) [기사 04, 산업 04]

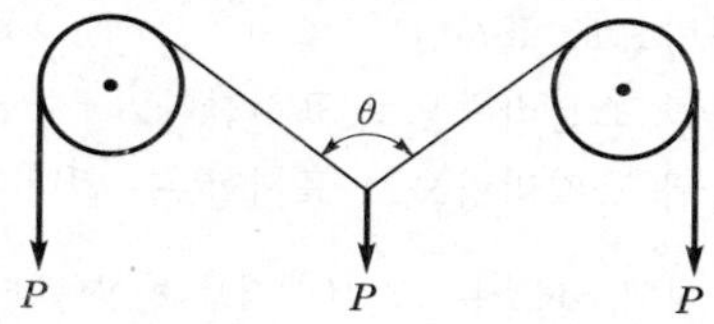

① 30° ② 45°
③ 60° ④ 120°

해설 물체가 평형이 되려면 장력이 모두 P가 되어야 한다. 다음 그림과 같이 O점(중앙 P작용점)에서 평형을 고려하면 라미의 정리에 의해 $\theta=120°$를 갖는다.

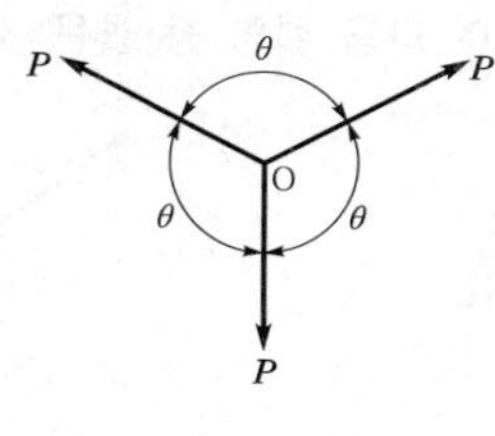

29. 다음 그림과 같은 2개의 마찰이 없는 도르래에 로프를 걸고 그 양단에 500kgf씩 하중을 매달고 난 다음 도르래 사이 간격의 중앙점인 C점에 400kgf의 무게를 매달았더니 C점이 D점까지 내려와서 평형이 되고 있다. 이때 C점과 D점 간의 거리 y는 얼마인가? [기사 02]

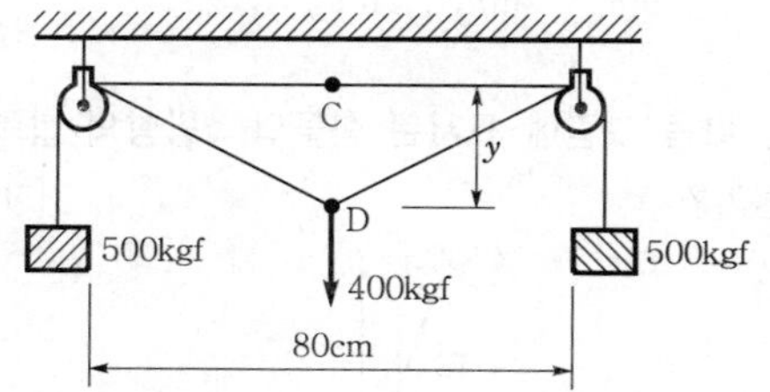

① 34.45cm ② 25.45cm
③ 17.45cm ④ 47.45cm

해설

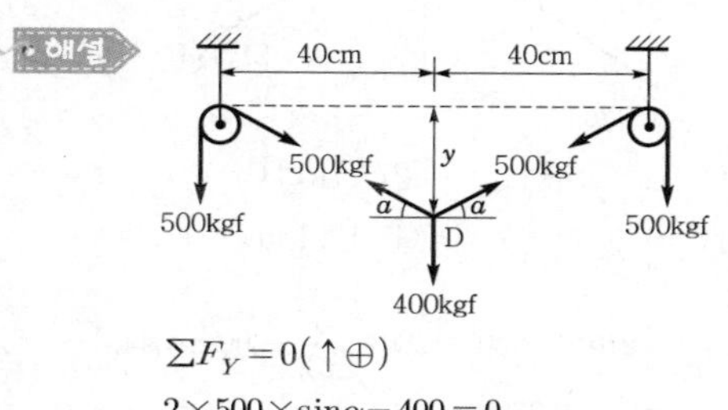

$\Sigma F_Y=0(\uparrow\oplus)$

$2\times500\times\sin\alpha-400=0$

$\sin\alpha=\dfrac{2}{5}$

$\therefore\ \alpha=\sin^{-1}\dfrac{2}{5}=23.58°$

$\tan\alpha=\dfrac{y}{40}$

$\therefore\ y=40\times\tan23.58°=17.46\text{cm}$

30. 무게 1kgf의 물체를 두 끈으로 늘어뜨렸을 때 한 끈이 받는 힘의 크기순서가 옳은 것은? [기사 03, 16]

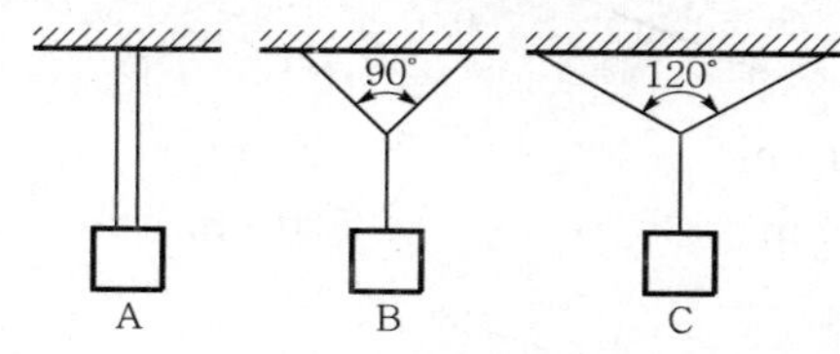

① B>A>C ② C>A>B
③ A>B>C ④ C>B>A

해설 자유물체도(F.B.D)

(A) $\Sigma V=0$

$2T_1=1$

$\therefore\ T_1=\dfrac{1}{2}\text{kgf}$

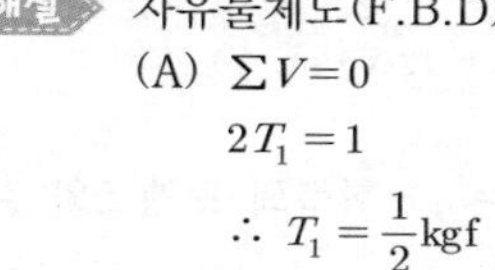

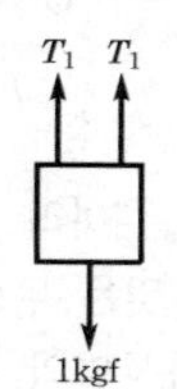

(B) $\Sigma V=0$

$2T_2\cos45°-1=0$

$\therefore\ T_2=\dfrac{\sqrt{2}}{2}\text{kgf}$

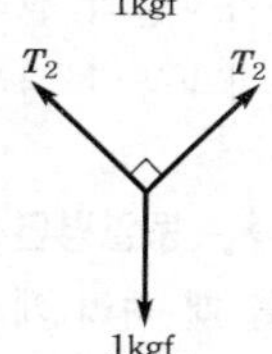

(C) $\Sigma V=0$

$2T_3\cos60°-1=0$

$\therefore\ T_3=\dfrac{2}{2}\text{kgf}$

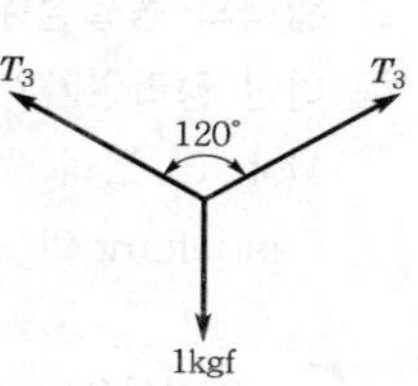

$T_1:T_2:T_3=1:\sqrt{2}:2$

$\therefore$ A < B < C

정답 28. ④ 29. ③ 30. ④

31. **다음 중 힘의 3요소가 아닌 것은?** [산업 02, 11]

① 크기 ② 방향
③ 작용점 ④ 모멘트

해설 힘의 3요소는 크기, 방향, 작용점이다.

32. **다음 힘의 O점에 대한 모멘트값은?** [산업 02]

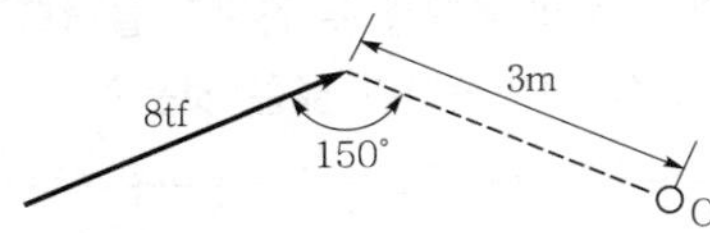

① 24tf · m ② 8tf · m
③ 6tf · m ④ 12tf · m

해설

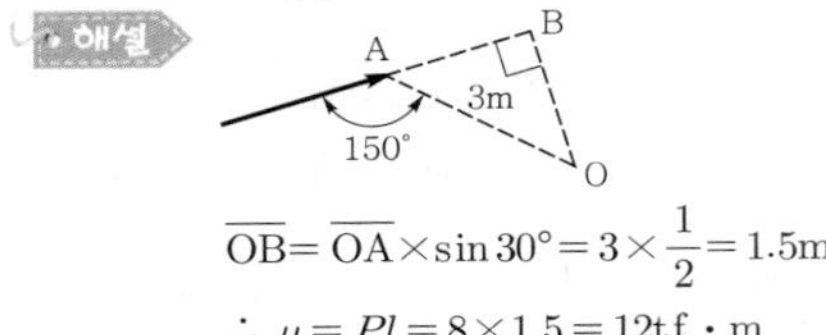

$\overline{OB} = \overline{OA} \times \sin 30° = 3 \times \frac{1}{2} = 1.5\text{m}$

$\therefore \mu = Pl = 8 \times 1.5 = 12\text{tf} \cdot \text{m}$

33. **"여러 힘의 모멘트는 그 합력의 모멘트와 같다"라는 것은 무슨 원리인가?** [산업 12, 15, 17]

① 가상일의 원리 ② 모멘트 분배법
③ 바리뇽의 원리 ④ 모어(Mohr)의 정리

34. **동일평면상의 한 점에 여러 개의 힘이 작용하고 있을 때 여러 개의 힘의 어떤 점에 대한 모멘트의 합은 그 합력의 동일점에 대한 모멘트와 같다는 것은 다음 중 어떤 정리인가?** [산업 12, 16]

① Mohr의 정리 ② Lami의 정리
③ Castigliano의 정리 ④ Varignon의 정리

35. **바리뇽(Varignon)의 정리에 대한 설명으로 옳은 것은?** [산업 16]

① 여러 힘의 한 점에 대한 모멘트의 합력과 합력의 그 점에 대한 모멘트는 우력모멘트로 작용한다.
② 여러 힘의 한 점에 대한 모멘트의 합은 합력의 그 점에 대한 모멘트보다 항상 작다.
③ 여러 힘의 임의 한 점에 대한 모멘트의 합은 합력의 그 점에 대한 모멘트와 같다.
④ 여러 힘의 한 점에 대한 모멘트를 합하면 합력의 그 점에 대한 모멘트보다 항상 크다.

36. **힘의 3요소에 대한 설명으로 옳은 것은?** [산업 13]

① 벡터량으로 표시한다.
② 스칼라량으로 표시한다.
③ 벡터량과 스칼라량으로 표시한다.
④ 벡터량과 스칼라량으로 표시할 수 없다.

해설 힘의 3요소는 크기(벡터), 방향(벡터), 작용점이다.

37. **다음 그림과 같은 평형을 이루는 세 힘에 관하여 다음 설명 중 옳은 것은?** [산업 08]

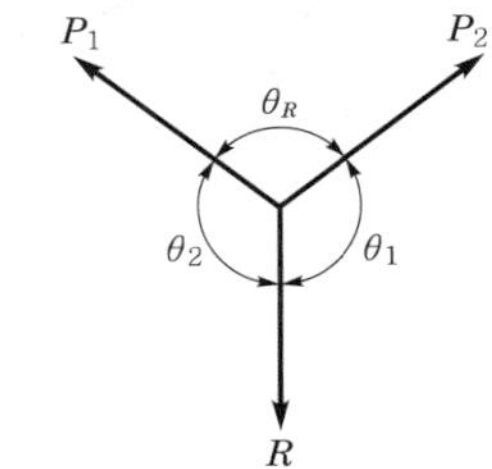

① $\frac{P_2}{\sin\theta_2} = \frac{R}{\sin\theta_R}$ ② $\frac{P_1}{\sin\theta_2} = \frac{P_2}{\sin\theta_1}$
③ $\frac{P_1}{\sin\theta_1} = \frac{R}{\sin\theta_2}$ ④ $\frac{P_1}{\sin\theta_R} = \frac{P_2}{\sin\theta_1}$

해설 라미의 정리 이용

$$\frac{P_1}{\sin\theta_1} = \frac{P_2}{\sin\theta_2} = \frac{R}{\sin\theta_R}$$

38. **다음 그림에 표시된 힘들의 x방향의 합력은 약 얼마인가?** [기사 15]

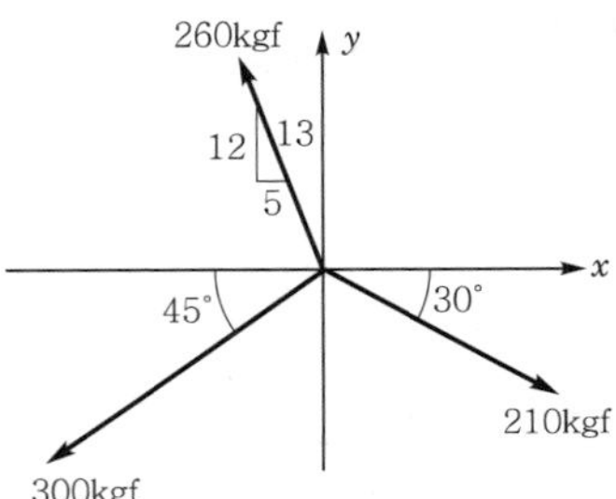

① 55kgf(←) ② 77kgf(→)
③ 122kgf(→) ④ 130kgf(←)

해설 $F_x = 210 \times \cos 30° - 260 \times \frac{5}{13} - 300 \times \cos 45°$
$= -130.27\text{kgf}(\leftarrow)$

정답 31. ④ 32. ④ 33. ③ 34. ④ 35. ③ 36. ① 37. ① 38. ④

chapter 2

단면의 기하학적 성질

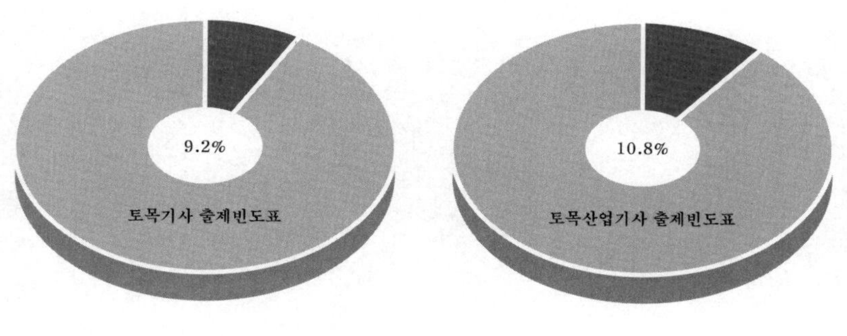

2 단면의 기하학적 성질

01 단면 1차 모멘트(단면 1차 휨력)

① 정의

① 단면 1차 모멘트를 구하려고 하는 기준축에서 단면의 미소면적과 그 미소면적의 도심까지 거리를 곱하여 전체 단면에 대해 적분한 값
② 단면 1차 모멘트 = 면적×도심까지의 거리

$$G_x = \int_A y\,dA = A\,\overline{y} \qquad G_y = \int_A x\,dA = A\,\overline{x}$$

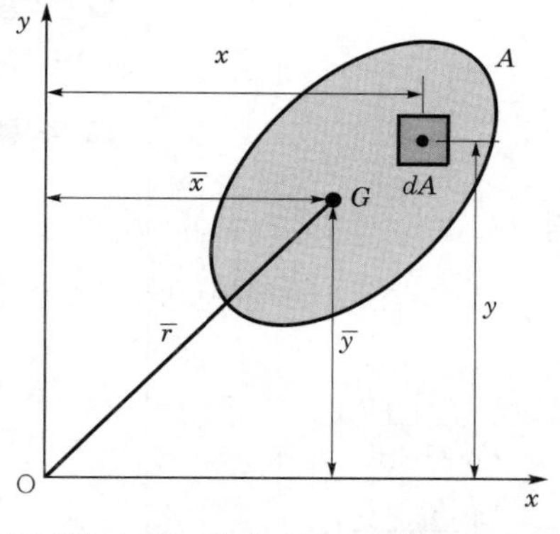

【그림 2.1】 단면 1차 모멘트와 도심

② 단위

cm^3, m^3(차원 : 〔L^3〕)

③ 특성 및 적용

① 단면의 도심을 지나는 축에 대한 단면 1차 모멘트는 0이다.
② 좌표축에 따라 (+), (−)의 부호를 갖는다.
- 평면 직각좌표의 상한에 대한 거리의 부호와 같다.

알•아•두•기•

기호 설명
- A : 단면적
- dA : 미소면적
- G : 도심
- x, y : 미소면적까지 거리
- $\overline{x}, \overline{y}$: 도심까지의 거리
- $\overline{r}$: 도심의 극좌표거리

③ 도심의 위치 계산에 사용한다.
④ 탄성 휨 해석의 중립축 위치 계산에 사용한다.
⑤ 보의 전단응력 계산에 사용한다.

02 도심과 중심

① 정의

직각좌표축에서 단면 1차 모멘트가 0이 되는 좌표의 원점

① $G_x = A\bar{y}$ $\quad \therefore \bar{y} = \dfrac{G_x}{A}$

② $G_y = A\bar{x}$ $\quad \therefore \bar{x} = \dfrac{G_y}{A}$

② 각종 단면의 도심(G)

(1) 사다리꼴

네 삼각형의 도심을 연결한 선분의 교차점

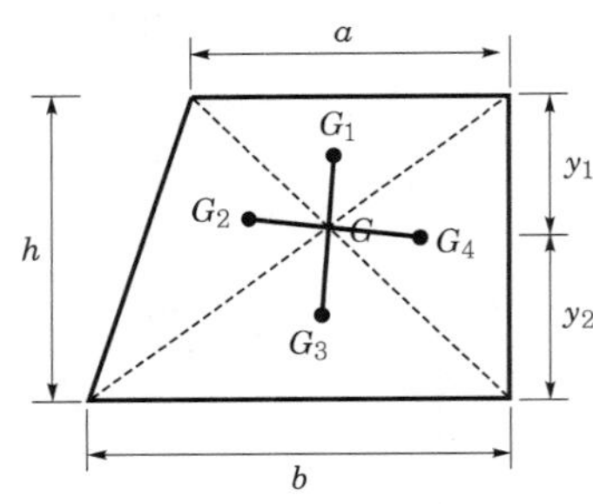

$$y_1 = \frac{h}{3}\left(\frac{a+2b}{a+b}\right)$$
$$y_2 = \frac{h}{3}\left(\frac{2a+b}{a+b}\right)$$

【그림 2.2】

(2) 원 및 원호

원, 원호의 중심

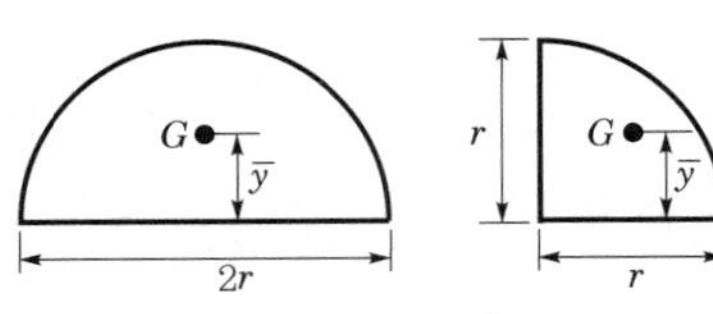

【그림 2.3】 반원과 $\frac{1}{4}$원의 중심

도심(centroid)

- y축 도심거리 $= \dfrac{x\text{축에 관한 단면 1차 모멘트}}{\text{면적}}$
- x축 도심거리 $= \dfrac{y\text{축에 관한 단면 1차 모멘트}}{\text{면적}}$

중심(center of gravity)

물체의 각 부분에 작용하는 중력의 합력이 통과하는 점(각 부분의 중력이 같으면 도심과 일치)

사각형, 평행사변형, 마름모의 도심

대각선의 교점

삼각형의 도심

세 중선의 교차점

삼각형의 x축 방향 도심

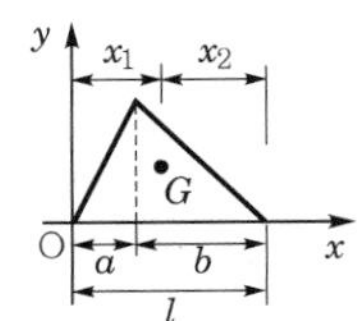

- $x_1 = \dfrac{2a+b}{3} = \dfrac{l+a}{3}$
- $x_2 = \dfrac{a+2b}{3} = \dfrac{l+b}{3}$

원과 원호

- 원 : 평면의 개념
- 원호 : 선분의 개념

반원의 도심

$V = A\bar{y} \times 2\pi$

$\dfrac{\pi D^3}{6} = 2\pi \times \dfrac{\pi D^2}{8} \times \bar{y}$

$\therefore \bar{y} = \dfrac{2D}{3\pi} = \dfrac{4r}{3\pi}$

여기서, $V = \dfrac{\pi D^2}{4} \times D \times \dfrac{2}{3} = \dfrac{\pi D^3}{6}$

$A = \dfrac{\pi D^2}{4} \times \dfrac{1}{2} = \dfrac{\pi D^2}{8}$

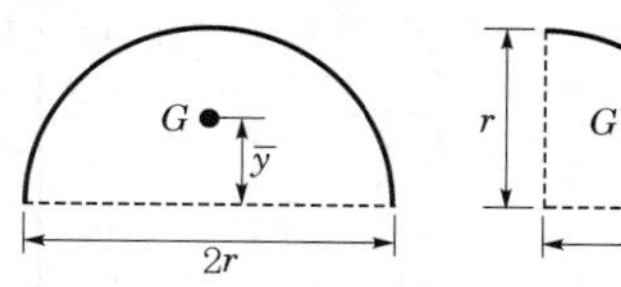

【그림 2.4】 반원호와 $\frac{1}{4}$원호의 중심

(3) 포물선 단면의 도심

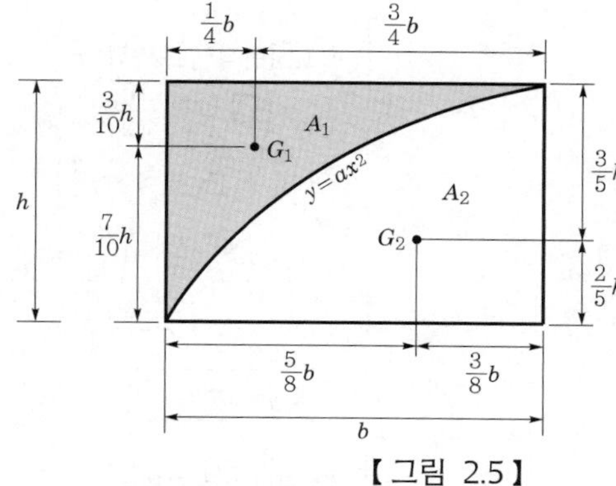

$$A_1 = \frac{1}{3}bh$$

$$A_2 = \frac{2}{3}bh$$

【그림 2.5】

03 단면 2차 모멘트 (관성모멘트, 단면 2차 휨력)

① 정의

① 단면 2차 모멘트를 구하려고 하는 기준축에서 미소면적과 그 미소면적의 도심까지 거리의 제곱을 곱하여 전체 단면에 대해 적분한 것

② 단면 2차 모멘트
=(면적)×(도심까지의 거리)^2

$$I_x = \int_A y^2 dA = I_X + A\bar{y}^2$$

$$I_y = \int_A x^2 dA = I_Y + A\bar{x}^2$$

알•아•두•기•

$\frac{1}{4}$ 원호의 도심

표면적=선분의 길이×중심이동거리

$\frac{\pi r^2}{2} = \frac{\pi r}{2} \times \frac{\pi \bar{y}}{2}$

$\therefore \bar{y} = \frac{2r}{\pi}$

여기서,

표면적$= 4\pi r^2 \times \frac{1}{8} = \frac{\pi r^2}{2}$

선분의 길이$= 2\pi r \times \frac{1}{4} = \frac{\pi r}{2}$

중심이동거리$= 2\pi \times \frac{1}{4} \times \bar{y} = \frac{\pi \bar{y}}{2}$

불규칙 단면의 도심

$\bar{x} = \frac{G_y}{A}$

$\bar{y} = \frac{G_x}{A}$

기타 단면의 도심

(1) 그림 2.6의 음영 부분 도형 도심

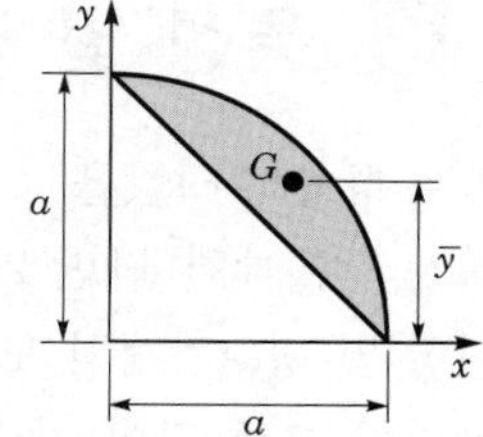

【그림 2.6】

- $G_x = A\bar{y}$
- (◺면적− ◺면적) $\bar{y}$

$= \left(◺ \text{면적} \times \frac{4a}{3\pi}\right) - \left(◺ \text{면적} \times \frac{a}{3}\right)$

$\therefore \bar{y} = \frac{\left(\frac{\pi a^2}{4} \times \frac{4a}{3\pi}\right) - \left(\frac{a^2}{2} \times \frac{a}{3}\right)}{\frac{\pi a^2}{4} - \frac{a^2}{2}}$

$\therefore \bar{y} = 0.583a$

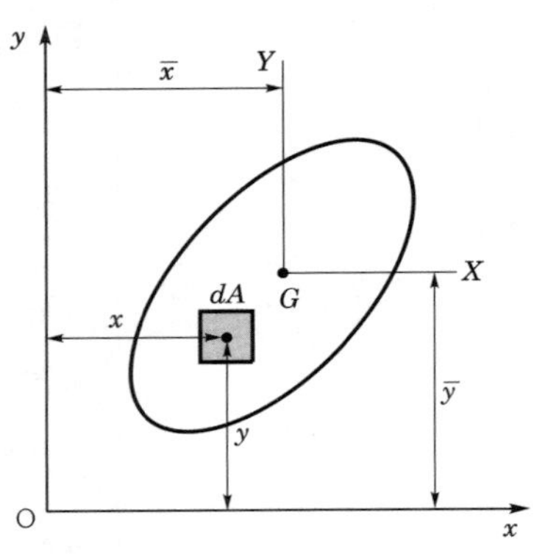

【그림 2.8】 단면 2차 모멘트

② 단위

cm^4, m^4(차원 : $[L^4]$)

③ 특성 및 적용

① I는 항상 (+)값을 갖는다.

② 도심축에 대한 단면 2차 모멘트는 최소값이 되며 '0'은 아니다.

③ 원형 및 정다각형의 도심에 대한 단면 2차 모멘트는 축의 회전에 관계없이 모두 값이 같다.

④ 동일 단면적의 원 및 정다각형의 도심에 대한 단면 2차 모멘트의 크기는 $I_{원} < I_{육각형} < I_{사각형} < I_{삼각형}$ 순이다.

⑤ EI를 휨강성이라고 하며 I가 클수록 휨강성이 커서 구조적으로 안정하다.

⑥ 단면의 폭 b보다 높이 h를 크게 하는 것이 I가 커서 휨에 대해 유리하다.

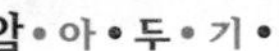

알•아•두•기•

(2) 그림 2.7의 음영 부분 도형 도심

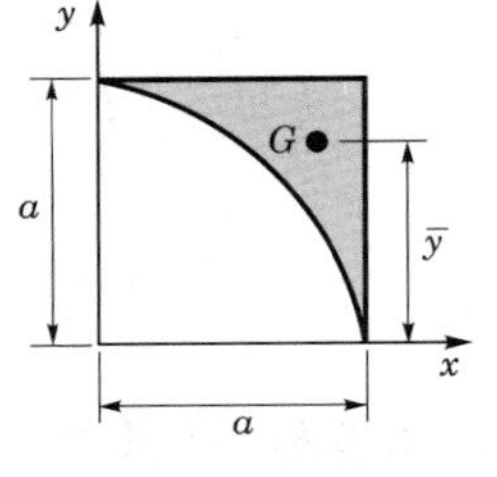

【그림 2.7】

- $G_x = A\bar{y}$
- (□면적 − ◺면적) $\bar{y}$

$$= \left(\square \text{ 면적} \times \frac{a}{2}\right) - \left(◺ \text{ 면적} \times \frac{4a}{3\pi}\right)$$

$$\therefore \bar{y} = \frac{\left(a^2 \times \frac{a}{2}\right) - \left(\frac{\pi a^2}{4} \times \frac{4a}{3\pi}\right)}{a^2 - \frac{\pi a^2}{4}}$$

$$\therefore \bar{y} = 0.775a$$

단면 2차 모멘트

$I_{x(임의축)} = I_{X(도심축)} + A\bar{y}^2$

$I_{y(임의축)} = I_{Y(도심축)} + A\bar{x}^2$

단면 2차 모멘트의 크기

$I_{○} < I_{⬡} < I_{□} < I_{△}$

휨강성(bending rigidity)

- EI로 표시한다.
- 휨에 대해 강한 정도를 의미한다.
- I가 클수록 유리하다. (폭 b보다 높이 h를 크게 한다.)

④ 기본 도형의 단면 2차 모멘트

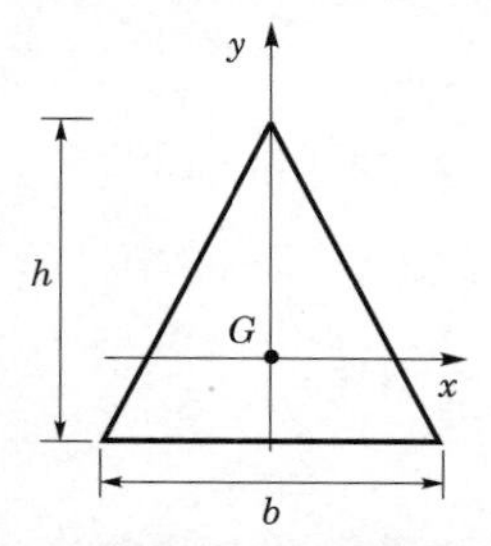	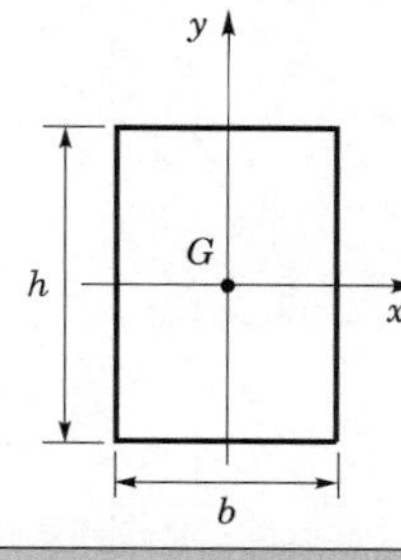	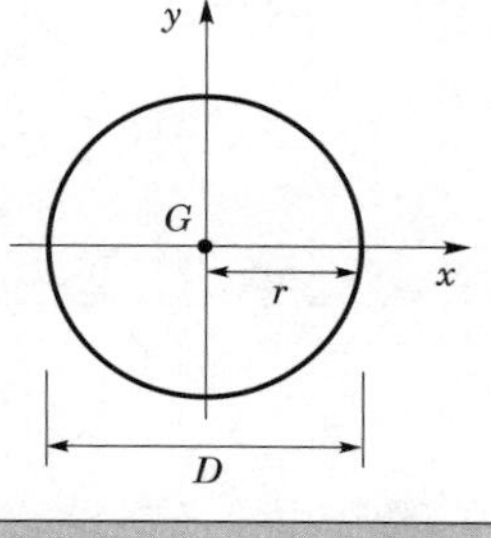
$I_x = \dfrac{bh^3}{36},\ I_y = \dfrac{hb^3}{48}$	$I_x = \dfrac{bh^3}{12},\ I_y = \dfrac{hb^3}{12}$	$I_x = I_y = \dfrac{\pi D^4}{64} = \dfrac{\pi r^4}{4}$

⑤ 중공 단면의 2차 모멘트

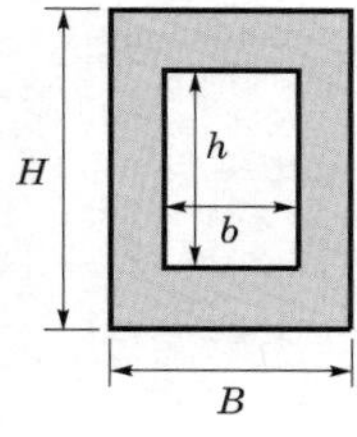

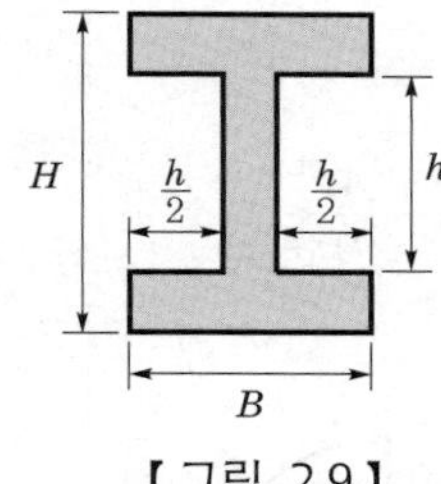

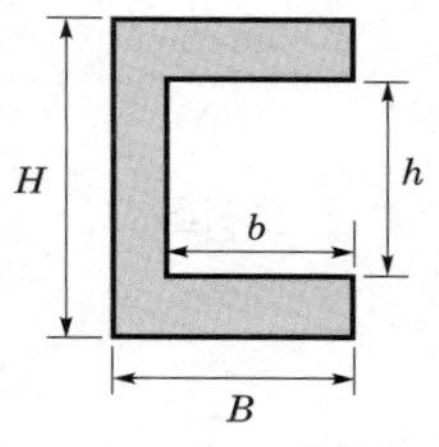

【그림 2.9】

$$I = I_{외부} - I_{내부} = \frac{BH^3}{12} - \frac{bh^3}{12}$$

⑥ 복합 단면의 2차 모멘트

$$I_x = I_{x_1} + I_{x_2}$$

$$= (I_{X_1} + A_1 {y_1}^2) + (I_{X_2} + A_2 {y_2}^2)$$

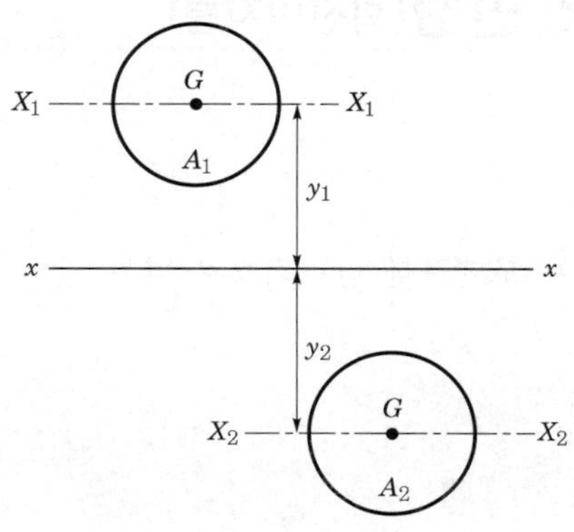

【그림 2.10】

알•아•두•기•

주요 도형의 단면 2차 모멘트

(1) 삼각형

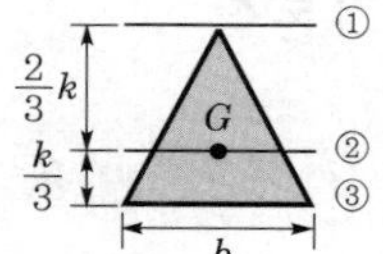

$$I_{①} = \frac{bh^3}{4}$$

$$I_{②} = \frac{bh^3}{36}$$

$$I_{③} = \frac{bh^3}{12}$$

(2) 사각형

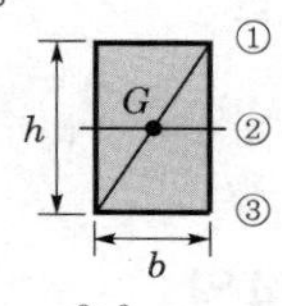

$$I_{①} = \frac{b^3h^3}{6(b^2+h^2)}$$

$$I_{②} = \frac{bh^2}{12}$$

$$I_{③} = \frac{bh^2}{3}$$

(3) 원형

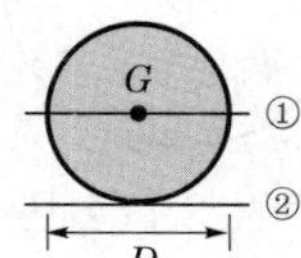

$$I_{①} = \frac{\pi D^4}{64}$$

$$I_{②} = \frac{5\pi D^4}{64}$$

알•아•두•기•

⑦ 임의축 단면 2차 모멘트를 이용한 도심축 단면 2차 모멘트

(1) 기본식

$$I_X = I_x - Ay^2$$

(2) 원

도심축 $I_{X_1} = \dfrac{\pi r^4}{4}$

(3) 반원

① 임의축 $I_{X_2} = \dfrac{\pi r^4}{8}$ ② 도심축 $I_{X_0} = \dfrac{\pi r^4}{8} - \dfrac{8r^4}{9\pi}$

(4) 1/4원

① 임의축 $I_{X_3} = \dfrac{\pi r^4}{16}$ ② 도심축 $I_{X_0} = \dfrac{\pi r^4}{16} - \dfrac{4r^4}{9\pi}$

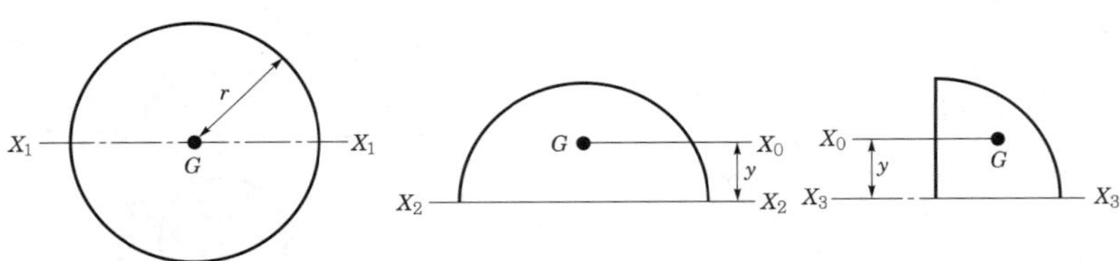

【그림 2.11】 원 【그림 2.12】 반원 【그림 2.13】 1/4원

04 단면 회전반경(회전반지름)

① 정의

도심을 지나는 축에 대한 단면 2차 모멘트를 단면적으로 나눈 값의 제곱근

$$r_X = \sqrt{\frac{I_X}{A}}, \quad r_Y = \sqrt{\frac{I_Y}{A}}$$

최대 회전반경

$r_{max} = \sqrt{\dfrac{I_{max}}{A}}$

여기서, I_{max} : 최대 단면 2차 모멘트

최소 회전반경

$r_{min} = \sqrt{\dfrac{I_{min}}{A}}$

여기서, I_{min} : 최소 단면 2차 모멘트

※ 봉, 기둥설계 : r_{min} 사용

단위

cm, m (차원 : 〔L〕)

부호

항상 (+)

④ 적용

봉, 기둥 등 압축 부재 설계

⑤ 기본 단면의 회전반경

(1) 사각형

$$r_X = \frac{h}{2\sqrt{3}},\ r_Y = \frac{b}{2\sqrt{3}}$$

(2) 원형

$$r_X = r_Y = \frac{d}{4}$$

(3) 삼각형

$$r_X = \frac{h}{3\sqrt{2}}$$

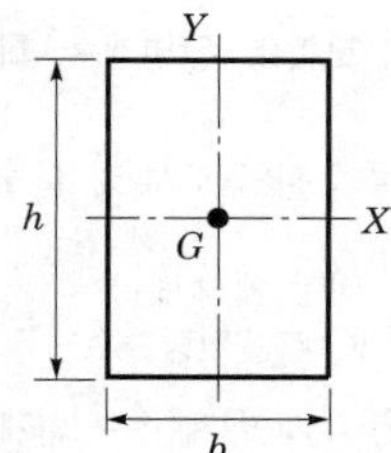

【그림 2.14】 사각형

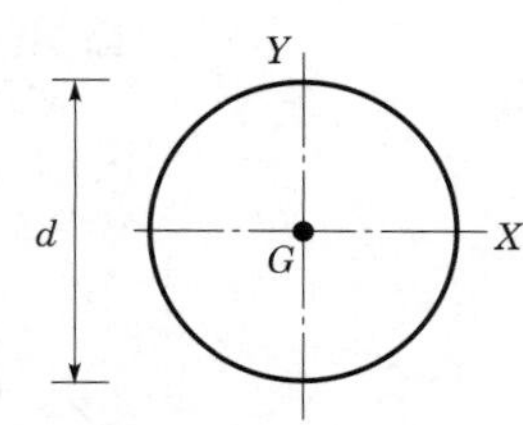

【그림 2.15】 원형

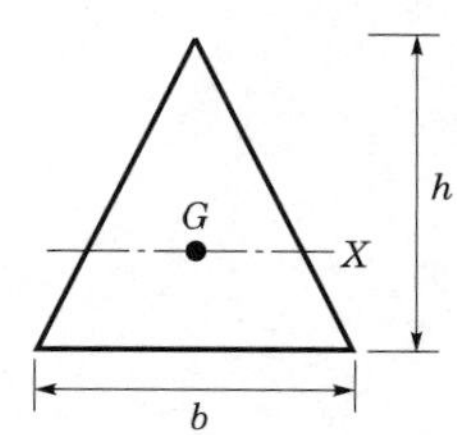

【그림 2.16】 삼각형

회전반경

(1) 사각형

$$I_X = \frac{bh^3}{12}$$

$$A = bh$$

$$I_Y = \frac{b^3h}{12}$$

$$r_X = \sqrt{\frac{\frac{bh^3}{12}}{bh}} = \sqrt{\frac{h^2}{12}} = \frac{h}{2\sqrt{3}}$$

$$r_Y = \sqrt{\frac{\frac{b^3h}{12}}{bh}} = \sqrt{\frac{b^2}{12}} = \frac{b}{2\sqrt{3}}$$

(2) 삼각형

$$I = \frac{bh^3}{36}$$

$$A = \frac{bh}{2}$$

$$r_X = \sqrt{\frac{\frac{bh^3}{36}}{\frac{bh}{2}}} = \sqrt{\frac{h^2}{18}} = \frac{h}{3\sqrt{2}}$$

알•아•두•기•

05 단면계수

① 정의

도심축 단면 2차 모멘트를 도심에서 상·하연단까지의 거리로 나눈 것

$$Z_1 = \frac{I_X}{y_1},\quad Z_2 = \frac{I_X}{y_2}$$

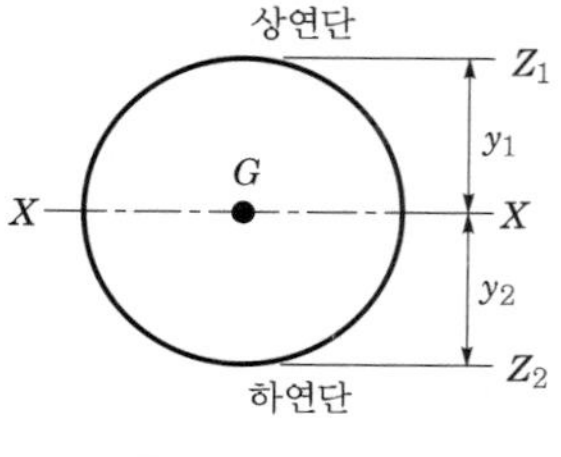

【그림 2.17】

단면계수의 정리

- 단면계수가 클수록 재료 강도 大
- 도심을 지나는 단면계수의 값은 0
- 단면계수 큰 단면 → 휨 저항력 大
- 단면계수는 휨 부재 설계 시 적용

② 단위

cm^3, m^3(차원 : 〔L^3〕)

③ 부호

항상 (+)

④ 적용

휨 부재 설계

⑤ 기본 단면의 단면계수

(1) 사각형

$$Z_1 = Z_2 = \frac{bh^2}{6}$$

(2) 원형

$$Z_1 = Z_2 = \frac{\pi D^3}{32}$$

(3) 삼각형

$$Z_1 = \frac{I_X}{y_1} = \frac{bh^2}{24},\quad Z_2 = \frac{I_X}{y_2} = \frac{bh^2}{12}$$

단면 2차 모멘트, 단면계수, 회전반경

- I : 구조물의 강약 조사 및 설계에 사용
- Z : 휨에 대한 저항계수
- r : 좌굴에 대한 저항계수

$\begin{cases} Z = \dfrac{I}{y} & \text{: 휨 부재 설계(주보 설계)} \\ r = \sqrt{\dfrac{I}{A}} & \text{: 압축 부재 설계(기둥 설계)} \end{cases}$

알•아•두•기•

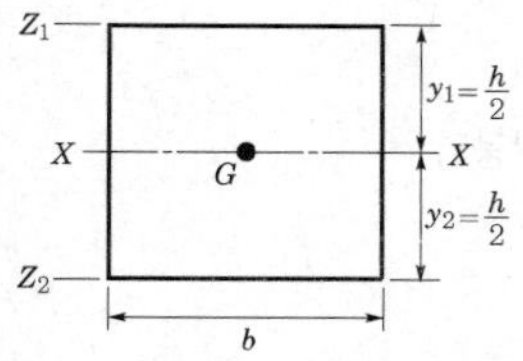

【그림 2.18】 사각형

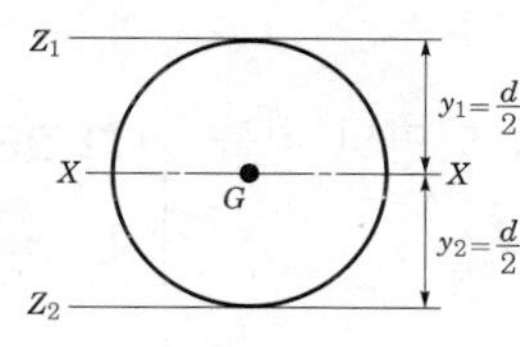

【그림 2.19】 원형

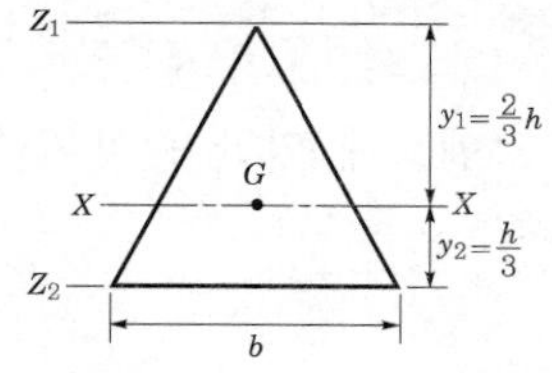

【그림 2.20】 삼각형

06 단면 2차 극모멘트

(극관성모멘트, 극단면 2차 모멘트)

① 정의

미소면적에 도심까지 거리(극거리)의 제곱을 곱하여 전 단면에 대해 적분한 것

$$I_P = \int_A \rho^2 dA = \int_A (x^2+y^2) dA$$
$$= I_X + I_Y$$

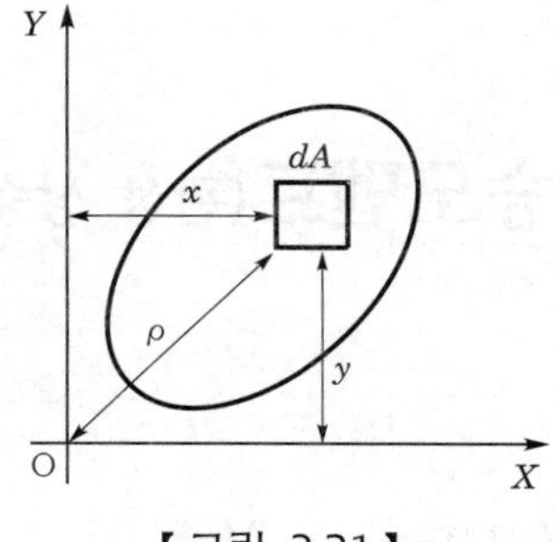

【그림 2.21】

② 단위

cm^4, m^4(차원 : 〔L^4〕)

③ 부호

항상 (+)

④ 적용

비틀림 부재 설계

⑤ 특성

① 단면 2차 극모멘트는 축의 회전에 관계없이 항상 일정

단면 2차 극모멘트

(1) 사각형

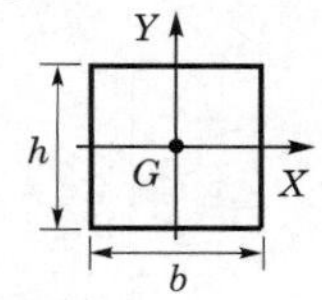

$$I_P = I_X + I_Y = \frac{bh^3}{12} + \frac{hb^3}{12} = \frac{bh}{12}(b^2+h^2)$$

(2) 원형

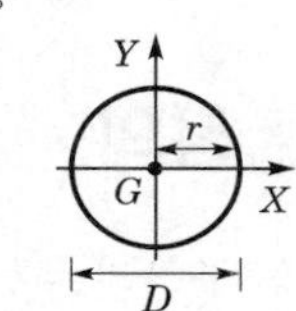

$$I_P = I_X - I_Y = \frac{\pi D^4}{64} - \frac{\pi D^4}{64} = \frac{\pi D^4}{32} - \frac{\pi r^4}{2}$$

알•아•두•기•

$$I_P = I_X + I_Y = I_u + I_v$$

② 단면 2차 극모멘트는 비틀림 모멘트에 의한 중실 원형 단면의 비틀림응력(전단응력) 계산에 이용

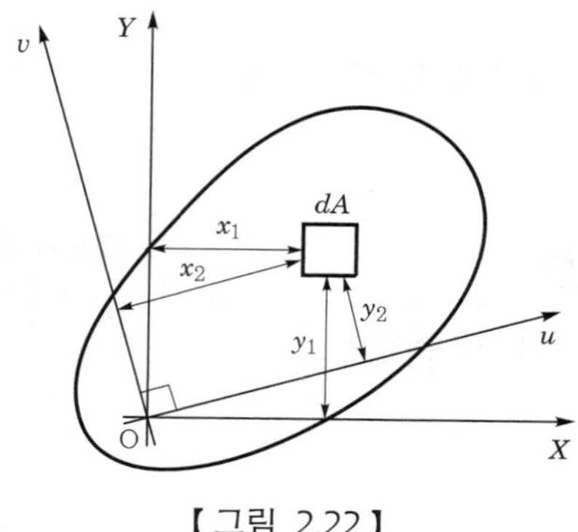

【그림 2.22】

07 단면 상승모멘트(관성 상승모멘트)

① 정의

미소면적과 구하려는 x축, y축에서 도심까지 거리를 곱하여 전 단면에 대해 적분한 것

$$I_{XY} = \int_A xy\,dA \text{(비대칭 단면)}$$

$$I_{XY} = Axy \text{(대칭 단면)}$$

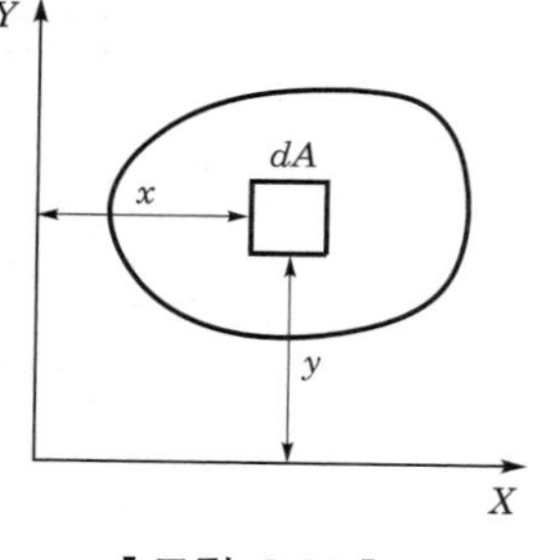

【그림 2.23】

② 단위

cm^4, m^4(차원 : $[L^4]$)

③ 부호

좌표축에 따라 (+), (−)부호

전단응력

$\tau = \dfrac{Tr}{I_P}$

단면 상승모멘트

- 대칭축 : $I_{XY} = 0$
- 대칭 단면 : $I_{XY} = Axy$
- 대칭 단면에서 도심축 : $I_{XY} = 0$ (비대칭 단면에서 도심축 : $I_{XY} \neq 0$)
- 주축 : $I_{XY} = 0$인 축(모든 대칭축)
- 공액축 : $I_{XY} = 0$인 두 직교축

적용

① 단면의 주축, 주단면 2차 모멘트 계산에 사용
② 압축 부재(기둥) 설계에 적용

5 기본 단면의 상승모멘트

(1) 대칭 단면

$$I_{XY} = Axy$$

① 사각형

도심축 : $I_{XY} = 0$

x, y축 : $I_{xy} = Ax_0y_0 = bh \times \dfrac{b}{2} \times \dfrac{h}{2} = \dfrac{b^2h^2}{4}$

② 원

도심축 : $I_{XY} = 0$

x, y축 : $I_{xy} = Ax_0y_0 = \pi r^2 \times r \times r = \pi r^4$

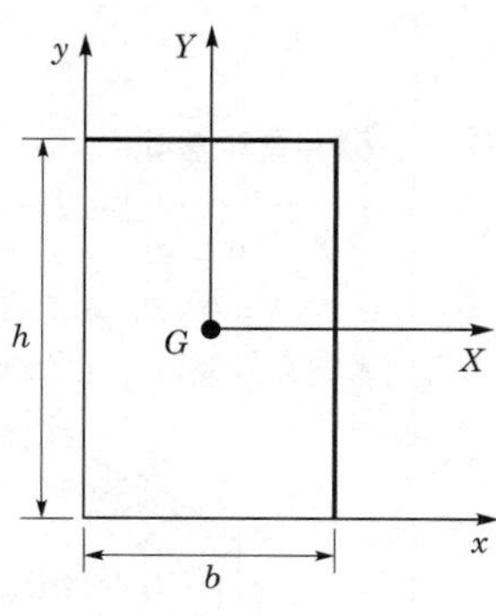

【그림 2.24】 사각형

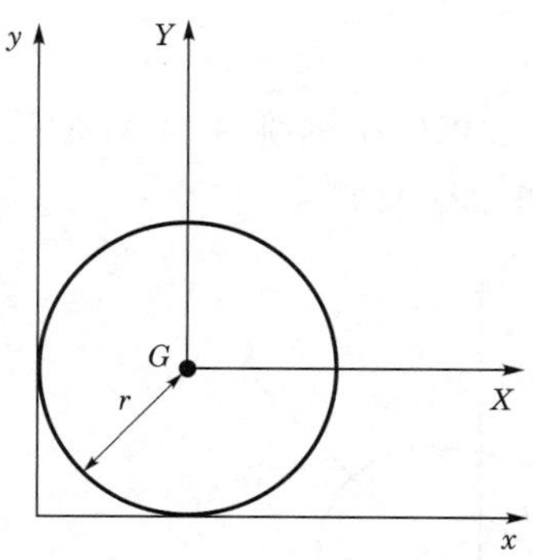

【그림 2.25】 원형

(2) 비대칭 단면

$$I_{xy} = \int_A xy\, dA$$

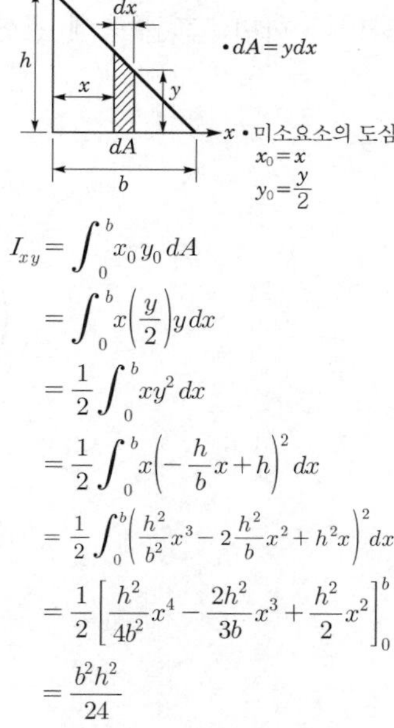

$$I_{xy} = \int_0^b x_0 y_0\, dA$$
$$= \int_0^b x\left(\frac{y}{2}\right) y\, dx$$
$$= \frac{1}{2}\int_0^b xy^2\, dx$$
$$= \frac{1}{2}\int_0^b x\left(-\frac{h}{b}x + h\right)^2 dx$$
$$= \frac{1}{2}\int_0^b \left(\frac{h^2}{b^2}x^3 - 2\frac{h^2}{b}x^2 + h^2x\right)^2 dx$$
$$= \frac{1}{2}\left[\frac{h^2}{4b^2}x^4 - \frac{2h^2}{3b}x^3 + \frac{h^2}{2}x^2\right]_0^b$$
$$= \frac{b^2h^2}{24}$$

① 삼각형 : $I_{xy} = \int_A xy\,dA = \dfrac{b^2h^2}{24}$

② 반원 : $I_{xy} = \int_A xy\,dA = \dfrac{r^4}{8}$

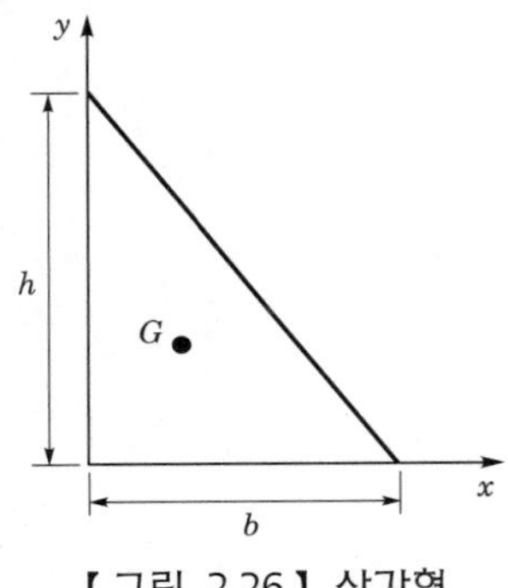

【그림 2.26】 삼각형

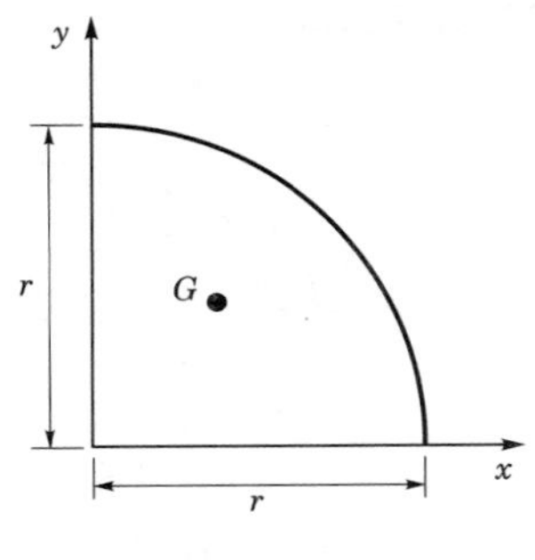

【그림 2.27】 반원

08 주단면 2차 모멘트

① 정의

도심축을 회전시켰을 때 단면 2차 모멘트가 최대 또는 최소인 축을 주축이라 하며, 그 주축에 관한 단면 2차 모멘트

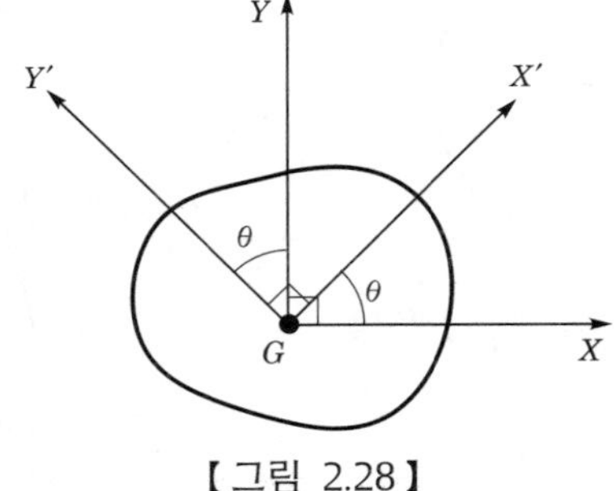

【그림 2.28】

알•아•두•기•

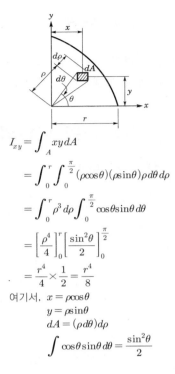

$$I_{xy} = \int_A xy\,dA$$
$$= \int_0^r \int_0^{\frac{\pi}{2}} (\rho\cos\theta)(\rho\sin\theta)\rho\,d\theta\,d\rho$$
$$= \int_0^r \rho^3\,d\rho \int_0^{\frac{\pi}{2}} \cos\theta\sin\theta\,d\theta$$
$$= \left[\frac{\rho^4}{4}\right]_0^r \left[\frac{\sin^2\theta}{2}\right]_0^{\frac{\pi}{2}}$$
$$= \frac{r^4}{4} \times \frac{1}{2} = \frac{r^4}{8}$$

여기서, $x = \rho\cos\theta$

$y = \rho\sin\theta$

$dA = (\rho\,d\theta)d\rho$

$\int \cos\theta\sin\theta\,d\theta = \dfrac{\sin^2\theta}{2}$

주축의 정리

- 도심축을 회전시켰을 때 $I_{xy} = 0$인 축
- 최대 주축(I_{max}) : 좌굴방향
- 최소 주축(I_{min}) : 좌굴축

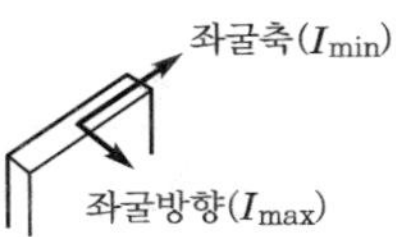

② 주단면 2차 모멘트

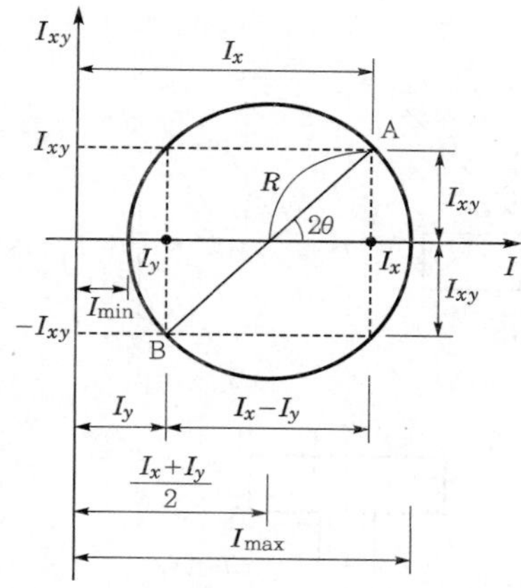

【그림 2.29】 모어(Mohr)의 원

① $I_{\max} = \dfrac{1}{2}(I_x + I_y) + \dfrac{1}{2}\sqrt{(I_x - I_y)^2 + 4{I_{xy}}^2}$

② $I_{\min} = \dfrac{1}{2}(I_x + I_y) - \dfrac{1}{2}\sqrt{(I_x - I_y)^2 + 4{I_{xy}}^2}$

③ 주축의 방향

$$\tan 2\theta = \frac{2I_{xy}}{I_y - I_x}$$

④ 단위

cm^4, m^4 (차원 : 〔L^4〕)

⑤ 부호

항상 (+)

알•아•두•기•

주단면 2차 모멘트의 정리

- 주축에 대한 단면 상승모멘트는 0이다.
- 주축에 대한 단면 2차 모멘트는 최대 및 최소이다.
- 대칭축은 주축이다.
- 정다각형 및 원형 단면에서는 대칭축이 여러 개이므로 주축도 여러 개 있다.
- 주축이라고 해서 대칭을 의미하는 것은 아니다.

모어 응력원의 반지름(R)

R, I_{xy}, 2θ, $\frac{1}{2}(I_x - I_y)$

$\therefore R^2 = \left(\dfrac{I_x - I_y}{2}\right)^2 + {I_{xy}}^2$

$\therefore R = \dfrac{1}{2}\sqrt{(I_x - I_y)^2 + 4{I_{xy}}^2}$

$\therefore \tan 2\theta = \dfrac{2I_{xy}}{I_x - I_y}$ (주축방향)

알•아•두•기•

⑥ 기본 단면의 주축

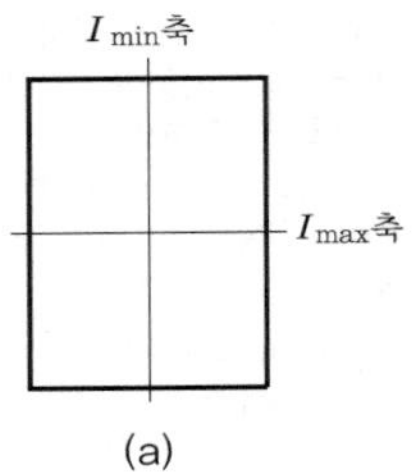

(a)

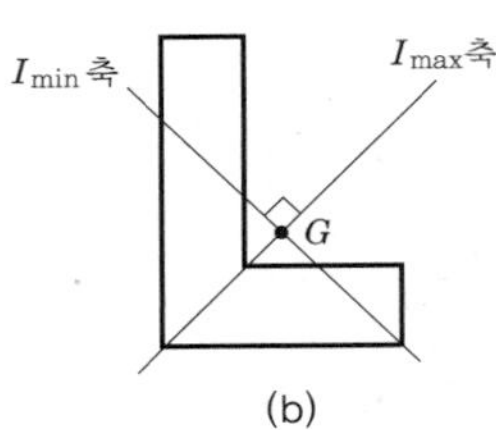

(b)

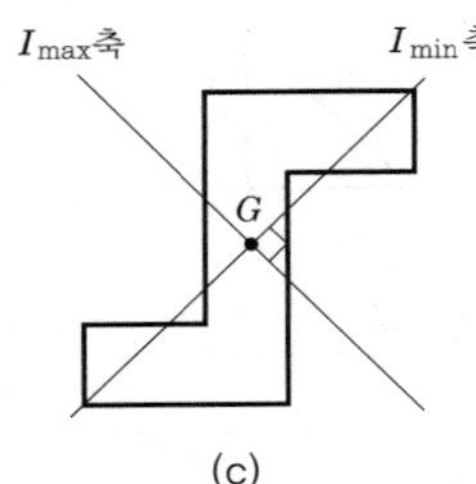

(c)

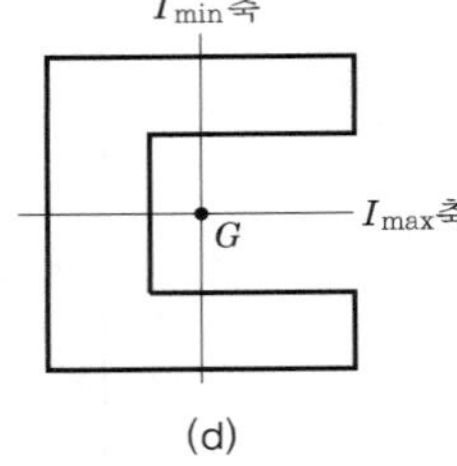

(d)

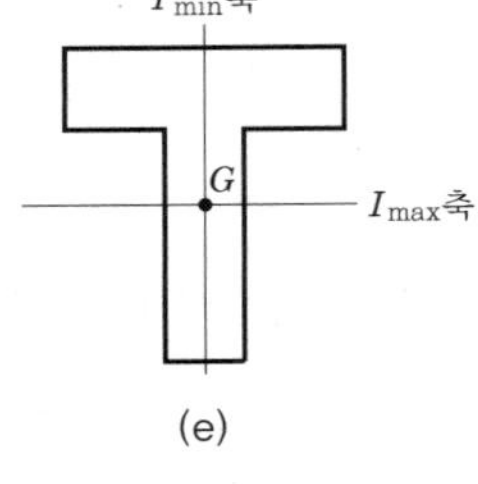

(e)

【그림 2.30】

09 파푸스(Pappus) 정리

① 제1정리(표면적에 대한 정리)

(1) 정의

표면적=선분의 길이×선분의 도심이 이동한 거리

$$\therefore A = L y_0 \theta$$

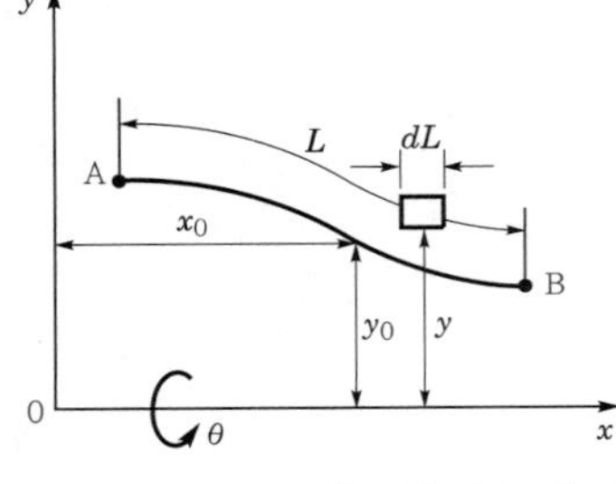

여기서,

A : 회전체 표면적

y_0 : 회전축에서 곡선 중심까지 거리

θ : 회전각(radian)

【그림 2.31】 파푸스 제1정리

파푸스 제1정리

$A = L y_0 \theta$

파푸스 제2정리

- $V = A y_0 \theta$
- $y_0 = \dfrac{V}{A\theta}$

(도심을 구할 때 적용)

(2) 적용

$\Delta x = 6 - 2 = 4$

$\Delta y = 5 - 2 = 3$

$\therefore \ \overline{\mathrm{AB}} = \sqrt{3^2 + 4^2} = 5$

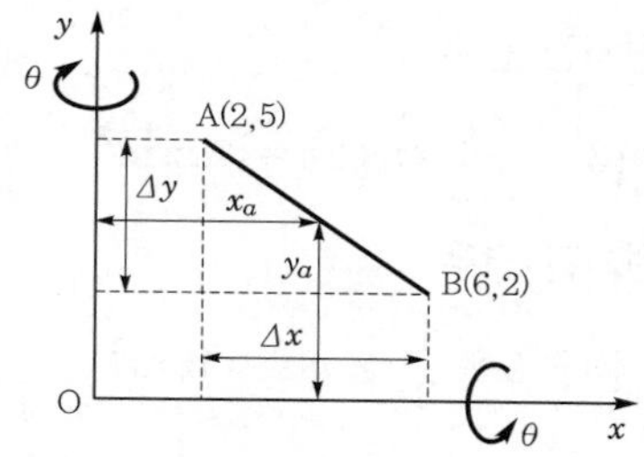

【그림 2.32】 제1정리(표면적)

① x축으로 한 바퀴(360°) 회전시킨 경우

$$A = L y_0 \theta = 5 \times \left(\frac{3}{2} + 2\right) \times 2\pi = 35\pi \mathrm{m}^2$$

② y축으로 반 바퀴(180°) 회전시킨 경우

$$A = L x_0 \theta = 5 \times \left(\frac{4}{2} + 2\right) \times \pi = 20\pi \mathrm{m}^2$$

② 제2정리(체적에 대한 정리)

(1) 정의

체적=단면적×평면의 도심이 이동한 거리

$$\therefore \ V = A y_0 \theta$$

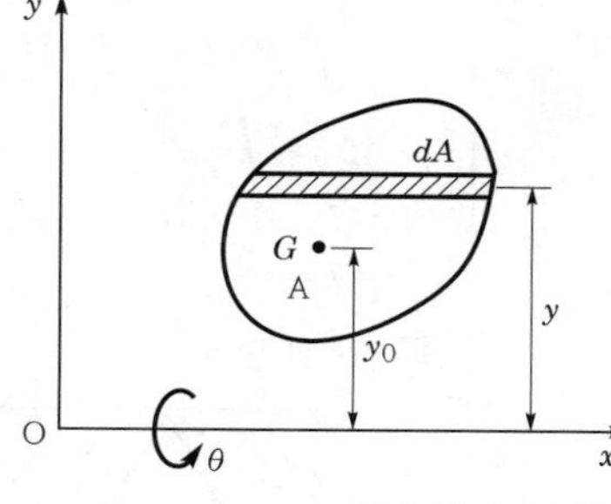

여기서,

V : 회전체 체적

A : 도형 단면적

y_0 : 회전축에서 도형 중심까지의 거리

θ : 회전각(radian)

【그림 2.33】 파푸스 제2정리

(2) 적용

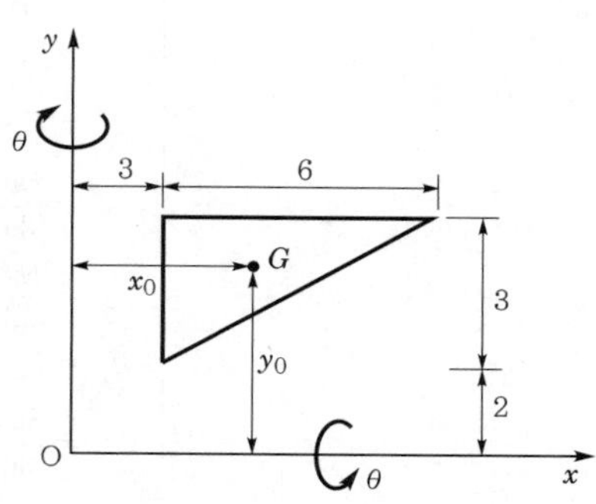

【그림 2.34】 제2정리(체적)

구의 체적과 표면적

- 구의 체적

  $V = \frac{4}{3}\pi r^3$

- 구의 표면적

  $A = 4\pi r^2$

- 반원과 $\frac{1}{4}$ 원의 도심

  $y = \frac{4r}{3\pi}$

- 반원호와 $\frac{1}{4}$ 원호의 도심

  $y = \frac{2r}{\pi}$

① x축으로 한 바퀴(360°) 회전시킨 경우

$$V = A\,y_0\,\theta = \frac{1}{2} \times 6 \times 3 \times \left(3 \times \frac{2}{3} + 2\right) \times 2\pi = 72\pi\text{m}^3$$

② y축으로 반 바퀴(180°) 회전시킨 경우

$$V = A\,x_0\,\theta = \frac{1}{2} \times 6 \times 3 \times \left(3 + 6 \times \frac{1}{3}\right) \times \pi = 45\pi\text{m}^3$$

10 평행축 정리(평행이동 정리)

① 정의

임의축에 대한 단면 2차 모멘트는 도심축에 대한 단면 2차 모멘트에 "임의 단면의 단면적×도심축과 임의축 사이의 거리의 제곱"을 합한 값과 같다.

② 단면 2차 모멘트에 대한 평행축 정리

$$I_{x(\text{임의축})} = I_{X(\text{도심})} + A\,{y_0}^2$$
$$I_{y(\text{임의축})} = I_{Y(\text{도심})} + A\,{x_0}^2$$

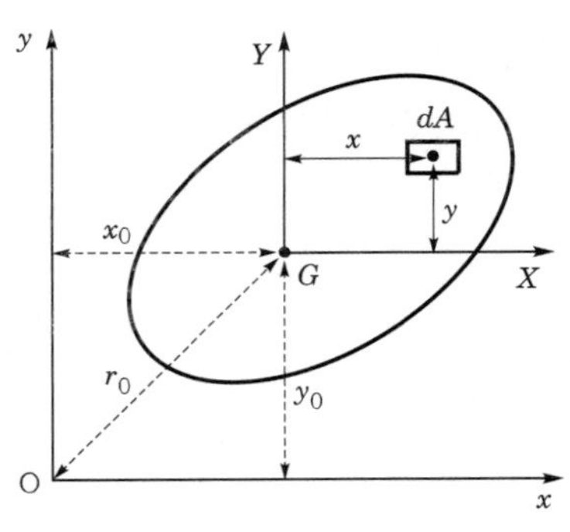

【그림 2.35】

알•아•두•기•

단면 2차 모멘트 평행축 정리

$$I_{\text{임의축}} = I_{\text{도심}} + A{y_0}^2$$

사각형 단면

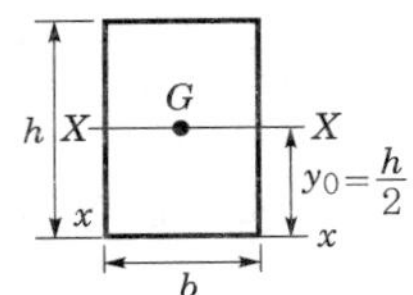

$$I_x = I_X + A{y_0}^2 = \frac{bh^3}{12} + bh\left(\frac{h}{2}\right)^2 = \frac{bh^3}{3}$$

임의 단면

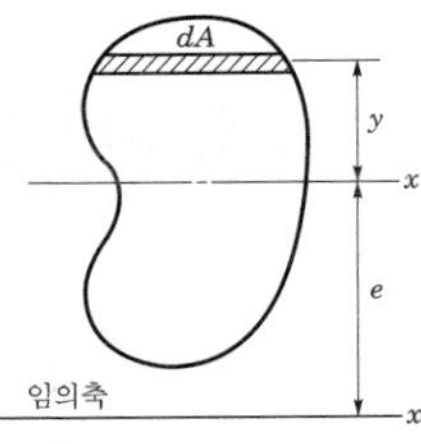

$$\begin{aligned} I_x{}' &= \int_A (y+e)^2\,dA \\ &= \int_A (y^2 + 2ye + e^2)\,dA \\ &= \int_A y^2\,dA + 2e\int_A y\,dA + e^2\int_A dA \\ &= I_x + 0 + Ae^2 \\ &= I_x + Ae^2 \end{aligned}$$

삼각형 단면

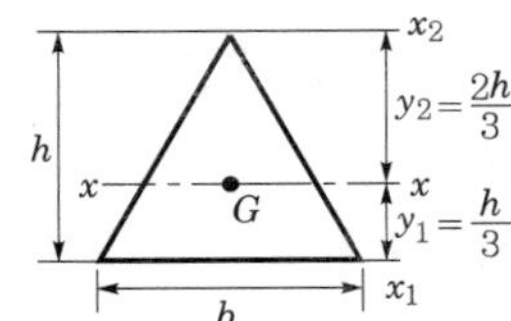

$$I_{x_1} = I_X + A{y_1}^2 = \frac{bh^3}{36} + \frac{bh}{2}\left(\frac{h}{3}\right)^2 = \frac{bh^3}{12}$$

$$I_{x_2} = I_X + A{y_2}^2 = \frac{bh^3}{36} + \frac{bh}{2}\left(\frac{2h}{3}\right)^2 = \frac{bh^3}{4}$$

예상 및 기출문제

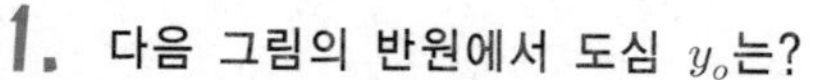
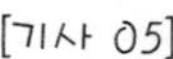

1. 다음 그림의 반원에서 도심 y_o는? [기사 05]

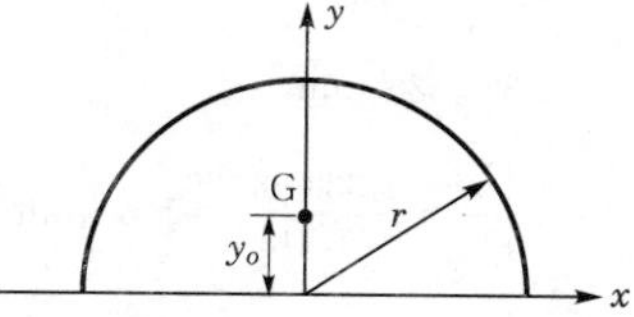

① $\dfrac{3r}{4\pi}$ ② $\dfrac{2r}{3\pi}$

③ $\dfrac{4r}{3\pi}$ ④ $\dfrac{3r}{2\pi}$

해설

$V=\dfrac{\pi D^2}{4}\times D\times\dfrac{2}{3}=\dfrac{\pi D^3}{6}$

$A=\dfrac{\pi D^2}{4}\times\dfrac{1}{2}=\dfrac{\pi D^2}{8}$

- 파푸스의 제2정리 이용

$V=Ay_o$

$\dfrac{\pi D^3}{6}=\dfrac{\pi D^2}{8}y_0\times 2\pi$

$\therefore y_o=\dfrac{4D}{6\pi}=\dfrac{4\times 2r}{6\pi}=\dfrac{4r}{3\pi}$

2. 다음 그림과 같은 단면의 도심축의 위치 $\bar{y}$는? [기사 01]

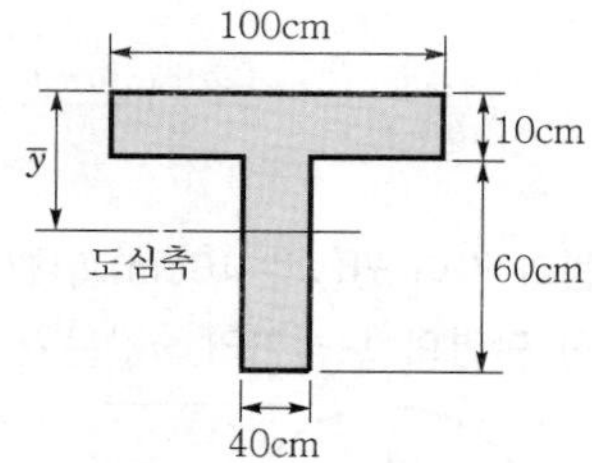

① 10.7cm ② 29.7cm

③ 30.3cm ④ 35.1cm

해설

$G_x=A\bar{y}=A_1y_1+A_2y_2$

$\therefore \bar{y}=\dfrac{A_1y_1+A_2y_2}{A}$

$=\dfrac{(100\times 10)\times 5+(40\times 60)\times 40}{100\times 10+40\times 60}$

$=29.706\text{cm}$

3. 다음 중 단면 1차 모멘트의 단위로서 옳은 것은? [산업 17]

① cm ② cm^2

③ cm^3 ④ cm^4

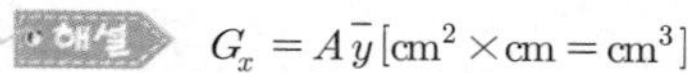

해설 $G_x=A\bar{y}\,[\text{cm}^2\times\text{cm}=\text{cm}^3]$

4. 다음 그림과 같은 T형 단면에서 도심축 $C-C$축의 위치 y는? [기사 02, 10, 산업 03]

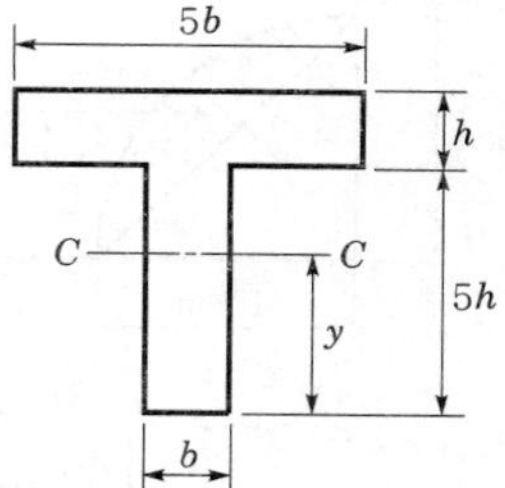

① 2.5h ② 3.0h

③ 3.5h ④ 4.0h

해설

$G=Ay=5b\times h\times 5.5h+b\times 5h\times 2.5h=40bh^2$

$A=5b\times h+b\times 5h=10bh$

$\therefore y=\dfrac{G}{A}=\dfrac{40bh^2}{10bh}=4h$

5. 다음 그림과 같이 반지름 R인 원에서 R을 지름으로 하는 작은 원을 도려낸 빗금 친 부분의 도심의 x좌표는? [기사 07, 산업 03, 05]

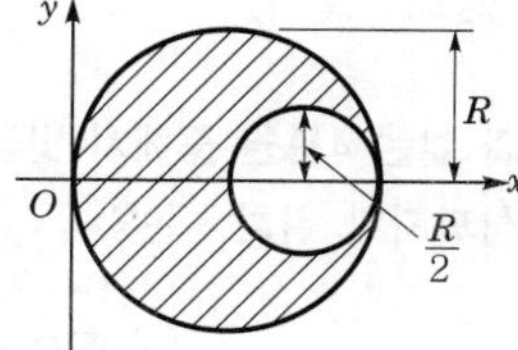

① $\dfrac{5}{6}R$ ② $\dfrac{4}{5}R$

③ $\dfrac{3}{4}R$ ④ $\dfrac{2}{3}R$

정답 1. ③ 2. ② 3. ③ 4. ④ 5. ①

해설 바리뇽의 정리 이용

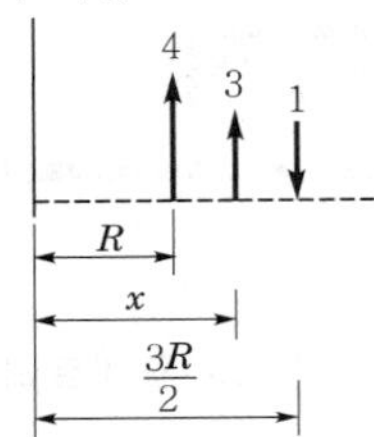

$$3x = 4R - \frac{3}{2}R$$

$$\therefore x = \frac{5}{2}R \times \frac{1}{3} = \frac{5}{6}R$$

6. 다음 그림과 같은 1/4원 중에서 빗금 친 부분의 도심 y_o는? [기사 00, 03]

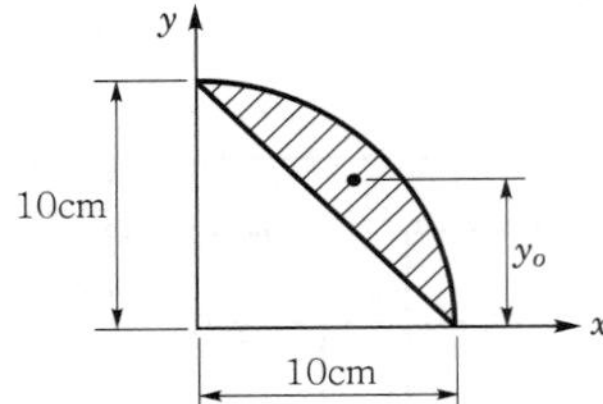

① 5.84cm ② 7.81cm
③ 4.94cm ④ 5.00cm

해설 다음 그림과 같이 부채꼴(1/4원)에서 삼각형을 빼면 다음과 같다.

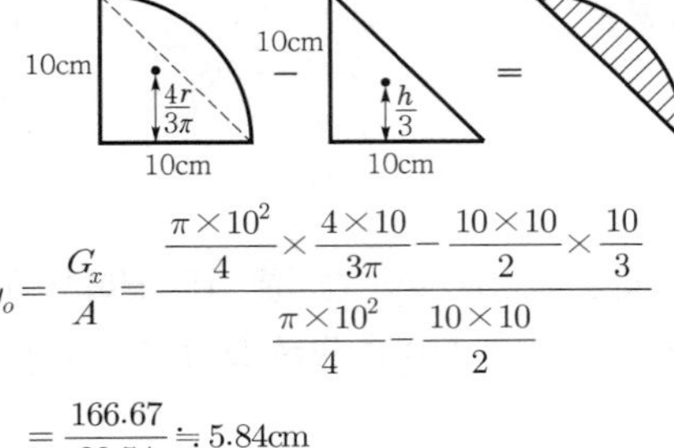

$$y_o = \frac{G_x}{A} = \frac{\frac{\pi \times 10^2}{4} \times \frac{4 \times 10}{3\pi} - \frac{10 \times 10}{2} \times \frac{10}{3}}{\frac{\pi \times 10^2}{4} - \frac{10 \times 10}{2}}$$

$$= \frac{166.67}{28.54} \fallingdotseq 5.84\text{cm}$$

7. 다음 그림과 같은 4분원 중에서 빗금 친 부분의 밑변으로부터 도심까지의 위치 y는? [기사 10]

① 116.8mm
② 126.8mm
③ 146.7mm
④ 158.7mm

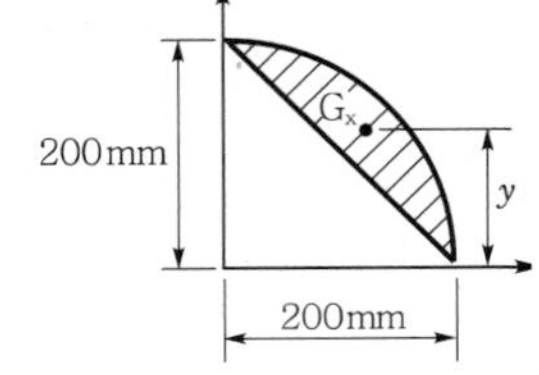

해설

$$A = \frac{1}{4}\pi r^2 - \frac{1}{2}r^2$$

$$= \frac{1}{4} \times \pi \times 200^2 - \frac{1}{2} \times 200^2$$

$$= 11,415.9\text{mm}^2$$

$$G_x = \frac{\pi r^2}{4} \times \frac{4r}{3\pi} - \frac{r^2}{2} \times \frac{r}{3}$$

$$= \frac{\pi \times 200^2}{4} \times \frac{4 \times 200}{3\pi} - \frac{200^2}{2} \times \frac{200}{3}$$

$$= 1,333,333.4\text{mm}^3$$

$$\therefore y = \frac{G_x}{A} = \frac{1,333,333}{11,415} = 116.8\text{mm}$$

8. 다음 삼각형(ABC) 단면에서 y축으로부터 도심까지의 거리는? [산업 16]

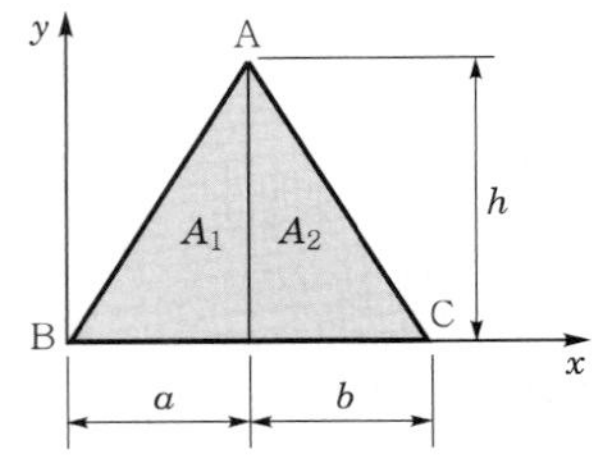

① $\frac{2a+b}{3}$ ② $\frac{a+2b}{2}$
③ $\frac{2a+b}{2}$ ④ $\frac{a+2b}{3}$

해설

$$\bar{x} = \frac{\frac{1}{2}ah \times \frac{2}{3}a + \frac{1}{2}bh \times \left(a + \frac{b}{3}\right)}{\frac{1}{2}ah + \frac{1}{2}bh}$$

$$= \frac{2a^2 + 3ab + b^2}{3(a+b)} = \frac{(2a+b)(a+b)}{3(a+b)} = \frac{2a+b}{3}$$

9. 다음 그림과 같이 원(D=40cm)과 반원(r=40cm)으로 이루어진 단면의 도심거리 y값은? [기사 08, 10]

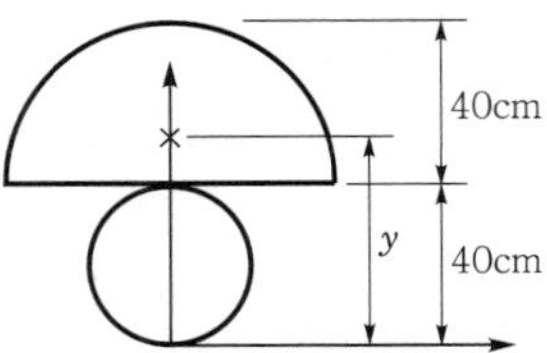

① 17.58cm ② 17.98cm
③ 44.65cm ④ 49.48cm

정답 6. ① 7. ① 8. ① 9. ③

해설

$$G_x = A_1 y_1 + A_2 y_2$$
$$= \frac{\pi \times 80^2}{4} \times \frac{1}{2} \times \left(\frac{4 \times 40}{3\pi} + 40\right) + \frac{\pi \times 40^2}{4} \times 20$$
$$= 168,330.4\text{cm}^4$$
$$A = A_1 + A_2 = 2,513.3 + 1,256.6 = 3,769.9\text{cm}^2$$
$$\therefore y = \frac{G_x}{A} = \frac{168,330.4}{3,769.9} = 44.65\text{cm}$$

10. 다음 그림과 같은 단면에서 외곽원의 직경(D)이 60cm이고 내부원의 직경($D/2$)은 30cm라면 빗금 친 부분의 도심의 위치는 x에서 얼마나 떨어진 곳인가? [기사 11, 15]

① 33cm
② 35cm
③ 37cm
④ 39cm

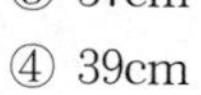
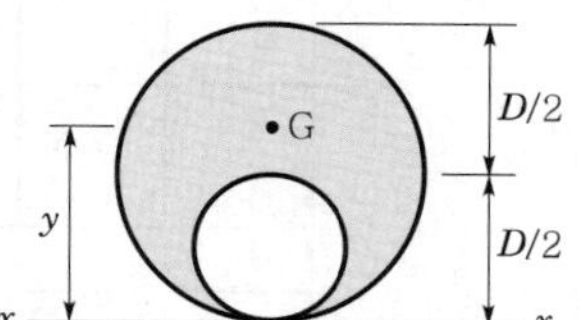

해설

$$y = \frac{G_x}{A} = \frac{\frac{\pi D^2}{4} \times \frac{D}{2} - \frac{\pi D^2}{16} \times \frac{D}{4}}{\frac{\pi D^2}{4} - \frac{\pi D^2}{16}}$$
$$= \frac{7}{12} D = \frac{7}{12} \times 60 = 35\text{cm}$$

〔별해〕 바리뇽의 정리 이용

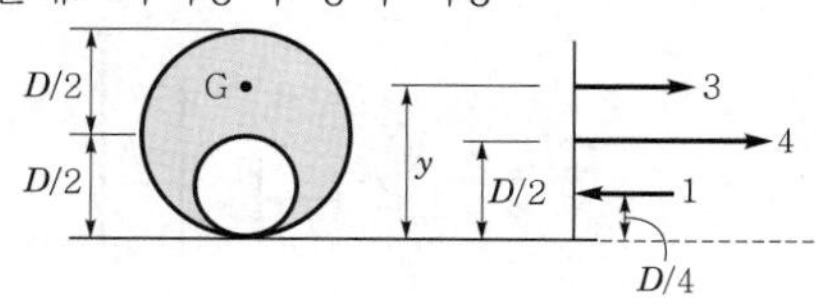

$$3y = 4 \times \frac{D}{2} - 1 \times \frac{D}{4}$$
$$\therefore y = \frac{7}{12} D = \frac{7}{12} \times 60 = 35\text{cm}$$

11. 다음 그림과 같은 도형에서 도심의 위치 y_0는 얼마인가? [기사 00]

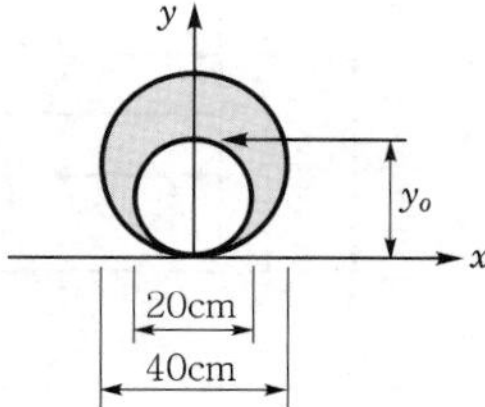

① 20.66cm ② 30.00cm
③ 23.67cm ④ 23.33cm

해설

$$G_x = A y_0 = A_1 y_1 - A_2 y_2$$
$$\therefore y_0 = \frac{A_1 y_1 - A_2 y_2}{A}$$
$$= \frac{\frac{\pi \times 40^2}{4} \times \frac{40}{2} - \frac{\pi \times 20^2}{4} \times \frac{20}{2}}{\frac{\pi \times 40^2}{4} - \frac{\pi \times 20^2}{4}}$$
$$= 23.33\text{cm}$$

12. 다음 그림과 같이 두 개의 재료로 이루어진 합성 단면이 있다. 이 두 재료의 탄성계수비가 $\frac{E_2}{E_1} = 5$일 때 이 합성 단면의 중립축의 위치 c를 단면 상단으로부터의 거리로 나타낸 것은? [기사 01, 04]

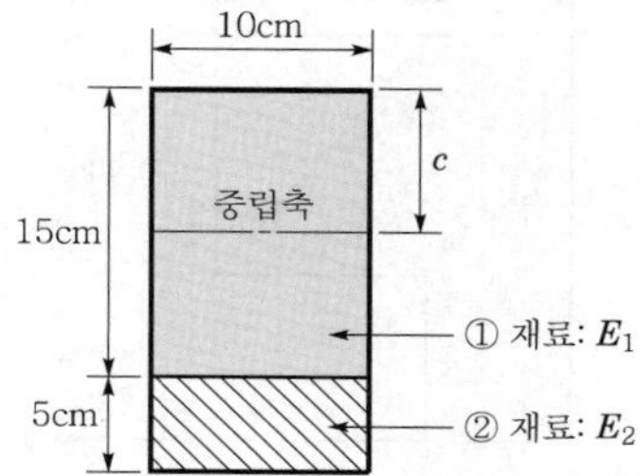

① 7.75cm ② 10.00cm
③ 12.25cm ④ 13.75cm

해설

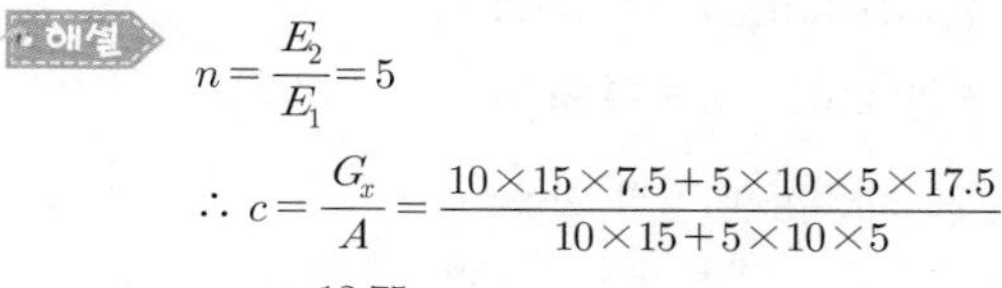

$$n = \frac{E_2}{E_1} = 5$$
$$\therefore c = \frac{G_x}{A} = \frac{10 \times 15 \times 7.5 + 5 \times 10 \times 5 \times 17.5}{10 \times 15 + 5 \times 10 \times 5}$$
$$= 13.75\text{cm}$$

13. 다음 그림과 같은 음영 부분의 y축 도심은 얼마인가? [산업 17]

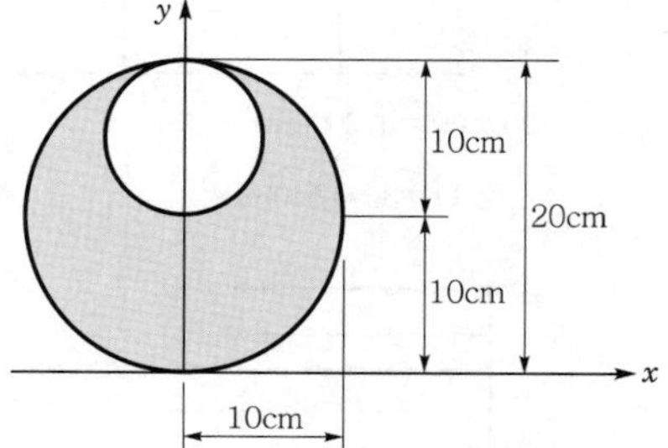

① x축에서 위로 5.43cm ② x축에서 위로 8.33cm
③ x축에서 위로 10.26cm ④ x축에서 위로 11.67cm

정답 10. ② 11. ④ 12. ④ 13. ②

해설
$A_1 = \frac{\pi D^2}{4}$

$A_2 = \frac{\pi}{4}\left(\frac{D}{2}\right)^2 = \frac{\pi D^2}{16}$

$y_1 = \frac{D}{2}$, $y_2 = \frac{3D}{4}$

$$\therefore \bar{y} = \frac{A_1 y_1 - A_2 y_2}{A_1 - y_2} = \frac{\frac{\pi D^2}{4} \times \frac{D}{2} - \frac{\pi D^2}{16} \times \frac{3D}{4}}{\frac{\pi D^2}{4} - \frac{\pi D^2}{16}}$$

$$= \frac{5D}{12} = \frac{5 \times 20}{12} = 8.33\text{cm}$$

14. 주어진 단면의 도심을 구하면?

[기사 07, 11, 17, 산업 08]

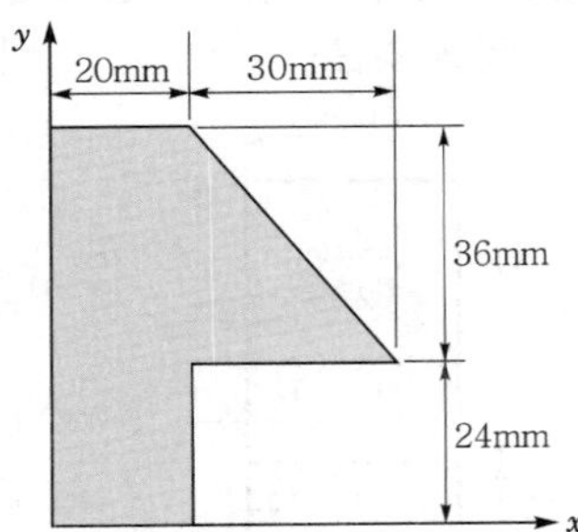

① $\bar{x} = 16.2\text{mm}$, $\bar{y} = 31.9\text{mm}$

② $\bar{x} = 31.9\text{mm}$, $\bar{y} = 16.2\text{mm}$

③ $\bar{x} = 14.2\text{mm}$, $\bar{y} = 29.9\text{mm}$

④ $\bar{x} = 29.9\text{mm}$, $\bar{y} = 14.2\text{mm}$

해설 바리뇽의 정리 이용

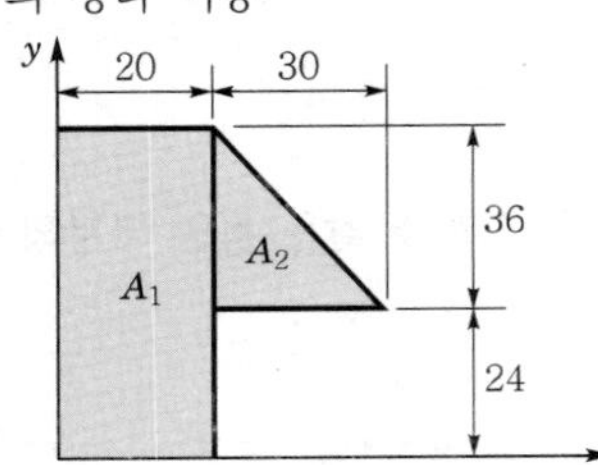

$A_1 = 20 \times 60 = 1{,}200\text{mm}^2$

$A_2 = \frac{1}{2} \times 30 \times 36 = 540\text{mm}^2$

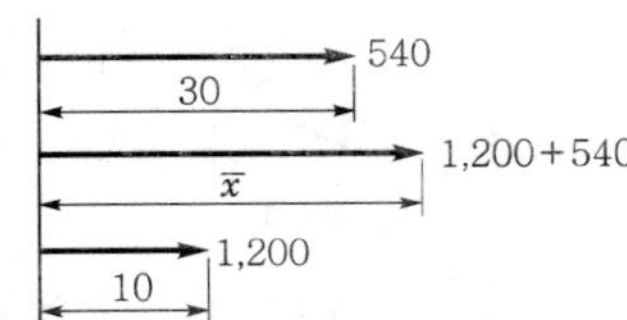

$1{,}740\bar{x} = (540 \times 30) + (1{,}200 \times 10)$

$\therefore \bar{x} = 16.2\text{mm}$

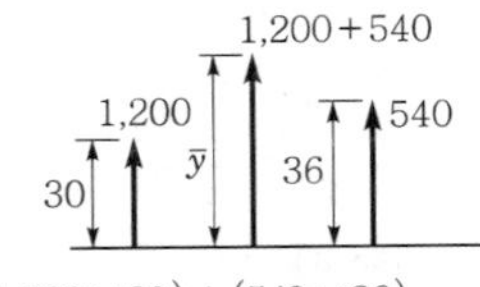

$1{,}740\bar{y} = (1{,}200 \times 30) + (540 \times 36)$

$\therefore \bar{y} = 31.9\text{mm}$

15. 다음과 같이 한 변이 a인 정사각형 단면의 1/4을 절취한 나머지 부분의 도심위치 C($\bar{x}$, $\bar{y}$)는?

[기사 08, 15, 산업 08]

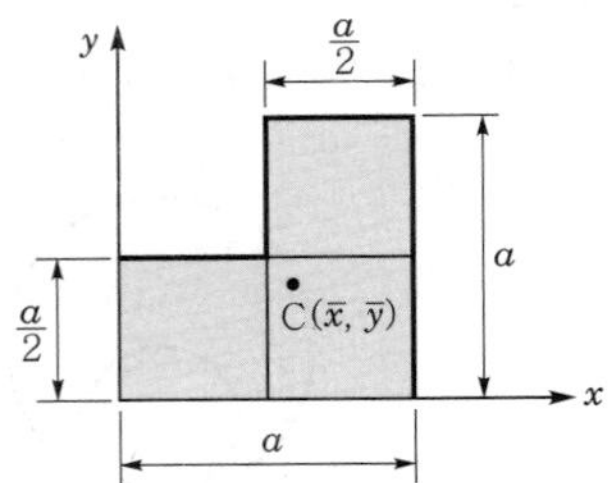

① $C\left(\frac{1}{3}a, \frac{2}{3}a\right)$ ② $C\left(\frac{2}{3}a, \frac{1}{3}a\right)$

③ $C\left(\frac{5}{12}a, \frac{7}{12}a\right)$ ④ $C\left(\frac{7}{12}a, \frac{5}{12}a\right)$

해설 바리뇽의 정리 이용

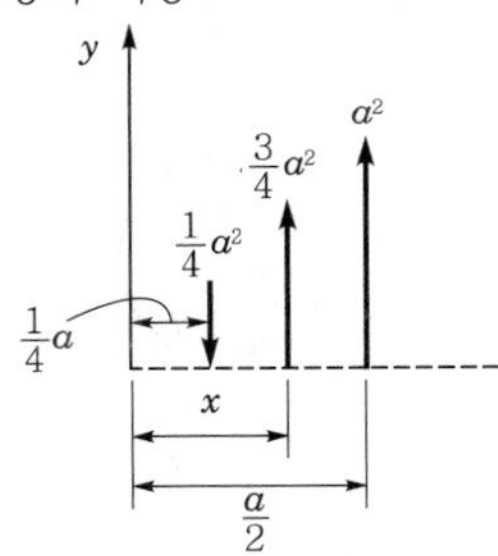

$a^2 \times \frac{a}{2} = \frac{3}{4}a^2 \times x + \frac{1}{4}a^2 \times \frac{1}{4}a$

$3a^2 x = 2a^3 - \frac{1}{4}a^3$

$\therefore x = \frac{7}{12}a$

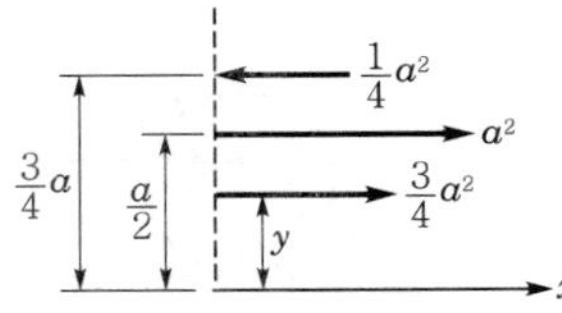

$a^2 \times \frac{a}{2} = \frac{3}{4}a^2 \times y + \frac{1}{4}a^2 \times \frac{3}{4}a$

$3a^2 y = 2a^3 - \frac{3}{4}a^3$

$\therefore y = \frac{5}{12}a$

정답 14. ① 15. ④

16. 다음 그림과 같은 단면의 $A-A$축에 대한 단면 2차 모멘트는? [기사 01, 03, 10]

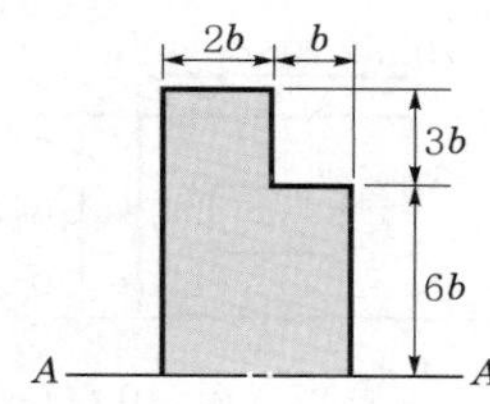

① $558b^4$ ② $560b^4$
③ $562b^4$ ④ $564b^4$

해설

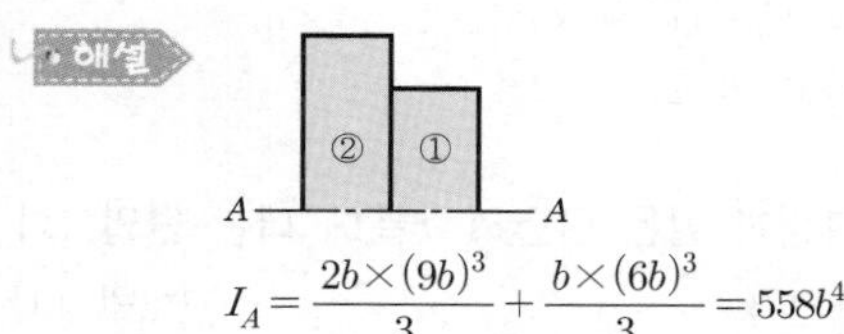

$$I_A = \frac{2b \times (9b)^3}{3} + \frac{b \times (6b)^3}{3} = 558b^4$$

17. 다음 그림과 같은 단면에서 도심의 위치 $\bar{y}$로 옳은 것은? [산업 16]

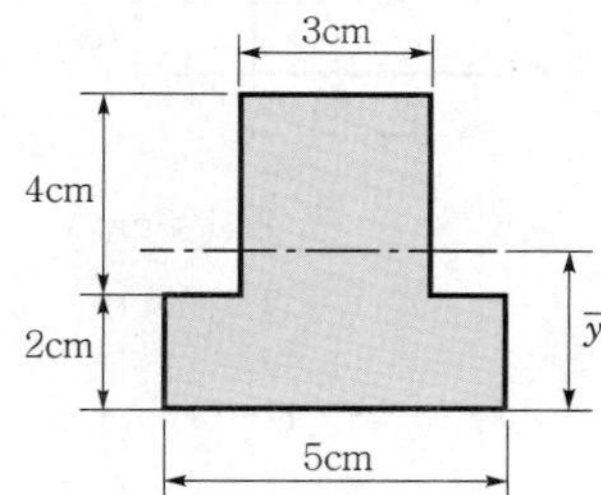

① 2.21cm ② 2.64cm
③ 0.96cm ④ 3.21cm

해설 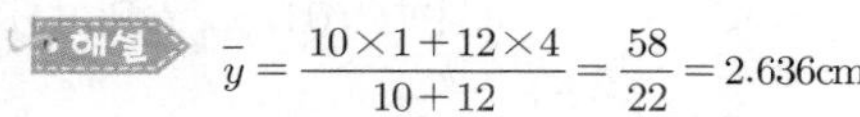
$$\bar{y} = \frac{10 \times 1 + 12 \times 4}{10 + 12} = \frac{58}{22} = 2.636\text{cm}$$

18. 다음 도형의 단면에서 빗금 친 부분에 대한 도심 y_o값은? [산업 06, 12]

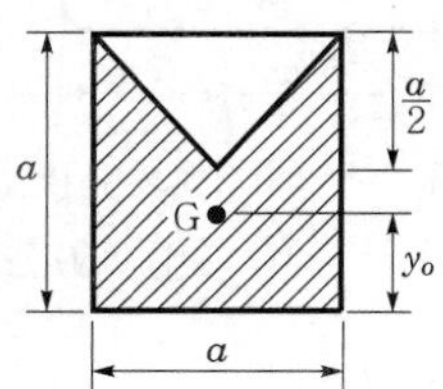

① $\frac{8}{17}a$ ② $\frac{7}{18}a$
③ $\frac{8}{19}a$ ④ $\frac{13}{20}a$

해설

$$y_o = \frac{G_x}{\Sigma A} = \frac{\Sigma A y}{\Sigma A}$$
$$= \frac{\left(a^2 \times \frac{a}{2}\right) - \left(a \times \frac{a}{2} \times \frac{1}{2}\right) \times \left(\frac{a}{2} + \frac{a}{2} \times \frac{2}{3}\right)}{a^2\left(1 - \frac{1}{4}\right)} = \frac{7}{18}a$$

19. 다음 사다리꼴의 도심의 위치(y_o)는? [기사 16, 산업 04, 06]

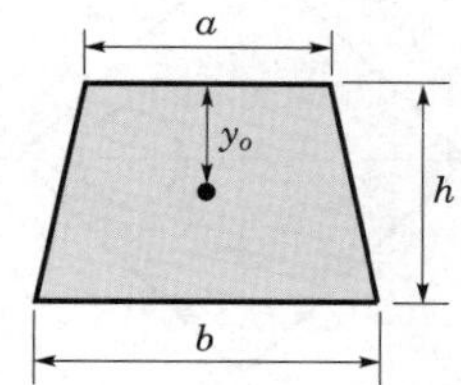

① $y_o = \frac{h}{3}\left(\frac{2a+b}{a+b}\right)$ ② $y_o = \frac{h}{3}\left(\frac{a+2b}{a+b}\right)$
③ $y_o = \frac{h}{3}\left(\frac{a+b}{2a+b}\right)$ ④ $y_o = \frac{h}{3}\left(\frac{a+b}{a+2b}\right)$

20. 다음 그림과 같은 1/4원호에서 x축에 대한 단면 1차 모멘트의 크기는? [산업 10]

① $\frac{r^3}{2}$
② $\frac{r^3}{3}$
③ $\frac{r^3}{4}$
④ $\frac{r^3}{5}$

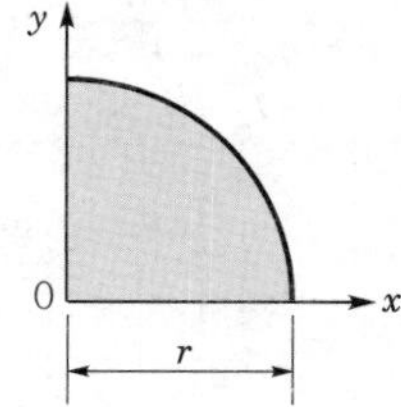

해설

$$G_x = A\bar{y} = \frac{1}{4}\pi r^2 \times \frac{4r}{3\pi} = \frac{r^3}{3}$$

21. 다음 그림과 같은 반지름 r인 반원의 X축에 대한 단면 1차 모멘트는? [산업 02]

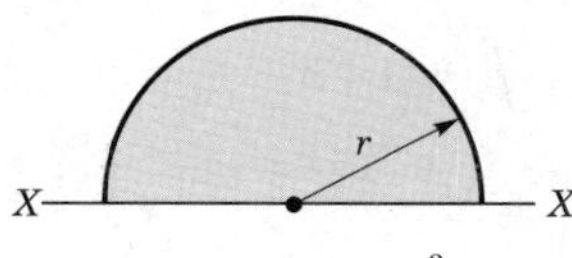

① $\frac{3r^3}{2\pi}$ ② $\frac{2r^3}{3\pi}$
③ $\frac{\pi r^3}{6}$ ④ $\frac{2r^3}{3}$

정답 16. ① 17. ② 18. ② 19. ② 20. ② 21. ④

해설 $G_x = A\bar{y} = \dfrac{\pi r^2}{2} \times \dfrac{4r}{3\pi} = \dfrac{2}{3}r^3$

22. 변의 길이가 30cm인 정사각형에서 반경 5cm의 원을 도려낸 나머지 부분의 도심은? (단, 도려낸 원의 중심은 정방형의 중심에서 10cm에 있음) [산업 07]

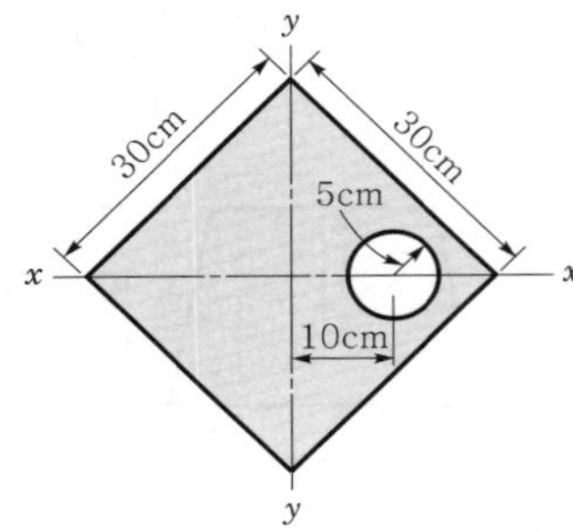

① 원점에서 우로 0.956cm
② 원점에서 좌로 0.956cm
③ 원점에서 우로 1.346cm
④ 원점에서 좌로 1.346cm

해설
$$A = 30 \times 30 - \frac{\pi \times 10^2}{4} = 821.5\text{cm}^2$$
$$G_y = -\frac{\pi \times 10^2}{4} \times 10 = -785\text{cm}^3$$
$$\bar{x} = \frac{G_y}{A} = \frac{-785}{821.5} = -0.956\text{cm}$$
∴ (−)값이므로 원점에서 좌로 0.956cm가 도심이다.

23. 도형의 도심을 지나는 축에 대한 단면 1차 모멘트의 값은? [산업 02, 04]

① 0(zero)이다.
② 0보다 크다.
③ 0보다 작다.
④ 0보다 클 때도 있고 적을 때도 있다.

해설 $G_x = \int_A y\,dA = A\bar{y}$

$\bar{y} = 0$이므로 도심에 대한 단면 1차 모멘트는 0이다.

24. 다음 도형(빗금 친 부분)의 X축에 대한 단면 1차 모멘트는? [산업 04]

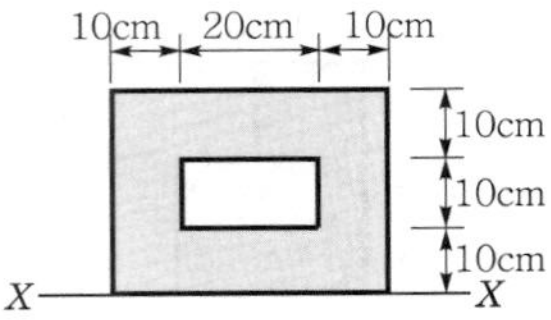

① $5,000\text{cm}^3$ ② $10,000\text{cm}^3$
③ $15,000\text{cm}^3$ ④ $20,000\text{cm}^3$

해설 $G_x = A\bar{y} = 40 \times 30 \times 15 - 20 \times 10 \times 15$
$= 15,000\text{cm}^3$

25. 다음 그림과 같은 단면의 x축에 대한 단면 1차 모멘트는 얼마인가? [산업 11]

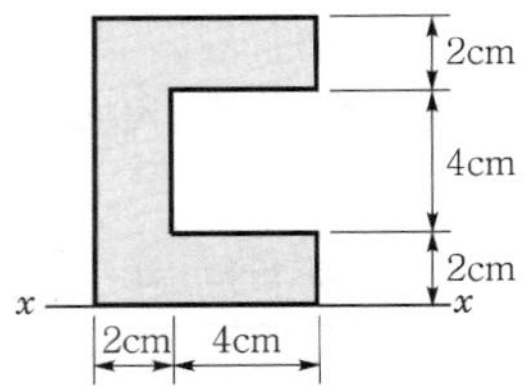

① 128cm^3 ② 138cm^3
③ 148cm^3 ④ 158cm^3

해설 $G_x = Ay = (6 \times 8 \times 4) - (4 \times 4 \times 4) = 128\text{cm}^3$

26. 12cm×8cm 단면에서 지름 2cm인 원을 떼어버린다면 도심축 X에 관한 단면 2차 모멘트는? [기사 01, 06, 산업 11]

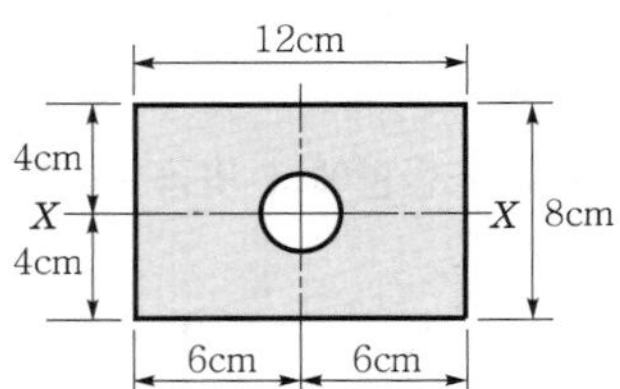

① 556.4cm^4 ② 511.2cm^4
③ 499.4cm^4 ④ 550.2cm^4

해설
$$I_X = I_{X1} - I_{X2}$$
$$= \frac{bh^3}{12} - \frac{\pi D^4}{64} = \frac{12 \times 8^3}{12} - \frac{\pi \times 2^4}{64}$$
$$= 511.215\text{cm}^4$$

정답 22. ② 23. ① 24. ③ 25. ① 26. ②

27. 다음 1/4원의 도심축 $x-x$축에 대한 단면 2차 모멘트 I_x는 얼마인가? [기사 02, 06, 산업 07]

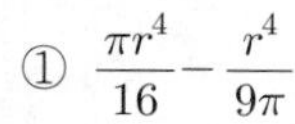

① $\dfrac{\pi r^4}{16}-\dfrac{r^4}{9\pi}$

② $\dfrac{\pi r^4}{8}-\dfrac{r^4}{9\pi}$

③ $\dfrac{\pi r^4}{8}-\dfrac{4r^4}{9\pi}$

④ $\dfrac{\pi r^4}{16}-\dfrac{4r^4}{9\pi}$

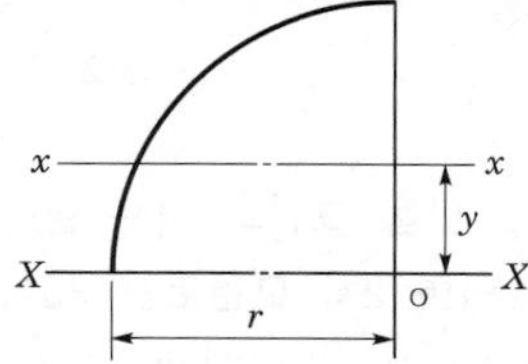

해설 평행축 정리 이용

$I_X=\dfrac{\pi r^4}{4}\times\dfrac{1}{4}=\dfrac{\pi r^4}{16}$ 일 때

$I_X=I_x+Ay^2$

$\therefore I_x=I_X-Ay^2$

$=\dfrac{\pi r^4}{16}-\dfrac{\pi r^2}{4}\times\left(\dfrac{4r}{3\pi}\right)^2=\dfrac{\pi r^4}{16}-\dfrac{4r^4}{9\pi}$

28. 다음 단면의 X축에 대한 단면 2차 모멘트를 구하면? [기사 02, 04, 산업 11, 17]

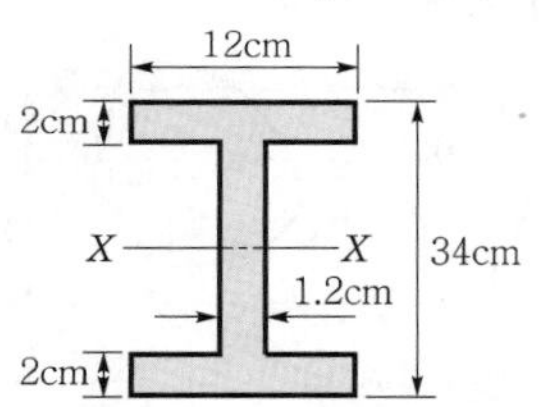

① $15{,}004\text{cm}^4$ ② $14{,}004\text{cm}^4$

③ $13{,}004\text{cm}^4$ ④ $12{,}004\text{cm}^4$

해설 $I_X=I_{X1}-I_{X2}=\dfrac{12\times34^3}{12}-\dfrac{10.8\times30^3}{12}$

$=15{,}004\text{cm}^4$

29. 다음 그림과 같은 단면의 $x-x$축에 관한 단면 2차 모멘트 I_{x-x}를 표시한 값은? [기사 00]

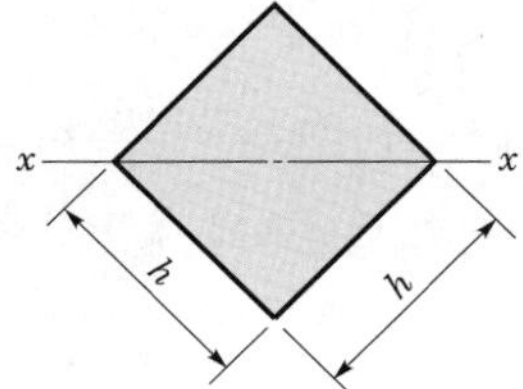

① $\dfrac{h^3}{24}$ ② $\dfrac{h^3}{3}$

③ $\dfrac{h^4}{6}$ ④ $\dfrac{h^4}{12}$

해설

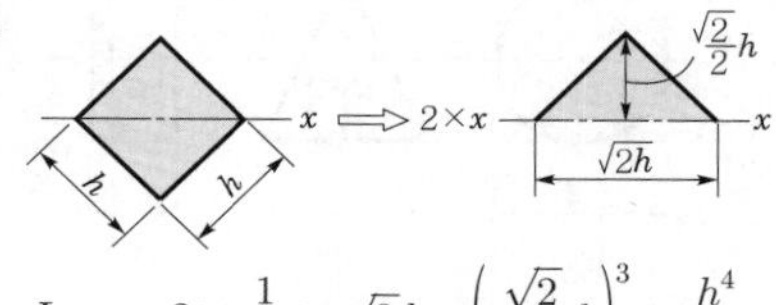

$I_{x-x}=2\times\dfrac{1}{12}\times\sqrt{2}h\times\left(\dfrac{\sqrt{2}}{2}h\right)^3=\dfrac{h^4}{12}$

30. 다음 그림과 같은 단면의 주축에 대한 단면 2차 모멘트가 각각 $I_x=72\text{cm}^4$, $I_y=32\text{cm}^4$이다. x축과 30°를 이루고 있는 u축에 대한 단면 2차 모멘트가 $I_u=62\text{cm}^4$일 때 v축에 대한 단면 2차 모멘트 I_v는? [기사 03, 05]

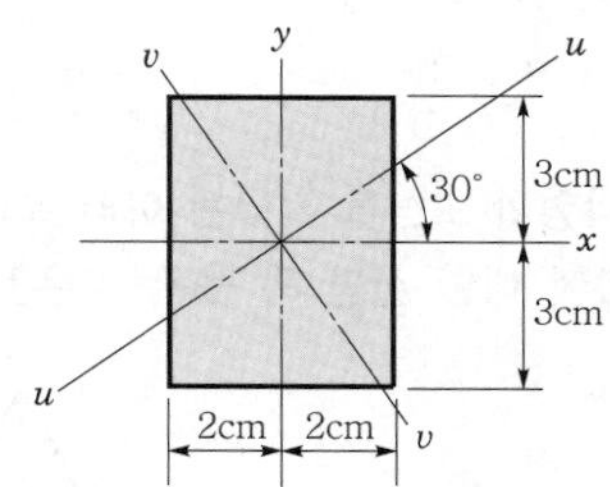

① 32cm^4 ② 37cm^4

③ 42cm^4 ④ 47cm^4

해설 $I_p=I_x+I_y=I_u+I_v=$ 일정

$\therefore I_v=I_x+I_y-I_u=72+32-62=42\text{cm}^4$

31. 다음 도형의 도심축에 관한 단면 2차 모멘트를 I_g, 밑변을 지나는 축에 관한 단면 2차 모멘트를 I_x라 하면 I_x/I_g값은? [기사 03, 05, 07, 산업 12]

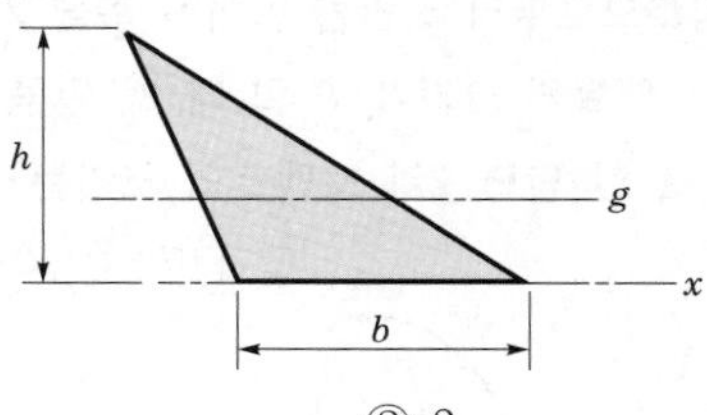

① 2 ② 3

③ 4 ④ 5

해설 $I_g=\dfrac{bh^3}{36}$, $I_x=\dfrac{bh^3}{12}$

$\therefore I_x/I_g=3$

정답 27. ④ 28. ① 29. ④ 30. ③ 31. ②

32. 다음 그림의 각 도심을 통하는 축 $x-x$축에 대한 단면 2차 모멘트의 크기순서가 옳은 것은? [기사 01, 산업 04]

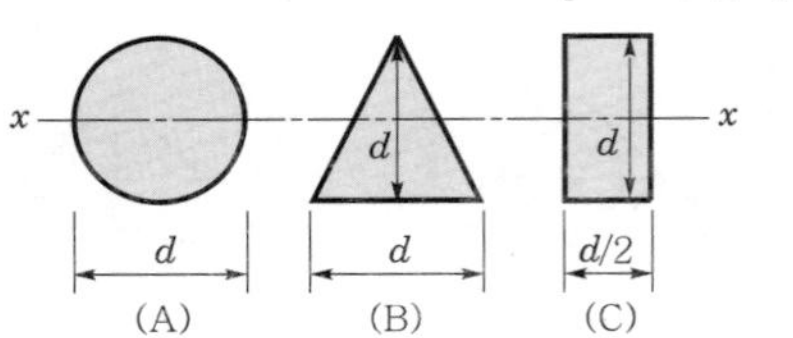

① A>B>C ② A>C>B
③ B>C>A ④ C>A>B

해설

$$I_A = \frac{\pi d^4}{64} = 0.0491d^4$$

$$I_B = \frac{d^4}{36} = 0.0278d^4$$

$$I_C = \frac{d^4}{24} = 0.0417d^4$$

∴ A>C>B

33. 정삼각형의 도심을 지나는 여러 축에 대한 단면 2차 모멘트값에 대한 설명 중 옳은 것은? [기사 07]

① $I_{y1} > I_{y2}$
② $I_{y2} > I_{y1}$
③ $I_{y3} > I_{y2}$
④ $I_{y1} = I_{y2} = I_{y3}$

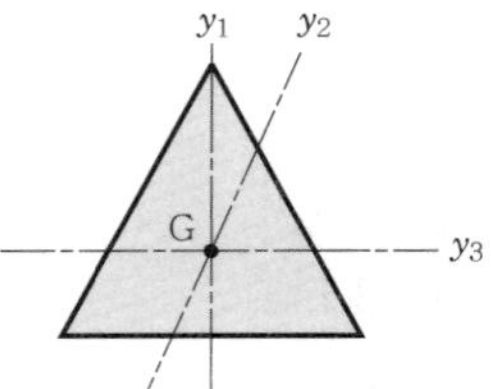

해설 정삼각형 단면의 도심을 지나는 임의의 축에 대한 단면 2차 모멘트값은 일정하다.
∴ $I_{y1} = I_{y2} = I_{y3}$

34. 다음과 같은 단면적이 A인 임의의 부재 단면이 있다. 도심축으로부터 y_1만큼 떨어진 축을 기준으로 한 단면 2차 모멘트의 크기가 I_{x1}일 때 $2y_1$만큼 떨어진 축을 기준으로 한 단면 2차 모멘트의 크기는? [기사 01, 04, 산업 07]

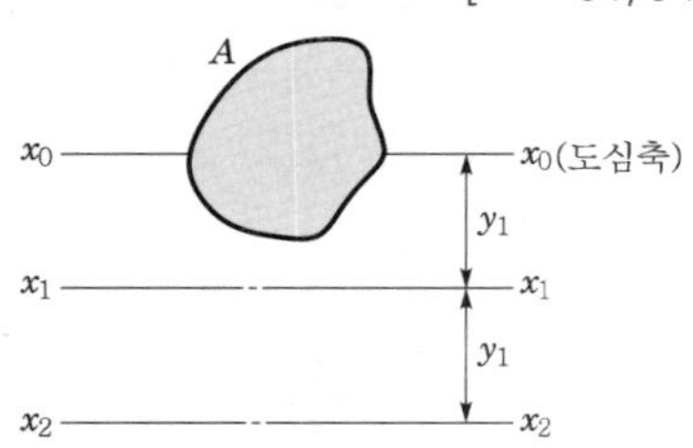

① $I_{x1} + A{y_1}^2$ ② $I_{x1} + 2A{y_1}^2$
③ $I_{x1} + 3A{y_1}^2$ ④ $I_{x1} + 4A{y_1}^2$

해설 $I_{x1} = I_{x0} + Ay_1^2$
∴ $I_{x2} = I_{x0} + A(2y_1)^2 = I_{x0} + 4Ay_1^2 = I_{x1} + 3A{y_1}^2$

35. 다음 그림과 같은 불규칙한 단면의 $A-A$축에 대한 단면 2차 모멘트는 $35\times10^6\text{mm}^4$이다. 만약 단면의 총면적이 $1.2\times10^4\text{mm}^2$라면 $B-B$축에 대한 단면 2차 모멘트는 얼마인가? (단, $D-D$축은 단면의 도심을 통과한다.) [기사 06, 08]

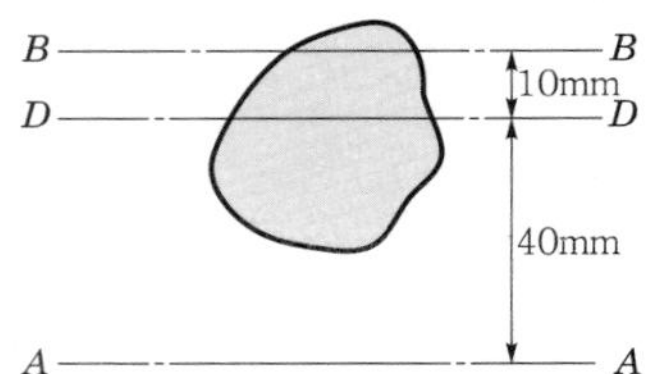

① $15.8\times10^6\text{mm}^4$ ② $17\times10^6\text{mm}^4$
③ $17\times10^5\text{mm}^4$ ④ $15.8\times10^5\text{mm}^4$

해설 평행축 정리 이용

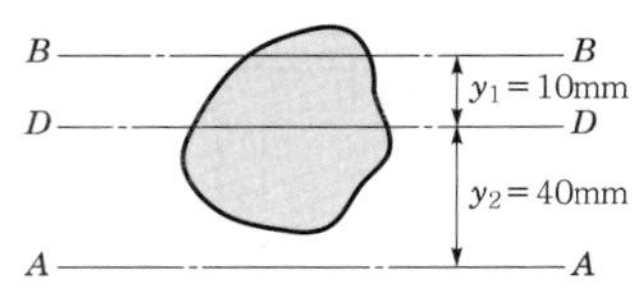

$I_A = I_D + A{y_2}^2$

$$\begin{aligned}\therefore I_B &= I_D + Ay_1^2 = (I_A - A{y_2}^2) + A{y_1}^2 \\ &= 35\times10^6 - (1.2\times10^4\times40^2) + (1.2\times10^4\times10^2) \\ &= 17\times10^6\text{mm}^4\end{aligned}$$

36. 단면의 성질 중에서 폭 b, 높이가 h인 직사각형 단면의 단면 1차 모멘트 및 단면 2차 모멘트, 단면계수에 대한 설명으로 잘못된 것은? [기사 09, 산업 09]

① 단면의 도심축을 지나는 단면 1차 모멘트는 0이다.
② 도심축에 대한 단면 2차 모멘트는 $\dfrac{bh^3}{12}$이다.
③ 도심축에 대한 단면계수는 $\dfrac{bh^3}{6}$이다.
④ 직사각형 단면의 밑변축에 대한 단면 2차 모멘트는 $\dfrac{bh^3}{3}$이다.

해설 사각형의 단면계수 $Z = \dfrac{I}{y} = \dfrac{bh^2}{6}$

정답 32. ② 33. ④ 34. ③ 35. ② 36. ③

37. 다음 그림에서 음영 부분의 x축에 관한 단면 2차 모멘트는? [기사 04, 16]

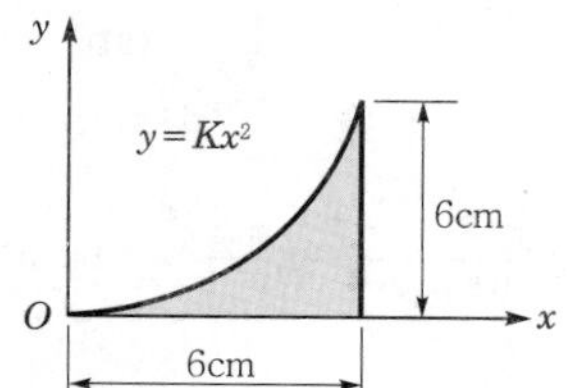

① $I_x = 56.2\text{cm}^4$　② $I_x = 58.5\text{cm}^4$
③ $I_x = 61.7\text{cm}^4$　④ $I_x = 64.4\text{cm}^4$

해설

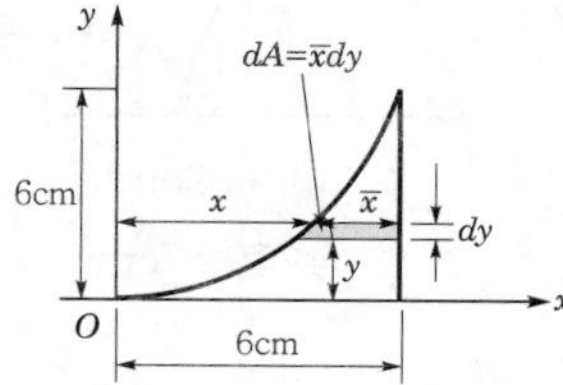

$y = Kx^2$에 $x=6$, $y=6$을 대입하면 $K = \frac{1}{6}$

$y = \frac{1}{6}x^2$에서 $x = \sqrt{6y}$, $\bar{x} = 6 - \sqrt{6y}$

$$\therefore I_x = \int_0^6 y^2 dA = \int_0^6 y^2 \bar{x} dy = \int_0^6 y^2 (6 - \sqrt{6y}) dy$$

$$= \left[\frac{6}{3}y^3 - \frac{2}{7}\sqrt{6}\,y^{\frac{7}{2}}\right]_0^6 = 61.7\text{cm}^4$$

38. 단면적이 A인 도형의 중립축에 대한 단면 2차 모멘트를 I_G라 하고 중립축에서 y만큼 떨어진 축에 대한 단면 2차 모멘트를 I라 할 때 I로 옳은 것은? [산업 16]

① $I = I_G + Ay^2$　② $I = I_G + A^2 y$
③ $I = I_G - Ay^2$　④ $I = I_G - A^2 y$

39. 밑변 6cm, 높이 12cm인 삼각형의 밑변에 대한 단면 2차 모멘트의 값은? [산업 13]

① 216cm^4　② 288cm^4
③ 864cm^4　④ $1,728\text{cm}^4$

해설 평행축 정리 이용

$$I_x = I_X + Ay_0^2 = \frac{bh^3}{12} = \frac{6 \times 12^3}{12} = 864\text{cm}^4$$

40. 다음 그림에서 $A-A$축과 $B-B$축에 대한 음영 부분의 단면 2차 모멘트가 각각 $80,000\text{cm}^4$, $160,000\text{cm}^4$일 때 음영 부분의 면적은? [기사 01, 08, 10]

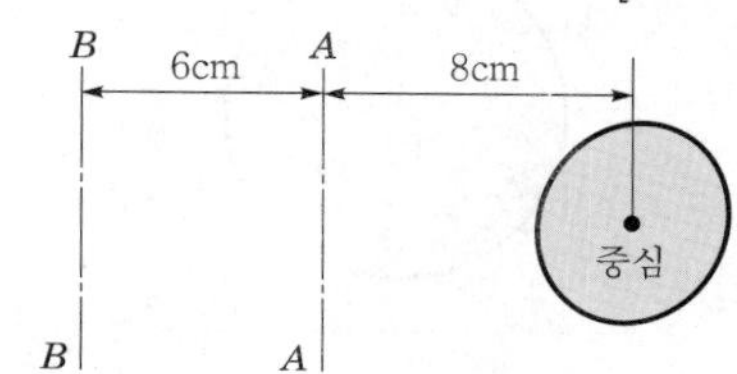

① 800cm^2　② 752cm^2
③ 606cm^2　④ 573cm^2

해설 평행축 정리 이용

$I_{(임의축)} = I_{(도심축)} + Ay_0^2$

㉠ $I_A = I_x + Ay_0^2$

$80,000 = I_x + A \times 8^2$

㉡ $I_B = I_x + Ay_0^2$

$160,000 = I_x + A \times 14^2$

㉠과 ㉡을 연립해서 풀면

$A = 606.06\text{cm}^2$

41. 다음 그림의 단면에서 도심을 통과하는 z축에 대한 극관성모멘트는 23cm^4이다. y축에 대한 단면 2차 모멘트가 5cm^4이고, x'축에 대한 단면 2차 모멘트가 40cm^4이다. 이 단면의 면적은? (단, x, y축은 이 단면의 도심을 통과한다.) [기사 09]

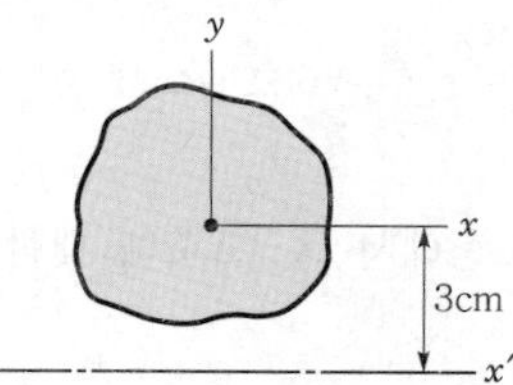

① 4.44cm^2　② 3.44cm^2
③ 2.44cm^2　④ 1.44cm^2

해설 평행축 정리 이용

㉠ $I_P = I_x + I_y$

$\therefore I_x = I_P - I_y = 23 - 5 = 18\text{cm}^4$

㉡ $I_{x'} = I_x + Ay^2$

$$\therefore A = \frac{I_x' - I_x}{y^2} = \frac{40 - 18}{3^2} = \frac{22}{9} = 2.44\text{cm}^2$$

정답 37. ③ 38. ① 39. ③ 40. ③ 41. ③

42. 다음 그림과 같은 원의 x축에 대한 단면 2차 모멘트는? [산업 13]

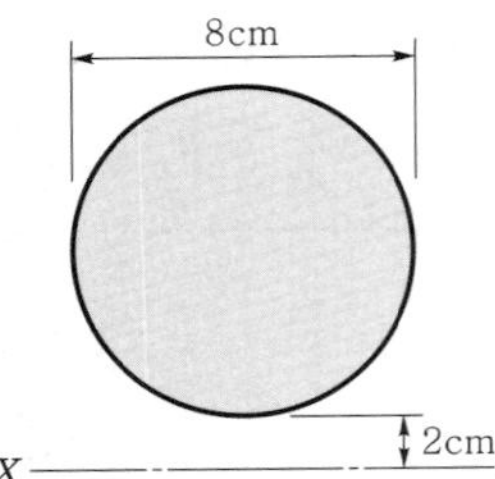

① $320\pi \text{cm}^4$ ② $480\pi \text{cm}^4$
③ $640\pi \text{cm}^4$ ④ $720\pi \text{cm}^4$

해설

$$I_X = I_x + Ay^2 = \frac{\pi \times 8^4}{64} + \frac{\pi \times 8^2}{4} \times 6^2$$
$$= 64\pi + 576\pi = 640\pi \text{cm}^4$$

43. 다음과 같은 삼각형 단면에서 $X-X$축에 대한 단면 2차 모멘트값은? [산업 09]

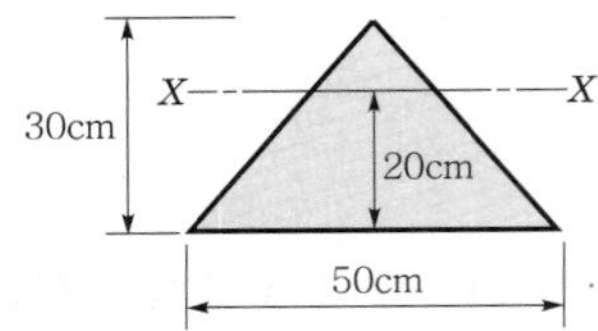

① $112{,}500\text{cm}^4$ ② $142{,}500\text{cm}^4$
③ $172{,}500\text{cm}^4$ ④ $202{,}500\text{cm}^4$

해설

$$I_X = I_x + Ay^2 = \frac{bh^3}{36} + \frac{bh}{2} \times \left(\frac{h}{3}\right)^2 = \frac{bh^3}{12}$$
$$= \frac{50 \times 30^2}{12} = 112{,}500\text{cm}^4$$

44. 다음 도형에서 $X-X$축에 대한 단면 2차 모멘트는? [산업 06, 16]

① $\frac{bh^3}{4}$

② $\frac{7bh^3}{36}$

③ $\frac{bh^3}{2}$

④ $\frac{5bh^3}{36}$

X —— X, h, b

해설

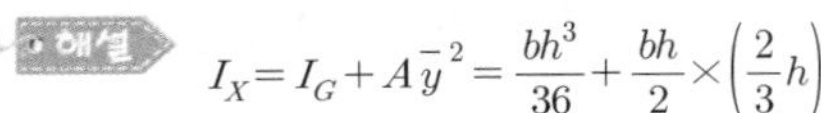

$$I_X = I_G + A\bar{y}^2 = \frac{bh^3}{36} + \frac{bh}{2} \times \left(\frac{2}{3}h\right)^2 = \frac{bh^3}{4}$$

45. 반지름이 2cm인 원형 단면의 도심을 지나는 축에 대한 단면 2차 모멘트를 구하면? [산업 12, 16]

① πcm^4 ② $4\pi \text{cm}^4$
③ $16\pi \text{cm}^4$ ④ $64\pi \text{cm}^4$

해설

$$I_X = \frac{\pi D^4}{64} = \frac{\pi r^4}{4} = \frac{\pi \times 2^4}{4} = 4\pi \text{cm}^4$$

46. 다음 그림과 같이 반원의 도심을 지나는 X축에 대한 단면 2차 모멘트의 값은? [산업 05, 10, 15]

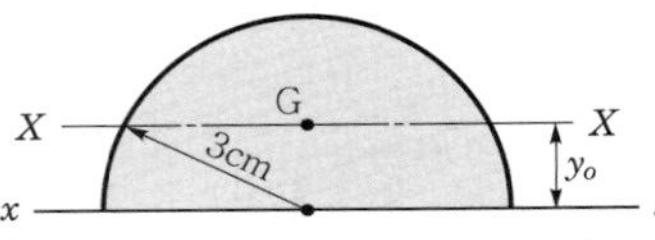

① 7.88cm^4 ② 8.89cm^4
③ 9.94cm^4 ④ 10.87cm^4

해설

$$I_x = \frac{1}{2} \times \frac{\pi d^4}{64} = \frac{1}{2} \times \frac{\pi \times 6^4}{64} = 31.79\text{cm}^4$$
$$A = \frac{1}{2} \times \frac{\pi d^2}{4} = \frac{1}{2} \times \frac{\pi \times 6^2}{4} = 14.13\text{cm}^2$$
$$y = \frac{4r}{3\pi} = \frac{4 \times 3}{3\pi} = 1.273\text{cm}$$
$$\therefore I_X = I_x - Ay^2 = 31.79 - 14.13 \times 1.273^2$$
$$= 8.89\text{cm}^4$$

47. 사다리꼴 단면에서 x축에 대한 단면 2차 모멘트값은? [기사 17, 산업 02, 04, 08]

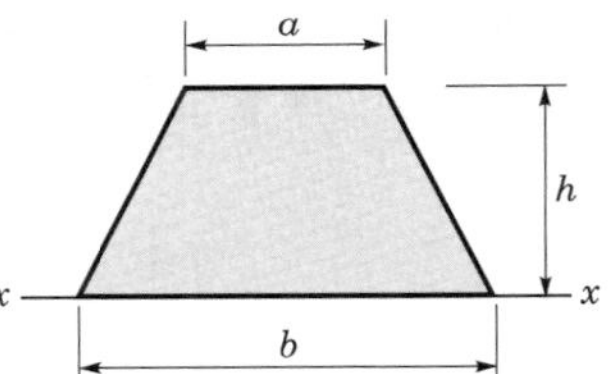

① $\frac{h^3}{12}(3b+a)$ ② $\frac{h^3}{12}(b+2a)$

③ $\frac{h^3}{12}(b+3a)$ ④ $\frac{h^3}{12}(2b+a)$

해설

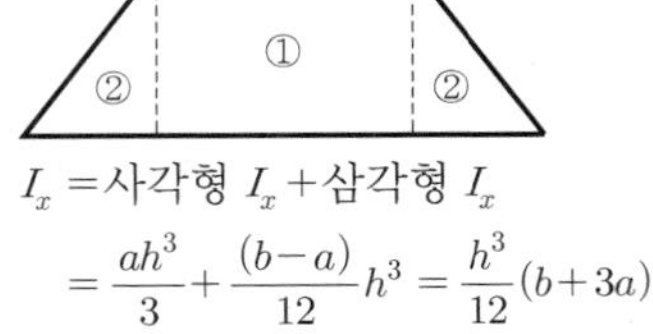

I_x = 사각형 I_x + 삼각형 I_x

$$= \frac{ah^3}{3} + \frac{(b-a)}{12}h^3 = \frac{h^3}{12}(b+3a)$$

정답 42. ③ 43. ① 44. ① 45. ② 46. ② 47. ③

48. 반경이 r인 원형 단면에서 도심축에 대한 단면 2차 모멘트는? [산업 10]

① $\frac{\pi r^4}{64}$ ② $\frac{\pi r^4}{32}$
③ $\frac{\pi r^4}{16}$ ④ $\frac{\pi r^4}{4}$

해설 $I_x = \frac{\pi d^4}{64} = \frac{\pi \times (2r)^4}{64} = \frac{\pi r^4}{4}$

49. 다음 그림에서 빗금 친 부분의 도심축 x에 대한 단면 2차 모멘트는? [산업 07, 09]

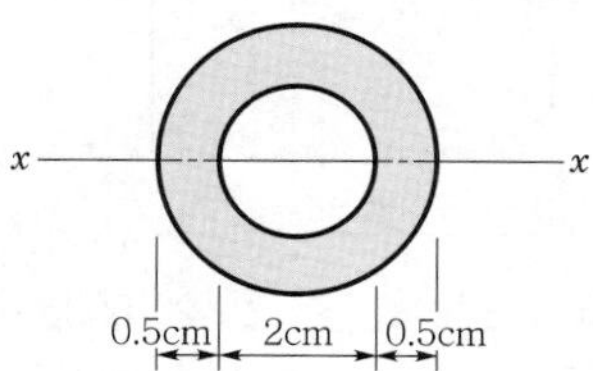

① 3.19cm^4 ② 2.19cm^4
③ 1.19cm^4 ④ 0.19cm^4

해설 $I_x = \frac{\pi}{64}(D^4 - d^4) = \frac{\pi}{64}(3^4 - 2^4)$
$= 3.19\text{cm}^4$

50. 다음 그림과 같이 직경이 d인 원형 단면의 $B-B$ 축에 대한 단면 2차 모멘트는? [산업 08]

① $\frac{3}{64}\pi d^4$
② $\frac{5}{64}\pi d^4$
③ $\frac{7}{64}\pi d^4$
④ $\frac{9}{64}\pi d^4$

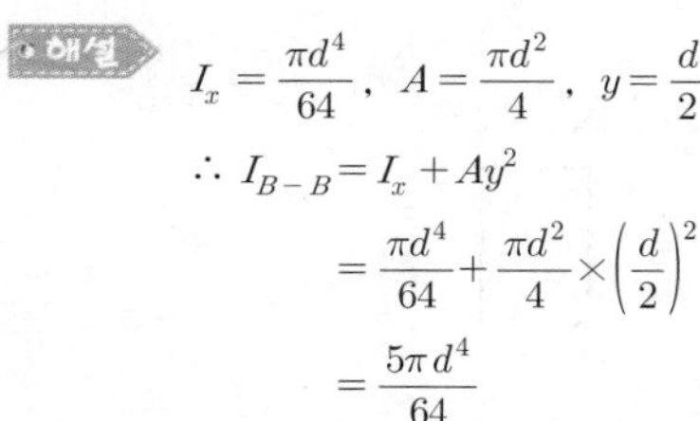

해설 $I_x = \frac{\pi d^4}{64}$, $A = \frac{\pi d^2}{4}$, $y = \frac{d}{2}$
$\therefore I_{B-B} = I_x + Ay^2$
$= \frac{\pi d^4}{64} + \frac{\pi d^2}{4} \times \left(\frac{d}{2}\right)^2$
$= \frac{5\pi d^4}{64}$

51. 다음 그림에서 음영 삼각형 단면의 X축에 대한 단면 2차 모멘트는 얼마인가? [산업 08, 13, 17]

① $\frac{bh^3}{3}$
② $\frac{bh^2}{4}$
③ $\frac{bh^3}{5}$
④ $\frac{bh^3}{6}$

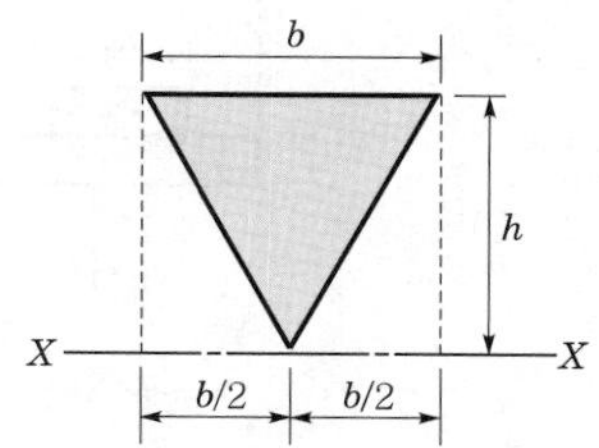

해설 $I_X = I_G + Ay^2 = \frac{bh^3}{36} + \frac{bh}{2} \times \left(\frac{2}{3}h\right)^2 = \frac{bh^3}{4}$

52. 음영 부분 도형의 x축에 대한 단면 2차 모멘트는? [산업 07]

① $\frac{11}{64}\pi r^4$
② $\frac{9}{64}\pi r^4$
③ $\frac{9}{16}\pi r^4$
④ $\frac{5}{72}\pi r^4$

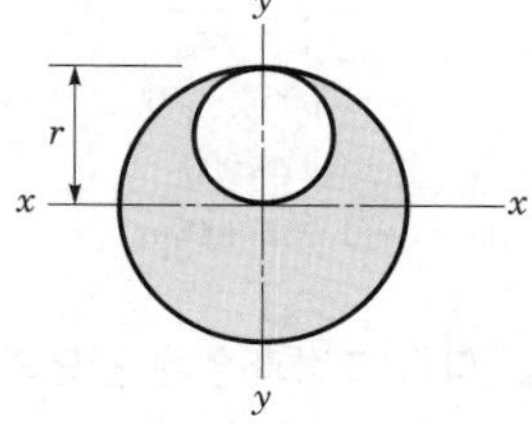

해설 $I_x = \frac{\pi \times (2r)^4}{64} - \left[\frac{\pi r^4}{64} + \frac{\pi r^2}{4} \times \left(\frac{r}{2}\right)^2\right] = \frac{11}{64}\pi r^4$

53. 다음 그림에서 직사각형의 도심축에 대한 단면 상승모멘트 I_{xy}의 크기는? [기사 10, 16]

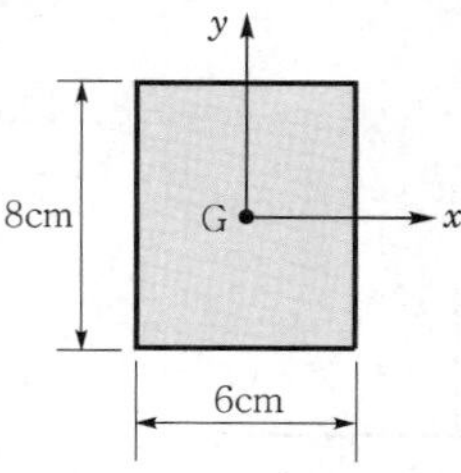

① 576cm^4 ② 256cm^4
③ 142cm^4 ④ 0cm^4

해설 도심축 $I_{xy}=0$이다.

정답 48. ④ 49. ① 50. ② 51. ② 52. ① 53. ④

54. 다음 그림과 같은 도형의 x축에 대한 단면 2차 모멘트는? [산업 03]

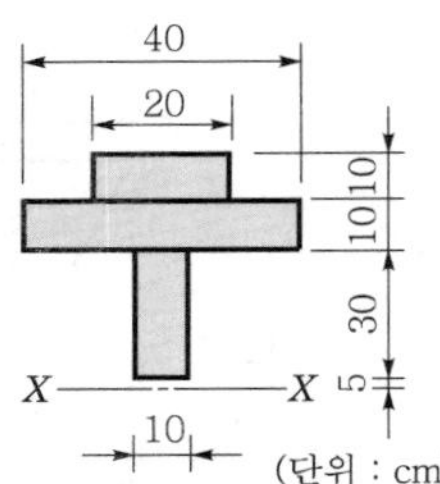

① 27,500cm⁴ ② 144,200cm⁴
③ 1,265,000cm⁴ ④ 1,287,500cm⁴

해설

$$I=\left[\frac{20\times10^3}{12}+20\times10\times\left(5+30+10+\frac{10}{2}\right)^2\right]+\left[\frac{40\times10^3}{12}+40\times10\times\left(5+30+\frac{10}{2}\right)^2\right]+\left[\frac{10\times30^2}{12}+10\times30\times\left(5+\frac{30}{2}\right)^2\right]$$
$$=1,666.7+500,000+3,333.3+640,000+22,500+120,000$$
$$=1,287,500\text{cm}^4$$

55. 다음 그림과 같은 단면의 단면 상승모멘트 I_{xy}는? [기사 10, 17]

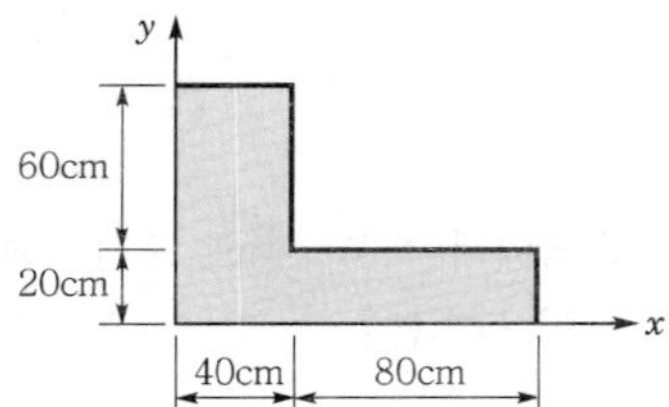

① 384,000cm⁴ ② 3,840,000cm⁴
③ 3,350,000cm⁴ ④ 3,520,000cm⁴

해설

㉠ $I_{xy}=Ax_0y_0=120\times20\times60\times10=1,440,000\text{cm}^4$

㉡ $I_{xy}=Ax_0y_0=60\times40\times20\times50=2,400,000\text{cm}^4$

∴ $I_{xy}=$ ㉠ $+$ ㉡ $=1,440,000+2,400,000=3,840,000\text{cm}^4$

56. 단면 상승모멘트의 단위로서 옳은 것은? [산업 16]

① cm ② cm²
③ cm³ ④ cm⁴

해설 $I_{xy}=A\bar{x}\,\bar{y}\,[\text{cm}^2\times\text{cm}\times\text{cm}=\text{cm}^4]$

57. 폭 20cm, 높이 10cm인 직사각형 단면의 x, y축에 대한 단면 상승모멘트값은? [기사 00, 06, 산업 05]

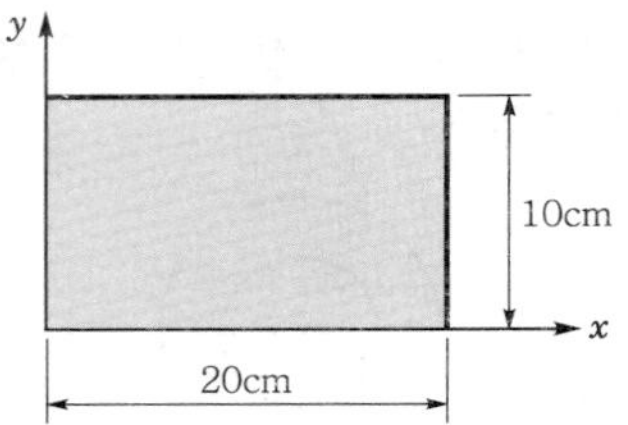

① 10,000cm⁴ ② 20,000cm⁴
③ 30,000cm⁴ ④ 40,000cm⁴

해설 $I_{xy}=Axy=(10\times20)\times10\times5=10,000\text{cm}^4$

58. 지름이 2m인 원형 단면의 2차 극모멘트는? [기사 16, 산업 02]

① πm^4
② $\frac{\pi}{2}\text{m}^4$
③ $\frac{\pi}{4}\text{m}^4$
④ $\frac{\pi}{8}\text{m}^4$

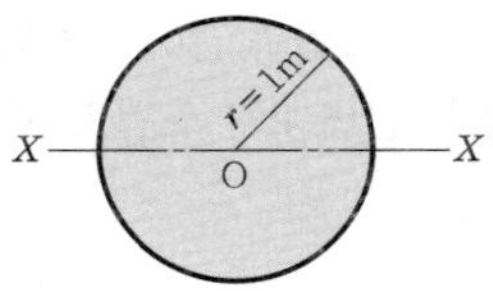

해설 $I_p=\frac{\pi d^4}{32}=\frac{\pi\times2^4}{32}=\frac{\pi}{2}\text{m}^4$

59. 다음 그림의 직사각형 단면에서 O점에 대한 단면 2차 극모멘트 I_p는? [산업 08]

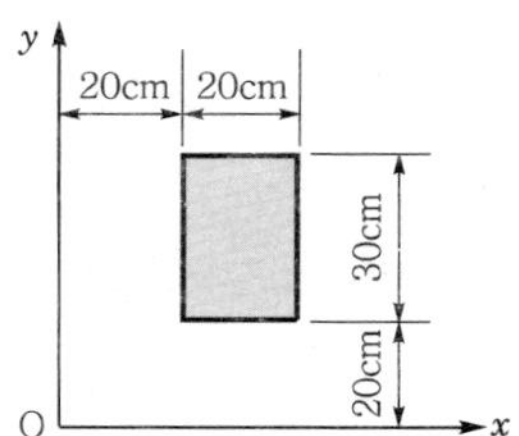

① 1,350,000cm⁴ ② 1,250,000cm⁴
③ 1,340,000cm⁴ ④ 1,240,000cm⁴

정답 54. ④ 55. ② 56. ④ 57. ① 58. ② 59. ③

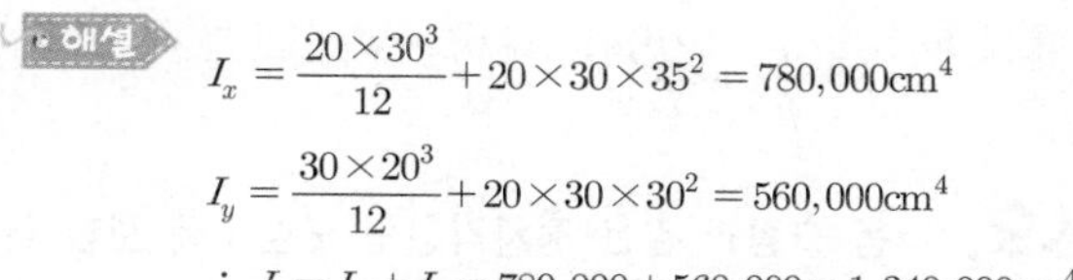

해설

$$I_x = \frac{20\times30^3}{12} + 20\times30\times35^2 = 780,000\text{cm}^4$$

$$I_y = \frac{30\times20^3}{12} + 20\times30\times30^2 = 560,000\text{cm}^4$$

$$\therefore I_p = I_x + I_y = 780,000 + 560,000 = 1,340,000\text{cm}^4$$

60. 다음 단면에서 y축에 대한 회전반지름은? [기사 02, 06, 산업 03]

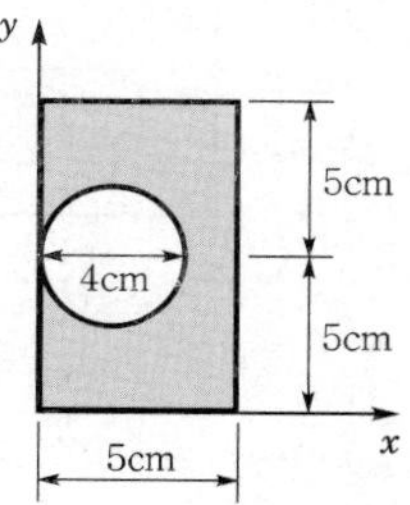

① 3.07cm ② 3.20cm
③ 3.81cm ④ 4.24cm

해설

$$A = bh - \frac{\pi D^2}{4} = 5\times10 - \frac{\pi\times4^2}{4} = 37.434\text{cm}^2$$

$$I_y = \frac{b^3h}{3} - \frac{5\pi D^4}{64} = \frac{5^3\times10}{3} - \frac{5\times\pi\times4^4}{64}$$

$$= 353.835\text{cm}^4$$

$$\therefore r_y = \sqrt{\frac{I_y}{A}} = \sqrt{\frac{353.835}{37.434}} = 3.07\text{cm}$$

61. 지름이 d인 원형 단면의 회전반경은? [기사 07]

① $\frac{d}{2}$ ② $\frac{d}{3}$
③ $\frac{d}{4}$ ④ $\frac{d}{8}$

해설

$$r = \sqrt{\frac{I}{A}} = \sqrt{\frac{\frac{\pi d^4}{64}}{\frac{\pi d^2}{4}}} = \frac{d}{4}$$

62. 단면적이 A이고 단면 2차 모멘트가 I인 단면의 단면 2차 회전반경(r)은? [기사 17]

① $r = \frac{A}{I}$ ② $r = \frac{I}{A}$
③ $r = \frac{\sqrt{I}}{A}$ ④ $r = \sqrt{\frac{I}{A}}$

63. 다음 그림과 같이 변의 길이가 20cm인 정사각형 단면을 가진 기둥에서 $x-x$축에 대한 회전반경(r_x)은 얼마인가? [기사 08]

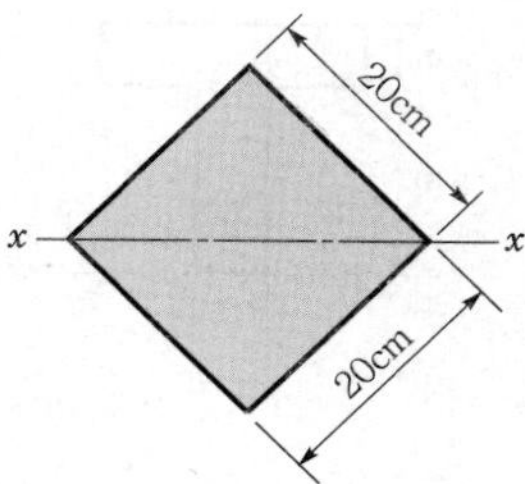

① 15.334cm ② 10.564cm
③ 8.334cm ④ 5.774cm

해설

$$A = 20\times20 = 400\text{cm}^2$$

$$I_x = \frac{20^4}{12} = 13,333.33\text{cm}^4$$

$$\therefore r_x = \sqrt{\frac{I_x}{A}} = \sqrt{\frac{13,333.33}{400}} = 5.774\text{cm}$$

64. 다음 그림과 같은 T형 단면의 도심축($x-x$)에 대한 회전반지름(r)은? [기사 09]

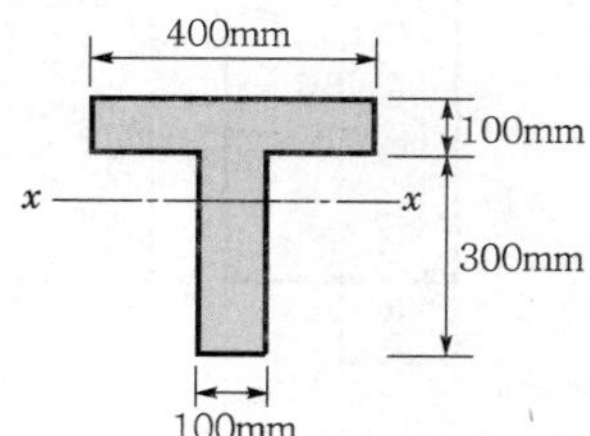

① 116mm ② 136mm
③ 156mm ④ 176mm

해설

$$A = 400\times100 + 300\times100 = 70,000\text{mm}^2$$

$$y = \frac{G_x}{A} = \frac{(400\times100)\times350 + (300\times100)\times150}{70,000}$$

$$= 264\text{mm}$$

$$I_x = \frac{400\times100^3}{12} + 400\times100\times(50+36)^2$$

$$+ \frac{100\times300^3}{12} + 300\times100\times(150-36)^2$$

$$= 9.4405\times10^8\text{mm}^4$$

$$\therefore r = \sqrt{\frac{I_x}{A}} = \sqrt{\frac{9.4405\times10^8}{70,000}} \fallingdotseq 116\text{mm}$$

정답 60. ① 61. ③ 62. ④ 63. ④ 64. ①

65. 다음 그림과 같은 T형 단면의 x축에 대한 회전 반경은? [기사 10]

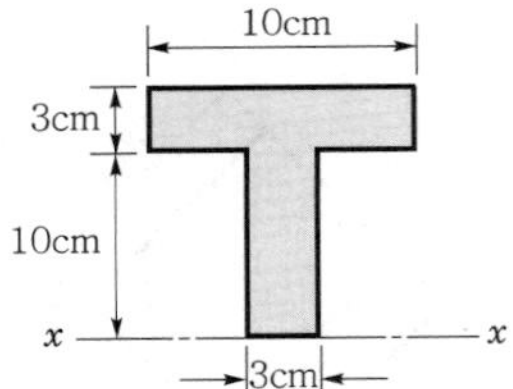

① 8.47cm ② 9.12cm
③ 10.37cm ④ 11.52cm

해설
$$I_x = \frac{BH^3}{3} - \frac{bh^3}{3} = \frac{10 \times 13^3}{3} - \frac{7 \times 10^3}{3} = 4{,}990\text{cm}^4$$
$$A = 10 \times 3 + 10 \times 3 = 60\text{cm}^2$$
$$\therefore r = \sqrt{\frac{I_x}{A}} = \sqrt{\frac{4{,}990}{60}} \fallingdotseq 9.12\text{cm}$$

66. 다음 그림과 같이 b가 12cm, h가 15cm인 직사각형 단면의 $y-y$축에 대한 회전반지름(r)은? [기사 09]

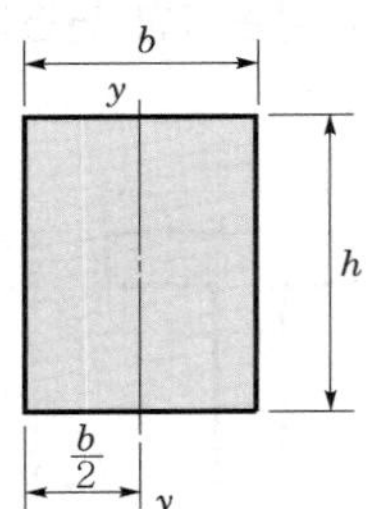

① 3.1cm ② 3.5cm
③ 3.9cm ④ 4.3cm

해설
$$A = 12 \times 15 = 180\text{cm}^2$$
$$I = \frac{15 \times 12^3}{12} = 2{,}160\text{cm}^4$$
(구하는 축과 평행한 변이 폭)
$$\therefore r = \sqrt{\frac{I}{A}} = \sqrt{\frac{2{,}160}{180}} = 3.46\text{cm}$$

67. 직경이 D인 원형 단면의 단면계수는? [기사 11, 산업 03, 05, 10, 13]

① $\frac{\pi D^4}{64}$ ② $\frac{\pi D^3}{64}$
③ $\frac{\pi D^4}{32}$ ④ $\frac{\pi D^3}{32}$

해설
$$Z = \frac{I}{y} = \frac{\pi D^4/64}{D/2} = \frac{\pi D^3}{32}$$

68. 다음 그림과 같은 정사각형의 도심 0에 관한 단면 2차 극모멘트는? [기사 11]

① $\frac{1}{144}b^4$
② $\frac{1}{12}b^4$
③ $\frac{1}{6}b^4$
④ $\frac{1}{3}b^4$

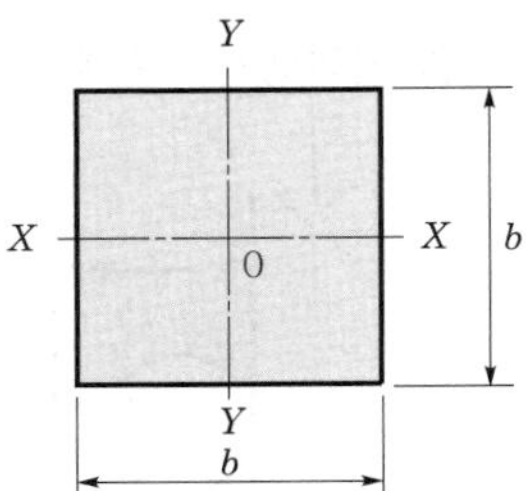

해설
$$I_P = I_X + I_Y = 2I_X = 2 \times \frac{b^4}{12} = \frac{1}{6}b^4$$

69. 단면 1차 모멘트와 같은 차원을 갖는 것은? [기사 04, 산업 06, 12, 17]

① 회전반경 ② 단면계수
③ 단면 2차 모멘트 ④ 단면 상승모멘트

해설
㉠ 단면 1차 모멘트 : L^3
㉡ 회전반경 : L
㉢ 단면계수 : L^3
㉣ 단면 2차 모멘트 : L^4
㉤ 단면 상승모멘트 : L^4

70. 단면의 기하학적 성질에 대한 다음 설명 중 틀린 것은? [기사 04]

① 도형의 도심을 지나는 축에 대한 단면 1차 모멘트는 0이다.
② 단면 2차 모멘트의 단위는 cm^4이다.
③ 삼각형의 도심은 임의의 두 중심선의 교점이며, 밑변에서 $h/3$의 높이가 된다.
④ 단면 2차 모멘트 가운데 최대값을 가지는 것은 도심축에 대한 단면 2차 모멘트이다.

해설 임의의 축 x에 대한 단면 2차 모멘트는 $I_x = I_{x0} + A_{y0}{}^2$이고, 도심을 지나는 x_0축에 대한 단면 2차 모멘트는 위 식에서 $y_0 = 0$이다. 따라서 도심을 지나는 축에 대한 단면 2차 모멘트는 최소이다.

정답 65. ② 66. ② 67. ④ 68. ③ 69. ② 70. ④

71. **단면의 성질에 대한 다음 설명 중 잘못된 것은?** [기사 02, 05, 산업 11]

① 단면 2차 모멘트의 값은 항상 0보다 크다.
② 단면 2차 극모멘트의 값은 항상 극을 원점으로 하는 두 직교좌표축에 대한 단면 2차 모멘트의 합과 같다.
③ 도심축에 관한 단면 1차 모멘트의 값은 항상 0이다.
④ 단면 상승모멘트의 값은 항상 0보다 크거나 같다.

해설 단면 상승모멘트(I_{xy})는 좌표축에 따라 (+), (−)값을 갖는다.

72. **다음 중 정(+)의 값뿐만 아니라 부(−)의 값도 갖는 것은?** [기사 07, 15, 16]

① 단면계수 ② 단면 2차 모멘트
③ 단면 2차 반경 ④ 단면 상승모멘트

해설 $I_{XY} = \int_A xydA$(비대칭 단면)
$I_{XY} = Axy$(대칭 단면)
∴ 단면 상승모멘트는 좌표축에 따라 (+), (−) 발생

73. **다음 설명 중 옳지 않은 것은?** [산업 16]

① 도심축에 대한 단면 1차 모멘트는 0이다.
② 주축은 서로 45° 혹은 90°를 이룬다.
③ 단면 1차 모멘트는 단면의 도심을 구할 때 사용된다.
④ 단면 2차 모멘트의 부호는 항상 (+)이다.

해설 주축은 항상 직교한다.

74. **단면 2차 모멘트의 특성에 대한 설명으로 틀린 것은?** [기사 15, 17]

① 단면 2차 모멘트의 최소값은 도심에 대한 것이며 그 값은 0이다.
② 정삼각형, 정사각형, 정다각형의 도심에 대한 단면 2차 모멘트는 축의 회전에 관계없이 모두 같다.
③ 단면 2차 모멘트는 좌표축에 상관없이 항상 (+)의 부호를 갖는다.
④ 단면 2차 모멘트가 크면 휨강성이 크고 구조적으로 안전하다.

75. **단면의 성질 중에서 폭이 b, 높이가 h인 직사각형 단면이 단면 1차 모멘트 및 단면 2차 모멘트에 대한 설명으로 잘못된 것은?** [산업 17]

① 단면의 도심축을 지나는 단면 1차 모멘트는 0이다.
② 도심축에 대한 단면 2차 모멘트는 $\dfrac{bh^3}{12}$이다.
③ 직사각형 단면의 밑변축에 대한 단면 1차 모멘트는 $\dfrac{bh^2}{6}$이다.
④ 직사각형 단면의 밑변축에 대한 단면 2차 모멘트는 $\dfrac{bh^3}{3}$이다.

해설 $G_X = \dfrac{bh^2}{2}$

76. **다음 단면에 관한 관계식 중 옳지 않은 것은?** [기사 05]

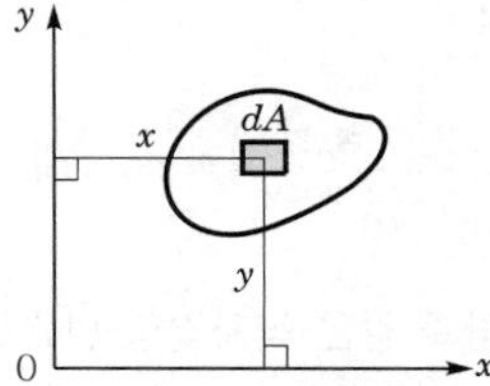

① 단면 1차 모멘트 $G_x = \int_A ydA$
② 단면 2차 모멘트 $I_x = \int_A y^2 dA$
③ 도심 $y_0 = \int_A \dfrac{G_y}{A} dA$
④ 단면 2차 상승모멘트 $I_{xy} = \int_A xydA$

해설
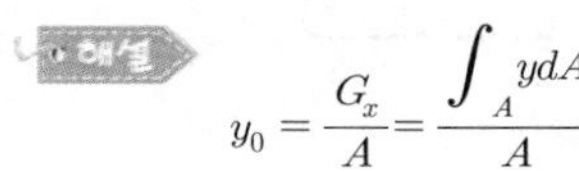
$y_0 = \dfrac{G_x}{A} = \dfrac{\int_A ydA}{A}$

77. **다음 그림에서 $x-x$축에 대한 2차 반지름(r_x)은 몇 m인가?** [산업 06]

① 1.73
② 2.46
③ 2.73
④ 3.46

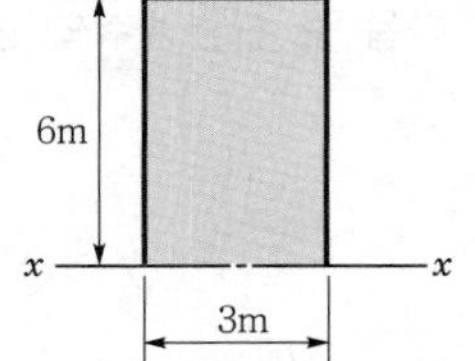

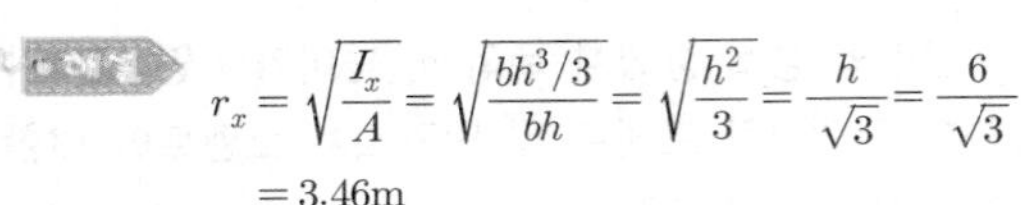

해설 $r_x = \sqrt{\dfrac{I_x}{A}} = \sqrt{\dfrac{bh^3/3}{bh}} = \sqrt{\dfrac{h^2}{3}} = \dfrac{h}{\sqrt{3}} = \dfrac{6}{\sqrt{3}}$

$= 3.46\text{m}$

78. 단순보의 단면이 다음 그림과 같을 때 단면계수는 약 얼마인가? [기사 00, 08]

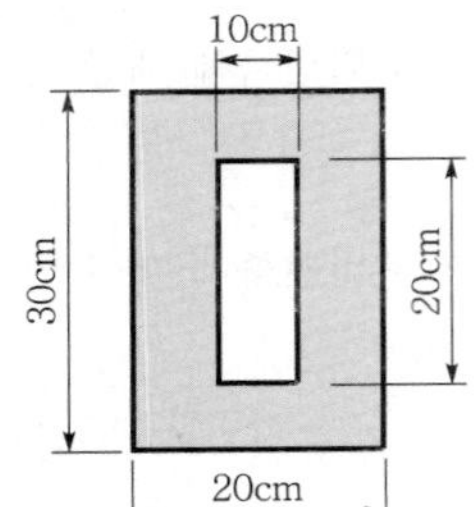

① $2{,}333\text{cm}^3$　② $2{,}556\text{cm}^3$
③ $28{,}333\text{cm}^3$　④ $45{,}000\text{cm}^3$

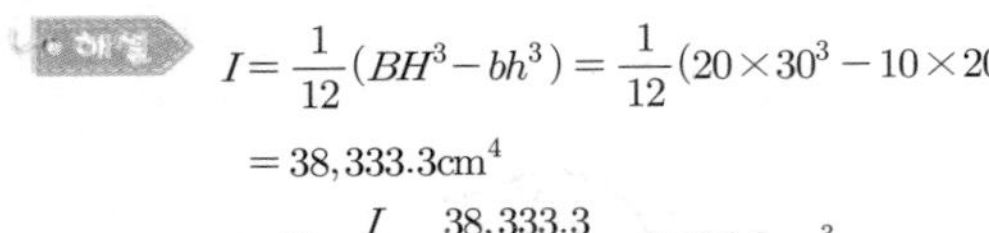

해설 $I = \dfrac{1}{12}(BH^3 - bh^3) = \dfrac{1}{12}(20 \times 30^3 - 10 \times 20^3)$

$= 38{,}333.3\text{cm}^4$

$\therefore Z = \dfrac{I}{y} = \dfrac{38{,}333.3}{30/2} = 2{,}555.6\text{cm}^3$

79. 다음 그림과 같은 직사각형 단면보에서 중립축에 대한 단면계수 Z값은 얼마인가? [기사 02, 산업 11, 15]

① $\dfrac{bh^2}{6}$

② $\dfrac{bh^2}{12}$

③ $\dfrac{bh^3}{6}$

④ $\dfrac{bh}{4}$

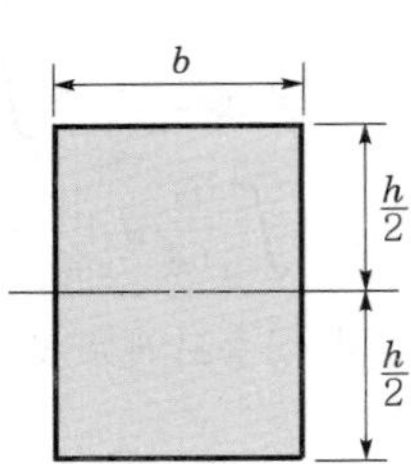

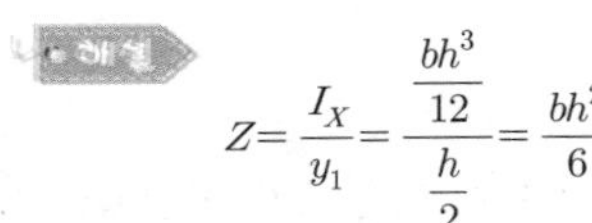

해설 $Z = \dfrac{I_X}{y_1} = \dfrac{\dfrac{bh^3}{12}}{\dfrac{h}{2}} = \dfrac{bh^2}{6}$

80. 다음 중 단면계수의 단위로 옳은 것은? [산업 15]

① cm　② cm^2
③ cm^3　④ cm^4

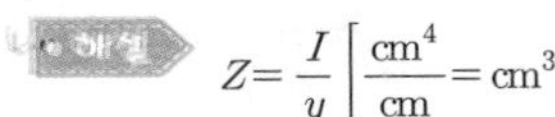

해설 $Z = \dfrac{I}{y}\left[\dfrac{\text{cm}^4}{\text{cm}} = \text{cm}^3\right]$

81. 다음 그림과 같은 지름이 d인 원형 단면에서 최대 단면계수를 갖는 직사각형 단면을 얻으려면 b/h는? [기사 00, 06, 산업 12]

① 1
② 1/2
③ $1/\sqrt{2}$
④ $1/\sqrt{3}$

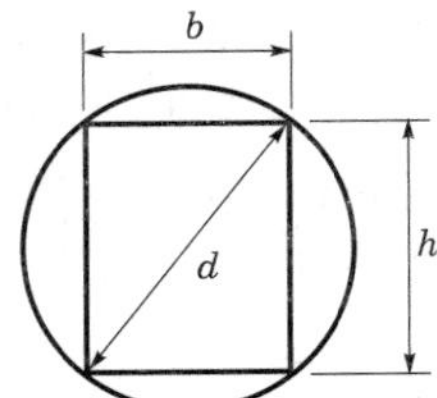

해설 ㉠ 단면계수 : $d^2 = b^2 + h^2$, $h^2 = d^2 - b^2$
㉡ 최대 단면계수

$Z = \dfrac{bh^2}{6} = \dfrac{1}{6}b(d^2 - b^2) = \dfrac{1}{6}(d^2 b - b^3)$

$\dfrac{dZ}{db} = \dfrac{1}{6}(d^2 - 3b^2) = 0$

$b = \sqrt{\dfrac{1}{3}}\,d,\ h = \sqrt{\dfrac{2}{3}}\,d$

$\therefore \dfrac{b}{h} = \dfrac{1}{\sqrt{2}}$

82. 폭이 16cm, 높이가 18cm의 직사각형 단면과 같은 단면계수를 갖기 위해서는 높이를 24cm로 할 때 폭의 크기는 몇 cm인가? [산업 02]

① 15　② 12
③ 9　④ 7

해설 $Z_1 = \dfrac{bh^2}{6} = \dfrac{16 \times 18^2}{6} = 864$

$Z_2 = \dfrac{bh^2}{6} = \dfrac{b \times 24^2}{6} = 96b$

$96b = 864$

$\therefore b = 9\text{cm}$

83. 다음 그림과 같은 직사각형 도형의 도심을 지나는 X, Y 두 축에 대한 최소 회전반지름의 크기는? [산업 05, 09]

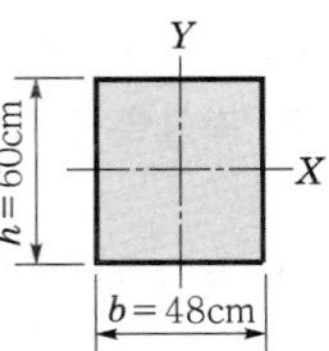

① 9.48cm　② 13.86cm
③ 17.32cm　④ 27.71cm

정답 78. ② 79. ① 80. ③ 81. ③ 82. ③ 83. ②

해설

$$I_{Y\min} = \frac{bh^3}{12} = \frac{60\times48^3}{12} = 552,960\text{cm}^4$$

$$\therefore\ r_{\min} = \sqrt{\frac{I_{Y\min}}{A}} = \sqrt{\frac{552,960}{48\times60}} = 13.86\text{cm}$$

84. 다음 그림과 같이 속이 빈 원형 단면(빗금 친 부분)의 도심에 대한 극관성모멘트는? [기사 16]

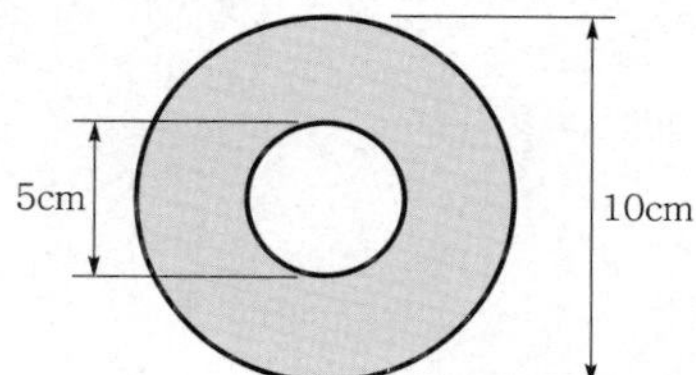

① 460cm^4　② 760cm^4
③ 840cm^4　④ 920cm^4

해설

$$I_p = \frac{\pi}{32}(10^4 - 5^4) = 920\text{cm}^4$$

85. 다음 도형의 $X-X$축에 대한 단면 2차 모멘트는? [산업 15]

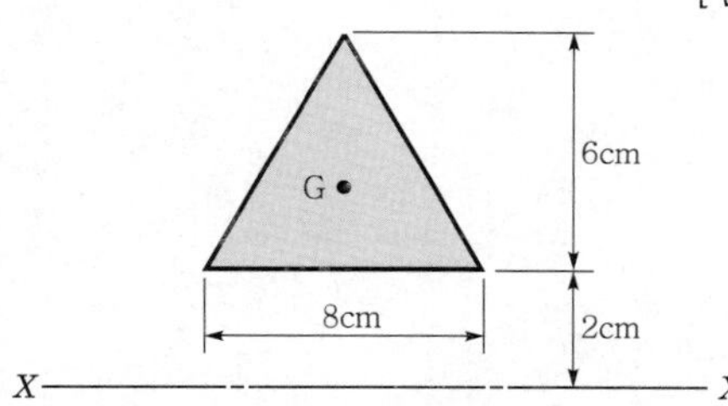

① 376cm^3　② 432cm^3
③ 464cm^3　④ 538cm^3

해설

$$I_{GX} = \frac{BH^3}{36} = \frac{8\times6^3}{36} = 48\text{cm}^4$$

$$A = \frac{1}{2}\times6\times8 = 24\text{cm}^2$$

$$e = 6\times\frac{1}{3}+2 = 4\text{cm}^2$$

$$\therefore\ I_X = I_{GX} + Ae^2 = 48 + 24\times4^2 = 432\text{cm}^2$$

86. 다음 삼각형의 X축에 대한 단면 1차 모멘트는? [기사 15]

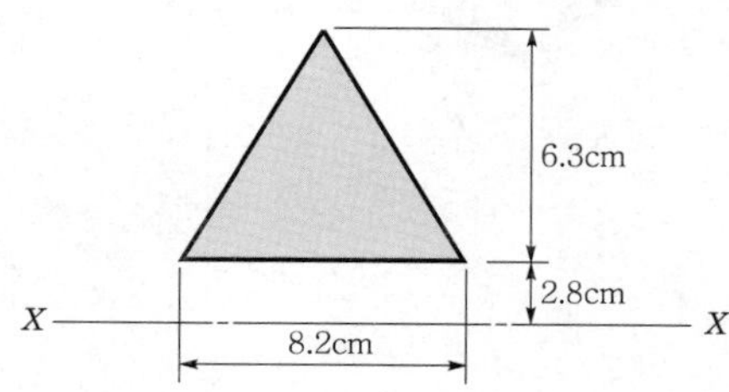

① 126.6cm^3　② 136.6cm^3
③ 146.6cm^3　④ 156.6cm^3

$$G_x = A\bar{y} = \frac{1}{2}\times8.2\times6.3\times\left(6.3\times\frac{1}{3}+2.8\right)$$

$$= 126.6\text{cm}^3$$

87. 다음 그림과 같이 직교좌표계 위에 있는 사다리꼴도형 OABC 도심의 좌표 ($\bar{x}$, $\bar{y}$)는? (단, 좌표의 단위는 cm) [산업 15]

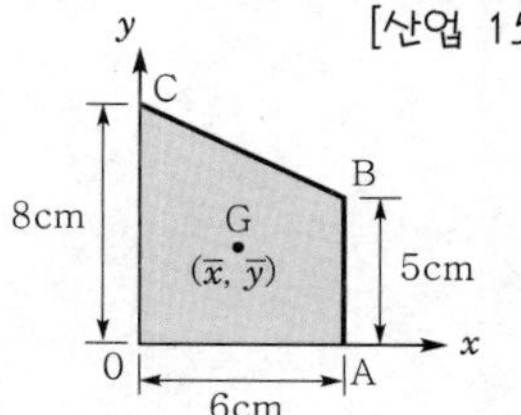

① (2.54, 3.46)
② (2.77, 3.31)
③ (3.34, 3.21)
④ (3.54, 2.74)

해설

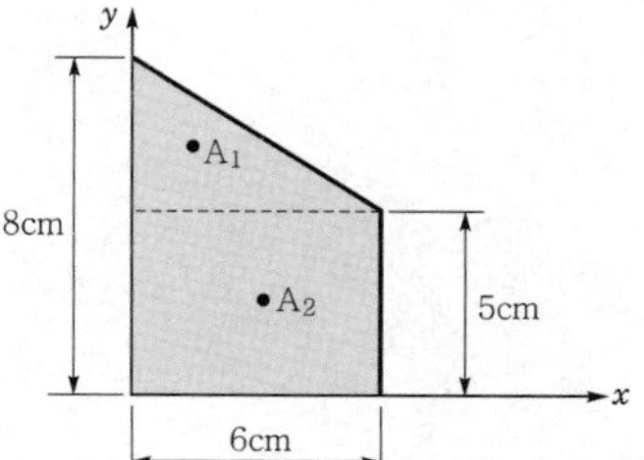

i	A (cm²)	Y_i (cm)	X_i (cm)	A_iY_i (cm³)	A_iX_i (cm³)
1	1/2×6×3 =9	6	2	54	18
2	5×6=30	2.5	3	75	90
합계	39			129	108

$$\bar{x} = \frac{108}{39} = 2.769\text{cm}$$

$$\bar{y} = \frac{129}{39} = 3.307\text{cm}$$

$$\therefore\ (\bar{x},\ \bar{y}) = (2.77,\ 3.31)$$

정답　84. ④　85. ②　86. ①　87. ②

chapter 3

재료의 역학적 성질

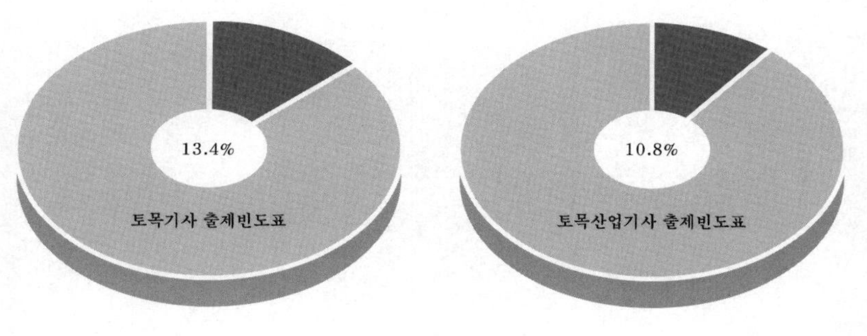

3 재료의 역학적 성질

01 응력(stress)

① 정의

물체에 외력이 작용하면 물체 내부에서 외력의 크기와 같은 원상태로 회복되려는 저항력

② 단위

kgf/cm^2, tf/m^2, $\text{N/m}^2(=\text{Pa})$

③ 응력의 종류

(1) 봉에 작용하는 응력

① 수직응력(법선응력) : 부재축 방향에 수직인 단면에 발생하는 응력

㉠ 압축응력 : $\sigma_c = -\dfrac{P}{A}$

㉡ 인장응력 : $\sigma_t = +\dfrac{P}{A}$

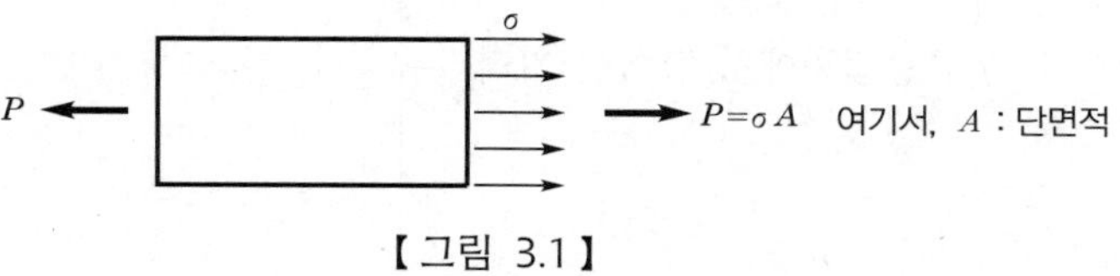

【그림 3.1】

② 전단응력(접선응력) : 부재축 직각 방향의 전단력 S에 의해 발생하는 응력으로 절단면 간 밀림현상에 저항하는 성질

$$\tau = \frac{S}{A}$$

알•아•두•기•

응력(도)

- 외력에 작용할 때 변형이 구속됨으로써 내부에 생기는 저항력으로 내력(內力)이라고도 한다.
- 전응력 : 단면 전체에 작용하는 응력
- 단위응력(응력) : 단위 면적에 작용하는 응력
- 밀도 또는 농도와 같이 응력도라 해야 하나 일반적으로 응력이라 한다.

수직응력=축방향 응력=법선응력

부재축 방향으로 외력이 작용하여 부재를 인장 또는 압축시키려고 할 때 발생하는 저항력

전단응력=접선응력

부재축에 직각 방향으로 외력이 작용하여 부재를 전단하려고 할 때 저항하여 발생하는 저항력(단면에 평행하게 발생)

(2) 보(휨부재)에 작용하는 응력

① **전단응력** : 휨을 받는 보에서 부재축의 직각 방향으로 작용하는 수직력(전단력)에 의해 발생하는 응력

$$\tau = \frac{SG_X}{Ib}$$

여기서, S : 전단력
G_X : 단면 1차 모멘트
I : 중립축 단면 2차 모멘트
b : 단면 폭

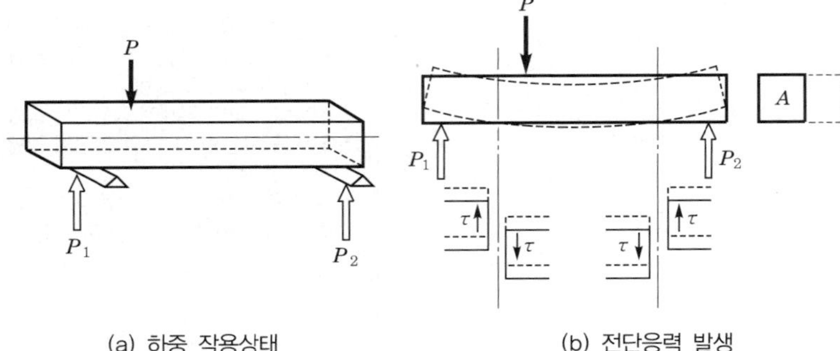

(a) 하중 작용상태 (b) 전단응력 발생

【그림 3.2】

• 최대 전단응력 : $\tau_{\max} = \alpha\left(\frac{S}{A}\right)$

여기서, α : 형상계수

② **휨응력** : 부재가 휨을 받을 때 휨모멘트 M에 의해 단면 수직 방향에 생기는 응력

$$\sigma = \pm\frac{M}{I}y = \pm\frac{M}{Z}$$ (여기서, y : 중립축에서 떨어진 거리)

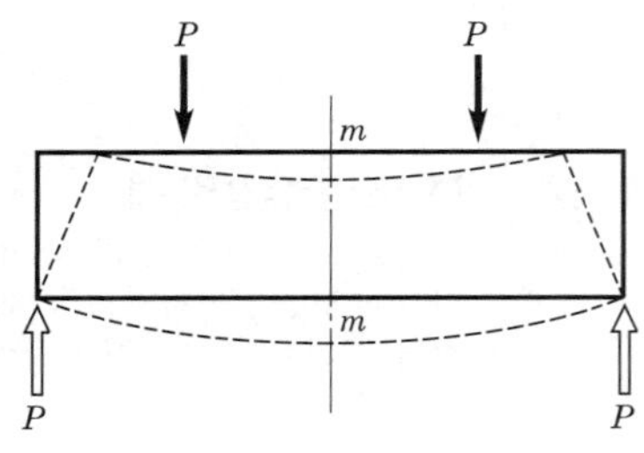

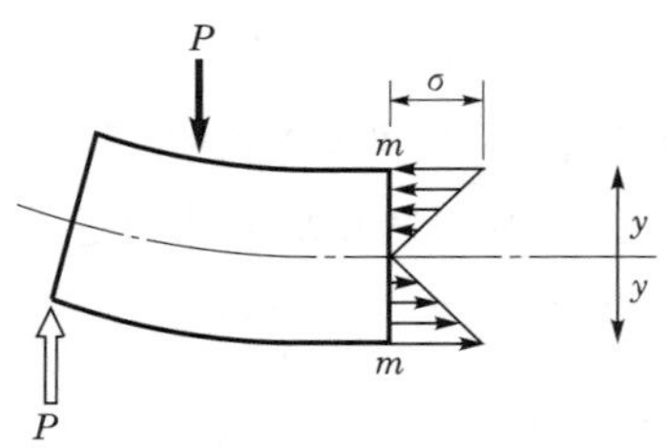

【그림 3.3】

알•아•두•기•

보에 작용하는 전단응력

(1) 수평전단응력

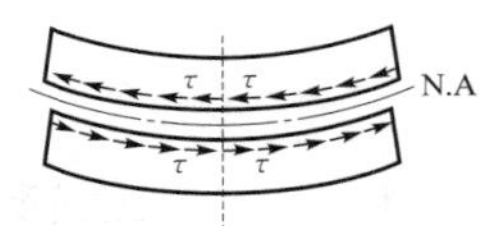

(2) 수직전단응력

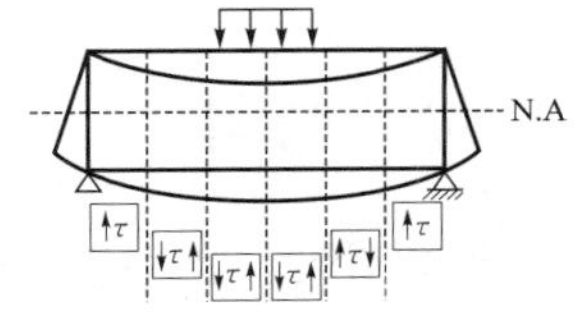

최대 전단응력

• △ : $\tau_{\max} = \frac{3}{2}\cdot\frac{S}{A}$

• □ : $\tau_{\max} = \frac{3}{2}\cdot\frac{S}{A}$

• ○ : $\tau_{\max} = \frac{4}{3}\cdot\frac{S}{A}$

• ◇ : $\tau_{\max} = \frac{9}{8}\cdot\frac{S}{A}$

알•아•두•기•

(3) 비틀림응력

부재를 비틀려고 할 때 비틀림에 저항하여 발생하는 응력

① 비틀림응력 : $\tau = \dfrac{Tr}{J} = \dfrac{Tr}{I_P}$

여기서, T : 비틀림모멘트
J : 비틀림상수
r : 중심축에서 반지름방향 거리
I_P : 단면 2차 극모멘트

② 비틀림상수(J)

㉠ 중실 원형 단면 : $J = I_P = \dfrac{\pi D^4}{32} = \dfrac{\pi r^4}{2}$

㉡ 얇은 관 : $J = \dfrac{4A_m^2}{\int_0^{L_m} \dfrac{ds}{t}}$

㉢ 두께 t가 일정한 얇은 폐단면 : $J = \dfrac{4A_m^2 t}{L_m}$

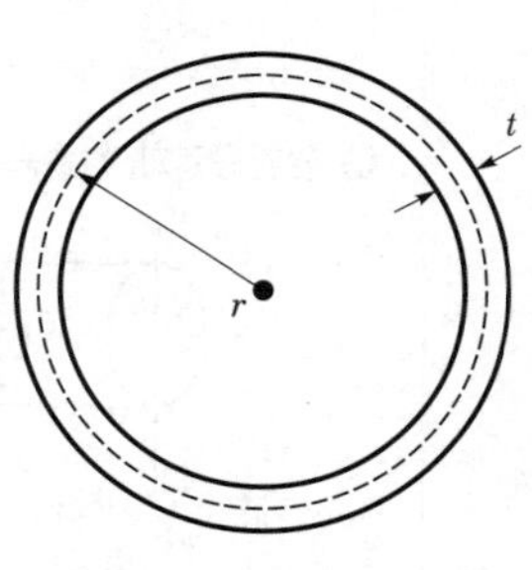

(a) 얇은 원형관

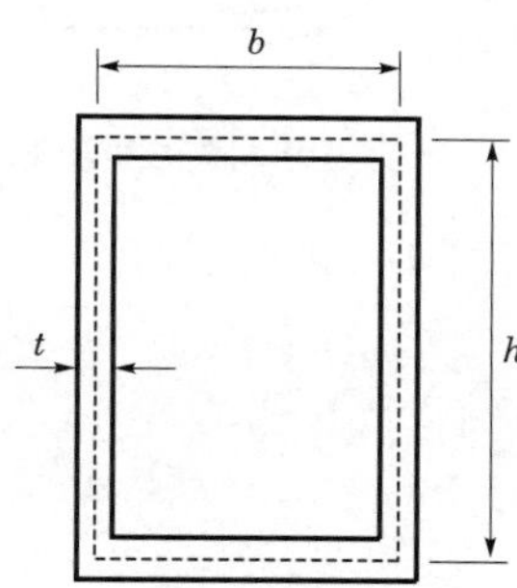

(b) 얇은 직사각형관

【그림 3.4】

③ 비틀림각 : $\phi = \theta L = \dfrac{TL}{GJ}$

여기서, GJ : 비틀림강성
L : 부재의 길이

④ 비틀림에너지 : $U = \dfrac{T^2 L}{2GJ}$

중실 원형 단면 최대 비틀림응력

$$\tau_{\max} = \frac{Tr}{I_P} = \frac{16T}{\pi D^3} = \frac{2T}{\pi r^3}$$

(원주 끝 → 최대, 중심축 → 0)

박판 단면의 전단응력

$$\tau = \frac{T}{2A_m t}$$

비틀림상수(J)

A_m : 중심선 치수의 단면적
L_m : 중심선의 둘레길이

- 얇은 원형관
  $L_m = 2\pi r$
  $A_m = \pi r^2$
  $\therefore J = 2\pi r^3 t$
- 얇은 직사각형관
  $L_m = 2(6+h)$
  $A_m = bh$
  $\therefore J = \dfrac{2tb^2h^2}{b+h}$
- 한 변이 b인 정사각형의 얇은 관
  $\therefore J = tb^2$

⑤ 특징

㉠ 비틀림응력의 성질은 전단응력과 같다.

㉡ 비틀림응력은 중립축에서 0이다.

㉢ 비틀림응력은 원주 끝에서 최대이다.

㉣ 비틀림응력은 파괴시 전단응력과 같고, 파괴각도는 45°이다.

㉤ 비틀림에 가장 유리한 단면은 원형 단면이다(단, 중실 단면보다 중공 단면이 유리).

(4) 원환응력(횡방향 응력=관지름방향 응력)

① 원환응력 : $\sigma_y = \dfrac{T}{A} = \dfrac{qD}{2t} = \dfrac{qr}{t}$

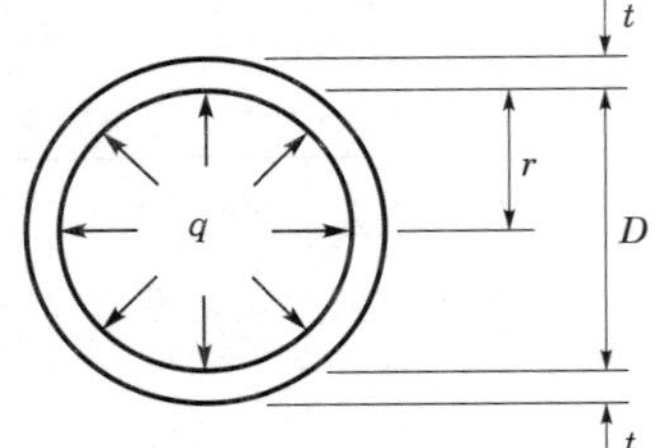

(a) 실제 하중상태

(b) 하중 변환상태

$T = \sigma t$

D

$T = \sigma t$

【그림 3.5】

② 내압력 : $q = \dfrac{2\sigma t}{D} = \dfrac{\sigma t}{r}$

(5) 원통응력(종방향 응력=관길이방향 응력)

$$\sigma_x = \frac{1}{2}\sigma_y = \frac{1}{2} \cdot \frac{qD}{2t} = \frac{qD}{4t}$$

(6) 온도응력

$$\sigma = E\varepsilon_t = E\alpha\Delta T$$

여기서, α : 선팽창계수

ΔT : 온도변화량

E : 재료의 탄성계수

원환응력

$\sum H = 0$

$2T = qD$

$\therefore T = \dfrac{qD}{2}$

관두께의 결정

$\sigma \geq \sigma_a$(허용 인장응력)일 때

$\dfrac{qD}{2t} = \sigma_a$

$\therefore t = \dfrac{qD}{2\sigma_a} = \dfrac{qr}{\sigma_a}$

원환응력과 원통응력

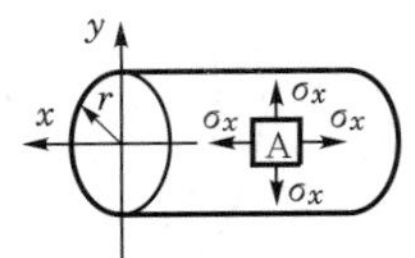

- y방향 : 원환응력
- x방향 : 원통응력

02 변형률(strain)

① 정의

축방향으로 인장 또는 압축을 받을 때 변형량(Δl)을 변형 전의 길이(l)로 나눈 값

② 세로변형률과 가로변형률

① 세로변형률 : $\varepsilon_l = \dfrac{\Delta l}{l}$

② 가로변형률 : $\varepsilon_d = \dfrac{\Delta d}{d}$

③ 단위 : 무차원

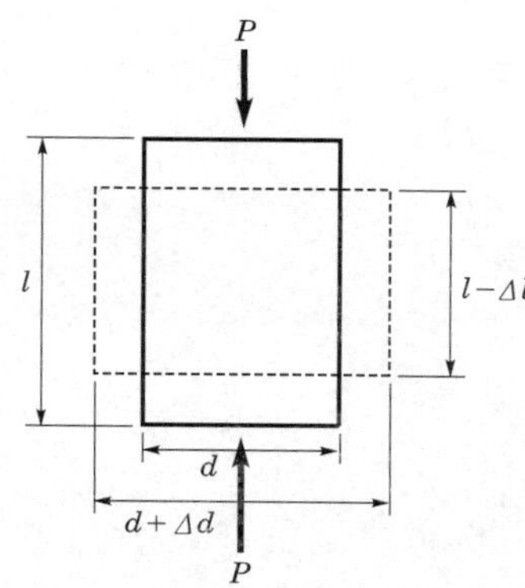

【그림 3.6】 변형도

③ 푸아송 비와 푸아송 수

(1) 푸아송 비(Poisson's ratio)

$$\nu = \frac{\text{가로변형도}(\varepsilon_d)}{\text{세로변형도}(\varepsilon_l)} = \frac{l\Delta d}{d\Delta l}$$

(2) 푸아송 수(Poisson's number)

$$m = \frac{\text{세로변형도}(\varepsilon_l)}{\text{가로변형도}(\varepsilon_d)} = \frac{d\Delta l}{l\Delta d}$$

(3) 관계

$m = \dfrac{1}{\nu}$ (역수관계)

변형률 용어

- 세로변형률 = 축방향 변형률
  = 길이방향 변형률
  = 종방향 변형률
- 가로변형률 = 횡방향 변형률

변형률의 종류

(1) 선(길이)변형률

$=\pm\dfrac{\text{변형된 길이}}{\text{원래 길이}}$

$\varepsilon_l = \pm\dfrac{\Delta l}{l}$

(2) 면적변형률

$=\pm\dfrac{\text{변형된 면적}}{\text{원래 면적}}$

$\varepsilon_A = \pm\dfrac{\Delta A}{A} = \pm 2\nu\varepsilon$

(3) 체적변형률

$=\pm\dfrac{\text{변형된 체적}}{\text{원래 체적}}$

$\varepsilon_V = e = \pm\dfrac{\Delta V}{V} = \pm(1-2\nu)\varepsilon$

푸아송 비(ν)

- 일반 재료 : $0 \le \nu \le 0.5$

푸아송 수(m)

- 금속 재료 : $m = 3 \sim 4$
- 콘크리트 : $m = 6 \sim 12$
- 일반 재료 : $m \ge 2$

알•아•두•기•

④ 변형률의 종류

(1) 전단변형률

$$\tan\gamma \fallingdotseq \gamma = \frac{\lambda}{l}[\text{rad}]$$

$$\therefore\ \varepsilon = \frac{\frac{\lambda}{\sqrt{2}}}{\sqrt{2}\,l} = \frac{\lambda}{2l} = \frac{\gamma}{2}$$

$$\gamma = 2\varepsilon$$

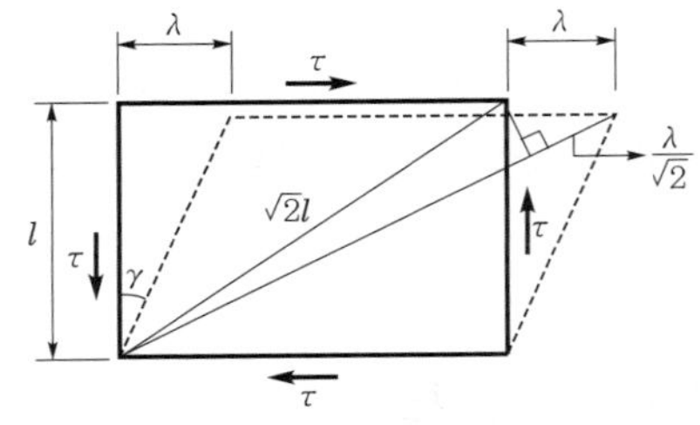

【그림 3.7】 전단변형률

(2) 체적변형률

$$\varepsilon_V = \pm\frac{\Delta V}{V} \fallingdotseq \pm 3\left(\frac{\Delta l}{l}\right) = \pm 3\varepsilon_l$$

(3) 비틀림변형률

$$\gamma = \rho\theta = \rho\left(\frac{\phi}{l}\right)$$

여기서, ρ : 중심축에서 반지름방향 거리

θ : 단위길이당 비틀림각$\left(= \frac{T}{GI_P}\right)$

ϕ : 전체 비틀림각$\left(= \frac{Tl}{GI_P}\right)$

l : 부재길이

(4) 온도변형률

$$\varepsilon_t = \pm\frac{\Delta l}{l} = \frac{\alpha\,\Delta T l}{l} = \alpha\,\Delta T$$

여기서, α : 선팽창계수

ΔT : 온도변화량

l : 부재길이

호도법과 60분법

$$1\text{rad} = \frac{180^\circ}{\pi},\ 1^\circ = \frac{\pi}{180}\text{rad}$$

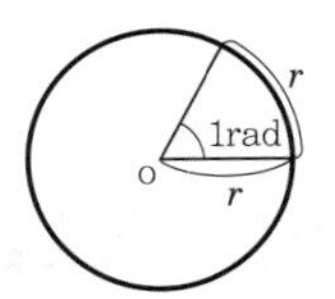

전단변형률

=2×대각선 길이변형률

체적변형률

=3×길이변형률

알•아•두•기•

(5) 휨변형률

$$\varepsilon = \frac{y}{\rho} = ky = \frac{\Delta dx}{dx}$$

여기서, ρ : 보의 곡률반경

k : 곡률

y : 중립축으로부터 거리

dx : 임의 두 단면 사이의 미소거리

Δdx : dx의 변형량

03 응력-변형률도($\sigma-\varepsilon$ 관계도)

① 훅의 법칙(Hook's law)

탄성한도 내에서 응력은 그 변형에 비례한다.

(1) 응력

$$\sigma = E\varepsilon = E\left(\frac{\Delta l}{l}\right)$$

(2) 탄성계수

$$E = \frac{\sigma}{\varepsilon} = \frac{P/A}{\Delta l/l} = \frac{Pl}{A\Delta l}$$

(3) 탄성변형량

$$\Delta l = \frac{Pl}{AE}$$

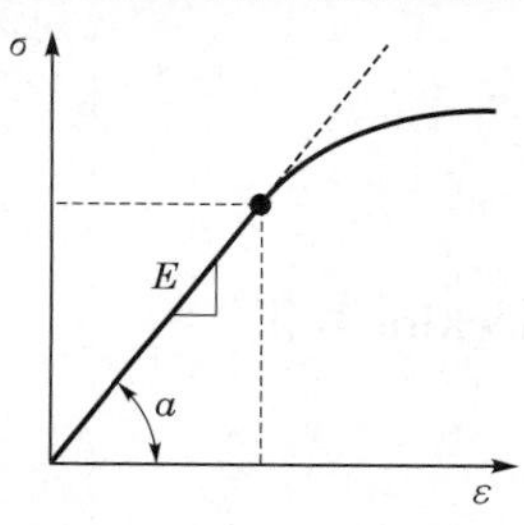

【그림 3.8】 탄성계수

비금속 재료의 응력-변형률도

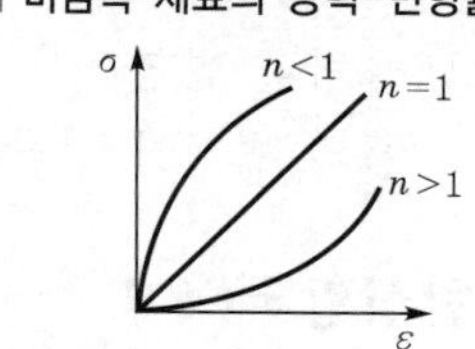

$\sigma = E\varepsilon^n$

- $n=1$: 훅의 법칙 성립 재료
- $n<1$: 무기질 재료(석재, 콘크리트)
- $n>1$: 무기질 재료(고무, 가죽 등)

② 응력-변형률도

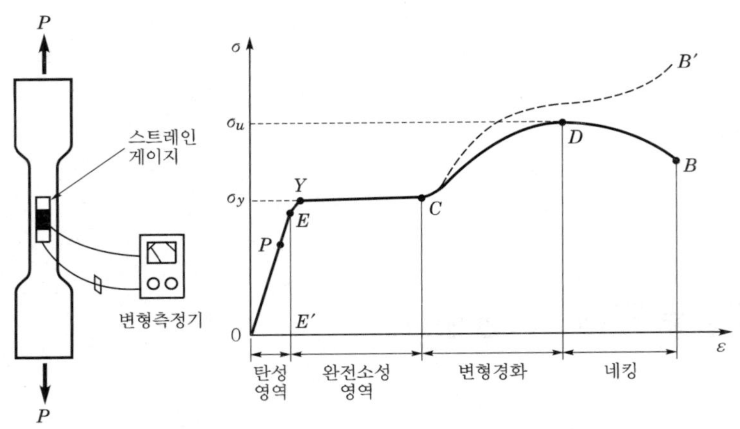

(a) 응력-변형률도 측정 (b) 응력-변형률도 곡선

【그림 3.9】 구조용 강재의 응력-변형률도 관계

(1) 비례한도(P)

① 응력과 변형률이 비례하는 점

② 훅의 법칙이 성립되는 한도

(2) 탄성한도(E)

① 하중을 제거하면 원상태로 회복되는 점

② 0.02%의 잔류 변형이 발생하며 탄성을 잃어버리는 한계점

(3) 항복점(Y)

① 탄성에서 소성으로 바뀌는 점

② 응력의 증가는 없으나 변형이 급격히 증가하는 점

③ 0.2%의 잔류 변형이 발생하는 점

(4) 극한강도점(D)

① 하중이 감소해도 변형이 증가되는 점

② 최대 응력이 발생하는 점

③ 부재의 단면 감소현상이 크게 발생하는 점(necking현상)

(5) 파괴점(B)

재료가 파괴되는 점

탄성(elasticity)

하중을 제거하면 원형대로 복귀되는 성질

소성(plasticity)

하중을 제거해도 원형대로 복귀되지 않고 변형 상태로 있는 성질

알•아•두•기•

(6) 실응력(CB')

재료의 파괴부분의 감소된 실제 단면적으로 계산된 응력

(7) 공칭응력(CB)

재료의 변형 전 원래 단면적으로 계산되는 응력으로 설계 시 적용

③ 탄성계수

(1) 탄성계수(영계수=종탄성계수)

수직응력(σ)과 변형률(ε) 간의 비례상수

$$E = \frac{\sigma}{\varepsilon} = \frac{P/A}{\Delta l / l} = \frac{Pl}{A\,\Delta l}$$

(2) 전단탄성계수(횡탄성계수)

$$G = \frac{\tau}{\gamma} = \frac{S/A}{\lambda / l} = \frac{Sl}{A\lambda} = \frac{S}{A\phi}$$

(3) 체적탄성계수

$$K = \frac{\sigma}{\varepsilon_V} = \frac{P/A}{\Delta V / V} = \frac{PV}{\Delta VA}$$

(4) 탄성계수(E, G, K)와 푸아송 수(m)와의 관계

① $E = 2G(1+\nu)$

$$\therefore G = \frac{E}{2(1+\nu)} = \frac{mE}{2(m+1)} \fallingdotseq \frac{2}{5}E$$

② $E = 3K(1-2\nu)$

$$\therefore K = \frac{E}{3(1-2\nu)} = \frac{mE}{3(m-2)} \fallingdotseq \frac{4}{5}E$$

③ $G = \dfrac{3(1-2\nu)}{2(1+\nu)}K = \dfrac{3(m-2)}{2(m+1)}K$

④ $\nu = \dfrac{E-2G}{2G} = \dfrac{3K-2G}{6K+2G}$

실응력과 공칭응력

- 실응력 $= \dfrac{\text{작용하중}}{\text{감소 단면적}}$
- 공칭응력 $= \dfrac{\text{작용하중}}{\text{변형 전 원래 단면적}}$

∴ 실응력 > 공칭응력

탄성계수 정리

- 의미 : 부재의 강성
- 단위 : kgf/cm^2
- 크기

∴ $E > K > G$

강성의 종류

- 축강성 : EA
- 전단강성 : GA
- 비틀림강성 : GJ or GI_P
- 휨강성 : EI

탄성계수와 푸아송 수와의 관계

- $G = \dfrac{E}{2(1+\nu)} = \dfrac{mE}{2(m+1)}$
- $G = \dfrac{3(m-2)}{2(m+1)}K$

04 허용응력과 안전율

① 허용응력(σ_a)

(1) 정의

탄성한도범위 내에서 실제로 부재가 허용할 수 있는 최대 응력

(2) 응력의 상호관계

$$\sigma_w = \frac{P}{A} \leq \sigma_a < \sigma_e < \sigma_y < \sigma_u$$

여기서, σ_w : 작용응력(사용응력, 실응력, working stress)

σ_a : 허용응력(allowable stress)

σ_e : 탄성한계에 해당하는 응력

σ_y : 항복응력(yielding stress)

σ_u : 극한응력(ultimate stress)

② 안전율 = 안전계수(S_F)

(1) 정의

① $\text{안전율}(S_F) = \dfrac{\text{극한응력}(\sigma_u)}{\text{허용응력}(\sigma_a)} > 1$

② 취성재료(콘크리트, 목재) : σ_u 사용

③ 연성재료(철근) : σ_y 사용

(2) $\text{허용응력}(\sigma_a) = \dfrac{\text{극한응력}(\sigma_u)}{\text{안전율}(S_F)}$

(3) 특징

① 안전율이 크면 설계는 안전하나 비경제적인 설계가 된다.

② 가장 경제적인 설계는 안전율이 1에 근접하여 설계하면 토목 구조물은 2~3을 사용한다.

알·아·두·기·

탄성설계법(working stress design)

재료를 탄성체로 보고 사용하중에 의해 계산된 응력이 허용응력 이하가 되도록 하는 방법

$$\sigma_w = \frac{P}{A} \leq \sigma_a$$

여기서, σ_w : 사용응력

σ_a : 허용응력

응력(stress)과 강도(strength)

- 응력 : 내력으로 하중의 크기에 따라 변한다.
- 강도 : 부재의 내하 능력을 나타내며, 부재가 받을 수 있는 최대 응력으로 파괴 시의 응력을 강도라 한다.

$$\therefore S_F = \frac{\text{실제 강도}(\sigma_u)}{\text{허용강도}(\sigma_a)}$$

③ 응력집중현상

(1) 강판에 구멍을 뚫은 이유

① 응력집중계수 : $K = \dfrac{\text{최대 응력}(\sigma_{\max})}{\text{평균응력}(\sigma_m)}$

② 평균응력 : $\sigma_m = \dfrac{P}{(b-d)t}$

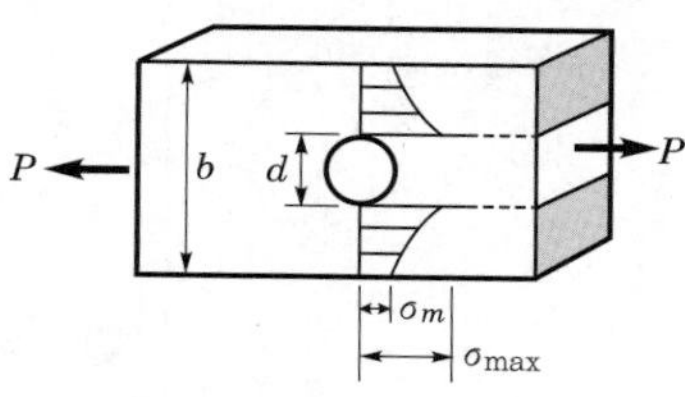

【그림 3.10】

(2) St. Venant의 원리

축하중을 받는 봉부재에서 하중 작용점 부근에서는 응력교란현상으로 큰 응력이 발생하는데 이러한 응력교란현상은 단면 폭 b만큼 떨어진 곳에서 없어진다는 원리

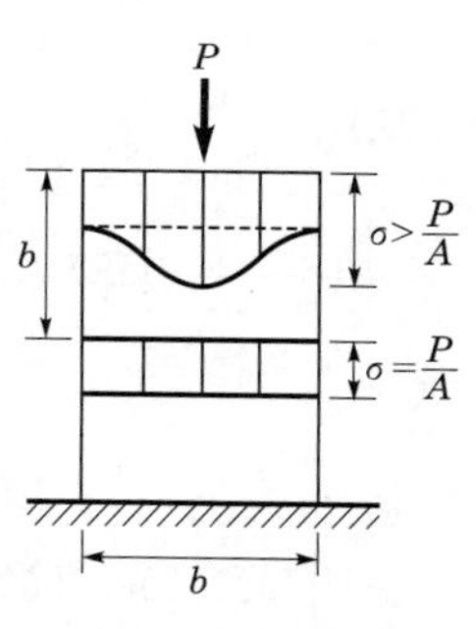

【그림 3.11】

05 축하중 부재

① 강성도(stiffness)와 유연도(flexibility)

(1) 정의

① 강성도(k) : 단위변형($\Delta l = 1$)을 일으키는 데 필요한 힘으로 변형에 저항하는 정도

② 유연도(f) : 단위하중($P = 1$)에 의한 변형량

(2) 축하중 부재의 강성도와 유연도

$$\sigma = \frac{P}{A} = E\varepsilon = E\left(\frac{\Delta l}{l}\right)$$

강성도와 유연도

- 강성도 $= \dfrac{\text{강성}}{\text{부재길이}}$
- 유연도 $= \dfrac{\text{부재길이}}{\text{강성}}$

하중	강성도(k)	유연도(l)
축력	$\dfrac{EA}{l}$	$\dfrac{l}{EA}$
전단력	$\dfrac{GA}{l}$	$\dfrac{l}{GA}$
휨모멘트	$\dfrac{EI}{l}$	$\dfrac{l}{EI}$
비틀림력	$\dfrac{GI_P}{l}$	$\dfrac{l}{GI_P}$

- 유한요소법(F.E.M)에 사용되며, 구조부재의 특성을 표현하는 척도

알•아•두•기•

① 변형량 : $\Delta l = \left(\dfrac{l}{AE}\right)P$

$$\therefore \text{유연도}(f) = \frac{l}{AE}$$

② 축하중 : $P = \left(\dfrac{AE}{l}\right)\Delta l$

$$\therefore \text{강성도}(k) = \frac{AE}{l}$$

③ 강성도 : $k = \dfrac{1}{\text{유연도}(f)}$

(3) 선형 탄성스프링

$$P = k\delta = \left(\frac{AE}{l}\right)\delta$$

$$\therefore k = \frac{AE}{l} \text{(스프링상수=강성도)}$$

$$\therefore f = \frac{l}{AE} = \frac{1}{k} \text{(스프링상수의 역수=유연도)}$$

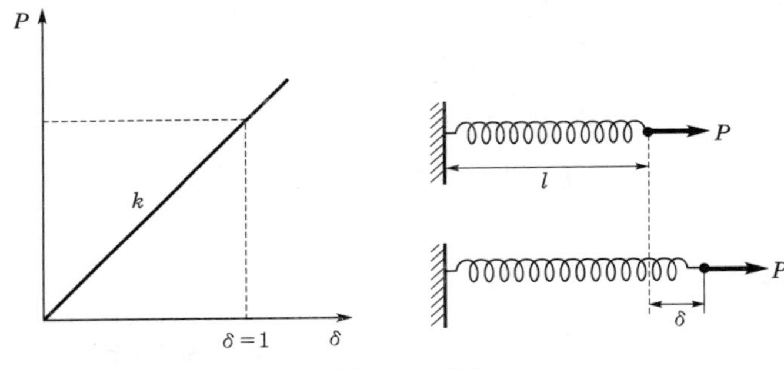

【그림 3.12】

② 축하중 부재의 변위

(1) 균일 단면봉의 변위

$$\delta = \frac{P_2 L}{AE} - \frac{P_1 L_1}{AE}$$

여기서, AE : 축강성

(+) : 인장

(−) : 압축

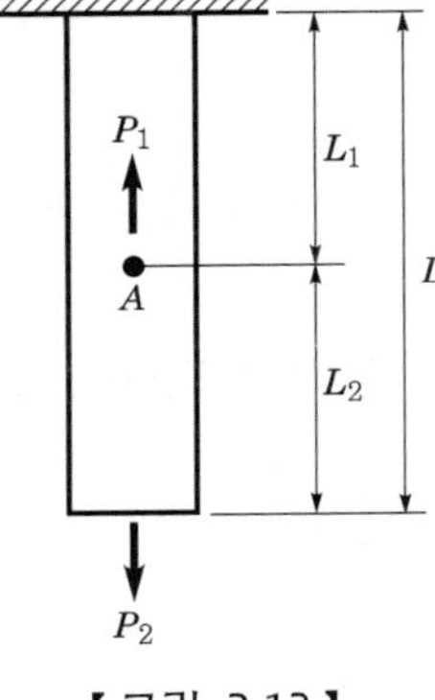

【그림 3.13】

스프링상수의 역수

= 스프링상수의 compliance

강성도와 유연도

- 강성도 : $k = \dfrac{AE}{l}$
- 유연도 : $f = \dfrac{l}{AE}$

(2) 변단면봉의 변위

$\delta = \delta_{AB} + \delta_{BC}$

$$\therefore \ \delta = \left(\frac{P_1 + P_2}{A_1 E_1}\right) L_1 + \left(\frac{P_2}{A_2 E_2}\right) L_2$$

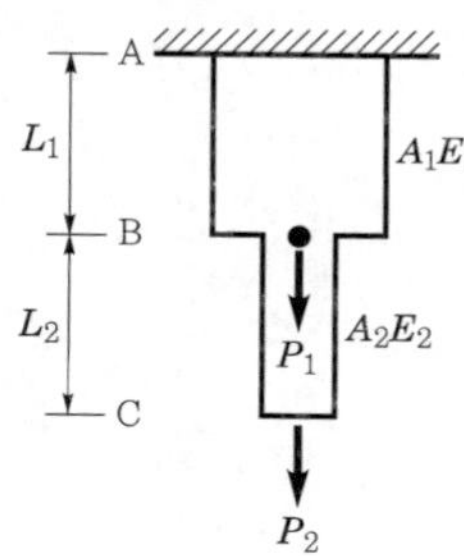

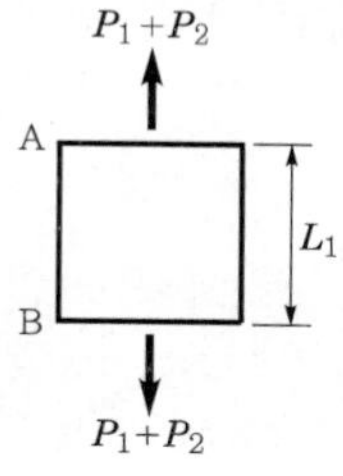

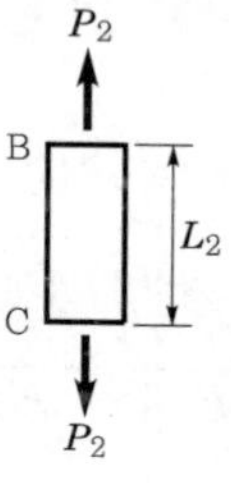

【그림 3.14】

3 합성부재의 분담하중과 응력(변위가 일정한 경우)

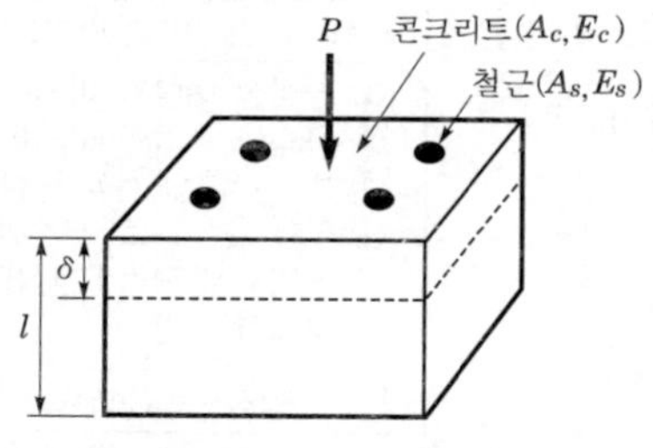

【그림 3.15】

여기서,

A_s : 철근 단면적

E_s : 철근 탄성계수

A_c : 콘크리트 단면적

E_c : 콘크리트 탄성계수

l : 부재길이

δ : 변위

(1) 분담하중

① 철근이 받는 하중(P_s) : $P_s = \left(\dfrac{A_s E_s}{A_c E_c + A_s E_s}\right) P$

② 콘크리트가 받는 하중(P_c) : $P_c = \left(\dfrac{A_c E_c}{A_c E_c + A_s E_s}\right) P$

변단면봉의 해석

- F.B.D 작도
- 각 부재의 축하중 결정
- 응력, 변위 계산

합성부재의 해석

① 힘의 평형조건식 작성
② 변위 적합조건식 작성
③ 두 조건식을 연립하여 하중, 변위 계산

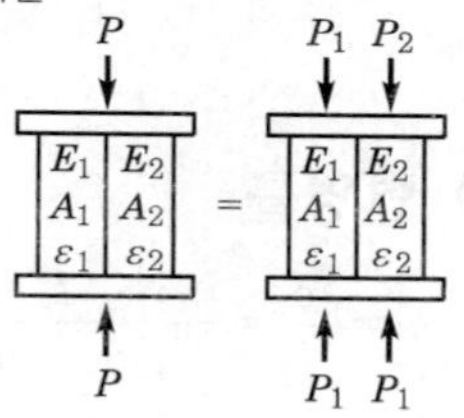

(1) 변형률(ε)

힘의 평형조건식

$P = P_1 + P_2 = \sigma_1 A_1 + \sigma_2 A_2$

$= \varepsilon_1 E_1 A_1 + \varepsilon_2 E_2 A_2$

합성부재이므로 $\varepsilon_1 = \varepsilon_2 = \varepsilon$이다.

$$\therefore \ \varepsilon = \frac{P}{E_1 A_1 + E_2 A_2} = \frac{P}{\Sigma E_i A_i}$$

(2) 각 부재의 응력

$$\sigma_1 = \varepsilon_1 E_1 = \frac{PE_1}{E_1 A_1 + E_2 A_2}$$

$$\sigma_2 = \varepsilon_2 E_2 = \frac{PE_2}{E_1 A_1 + E_2 A_2}$$

$$\therefore \ \sigma_i = \frac{PE_i}{\Sigma E_i A_i}$$

(3) 각 부재의 힘

$$P_1 = \sigma_1 A_1 = \frac{PE_1 A_1}{E_1 A_1 + E_2 A_2}$$

$$P_2 = \sigma_2 A_2 = \frac{PE_2 A_2}{E_1 A_1 + E_2 A_2}$$

$$\therefore \ P_i = \frac{PE_i A_i}{\Sigma E_i A_i}$$

알•아•두•기•

(2) 응력

① 철근의 응력(σ_s) : $\sigma_s = \dfrac{P_s}{A_s} = \left(\dfrac{E_s}{A_cE_c + A_sE_s}\right)P$

② 콘크리트의 응력(σ_c) : $\sigma_c = \dfrac{P_c}{A_c} = \left(\dfrac{E_c}{A_cE_c + A_sE_s}\right)P$

(3) 변위(변형량)

$$\delta = \frac{P_c l}{A_cE_c} = \frac{P_s l}{A_sE_s} = \frac{Pl}{A_cE_c + A_sE_s}$$

(4) 변형률

$$\varepsilon = \frac{\delta}{l} = \frac{P}{A_cE_c + A_sE_s}$$

④ 부정정 부재의 해석

(1) 부정정 기둥의 해석(유연도법)

① 힘의 평형조건식($\sum F_Y = 0(\uparrow \oplus)$) : $R_A + R_B - P = 0$

② P가 작용할 때 변위 : $\delta_1 = \dfrac{Pb}{AE}(\downarrow)$

③ R_A가 작용할 때 변위 : $\delta_2 = \dfrac{R_A L}{AE}(\uparrow)$

④ 변위의 적합조건식

$\delta_1 = \delta_2$

$\dfrac{Pb}{AE} = \dfrac{R_A L}{AE}$

$$\therefore R_A = \frac{Pb}{L},\ R_B = \frac{Pa}{L}$$

부정정 부재의 해석 방법

(1) 유연도법(응력법, 적합법)

① 부정정 여력을 미지수로 설정
② 구속을 제거한 구조물도 구성
③ 변위 적합조건식 구성
④ 적합조건식으로 부정정 여력 결정
⑤ 정역학적 평형조건식으로 나머지 부재력 계산

(2) 강성도법(변위법, 평형법)

① 절점 변위를 미지수로 설정
② 힘-변위 관계식 형성
③ 절점상의 평형조건식 구성
④ 절점 변위를 힘-변위 관계식에 대입
⑤ 부재력 결정

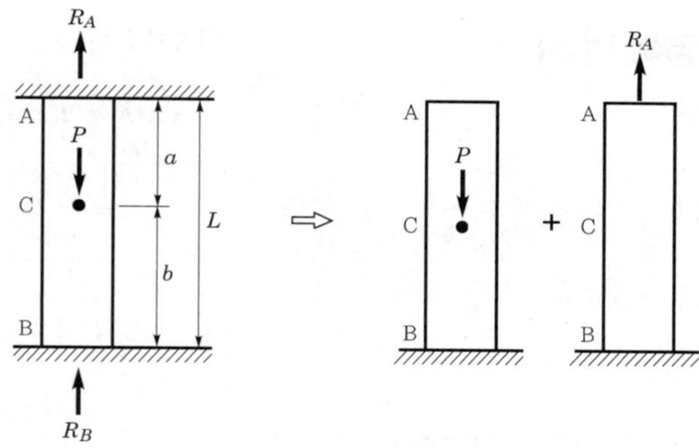

【그림 3.16】 부정정 기둥의 유연도법

(2) 일정한 온도변화의 부정정 구조 해석

① ΔT에 의한 B점의 변위 : $\delta_T = \alpha L \Delta T(\rightarrow)$

② R_B에 의한 B점의 변위 : $\delta_B = \dfrac{R_B L}{AE}(\leftarrow)$

③ 변위의 적합조건식

$\delta_T = \delta_B$

$\therefore R_B = \alpha \Delta T A E,\ R_A = R_B$

④ 온도응력 : $\sigma_T = \dfrac{R_A}{A} = E\alpha \Delta T$

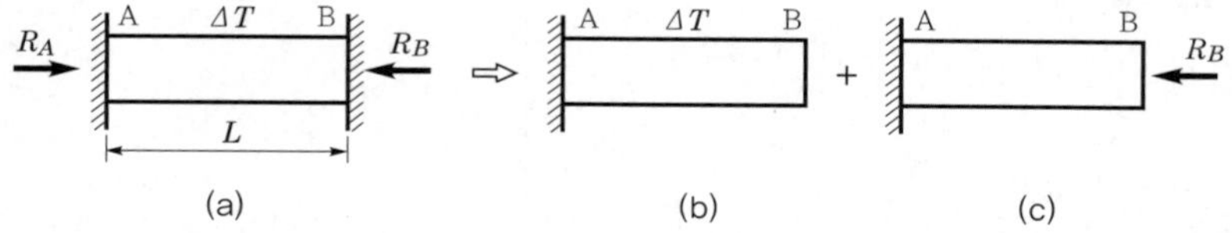

【그림 3.17】 온도변화가 있는 고정봉의 유연도법

06 변형에너지(탄성에너지 = 레질리언스)

① 정의

물체에 외력이 작용하면 물체 내부에 원형으로 되돌아가려고 저장된 에너지

② 수직력에 의한 변형에너지

$U = \frac{1}{2}P\delta(= \triangle \mathrm{OAB})$

$$\therefore\ U = \frac{P^2 l}{2AE}$$

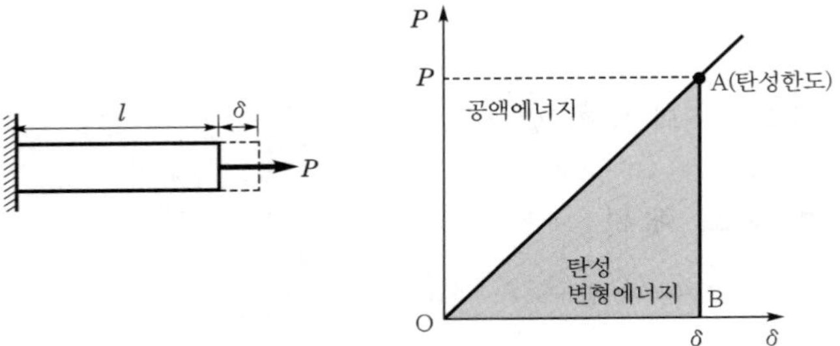

【그림 3.18】 탄성변형에너지

07 부재의 이음

① 리벳이음의 전단세기

(1) 1면 전단

① 리벳의 전단응력 : $\tau = \frac{P}{A} = \frac{4P}{\pi D^2}$

② 리벳의 전단강도 : $P_{sa} = \tau_a A = \tau_a\left(\frac{\pi D^2}{4}\right)$

(2) 2면 전단

① 리벳의 전단응력 : $\tau = \frac{P}{2A} = \frac{2P}{\pi D^2}$

② 리벳의 전단강도 : $P_{sa} = \tau_a \cdot 2A = \tau_a\left(\frac{\pi D^2}{2}\right)$

여기서, τ_a : 리벳의 허용 전단응력

변형에너지

$U = \frac{P^2 l}{2AE} = \frac{\sigma^2 Al}{2E}$

$= \left(\frac{AE}{2l}\right)\delta^2$

여기서, $P = \sigma A$

$\sigma = \frac{P}{A} = E\varepsilon = \frac{E\delta}{l}$

알•아•두•기•

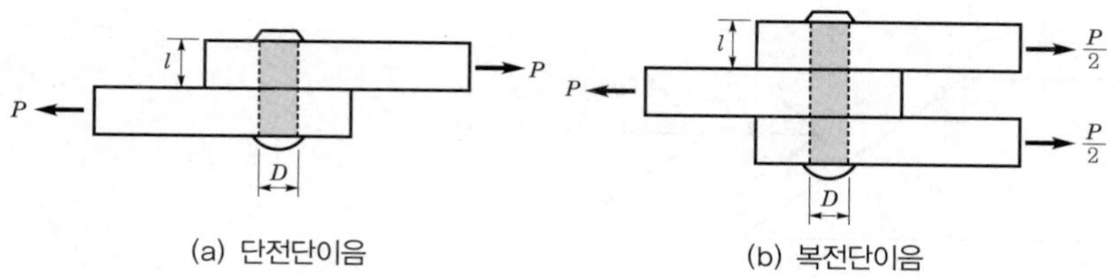

【그림 3.19】 전단이음

② 리벳이음의 지압세기

(1) 리벳의 지압응력

$$\sigma_b = \frac{P}{Dt}$$

(2) 리벳의 지압강도

$$P_b = \sigma_{ba} Dt$$

여기서, σ_{ba} : 리벳의 허용 지압응력

③ 리벳 값(ρ)

허용 전단강도와 허용 지압강도 중 작은 값

④ 리벳 수

$$n = \frac{\text{극한하중}(P)}{\text{리벳 값}(\rho)}$$ (정수, 소수점 이하는 1개를 더한 값 사용)

08 조합응력

① 1축 응력

x축 또는 y축 중에서 1축에만 수직응력(σ_x 또는 σ_y)이 작용하는 상태

$A' = \dfrac{A}{\cos\theta}$, $N = P\cos\theta$, $S = P\sin\theta$

1축 응력 모어원

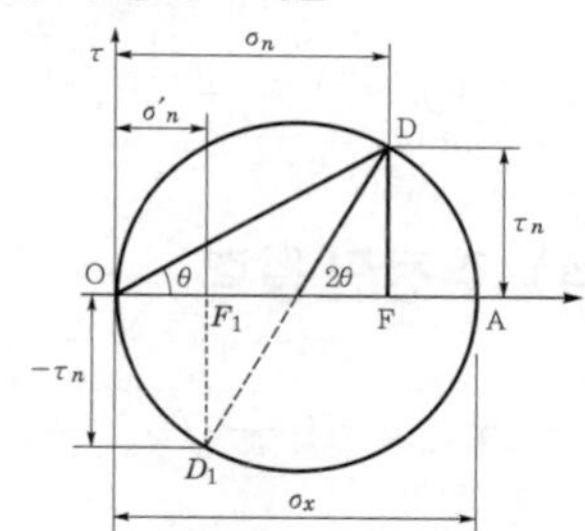

- $\sigma_n = \text{OF} = \text{OC} + \text{CF}$
  $= \frac{1}{2}\sigma_x + \frac{1}{2}\sigma_y \cos 2\theta$
  $= \boxed{\sigma_x \cos^2\theta}$
- $\tau_n = \text{DF} = \text{CD}\sin 2\theta$
  $= \boxed{\frac{1}{2}\sigma_x \sin 2\theta}$
- $\sigma_n' = \text{OF}_1 = \text{OC} - \text{F}_1\text{C}$
  $= \frac{1}{2}\sigma_x - \frac{1}{2}\sigma_x \cos 2\theta$
  $= \boxed{\sigma_x \sin^2\theta}$
- $-\tau_n = \text{F}_1\text{D}_1 = -\text{CD}\sin 2\theta$
  $= \boxed{-\frac{1}{2}\sigma_x \sin 2\theta}$

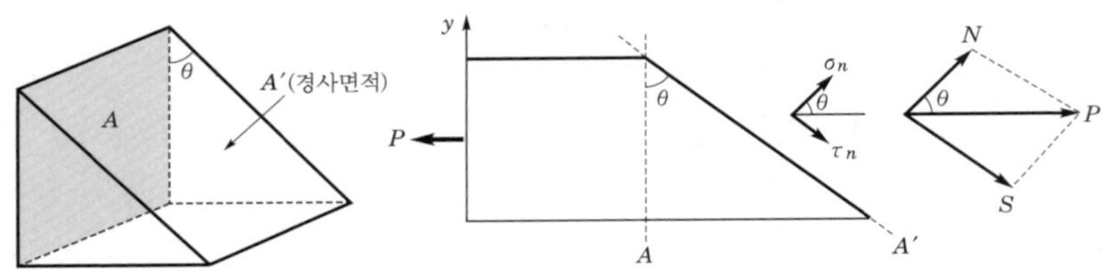

【그림 3.20】 1축 응력상태

(1) 수직응력(법선응력)

$$\sigma_n = \frac{N}{A'} = \frac{P\cos\theta}{A/\cos\theta} = \frac{P}{A}\cos^2\theta = \sigma_x\cos^2\theta$$

(2) 전단응력

$$\tau_n = \frac{S}{A'} = \frac{P\sin\theta}{A/\cos\theta} = \frac{P}{A}\sin\theta\cos\theta = \frac{1}{2}\sigma_x\sin2\theta$$

$$= \sigma_x\sin\theta\cos\theta$$

(3) 주(수직)응력

$$\sigma_{\substack{\max\\ \min}} = \frac{\sigma_x}{2} \pm \frac{1}{2}\sqrt{\sigma_x{}^2} = \sigma_x \text{ 또는 } 0$$ (랭킨의 최대 수직응력)

(4) 주전단응력

$$\tau_{\substack{\max\\ \min}} = \pm\frac{1}{2}\sqrt{\sigma_x{}^2} = \pm\frac{\sigma_x}{2}$$ (쿨롱의 최대 전단응력)

② 2축 응력

x, y 두 축에 σ_x, σ_y가 작용한 상태

$$\cos\theta = \frac{A}{A'} \qquad \therefore A = A'\cos\theta$$

$$\sin\theta = \frac{A''}{A'} \qquad \therefore A'' = A'\sin\theta$$

2축 응력 모어원

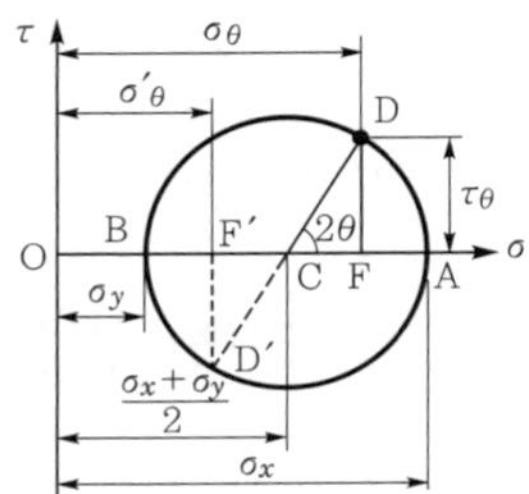

- $\sigma_\theta = \mathrm{OF} = \mathrm{OC} + \mathrm{CD}\cos2\theta$

  $\therefore \sigma_\theta = \frac{1}{2}(\sigma_x + \sigma_y) + \frac{1}{2}(\sigma_x - \sigma_y)\cos2\theta$

- $\tau_\theta = \mathrm{DF} = \mathrm{CD}\sin2\theta$

  $\therefore \tau_\theta = \frac{1}{2}(\sigma_x - \sigma_y)\sin2\theta$

$$\cos^2\theta = \frac{1+\cos2\theta}{2}$$

$$\sin^2\theta = \frac{1-\cos2\theta}{2}$$

$$\left(\sigma_\theta - \frac{\sigma_x+\sigma_y}{2}\right)^2 = \left(\frac{\sigma_x-\sigma_y}{2}\right)^2\cos^2 2\theta$$

$$-)\quad \tau_\theta{}^2 = \left(\frac{\sigma_x-\sigma_y}{2}\right)\sin^2 2\theta$$

$$\left(\sigma_\theta - \frac{\sigma_x+\sigma_y}{2}\right)^2 + \tau_\theta{}^2 = \left(\frac{\sigma_x-\sigma_y}{2}\right)^2$$

$\therefore$ 중심좌표 $\left(\frac{\sigma_x+\sigma_y}{2},\ 0\right)$

반지름 $\frac{\sigma_x-\sigma_y}{2}$

알•아•두•기•

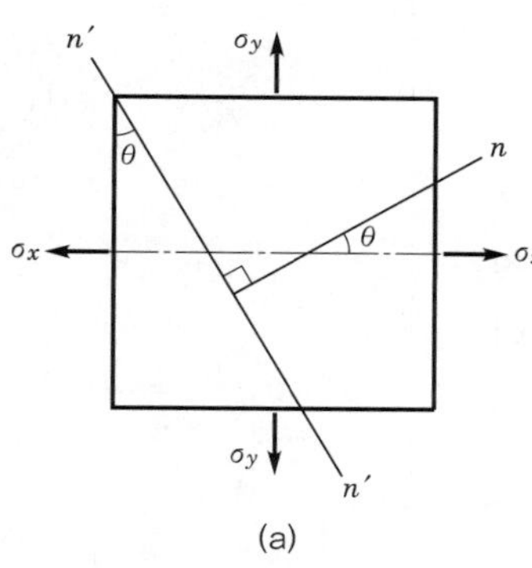

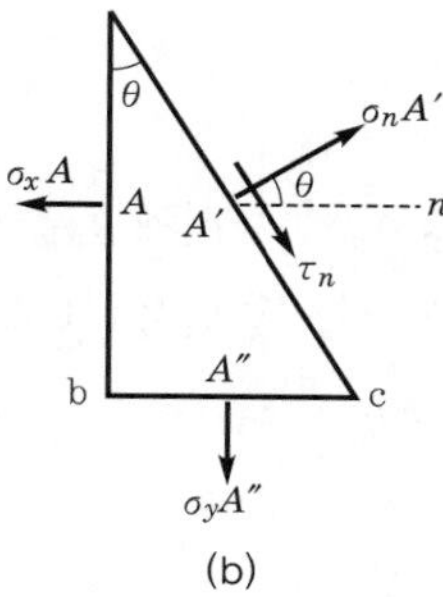

【그림 3.21】 2축 응력상태

(1) 수직응력

$$\sigma_n A' = \sigma_x A\cos\theta + \sigma_y A''\sin\theta$$
$$= \sigma_x A'\cos\theta\cos\theta + \sigma_y A'\sin\theta\sin\theta$$
$$\sigma_n = \sigma_x\cos^2\theta + \sigma_y\sin^2\theta$$

$$\therefore\ \sigma_n = \frac{1}{2}(\sigma_x + \sigma_y) + \frac{1}{2}(\sigma_x - \sigma_y)\cos 2\theta$$

(2) 전단응력

$$\tau_n A' = \sigma_x A\sin\theta - \sigma_y A''\cos\theta$$
$$= \sigma_x A'\cos\theta\sin\theta - \sigma_y A'\sin\theta\cos\theta$$
$$\tau_n = (\sigma_x - \sigma_y)\sin\theta\cos\theta$$

$$\therefore\ \tau_n = \frac{1}{2}(\sigma_x - \sigma_y)\sin 2\theta$$

(3) 주(수직)응력

$$\sigma_{\substack{\max\\\min}} = \left(\frac{\sigma_x + \sigma_y}{2}\right) \pm \frac{1}{2}\sqrt{(\sigma_x - \sigma_y)^2}$$
$$= \frac{1}{2}(\sigma_x + \sigma_y) \pm \frac{1}{2}(\sigma_x - \sigma_y) = \sigma_x \text{ 또는 } \sigma_y$$

(4) 주전단응력

$$\tau_{\substack{\max\\\min}} = \pm\frac{1}{2}\sqrt{(\sigma_x - \sigma_y)^2} = \frac{1}{2}(\sigma_x - \sigma_y)$$

알•아•두•기•

③ 평면응력

(1) 정의

x, y축 방향에서 생긴 응력 σ_x, σ_y와 동시에 τ_{xy}가 작용할 때 임의 방향에서 구한 법선응력 σ_n과 τ를 평면응력(plane stress)이라 한다(단, $\tau_{xy}=0$이면 2축 응력).

(2) 평면응력

$\sigma_n A' = \sigma_x A\cos\theta + \sigma_y A''\sin\theta + \tau_{xy} A\sin\theta + \tau_{xy} A''\cos\theta$

$$\therefore\ \sigma_n = \frac{1}{2}(\sigma_x + \sigma_y) + \frac{1}{2}(\sigma_x - \sigma_y)\cos 2\theta + \tau_{xy}\sin 2\theta$$

$\tau_n A' = \sigma_x A\sin\theta - \sigma_y A''\cos\theta - \tau_{xy} A\cos\theta + \tau_{xy} A''\sin\theta$

$$\therefore\ \tau_n = \frac{1}{2}(\sigma_x - \sigma_y)\sin 2\theta - \tau_{xy}\cos 2\theta$$

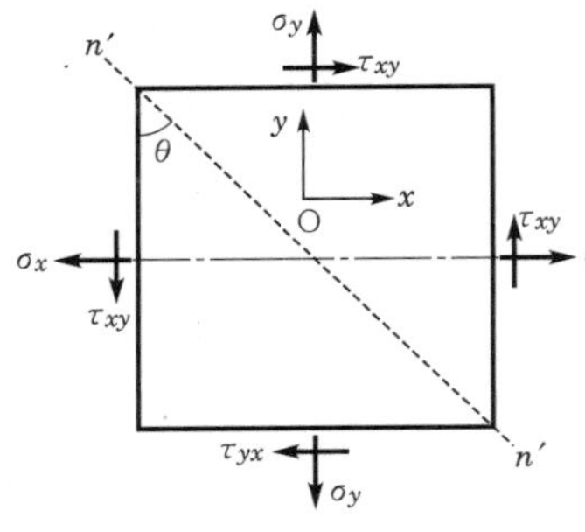

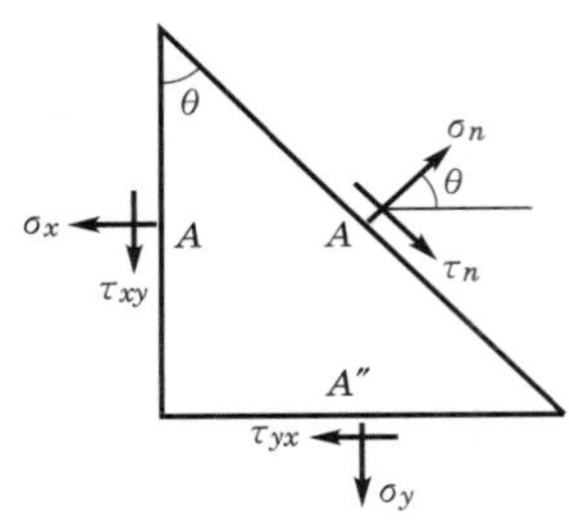

【그림 3.22】 평면응력상태

(3) 주응력과 주전단응력

① σ_x와 τ_n은 θ값에 따라 변하며, σ_n과 τ_n의 최대·최소값을 각각 주응력(주수직응력), 주전단응력이라 한다.

② 주응력과 작용면(주면)

$$\sigma_{\substack{\max\\\min}} = \frac{1}{2}(\sigma_x + \sigma_y) \pm \frac{1}{2}\sqrt{(\sigma_x - \sigma_y)^2 + 4\tau_{xy}^{\ 2}}$$

$$\tan 2\theta_P = \frac{2\tau_{xy}}{\sigma_x - \sigma_y}$$

▣ 주수직응력면에서 $\tau = 0$

▣ 주전단응력면에서

$\sigma = \dfrac{\sigma_x + \sigma_y}{2}$

- 주전단응력면
  $2\theta_S = 2\theta_P + 90°$

  $\therefore\ \theta_S = \theta_P + 45°$

  (주전단응력면과 주수직응력면은 45° 차이)
- 모어의 응력원 반지름(R)

  $R = \dfrac{1}{2}\sqrt{(\sigma_x - \sigma_y)^2 + 4\tau_{xy}^{\ 2}}$

③ 주전단응력과 작용면(주면)

$$\tau_{\substack{\max\\ \min}} = \pm\frac{1}{2}\sqrt{(\sigma_x-\sigma_y)^2+4{\tau_{xy}}^2}$$

$$\tan 2\theta_S = \frac{-(\sigma_x-\sigma_y)}{2\tau_{xy}}$$

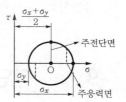

(4) 주응력과 주전단응력의 특성

① 주응력면은 서로 직교한다.

② 주전단응력면은 서로 직교한다.

③ 주응력면과 주전단응력면은 45°의 차이이다($\theta_S=\theta_P+45^\circ$).

④ 주응력면에서 전단응력은 0이다.

⑤ 주전단응력면에서 수직응력은 $\frac{1}{2}(\sigma_x+\sigma_y)$이다.

⑥ 주전단응력은 최대 수직응력과 최소 수직응력 차의 절반이다.

(5) 평면변형률과 주변형률

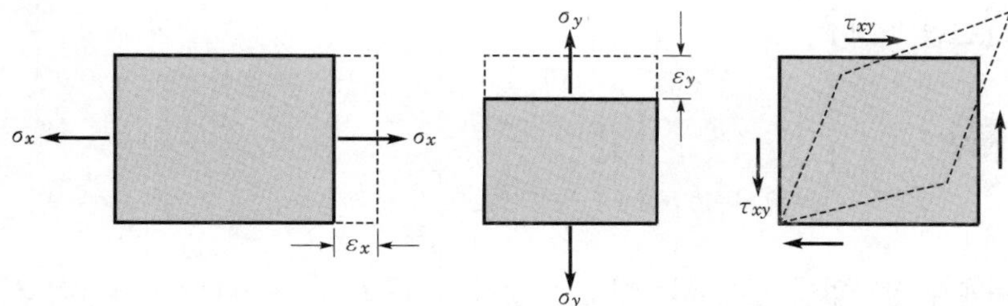

(a) x방향 변형률 : ε_x (b) y방향 변형률 : ε_y (c) 전단변형률 : γ_{xy}

【그림 3.23】 평면변형상태

$$\varepsilon_\theta = \frac{\varepsilon_x+\varepsilon_y}{2}+\frac{\varepsilon_x-\varepsilon_y}{2}\cos 2\theta+\frac{\gamma_{xy}}{2}\sin 2\theta$$

$$\frac{\gamma_\theta}{2} = -\frac{\varepsilon_x-\varepsilon_y}{2}\sin 2\theta+\frac{\gamma_{xy}}{2}\cos 2\theta$$

이때 θ가 변하는 동안 발생할 수 있는 최대(또는 최소) 수직변형률을 주변형률(principal strain)이라 한다.

① 주변형률 : $\varepsilon_{\substack{\max\\ \min}} = \frac{1}{2}(\varepsilon_x+\varepsilon_y)\pm\frac{1}{2}\sqrt{(\varepsilon_x-\varepsilon_y)^2+{\gamma_{xy}}^2}$

② 최대 전단변형률 : $\frac{\gamma_{\max}}{2} = \frac{1}{2}\sqrt{(\varepsilon_x-\varepsilon_y)^2+{\gamma_{xy}}^2}$

알•아•두•기•

τ, $\frac{\sigma_x+\sigma_y}{2}$, 주전단면, O, σ, σ_y, σ_x, 주응력면

중심 O의 좌표 $\left(\frac{\sigma_x+\sigma_y}{2},\ 0\right)$

2축 변형률

σ_x로 인한 x방향의 변형률

$\varepsilon_x = \frac{\sigma_x}{E}$

σ_y로 인한 x방향의 변형률

$\varepsilon_x = -\nu\varepsilon_y = -\nu\frac{\sigma_y}{E}$

$\varepsilon_x = \frac{\sigma_x}{E}-\nu\frac{\sigma_y}{E}$ ·························· ㉠

$\varepsilon_y = \frac{\sigma_y}{E}-\nu\frac{\sigma_x}{E}$ ·························· ㉡

㉠에 ν를 곱하여 ㉡과 더하면

$\varepsilon_x\nu = \nu\frac{\sigma_x}{E}-\nu^2\frac{\sigma_y}{E}$

$-)\ \ \varepsilon_y = \frac{\sigma_y}{E}-\nu\frac{\sigma_x}{E}$

$\varepsilon_x\nu+\varepsilon_y = \frac{\sigma_y}{E}-\nu^2\frac{\sigma_y}{E}$

$\frac{\sigma_y}{E}(1-\nu^2) = \varepsilon_x\nu+\varepsilon_y$

$\therefore\ \sigma_x = \frac{E}{1-\nu^2}(\varepsilon_x+\nu\varepsilon_y)$

$\sigma_y = \frac{E}{1-\nu^2}(\varepsilon_y+\nu\varepsilon_x)$

여기서, ν : 푸아송 비

알아두기

③ 주변형각 : $\tan 2\theta_P = \dfrac{\gamma_{xy}}{\varepsilon_x - \varepsilon_y}$

09 전단 중심(shear center)

① 정의

단면에 순수 굽힘을 유발시키는 하중의 작용점

> 하중이 전단 중심에 작용하지 않으면 비틀림(torsion)이 발생한다.

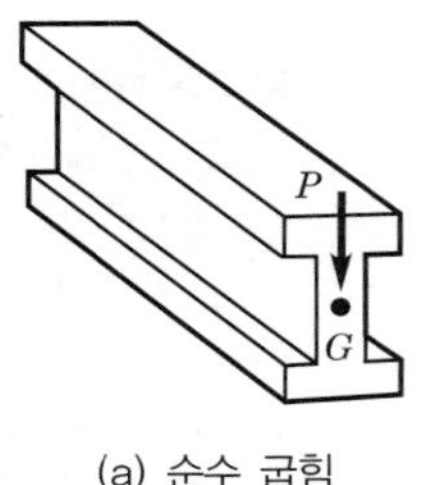

(a) 순수 굽힘

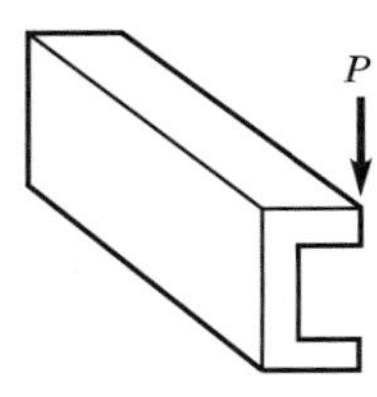

(b) 비틀림 발생

【그림 3.24】

② 전단류(전단흐름)

(1) 정의

폐쇄된 단면에서는 단면의 두께와 상관없이 전단류는 항상 일정하다. 전단응력과 판의 두께와의 적(積)은 단면의 모든 점에서 동일하다. 이때의 적을 전단류(전단흐름)라 한다. 즉

$$f = \int \tau dA = \tau t = \text{일정} \quad [\text{kgf/cm, tf/m}]$$

> $f = \tau t =$constant이므로 가장 큰 전단응력은 두께(t)가 가장 작은 곳에서 발생한다.

> 단위길이당 전단응력을 전단류(전단흐름)이라 한다.

(2) 휨부재의 전단흐름

① 전단응력 : $\tau = \dfrac{SG}{Ib}$

② 전단흐름 : $f = \tau b = \dfrac{SG}{I}$

여기서, S : 전단력, G : 단면 1차 모멘트
b : 단면의 폭, I : 단면 2차 모멘트

③ 중심선 이론

임의 박판 단면에 대한 전단류 산정은 그 단면의 중심선이 이루는 면적과 관계가 있다. 즉

$$f=\frac{T}{2A_m}=\frac{T}{2bh}=\tau t$$

여기서, T : 비틀림우력

A_m : 음영 부분 면적($=bh$)

τ : 전단응력

f : 전단류

【그림 3.25】

④ 전단 중심의 특징

① 1축 대칭 단면의 전단 중심은 그 대칭축상에 있다.

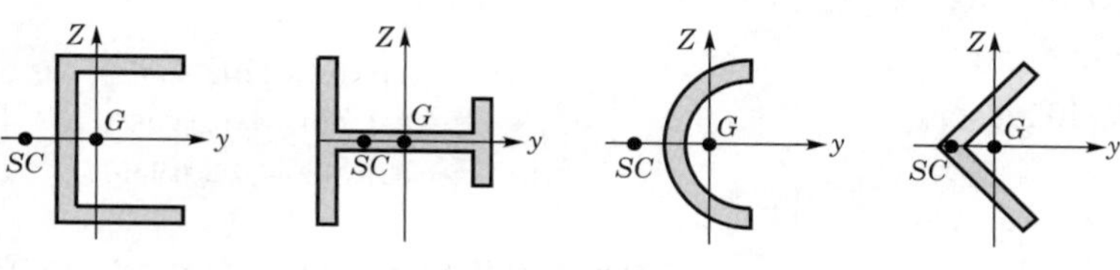

【그림 3.26】

② 2축 대칭 단면의 전단 중심은 도심과 일치한다.

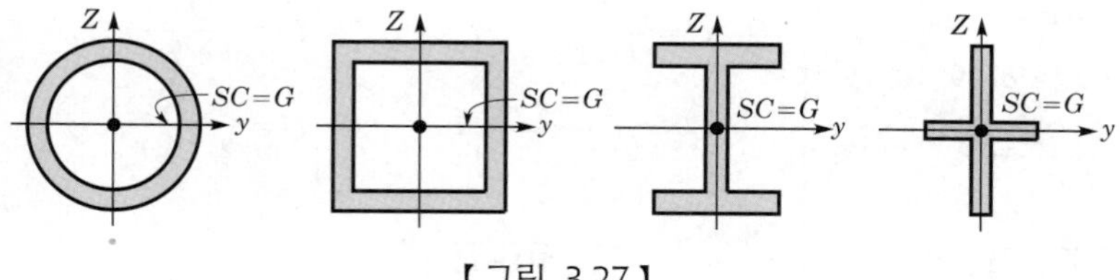

【그림 3.27】

③ 비대칭 단면의 전단 중심은 일반적으로 도심과 일치하지 않는다.

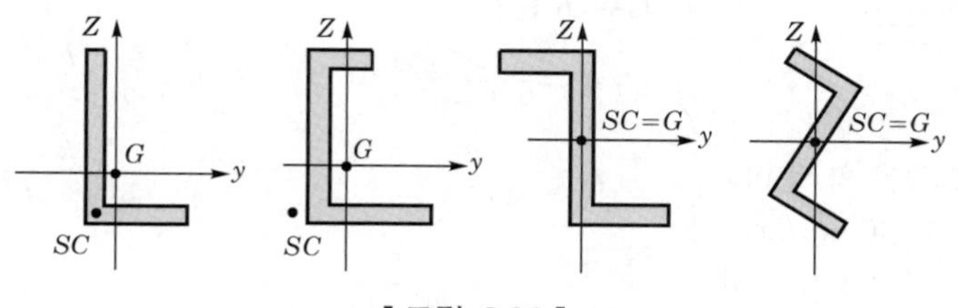

【그림 3.28】

알•아•두•기•

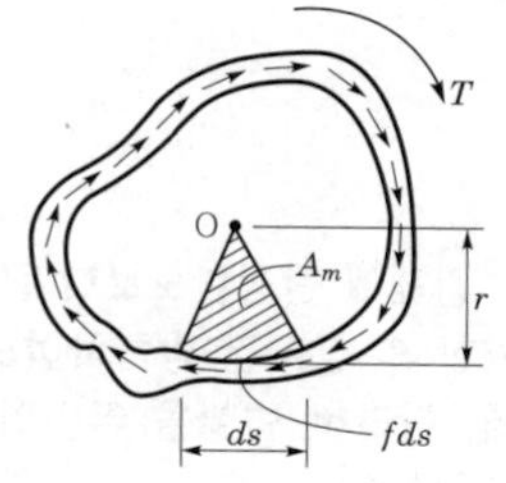

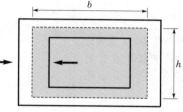

$dT=rf\,ds$

$r\,ds$는 빗금 친 삼각형 면적의 2배이므로

$T=f\int_0^{l_m} r\,ds=f\times 2A_m$

$\therefore f=\dfrac{T}{2A_m}=\tau t$

여기서, l_m : 평균중심선길이

예상 및 기출문제

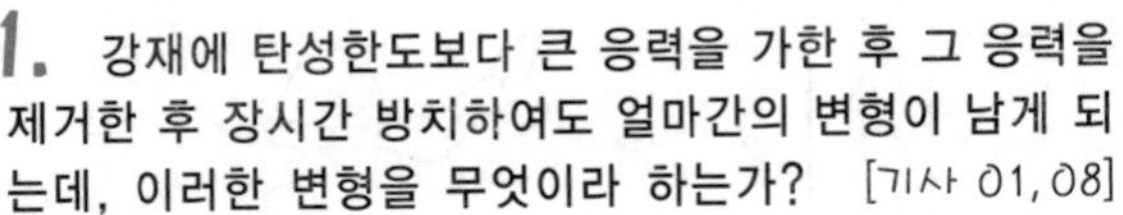

1. 강재에 탄성한도보다 큰 응력을 가한 후 그 응력을 제거한 후 장시간 방치하여도 얼마간의 변형이 남게 되는데, 이러한 변형을 무엇이라 하는가? [기사 01, 08]

① 탄성변형 ② 피로변형
③ 소성변형 ④ 취성변형

해설 탄성한계를 벗어나면 하중(응력)을 제거하여도 원래의 상태로 회복되지 않는 변형을 소성변형이라 한다.

2. 길이 5m의 철근을 2,000kgf/cm^{2}의 인장응력으로 인장하였더니 그 길이가 5mm만큼 늘어났다고 한다. 이 철근의 탄성계수는? (단, 철근의 지름은 20mm이다.) [기사 05, 산업 03, 08]

① 2×10^5kgf/cm^2 ② 2×10^6kgf/cm^2
③ 6.37×10^5kgf/cm^2 ④ 6.37×10^6kgf/cm^2

해설
$$\varepsilon=\frac{\Delta l}{l}=\frac{0.5}{500}=0.001$$
$$\therefore\ E=\frac{\sigma}{\varepsilon}=\frac{2,000}{0.001}=2\times10^6\text{kgf/cm}^2$$

3. 탄성계수 E, 전단탄성계수 G, 푸아송수 m 사이의 관계가 옳은 것은? [기사 01, 03, 09, 11, 산업 08, 09, 10, 15]

① $G=\dfrac{m}{2(m+1)}$ ② $G=\dfrac{E}{2(m-1)}$
③ $G=\dfrac{mE}{2(m+1)}$ ④ $G=\dfrac{E}{2(m+1)}$

해설
$$m=\frac{1}{\nu}$$
$$G=\frac{E}{2(\nu+1)}=\frac{E}{2\left(1+\dfrac{1}{m}\right)}=\frac{mE}{2(m+1)}$$

4. 지름 5cm의 강봉을 8tf로 당길 때 지름은 약 얼마나 줄어들었겠는가? (단, 전단탄성계수(G)$=7\times10^5$kgf/cm^2, 푸아송비(ν)$=0.5$) [기사 15]

① 0.003mm ② 0.005mm
③ 0.007mm ④ 0.008mm

해설 ㉠ 탄성계수 산정
$$G=\frac{E}{2(1+\nu)}$$
$$\therefore\ E=2G(1+\nu)=2\times7\times10^5\times(1+0.5)=2.1\times10^6\text{kgf/cm}^2$$

㉡ ε(길이방향 변형률) 산정
$$A=\frac{\pi\times5^2}{4},\quad P=8\text{tf}=8,000\text{kgf}$$
$$\frac{P}{A}=E\varepsilon$$
$$\therefore\ \varepsilon=\frac{P}{AE}=\frac{4\times8\times1,000}{\pi\times5^2\times2.1\times10^6}=1.941\times10^{-4}$$

㉢ Δd(횡방향 변형량) 산정
$$\nu=\frac{\beta}{\varepsilon}=\frac{\dfrac{\Delta d}{d}}{\varepsilon}$$
$$\therefore\ \Delta d=\nu\varepsilon d=0.5\times1.941\times10^{-4}\times5=4.851\times10^{-4}=0.0004851\text{cm}=0.004851\text{mm}\fallingdotseq0.005\text{mm}$$

5. 등질성 등방성 탄성체에서 종탄성계수 E, 전단탄성계수 G, 푸아송비(poisson's ratio) ν 간의 관계식을 옳게 나타낸 것은? [산업 02, 04, 06, 09, 13]

① $G=\dfrac{E}{1+\nu}$ ② $G=\dfrac{E}{1+2\nu}$
③ $G=\dfrac{E}{2+\nu}$ ④ $G=\dfrac{E}{2(1+\nu)}$

해설

$$G=\frac{E}{2(1+\nu)}$$

6. 탄성계수가 E, 푸아송비가 ν인 재료의 체적탄성계수 K는? [기사 15, 17]

① $K=\dfrac{E}{2(1-\nu)}$ ② $K=\dfrac{E}{2(1-2\nu)}$
③ $K=\dfrac{E}{3(1-\nu)}$ ④ $K=\dfrac{E}{3(1-2\nu)}$

해설
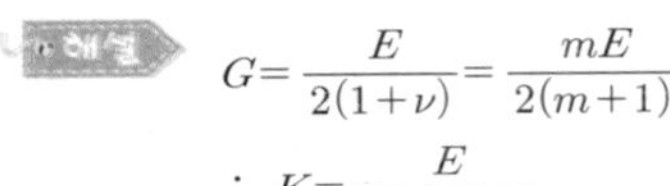
$$G=\frac{E}{2(1+\nu)}=\frac{mE}{2(m+1)}$$
$$\therefore\ K=\frac{E}{3(1-2\nu)}$$

정답 1. ③ 2. ② 3. ③ 4. ② 5. ④ 6. ④

7. 탄성계수가 2.1×10^6kgf/cm², 푸아송비가 0.3일 때 전단탄성계수를 구한 값은? (단, 등방성이고 균질인 탄성체임) [기사 03, 06, 07, 16, 17, 산업 04, 08, 12, 17]

① 7.2×10^5kgf/cm²　② 3.2×10^6kgf/cm²
③ 1.5×10^6kgf/cm²　④ 8.1×10^5kgf/cm²

해설

$$G=\frac{E}{2(1+\nu)}=\frac{2.1\times10^6}{2\times(1+0.3)}=8.08\times10^5\text{kgf/cm}^2$$

8. 어떤 인장부재를 시험하였더니 그 부재의 축신장도는 1.14×10^{-3}이었고 횡수축도(橫收縮度)는 3.42×10^{-4}이었다. 이 부재의 푸아송(Poisson)비는? [기사 03]

① 0.1　② 0.2
③ 0.3　④ 3.0

해설

$$\nu=-\frac{\text{하중이 재하되지 않은 방향의 변형률}}{\text{하중이 재하된 방향의 변형률}}$$
$$=-\frac{-3.42\times10^{-4}}{1.14\times10^{-3}}=0.3$$

9. 어떤 금속의 탄성계수는 21×10^5kgf/cm²이고, 전단탄성계수는 8×10^5kgf/cm²일 때 이 금속의 푸아송비는? [기사 01, 04]

① 0.3075　② 0.3125
③ 0.3275　④ 0.3325

$$G=\frac{E}{2(1+\nu)}$$
$$\therefore\ \nu=\frac{E}{2G}-1=\frac{21\times10^5}{2\times8\times10^5}-1=0.3125$$

10. 다음 그림 (a)와 같은 직육면체의 윗면에 전단력 540kgf가 작용하여 그림 (b)와 같이 상면이 옆으로 0.6cm만큼의 변형이 발생되었다. 이 재료의 전단탄성계수는 얼마인가? [기사 17]

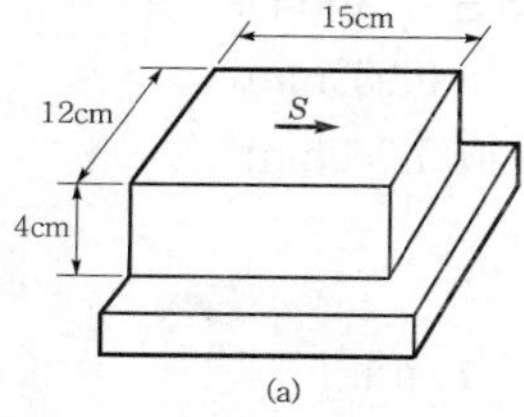

(a)

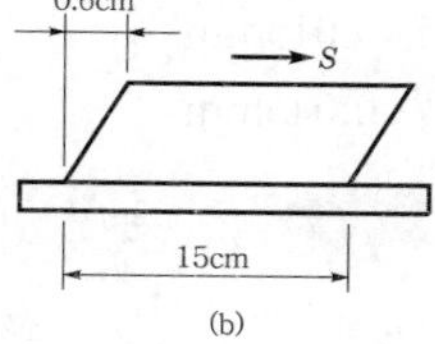

(b)

① 10kgf/cm²　② 15kgf/cm²
③ 20kgf/cm²　④ 25kgf/cm²

해설

$$\tau=\frac{S}{A}=\frac{540}{12\times15}=3\text{kgf/cm}^2$$
$$\gamma_s=\frac{\lambda}{l}=\frac{0.6}{4}=0.15$$
$$\therefore\ G=\frac{\tau}{\gamma_s}=\frac{3}{0.15}=20\text{kgf/cm}^2$$

11. 직사각형 단면 20cm×30cm를 갖는 양단 고정 지점 부재의 길이가 5m이다. 이 부재에 25℃의 온도 상승으로 인하여 180tf의 압축력이 발생하였다면 이 부재의 전단탄성계수는 얼마인가? (단, 선팽창계수는 0.6×10^{-5}, 푸아송비는 0.25이다.) [기사 02]

① 800,000kgf/cm²　② 120,000kgf/cm²
③ 160,000kgf/cm²　④ 400,000kgf/cm²

$$\delta=\alpha\Delta TL=\frac{PL}{EA}\text{에서}$$
$$E=\frac{PL}{\alpha\Delta TLA}=\frac{180,000\times500}{0.6\times10^{-5}\times25\times500\times20\times30}$$
$$=2,000,000\text{kgf/cm}^2$$
$$\therefore\ G=\frac{E}{2(1+\nu)}=\frac{2,000,000}{2\times(1+0.25)}=800,000\text{kgf/cm}^2$$

12. 지름 20mm, 길이 3m의 연강원축에 3,000kgf의 인장하중을 작용시킬 때 길이가 1.4mm가 늘어났고, 지름이 0.0027mm 줄어들었다. 이때 전단탄성계수는 약 얼마인가? [기사 00, 10, 17]

① 2.63×10^6kgf/cm²　② 3.37×10^6kgf/cm²
③ 5.57×10^6kgf/cm²　④ 7.94×10^5kgf/cm²

해설

$$\Delta l=\frac{Pl}{AE}\text{에서}$$
$$E=\frac{Pl}{A\Delta l}=\frac{4\times3,000\times300}{\pi\times2^2\times1.4}=2.047\times10^6\text{kgf/cm}^2$$
$$\nu=\frac{1}{m}=\frac{l\Delta d}{d\Delta l}=\frac{3,000\times0.0027}{20\times1.4}=0.29$$
$$\therefore\ G=\frac{E}{2(1+\nu)}=\frac{2.047\times10^6}{2(1+0.29)}=7.94\times10^5\text{kgf/cm}^2$$

13. 단면적이 20cm², 길이가 100cm인 강봉에 인장력 8tf를 가하였더니 길이가 1cm 늘어났다. 이 강봉의 푸아송수가 3이라면 전단탄성계수는? [산업 15]

① 15,000kgf/cm²　② 45,000kgf/cm²
③ 75,000kgf/cm²　④ 95,000kgf/cm²

정답 7. ④ 8. ③ 9. ② 10. ③ 11. ① 12. ④ 13. ①

해설 $\dfrac{P}{A}=E\varepsilon$에서

$$E=\frac{P}{A\varepsilon}=\frac{Pl}{A\Delta l}=\frac{8{,}000\times100}{20\times1}=40{,}000\text{kgf/cm}^2$$

$$\therefore\ G=\frac{E}{2(1+\nu)}=\frac{E}{2\left(1+\dfrac{1}{m}\right)}=\frac{mE}{2(m+1)}$$

$$=\frac{3\times40{,}000}{2\times(3+1)}=15{,}000\text{kgf/cm}^2$$

14. 탄성계수는 2.3×10^6kgf/cm^2, 푸아송비는 0.35일 때 전단탄성계수의 값을 구하면? [기사 10]

① 8.8×10^5kgf/cm^2 ② 8.5×10^5kgf/cm^2
③ 8.9×10^5kgf/cm^2 ④ 9.3×10^5kgf/cm^2

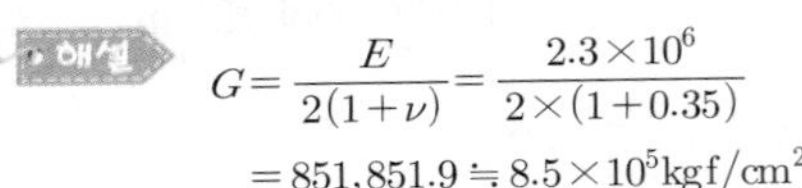

해설 $$G=\frac{E}{2(1+\nu)}=\frac{2.3\times10^6}{2\times(1+0.35)}$$
$$=851{,}851.9\fallingdotseq8.5\times10^5\text{kgf/cm}^2$$

15. 길이 50mm, 지름 10mm의 강봉을 당겼더니 5mm 늘어났다면 지름의 줄어든 값은 얼마인가? (단, 푸아송비는 $\dfrac{1}{3}$) [기사 08, 산업 02]

① $\dfrac{1}{3}$mm ② $\dfrac{1}{4}$mm
③ $\dfrac{1}{5}$mm ④ $\dfrac{1}{6}$mm

해설 $$\nu=-\frac{\beta}{\varepsilon}=-\frac{\dfrac{\Delta d}{d}}{\dfrac{\Delta l}{l}}=\frac{\dfrac{\Delta d}{10}}{\dfrac{5}{50}}=\frac{1}{3}$$

$$\therefore\ \Delta d=-\frac{1}{3}\text{mm}$$

16. 지름 5cm의 강봉을 8tf로 당길 때 지름은 약 얼마나 줄어들겠는가? (단, 푸아송비는 0.3, 탄성계수는 2.1×10^6kgf/cm^2) [기사 07, 09, 15, 산업 07, 10]

① 0.00029cm ② 0.0057cm
③ 0.000012cm ④ 0.003cm

해설 $\sigma=\dfrac{P}{A}=E\varepsilon$에서

$$\varepsilon=\frac{P}{AE}=\frac{8\times10^3}{\dfrac{\pi\times5^2}{4}\times(2.1\times10^6)}=0.000194$$

$$\nu=\frac{\Delta d/d}{\Delta l/l}=\frac{\Delta d/d}{\varepsilon}=\frac{\Delta d}{d\varepsilon}$$

$$\therefore\ \Delta d=\nu d\varepsilon=0.3\times5\times0.000194=0.000291\text{cm}$$

17. 직경 3cm의 강봉을 7,000kgf로 잡아당길 때 막대기의 직경이 줄어드는 양은? (단, 푸아송비는 $\dfrac{1}{4}$, 탄성계수는 2×10^6kgf/cm^2) [기사 15]

① 0.00375cm ② 0.00475cm
③ 0.000375cm ④ 0.000475cm

해설 $$\varepsilon=\frac{P}{EA}=\frac{4\times7{,}000}{2\times10^6\times\pi\times3^2}=4.952\times10^{-4}$$

$$\nu=\frac{\beta}{\varepsilon}=\frac{\dfrac{\Delta d}{d}}{\varepsilon}$$

$$\therefore\ \Delta d=\nu\varepsilon d=\frac{1}{4}\times4.952\times10^{-4}\times3$$
$$=3.714\times10^{-4}=0.0003714\text{cm}$$

18. 지름 2cm의 강봉에 10tf의 축방향 인장력을 작용시킬 때 이 강봉은 얼마만큼 가늘어지는가? (단, $\nu=\dfrac{1}{3}$, E=2,100,000kgf/cm^2) [기사 08, 산업 13, 16]

① 0.0010cm ② 0.0074cm
③ 0.0224cm ④ 0.0648cm

해설 $$\nu=\frac{\Delta d/d}{\Delta l/l}=\frac{1}{\varepsilon}\left(\frac{\Delta d}{d}\right)$$

$$\sigma=E\varepsilon$$

$$\varepsilon=\frac{1}{E}\left(\frac{P}{A}\right)=\frac{1}{2.1\times10^6}\times\frac{4\times10\times10^3}{\pi\times2^2}=0.0015$$

$$\therefore\ \Delta d=\nu d\varepsilon=\frac{1}{3}\times2\times0.0015=0.001\text{cm}$$

19. 직경 50mm, 길이 2m의 봉이 힘을 받아 길이가 2mm 늘어났다면 이때 이 봉의 직경은 얼마나 줄어드는가? (단, 이 봉의 푸아송비는 0.3이다.) [기사 10]

① 0.015mm ② 0.030mm
③ 0.045mm ④ 0.060mm

해설 $$\nu=\frac{\Delta d/d}{\Delta l/l}=\frac{l\Delta d}{d\Delta l}$$

$$\therefore\ \Delta d=\frac{d\Delta l\nu}{l}=\frac{50\times2\times0.3}{2{,}000}=0.015\text{mm}$$

정답 14. ② 15. ① 16. ① 17. ③ 18. ① 19. ①

20. 직경 50mm 길이 2m의 봉이 힘을 받아 길이가 2mm 늘어나고 직경이 0.015mm가 줄어들었다면 이 봉의 푸아송비는 얼마인가? [산업 15]

① 0.24 ② 0.26
③ 0.28 ④ 0.30

해설 $\nu = \frac{\beta}{\varepsilon} = \frac{2,000 \times 0.015}{50 \times 2} = 0.3$

21. 훅의 법칙(Hooke's law)과 관계있는 것은? [산업 02, 04]

① 소성 ② 연성
③ 탄성 ④ 취성

해설 훅의 법칙은 탄성한계 이내에서 적용되며 $\sigma = E\varepsilon$이다.

22. 단면이 일정한 강봉을 인장응력 210kgf/cm²로 당길 때 0.02cm가 늘어났다면 이 강봉의 처음 길이는? (단, 강봉의 탄성계수는 2,100,000kgf/cm²이다.) [산업 08]

① 3.5m ② 3.0m
③ 2.5m ④ 2.0m

해설 $\sigma = E\varepsilon = E\left(\frac{\Delta l}{l}\right)$

$l = \Delta l\left(\frac{E}{\sigma}\right) = 0.02 \times \frac{2.1 \times 10^6}{210} = 200\text{cm} = 2\text{m}$

23. 길이 8m의 강봉에 인장력 15tf를 가했을 때 강봉의 늘음량이 0.2cm였다면 이때 강봉의 지름은? (단, 탄성계수는 2.1×10⁶kgf/cm²이다.) [산업 02, 06]

① 42.6mm ② 51.3mm
③ 60.3mm ④ 69.7mm

해설 $\sigma = \frac{P}{A} = E\varepsilon = E\left(\frac{\Delta l}{l}\right)$일 때

$A = \frac{Pl}{E\Delta l} = \frac{15,000 \times 800}{2,100,000 \times 0.2} = 28.57\text{cm}^2$

$A = \frac{\pi D^2}{4}$이므로

$\therefore D = \sqrt{\frac{4A}{\pi}} = \sqrt{\frac{4 \times 28.57}{\pi}} = 6.03\text{cm} = 60.3\text{mm}$

24. 지름이 D이고 길이가 5m인 강봉에 10tf의 인장력을 가한 결과 강봉이 0.3mm 늘어났다면 이 강봉의 지름은? (단, 이 강봉의 탄성계수는 2,000,000kgf/cm²이다.) [산업 11]

① 10.3cm ② 11.2cm
③ 11.9cm ④ 13.0cm

해설 $\sigma = \frac{P}{A} = E\varepsilon = E\left(\frac{\Delta l}{l}\right)$일 때

$A = \frac{Pl}{E\Delta l} = \frac{10,000 \times 500}{2,000,000 \times 0.03} = 83\text{cm}^2$

$A = \frac{\pi D^2}{4}$이므로

$\therefore D = \sqrt{\frac{4A}{\pi}} = \sqrt{\frac{4 \times 83}{\pi}} = 10.3\text{cm}$

25. $\frac{\text{축과 직각방향의 변형도}}{\text{축방향의 변형도}}$를 무엇이라고 하는가? [산업 03, 05]

① 푸아송수 ② 응력도
③ 푸아송비 ④ 탄성(Young)률

해설 $\text{푸아송비}(\nu) = \frac{\text{가로변형률}(\beta)}{\text{세로변형률}(\varepsilon)}$

26. 푸아송비가 0.2일 때 푸아송수는? [산업 06, 13, 16]

① 2 ② 3
③ 5 ④ 8

해설 $\nu = \frac{1}{m}$이므로 $m = \frac{1}{\nu} = \frac{1}{0.2} = 5$

27. 단면이 10cm×10cm인 정사각형이고, 길이가 1m인 강재에 10tf의 압축력을 가했더니 길이가 0.1cm 줄어들었다. 이 강재의 탄성계수는? [산업 17]

① 10,000kgf/cm² ② 100,000kgf/cm²
③ 50,000kgf/cm² ④ 500,000kgf/cm²

해설 훅의 법칙 이용

$\frac{P}{A} = E\varepsilon$

$\therefore E = \frac{P}{A\varepsilon} = \frac{10 \times 1,000 \times 100}{10 \times 10 \times 0.1} = 100,000\text{kgf/cm}^2$

정답 20. ④ 21. ③ 22. ④ 23. ③ 24. ① 25. ③ 26. ③ 27. ②

28. 변형률이 0.015일 때 응력이 1,200kgf/cm²이면 탄성계수는? [산업 16]

① 6×10^4kgf/cm²　② 7×10^4kgf/cm²
③ 8×10^4kgf/cm²　④ 9×10^4kgf/cm²

해설 $\sigma = E\varepsilon$

$$\therefore E = \frac{\sigma}{\varepsilon} = \frac{1,200}{0.015} = 80,000 = 8\times10^4\text{kgf/cm}^2$$

29. 가로방향의 변형률이 0.0022이고, 세로방향의 변형률이 0.0083인 재료의 푸아송수는? [산업 12]

① 2.8　② 3.2
③ 3.8　④ 4.2

해설 푸아송비$(\nu) = \frac{\beta}{\varepsilon} = \frac{0.0022}{0.0083} = 0.265$

$$\therefore \text{푸아송수}(m) = \frac{1}{\nu} = \frac{1}{0.265} = 3.77 \fallingdotseq 3.8$$

30. 지름이 10cm, 길이가 25cm인 재료에 축방향으로 인장력을 작용시켰더니 지름은 9.98cm로, 길이는 25.2cm로 변하였다. 이 재료의 푸아송수는? [산업 09, 17]

① 3.0　② 3.5
③ 4.0　④ 4.5

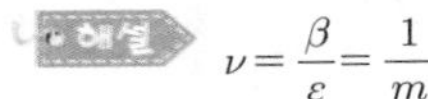

해설 $\nu = \frac{\beta}{\varepsilon} = \frac{1}{m}$

$$m = \frac{\varepsilon}{\beta} = \frac{\Delta l/l}{\Delta d/d} = \frac{(25-25.2)\times10}{(10-9.98)\times25} = -4$$

푸아송수(m)는 항상 음수이므로 절대값을 이용한다. 즉 4이다.

31. 단면적 10cm²인 원형 단면의 봉이 2tf의 인장력을 받을 때 변형률(ε)은? (단, 탄성계수$(E)=2\times10^6$kgf/cm²) [산업 17]

① 0.0001　② 0.0002
③ 0.0003　④ 0.0004

해설 $\frac{P}{A} = \sigma = E\varepsilon$

$$\therefore \varepsilon = \frac{P}{EA} = \frac{2\times1,000}{10\times2\times10^6} = 0.0001$$

32. 길이가 10m, 지름이 30mm의 철근이 5mm 늘어나기 위해서는 약 얼마의 하중이 필요한가? (단, $E=2\times10^6$kgf/cm²) [산업 15]

① 5.148kgf　② 6.215kgf
③ 7.069kgf　④ 8.132kgf

해설 $\frac{P}{A} = E\varepsilon$

$$\therefore P = AE\varepsilon = AE\left(\frac{\Delta l}{l}\right) = \frac{\pi\times3^2}{4}\times2\times10^6\times\frac{0.5}{10\times100} = 7.069\text{kgf}$$

33. 지름이 2mm, 길이가 5m의 강선이 10kgf의 하중을 받을 때 변형은 얼마인가? (단, 탄성계수$(E)=2.1\times10^6$kgf/cm²) [기사 02, 산업 10]

① 0.84mm　② 0.76mm
③ 0.65mm　④ 0.53mm

해설 $$\delta = \frac{Pl}{EA} = \frac{10\times5\times10^2}{2.1\times10^6\times\frac{\pi\times0.2^2}{4}} = 0.076\text{cm} = 0.76\text{mm}$$

34. 지름이 0.2cm, 길이가 1m의 강선이 100kgf의 하중을 받을 때 늘어난 길이는 얼마인가? (단, $E=2\times10^6$kgf/cm²) [산업 16]

① 0.04cm　② 0.08cm
③ 0.12cm　④ 0.16cm

해설

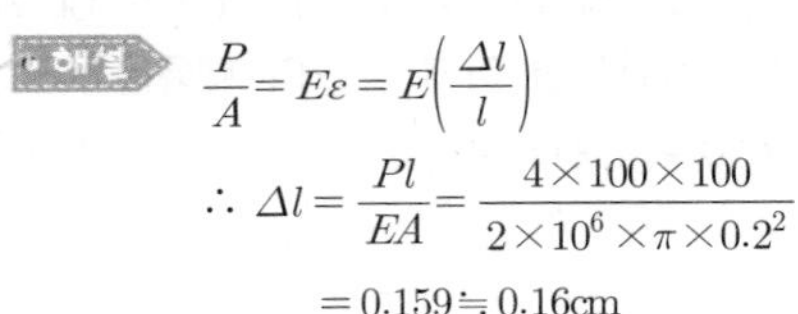

$$\frac{P}{A} = E\varepsilon = E\left(\frac{\Delta l}{l}\right)$$

$$\therefore \Delta l = \frac{Pl}{EA} = \frac{4\times100\times100}{2\times10^6\times\pi\times0.2^2} = 0.159 \fallingdotseq 0.16\text{cm}$$

35. 길이 6m의 직선재가 8tf의 축인장력을 받을 때 얼마나 늘어나겠는가? (단, 부재의 단면적은 2cm², 탄성계수는 2×10^6kgf/cm²) [기사 00]

① 6mm　② 12mm
③ 24mm　④ 36mm

해설

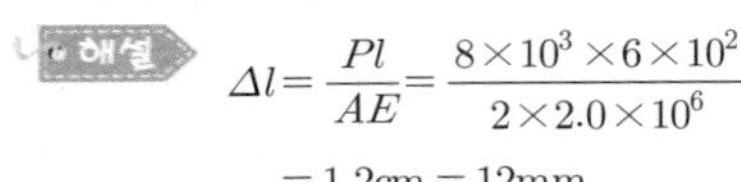

$$\Delta l = \frac{Pl}{AE} = \frac{8\times10^3\times6\times10^2}{2\times2.0\times10^6} = 1.2\text{cm} = 12\text{mm}$$

정답 28. ③ 29. ③ 30. ③ 31. ① 32. ③ 33. ② 34. ④ 35. ②

36. 지름 2cm, 길이 1m, 탄성계수 10,000kgf/cm^{2}의 철선에 무게 10kgf의 물건을 매달았을 때 철선의 늘어나는 양은? [산업 15]

① 0.32mm ② 0.73mm
③ 1.07mm ④ 1.34mm

해설
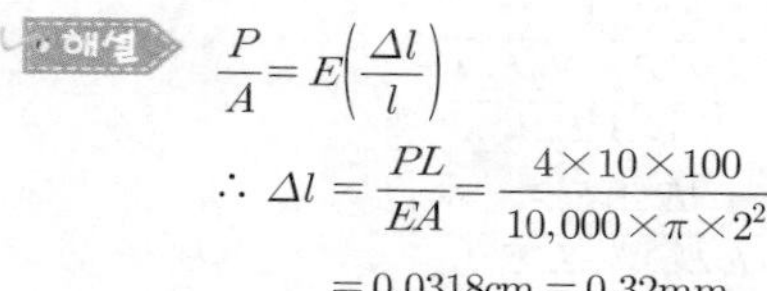

$$\frac{P}{A}=E\left(\frac{\Delta l}{l}\right)$$
$$\therefore \Delta l=\frac{PL}{EA}=\frac{4\times10\times100}{10,000\times\pi\times2^2}=0.0318\text{cm}=0.32\text{mm}$$

37. 다음 그림과 같이 하중 P=1tf가 단면적 A를 가진 보의 중앙에 작용할 때 축방향으로 늘어난 길이는? (단, EA=1×10^{6}kgf, L=2m) [기사 05]

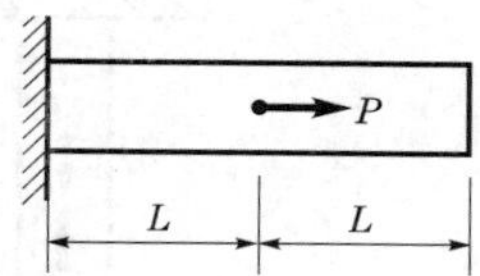

① 0.1mm ② 0.2mm
③ 1mm ④ 2mm

해설 $\Delta l=\frac{PL}{EA}=\frac{1,000\times2,000}{1\times10^6}=2\text{mm}$

38. 직경 10cm, 길이 5m의 강봉에 10tf의 인장력을 가하면 이 강봉의 길이는 얼마나 늘어나는가? (단, 이 강재의 탄성계수는 2×10^{6}kgf/cm^{2}이다.) [기사 09, 산업 10]

① 0.22mm ② 0.26mm
③ 0.29mm ④ 0.32mm

해설
$$\Delta l=\frac{Pl}{AE}=\frac{10,000\times500\times4}{\pi\times10^2\times2\times10^6}=0.0318\text{cm}\fallingdotseq0.32\text{mm}$$

39. 다음 중 탄성계수를 옳게 나타낸 것은? (단, A : 단면적, l : 길이, P : 하중, Δl : 변형량) [기사 05]

① $\frac{P\Delta l}{Al}$ ② $\frac{Al}{P\Delta l}$
③ $\frac{Al}{l\Delta l}$ ④ $\frac{Pl}{A\Delta l}$

해설
$$\Delta l=\frac{Pl}{AE}$$
$$\therefore E=\frac{Pl}{A\Delta l}$$

40. 지름 20mm, 길이 1m인 강봉을 4tf의 힘으로 인장할 경우 이 강봉의 변형량은? (단, 이 강봉의 탄성계수는 2×10^{6}kgf/cm^{2}이다.) [기사 11]

① 0.908mm ② 0.808mm
③ 0.737mm ④ 0.637mm

해설
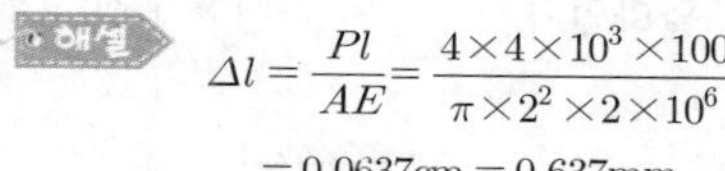

$$\Delta l=\frac{Pl}{AE}=\frac{4\times4\times10^3\times100}{\pi\times2^2\times2\times10^6}=0.0637\text{cm}=0.637\text{mm}$$

41. 다음 그림과 같이 상단이 고정되어 있는 봉의 하단에 축하중 P가 작용할 때 이 봉의 늘음량은? (단, 봉의 자중은 무시하고 봉의 단면적은 A, 봉의 길이는 l, 탄성계수는 E로 한다.) [기사 06, 산업 12, 15]

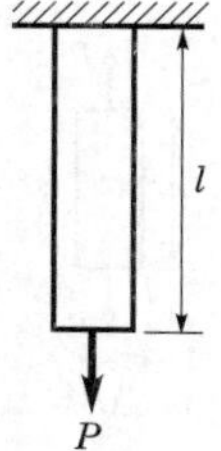

① 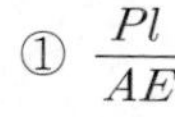 $\frac{Pl}{AE}$

② 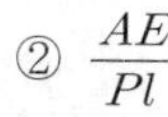 $\frac{AE}{Pl}$

③ 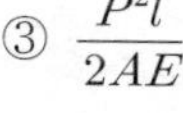 $\frac{P^2l}{2AE}$

④ $\frac{Pl}{2AE}$

해설 $\delta=\frac{Pl}{AE}$

42. 다음 인장 부재의 수직변위를 구하는 식으로 옳은 것은? (단, 탄성계수 : E)[기사 03, 06, 09, 산업 05, 11]

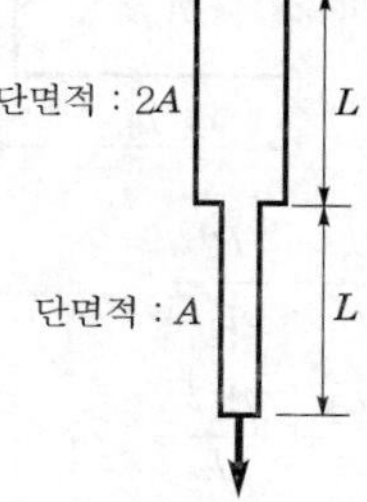

① $\frac{PL}{EA}$

② 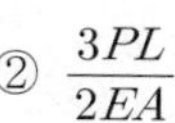 $\frac{3PL}{2EA}$

③ $\frac{2PL}{EA}$

④ $\frac{5PL}{2EA}$

해설 $\Delta L=\frac{PL}{2EA}+\frac{PL}{EA}=\frac{3PL}{2EA}$

정답 36. ① 37. ④ 38. ④ 39. ④ 40. ④ 41. ① 42. ②

43. 30cm×40cm×200cm의 나무기둥에 P=5tf가 가해질 때 길이의 변형량은? (단, 목재의 탄성계수는 85×10³kgf/cm²이다.) [기사 04]

① 1.0091cm ② 0.1010cm
③ 0.0101cm ④ 0.0098cm

해설 $\Delta l = \frac{Pl}{AE} = \frac{(5\times10^3)\times200}{(30\times40)\times(85\times10^3)} = 0.0098\text{cm}$

44. 다음 그림과 같은 봉에서 작용힘들에 의한 봉 전체의 수직처짐은 얼마인가? [기사 09, 16]

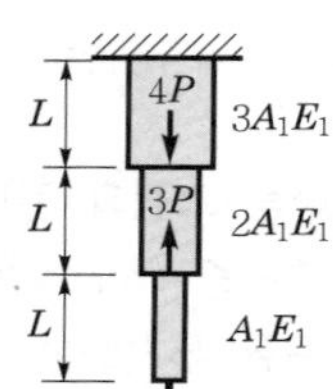

① $\frac{3PL}{4A_1E_1}(\downarrow)$
② $\frac{2PL}{3A_1E_1}(\downarrow)$
③ $\frac{4PL}{3A_1E_1}(\downarrow)$
④ $\frac{3PL}{2A_1E_1}(\downarrow)$

해설

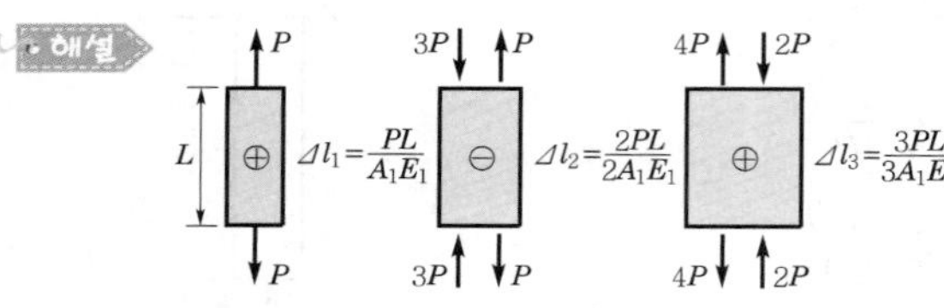

$\therefore\ \Delta L = \Delta L_1 - \Delta L_2 + \Delta L_3$

$= \frac{PL}{A_1E_1} - \frac{2PL}{2A_1E_1} + \frac{2PL}{3A_1E_1} = \frac{2PL}{3A_1E_1}(\downarrow)$

45. 다음 그림에 표시한 것과 같은 단면의 변화가 있는 AB부재의 강도(stiffness factor)는? [기사 15]

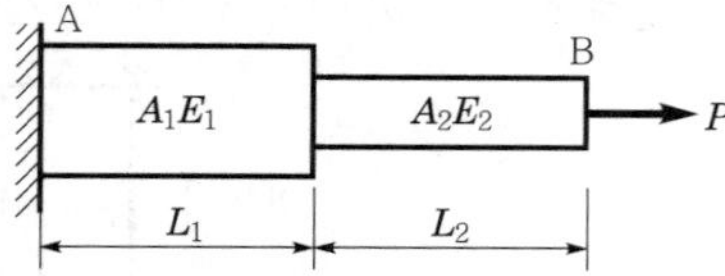

① $\frac{PL_1}{A_1E_1} + \frac{PL_2}{A_2E_2}$ ② $\frac{A_1E_1}{PL_1} + \frac{A_2E_2}{PL_2}$
③ $\frac{A_1E_1}{L_1} + \frac{A_2E_2}{L_2}$ ④ $\frac{A_1A_2E_1E_2}{L_1A_2E_2 + L_2A_1E_1}$

해설 강성도 : 단위변위 1을 일으키는 힘

$\delta = P\left(\frac{L_1}{E_1A_1} + \frac{L_2}{E_2A_2}\right) = P\left(\frac{L_1E_2A_2 + L_2E_1A_1}{E_1A_1E_2A_2}\right)$

$P = \frac{\delta}{\frac{L_1E_2A_2 + L_2E_1A_1}{E_1A_1E_2A_2}}$

$\therefore\ K = \frac{1}{\frac{L_1E_2A_2 + L_2E_1A_1}{E_1A_1E_2A_2}}$

$= \frac{E_1A_1E_2A_2}{L_1E_2A_2 + L_2E_1A_1}$

46. 다음 봉재의 단면적이 A이고 탄성계수가 E일 때 C점의 수직처짐은? [기사 08, 10, 산업 07, 09, 13, 16]

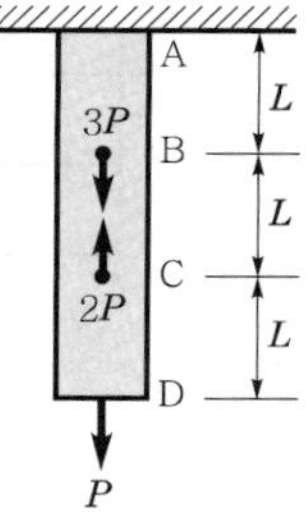

① $\frac{4PL}{EA}$
② $\frac{3PL}{EA}$
③ $\frac{2PL}{EA}$
④ $\frac{PL}{EA}$

해설 자유물체도(F.B.D)

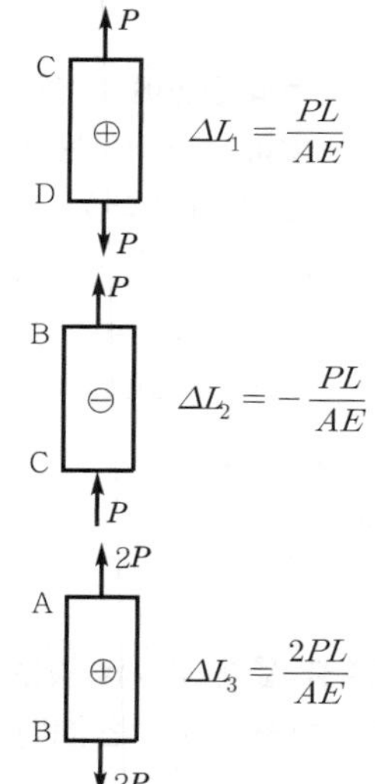

$\therefore\ \delta_C = \Delta L_2 + \Delta L_3 = \frac{PL}{AE}$

 정답 43. ④ 44. ② 45. ④ 46. ④

47. 다음과 같은 부재에서 길이의 변화량 ΔL은 얼마인가? (단, 보는 균일하며 단면적 A와 탄성계수 E는 일정하다고 가정한다.) [기사 03, 15, 산업 12]

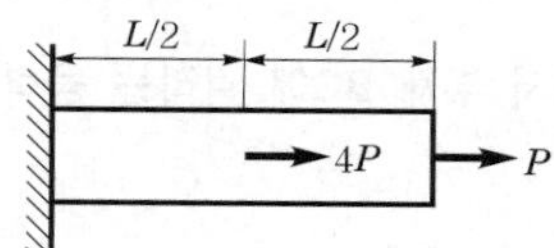

① $\dfrac{PL}{EA}$ ② $\dfrac{1.5PL}{EA}$

③ $\dfrac{3PL}{EA}$ ④ $\dfrac{5PL}{EA}$

해설 자유물체도(F.B.D)

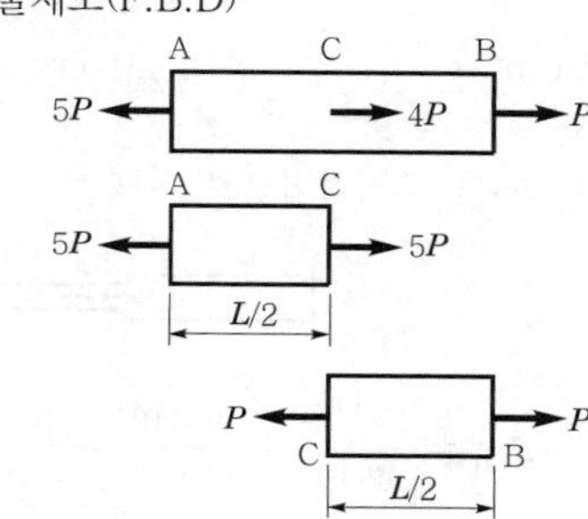

$$\Delta L_{AC} = \frac{5P\left(\frac{L}{2}\right)}{EA}$$

$$\Delta L_{BC} = \frac{P\left(\frac{L}{2}\right)}{EA}$$

$$\therefore \Delta L = \Delta L_{AC} + \Delta L_{BC} = \frac{3PL}{EA}$$

48. 균질한 균일 단면봉이 다음 그림과 같이 P_1, P_2, P_3의 하중을 B, C, D점에서 받고 있다. 각 구간의 거리 a=1.0m, b=0.4m, c=0.6m이고, P_2=10tf, P_3=5tf의 하중이 작용할 때 D점에서의 수직방향 변위가 일어나지 않기 위한 하중 P_1은 얼마인가? [기사 06, 09, 11, 16, 산업 05, 09]

① 5tf
② 6tf
③ 8tf
④ 24tf

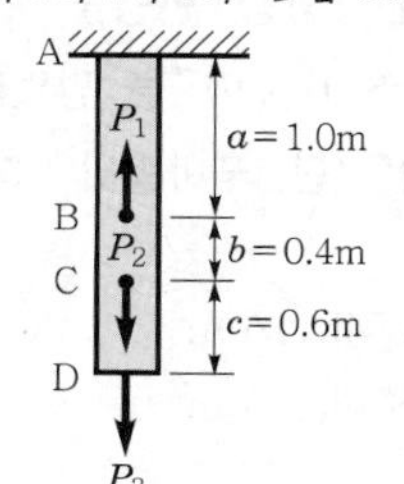

해설 자유물체도(F.B.D)

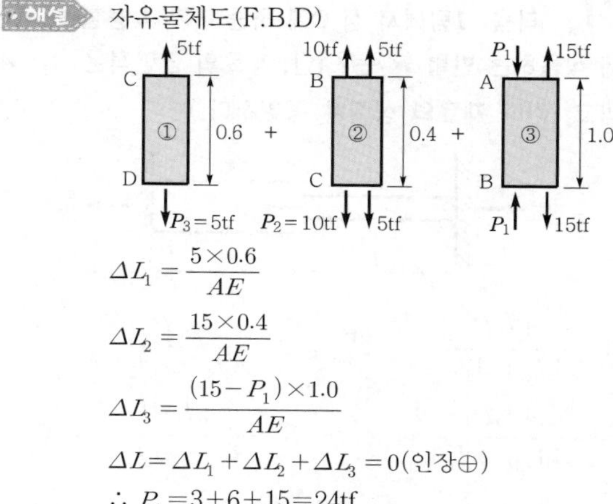

$$\Delta L_1 = \frac{5\times0.6}{AE}$$

$$\Delta L_2 = \frac{15\times0.4}{AE}$$

$$\Delta L_3 = \frac{(15-P_1)\times1.0}{AE}$$

$$\Delta L = \Delta L_1 + \Delta L_2 + \Delta L_3 = 0(\text{인장}\oplus)$$

$$\therefore P_1 = 3+6+15 = 24\text{tf}$$

49. 다음과 같은 부재에서 AC 사이의 전체 길이의 변화량 δ는 얼마인가? (단, 보는 균일하며 단면적 A와 탄성계수 E는 일정하다고 가정한다.) [기사 05, 11]

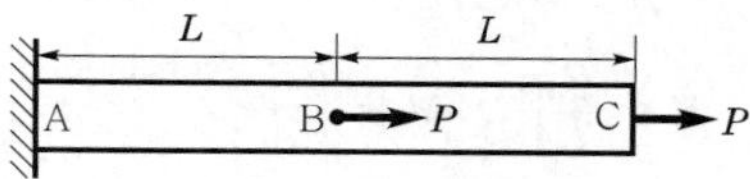

① $\dfrac{PL}{EA}$ ② $\dfrac{1.5PL}{EA}$

③ $\dfrac{3PL}{EA}$ ④ $\dfrac{4PL}{EA}$

해설 자유물체도(F.B.D)

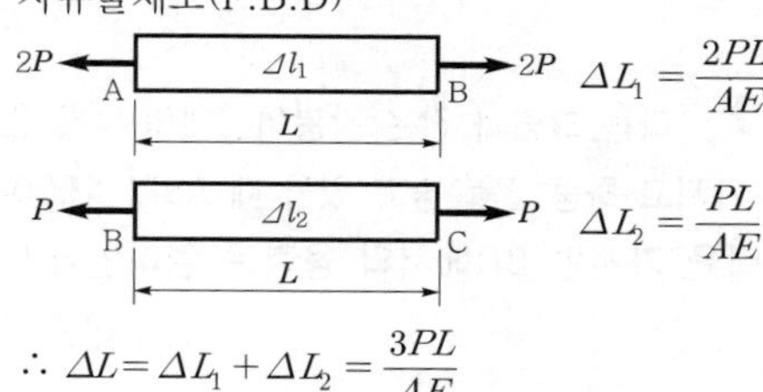

$$\Delta L_1 = \frac{2PL}{AE}$$

$$\Delta L_2 = \frac{PL}{AE}$$

$$\therefore \Delta L = \Delta L_1 + \Delta L_2 = \frac{3PL}{AE}$$

50. 길이 5m, 단면적 10cm^{2}의 강봉을 0.5mm 늘이는 데 필요한 인장력은? (단, E=2×10^{6}kgf/cm^2) [기사 10, 산업 03, 04, 05, 06, 13]

① 2tf ② 3tf

③ 4tf ④ 5tf

해설

$$\Delta l = \frac{Pl}{AE}$$

$$\therefore P = \frac{\Delta l EA}{l} = \frac{0.05\times2\times10^6\times10}{500}$$

$$= 2{,}000\text{kgf} = 2\text{tf}$$

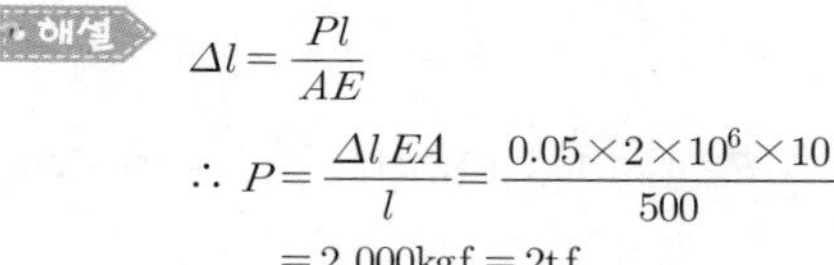

정답 47. ③ 48. ④ 49. ③ 50. ①

51. 다음 그림에서 점 C에 하중 P가 작용할 때 A점에 작용하는 반력 R_A는? (단, 재료의 단면적은 A_1, A_2이고, 기타 재료의 성질은 동일하다.) [기사 07]

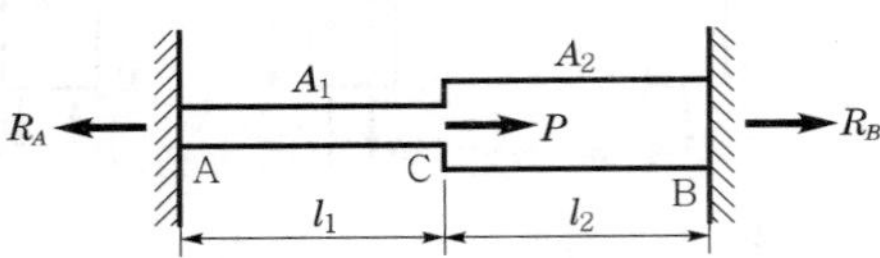

① $\dfrac{A_1 l_1 P}{A_1 l_1 + A_2 l_2}$ ② $\dfrac{A_2 l_2 P}{A_1 l_1 + A_2 l_2}$

③ $\dfrac{A_1 l_2 P}{A_1 l_2 + A_2 l_1}$ ④ $\dfrac{A_2 l_1 P}{A_1 l_2 + A_2 l_1}$

해설

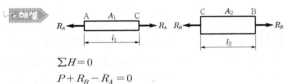

$\Sigma H = 0$

$P + R_B - R_A = 0$

$\therefore R_B = R_A - P$

$\Delta l_1 = \dfrac{R_A l_1}{EA_1}$, $\Delta l_2 = \dfrac{R_B l_2}{EA_2}$

$\Delta l_1 + \Delta l_2 = \dfrac{R_A l_1}{EA_1} + \dfrac{R_B l_2}{EA_2} = 0$

$\therefore R_A = -\dfrac{A_1}{l_1}\left(\dfrac{l_2}{A_2}\right)R_B = -\dfrac{A_1 l_2}{A_2 l_2}(R_A - P)$

$= \dfrac{A_1 l_2 P}{A_1 l_2 + A_2 l_1}$

52. 다음 그림과 같은 강봉이 2개의 다른 원형 단면적을 가지고 하중 P를 받고 있을 때 AB가 1,500kgf/cm^{2}의 응력을 가지면 BC에서의 응력은 얼마인가? [기사 03, 04, 08]

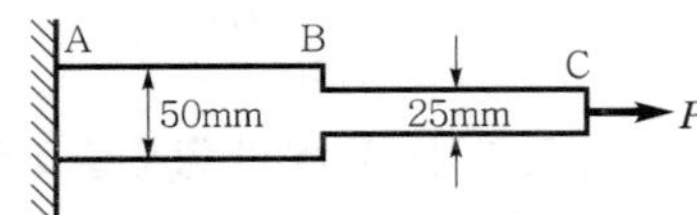

① 1,500kgf/cm^2 ② 3,000kgf/cm^2

③ 4,500kgf/cm^2 ④ 6,000kgf/cm^2

해설 ㉠ AB구간

$\sigma_{AB} = \dfrac{P}{A_{AB}}$

$\therefore P = \sigma_{AB} A_{AB} = 1{,}500 \times \dfrac{\pi \times 5^2}{4} = 29{,}452\text{kgf}$

㉡ BC구간

$\sigma_{BC} = \dfrac{P}{A_{BC}} = \dfrac{29{,}452}{\dfrac{\pi \times 2.5^2}{4}} = 6{,}000\text{kgf/cm}^2$

53. 다음에서 부재 BC에 걸리는 응력의 크기는? [기사 16]

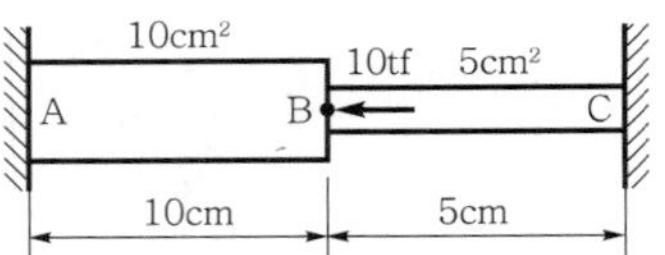

① $\dfrac{2}{3}$tf/cm^2 ② 1tf/cm^2

③ $\dfrac{3}{2}$tf/cm^2 ④ 2tf/cm^2

해설 R_C를 부정정력으로 선택

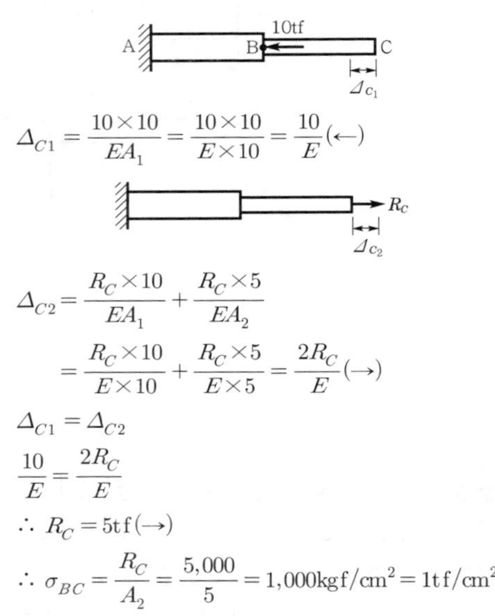

$\Delta_{C1} = \dfrac{10 \times 10}{EA_1} = \dfrac{10 \times 10}{E \times 10} = \dfrac{10}{E}(\leftarrow)$

$\Delta_{C2} = \dfrac{R_C \times 10}{EA_1} + \dfrac{R_C \times 5}{EA_2}$

$= \dfrac{R_C \times 10}{E \times 10} + \dfrac{R_C \times 5}{E \times 5} = \dfrac{2R_C}{E}(\rightarrow)$

$\Delta_{C1} = \Delta_{C2}$

$\dfrac{10}{E} = \dfrac{2R_C}{E}$

$\therefore R_C = 5\text{tf}(\rightarrow)$

$\therefore \sigma_{BC} = \dfrac{R_C}{A_2} = \dfrac{5{,}000}{5} = 1{,}000\text{kgf/cm}^2 = 1\text{tf/cm}^2$

54. 어떤 요소를 스트레인게이지로 계측하여 이 요소의 x방향 변형률 ε_x =2.67×10^{-4}, y방향 변형률 ε_y =6.07×10^{-4}을 얻었다면 x방향의 응력 σ_x는 얼마인가? (단, 푸아송비 : 0.3, 탄성계수 : 2×10^{6}kgf/cm^2) [기사 00, 04]

① 654kgf/cm^2 ② 765kgf/cm^2

③ 876kgf/cm^2 ④ 987kgf/cm^2

정답 51. ③ 52. ④ 53. ② 54. ④

해설 $\varepsilon_x = \frac{1}{E}(\sigma_x - \nu\sigma_y)$ ……………… ㉠

$\varepsilon_y = \frac{1}{E}(\sigma_y - \nu\sigma_x)$ ……………… ㉡

㉠과 ㉡을 연립하여 구하면

$\sigma_x = \frac{E}{1-\nu^2}(\varepsilon_x + \nu\varepsilon_y)$

$\sigma_y = \frac{E}{1-\nu^2}(\varepsilon_y + \nu\varepsilon_x)$

$\therefore \sigma_x = \frac{2\times 10^6}{1-0.3^2}\times(2.67+0.3\times 6.07)\times 10^{-4}$

$= 987.03\text{kgf/cm}^2$

55. B점의 수직변위가 1이 되기 위한 하중의 크기 P는? (단, 부재의 축강성 EA는 동일하다.) [기사 08, 16]

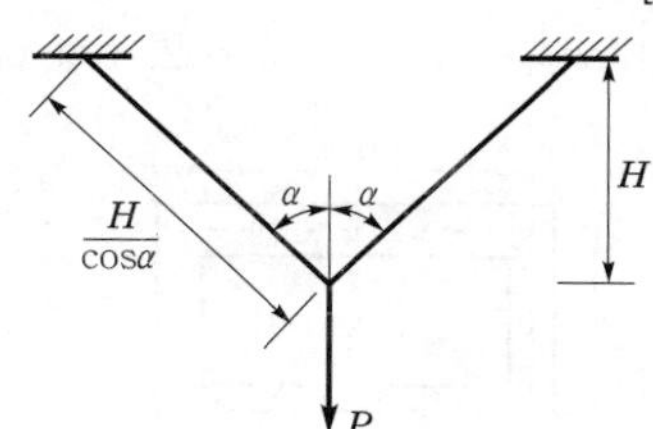

① $\frac{E\cos^3\alpha}{AH}$ ② $\frac{2E\cos^3\alpha}{AH}$

③ $\frac{EA\cos^3\alpha}{H}$ ④ $\frac{2EA\cos^3\alpha}{H}$

해설 ㉠ $\Sigma F_Y = 0(\uparrow\oplus)$

$2T\cos\alpha - P = 0$

$\therefore T = \frac{P}{2\cos\alpha}$

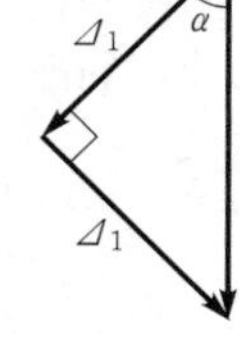

㉡ Williot−Diagram 이용

$\Delta_1 = \frac{T}{EA}\times\frac{H}{\cos\alpha}$

$= \frac{PH}{2EA\cos^2\alpha}$

$\cos\alpha = \frac{\Delta_1}{\Delta}$

$\Delta = \frac{\Delta_1}{\cos\alpha} = \frac{PH}{2EA\cos^3\alpha}$

$\Delta = 1$이므로 $\frac{PH}{2EA\cos^3\alpha} = 1$

$\therefore P = \frac{2EA\cos^3\alpha}{H}$

56. 부재 AB의 강성도(stiffness)를 바르게 나타낸 것은? [기사 07, 11]

① $\frac{1}{\frac{L_1}{E_1A_1}+\frac{L_2}{E_2A_2}}$

② $\frac{E_1A_1}{L_1}+\frac{E_2A_2}{L_2}$

③ $\frac{E_1A_1+E_2A_2}{L_1+L_2}$

④ $\frac{L_1}{E_1A_1}+\frac{L_2}{E_2A_2}$

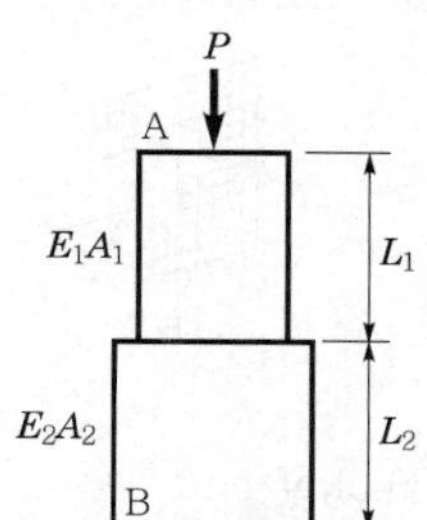

해설 강성도(k) : 단위변형을 일으키는데 필요한 힘

$\therefore \delta = \frac{PL_1}{E_1A_1}+\frac{PL_2}{E_2A_2} = P\left(\frac{E_2A_2L_1+E_1A_1L_2}{E_1E_2A_1A_2}\right)$

$\delta = 1$일 때 $k = P$이다.

$\therefore k = \frac{E_1E_2A_1A_2}{E_2A_2L_1+E_1A_1L_2} = \frac{1}{\frac{L_1}{E_1A_1}+\frac{L_2}{E_2A_2}}$

57. 상하단이 고정인 기둥에 다음 그림과 같이 힘 P가 작용한다면 반력 R_A, R_B값은? [기사 08, 10, 15]

① $R_A = \frac{P}{2}$, $R_B = \frac{P}{2}$

② $R_A = \frac{P}{3}$, $R_B = \frac{2P}{3}$

③ $R_A = \frac{2P}{3}$, $R_B = \frac{P}{3}$

④ $R_A = P$, $R_B = 0$

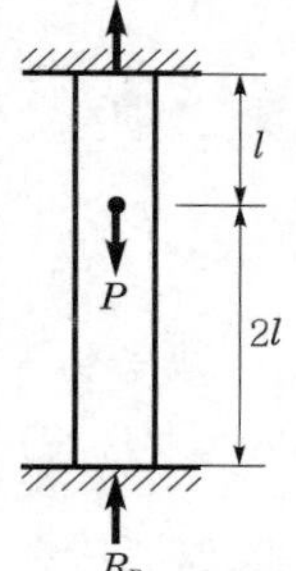

해설 분담하중(P)

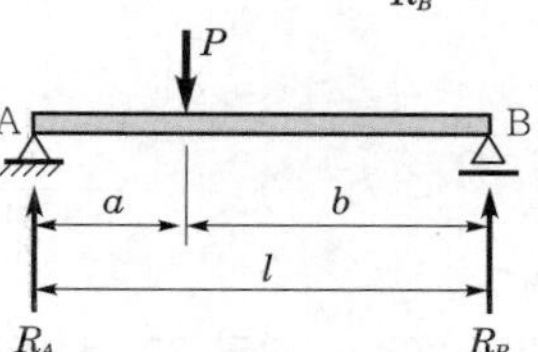

축강성(EA)=일정, $P \propto L$

$\therefore R_A = \frac{Pb}{L} = \frac{P\times 2L}{3L} = \frac{2}{3}P$

$R_B = \frac{Pa}{L} = \frac{PL}{3L} = \frac{1}{3}P$

정답 55. ④ 56. ① 57. ③

58. 다음 그림과 같은 속이 찬 직경 6cm의 원형축이 비틀림 T=400kgf · m을 받을 때 단면에서 발생하는 최대 전단응력은? [기사 01, 17]

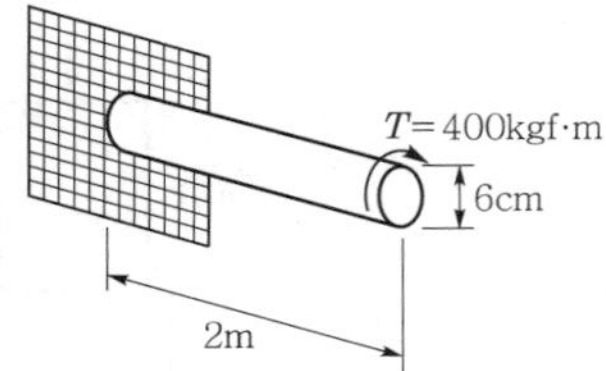

① 926.5kgf/cm^2 ② 932.6kgf/cm^2
③ 943.1kgf/cm^2 ④ 950.2kgf/cm^2

$$\tau_{\max}=\frac{Tr}{J}=\frac{T\left(\frac{D}{2}\right)}{\frac{\pi D^4}{32}}=\frac{16T}{\pi D^3}=\frac{16\times400\times10^2}{\pi\times6^3}$$
$$=943.14\text{kgf/cm}^2$$

59. 반지름이 r인 중실축과 바깥쪽 반지름이 r이고 안쪽 반지름이 0.6r인 중공축이 동일크기의 비틀림모멘트를 받고 있다면 중실축 : 중공축의 최대 전단응력비는? [기사 00, 04, 11, 16]

① 1 : 1.28 ② 1 : 1.24
③ 1 : 1.20 ④ 1 : 1.15

해설

$$\tau=\frac{Tr}{J}=\frac{Tr}{I_P}$$

$$\therefore \tau_1:\tau_2=\frac{1}{I_{P1}}:\frac{1}{I_{P2}}=I_{P2}:I_{P1}$$

㉠ 중실축

$$I_{P1}=I_x+I_y=2I_x=\frac{\pi r^4}{2}$$

㉡ 중공축

$$I_{P2}=2I_x=\frac{\pi}{2}[r^4-(0.6r)^4]=0.8704\frac{\pi r^4}{2}$$

$$\therefore I_{P1}:I_{P2}=1:\frac{1}{0.8704}=1:1.15$$

60. 길이 20cm, 단면 20cm×20cm인 부재에 100tf의 전단력이 가해졌을 때 전단변형량은? (단, 전단탄성계수는 80,000kgf/cm^{2}이다.) [기사 00, 10]

① 0.0625cm ② 0.00625cm
③ 0.0725cm ④ 0.00725cm

해설

$$\tau=\frac{S}{A}=Gr=G\left(\frac{\lambda}{l}\right)$$

$$\therefore \lambda=\frac{Sl}{GA}=\frac{100,000\times20}{80,000\times20\times20}=0.0625\text{cm}$$

61. 다음 그림과 같이 X, Y축에 대칭인 단면(음영부분)에 비틀림우력 5tf · m가 작용할 때 최대 전단응력은? [기사 15]

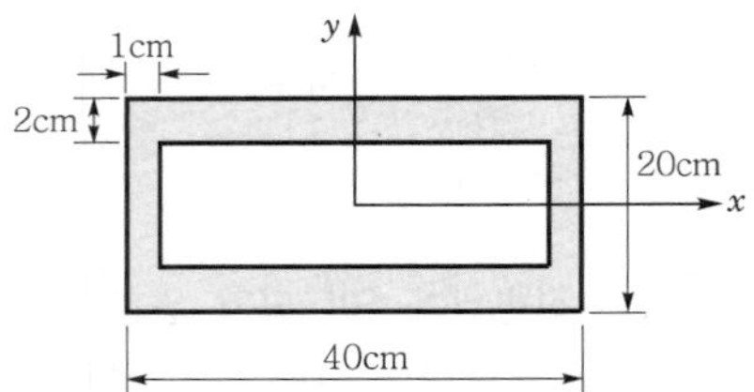

① 356.1kgf/cm^2 ② 435.5kgf/cm^2
③ 524.3kgf/cm^2 ④ 602.7kgf/cm^2

해설

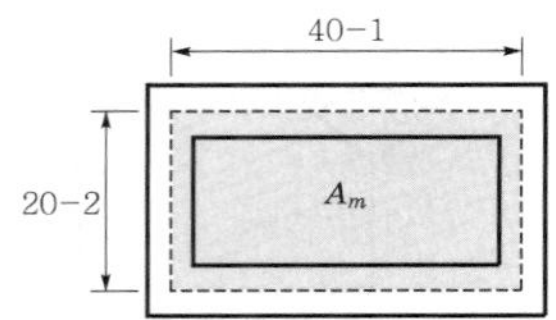

$$A_m=(20-2)\times(40-1)=702\text{cm}^2$$

$$\therefore \tau=\frac{T}{2A_m t}=\frac{5\times1,000\times100}{2\times702\times1}=356.1\text{kgf/cm}^2$$

62. 중공원형 강봉에 비틀림모멘트 T가 작용할 때 최대 전단변형률 $\gamma_{\max}$=750×10^{-6}rad으로 측정되었다. 봉의 내경은 60mm이고 외경은 75mm일 때 봉에 작용하는 비틀림모멘트를 구하면? (단, 전단탄성계수 G=8.15×10^{5}kgf/cm^2) [기사 04, 15]

① 29.9tf · cm ② 32.7tf · cm
③ 35.3tf · cm ④ 39.2tf · cm

해설

$$\tau_{\max}=G\gamma_{\max}=(8.15\times10^5)\times(750\times10^{-6})$$
$$=611.25\text{kgf/cm}^2$$

$$I_p=\frac{\pi(7.5^4-6^4)}{32}=183.4\text{cm}^4$$

$$r=\frac{7.5}{2}=3.75\text{cm}$$

$$\therefore T=\frac{\tau_{\max}I_p}{r}=\frac{611.25\times183.4}{3.75}$$
$$=29,894\text{kgf}\cdot\text{cm}=29.9\text{tf}\cdot\text{m}$$

정답 58. ③ 59. ④ 60. ① 61. ① 62. ①

63. 다음 그림과 같은 원형 및 정사각형 관이 동일 재료로서 관의 두께(t) 및 둘레($4b=2\pi r$)가 동일하고 두 관의 길이가 일정할 때 비틀림에 의한 두 관의 전단응력의 비($\tau_{(a)}/\tau_{(b)}$)는 얼마인가? [기사 09]

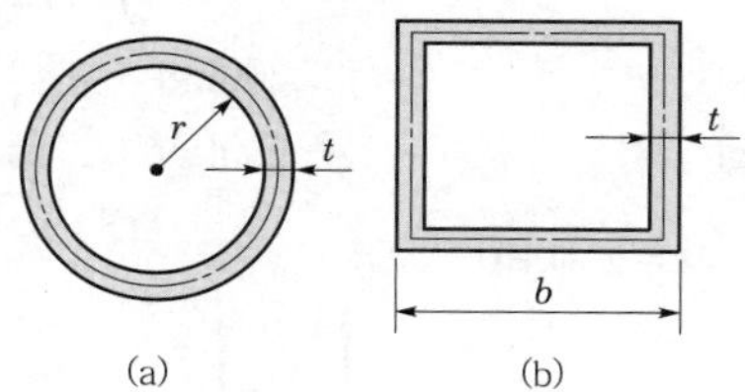

① 0.683　　② 0.786
③ 0.821　　④ 0.859

해설 ㉠ 비틀림응력

－원형 : $\tau=\dfrac{Tr}{J}=\dfrac{Tr}{I_P}$

－박판 단면 : $\tau=\dfrac{T}{2A_m t}$

㉡ 비틀림상수

－원형 : $J=2\pi r^3 t$

－정사각형 : $J=tb^3$

㉢ $\tau_{(a)}=\dfrac{Tr}{2\pi r^3 t}=\dfrac{T}{2\pi r^2 t}$

$\tau_{(b)}=\dfrac{T}{2A_m t}=\dfrac{T}{2b^2 t}=\dfrac{T}{2\left(\dfrac{\pi r}{2}\right)^2 t}=\dfrac{2T}{\pi^2 r^2 t}$

여기서, $A_m=bh=b^2$

$b=\dfrac{\pi r}{2}$

$\therefore\ \dfrac{\tau_{(a)}}{\tau_{(b)}}=\dfrac{\dfrac{T}{2\pi r^2 t}}{\dfrac{2T}{\pi^2 r^2 t}}=\dfrac{\pi}{4}=0.786$

64. 폭이 b, 높이가 h인 직사각형 단면에 전단력 S가 작용할 때 이 단면에 발생하는 가장 큰 전단흐름(shear flow)의 크기는? [기사 00]

① $\dfrac{3S}{2b}$　　② $\dfrac{3S}{2h}$
③ $\dfrac{3hS}{2b^2}$　　④ $\dfrac{3bS}{2h^2}$

해설 $f=\tau_{\max}t=\alpha\tau_{\max}t=\dfrac{3}{2}\left(\dfrac{S}{bh}\right)b=\dfrac{3S}{2h}$

65. 다음 그림과 같이 부재의 자유단이 상부의 벽과 1mm 떨어져 있다. 부재의 온도가 20℃ 상승할 때 부재 내에 생기는 열응력의 크기는? (단, E=20,000kgf/cm², $\alpha=10^{-5}$/℃이며, 부재의 자중은 무시한다.) [기사 02, 산업 13, 17]

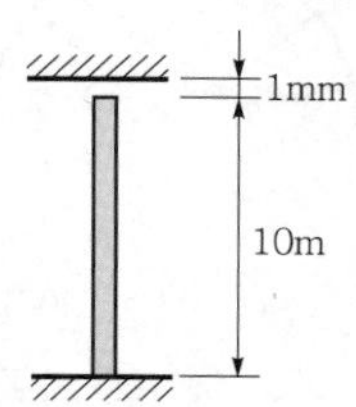

① 1kgf/cm²　　② 2kgf/cm²
③ 3kgf/cm²　　④ 4kgf/cm²

해설

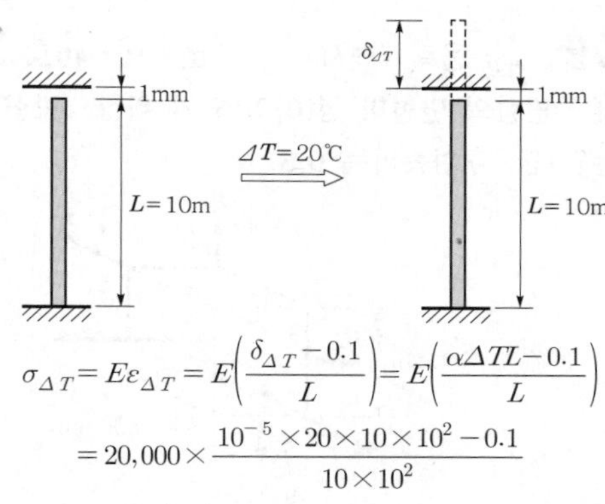

$\sigma_{\Delta T}=E\varepsilon_{\Delta T}=E\left(\dfrac{\delta_{\Delta T}-0.1}{L}\right)=E\left(\dfrac{\alpha\Delta TL-0.1}{L}\right)$

$=20{,}000\times\dfrac{10^{-5}\times20\times10\times10^2-0.1}{10\times10^2}$

$=2\text{kgf/cm}^2$

66. 다음 그림과 같은 강봉의 양 끝이 고정된 경우 온도가 30℃ 상승하면 양 끝에 생기는 반력의 크기는? (단, $E=2\times10^6$kgf/cm², $\alpha=1\times10^{-5}$/℃이다.) [기사 02, 03, 산업 12, 17]

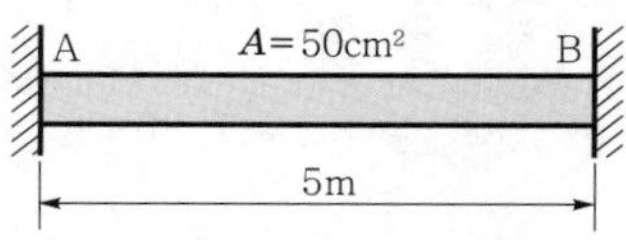

① 15tf　　② 20tf
③ 30tf　　④ 40tf

해설 $\sigma=E\alpha\Delta t=2\times10^6\times1\times10^{-5}\times30$

$=600\text{kgf/cm}^2$

$\therefore\ P=\sigma A=600\times50=30{,}000\text{kgf}=30\text{tf}$

정답　63. ②　64. ②　65. ②　66. ③

67. 지름이 120cm, 벽두께가 0.6cm인 긴 강관이 20kgf/cm²의 내압을 받고 있다. 이 관벽 속에 발생하는 원환응력의 크기는? [기사 10, 16]

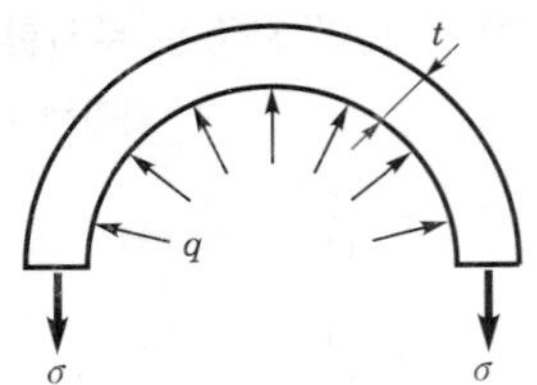

① 300kgf/cm²　② 900kgf/cm²
③ 1,800kgf/cm²　④ 2,000kgf/cm²

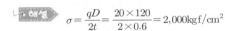

해설 $\sigma = \frac{qD}{2t} = \frac{20\times120}{2\times0.6} = 2{,}000\text{kgf/cm}^2$

68. xyz응력계에서 P_x=6tf, P_y=4tf로 잡아당길 때 x방향의 변형이 영(0)이 되기 위한 z방향의 힘 P_z는? (단, 푸아송비는 0.3) [기사 00]

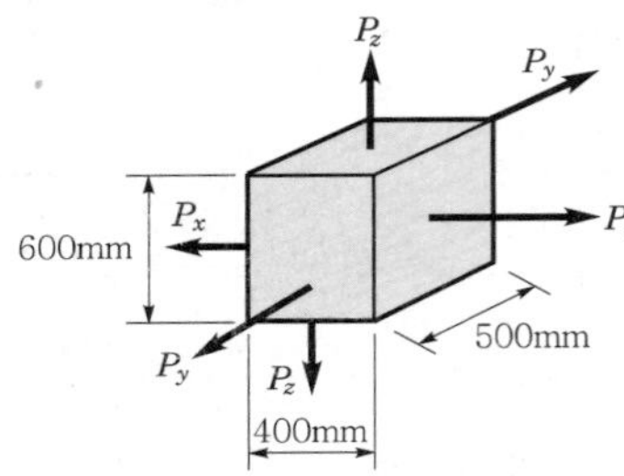

① 20tf　② 16tf
③ 10tf　④ 2tf

해설
$$\sigma_x = \frac{P_x}{A_x} = \frac{6\times10^3}{50\times60} = 2\text{kgf/cm}^2$$
$$\sigma_y = \frac{P_y}{A_y} = \frac{4\times10^3}{40\times60} = 1.67\text{kgf/cm}^2$$
$$\varepsilon_x = \frac{1}{E}\{\sigma_x - \nu(\sigma_y + \sigma_z)\} = 0$$
$$\sigma_z = \frac{\sigma_x}{\nu} - \sigma_y = \frac{2}{0.3} - 1.67 = 5\text{kgf/cm}^2$$
$$\therefore P_z = \sigma_z A_z = 5\times40\times50 = 10{,}000\text{kgf} = 10\text{tf}$$

69. 다음 그림과 같은 구조물에서 수평봉은 강체이고, 두 개의 수직강선은 동일한 탄소성재료로 만들어졌다. 이 구조물의 A점에 연직으로 작용할 수 있는 극한하중은 얼마인가? (단, 수직강선의 σ_y=2,000kgf/cm² 이고, 단면적은 모두 0.1cm²이다.) [기사 00]

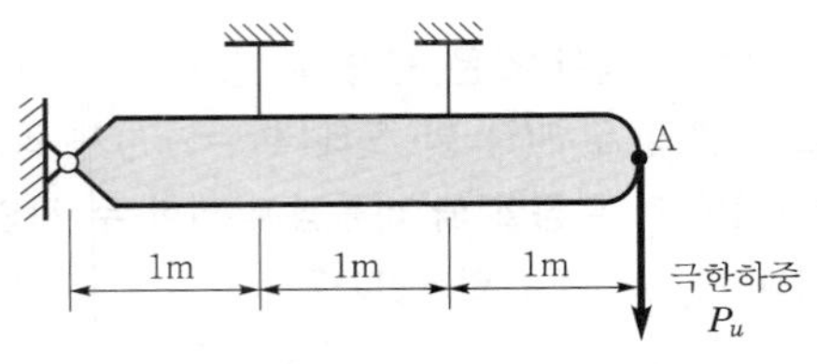

① 200kgf　② 300kgf
③ 400kgf　④ 500kgf

해설 자유물체도(F.B.D)

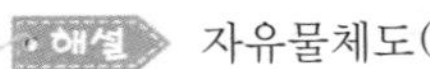

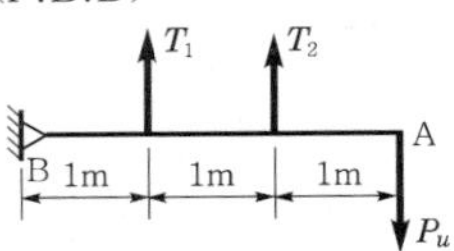

$$\Sigma M_B = 0$$
$$(-T_1\times1) - (T_2\times2) + (P_u\times3) = 0$$
$$\therefore T_1 + 2T_2 = 3P_u$$
$$\sigma_y A + 2\sigma_y A = 3P_u$$
$$\therefore P_u = \sigma_y A = 2{,}000\times0.1 = 200\text{kgf}$$

70. 다음 그림과 같은 구조물에서 AC 강봉의 최소 직경 D의 크기는? (단, 강봉의 허용응력은 1,400kgf/cm²) [기사 03, 산업 04]

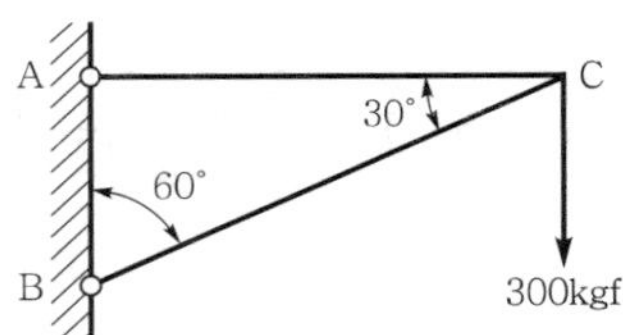

① 4mm　② 7mm
③ 10mm　④ 12mm

해설

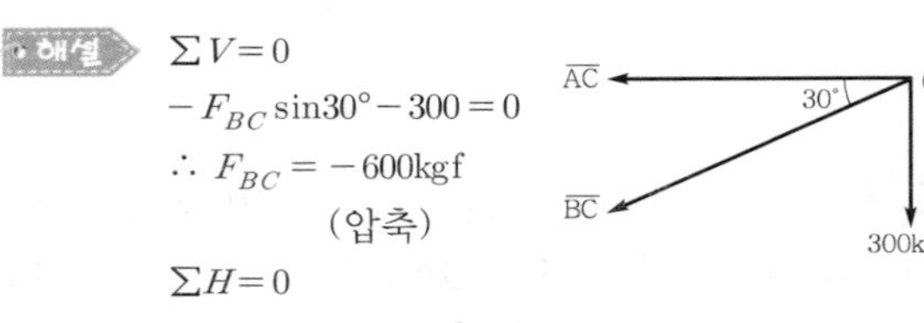

$$\Sigma V = 0$$
$$-F_{BC}\sin30° - 300 = 0$$
$$\therefore F_{BC} = -600\text{kgf}$$
(압축)
$$\Sigma H = 0$$
$$-F_{Ac} - F_{BC}\cos30° = 0$$
$$\therefore F_{Ac} = 519.6\text{kgf}\ (\text{인장})$$
$$\sigma_a \geq \frac{F_{AC}}{A_{AC}}$$
$$14 \geq \frac{519.6}{\frac{\pi D^2}{4}}$$
$$\therefore D \geq 0.687\text{cm} = 6.87\text{mm}$$

정답 67. ④ 68. ③ 69. ① 70. ②

71. 무게 3,000kg인 물체를 단면적이 2cm²인 1개의 동선과 양쪽에 단면적이 1cm²인 철선으로 매달았다면 철선과 동선의 인장응력 σ_s, σ_c는 얼마인가? (단, 철선의 탄성계수 $E_s=2.1\times10^6$kgf/cm², 동선의 탄성계수 $E_c=1.05\times10^6$kgf/cm²이다.)

[기사 05, 10, 17, 산업 09]

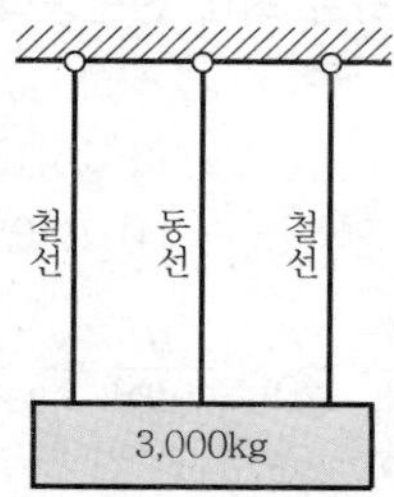

① $\sigma_s=1{,}000\text{kgf/cm}^2$, $\sigma_c=1{,}000\text{kgf/cm}^2$
② $\sigma_s=1{,}000\text{kgf/cm}^2$, $\sigma_c=500\text{kgf/cm}^2$
③ $\sigma_s=500\text{kgf/cm}^2$, $\sigma_c=1{,}500\text{kgf/cm}^2$
④ $\sigma_s=500\text{kgf/cm}^2$, $\sigma_c=500\text{kgf/cm}^2$

해설

$$n=\frac{E_s}{E_c}=\frac{2.1\times10^6}{1.05\times10^6}=2$$

$$\sigma_s=\frac{P_s}{A_s}=\left(\frac{E_s}{A_cE_c+A_sE_s}\right)P=\frac{nP}{A_c+nA_s}$$

$$=\frac{2\times3{,}000}{2+2\times1\times2}=1{,}000\text{kgf/cm}^2$$

$$\sigma_c=\frac{P_c}{A_c}=\left(\frac{E_c}{A_cE_c+A_sE_s}\right)P=\frac{P}{A_c+nA_s}$$

$$=\frac{3{,}000}{2+2\times1\times2}=500\text{kgf/cm}^2$$

72. 다음 그림과 같은 단면의 지름이 $2d$에서 d로 선형적으로 변하는 원형 단면부에 하중 P가 작용할 때 전체 축방향 변위를 구하면? (단, 탄성계수 E는 일정하다.)

[기사 07]

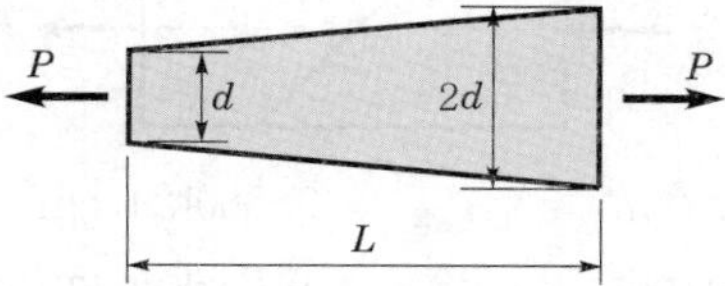

① $\dfrac{2PL}{3\pi d^2E}$　② $\dfrac{3PL}{2\pi d^2E}$
③ $\dfrac{2PL}{\pi d^2E}$　④ $\dfrac{3PL}{3\pi d^2E}$

해설

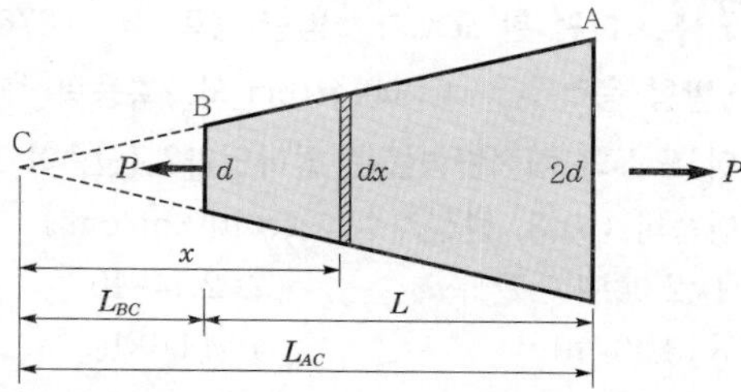

C점에서 x만큼 떨어진 위치미소구간 dx에서의 길이변화량을 $d\delta$라 하면

$$d\delta=\frac{P}{A(x)E}dx$$

$$dx : x=d : L_{BC}$$

$$\therefore\ dx=\frac{d\cdot x}{L_{BC}}$$

$$\therefore\ A(x)=\frac{\pi[d(x)]^2}{4}=\frac{\pi d^2x^2}{4L_{BC}^2}$$

부재 전 길이에 대해 $d\delta$를 적분하면

$$\therefore\ \delta=\int_{L_{BC}}^{L_{AC}}\frac{P}{A(x)E}dx=\int_{L_{BC}}^{L_{AC}}\frac{P}{E}\left(\frac{1}{A(x)}\right)dx$$

$$=\int_{L_{BC}}^{L_{AC}}\frac{P}{E}\left(\frac{4L_{BC}^2}{\pi d^2x^2}\right)dx=\frac{4PL_{BC}^2}{\pi d^2E}\int_{L_{BC}}^{L_{AC}}\frac{1}{x^2}dx$$

$$=\frac{4PL_{BC}^2}{\pi d^2E}\left[-\frac{1}{x}\right]_{L_{BC}}^{L_{AC}}=\frac{4PL_{BC}^2}{\pi d^2E}\left(-\frac{1}{L_{AC}}+\frac{1}{L_{BC}}\right)$$

$$=\frac{4PL_{BC}^2}{\pi d^2E}\left(\frac{L_{AC}-L_{BC}}{L_{AC}L_{BC}}\right)=\frac{4PL}{\pi d^2E}\left(\frac{L_{BC}}{L_{AC}}\right)$$

$$=\frac{4PL}{\pi d^2E}\left(\frac{d}{2d}\right)=\frac{2PL}{\pi d^2E}$$

73. 다음 부재의 전체 축방향 변위는? (단, E는 탄성계수, A는 단면적이다.)

[산업 08, 11]

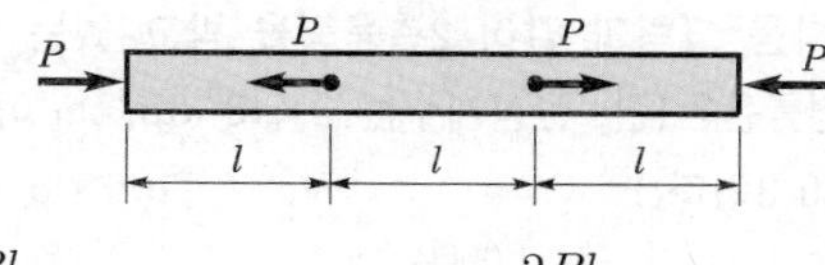

① $\dfrac{Pl}{EA}$　② $\dfrac{2Pl}{EA}$
③ $\dfrac{3Pl}{EA}$　④ 0

해설

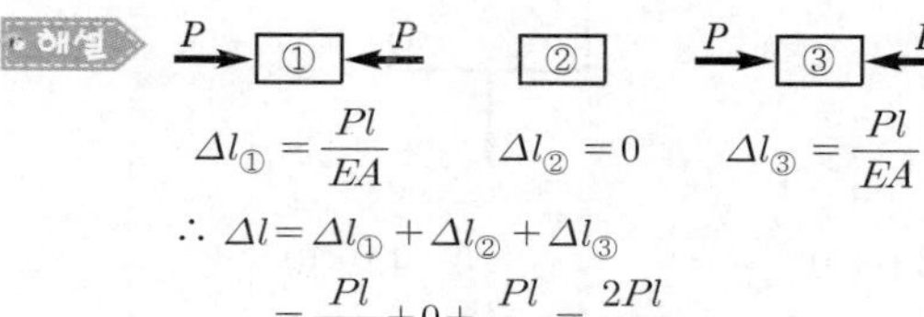

$$\Delta l_{①}=\frac{Pl}{EA}\qquad \Delta l_{②}=0\qquad \Delta l_{③}=\frac{Pl}{EA}$$

$$\therefore\ \Delta l=\Delta l_{①}+\Delta l_{②}+\Delta l_{③}$$

$$=\frac{Pl}{EA}+0+\frac{Pl}{EA}=\frac{2Pl}{EA}$$

정답 71. ② 72. ③ 73. ②

74. 어떤 한 요소가 x방향 응력, σ_x =876kgf/cm², y방향 응력 σ_y =1,154kgf/cm²의 2축응력상태에 있다. 이 요소의 체적변형률은 얼마인가? (단, 이 요소의 푸아송비 : 0.3, 탄성계수 : 2×10⁶kgf/cm²) [기사 06]

① 2.08×10^{-4}　② 2.74×10^{-4}
③ 3.40×10^{-4}　④ 4.06×10^{-4}

해설

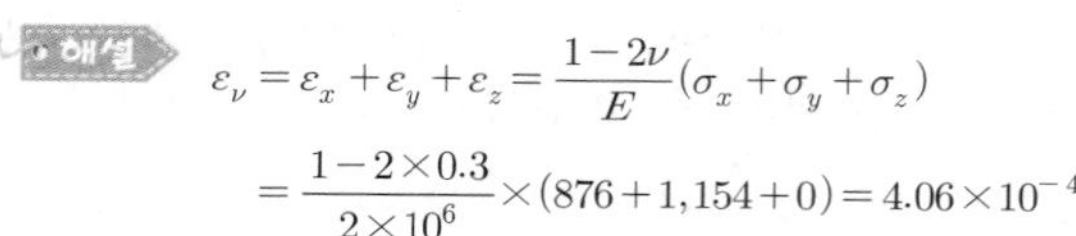

$$\varepsilon_\nu = \varepsilon_x + \varepsilon_y + \varepsilon_z = \frac{1-2\nu}{E}(\sigma_x + \sigma_y + \sigma_z)$$

$$= \frac{1-2\times 0.3}{2\times 10^6}\times(876+1,154+0) = 4.06\times 10^{-4}$$

75. 다음 그림과 같은 2축응력을 받고 있는 요소의 체적변형률은? (단, 탄성계수는 2×10⁶kgf/cm²이고, 푸아송비는 0.2이다.) [기사 09, 11]

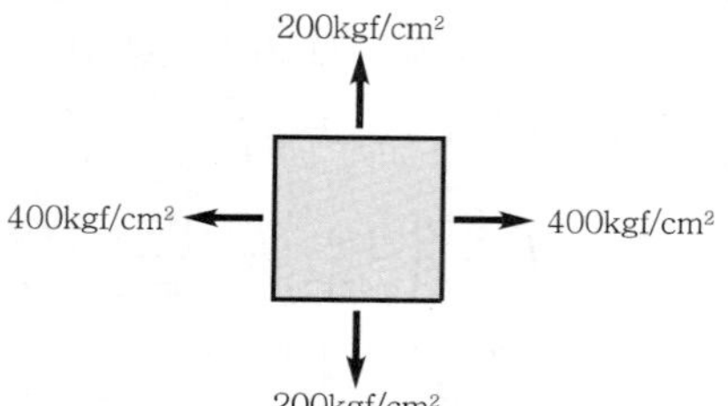

① 1.8×10^{-4}　② 3.6×10^{-4}
③ 4.4×10^{-4}　④ 6.2×10^{-4}

해설

$$\varepsilon_\nu = \varepsilon_x + \varepsilon_y + \varepsilon_z = \frac{1-2\nu}{E}(\sigma_x + \sigma_y + \sigma_z)$$

$$= \frac{1-2\times 0.2}{2\times 10^6}\times(400+200+0) = 1.8\times 10^{-4}$$

76. 다음 그림과 같이 2축응력을 받고 있는 요소의 체적변형률은? (단, 탄성계수는 2×10⁶kgf/cm²이고, 푸아송비 0.3이다.) [기사 08, 11, 15]

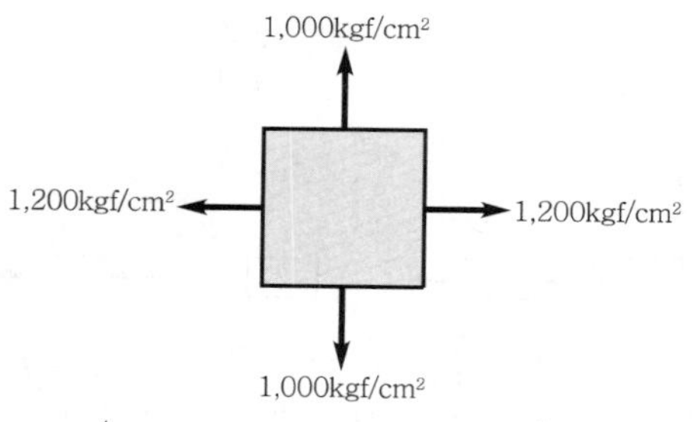

① 3.6×10^{-4}　② 4.0×10^{-4}
③ 4.4×10^{-4}　④ 4.8×10^{-4}

해설

$$\varepsilon_v = \frac{\Delta V}{V} = \frac{1-2\nu}{E}(\sigma_x + \sigma_y)$$

$$= \frac{1-2\times 0.3}{2\times 10^6}\times(1,200+1,000)$$

$$= 4.4\times 10^{-4}$$

77. 축인장하중 P=2tf를 받고 있는 지름 10cm의 원형봉 속에 발생하는 최대 전단응력은 얼마인가? [기사 10]

① 12.73kgf/cm²　② 15.15kgf/cm²
③ 17.56kgf/cm²　④ 19.98kgf/cm²

해설

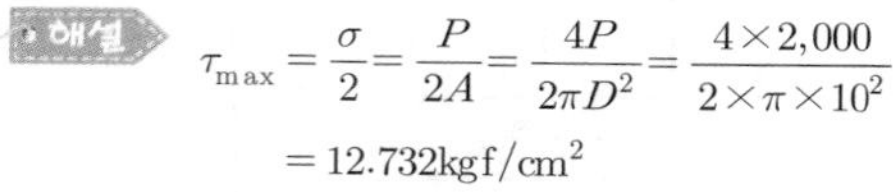

$$\tau_{\max} = \frac{\sigma}{2} = \frac{P}{2A} = \frac{4P}{2\pi D^2} = \frac{4\times 2,000}{2\times\pi\times 10^2}$$

$$= 12.732\text{kgf/cm}^2$$

78. 평면응력상태 하에서의 모어(Mohr)의 응력원에 대한 설명 중 옳지 않은 것은? [기사 04, 06, 09, 산업 02]

① 최대 전단응력의 크기는 두 주응력의 차이와 같다.
② 모어원의 중심의 x좌표값은 직교하는 두 축의 수직응력의 평균값과 같고 y좌표값은 0이다.
③ 모어원이 그려지는 두 축 중 연직(y)축은 전단응력의 크기를 나타낸다.
④ 모어원으로부터 주응력의 크기와 방향을 구할 수 있다.

해설 $\tau_{\max} = \frac{1}{2}(\sigma_x - \sigma_y)$이므로 2개의 주응력차이의 $\frac{1}{2}$이다.

79. 단면적이 20cm²인 구형봉에 P=10tf의 수직하중이 작용할 때 다음 그림과 같은 45° 경사면에 생기는 전단응력의 크기는? [기사 02, 06]

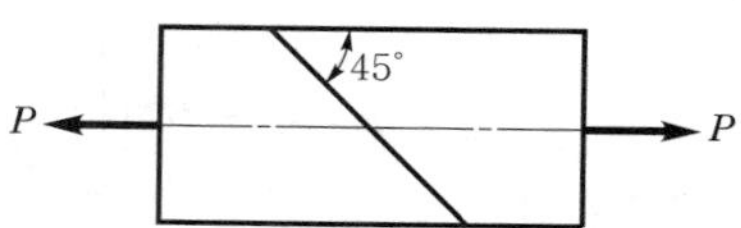

① 750kgf/cm²　② 500kgf/cm²
③ 250kgf/cm²　④ 633kgf/cm²

해설

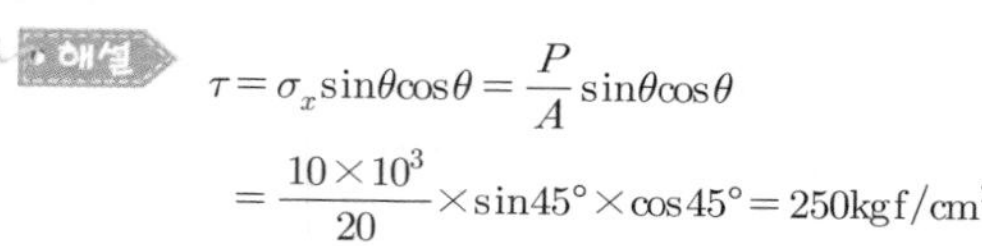

$$\tau = \sigma_x \sin\theta\cos\theta = \frac{P}{A}\sin\theta\cos\theta$$

$$= \frac{10\times 10^3}{20}\times\sin 45°\times\cos 45° = 250\text{kgf/cm}^2$$

정답 74. ④ 75. ① 76. ③ 77. ① 78. ① 79. ③

80. 다음 그림에서 보는 바와 같이 균일 단면봉이 축인장력을 받는다. 이때 단면 $p-q$에 생기는 전단응력 τ는? (단, $m-n$은 수직 단면이고, $p-q$는 수직 단면과 ϕ=45°의 각을 이루고, A는 봉의 단면적이다.)

[기사 05, 산업 07]

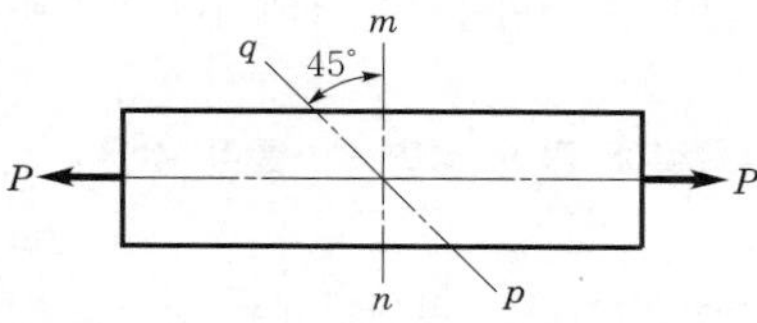

① $\tau=0.5\dfrac{P}{A}$　　② $\tau=0.75\dfrac{P}{A}$

③ $\tau=1.0\dfrac{P}{A}$　　④ $\tau=1.5\dfrac{P}{A}$

해설

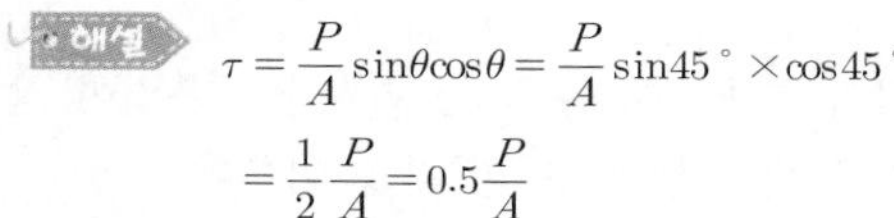

$$\tau=\frac{P}{A}\sin\theta\cos\theta=\frac{P}{A}\sin45^\circ\times\cos45^\circ$$
$$=\frac{1}{2}\frac{P}{A}=0.5\frac{P}{A}$$

81. 평면응력을 받는 요소가 다음과 같이 응력을 받고 있다. 최대 주응력은 어느 것인가?

[기사 01, 07, 10, 16, 산업 07, 17]

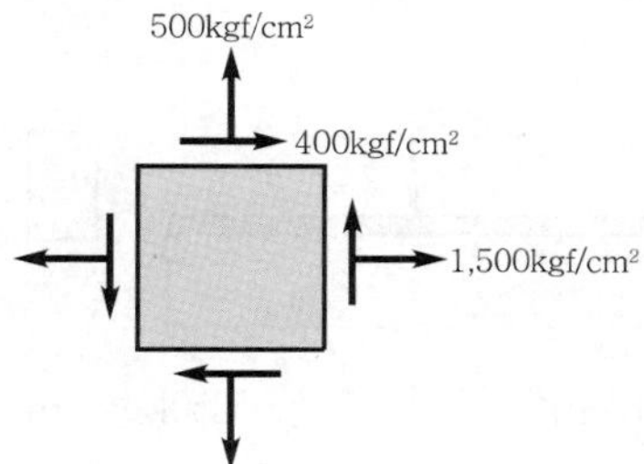

① 640kgf/cm^2　　② 1,640kgf/cm^2

③ 360kgf/cm^2　　④ 1,360kgf/cm^2

해설

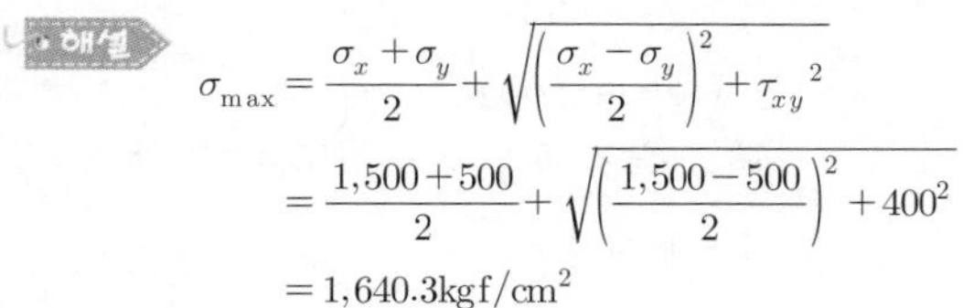

$$\sigma_{\max}=\frac{\sigma_x+\sigma_y}{2}+\sqrt{\left(\frac{\sigma_x-\sigma_y}{2}\right)^2+{\tau_{xy}}^2}$$
$$=\frac{1,500+500}{2}+\sqrt{\left(\frac{1,500-500}{2}\right)^2+400^2}$$
$$=1,640.3\text{kgf/cm}^2$$

82. 한 요소에서 응력이 σ_x =500kgf/cm^2, σ_y = 1,500kgf/cm^2, τ_{xy} = −500kgf/cm^{2}일 때 최대 주응력의 크기는?

[기사 00]

① 1,500kgf/cm^2　　② 1,707kgf/cm^2

③ 1,866kgf/cm^2　　④ 2,000kgf/cm^2

해설

$$\sigma_{\max}=\frac{\sigma_x+\sigma_y}{2}+\sqrt{\left(\frac{\sigma_x-\sigma_y}{2}\right)^2+{\tau_{xy}}^2}$$
$$=\frac{500+1,500}{2}+\sqrt{\left(\frac{500-1,500}{2}\right)^2+(-500)^2}$$
$$=1,000+707.11=1,707.11\text{kgf/cm}^2$$

83. 다음 그림과 같은 직사각형 단면의 요소에 σ_x= 200kgf/cm^2, σ_y=100kgf/cm^2, τ_{xy}=50kgf/cm^{2}가 작용할 때 최대 주응력의 크기는?

[기사 02, 08]

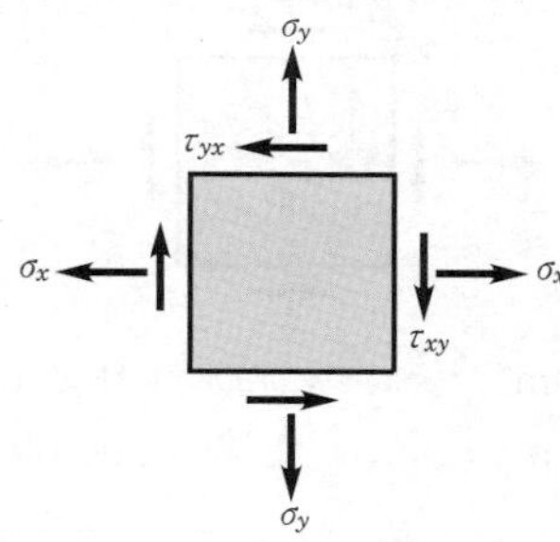

① 250.4kgf/cm^2　　② 300.2kgf/cm^2

③ 275.5kgf/cm^2　　④ 220.7kgf/cm^2

해설

$$\sigma_{\max}=\frac{\sigma_x+\sigma_y}{2}+\sqrt{\left(\frac{\sigma_x-\sigma_y}{2}\right)^2+{\tau_{xy}}^2}$$
$$=\frac{200+100}{2}+\sqrt{\left(\frac{200-100}{2}\right)^2+50^2}$$
$$=150+70.71=220.71\text{kgf/cm}^2$$

84. 다음 그림과 같은 정사각형 미소 단면에 응력이 작용할 때 최대 주응력은 얼마인가? (단, σ_x =400kgf/cm^2, σ_y =800kgf/cm^2, $\tau_{xy}=\tau_{yx}$ =100kgf/cm^2)

[기사 03]

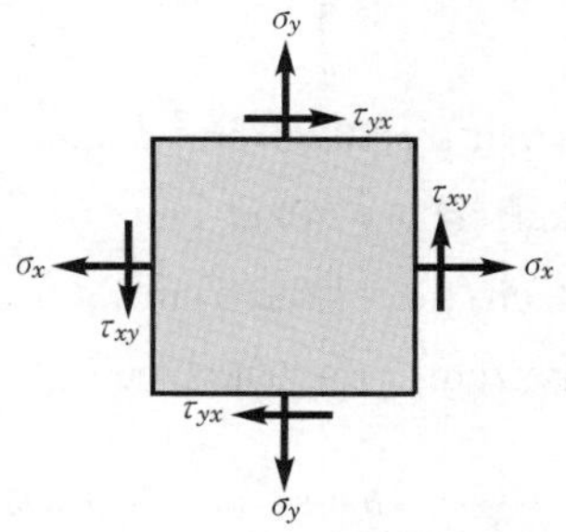

① 647.2kgf/cm^2　　② 823.6kgf/cm^2

③ 1,625.6kgf/cm^2　　④ 1,783.2kgf/cm^2

정답　80. ①　81. ②　82. ②　83. ④　84. ②

해설
$$\sigma_{max}=\frac{\sigma_x+\sigma_y}{2}+\sqrt{\left(\frac{\sigma_x-\sigma_y}{2}\right)^2+{\tau_{xy}}^2}$$
$$=\frac{400+800}{2}+\sqrt{\left(\frac{400-800}{2}\right)^2+100^2}$$
$$=600+223.6=823.6\text{kgf/cm}^2$$

85. 다음 그림과 같은 부재요소에 전단응력 $\tau=4\text{kgf/cm}^2$, 인장응력 $\sigma_x=50\text{kgf/cm}^2$가 작용할 때 요소 내에 최대 인장응력의 값은? [기사 00]

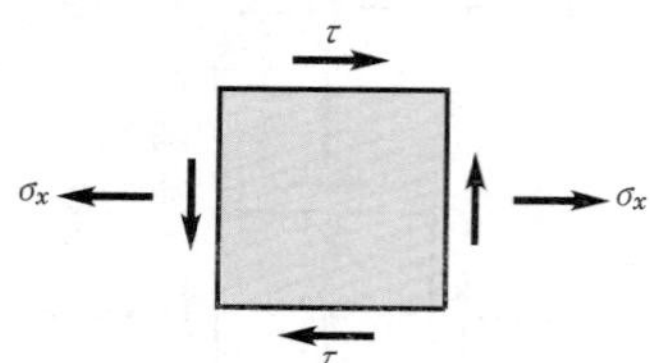

① 50.3kgf/cm^2 ② 54.4kgf/cm^2
③ 56.3kgf/cm^2 ④ 57.4kgf/cm^2

해설
$$\sigma_{max}=\frac{\sigma_x+\sigma_y}{2}+\sqrt{\left(\frac{\sigma_x-\sigma_y}{2}\right)^2+\tau^2}$$
$$=\frac{50+0}{2}+\sqrt{\left(\frac{50-0}{2}\right)^2+4^2}=50.3\text{kgf/cm}^2$$

86. 두 주응력의 크기가 다음 그림과 같다. 이 면과 $\theta=45°$를 이루고 있는 면의 응력은? [기사 07, 09]

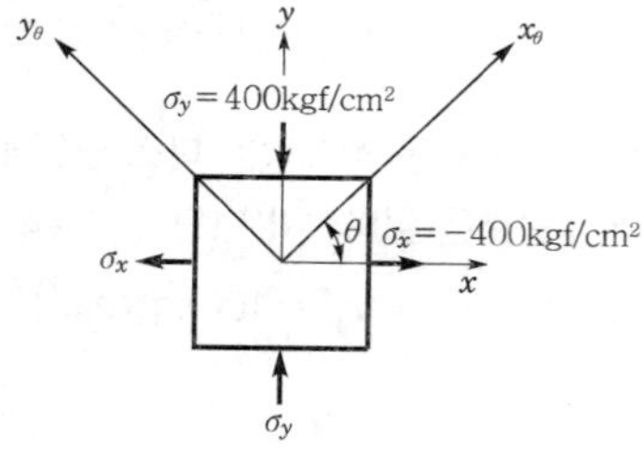

① $\sigma_\theta=0\text{kgf/cm}^2$, $\tau=0\text{kgf/cm}^2$
② $\sigma_\theta=800\text{kgf/cm}^2$, $\tau=0\text{kgf/cm}^2$
③ $\sigma_\theta=0\text{kgf/cm}^2$, $\tau=400\text{kgf/cm}^2$
④ $\sigma_\theta=400\text{kgf/cm}^2$, $\tau=400\text{kgf/cm}^2$

해설
$$\sigma_\theta=\frac{1}{2}(\sigma_x+\sigma_y)+\frac{1}{2}(\sigma_x-\sigma_y)\cos 2\theta$$
$$=\frac{1}{2}\times(400-400)+\frac{1}{2}\times(400+400)\times\cos 90°=0$$
$$\tau_\theta=\frac{1}{2}(\sigma_x-\sigma_y)\sin 2\theta$$
$$=\frac{1}{2}\times(400+400)\times\sin 90°=400\text{kgf/cm}^2$$

87. 리벳이 파괴될 때는 주로 어떤 응력이 발생하여 파괴되는가? [산업 04]

① 휨응력 ② 인장응력
③ 전단응력 ④ 압축응력

해설 리벳은 전단응력이 초과되어 파괴된다.

88. 주응력에 관한 설명 중 틀린 것은? [산업 02, 05]

① 주응력이 일어나는 주단면에는 전단응력이 작용하지 않는다.
② 주응력면에 작용하는 법선응력을 주응력이라 한다.
③ 최대, 최소의 법선응력이 되는 단면을 주응력면이라 한다.
④ 법선응력이 최대, 최소로 되는 면과 전단응력이 최대, 최소로 되는 면은 90°의 각을 이룬다.

해설 주응력면과 주전단응력면은 서로 45°를 이룬다.

89. 집중하중을 받고 있는 다음 단순보의 C점에서 휨모멘트에 의하여 발생하는 최대 수직응력(σ)는? [산업 13]

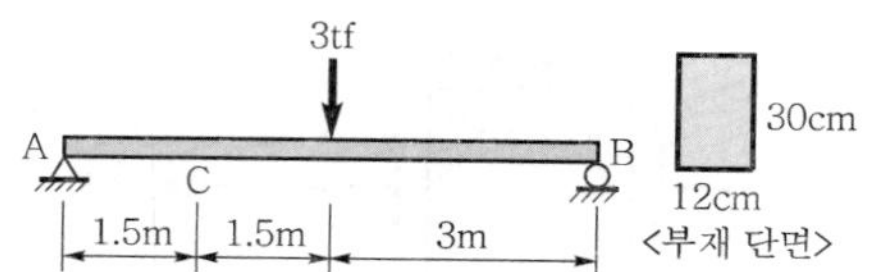

① 500kgf/cm^2 ② 250kgf/cm^2
③ 125kgf/cm^2 ④ 62.5kgf/cm^2

해설 ㉠ 하중이 보의 중앙에 위치하므로
$$R_A=\frac{P}{2}=1.5\text{tf}(\uparrow)$$
㉡ C점에서의 모멘트
$$M_C=R_A\times 1.5\text{m}=1.5\text{tf}\times 1.5\text{m}=2.25\text{tf}\cdot\text{m}$$
㉢ 단면계수$(Z)=\dfrac{bh^2}{6}$
$$\therefore \sigma_C=\frac{M}{Z}=\frac{6M}{bh^2}=\frac{6\times 225{,}000}{12\times 30^2}=125\text{kgf/cm}^2$$

정답 85. ① 86. ③ 87. ③ 88. ④ 89. ③

chapter 4

구조물 일반

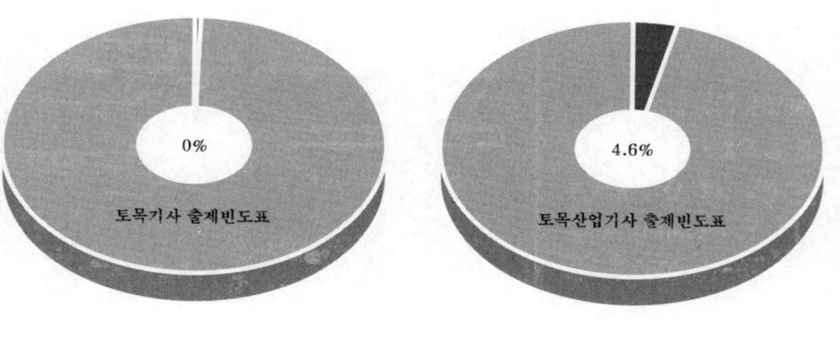

4 구조물 일반

01 구조물의 종류

① 1차 구조물

x, y, z축을 가진 부재에서 어느 한 축방향으로 길이가 긴 부재로 된 구조물

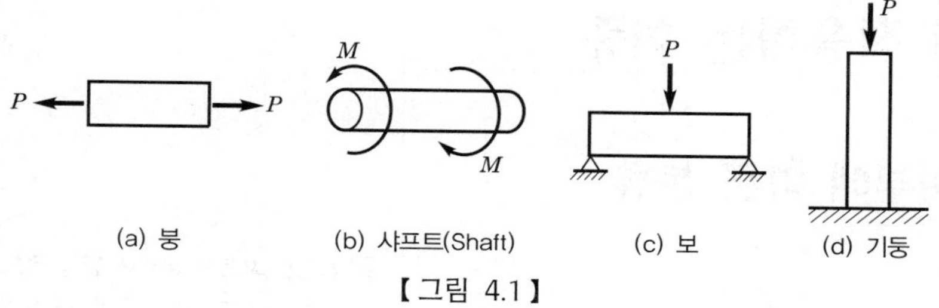

(a) 봉 (b) 샤프트(Shaft) (c) 보 (d) 기둥

【그림 4.1】

② 2차 구조물

x, y, z축을 가진 부재에서 어느 두 축방향으로 길이가 긴 부재로 된 구조물

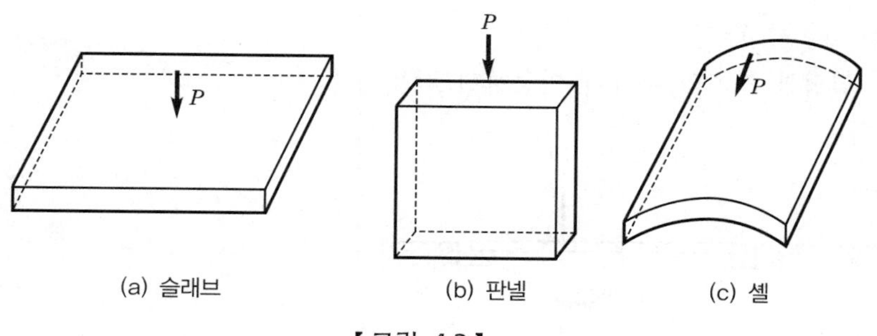

(a) 슬래브 (b) 판넬 (c) 셸

【그림 4.2】

알•아•두•기•

구조물의 명칭

- 보(beam) : 부재축에 수직한 하중을 받는 부재
- 아치(arch) : 곡선보
- 기둥(column) : 축방향으로 압축하중을 받는 부재
- 샤프트(shaft) : 비틀림을 받는 부재
- 트러스(truss) : 부재가 활절로 연결된 부재
- 라멘(rahman) : 부재가 강철로 연결된 부재

구조물의 종류

① 보
- 단순보
- 캔틸레버보
- 내민보
- 게르버보
- 연속보

② 라멘 : 캔틸레버형, 단순보형, 3롤러형, 3힌지형
③ 아치 : 캔틸레버형, 단순형, 3힌지형, 타이드형
④ 트러스 : 직현트러스, 하우트러스, 프랫트러스, 와렌트러스, 곡현트러스
⑤ 케이블

알•아•두•기•

③ 복합(구성) 구조물

1, 2차 구조가 여러 개 복합적으로 구성된 구조물

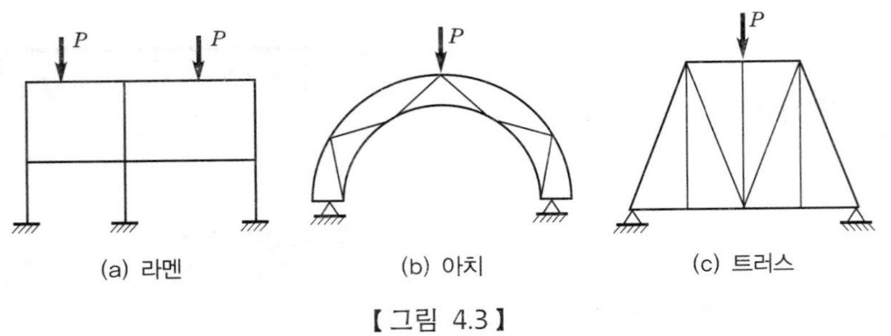

【그림 4.3】

02 구조물에 작용하는 하중

① 하중의 이동 여부에 따른 분류

(1) 고정하중(dead load)

구조물의 자중과 같이 항상 일정한 위치에 정지하고 있는 하중으로, 정하중 또는 고정하중이라 한다.

(2) 활하중(live load)

일정한 크기를 가지는 무게가 구조물 위를 이동하는 하중

① 연행하중(travelling load) : 하중의 크기는 달라도 작용 간격이 일정한 이동하중(기관차 바퀴하중)

② 이동하중(moving load) : 일정한 크기의 무게가 이동하며 작용하는 하중(자동차 바퀴하중)

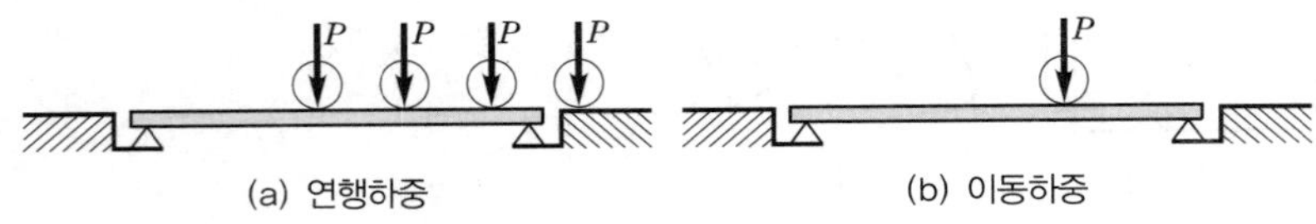

【그림 4.4】

(3) 충격하중(impulsive load)

활하중의 충격으로 발생한 하중(정하중의 2배)

하중별 재료의 피로에 영향 정도

교대하중 > 반복하중 > 충격하중 > 활하중 > 고정하중

(4) 반복하중(repeated load)

같은 성질의 하중(인장, 압축)이 반복 작용하는 하중

(5) 교대하중(alternated load)

성질이 다른 하중이 서로 교대로 작용하는 하중

② 하중의 분포상태에 따른 분류

(1) 집중하중(concentrated load)

구조물의 한 점에 작용하는 하중

(2) 분포하중(distributed load)

구조물에 일정한 범위 내에 분포하여 작용하는 하중

① 등분포하중 : 하중의 크기가 균일하게 분포하여 작용하는 하중

② 등변분포하중 : 하중의 크기가 일정하게 증가 또는 감소하여 분포 작용하는 하중

(3) 모멘트하중

힘의 모멘트로 작용하는 하중

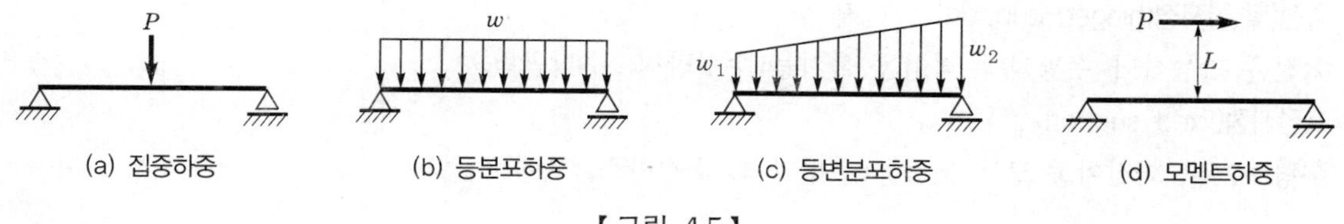

【그림 4.5】

③ 하중의 작용방법에 따른 분류

(1) 직접하중

구조물에 하중이 직접 작용

(2) 간접하중

다른 구조물을 통해 간접적으로 작용

알•아•두•기•

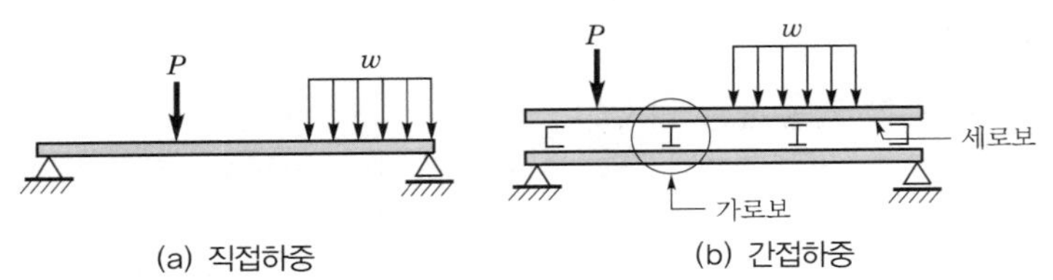

(a) 직접하중 (b) 간접하중

【그림 4.6】

03 구조물의 구성요소

① 지점과 지점반력

① 지점(support) : 구조물의 상부구조를 지지하기 위해 설치된 받침부

② 지점반력 : 구조물에 외력이 발생하면 힘의 평형을 위해 받침부에 발생하는 힘

② 지점의 종류

① 가동(이동)지점(roller support) : 롤러
회전과 수평이동은 가능, 수직이동 불가능(수직반력)

② 회전(활절)지점(hinged support) : 힌지
회전은 가능하나 수평과 수직이동 불가능(수평반력, 수직반력)

③ 고정지점(fixed support)
수평, 수직, 회전이동 모두 불가능(수평반력, 수직반력, 모멘트반력)

종류	지점 구조상태	수직방향		수평방향		회전		기호	반력수
		구속	반력	구속	반력	구속	반력		
가동지점 (roller support)	P	○	○	×	×	×	×	P, V	• 수직반력 : 1개
회전지점 (hinged support)	P	○	○	○	○	×	×	H, P, V	• 수직반력 : 1개 • 수평반력 : 1개
고정지점 (fixed support)	P	○	○	○	○	○	○	M, H, P, V	• 수직반력 : 1개 • 수평반력 : 1개 • 모멘트반력 : 1개

알•아•두•기•

③ 절점(joint)

부재와 부재가 만나는 점(교점)

(1) 활절점(hinged joint)

회전 가능, 이동 불가능

(2) 강절점(rigid joint)

회전, 이동 모두 불가능

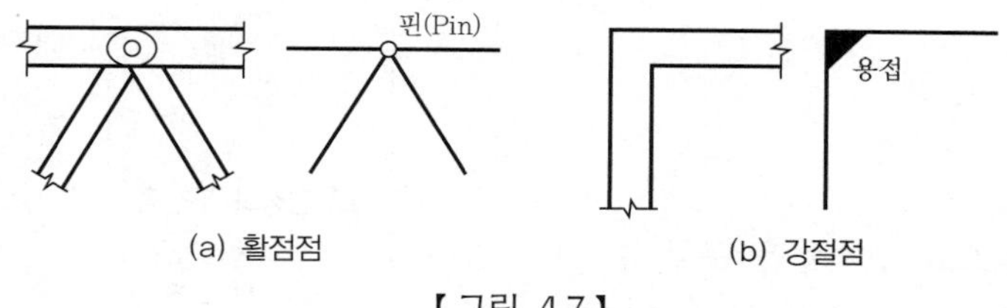

(a) 활절점 (b) 강절점

【그림 4.7】

(3) 절점수(P)와 부재수(m)

① 원칙상 : 부재수−1

② 힌지절점은 제외한다.

∴ 트러스에서 강절점수(s)는 항상 0이다.

(4) 힌지절점수(H)

① 평형방정식 이외에 힌지절점에서 세울 수 있는 방정식의 수로 조건방정식수와 같다.

② 힌지절점수(H)=힌지연결 부재수−1

▣ 절점과 응력수

- 활절점 : 응력수 2개(축력, 전단력)
- 강절점 : 응력수 3개(축력, 전단력, 힘모멘트)

04 구조물의 판별

① 안정과 불안정

(1) 안정(stable)

① 내적 안정 : 외력(P) 작용 시 구조물 형태가 변하지 않는 경우

② 외적 안정 : 외력(P) 작용 시 구조물 위치가 변하지 않는 경우

(2) 불안정(unstable)

① 내적 불안정 : 외력(P) 작용 시 구조물 형태가 변하는 경우

▣ 안정과 불안정

- 내적 ➡ 구조물 형태
- 외적 ➡ 구조물 위치

알•아•두•기•

② 외적 불안정 : 외력(P) 작용 시 구조물 위치가 변하는 경우

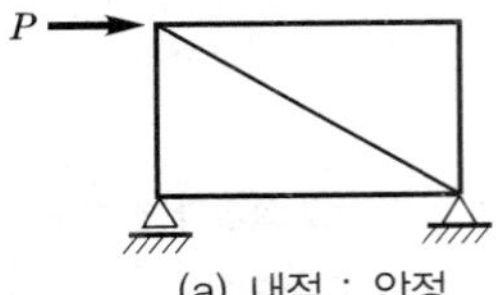

(a) 내적 : 안정
외적 : 안정

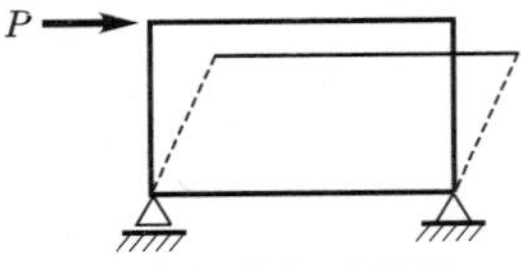

(b) 내적 : 불안정
외적 : 안정

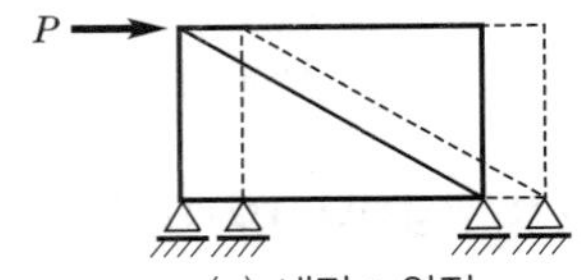

(c) 내적 : 안정
외적 : 불안정

【그림 4.8】

② 정정과 부정정

(1) 정정

① 내적 정정 : 힘의 평형조건식으로 단면력을 구할 수 있는 경우

② 외적 정정 : 힘의 평형조건식으로 반력을 구할 수 있는 경우

(2) 부정정

① 내적 부정정 : 힘의 평형조건식으로 단면력을 구할 수 없는 경우

② 외적 부정정 : 힘의 평형조건식으로 반력을 구할 수 없는 경우

정정과 부정정
- 내적 ➡ 단면력
- 외적 ➡ 반력

③ 구조물의 판별식

(1) 판별식의 일반 해법

$$N = m_1 + 2m_2 + 3m_3 + r - (2P_2 + 3P_3)$$

① 총 미지수 $= m_1 + 2m_2 + 3m_3 + r$

② 총 조건식수 $= 2P_2 + 3P_3$

여기서, m : 부재 양단의 연결상태에 따른 부재수

m_1 : 양단이 회전지점(회전절점)으로 연결된 부재수

m_2 : 일단은 회전지점, 타단은 고정지점으로 연결된 부재수

m_3 : 양단이 고정지점으로 연결된 부재수

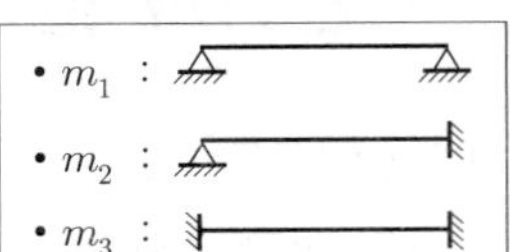

P : 힘의 평형 조건식수에 따른 절점수

P_2 : 회전절점수($\Sigma H = 0$, $\Sigma V = 0$: 2개 조건식)

P_3 : 강절점수($\Sigma H = 0$, $\Sigma V = 0$, $\Sigma M = 0$: 3개 조건식)

r : 반력수

(2) 단층 구조물의 판별식

$$N = r - 3 - h$$

여기서, r : 반력수

h : 힌지절점수

(3) 모든 구조물에 적용 가능한 판별식(공통 판별식)

① $N = r + m + s - 2k$

② 외적 판별식$(N_o) = r - 3$

③ 내적 판별식$(N_i) = N_t - N_o = m + s + 3 - 2k$

여기서, m : 부재수

s : 강절점수

k : 절점 및 지점수(자유단 포함)

강절점수

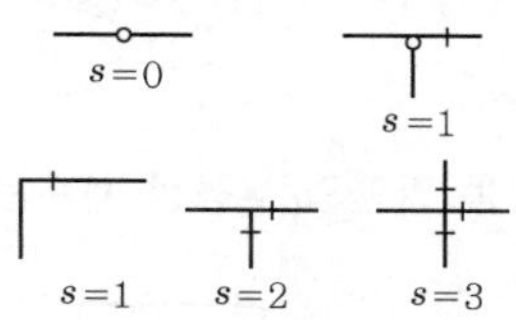

(4) 트러스의 판별식

절점이 모두 활절로 가정되므로 일반해법에서 강절점수(P_3)=0

① $N = m_1 + r - 2P_2$

② 외적 판별식$(N_o) = r - 3$

③ 내적 판별식$(N_i) = N_t - N_o = m_1 + 3 - 2P_2$

(5) 라멘의 판별식

절점이 모두 강절로 가정되므로 일반 해법에서 활절점수(P_2)=0

① $N = 3m_3 + r - 3P_3$

② 외적 판별식$(N_o) = r - 3$

③ 내적 판별식$(N_i) = N - N_o = 3m_3 + 3 - P_3$

라멘의 간편 판별식

$N = 3B - J$

여기서, B : 폐합된 Box 개수

J : 힌지 1, 롤러 2

(6) 판정방법

① $N > 0$: 부정정 구조물

② $N = 0$: 정정 구조물

} $\therefore N \geq 0$: 안정

③ $N < 0$: 불안정 구조물

예상 및 기출문제

1. 다음 평면 구조물의 부정정 차수는?

[기사 00, 02, 산업 10, 16]

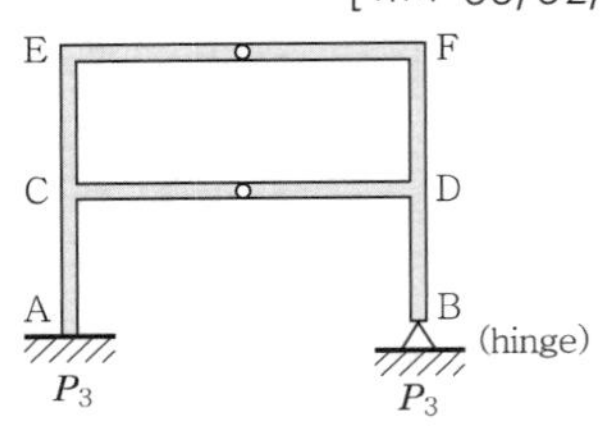

① 2차　　② 3차
③ 4차　　④ 5차

해설 $N=3B-J=3\times2-3=3$차
여기서, B : 3면 이상 폐합된 Box수
J : 고정 0, 힌지 1, 롤러 2

2. 다음 라멘의 부정정 차수는?

[기사 00, 02, 06, 산업 07]

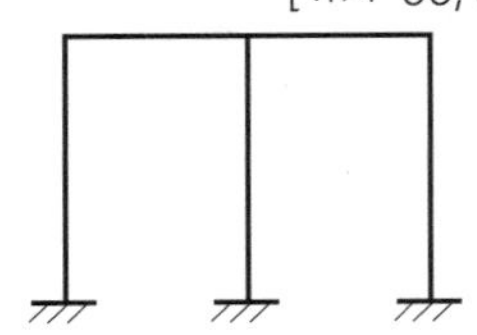

① 3차　　② 5차
③ 6차　　④ 7차

해설 $N=r+m+s-2k$
$=9+5+4-2\times6=18-12=6$차
〔별해〕 $N=3B-J=3\times2-0=6$차
여기서, B : 폐합 Box수
J : 고정 0, 힌지 1, 롤러 2

3. 다음 그림과 같은 구조물의 부정정 차수를 구하면?

[기사 09, 산업 06]

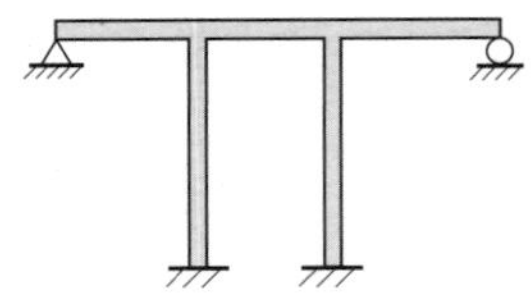

① 3차 부정정　　② 4차 부정정
③ 5차 부정정　　④ 6차 부정정

해설 $N=r+m+s-2k=9+5+4-2\times6=6$차
여기서, s : 강절점수(4개)
k : 지점, 절점수(6개)

4. 다음 부정정 구조물은 몇 차 부정정인가?

[기사 00, 01, 산업 02, 08, 12]

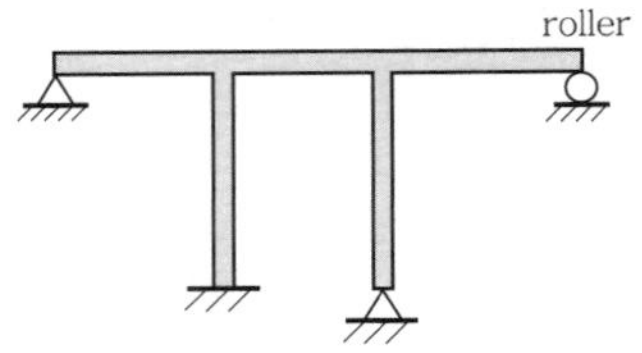

① 8차 부정정　　② 4차 부정정
③ 5차 부정정　　④ 7차 부정정

해설 $N=r+m+s-2k=8+5+4-2\times6=5$차
〔별해〕 라멘형태로 가정하면

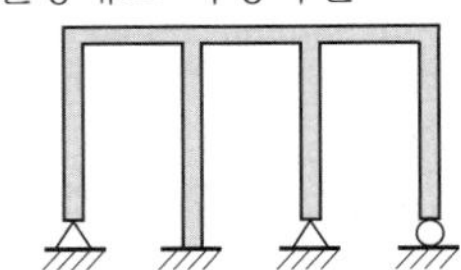

$N=3B-J=3\times3-4=5$차
여기서, B : 폐합 Box수
J : 고정 0, 힌지 1, 롤러 2

5. 다음 그림과 같은 구조물의 부정정 차수는? [산업 17]

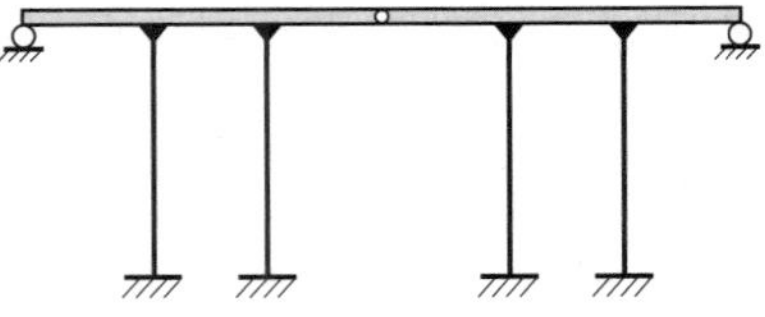

① 9차 부정정　　② 10차 부정정
③ 11차 부정정　　④ 12차 부정정

해설

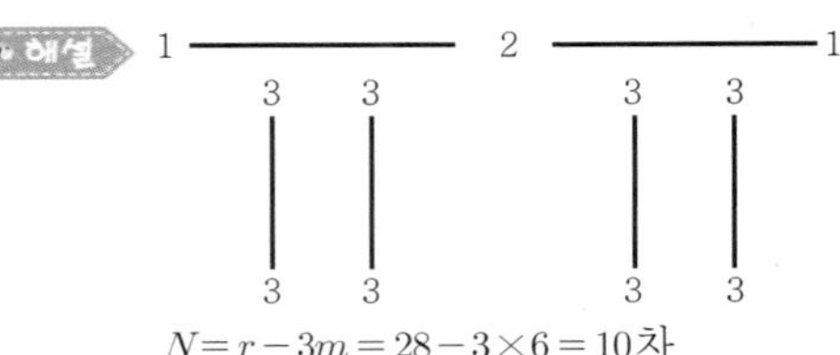

$N=r-3m=28-3\times6=10$차

정답 1. ② 2. ③ 3. ④ 4. ③ 5. ②

6. 다음 라멘의 부정정 차수는? [기사 11, 산업 13]

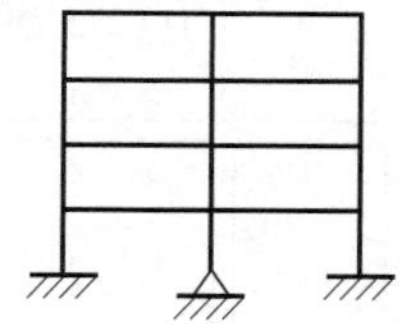

① 23차 부정정 ② 28차 부정정
③ 32차 부정정 ④ 36차 부정정

해설 $N=3B-J=3\times8-1=23$차
여기서, B : 폐합 Box수
J : 고정 0, 힌지 1, 롤러 2

7. 다음 라멘의 부정정의 차수는? [기사 06]

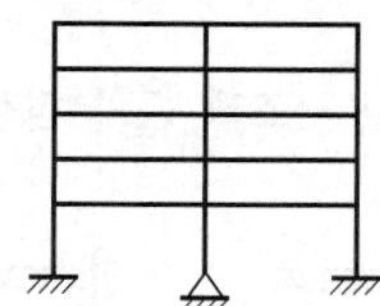

① 23차 부정정 ② 29차 부정정
③ 32차 부정정 ④ 36차 부정정

해설 $N=r+m+s-2k=8+25+32-2\times18=29$차
〔별해〕 $N=3B-J=3\times10-1=29$차
여기서, B : 폐합 Box수
J : 고정 0, 힌지 1, 롤러 2

8. 다음 중 지점(support)의 종류에 해당하지 않는 것은? [산업 11, 15]

① 이동지점 ② 자유지점
③ 회전지점 ④ 고정지점

해설 자유지점은 지점이 아니고 자유단이라 한다.

9. 다음 그림과 같은 부정정보를 정정보로 하기 위해서는 활절(hinge)이 몇 개 필요한가? [산업 04]

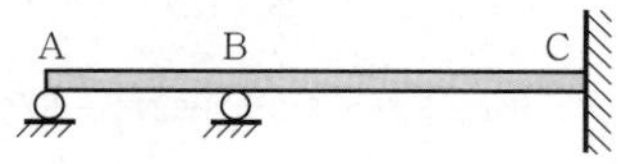

① 1개 ② 2개
③ 3개 ④ 4개

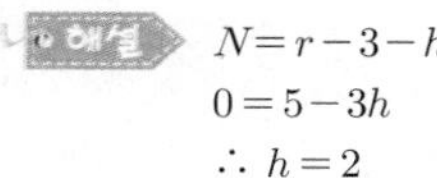

해설 $N=r-3-h$
$0=5-3h$
$\therefore h=2$

10. 구조 계산에서 자동차나 열차의 바퀴와 같은 하중은 주로 어떤 형태의 하중으로 계산하는가? [산업 15]

① 집중하중 ② 등분포하중
③ 모멘트하중 ④ 등변분포하중

11. 다음 그림과 같은 연속보에 대한 부정정 차수는? [산업 17]

① 1차 부정정 ② 2차 부정정
③ 3차 부정정 ④ 4차 부정정

해설 $N=r-3=6-3=3$차

12. 다음 그림과 같은 구조물의 부정정 차수는? [산업 13, 17]

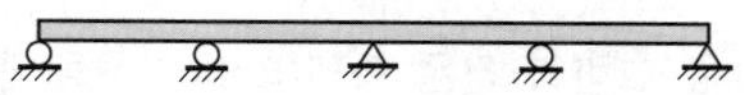

① 1차 부정정 ② 3차 부정정
③ 4차 부정정 ④ 6차 부정정

해설 $N=r-3m=7-3\times1=4$차

13. 외력을 받으면 구조물의 일부나 전체의 위치가 이동될 수 있는 상태를 무엇이라 하는가? [산업 17]

① 안정 ② 불안정
③ 정정 ④ 부정정

14. 다음 그림과 같은 구조물의 부정정 차수는? (단, A, B지점과 E절점은 힌지이고, 나머지 절점은 고정(강결절점)이다.) [산업 03, 08]

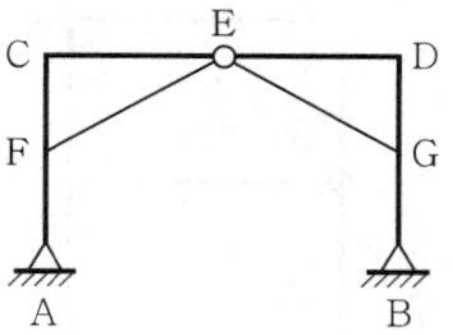

① 1차 부정정 ② 2차 부정정
③ 3차 부정정 ④ 4차 부정정

해설 $N=r+m_1+2m_2+3m_3-2P_2-3P_3$
$=4+2\times6+3\times2-2\times3-3\times4=4$차

정답 6. ① 7. ② 8. ② 9. ② 10. ① 11. ③ 12. ③ 13. ② 14. ④

15. 다음 그림과 같은 라멘은 몇 차 부정정인가? [산업 16]

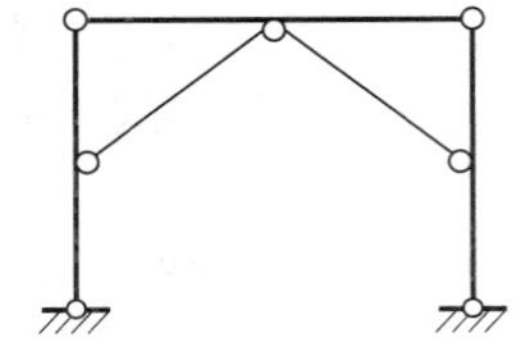

① 1차 부정정 ② 2차 부정정
③ 3차 부정정 ④ 4차 부정정

해설

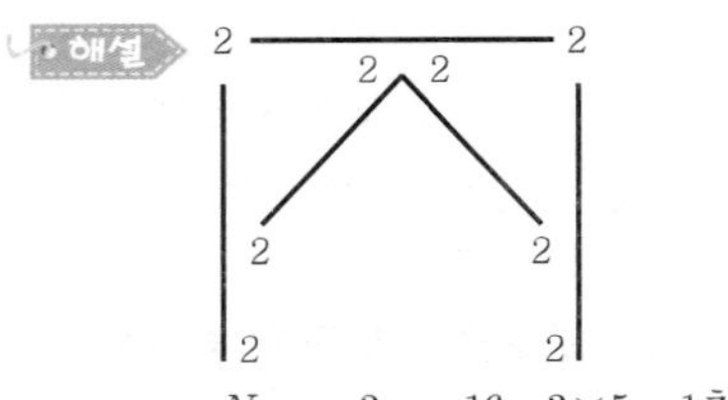

$N=r-3m=16-3\times5=1$차

16. 다음 그림과 같은 라멘(Rahmen)을 판별하면? [산업 13, 16]

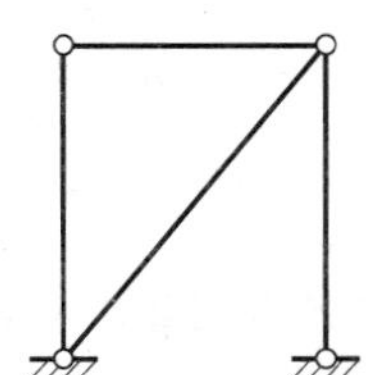

① 불안정 ② 정정
③ 1차 부정정 ④ 2차 부정정

해설 $N=r-3m=12-3\times4=0$(정정)

17. 다음 그림과 같은 라멘구조의 부정정 차수는 얼마인가? [기사 10, 12, 산업 10, 12]

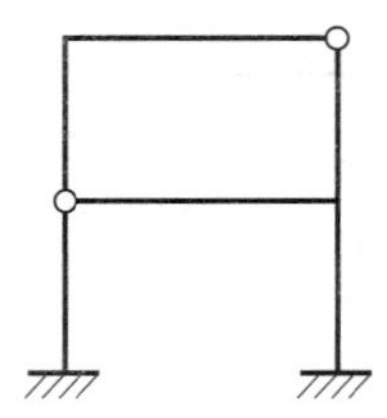

① 2차 ② 3차
③ 4차 ④ 5차

해설 $N=r+m_1+2m_2+3m_3-2P_2-3P_3$
$=6+0+2\times5+3\times1-2\times2-3\times4=3$차

18. 다음 그림과 같은 구조물은 몇 차 부정정 구조물인가? [기사 06, 09, 산업 06, 09, 15]

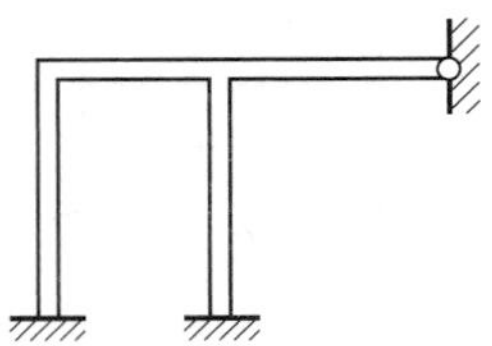

① 3 ② 4
③ 5 ④ 6

해설 $N=r+J-3m=8+9-3\times4=5$차
여기서, r : 반력수
J : 절점 구속도수
m : 부재총수

19. 다음 부정정 구조물 중 부정정 차수가 가장 높은 것은? [산업 06, 08]

해설 $N=r-3-h$
① $r=4$이므로 $N=4-3-0=1$차
② $r=7$이므로 $N=7-3-0=4$차
③ $r=5$이므로 $N=5-3-0=2$차
④ $r=4$이므로 $N=4-3-1=0$

20. 다음 그림과 같은 구조물의 부정정 차수는? [기사 06]

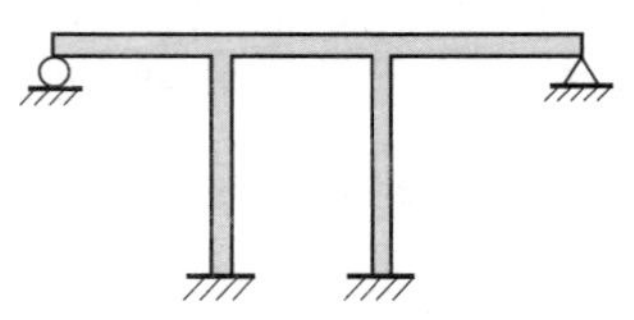

① 4차 ② 5차
③ 6차 ④ 7차

해설 $N=r+m_1+2m_2+3m_3-2P_2-3P_3$
$=9+0+2\times2+3\times3-2\times2-3\times4=6$차

정답 15. ① 16. ② 17. ② 18. ③ 19. ② 20. ③

chapter 5

정정보

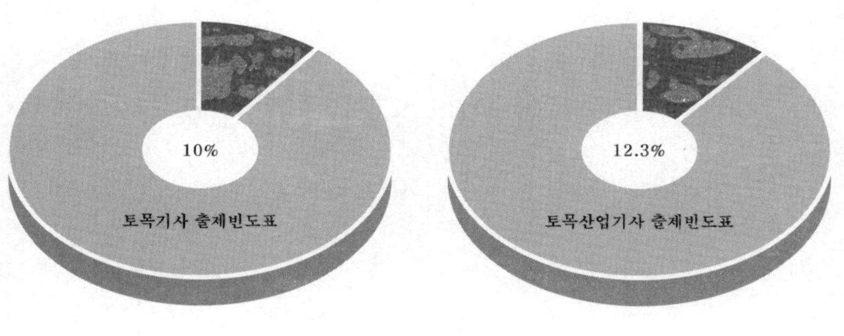

5 정정보

01 보의 정의와 종류

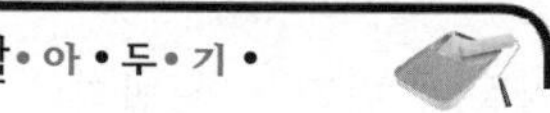

① 정의

부재축이 수직인 하중을 받으며 몇 개의 지점으로 받친 구조물로, 교량에서는 형(girder)이라고 한다(box girder 등).

② 종류

단순보(simple beam)	캔틸레버보(cantilever beam)
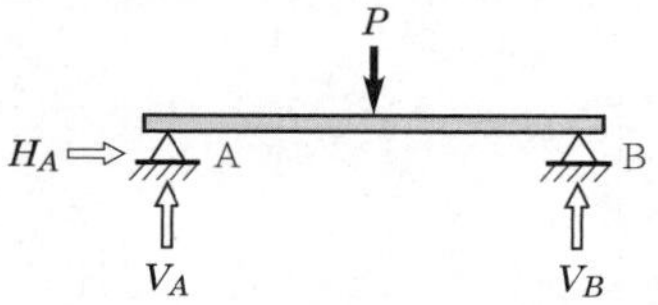 P, H_A, A, B, V_A, V_B	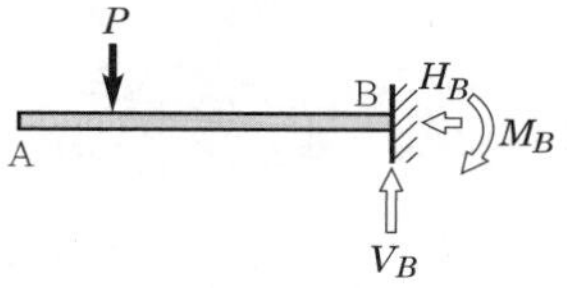 P, A, B, H_B, M_B, V_B
내민보(overhanging beam)	**게르버보(gerber's beam)**
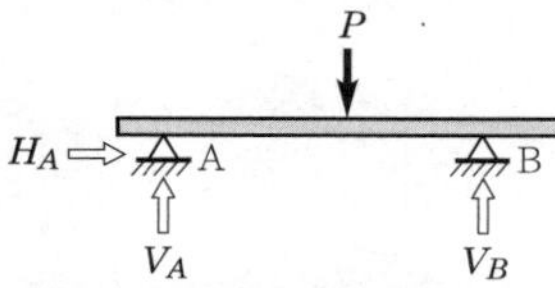 P, H_A, A, B, V_A, V_B	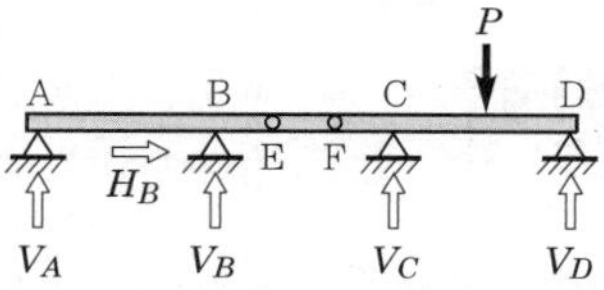 P, A, B, C, D, E, F, H_B, V_A, V_B, V_C, V_D
간접하중을 받는 보	
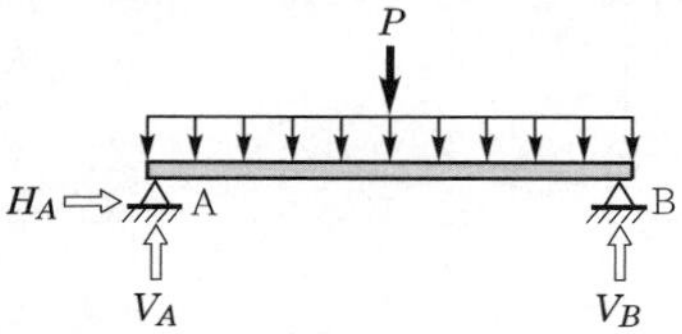 P, H_A, A, B, V_A, V_B	

③ 정정보의 정의

힘의 평형조건식($\sum H=0$, $\sum V=0$, $\sum M=0$)을 이용하여 반력과 단면력을 구할 수 있는 보

알 • 아 • 두 • 기 •

02 반력과 단면력

① 반력(reaction)

작용과 반작용의 법칙에 따라 구조물에 외력(하중)이 작용하면 평형상태를 유지하기 위해 수동적으로 발생되는 힘

지점반력
- 구조물의 지지점에 발생하는 반력
- 단면력 계산시 외력으로 간주한다.

② 단면력(section force)

부재축에 직각인 단면에 생기는 응력의 합력으로 축방향력, 전단력, 휨모멘트가 있다.

외력과 내력
- 휨모멘트 $M \leftrightarrow$ 휨응력 $\sigma = \frac{M}{I}y$
- 전단력 $S \leftrightarrow$ 전단응력 $\tau = \frac{SG}{Ib}$
- 축방향력 $N \leftrightarrow$ 수직응력 $\sigma = \frac{N}{A}$

(1) 축방향력(축력)

보 축에 수평한 힘

(2) 전단력

보 축에 수직한 힘

(3) 휨모멘트

휨의 크기를 모멘트로 표시한 것

03 정정보의 반력

① 반력 계산

(1) 해법

힘의 평형조건식($\Sigma H = 0$, $\Sigma V = 0$, $\Sigma M = 0$) 이용

(2) 부호 약속

① ΣH 계산 = 좌우 구분 없이 →(+), ←(−)
② ΣV 계산 = 좌우 구분 없이 ↑(+), ↓(−)
③ ΣM 계산 = 좌우 구분 없이 ↷(+), ↶(−)

※ 계산 후 반력 값이 (+)이면 가정방향이고, (−)이면 가정방향과 반대이므로 반대방향으로 수정한다.

알•아•두•기•

04 정정보의 단면력

① 단면력 계산

(1) 단면력 계산의 의미

단면의 한쪽(왼쪽 또는 오른쪽)만을 생각하여 계산하라는 것

(2) 해법

힘의 평형조건식($\sum H=0$, $\sum V=0$, $\sum M=0$) 이용

① 축력 : 절단한 면 중 한쪽 방향만의 수평력(H) 대수합

② 전단력 : 절단한 면 중 한쪽 방향만의 수직력(V) 대수합

③ 휨모멘트 : 절단한 면 중 한쪽 방향만의 모멘트(M) 대수합

(3) 부호 약속

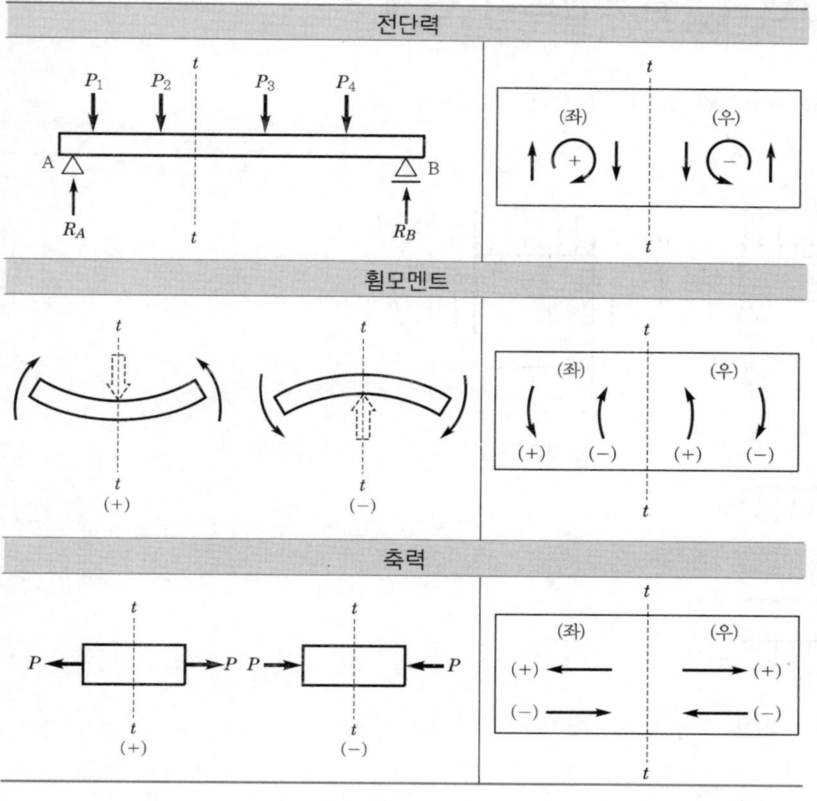

보에 하중이 작용하면 3가지 힘 발생

① 전단력 : 보에 수직으로 작용하는 힘
② 휨모멘트 : 보를 휘려고 하는 힘
③ 축방향력 : 보의 축방향으로 생기는 압축 또는 인장력

보 설계 시 응력을 알아야 한다. 이 응력은 단면력에 의해 결정되며 단면의 크기, 형상과는 무관하다. 단면력은 구하려고 하는 위치에서 보를 절단했다고 생각하고, 그 단면에 작용하는 외력이 그 단면에 미치는 단면력을 산정한다. 즉 절단된 단면의 좌측, 우측 어느 한쪽만 생각하면 된다.

부호규약 적용

- 전단력 : 기준면에서 시계방향 ⊕, 기준면에서 반시계방향 ⊖
- 휨모멘트 : ⊕, ⊖
- 축력 : 인장 ⊕, 압축 ⊖

② 단면력도

계산으로 구한 보의 전 구간 단면력을 그림으로 표현한 것

(1) A.F.D(Axial Force Diagram)

축방향력도(기준선 위 ⊕, 기준선 아래 ⊖)

(2) S.F.D(Shear Force Diagram)

전단력도(기준선 위 ⊕, 기준선 아래 ⊖)

(3) B.M.D(Bending Moment Diagram)

휨모멘트도(기준선 위 ⊖, 기준선 아래 ⊕)

※ (+), (−)의 위치 표시는 일반적인 표현으로, 반대도 관계없다.

■ 단면력도

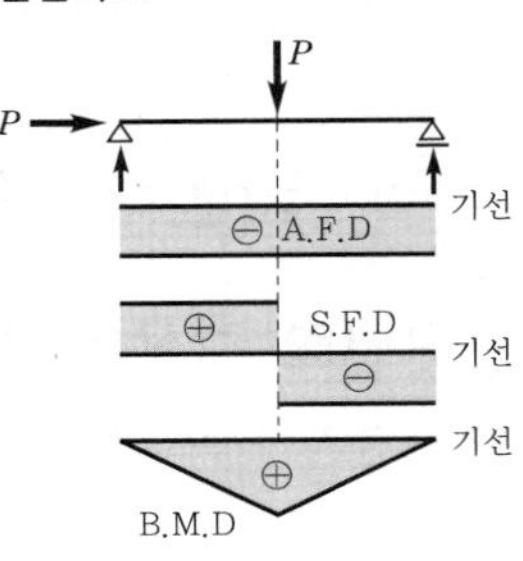

05 하중 · 전단력 · 휨모멘트의 관계

임의 하중을 받는 보에서 임의의 미소구간 dx(C~D점)를 살펴보면 그림 5.1과 같다.

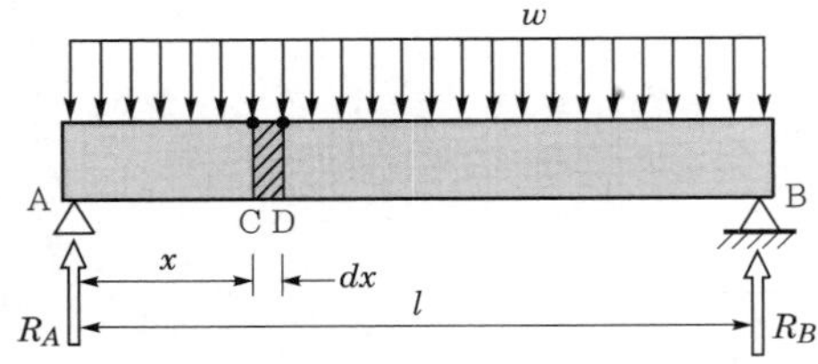

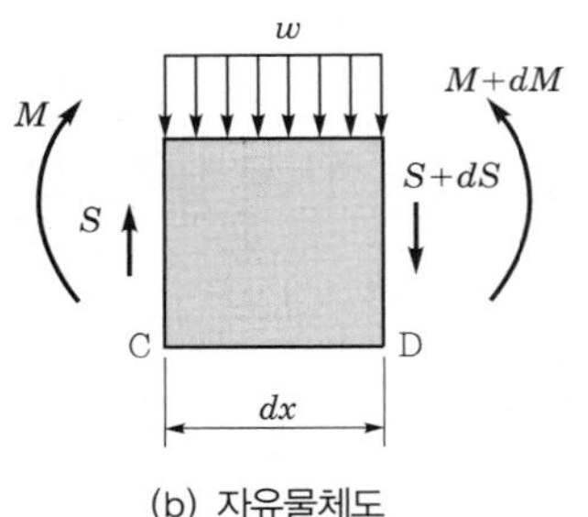

(b) 자유물체도

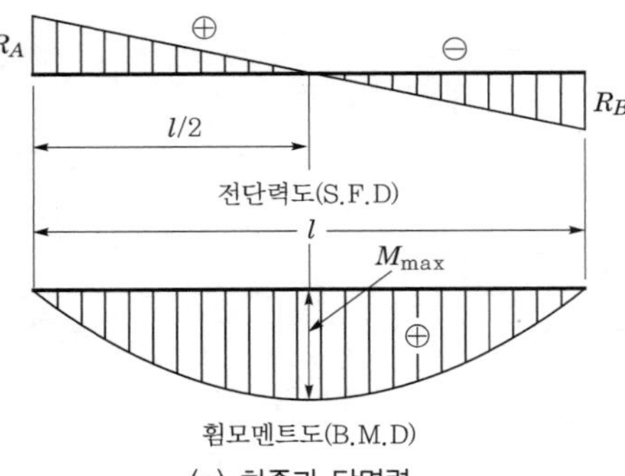

(a) 하중과 단면력

【그림 5.1】 하중과 단면력

① 하중과 전단력의 관계

자유물체도에서 $\sum V=0\ ;\ S-(S+dS)-w_x\,dx=0$

$$\therefore\ \frac{dS}{dx}=(-)w_x$$

즉, (−)하중을 한 번 적분하면 전단력이 된다.

$$S=\int(-)w_x\,dx$$

② 전단력과 휨모멘트의 관계

자유물체도에서 $\sum M_d=0$;

$$M+Sdx-(M+dM)-w_x\,dx\left(\frac{dx}{2}\right)=0$$

여기서, 미소항 $(dx)^2$을 무시하면

$$\therefore\ \frac{dM}{dx}=S$$

즉, 전단력을 한 번 적분하면 휨모멘트가 된다.

$$\therefore\ M=\int Sdx$$

③ 하중, 전단력, 휨모멘트의 관계

$$(-)w_x=\frac{dS}{dx}=\frac{d^2M}{dx^2}$$
$$M=\int Sdx=\iint(-)w_x\,dx\,dx$$

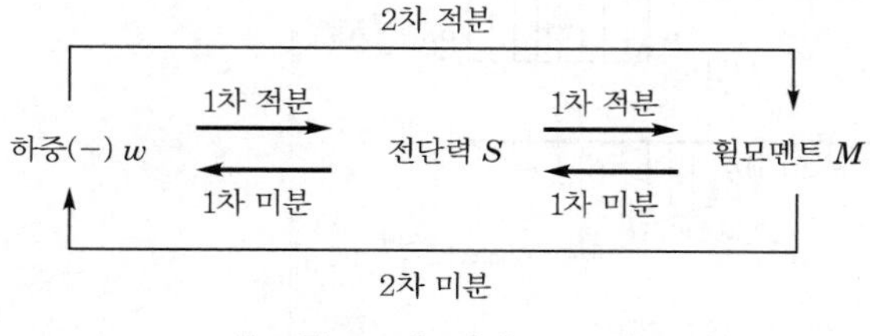

	2차 적분			
하중(−) w	1차 적분 → / ← 1차 미분	전단력 S	1차 적분 → / ← 1차 미분	휨모멘트 M
	2차 미분			

【그림 5.2】 관계도 요약

알•아•두•기•

응용

(1) $\boxed{\dfrac{dS}{dx}=-w_x}$

여기서, $\dfrac{dS}{dx}$: S의 기울기

• $w_x=0\ ;\ \dfrac{dS}{dx}=0$

따라서 하중이 작용하지 않는 구간의 전단력은 일정하다.

(2) $\boxed{\dfrac{dM}{dx}=S_x}$

여기서, $\dfrac{dM}{dx}$: M의 기울기

• $S_x=0\ ;\ \dfrac{dM}{dx}=0$

따라서 전단력이 0인 구간은 휨모멘트선의 기울기가 0으로 최대 또는 최소가 된다.

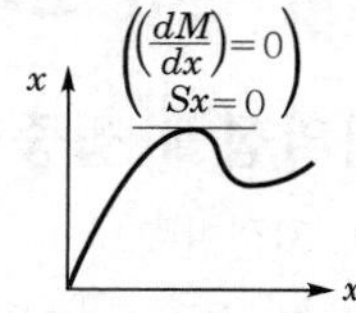

(3) $\boxed{\dfrac{d^3M}{dx^2}=\dfrac{dS}{dx}=-w_x=0}$

• 하중(w_x)이 일정하면 S는 직선변화, M은 2차 곡선

(4) $\boxed{S_x=-\displaystyle\int_{x_1}^{x_2}w_x\,dx}$

• 어느 구간까지 하중크기의 절대값 =그 점의 전단력값

(5) $\boxed{M_x=\displaystyle\int_{x_1}^{x_2}S_x\,dx}$

• 어느 구간까지 S.F.D 면적의 절대값=휨모멘트값

알•아•두•기•

④ 하중, 전단력, 휨모멘트의 정리

① 보의 휨모멘트 최대 및 최소는 전단력$(S)=0$인 곳에서 발생

② 집중하중 작용 시 보의 최대 또는 최소 휨모멘트는 전단력의 부호가 바뀌는 곳에서 발생(하중 작용점에서 최대 또는 최소 휨모멘트)

③ 하중이 없는 구간의 전단력도는 기선과 평행한 직선, 휨모멘트도는 기선에 경사직선(1차 직선)으로 표시

④ 임의점의 휨모멘트 절대값=전단력도의 넓이의 절대값

⑤ 단순보에 모멘트가 작용하지 않을 경우 전단력도 ⊕면적=⊖면적

⑥ 하중에 따른 단면력도 변화

하중 \ 단면력도	전단력도	휨모멘트도
집중하중	기선에 평행(일정)	기선에 경사직선
등분포하중	기선에 경사직선	2차 포물선
등변분포하중	2차 포물선	3차 포물선
모멘트하중	기선에 평행(일정)	기선에 경사직선

06 정정보의 해석

① 단순보의 해석

(1) 임의점에 집중하중이 작용

■ 지점반력

㉠ $\sum M_B = 0$;

$$R_A = \frac{Pb}{l}$$

㉡ $\sum M_A = 0$;

$$R_B = \frac{Pa}{l}$$

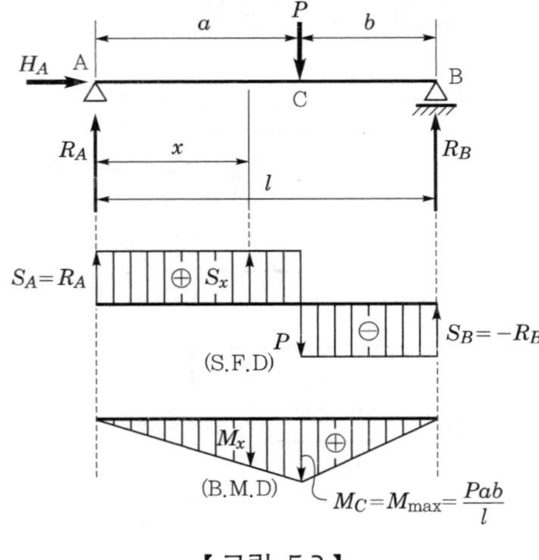

【그림 5.3】

◘ 집중하중 작용 시 단면의 전단력은 2개 발생 → 절대값 큰 것을 보의 설계 시 적용

◘ **집중하중 작용 시**

• 반력$(R)=\dfrac{\text{힘}\times\text{반대편 거리}}{\text{총 거리}}$

• 재하점$(M)=\dfrac{\text{힘}\times\text{좌우 거리}}{\text{총 거리}}$
$=M_{max}$

(2) 보 중앙에 집중하중이 작용

- 지점반력

  $\sum V = 0$;

$$R_A = R_B = \frac{P}{2}$$

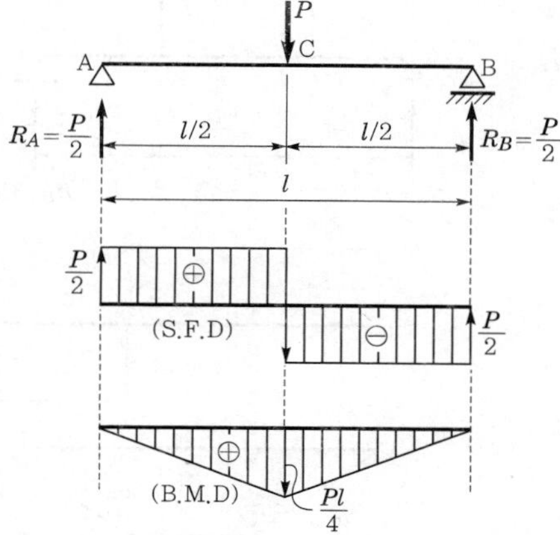

【그림 5.4】

(3) 집중하중이 경사로 작용

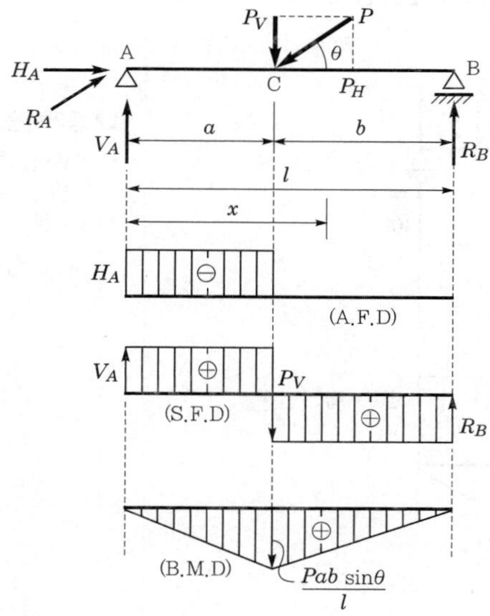

【그림 5.5】

- 지점반력

  ㉠ 수평반력 : $\sum H = 0$; $H_A = P_H = P\cos\theta$

  ㉡ 수직반력 : $\sum M_B = 0$; $V_A = \frac{P_V b}{l} = \frac{Pb\sin\theta}{l}$

$$\therefore \text{반력}(R_A) = \sqrt{H_A^2 + V_A^2}$$

$$\therefore \text{반력}(R_B) = P_V - V_A = \frac{Pa\sin\theta}{l}$$

알 • 아 • 두 • 기 •

(4) 여러 개의 집중하중이 작용

■ 지점반력

$\Sigma V = 0\,;\, R_A = R_B = P$

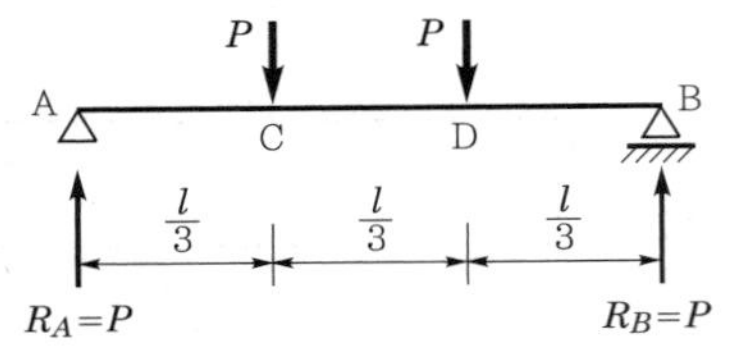

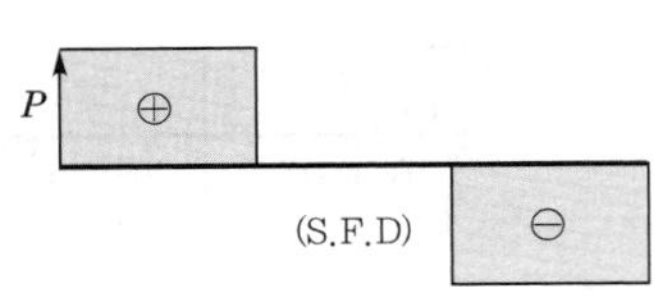

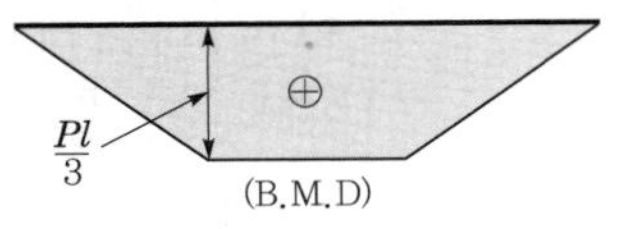

【그림 5.6】

> **2개의 집중하중 작용**
>
> • $\frac{P_1}{P_2} = \frac{b}{a}$
> • $R_A = P_1,\ R_B = P_2$
> • $S_{CB} = 0$
> • $M_{CD} = P_1 a$ or $P_2 b$

(5) 분포하중이 작용

① 등분포하중 작용

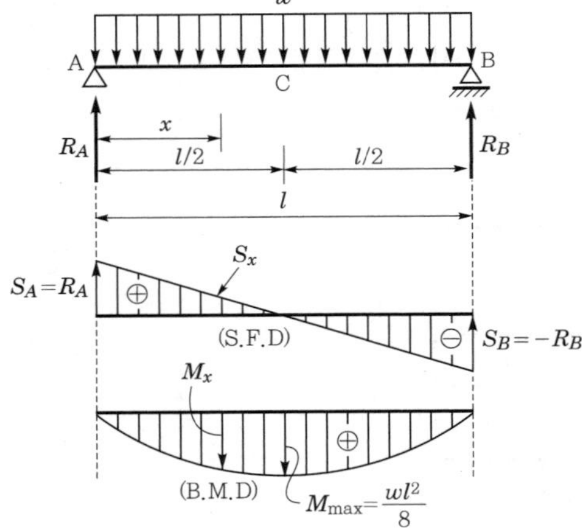

【그림 5.7】

> **등가하중**
>
> • 분포하중을 집중하중으로 환산한 하중
> • 작용점 : 분포하중의 도심
>
> 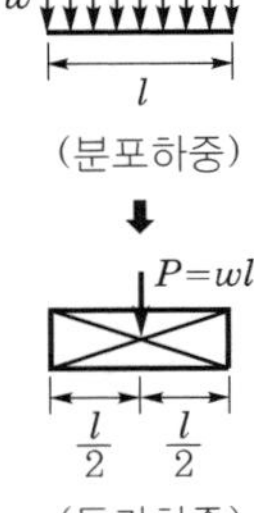
>

㉠ 지점반력

• $\Sigma M_B = 0\,;\, R_A = \frac{wl}{2}$

• $\Sigma V = 0\,;\, R_B = \frac{wl}{2}$

㉡ 전단력

• $S_A = R_A = \frac{wl}{2},\ S_B = -\frac{wl}{2}$

• 일반식 : $S_x = R_A - wx = \frac{wl}{2} - wx$ (1차 직선식)

• 전단력이 0인 위치 x 계산($M_{\max}$ 발생)

$S_x = 0,\ R_A - wx = 0$

$$\therefore\ x = \frac{l}{2}$$

㉢ 휨모멘트

• $M_A = M_B = 0$

• 일반식 : $M_x = R_A x - wx\left(\frac{x}{2}\right)$

$= \frac{wl}{2}x - \frac{wx^2}{2}$ (2차식, 포물선 변화)

• $M_{\max} = \frac{wl^2}{8}$ $\left(x = \frac{l}{2}\text{지점},\ S=0\right)$

② 등변분포하중 작용

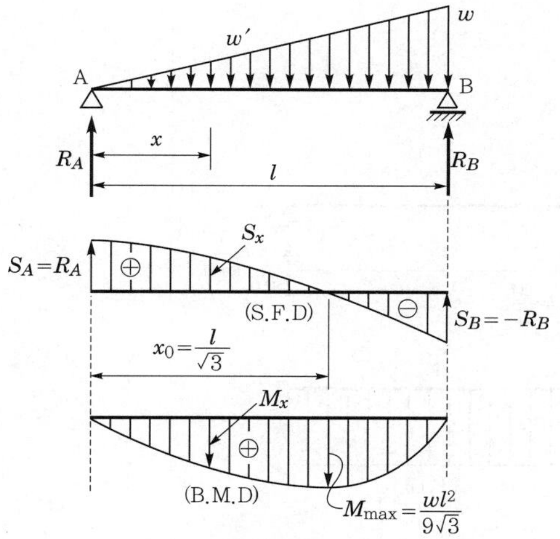

【그림 5.8】

㉠ 지점반력

• $\Sigma M_B = 0\ ;\ R_A = \frac{wl}{6}$

• $\Sigma V = 0\ ;\ R_B = \frac{wl}{3}$

㉡ 전단력

• $S_A = R_A = \frac{wl}{6},\ S_B = S_A - \frac{wl}{2} = -\frac{wl}{3}$

등변분포하중의 등가하중 계산

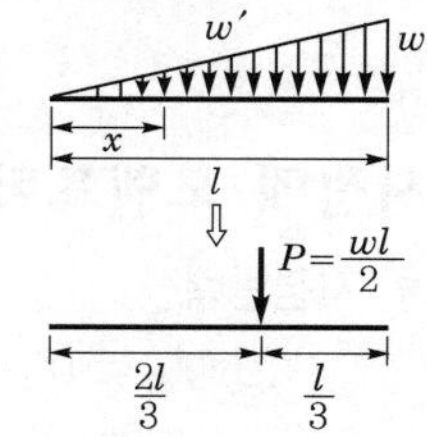

$w : l = w' : x$

$\therefore\ \boxed{w' = \frac{wx}{l}}$

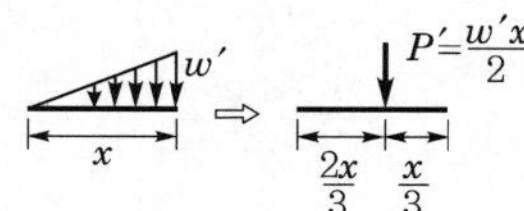

- 일반식 : $S_x = R_A - \frac{w' x}{2} = \frac{wl}{6} - \frac{wx^2}{2l}$
- 전단력이 0인 위치 x 계산($M_{\max}$ 발생)

  $S_x = 0,\ R_A - \frac{w' x_0}{2} = \frac{wl}{6} - \frac{w{x_0}^2}{2l} = 0$

  $\therefore\ x_0 = \frac{l}{\sqrt{3}} = 0.577l$

㉢ 휨모멘트

- $M_A = M_B = 0$
- 일반식 : $M_x = R_A x - \frac{w' x}{2} \times \frac{x}{3}$

  $= \frac{w}{6}\left(lx - \frac{x^3}{l}\right)$ (3차식)

- $M_{\max} = \frac{wl^2}{9\sqrt{3}}$ ($x_0 = 0.577l$ 지점, $S = 0$)

(6) 지점에 모멘트하중이 작용

■ 지점반력

㉠ $\Sigma M_B = 0$;

$R_A = \frac{M}{l}(\downarrow)$

㉡ $\Sigma V = 0$;

$R_B = \frac{M}{l}(\uparrow)$

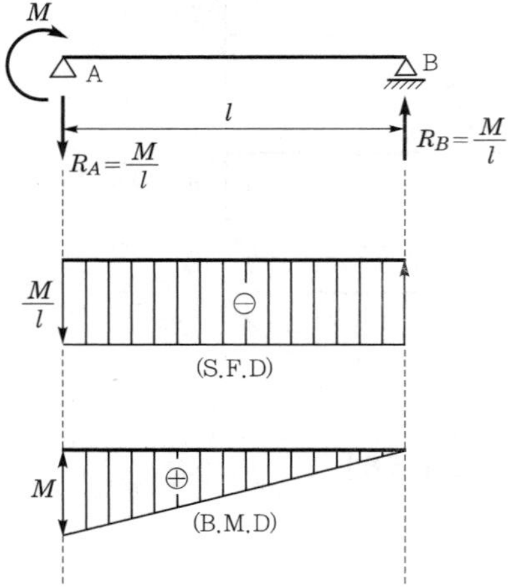

【그림 5.9】

알•아•두•기• 

(7) 간접하중이 작용

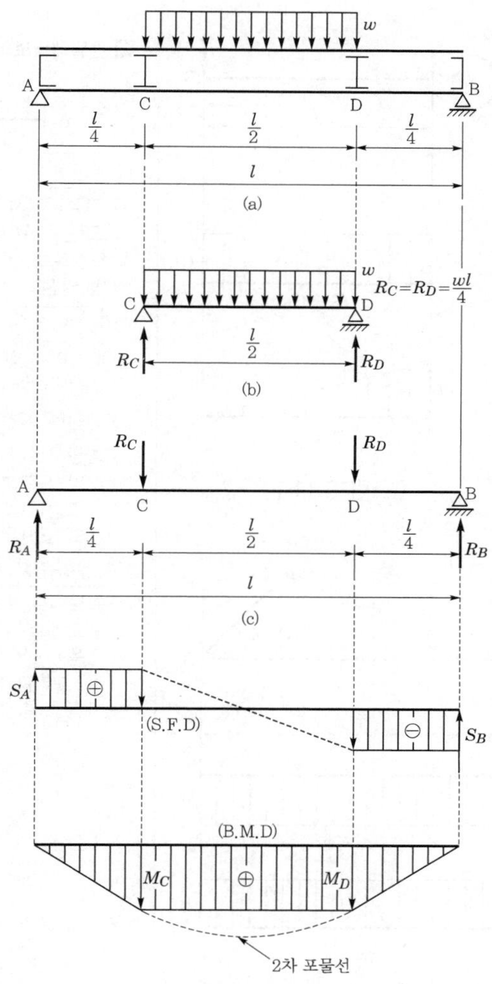

【그림 5.10】

① 가상반력 : $R_C = R_D = \frac{wl}{4}$

② 지점반력

㉠ $\Sigma M_B = 0\ ;\ R_A = \frac{wl}{4}$

㉡ $\Sigma V = 0\ ;\ R_B = \frac{wl}{4}$

간접하중 작용 시 계산

- 세로보는 가로보를 지점으로 하는 단순보로 생각하여 반력을 구한다.
- 반력의 작용방향과 반대로 하중을 보에 작용시켜 해석한다.

간접하중이 작용할 때가 직접하중이 작용할 때보다 휨모멘트가 작게 발생 → 단면설계 시 단면을 줄일 수 있어 경제적 설계

최대 휨모멘트 요약

M, l $M_{\max} = M$	M, $\frac{l}{2}$, $\frac{l}{2}$ $M_{\max} = \frac{M}{2}$
P, a, b, l $M_{\max} = \frac{Pab}{l}$	P, $\frac{l}{2}$, $\frac{l}{2}$ $M_{\max} = \frac{Pl}{4}$
w, l $M_{\max} = \frac{wl^2}{8}$	w, $x = 0.577l$ $M_{\max} = \frac{wl^2}{9\sqrt{3}}$

알•아•두•기•

② 캔틸레버보의 해석

(1) 집중하중이 작용

■ 지점반력

㉠ $\sum H = 0\,;\, H_A = 0$

㉡ $\sum V = 0\,;\, V_A = P(\uparrow)$

㉢ $\sum M = 0\,;\, M_A = Pl(\circlearrowleft)$

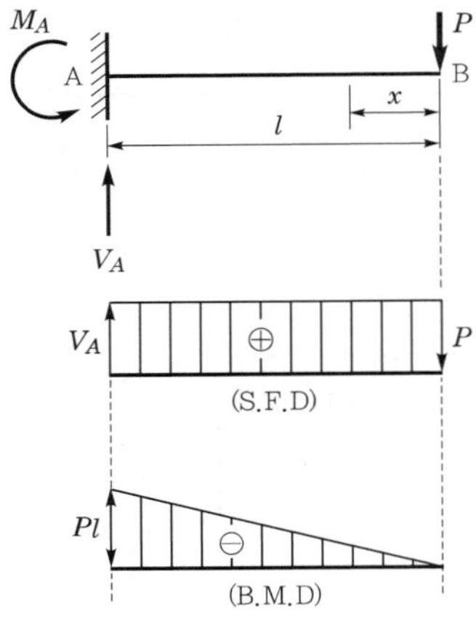

【그림 5.11】

(2) 집중하중이 경사로 작용

■ 지점반력

㉠ $\sum H = 0\,;$
$H_A = -P\cos\theta$
(−부호 : 가정과 반대방향)

㉡ $\sum V = 0\,;$
$V_A = P\sin\theta$

㉢ $\sum M = 0\,;$
$M_A = Pl\sin\theta$

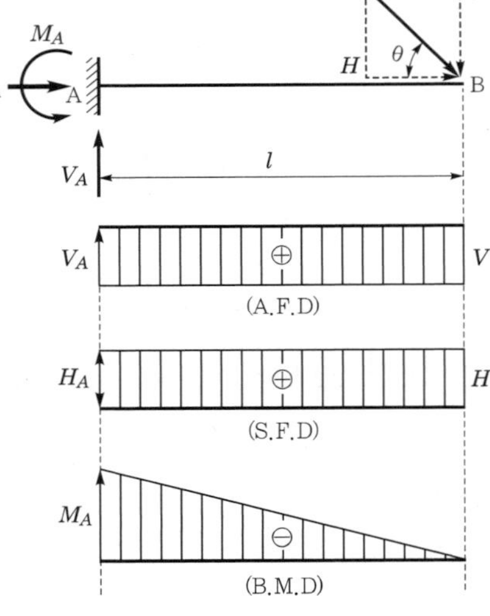

【그림 5.12】

(3) 모멘트하중이 작용

■ 지점반력

$\sum M_A = 0\,;\, M_A = M$

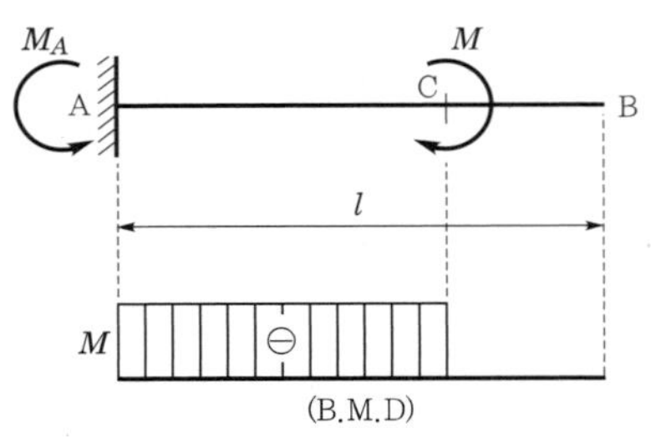

【그림 5.13】

캔틸레버보의 성질

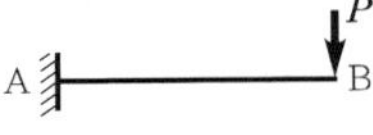

(1) 반력

① 고정단에서 수직(V), 수평(H), 모멘트(M)반력 발생

② 모멘트하중만 작용 시 모멘트반력만 발생

(2) 전단력

① 하중이 상향 or 하향으로 작용 시 고정단에서 최대

② 전단력 계산은 좌측 → 우측 방향으로 계산

③ 전단력 부호(하향으로 P 작용)
- 고정단(좌측) : ⊕
- 고정단(우측) : ⊖

(3) 휨모멘트

① 휨모멘트 계산은 자유단에서 시작

② 휨모멘트 부호(고정단 위치 관계 없음)
- 하향 힘 : ⊖
- 상향 힘 : ⊕

(4) 등분포하중이 작용

■ 지점반력

㉠ $\sum V = 0$;

$V_A = wl(\uparrow)$

㉡ $\sum M_A = 0$;

$M_A = \dfrac{wl^2}{2}(\circlearrowright)$

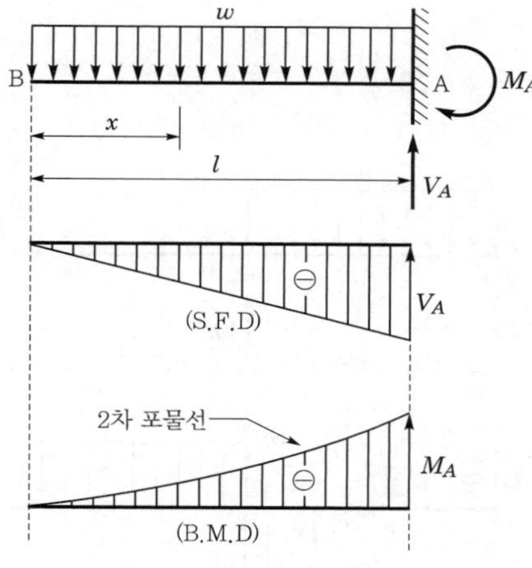

【그림 5.14】

(5) 등변분포하중이 작용

■ 지점반력

㉠ $\sum V = 0$;

$V_A = \dfrac{wl}{2}(\uparrow)$

㉡ $\sum M_A = 0$;

$M_A = \dfrac{wl^2}{6}(\circlearrowright)$

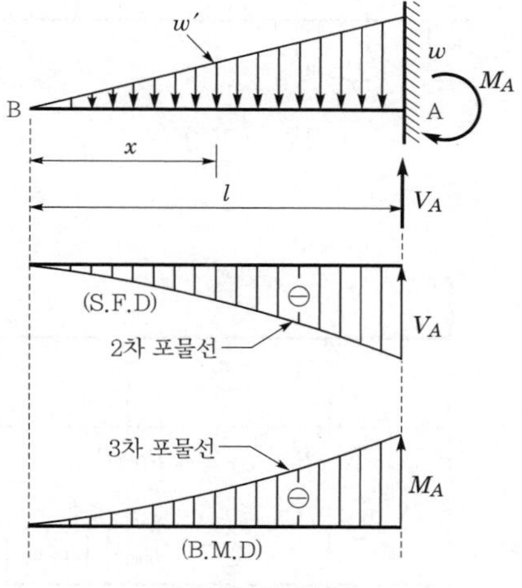

【그림 5.15】

➡ 등변분포하중 작용 시 임의점 하중 w' 계산

$w : l = w' : x$

$\therefore w' = \dfrac{wx}{l}$

③ 내민보의 해석

(1) 종류

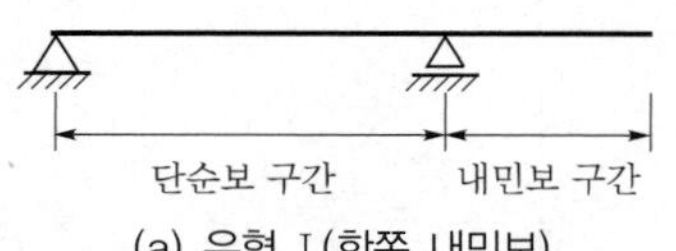

(a) 유형 Ⅰ(한쪽 내민보)

내민보 구간 단순보 구간 내민보 구간

(b) 유형 Ⅱ(양쪽 내민보)

【그림 5.16】

(2) 해석

단순보+캔틸레버보

(3) 유형 Ⅰ(등분포하중+집중하중 작용 : 한쪽 내민보)

- 지점반력

(단순보와 동일)

㉠ $\Sigma M_B = 0$;

$$R_A = \frac{wl}{2} - P$$

㉡ $\Sigma V = 0$;

$$R_B = \frac{wl}{2} + 2P$$

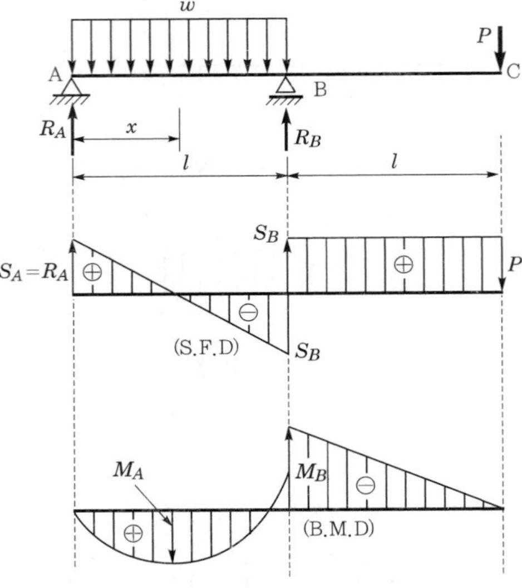

【그림 5.17】

(4) 유형 Ⅱ(양쪽 내민보)

- 지점반력

㉠ $\Sigma M_B = 0$;

$R_A = P$

㉡ $\Sigma V = 0$;

$R_B = P$

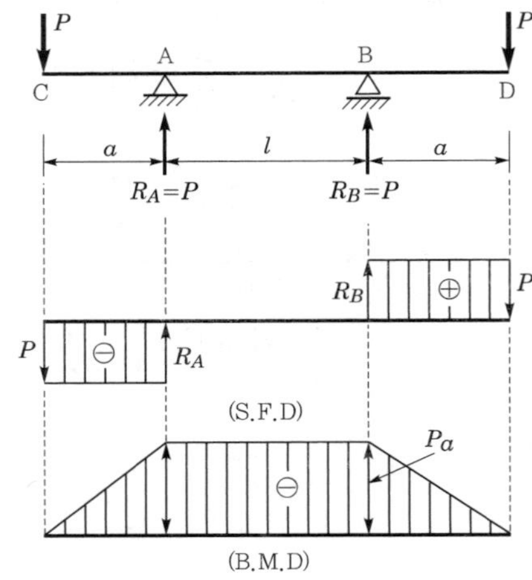

【그림 5.18】

알•아•두•기•

④ 게르버보의 해석

- 지점반력

㉠ 하중대칭 :

$$R_B = R_D = \frac{P}{2}$$

㉡ $\Sigma V = 0$;

$$V_A = wl + \frac{P}{2}$$

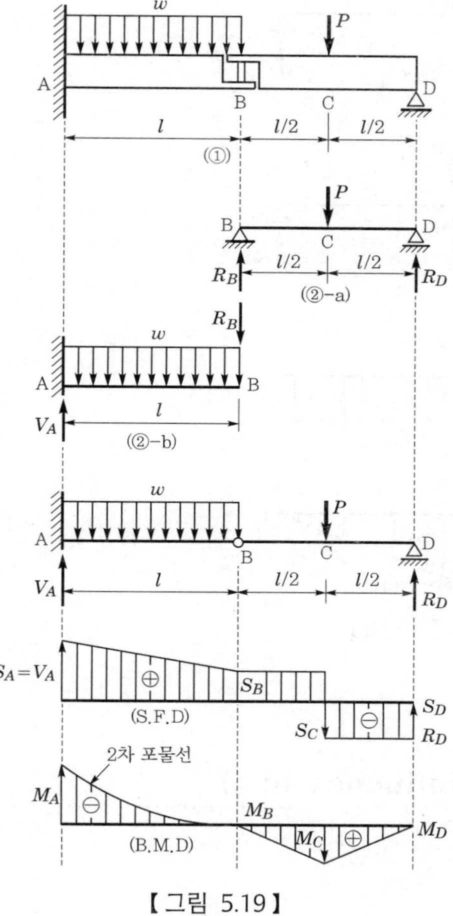

【그림 5.19】

⑤ 기타

- 지점반력

㉠ $\Sigma M_B = 0$; $R_A = \dfrac{P}{2}(\uparrow)$

㉡ $\Sigma V = 0$; $R_B = \dfrac{P}{2}(\uparrow)$

게르버보의 특징

- 부정정보의 힌지(hinge)를 넣어 정정보로 만든 것
- (내민보 및 캔틸레버보)+단순보 합성
- 힌지(활절)에서 휨모멘트=0
- 단순보에 비해 경제적인 구조

게르버보의 기준

(1) 연속보를 게르버보로 만든 보

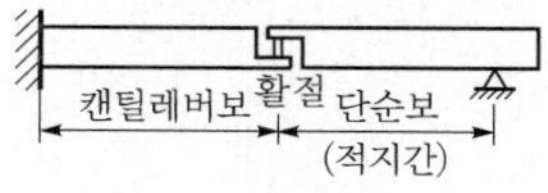

(2) 고정보를 게르버보로 만든 보

게르버보의 해석순서

(1) 단순보의 구조반력을 구한다.
(2) 구한 반력의 반대방향으로 하중을 작용시킨다.
(3) 나머지 구조의 반력 및 단면력을 구한다.

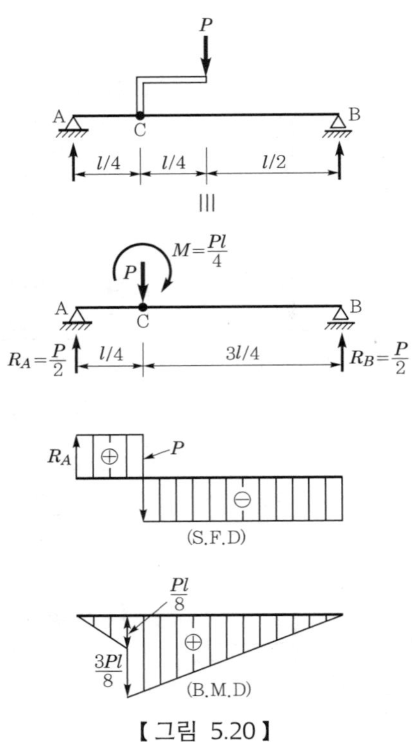

【그림 5.20】

07 영향선(influence line)

① 정의

단위하중($P=1$)이 구조물 위를 이동할 때 발생하는 지점반력, 전단력 및 휨모멘트의 변화를 표시한 선도

② 실제 작용하중의 단면력 계산

(1) 집중하중 작용

① 지점반력(R) = 집중하중(P)×반력 영향선의 종거(y)

② 전단력(S) = 집중하중(P)×전단력 영향선의 종거(y)

③ 휨모멘트(M) = 집중하중(P)×휨모멘트 영향선의 종거(y)

(2) 등분포하중 작용

① 지점반력(R) = 등분포하중(W) × 반력 영향선도 면적(A)

② 전단력(S) = 등분포하중(W) × 전단력 영향선도 면적(A)

③ 휨모멘트(M) = 등분포하중(W) × 휨모멘트 영향선도 면적(A)

영향선도 면적(A)
= 등분포하중 작용구간의 영향선도 면적

③ 단순보의 영향선

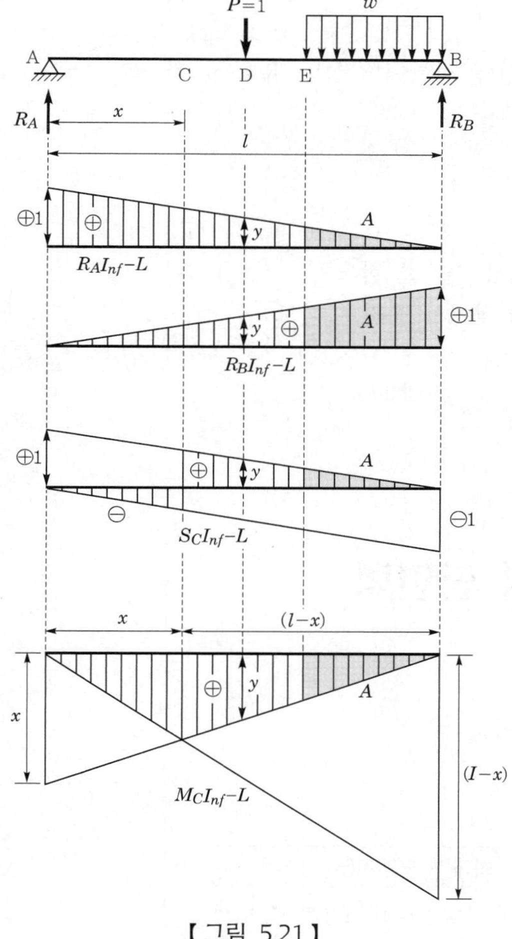

【그림 5.21】

알•아•두•기•

(1) 지점반력 영향선

① A, B점 : 기준종거 ⊕1

② $R_A = Py + wA$

③ $R_B = Py + wA$

(2) 전단력 영향선

① A점 : 기준종거 ⊕1

② B점 : 기준종거 ⊖1

③ 구하는 지점에서 영향선 절단(기선에 접한 삼각형만 유효)

④ $S_c = Py + wA$

(3) 휨모멘트 영향선

① 구하는 지점 x까지 거리를 A점에서 종거로 작도

② 구하는 지점 $(l-x)$까지 거리를 B점에서 종거로 작도

③ 기선에 접한 삼각형만 유효

④ $M_C = Py + wA$

08 단순보의 최대 단면력

집중하중이 이동하며 작용

최대 전단력(S_{max})	최대 휨모멘트(M_{max})
• 하중이 지점에 작용할 때 발생(최대 종거에 재하될 때) • 최대 전단력은 하중크기와 같음 $\therefore S_{max} = P$	• 하중이 중앙지점에 작용할 때 발생 • $M_{max} = \dfrac{Pl}{4}$

집중하중 2개 작용

최대 전단력($S_{\max}$)	최대 휨모멘트($M_{\max}$)
• 큰 하중이 지점에 오고, 나머지 하중은 지간 내에 작용할 때 발생(1개 하중은 최대 종거에 재하, 1개 하중은 부호가 동일한 위치에 재하) • $S_{\max}=P_1\times 1+P_2 y$ 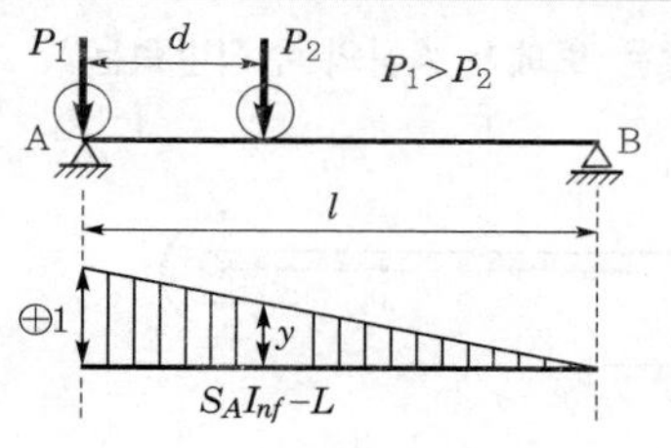	• 합력 $R=P_1+P_2$ • 합력위치 $x=\dfrac{P_2 d}{R}$ • 합력과 가장 가까운 하중과의 거리 1/2 되는 곳을 보의 중앙점에 오도록 하중 이동 • 최대 휨모멘트는 중앙점에서 가장 가까운 하중에서 발생 • 최대 휨모멘트($M_{\max}$) $\Sigma M_B=0$; R_A 구함 $M_{\max}=R_A\left(\dfrac{l}{2}-\dfrac{x}{2}\right)$ 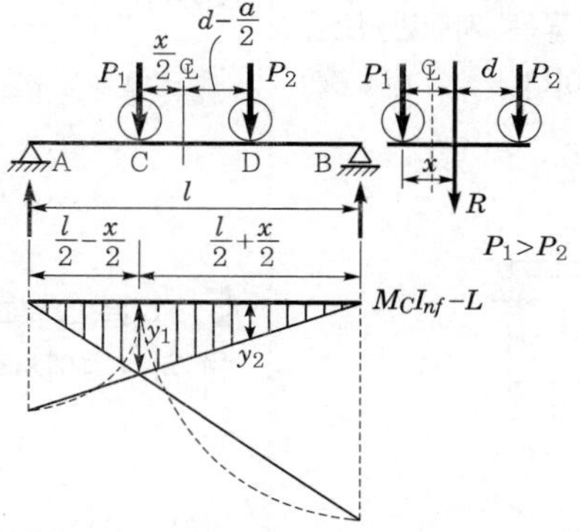

최대 휨모멘트(영향선법)

- M_C의 영향선 작도
- $M_{\max}=P_1 y_1+P_2 y_2$

합력 R과 P_1의 거리

$$x=\frac{P_2 d(\text{두 힘의 거리})}{R}$$

지점 A에서 P_2까지 거리

$$x'=\frac{l}{2}-\frac{x}{2}$$

절대 최대 휨모멘트

$$M_{\max}=R_A x'$$

$$\therefore R_A=\frac{R\left(\frac{l}{2}-\frac{x}{2}\right)}{l}$$

$$\therefore M_{\max}=\frac{R}{l}\left(\frac{l-x}{2}\right)^2$$

예상 및 기출문제

1. 휨을 받는 부재에서 휨모멘트 M과 하중강도 W_x의 관계로 옳은 것은? [기사 00, 03]

① $\frac{d^2M}{dx^2}=-W_x$　② $\frac{dM}{dx}=-W_x$

③ $\int Mdx=-W_x$　④ $\iint Mdxdx=-W_x$

해설 $\frac{d^2M}{dx^2}=\frac{dS}{dx}=-W_x$

$\therefore M=\int Sdx=-\iint W_x dxdx$

2. 다음 그림과 같은 단순보에서 옳은 지점반력은? (단, A, B점의 지점반력은 R_A, R_B이다.) [기사 00]

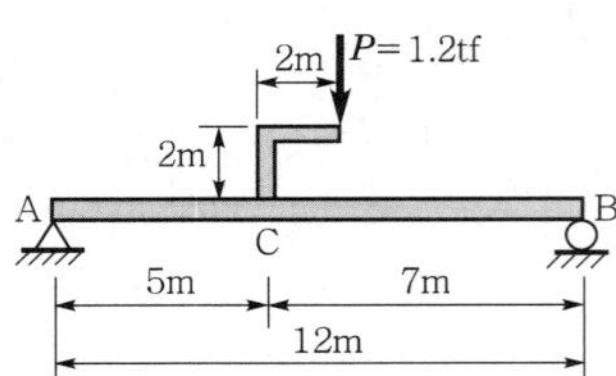

① $R_A=0.8\text{tf}$　② $R_B=0.8\text{tf}$

③ $R_A=0.5\text{tf}$　④ $R_B=0.5\text{tf}$

해설 $\Sigma M_A=0(\oplus)$

$1.2\times7-R_B\times12=0$

$\therefore R_B=0.7\text{tf}(\uparrow)$

$\Sigma F_Y=0(\uparrow\oplus)$

$R_A-1.2+0.7=0$

$\therefore R_A=0.5\text{tf}(\uparrow)$

3. 다음 그림과 같은 단순보의 A지점의 반력은? [기사 00, 산업 11]

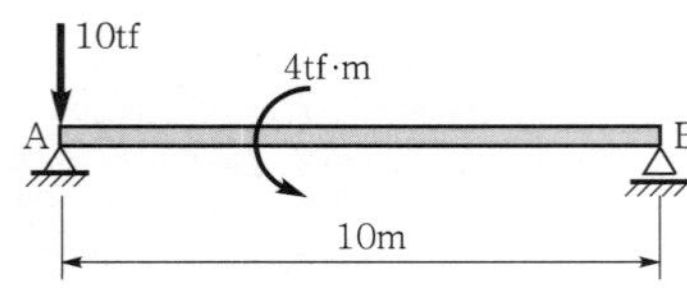

① 10tf　② 14tf

③ 10.4tf　④ 11.4tf

해설 $\Sigma M_B=0(\oplus)$

$R_A\times10-10\times10-4=0$

$\therefore R_A=10.4\text{tf}(\uparrow)$

4. 다음 그림과 같은 보에서 A점의 수직반력은? [산업 17]

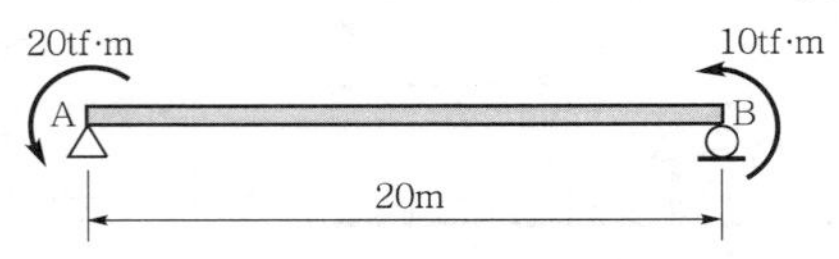

① 1.5tf　② 1.8tf

③ 2.0tf　④ 2.3tf

해설 $\Sigma M_B=0(\oplus)$

$R_A\times20-20-10=0$

$\therefore R_A=\frac{30}{20}=1.5\text{tf}(\uparrow)$

5. 다음 그림과 같이 단순보에 하중 P가 경사지게 작용 시 A점에서의 수직반력 R_A를 구하면? [기사 04, 06, 산업 10]

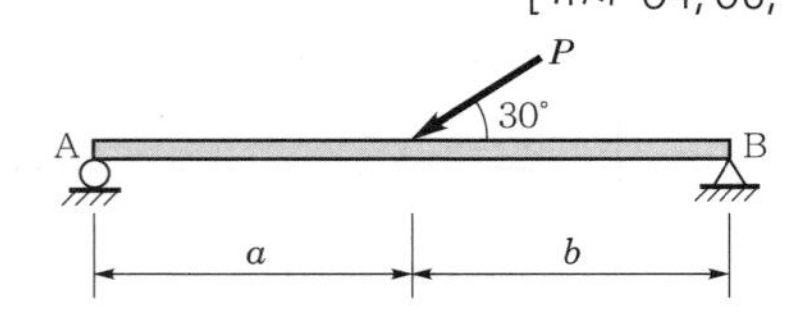

① $\frac{Pb}{a+b}$　② $\frac{Pb}{2(a+b)}$

③ $\frac{Pa}{a+b}$　④ $\frac{Pa}{2(a+b)}$

해설

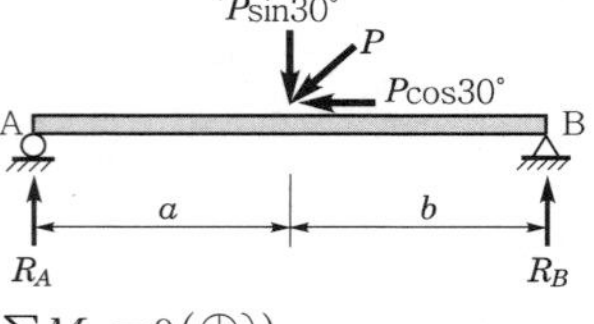

$\Sigma M_B=0(\oplus)$

$R_A(a+b)-Pb\sin30^\circ=0$

$R_A(a+b)-\frac{Pb}{2}=0$

$\therefore R_A=\frac{Pb}{2(a+b)}$

정답 1. ① 2. ③ 3. ③ 4. ① 5. ②

6. 다음 그림과 같은 단순보에서 C점에 3tf · m의 모멘트가 작용할 때 A점의 반력은 얼마인가?

[기사 01, 07, 산업 16]

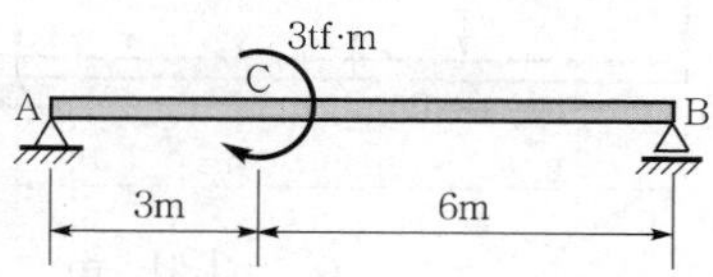

① $\frac{1}{3}$tf(↑) ② $\frac{1}{3}$tf(↓)

③ $\frac{1}{2}$tf(↑) ④ $\frac{1}{2}$tf(↓)

해설 $\Sigma M_B = 0(\oplus)$

$-R_A \times 9 + 3 = 0$

$\therefore R_A = \frac{1}{3}$tf(↓)

7. 다음 단순보의 반력 R_{ax}의 크기는? [기사 05]

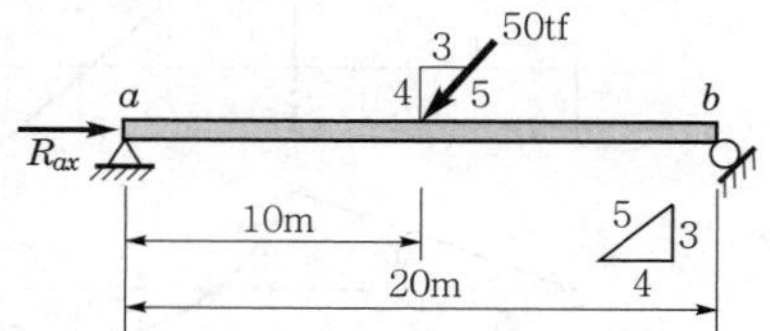

① 30.0tf ② 35.0tf

③ 45.0tf ④ 56.64tf

해설

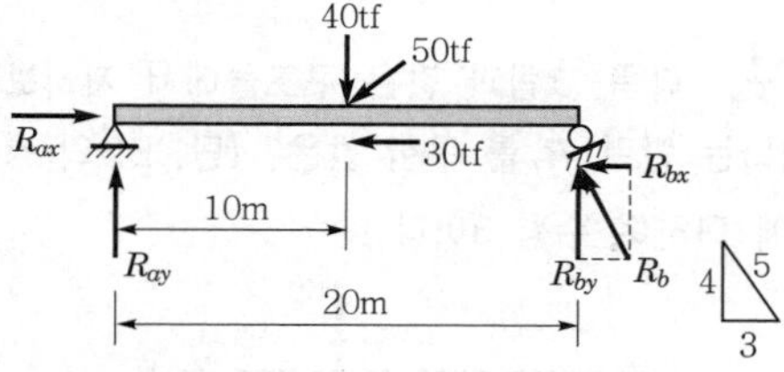

$\Sigma M_A = 0(\oplus)$

$40 \times 10 - R_{by} \times 20 = 0$

$\therefore R_{by} = 20$tf

$\therefore R_b = \frac{5}{4} R_{by} = 25$tf

$\therefore R_{bx} = \frac{3}{5} R_b = 15$tf

$\Sigma F_X = 0(\rightarrow\oplus)$

$R_{ax} - 30 - 15 = 0$

$\therefore R_{ax} = 45$tf(→)

8. 다음 단순보에서 B점의 수직반력은? [기사 00]

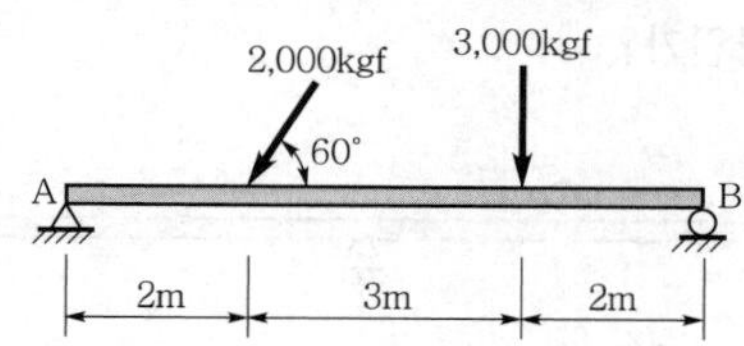

① 2,638kgf(↑) ② 2,442kgf(↑)

③ 2,876kgf(↑) ④ 2,484kgf(↑)

해설 $\Sigma M_A = 0(\oplus)$

$2{,}000 \times \sin 60° \times 2 + 3{,}000 \times 5 - R_B \times 7 = 0$

$\therefore R_B = 2{,}637.7$kgf(↑)

9. 다음 그림에서 지점 A의 반력을 구한 값은? [기사 06]

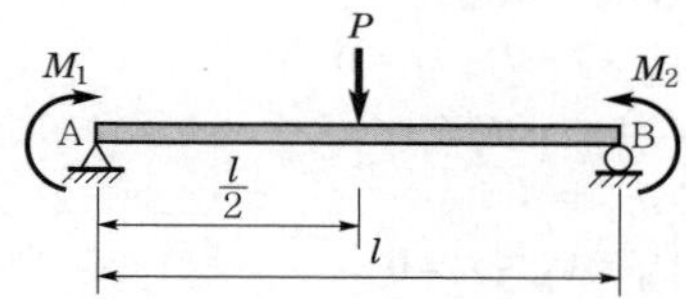

① $R_A = \frac{P}{3} - \frac{M_2 - M_1}{l}$ ② $R_A = \frac{P}{3} + \frac{M_1 - M_2}{l}$

③ $R_A = \frac{P}{2} - \frac{M_2 + M_1}{l}$ ④ $R_A = \frac{P}{2} + \frac{M_2 - M_1}{l}$

해설 $\Sigma M_B = 0(\oplus)$

$R_A l - P\frac{l}{2} + M_1 - M_2 = 0$

$\therefore R_A = \frac{P}{2} + \frac{M_2 - M_1}{l}$

10. 다음과 같은 구조물에서 지점 B에 작용하는 반력의 크기는? [기사 01]

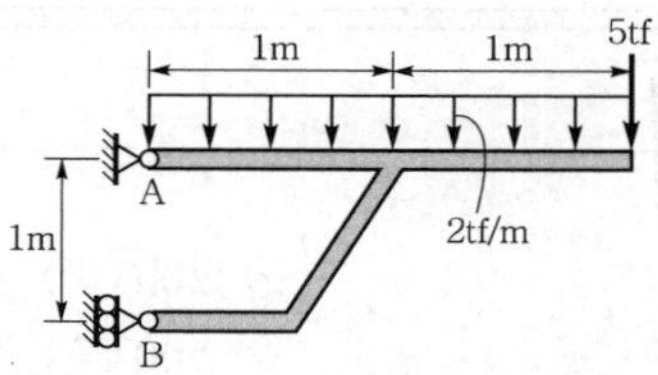

① 14tf ② 18.6tf

③ 19.8tf ④ 21.2tf

해설 $\Sigma M_A = 0(\oplus)$

$2 \times 2 \times 1 + 5 \times 2 - R_B \times 1 = 0$

$\therefore R_B = 14$tf(→)

정답 6. ② 7. ③ 8. ① 9. ④ 10. ①

11. 내민보에서 C점의 전단력(V_C)과 모멘트(M_C)는 각각 얼마인가? [산업 15]

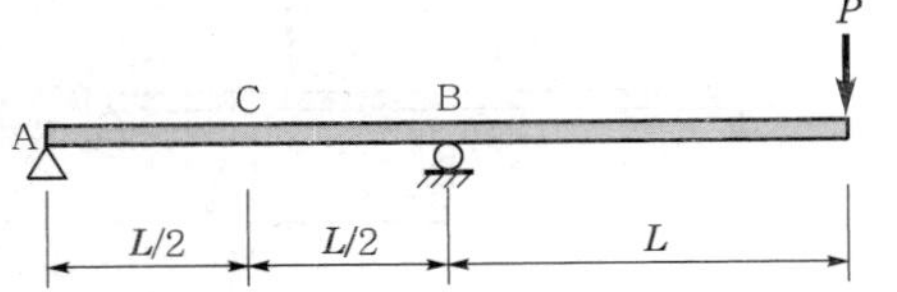

① $V_C = P,\ M_C = -\dfrac{PL}{2}$

② $V_C = -P,\ M_C = -\dfrac{PL}{2}$

③ $V_C = 2P,\ M_C = PL$

④ $V_C = -P,\ M_C = \dfrac{PL}{2}$

해설 $\Sigma M_A = 0(\oplus\circlearrowright)$

$V_B \times L - P \times 2L = 0$

$\therefore\ V_B = 2P(\uparrow)$

$\Sigma F_Y = 0(\uparrow \oplus)$

$V_A + V_B - P = 0$

$\therefore\ V_A = -P(\downarrow)$

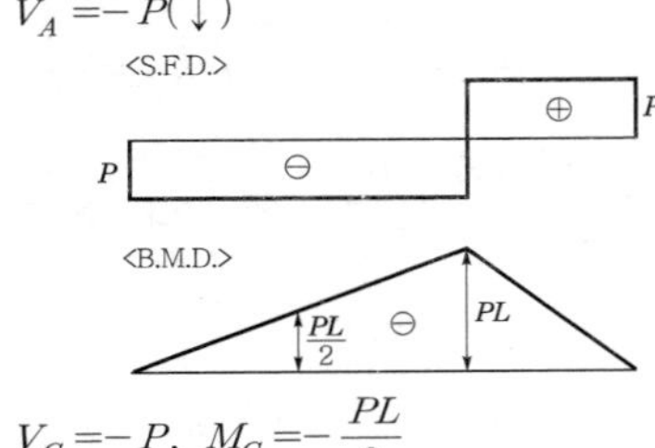

$\therefore\ V_C = -P,\ M_C = -\dfrac{PL}{2}$

12. 다음 그림과 같은 단순보에서 A점의 반력(R_A)으로 옳은 것은? [산업 16]

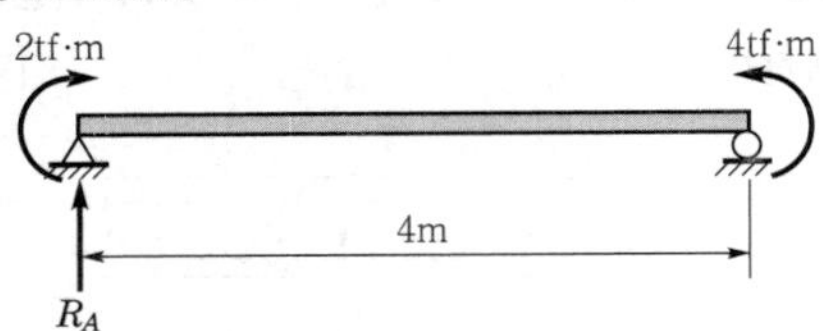

① 0.5tf(↓) ② 2.0tf(↓)

③ 0.5tf(↑) ④ 2.0tf(↑)

해설 $\Sigma M_B = 0(\oplus\circlearrowright)$

$R_A \times 4 + 2 - 4 = 0$

$\therefore\ R_A = 0.5\text{tf}(\uparrow)$

13. 다음 그림과 같은 내민보에 발생하는 최대 휨모멘트를 구하면? [기사 17]

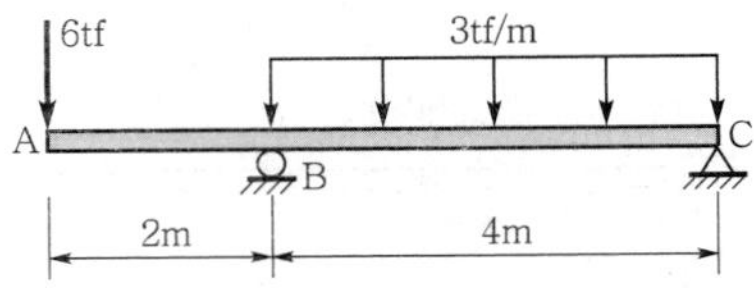

① $-8\text{tf}\cdot\text{m}$ ② $-12\text{tf}\cdot\text{m}$

③ $-16\text{tf}\cdot\text{m}$ ④ $-20\text{tf}\cdot\text{m}$

반력 산정

$\Sigma M_C = 0(\oplus\circlearrowright)$

$-6 \times 6 + V_B \times 4 - 3 \times 4 \times 2 = 0$

$\therefore\ V_B = 15\text{tf}(\uparrow)$

$\Sigma F_Y = 0(\uparrow \oplus)$

$15 + V_C - 6 - 12 = 0$

$\therefore\ V_C = 3\text{tf}(\uparrow)$

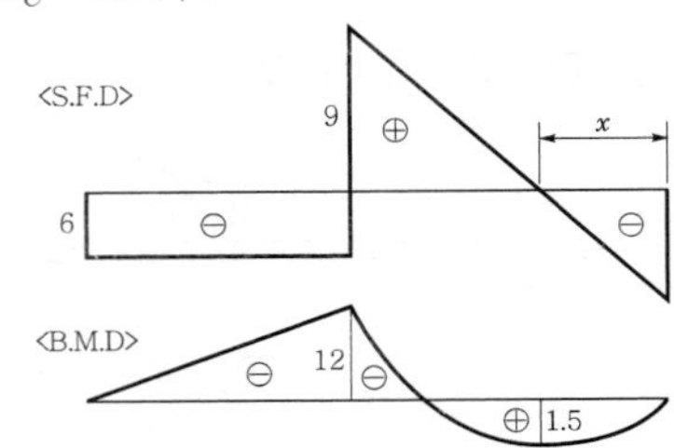

$12 : 4 = 3 : x$

$\therefore\ x = 1\text{m}$

$\therefore\ M_{\max} = -12\text{tf}\cdot\text{m}$

14. 다음 그림과 같은 구조물에서 지지보 BC에 일어나는 반력 R_B를 구한 값은? (단, BC의 경사는 연직 4에 대하여 수평 3이다.) [기사 02]

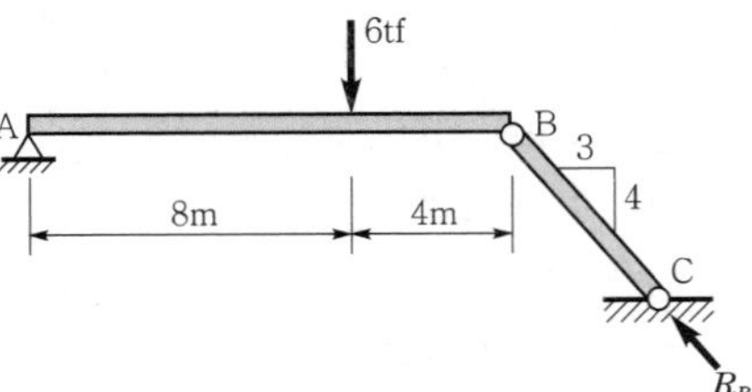

① 6tf ② 5tf

③ 4tf ④ 2tf

 정답 11. ② 12. ③ 13. ② 14. ②

해설 게르버보부재의 해석은 내부 힌지를 기준으로 부재를 나눈 다음 정정 구조물형태를 취하는 부재부터 순차적으로 해석한다.

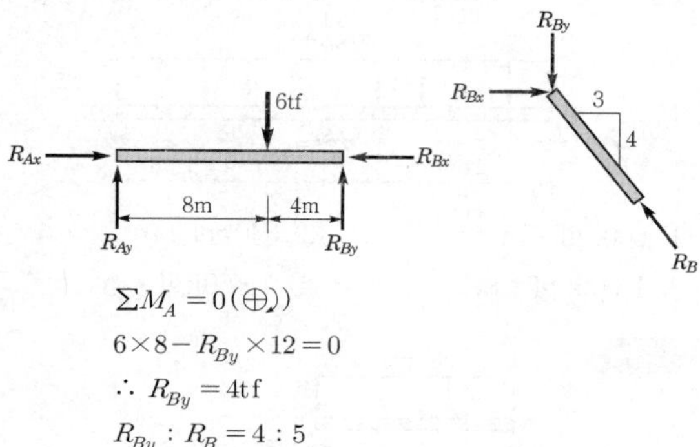

$\Sigma M_A = 0(\oplus)$

$6\times 8 - R_{By}\times 12 = 0$

$\therefore R_{By} = 4\text{tf}$

$R_{By} : R_B = 4 : 5$

$\therefore R_B = 5\text{tf}$

15. 다음 그림과 같은 보에서 A점의 반력을 구하면? [기사 02, 04]

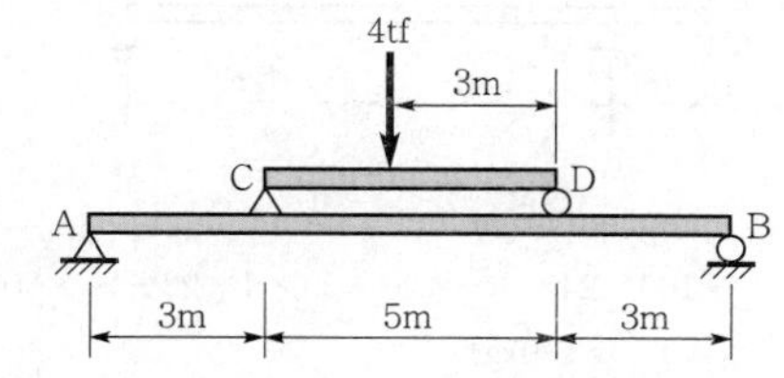

① 1.18tf(↑) ② 1.58tf(↑)
③ 2.18tf(↑) ④ 2.58tf(↑)

해설

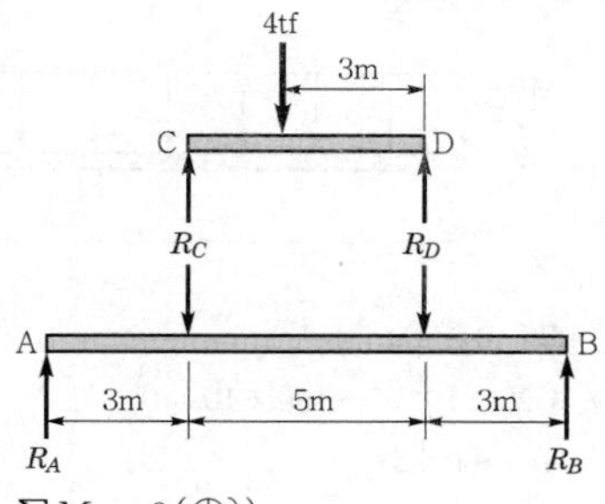

$\Sigma M_D = 0(\oplus)$

$R_C\times 5 - 4\times 3 = 0$

$\therefore R_C = 2.4\text{tf}(\uparrow)$

$\Sigma F_Y = 0(\uparrow\oplus)$

$R_C - 4 + R_D = 0$

$\therefore R_D = 1.6\text{tf}$

$\Sigma M_B = 0(\oplus)$

$R_A\times 11 - 2.4\times 8 - 1.6\times 3 = 0$

$\therefore R_A = 2.18\text{tf}(\uparrow)$

16. 다음 그림과 같은 보에서 A점의 반력이 B점의 반력의 두 배가 되도록 하는 거리 x의 값으로 맞는 것은? [기사 07, 산업 07]

① 2.5m
② 3m
③ 3.5m
④ 4m

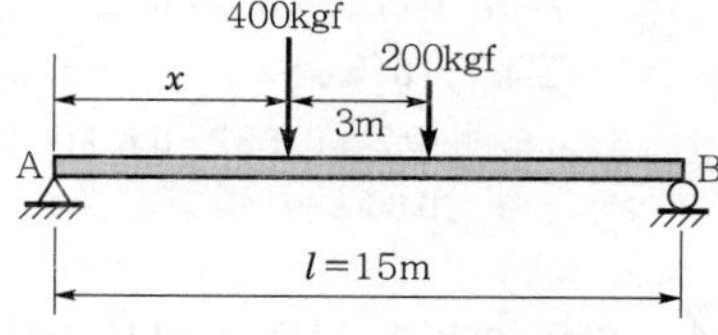

해설 $\Sigma V = 0$

$R_A + R_B - 600 = 0$

$2R_B + R_B - 600 = 0$

$\therefore R_B = 200\text{kgf}$

$\Sigma M_A = 0$

$400x + 200(x+3) - 200\times 15 = 0$

$\therefore x = 4\text{m}$

17. 다음 그림과 같은 보에서 두 지점의 반력이 같게 되는 하중의 위치(x)를 구하면? [기사 11]

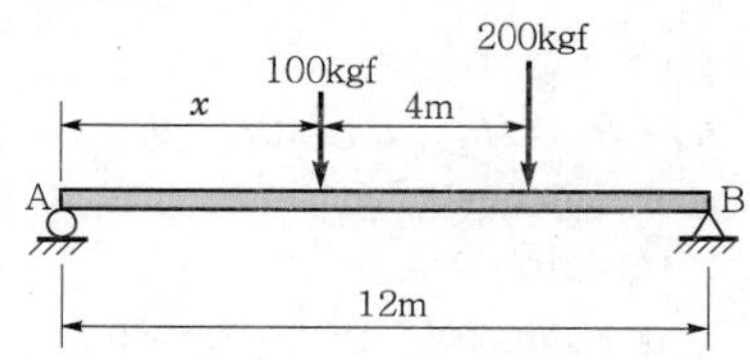

① 0.33m ② 1.33m
③ 2.33m ④ 3.33m

해설 $\Sigma V = 0(\uparrow\oplus)$

$R_A + R_B = 100 + 200 = 300\text{kgf}$

$2R_B = 300$

$\therefore R_B = R_A = 150\text{kgf}$

$\Sigma M_A = 0(\oplus)$

$100x + 200(x+4) - 150\times 12 = 0$

$\therefore x = \dfrac{1{,}000}{300} = 3.33\text{m}$

18. 다음의 단순보에서 A점의 반력이 B점의 반력의 3배가 되기 위한 거리 x는 얼마인가? [기사 08, 16]

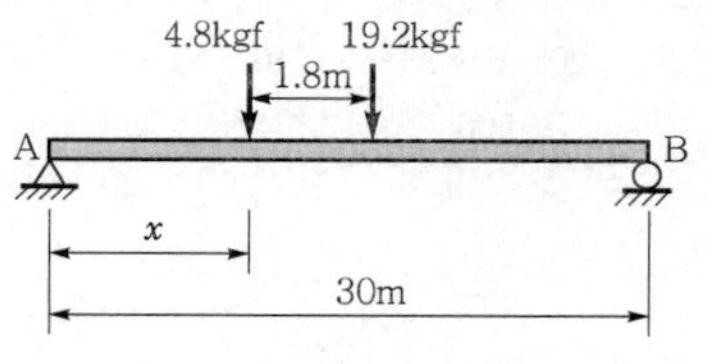

① 3.75m ② 5.04m
③ 6.06m ④ 6.66m

정답 15. ③ 16. ④ 17. ④ 18. ③

해설 $R_A = 3R_B$

$\Sigma V = 0(\uparrow \oplus)$

$R_A + R_B = 3R_B + R_B = 24\text{kgf}$

$\therefore R_B = 6\text{kgf},\ R_A = 18\text{kgf}$

$\Sigma M_A = 0(\oplus\circlearrowright)$

$4.8x + 19.2(x+1.8) - 6\times 30 = 0$

$\therefore x = 6.06\text{m}$

19. 다음 그림과 같은 보에서 A점의 반력이 B점의 반력의 2배가 되도록 하는 거리 x는 얼마인가? [기사 10, 15]

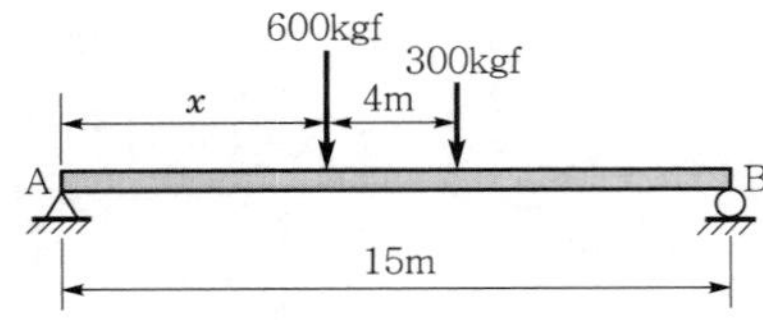

① 1.67m ② 2.67m
③ 3.67m ④ 4.67m

해설 $\Sigma V = 0(\uparrow \oplus)$

$R_A + R_B = 2R_B + R_B = 3R_B = 900$

$\therefore R_B = 300\text{kgf}(\uparrow)$

$\Sigma M_A = 0(\oplus\circlearrowright)$

$-300\times 15 + 300(4+x) + 600x = 0$

$900x = 3{,}300$

$\therefore x = 3.67\text{m}$

20. 다음 그림과 같은 내민보에서 지점 A에 발생하는 수직반력 R_A는? [산업 15]

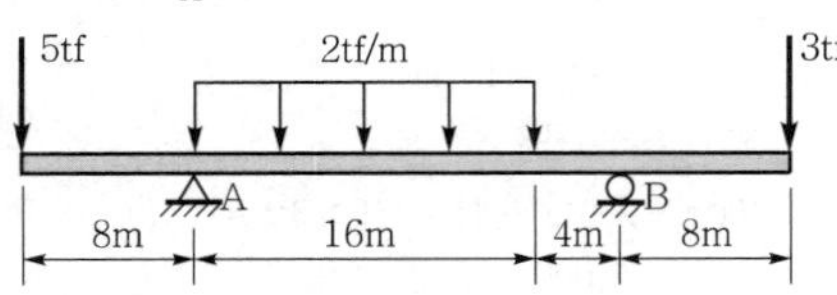

① 15tf ② 20tf
③ 25tf ④ 30tf

해설 $\Sigma M_B = 0(\oplus\circlearrowright)$

$R_A \times 20 - 5\times 28 - 2\times 16\times 12 + 3\times 8 = 0$

$\therefore R_A = \dfrac{500}{20} = 25\text{tf}(\uparrow)$

21. 다음 그림과 같은 게르버보의 E점(지점 C에서 오른쪽으로 10m 떨어진 점)에서의 휨모멘트값은? [기사 16, 산업 17]

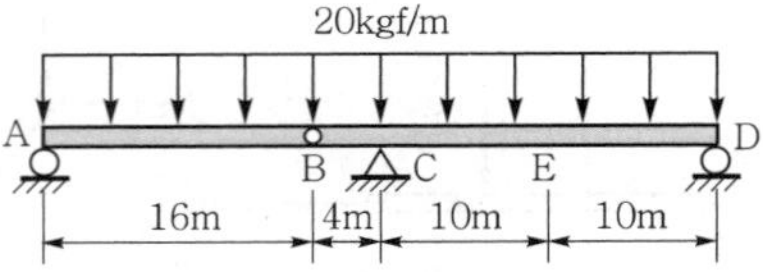

① 600kgf · m ② 640kgf · m
③ 1,000kgf · m ④ 1,600kgf · m

해설

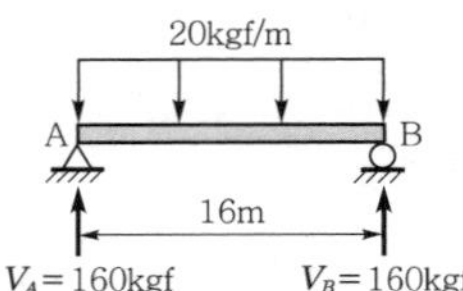

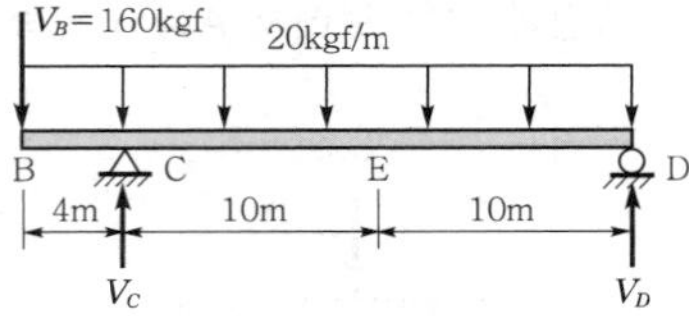

$\Sigma M_D = 0(\oplus\circlearrowright)$

$-160\times 24 + V_C\times 20 - 20\times 4\times 22 - 20\times 20\times 10 = 0$

$\therefore V_C = 480\text{kgf}(\uparrow)$

$\Sigma F_Y = 0(\uparrow \oplus)$

$V_C + V_D - 160 + 480 = 0$

$\therefore V_D = 160\text{kgf}(\uparrow)$

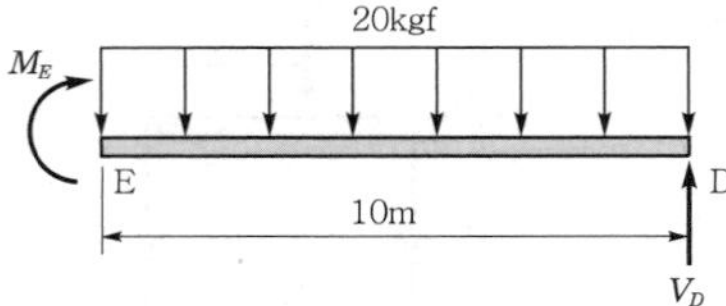

$\Sigma M_E = 0(\oplus\circlearrowright)$

$M_E + 20\times 10\times 5 - 160\times 10 = 0$

$\therefore M_E = 600\text{kgf}\cdot\text{m}(\circlearrowright)$

22. 다음 단순보에서 지점 C의 반력이 0이 되기 위해서는 B점의 집중하중 P의 크기는? [산업 04]

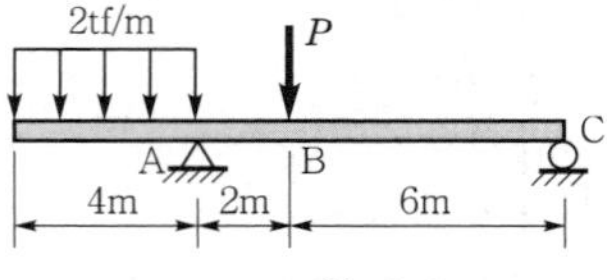

① 8tf ② 9tf
③ 10tf ④ 12tf

정답 19. ③ 20. ③ 21. ① 22. ①

해설 $\Sigma M_A = 0(\oplus)$

$R_C \times 8 - P \times 2 + 2 \times 4 \times 2 = 0$

$R_C = \dfrac{2P-16}{8}$

$\therefore P = 8\text{tf}$

23. 다음 그림과 같이 연직의 분포하중 $w = 2x^2$이 작용한다. 지점 B의 연직방향 반력의 크기는? [산업 04]

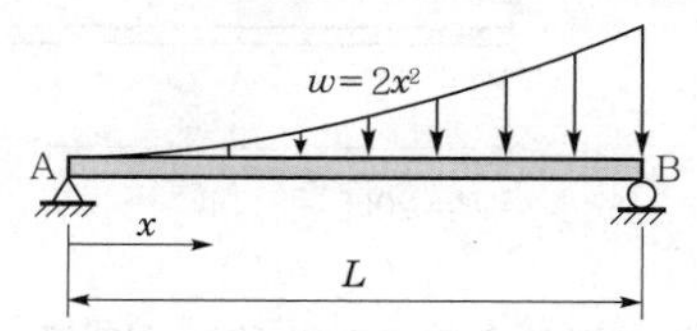

① $\dfrac{L^2}{2}$ ② $\dfrac{2L^2}{3}$

③ $\dfrac{L^3}{2}$ ④ $\dfrac{2L^3}{3}$

해설 $\Sigma M_A = 0(\oplus)$

$R_B \times L - 2L^2 \times L \times \dfrac{1}{3} \times \dfrac{3}{4}L = 0$

$\therefore R_B = \dfrac{\dfrac{L^4}{2}}{L} = \dfrac{L^3}{2}$

24. 양단 내민보에 다음 그림과 같이 등분포하중 W =100kgf/m가 작용할 때 C점의 전단력은 얼마인가? [기사 07]

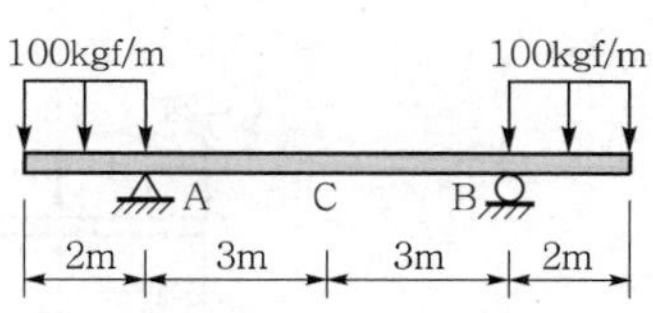

① 0 ② 50kgf

③ 100kgf ④ 150kgf

해설

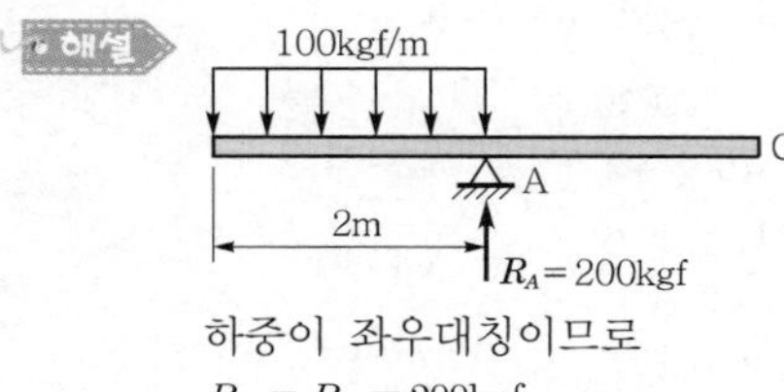

하중이 좌우대칭이므로

$R_A = R_B = 200\text{kgf}$

$\therefore S_C = 100 \times 2 - 200 = 0$

25. 다음 단순보에서 A점의 반력을 구한 값은? [산업 08, 17]

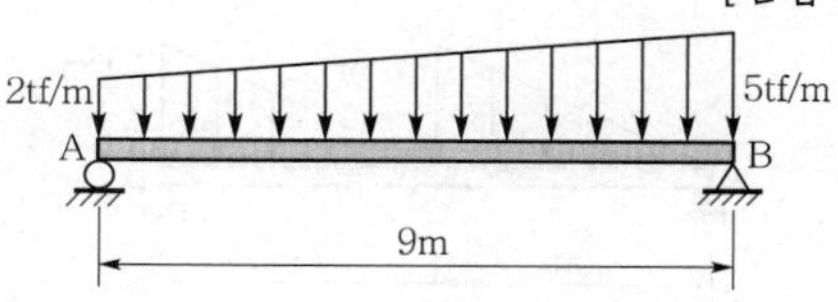

① 10.5tf ② 11.5tf

③ 12.5tf ④ 13.5tf

해설 하중을 사각형 등분포하중과 삼각형 등변분포 하중으로 구분해서 계산하면

$R_A = \dfrac{2 \times 9}{2} + \dfrac{3 \times 9}{6} = 9 + 4.5 = 13.5\text{tf}$

26. 다음 그림과 같은 단순보에서 C~D구간의 전단력의 값은? [기사 06]

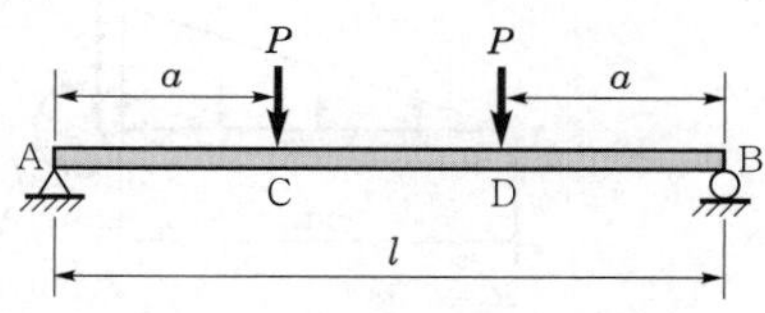

① $+P$ ② $-P$

③ $+\dfrac{P}{2}$ ④ 0

해설

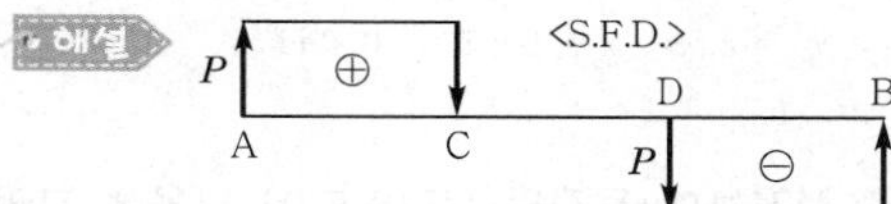

대칭구조이므로 $R_A = R_B = P$

$\therefore S_{C\sim D} = 0$

27. 다음 그림의 캔틸레버보에서 최대 휨모멘트는 얼마인가? [기사 15, 산업 06]

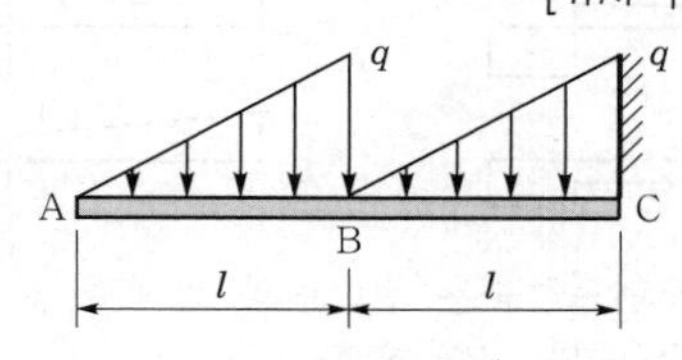

① $-\dfrac{1}{6}ql^2$ ② $-\dfrac{1}{2}ql^2$

③ $-\dfrac{1}{3}ql^2$ ④ $-\dfrac{5}{6}ql^2$

해설 $M_C = -\dfrac{ql}{2}\left(l + \dfrac{l}{3}\right) - \dfrac{ql}{2} \times \dfrac{l}{3} = -\dfrac{4ql^2}{6} - \dfrac{ql^2}{6}$

$= -\dfrac{5ql^2}{6}$

정답 23. ③ 24. ① 25. ④ 26. ④ 27. ④

28. 다음 보의 중앙점 C의 전단력의 값은? [기사 02]

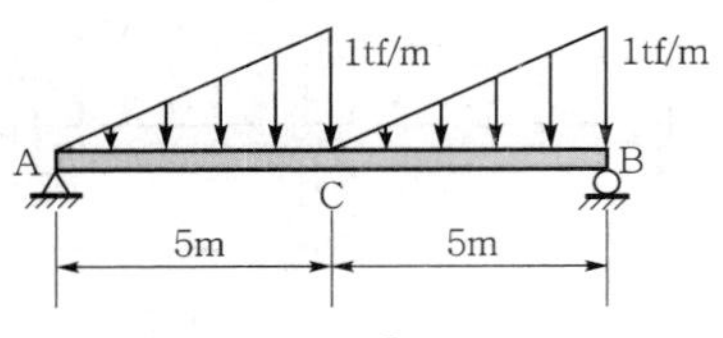

① 0 ② -0.22tf
③ -0.42tf ④ -0.62tf

해설 $\Sigma M_B=0(\oplus)$

$R_A\times10-5\times1\times\frac{1}{2}\times\left(5+5\times\frac{1}{3}\right)-5\times1\times\frac{1}{2}\times5\times\frac{1}{3}=0$

$\therefore R_A=2.08$tf

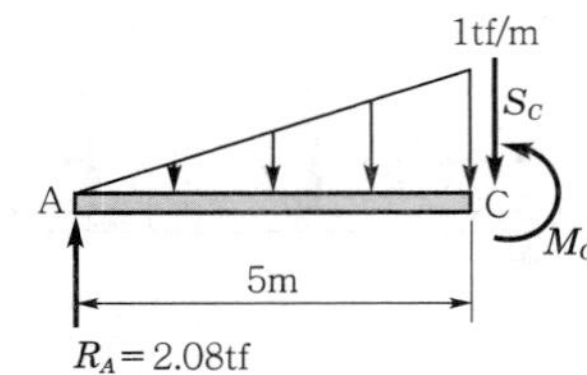

$\Sigma F_Y=0(\uparrow\oplus)$

$R_A-\frac{1}{2}\times5\times1-S_C=0$

$\therefore S_C=2.08-\frac{1}{2}\times5\times1=-0.42$tf

29. 다음 정정보에서 전단력도(S.F.D)가 옳게 그려진 것은? [기사 06]

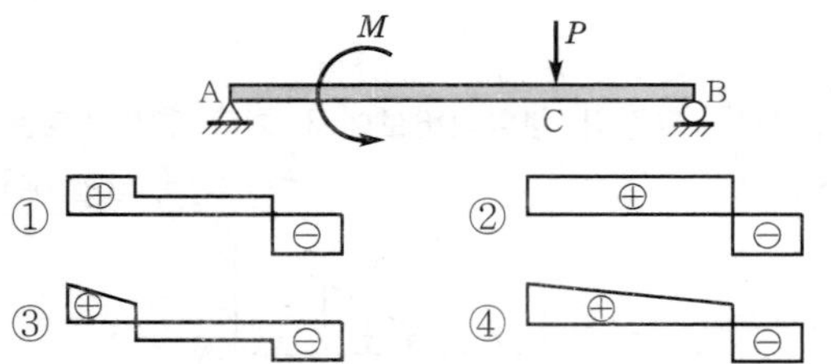

①②③④ (그림)

해설 모멘트하중은 전단력과 관계가 없으며 C점에 작용하는 P에 영향을 받는다.

30. 경간이 10m인 단순보 위를 1개의 집중하중 $P=$ 20tf가 통과할 때 이 보에 생기는 최대 전단력 S와 휨모멘트 M이 옳게 된 것은? [기사 02, 07, 17]

① $S=10$tf, $M=50$tf · m ② $S=10$tf, $M=100$tf · m
③ $S=20$tf, $M=50$tf · m ④ $S=20$tf, $M=100$tf · m

해설 ㉠ 보의 중앙에 집중하중 P 작용 시

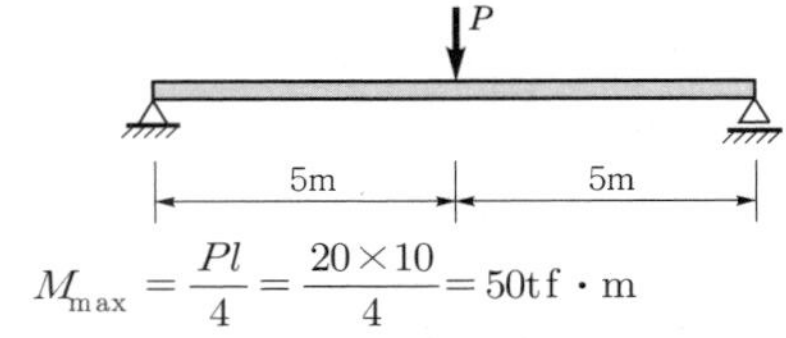

$M_{max}=\frac{Pl}{4}=\frac{20\times10}{4}=50$tf · m

㉡ 한 지점에 하중 P 작용 시

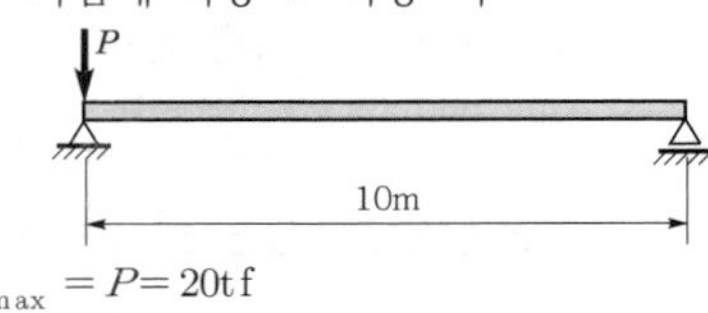

$S_{max}=P=20$tf

31. 다음 그림과 같이 C점이 내부 힌지로 구성된 게르버보에서 B지점에 발생하는 모멘트의 크기는? [기사 15]

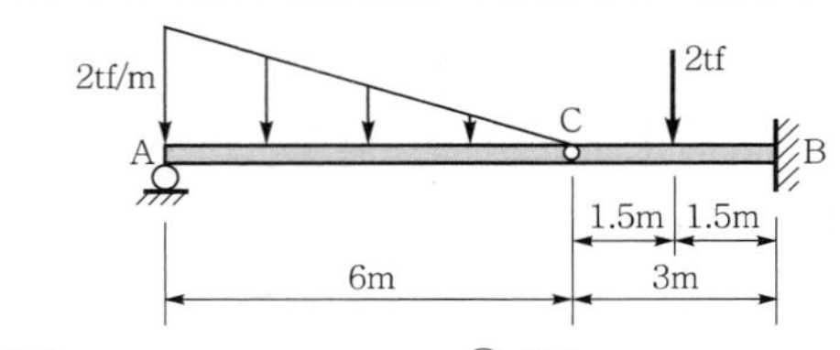

① 9tf · m ② 6tf · m
③ 3tf · m ④ 1tf · m

해설

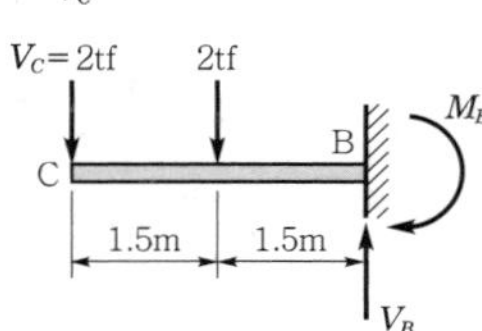

$\Sigma M_C=0(\oplus)$

$V_A\times6-\frac{1}{2}\times2\times6\times4=0$

$\therefore V_A=4$tf$(\uparrow)$

$\Sigma F_Y=0(\uparrow\oplus)$

$V_A+V_C-6=0$

$\therefore V_C=2$tf$(\uparrow)$

$\Sigma M_B=0(\oplus)$

$M_B-2\times3-2\times1.5=0$

$\therefore M_B=9$tf · m

$\Sigma F_Y=0(\uparrow\oplus)$

$\therefore V_B=4$tf$(\uparrow)$

정답 28. ③ 29. ② 30. ③ 31. ①

32. 다음 그림과 같은 단순보에서 중앙에 모멘트 M이 작용할 때의 모멘트도로 옳은 것은? [기사 01]

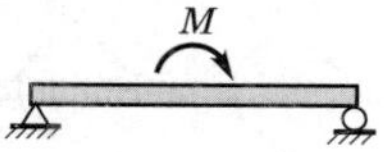

① 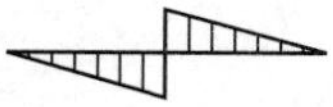
② 
③ 
④ 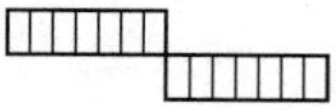

33. 다음 그림에서 $x=\dfrac{l}{2}$인 점의 전단력은 몇 tf인가? [산업 04, 06, 09]

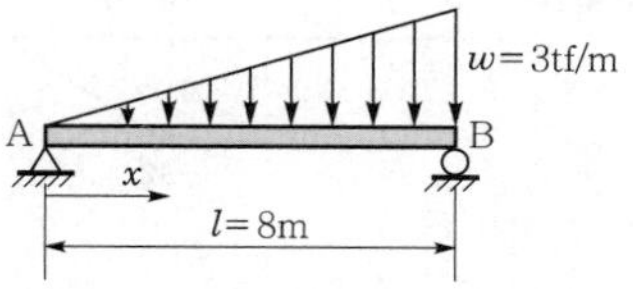

① 4 ② 3
③ 2 ④ 1

해설
$R_A=\dfrac{1}{3}\times\left(\dfrac{1}{2}\times3\times8\right)=4\text{tf}$
$\therefore S_C=4-\left(\dfrac{1}{2}\times1.5\times4\right)=4-3=1\text{tf}$

34. 다음 단순보의 개략적인 전단력도는? [산업 08]

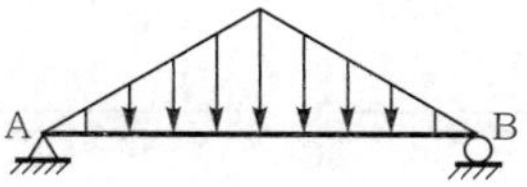

① 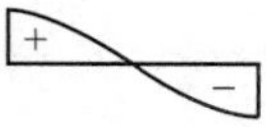
② 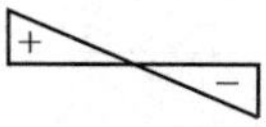
③ 
④ 

해설 등변분포하중이 작용할 때 전단력도는 2차 곡선(포물선)이다.

35. 다음 그림과 같은 보에서 D점의 전단력은? [산업 13, 16]

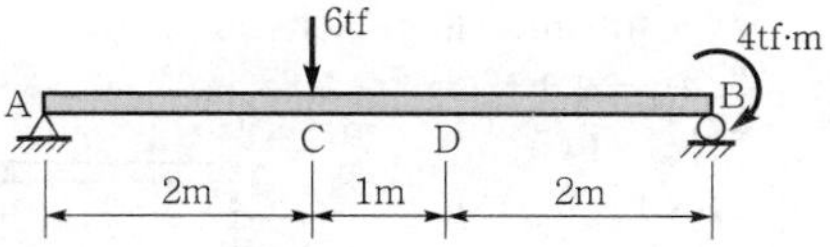

① +2.8tf ② −2.8tf
③ +3.2tf ④ −3.2tf

해설
$\Sigma M_B=0(\oplus)$
$(R_A\times5)-(6\times3)+4=0$
$\therefore R_A=\dfrac{14}{5}=2.8\text{tf}(\uparrow)$
$S_A=2.8\text{tf}(\uparrow)$
$S_C=2.8-6=-3.2\text{tf}(\downarrow)$
$\therefore S_D=S_C=-3.2\text{tf}(\downarrow)$

36. 다음 보에서 D~B구간의 전단력은? [산업 13, 17]

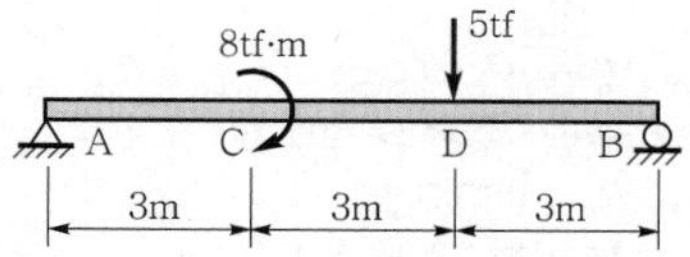

① 0.78tf ② −3.65tf
③ −4.22tf ④ 5.05tf

해설
$\Sigma M_B=0(\oplus)$
$(R_A\times9)-(5\times3)+8=0$
$\therefore R_A=\dfrac{7}{9}=0.78\text{tf}(\uparrow)$
$S_A=0.78\text{tf}(\uparrow)$
$S_C=S_A=0.78\text{tf}$
$\therefore S_D=0.78-5=-4.22\text{tf}(\downarrow)$

37. 다음 그림에서 중앙점의 휨모멘트는 얼마인가? [기사 04, 산업 12, 16]

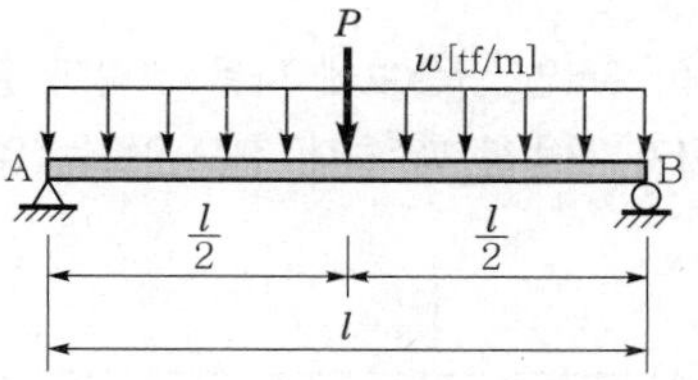

① $\dfrac{Pl}{4}-\dfrac{wl^2}{8}$ ② $\dfrac{Pl}{4}+\dfrac{wl}{8}$
③ $\dfrac{Pl}{4}-\dfrac{wl}{8}$ ④ $\dfrac{Pl}{4}+\dfrac{wl^2}{8}$

해설
㉠ 등분포하중일 때 최대 모멘트 $\dfrac{wl^2}{8}$
㉡ 집중하중이 경간 중앙에 작용할 때 $\dfrac{Pl}{4}$
$\therefore \dfrac{Pl}{4}+\dfrac{wl^2}{8}$

정답 32. ① 33. ④ 34. ① 35. ④ 36. ③ 37. ④

38. 다음 그림에서 나타낸 단순보 b점에 하중 5tf가 연직방향으로 작용하면 c점에서의 휨모멘트는?

[기사 09, 16, 산업 13]

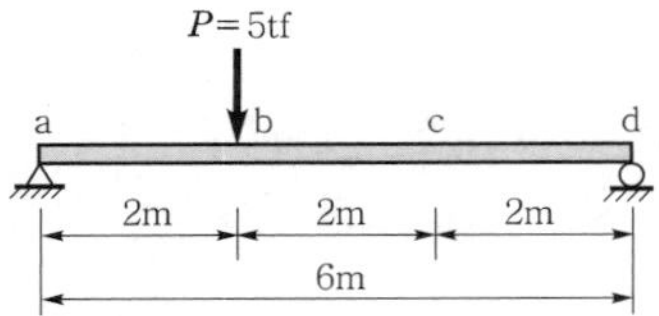

① 3.33tf · m ② 5.4tf · m
③ 6.67tf · m ④ 10.0tf · m

해설 $\Sigma M_a = 0(\oplus)$
$(R_d \times 6) - (5 \times 2) = 0$
$\therefore R_d = 1.67\text{tf}(\uparrow)$
$\therefore M_c = 1.67 \times 2 = 3.33\text{tf} \cdot \text{m}$

39. 다음 그림과 같은 단순보에서 최대 휨모멘트는?

[산업 16]

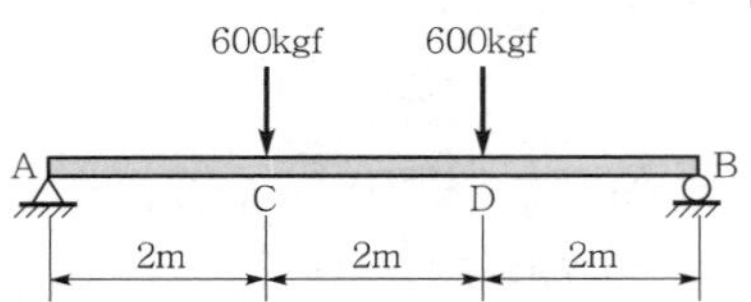

① 1,380kgf · m ② 1,056kgf · m
③ 1,260kgf · m ④ 1,200kgf · m

해설 $V_A = V_B = 600\text{kgf}$
$\therefore M_C = M_D = 600 \times 2 = 1,200\text{kgf} \cdot \text{m}$

40. 길이 6m인 단순보에 다음 그림과 같이 집중하중 7tf, 2tf가 작용할 때 최대 휨모멘트는 얼마인가?

[산업 15]

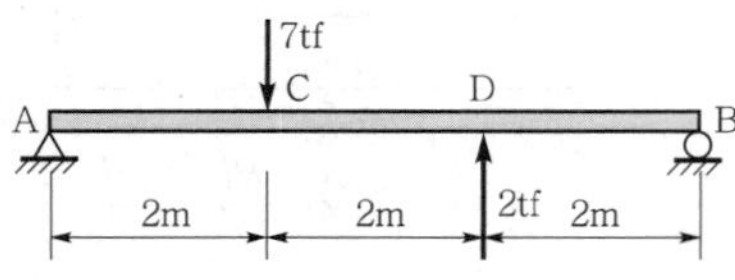

① 10.5tf · m ② 8tf · m
③ 7.5tf · m ④ 7tf · m

해설 $\Sigma M_B = 0(\oplus)$
$V_A \times 6 - 7 \times 4 + 2 \times 2 = 0$
$\therefore V_A = 4\text{tf}(\uparrow)$
$\Sigma F_Y = 0(\uparrow \oplus)$
$V_A + V_B + 2 - 7 = 0$
$\therefore V_B = 1\text{tf}(\uparrow)$
$\therefore M_{\max} = M_C = V_A \times 2 = 8\text{tf} \cdot \text{m}$

41. 주어진 단순보에서 최대 휨모멘트는 얼마인가?

[기사 04]

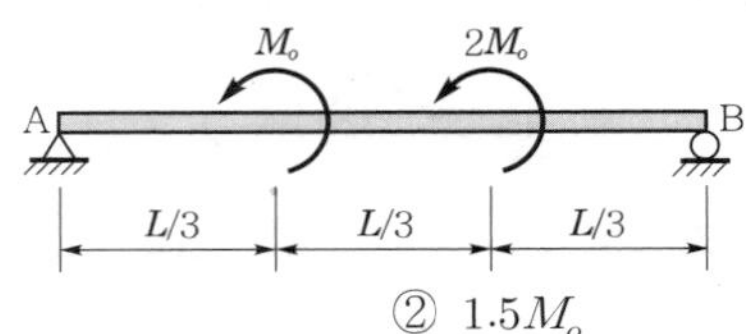

① M_o ② $1.5M_o$
③ $2M_o$ ④ $3M_o$

해설

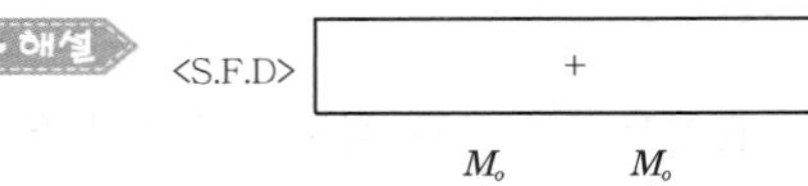

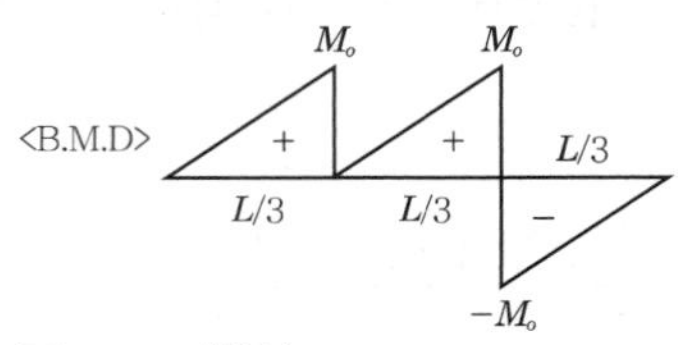

$\Sigma M_A = 0(\oplus)$
$-M_o - 2M_o - R_B \times L = 0$
$\therefore R_B = -\dfrac{3M_o}{L}(\downarrow)$
$\Sigma V = 0$
$R_A + R_B = 0$
$\therefore R_A = -R_B = \dfrac{3M_o}{L}(\uparrow)$

42. 다음 그림과 같은 보 C점의 휨모멘트는 얼마인가?

[기사 01]

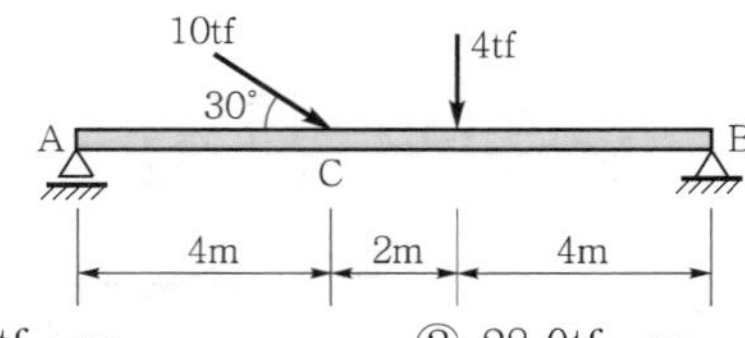

① 18.4tf · m ② 28.0tf · m
③ 30.4tf · m ④ 32.4tf · m

해설

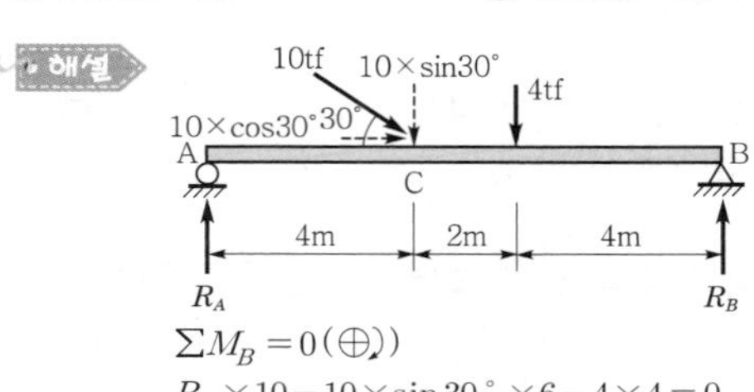

$\Sigma M_B = 0(\oplus)$
$R_A \times 10 - 10 \times \sin 30° \times 6 - 4 \times 4 = 0$
$\therefore R_A = 4.6\text{tf}(\uparrow)$
$\Sigma M_C = 0(\oplus)$
$4.6 \times 4 - M_C = 0$
$\therefore M_C = 18.4\text{tf} \cdot \text{m}$

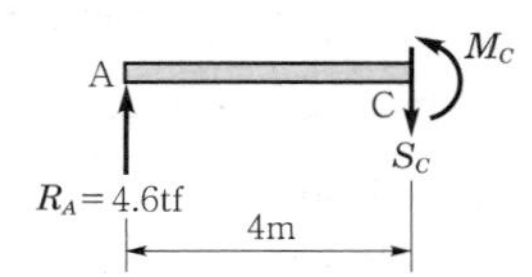

정답 38. ① 39. ④ 40. ② 41. ① 42. ①

43. 다음 그림과 같은 내민보에서 C점의 휨모멘트가 영(零)이 되게 하기 위해서는 x가 얼마가 되어야 하는가? [기사 03, 08, 09, 17]

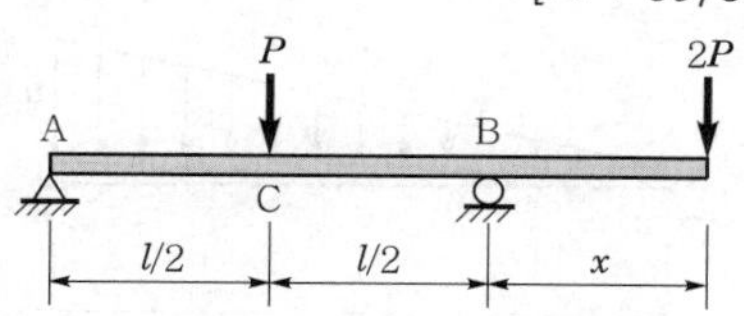

① $x=\dfrac{l}{3}$　　② $x=\dfrac{2}{3}l$

③ $x=\dfrac{l}{4}$　　④ $x=\dfrac{l}{2}$

해설 다음 그림과 같이 지점 B에서 각각의 하중에 대한 평형을 이루어야 한다. 따라서 지점 B에서 모멘트를 취하면 다음과 같다.

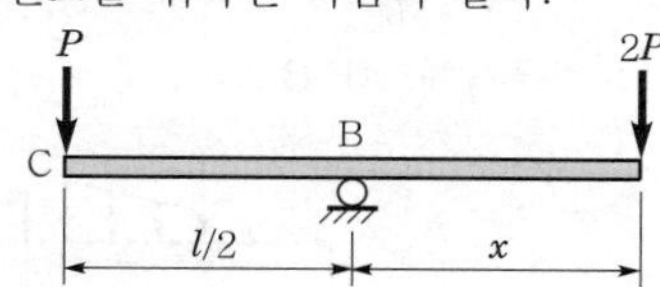

$\Sigma M_B=0(\oplus)$

$2P\times x-P\times\dfrac{l}{2}=0$

$\therefore x=\dfrac{l}{4}$

44. 단순보에 다음 그림과 같이 하중이 작용 시 C점에서의 모멘트값은? [기사 01, 04, 08]

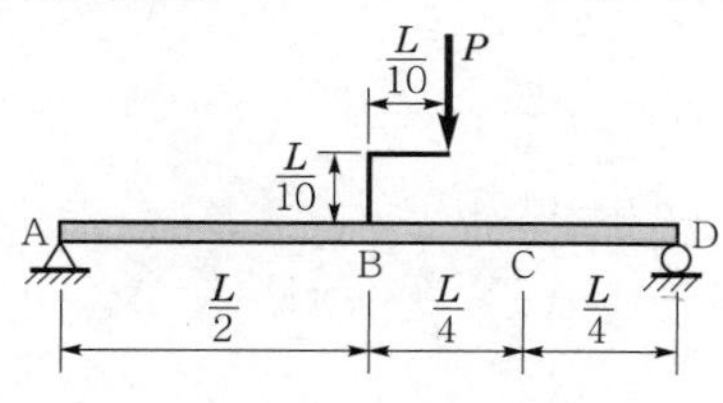

① $\dfrac{3PL}{20}$　　② $-\dfrac{3PL}{20}$

③ $\dfrac{PL}{8}$　　④ $-\dfrac{PL}{8}$

해설 $\Sigma M_A=0(\oplus)$

$P\times\left(\dfrac{L}{2}+\dfrac{L}{10}\right)-R_D\times L=0$

$\therefore R_D=\dfrac{3}{5}P(\uparrow)$

$\therefore M_C=R_D\times\dfrac{L}{4}=\dfrac{3PL}{20}\ (\oplus)$

45. 다음 그림과 같은 단순보의 최대 휨모멘트는? [기사 00]

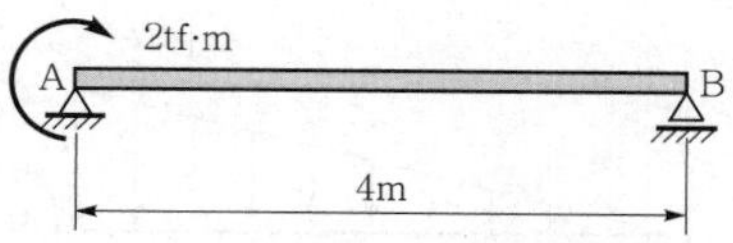

① $+1.0\text{tf}\cdot\text{m}$　　② $+1.5\text{tf}\cdot\text{m}$

③ $+0.5\text{tf}\cdot\text{m}$　　④ $+2.0\text{tf}\cdot\text{m}$

해설 $\Sigma M_A=0(\oplus)$

$2-R_B\times4=0$

$\therefore R_B=0.5\text{tf}(\uparrow)$

$\Sigma F_Y=0(\uparrow)$

$R_A+R_B=0$

$\therefore R_A=-R_B=-0.5\text{tf}(\downarrow)$

<S.F.D.> ⊖ −0.5tf

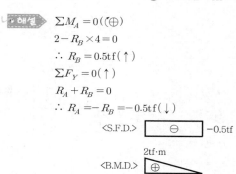

<B.M.D.> ⊕ 2tf·m

$\therefore M_{max}=2\text{tf}\cdot\text{m}$

46. 단순보에 등분포하중과 집중하중이 작용할 경우 최대 모멘트값은? [기사 05, 09, 산업 09]

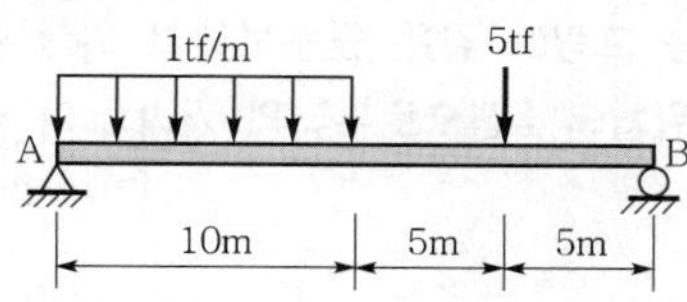

① $37.5\text{tf}\cdot\text{m}$　　② $38.3\text{tf}\cdot\text{m}$

③ $40.2\text{tf}\cdot\text{m}$　　④ $41.6\text{tf}\cdot\text{m}$

해설 $\Sigma M_B=0(\oplus)$

$R_A\times20-(10\times15)-5\times5=0$

$\therefore R_A=\dfrac{1}{20}\times(150+25)=8.75\text{tf}(\uparrow)$

$\Sigma V=0(\uparrow)$

$R_A+R_B-5-10=0$

$\therefore R_B=6.25\text{tf}(\uparrow)$

$S_x=0$인 점에서 M_{max} 발생

$S_x=R_A-(1\times x)=8.75-(1\times x)=0$

$\therefore x=8.75\text{m}$

$\therefore M_{max}=(8.75\times8.75)-8.75\times\dfrac{8.75}{2}$

$=38.28\text{tf}\cdot\text{m}$

정답 43. ③ 44. ① 45. ④ 46. ②

47. 다음 그림과 같은 단순보에서 최대 휨모멘트가 발생하는 위치는? (단, A점으로부터의 거리)

[기사 00, 03, 07, 17]

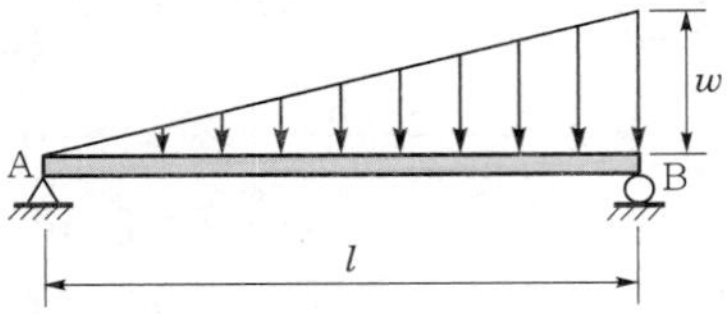

① $\frac{2}{3}l$ ② $\frac{2}{\sqrt{3}}l$

③ $\frac{l}{\sqrt{2}}$ ④ $\frac{l}{\sqrt{3}}$

해설 $\Sigma M_B = 0(\oplus)$

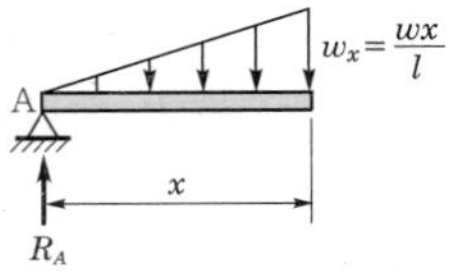

$R_A \times l - \frac{1}{2} \times wl \times \frac{l}{3} = 0$

$\therefore R_A = \frac{wl}{6}$

$S_x = 0$에서 $M_{\max}$ 발생

$S_x = R_A - \frac{w}{2l}x^2 = \frac{wl}{6} - \frac{w}{2l}x^2 = 0$

$\therefore x = \frac{l}{\sqrt{3}} = 0.577l$

48. 다음 그림과 같은 단순보에서 최대 휨모멘트가 발생하는 위치의 A점으로부터의 거리 x가 맞는 것은?

[기사 05, 산업 07]

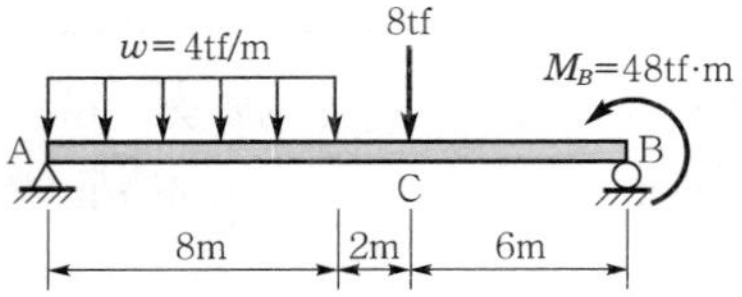

① 8.8m ② 7.5m

③ 7.375m ④ 6m

해설 $\Sigma M_A = 0(\oplus)$

$-R_B \times 16 + (8 \times 10) + \left(4 \times 8 \times \frac{8}{2}\right) - 48 = 0$

$\therefore R_B = 10\text{tf}(\uparrow)$

$\Sigma V = 0$

$R_A + R_B = (4 \times 8) + 8$

$\therefore R_A = 30\text{tf}(\uparrow)$

$S_x = 0$에서 $M_{\max}$ 발생

$S_x = 30 - 4x = 0$

$\therefore x = 7.5\text{m}$

49. 다음 그림과 같이 단순보 위에 삼각형 분포하중이 작용하고 있을 때 이 단순보에 작용하는 최대 휨모멘트는?

[기사 00]

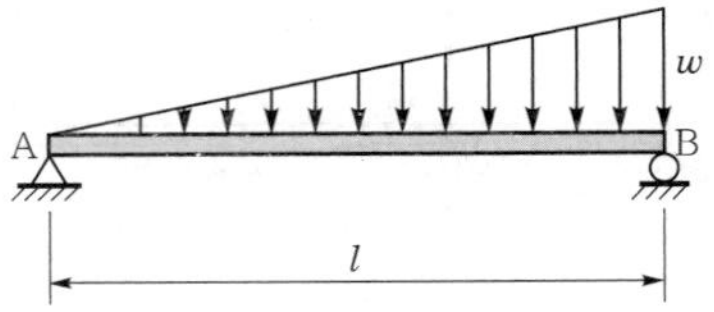

① $0.03214wl^2$ ② $0.04816wl^2$

③ $0.05217wl^2$ ④ $0.06415wl^2$

해설 $\Sigma M_B = 0(\oplus)$

$R_A \times l - w \times l \times \frac{1}{2} \times \frac{l}{3} = 0$

$\therefore R_A = \frac{wl}{6}(\uparrow)$

자유물체도(F.B.D)

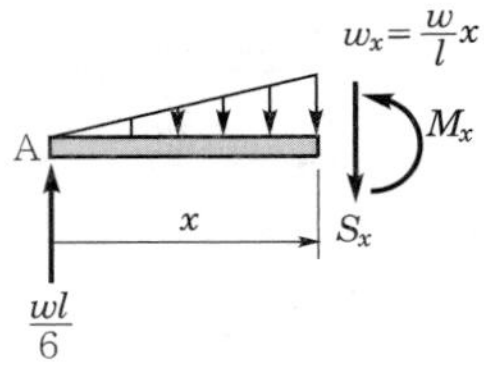

$w : l = w_x : x$

$\therefore w_x = \frac{w}{l}x$

$\Sigma F_Y = 0(\uparrow \oplus)$

$\frac{wl}{6} - \frac{1}{2} \times \frac{w}{l} \times x \times x - S_x = 0$

$\therefore S_x = \frac{wl}{6}x - \frac{w}{2l}x^2$

$\Sigma M_x = 0(\oplus)$

$\frac{wl}{6} \times x - \frac{1}{2} \times \frac{w}{l} \times x \times x \times \frac{x}{3} - M_x = 0$

$M_x = \frac{wl}{6}x - \frac{w}{2l}x^2 = 0$

$S_x = 0$을 $M_x = M_{\max}$에 적용하면

$S_x = \frac{wl}{6}x - \frac{w}{2l}x^2 = 0$

$\therefore x = \frac{l}{\sqrt{3}}$

$\therefore M_{\max} = \frac{wl}{6} \times \frac{l}{\sqrt{3}} - \frac{w}{6l} \times \left(\frac{l}{\sqrt{3}}\right)^3 = \frac{wl^2}{9\sqrt{3}}$

$= 0.06415wl^2$

 정답 47. ④ 48. ② 49. ④

50. 단순보에 작용하는 하중과 전단력과 휨모멘트와의 관계를 나타내는 설명으로 틀린 것은? [산업 07]

① 하중이 없는 구간에서의 전단력의 크기는 일정하다.
② 하중이 없는 구간에서의 휨모멘트선도는 직선이다.
③ 등분포하중이 작용하는 구간에서의 전단력은 2차 곡선이다.
④ 전단력이 0인 점에서의 휨모멘트는 최대 또는 최소이다.

해설 등분포하중이 작용하는 구간에서의 전단력은 1차 곡선이다.

51. 다음 그림과 같은 단순보의 중앙점에서의 휨모멘트는? [산업 06]

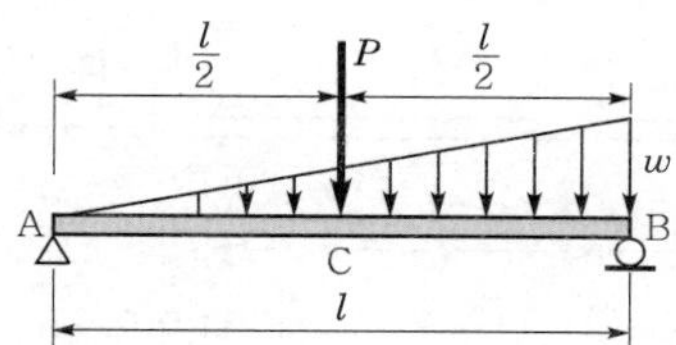

① $M_C = \frac{Pl}{2} + \frac{wl^2}{8}$ ② $M_C = \frac{Pl}{4} + \frac{wl^2}{6}$
③ $M_C = \frac{Pl}{2} + \frac{wl^2}{10}$ ④ $M_C = \frac{Pl}{4} + \frac{wl^2}{16}$

해설 $\Sigma M_B = 0(\oplus)$

$R_A l - \frac{wl}{2} \times \frac{l}{3} - \frac{Pl}{2} = 0$

$\therefore R_A = \frac{wl}{6} + \frac{P}{2}$

$\therefore M_C = R_A \times \frac{l}{2} - \frac{1}{2}\left(\frac{l}{2} \times \frac{w}{2}\right) \times \left(\frac{1}{3} \times \frac{l}{2}\right)$

$= \left(\frac{P}{2} + \frac{wl}{6}\right)\frac{l}{2} - \frac{wl^2}{48} = \frac{Pl}{4} + \frac{wl^2}{16}$

52. 다음 그림과 같은 단순보에서 최대 휨모멘트는? [산업 06]

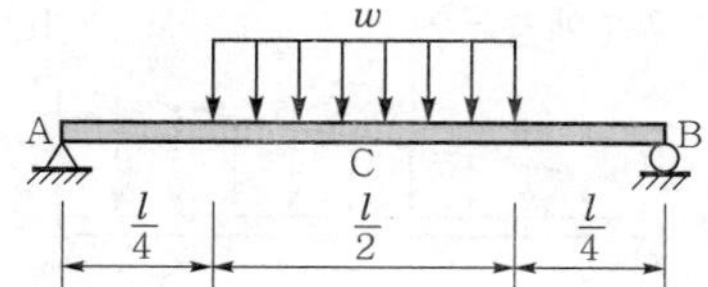

① $\frac{3}{32}wl^2$ ② $\frac{5}{32}wl^2$
③ $\frac{6}{32}wl^2$ ④ $\frac{9}{32}wl^2$

해설 $M_C = R_A \times \frac{l}{2} - \frac{wl}{4} \times \frac{1}{2} \times \frac{l}{4} = \frac{wl^2}{8} - \frac{wl^2}{32} = \frac{3wl^2}{32}$

여기서, $R_A = \frac{wl}{4}$

53. 다음 그림과 같은 단순보의 중앙점(C)의 휨모멘트는? [산업 11]

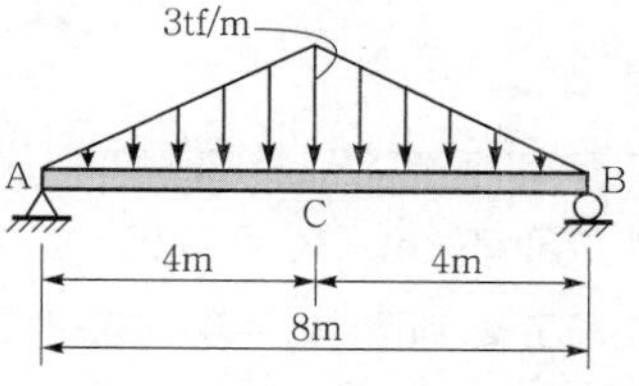

① 8tf·m ② 12tf·m
③ 14tf·m ④ 16tf·m

해설 $\Sigma M_B = 0(\oplus)$

$(R_A \times 8) - \left(3 \times 4 \times \frac{1}{2}\right) \times \left(4 + \frac{4}{3}\right) - \left(3 \times 4 \times \frac{1}{2}\right) \times \left(4 \times \frac{2}{3}\right) = 0$

$\therefore R_A = \frac{48}{8} = 6\text{tf}(\uparrow)$

$\therefore M_C = (6 \times 4) - \left(3 \times 4 \times \frac{1}{2}\right) \times \left(4 \times \frac{1}{3}\right) = 24 - 8$

$= 16\text{tf} \cdot \text{m}$

54. 다음 그림과 같은 단순보에서 전단력이 "0"이 되는 점에서 휨모멘트는? [산업 12, 17]

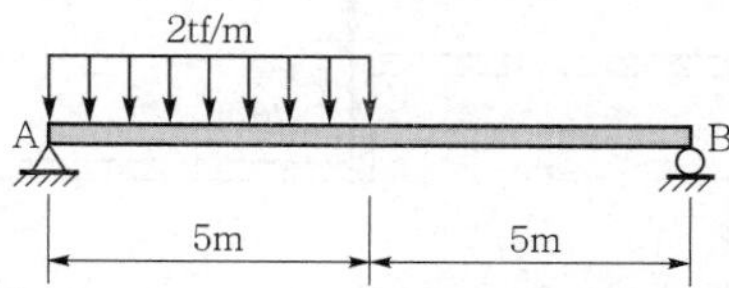

① 15.20tf·m ② 14.06tf·m
③ 12.50tf·m ④ 0

해설 $\Sigma M_B = 0$

$(R_A \times 10) - (2 \times 5 \times 7.5) = 0$

$\therefore R_A = \frac{75}{10} = 7.5\text{tf}$

전단력의 일반식 $S_x = R_A - wx = 7.5 - 2x = 0$

$\therefore x = \frac{7.5}{2} = 3.75\text{m}$

$\therefore M_{\max} = (7.5 \times 3.75) - \left(2 \times 3.75 \times \frac{3.75}{2}\right)$

$= 14.0625\text{tf} \cdot \text{m}$

정답 50. ③ 51. ④ 52. ① 53. ④ 54. ②

55. 다음 그림과 같은 단순보에서 A점으로부터 0.5m 되는 C점의 휨모멘트(M_C)와 전단력(V_C)은 각각 얼마인가? [산업 08]

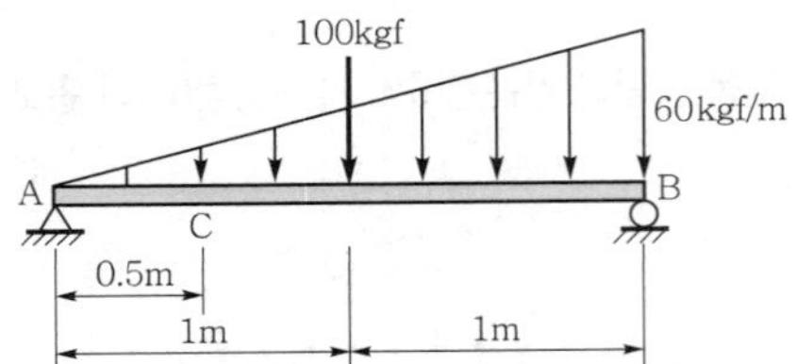

① M_C=34.375kgf·m, V_C=66.25kgf
② M_C=44.375kgf·m, V_C=66.25kgf
③ M_C=34.375kgf·m, V_C=85.50kgf
④ M_C=44.375kgf·m, V_C=85.50kgf

해설
$$R_A = \frac{P}{2} + \frac{wl}{6} = \frac{100}{2} + \frac{60\times 2}{6} = 70\text{kgf}$$
$$\therefore M_C = R_A \times 0.5 - \frac{0.5\times 15}{2} \times \left(0.5\times\frac{1}{3}\right)$$
$$= 35 - 0.625 = 34.375\text{kgf}\cdot\text{m}$$
$$\therefore V_C = S_C = R_A - \left(\frac{0.5\times 15}{2}\right) = 70 - 3.75$$
$$= 66.25\text{kg}$$

56. 다음 그림과 같은 단순형 라멘에서 단면력에 관한 설명으로 틀린 것은? (단, 굴곡부는 강절점이다.) [기사 11]

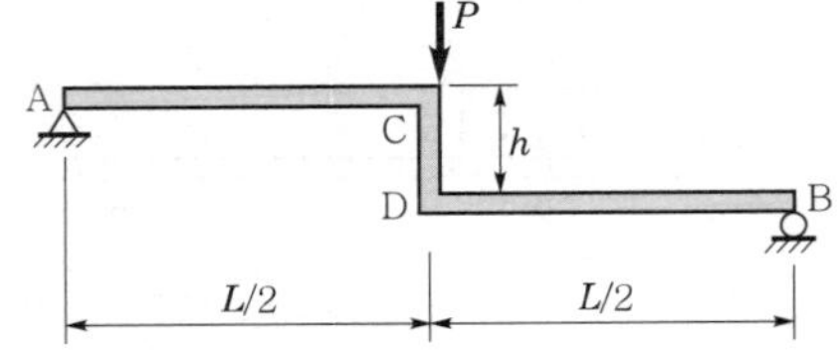

① 부재 AC에는 (+)의 전단력이 발생한다.
② 부재 CD에는 휨모멘트가 발생하지 않는다.
③ 부재 CD에는 전단력이 발생하지 않는다.
④ 부재 BD에는 휨모멘트가 발생한다.

해설
$\Sigma H = 0$
$H_A = 0$
$\Sigma M_B = 0$
$R_A L - P\times\frac{L}{2} = 0$
$\therefore R_A = \frac{P}{2}(\uparrow)$

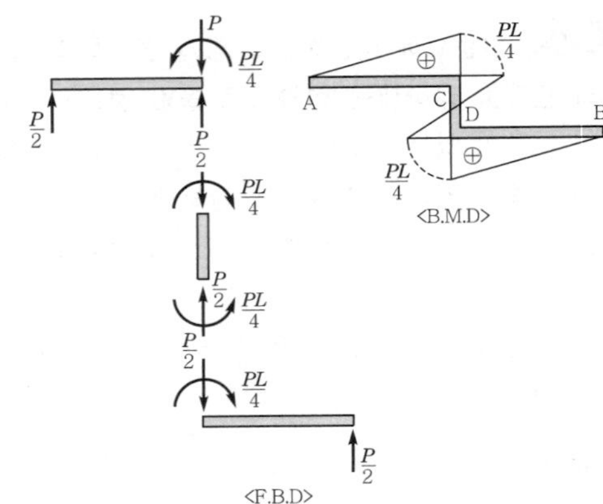

57. 단순보 AB 위에 다음 그림과 같은 이동하중이 지날 때 C점의 최대 휨모멘트는? [기사 08, 17, 산업 04]

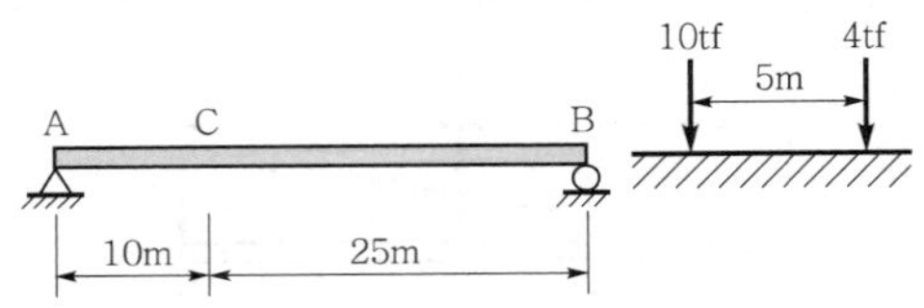

① 98.8tf·m
② 94.2tf·m
③ 80.3tf·m
④ 74.8tf·m

해설 M_C의 영향선도에 의해

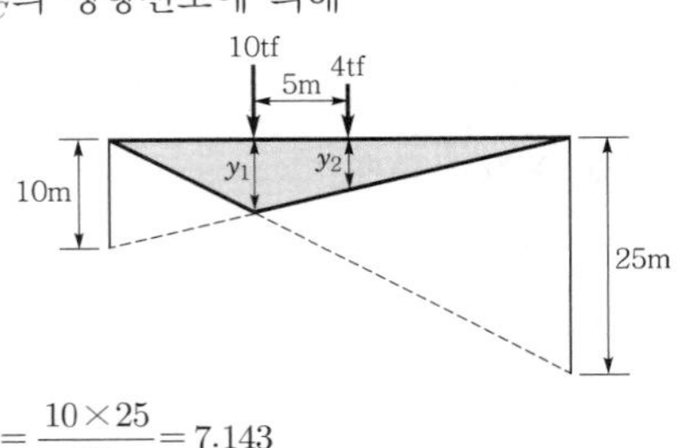

$$y_1 = \frac{10\times 25}{35} = 7.143$$
$$y_2 = \frac{20\times 10}{35} = 5.714$$
$$\therefore M_C = (10\times 7.143) + (4\times 5.714) = 94.29\text{tf}\cdot\text{m}$$

58. 다음 그림의 단순보에서 지점 A에서 4m 떨어진 C점에서의 휨모멘트는? [산업 02, 11]

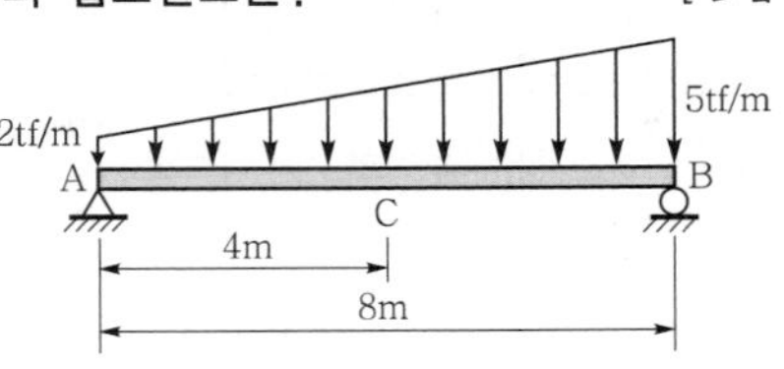

① 24tf·m
② 28tf·m
③ 32tf·m
④ 40tf·m

정답 55. ① 56. ② 57. ② 58. ②

해설 ㉠ $M_C(\text{사각형}) = \dfrac{wl^2}{8} = \dfrac{2\times 8^2}{8} = 16$

㉡ $M_C(\text{삼각형}) = \dfrac{3\times 8^2}{16} = 12$

$\therefore M_C = 16 + 12 = 28\text{tf}\cdot\text{m}$

59. 다음 그림과 같은 게르버보에 연행하중이 이동할 때 지점 B에서 최대 휨모멘트는? [기사 00]

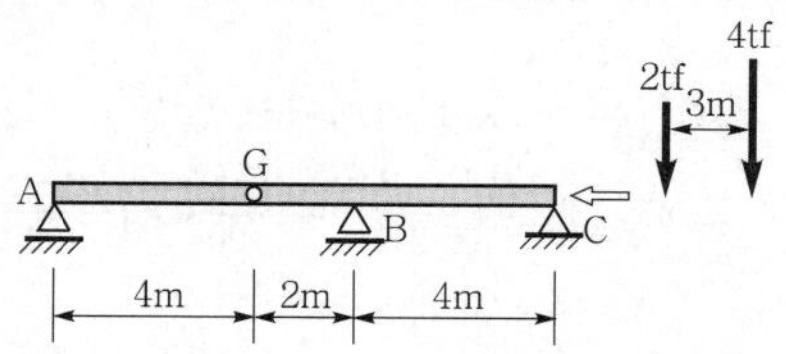

① $-8\text{tf}\cdot\text{m}$ ② $-9\text{tf}\cdot\text{m}$
③ $-10\text{tf}\cdot\text{m}$ ④ $-11\text{tf}\cdot\text{m}$

해설

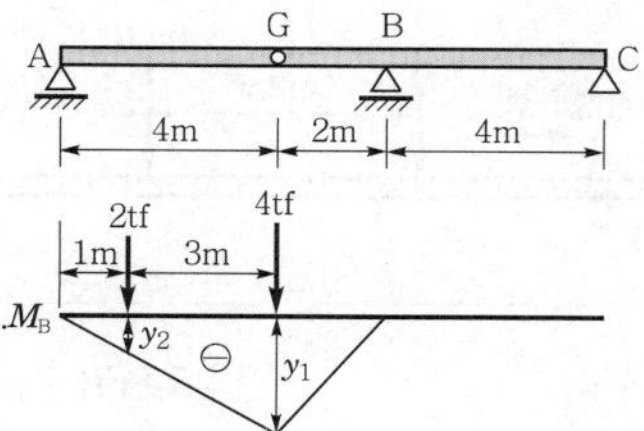

$y_1 = 2$

$4 : y_1 = 1 : y_2$

$\therefore y_2 = \dfrac{2\times 1}{4} = 0.5$

$\therefore M_{B\max} = (-4\times 2) - (2\times 0.5) = -9\text{tf}\cdot\text{m}$

60. 경간이 l인 단순보 위를 다음 그림과 같이 이동하중이 통과할 때 지점 B로부터 절대 최대 휨모멘트가 일어나는 위치는? [기사 04, 06]

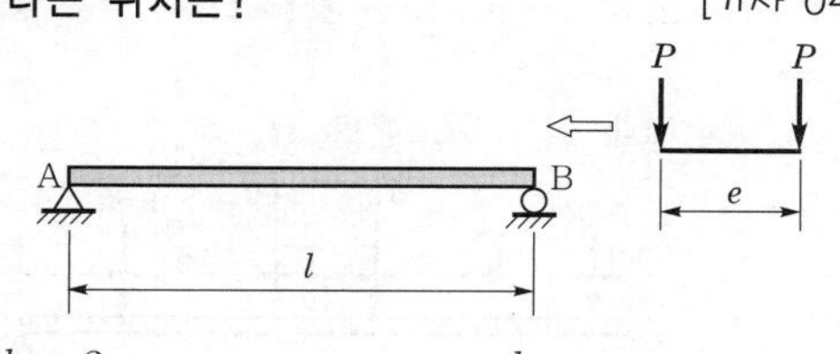

① $\dfrac{l}{2}\pm\dfrac{3e}{4}$ ② $\dfrac{l}{2}$

③ $\dfrac{l}{2}\pm\dfrac{e}{4}$ ④ $\dfrac{l}{2}\pm\dfrac{e}{2}$

해설 ㉠ 합력의 크기 $R = P + P = 2P$

㉡ 합력의 위치 $Rx = Pe$

$\therefore x = \dfrac{Pe}{R} = \dfrac{Pe}{2P} = \dfrac{e}{2}$

$|M_{\max}|$ 발생조건은 합력과 가까운 하중과의 2등분점이 보의 중앙과 일치할 때 큰 하중점 아래에서 발생한다.

〈첫 번째 P 아래서 $M_{\max}$ 발생〉

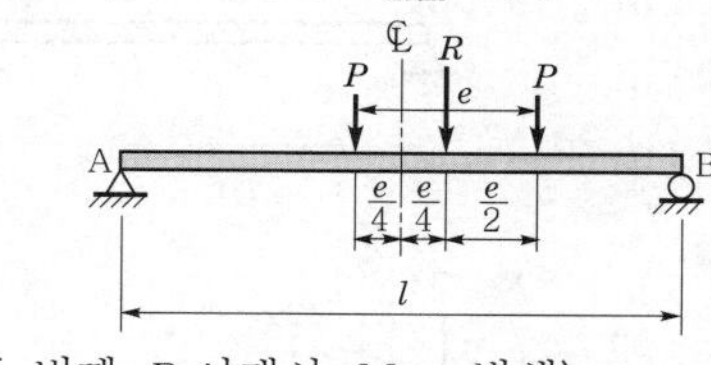

〈두 번째 P 아래서 $M_{\max}$ 발생〉

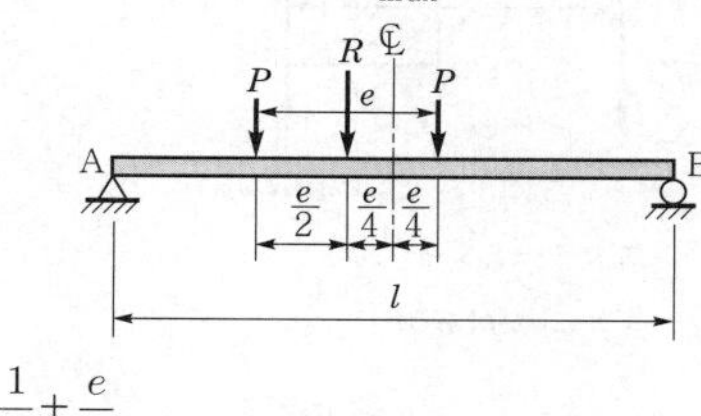

$\therefore \dfrac{1}{2}\pm\dfrac{e}{4}$

61. 다음 그림과 같은 단순보에 이동하중이 작용하는 경우 절대 최대 휨모멘트는?

[기사 00, 09, 16, 산업 15, 16]

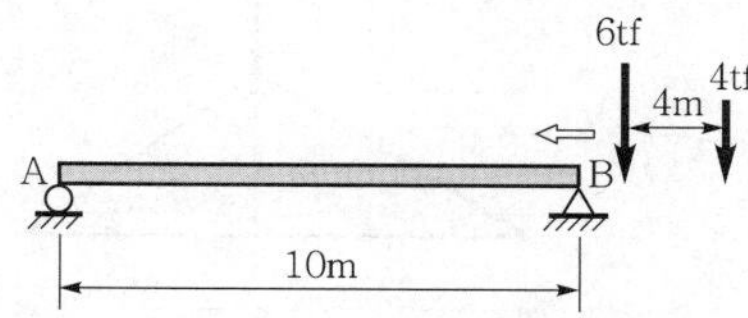

① $17.64\text{tf}\cdot\text{m}$ ② $16.72\text{tf}\cdot\text{m}$
③ $16.20\text{tf}\cdot\text{m}$ ④ $12.51\text{tf}\cdot\text{m}$

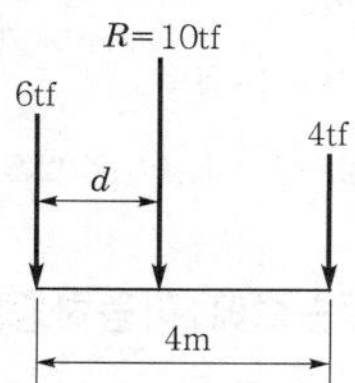

$10\times d = 4\times 4$

$\therefore d = 1.6\text{m}$

$\therefore M_{\max} = \dfrac{R}{l}\left(\dfrac{l-d}{2}\right)^2$

$= \dfrac{10}{10}\times\left(\dfrac{10-1.6}{2}\right)^2$

$= 17.64\text{tf}\cdot\text{m}$

정답 59. ② 60. ③ 61. ①

62. 다음 그림과 같이 단순보에 이동하중이 재하될 때 절대 최대 휨모멘트는? (단, 소수점 첫째 자리에서 반올림하시오.) [기사 01]

① 33tf・m
② 35tf・m
③ 37tf・m
④ 38tf・m

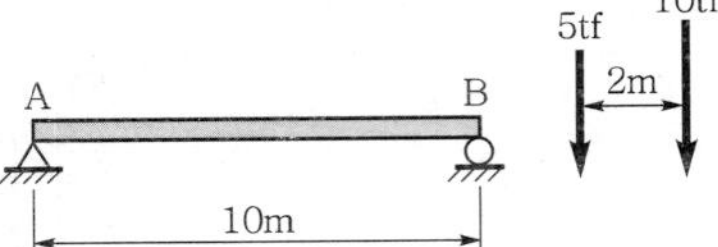

해설

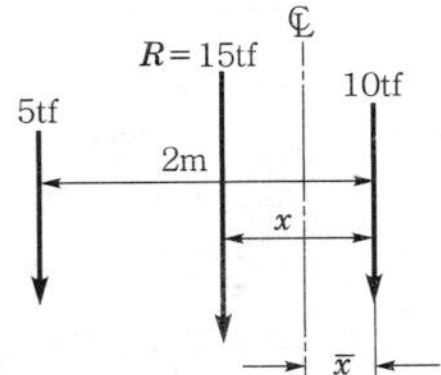

$5\times2=5\times x$

$\therefore x=0.667\text{m}$

$\therefore \bar{x}=\dfrac{x}{2}=0.333\text{m}$

10tf의 재하위치는 보의 중앙으로부터 우측으로 0.333m 떨어진 곳(B점으로부터 4.667m 떨어진 곳)

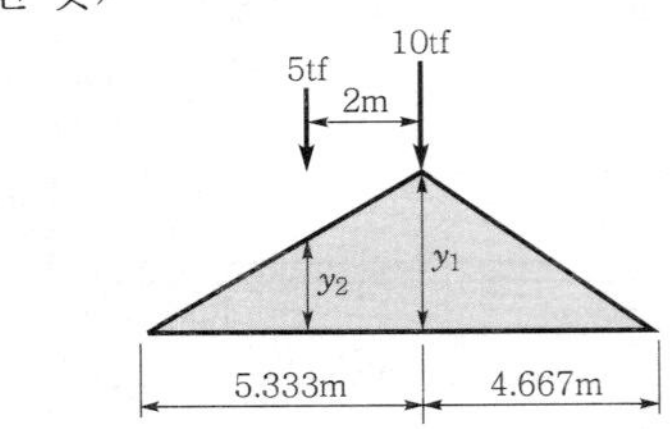

$y_1=\dfrac{5.333\times4.667}{10}=2.489$

$3.333 : y_2=5.333 : y_1$

$\therefore y_2=\dfrac{3.333}{5.333}\times2.489=1.556$

$\therefore M_{\max}=10\times2.489+5\times1.556=32.67\text{tf}\cdot\text{m}$

63. 다음 그림과 같은 단순보에 이동하중이 작용할 때 절대 최대 휨모멘트는? [기사 11]

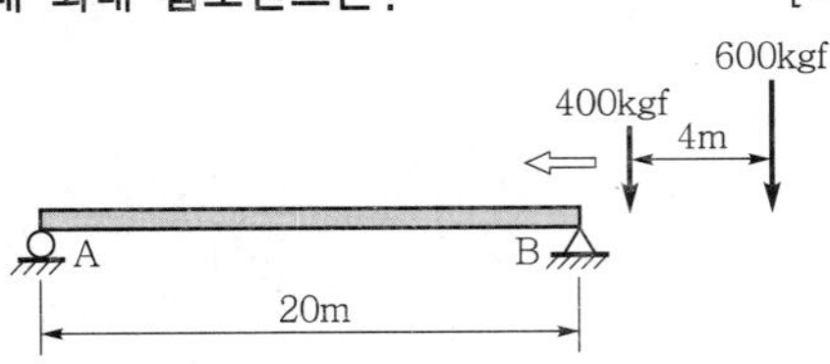

① 3,872kgf・m
② 4,232kgf・m
③ 4,784kgf・m
④ 5,317kgf・m

해설

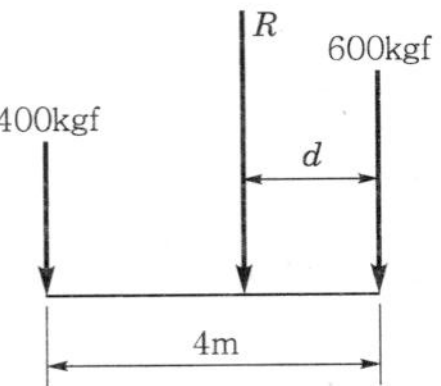

$R=400+600=1,000\text{kgf}$

$1,000\times d=400\times4$

$\therefore d=1.6\text{m}$

$M_{\max}$는 600kgf 아래에서 발생

$\therefore M_{\max}=\dfrac{R}{l}\left(\dfrac{l-d}{2}\right)^2=\dfrac{1,000}{20}\times\left(\dfrac{20-1.6}{2}\right)^2$

$=4,232\text{kgf}\cdot\text{m}$

64. 다음 그림과 같은 단순보에 하중이 우에서 좌로 이동할 때 절대 최대 휨모멘트는? [기사 10]

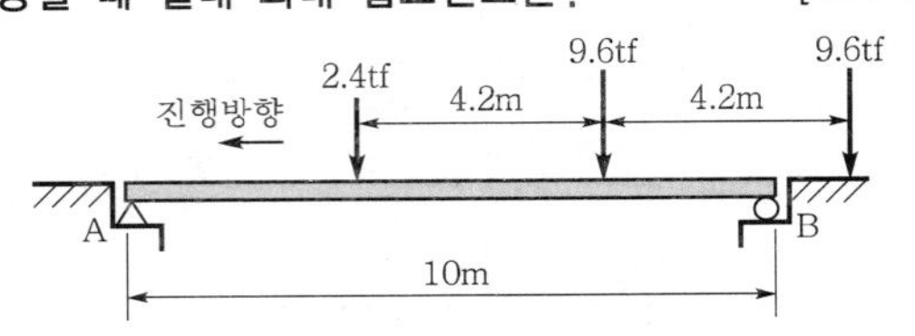

① 22.86tf・m
② 25.86tf・m
③ 29.86tf・m
④ 33.86tf・m

해설 ㉠ 합력의 위치 : 바리뇽 정리 이용

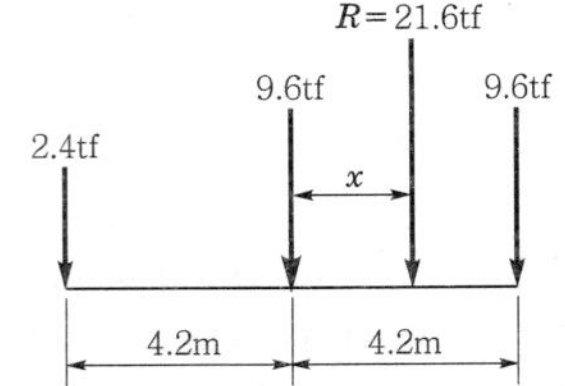

$21.6\times x=9.6\times4.2-2.4\times4.2$

$\therefore x=1.4\text{m}$

㉡ 절대 최대 휨모멘트($M_{\max}$)

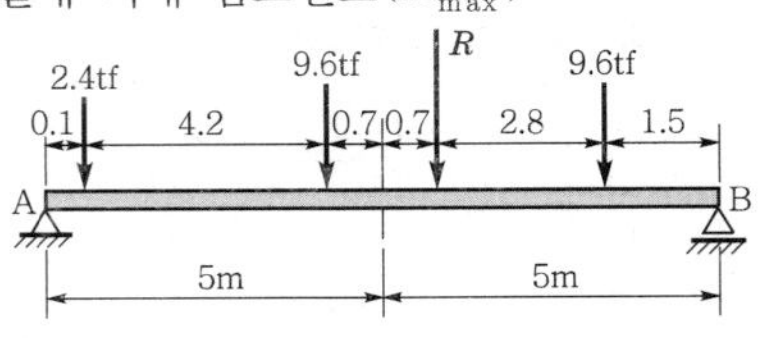

$\Sigma M_B=0$

$R_A\times10-2.4\times9.9-9.6\times5.7-9.6\times1.5=0$

$\therefore R_A=\dfrac{1}{10}\times92.88=9.288\text{tf}$

$\therefore M_{\max}=9.288\times4.3-2.4\times4.2$

$=29.8584\text{tf}\cdot\text{m}$

정답 62. ① 63. ② 64. ③

65. 다음 보와 같이 이동하중이 작용할 때 절대 최대 휨모멘트를 구한 값은? [기사 03]

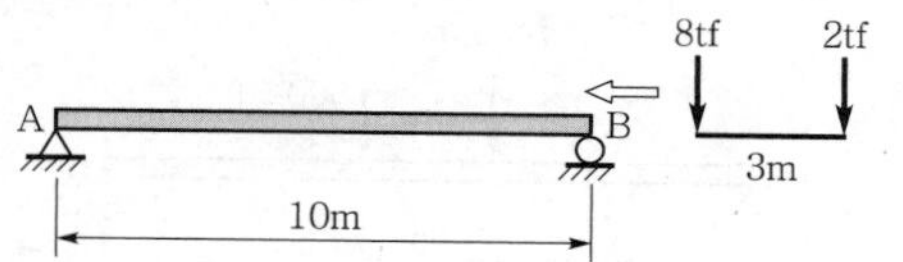

① 18.20tf · m ② 22.09tf · m
③ 26.76tf · m ④ 32.80tf · m

해설 $R = 8 + 2 = 10\text{tf}$

$x = \dfrac{3 \times 2}{10} = 0.6\text{m}$

$\bar{x} = \dfrac{x}{2} = 0.3\text{m}$

8tf의 재하위치는 보 중앙으로부터 좌측 0.3m 떨어진 곳(A점으로부터 4.7m 떨어진 곳)

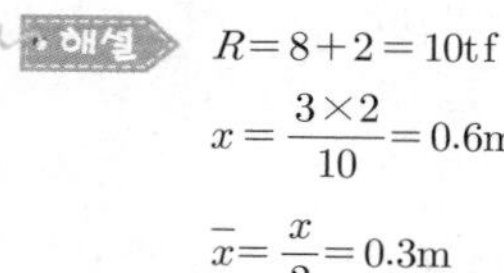

$y_1 = \dfrac{4.7 \times 5.3}{10} = 2.491$

$5.3 : 2.491 = 2.3 : y_2$

$\therefore y_2 = \dfrac{2.491 \times 2.3}{5.3} = 1.081$

$\therefore M_{\max} = 8 \times 2.491 + 2 \times 1.081 = 22.09\text{tf} \cdot \text{m}$

66. 다음 그림 (a)와 같은 하중이 그 진행방향을 바꾸지 아니하고 그림 (b)와 같은 단순보 위를 통과할 때 이 보에 절대 최대 휨모멘트를 일어나게 하는 하중 9tf의 위치는? (단, B지점으로부터 거리이다.) [기사 02, 05, 11, 15]

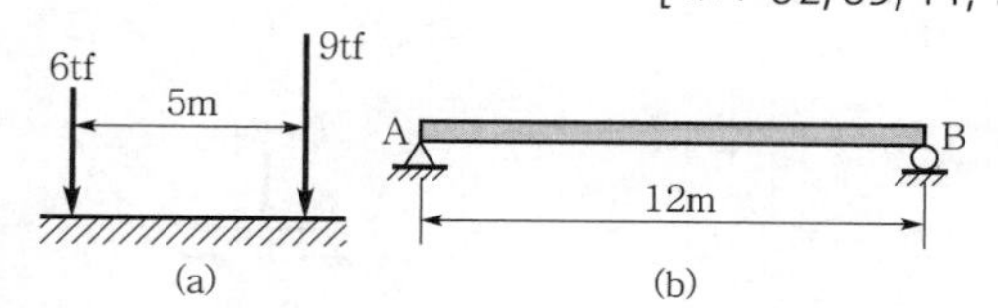

① 2m ② 5m
③ 6m ④ 7m

해설 바리뇽 정리 이용

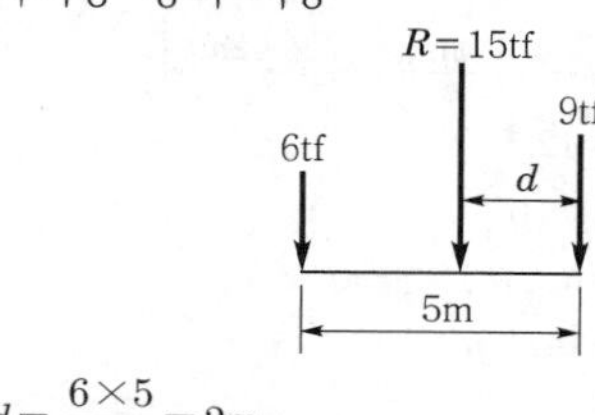

$d = \dfrac{6 \times 5}{15} = 2\text{m}$

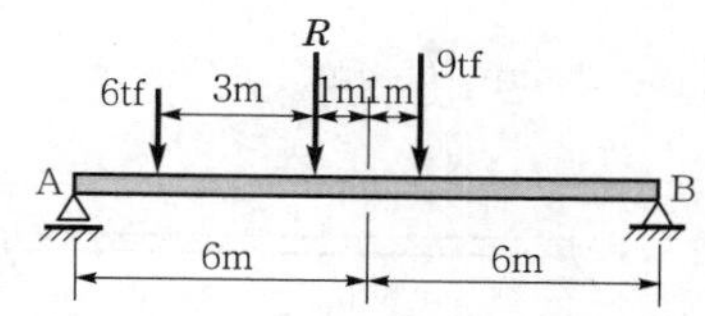

$M_{\max}$는 9tf 아래서 발생하고 B점에서 거리는 5m이다.

67. 경간(span)이 8m인 단순보에 다음 그림과 같은 연행하중이 작용할 때 절대 최대 휨모멘트는 어디에서 발생하는가? [기사 06]

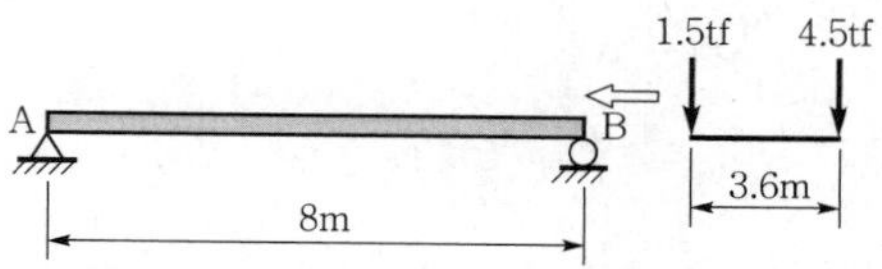

① A지점에서 오른쪽으로 4m 되는 점에 4.5tf의 재하점
② A지점에서 오른쪽으로 4.45m 되는 점에 4.5tf의 재하점
③ B지점에서 왼쪽으로 4m 되는 점에 1.5tf의 재하점
④ B지점에서 왼쪽으로 3.55m 떨어져서 합력의 재하점

해설

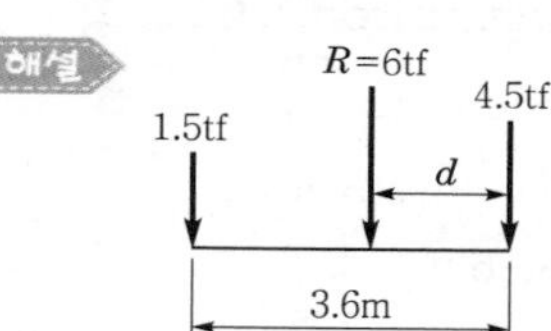

$6 \times d = 1.5 \times 3.6$

$\therefore d = 0.9\text{m}$

$M_{\max}$는 4.5tf 아래서 발생한다.

$\therefore x = \dfrac{l}{2} - \dfrac{d}{2} = \dfrac{8}{2} - \dfrac{0.9}{2} = 3.55\text{m}$ (B점)

따라서 A점 기준 우측으로 4.45m 위치에서 $M_{\max}$ 발생한다.

68. 다음과 같은 이동등분포하중이 단순보 AB 위를 지날 때 C점에서 최대 휨모멘트가 생기려면 등분포하중의 앞단에서 C점까지의 거리가 얼마일 때인가? [산업 02, 05, 09]

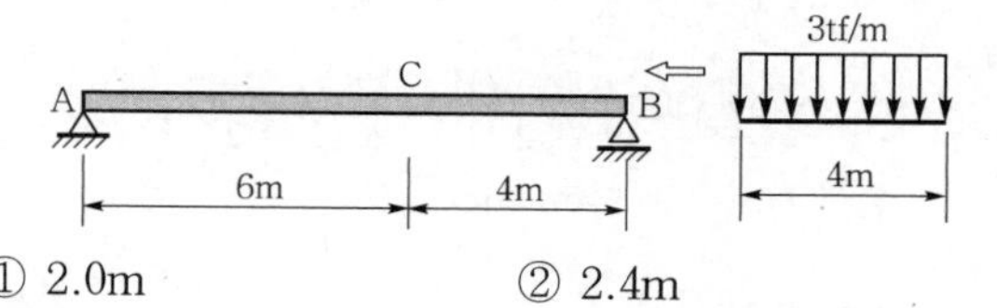

① 2.0m ② 2.4m
③ 2.7m ④ 3.0m

해설 $a=6\text{m},\ b=4\text{m},\ w=3\text{tf/m},\ d=4\text{m}$

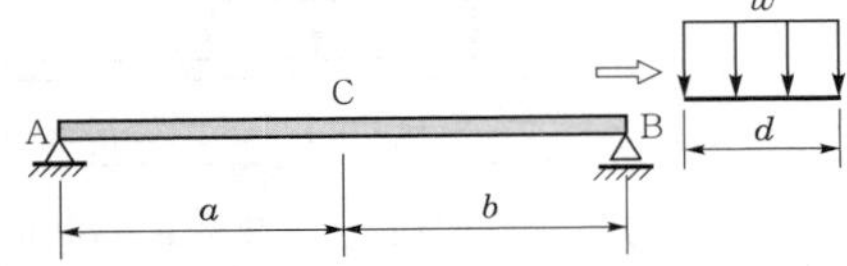

R_1 : C점 중심으로 좌측 하중그룹

R_2 : C점 중심으로 우측 하중그룹

$R_1=wa_1$

$R_2=wb_1$

$R=w(a_1+b_1)=wd$

$\frac{a_1}{a}=\frac{b_1}{b}=\frac{d}{l}$

$\therefore\ a_1=\frac{ad}{l}=\frac{6}{10}\times 4=2.4\text{m}$

69. 다음 그림과 같이 2개의 집중하중이 단순보 위를 통과할 때 절대 최대 휨모멘트의 크기와 발생위치 x는? [기사 10]

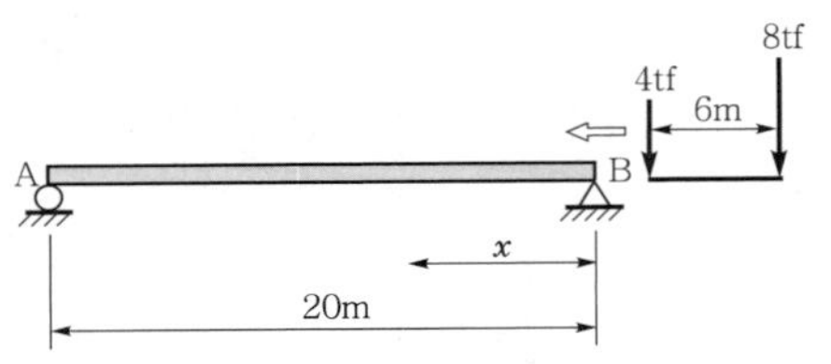

① $M_{\max}=36.2\text{tf}\cdot\text{m},\ x=8\text{m}$

② $M_{\max}=38.2\text{tf}\cdot\text{m},\ x=8\text{m}$

③ $M_{\max}=48.6\text{tf}\cdot\text{m},\ x=9\text{m}$

④ $M_{\max}=50.6\text{tf}\cdot\text{m},\ x=9\text{m}$

해설

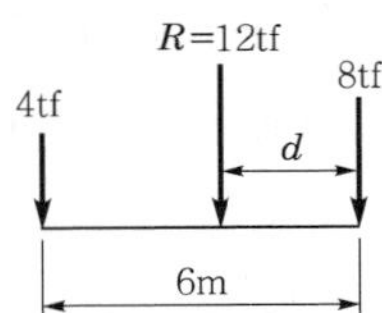

$12\times d=4\times 6$

$\therefore\ d=2\text{m}$

$M_{\max}$는 8tf 아래에서 발생한다.

$\therefore\ x=\frac{l}{2}-\frac{d}{2}=\frac{20}{2}-\frac{2}{2}=9\text{m}$

$\therefore\ M_{\max}=\frac{R}{l}\left(\frac{l-d}{2}\right)^2=\frac{12}{20}\times\left(\frac{20-2}{2}\right)^2$

$=48.6\text{tf}\cdot\text{m}$

70. 다음 그림과 같은 단순보에 연행하중이 작용할 때 R_A가 R_B의 3배가 되기 위한 x의 크기는? [산업 02]

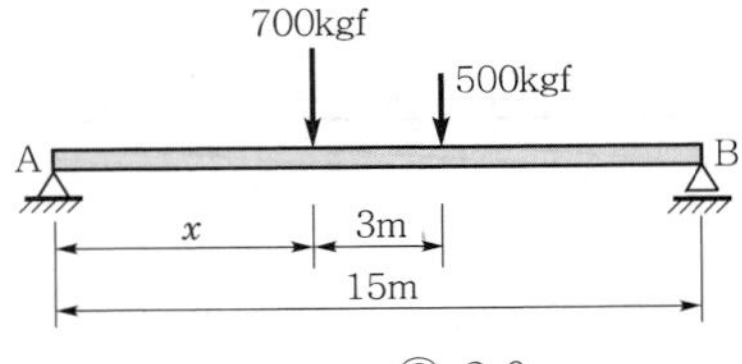

① 1.5m　　② 2.0m

③ 2.5m　　④ 3.0m

해설 $R_A=3R_B$

$\Sigma V=0$

$R_A+R_B=4R_B=1{,}200\text{kgf}$

$\therefore\ R_B=300\text{kgf},\ R_A=900\text{kgf}$

$\Sigma M_A=0$

$-300\times 15+700x+500(x+3)=0$

$1{,}200x=3{,}000$

$\therefore\ x=2.5\text{m}$

71. 다음과 같이 D점이 힌지인 게르버보에서 A점의 반력은 얼마인가? [기사 04, 05, 산업 08]

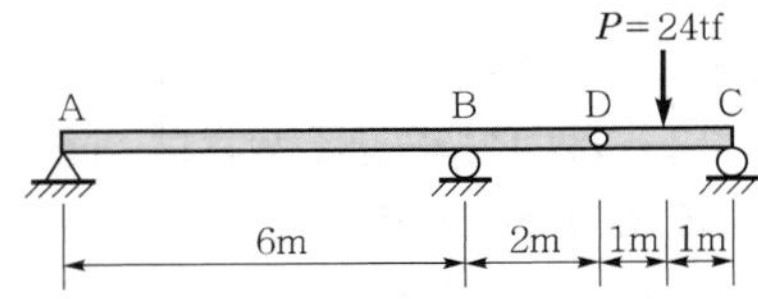

① 3tf(↓)　　② 4tf(↓)

③ 5tf(↑)　　④ 6tf(↓)

해설

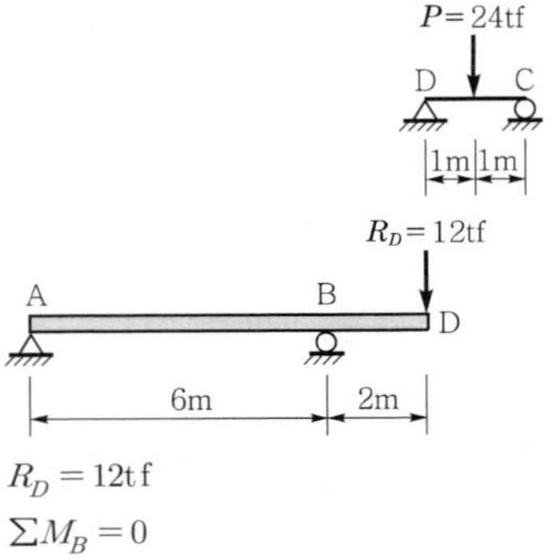

$R_D=12\text{tf}$

$\Sigma M_B=0$

$R_A\times 6+R_D\times 2=0$

$\therefore\ R_A=-4\text{tf}$

정답 69. ③ 70. ③ 71. ②

72. 다음 그림과 같은 구조물에 지점 A에서의 수직 반력의 크기는? [기사 03, 17]

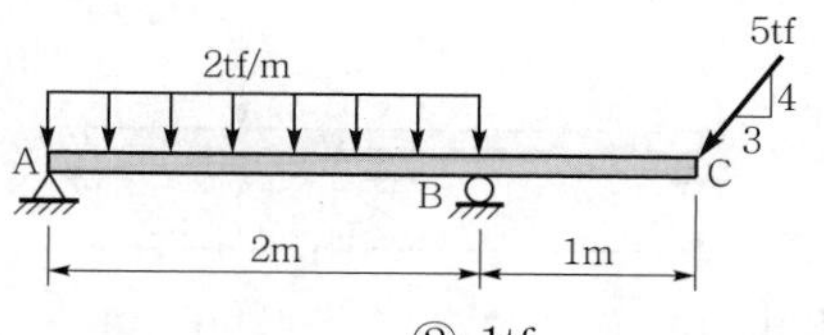

① 0 ② 1tf
③ 2tf ④ 3tf

해설 $\Sigma M_B = 0$

$R_A \times 2 - (2\times 2)\times 1 + \left(\frac{4}{5}\times 5\right)\times 1 = 0$

$\therefore R_A = 0$

73. 다음 그림과 같은 보에서 B지점의 반력이 $2P$가 되기 위해서 $\frac{b}{a}$는 얼마가 되어야 하는가? [기사 03, 11, 16]

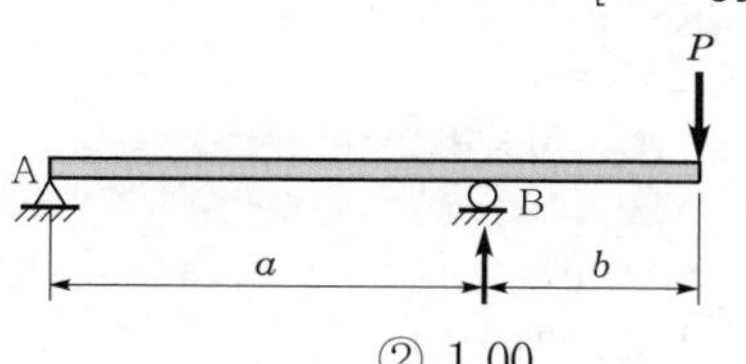

① 0.75 ② 1.00
③ 1.25 ④ 1.50

해설 $\Sigma M_A = 0$

$-2Pa + P(a+b) = 0$

$2a = a+b$

$\therefore a = b$

74. 지점 B에서의 수직반력의 크기는? [기사 05, 산업 03]

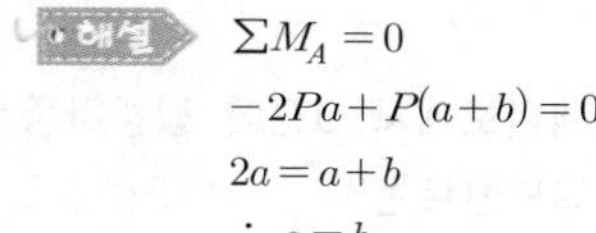

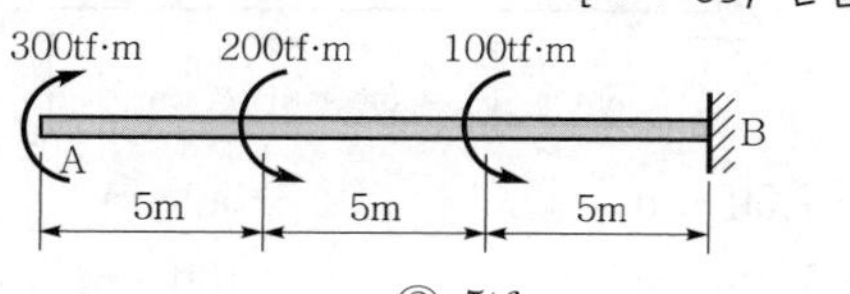

① 0 ② 5tf
③ 10tf ④ 20tf

해설

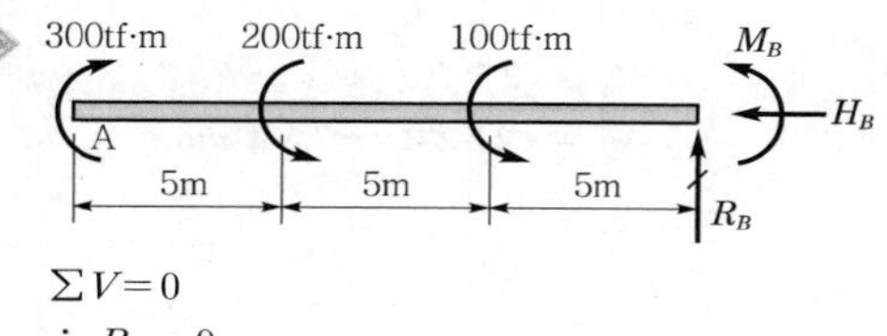

$\Sigma V = 0$

$\therefore R_B = 0$

75. 다음 그림과 같은 게르버보에서 가장 큰 반력이 생기는 지점은 어디인가? [기사 02]

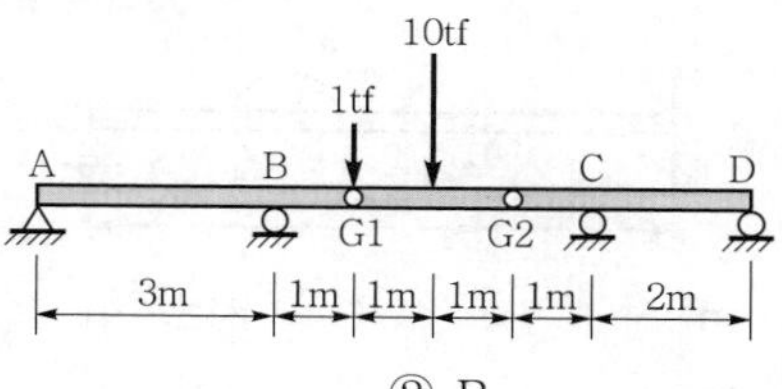

① A ② B
③ C ④ D

해설 $\Sigma M_{G1} = 0(\circlearrowright\oplus)$

$10\times 1 - R_{G2}\times 2 = 0$

$\therefore R_{G2} = 5\text{tf}$

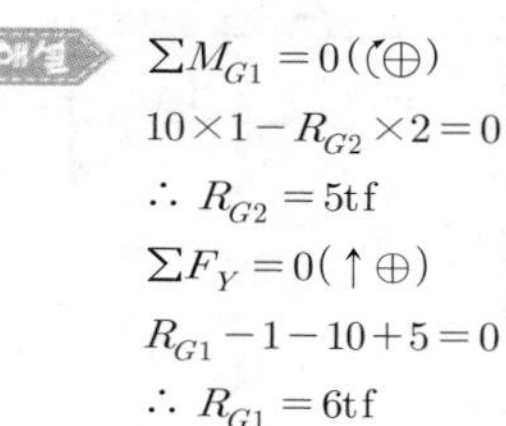

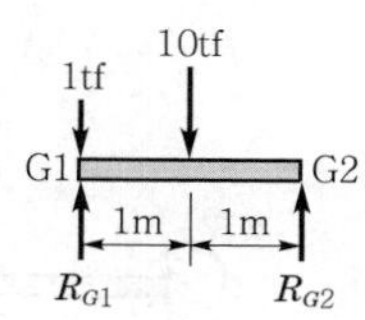

$\Sigma F_Y = 0(\uparrow\oplus)$

$R_{G1} - 1 - 10 + 5 = 0$

$\therefore R_{G1} = 6\text{tf}$

$\Sigma M_A = 0(\circlearrowright\oplus)$

$-R_B\times 3 + 6\times 4 = 0$

$\therefore R_B = 8\text{tf}(\uparrow)$

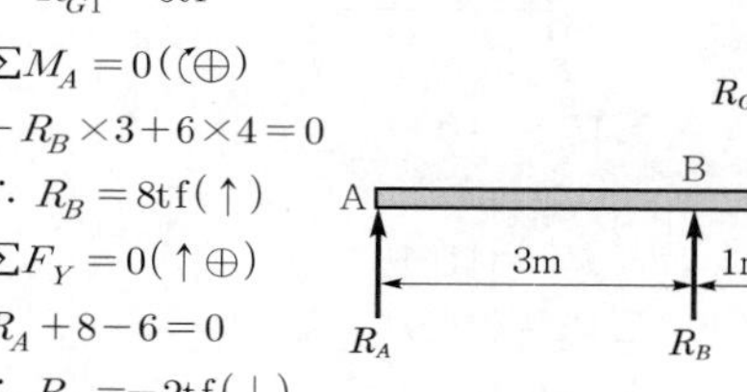

$\Sigma F_Y = 0(\uparrow\oplus)$

$R_A + 8 - 6 = 0$

$\therefore R_A = -2\text{tf}(\downarrow)$

$\Sigma M_C = 0(\circlearrowright\oplus)$

$-5\times 1 - R_D\times 2 = 0$

$\therefore R_D = -2.5\text{tf}(\downarrow)$

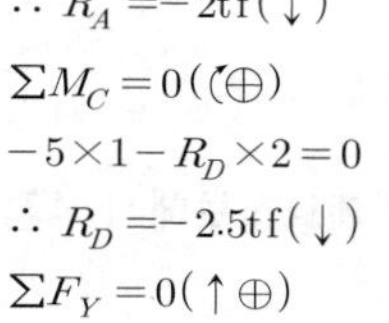

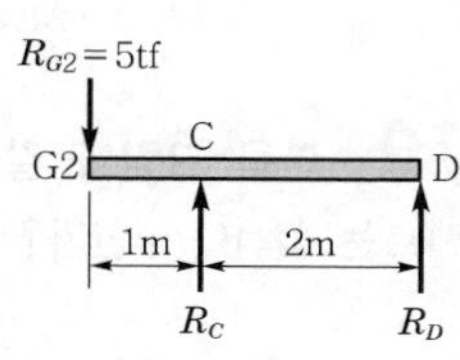

$\Sigma F_Y = 0(\uparrow\oplus)$

$-5 + R_C - 2.5 = 0$

$\therefore R_C = 7.5\text{tf}(\uparrow)$

76. 다음 그림과 같은 내민보를 갖는 단순지지보의 C점에서 휨모멘트는? [기사 08]

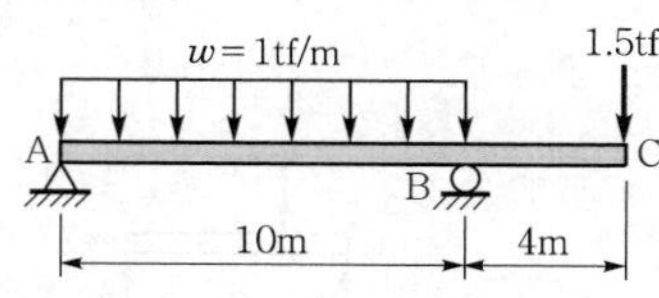

① 60tf · m ② 15tf · m
③ 12.5tf · m ④ 0

해설 자유단인 C점에서의 모멘트는 0이다.

정답 72. ① 73. ② 74. ① 75. ② 76. ④

77. 다음 그림과 같은 게르버보에서 A점의 휨모멘트는? [기사 01, 03, 산업 05]

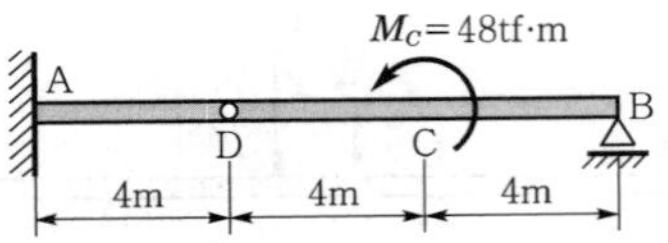

① 24tf · m ② −24tf · m
③ 96tf · m ④ −96tf · m

해설

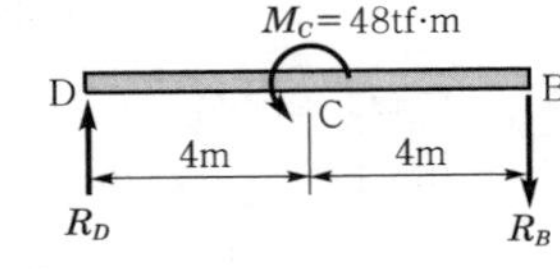

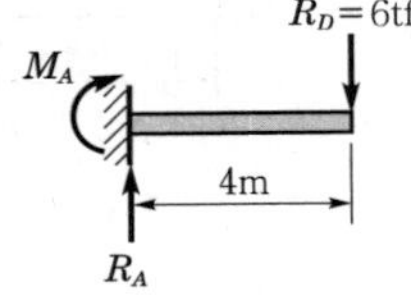

$\Sigma M_B = 0(\oplus)$

$R_D \times 8 - 48 = 0$

$\therefore R_D = 6\text{tf}(\uparrow)$

$\Sigma M_A = 0(\oplus)$

$M_A + 6 \times 4 = 0$

$\therefore M_A = -24\text{tf} \cdot \text{m}$

78. 다음 그림과 같은 게르버보에서 A점의 반력모멘트는 몇 tf · m인가? [기사 05]

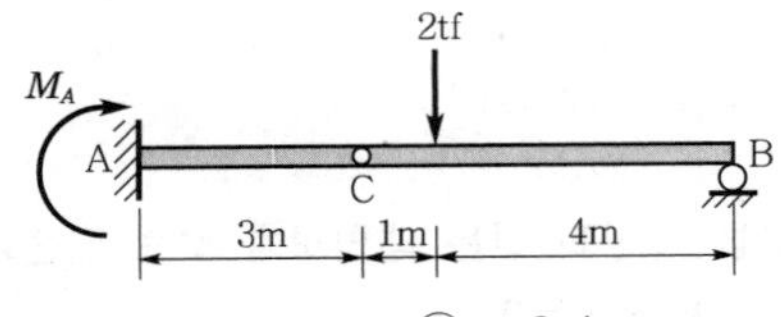

① −1.2 ② −2.4
③ −4.8 ④ −8.0

해설

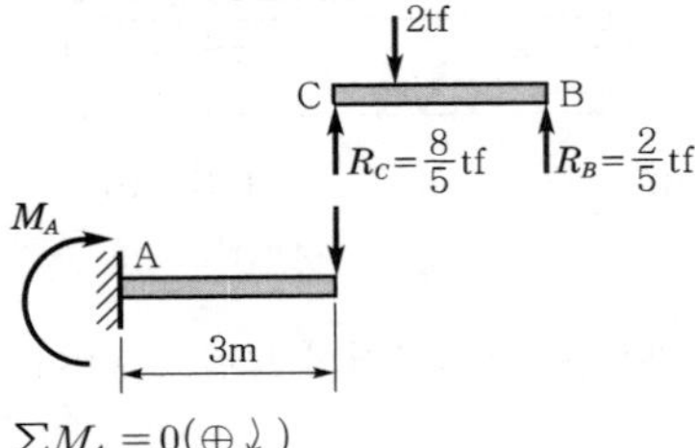

$\Sigma M_A = 0(\oplus)$

$M_A + 1.6 \times 3 = 0$

$\therefore M_A = -4.8\text{tf} \cdot \text{m}$

79. 다음 그림의 보에서 G점은 힌지이다. 지점 B에서의 휨모멘트는? [기사 08]

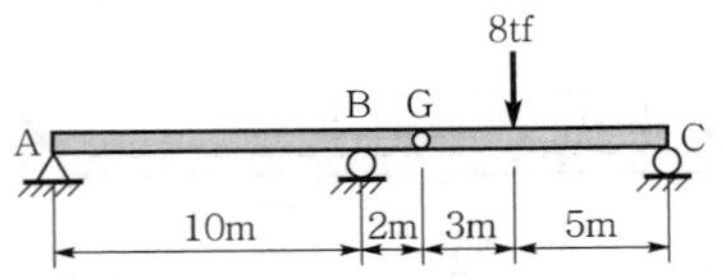

① −10tf · m ② +20tf · m
③ −40tf · m ④ +50tf · m

해설

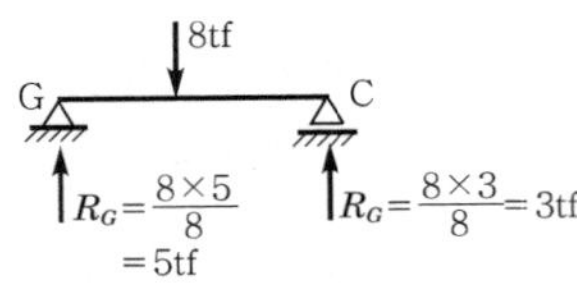

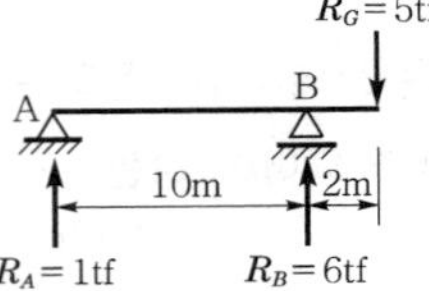

$\Sigma M_B = 0$

$-R_A \times 10 + 5 \times 2 = 0$

$\therefore R_A = 1\text{tf}(\downarrow)$

$\Sigma V = 0$

$\therefore R_B = 6\text{tf}(\uparrow)$

$\therefore M_B = -5 \times 2 = -10\text{tf} \cdot \text{m}$ 또는

$M_B = -1 \times 10 = -10\text{tf} \cdot \text{m}$

80. 다음 그림과 같은 내민보에서 D점에 집중하중 5tf가 작용할 경우 C점의 휨모멘트는? [기사 17, 산업 05, 07]

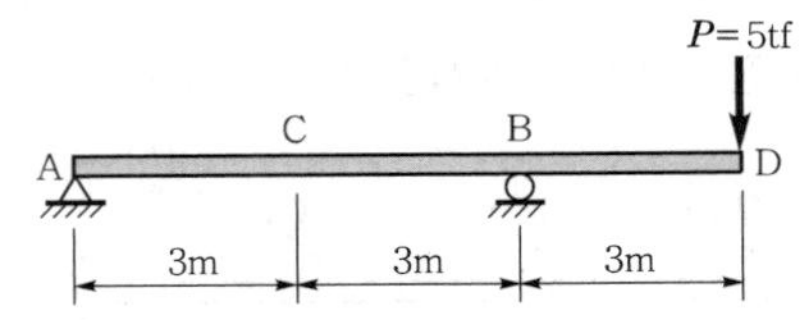

① −2.5tf · m ② −5tf · m
③ −7.5tf · m ④ −10tf · m

해설 $\Sigma M_B = 0(\oplus)$

$R_A \times 6 + 5 \times 3 = 0$

$\therefore R_A = -2.5\text{tf}(\downarrow)$

$\therefore M_C = -2.5 \times 3 = -7.5\text{tf} \cdot \text{m}$

정답 77. ② 78. ③ 79. ① 80. ③

81. 다음 그림과 같은 보의 B점에서의 휨모멘트의 값은? [기사 06]

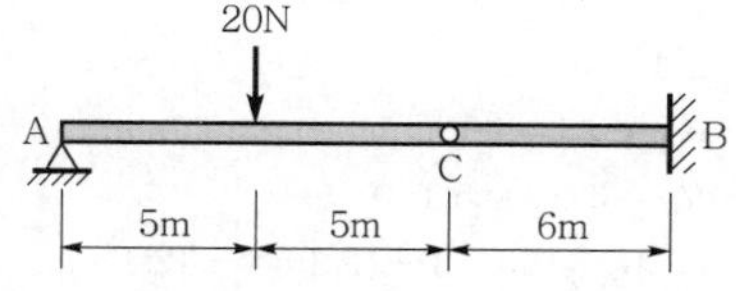

① $-15\text{N}\cdot\text{m}$ ② $-30\text{N}\cdot\text{m}$
③ $-45\text{N}\cdot\text{m}$ ④ $-60\text{N}\cdot\text{m}$

해설 C－B구간에서

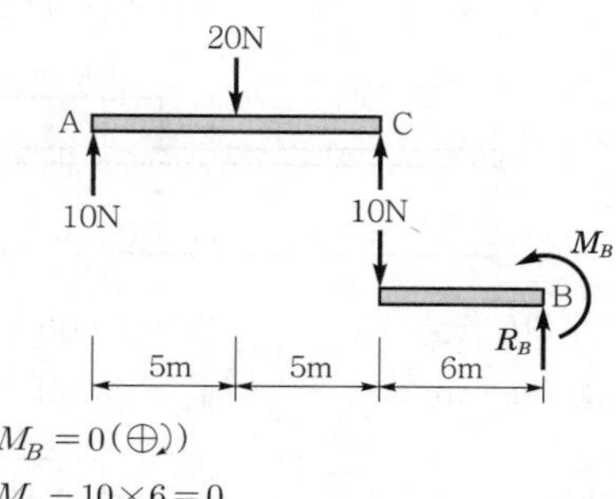

$\Sigma M_B = 0(\oplus)$

$-M_B - 10\times 6 = 0$

$\therefore M_B = -60\text{N}\cdot\text{m}$

82. 다음 게르버보에서 E점의 휨모멘트값은? [기사 01, 15]

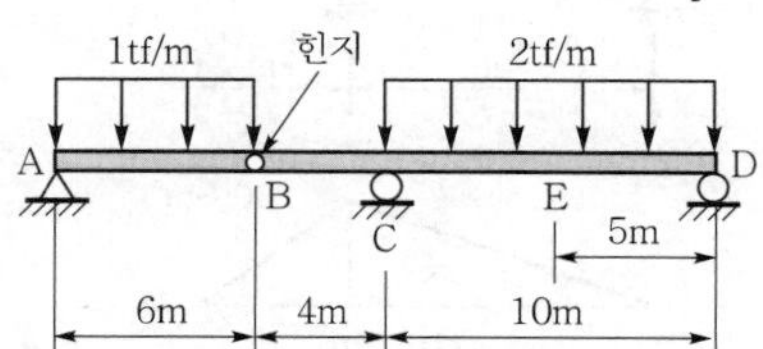

① $19\text{tf}\cdot\text{m}$ ② $24\text{tf}\cdot\text{m}$
③ $31\text{tf}\cdot\text{m}$ ④ $71\text{tf}\cdot\text{m}$

해설

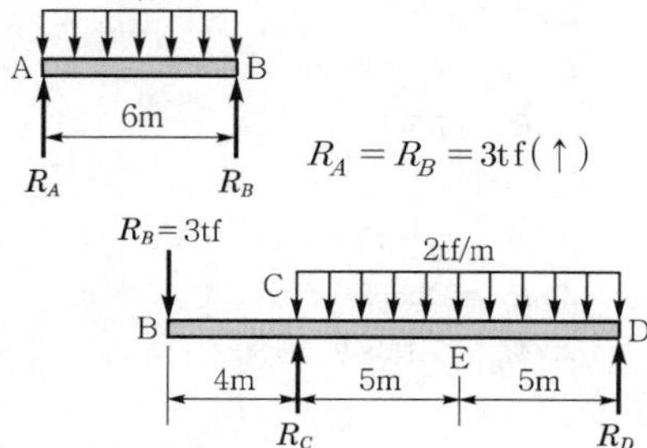

$\Sigma M_C = 0(\oplus)$

$-3\times 4 + 2\times 10\times 5 - R_D\times 10 = 0$

$\therefore R_D = 8.8\text{tf}(\uparrow)$

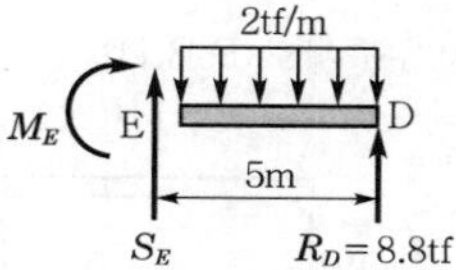

$\Sigma M_E = 0(\oplus)$

$M_E + 2\times 5\times 2.5 - 8.8\times 5 = 0$

$\therefore M_E = 19\text{tf}\cdot\text{m}$

83. 다음 그림과 같은 보에서 휨모멘트의 절대값이 가장 큰 곳은? [기사 11]

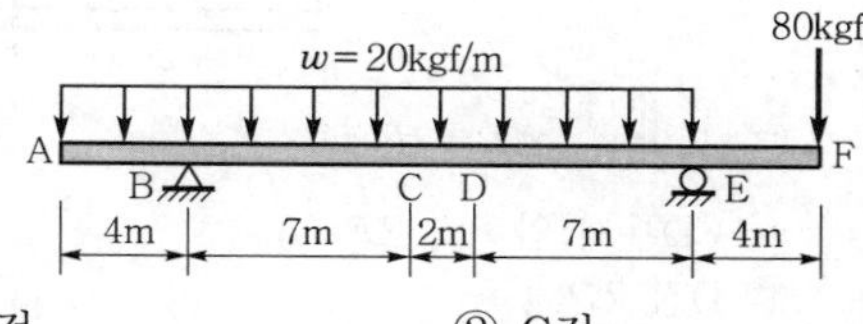

① B점 ② C점
③ D점 ④ E점

해설 $\Sigma M_E = 0$

$R_B\times 16 - 20\times 20\times 10 + 80\times 4 = 0$

$\therefore R_B = \dfrac{1}{16}\times(4{,}000-320) = 230\text{kgf}(\uparrow)$

$\Sigma V = 0$

$R_B + R_E - (20\times 20 + 80) = 0$

$\therefore R_E = 250\text{kgf}(\uparrow)$

$M_B = 20\times 4\times 2 = 160\text{kgf}\cdot\text{m}$

$M_C = 230\times 7 - \left(20\times 11\times \dfrac{11}{2}\right) = 400\text{kgf}\cdot\text{m}$

$M_D = 20\times 7\times \dfrac{7}{2} - 250\times 7 + 80\times 11 = -380\text{kgf}\cdot\text{m}$

$M_E = 80\times 4 = 320\text{kgf}\cdot\text{m}$

$\therefore$ C점에서 최대 M_C가 발생된다.

84. 다음 그림과 같은 구조물에서 B지점의 휨모멘트는? [기사 09]

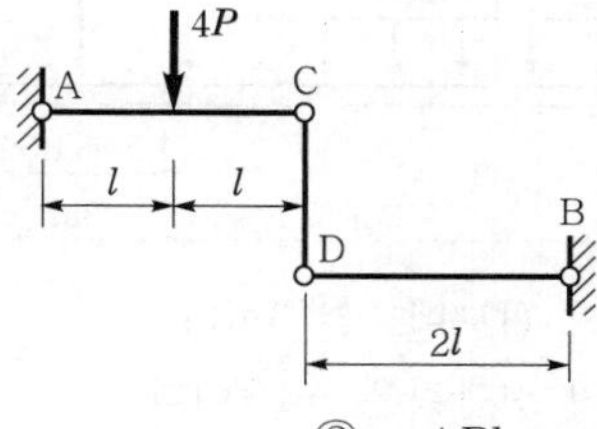

① $-3Pl$ ② $-4Pl$
③ $-6Pl$ ④ $-12Pl$

해설 자유물체도(F.B.D)

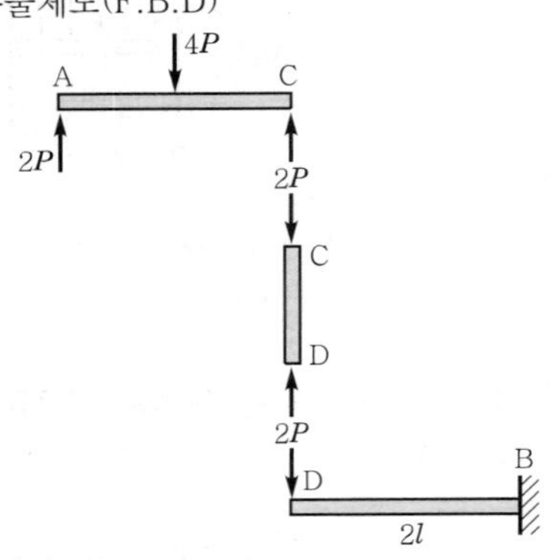

㉠ $V_C = \frac{1}{2} \times 4P = 2P$

㉡ CD부재 압축력 $2P$

㉢ D점 $2P(\downarrow)$

$\therefore M_B = -2P \times 2l = -4Pl$

85. 다음 그림과 같은 게르버보의 C점에서 전단력의 절대값 크기는? [산업 09, 13]

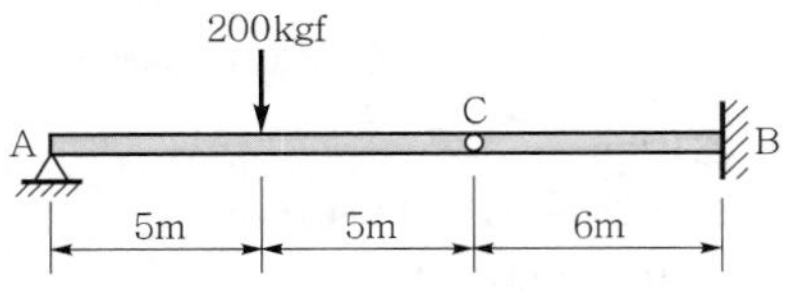

① 0 ② 50kgf
③ 100kgf ④ 200kgf

해설 $\overline{AC}$부재에서 $R_C = 100\text{kgf}$

$\therefore S_C = 100\text{kgf}$

86. 다음 그림과 같이 C점이 내부 힌지로 구성된 게르버보에 대한 설명 중 옳지 않은 것은? [기사 00, 09, 산업 06]

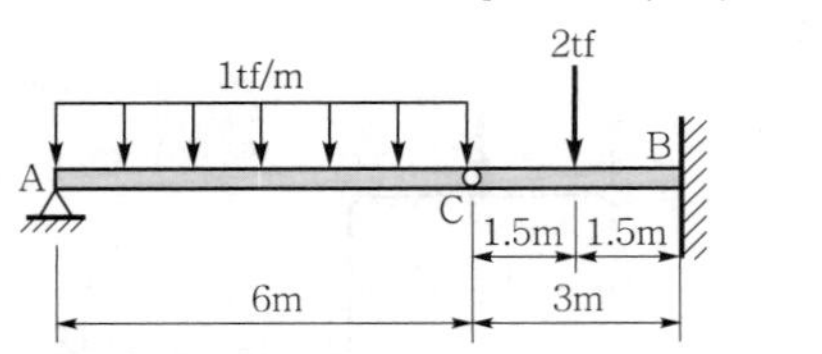

① C점에서의 휨모멘트는 0이다.
② C점에서의 전단력은 −2tf이다.
③ B점에서의 수직반력은 5tf이다.
④ B점에서의 휨모멘트는 −12tf · m이다.

해설 $\Sigma M_A = 0$

$R_C = \frac{1}{6} \times (1 \times 6 \times 3) = 3\text{tf}$

$\Sigma V = 0$

$R_A = 3\text{tf}$

$R_B = 3 + 2 = 5\text{tf}$

$\therefore M_B = -3 \times 3 - 2 \times 1.5 = -12\text{tf} \cdot \text{m}$

87. 다음 구조물에 생기는 최대 부모멘트의 크기는 얼마인가? (단, C점에 힌지가 있는 구조물이다.) [기사 01, 07, 08]

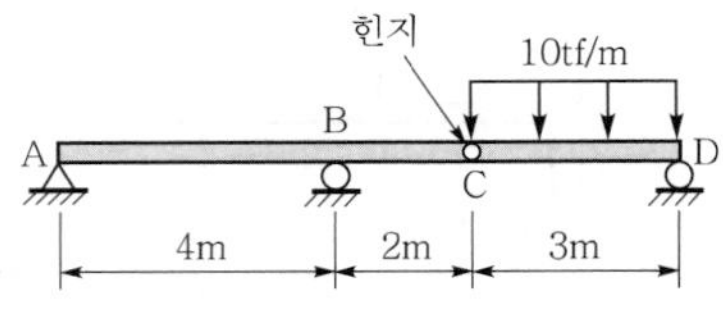

① −11.3tf · m ② −15.0tf · m
③ −30.0tf · m ④ −45.0tf · m

해설

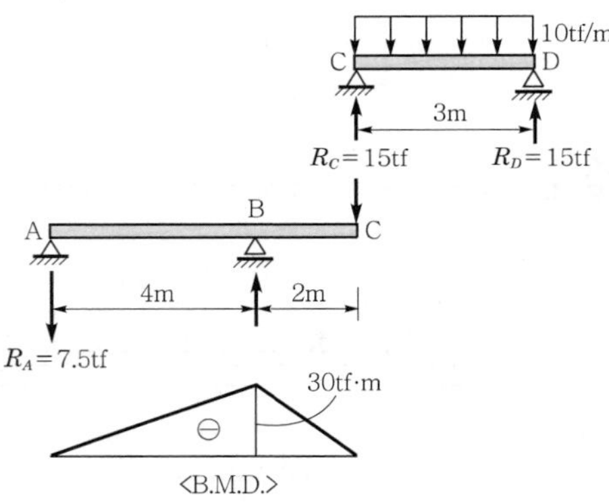

$\Sigma M_C = 0$

$10 \times 3 \times 1.5 - R_D \times 3 = 0$

$\therefore R_D = 15\text{tf},\ R_C = 15\text{tf}$

$\Sigma M_B = 0$

$15 \times 2 - R_A \times 4 = 0$

$\therefore R_A = 7.5\text{tf}$

$\Sigma V = 0$

$-7.5 + R_B - 15 = 0$

$\therefore R_B = 22.5\text{tf}$

$\therefore M_B = -15 \times 2 = -30\text{tf} \cdot \text{m}$

정답 85. ③ 86. ② 87. ③

88. 다음 그림과 같은 게르버보의 A점의 전단력으로 맞는 것은? [산업 05, 10]

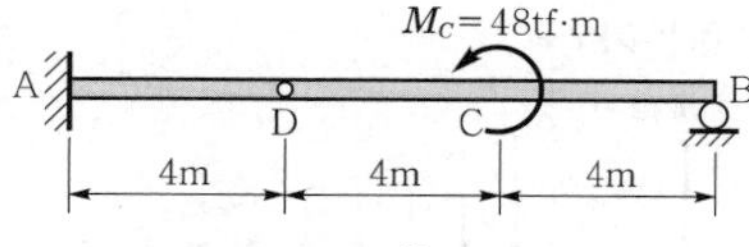

① 4tf ② 6tf
③ 12tf ④ 24tf

해설 $\Sigma M_B = 0$

$R_D \times 8 - 48 = 0$

$\therefore R_D = 6\text{tf}$

↑이지만 $\overline{AD}$에 작용할 때는 반대이므로 D점에서 ↓

$\therefore S_A = 6\text{tf}$

89. 다음 그림에서 하중 P에 의한 A점의 휨모멘트는? [산업 04]

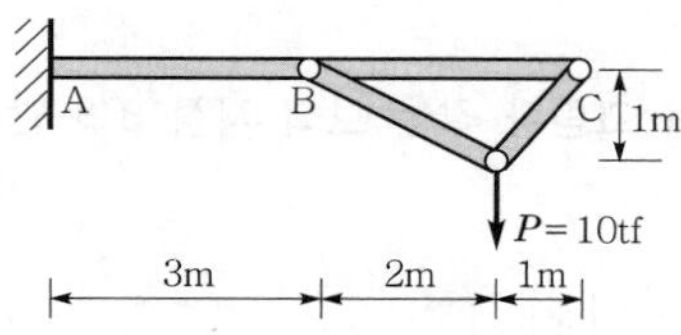

① 10tf · m ② 20tf · m
③ 30tf · m ④ 50tf · m

해설 $M_A = 10 \times 5 = 50\text{tf} \cdot \text{m}$

90. 다음 그림과 같은 게르버보에서 A지점의 지점 모멘트(M_A)는? [산업 11]

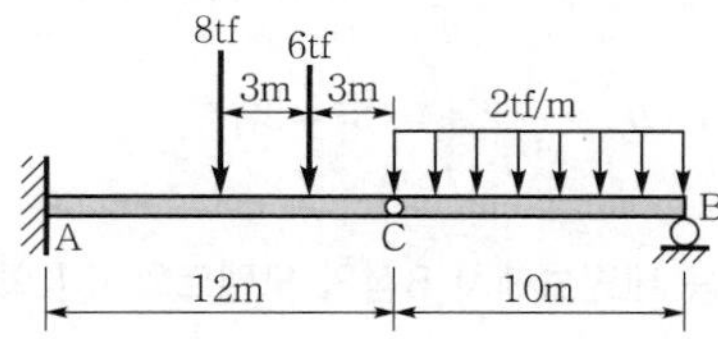

① −222tf · m ② +222tf · m
③ −182tf · m ④ +182tf · m

해설 $R_C = \frac{1}{2} \times (2 \times 10) = 10\text{tf}$

$\therefore M_A = -10 \times 12 - 6 \times 9 - 8 \times 6 = -222\text{tf} \cdot \text{m}$

91. 다음 그림에서 지점 A의 연직반력(R_A)과 모멘트반력(M_A)의 크기는? [기사 17]

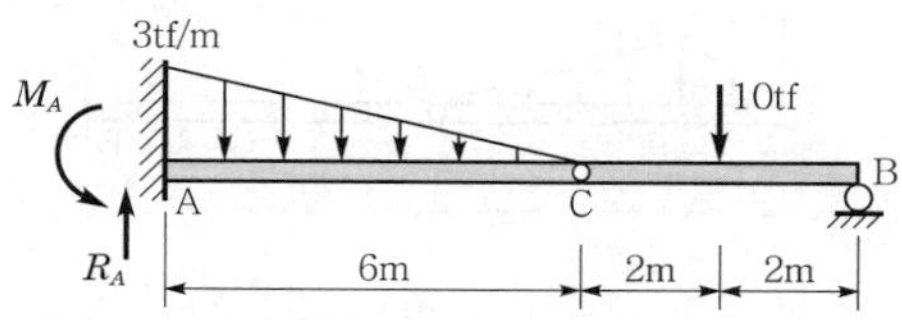

① $R_A = 9\text{tf}$, $M_A = 4.5\text{tf} \cdot \text{m}$
② $R_A = 9\text{tf}$, $M_A = 18\text{tf} \cdot \text{m}$
③ $R_A = 14\text{tf}$, $M_A = 48\text{tf} \cdot \text{m}$
④ $R_A = 14\text{tf}$, $M_A = 58\text{tf} \cdot \text{m}$

해설 C점에 5tf의 집중하중이 작용하므로 캔틸레버보로 분해된 AC부재를 해석하면

$R_A = 5 + \frac{3 \times 6}{2} = 14\text{tf}$

$M_A = 5 \times 6 + \frac{3 \times 6}{2} \times \left(6 \times \frac{1}{3}\right) = 48\text{tf} \cdot \text{m}$

92. 다음 그림과 같은 구조물에서 지점 B의 연직반력은? (단, 보 AD는 보 BC 위에 올려놓은 상태이며 각 보의 EI는 서로 같고 일정하다.) [산업 02]

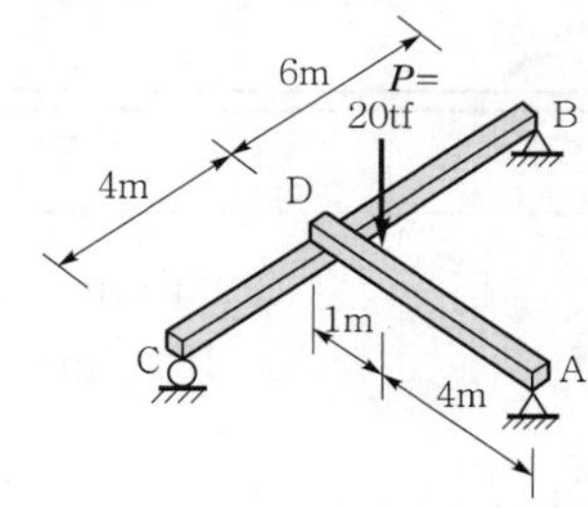

① 8.6tf(↑) ② 7.2tf(↑)
③ 6.4tf(↑) ④ 4.8tf(↑)

해설 ㉠ $\overline{AD}$부재에서 D지점에 실리는 하중

$R_D = \frac{4}{5}P = \frac{4}{5} \times 20 = 16\text{tf}$

㉡ $\overline{BC}$부재에서 B지점의 반력

$\Sigma M_C = 0$

$-R_B \times 10 + 16 \times 4 = 0$

$\therefore R_B = \frac{16 \times 4}{10} = 6.4\text{tf}(\uparrow)$

정답 88. ② 89. ④ 90. ① 91. ③ 92. ③

93. 다음 그림과 같은 게르버보에서 B점의 휨모멘트값은? [산업 12]

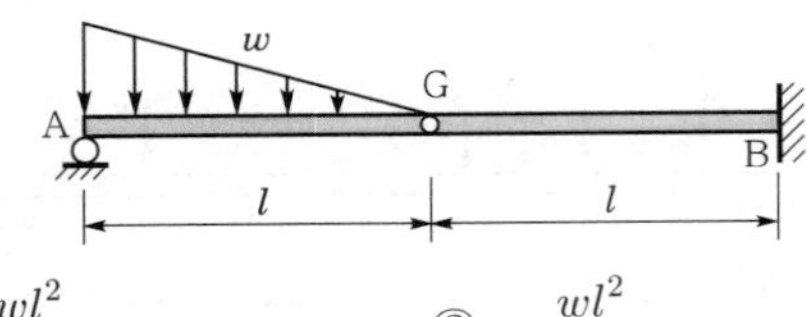

① $-\dfrac{wl^2}{2}$ ② $-\dfrac{wl^2}{3}$

③ $+\dfrac{wl^2}{3}$ ④ $-\dfrac{wl^2}{6}$

해설 내부 힌지를 포함한 단순보 반력 계산

$R_A l - wl \times \dfrac{l}{2} \times \dfrac{2l}{3} = 0$

$\therefore R_A = \dfrac{wl}{3},\ R_G = \dfrac{wl}{6}$

$\therefore M_B = \dfrac{wl}{6} \times l = \dfrac{wl^2}{6}(-)$

94. 내민보에 다음 그림과 같이 지점 A에 모멘트가 작용하고 집중하중이 보의 끝에 작용한다. 이 보에 발생하는 최대 휨모멘트의 절대값은? [기사 11]

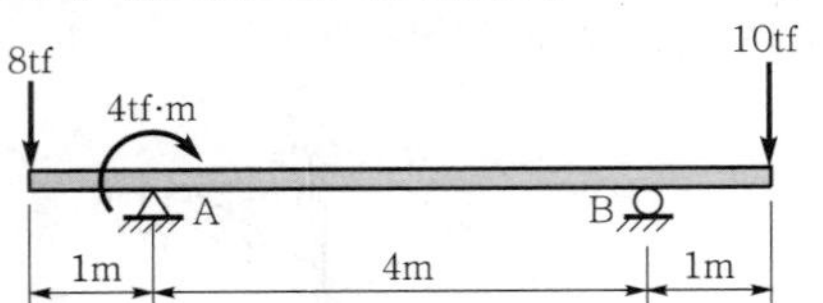

① 6tf · m ② 8tf · m

③ 10tf · m ④ 12tf · m

해설 $\Sigma M_B = 0$

$(R_A \times 4) - (8 \times 5) + 4 + (10 \times 1) = 0$

$\therefore R_A = 6.5\text{tf}(\uparrow)$

$\Sigma V = 0$

$R_A + R_B = 8 + 10 = 18$

$\therefore R_B = 11.5\text{tf}(\uparrow)$

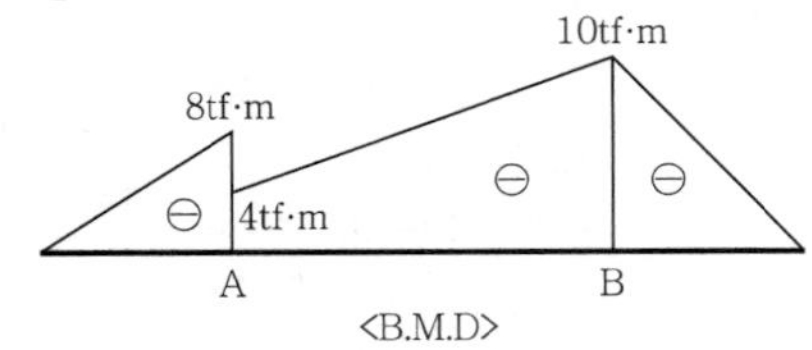

<B.M.D>

$\therefore M_{max} = -10\text{tf} \cdot \text{m}$

95. 다음 내민보에서 B지점의 반력 R_B의 크기가 집중하중 300kgf와 같게 하기 위해서는 L의 길이는 얼마이어야 하는가? [기사 08]

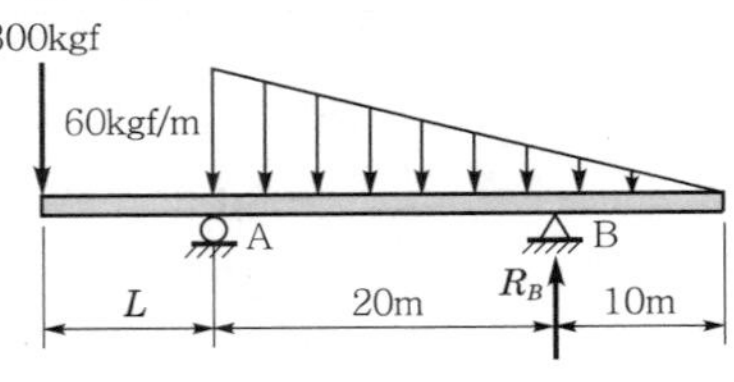

① 0 ② 5m

③ 10m ④ 20m

해설 $\Sigma M_A = 0$

$(-300 \times L) + \left(\dfrac{1}{2} \times 60 \times 30 \times \dfrac{30}{3}\right) - R_B \times 20 = 0$

$-300L = 300 \times 20 - \dfrac{1}{2} \times 60 \times 30 \times \dfrac{30}{3}$

$\therefore L = \dfrac{3{,}000}{300} = 10\text{m}$

96. 다음 그림과 같은 보의 지점 B의 반력 R_B는? [산업 03, 09]

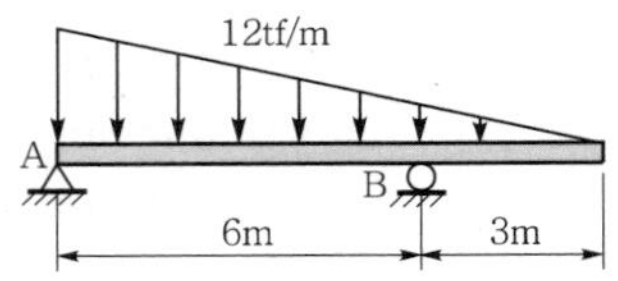

① 18.0tf ② 27.0tf

③ 36.0tf ④ 40.5tf

해설 $\Sigma M_A = 0(\oplus)$

$-R_B \times 6 + \dfrac{12 \times 9}{2} \times 9 \times \dfrac{1}{3} = 0$

$\therefore R_B = \dfrac{1}{6} \times (54 \times 3) = 27\text{tf}$

97. 다음 내민보에서 B점의 모멘트와 C점의 모멘트의 절대값의 크기를 같게 하기 위한 $\dfrac{l}{a}$의 값을 구하면? [기사 02, 04, 05, 10]

P, P, A, B, C, D, $\dfrac{l}{2}$, $\dfrac{l}{2}$, a

① 6 ② 4.5

③ 4 ④ 3

정답 93. ④ 94. ③ 95. ③ 96. ② 97. ①

해설

$\Sigma M_C = 0$

$R_A l - \dfrac{Pl}{2} + Pa = 0$

$R_A = \dfrac{P}{2l}(l-2a)$

$M_B = \dfrac{P}{2l}(l-2a) \times \dfrac{l}{2} = \dfrac{P}{4}(l-2a)$

$M_C = Pa$

$M_B = M_C$에서 $a = \dfrac{1}{4}(l-2a)$

$\therefore \dfrac{l}{a} = 6$

98. 다음 그림과 같이 단순지지된 보에 등분포하중 q가 작용하고 있다. 지점 C의 부모멘트와 보의 중앙에 발생하는 정모멘트의 크기를 같게 하여 등분포하중 q의 크기를 제한하려고 한다. 지점 C와 D는 보의 대칭거동을 유지하기 위하여 각각 A와 B로부터 같은 거리에 배치하고자 한다. 이때 보의 A점으로부터 지점 C의 거리 x는? [기사 07]

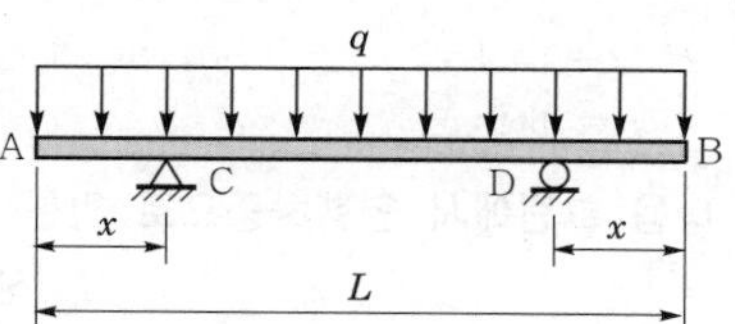

① $x = 0.207L$　② $x = 0.250L$
③ $x = 0.333L$　④ $x = 0.444L$

해설

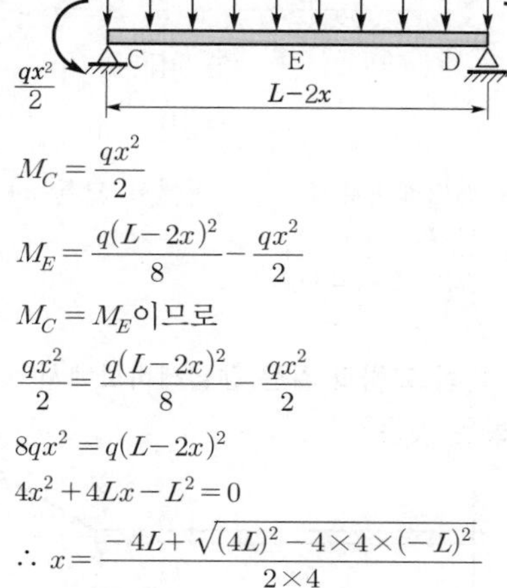

$M_C = \dfrac{qx^2}{2}$

$M_E = \dfrac{q(L-2x)^2}{8} - \dfrac{qx^2}{2}$

$M_C = M_E$이므로

$\dfrac{qx^2}{2} = \dfrac{q(L-2x)^2}{8} - \dfrac{qx^2}{2}$

$8qx^2 = q(L-2x)^2$

$4x^2 + 4Lx - L^2 = 0$

$\therefore x = \dfrac{-4L + \sqrt{(4L)^2 - 4\times 4\times(-L)^2}}{2\times 4}$

$= \dfrac{\sqrt{2}-1}{2}L = 0.207L$

99. 다음과 같은 힘이 작용할 때 생기는 전단력도의 모양은 어떤 형태인가? [기사 01, 05, 08, 09, 산업 02]

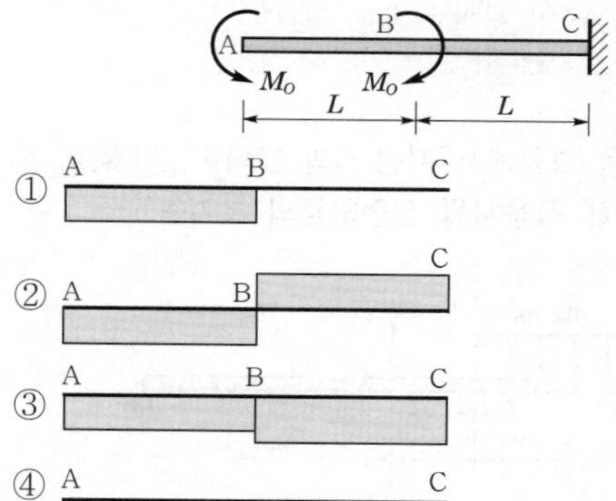

해설 AB구간은 순수 휨상태에 있으며, BC구간에 작용외력이 없으므로 부재 전 구간에 걸쳐 전단력은 발생하지 않는다.

100. 다음 그림과 같은 보에서 C점의 전단력은? [산업 11]

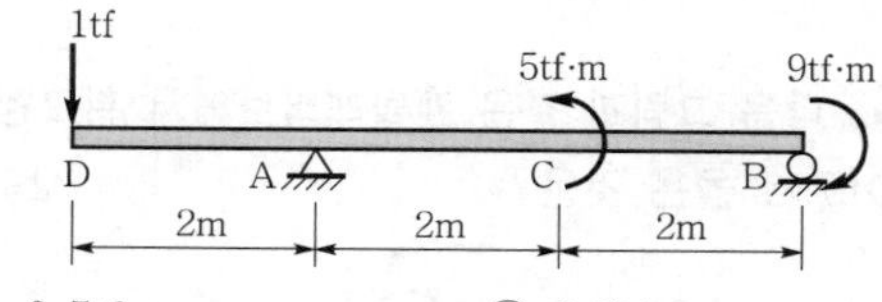

① −0.5tf　② 0.5tf
③ −1tf　④ 1tf

해설

$\Sigma M_B = 0(\oplus\curvearrowright)$

$R_A \times 4 - 1\times 6 - 5 + 9 = 0$

$\therefore R_A = \dfrac{11-9}{4} = 0.5\text{tf}(\uparrow)$

$\therefore S_C = -1 + 0.5 = -0.5\text{tf}$

101. 다음 그림의 내민보에서 C단에 힘 2,400kgf의 하중이 150°의 경사로 작용하고 있다. A단의 연직반력(R_A)를 0으로 하려면 AB구간에 작용될 등분포하중의 크기는? [산업 06]

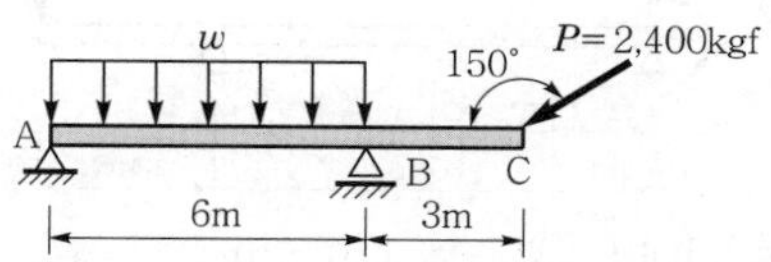

① 200kgf/m　② 224.42kgf/m
③ 300kgf/m　④ 346.41kgf/m

정답　98. ①　99. ④　100. ①　101. ①

해설 $\Sigma M_B = 0$

$R_A \times 6 - w \times 6 \times 3 + 2,400 \times \sin 30° \times 3 = 0$

$R_A = 0$이 되려면 $18w = 3,600$

$\therefore w = 200\text{kgf/m}$

102 다음 그림에서 지점 C의 반력이 영(零)이 되기 위해 B점에 작용시킬 집중하중의 크기는? [산업 05, 15]

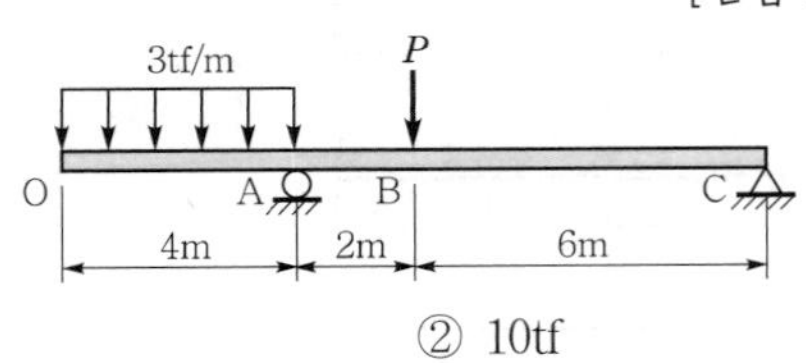

① 8tf ② 10tf
③ 12tf ④ 14tf

해설 $\Sigma M_A = 0(\oplus)$

$3 \times 4 \times 2 - P \times 2 + R_C \times 8 = 0$

$\therefore R_C = 0$

$\therefore P = 12\text{tf}$

103. 다음 그림과 같은 캔틸레버보에서 휨모멘트도(B.M.D)로서 옳은 것은? [산업 09]

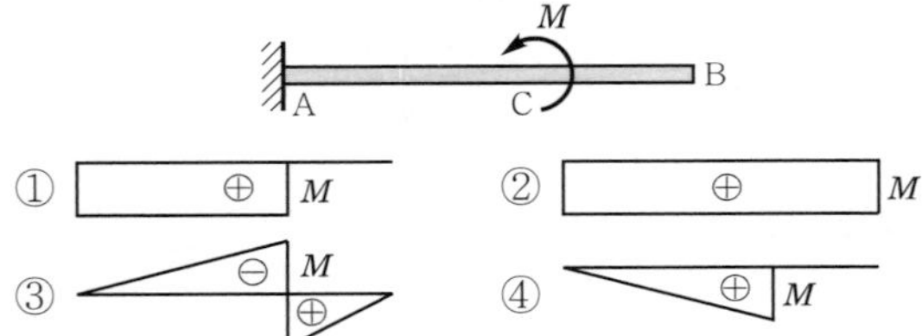

해설 임의점 C에서 지점 A까지 일정한 모멘트 M이 작용한다.

104. 다음 그림과 같은 내민보에서 A지점에서 5m 떨어진 C점의 전단력 V_C와 휨모멘트 M_C는? [산업 10]

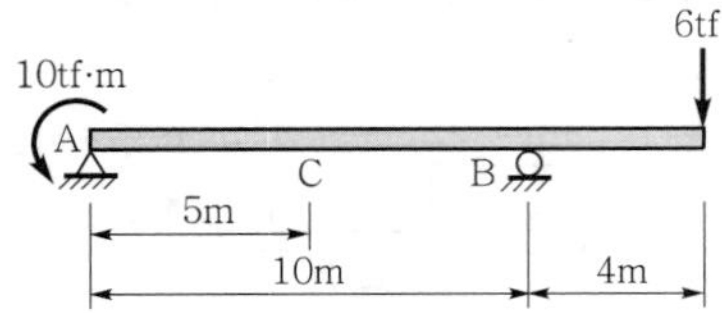

① $V_C = -1.4\text{tf}$, $M_C = -17\text{tf}\cdot\text{m}$
② $V_C = -1.8\text{tf}$, $M_C = -24\text{tf}\cdot\text{m}$
③ $V_C = 1.4\text{tf}$, $M_C = -24\text{tf}\cdot\text{m}$
④ $V_C = 1.8\text{tf}$, $M_C = -17\text{tf}\cdot\text{m}$

해설 $\Sigma M_B = 0$

$R_A \times 10 - 10 + 6 \times 4 = 0$

$R_A = \frac{1}{10} \times (10 - 24) = -1.4\text{tf}(\downarrow)$

$\therefore V_C = R_A = -1.4\text{tf}$

$\therefore M_C = -1.4 \times 5 - 10 = -17\text{tf}\cdot\text{m}$

105. 다음 그림과 같은 단순지지된 보의 A점에서 수직반력이 '0'이 되게 하려면 C점의 하중 P는? [산업 08]

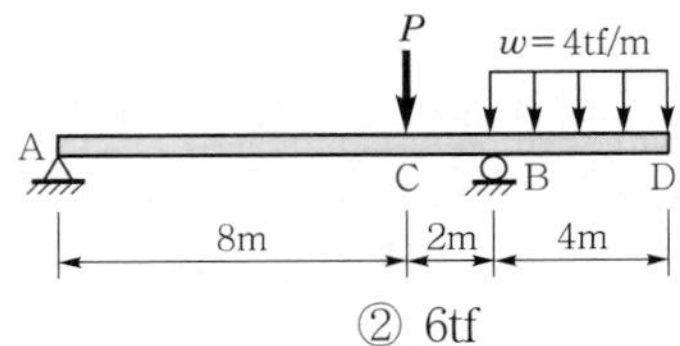

① 4tf ② 6tf
③ 8tf ④ 16tf

해설 $R_A = 0$이라면 B점에서 P에 의한 모멘트와 등분포하중에 의한 모멘트가 같아야 하므로

$P \times 2 = 4 \times 4 \times 2$

$\therefore P = 16\text{tf}$

106. 다음 그림에서 연행하중으로 인한 최대 반력 R_A는? [산업 03, 08]

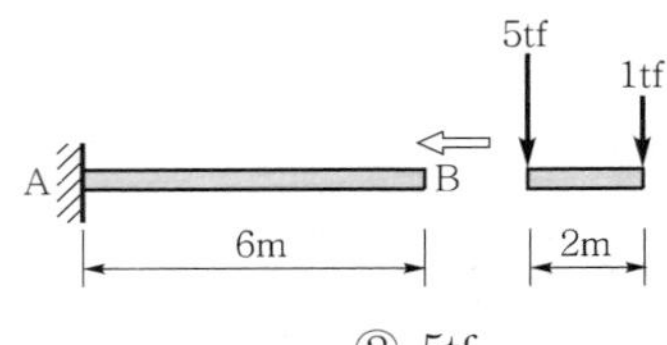

① 6tf ② 5tf
③ 3tf ④ 1tf

해설 캔틸레버보에서는 A점에서 모든 하중을 받으므로

$R_A = 5 + 1 = 6\text{tf}$

107. 다음 그림과 같은 캔틸레버보에서 A점의 휨모멘트로 옳은 것은? [산업 12]

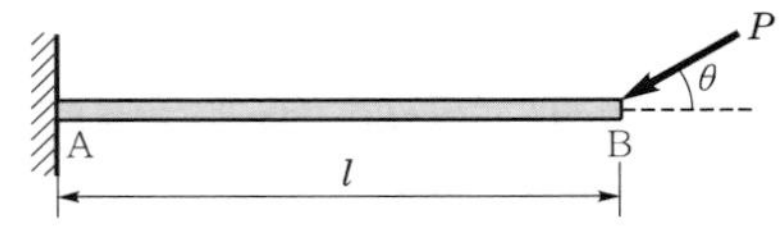

① $M_A = Pl\sin\theta$ ② $M_A = Pl\cos\theta$
③ $M_A = -Pl\sin\theta$ ④ $M_A = -Pl\cos\theta$

정답 102. ③ 103. ① 104. ① 105. ④ 106. ① 107. ③

해설 모멘트는 수직력에만 관여한다.
$M_A = -Pl\sin\theta$

108. 다음 그림과 같은 캔틸레버보에서 C점의 휨모멘트는? [산업 10]

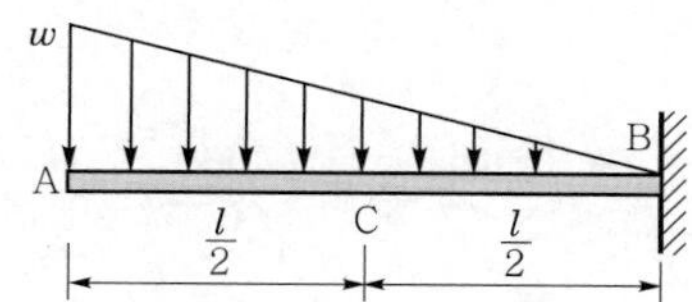

① $-\frac{wl^2}{8}$ ② $-\frac{5wl^2}{12}$

③ $-\frac{5wl^2}{24}$ ④ $-\frac{5wl^2}{48}$

해설

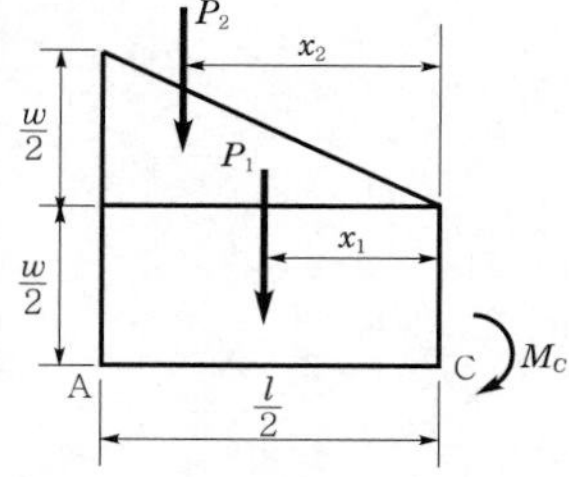

$P_1 = \frac{w}{2} \times \frac{l}{2} = \frac{wl}{4}$

$x_1 = \frac{l}{2} \times \frac{1}{2} = \frac{l}{4}$

$P_2 = \frac{1}{2} \times \frac{w}{2} \times \frac{l}{2} = \frac{wl}{8}$

$x_2 = \frac{l}{2} \times \frac{2}{3} = \frac{l}{3}$

$\therefore M_C = P_1 x_1 + P_2 x_2 = \frac{wl}{4} \times \frac{l}{4} + \frac{wl}{8} \times \frac{l}{3}$

$= \frac{wl^2}{16} + \frac{wl^2}{24} = \frac{5wl^2}{48}$

109. 다음 그림의 캔틸레버보에서 A점의 휨모멘트는? [산업 05, 13, 16]

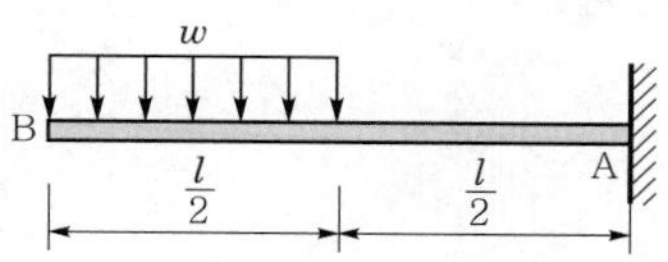

① $-\frac{wl^2}{8}$ ② $-\frac{2wl^2}{8}$

③ $-\frac{3wl^2}{4}$ ④ $-\frac{3wl^2}{8}$

해설 $M_A = -\left(w \times \frac{l}{2}\right) \times \left(\frac{l}{2} + \frac{l}{4}\right) = -\frac{wl}{2} \times \frac{3l}{4} = -\frac{3wl^2}{8}$

정답 108. ④ 109. ④

MEMO

chapter 6

정정 라멘, 아치, 케이블

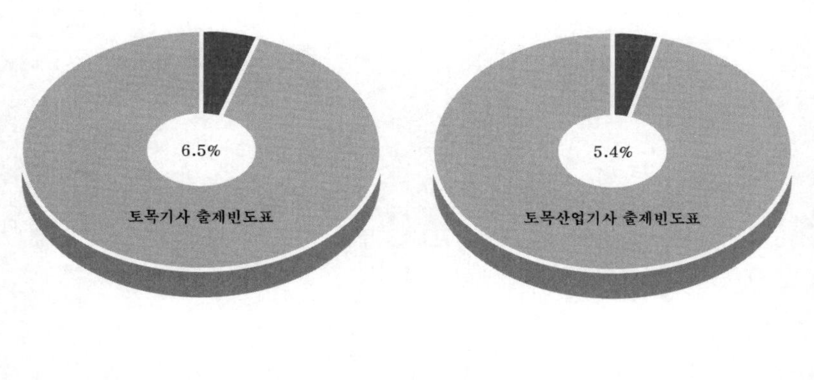

6 정정 라멘, 아치, 케이블

01 정정 라멘(rahmen)

① 정의

부재와 부재가 고정 또는 강절(rigid joint)로 연결된 구조물로, 외력작용에 의한 각 절점들의 절점각(회전각)은 변하지 않는다.

② 라멘의 종류

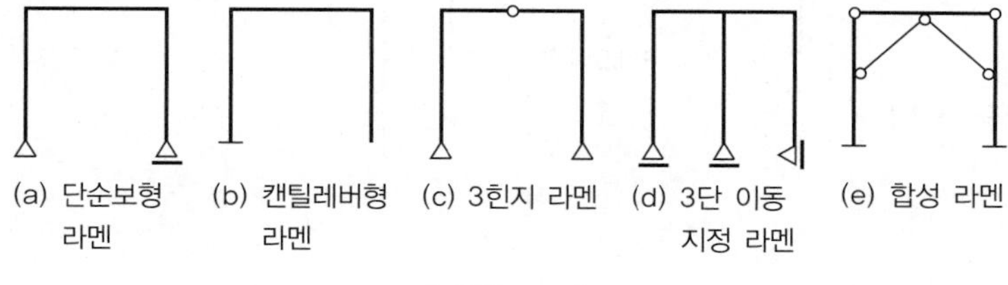

【그림 6.1】

③ 라멘의 해법

(1) 반력

힘의 평형조건식($\Sigma H=0$, $\Sigma V=0$, $\Sigma M=0$) 적용

(2) 단면력

라멘의 내측을 기준으로 보의 해법과 같은 방법으로 구한다.

(3) 자유물체도(F.B.D)를 그려서 해석

알·아·두·기·

자유물체도(Free Body of Diagram : F.B.D)

물체 사이에 작용하는 힘의 관계만을 도식화하여 표시한 것으로 자유물체 도상에서 항상 힘의 평형 성립

$\therefore \Sigma H=0,\ \Sigma V=0,\ \Sigma M=0$

알•아•두•기•

④ 단순보형 라멘

(1) 모멘트하중(우력)이 작용

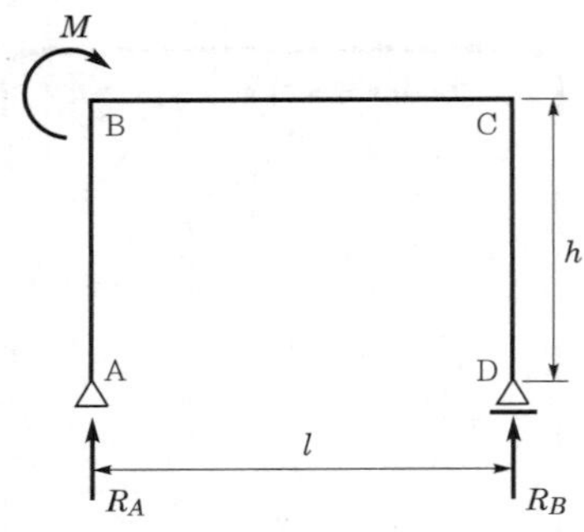

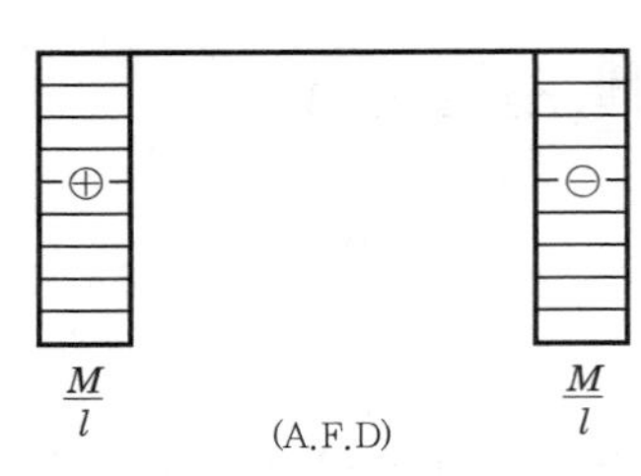

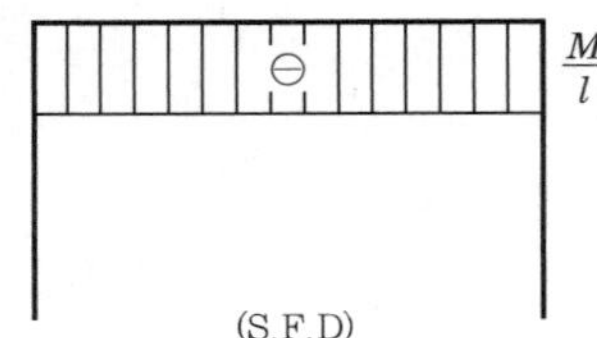

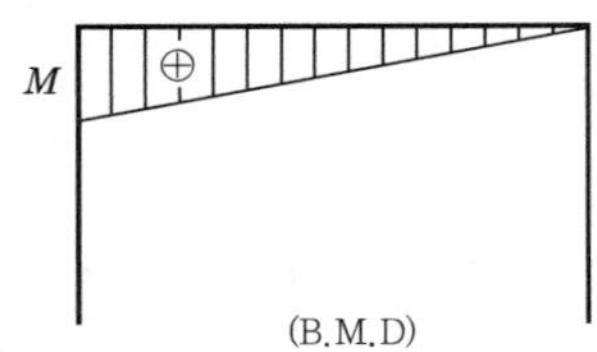

【그림 6.2】

F.B.D

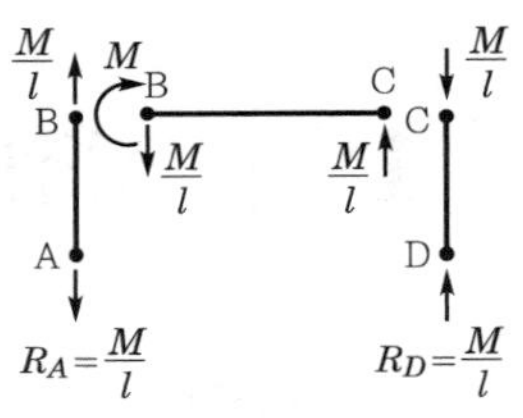

① 지점반력

㉠ $\Sigma M_D = 0$; $R_A l + M = 0$

$\therefore R_A = -\dfrac{M}{l}(\downarrow)$

㉡ $\Sigma M_A = 0$; $R_D = \dfrac{M}{l}(\uparrow)$

② 축력

㉠ AB 부재 : $A_{AB} = \dfrac{M}{l}$(인장)　㉡ BC 부재 : $A_{BC} = 0$

㉢ CD 부재 : $A_{CD} = -\dfrac{M}{l}$(압축)

③ 전단력

㉠ AB 부재 : $S_{AB} = 0$　㉡ BC 부재 : $S_{BC} = -\dfrac{M}{l}$

㉢ CD 부재 : $S_{CD} = 0$

④ 휨모멘트

㉠ AB 부재 : $M_A = M_{B(좌)} = 0$

㉡ BC 부재(B점 기준) : $M_x = M - \dfrac{M}{l}x$(1차식)

$\therefore\ M_{B(우)} = M$

$\therefore\ M_C = 0$

㉢ CD 부재 : $M_D = 0$

(2) 집중하중이 작용

① 수직하중 작용

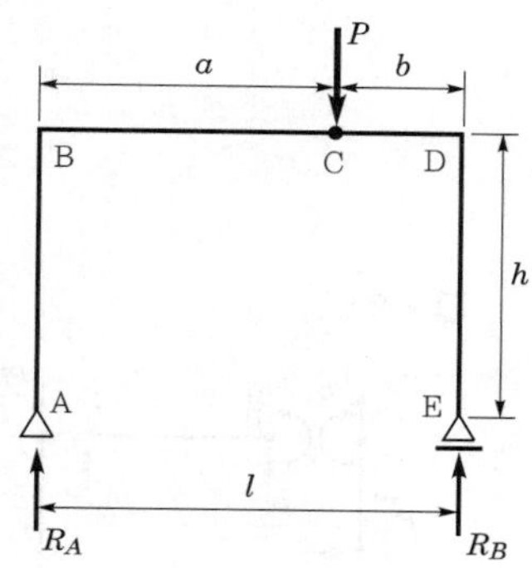

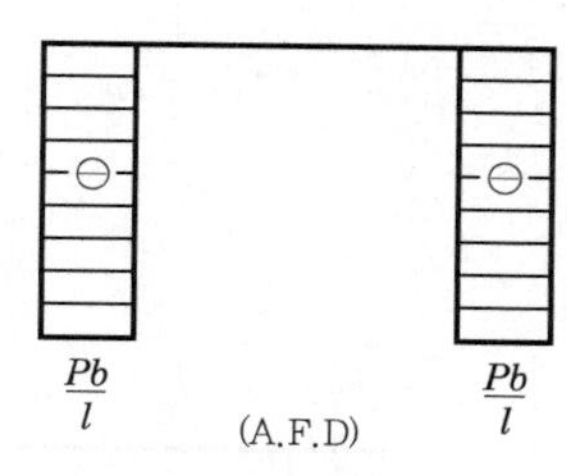

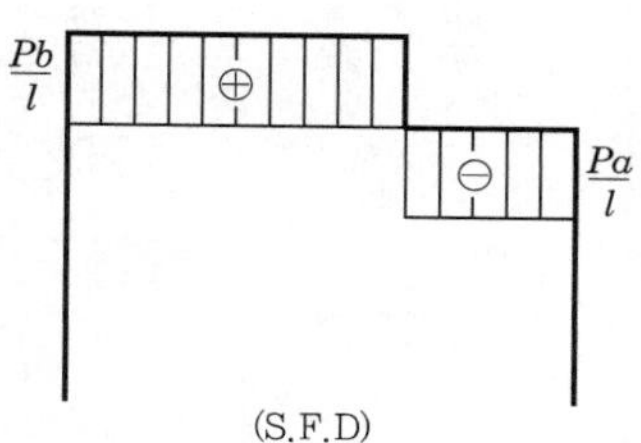

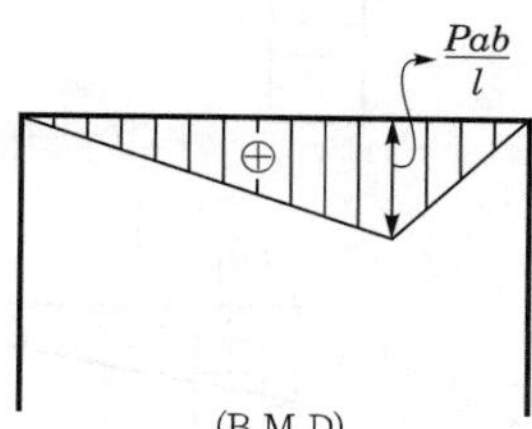

【그림 6.3】

㉠ 지점반력

- $\sum M_E = 0\ ;\ R_A l - Pb = 0$

  $\therefore\ R_A = \frac{Pb}{l}(\uparrow)$

- $\sum M_A = 0\ ;\ R_E = \frac{Pa}{l}(\uparrow)$

㉡ 축력

- AB 부재 : $A_{AB} = -\frac{Pb}{l}$ (압축) • BD 부재 : $A_{BD} = 0$
- DE 부재 : $A_{DE} = -\frac{Pa}{l}$ (압축)

㉢ 전단력

- AB 부재 : $S_{AB} = 0$ • BC 부재 : $S_{BC} = \frac{Pa}{l}$
- CD 부재 : $S_{CD} = -\frac{Pa}{l}$

F.B.D

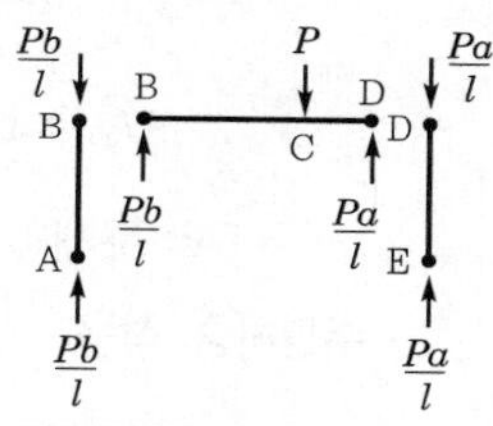

㉣ 휨모멘트

- AB 부재 : $M_A = M_{B(좌)} = 0$
- BC 부재(B점 기준) : $M_x = \frac{Pb}{l}x$ (1차식)

  $\therefore M_B = 0,\ M_C = \frac{Pab}{l}$
- CD 부재(D점 기준) : $M_x = \frac{Pa}{l}x$ (1차식)

  $\therefore M_D = 0,\ M_C = \frac{Pab}{l}$
- DE 부재 : $M_E = 0$

② 수평하중 작용

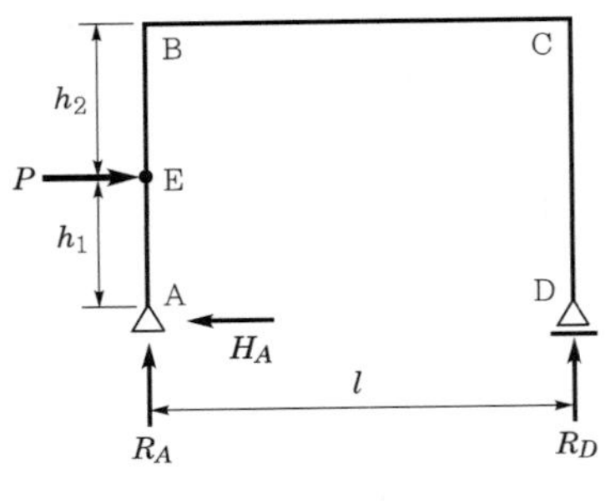

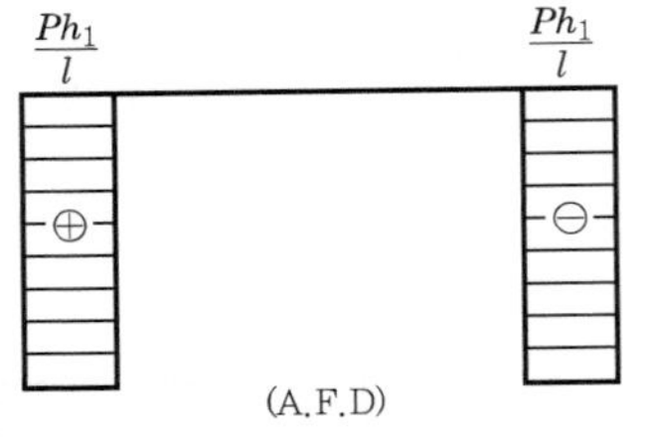

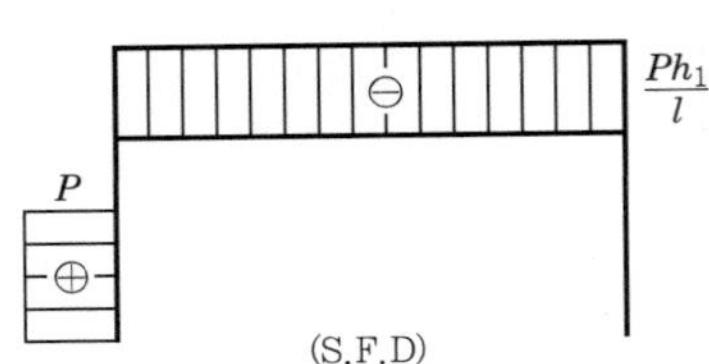

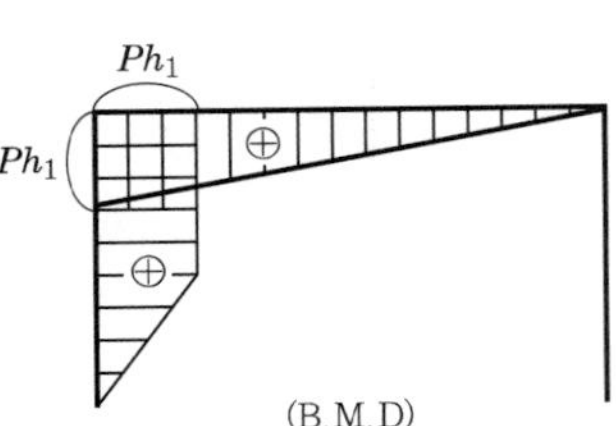

【그림 6.4】

㉠ 지점반력

- $\sum M_D = 0$; $R_A l + Ph_1 = 0$

  $\therefore R_A = -\frac{Ph_1}{l}(\downarrow)$
- $\sum M_A = 0$; $R_D = \frac{Ph_1}{l}(\uparrow)$
- $\sum H = 0$; $H_A = P(\leftarrow)$

㉡ 축력

- AB 부재 : $A_{AB} = \frac{Ph_1}{l}$ (인장) • BC 부재 : $A_{BC} = 0$
- CD 부재 : $A_{CD} = -\frac{Ph_1}{l}$ (압축)

F.B.D

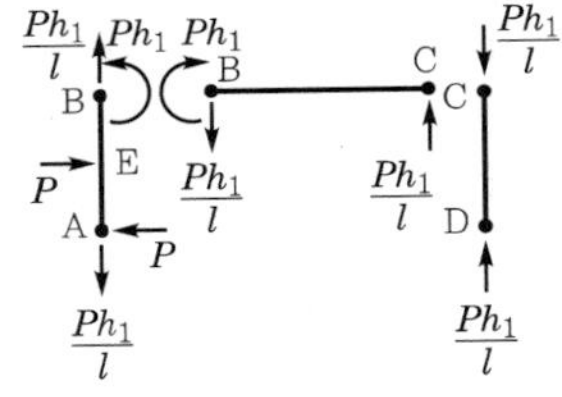

㉢ 전단력

- AE 부재 : $S_{AE} = H_A = P$
- BE 부재 : $S_{BE} = 0$
- BC 부재 : $S_{BC} = -\dfrac{Ph_1}{l}$
- CD 부재 : $S_{CD} = 0$

㉣ 휨모멘트

- AE 부재(A점 기준) : $M_x = Px$ (1차식)

$\therefore M_A = 0$

$\therefore M_E = Ph_1$

- BE 부재(E점 기준) : $M_x = P(h_1 + x) - Px = Ph_1$ (일정)

$\therefore M_B = Ph_1$

- BC 부재(B점 기준) : $M_x = Ph_1 - \dfrac{Ph_1}{l}x$

$\therefore M_C = 0$

- M_{CD} 부재 : $M_D = 0$

③ 등분포하중 작용

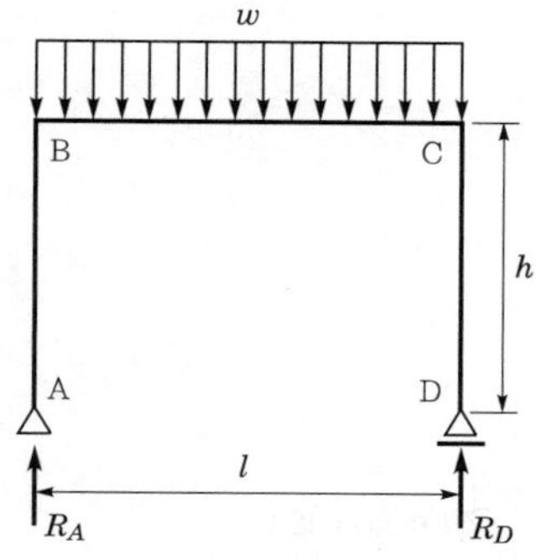

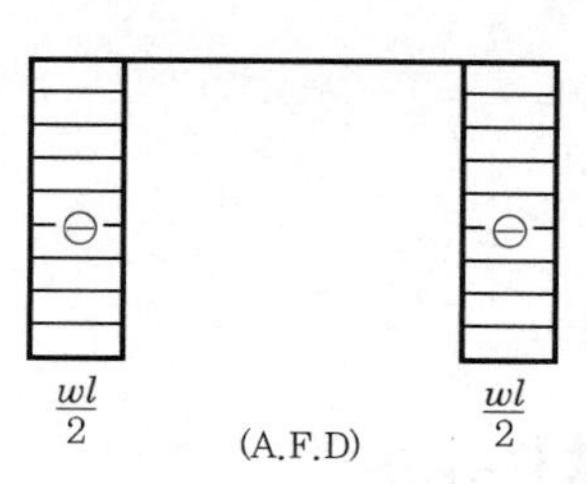

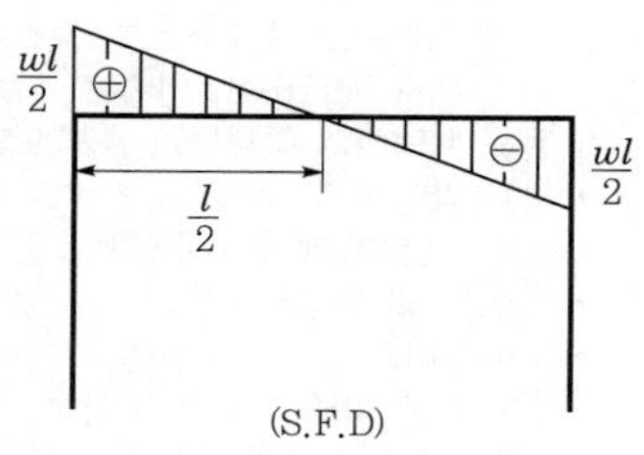

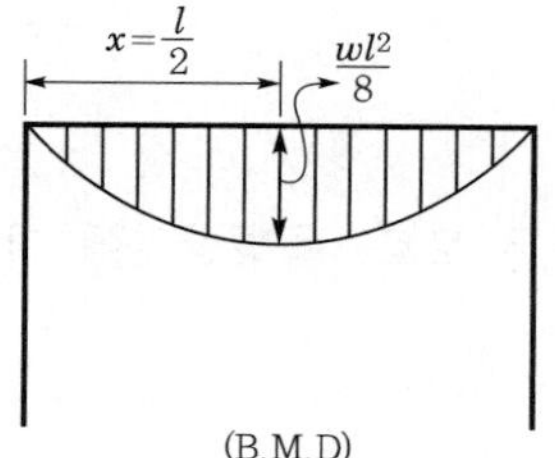

【그림 6.5】

F.B.D

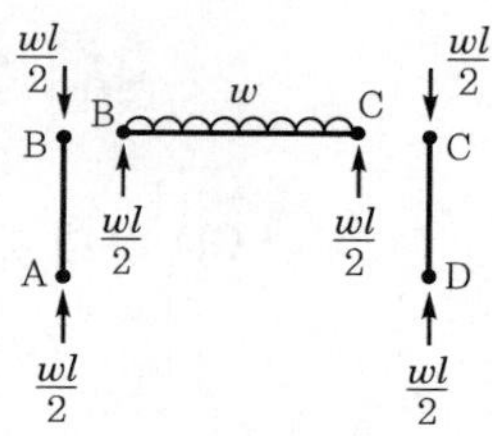

㉠ 지점반력 : $\sum V = 0$(하중 대칭) ; $R_A = R_D = \frac{wl}{2}(\uparrow)$

㉡ 축력

- AB 부재 : $A_{AB} = -\frac{wl}{2}$(압축)
- BC 부재 : $A_{BC} = 0$
- CD 부재 : $A_{CD} = -\frac{wl}{2}$(압축)

㉢ 전단력

- AB 부재 : $S_{AB} = 0$
- BC 부재 : $S_{BC} = \frac{wl}{2} - wx$(1차식)

$\therefore\ S_B = \frac{wl}{2},\ S_C = -\frac{wl}{2}$

- CD 부재 : $S_{CD} = 0$

㉣ 휨모멘트

- AB 부재 : $M_A = 0$
- BC 부재 : $M_x = \frac{wl}{2}x - \frac{wx^2}{2}$(2차식)

$\therefore\ M_B = 0,\ M_C = 0$

$$\therefore\ M_{\max} = M_{\frac{l}{2}} = \frac{wl^2}{8}$$

- CD 부재 : $M_D = 0$

02 정정 아치(arch)

① 정의

라멘의 직선부재를 곡선부재로 만든 보로, 축방향력에 저항하도록 만든 구조물

아치의 특성

- 수평보의 지간이 길어지면 휨모멘트가 커지므로 휨모멘트를 감소시키기 위해 게르버보, 연속보, 아치 등을 채택하여 경제적인 설계 도모
- 아치 양단의 지점에서 중앙으로 향하는 수평반력에 의해 휨모멘트 감소
- 축방향 압축력에 저항
- 2힌지 아치 : 1차 부정정
- 양단 고정 아치 : 3차 부정정
- 캔틸레버 아치, 3힌지 아치, 타이드 아치 : 정정 구조물
- 타이로드 아치 : 단순아치의 수평력 흡수

② 아치의 종류

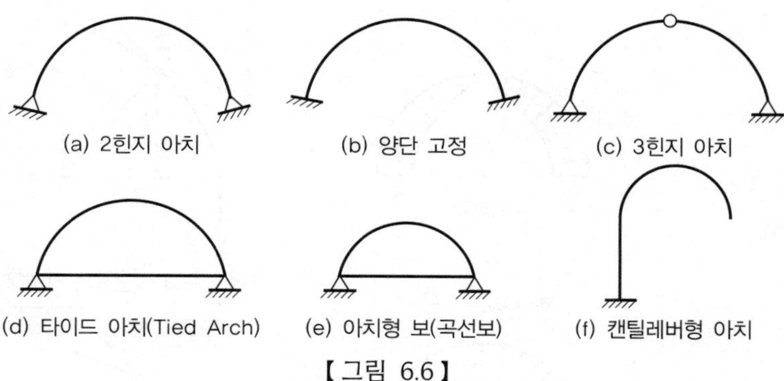

【그림 6.6】

③ 아치의 해법

(1) 반력

힘의 평형조건식($\sum H=0$, $\sum V=0$, $\sum M=0$) 적용

(2) 단면력

아치의 내측을 기준으로 구하고자 하는 점(D)에서 접선축을 긋고, 접선축에 수평한 힘(축방향력)과 수직한 힘(전단력)을 계산한다.

① 축력 : $A_D = -V_A\sin\theta - H_A\cos\theta$ (압축)

② 전단력 : $S_D = V_A\cos\theta - H_A\sin\theta$

③ 휨모멘트 : $M_D = V_A x - H_A y$

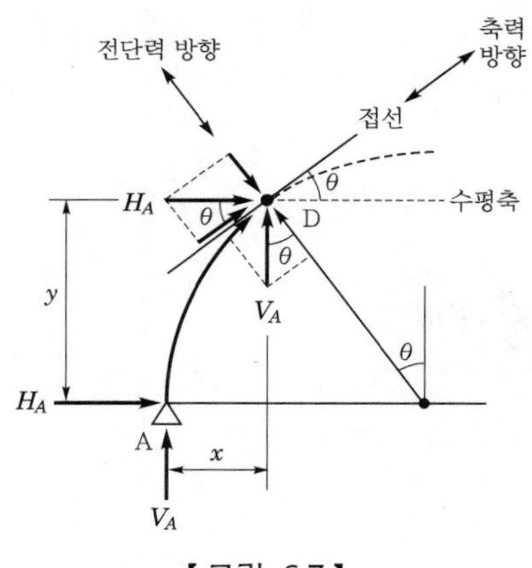

【그림 6.7】

D점 상세도

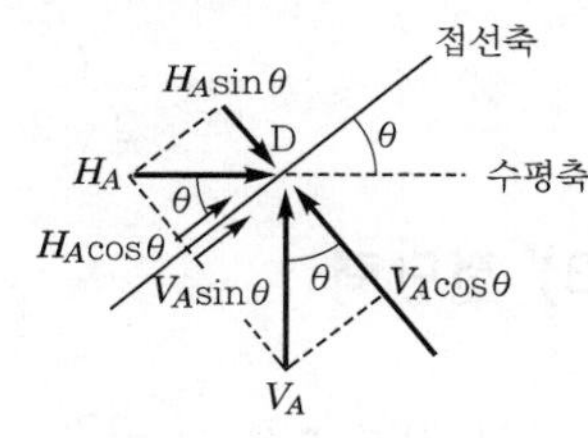

④ 단순보형 아치

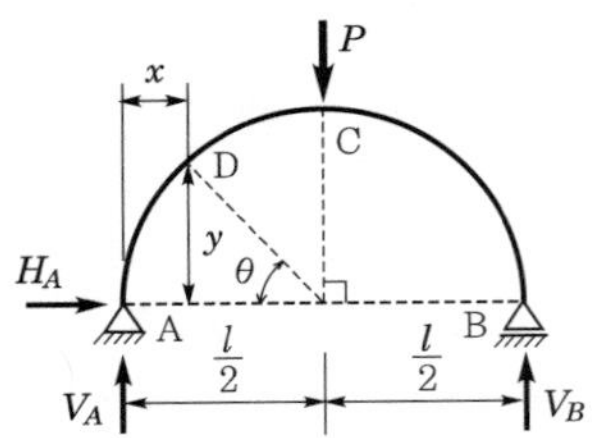

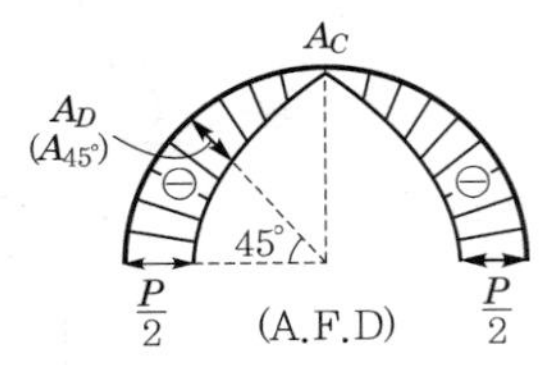

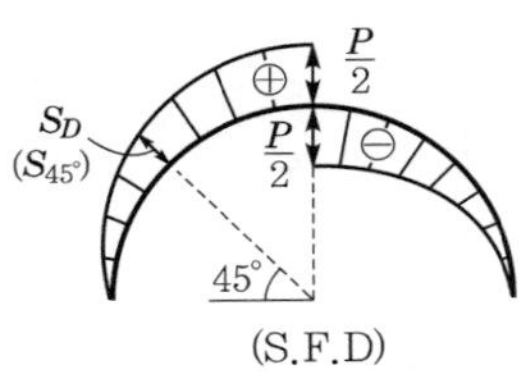

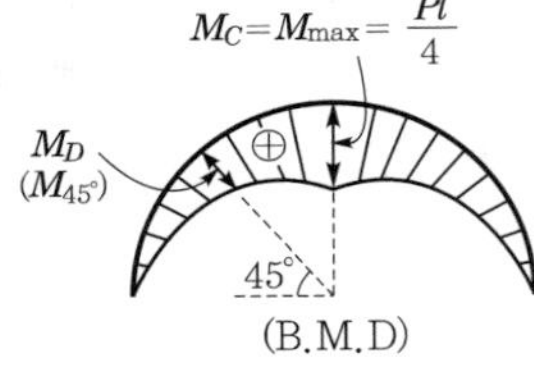

【그림 6.8】

(1) 지점반력

① $\sum M_B = 0$; $V_A l - P\left(\dfrac{l}{2}\right) = 0 \quad \therefore \ V_A = \dfrac{P}{2}$

② $\sum V = 0$; $V_B = \dfrac{P}{2}$

(2) 축력

① $A_\theta = -\dfrac{P}{2}\cos\theta$ (압축)

② $A_{\theta=0} = A_A = -\dfrac{P}{2}$

③ $A_{\theta=45°} = -\dfrac{P}{2\sqrt{2}}$

④ $A_{\theta=90°} = 0$

(3) 전단력

① $0 < x < \dfrac{l}{2}$ 구간 : $S_x = V_A \sin\theta = \dfrac{P}{2}\sin\theta$

㉠ $S_{\theta=0} = S_A = 0$

㉡ $S_{\theta=45°} = \dfrac{P}{2}\sin 45° = \dfrac{P}{2\sqrt{2}}$

㉢ $S_{\theta=90°} = S_{C(좌)} = \dfrac{P}{2}$

알·아·두·기·

F.B.D

(1) 수평축과 접선축의 각 θ를 알 때

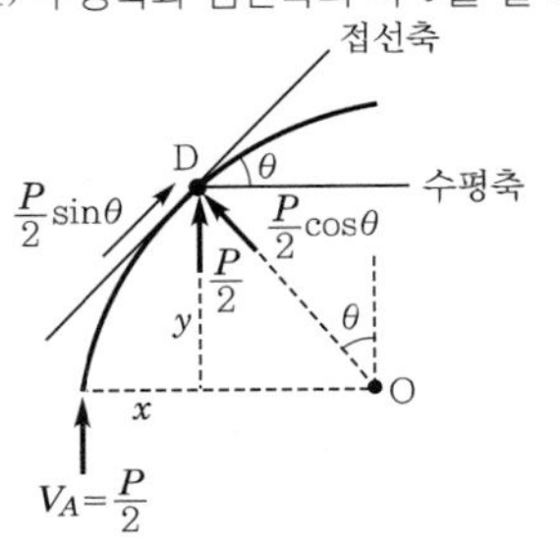

(2) 수평축과 전단축의 각 θ를 알 때

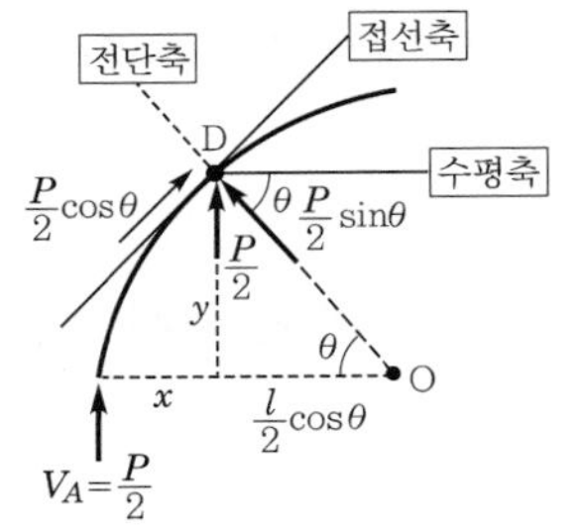

D점 상세도

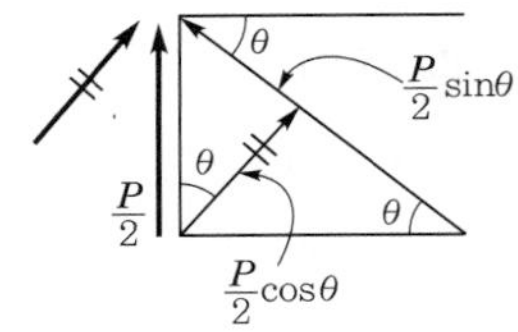

② $\frac{l}{2} < x < l$ 구간 : $S_x = (V_A - P)\sin\theta = -\frac{P}{2}\sin\theta$

㉠ $S_{\theta=90°} = S_{C(우)} = -\frac{P}{2}$

㉡ $S_{\theta=135°} = -\frac{P}{2\sqrt{2}}$

㉢ $S_{\theta=180°} = 0$

(4) 휨모멘트

① $0 < x < \frac{l}{2}$ 구간 : $M_x = V_A x = \frac{P}{2}x = \frac{Pl}{4}(1-\cos\theta)$

$$\left[x = \frac{l}{2} - \frac{l}{2}\cos\theta = \frac{l}{2}(1-\cos\theta)\right]$$

㉠ $M_{\theta=0} = M_A = 0$

㉡ $M_{\theta=45°} = \frac{Pl}{4}\left(1-\frac{1}{\sqrt{2}}\right)$

㉢ $M_{\theta=90°} = M_C = \frac{Pl}{4}(M_{\max})$

② $\frac{l}{2} < x < l$ 구간 : $M_x = \frac{Pl}{4}(1-\cos\theta)$

㉠ $M_{\theta=135°} = \frac{Pl}{4}\left(1-\frac{1}{\sqrt{2}}\right)$

㉡ $M_{\theta=180°} = M_B = 0$

⑤ 포물선 아치

(1) 포물선 방정식

① $y = ax^2 = \frac{4h}{l^2}x^2$

$\tan\theta = \frac{dy}{dx} = \frac{8h}{l^2}x$

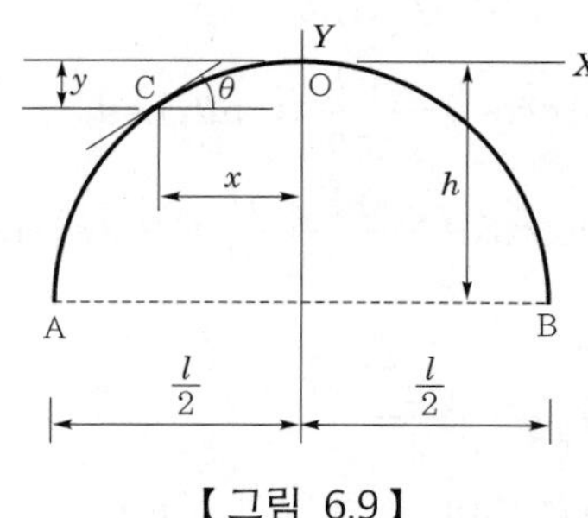

【그림 6.9】

포물선 아치(2차 방정식)

- $y = ax^2 + bx + c$

$$\begin{cases} x=0\text{일 때 } y=0\,;\, c=0 \\ x=l\text{일 때 } y=0\,;\, b=-al \\ x=\frac{l}{2}\text{일 때 } y=h\,;\, a=-\frac{4h}{l^2} \end{cases}$$

따라서

$$y = -\frac{4h}{l^2}x^2 + \frac{4h}{l^2}lx = \frac{4h}{l^2}x(l-x)$$

- $\tan\theta = \frac{dy}{dx}$ 이므로

$$\therefore \frac{dy}{dx} = \frac{8h}{l^2}\left(\frac{l}{2}-x\right)$$

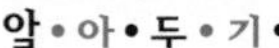

② $$y = ax^2 + bx + c = \frac{4h}{l^2}(lx - x^2)$$

$$\tan\theta = \frac{dy}{dx} = \frac{4h}{l^2}(l - 2x)$$

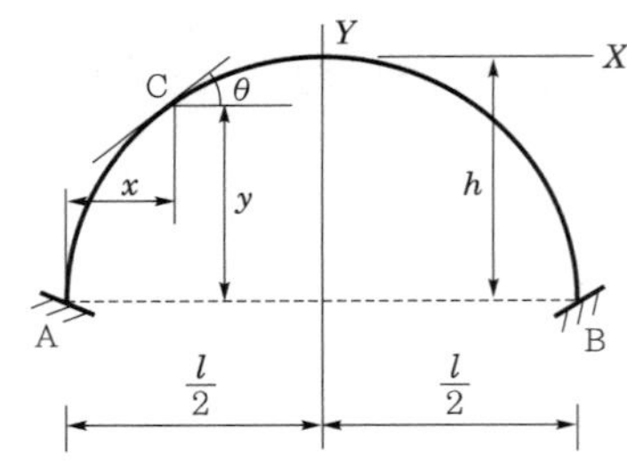

【그림 6.10】

(2) 포물선 아치에 등분포하중이 작용

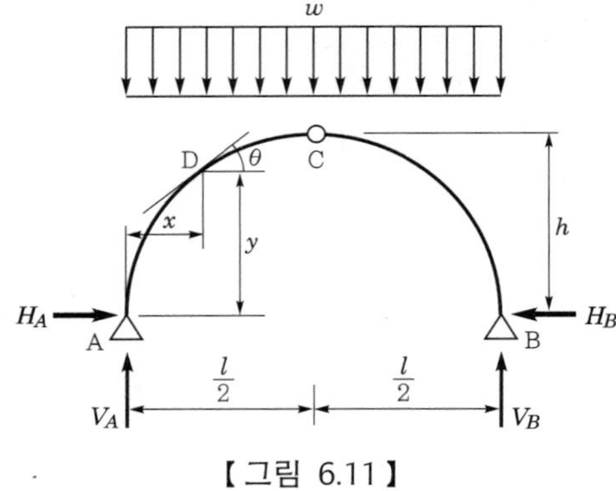

【그림 6.11】

① 지점반력

㉠ $\Sigma M_B = 0$; $V_A = \frac{wl}{2}(\uparrow)$

㉡ $\Sigma V = 0$; $V_B = \frac{wl}{2}(\uparrow)$

㉢ $\Sigma M_C = 0$; $H_A = \frac{wl^2}{8h}(\rightarrow)$

㉣ $\Sigma H = 0$; $H_B = \frac{wl^2}{8h}(\leftarrow)$

② 축력 : $A_\theta = -(V_A - wx)\sin\theta - H_A\cos\theta$

③ 전단력 : $S_\theta = (V_A - wx)\cos\theta - H_A\sin\theta$

$$= \frac{wl}{2}\cos\theta - wx\cos\theta - \frac{wl^2}{8h}(\tan\theta\cos\theta)$$

$$= \frac{wl}{2}\cos\theta - wx\cos\theta - \frac{wl^2}{8h}\left\{\frac{4h}{l^2}(l - 2x)\cos\theta\right\}$$

$$= 0$$

④ 휨모멘트 : $M_\theta = V_A x - H_A y - \frac{wx^2}{2}$

$$= \frac{wl}{2}x - \frac{wl^2}{8h}\left[\frac{4h}{l^2}(lx - x^2)\right] - \frac{wx^2}{2} = 0$$

알•아•두•기•

$\tan\theta = \frac{\sin\theta}{\cos\theta}$

⑥ 타이드 아치

3힌지 아치 해석과 동일

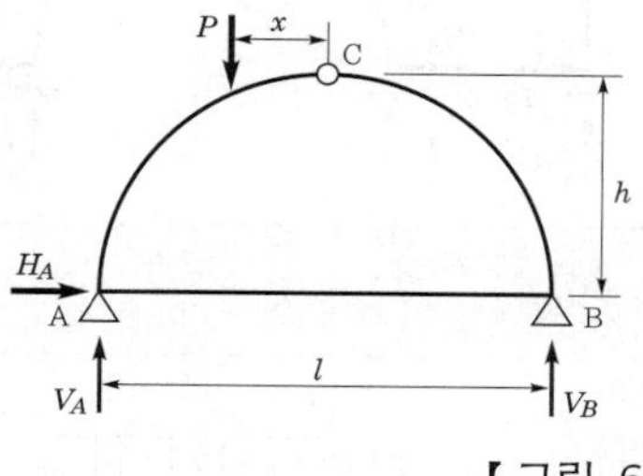

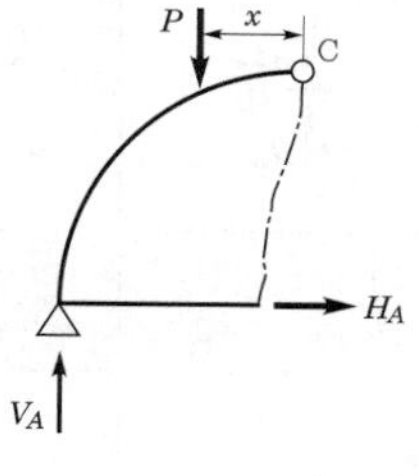

【그림 6.12】

(1) 지점반력

① $\Sigma M_B = 0$; $V_A = \dfrac{P(l+2x)}{2l}$

② $\Sigma V = 0$; $V_B = \dfrac{P(l-2x)}{2l}$

(2) 수평력(H_A)

$\Sigma M_C = 0$; $H_A = \dfrac{P(l-2x)}{4h}$

【보강】 정정 라멘과 정정 아치의 반력 정리

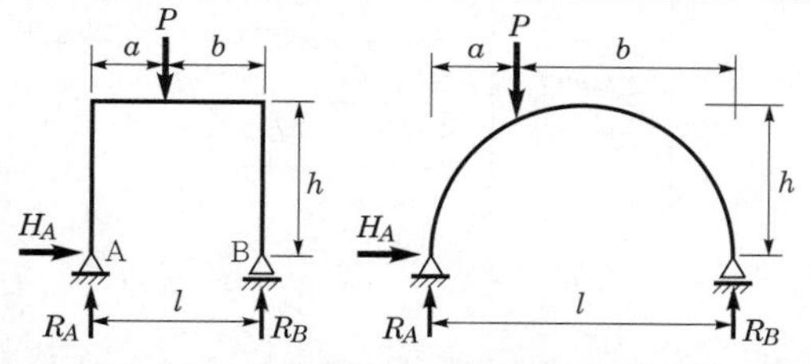	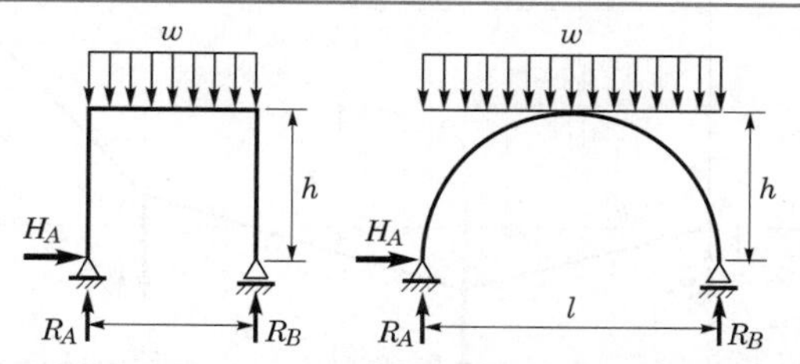
$R_A = \dfrac{Pb}{l}$, $R_B = \dfrac{Pa}{l}$, $H_A = 0$	$R_A = R_B = \dfrac{wl}{2}$, $H_A = 0$
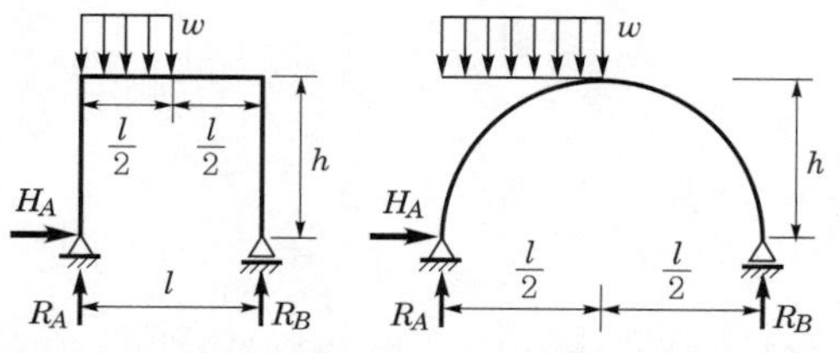	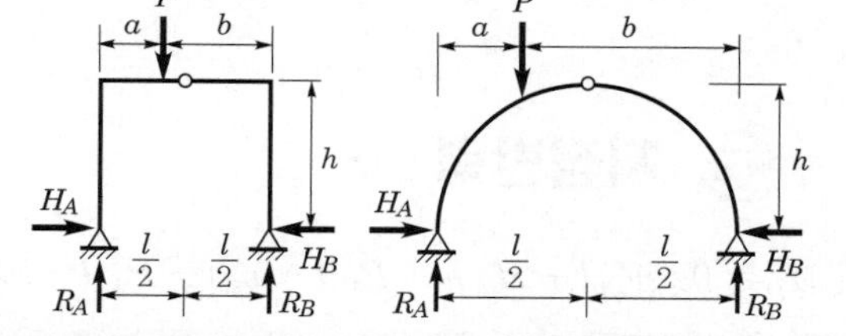
$R_A = \dfrac{3wl}{8}$, $R_B = \dfrac{wl}{8}$, $H_A = 0$, $M_C = \dfrac{wl^2}{16}$	$R_A = \dfrac{Pb}{l}$, $R_B = \dfrac{Pa}{l}$, $H_A = H_B = \dfrac{Pa}{2h}$

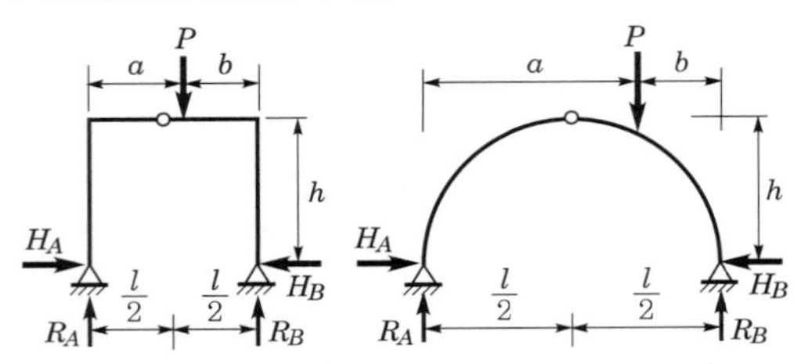	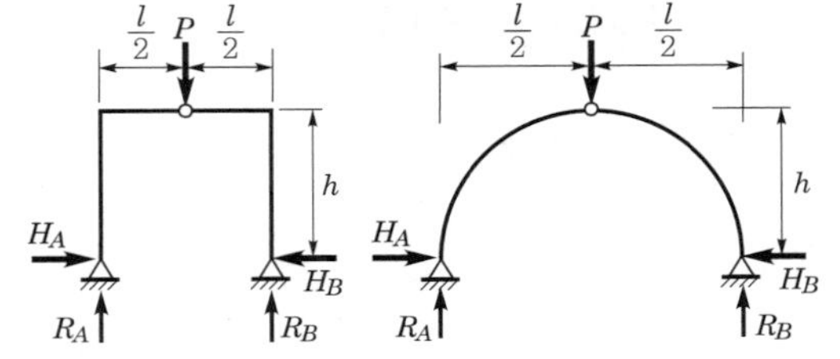
$R_A=\dfrac{Pb}{l},\ R_B=\dfrac{Pa}{l},\ H_A=H_B=\dfrac{Pb}{2h}$	$R_A=R_B=\dfrac{P}{2},\ H_A=H_B=\dfrac{Pl}{4h}$
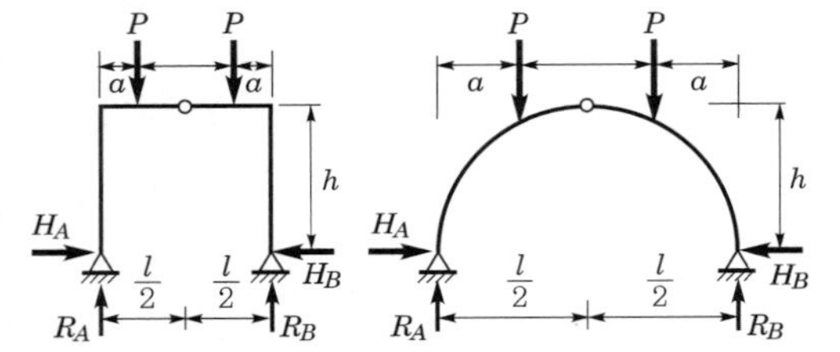	
$R_A=R_B=P,\ H_A=H_B=\dfrac{Pa}{h}$	$R_A=R_B=\dfrac{wl}{2},\ H_A=H_B=\dfrac{wl^2}{8h}$

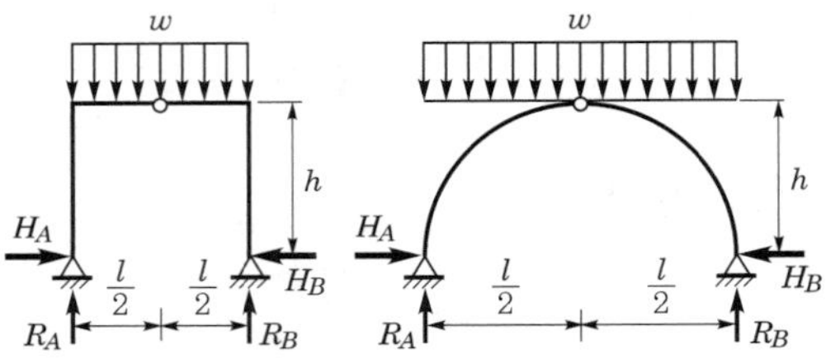

03 케이블(cable)

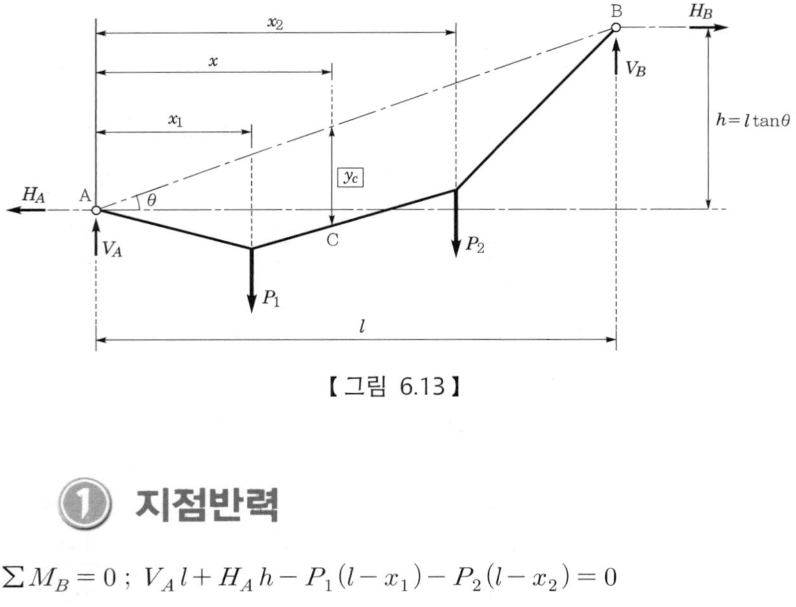

【그림 6.13】

① 지점반력

$$\Sigma M_B=0\ ;\ V_A l+H_A h-P_1(l-x_1)-P_2(l-x_2)=0$$

$$\therefore\ V_A=\frac{1}{l}[P_1(l-x_1)+P_2(l-x_2)-H_A\tan\theta] \quad \cdots\cdots\cdots\cdots ①$$

케이블에 대한 일반 정리

수평성분 H와 임의점에서 케이블현까지의 거리 y_C를 곱한 값 Hy_C는 같은 조건의 단순보에서 그 점의 모멘트와 같다. 즉,

$$Hy_C=M_C$$

알•아•두•기•

② 수평력(H_A)과 임의점까지 거리(y_C)

$\Sigma M_C = 0$;

$V_A x - H_A(y_C - x\tan\theta) - P_1(x - x_1) = 0$

$H_A(y_C - x\tan\theta) = V_A x - P_1(x - x_1)$ ·························· ②

①을 ②에 대입하면

$$\therefore\ H_A y_C = \frac{x}{l}[P_1(l - x_1) + P_2(l - x_2)] - P_1(x - x_1)$$

③ 휨모멘트(M_C)

케이블을 아래의 단순보로 생각하여 임의의 C점의 모멘트를 구하면 다음과 같다.

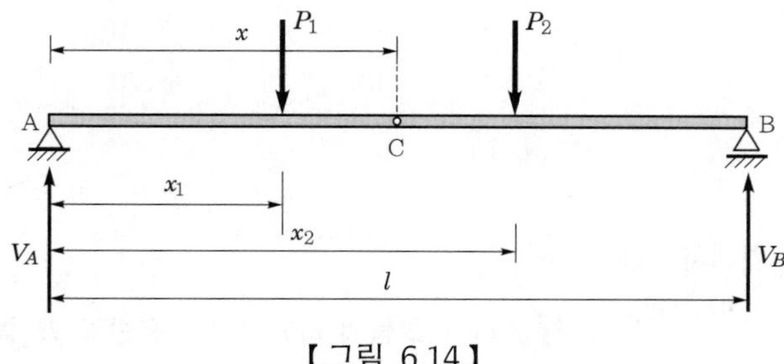

【그림 6.14】

(1) 지점반력

$\Sigma M_B = 0$; $V_A = \dfrac{1}{l}[P_1(l - x_1) + P_2(l - x_2)]$

(2) C점의 모멘트

$$M_C = V_A x - P_1(x - x_1)$$
$$= \frac{x}{l}[P_1(l - x_1) + P_2(l - x_2)] - P_1(x - x_1)$$
$$\therefore\ H_A y_C = M_C$$

예상 및 기출문제

1. 다음 그림과 같은 라멘에서 D지점의 반력은? [기사 04, 07]

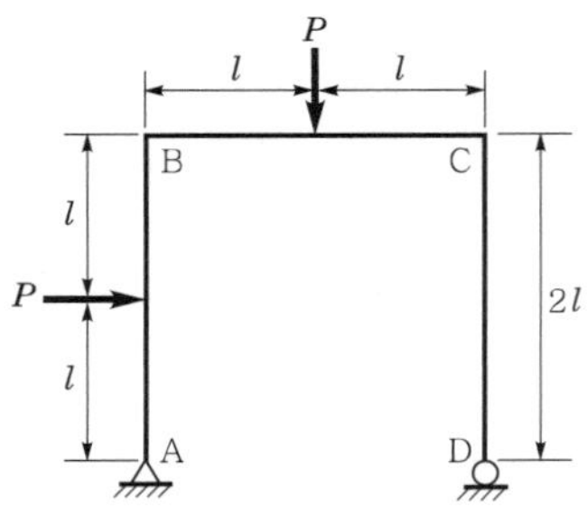

① $0.5P(\uparrow)$ ② $P(\uparrow)$
③ $1.5P(\uparrow)$ ④ $2.0P(\uparrow)$

해설 $\Sigma M_A = 0(\oplus)$
$Pl + Pl - 2lR_D = 0$
$\therefore R_D = P$

2. 다음 그림과 같은 단순보형식의 정정라멘에서 F점의 휨모멘트 M_F 값은? [기사 08]

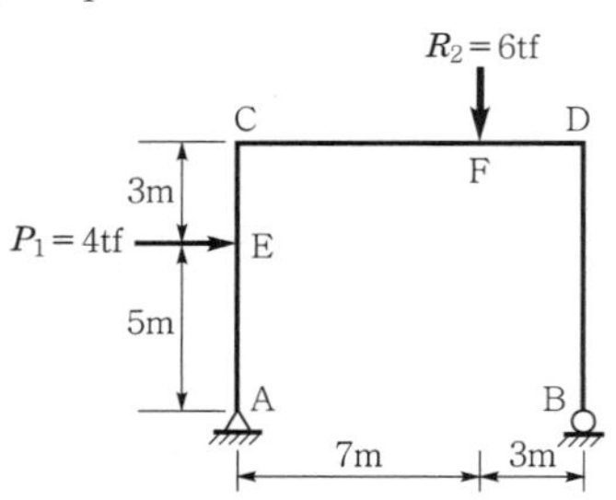

① 28.6tf·m ② 21.6tf·m
③ 12.6tf·m ④ 18.6tf·m

해설 $\Sigma M_A = 0(\oplus)$
$4 \times 5 + 6 \times 7 - R_B \times 10 = 0$
$\therefore R_B = 6.2\text{tf}$
$\Sigma M_F = 0(\oplus)$
$M_F - 6.2 \times 3 = 0$
$\therefore M_F = 18.6\text{tf} \cdot \text{m}$

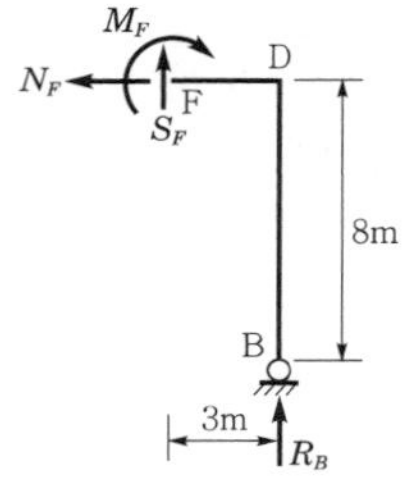

3. 다음 그림과 같은 라멘에서 B지점의 연직반력 R_B는? (단, A지점은 힌지지점이고, B지점은 롤러지점이다.) [기사 02, 16]

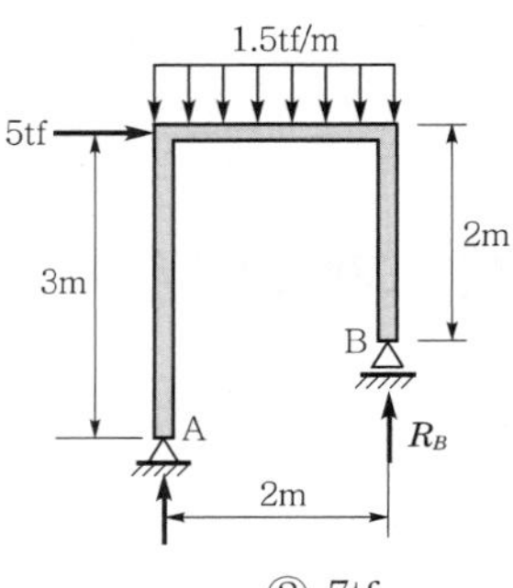

① 6tf ② 7tf
③ 8tf ④ 9tf

해설 $\Sigma M_A = 0(\oplus)$
$5 \times 3 + 1.5 \times 2 \times 1 - 2 \times R_B = 0$
$\therefore R_B = 9\text{tf}(\uparrow)$

4. 다음 그림의 라멘에서 수평반력 H_A를 구한 값은? [기사 01, 03, 07]

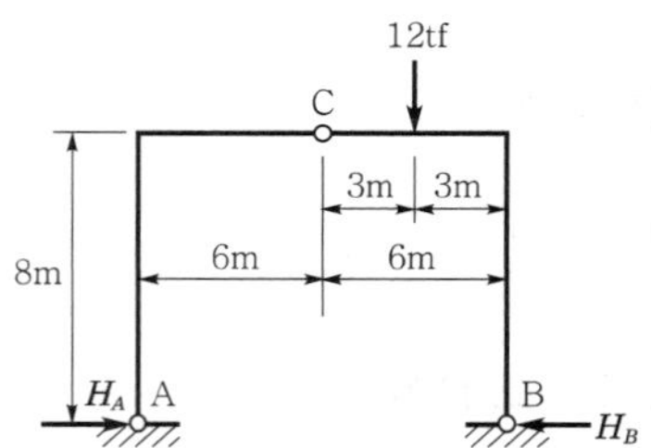

① 9.0tf ② 4.5tf
③ 3.0tf ④ 2.25tf

해설 $\Sigma M_B = 0(\oplus)$
$R_A \times 12 - 12 \times 3 = 0$
$\therefore R_A = 3\text{tf}$
$\Sigma M_C = 0(\oplus)$
$-H_A \times 8 + 3 \times 6 = 0$
$\therefore H_A = 2.25\text{tf}$

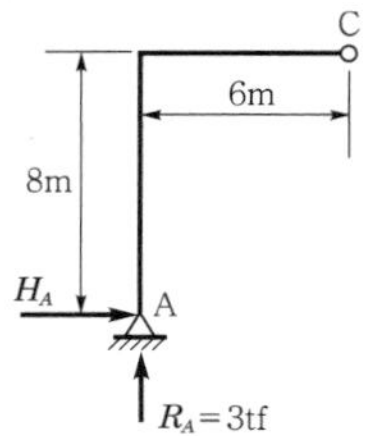

 정답 1. ② 2. ④ 3. ④ 4. ④

5. 다음 라멘에서 M_D로 옳은 것은? [기사 04]

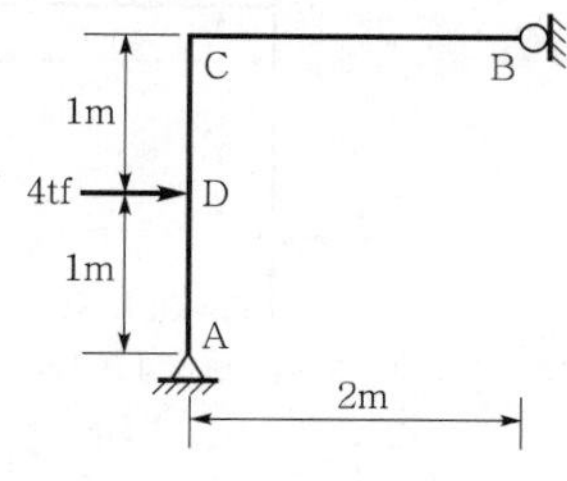

① 1tf · m ② 2tf · m
③ 3tf · m ④ 4tf · m

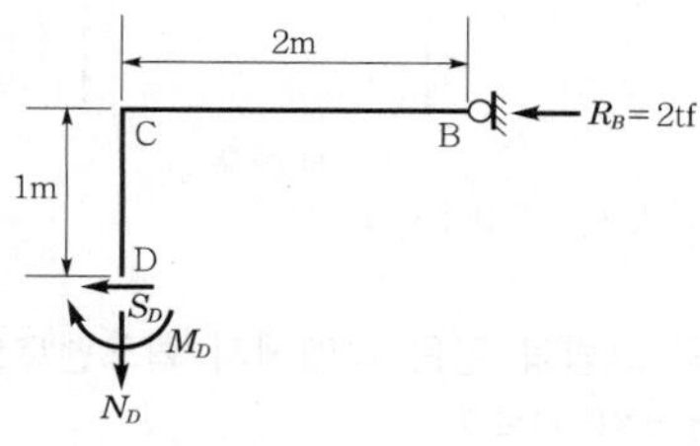

$\Sigma M_A = 0(\oplus)$
$4 \times 1 - R_B \times 2 = 0$
$\therefore R_B = 2\text{tf}$
$\Sigma M_D = 0(\oplus)$
$M_D - 2 \times 1 = 0$
$\therefore M_D = 2\text{tf} \cdot \text{m}$

6. 다음 그림과 같은 정정라멘에서 C점의 휨모멘트는? [기사 10]

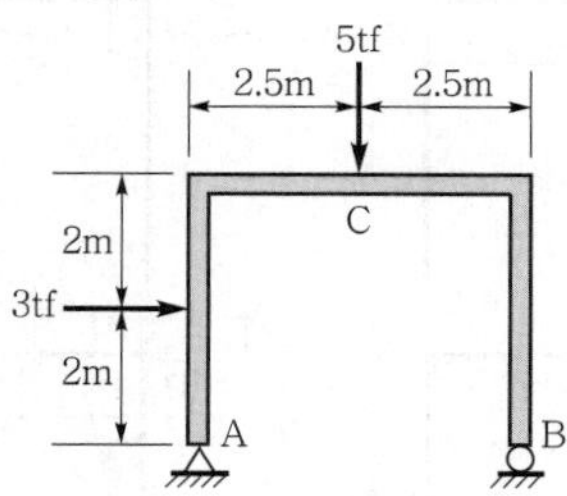

① 6.25tf · m ② 9.25tf · m
③ 12.3tf · m ④ 18.2tf · m

해설 $\Sigma M_B = 0(\oplus)$
$V_A \times 5 - 5 \times 2.5 + 3 \times 2 = 0$
$\therefore V_A = 1.3\text{tf}, \ V_B = 3.7\text{tf}$
$\therefore M_C = 3.7 \times 2.5 = 9.25\text{tf} \cdot \text{m}$

7. 정정 구조의 라멘에 분포하중 w가 작용 시 최대 모멘트를 구하면? [기사 04, 08, 15]

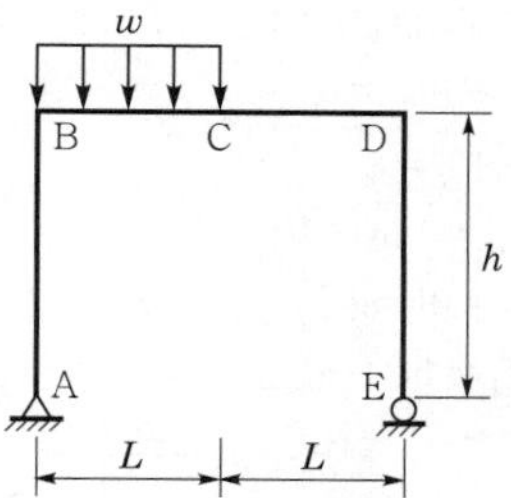

① $0.186wL^2$ ② $0.219wL^2$
③ $0.250wL^2$ ④ $0.281wL^2$

해설 $\Sigma M_E = 0(\oplus)$
$V_A \times 2L - wL\left(\frac{L}{2} + L\right) = 0$
$\therefore V_A = \frac{3}{4}wL(\uparrow)$
$S_x = V_A - wx = \frac{3}{4}wL - wx = 0$
$\therefore x = \frac{3}{4}L$

최대 모멘트($M_{\max}$)는 A점에서 $\frac{3}{4}L$인 위치에서 발생한다.

$$\therefore M_{\max} = V_A \times \frac{3}{4}L - \frac{3}{4}wL \times \left(\frac{3}{4}L \times \frac{1}{2}\right)$$
$$= \frac{3}{4}wL \times \frac{3}{4}L - \frac{3}{4}wL \times \frac{3}{8}L$$
$$= \frac{9}{16}wL^2 - \frac{9}{32}wL^2 = \frac{9}{32}wL^2 = 0.281wL^2$$

8. 다음 그림과 같은 라멘에서 C점의 휨모멘트는? [산업 16]

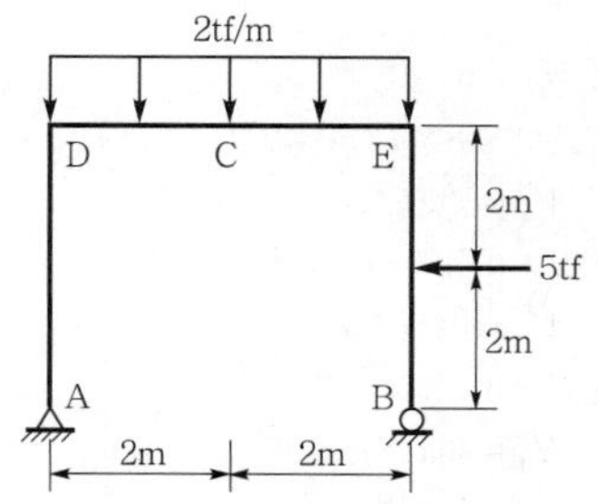

① −11tf · m ② −14tf · m
③ −17tf · m ④ −20tf · m

해설 $\Sigma M_B = 0(\oplus)$

$V_A \times 4 - 8 \times 2 - 5 \times 2 = 0$

$\therefore\ V_A = 6.5\text{tf}(\uparrow)$

$\Sigma F_Y = 0(\uparrow \oplus)$

$V_A + V_B = 8$

$\therefore\ V_B = 1.5\text{tf}(\uparrow)$

$\Sigma F_X = 0(\rightarrow \oplus)$

$\therefore\ H_A = 5\text{tf}(\rightarrow)$

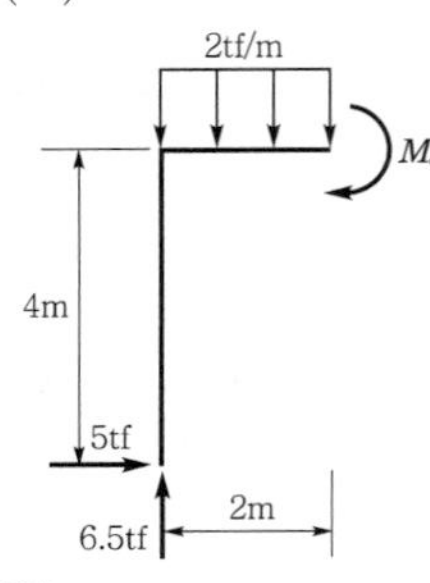

$\Sigma M_C = 0(\oplus)$

$6.5 \times 2 - 5 \times 4 - 2 \times 2 \times 1 + M_C = 0$

$\therefore\ M_C = 20 + 4 - 13 = 11\text{tf} \cdot \text{m}$

9. 다음 그림과 같은 구조에서 절대값이 최대로 되는 휨모멘트의 값은? [기사 10, 산업 09, 13]

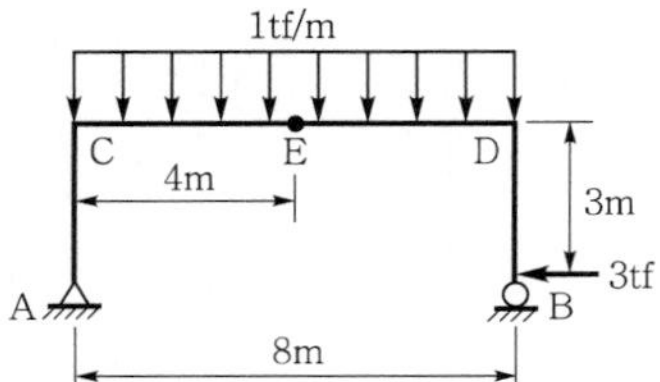

① 8tf · m ② 9tf · m
③ 4tf · m ④ 3tf · m

해설 $\Sigma M_B = 0$

$V_A \times 8 - 8 \times 1 \times 4 = 0$

$\therefore\ V_A = 4\text{tf}(\uparrow)$

$\Sigma V = 0$

$\therefore\ V_B = 4\text{tf}(\uparrow)$

$\Sigma H = 0$

$\therefore\ H_A = 3\text{tf}(\rightarrow)$

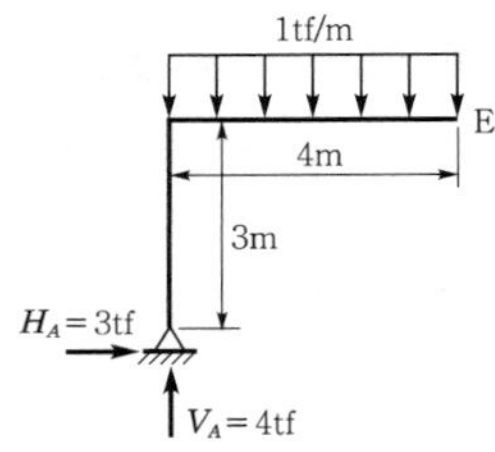

$\therefore\ M_E = 4 \times 4 - 3 \times 3 - 1 \times 4 \times 2 = -1\text{tf} \cdot \text{m}$

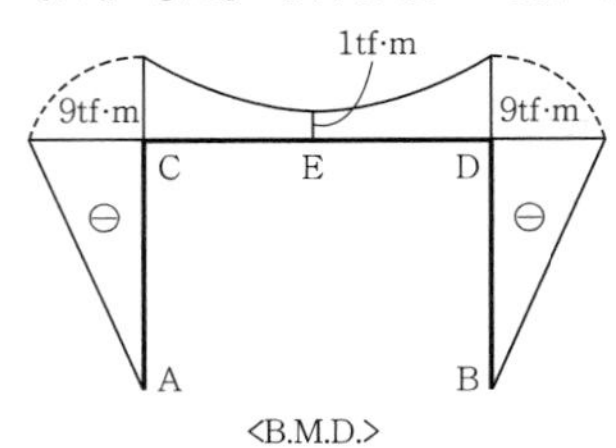

<B.M.D.>

$\therefore\ |M_{max}| = 9\text{tf} \cdot \text{m}$

10. 다음 그림과 같은 라멘에서 휨모멘트도(B.M.D)가 옳게 그려진 것은? [기사 08]

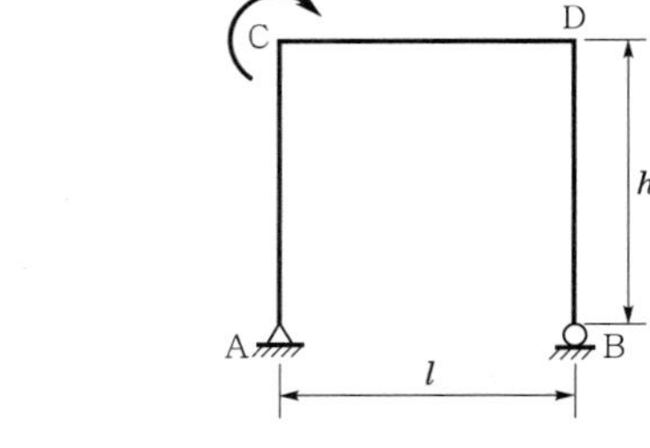

①
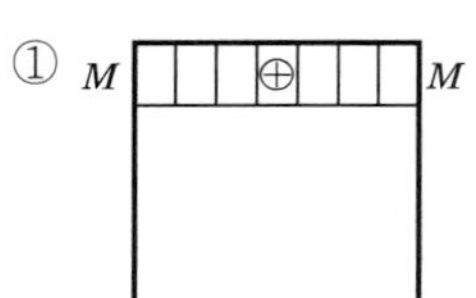

②
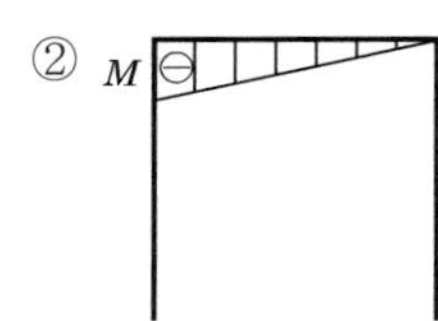

③
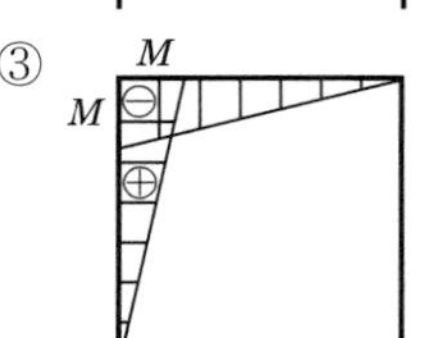

④
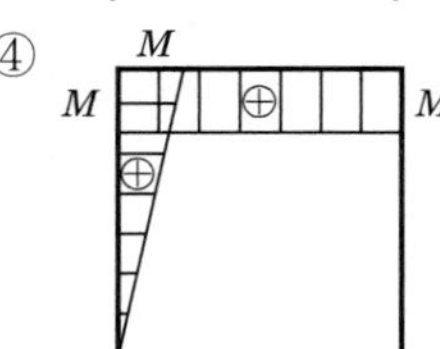

$\Sigma M_B = 0$

$-V_A l + M = 0$

$\therefore\ V_A = \dfrac{M}{l}(\downarrow)$

$\therefore\ M_C = M$

$\therefore\ M_D = M - \dfrac{M}{l} \times l = 0$

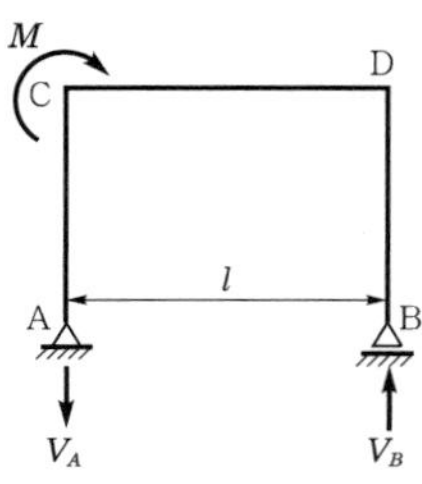

정답 9. ② 10. ②

11. 다음 그림과 같은 3힌지라멘의 휨모멘트선도(B.M.D)는? [기사 08, 17]

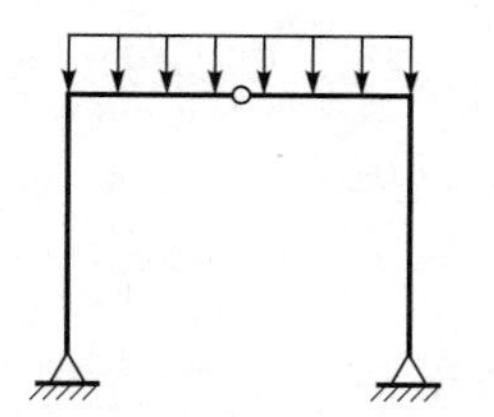

①
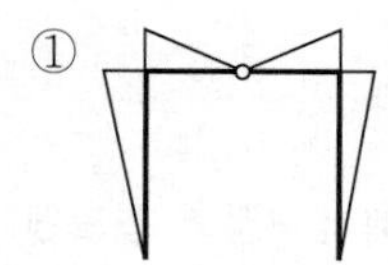

②
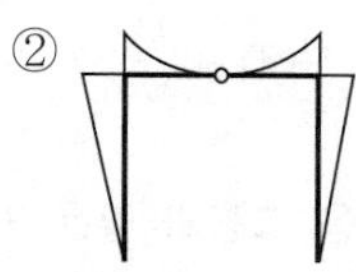

③
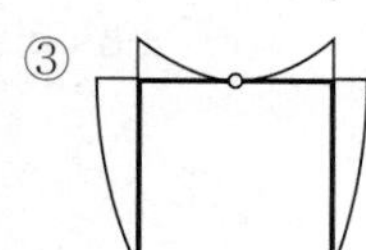

④
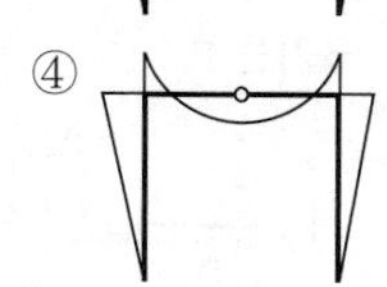

12. 다음 라멘의 B.M.D는? [기사 00, 17]

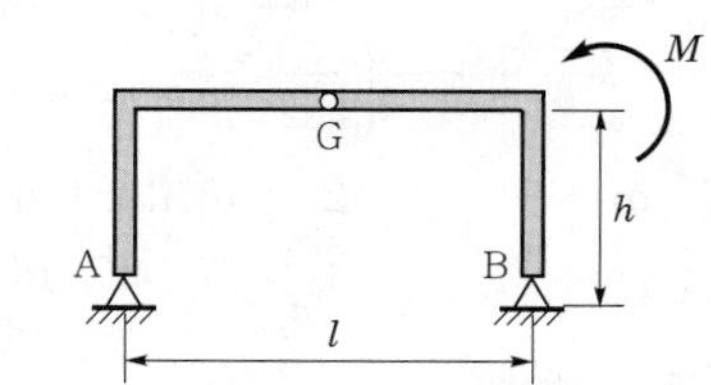

①
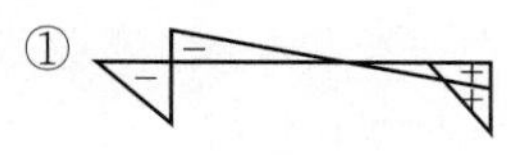

②

③
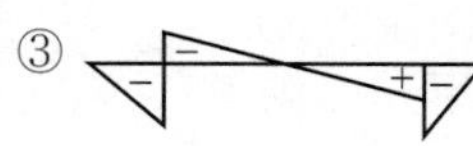

④

해설

$\Sigma M_B = 0(\curvearrowright\oplus)$

$V_A \times l - M = 0$

$\therefore\ V_A = \dfrac{M}{l}(\uparrow)$

$\Sigma F_Y = 0(\uparrow\oplus)$

$V_A - V_B = 0$

$\therefore\ V_B = \dfrac{M}{l}(\downarrow)$

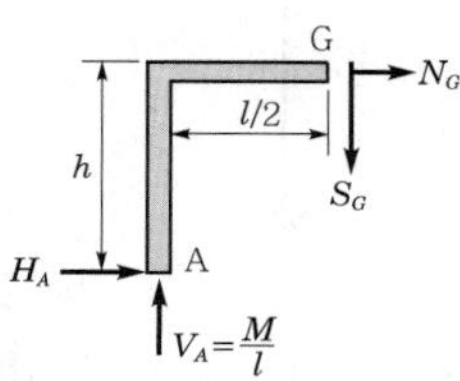

$\Sigma M_G = 0(\curvearrowright\oplus)$

$\dfrac{M}{l} \times \dfrac{l}{2} - H_A \times h = 0$

$\therefore\ H_A = \dfrac{M}{2h}(\rightarrow)$

$\Sigma F_X = 0(\rightarrow\oplus)$

$\dfrac{M}{2h} - H_B = 0$

$\therefore\ H_B = \dfrac{M}{2h}(\leftarrow)$

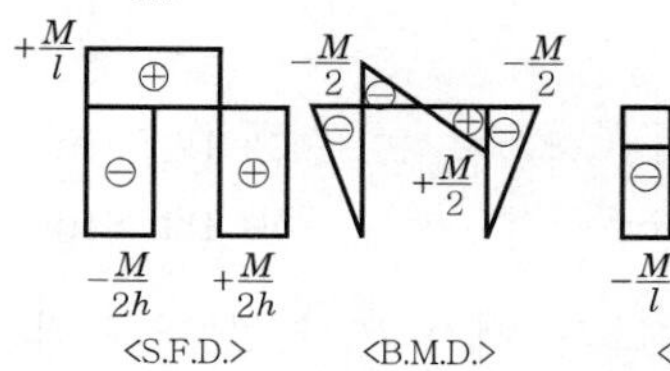

13. 다음과 같은 구조물에 우력이 작용할 때 모멘트도로 옳은 것은? [기사 07]

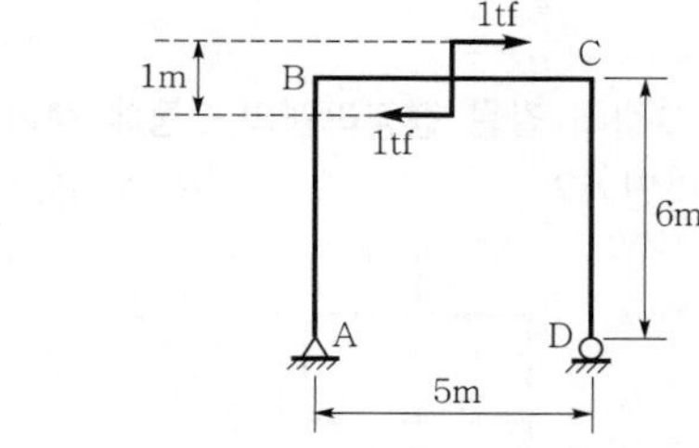

①
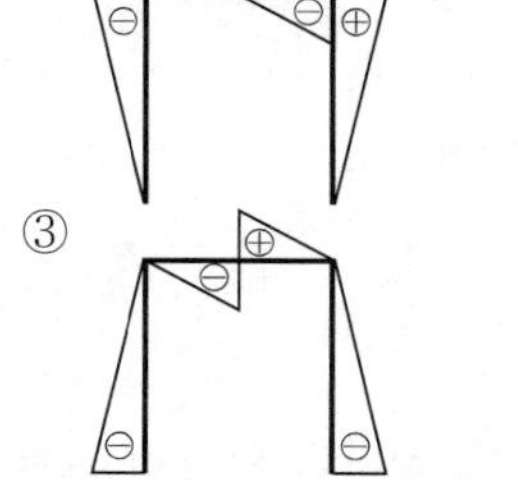

②
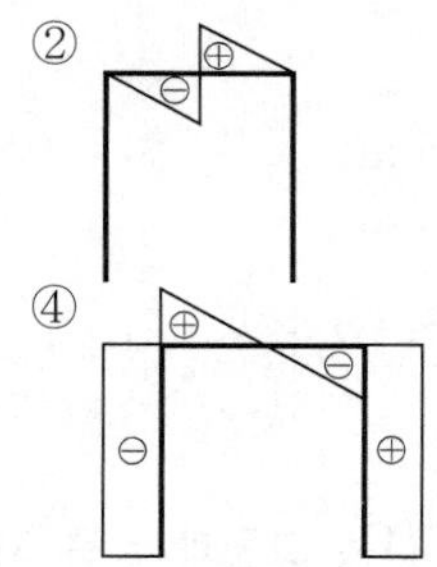

③
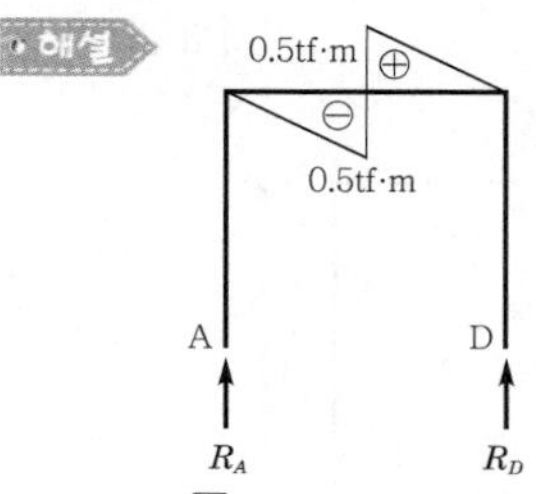

④

해설

$\Sigma M_D = 0$

$R_A \times 5 + (1 \times 6.5) - (1 \times 5.5) = 0$

$\therefore\ R_A = -\dfrac{1}{5}\text{tf}(\downarrow),\ R_D = \dfrac{1}{5}\text{tf}(\uparrow)$

수평반력이 없으므로 기둥 AB와 CD는 휨모멘트가 없다.

정답 11. ② 12. ③ 13. ②

14. 다음 그림과 같은 정정라멘에서 M_C를 구하면? [산업 05]

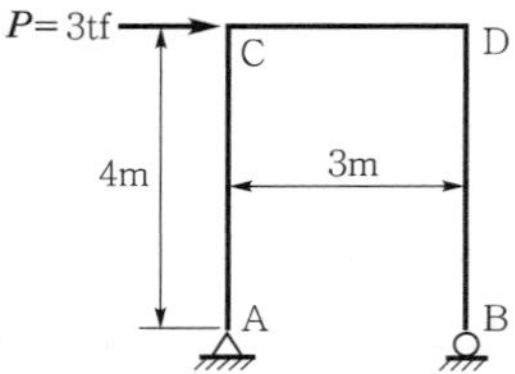

① 10tf · m ② 12tf · m
③ 14tf · m ④ 16tf · m

해설 $\Sigma H=0$에서 H_A를 왼쪽으로 작용한다고 가정하면

$3-H_A=0$

$\therefore H_A=3\text{tf}$

$\therefore M_C=H_A\times 4=3\times 4=12\text{tf}\cdot\text{m}$

15. 다음 그림과 같은 정정라멘의 C점에 생기는 휨모멘트는 얼마인가? [산업 03, 16, 17]

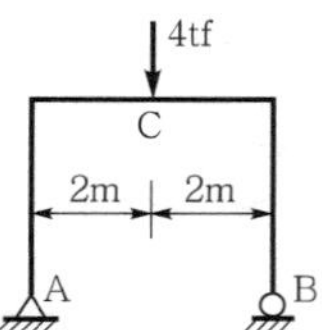

① 3tf · m ② 4tf · m
③ 5tf · m ④ 6tf · m

해설 $R_A=R_B=2\text{tf}$

$\therefore M_C=R_A\times 2=2\times 2=4\text{tf}\cdot\text{m}$

16. 다음 그림과 같은 3활절라멘의 지점 A의 수평반력(H_A)은? [산업 08, 17]

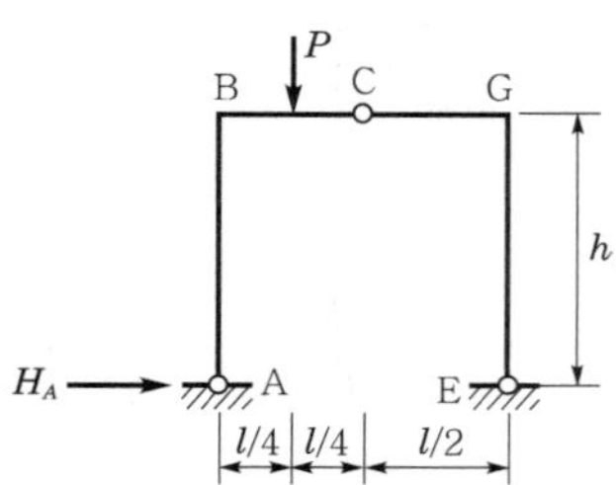

① $\dfrac{Pl}{h}$ ② $\dfrac{Pl}{2h}$

③ $\dfrac{Pl}{4h}$ ④ $\dfrac{Pl}{8h}$

해설 $\Sigma M_E=0(\oplus)$

$V_A\times l-P\times\dfrac{3}{4}l=0$

$\therefore V_A=\dfrac{3}{4}P$

$\Sigma M_C=0(\oplus)$

$V_A\times\dfrac{l}{2}-H_A\times h-P\times\dfrac{l}{4}=0$

$\dfrac{3}{4}P\times\dfrac{l}{2}-H_A\times h-P\times\dfrac{l}{4}=0$

$\therefore H_A=\dfrac{Pl}{8h}$

17. 다음 그림과 같은 3활절라멘에서 B점의 휨모멘트 M_B의 크기는? [산업 02]

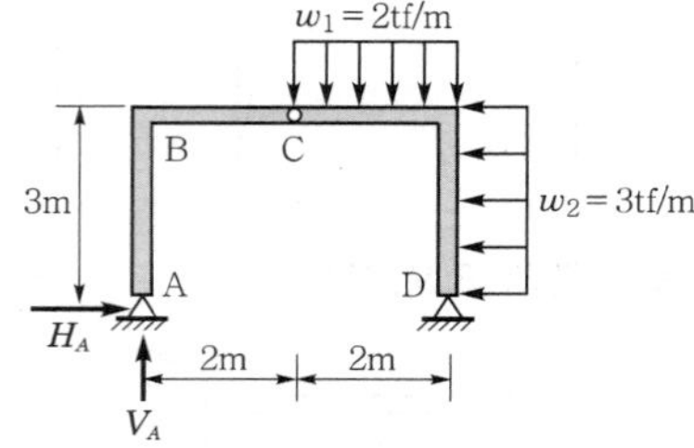

① −8.76tf · m ② −13.13tf · m
③ −12.00tf · m ④ −27.14tf · m

해설 $\Sigma M_D=0(\oplus)$

$V_A\times 4-2\times 2\times 1-3\times 3\times 1.5=0$

$\therefore V_A=\dfrac{1}{4}\times(4+13.5)=4.375\text{tf}(\uparrow)$

$\Sigma M_C=0(\oplus)$

$V_A\times 2-H_A\times 3=0$

$\therefore H_A=\dfrac{2}{3}\times 4.375=2.917\text{tf}(\rightarrow)$

$\therefore M_B=-H_A\times 3=-2.917\times 3=-8.76\text{tf}\cdot\text{m}$

18. 다음 그림과 같은 3활절라멘에 일어나는 최대 휨모멘트는? [산업 08, 13, 15]

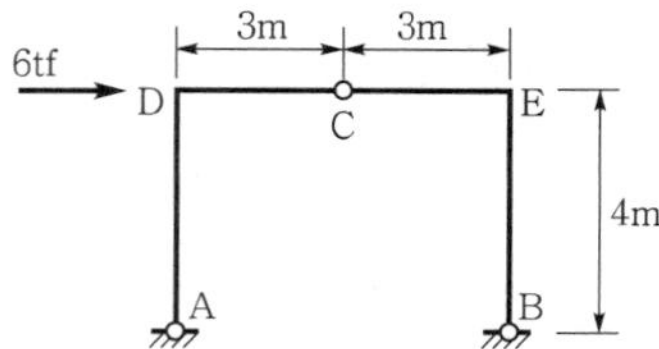

① 9tf · m ② 12tf · m
③ 15tf · m ④ 18tf · m

정답 14. ② 15. ② 16. ④ 17. ① 18. ②

해설 $\Sigma M_B = 0(\oplus)$
$V_A \times 6 + 6 \times 4 = 0$
$\therefore V_A = -4\text{tf}(\downarrow)$
$\Sigma V = 0$
$-V_A + V_B = 0$
$\therefore V_B = -4\text{tf}$
$\Sigma M_C = 0(\oplus)$
$-V_B \times 3 + H_B \times 4 = 0$
$\therefore H_B = 3\text{tf},\ H_A = 3\text{tf}$
$\therefore M_{\max} = M_D = M_E = H_A \times 4 = 3 \times 4 = 12\text{tf} \cdot \text{m}$

19. 다음과 같은 정정라멘에서 D점의 수평반력은? (단, 점선은 부재가 아니며 힘의 방향을 나타낸다.)
[산업 12]

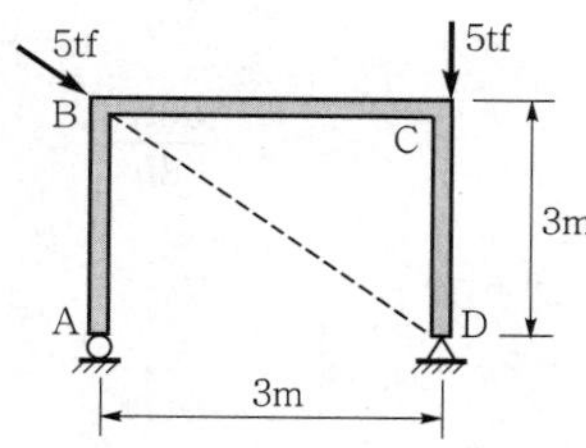

① 5tf ② 10tf
③ $\frac{5}{\sqrt{2}}$tf ④ $5\sqrt{2}$tf

해설 힘의 평형에서
$\Sigma H = 0$
$\therefore H_D = P\cos\theta$
$= 5 \times \cos\theta = 5 \times \frac{3}{3\sqrt{2}}$
$= \frac{5}{\sqrt{2}}\text{tf}(\leftarrow)$

$\sqrt{18} = \sqrt{9 \times 2} = 3\sqrt{2}$, 3, 3

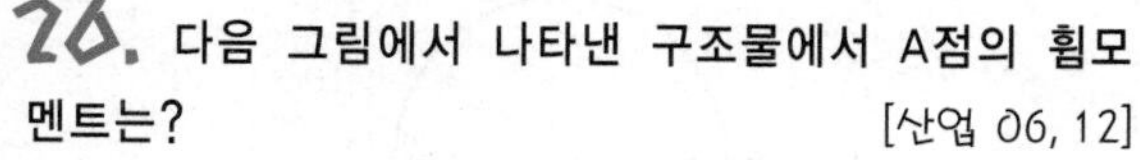

20. 다음 그림에서 나타낸 구조물에서 A점의 휨모멘트는?
[산업 06, 12]

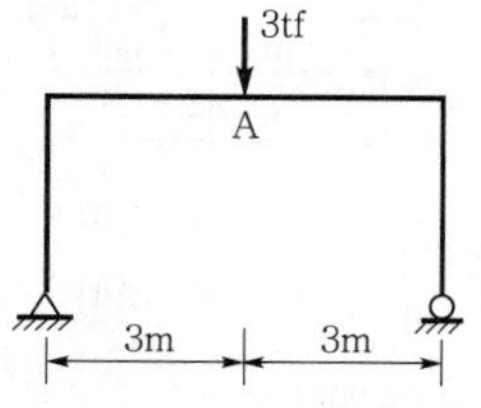

① 3tf · m ② 4.5tf · m
③ 6tf · m ④ 7.5tf · m

해설 대칭이므로 지점에서의 반력 $R = 1.5$tf
$\therefore M_A = 1.5 \times 3 = 4.5\text{tf} \cdot \text{m}$

21. 다음 그림과 같은 3힌지라멘의 수평반력 H_A의 값은?
[산업 02, 10, 17]

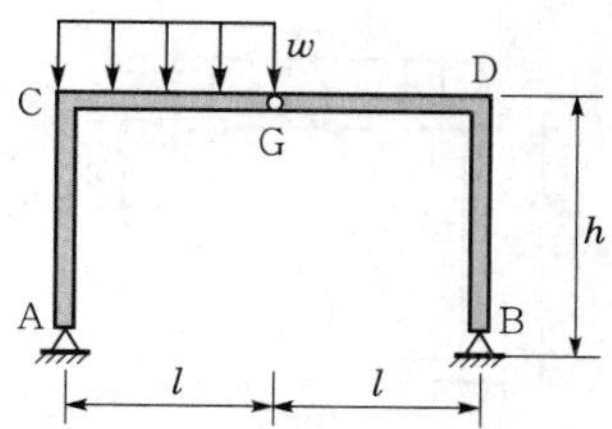

① $\frac{wl^2}{4h}$ ② $\frac{wl^2}{8h}$
③ $\frac{wl^2}{16h}$ ④ $\frac{wl^2}{24h}$

해설 $\Sigma M_B = 0(\oplus)$
$V_A \times 2l - wl\left(l + \frac{l}{2}\right) = 0$
$\therefore V_A = \frac{wl}{2l} \times \frac{3l}{2} = \frac{3}{4}wl$
$\Sigma M_G = 0(\oplus)$
$V_A \times l - H_A \times h - wl \times \frac{l}{2} = 0$
$\therefore H_A = \frac{1}{h}\left(\frac{3}{4}wl^2 - \frac{wl^2}{2}\right) = \frac{wl^2}{4h}$

22. 다음 그림과 같은 3힌지라멘에 동분포하중이 작용할 경우 A점의 수평반력은?
[산업 04, 10, 15]

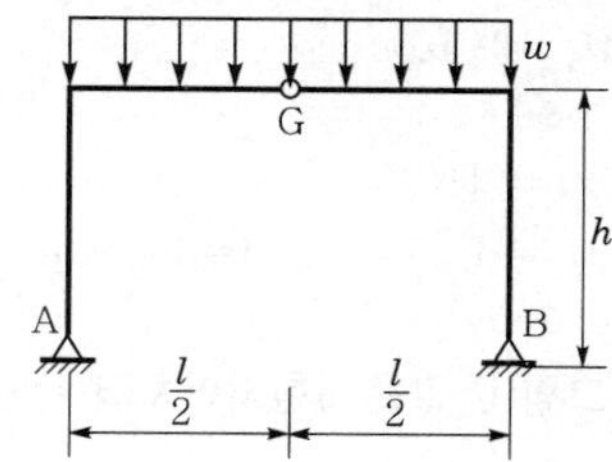

① 0 ② $\frac{wl^2}{8}(\rightarrow)$
③ $\frac{wl^2}{4h}(\rightarrow)$ ④ $\frac{wl^2}{8h}(\rightarrow)$

해설 $\Sigma V = 0$
$R_A = R_B = \frac{wl}{2}(\uparrow)$
$\Sigma M_C = 0(\oplus)$
$R_A \times \frac{l}{2} - H_A \times h - w \times \frac{l}{2} \times \frac{l}{4} = 0$
$\therefore H_A = \frac{wl^2}{8h}(\rightarrow)$

정답 19. ③ 20. ② 21. ① 22. ④

23. 다음 그림과 같은 라멘에서 A점의 휨모멘트반력은? [산업 11]

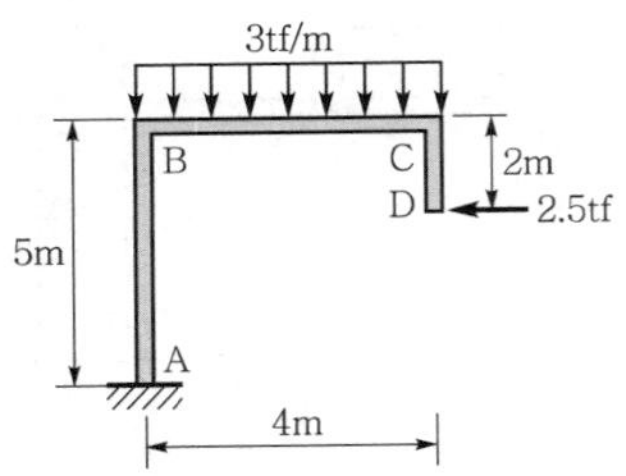

① -9.5tf·m ② -12.5tf·m
③ -14.5tf·m ④ -16.5tf·m

해설 $\Sigma M_A = 0(\oplus)$
$M_A = (3\times4\times2)-(2.5\times3)$
$= 24 - 7.5 = 16.5\text{tf}\cdot\text{m}$

24. 다음 그림과 같은 라멘에서 C점의 휨모멘트는? [산업 07]

① 12tf·m
② 16tf·m
③ 24tf·m
④ 32tf·m

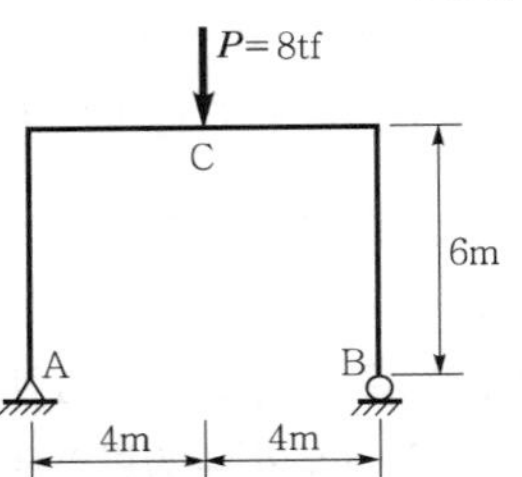

해설 $\Sigma M_B = 0(\oplus)$
$V_A\times8-8\times4=0$
$\therefore V_A = 4\text{tf}(\uparrow)$
$\therefore M_C = V_A\times4 = 4\times4 = 16\text{tf}\cdot\text{m}$

25. 다음 그림과 같은 3힌지아치의 수평반력 H_A는 몇 tf인가? [산업 16]

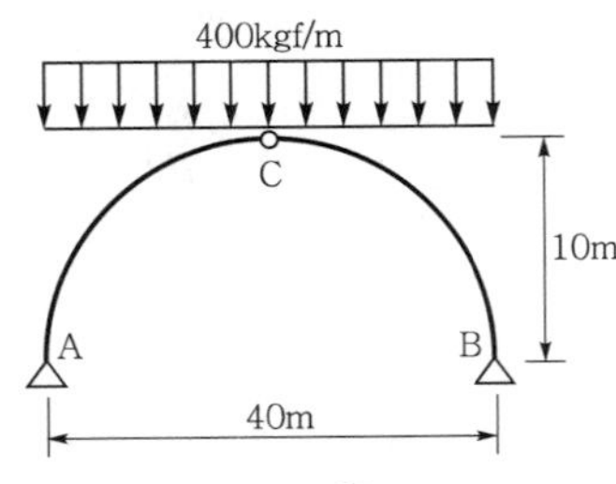

① 6 ② 8
③ 10 ④ 12

해설 $H_A = \dfrac{400\times40^2}{8\times10} = 8{,}000\text{kgf} = 8\text{tf}(\rightarrow)$

26. 다음 그림과 같은 3활절 포물선아치의 수평반력(H_A)은? [기사 02, 04, 09, 11, 15, 16, 산업 05, 16]

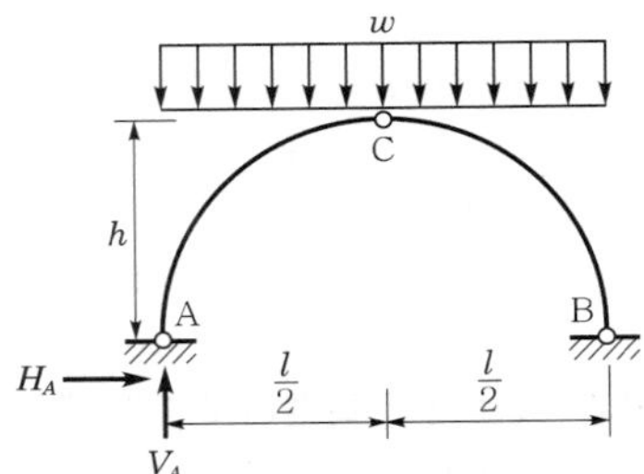

① 0 ② $\dfrac{wl^2}{8h}$
③ $\dfrac{3wl^2}{8h}$ ④ $\dfrac{5wl^2}{8h}$

해설 좌우대칭구조
$V_A = V_B = \dfrac{wl}{2}(\uparrow)$
$\Sigma M_C = 0$
$\dfrac{wl}{2}\times\dfrac{l}{2} - H_A\times h - \dfrac{wl}{2}\times\dfrac{l}{4} = 0$
$\therefore H_A = \dfrac{wl^2}{8h}(\rightarrow)$

27. 다음 그림에서 보이는 바와 같은 3활절아치의 C점에 연직하중 40tf가 작용한다면 A점에 작용하는 수평반력 H_A는? [기사 06, 산업 02, 07, 09]

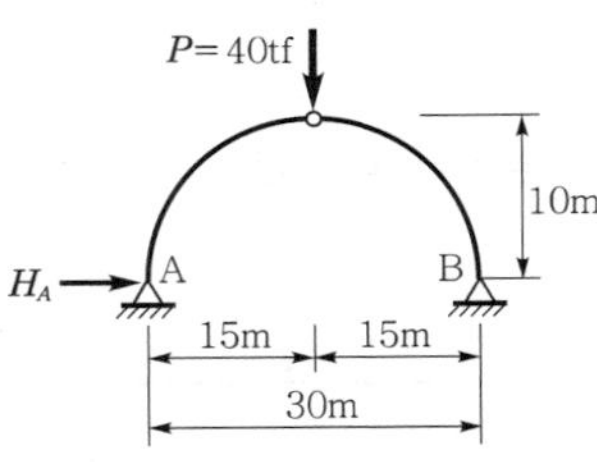

① 10tf ② 15tf
③ 20tf ④ 30tf

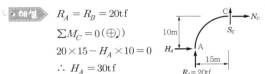

해설 $R_A = R_B = 20\text{tf}$
$\Sigma M_C = 0(\oplus)$
$20\times15 - H_A\times10 = 0$
$\therefore H_A = 30\text{tf}$

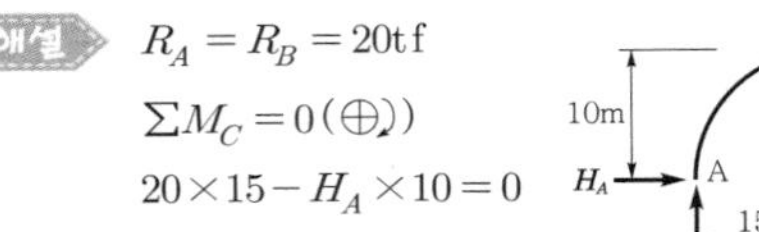

정답 23. ④ 24. ② 25. ② 26. ② 27. ④

28. 다음 그림과 같은 반원형 3힌지아치에서 A점의 수평반력은? [기사 02, 10]

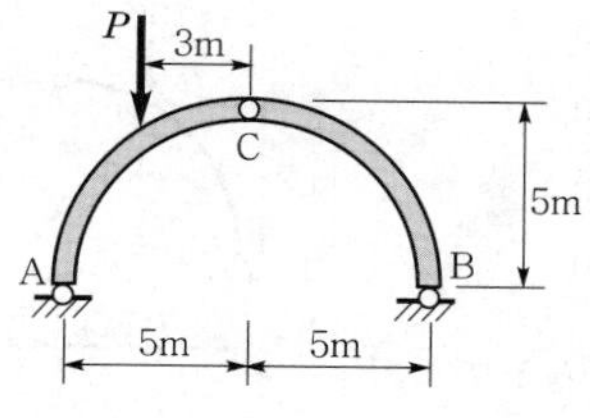

① P ② $\frac{P}{2}$

③ $\frac{P}{4}$ ④ $\frac{P}{5}$

해설

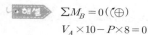

$\Sigma M_B = 0(\curvearrowright\oplus)$

$V_A \times 10 - P \times 8 = 0$

$\therefore V_A = \frac{4}{5}P(\uparrow)$

$\Sigma M_C = 0(\curvearrowright\oplus)$

$-H_A \times 5 - 3 \times P + \frac{4}{5}P \times 5 = 0$

$\therefore H_A = \frac{P}{5}(\rightarrow)$

29. 다음 그림과 같은 3힌지아치가 10tf의 하중을 받고 있다. B지점에서 수평반력은? [기사 05, 산업 03, 04]

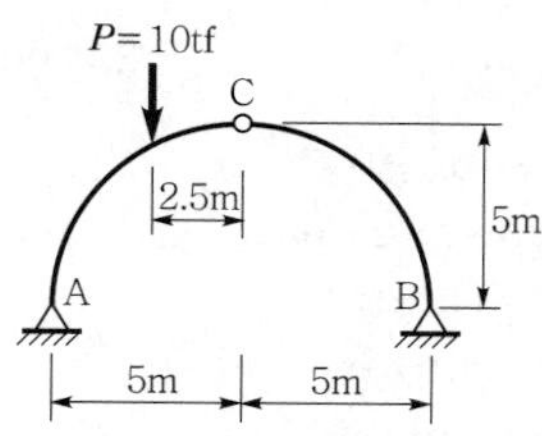

① 2.0tf ② 2.5tf

③ 3.0tf ④ 3.5tf

해설

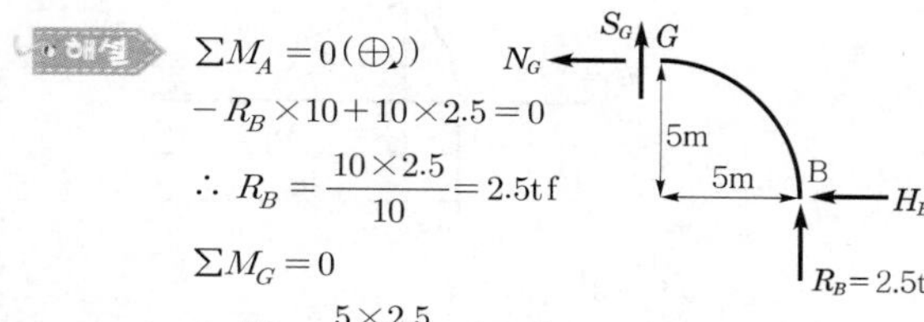

$\Sigma M_A = 0(\oplus\curvearrowright)$

$-R_B \times 10 + 10 \times 2.5 = 0$

$\therefore R_B = \frac{10 \times 2.5}{10} = 2.5\text{tf}$

$\Sigma M_G = 0$

$\therefore H_B = \frac{5 \times 2.5}{5} = 2.5\text{tf}$

30. 다음 그림과 같은 3활절아치에서 D점에 연직하중 20tf가 작용할 때 A점에 작용하는 수평반력 H_A는? [기사 06, 17, 산업 07]

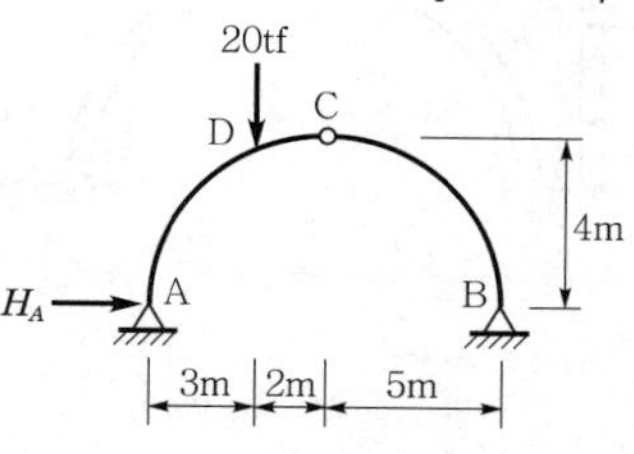

① 5.5tf ② 6.5tf

③ 7.5tf ④ 8.5tf

해설

$\Sigma M_B = 0(\oplus\curvearrowright)$

$R_A \times 10 - 20 \times 7 = 0$

$\therefore R_A = 14\text{tf}(\uparrow)$

$\Sigma M_C = 0(\oplus\curvearrowright)$

$R_A \times 5 - H_A \times 4 - 20 \times 2 = 0$

$\therefore H_A = \frac{1}{4} \times (14 \times 5 - 20 \times 2) = 7.5\text{tf}$

31. 다음 그림과 같은 3힌지아치에 집중하중 P가 가해질 때 지점 B에서의 수평반력은? [기사 05, 17, 산업 05]

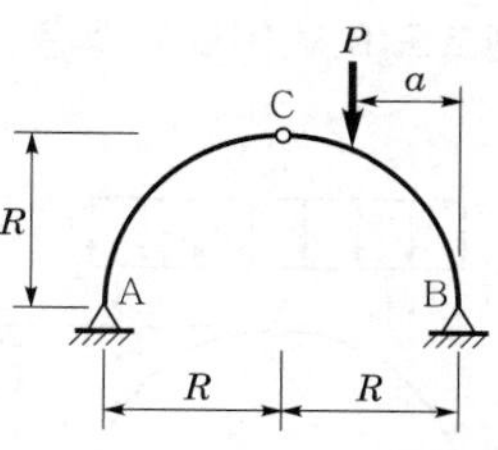

① $\frac{Pa}{4R}$ ② $\frac{P(R-a)}{2R}$

③ $\frac{P(R-a)}{4R}$ ④ $\frac{Pa}{2R}$

해설

$\Sigma M_A = 0(\curvearrowright\oplus)$

$-V_B \times 2R + P(2R-a) = 0$

$\therefore V_B = \frac{P(2R-a)}{2R}(\uparrow)$

$\Sigma M_C = 0(\oplus\curvearrowright)$

$P(R-a) - V_B R + H_B R = 0$

$P(R-a) - \frac{P(2R-a)}{2R} \times R + H_B R = 0$

$\therefore H_B = \frac{Pa}{2R}(\leftarrow)$

정답 28. ④ 29. ② 30. ③ 31. ④

32. 다음 3힌지아치에서 수평반력 H_B를 구하면? [기사 09, 산업 09]

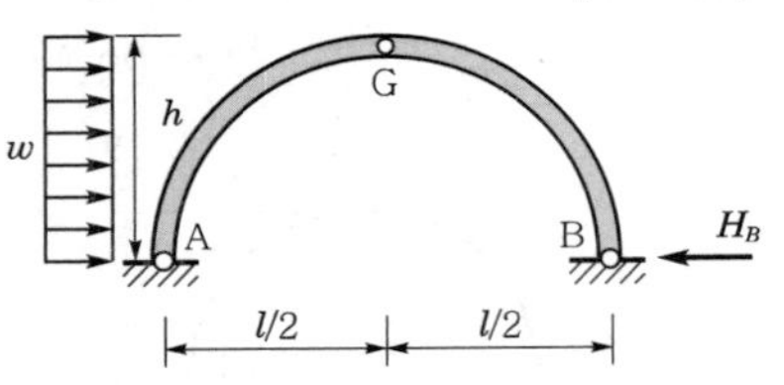

① $\frac{1}{4wh}$ ② $\frac{1}{2wh}$

③ $\frac{wh}{4}$ ④ $2wh$

해설

$\Sigma M_A = 0(\oplus)$

$-V_B l + wh\left(\frac{h}{2}\right) = 0$

$\therefore V_B = \frac{wh^2}{2l}(\uparrow)$

$\Sigma M_G = 0(\oplus)$

$H_B h - \frac{wh^2}{2l}\left(\frac{l}{2}\right) = 0$

$\therefore H_B = \frac{wh}{4}(\leftarrow)$

33. 다음 그림과 같이 3활절아치에 등분포하중이 작용할 때 휨모멘트도(B.M.D)로서 옳은 것은? [기사 01, 03]

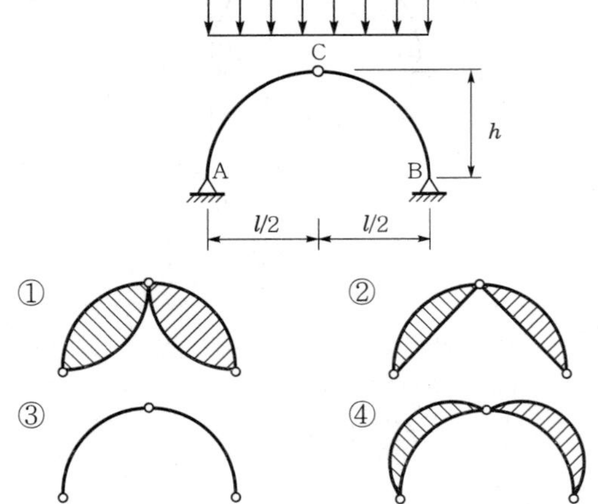

34. 다음과 같은 3활절아치에서 C점의 휨모멘트는? (단위 : m) [기사 01, 06]

① 3.25tf · m

② 3.50tf · m

③ 3.75tf · m

④ 4.00tf · m

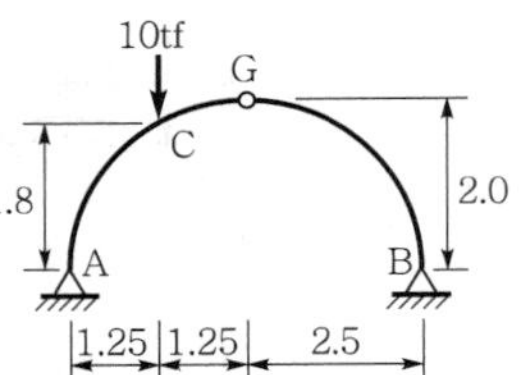

해설

$\Sigma M_B = 0(\oplus)$

$R_A \times 5 - 10 \times 3.75 = 0$

$\therefore R_A = 7.5\text{tf}(\uparrow)$

$\Sigma M_G = 0(\oplus)$

$(7.5 \times 2.5) - (H_A \times 2) - (10 \times 1.25) = 0$

$\therefore H_A = 3.125\text{tf}(\rightarrow)$

$\therefore M_C = (7.5 \times 1.25) - (3.125 \times 1.8) = 3.75\text{tf} \cdot \text{m}$

35. 다음 그림과 같은 r=4m인 3힌지 원호아치에서 지점 A에서 1m 떨어진 E점의 휨모멘트는 약 얼마인가? (단, EI는 일정하다.) [기사 11, 16]

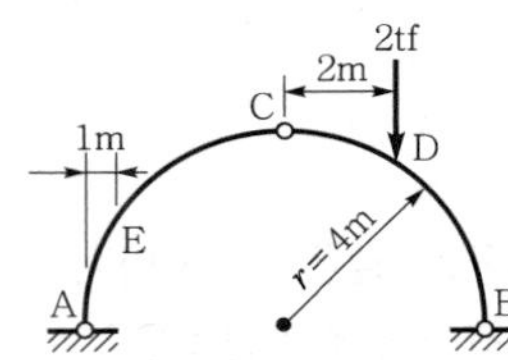

① -0.823tf · m ② -1.322tf · m

③ -1.661tf · m ④ -2.000tf · m

해설

$\Sigma M_B = 0(\oplus)$

$V_A \times 8 - 2 \times 2 = 0$

$\therefore V_A = 0.5\text{tf}(\uparrow)$

$\Sigma M_C = 0(\oplus)$

$0.5 \times 4 - H_A \times 4 = 0$

$\therefore H_A = 0.5\text{tf}(\rightarrow)$

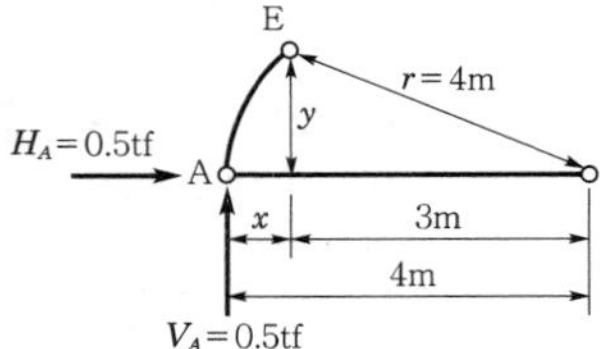

$y = \sqrt{4^2 - 3^2} = 2.65\text{m}$

$\therefore M_E = 0.5 \times 1 - 0.5 \times 2.65 = -0.825\text{tf} \cdot \text{m}$

정답 32. ③ 33. ① 34. ③ 35. ①

36. 다음 그림과 같은 비대칭 3힌지아치에서 힌지 C에 P=20tf가 수직으로 작용한다. A지점의 수평반력 R_H는? [기사 03]

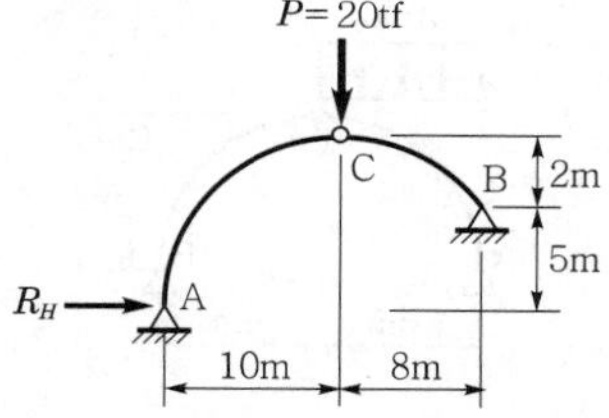

① 21.05tf ② 22.05tf
③ 23.05tf ④ 24.05tf

해설 $\Sigma M_B = 0(\oplus)$

$R_A \times 18 - R_H \times 5 - 20 \times 8 = 0$ ·························· ㉠

$\Sigma M_{힌지(좌)} = 0(\oplus)$

$R_A \times 10 - R_H \times 7 = 0$ ································· ㉡

㉠과 ㉡을 연립해서 풀면

$R_A = 14.74\text{tf}(\uparrow)$, $R_H = 21.05\text{tf}(\rightarrow)$

37. 다음 그림과 같은 반경이 r인 반원아치에서 D점의 축방향력 N_D의 크기는 얼마인가? [기사 00, 04, 08]

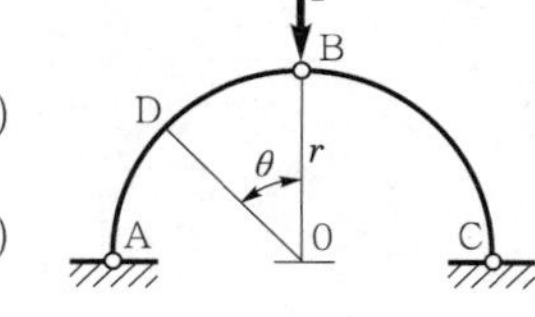

① $N_D = \dfrac{P}{2}(\cos\theta - \sin\theta)$

② $N_D = \dfrac{P}{2}(r\cos\theta - \sin\theta)$

③ $N_D = \dfrac{P}{2}(r\sin\theta - \cos\theta)$

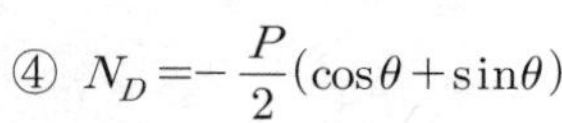

④ $N_D = -\dfrac{P}{2}(\cos\theta + \sin\theta)$

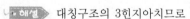

해설 대칭구조의 3힌지아치므로

$V_A = V_B = H_A = H_B = \dfrac{P}{2}$

D점 상세도에서 축방향력

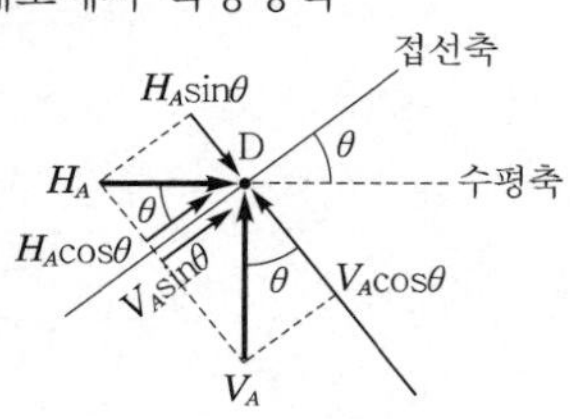

$\therefore N_D = -H_A\cos\theta - V_A\sin\theta = -\dfrac{P}{2}(\cos\theta + \sin\theta)$

38. 다음 그림과 같은 3힌지아치에 힌지인 G점에 집중하중이 작용하고 있다. 중심각도가 45°일 때 C점에서의 전단력은 얼마인가? [기사 07]

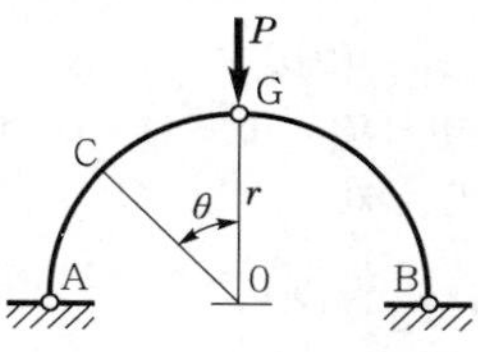

① $\dfrac{P}{2}$ ② $-\dfrac{P}{2}$

③ $\dfrac{\sqrt{2}}{2}P$ ④ 0

해설 C점 상세도

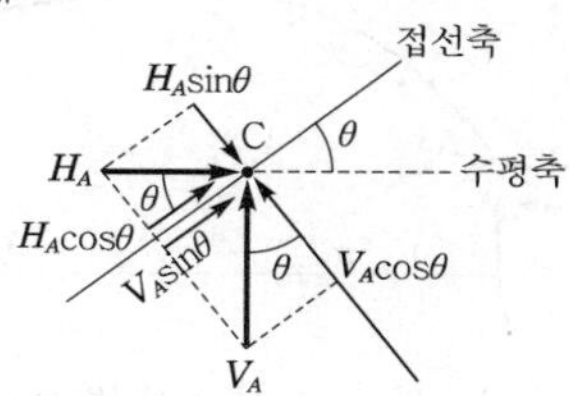

하중대칭이므로

$V_A = V_B = \dfrac{P}{2}(\uparrow)$

$\Sigma M_B = 0(\oplus)$

$\dfrac{P}{2} \times r - H_A \times r = 0$

$\therefore H_A = \dfrac{P}{2}(\rightarrow)$

$S_C = V_A\cos\theta - H_A\sin\theta = \dfrac{P}{2}(\cos\theta - \sin\theta)$

$\therefore \theta = 45°$이면 $S_C = 0$

39. 다음 그림과 같은 3힌지아치에 하중이 작용할 때 지점 A의 수평반력 H_A는? [산업 12, 15]

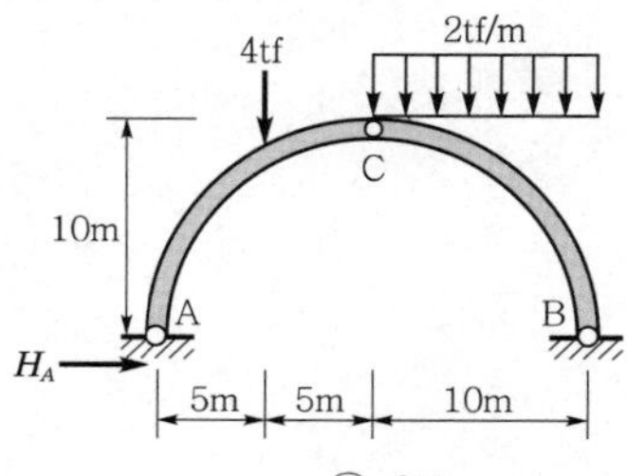

① 6tf ② 8tf
③ 10tf ④ 12tf

해설 $\Sigma M_B = 0(\oplus)$

$(R_A \times 20) - (4 \times 15) - (2 \times 10 \times 5) = 0$

$\therefore R_A = \frac{60+100}{20} = 8\text{tf}$

$\Sigma M_{G(좌)} = 0(\oplus)$

$(8 \times 10) - (H_A \times 10) - (4 \times 5) = 0$

$10 \times H_A = 60$

$\therefore H_A = \frac{60}{10} = 6\text{tf}$

40. 다음 그림과 같은 3활절아치에서 A지점의 반력은 얼마인가? [기사 11, 15]

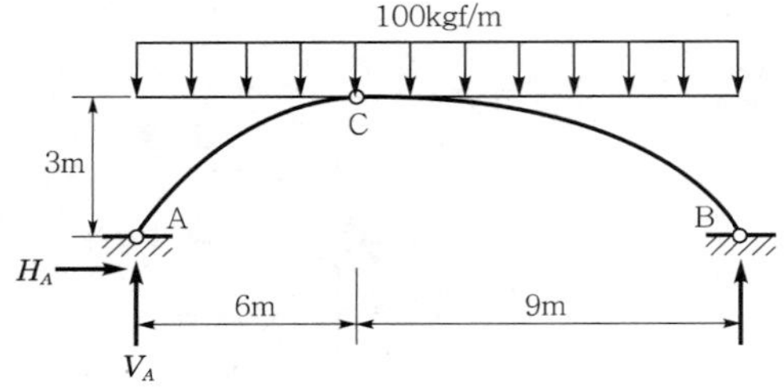

① $V_A = 750\text{kgf}(\uparrow)$, $H_A = 900\text{kgf}(\rightarrow)$

② $V_A = 600\text{kgf}(\uparrow)$, $H_A = 600\text{kgf}(\rightarrow)$

③ $V_A = 900\text{kgf}(\uparrow)$, $H_A = 1{,}200\text{kgf}(\rightarrow)$

④ $V_A = 600\text{kgf}(\uparrow)$, $H_A = 1{,}200\text{kgf}(\rightarrow)$

해설 $\Sigma M_B = 0(\oplus)$

$V_A \times 15 - 100 \times 15 \times 7.5 = 0$

$\therefore V_A = 750\text{kgf}(\uparrow)$

$\Sigma M_C = 0(\oplus)$

$V_A \times 6 - H_A \times 3 - 100 \times 6 \times 3 = 0$

$\therefore H_A = 900\text{kgf}(\rightarrow)$

41. 다음 그림과 같은 아치의 지점 A에서의 지점반력 R_A와 H_A값이 맞는 것은? (단, R_A는 수직반력, H_A는 수평반력이다.) [산업 04, 11]

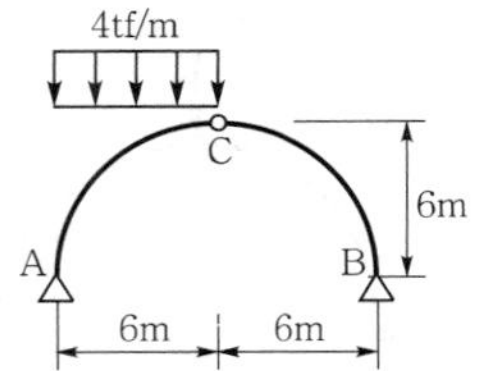

① $R_A = 18\text{tf}(\uparrow)$, $H_A = 18\text{tf}(\rightarrow)$

② $R_A = 18\text{tf}(\uparrow)$, $H_A = 6\text{tf}(\rightarrow)$

③ $R_A = 18\text{tf}(\uparrow)$, $H_A = -18\text{tf}(\leftarrow)$

④ $R_A = 18\text{tf}(\uparrow)$, $H_A = -6\text{tf}(\leftarrow)$

해설 $\Sigma M_B = 0(\oplus)$

$R_A \times 12 - 4 \times 6 \times (6+3) = 0$

$\therefore R_A = \frac{216}{12} = 18\text{tf}(\uparrow)$

$\Sigma M_C = 0(\oplus)$

$R_A \times 6 - H_A \times 6 - 4 \times 6 \times 3 = 0$

$\therefore H_A = 6\text{tf}(\rightarrow)$

정답 40. ① 41. ②

chapter 7

보의 응력

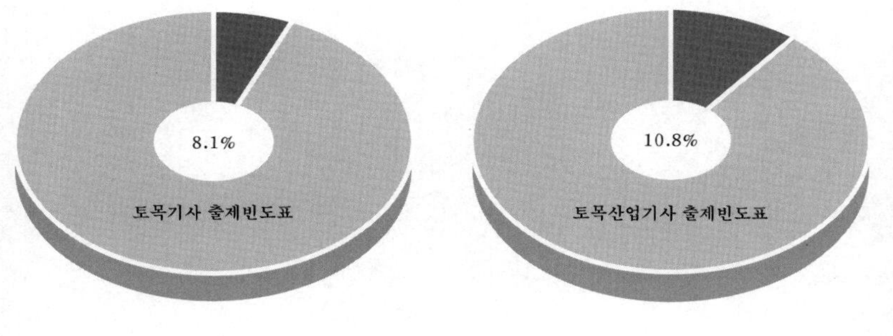

7 보의 응력

01 휨응력(bending stress)

① 정의

보에 외력이 작용하면 단면이 중립축을 경계로 상단면은 압축되어 압축응력이 발생하고, 하단면은 인장되어 인장응력이 생기는데, 이때의 응력을 휨응력이라 한다.

② 보의 응력

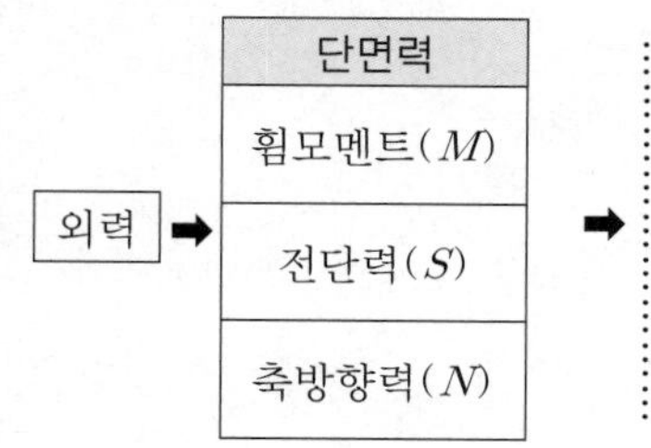

단면력	응력
휨모멘트(M)	휨응력$\left(\sigma = \dfrac{M}{I}y\right)$
전단력(S)	전단응력$\left(\tau = \dfrac{SG}{Ib}\right)$
축방향력(N)	(수직)축응력$\left(\sigma = \dfrac{N}{A}\right)$

외력 ➡ 단면력 ➡ 응력 ⬅ 외력

③ 휨응력의 가정(베르누이-오일러의 가정)

① 보는 완전 탄성체이다.
② 보의 휨단면은 변형 후에도 평면이다(평면보존의 법칙).
③ 탄성한도 내에서 응력과 변형은 비례한다(훅의 법칙).
④ 보의 휨단면의 중심축은 변형 후에도 종단면에 수직이다.
⑤ 인장과 압축에 대한 탄성계수는 같다.
⑥ 중립축의 길이는 휨작용을 받은 후에도 원래 길이를 유지한다.

알•아•두•기•

휨응력

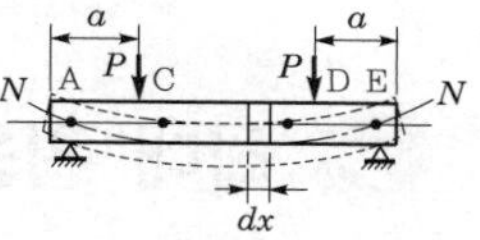

(a) 휨모멘트 발생

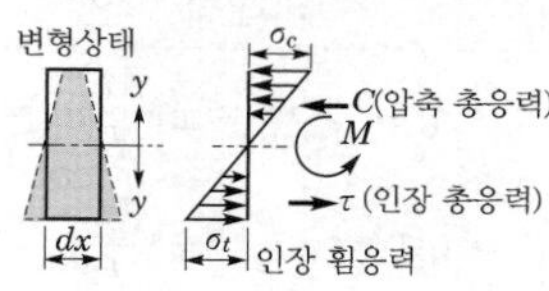

(b) 단면의 변형과 휨응력

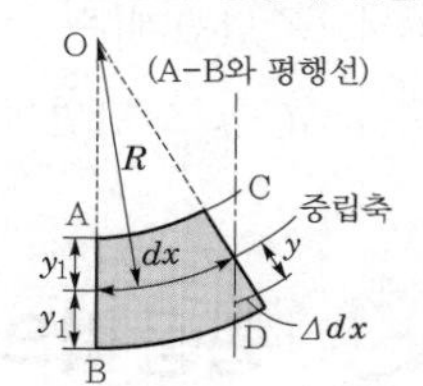

(c) 변형 단면도

【그림 7.1】 휨응력 발생도

변형률 $\varepsilon = \dfrac{\Delta dx}{dx}$

훅의 법칙에서

$E = \dfrac{\sigma}{\varepsilon} = \left(\dfrac{dx}{\Delta dx}\right)\sigma$

$\Delta dx = \dfrac{\sigma}{E}dx$ ………………… ①

그림 7.1(c)에서

$R : dx = y : \Delta dx$

$\Delta dx = \dfrac{y}{R}dx$ ………………… ②

결국 ①=②이므로

$\dfrac{\sigma}{E} = \dfrac{y}{R}$

$\therefore \sigma = \dfrac{E}{R}y, \ \dfrac{E}{R} = \dfrac{\sigma}{y}$ ….. ③

④ 휨응력 일반식

휨모멘트만 작용	축방향력과 휨모멘트 작용
$\sigma = \frac{M}{I}y,\quad \sigma = \frac{E}{R}y$	$\sigma = \frac{N}{A} \pm \frac{M}{I}y$

여기서, M : 휨모멘트(kgf · cm)

I : 중립축 단면 2차 모멘트(cm^4)

y : 중립축에서 떨어진 거리(cm)

E : 탄성계수(kgf/cm^2)

R : 곡률반경(cm)

N : 축방향력(kgf)

A : 보의 단면적(cm^2)

⑤ 최대 휨응력

비대칭 단면	대칭 단면
• 상단 : $\sigma_1 = \pm \frac{M}{I}y_1 = \pm \frac{M}{Z_1}$ • 하단 : $\sigma_2 = \pm \frac{M}{I}y_2 = \pm \frac{M}{Z_2}$	$\sigma_{\max} = \pm \frac{M}{Z}$

여기서, Z(단면계수) $= \frac{I}{y}$

y_1, y_2 : 단면에서 상 · 하연단거리

⑥ 휨응력의 특징

① 휨응력은 중립축에서 0이다.

② 휨응력은 상 · 하연단에서 최대이다.

③ 휨응력도는 직선변화를 한다.

④ 휨응력의 크기는 중립축으로부터 거리에 비례한다.

⑤ 휨만 작용하는 경우 중립축과 도심축은 일치한다.

⑥ 휨과 축력이 작용하는 경우 중립축은 $y = \frac{PI}{AM}$ 거리만큼 이동한다.

알 • 아 • 두 • 기 •

$M = \sigma y \int_A dA$

모멘트=응력×거리×단면적

$M = \frac{E}{R}y^2 \int_A dA = \frac{E}{R}\int_A y^2 dA$

$M = \frac{E}{R}I$

$\therefore \frac{E}{R} = \frac{M}{I}$ ········· ④

③ = ④이므로

$\frac{\sigma}{y} = \frac{M}{I}$

$\therefore \sigma = \frac{M}{I}y$

$\therefore R = \frac{EI}{M}$(곡률반경)

$\frac{1}{R} = \frac{M}{EI}$(곡률)

중립축의 위치이동(y)

$\sigma = \frac{P}{A} - \frac{M}{I}y = 0$

$\therefore y = \frac{PI}{AM}$

알•아•두•기•

⑦ 축방향력과 수직하중에 의한 조합응력

(1) 축방향력이 중립축에 작용할 때 휨응력과 합성

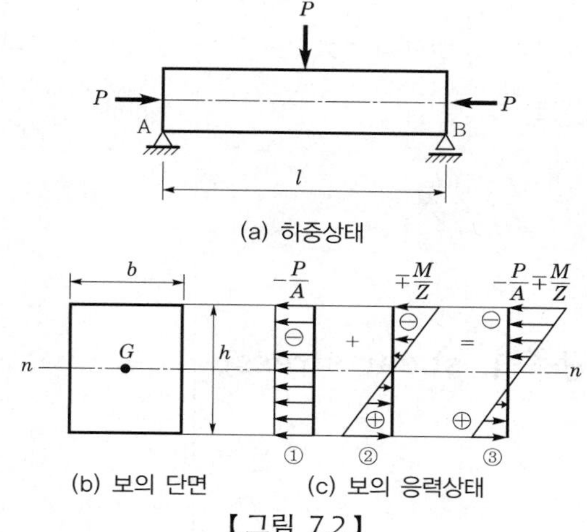

【그림 7.2】

① 축방향 압축에 의한 수직응력 : $\sigma = -\dfrac{P}{A}$

② 휨모멘트에 의한 휨응력 : $\sigma = \mp\dfrac{M}{I}y = \mp\dfrac{M}{Z}$

③ (축방향력+휨모멘트) 조합응력

$$\sigma = -\frac{P}{A} \mp \frac{M}{I}y = -\frac{P}{A} \mp \frac{M}{Z}$$

(2) 축방향력이 중립축에 편심작용할 때 휨응력과 합성

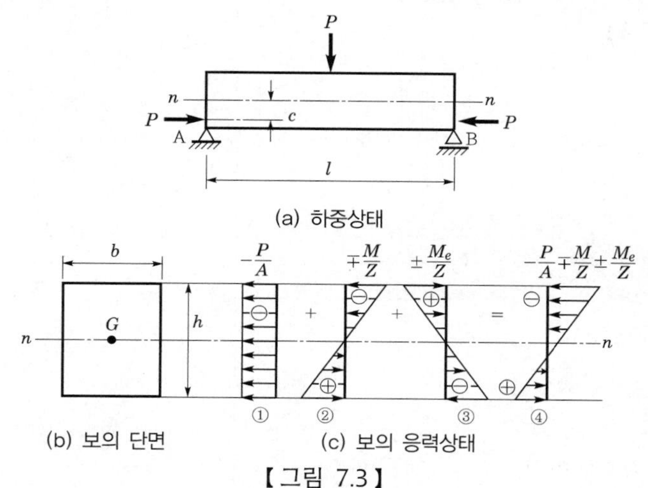

【그림 7.3】

▣ 축방향 인장에 의한 수직응력

$\sigma = +\dfrac{P}{A}$

알•아•두•기•

① 축방향력에 의한 수직응력 : $\sigma=-\dfrac{P}{A}$

② 휨모멘트에 의한 휨응력 : $\sigma=\mp\dfrac{M}{I}y=\mp\dfrac{M}{Z}$

③ 축방향 편심모멘트에 의한 휨응력 : $\sigma=\pm\dfrac{M_e}{I}y=\pm\dfrac{M_e}{Z}$

④ (축방향력+휨모멘트+편심모멘트) 조합응력

$$\sigma=-\frac{P}{A}\mp\frac{M}{I}y\pm\frac{M_e}{I}y=-\frac{P}{A}\mp\frac{M}{Z}\pm\frac{M_e}{Z}$$

PC보 설계 시 이상적인 응력도

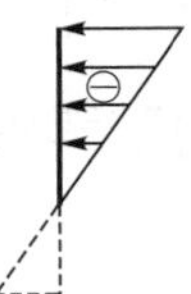

전 단면에 압축이 발생 → 하면의 응력이 0인 삼각형 모양

02 전단응력(휨-전단응력, shear stress)

① 정의

보에 외력이 작용하면 단면의 전단력에 의해 전단응력이 발생하며, 임의 단면에서는 크기가 서로 같은 수평전단응력과 수직전단응력이 동시에 일어난다.

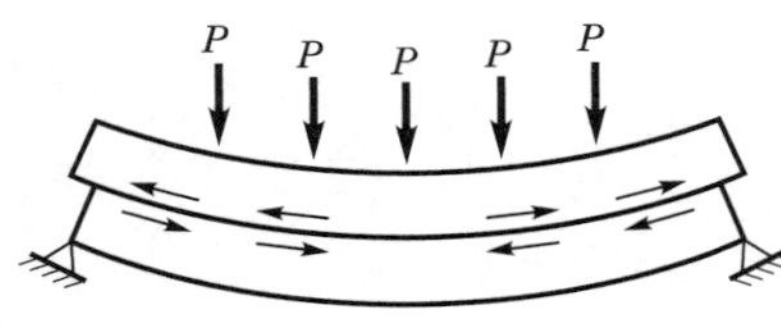

(a) 수평전단응력

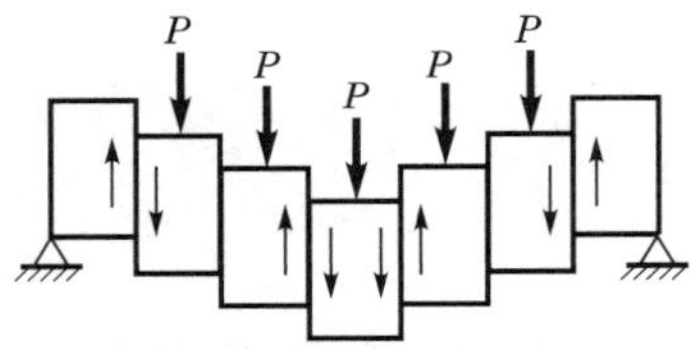

(b) 수직전단응력

【그림 7.4】

보의 전단응력

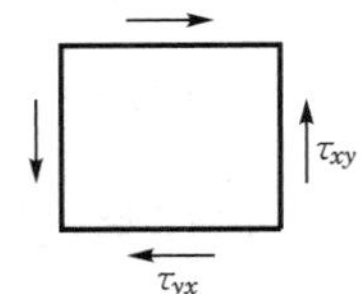

- $\tau_{xy}=-\tau_{yx}$
- 모멘트 평형에 의해 크기 같고, 방향 반대

② 전단응력 일반식

$$\tau=\frac{SG}{Ib}$$

여기서, I : 중립축 단면 2차 모멘트(cm^4)

b : 단면 폭(cm)

S : 전단력(kgf)

G : 중립축 단면 1차 모멘트(cm^3)

알•아•두•기•

③ 최대 전단응력

$$\tau_{\max} = \alpha\left(\frac{S}{A}\right)$$

여기서, α : 전단계수

$\frac{S}{A}$: 평균 전단응력

(1) 구형 단면

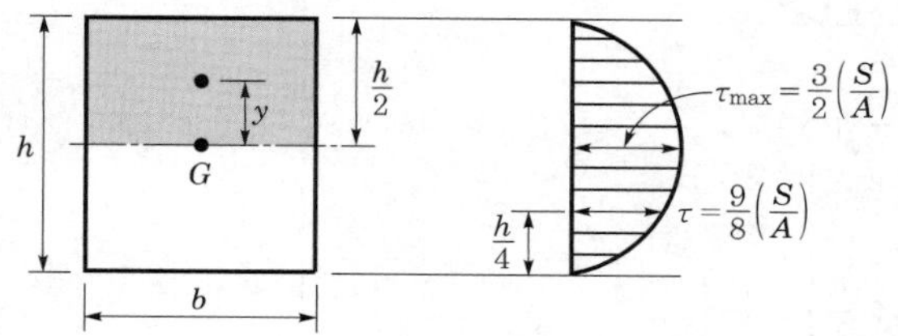

【그림 7.5】

① $G = Ay = \frac{bh}{2} \times \frac{h}{4} = \frac{bh^2}{8}$

② $I = \frac{bh^3}{12}$

$$\therefore \tau_{\max} = \frac{S\left(\frac{bh^2}{8}\right)}{\left(\frac{bh^3}{12}\right)b} = \frac{3}{2}\left(\frac{S}{bh}\right) = 1.5\frac{S}{A}$$

(2) 원형 단면

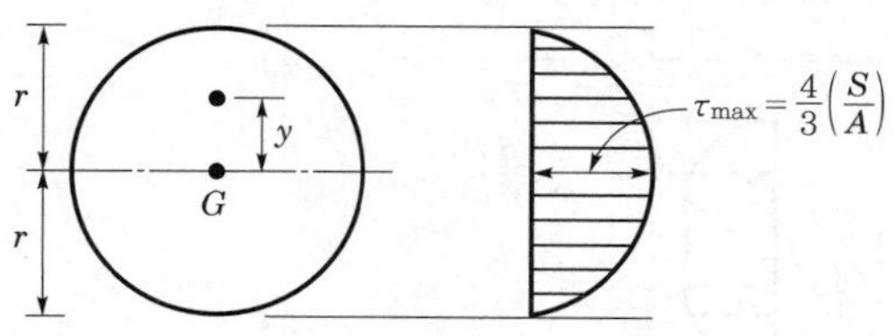

【그림 7.6】

① $G = Ay = \frac{\pi r^2}{2} \times \frac{4r}{3\pi} = \frac{2r^3}{3}$

② $I = \frac{\pi r^4}{4}$

정사각형(구형) 단면과 원형 단면의 최대 전단응력비

구형 : 원형 $= \frac{3}{2} : \frac{4}{3} = 9 : 8$

알•아•두•기•

$$\therefore \tau_{max} = \frac{S\left(\frac{2r^3}{3}\right)}{\frac{\pi r^4}{4}\times 2r} = \frac{4}{3}\left(\frac{S}{\pi r^2}\right) = \frac{4}{3}\left(\frac{S}{A}\right)$$

(3) 삼각형 단면

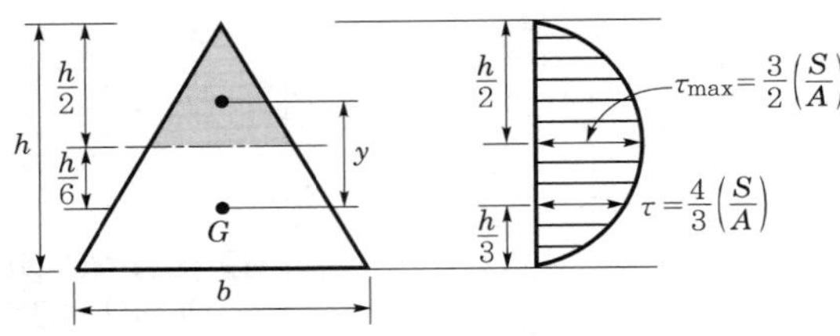

【그림 7.7】

$$\tau_{max} = \frac{SG}{Ib} = \frac{S\times\frac{\frac{b}{2}\times\frac{h}{2}}{2}\times\left[\left(\frac{h}{2}\times\frac{1}{3}\right)+\frac{h}{6}\right]}{\frac{bh^3}{36}\times\frac{b}{2}}$$

$$= \frac{3S}{bh} = \frac{3}{2}\left(\frac{S}{A}\right) = 1.5\left(\frac{S}{A}\right)$$

(4) 기타 단면

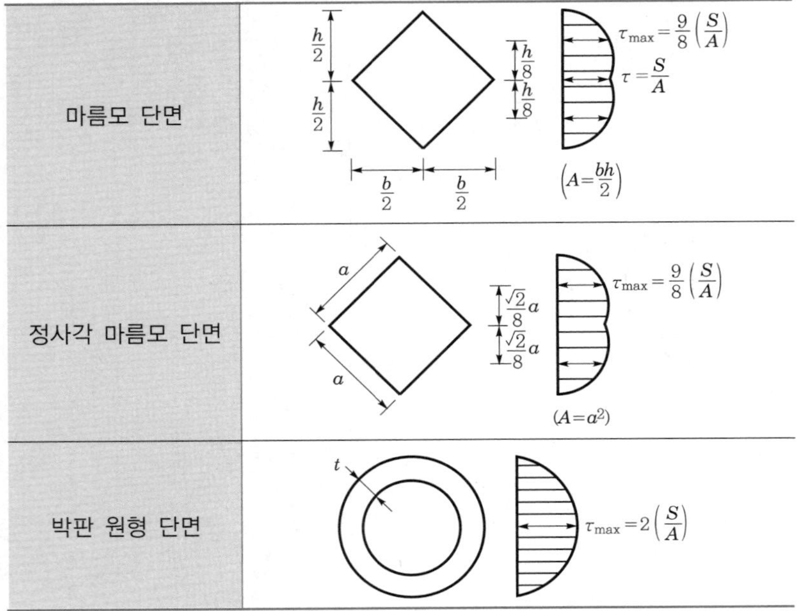

최대 전단응력은 반드시 중립축에서 최대는 아니다.

④ 여러 단면의 전단응력 분포도

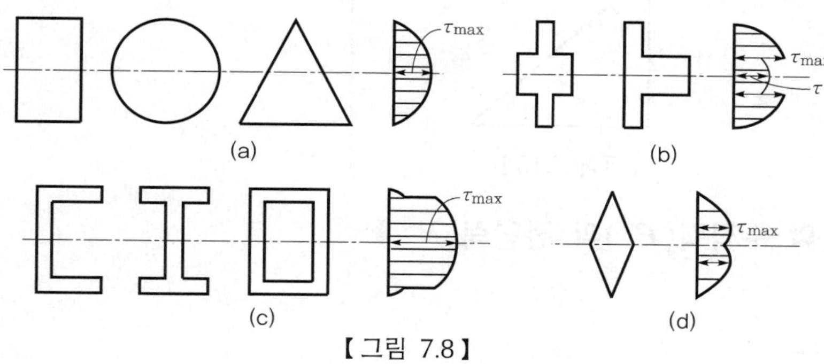

【그림 7.8】

⑤ 전단응력의 특성

① 전단응력도는 2차 곡선(포물선) 분포
② 일반적으로 단면의 중립축에서 전단응력 최대(단면의 형상에 따라 성립하지 않는 경우 존재)
③ 전단응력은 단면의 상·하단에서 0
④ 구형 단면과 삼각형 단면의 면적이 같으면 τ_{max} 도 동일

03 경사평면의 축응력

① 경사평면의 1축 응력

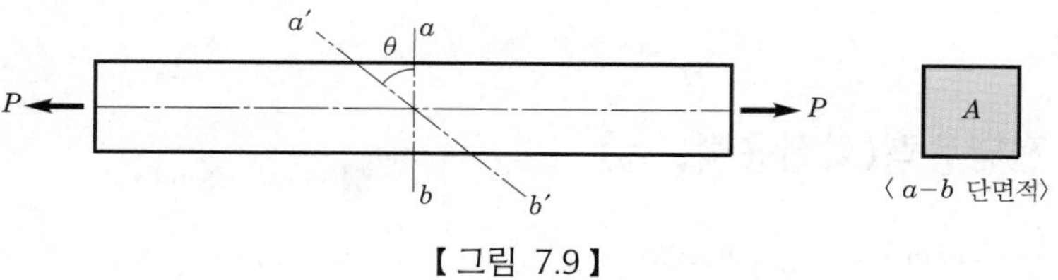

【그림 7.9】

알•아•두•기•

■ I 형 단면의 최대 전단응력

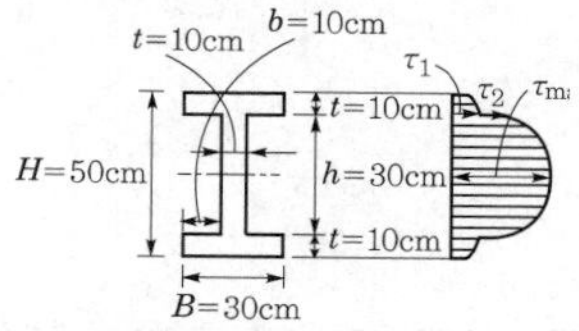

(1) 단면 2차 모멘트(I)

τ_{max}, τ_1, τ_2에 사용

$$I=\frac{BH^3}{12}-\frac{bh^3}{12}\times 2$$
$$=267,500\text{cm}^4$$

(2) 전단력(S)

τ_{max}, τ_1, τ_2에 사용

(3) 단면 폭(b)

τ_2 구할 때 → $t=10\text{cm}$
τ_1 구할 때 → $B=30\text{cm}$

(4) 단면 1차 모멘트(G_x)

- τ_{max} ➡ $G_x=Bt\left(\frac{h}{2}+\frac{t}{2}\right)+t\left(\frac{h}{2}\times\frac{h}{4}\right)=7,125\text{cm}^3$
- τ_1, τ_2 ➡ $G_x=Bt\left(\frac{h}{2}+\frac{t}{2}\right)=6,000\text{cm}^3$

$$\therefore \tau_{max}=\frac{G_xS}{Ib}=\frac{7,125\times S}{267,500\times 10}\fallingdotseq\frac{S}{375}[\text{kgf/cm}^2]$$
$$\therefore \tau_1=\frac{G_xS}{Ib}=\frac{6,000\times S}{267,500\times 10}\fallingdotseq\frac{S}{446}$$
$$\therefore \tau_2=\frac{G_xS}{Ib}=\frac{6,000\times S}{267,500\times 30}\fallingdotseq\frac{S}{1,338}$$

※ 플랜지와 웨브의 경계면에서 τ_1과 τ_2의 비

$\tau_1:\tau_2=t:B$

알•아•두•기•

(1) θ만큼 경사진 $a'b'$ 단면적 A' 계산

$A = A' \cos\theta$

$$\therefore A' = \frac{A}{\cos\theta}$$

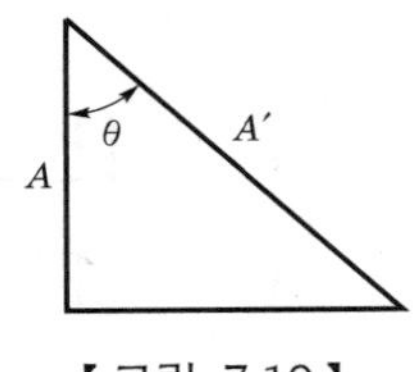

【그림 7.10】

(2) θ만큼 경사진 $a'b'$ 단면의 수직력(P')과 전단력(P'')으로 분해

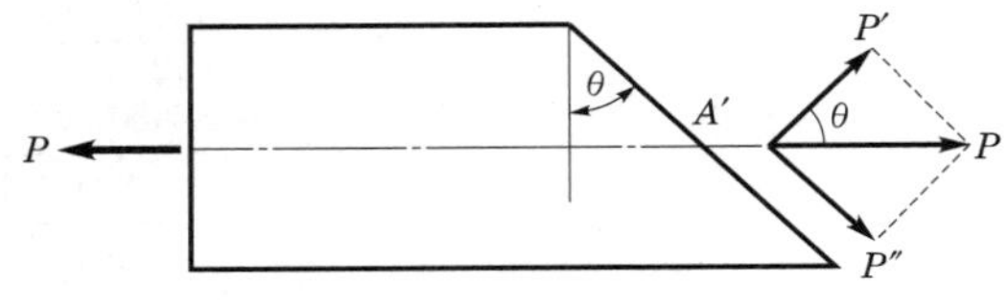

【그림 7.11】

① 수직력 : $P' = P\cos\theta$ (P의 법선방향 분력)

② 전단력 : $P'' = P\cos\theta$ (P의 접선방향 분력)

(3) θ만큼 경사진 단면의 수직응력(σ_θ)

① $\sigma_\theta = \dfrac{P'}{A'} = \dfrac{P\cos\theta}{\dfrac{A}{\cos\theta}} = \dfrac{P}{A}\cos^2\theta$

② $\theta = 0°$; $\sigma_{max} = \dfrac{P}{A}$

(4) θ만큼 경사진 단면의 전단응력(접선응력, τ_θ)

① $\tau_\theta = \dfrac{P''}{A'} = \dfrac{P\sin\theta}{\dfrac{A}{\cos\theta}} = \dfrac{P}{A}\sin\theta\cos\theta = \dfrac{P}{2A}\sin 2\theta$

② $\theta = 45°$; $\tau_{max} = \dfrac{P}{2A} = \dfrac{1}{2}\sigma_{max}$

➡ $\sin 2\theta = 2\sin\theta\cos\theta$

② 경사평면의 2축 응력(biaxial stress)

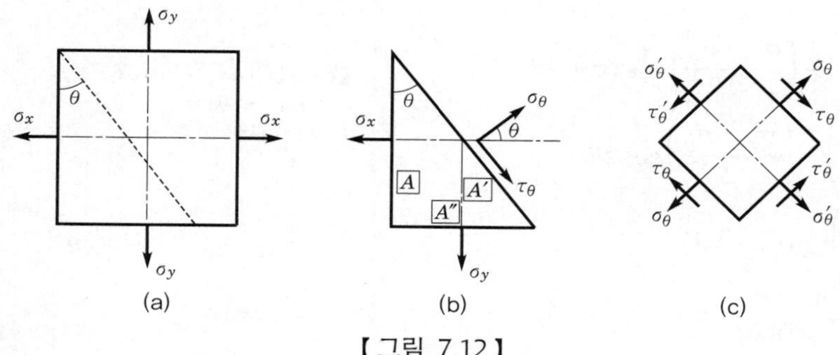

【그림 7.12】

(1) θ만큼 경사진 단면(A'), θ와 마주 보는 단면(A'')

① $A = A'\cos\theta \quad \therefore\ A' = \dfrac{A}{\cos\theta}$

② $A'' = A\tan\theta = A\left(\dfrac{\sin\theta}{\cos\theta}\right) = A'\sin\theta$

(2) θ만큼 경사진 단면의 수직응력(σ_θ)

① 평형조건

$$\sigma_\theta A' - \sigma_x A\cos\theta - \sigma_y A''\sin\theta = 0$$

$$\frac{\sigma_\theta A}{\cos\theta} = \sigma_x A\cos\theta + \sigma_y A\left(\frac{\sin\theta}{\cos\theta}\right)\sin\theta$$

② 양변×$\cos\theta$, A 약분 : $\sigma_\theta = \sigma_x\cos^2\theta + \sigma_y\sin^2\theta$

$$\therefore\ \sigma_\theta = \left(\frac{\sigma_x + \sigma_y}{2}\right) + \left(\frac{\sigma_x - \sigma_y}{2}\right)\cos 2\theta$$

▶ $\cos^2\theta = \dfrac{1+\cos 2\theta}{2}$

$\sin^2\theta = \dfrac{1-\cos 2\theta}{2}$

(3) θ만큼 경사진 단면의 전단응력(τ_θ)

■ 평형조건

$$\tau_\theta A' - \sigma_x A\sin\theta + \sigma_y A''\cos\theta = 0$$

$$\frac{\tau_\theta A}{\cos\theta} = \sigma_x A\sin\theta - \sigma_y A\left(\frac{\sin\theta}{\cos\theta}\right)\cos\theta$$

$$\tau_\theta = \sigma_x\sin\theta\cos\theta - \sigma_y\sin\theta\cos\theta$$

$$\therefore\ \tau_\theta = \left(\frac{\sigma_x - \sigma_y}{2}\right)\sin 2\theta$$

알•아•두•기•

(4) 경사 단면의 수직응력(σ_θ), 전단응력(τ_θ)과 직교하는 수직응력($\sigma_\theta{}'$), 전단응력($\tau_\theta{}'$)($\theta \rightarrow \theta+90^\circ$ 대입)

① 수직응력 : $\sigma_\theta{}' = \left(\dfrac{\sigma_x+\sigma_y}{2}\right)+\left(\dfrac{\sigma_x-\sigma_y}{2}\right)\cos(\pi+2\theta)$

$= \left(\dfrac{\sigma_x+\sigma_y}{2}\right)-\left(\dfrac{\sigma_x-\sigma_y}{2}\right)\cos 2\theta$

② 전단응력 : $\tau_\theta{}' = \left(\dfrac{\sigma_x-\sigma_y}{2}\right)\sin(\pi+2\theta)$

$= -\left(\dfrac{\sigma_x-\sigma_y}{2}\right)\sin 2\theta$

∴ 공액응력 $\sigma_\theta+\sigma_\theta{}' = \sigma_x+\sigma_y$

$\tau_\theta+\tau_\theta{}' = 0,\ \tau_\theta = -\tau_\theta{}'$

➡ $\cos(x+2\theta) = -\cos 2\theta$
$\sin(\pi+2\theta) = -\sin 2\theta$

③ 평면응력(plane stress)

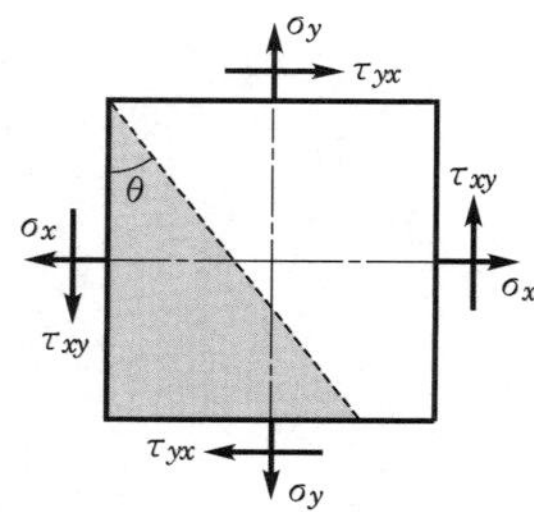

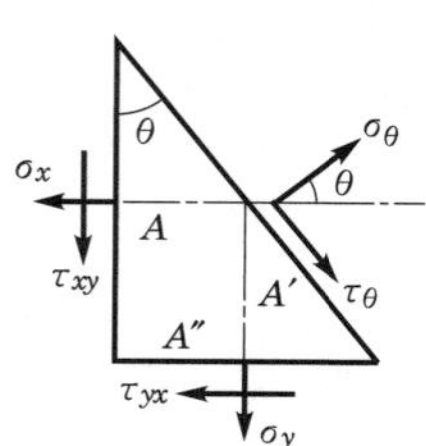

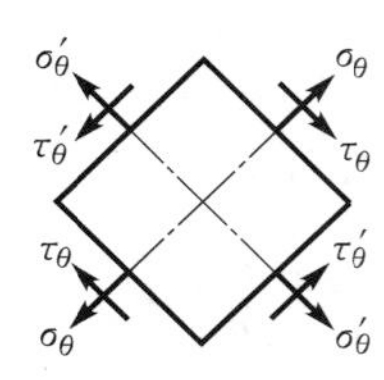

【그림 7.13】

(1) θ만큼 경사진 단면의 수직응력(σ_θ)

■ 평형조건 $\sigma_\theta A' - \sigma_x A\cos\theta - \sigma_y A''\sin\theta - \tau_{xy}A\sin\theta$
$- \tau_{yx}A''\cos\theta = 0$

$$\therefore\ \sigma_\theta = \left(\frac{\sigma_x+\sigma_y}{2}\right)+\left(\frac{\sigma_x-\sigma_y}{2}\right)\cos 2\theta + \tau_{xy}\sin 2\theta$$

(2) θ만큼 경사진 단면의 전단응력(τ_θ)

■ 평형조건 $\tau_\theta A' - \sigma_x A\sin\theta + \sigma_y A''\cos\theta + \tau_{xy}A\cos\theta$
$- \tau_{yx}A''\sin\theta = 0$

➡ 수직응력 부호 (+)방향

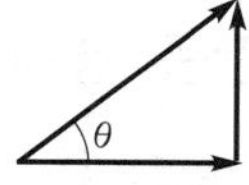

➡ 전단응력 부호 (+)방향

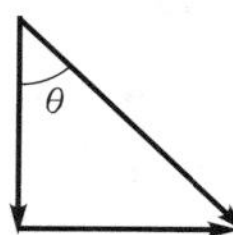

➡ 수직응력 σ와 전단응력 τ의 부호

수직응력

〔의미〕
- σ_x : x면 위에 작용
- σ_y : y면 위에 작용

〔부호〕
- 인장(+), 압축(-)

전단응력

〔의미〕
- τ_{xy} : x면 위에 y축 방향으로 작용
- τ_{yx} : y면 위에 x축 방향으로 작용

〔부호〕
- 양의 면, 양의 축(양-양) ┐ (+)
- 음의 면, 음의 축(음-음) ┘
- 양-음 ┐ (-)
- 음-양 ┘

알•아•두•기•

$$\tau_\theta A' = \sigma_x A' \sin\theta\cos\theta - \sigma_y A' \sin\theta\cos\theta$$
$$- \tau_{xy} A' \cos^2\theta + \tau_{yx} A' \sin^2\theta$$
$$\tau_\theta = (\sigma_x - \sigma_y)\sin\theta\cos\theta - \tau_{xy}(\cos^2\theta - \sin^2\theta)$$

$$\therefore \tau_\theta = \left(\frac{\sigma_x - \sigma_y}{2}\right)\sin 2\theta - \tau_{xy}\cos 2\theta$$

(3) 법선의 공액응력

① 수직응력 : $\sigma_\theta{}' = \left(\frac{\sigma_x + \sigma_y}{2}\right) - \left(\frac{\sigma_x - \sigma_y}{2}\right)\cos 2\theta - \tau_{xy}\sin 2\theta$

② 전단응력 : $\tau_\theta{}' = -\left(\frac{\sigma_x - \sigma_y}{2}\right)\sin 2\theta + \tau_{xy}\cos 2\theta$

∴ 공액응력 $\sigma_\theta + \sigma_\theta{}' = \sigma_x + \sigma_y$

$\tau_\theta + \tau_\theta{}' = 0,\ \tau_\theta = -\tau_\theta{}'$

④ 주응력(principal stress)

(1) 주응력 크기

$$(\text{최대})\ \sigma_{\max} = \frac{1}{2}(\sigma_x + \sigma_y) + \frac{1}{2}\sqrt{(\sigma_x - \sigma_y)^2 + 4\tau_{xy}{}^2}$$

$$(\text{최소})\ \sigma_{\min} = \frac{1}{2}(\sigma_x + \sigma_y) - \frac{1}{2}\sqrt{(\sigma_x - \sigma_y)^2 + 4\tau_{xy}{}^2}$$

(2) 주응력면

$$\tan 2\theta_p = \frac{2\tau_{xy}}{\sigma_x - \sigma_y}$$

(3) 주전단응력 크기

$$\sigma_{\substack{\max\\ \min}} = \pm\frac{1}{2}\sqrt{(\sigma_x - \sigma_y)^2 + 4\tau_{xy}{}^2}$$

(4) 주전단응력면

$$\tan 2\theta_x = -\frac{\sigma_x - \sigma_y}{2\tau_{xy}}$$

주응력, 주응력면

임의 단면에서 전단응력이 0인 단면을 주응력면이라 하고, 그 면에 작용하는 수직응력을 주응력이라 한다.

주응력 계산이 필요한 경우

- 지간이 짧은 보에서 휨모멘트가 작고 전단력이 큰 경우
- 캔틸레버 지점에서 전단력과 휨모멘트의 최대값이 동시에 발생
- I형 단면의 보에서 플랜지와 복부의 경계면 주응력이 연응력보다 클 경우
- 철근콘크리트보에서 사인장응력에 의한 파괴위험 존재시

(5) 주응력의 성질

① 주응력면에서 전단응력(τ)은 0이다.

② 주전단응력면에서 수직응력(σ)은 0이 아니고 $\dfrac{\sigma_x + \sigma_y}{2}$이다.

③ 주응력면과 주전단응력면은 서로 역수관계가 있다.
($\tan 2\theta_p \tan 2\theta_s = -1$)

④ 주전단응력면과 주응력면은 45°를 이룬다.

⑤ 주응력면은 서로 직교하고, 주전단응력면도 서로 직교한다.

⑤ 1축 및 2축 응력상태의 주응력과 주전단응력

1축 응력상태	2축 응력상태
$\sigma_y = 0,\ \tau_{xy} = 0$ 또는 $\sigma_x = 0$인 경우 • 주응력 $\sigma_{\max} = \sigma_x$ $\sigma_{\min} = 0$ • 주전단응력 $\tau_{\max} = \dfrac{\sigma_x}{2}$ $\tau_{\min} = -\dfrac{\sigma_x}{2}$	$\tau_{xy} = 0$인 경우 • 주응력 $\sigma_{\max} = \sigma_x$ $\sigma_{\min} = \sigma_y$ • 주전단응력 $\tau_{\max} = \dfrac{\sigma_x - \sigma_y}{2}$ $\tau_{\min} = -\dfrac{\sigma_x - \sigma_y}{2}$

04 보의 응력

① 주응력과 주전단응력

보의 주응력(σ)	보의 주전단응력(τ)
• 최대, 최소 주응력 크기 $\sigma_{\substack{\max \\ \min}} = \dfrac{\sigma}{2} \pm \dfrac{1}{2}\sqrt{\sigma^2 + 4\tau^2}$ • 주응력면 방향 $\tan 2\theta_p = \dfrac{2\tau}{\sigma}$	• 최대, 최소 주전단응력 크기 $\tau_{\substack{\max \\ \min}} = \pm \dfrac{1}{2}\sqrt{\sigma^2 + 4\tau^2}$ • 주전단응력면 방향($\theta_s = \theta_p + 45^\circ$) $\tan 2\theta_x = -\cot 2\theta_p = -\dfrac{\sigma}{2\tau}$

② 보 응력의 성질

(1) 정리 1

중립축에서 주응력의 크기는 최대 전단응력과 같고, 방향은 중립축과 45° 방향이다(중립축에서 $\sigma_x = 0,\ \tau = \tau_{\max}$).

$\therefore\ \sigma_{1,2} = \pm\,\tau_{\max}$

$$\therefore\ \tan 2\theta_p = \frac{2\tau}{\sigma} = \frac{2\tau}{\theta} = \infty$$

$$\Rightarrow \begin{cases} \theta_p = 45^\circ : \sigma_1 = \tau_{\max}(\text{최대 인장응력}) \\ \theta_p = 135^\circ(-45^\circ) : \sigma_2 = -\tau_{\max}(\text{최대 압축응력}) \end{cases}$$

(2) 정리 2

연단에서 주응력은 최대 휨응력과 같고, 축과 90° 방향이다($\sigma_x = \sigma_{\max},\ \tau = 0$).

$\therefore\ \sigma_1 = \sigma_{\max},\ \sigma_2 = 0$

$$\therefore\ \tan 2\theta_p = \frac{2\tau}{\sigma} = 0 \Rightarrow \begin{cases} \theta_p = 0^\circ : \sigma_1 = \sigma_{\max} \\ \theta_p = 90^\circ : \sigma_2 = 0 \end{cases}$$

(3) 정리 3

연중립축에서 주전단응력의 크기는 최대 전단응력과 같고, 방향은 0°이다($\theta = 0^\circ,\ \tau = \tau_{\max}$).

$$\therefore\ \tau_{1,2} = \pm\,\tau_{\max} \Rightarrow \begin{cases} \theta_s = 0^\circ : \tau_1 = \tau_{\max}(\text{최대 전단응력}) \\ \theta_s = 90^\circ : \tau_2 = -\tau_{\max}(\text{최소 전단응력}) \end{cases}$$

(4) 정리 4

연단에서 주전단응력은 최대 휨응력의 $\frac{1}{2}$이며 45° 방향이다.

$$\therefore\ \tau_1 = \frac{\sigma}{2},\ \tau_2 = \frac{-\sigma}{2}$$

$$\therefore\ \cot 2\theta_s = -\frac{2\tau}{\sigma} = -\frac{0}{\sigma} = 0$$

$$\Rightarrow \begin{cases} \theta_s = 45^\circ : \tau_1 = \dfrac{\sigma}{2}(\text{인장측 최대 전단응력}) \\ \theta_2 = 135^\circ(-45^\circ) : \tau_2 = -\dfrac{\sigma}{2}(\text{압축측 최대 전단응력}) \end{cases}$$

알•아•두•기•

05 보의 소성 해석

① 개념

(1) 정의

탄소성 재료에서 훅(Hooke)의 법칙이 성립되지 않는 비탄성굽힘, 즉 소성굽힘(plastic bending)이 발생하며, 이러한 비탄성굽힘에 대한 해석을 소성 해석 또는 비탄성 해석이라 한다.

(2) 소성굽힘(휨)설계의 가정

① 변형률은 중립축으로부터 거리에 비례한다.

② 응력-변형률 관계는 항복점강도(σ_y)에 도달할 때까지는 탄성이며, 그 이후에는 일정한 응력(σ_y)하에서 소성흐름의 발생이 지속된다.

③ 압축측의 응력-변형률 관계는 인장측과 동일하다.

■ 탄소성 재료의 $\sigma-\varepsilon$ 선도

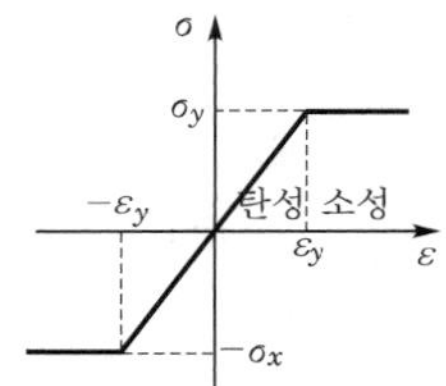

② 탄성설계와 소성설계

(1) 탄성설계법(허용응력설계법)

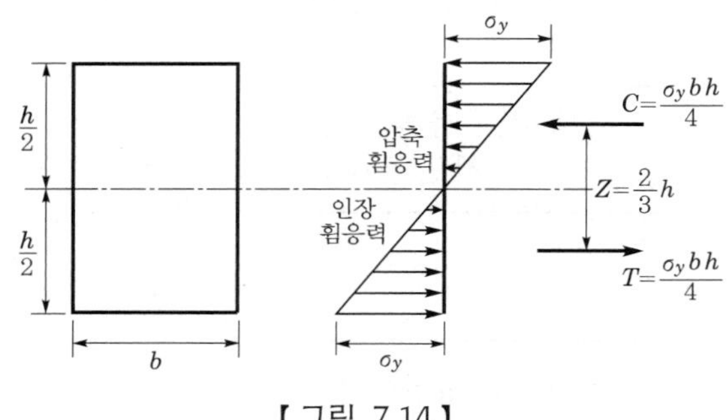

【그림 7.14】

우력모멘트=저항모멘트=항복모멘트

$$\therefore M_y = \sigma_y\left(\frac{bh^2}{6}\right) = \sigma_y Z_e$$

여기서, $Z_e = \dfrac{bh^2}{6}$: 단면계수

■ 탄성설계법

(1) 실제 하중에 의한 응력(σ)이 재료의 허용응력(σ_x)를 초과하지 않도록 설계

(2) 항복모멘트(M_y) : 보의 상·하단응력이 σ_y에 도달할 때의 모멘트

(3) 탄성단면계수(Z_e)

$$Z_e = \frac{bh^2}{6}$$

(2) 소성설계법(강도설계법, 극한강도설계법)

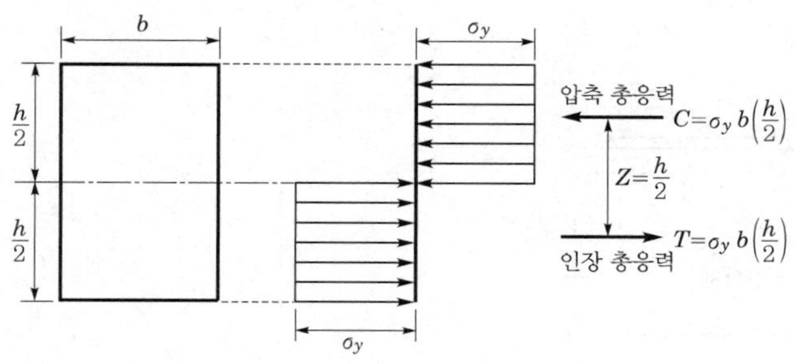

【그림 7.15】

소성모멘트=극한저항모멘트=최대 모멘트

$$\therefore M_p = \sigma_y\left(\frac{bh^2}{4}\right) = \sigma_y Z_p$$

여기서, $Z_p = \dfrac{bh^2}{4}$: 소성계수

(3) 형상계수(f)

소성계수와 단면계수의 비

$$f = \frac{Z_p}{Z_e} = \frac{M_p}{M_y} > 1$$

① 구형 단면 : $f = \dfrac{3}{2}$

② 원형 단면 : $f \fallingdotseq 1.7$

③ 마름모 단면 : $f = 2$

④ I 형 단면 : $f = 1.15(1.1 \sim 1.2)$

알•아•두•기•

소성설계법

(1) 실제 하중에 의한 응력(강도)이 재료의 극한응력(강도)을 초과하지 않도록 설계

(2) 소성모멘트(M_p) : 보의 단면 전체에 걸쳐 σ_y에 도달할 때의 모멘트

(3) 소성계수(소성단면계수 : Z_p)

$$Z_p = \frac{A}{2}(y_1 + y_2)$$

여기서, A : 단면적(cm^2)

y_1, y_2 : 상부, 하부 단면 도심

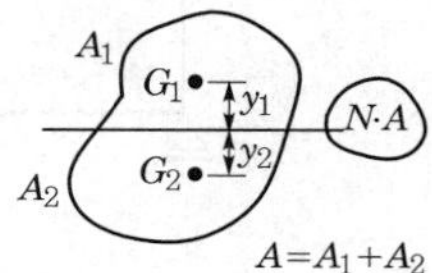

➡ 중립축 단면 1차 모멘트의 합

단면별 소성계수

(1) (사각형, b, h) : $Z_p = \dfrac{bh^2}{4}$

(2) (원형, r) : $Z_p = \dfrac{4r^3}{3}$

(3) (마름모, $\frac{h}{2}$, $\frac{h}{2}$, $\frac{b}{2}$, $\frac{b}{2}$) : $Z_p = \dfrac{bh^2}{12}$

알•아•두•기•

③ 단순보의 소성 해석

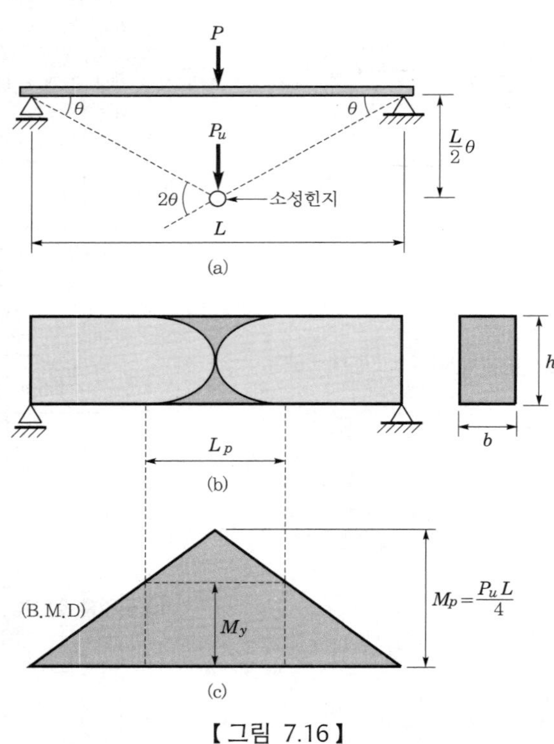

【그림 7.16】

(1) 소성영역(L_p)

① 항복모멘트(M_y)보다는 크고, 소성모멘트(M_p)보다는 작은 영역으로, 무제한의 소성흐름이 생기는 범위

② $M_y = \frac{P_u}{2}\left(\frac{L-L_p}{2}\right) = \frac{1}{2} \times \frac{4M_p}{L} \times \left(\frac{L-L_p}{2}\right)$

$$\therefore L_p = L\left(1 - \frac{M_y}{M_p}\right) = L\left(1 - \frac{1}{f}\right)$$

(2) 극한하중(P_u)

① 가상일의 원리 적용 : 외력에 의한 일=내력이 행한 일

$$\Sigma P_u \delta = \Sigma M_p \theta$$

구형 단면

$L_p = \frac{L}{3}$

I 형 단면

$L_p = (0.09 \sim 0.17)L$

소성힌지의 생성

- 항상 최대 휨모멘트가 생기는 단면에 형성
- 정정 구조물의 경우 소성힌지가 1개만 있어도 파괴
- 부정정 구조물은 2개 이상의 소성힌지가 있어야 파괴
- 극한하중(P_u)은 탄성보가 지탱할 수 있는 최대 하중

② $P_u\left(\frac{L}{2}\right)\theta - M_p 2\theta = 0$

$$\therefore\ P_u = \frac{4M_p}{L}$$

구조물	항복하중(P_y)과 극한하중(P_u)
	• 항복하중(P_y) $M_{\max} = \frac{PL}{4} = M_y \rightarrow P_y = \frac{4}{L}M_y$ • 극한하중(P_u) $M_{\max} = \frac{PL}{4} = M_p \rightarrow P_u = \frac{4}{L}M_p$ 또는 $P_u\delta = 2M_p\theta \rightarrow P_u = \frac{4}{L}M_p$
	• 항복하중(w_y) $M_{\max} = \frac{wL^2}{8} = M_y \rightarrow w_y = \frac{8}{L^2}M_y$ • 극한하중(w_u) $M_{\max} = \frac{wL^2}{8} = M_p \rightarrow w_u = \frac{8}{L^2}M_p$
	• 항복하중(w_y) $M_{\max} = \frac{9}{128}wL^2 = M_y \rightarrow w_y = \frac{128}{9L^2}M_y$ • 극한하중(w_u) $M_{\max} = \frac{9}{128}wL^2 = M_p \rightarrow w_u = \frac{128}{9L^2}M_p$
	• 항복하중(P_y) $M_{\max} = \frac{3}{16}PL = M_y \rightarrow P_y = \frac{16}{3L}M_p$ • 극한하중(P_u) $P_u\delta = M_p\theta + 2M_y\theta \rightarrow P_u = \frac{6M_p}{L}$

예상 및 기출문제

1. 다음 그림과 같은 보의 단면이 2.7tf · m의 휨모멘트를 받고 있을 때 중립축에서 10cm 떨어진 곳의 휨응력은 얼마인가? [기사 08]

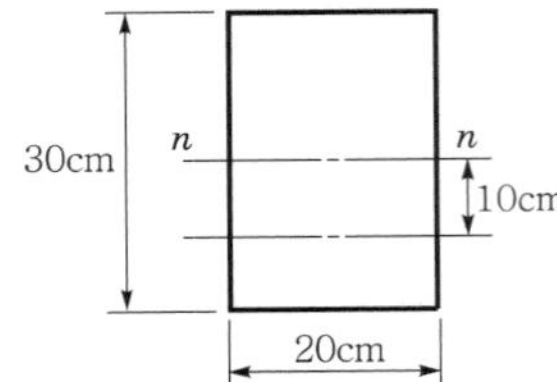

① 60kgf/cm^2　② 75kgf/cm^2
③ 80kgf/cm^2　④ 95kgf/cm^2

해설
$$\sigma=\left(\frac{M}{I}\right)y=\frac{2.7\times10^5}{\frac{20\times30^3}{12}}\times10=60\text{kgf/cm}^2$$

2. 일반적인 보에서 휨모멘트에 의해 최대 휨응력이 발생되는 위치는 다음 중 어느 곳인가? [기사 16]

① 부재의 중립축에서 발생
② 부재의 상단에서만 발생
③ 부재의 하단에서만 발생
④ 부재의 상 · 하단에서 발생

3. 다음 그림과 같은 직사각형 단면의 보가 최대 휨모멘트 2tf · m를 받을 때 $a-a$ 단면의 휨응력은? [기사 10]

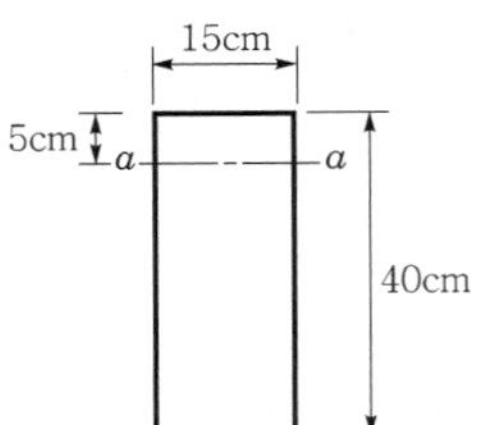

① 22.5kgf/cm^2　② 37.5kgf/cm^2
③ 42.5kgf/cm^2　④ 46.5kgf/cm^2

해설
$$I=\frac{bh^3}{12}=\frac{15\times40^3}{12}=8,000\text{cm}^4$$
$$\therefore\ \sigma=\left(\frac{M}{I}\right)y=\frac{200,000}{80,000}\times(20-5)=37.5\text{kgf/cm}^2$$

4. 단면이 원형(반지름 R)인 보에 휨모멘트 M이 작용할 때 이 보에 작용하는 최대 휨응력은? [기사 11, 15]

① $\frac{4M}{\pi R^3}$　② $\frac{12M}{\pi R^3}$
③ $\frac{16M}{\pi R^3}$　④ $\frac{32M}{\pi R^3}$

해설
$$Z=\frac{I}{y}=\frac{\frac{\pi R^4}{4}}{R}=\frac{\pi R^3}{4}$$
$$\therefore\ \sigma=\left(\frac{M}{I}\right)y=\frac{M}{Z}=\frac{M}{\frac{\pi R^3}{4}}=\frac{4M}{\pi R^3}$$

5. 휨모멘트가 M인 다음과 같은 직사각형 단면에서 $A-A$ 단면에서의 휨응력은? [기사 00, 09]

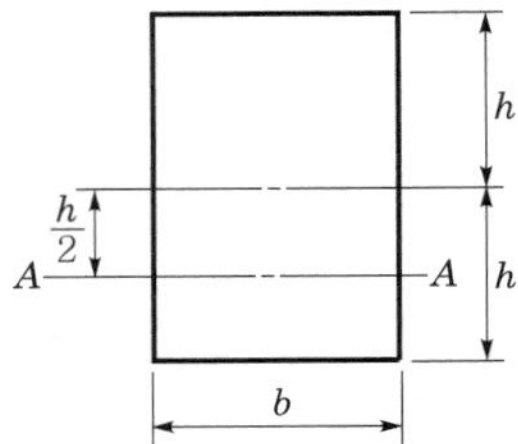

① $\frac{3M}{bh^2}$　② $\frac{3M}{4bh^2}$
③ $\frac{3M}{2bh^2}$　④ $\frac{M}{4b^2h^2}$

해설
$$I=\frac{b\times(2h)^3}{12}=\frac{8bh^3}{12}$$
$$y=\frac{h}{2}$$
$$\therefore\ \sigma=\left(\frac{M}{I}\right)y=\frac{12M}{8bh^3}\times\frac{h}{2}=\frac{3M}{4bh^2}$$

정답 1. ① 2. ④ 3. ② 4. ① 5. ②

6. 똑같은 휨모멘트 M을 받고 있는 두 보의 단면이 〈그림 1〉 및 〈그림 2〉와 같다. 〈그림 2〉의 보의 최대 휨응력은 〈그림 1〉의 보의 최대 휨응력의 몇 배인가? [기사 02, 11]

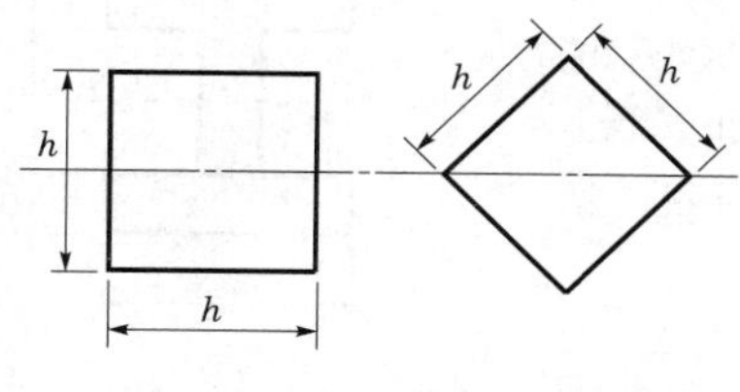

〈그림 1〉 〈그림 2〉

① $\sqrt{2}$ 배 ② $2\sqrt{2}$ 배
③ $\sqrt{5}$ 배 ④ $\sqrt{3}$ 배

㉠ $I_1 = \dfrac{h^4}{12}$

$$Z_1 = \frac{\frac{h^4}{12}}{\frac{h}{2}} = \frac{h^3}{6}$$

$$\sigma_1 = \frac{6M}{h^3}$$

㉡ $I_2 = \dfrac{\sqrt{2}h\left(\frac{h}{\sqrt{2}}\right)^3}{12} \times 2 = \dfrac{h^4}{12}$

$$Z_2 = \frac{\frac{h^4}{12}}{\frac{h}{\sqrt{2}}} = \frac{\sqrt{2}h^3}{12}$$

$$\sigma_2 = \frac{12M}{\sqrt{2}h^3} = \frac{6\sqrt{2}M}{h^3}$$

$$\therefore \sigma_1 : \sigma_2 = \frac{6M}{h^3} : \frac{6\sqrt{2}M}{h^3} = 1 : \sqrt{2}$$

7. 단순보에 다음 그림과 같이 집중하중 5tf가 작용할 때 발생하는 최대 휨응력은 얼마인가? (단, 단면은 직사각형으로 폭이 10cm, 높이가 20cm이다.) [기사 00]

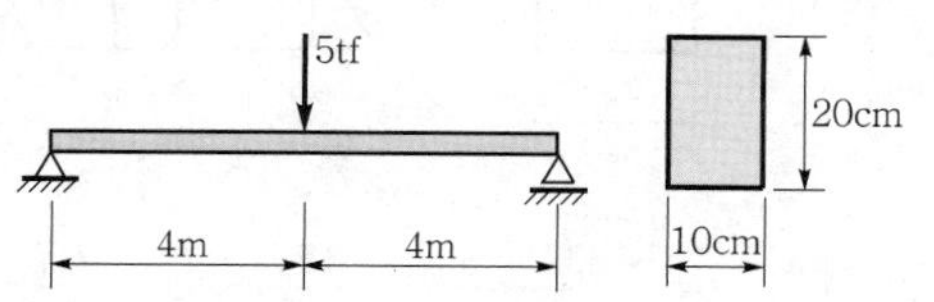

① 1,000kgf/cm² ② 1,500kgf/cm²
③ 2,000kgf/cm² ④ 2,500kgf/cm²

$$\sigma_{\max} = \frac{M_{\max}}{Z} = \frac{6}{bh^2}\left(\frac{Pl}{4}\right) = \frac{3Pl}{2bh^2}$$

$$= \frac{3 \times 5,000 \times 800}{2 \times 10 \times 20^2} = 1,500\text{kgf/cm}^2$$

8. 다음과 같은 단순보에서 최대 휨응력은? (단, 단면의 폭이 40cm, 높이가 50cm의 직사각형이다.) [산업 15]

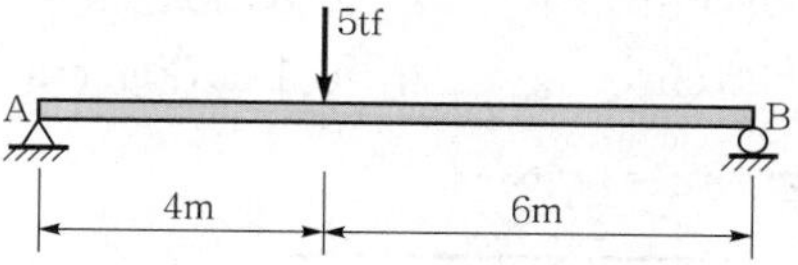

① 72kgf/cm² ② 87kgf/cm²
③ 135kgf/cm² ④ 150kgf/cm²

해설 ㉠ 반력 산정

$\Sigma M_B = 0(\oplus)$

$V_A \times 10 - 5 \times 6 = 0$

$\therefore V_A = 3\text{tf}(\uparrow)$

㉡ $M_{\max}$ 산정

$M_{\max} = V_A \times 4 = 12\text{tf}\cdot\text{m}$

㉢ $Z = \dfrac{\frac{bh^3}{12}}{\frac{h}{2}} = \dfrac{bh^2}{6} = \dfrac{40 \times 50^2}{6} = 16,666.7\text{cm}^3$

$$\therefore \sigma_{\max} = \frac{M_{\max}}{Z} = \frac{12 \times 1,000 \times 100}{16,666.7} = 72\text{kgf/cm}^2$$

9. 단면이 20cm×30cm이고 경간이 5m인 단순보의 중앙에 집중하중 1.68tf가 작용할 때 최대 휨응력은? [기사 03, 산업 11]

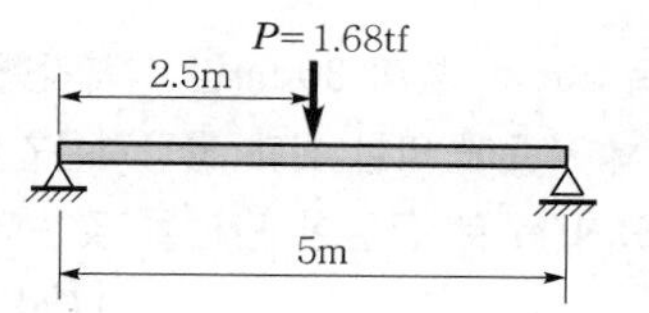

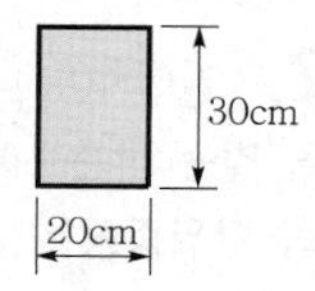

① 50kgf/cm² ② 70kgf/cm²
③ 90kgf/cm² ④ 120kgf/cm²

해설

$$\sigma_{\max} = \frac{M_{\max}}{Z} = \frac{6M_{\max}}{bh^2} = \frac{6}{bh^2}\left(\frac{Pl}{4}\right) = \frac{3Pl}{2bh^2}$$

$$= \frac{3}{2} \times \frac{1.68 \times 10^3 \times 500}{20 \times 30^2}$$

$$= 70\text{kgf/cm}^2$$

정답 6. ① 7. ② 8. ① 9. ②

10. 다음 구조물에 작용하는 최대 인장응력은? [기사 06]

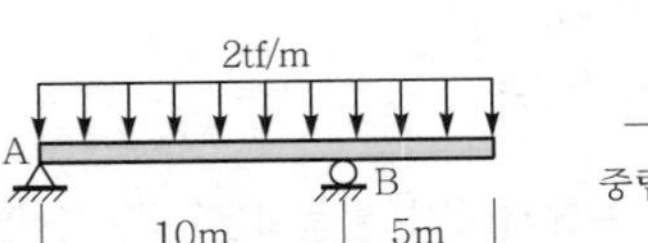

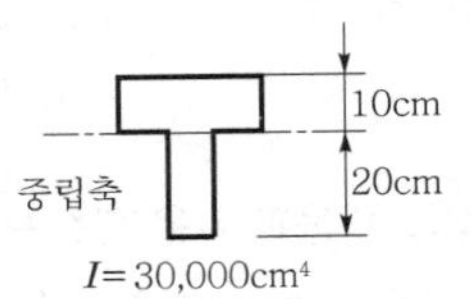

① 469kgf/cm² ② 833kgf/cm²
③ 937kgf/cm² ④ 1,667kgf/cm²

해설

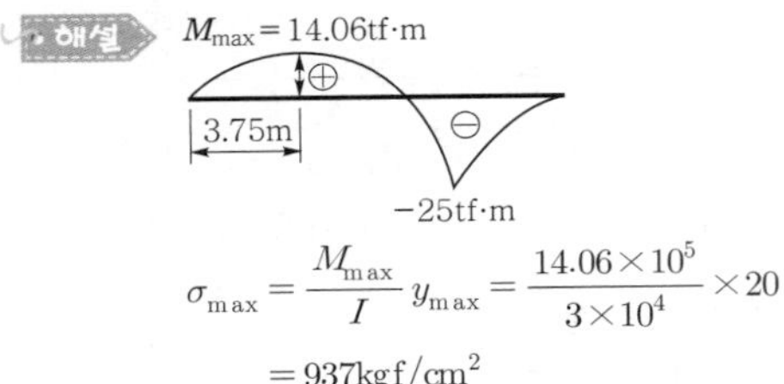

$$\sigma_{max}=\frac{M_{max}}{I}y_{max}=\frac{14.06\times10^5}{3\times10^4}\times20$$
$$=937\text{kgf/cm}^2$$

11. 지간 l=10m, 단면 30cm×50cm인 단순보의 중앙에 15tf의 집중하중을 받고 있을 때 최대 휨응력값은? (단, 자중은 0.5tf/m로 한다.) [기사 01, 산업 06, 11]

① 450kgf/cm² ② 350kgf/cm²
③ 500kgf/cm² ④ 375kgf/cm²

해설

$$\sigma_{max}=\frac{M_{max}}{Z}=\frac{6M_{max}}{bh^2}=\frac{6}{bh^2}\left(\frac{Pl}{4}+\frac{wl^2}{8}\right)$$
$$=\frac{6}{30\times50^2}\times\left(\frac{1}{4}\times15\times10^3\times1{,}000+\frac{1}{8}\times0.5\times10\times1{,}000^2\right)$$
$$=350\text{kgf/cm}^2$$

12. 길이 10m, 폭 20cm, 높이 30cm인 직사각형 단면을 갖는 단순보에서 자중에 의한 최대 휨응력은? (단, 보의 단위중량은 25kN/m³로 균일한 단면을 갖는다.) [기사 16]

① 6.25MPa ② 9.375MPa
③ 12.25MPa ④ 15.275MPa

해설

$$w=25\times0.2\times0.3=1.5\text{kN/m}$$
$$M_{max}=\frac{wl^2}{8}=\frac{1.5\times10^2}{8}=18.75\text{kN}\cdot\text{m}$$
$$I=\frac{200\times300^3}{12}=45\times10^7\text{mm}^4$$
$$\therefore\ \sigma_{max}=\frac{18.75\times1{,}000\times100\times10}{45\times10^7}\times150=6.25\text{MPa}$$

13. 다음 그림과 같은 단면이 267.5tf · m의 휨모멘트를 받을 때 플랜지와 복부의 경계면 $m-n$에 일어나는 휨응력은? [기사 02, 05]

① 1,284kgf/cm²
② 1,500kgf/cm²
③ 2,500kgf/cm²
④ 2,816kgf/cm²

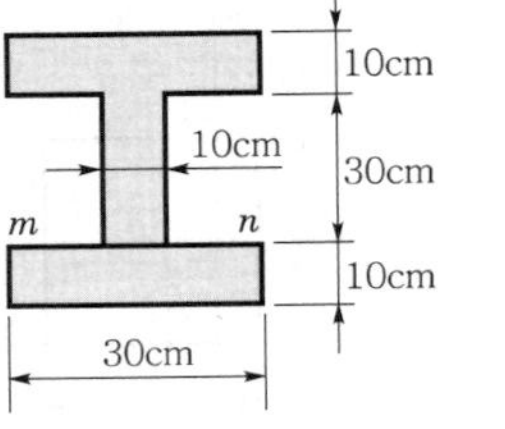

해설

$$I=\frac{1}{12}\{30\times50^3-(30-10)\times30^3\}=267{,}500\text{cm}^4$$
$$\therefore\ \sigma=\left(\frac{M}{I}\right)y=\frac{267.5\times10^5}{267{,}500}\times15=1{,}500\text{kgf/cm}^2$$

14. 단순보에서 다음 그림과 같이 하중 P가 작용할 때 보의 중앙점에 단면 하단에 생기는 수직응력의 값으로 옳은 것은? (단, 보의 단면에서 높이는 h이고 폭은 b이다.) [기사 03]

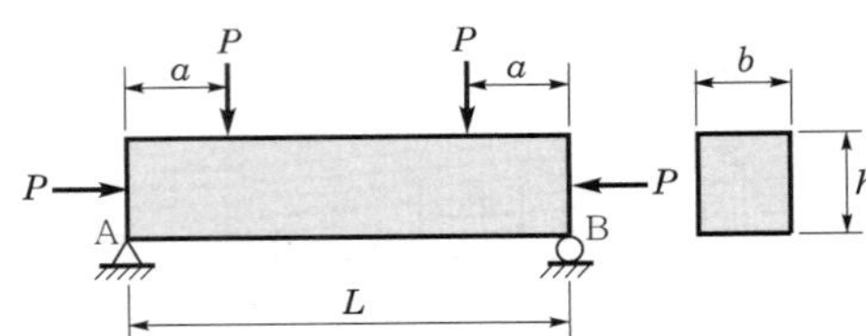

① $\frac{P}{bh^2}\left(1+\frac{6a}{h}\right)$ ② $\frac{P}{bh}\left(1-\frac{6a}{h}\right)$
③ $\frac{P}{b^2h^2}\left(1-\frac{6a}{h}\right)$ ④ $\frac{P}{b^2h}\left(1-\frac{a}{h}\right)$

해설 축방향력이 작용하는 경우 응력도를 보면 다음과 같다.

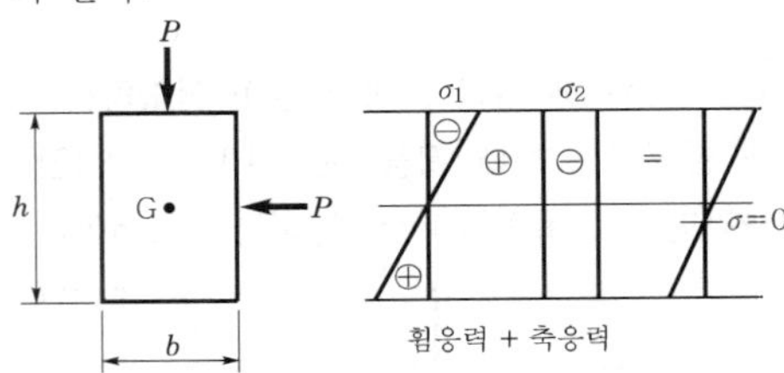

$$\sigma_{상단}=\sigma_{max}=-\sigma_1-\sigma_2$$
$$=-\frac{6M}{bh^2}-\frac{P}{A}=-\frac{6Pa}{bh^2}-\frac{P}{bh}=\frac{P}{bh}\left(-\frac{6a}{h}-1\right)$$
$$\sigma_{하단}=\sigma_{min}=+\sigma_1-\sigma_2$$
$$=+\frac{6M}{bh^2}-\frac{P}{A}=+\frac{6Pa}{bh^2}-\frac{P}{bh}=\frac{P}{bh}\left(\frac{6a}{h}-1\right)$$

정답 10. ③ 11. ② 12. ① 13. ② 14. ②

15. 다음 그림과 같이 y축상 k점에 편심하중 P를 받을 때 a점에 생기는 압축응력의 크기를 구하는 식으로 옳은 것은? (단, Z_x, Z_y는 x축 및 y축에 대한 단면계수, A는 단면적이다.) [기사 03]

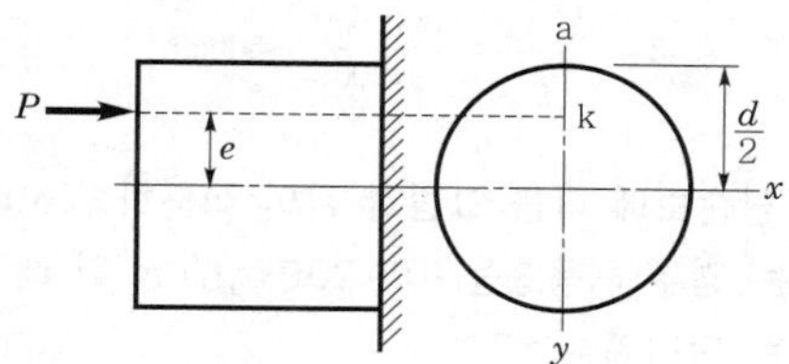

① $\frac{Pe}{Z_y}$ ② $\frac{Pe}{Z_x}$

③ $\frac{P}{A}+\frac{Pe}{Z_x}$ ④ $\frac{P}{A}+\frac{Pe}{Z_y}$

해설

$$\sigma=-\frac{P}{A}-\frac{M}{Z}=\frac{P}{A}-\frac{Pe}{Z_x}=-\left(\frac{P}{A}+\frac{Pe}{Z_x}\right)\text{(압축)}$$

16. 다음 보에서 허용휨응력이 800kgf/cm²일 때 보에 작용할 수 있는 등분포하중 w는? (단, 보의 단면은 6cm×10cm이다.) [기사 02, 산업 05, 16]

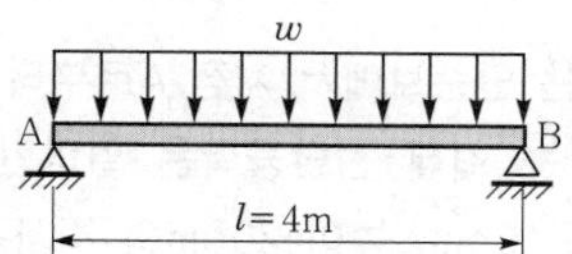

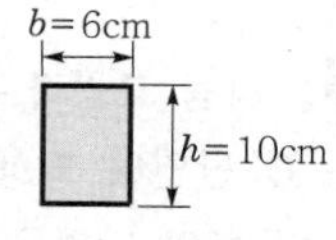

① 400kgf/m ② 300kgf/m

③ 4kgf/m ④ 3kgf/m

해설

$$\sigma \geq \sigma_{\max}=\frac{M_{\max}}{Z}=\frac{\frac{wl^2}{8}}{\frac{bh^2}{6}}=\frac{3wl^2}{4bh^2}$$

$$\therefore w \leq \frac{4bh^2\sigma}{3l^2}=\frac{4\times6\times10^2\times800}{3\times400^2}$$

$$=4\text{kgf/cm}=400\text{kgf/m}$$

17. 지름이 20cm의 통나무에 자중과 하중에 의한 900kgf · m의 외력모멘트가 작용한다면 최대 휨응력은? [산업 03, 08]

① 200kgf/cm² ② 154.7kgf/cm²

③ 114.6kgf/cm² ④ 219.7kgf/cm²

해설

$$\sigma_{\max}=\frac{32M}{\pi D^3}=\frac{32\times90,000}{3.14\times20^3}=114.6\text{kgf/cm}^2$$

18. 다음 그림과 같은 단순보에서 허용휨응력 $f_{ba}=$ 50kgf/cm², 허용전단응력 $\tau_a=$5kgf/cm²일 때 하중 P의 한계치는? [기사 07]

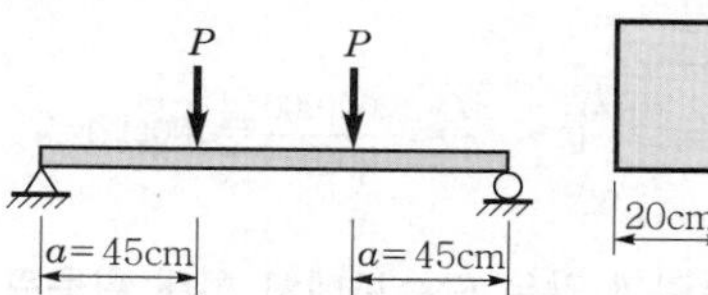

① 1,666.7kgf ② 2,516.7kgf

③ 2,500.0kgf ④ 2,314.8kgf

해설 ㉠ 휨응력

$$f_{\max}=\frac{M_{\max}}{Z}=\frac{6P_b a}{bh^2}\leq f_{ba}$$

$$\therefore P_b=\left(\frac{bh^2}{6a}\right)f_{ba}=\frac{20\times25^2}{6\times45}\times50=2,314.8\text{kgf}$$

㉡ 전단응력

$$\tau_{\max}=\frac{3}{2}\left(\frac{S_{\max}}{A}\right)=\frac{3P_s}{2bh}\leq\tau_a$$

$$\therefore P_s=\frac{1}{3}\times2bh\tau_a=\frac{1}{3}(2\times20\times25\times5)$$

$$=1,666.7\text{kgf}$$

∴ 허용하중은 P_b와 P_s 중 작은 값이므로 1,666.7kgf이다.

19. 지간 l=12m의 단순보에서 C점의 휨응력은 얼마인가? (단, 자중은 무시한다.) [산업 02]

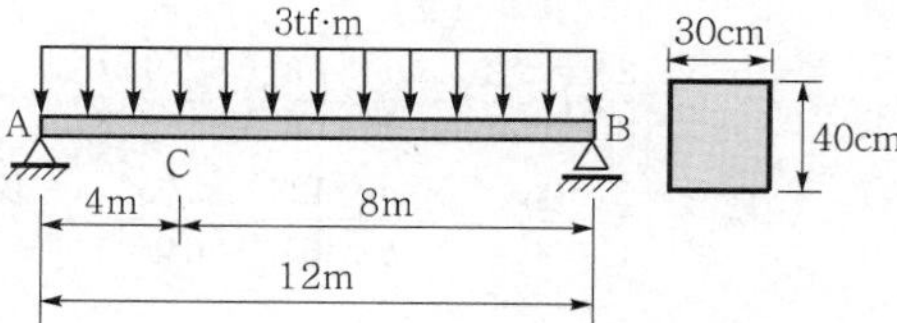

① 600kgf/cm² ② 675kgf/cm²

③ 700kgf/cm² ④ 775kgf/cm²

해설

$$R_A=\frac{wl}{2}=\frac{3\times12}{2}=18\text{tf}$$

$$M=R_A\times4-3\times4\times2=48\text{tf}\cdot\text{m}$$

$$\therefore \sigma=\frac{M}{Z}=\frac{6M}{bh^2}=\frac{6\times4,800,000}{30\times40^2}=600\text{kgf/cm}^2$$

정답 15. ③ 16. ① 17. ③ 18. ① 19. ①

20. 직사각형 단면인 단순보의 단면계수가 2,000m^{3}이고 200,000tf · m의 휨모멘트가 작용할 때 이 보의 최대 휨응력은? [산업 13, 17]

① 50tf/m^2　② 70tf/m^2
③ 85tf/m^2　④ 100tf/m^2

$$Z=\frac{I}{y}$$

$$\therefore\ \sigma=\left(\frac{M}{I}\right)y=\frac{M}{Z}=\frac{200,000}{2,000}=100\text{tf/m}^2$$

21. 다음 그림과 같은 단순보에서 최대 휨응력값은? [산업 03, 10, 13, 17]

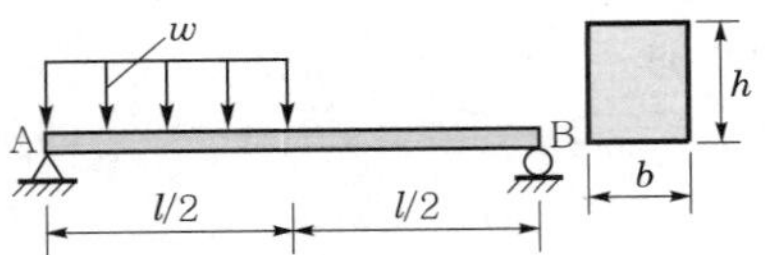

① $\dfrac{3wl^2}{4bh}$　② $\dfrac{3wl^2}{8bh}$
③ $\dfrac{27wl^2}{32bh^2}$　④ $\dfrac{27wl^2}{64bh^2}$

해설

$\Sigma M_B=0(\oplus)$

$R_A l-\dfrac{wl}{2}\times\dfrac{3}{4}l=0$

$\therefore\ R_A=\dfrac{3}{8}wl(\uparrow)$

최대 휨모멘트는 전단력이 0인 곳에서 생기므로

$S_x=\dfrac{3}{8}wl-wx=0$

$\therefore\ x=\dfrac{3}{8}l$

$M_{\max}=R_A x-wx\left(\dfrac{x}{2}\right)$

$=\dfrac{3}{8}wl\times\dfrac{3}{8}l-\dfrac{w}{2}\times\left(\dfrac{3}{8}l\right)^2=\dfrac{9wl^2}{128}$

$\therefore\ \sigma_{\max}=\dfrac{M_{\max}}{Z}=\dfrac{9wl^2/128}{bh^2/6}=\dfrac{27wl^2}{64bh^2}$

22. 다음 그림과 같은 등분포하중에서 최대 휨모멘트가 생기는 위치에서 휨응력이 1,200kgf/cm^{2}라고 하면 단면계수는? [산업 05, 12, 17]

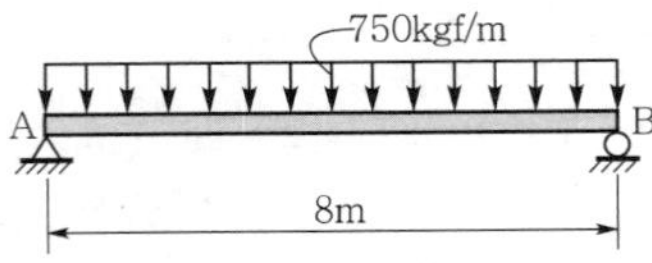

① 400cm^3　② 450cm^3
③ 500cm^3　④ 550cm^3

해설

$M_{\max}=\dfrac{wl^2}{8}=\dfrac{750\times8^2}{8}$

$=6,000\text{kgf}\cdot\text{m}=600,000\text{kgf}\cdot\text{cm}$

$\sigma=\left(\dfrac{M_{\max}}{I}\right)y=\dfrac{M_{\max}}{Z}$

$\therefore\ Z=\dfrac{M_{\max}}{\sigma}=\dfrac{600,000}{1,200}=500\text{cm}^3$

23. 단순보에 다음 그림과 같이 집중하중 500kgf가 작용하는 경우 허용휨응력이 200kgf/cm^{2}일 때 최소로 요구되는 단면계수는? [기사 00]

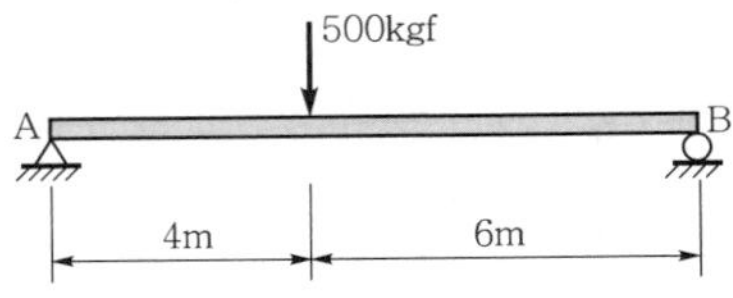

① 100cm^3　② 300cm^3
③ 525cm^3　④ 600cm^3

해설

$\sigma_a\geq\sigma_{\max}=\dfrac{M_{\max}}{Z}=\dfrac{1}{Z}\dfrac{Pab}{l}$

$\therefore\ Z\geq\dfrac{Pab}{l\sigma_a}=\dfrac{500\times400\times600}{1,000\times200}=600\text{cm}^3$

24. 다음 그림과 같은 단순보에서 지점 A로부터 2m 되는 C 단면에 발생하는 최대 전단응력은 얼마인가? (단, 이 보의 단면은 폭 10cm, 높이 20cm의 직사각형 단면이다.) [산업 13]

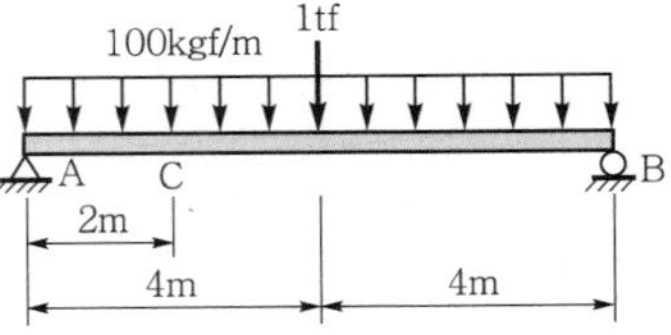

① 3.50kgf/cm^2　② 4.75kgf/cm^2
③ 5.25kgf/cm^2　④ 6.00kgf/cm^2

해설

$\Sigma M_B=0(\oplus)$

$(R_A\times8)-(100\times8\times4)-(1,000\times4)=0$

$R_A=\dfrac{3,200+4,000}{8}=900\text{kgf}$

$S_C=900-(100\times2)=700\text{kgf}$

$\therefore\ \tau_{\max}=\dfrac{3S}{2A}=\dfrac{3\times700}{2\times10\times20}$

$=5.25\text{kgf/cm}^2$

정답　20. ④　21. ④　22. ③　23. ④　24. ③

25. 보의 단면에서 휨모멘트로 인한 최대 휨응력이 생기는 위치는 어느 곳인가? [산업 07, 12]

① 중립축
② 중립축과 상단의 중간점
③ 단면 상·하단
④ 중립축과 하단의 중간점

해설 $\sigma=\left(\frac{M}{I}\right)y$이므로 중립축에서 $\sigma=0$이고 상·하단에서 그 최대값이 나타난다.

26. 지름이 D인 원형 단면에 전단력 S가 작용할 때 최대 전단응력의 값은? [산업 08, 11, 13]

① $\frac{4S}{3\pi D^2}$　② $\frac{2S}{3\pi D^2}$
③ $\frac{16S}{3\pi D^2}$　④ $\frac{3S}{3\pi D^2}$

해설 $\tau_{\max}=\frac{4S}{3A}=\frac{4S}{3\times\frac{\pi D^2}{4}}=\frac{16S}{3\pi D^2}$

27. 다음의 직사각형 단면을 갖는 캔틸레버보에서 최대 휨응력은 얼마인가? [기사 15, 산업 07]

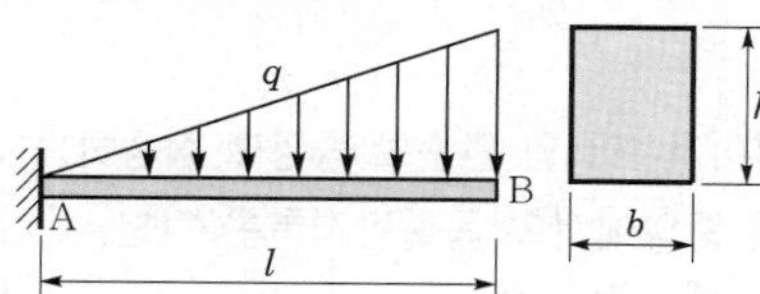

① $\frac{ql^2}{bh^2}$　② $\frac{1.5ql^2}{bh^2}$
③ $\frac{2ql^2}{bh^2}$　④ $\frac{2.5ql^2}{bh^2}$

해설 $M_{\max}=\frac{ql}{2}\times\frac{2}{3}l=\frac{ql^2}{3}$

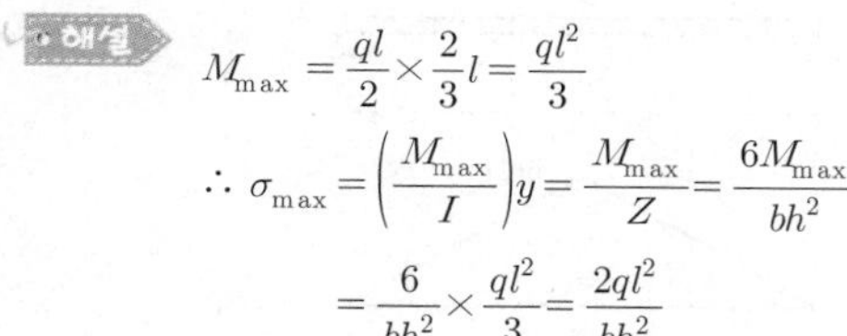

$$\therefore \sigma_{\max}=\left(\frac{M_{\max}}{I}\right)y=\frac{M_{\max}}{Z}=\frac{6M_{\max}}{bh^2}=\frac{6}{bh^2}\times\frac{ql^2}{3}=\frac{2ql^2}{bh^2}$$

28. 다음 그림과 같은 직사각형 단면에 전단력 $S=$ 4.5tf가 작용할 때 중립축에서 5cm 떨어진 $a-a$에서의 전단응력은? [산업 11]

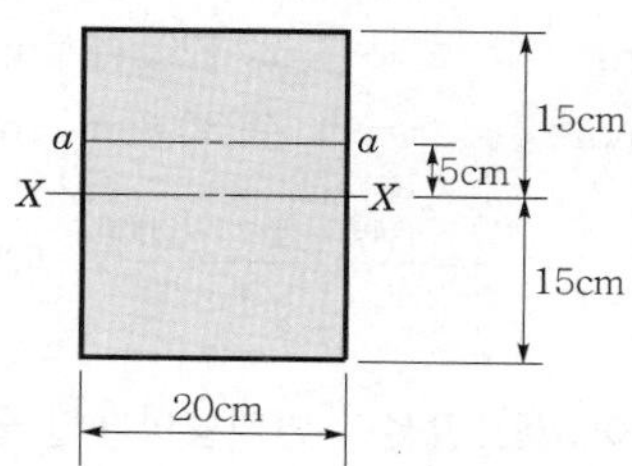

① 7kgf/cm²　② 8kgf/cm²
③ 9kgf/cm²　④ 10kgf/cm²

해설 $\tau=\frac{SG}{Ib}=\frac{4,500\times(20\times10\times10)}{\frac{20\times30^3}{12}\times20}=10\text{kgf/cm}^2$

29. 지름이 D인 원형 단면보에 휨모멘트 M이 작용할 때 최대 휨응력은? [기사 15, 17, 산업 03, 04, 07, 09, 10, 15, 16]

① $\frac{16M}{\pi D^3}$　② $\frac{6M}{\pi D^3}$
③ $\frac{32M}{\pi D^3}$　④ $\frac{64M}{\pi D^3}$

해설 $I=\frac{\pi D^4}{64}$

$Z=\frac{I}{y}=\frac{\pi D^3}{32}$

$\therefore \sigma_{\max}=\left(\frac{M}{I}\right)y=\frac{M}{Z}=\frac{M}{\pi D^3/32}=\frac{32M}{\pi D^3}$

30. 휨모멘트 M을 받고 원형 단면의 보를 설계하려고 한다. 이 보의 허용응력을 σ_a라 할 때 단면의 지름 d는 얼마인가? [기사 02]

① $d=10.19\frac{M}{\sigma_a}$　② $d=3.19\sqrt{\frac{M}{\sigma_a}}$
③ $d=2.17\sqrt[3]{\frac{M}{\sigma_a}}$　④ $d=1.79\sqrt[4]{\frac{M}{\sigma_a}}$

해설 $\sigma_a\geq\sigma_{\max}=\frac{M}{Z}=\frac{32M}{\pi d^3}$

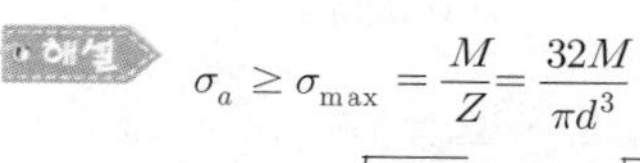

$\therefore d\geq\sqrt[3]{\frac{32M}{\pi\sigma_a}}=2.17\sqrt[3]{\frac{M}{\sigma_a}}$

정답 25. ③ 26. ② 27. ③ 28. ④ 29. ③ 30. ③

31. 폭이 20cm이고 높이가 30cm인 직사각형 단면의 목재보가 있다. 이 보에 작용하는 최대 휨모멘트가 1.8tf · m일 때 최대 휨응력은? [산업 08]

① 60kgf/cm^2 ② 120kgf/cm^2
③ 260kgf/cm^2 ④ 300kgf/cm^2

$$\sigma_{max} = \frac{M}{Z} = \frac{6M}{bh^2} = \frac{6\times 180{,}000}{20\times 30^2} = 60\text{kgf/cm}^2$$

32. 지름이 d인 강선이 반지름이 r인 원통 위로 구부러져 있다. 이 강선 내의 최대 굽힘모멘트 M_{max}를 계산하면? (단, 강선의 탄성계수 $E=2\times10^6\text{kgf/cm}^2$, $d=2\text{cm}$, $r=10\text{cm}$) [기사 11, 15]

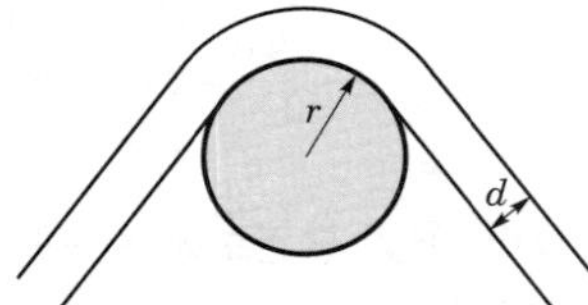

① $1.2\times10^5\text{kgf}\cdot\text{cm}$ ② $1.4\times10^5\text{kgf}\cdot\text{cm}$
③ $2.0\times10^5\text{kgf}\cdot\text{cm}$ ④ $2.2\times10^5\text{kgf}\cdot\text{cm}$

해설

$$I = \frac{\pi\times 2^4}{64} = 0.785\text{cm}^4$$

$$R = r + \frac{d}{2} = 10 + 1 = 11\text{cm}$$

$$\frac{1}{R} = \frac{M_{max}}{EI}$$

$$\therefore M_{max} = \frac{EI}{R} = \frac{2\times10^6\times 0.785}{11} = 142{,}727.27\text{kgf}\cdot\text{cm}$$

33. 다음과 같은 단순보에서 탄성곡선의 최대 곡률은 얼마인가? (단, 이 보의 휨강도 EI=200tf · m²이다.) [기사 00]

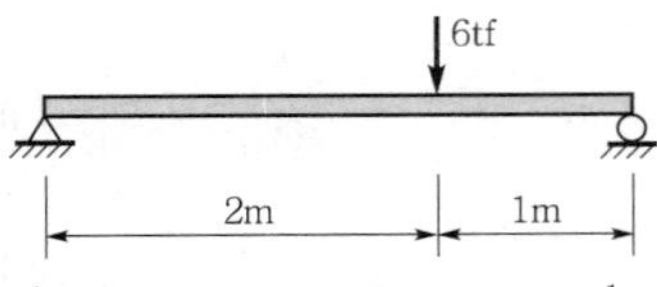

① 0.010m^{-1} ② 0.015m^{-1}
③ 0.020m^{-1} ④ 0.025m^{-1}

해설

$$M_{max} = \frac{Pab}{L} = \frac{6\times2\times1}{3} = 4\text{tf}\cdot\text{m}$$

$$\therefore \left(\frac{1}{R}\right)_{max} = \frac{M_{max}}{EI} = \frac{4}{200} = 0.020\text{m}^{-1}$$

34. 폭이 20cm, 높이가 30cm인 직사각형 단면의 단순보에서 최대 휨모멘트가 2tf · m일 때 처짐곡선의 곡률반지름의 크기는? (단, E=100,000kgf/cm²) [기사 03]

① 4,500m ② 450m
③ 2,250m ④ 225m

해설

$$R = \frac{EI}{M} = \frac{100{,}000\times\frac{20\times30^3}{12}}{2\times10^5} = 22{,}500\text{cm} = 225\text{m}$$

35. 다음 그림과 같은 보에서 CD구간의 곡률반지름은 얼마인가? (단, 이 보의 휨강도 EI=3,800tf · m²이다.) [기사 06, 11]

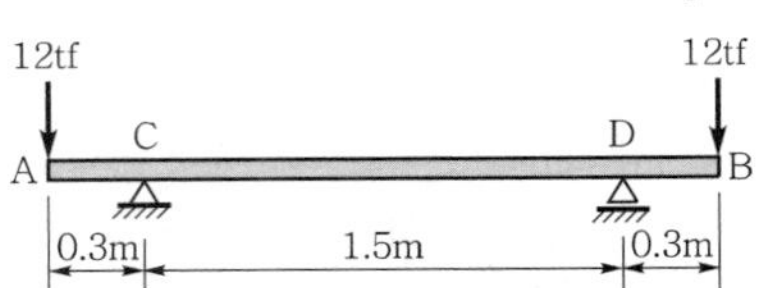

① 924m ② 1,056m
③ 1,174m ④ 1,283m

$$R_{CD} = \frac{EI}{M_{CD}} = \frac{3{,}800}{12\times0.3} = 1{,}055.6\text{m}$$

36. 길이가 10m인 단순보 중앙에 집중하중 P=2tf가 작용할 때 중앙에서의 곡률반지름은? (단, I=400cm⁴, $E=2.1\times10^6\text{kgf/cm}^2$) [기사 03]

① 16.8m ② 10m
③ 6.8m ④ 3.4m

해설

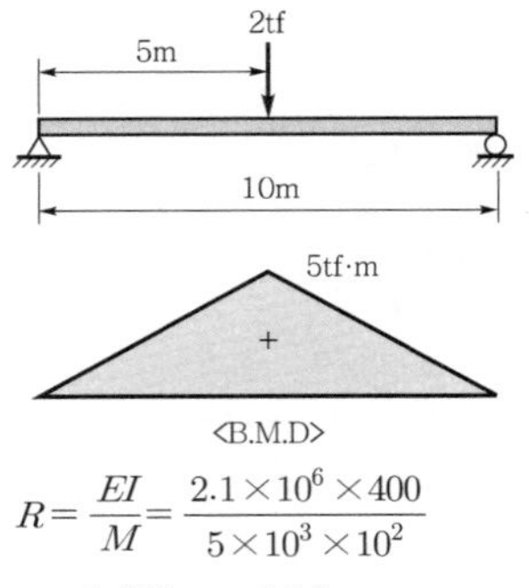

$$R = \frac{EI}{M} = \frac{2.1\times10^6\times400}{5\times10^3\times10^2} = 1{,}680\text{cm} = 16.8\text{m}$$

정답 31. ① 32. ② 33. ③ 34. ④ 35. ② 36. ①

37. I형 단면의 보에 일어나는 전단응력의 분포모양은? [기사 00]

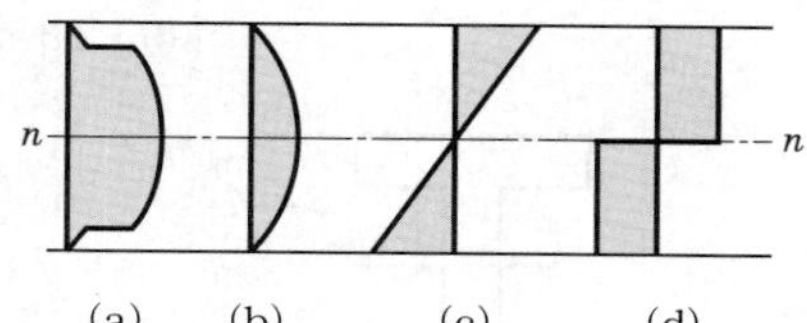

① (a) ② (b)
③ (c) ④ (d)

38. 직사각형 단면으로 된 보의 단면적을 A[cm^2], 전단력을 V[kgf]라 하면 최대 전단응력을 구한 값으로 맞는 것은? [기사 05]

① $\frac{V}{A}$ ② $\frac{4V}{3A}$
③ $\frac{3V}{2A}$ ④ $2\frac{V}{A}$

해설

$$\tau_{max} = \alpha\left(\frac{V}{A}\right) = \frac{3V}{2A}$$

여기서, α : 형상계수(△, □ : $\frac{3}{2}$, ○ : $\frac{4}{3}$)

39. 폭이 10cm, 높이가 20cm인 직사각형 단면의 단순보에서 전단력 S=4tf가 작용할 때 최대 전단응력은? [기사 09, 산업 02, 03, 06]

① 10kgf/cm^2 ② 20kgf/cm^2
③ 30kgf/cm^2 ④ 40kgf/cm^2

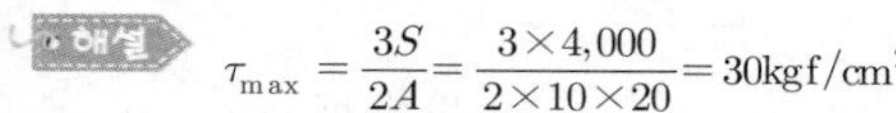

해설

$$\tau_{max} = \frac{3S}{2A} = \frac{3\times4,000}{2\times10\times20} = 30\text{kgf/cm}^2$$

40. 어떤 보 단면의 전단응력도를 그렸더니 다음 그림과 같았다. 이 단면에 가해진 전단력의 크기는 얼마인가? [기사 01, 03]

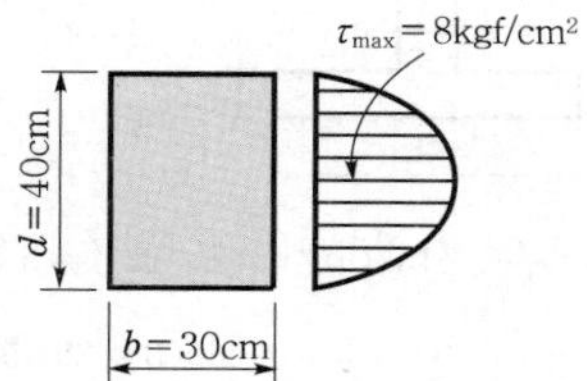

① 9,600kgf ② 7,200kgf
③ 4,800kgf ④ 6,400kgf

해설

$$\tau_{max} = \frac{3S}{2A} = \frac{3S}{2bh}$$

$$\therefore S = \frac{2\tau_{max}bh}{3} = \frac{2\times8\times30\times40}{3} = 6,400\text{kgf}$$

41. 폭이 2cm, 높이가 5cm인 어느 균일 단면의 단순보에 최대 전단력이 1,000kgf가 작용한다면 최대 전단응력은? [기사 06]

① 66.7kgf/cm^2 ② 100kgf/cm^2
③ 133kgf/cm^2 ④ 150kgf/cm^2

해설

$$\tau_{max} = \frac{3S_{max}}{2A} = \frac{3\times1,000}{2\times2\times5} = 150\text{kgf/cm}^2$$

42. 다음 그림과 같은 단면에서 직사각형 단면의 최대 전단응력도는 원형 단면의 최대 전단응력도의 몇 배인가? (단, 두 단면적과 작용하는 전단력의 크기는 같다.) [기사 03, 05, 산업 02]

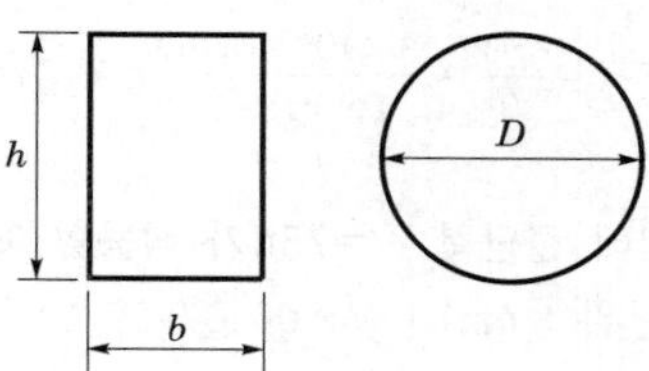

① $\frac{9}{8}$배 ② $\frac{8}{9}$배
③ $\frac{6}{5}$배 ④ $\frac{5}{6}$배

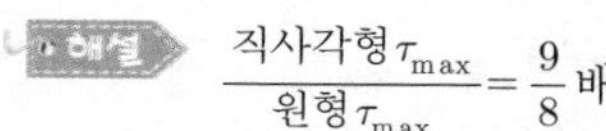

해설

$$\frac{\text{직사각형}\ \tau_{max}}{\text{원형}\ \tau_{max}} = \frac{9}{8}\text{배}$$

43. 사각형 단면으로 된 보의 최대 전단력이 10tf이었다. 허용전단응력이 10kgf/cm^{2}이고 보의 높이가 30cm일 때 이 전단력을 견딜 수 있게 하기 위해서는 보의 폭은 몇 cm 이상이 되어야 하는가? [기사 00, 05]

① 30 ② 40
③ 50 ④ 60

해설

$$\tau_{max} = \frac{3S}{2A} = \frac{3S_{max}}{2bh} \le \tau_a$$

$$\frac{3S_{max}}{2h\tau_a} = \frac{3\times10\times10^3}{2\times30\times10} \le b$$

$\therefore b$=50cm

정답 37. ① 38. ③ 39. ③ 40. ④ 41. ④ 42. ① 43. ③

44. 다음 그림과 같은 I형 단면보에 8tf의 전단력이 작용할 때 상연(上椽)에서 5cm 아래인 지점에서의 전단응력은? (단, 단면 2차 모멘트는 100,000cm^{4}이다.) [기사 05, 10]

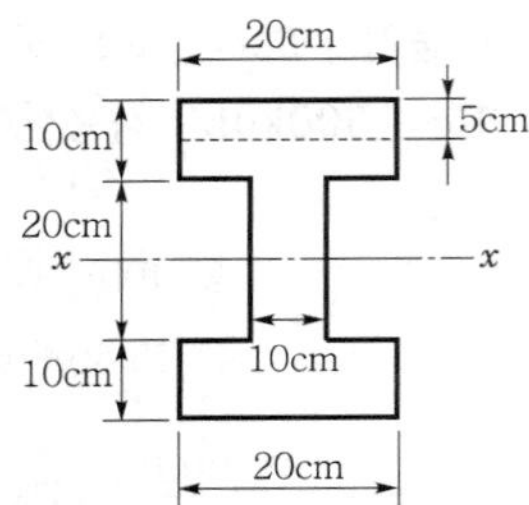

① 5.25kgf/cm^2 ② 7kgf/cm^2
③ 12.25kgf/cm^2 ④ 16kgf/cm^2

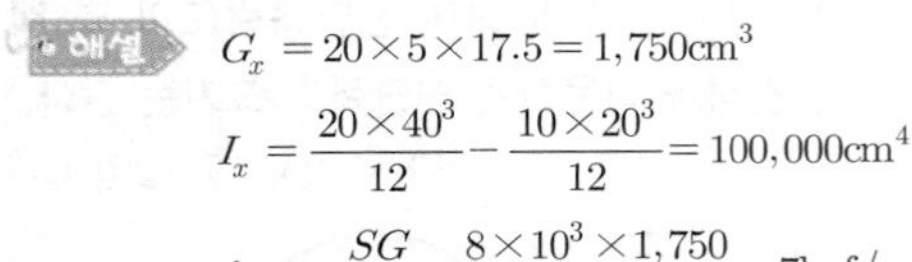

해설
$G_x = 20\times5\times17.5 = 1,750\text{cm}^3$

$I_x = \frac{20\times40^3}{12} - \frac{10\times20^3}{12} = 100,000\text{cm}^4$

$\therefore \tau = \frac{SG}{Ib} = \frac{8\times10^3\times1,750}{1\times10^5\times20} = 7\text{kgf/cm}^2$

45. 단면에 전단력 V=75tf가 작용할 때 최대 전단응력은? (단위 : cm) [기사 03, 07, 09, 11, 17, 산업 10]

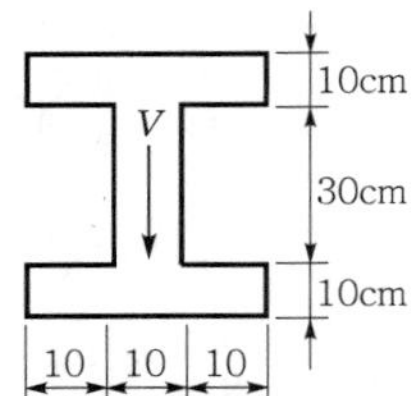

① 83kgf/cm^2 ② 150kgf/cm^2
③ 200kgf/cm^2 ④ 250kgf/cm^2

해설 최대 전단응력은 중립축에서 생긴다.

$I = \frac{1}{12}\times(30\times50^3 - 20\times30^3)$
$= 267,500\text{cm}^4$

$G = (10\times30)\times20 + (15\times10)\times7.5$
$= 7,125\text{cm}^3$

$\therefore \tau_{max} = \frac{VG}{Ib} = \frac{75\times10^3\times7,125}{267,500\times10}$
$= 199.77\text{kgf/cm}^2$

46. 다음 그림과 같은 I형 단면의 최대 전단응력은? (단, 작용하는 전단력은 4,000kgf이다.) [기사 08, 산업 08]

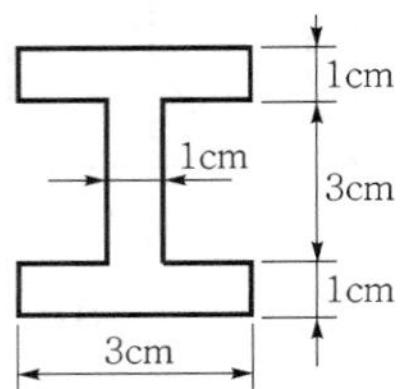

① 897.2kgf/cm^2 ② 1,065.4kgf/cm^2
③ 1,299.1kgf/cm^2 ④ 1,444.4kgf/cm^2

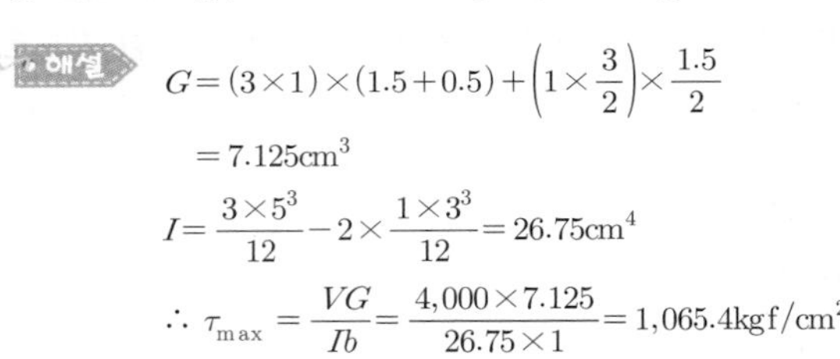

해설
$G = (3\times1)\times(1.5+0.5) + \left(1\times\frac{3}{2}\right)\times\frac{1.5}{2}$
$= 7.125\text{cm}^3$

$I = \frac{3\times5^3}{12} - 2\times\frac{1\times3^3}{12} = 26.75\text{cm}^4$

$\therefore \tau_{max} = \frac{VG}{Ib} = \frac{4,000\times7.125}{26.75\times1} = 1,065.4\text{kgf/cm}^2$

47. 다음 그림과 같은 단면에 1,500kgf의 전단력이 작용할 때 최대 전단응력의 크기는? [기사 08, 15, 산업 04, 09]

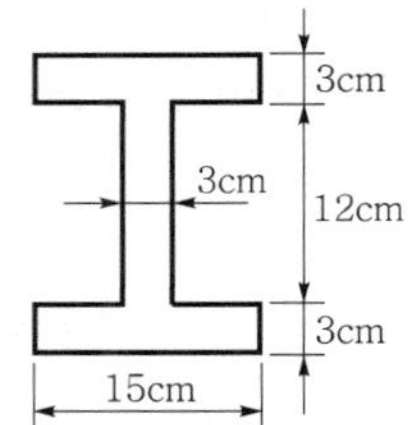

① 35.2kgf/cm^2 ② 43.6kgf/cm^2
③ 49.8kgf/cm^2 ④ 56.4kgf/cm^2

해설

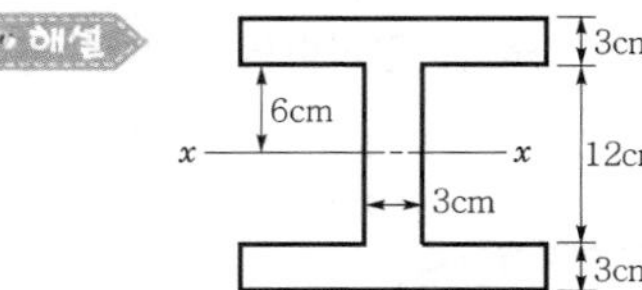

$I_x = \frac{1}{12}\times(15\times18^3 - 12\times12^3) = 5,562\text{cm}^4$

$G_x = 15\times3\times7.5 + 3\times6\times3 = 391.5\text{cm}^3$

$\therefore \tau_{max} = \frac{VG}{Ib} = \frac{1,500\times391.5}{5,562\times3}$
$= 35.19\text{kgf/cm}^2$

정답 44. ② 45. ③ 46. ② 47. ①

48. 다음 그림과 같이 속이 빈 단면에 전단력 $V=$ 15tf가 작용하고 있다. 이 단면에 발생하는 최대 전단응력은? [기사 11, 산업 09]

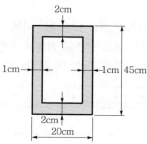

① 9.9kgf/cm²　　② 19.8kgf/cm²
③ 99kgf/cm²　　④ 198kgf/cm²

$\tau_{\max}=\dfrac{VG}{Ib}$ 이므로 단면 1차 모멘트 G가 최대인 도심축에서 $\tau_{\max}$ 발생

$$G_x=20\times2\times(22.5-1)+2\times1\times(22.5-2)^2\times\frac{1}{2}=1,280.25\text{cm}^3$$

$$I_x=\frac{1}{12}\times(20\times45^3-18\times41^3)=48,493.5\text{cm}^4$$

$$\therefore\ \tau_{\max}=\frac{VG}{Ib}=\frac{15,000\times1,280.25}{48,493.5\times2}=198\text{kgf/cm}^2$$

49. 주어진 T형보 단면의 캔틸레버에서 최대 전단응력을 구하면 얼마인가? (단, T형보 단면의 $I_{N.A}$=86.8cm⁴이다.) [기사 04, 07, 10, 11, 15, 17]

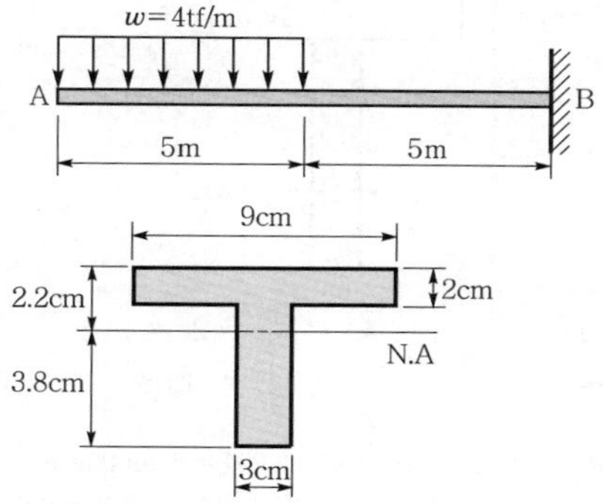

① 1,256.8kgf/cm²　　② 1,663.6kgf/cm²
③ 2,079.5kgf/cm²　　④ 2,433.2kgf/cm²

해설

$$S_{\max}=4\times5=20\text{tf}$$

$$G_{N.A}=3\times3.8\times\frac{3.8}{2}=21.66\text{cm}^3$$

$$\therefore\ \tau_{\max}=\frac{SG}{Ib}=\frac{20\times10^3\times21.66}{86.8\times3}=1,663.59\text{kgf/cm}^2$$

50. 다음 그림과 같이 속이 빈 직사각형 단면의 최대 전단응력은? (단, 전단력은 2tf) [기사 16]

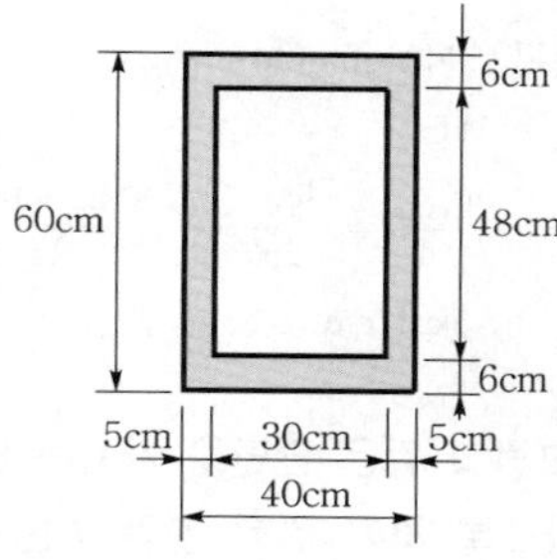

① 2.125kgf/cm²　　② 3.22kgf/cm²
③ 4.125kgf/cm²　　④ 4.22kgf/cm²

$$I=\frac{1}{12}\times(40\times60^3-30\times48^3)=443,520\text{cm}^4$$

$$G_x=(40\times6\times27)+(5\times24\times12)\times2=9,360\text{cm}^3$$

$$\therefore\ \tau_{\max}=\frac{VQ_x}{Ib}=\frac{2,000\times9,360}{443,520\times10}=4.22\text{kgf/cm}^2$$

51. 단면이 30cm×40cm, 지간이 10m인 단순보가 600kgf/m의 등분포하중을 받을 때 최대 전단응력은? [기사 01, 04]

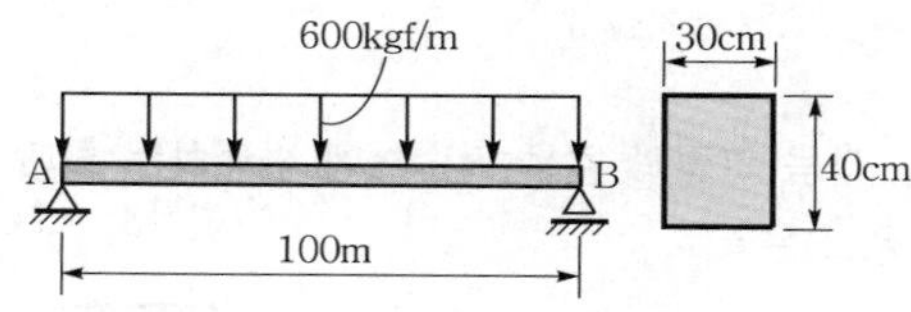

① 3.75kgf/cm²　　② 4.75kgf/cm²
③ 2.50kgf/cm²　　④ 3.50kgf/cm²

해설

$$\tau_{\max}=\frac{3}{2}\times\frac{S_{\max}}{A}=\frac{3}{2}\times\frac{1}{bh}\times\frac{wl}{2}=\frac{3wl}{4bh}=\frac{3\times600\times10}{4\times30\times40}=3.75\text{kgf/cm}^2$$

정답　48. ④　49. ②　50. ④　51. ①

52. 다음과 같은 부재에 발생할 수 있는 최대 전단 응력은? [기사 07, 산업 03, 13]

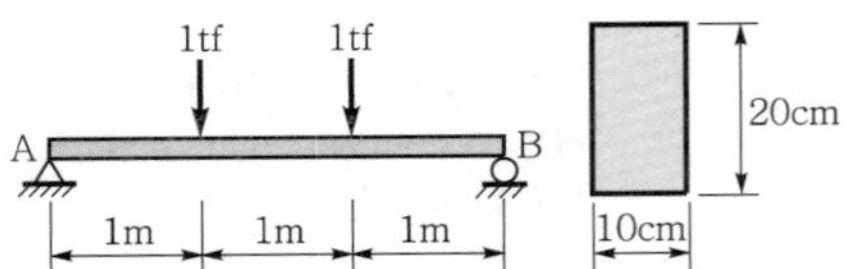

① 6kgf/cm^2 ② 6.5kgf/cm^2
③ 7kgf/cm^2 ④ 7.5kgf/cm^2

해설 대칭구조이므로 $R_A = R_B = 1\text{tf}$

$S_{\max} = 1\text{tf}$

$$\tau_{\max} = \frac{3S_{\max}}{2A} = \frac{3S_{\max}}{2bh} = \frac{3\times1\times10^3}{2\times10\times20} = 7.5\text{kgf/cm}^2$$

53. 다음 그림과 같은 단면을 가지는 단순보에서 전단력에 안전하도록 하기 위한 경간 L은? (단, 허용전단응력은 7kgf/cm^2이다.) [기사 08]

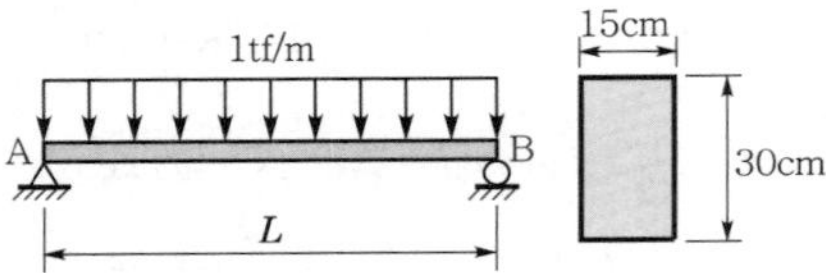

① 450cm ② 440cm
③ 430cm ④ 420cm

해설 $S_{\max} = R_A = \dfrac{wL}{2} = \dfrac{10L}{2} = 5L[\text{kgf}]$

$$\tau_{\max} = \frac{3}{2}\times\frac{S_{\max}}{A} = 1.5\times\frac{5L}{30\times15} = \frac{L}{60}$$

$\tau_a \geq \tau_{\max}$ 이므로 $7 \geq \dfrac{L}{60}$

$\therefore L \leq 420\text{cm}$

54. 다음 그림과 같은 단순보에 발생하는 최대 전단응력($\tau_{\max}$)은? [산업 15]

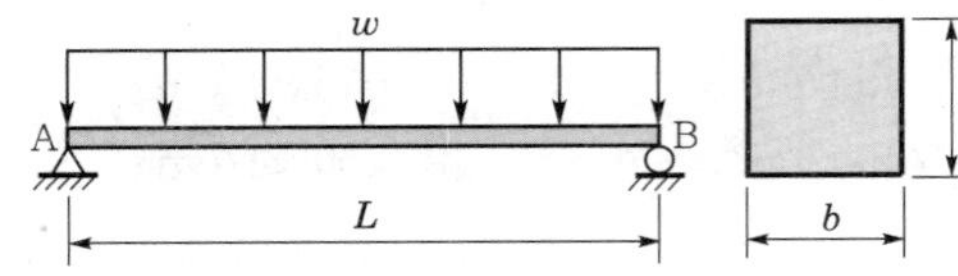

① $\dfrac{4wL}{9bh}$ ② $\dfrac{wL}{2bh}$
③ $\dfrac{9wL}{16bh}$ ④ $\dfrac{3wL}{4bh}$

해설 $V_A = S = \dfrac{wL}{2}$

$$\therefore \tau_{\max} = \frac{S}{A}\times\frac{3}{2} = \frac{3}{2}\times\frac{1}{bh}\times\frac{wL}{2} = \frac{3wL}{4bh}$$

55. 다음 그림과 같은 단순보의 최대 전단응력 $\tau_{\max}$를 구하면? (단, 보의 단면은 지름이 D인 원이다.) [기사 04, 09, 16, 산업 10, 11]

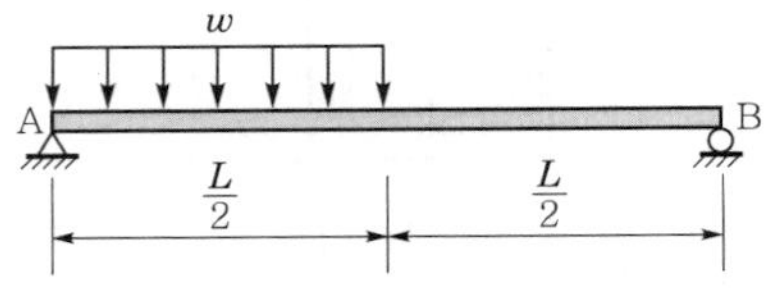

① $\dfrac{wL}{2\pi D^2}$ ② $\dfrac{9wL}{4\pi D^2}$
③ $\dfrac{3wL}{2\pi D^2}$ ④ $\dfrac{2wL}{\pi D^2}$

해설 $\Sigma M_B = 0$

$R_A L - \dfrac{wL}{2}\times\dfrac{3}{4}L = 0 \quad \therefore R_A = \dfrac{3}{8}wL(\uparrow)$

$\therefore S_{\max} = \dfrac{3}{8}wL$

$$\therefore \tau_{\max} = \frac{4}{3}\times\frac{S_{\max}}{A} = \frac{4}{3}\times\frac{4}{\pi D^2}\times\frac{3}{8}wL = \frac{2wL}{\pi D^2}$$

56. 다음 그림과 같이 두 개의 나무판이 못으로 조립된 T형보에서 V=155kgf이 작용할 때 한 개의 못이 전단력 70kgf를 전달할 경우 못의 허용 최대 간격은 약 얼마인가? (단, I=11,354cm^4) [기사 10, 16]

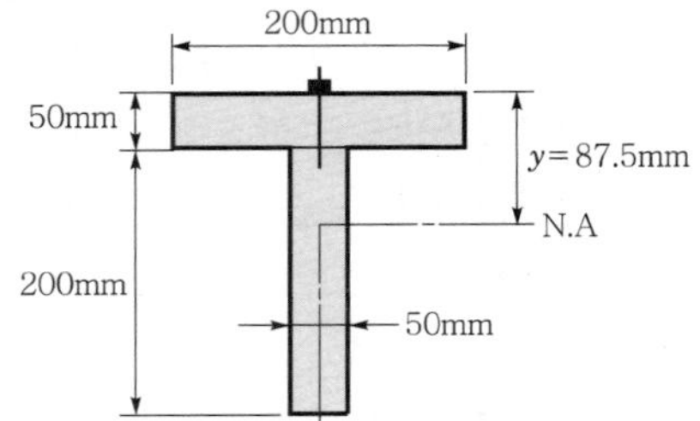

① 7.5cm ② 8.2cm
③ 8.9cm ④ 9.7cm

해설 $G = 200\times50\times(87.5-25) = 625{,}000\text{mm}^3$

전달흐름 $f = \tau b = \dfrac{F}{S} = \dfrac{VG}{I} = \dfrac{155\times625}{11{,}354} = 8.532\text{kgf/cm}$

$\therefore S = \dfrac{F}{f} = \dfrac{70}{8.532} = 8.20\text{cm}$

정답 52. ④ 53. ④ 54. ④ 55. ④ 56. ②

57. 다음 그림과 같은 T형 단면을 가진 단순보가 있다. 이 보의 지간은 3m이고 지점으로부터 1m 떨어진 곳에 하중 P=450kgf가 작용하고 있다. 이 보에 발생하는 최대 전단응력은? [기사 08, 11, 16, 17]

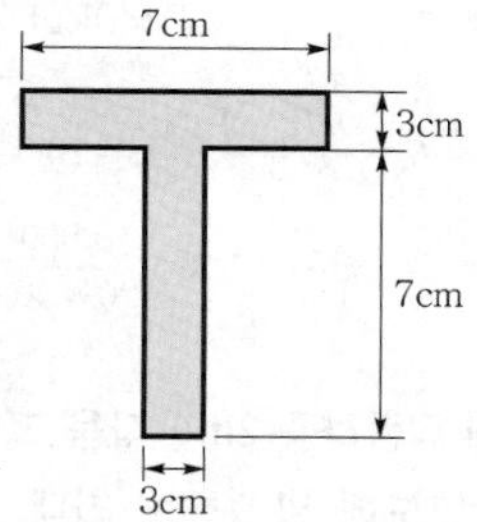

① 14.8kgf/cm^2 ② 24.8kgf/cm^2
③ 34.8kgf/cm^2 ④ 44.8kgf/cm^2

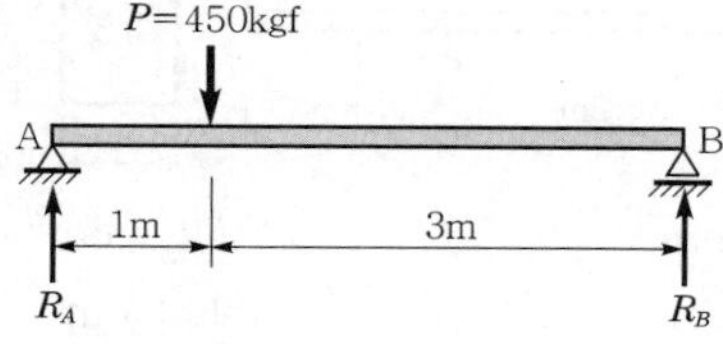

$\Sigma M_B = 0(\oplus)$
$R_A \times 3 - 450 \times 2 = 0$
$\therefore R_A = 300\text{kgf}(\uparrow)$
$\Sigma V = 0(\uparrow)$
$\therefore R_B = 150\text{kgf}$
$\therefore S_{\max} = 300\text{kgf}$

$$y_o = \frac{G_x}{A} = \frac{(7\times3\times8.5)+(3\times7\times3.5)}{7\times3\times2} = 6\text{cm}$$

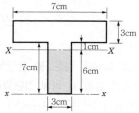

도심축까지 $G_x = Ay = 3\times6\times3 = 54\text{cm}^3$

$$I_x = \frac{7\times3^3}{12} + (7\times3\times2.5^2) + \frac{3\times7^3}{12} + (3\times7\times2.5^2)$$
$$= 364\text{cm}^4$$

$$\therefore \tau_{\max} = \frac{S_{\max}G}{Ib_w} = \frac{300\times54}{364\times3} = 14.84\text{kgf/cm}^2$$

여기서, b_w : 복부폭

58. 30cm×50cm인 단면의 보에 9tf의 전단력이 작용할 때 이 단면에 일어나는 최대 전단응력은 몇 kgf/cm^{2}인가? [산업 05, 09, 12, 17]

① 4 ② 6
③ 8 ④ 9

해설

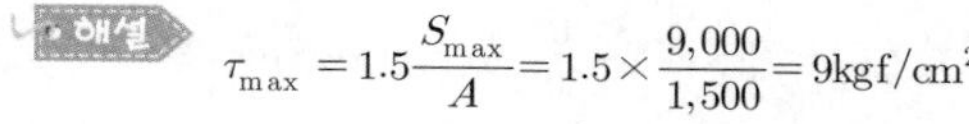

$$\tau_{\max} = 1.5\frac{S_{\max}}{A} = 1.5\times\frac{9{,}000}{1{,}500} = 9\text{kgf/cm}^2$$

59. 내민보에 집중하중 2tf가 다음 그림과 같이 작용할 때 원형 단면에 발생하는 최대 전단응력은? (단, 단면의 직경은 20cm이다.) [산업 12]

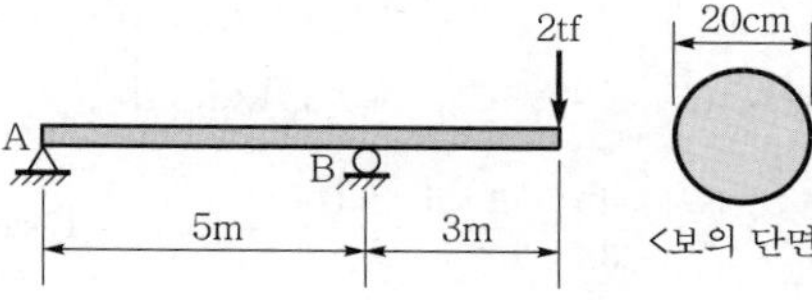

① 6.4kgf/cm^2 ② 7.4kgf/cm^2
③ 8.5kgf/cm^2 ④ 9.5kgf/cm^2

해설

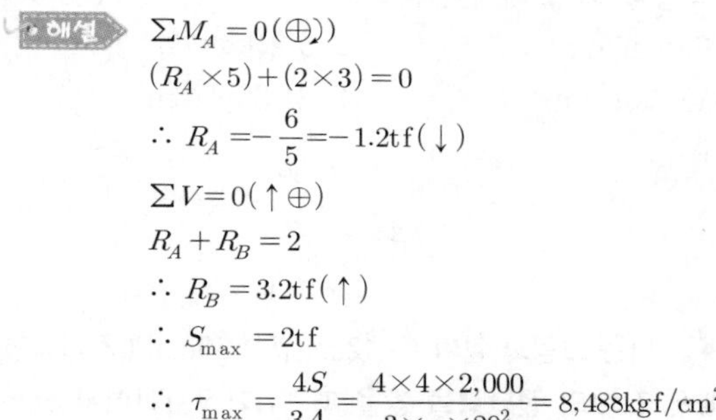

$\Sigma M_A = 0(\oplus)$
$(R_A \times 5) + (2\times3) = 0$
$\therefore R_A = -\frac{6}{5} = -1.2\text{tf}(\downarrow)$
$\Sigma V = 0(\uparrow\oplus)$
$R_A + R_B = 2$
$\therefore R_B = 3.2\text{tf}(\uparrow)$
$\therefore S_{\max} = 2\text{tf}$
$\therefore \tau_{\max} = \frac{4S}{3A} = \frac{4\times4\times2{,}000}{3\times\pi\times20^2} = 8{,}488\text{kgf/cm}^2$

60. 다음 그림과 같은 구조물에서 이 보의 단면이 받는 최대 전단응력의 크기는? [산업 13, 16]

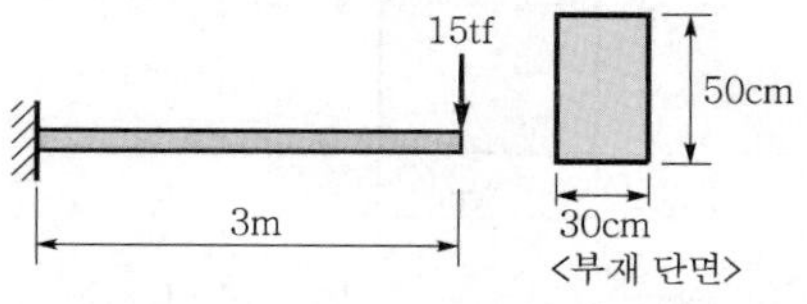

① 10kgf/cm^2 ② 15kgf/cm^2
③ 20kgf/cm^2 ④ 25kgf/cm^2

해설

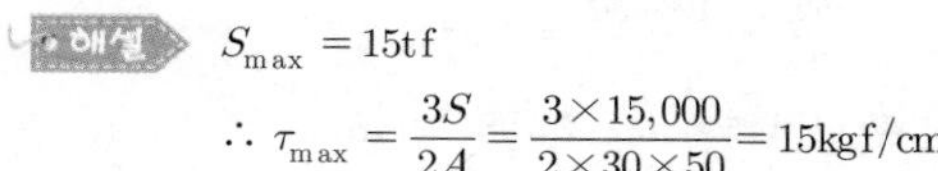

$S_{\max} = 15\text{tf}$
$\therefore \tau_{\max} = \frac{3S}{2A} = \frac{3\times15{,}000}{2\times30\times50} = 15\text{kgf/cm}^2$

정답 57. ① 58. ④ 59. ③ 60. ②

61. 폭이 30cm, 높이가 50cm인 직사각형 단면의 단순보에 전단력 6tf가 작용할 때 이 보에 발생하는 최대 전단응력은? [산업 12, 16, 17]

① 2kgf/cm² ② 4kgf/cm²
③ 5kgf/cm² ④ 6kgf/cm²

해설 $\tau_{max} = \frac{3S}{2A} = \frac{3\times 6,000}{2\times 30\times 50} = 6\text{kgf/cm}^2$

62. 지름이 30cm인 단면의 보에 9tf의 전단력이 작용할 때 이 단면에 일어나는 최대 전단응력은 약 얼마인가? [산업 16]

① 9kgf/cm² ② 12kgf/cm²
③ 15kgf/cm² ④ 17kgf/cm²

해설 $\tau_{max} = \frac{4S}{3A} = \frac{4\times 4\times 9,000}{3\times \pi\times 30^2} = 16.97 ≒ 17\text{kgf/cm}^2$

63. 지름 32cm의 원형 단면보에서 3.14tf의 전단력이 작용할 때 최대 전단응력은? [산업 08]

① 6.0kgf/cm² ② 5.21kgf/cm²
③ 12.2kgf/cm² ④ 21.8kgf/cm²

해설 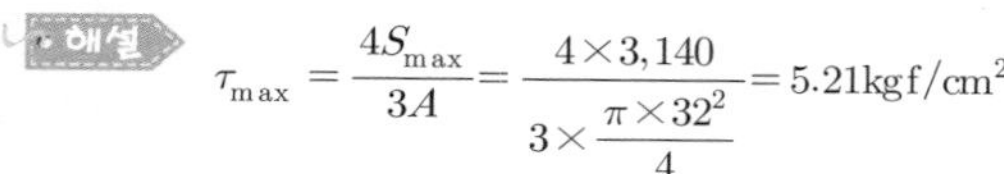
$\tau_{max} = \frac{4S_{max}}{3A} = \frac{4\times 3,140}{3\times\frac{\pi\times 32^2}{4}} = 5.21\text{kgf/cm}^2$

64. 다음 그림과 같이 b=12cm, h=30cm의 직사각형 보에서 2.4tf의 전단력을 받을 때 위 가장자리에서 5cm 떨어진 면($a-a$ 단면)의 전단응력은? [산업 11, 15]

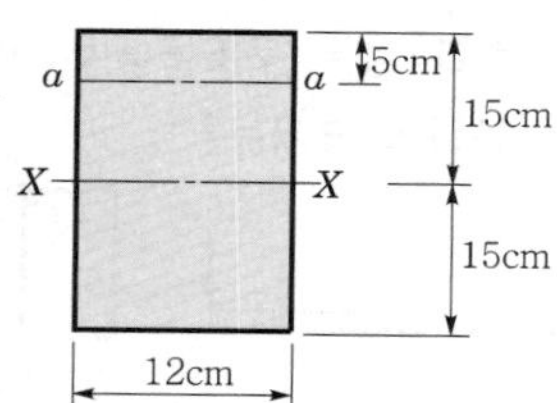

① 4.6kgf/cm² ② 5.6kgf/cm²
③ 6.6kgf/cm² ④ 7.6kgf/cm²

해설 $I = \frac{bh^3}{12} = \frac{12\times 30^3}{12} = 27,000\text{cm}^4$

$G = 12\times 5\times (15-2.5) = 750\text{cm}^3$

$\therefore \tau = \frac{SG}{Ib} = \frac{2,400\times 750}{27,000\times 12} = 5.56\text{kgf/cm}^2$

65. 지간이 10m이고 폭이 20cm, 높이가 30cm인 직사각형 단면의 단순보에서 전 지간에 등분포하중 w=2tf/m가 작용할 때 최대 전단응력은? [산업 10, 15]

① 25kgf/cm² ② 30kgf/cm²
③ 35kgf/cm² ④ 40kgf/cm²

해설 $S_{max} = R = \frac{wl}{2} = \frac{2\times 10}{2} = 10\text{tf}$

$\therefore \tau_{max} = 1.5\frac{S}{A} = 1.5\times\frac{10,000}{20\times 30} = 25\text{kgf/cm}^2$

66. 내민보에 집중하중 2tf가 다음 그림과 같이 작용할 때 직사각형 단면보에 발생하는 최대 전단응력은 얼마인가? (단, 보의 단면적 A=20cm×15cm) [산업 05]

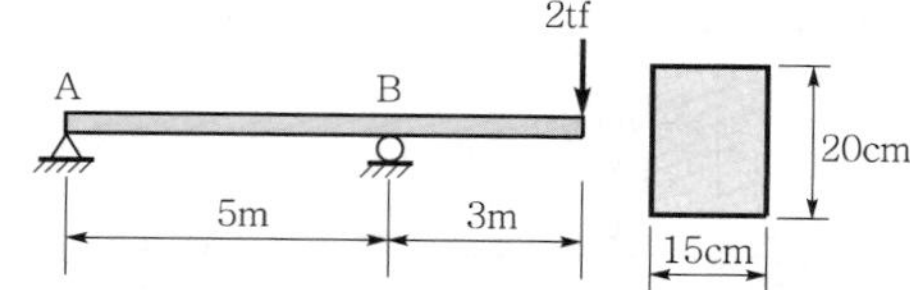

① 5kgf/cm² ② 7.5kgf/cm²
③ 10kgf/cm² ④ 15kgf/cm²

해설 $\Sigma M_B = 0(\oplus)$

$R_A\times 5 + 2\times 3 = 0$

$R_A = -\frac{6}{5}\text{tf}(\downarrow)$

$\Sigma V = 0(\uparrow\oplus)$

$R_B = 3.5\text{tf}(\uparrow)$

$S_{AB} = -1.2\text{tf}$

$S_{BC} = -1.2 + 3.2 = 2\text{tf}$

$\therefore \tau_{max} = 1.5\frac{S}{A} = 1.5\times\frac{2,000}{20\times 15} = 10\text{kgf/cm}^2$

67. 다음 그림과 같은 봉 단면의 단순보가 중앙에 20tf의 하중을 받을 때 최대 전단력에 의한 전단응력은 얼마인가? (단, 자중은 무시한다.) [산업 07]

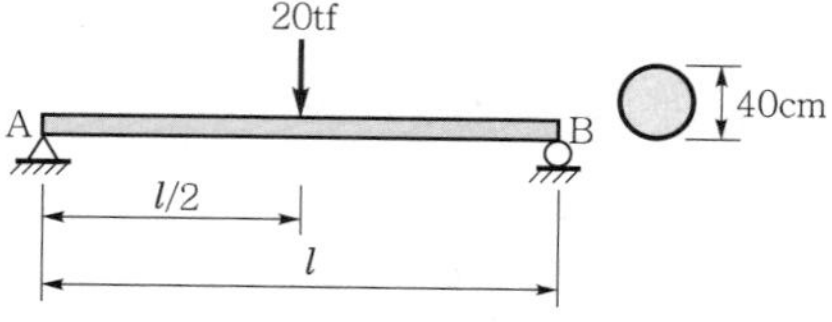

① 10.61kgf/cm² ② 11.94kgf/cm²
③ 42.46kgf/cm² ④ 47.77kgf/cm²

정답 61. ④ 62. ④ 63. ② 64. ② 65. ① 66. ③ 67. ①

해설

$$\tau_{\max} = \frac{4S_{\max}}{3A} = \frac{4\times 10{,}000}{3\times\dfrac{\pi\times 4^2}{4}} = 10.61\text{kgf/cm}^2$$

68. 각각 10cm의 폭을 가진 3개의 나무토막이 다음 그림과 같이 아교풀로 접착되어 있다. 4,500kgf의 하중이 작용할 때 접착부에 생기는 평균전단응력은?

[산업 03, 06]

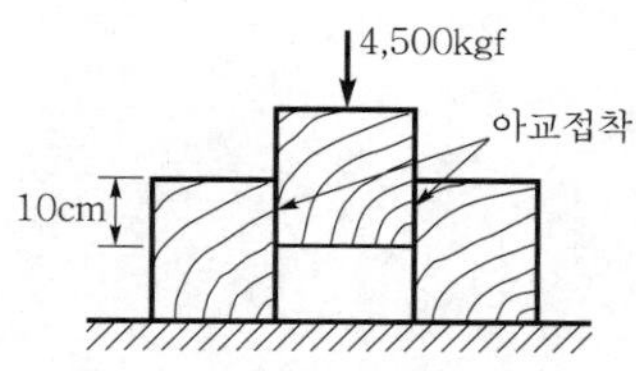

① 20.00kgf/cm^2　② 22.50kgf/cm^2
③ 40.25kgf/cm^2　④ 45.00kgf/cm^2

해설

$$S = \frac{4{,}500}{2} = 2{,}250\text{kgf}$$

$$A = 10\times 10 = 100\text{cm}^2$$

$$\therefore\ \tau = \frac{S}{A} = \frac{2{,}250}{100} = 22.5\text{kgf/cm}^2$$

69. 다음 그림과 같은 단순보의 중앙에 집중하중이 작용할 때 단면에 생기는 최대 전단응력은 얼마인가?

[산업 04, 07, 11, 17]

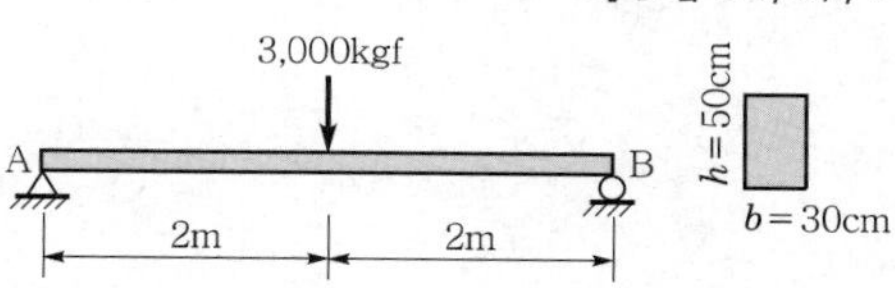

① 1.0kgf/cm^2　② 1.5kgf/cm^2
③ 2.0kgf/cm^2　④ 2.5kgf/cm^2

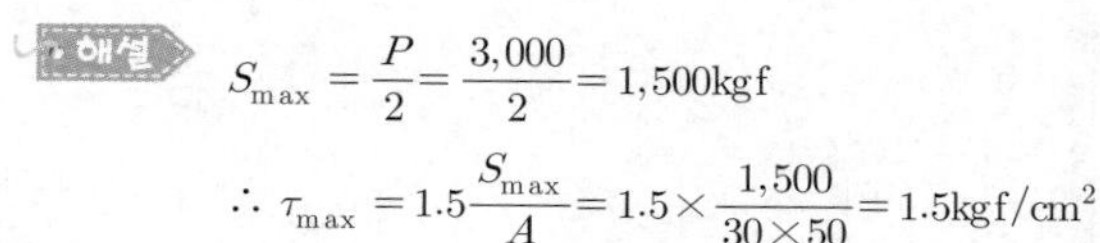

해설

$$S_{\max} = \frac{P}{2} = \frac{3{,}000}{2} = 1{,}500\text{kgf}$$

$$\therefore\ \tau_{\max} = 1.5\frac{S_{\max}}{A} = 1.5\times\frac{1{,}500}{30\times 50} = 1.5\text{kgf/cm}^2$$

정답　68. ②　69. ②

MEMO

chapter 8

기둥

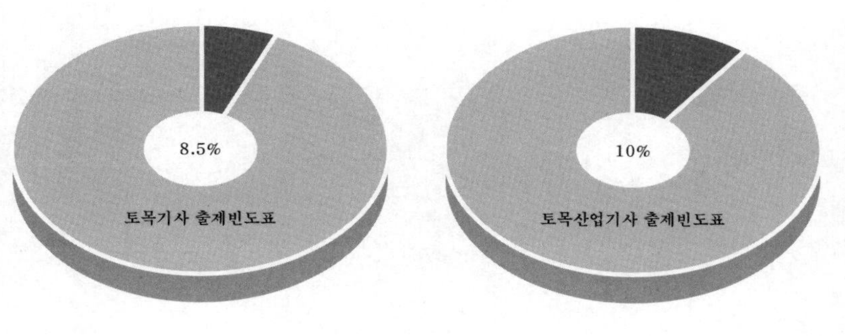

8 기둥

01 개요

알•아•두•기•

① 정의

축방향 압축력을 주로 받는 부재로, 길이가 단면 최소 치수의 3배 이상인 부재를 말하며, 단주와 장주가 있다.

② 기둥의 판별

(1) 파괴형상에 따른 분류

① 단주(short column, 짧은 기둥) : 부재의 중립축방향으로 압축력을 받아 압축파괴를 하는 기둥

② 장주(long column, 긴 기둥) : 부재의 중립축방향으로 압축력을 받아 좌굴파괴를 하는 기둥

(2) 세장비에 따른 분류

$$\lambda(\text{세장비}) = \frac{l_r(\text{좌굴길이})}{r_{\min}(\text{최소 회전반경})} = \frac{kl}{r_{\min}}$$

▶ $l_r = kl$

여기서, l_r : 기둥의 좌굴길이(유효길이)
k : 유효길이계수
l : 기둥의 비지지길이

▶ $r_{\min} = \sqrt{\dfrac{I_{\min}}{A}}$

여기서, $r_{\min}$: 최소 회전반경
$I_{\min}$: 단면 2차 최소 모멘트
A : 단면적

③ 기둥의 종류

종류	세장비(λ)	파괴형태	해석법
단주	30~45	압축파괴($\sigma \geq \sigma_y$)	훅의 법칙
중간주	45~100	비탄성 좌굴파괴($0.5\sigma_y < \sigma < \sigma_y$)	실험공식
장주	100 이상	탄성 좌굴파괴($\sigma \leq 0.5\sigma_y$)	오일러의 공식

알•아•두•기•

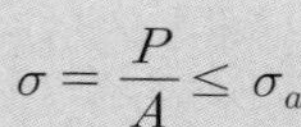

02 단주의 해석

① 중심축하중을 받는 단주

$$\sigma = \frac{P}{A} \le \sigma_a$$

여기서, σ : 축방향 압축응력(kgf/cm^2)
P : 압축하중
A : 단면적
σ_a : 허용 압축응력(kgf/cm^2)

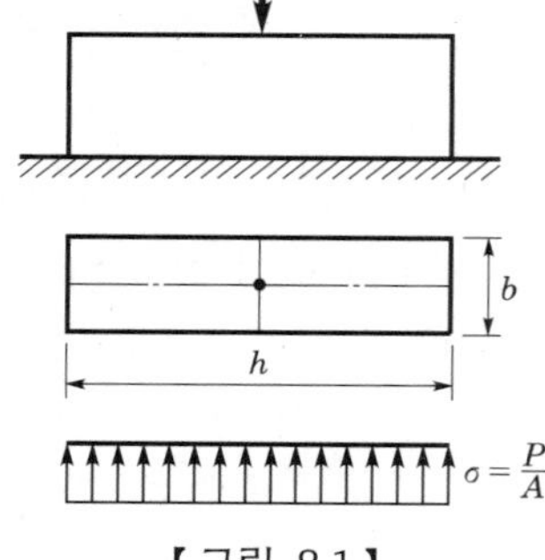

【그림 8.1】

■ 허용하중

$P_a = \sigma_a A$

■ 기둥 단면 계산

$A \ge \frac{P}{\sigma_a}$

■ 부호 적용

- 압축 (+)
- 인장 (−)

② 1축 편심축하중을 받는 단주

(1) x축상에 편심작용($e_y = 0$)

$$\sigma = \frac{P}{A} \pm \left(\frac{M_x}{I_y}\right)x = \frac{P}{A} \pm \left(\frac{Pe_x}{I_y}\right)x$$

(2) y축상에 편심작용($e_x = 0$)

$$\sigma = \frac{P}{A} \pm \left(\frac{M_y}{I_x}\right)y = \frac{P}{A} \pm \left(\frac{Pe_y}{I_x}\right)y$$

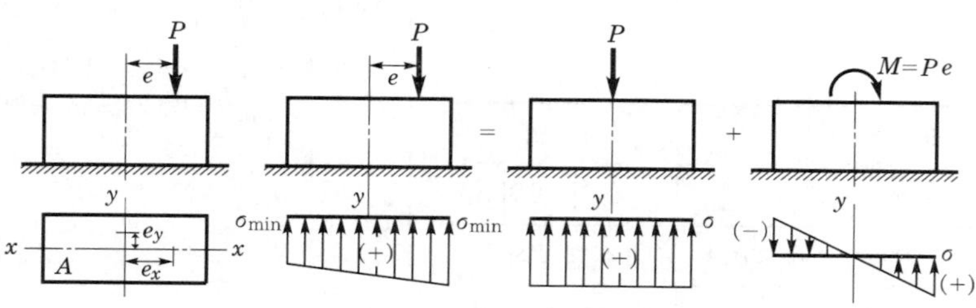

【그림 8.2】

③ 2축 편심축하중을 받는 단주

$$\sigma = \frac{P}{A} \pm \left(\frac{M_x}{I_y}\right)x \pm \left(\frac{M_y}{I_x}\right)y = \frac{P}{A} \pm \left(\frac{Pe_x}{I_y}\right)x \pm \left(\frac{Pe_y}{I_x}\right)y$$

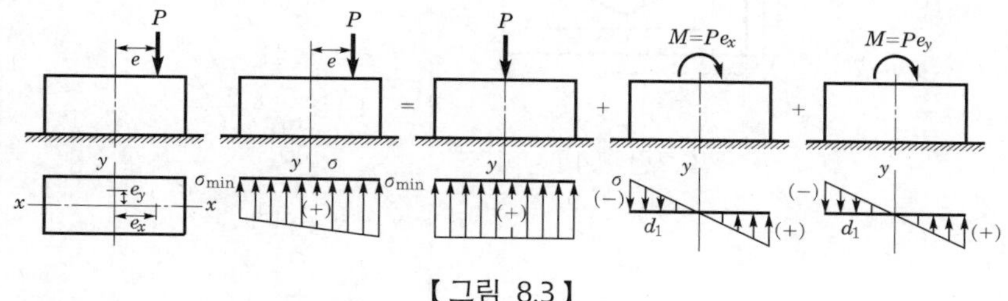

【그림 8.3】

④ 단면의 핵(core), 핵점(core point)

(1) 핵

인장응력이 생기지 않는 하중작용 범위

(2) 핵점

압축응력과 인장응력이 발생하는 한계점(경계점)

(3) 핵거리

단면 도심에서 핵점까지의 거리

① $\sigma = \frac{P}{A} - \left(\frac{M_y}{I_y}\right)x = \frac{P}{A} - \left(\frac{Pe_x}{I_y}\right)x = 0$

$$\therefore e_x = \frac{I_y}{Ax} = \frac{Z_y}{A}$$

② $\sigma = \frac{P}{A} - \left(\frac{M_y}{I_x}\right)y = \frac{P}{A} - \left(\frac{Pe_y}{I_x}\right)y = 0$

$$\therefore e_y = \frac{I_x}{Ay} = \frac{Z_x}{A}$$

알•아•두•기•

2축 편심축하중 작용 시 각 점의 응력

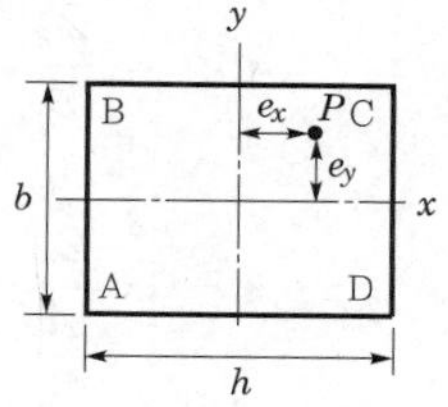

최소

$\sigma_A = \frac{P}{A} - \left(\frac{Pe_y}{I_X}\right)y - \left(\frac{Pe_x}{I_Y}\right)x$

$\sigma_B = \frac{P}{A} + \left(\frac{Pe_y}{I_X}\right)y - \left(\frac{Pe_x}{I_Y}\right)x$

최대

$\sigma_C = \frac{P}{A} + \left(\frac{Pe_y}{I_X}\right)y + \left(\frac{Pe_x}{I_Y}\right)x$

$\sigma_D = \frac{P}{A} - \left(\frac{Pe_y}{I_X}\right)y + \left(\frac{Pe_x}{I_Y}\right)x$

• 부호 작용

x, y, e_x, e_y: 양-양, 음-음] (+)

양-음, 음-양] (−)

핵거리

$e_y = \frac{I_x}{Ay} = \frac{{r_x}^2}{y}$

$e_y = \frac{I_y}{Ax} = \frac{{r_y}^2}{x}$

여기서, $r_x = \sqrt{\frac{I_x}{A}}$

$r_y = \sqrt{\frac{I_y}{A}}$

(4) 각 단면의 핵

① 구형 단면

㉠ 핵거리

- $e_x = \dfrac{Z_y}{A} = \dfrac{\dfrac{b^2h}{6}}{bh} = \dfrac{b}{6}$

- $e_y = \dfrac{Z_x}{A} = \dfrac{\dfrac{bh^2}{6}}{bh} = \dfrac{h}{6}$

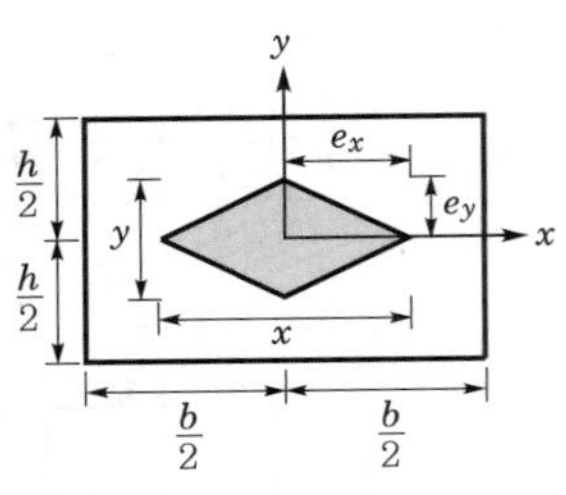

【그림 8.4】

㉡ 핵지름

- $D_x = 2e_x = \dfrac{b}{3}$

- $D_y = 2e_y = \dfrac{h}{3}$

㉢ 핵면적 : $A = \dfrac{1}{2} \times \dfrac{b}{3} \times \dfrac{h}{3} = \dfrac{bh}{18}$

㉣ '도형면적 : 핵면적'의 비 : $bh : \dfrac{bh}{18} = 18:1$

② 원형 단면

㉠ 핵거리

$$e_x = e_y = \frac{Z}{A} = \frac{\dfrac{\pi D^3}{32}}{\dfrac{\pi D^2}{4}}$$

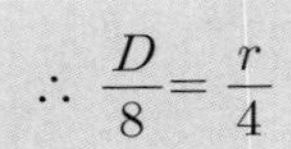

$$\therefore \frac{D}{8} = \frac{r}{4}$$

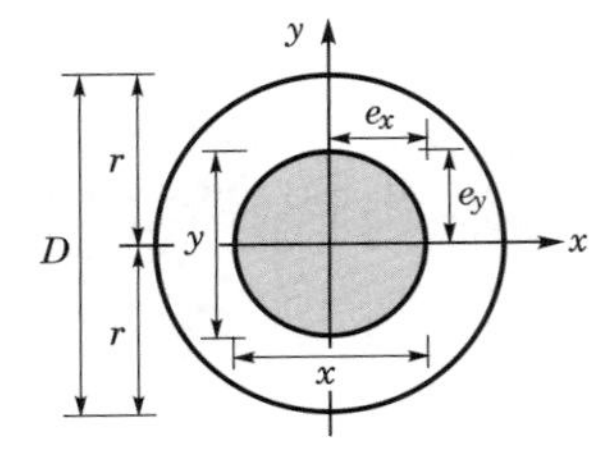

【그림 8.5】

㉡ 핵지름 : $D = 2e = \dfrac{D}{4} = \dfrac{r}{2}$

㉢ 핵면적 : $A = \pi\left(\dfrac{r}{4}\right)^2 = \dfrac{\pi r^2}{16}$

㉣ '도형면적 : 핵면적'의 비 : $\pi r^2 : \dfrac{\pi r^2}{16} = 16:1$

알•아•두•기•

각 단면의 핵면적과 주변장

- 직사각형 단면

  $A_c = \dfrac{bh}{18}$

  $L_c = \dfrac{2}{3}\sqrt{b^2 + h^2}$

- 원형 단면

  $A_c = \dfrac{\pi r^2}{16} = \dfrac{\pi D^2}{64}$

  $L_c = \dfrac{\pi D}{4}$

- 삼각형 단면

  $A_c = \dfrac{bh}{32}$

  $L_c = \dfrac{1}{4}\sqrt{4h^2 + b^2 + 2b}$

③ 삼각형 단면

㉠ 핵거리

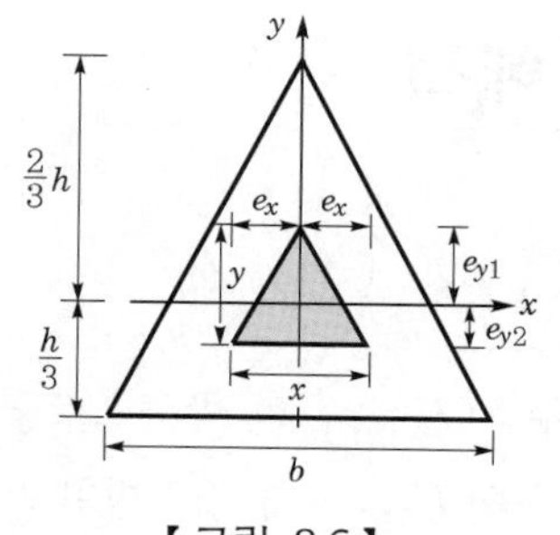

【그림 8.6】

- $e_x = \dfrac{I_y}{A\,x} = \dfrac{b}{8}$

- $e_{y1} = \dfrac{I_x}{A\,y_2} = \dfrac{h}{6}$

- $e_{y2} = \dfrac{I_x}{A\,y_1} = \dfrac{bh}{12}$

㉡ 핵지름

- $D_x = 2\,e_x = \dfrac{b}{4}$

- $D_y = e_{y1} + e_{y2} = \dfrac{h}{4}$

㉢ 핵면적 : $A = \dfrac{1}{2} \times \dfrac{b}{4} \times \dfrac{h}{4} = \dfrac{bh}{32}$

㉣ '도형면적 : 핵면적'의 비 : $\dfrac{bh}{2} : \dfrac{bh}{32} =$ 16 : 1

⑤ 편심거리에 따른 응력분포도

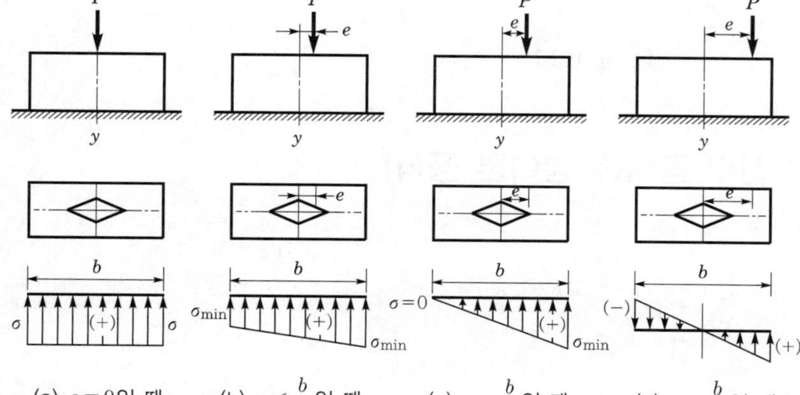

【그림 8.7】

알•아•두•기•

03 장주의 해석

① 좌굴방향

① 단면 2차 모멘트가 최대인 주축(I_{max}축)의 방향으로 좌굴
② 단면 2차 모멘트가 최소인 주축(I_{min}축)의 직각방향으로 좌굴

장주
$\lambda > 100$

② 좌굴축

좌굴의 기준축은 최소 회전반경(r_{min})이 생기는 축, 즉 최소 주축(I_{min})을 의미

약축으로 좌굴이 먼저 발생하므로 I_{min}을 산정

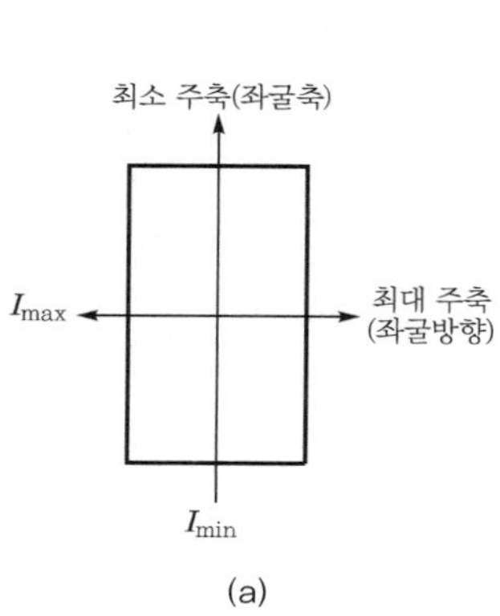

(a)

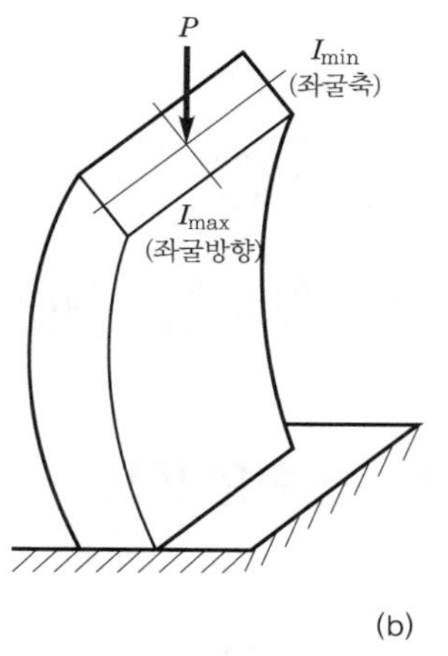

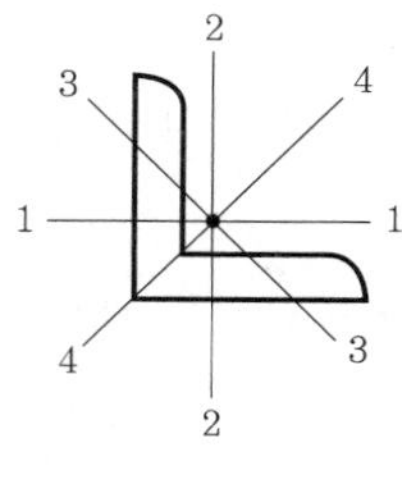

I_{max} = 4-4축
I_{min} = 3-3축

(b)

【그림 8.8】

③ 오일러(Euler)의 장주 공식(탄성이론 공식)

(1) 좌굴하중

$$P_{cr} = \frac{n\pi^2 EI}{l^2} = \frac{\pi^2 EI}{{l_r}^2}$$

(2) 좌굴응력

$$\sigma_{cr} = \frac{P_{cr}}{A} = \frac{n\pi^2 E}{\lambda^2}$$

기호 설명
- n : 기둥강성계수(좌굴계수) $\left(= \frac{1}{k^2}\right)$
- EI : 휨강성
- l_r : 기둥의 유효길이 (좌굴길이=환산길이)
- l : 기둥의 비지지길이
- λ : 세장비$\left(= \frac{l_r}{r}\right)$

알•아•두•기•

④ 단부조건별 강성계수(n)와 유효길이(l_r)

구분	일단 고정 타단 자유	양단 힌지	일단 힌지 타단 고정	양단 고정
양단 지지 상태 (• 은 변곡점)	P, l, l, $2l$	P, l	P, $0.7l$	P, $0.5l$
유효길이 =좌굴길이 kl(변곡점 간 길이) $\left(k=\frac{1}{\sqrt{n}}\right)$	$2l$	$1l$	$0.7l$	$0.5l$
좌굴계수 =강도계수 =구속계수 $n=\frac{1}{k^2}$	$\frac{1}{2^2}=\frac{1}{4}$	1	$\frac{1}{0.7^2}\fallingdotseq 2$	$\frac{1}{0.5^2}=4$
좌굴길이가 같게 되는 등가 기둥길이 $\frac{1}{k}(=\sqrt{n})$	$\frac{1}{2}$	1	$\sqrt{2}$	2

◘ 좌굴 기본방정식(양단 힌지)

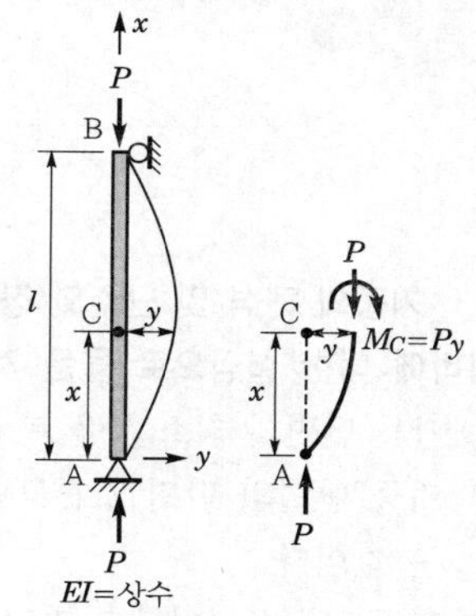

(1) 탄성곡선의 미분방정식

곡률-모멘트 관계에서

$$\frac{d^2y}{dx^2}=-\frac{M}{EI}=-\frac{Py}{EI}$$

$$\frac{d^2y}{dx^2}+\frac{P}{EI}y=0$$

$k^2=\frac{P}{EI}$로 놓고

$$\frac{d^2y}{dx^2}+k^2y=0 \quad \cdots\cdots ①$$

(2) 일반 해

식 ①의 미분방정식의 일반 해는

$$y=A\cos kx+B\sin kx \quad \cdots\cdots ②$$

(3) 경계조건

① $x=0 \rightarrow y=0$

② $x=I \rightarrow y=0$

(4) 좌굴하중(P_{cr})

식 ②에 경계조건을 적용하면

① $y_{(x=1)}=A\cos k(0)+B\sin k(0)=0$

$\therefore A=0$

② $y_{(x=0)}=B\sin kl=0$

$\therefore B=0$ 또는 $\sin kl=0$

좌굴이 발생하면 $B\neq 0$이어야 하므로 $\sin kl=0$이다.

$\therefore kl=n\pi(n=1,\ 2,\ 3,\cdots)$

$k^2l^2=n^2\pi^2\left(k^2=\frac{P}{EI}\right)$

$\frac{Pl^2}{EI}=n^2\pi^2$

$$\boxed{\therefore P=\frac{n\pi^2EI}{l^2}}$$

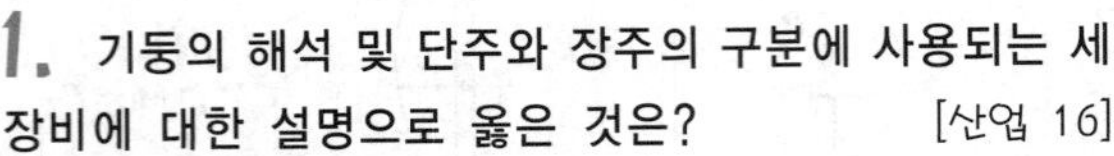

예상 및 기출문제

1. **기둥의 해석 및 단주와 장주의 구분에 사용되는 세장비에 대한 설명으로 옳은 것은?** [산업 16]

① 기둥 단면의 최소 폭을 부재의 길이로 나눈 값이다.
② 기둥 단면의 단면 2차 모멘트를 부재의 길이로 나눈 값이다.
③ 기둥부재의 길이를 단면의 최소 회전반경으로 나눈 값이다.
④ 기둥 단면의 길이를 단면 2차 모멘트로 나눈 값이다.

해설

$$\lambda = \frac{l}{r_{\min}} = \frac{l}{\sqrt{\frac{I_{\min}}{A}}}$$

2. **다음 그림과 같이 $a \times 2a$의 단면을 갖는 기둥에 편심거리 $\frac{a}{2}$만큼 떨어져서 P가 작용할 때 기둥에 발생할 수 있는 최대 압축응력은? (단, 기둥은 단주이다.)** [기사 07, 산업 12, 16]

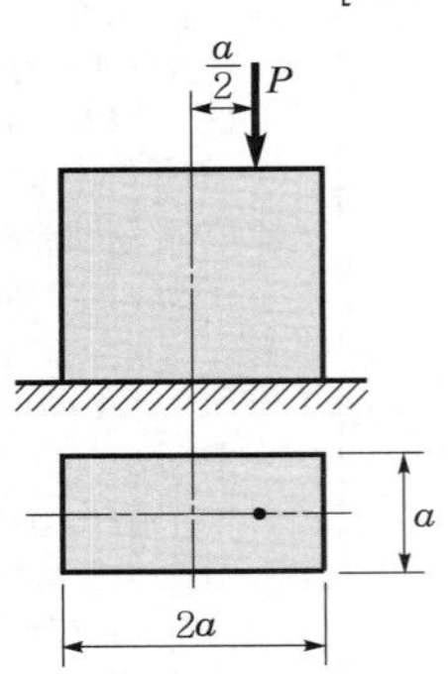

① $\frac{4P}{7a^2}$ ② $\frac{7P}{8a^2}$
③ $\frac{5P}{4a^2}$ ④ $\frac{13P}{2a^2}$

해설

$$\sigma_{\max} = -\frac{P}{A}\left(1+\frac{6e}{h}\right) = -\frac{P}{2a \times a}\left(1+\frac{6 \times \frac{a}{2}}{2a}\right)$$
$$= -\frac{5P}{4a^2}\ (\text{압축})$$

3. **변의 길이가 a인 정사각형 단면의 장주가 있다. 길이가 l이고, 최대 임계축하중이 P이고 탄성계수가 E라면 다음 설명 중 옳은 것은?** [기사 16]

① P는 E에 비례, a의 3제곱에 비례, 길이 l^2에 반비례
② P는 E에 비례, a의 3제곱에 비례, 길이 l^3에 반비례
③ P는 E에 비례, a의 4제곱에 비례, 길이 l^2에 반비례
④ P는 E에 비례, a의 4제곱에 비례, 길이 l^3에 반비례

해설

$$I = \frac{a^4}{12}$$
$$\therefore P = \frac{n\pi^2 EI}{l^2} = \frac{n\pi^2 Ea^4}{12l^2}$$

4. **단면 $b \times h$=10cm×15cm인 단주에서 편심 1.5cm인 위치에 P=12,000kgf의 하중을 받을 때 최대 응력은?** [기사 04, 06, 산업 09]

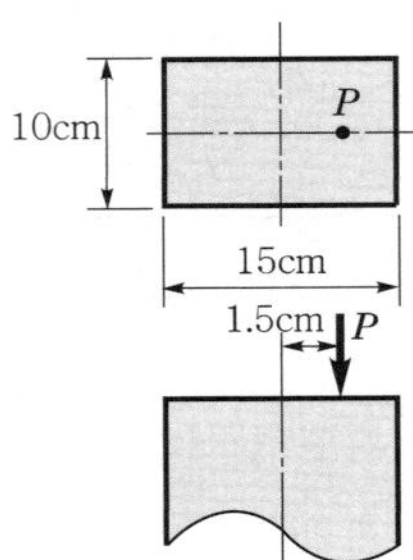

① 84kgf/cm² ② 106kgf/cm²
③ 128kgf/cm² ④ 152kgf/cm²

해설

$$\sigma_{\max} = \frac{P}{A}\left(1+\frac{6e}{h}\right) = \frac{12 \times 10^3}{10 \times 15}\left(1+\frac{6 \times 1.5}{15}\right)$$
$$= 80 + 48 = 128\text{kgf/m}^2$$

정답 1. ③ 2. ③ 3. ③ 4. ③

5. 다음 그림과 같이 A점에 200tf가 작용할 때 이 기둥에 일어나는 최대 응력은 약 얼마인가? [기사 06]

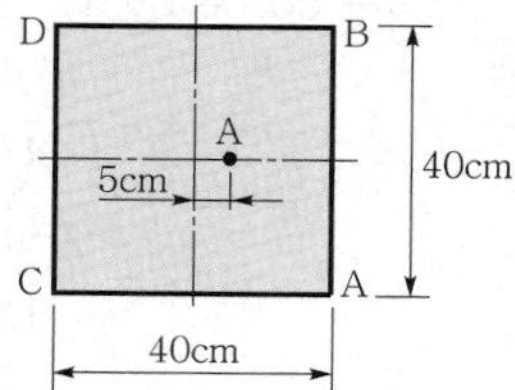

① 106.25kgf/cm² ② 312.5kgf/cm²
③ 219kgf/cm² ④ 188kgf/cm²

해설

$$\sigma_{max} = -\left(\frac{P}{A} + \frac{Pe_x}{I_y}x\right) = -\left(\frac{P}{A} + \frac{Pe_x}{Z_y}\right)$$

$$= -\left(\frac{200\times10^2}{40\times40} + \frac{200\times10^3\times5}{\frac{40\times40^2}{6}}\right)$$

$$= -(125+93.75) = -218.75\text{kgf/cm}^2\ (\text{압축})$$

6. 기둥의 중심에 축방향으로 연직하중 P=120tf, 기둥의 휨방향으로 풍하중이 역삼각형 모양으로 분포하여 작용할 때 기둥에 발생하는 최대 압축응력은? [기사 02, 04, 06, 08]

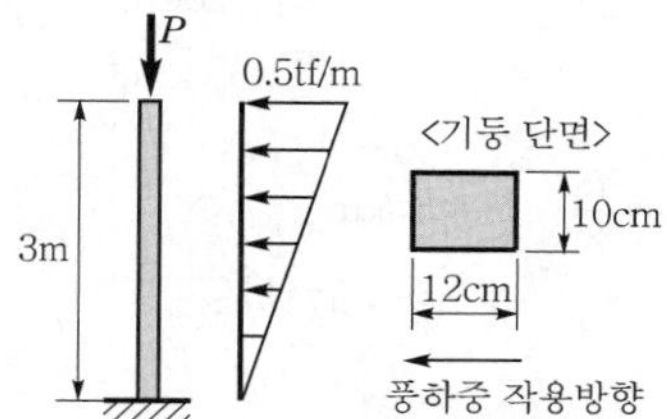

① 375kgf/cm² ② 625kgf/cm²
③ 1,000kgf/cm² ④ 1,625kgf/cm²

해설

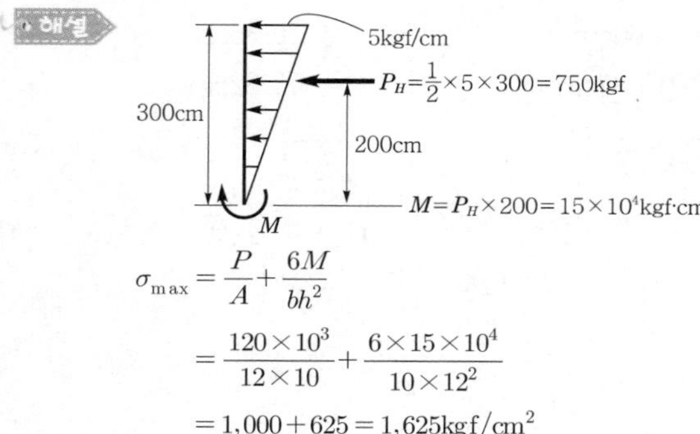

$$\sigma_{max} = \frac{P}{A} + \frac{6M}{bh^2}$$

$$= \frac{120\times10^3}{12\times10} + \frac{6\times15\times10^4}{10\times12^2}$$

$$= 1{,}000 + 625 = 1{,}625\text{kgf/cm}^2$$

7. 다음 그림과 같은 단주에 편심하중이 작용할 때 최대 압축응력은? [기사 11, 17]

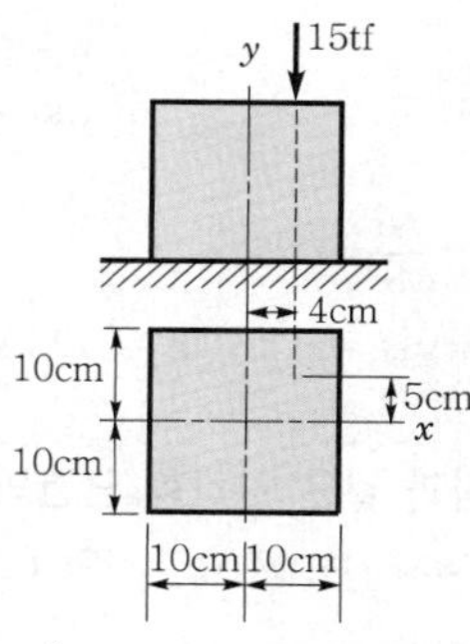

① 138.75kgf/cm² ② 172.65kgf/cm²
③ 245.75kgf/cm² ④ 317.65kgf/cm²

해설 최대 응력은 부호가 동일할 때 발생

$$\sigma_{max} = \frac{P}{A} + \frac{M_x}{Z_x} + \frac{M_y}{Z_y}$$

$$= \frac{15{,}000}{20\times20} + \frac{6\times15{,}000\times5}{20\times20^2} + \frac{6\times15{,}000\times4}{20\times20^2}$$

$$= 37.5 + 56.25 + 45 = 138.75\text{kgf/cm}^2$$

8. 지름이 D인 원형 단면의 핵(core)의 지름은? [기사 05, 07, 17, 산업 08, 12]

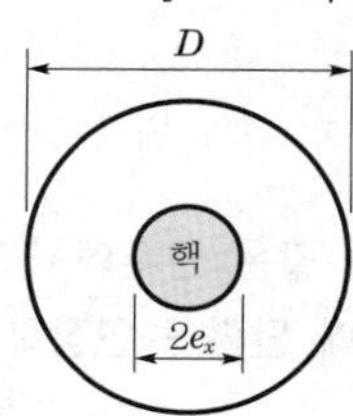

① $\frac{D}{2}$ ② $\frac{D}{3}$
③ $\frac{D}{4}$ ④ $\frac{D}{6}$

해설

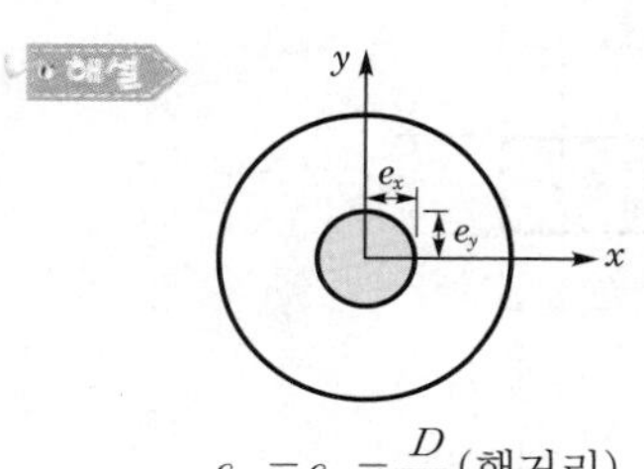

$$e_x = e_y = \frac{D}{8}\ (\text{핵거리})$$

$$\therefore D = 2e_x = \frac{D}{4}$$

정답 5. ③ 6. ④ 7. ① 8. ③

9. 반지름이 25cm인 원형 단면을 가지는 단주에서 핵의 면적은 약 얼마인가? [기사 15]

① 122.7cm^2　② 168.4cm^2
③ 245.4cm^2　④ 336.8cm^2

$$e=\frac{D}{8}=\frac{50}{8}=6.25\text{cm}$$

$$\therefore A_c=\pi e^2=\pi\times 6.25^2=122.7\text{cm}^2$$

10. 다음 그림과 같은 사각형 단면의 단주에 있어서 핵거리 e는? [기사 03, 04, 07, 산업 05, 07, 09, 10, 15]

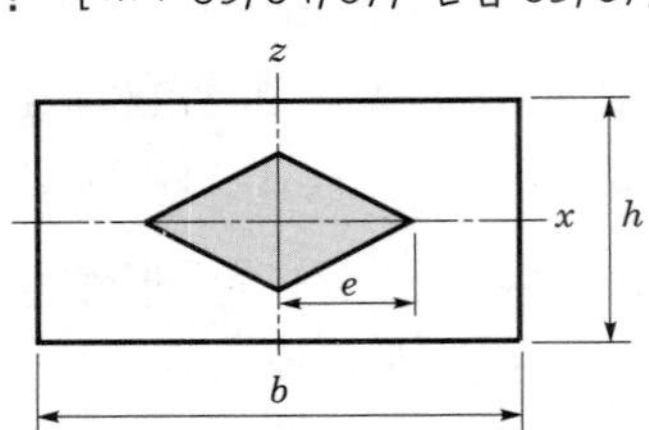

① $\frac{b}{3}$　② $\frac{b}{6}$
③ $\frac{h}{3}$　④ $\frac{h}{6}$

해설

$$e=\frac{b}{6}$$

$$A_c=\frac{b}{3}\times\frac{h}{3}\times\frac{1}{2}=\frac{bh}{18}$$

11. 다음 그림과 같은 단주에서 편심거리 e에 $P=$ 800kgf가 작용할 때 단면에 인장력이 생기지 않기 위한 e의 한계는? [기사 00, 10, 산업 02, 13]

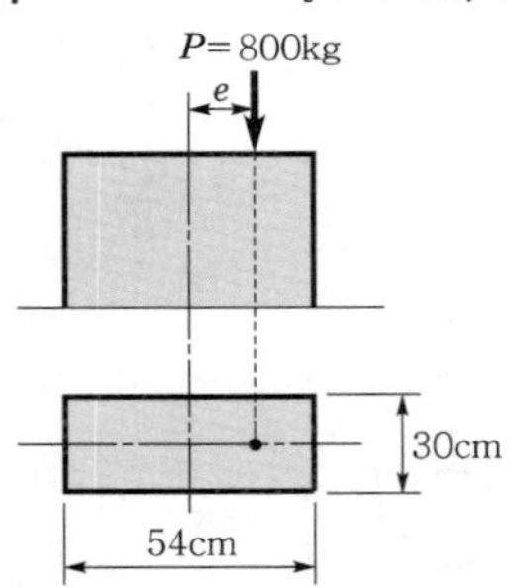

① 10cm　② 8cm
③ 9cm　④ 5cm

해설

$$e=\frac{h}{6}=\frac{54}{6}=9\text{cm}$$

12. 외반경 R_1, 내반경 R_2인 중공원형 단면의 핵은? (단, 핵의 반경을 e로 표시함) [기사 00, 06, 09, 17, 산업 02, 04, 06]

① $e=\frac{R_1^2+R_2^2}{4R_1}$　② $e=\frac{R_1^2-R_2^2}{4R_1}$
③ $e=\frac{R_1^2-R_2^2}{4R_1^2}$　④ $e=\frac{R_1^2+R_2^2}{4R_1^2}$

해설

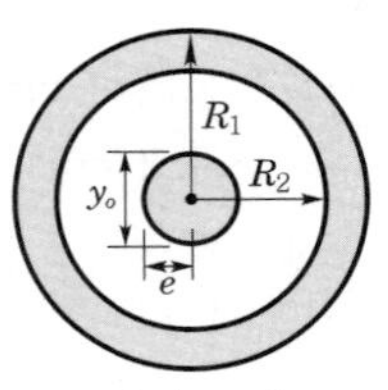

$$I=\frac{\pi(R_1^4-R_2^4)}{4}$$

$$A=\pi(R_1^2-R_2^2)$$

$$\therefore e=\frac{Z}{A}=\frac{R_1^2+R_2^2}{4R_1}$$

13. 반지름이 30cm인 원형 단면을 가지는 단주에서 핵의 면적은 약 얼마인가? [기사 11]

① 177cm^2　② 228cm^2
③ 283cm^2　④ 353cm^2

해설

$$e=\frac{d}{8}=\frac{60}{8}=7.5\text{cm}$$

$$\therefore A_c=\pi\times 7.5^2=176.7\text{cm}^2$$

14. 정사각형의 목재기둥에서 길이가 5m라면 세장비가 100이 되기 위한 기둥 단면 한 변의 길이로서 옳은 것은? [기사 03, 08, 산업 07, 11]

① 8.66cm　② 10.38cm
③ 15.82cm　④ 17.32cm

해설

$$r_{\min}=\sqrt{\frac{I_{\min}}{A}}=\sqrt{\frac{\frac{b^4}{12}}{b^2}}=\frac{b}{2\sqrt{3}}$$

$$\lambda=\frac{l}{r_{\min}}=\frac{l}{\frac{b}{2\sqrt{3}}}=2\sqrt{3}\frac{l}{b}$$

$$100=2\sqrt{3}\times\frac{500}{b}$$

$$\therefore b=17.32\text{cm}$$

정답 9. ① 10. ② 11. ③ 12. ① 13. ① 14. ④

15. 기둥의 길이가 3m이고 단면이 100mm×120mm인 직사각형이라면 이 기둥의 세장비는? [기사 09, 10, 산업 08]

① 86.8　② 94.8
③ 103.9　④ 112.9

해설

$$r_{\min}=\sqrt{\frac{I_{\min}}{A}}=\sqrt{\frac{\frac{bh^3}{12}}{bh}}=\frac{h}{\sqrt{12}}=\frac{100}{\sqrt{12}}$$
$$=28.868\text{mm}$$
$$\therefore \lambda=\frac{l}{r_{\min}}=\frac{3,000}{28.868}=103.92$$

16. 단면이 20cm×30cm인 압축부재가 있다. 그 길이가 2.9m일 때 압축부재의 세장비를 구한 값은? [기사 01, 17]

① 33　② 50
③ 60　④ 100

해설

$$\lambda=\frac{l}{r_{\min}}=\frac{l}{\sqrt{\frac{I_{\min}}{A}}}=\frac{l}{\sqrt{\frac{b^3h}{12bh}}}$$
$$=\frac{l\sqrt{12}}{b}=\frac{2.9\times10^2\times\sqrt{12}}{20}=50.23$$

17. 길이가 2.5m이고 가로 15cm, 세로 25cm인 직사각형 단면의 기둥이 있다. 이 기둥의 세장비는? [기사 02]

① 16.0　② 23.5
③ 41.9　④ 57.7

해설

$$\lambda=\frac{l}{r_{\min}}=\frac{l}{\sqrt{\frac{I_{\min}}{A}}}=\frac{2.5\times10^2}{\sqrt{\frac{25\times15^3}{12\times25\times15}}}=57.73$$

18. 다음 그림과 같은 직사각형 단면으로 된 압축부재가 있다. 그 길이가 6m일 때 세장비는? [기사 02]

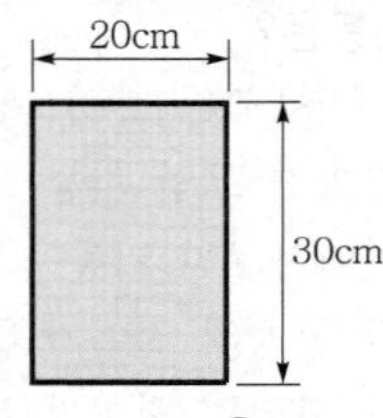

① 20　② 30
③ 67　④ 104

해설

$$\lambda=\frac{l}{r_{\min}}=\frac{l}{\sqrt{\frac{I_{\min}}{A}}}=\frac{600}{\sqrt{\frac{\frac{30\times20^3}{12}}{20\times30}}}=103.9$$

19. 길이가 l이고 지름이 D인 원형 단면기둥의 세장비는? [기사 04, 산업 02, 03, 04, 06, 13]

① $\frac{2l}{D}$　② $\frac{4l}{D}$
③ $\frac{l}{2D}$　④ $\frac{l}{D}$

해설

$$\lambda=\frac{l}{r_{\min}}=\frac{l}{\sqrt{\frac{I_{\min}}{A}}}=\frac{l}{\sqrt{\frac{\frac{\pi D^4}{64}}{\frac{\pi D^2}{4}}}}=\frac{4l}{D}$$

20. 15cm×25cm의 직사각형 단면을 가진 길이 4.5m인 양단 힌지기둥이 있다. 세장비 λ는?

① 62.4　② 124.7
③ 100.1　④ 103.9

해설

$$\lambda=\frac{l}{r_{\min}}=\frac{l}{\sqrt{\frac{I_{\min}}{A}}}=\frac{450}{\sqrt{\frac{\frac{25\times15^3}{12}}{15\times25}}}=103.9$$

21. 길이가 3m이고 가로 20cm, 세로 30cm인 직사각형 단면의 기둥이 있다. 좌굴응력을 구하기 위한 이 기둥의 세장비는? [기사 01, 03, 16]

① 34.6　② 43.3
③ 52.0　④ 60.7

해설

$$\lambda=\frac{l}{r_{\min}}=\frac{l}{\sqrt{\frac{I_{\min}}{A}}}=\frac{300}{\sqrt{\frac{\frac{30\times20^3}{12}}{20\times30}}}=52$$

22. 직경이 d인 원형 단면기둥의 길이가 4m이다. 세장비가 100이 되도록 하려면 이 기둥의 직경은? (단, 지지상태는 양단 힌지이다.) [기사 05, 16, 산업 17]

① 12cm　② 16cm
③ 18cm　④ 20cm

정답　15. ③　16. ②　17. ④　18. ④　19. ②　20. ④　21. ③　22. ②

해설 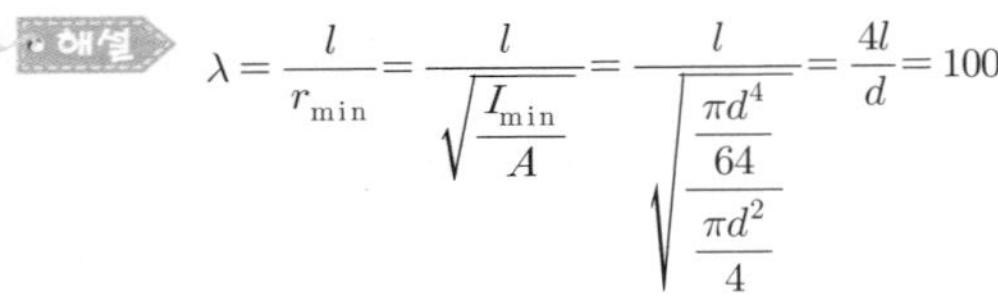

$$\lambda=\frac{l}{r_{\min}}=\frac{l}{\sqrt{\frac{I_{\min}}{A}}}=\frac{l}{\sqrt{\frac{\frac{\pi d^4}{64}}{\frac{\pi d^2}{4}}}}=\frac{4l}{d}=100$$

$$\therefore\ d=\frac{4l}{\lambda}=\frac{4\times 400}{100}=16\text{cm}$$

23. 상하단이 완전히 고정된 긴 기둥의 유효세장비의 일반식은? (단, l : 기둥의 길이, r : 회전반경)

[기사 02, 산업 13]

① $\frac{l}{2r}$　　② $\frac{l}{\sqrt{2r}}$

③ $\frac{l}{r}$　　④ $\frac{2l}{r}$

해설 양단 고정일 때 $k=0.5$

$$\therefore\ \lambda=\frac{kl}{r}=\frac{0.5l}{r}=\frac{l}{2r}$$

24. 오일러 좌굴하중 $P_{cr}=\frac{\pi^2 EI}{L^2}$를 유도할 때 가정사항 중 틀린 것은?

[기사 06, 산업 17]

① 하중은 부재축과 나란하다.

② 부재는 초기 결함이 없다.

③ 양단이 핀 연결된 기둥이다.

④ 부재는 비선형 탄성재료로 되어 있다.

해설 오일러의 좌굴하중이나 좌굴응력을 예측하는 식은 탄성곡선에 대한 미분방정식으로 구해지며, 탄성거동에 대해서만 적용하여야 한다.

25. 단면 2차 모멘트가 I이고 길이가 l인 균일한 단면의 직선상의 기둥이 있다. 그 양단이 고정되어 있을 때 오일러 좌굴하중은? (단, 이 기둥의 영계수는 E이다.)

[기사 03, 04, 11]

① $\frac{4\pi^2 EI}{l^2}$　　② $\frac{\pi^2 EI}{(0.7l)^2}$

③ $\frac{\pi^2 EI}{l^2}$　　④ $\frac{\pi^2 EI}{4l^2}$

해설 양단 고정일 때 $n=4$

$$\therefore\ P_b=P_{cr}=\frac{\pi^2 EI}{l_r^2}=\frac{\pi^2 EI}{(kl)^2}=\frac{n\pi^2 EI}{l^2}=\frac{4\pi^2 EI}{l^2}$$

26. 다음 그림과 같이 가운데가 비어 있는 직사각형 단면기둥의 길이가 L=10m일 때 이 기둥의 세장비는?

[기사 01, 05, 09, 11]

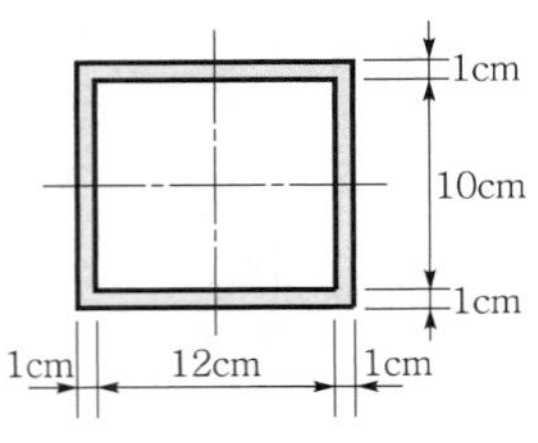

① 1.9　　② 191.9

③ 2.2　　④ 217.4

해설

$$I_{\min}=\frac{14\times 12^3}{12}-\frac{12\times 10^3}{12}=1{,}016\text{cm}^4$$

$$r_{\min}=\sqrt{\frac{I_{\min}}{A}}=\sqrt{\frac{1{,}016}{14\times 12-12\times 10}}=4.6$$

$$\therefore\ \lambda=\frac{l}{r_{\min}}=\frac{1{,}000}{4.6}=217.3$$

27. 다음 4가지 종류의 기둥에서 강도의 크기순으로 옳게 된 것은? (단, 부재는 등질 등단면이고 길이는 같다.)

[기사 05]

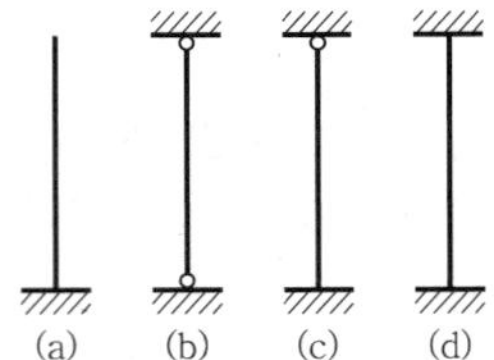

① (a) > (b) > (c) > (d)　　② (a) > (c) > (b) > (d)

③ (d) > (b) > (c) > (a)　　④ (d) > (c) > (b) > (a)

해설 좌중하중은 강도 n에 비례한다.

$$\therefore\ P_a : P_b : P_c : P_d=\frac{1}{4} : 1 : 2 : 4$$

28. 동일한 재료 및 단면을 사용한 다음 기둥 중 좌굴하중이 가장 큰 기둥은?

[기사 01, 04, 07, 산업 05, 07, 13, 17]

① 양단 고정의 길이가 $2l$인 기둥

② 양단 힌지의 길이가 l인 기둥

③ 일단 자유 타단 고정의 길이가 $0.5l$인 기둥

④ 일단 힌지 타단 고정의 길이가 $1.2l$인 기둥

정답 23. ① 24. ④ 25. ① 26. ④ 27. ④ 28. ④

해설

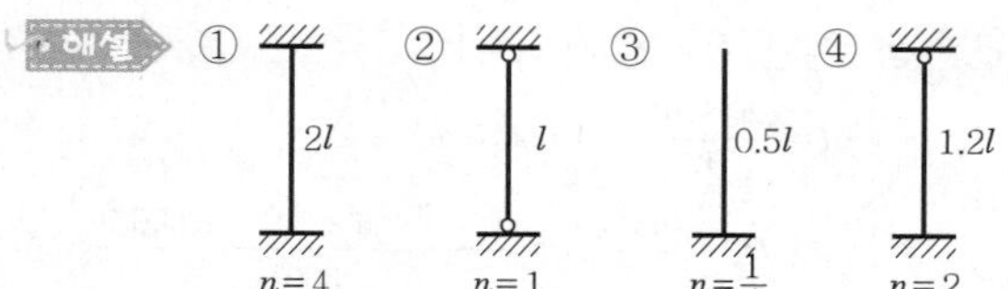

$P_{cr}=\frac{n\pi^2EI}{l^2}$에서 $P_{cr}\propto\frac{n}{l^2}$이므로

① : ② : ③ : ④ $=\frac{4}{(2l)^2}:\frac{1}{l^2}:\frac{1/4}{(0.5l)^2}:\frac{2}{(1.2l)^2}$
$=1:1:1:1.417$

29. 다음 그림과 같이 단면이 똑같은 장주가 있다. A는 일단 고정 일단 자유, B는 양단 힌지, C는 양단 고정이다. 세 기둥의 좌굴하중(Euler의 좌굴하중)을 비교할 때 옳은 것은? [기사 00, 02, 산업 02, 04, 06]

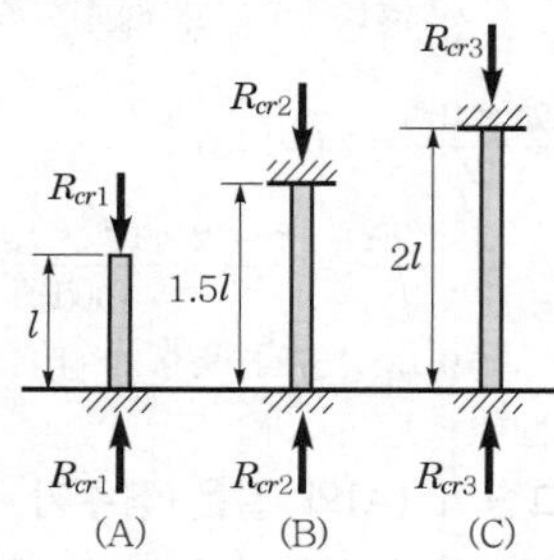

① $P_{cr1}>P_{cr2}>P_{cr3}$　② $P_{cr1}<P_{cr2}<P_{cr3}$
③ $P_{cr1}>P_{cr2}=P_{cr3}$　④ $P_{cr1}<P_{cr2}=P_{cr3}$

해설

$P_{cr}=\frac{\pi^2EI}{(kl)^2}=\frac{c}{(kl)^2}$일 때 $c=\pi EI$라 하면

$P_{cr1}:P_{cr2}:P_{cr3}$
$=\frac{c}{(2\times l)^2}:\frac{c}{(1\times1.5l)^2}:\frac{c}{(0.5\times2l)^2}$
$=\frac{1}{4}:\frac{1}{2.25}:\frac{1}{1}$
$\therefore P_{cr1}<P_{cr2}<P_{cr3}$

30. 다음 그림과 같이 길이가 5m이고 휨강도(EI)가 100tf · m^{2}인 기둥의 최소 임계하중은? [기사 07, 09]

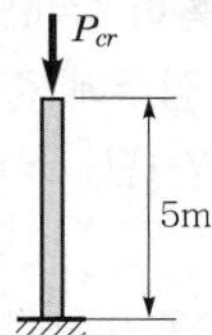

① 8.4tf　② 9.9tf
③ 11.4tf　④ 12.9tf

해설 일단 자유 타단 고정일 때 $n=\frac{1}{4}$

$\therefore P_{cr}=\frac{n\pi^2EI}{l^2}=\frac{\pi^2\times100}{4\times5^2}=9.8696\text{tf}$

31. 다음 그림과 같은 장주의 최소 좌굴하중을 옳게 나타낸 것은? (단, EI는 일정하다.) [기사 00, 05, 08]

① $\frac{\pi EI}{2l^2}$

② $\frac{\pi^2EI}{2l^2}$

③ $\frac{\pi EI}{4l^2}$

④ $\frac{\pi^2EI}{4l^2}$

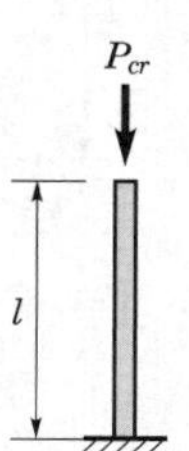

해설

일단 고정 타단 자유일 때 $n=\frac{1}{4}$

$\therefore P_{cr}=\frac{n\pi^2EI}{l^2}=\frac{\pi^2EI}{4l^2}$

32 재료의 단면적과 길이가 서로 같은 장주에서 양단 힌지기둥의 좌굴하중과 양단 고정기둥의 좌굴하중과의 비는? [기사 06, 07, 산업 10, 13, 16]

① 1 : 16　② 1 : 8
③ 1 : 4　④ 1 : 2

해설

$P_{cr}=\frac{n\pi^2EI}{l^2}$에서 양단 힌지일 때 $n_1=1$, 양단 고정일 때 $n_2=4$이므로
$P_1:P_2=n_1:n_2=1:4$

33. 양단 힌지로 된 장주의 좌굴하중이 10tf일 때 조건이 같은 양단 고정인 장주의 좌굴하중은?
[기사 01, 산업 11, 16]

① 2.5tf　② 5tf
③ 20tf　④ 40tf

해설 ㉠ 양단 힌지일 때 $k=1.0$이므로

$P_{cr1}=\frac{\pi^2EI}{(kl)^2}=\frac{\pi^2EI}{l^2}=10\text{tf}$

㉡ 양단 고정일 때 $k=0.5$이므로

$P_{cr2}=\frac{\pi^2EI}{(kl)^2}=\frac{\pi^2EI}{(0.5l)^2}=\frac{4\pi^2EI}{l^2}=40\text{tf}$

정답 29. ② 30. ② 31. ④ 32. ③ 33. ④

34. 단면과 길이가 같으나 지지조건이 다른 다음 그림과 같은 2개의 장주가 있다. 장주 (a)가 3tf의 하중을 받을 수 있다면 장주 (b)가 받을 수 있는 하중은?

[기사 09, 10, 산업 06, 11, 17]

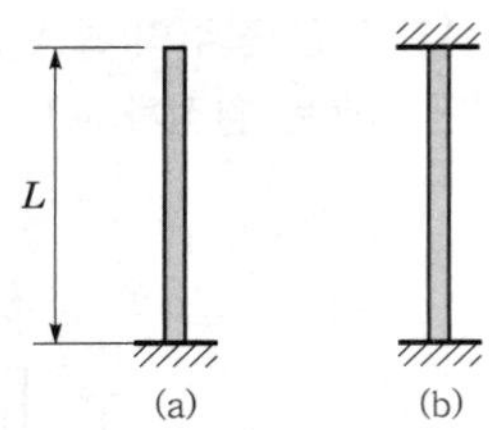

① 12tf ② 24tf
③ 36tf ④ 48tf

해설 $P_{cr}=\dfrac{n\pi^2 EI}{l^2}$에서 $P_{cr}\propto n$이므로

$P_a : P_b = n_{(a)} : n_{(b)} = \dfrac{1}{4} : 4 = 1 : 16$

$\therefore P_b = 16P_a = 16\times 3 = 48\text{tf}$

35. 다음 그림과 같은 홈 형강을 양단 활절(hinge)로 지지할 때 좌굴하중은? (단, $E=2.1\times10^6$kgf/cm², $A=12$cm², $I_x=190$cm⁴, $I_y=27$cm⁴) [기사 00]

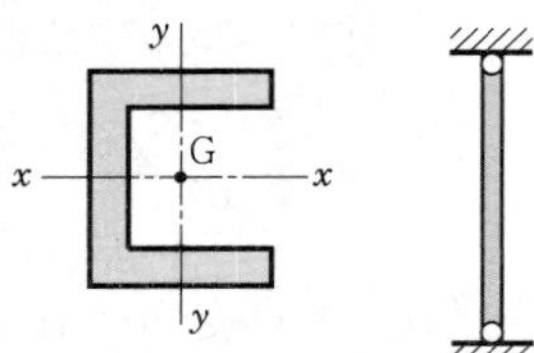

① 4.4tf ② 6.2tf
③ 5.3tf ④ 4.37tf

$P_{cr}=\dfrac{\pi^2 EI_{\min}}{(kl)^2}=\dfrac{\pi^2\times 2.1\times10^6\times 27}{(1\times300)^2}$
$=6,217.85\text{kgf}=6.22\text{tf}$

36. 단면이 10cm×20cm인 장주가 있다. 그 길이가 3m일 때 이 기둥의 좌굴하중은 약 얼마인가? (단, 기둥의 $E=2\times10^5$kgf/cm²이고 지지상태는 양단 힌지이다.)

① 36.6tf ② 53.2tf
③ 73.1tf ④ 109.8tf

해설 양단 힌지일 때 $n=1$

$I=\dfrac{20\times10^3}{12}=1,666.7\text{cm}^4$

$\therefore P_{cr}=\dfrac{n\pi^2 EI}{l^2}=\dfrac{1\times\pi^2\times2\times10^5\times1,666.7}{300^2}$
$=36,554\text{kgf}\fallingdotseq 36.6\text{tf}$

37. 단면이 10cm×20cm인 장주가 있다. 그 길이가 3m일 때 이 기둥의 좌굴하중은 약 얼마인가? (단, 기둥의 $E=2\times10^5$kgf/cm²이고 지지상태는 일단 고정 타단 자유이다.) [기사 15]

① 4.58tf ② 9.14tf
③ 18.28tf ④ 36.56t

해설 일단 고정 타단 자유일 때 $n=\dfrac{1}{4}$

$I=\dfrac{20\times10^3}{12}=1,666.7\text{cm}^4$

$\therefore P_{cr}=\dfrac{\pi^2 EI}{4l^2}=\dfrac{\pi^2\times2\times10^5\times1,666.7}{4\times(300)^2}$
$=9,138.157\text{kgf}\fallingdotseq 9.138\text{tf}$

38. 다음 그림의 (A)와 같은 장주가 10tf의 하중을 견딜 수 있다면 (B)의 장주가 견딜 수 있는 하중의 크기는? (단, 기둥은 등질 등단면이다.) [산업 15]

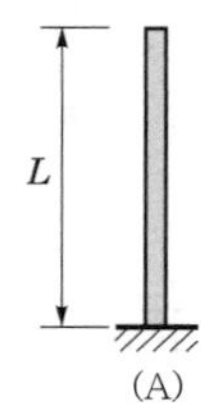

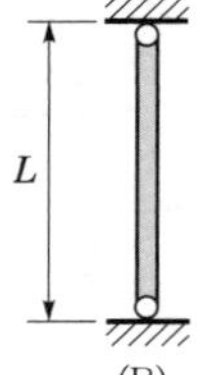

① 2.5tf ② 20tf
③ 40tf ④ 80tf

해설 $P_B=4P_A=4\times10=40\text{tf}$

39. 길이가 2m, 지름이 4cm인 원형 단면을 가진 일단 고정 타단 힌지의 장주에 중심축하중이 작용할 때 이 단면의 좌굴응력은? (단, $E=2\times10^6$kgf/cm²)

[기사 10, 산업 03, 13]

① 769kgf/cm² ② 987kgf/cm²
③ 1,254kgf/cm² ④ 1,487kgf/cm²

정답 34. ④ 35. ② 36. ① 37. ② 38. ③ 39. ②

해설 일단 고정 타단 힌지일 때 $n=2$

$$r=\sqrt{\frac{I}{A}}=\frac{D}{4}=\frac{4}{4}=1\text{cm}$$

$$\lambda=\frac{l}{r}=200$$

$$\therefore \sigma_{cr}=\frac{n\pi^2 E}{\lambda^2}=\frac{2\times\pi^2\times 2\times 10^6}{200^2}=986.96\text{kgf/cm}^2$$

40. 양단 고정의 장주에 중심축하중이 작용할 때 이 기둥의 좌굴응력은? (단, $E=2.1\times10^6\text{kgf/cm}^2$이고 기둥은 지름이 4cm인 원형 기둥이다.) [기사 10]

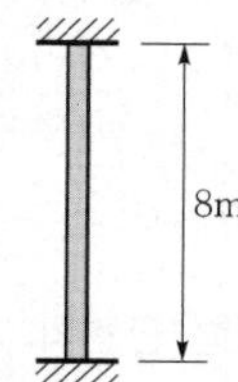

① 33.5kgf/cm^2 ② 67.2kgf/cm^2
③ 129.5kgf/cm^2 ④ 259.1kgf/cm^2

해설 양단 고정일 때 $n=4$

$$\lambda=\frac{l}{r}=\frac{4l}{D}=\frac{4\times 800}{4}=800$$

$$\therefore \sigma_{cr}=\frac{n\pi^2 E}{\lambda^2}=\frac{4\times\pi^2\times 2.1\times 10^6}{800^2}=129.54\text{kgf/cm}^2$$

41. 다음 그림과 같이 일단 고정 타단 힌지의 장주에 중심축하중이 작용할 때 이 단면의 좌굴응력값은? (단, $E=2.1\times10^6\text{kgf/cm}^2$) [기사 05]

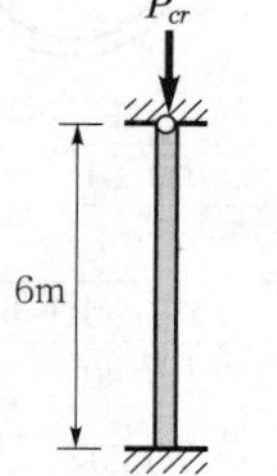

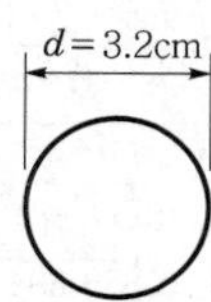

① 322.8kgf/cm^2 ② 280.5kgf/cm^2
③ 73.7kgf/cm^2 ④ 41.4kgf/cm^2

해설 일단 고정 타단 힌지일 때 $n=2$

$$r_{\min}=\sqrt{\frac{I_{\min}}{A}}=\sqrt{\frac{\frac{\pi d^4}{64}}{\frac{\pi d^2}{4}}}=\frac{d}{4}=\frac{3.2}{4}=0.8\text{cm}$$

$$\lambda=\frac{l}{r_{\min}}=\frac{600}{0.8}=750$$

$$\therefore \sigma_{cr}=\frac{n\pi^2 E}{\lambda^2}=\frac{2\times\pi^2\times 2.1\times 10^6}{750^2}=73.7\text{kgf/cm}^2$$

42. 환산된 세장비가 120인 양단 힌지 강재기둥의 오일러 좌굴응력을 구한 값은? (단, 강재의 총탄성계수는 $2.05\times10^6\text{kgf/cm}^2$이다.) [기사 00, 01, 산업 11]

① 142.4kgf/cm^2 ② $1,424\text{kgf/cm}^2$
③ $1,405\text{kgf/cm}^2$ ④ $2,810\text{kgf/cm}^2$

해설 양단 힌지일 때 $k=1$

$$\therefore \sigma_{cr}=\frac{\pi^2 E}{(k\lambda)^2}=\frac{\pi^2\times 2.05\times 10^6}{(1\times 120)^2}=1,405.05\text{kgf/cm}^2$$

43. 길이가 6m인 양단 힌지기둥은 I$-250\times125\times10\times19$(단위 : mm)인 단면으로 세워졌다. 이 기둥이 좌굴에 대해서 지지하는 임계하중은 얼마인가? (단, 주어진 I형강의 I_1과 I_2는 각각 $7,340\text{cm}^4$와 560cm^4이며, 탄성계수는 $2\times10^6\text{kgf/cm}^2$이다.) [기사 08, 15]

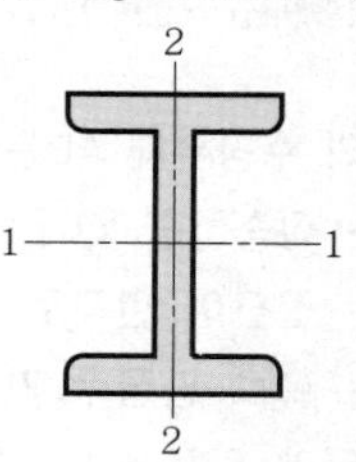

① 30.7tf ② 42.6tf
③ 307tf ④ 402.5tf

해설 좌굴축 : $I_{\min}$인 축($r_{\min}$인 축)이고 최소 주축 방향
양단 힌지일 때 $n=1$

$$\therefore P_{cr}=\frac{n\pi^2 EI_{\min}}{l^2}=\frac{1\times\pi^2\times(2\times10^6)\times 560}{600^2}=30,705\text{kgf}=30.7\text{tf}$$

정답 40. ③ 41. ③ 42. ③ 43. ①

44. 단면의 폭이 10cm, 높이가 15cm이며 길이가 3m의 일단 고정 타단 자유단의 나무기둥이 있다. 안전율 S=10으로 취하면 자유단에는 몇 kgf의 하중을 안전하게 받을 수 있는가? (단, $E=1\times10^6$kgf/cm²) [기사 10]

① 7,720kgf ② 3,430kgf
③ 77,200kgf ④ 34,300kgf

해설

$$I_{\min}=\frac{bh^3}{12}=\frac{15\times10^3}{12}=1,250\text{cm}^4$$

$$P_{cr}=\frac{n\pi^2EI_{\min}}{l^2}=\frac{(1/4)\times\pi^2\times1\times10^6\times1,250}{(300)^2}$$

$$=34,269\text{kgf}$$

$$\therefore P_a=\frac{P_{cr}}{S}=\frac{34,269}{10}=3426.9\text{kgf}$$

45. H-300×300형강(I_X=20,400cm⁴, I_Y=6,750cm⁴, 단면적 A=119.6cm²)의 길이가 11m인 양단 고정 장주기둥의 허용압축력은? (단, 탄성계수 E=2,000,000kgf/cm², 좌굴에 대한 안전율 S=2이다.) [기사 00]

① 665.59tf ② 440.46tf
③ 220.23tf ④ 110.12tf

$$P_a=\frac{P_{cr}}{S}=\frac{\pi^2EI_{\min}}{S(kl)^2}=\frac{\pi^2\times(2\times10^6)\times6,750}{2\times(0.5\times11\times10^2)^2}$$

$$=220,230\text{kgf}=220.23\text{tf}$$

46. 다음 그림의 수평부재 AB는 A지점은 힌지로 지지되고 B지점에는 집중하중 Q가 작용하고 있다. C지점과 D지점에서는 끝단이 힌지로 지지된 길이가 L이고 휨강성이 모두 EI로 일정한 기둥으로 지지되고 있다. 두 기둥의 좌굴에 의해서 붕괴를 일으키는 하중 Q의 크기는? [기사 11]

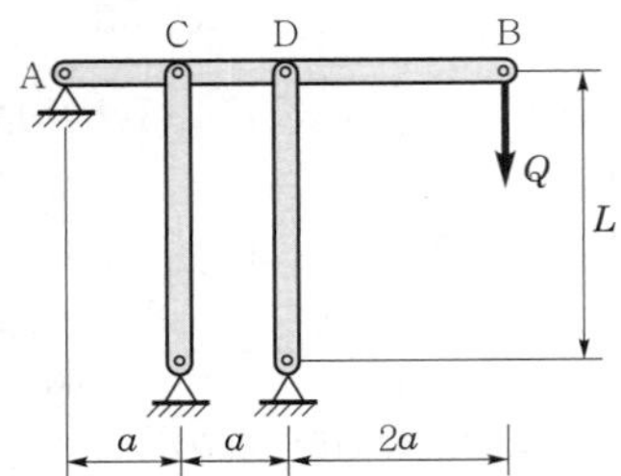

① $\dfrac{2\pi^2EI}{4L^2}$ ② $\dfrac{3\pi^2EI}{4L^2}$
③ $\dfrac{3\pi^2EI}{8L^2}$ ④ $\dfrac{3\pi^2EI}{16L^2}$

해설 자유물체도(F.B.D)

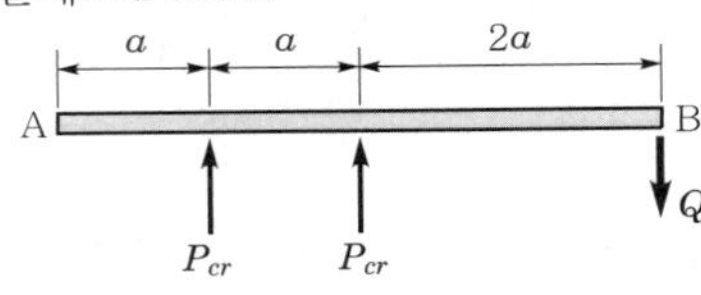

$$P_{cr}=\frac{\pi^2EI}{L^2}$$

$$\Sigma M_A=0$$

$$Q\times4a=(P_{cr}\times a)+(P_{cr}\times2a)$$

$$\therefore Q=\frac{3}{4}P_{cr}=\frac{3\pi^2EI}{4L^2}$$

47. 직경이 d인 원형 단면의 기둥이 있다. 이 기둥의 길이가 10d일 때 세장비는? [산업 12]

① 10 ② 20
③ 30 ④ 40

해설

$$r=\frac{d}{4}$$

$$\therefore \lambda=\frac{l}{r}=\frac{4l}{d}=\frac{4}{d}\times10d=40$$

48. 다음 그림과 같은 원통형 단면기둥의 길이가 20m일 때 이 기둥의 세장비는? [산업 03]

① 13.45
② 1.490
③ 148.7
④ 74.3

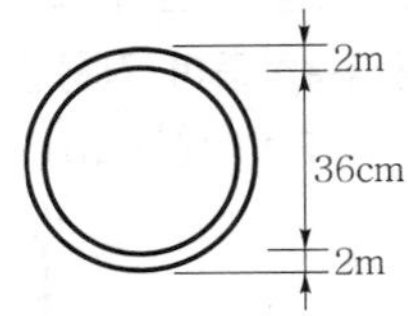

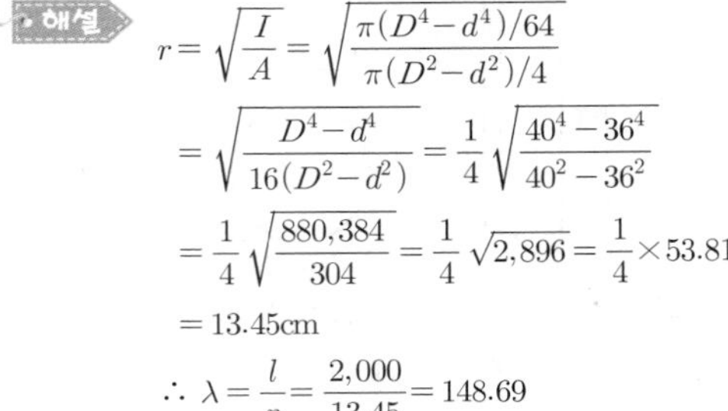

$$r=\sqrt{\frac{I}{A}}=\sqrt{\frac{\pi(D^4-d^4)/64}{\pi(D^2-d^2)/4}}$$

$$=\sqrt{\frac{D^4-d^4}{16(D^2-d^2)}}=\frac{1}{4}\sqrt{\frac{40^4-36^4}{40^2-36^2}}$$

$$=\frac{1}{4}\sqrt{\frac{880,384}{304}}=\frac{1}{4}\sqrt{2,896}=\frac{1}{4}\times53.81$$

$$=13.45\text{cm}$$

$$\therefore \lambda=\frac{l}{r}=\frac{2,000}{13.45}=148.69$$

정답 44. ② 45. ③ 46. ② 47. ④ 48. ③

49. 반지름 R, 길이 l인 원형 단면기둥의 세장비는? [산업 17]

① $\dfrac{l}{2R}$　② $\dfrac{l}{R}$

③ $\dfrac{2l}{R}$　④ $\dfrac{3l}{R}$

해설

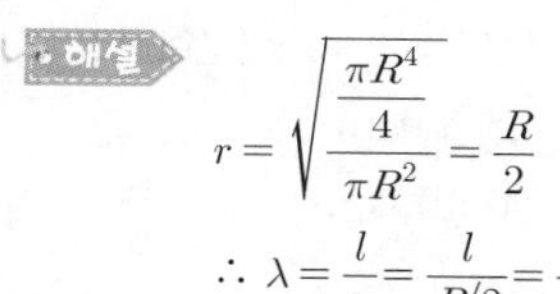

$$r=\sqrt{\frac{\frac{\pi R^4}{4}}{\pi R^2}}=\frac{R}{2}$$

$$\therefore \lambda=\frac{l}{r}=\frac{l}{R/2}=\frac{2l}{R}$$

50. 20cm×30cm인 단주의 단면에 80tf의 하중이 K점에 작용할 때 최대 압축응력은 몇 kgf/cm²인가? [산업 05]

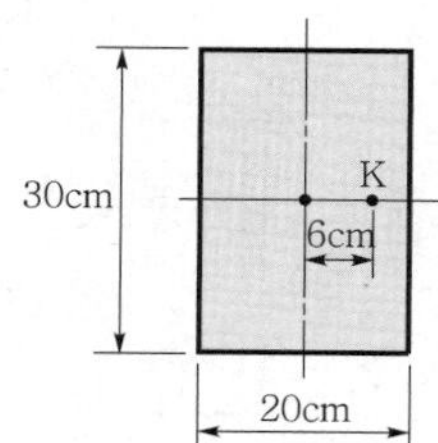

① 533.3　② 373.3

③ 293.3　④ 160.3

해설 $\sigma_{max}=\dfrac{P}{A}+\dfrac{M_x}{Z}=\dfrac{80,000}{20\times30}+\dfrac{80,000\times6}{\dfrac{30\times20^2}{6}}$

$=133.3+240=373.3\text{kgf/cm}^2$

51. 다음 그림과 같은 단주에 P=230kgf의 편심하중이 작용할 때 단면에 인장력이 생기지 않기 위한 편심거리 e의 최대값은? [산업 05]

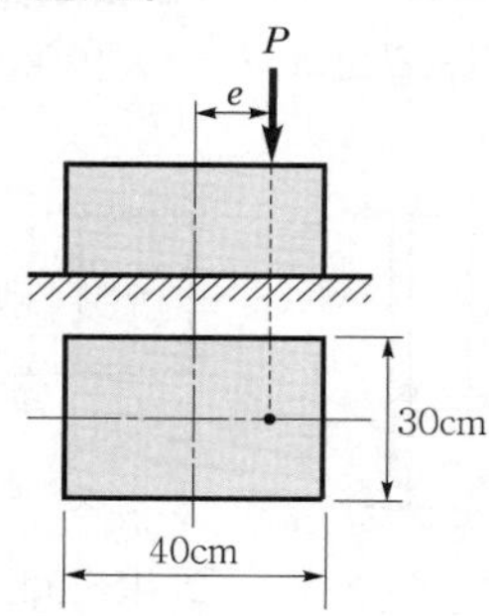

① 4.11cm　② 5.76cm

③ 6.67cm　④ 7.77cm

해설 단면에 인장응력이 생기지 않도록 하기 위해서는 하중의 작용점이 핵점을 벗어나면 안 된다. 이 핵점까지의 편심거리는 직사각형 단면에서 $\dfrac{b}{6}$ 또는 $\dfrac{h}{6}$이므로 $e=\dfrac{40}{6}=6.67\text{cm}$이다.

52. 지름이 D이고 길이가 50D인 원형 단면으로 된 기둥의 세장비를 구하면? [산업 08, 09, 12, 15]

① 200　② 150

③ 100　④ 50

해설 $\lambda=\dfrac{4l}{D}=\dfrac{4\times50D}{D}=200$

53. 다음 그림과 같은 단주에서 편심거리 e에 P=30tf가 작용할 때 단면에 인장력이 생기지 않기 위한 e의 한계는? [산업 15]

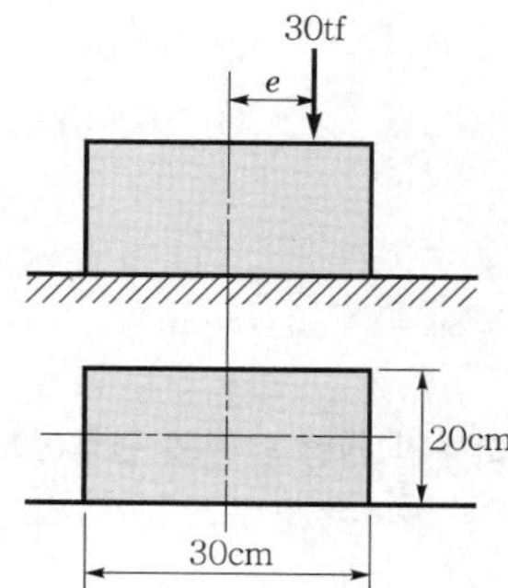

① 3.3cm　② 5cm

③ 6.7cm　④ 10cm

해설 $e=\dfrac{b}{6}=\dfrac{30}{6}=5\text{cm}$

54. 다음 그림의 직사각형 ABCD는 기둥의 단면이다. 이 단면의 핵(kernel, core)을 EFGH라 할 때 $\dfrac{\text{FH}}{\text{BC}}$의 값은? [산업 02, 06]

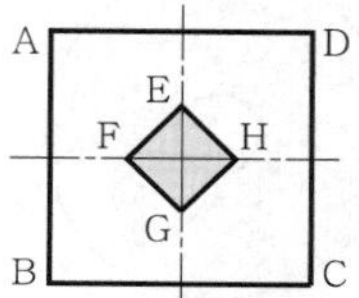

① $\dfrac{1}{6}$　② $\dfrac{1}{2}$

③ $\dfrac{1}{3}$　④ $\dfrac{1}{4}$

정답　49. ③　50. ②　51. ③　52. ①　53. ②　54. ③

해설 직사각형 중앙의 핵은 중앙의 $\frac{1}{3}$ 이므로 $\frac{\text{FH}}{\text{BC}}=\frac{1}{3}$ 이다.

55. 다음 그림과 같은 원형 단주가 기둥의 중심으로부터 10cm 편심하여 32tf의 집중하중이 작용하고 있다. A점의 응력을 $\sigma_A=0$으로 하려면 기둥의 지름 d의 크기는? [산업 09]

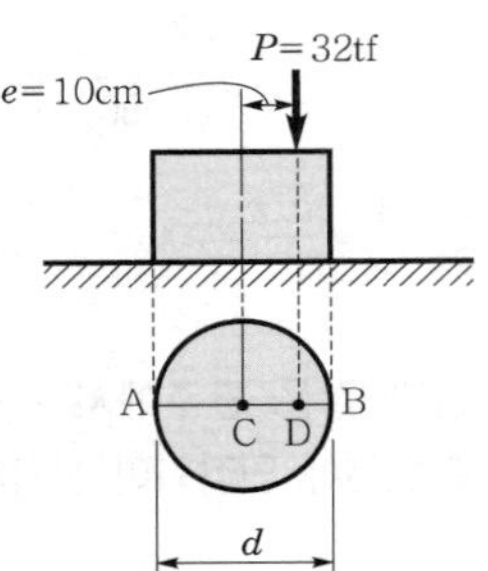

① 40cm ② 80cm
③ 120cm ④ 160cm

해설 $e=\frac{d}{8}$

$\therefore d=8e=8\times 10=80\text{cm}$

56. 반지름이 r인 원형 단면의 단주에서 핵반경 e는? [산업 11, 15]

① $\frac{r}{2}$ ② $\frac{r}{3}$
③ $\frac{r}{4}$ ④ $\frac{r}{5}$

해설 $e=\frac{d}{8}=\frac{2r}{8}=\frac{r}{4}$

57. 지름이 $2R$인 원형 단면의 단주에서 핵지름 k의 값은? [산업 16]

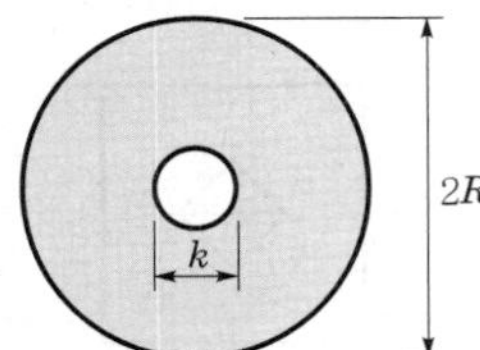

① $\frac{R}{4}$ ② $\frac{R}{3}$
③ $\frac{R}{2}$ ④ R

해설 $k=\frac{D}{4}=\frac{2R}{4}=\frac{R}{2}$

58. 기둥에서 단면의 핵이란 단주에서 인장응력이 발생되지 않도록 재하되는 편심거리로 정의된다. 반지름이 10cm인 원형 단면의 핵은 중심에서 얼마인가? [산업 10, 16]

① 2.5cm ② 5.0cm
③ 7.5cm ④ 10.0cm

해설 $e=\frac{D}{8}=\frac{2\times 10}{8}=2.5\text{cm}$

59. 다음 그림과 같은 장주의 좌굴응력을 구하는 식으로 옳은 것은? (단, l : 기둥의 길이, E : 탄성계수, λ : 세장비) [산업 02]

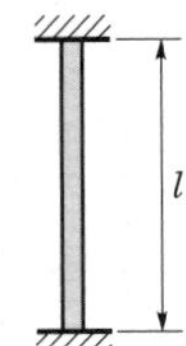

① $\frac{\pi^2 E}{4\lambda^2}$ ② $\frac{2\pi^2 EI}{\lambda^2}$
③ $\frac{4\pi^2 E}{\lambda^2}$ ④ $\frac{\pi^2 EI}{\lambda^2}$

해설 양단 고정일 때 $n=4$

$\therefore \sigma=\frac{n\pi^2 E}{\lambda^2}=\frac{4\pi^2 E}{\lambda^2}$

60. 다음 그림과 같이 양단 고정인 기둥의 좌굴응력을 오일러의 공식에 의하여 계산한 값은? (단, 기둥 단면은 다음 그림과 같으며 E=4×10^{5}kgf/cm^2) [산업 07, 10]

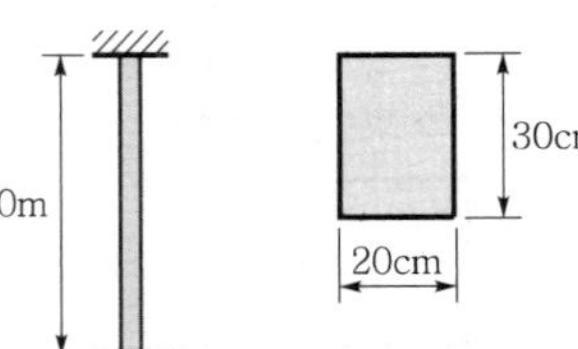

① 635kgf/cm^2 ② 458kgf/cm^2
③ 783kgf/cm^2 ④ 526kgf/cm^2

정답 55. ② 56. ③ 57. ③ 58. ① 59. ③ 60. ④

해설

$$P_b = \frac{n\pi^2 EI}{l^2} = \frac{4\times\pi^2\times4\times10^5\times\dfrac{20^3\times30}{12}}{(10\times100)^2}$$

$= 315,827.34\text{kgf}$

$$\therefore \sigma = \frac{P}{A} = \frac{315,827.34}{20\times30} = 526.38\text{kgf/cm}^2$$

61. 바닥은 고정, 상단은 자유로운 기둥의 좌굴형상이 다음 그림과 같은 때 임계하중은 얼마인가? [기사 16]

① 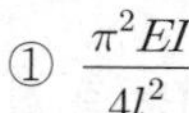 $\dfrac{\pi^2 EI}{4l^2}$

② $\dfrac{9\pi^2 EI}{4l^2}$

③ $\dfrac{13\pi^2 EI}{4l^2}$

④ $\dfrac{25\pi^2 EI}{4l^2}$

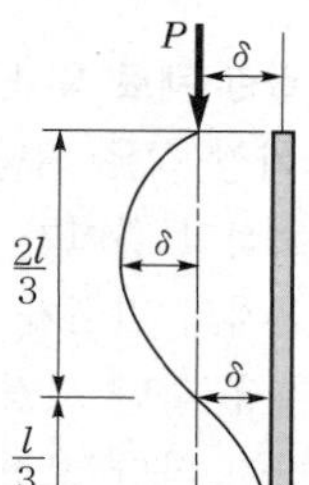

해설 $l_k = \dfrac{2l}{3}$

$$\therefore P_b = \frac{n\pi^2 EI}{{l_k}^2} = \frac{\pi^2 EI}{(kl)^2} = \frac{9\pi^2 EI}{4l^2}$$

62. 길이가 8m이고 단면이 3cm×4cm인 직사각형 단면을 가진 양단 고정인 장주의 중심축에 하중이 작용할 때 좌굴응력은 약 얼마인가? (단, E=2×10^{6}kgf/cm^2) [기사 16]

① 74.7kgf/cm^2 ② 92.5kgf/cm^2
③ 143.2kgf/cm^2 ④ 195.1kgf/cm^2

해설

$$P_b = \frac{n\pi^2 EI}{l^2}$$

$$r^2 = \frac{I}{A}$$

$$r = \sqrt{\frac{I_{\min}}{A}} = \sqrt{\frac{\dfrac{4\times3^3}{12}}{4\times3}} = \sqrt{\frac{9}{12}} = 0.866$$

$$\lambda = \frac{l}{r} = \frac{800}{0.866} = 923.76$$

$$\therefore \sigma_b = \frac{P_b}{A} = \left(\frac{n\pi^2 E}{l^2}\right)\frac{I}{A} = \left(\frac{n\pi^2 E}{l^2}\right)r^2$$

$$= \frac{n\pi^2 E}{\left(\dfrac{l}{r}\right)^2} = \frac{n\pi^2 E}{\lambda^2} = \frac{4\times\pi^2\times2\times10^6}{923.76^2}$$

$= 92.527\text{kgf/cm}^2$

63. 다음 그림과 같은 장주의 강도를 옳게 표시한 것은? (단, 재질 및 단면은 같다.) [산업 04, 08]

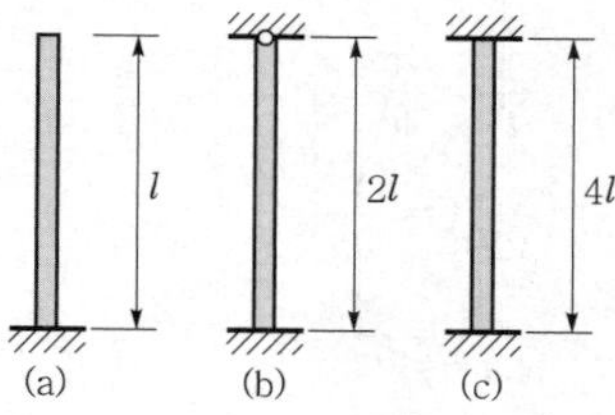

① (b) > (a) > (c) ② (a) < (b) = (c)
③ (c) > (b) > (a) ④ (a) = (c) < (b)

해설 $\pi^2 EI$는 동일하므로 n과 l에 따라 강도가 다르다.

$$P_a = \frac{\frac{1}{4}}{l^2} = \frac{1}{4l^2}$$

$$P_b = \frac{2}{(2l)^2} = \frac{1}{2l^2}$$

$$P_c = \frac{4}{(4l)^2} = \frac{1}{4l^2}$$

$\therefore$ (a) = (c) < (b)

64. 중심축하중을 받는 장주에서 좌굴하중은 Euler 공식 $P_{cr} = \dfrac{n\pi^2 EI}{l^2}$로 구한다. 여기서 n은 기둥의 지지 상태에 따르는 계수이다. 다음 중에서 n값이 틀린 것은? [기사 17, 산업 06]

① 일단 고정 일단 자유단일 때 $n = \dfrac{1}{4}$
② 일단 고정 일단 힌지일 때 $n = 3$
③ 양단 고정일 때 $n = 4$
④ 양단 힌지일 때 $n = 1$

해설 일단 고정 일단 힌지일 때 $n = 2$

65. 다음 그림과 같은 장주의 강도를 옳게 관계시킨 것은? (단, 등질 등단면으로 한다.) [산업 03]

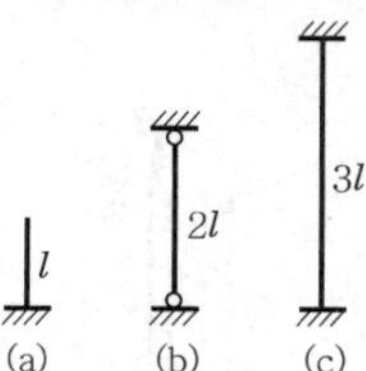

① (a) > (b) > (c) ② (a) > (b) = (c)
③ (a) = (b) = (c) ④ (a) = (b) < (c)

정답 61. ② 62. ② 63. ④ 64. ② 65. ④

해설 $P_{cr}=\dfrac{n\pi^2 EI}{l^2}$에서 $\pi^2 EI$는 같으므로

$$P_{(a)}=\frac{\frac{1}{4}}{l^2}=\frac{1}{4l^2}$$

$$P_{(b)}=\frac{1}{(2l)^2}=\frac{1}{4l^2}$$

$$P_{(c)}=\frac{4}{(3l)^2}=\frac{4}{9l^2}$$

$\therefore$ (a)=(b)<(c)

66. 편심축하중을 받는 다음 기둥에서 B점의 응력을 구한 값은? (단, 기둥 단면의 지름 d=20cm, 편심거리 e=7.5cm, 편심하중 P=20tf이다.) [산업 10]

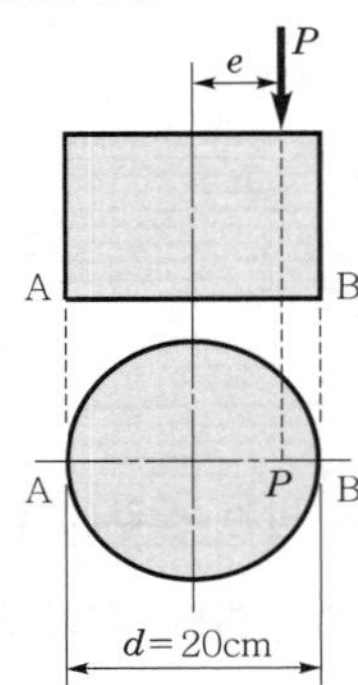

① 131.84kgf/cm^2 ② 254.65kgf/cm^2
③ 357.47kgf/cm^2 ④ 426.91kgf/cm^2

해설 $\sigma=\dfrac{P}{A}+\dfrac{M_x}{I_y}x$

$$=\frac{4\times 20{,}000}{3.14\times 20^2}+\frac{64\times 20{,}000\times 7.5\times 10}{3.14\times 20^4}$$

$$=63.69+191.08=254.77\text{kgf/cm}^2$$

67. 지름이 10cm인 원형 단면이고 탄성계수 E=2×10^6kgf/cm^{2}인 다음 그림과 같은 기둥에서 길이 l=20m일 경우 이 기둥의 이론적인 좌굴응력은? (단, EI는 일정하다.) [산업 06]

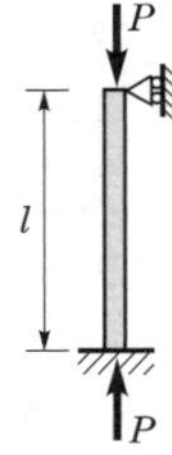

① 61.7kgf/cm^2 ② 69.2kgf/cm^2
③ 71.7kgf/cm^2 ④ 79.2kgf/cm^2

해설 $$P_{cr}=\frac{n\pi^2 EI}{l^2}=\frac{2\times\pi^2\times 2\times10^6\times\dfrac{\pi\times 10^4}{64}}{2{,}000^2}$$

$$=4{,}844.73\text{kgf}$$

$$\therefore \sigma=\frac{P_{cr}}{A}=\frac{4{,}844.73}{\dfrac{\pi\times 10^2}{4}}=61.7\text{kgf/cm}^2$$

68. 동일한 재료 및 단면을 사용한 다음 기둥 중 좌굴하중이 가장 작은 기둥은? [산업 03, 09]

① 양단 고정의 길이가 $2l$인 기둥
② 양단 힌지의 길이가 l인 기둥
③ 일단 자유 타단 고정의 길이가 $0.5l$인 기둥
④ 일단 힌지 타단 고정의 길이가 $1.5l$인 기둥

해설 $P_{cr}=\dfrac{n\pi^2 EI}{l^2}$이므로 n에 비례하고 l의 제곱에 반비례한다.

① $\dfrac{4}{(2l)^2}=\dfrac{1}{l^2}$

② $\dfrac{1}{l^2}$

③ $\dfrac{1/4}{(0.5l)^2}=\dfrac{1}{l^2}$

④ $\dfrac{2}{(1.5l)^2}=\dfrac{0.889}{l^2}$

69. 기둥의 길이가 6m이고 단면의 지름은 30cm일 때 이 기둥의 세장비는? [산업 10, 12]

① 50 ② 60
③ 70 ④ 80

해설 

$$\lambda=\frac{4l}{D}=\frac{4\times 6}{0.3}=80$$

70. 길이가 3m인 기둥의 단면이 직경이 30cm인 원형 단면일 경우 단면의 도심축에 대한 세장비는? [산업 09]

① 25 ② 30
③ 40 ④ 50

해설 $$\lambda=\frac{4l}{D}=\frac{4\times 300}{30}=40$$

정답 66. ② 67. ① 68. ④ 69. ④ 70. ③

71. 다음 그림과 같은 직사각형 단면의 기둥에서 e =12cm의 편심거리에 P=100tf의 압축하중이 작용할 때 발생하는 최대 압축응력은? (단, 기둥은 단주이다.) [산업 08]

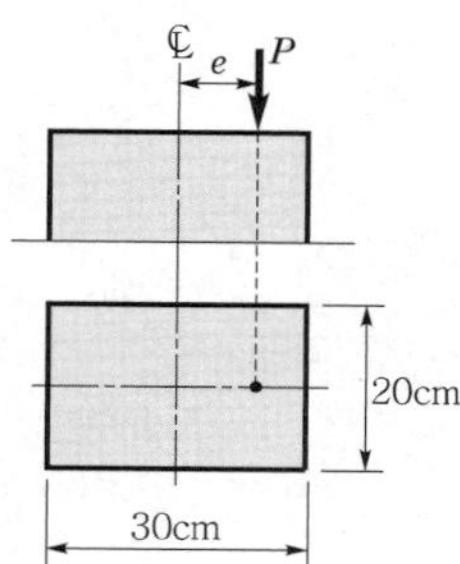

① 153kgf/cm^2 ② 180kgf/cm^2
③ 453kgf/cm^2 ④ 567kgf/cm^2

해설 $\sigma = \dfrac{P}{A} + \dfrac{M_x}{Z_y} = \dfrac{100,000}{20\times30} + \dfrac{100,000\times12}{\dfrac{20\times30^2}{6}}$

$= 166.67 + 400$

$= 566.67\text{kgf/cm}^2$

72. 장주에서 좌굴응력에 대한 설명 중 틀린 것은? [산업 04, 07]

① 탄성계수에 비례한다.
② 세장비에 반비례한다.
③ 좌굴길이의 제곱에 반비례한다.
④ 단면 2차 모멘트에 비례한다.

해설 장주에서 좌굴응력은 세장비의 제곱에 반비례한다.

73. 양단이 고정된 기둥의 축방향력에 의한 좌굴하중 P_{cr}을 구하면? (단, E : 탄성계수, I : 단면 2차 모멘트, L : 기둥의 길이) [기사 17, 산업 05]

① $P_{cr} = \dfrac{\pi^2 EI}{L^2}$ ② $P_{cr} = \dfrac{\pi^2 EI}{2L^2}$
③ $P_{cr} = \dfrac{4\pi^2 EI}{L^2}$ ④ $P_{cr} = \dfrac{\pi^2 EI}{4L^2}$

해설 $P_{cr} = \dfrac{4\pi^2 EI}{L^2}$

74. 장주에 있어서 일단 고정 타단 활절일 때 좌굴길이는 얼마인가? (단, 기둥의 길이는 l이다.) [산업 04]

① l ② $0.5l$
③ $0.7l$ ④ $2l$

해설 좌굴장=좌굴길이=유효길이(kl)이고 일단 고정 타단 활절기둥의 좌굴길이는 $0.7l$이다.

75. H−300×300형강으로 길이가 11m인 일단 힌지 타단 고정지점의 장주기둥인 경우 좌굴하중은? (단, H형강의 I_x=20,400cm^4, I_y=6,750cm^4, 단면적 A=119.6cm^2, 탄성계수 E=2×10^{6}kgf/cm^2) [산업 12]

① 880tf ② 440tf
③ 220tf ④ 110tf

해설 $P_{cr} = \dfrac{n\pi^2 EI}{l^2} = \dfrac{2\times\pi^2\times2\times10^6\times6,750}{1,100^2} = 220.2\text{tf}$

76. Euler공식을 적용하는 일단 고정 타단 활절인 장주에서 탄성계수 E=210,000kgf/cm^2, 단면폭 b=15cm, 단면높이 h=30cm, 기둥길이 l=18m이다. 이때 최소 좌굴하중값은? [산업 03]

① 5.4tf ② 10.8tf
③ 20.6tf ④ 43.1tf

해설 $P_{cr} = \dfrac{n\pi^2 EI}{l^2} = \dfrac{2\times\pi^2\times210,000}{1,800^2}\times\dfrac{30\times15^3}{12}$
$= 10,794\text{kgf} = 10.8\text{tf}$

77. 다음 그림과 같은 단면을 가진 양단 힌지로 지지된 길이가 4m인 장주의 좌굴하중은? (단, A=12cm^2, I_x=190cm^4, I_y=27cm^4, E=2.1×10^{6}kgf/cm^2) [산업 11]

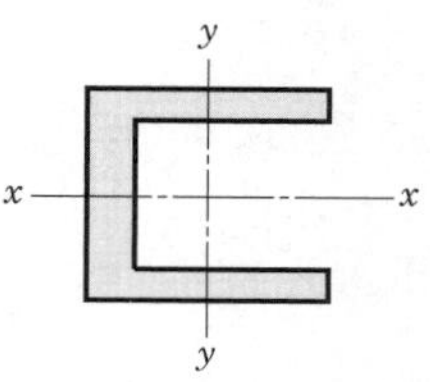

① 1.4tf ② 2.1tf
③ 2.5tf ④ 3.5tf

해설 $P_{cr} = \dfrac{n\pi^2 EI}{l^2} = \dfrac{1\times\pi^2\times2.1\times10^6\times27}{400^2} = 3.5\text{tf}$

정답 71. ④ 72. ② 73. ③ 74. ③ 75. ③ 76. ② 77. ④

78. 단면의 형상과 재료가 같은 다음 그림의 장주에 축하중이 작용할 때 강도가 큰 순서로 된 것은? (단, (a), (b), (c), (d)의 기둥길이는 모두 같다.) [산업 08]

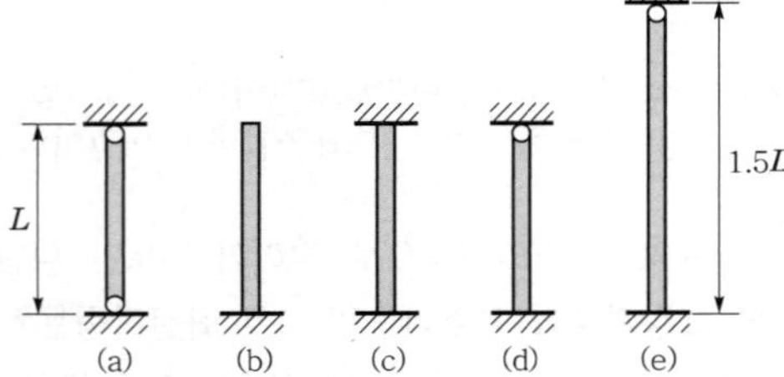

① (a) > (b) > (c) > (d) > (e)
② (b) > (c) > (a) > (d) > (e)
③ (c) > (d) > (a) > (b) > (e)
④ (c) > (d) > (a) > (e) > (b)

해설

$$P_b = \frac{n\pi^2 EI}{L^2}$$

$$\sigma_b = \frac{n\pi^2 E}{\lambda^2} = \frac{n\pi^2 E r^2}{L^2}$$

$$n_a : n_b : n_c : n_d : n_e = 1 : \frac{1}{4} : 4 : 2 : 2$$

$$= 4 : 1 : 16 : 8 : 8$$

$\therefore$ P_b의 크기는 $a : b : c : d : e = 4 : 1 : 16 : 8 : \frac{8}{1.5^2}$ 이므로 (c) > (d) > (a) > (e) > (b)이다.

정답 78. ④

chapter 9

트러스

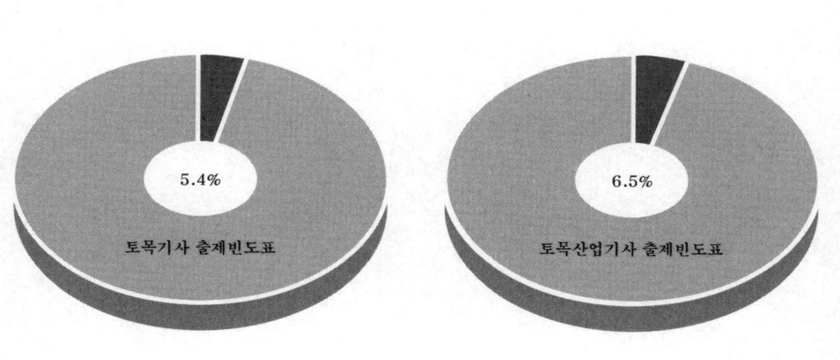

9 트러스

01 트러스 부재의 명칭과 종류

① 정의

트러스(truss)는 최소 3개 이상의 직선부재들이 1개 또는 그 이상이 삼각형 형상으로 결합된 구조물로, 오직 축방향의 압축력 또는 인장력만을 받는다.

② 트러스 부재의 명칭

(1) 현재(chord member)

트러스의 상·하부재

① 상현재(upper chord : U)

② 하현재(lower chord : L)

(2) 복부재(web member)

상·하현재의 연결부재

① 수직재(vertical member : V)

② 사재(diagonal member : D)

(3) 단사재(end post, 단주)

트러스의 좌·우측단 사재

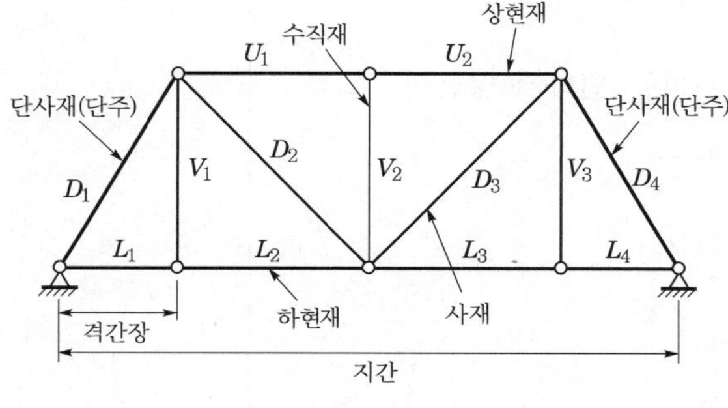

【그림 9.1】

③ 트러스의 종류

(1) 트러스의 형식

① 하로교 형식(through type) : 하중이 하현재에 작용하는 트러스
② 상로교 형식(deck type) : 하중이 상현재에 작용하는 트러스

(2) 트러스의 종류

① 프랫 트러스(pratt truss) : 상현재는 압축, 하현재는 인장에 저항하며, 사재는 주로 인장, 수직재는 압축에 저항하는 트러스
② 하우 트러스(howe truss) : 상현재는 압축, 하현재는 인장에 저항하며, 사재는 주로 압축, 수직재는 인장에 저항하는 트러스
③ 와렌 트러스(warren truss) : 수직재가 없는 경우 타 트러스에 비하여 부재수가 적고 구조가 간단하며 연속교량 트러스에 많이 사용되나, 현재의 길이가 과대하여 강성을 감소시킨다. 이것을 보완한 것이 수직재가 있는 와렌 트러스이다.

트러스의 형태

(1) 프랫(pratt) 트러스

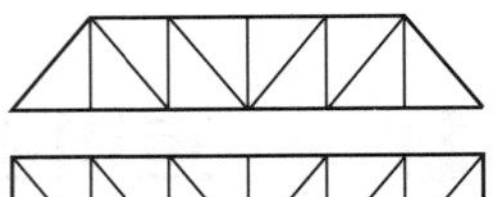

(2) 하우(howe) 트러스

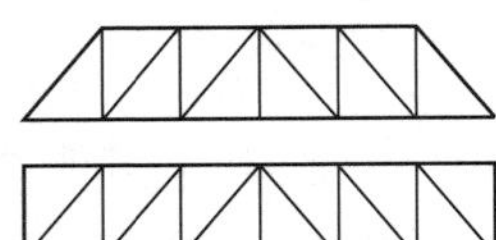

(3) 와렌(warren) 트러스

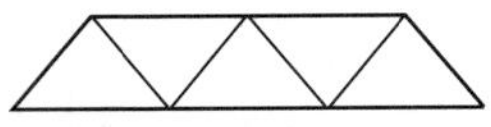

(4) 수직재가 있는 와렌 트러스

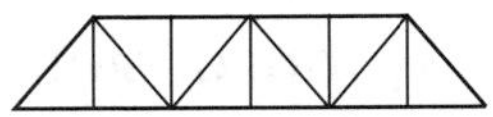

(5) 지붕 트러스(King-post truss)

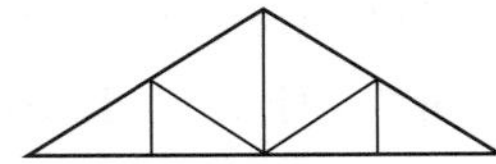

(6) 핀크(fink) 트러스

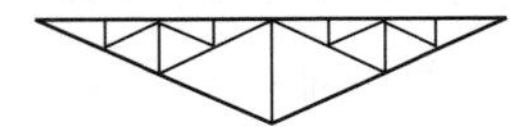

(7) K-truss

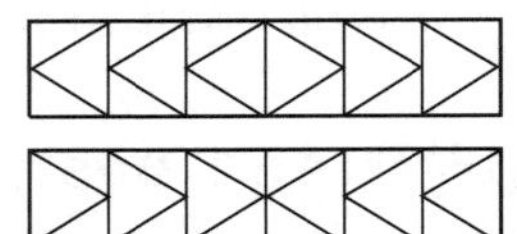

02 트러스의 해석

① 트러스의 해석상 가정사항

① 모든 부재는 직선재이다.
② 각 부재는 마찰이 없는 핀(pin)이나 힌지로 연결되어 있다.
③ 부재의 축은 각 절점에서 한 점에 모인다.
④ 모든 외력의 작용선은 트러스와 동일 평면 내에 있고, 하중과 반력은 절점(격점)에만 작용한다.
⑤ 각 부재의 변형은 미소하여 2차 응력은 무시한다. 따라서 단면 내력은 축방향력만 존재한다.
⑥ 하중이 작용한 후에도 절점(격점)의 위치는 변하지 않는다.

② 트러스의 해석법

(1) 일반사항

① 트러스 전체를 보로 가정
② 지점반력을 구한다.

알•아•두•기•

③ 미지수가 2개 이하가 되게 각 절점의 부재력 산정

④ 부재력 산정방법은 격점법(절점법)과 절단법이 있다.

(2) 격점법(절점법)

자유물체도를 절점단위로 표현한 후 힘의 평형방정식을 이용하여 미지의 부재력을 구하는 방법

① 적용식 : $\sum H=0$, $\sum V=0$

② 해석순서

㉠ 트러스 전체를 하나의 보로 하여 반력 산정

㉡ 각 절점에 작용하는 모든 힘의 자유물체도를 그리고 $\sum H=0$, $\sum V=0$의 식을 사용하여 미지의 부재력 산정. 이때 미지의 부재력이 2개 이하인 절점부터 차례로 산정

㉢ 힘의 부호는 상향과 우향은 (+), 하향과 좌향은 (−)

㉣ 부재력은 자유물체도에서 절점 밖으로 향하는 힘(인장)으로 표시하며 결과가 (+)이면 인장, (−)이면 압축

③ 특징

㉠ 모든 부재력을 계산할 때 편리

㉡ 지점 양쪽에서 계산을 수행함으로써 검산 가능

④ 절점법의 활용 예(U_1 부재력 계산)

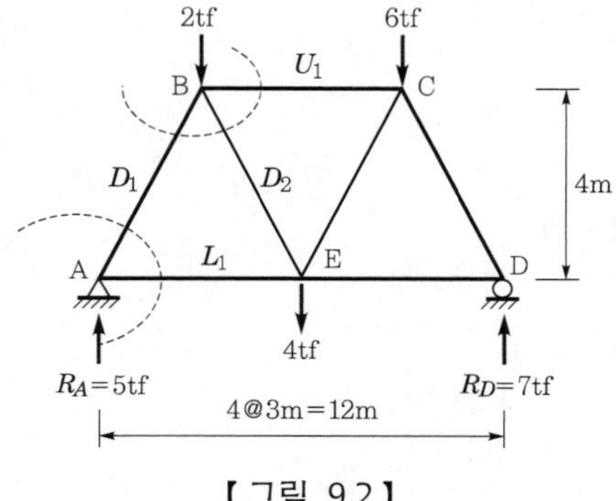

【그림 9.2】

㉠ 지점반력

- $\sum M_D=0\,;\,R_A\times 12-2\times 9-4\times 6-6\times 3=0$

  $\therefore\ R_A=5\text{tf}(\uparrow)$

- $\sum V=0\,;\,5-2-4-6+R_D=0$

  $\therefore\ R_D=7\text{tf}(\uparrow)$

▶ 힘의 부호

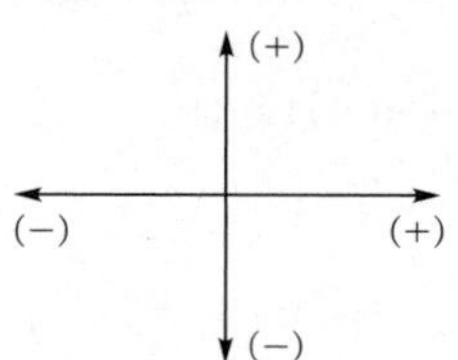

㉡ A절점

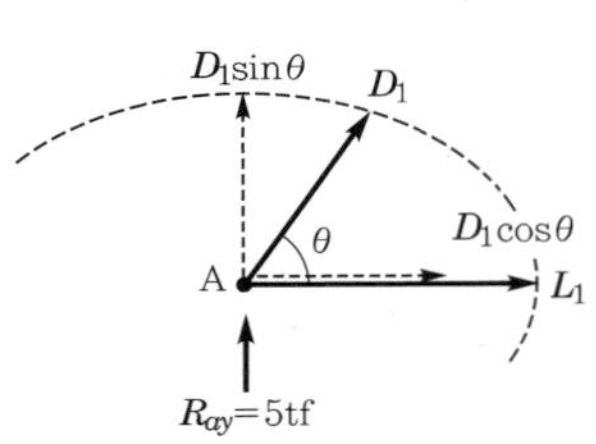

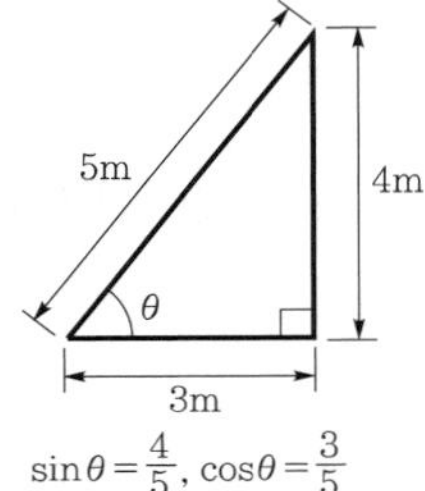

【그림 9.3】

- $\sum V=0$; $5+D_1\sin\theta=0$

  $\therefore D_1=-6.25$tf (압축)
- $\sum H=0$; $D_1\cos\theta+L_1=0$

  $\therefore L_1=3.75$tf (인장)

㉢ B절점

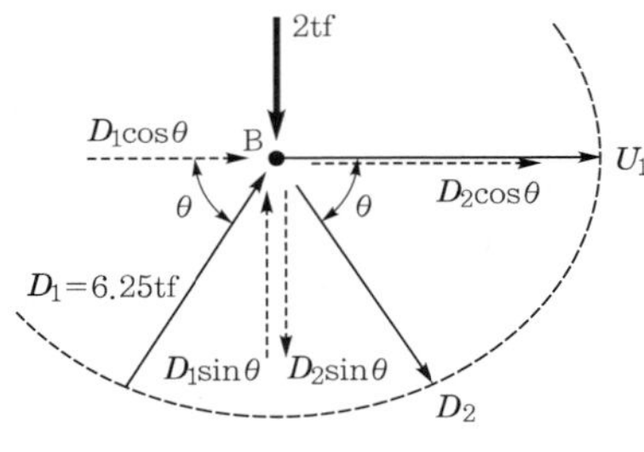

【그림 9.4】

- $\sum V=0$; $D_1\sin\theta-D_2\sin\theta-2=0$

  $\therefore D_2=3.75$tf (인장)
- $\sum H=0$; $D_1\cos\theta+D_2\cos\theta+U_1=0$

  $\therefore U_1=-6$tf (압축)

(3) 단면법(절단법)

자유물체도를 단면단위로 표현한 후 힘의 평형방정식을 적용하여 미지의 부재력을 구하는 방법

① 모멘트법(Ritter법) : $\sum M=0$

② 전단력법(Culmann법) : $\sum H=0$, $\sum V=0$

③ 해석순서

㉠ 격점법과 같이 트러스 전체를 하나의 보로 하여 반력 산정

㉡ 미지 부재력이 3개 이하가 되도록 가상 단면을 절단

모멘트법

현재의 단면력 산정 시 사용

전단력법

복재의 단면력 산정 시 사용

ⓒ 절단된 면의 어느 한쪽을 선택하여 평형조건식($\sum H=0$, $\sum V=0$, $\sum M=0$)을 적용하고 부재력 산정

ⓓ 부재력은 모두 인장으로 가정하고 산정하며 결과가 (+)이면 인장, (−)이면 압축

④ 특징

ⓐ 전단력법은 모든 부재의 부재력을 구할 수 있으나, 특히 사재와 수직재의 부재력 계산에 편리하다.

ⓑ 모멘트법은 상·하현재의 부재력 계산에 편리하다.

ⓒ 임의 부재의 부재력을 쉽게 구할 수 있으나 검산이 필요하다.

⑤ 단면법의 활용 예(U_1 부재력 계산)

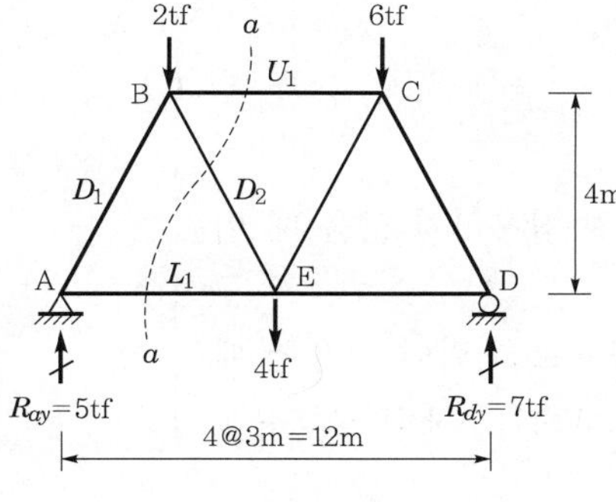

【그림 9.5】

ⓐ 지점반력

• $\sum M_D=0\,;\,R_{ay}\times12-2\times9-4\times6-6\times3=0$

$\therefore\ R_{ay}=5\text{tf}(\uparrow)$

• $\sum V=0\,;\,5-2-4-6+R_{dy}=0$

$\therefore\ R_{dy}=7\text{tf}(\uparrow)$

ⓑ $a-a$ 단면

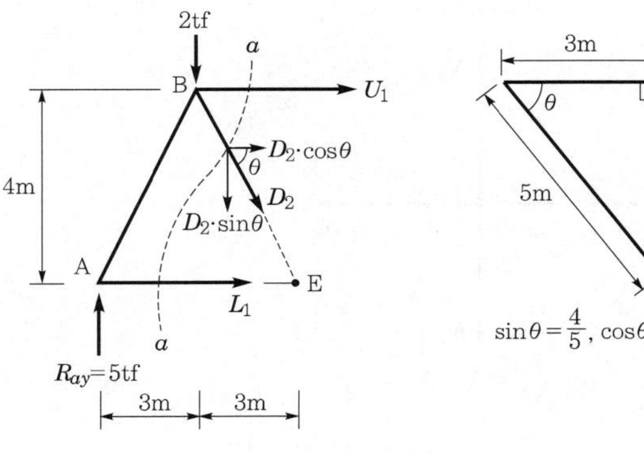

【그림 9.6】

- $\sum M_E = 0$; $5 \times 6 - 2 \times 3 + U_1 \times 4 = 0$

  $\therefore U_1 = -6\text{tf}$ (압축)
- $\sum M_E = 0$; $5 \times 3 - L_1 \times 4 = 0$

  $\therefore L_1 = 3.75\text{tf}$ (인장)
- $\sum V = 0$; $5 - D_2 \sin\theta - 2 = 0$

  $\therefore D_2 = 3.75\text{tf}$ (인장)

03 트러스의 부재력에 관한 성질

① 트러스 응력의 원칙

① 절점에 모인 부재가 2개이고 이 절점에 외력이 작용하지 않을 때 이 두 부재의 응력은 0이다〔그림 9.7(a)〕.

② 절점에 모인 2개 부재에서 한 부재의 축방향으로 외력이 작용할 때 외력작용방향의 부재응력은 그 외력과 같고, 다른 부재의 응력은 0이다〔그림 9.7(b)〕.

③ 절점에 모인 부재가 3개이고, 외력이 작용하지 않을 때 그 중 2개 부재가 일직선상에 있으면 2개 부재의 응력은 같고, 다른 부재의 응력은 0이다〔그림 9.7(c)〕.

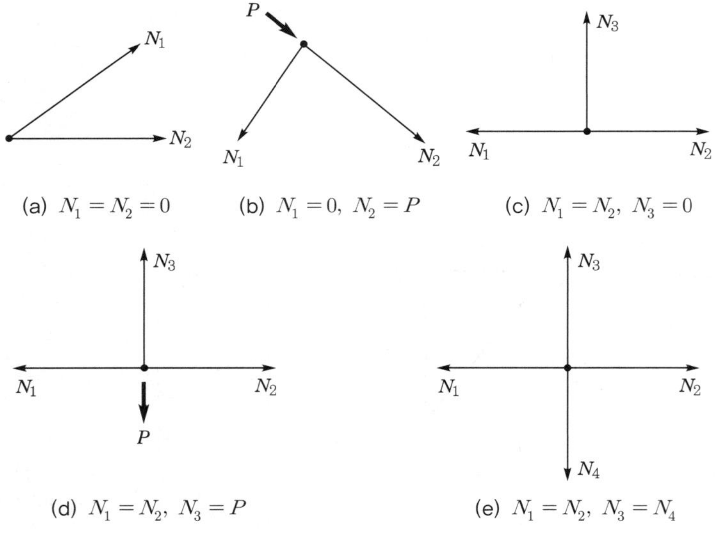

【 그림 9.7 】

④ ③의 경우 일직선상에 2개 부재가 아닌 다른 부재에 외력이 작용하면 일직선상의 2개 부재응력은 같고, 다른 한 부재의 응력은 외력과 같다〔그림 9.7(d)〕.

⑤ 2부재씩 일직선을 이루는 4개 부재가 한 절점에서 만날 때 동일직선상의 부재응력은 서로 같다〔그림 9.7(e)〕.

❷ 영(0)부재

(1) 정의

계산상 부재력이 0이 되는 부재

(2) 영부재 설치 이유

① 변형을 방지

② 처짐을 방지

③ 구조적으로 안정 유지

(3) 영부재 판별법

① 외력과 반력이 작용하지 않는 절점 주시

② 3개 이하의 부재가 모이는 점 주시

③ 트러스의 응력원칙 적용

④ 영부재로 판정되면 이 부재를 제외하고 다시 위의 과정 반복

❸ 트러스 부재의 인장 · 압축 구분

프랫 트러스교	하우 트러스교	와렌 트러스교	인장 · 압축 구분
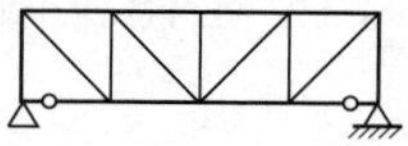 (상로교)	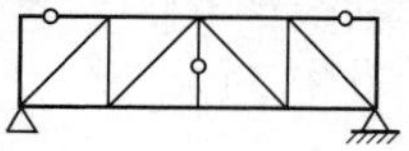 (상로교)	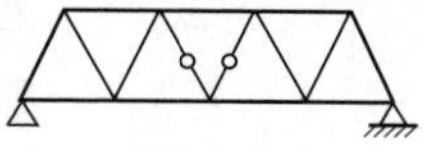 (하로교 Ⅰ)	(압축재)
			(인장재)
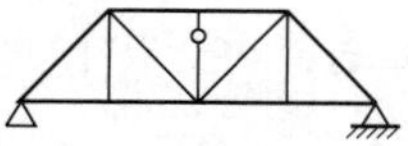 (하로교)	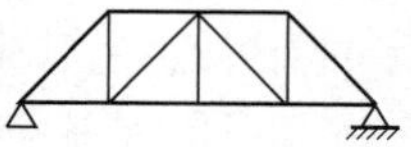 (하로교)	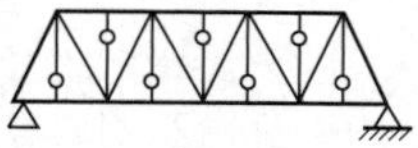 (하로교 Ⅱ)	(영부재)

예상 및 기출문제

1. 트러스 해석 시 가정을 설명한 것 중 틀린 것은?
[기사 05, 11, 산업 05, 11, 15, 16, 17]

① 부재들은 양단에서 마찰이 없는 핀으로 연결된다.
② 하중과 반력은 모두 트러스의 격점에만 작용한다.
③ 부재의 도심축은 직선이며 연결핀의 중심을 지난다.
④ 하중으로 인한 트러스의 변형을 고려하여 부재력을 산출한다.

해설 트러스의 가정사항
㉠ 모든 부재는 직선재이다.
㉡ 각 부재는 마찰이 없는 힌지로 연결되어 있다.
㉢ 외력은 절점에만 작용한다.
㉣ 모든 외력의 작용선은 트러스와 동일 평면 내에 있다.
㉤ 단면의 내력은 축방향력에만 존재한다.
※ 하중으로 인한 트러스의 미소변형은 무시하며 격점의 위치도 변화가 없다고 가정한다.

2. 다음 그림과 같은 하중을 받는 트러스에서 A지점은 힌지, B지점은 롤러로 되어 있을 때 A점의 반력의 합력크기는? [기사 00, 10]

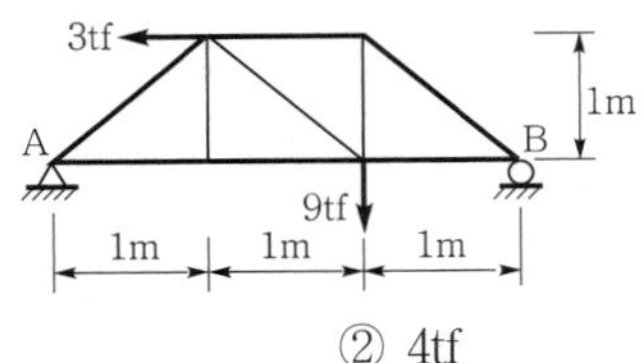

① 3tf ② 4tf
③ 5tf ④ 6tf

해설 $\Sigma M_B = 0(\oplus)$
$V_A \times 3 - 3 \times 1 - 9 \times 1 = 0$
$\therefore V_A = 4\text{tf}(\uparrow)$
$\Sigma H = 0(\rightarrow)$
$H_A - 3 = 0$
$\therefore H_A = 3\text{tf}(\rightarrow)$
$\therefore R_A = \sqrt{V_A^2 + H_A^2} = \sqrt{4^2 + 3^2} = 5\text{tf}$

3. 다음 트러스에서 부재력이 0인 부재는?
[기사 00, 산업 03, 06]

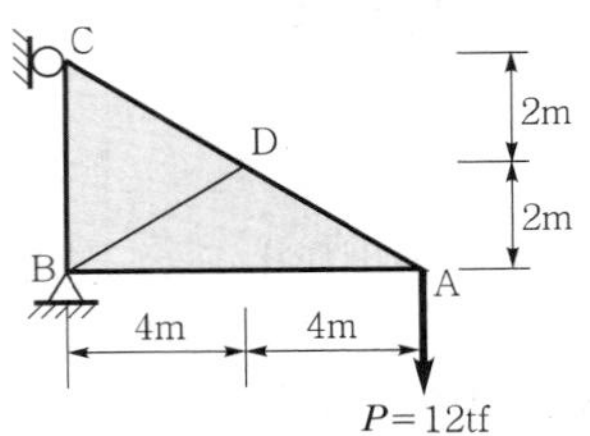

① AB ② BC
③ CB ④ DB

해설
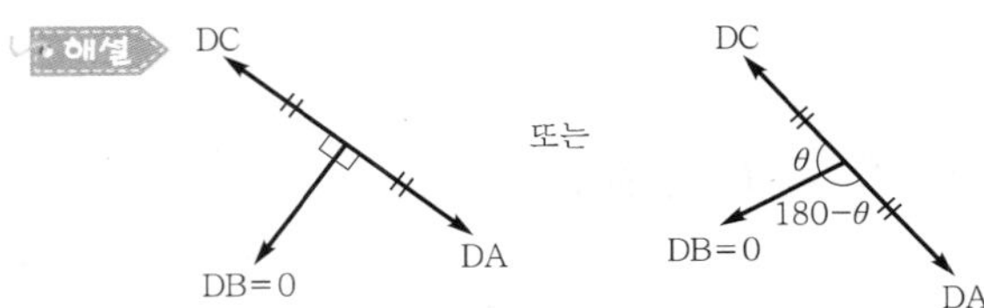

4. 정정 트러스 해법상의 가정 중 틀린 것은?
[산업 02, 06]

① 외력은 모두 절점에만 작용한다.
② 각 부재는 직선이다.
③ 절점의 중심을 이은 직선은 부재의 축과 일치한다.
④ 각 부재는 회전하지 못하도록 리벳으로 연결한다.

해설 각 부재는 시공할 때 리벳이나 용접으로 연결하지만, 해석에서는 회전 가능한 힌지절점이라고 가정한다.

5. 트러스 해법에 대한 가정 중 틀린 것은? [산업 11]

① 각 부재는 마찰이 없는 힌지로 연결되어 있다.
② 절점을 잇는 직선은 부재축과 일치한다.
③ 모든 외력은 절점에만 작용한다.
④ 각 부재는 곡선재와 직선재로 되어 있다.

해설 각 부재는 직선재로 되어 있다.

정답 1. ④ 2. ③ 3. ④ 4. ④ 5. ④

6. **트러스를 정적으로 1차 응력을 해석하기 위한 다음 가정사항 중 틀린 것은?** [산업 09, 10, 15]

① 절점을 잇는 직선은 부재축과 일치한다.
② 하중은 절점과 부재 내부에 작용하는 것으로 한다.
③ 모든 하중조건은 Hooke의 법칙에 따른다.
④ 각 부재는 마찰이 없는 핀 또는 힌지로 결합되어 자유로이 회전할 수 있다.

해설 하중은 부재의 절점에만 작용한다.

7. **다음 중 트러스의 해법이 아닌 것은?** [산업 05]

① 격점법 ② 단면법
③ 도해법 ④ 휨응력법

해설 트러스 해법에는 격점법(절점법), 도해법, 단면법이 있다.

8. **트러스를 해석하기 위한 기본가정 중 옳지 않은 것은?** [기사 15, 산업 09, 11]

① 부재들은 마찰이 없는 힌지로 연결되어 있다.
② 부재 양단의 힌지 중심을 연결한 직선은 부재축과 일치한다.
③ 모든 외력은 절점에 집중하중으로 작용한다.
④ 하중작용으로 인한 트러스 각 부재의 변형을 고려한다.

해설 트러스의 변형은 미소하므로 무시한다.

9. **다음 그림과 같은 와렌(Warren)트러스에서 부재력이 0(영)인 부재는 몇 개인가?** [기사 09]

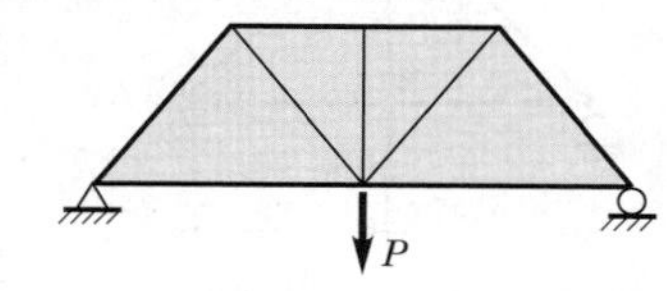

① 0개 ② 1개
③ 2개 ④ 3개

해설

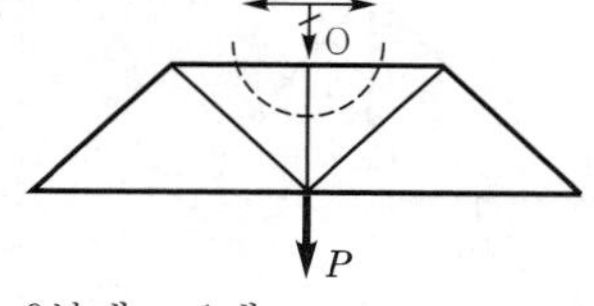

0부재 : 1개

10. **트러스 해법상의 가정에 대한 설명으로 틀린 것은?** [산업 12, 17]

① 모든 부재는 직선이다.
② 모든 부재는 마찰이 없는 핀으로 양단이 연결되어 있다.
③ 외력의 작용선은 트러스와 동일 평면 내에 있다.
④ 집중하중은 절점에 작용시키고, 분포하중은 부재 전체에 분포한다.

해설 트러스 해법상의 가정에서 하중은 절점에만 작용하는 것으로 가정한다.

11. **다음 그림과 같은 트러스에서 부재력이 0인 부재는 몇 개인가?** [기사 05, 17, 산업 08]

① 3개
② 4개
③ 5개
④ 7개

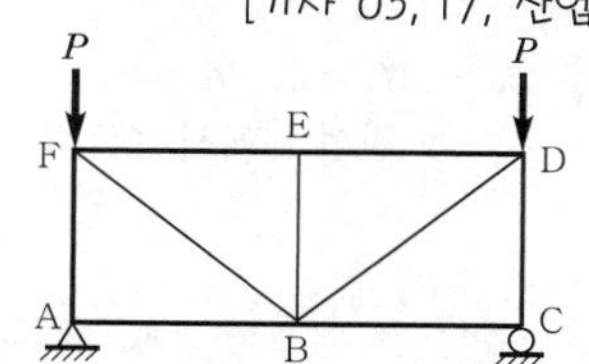

해설 $R_A = R_B = P$이므로 부재 $\overline{AF}$, $\overline{CD}$만 부재력이 P이고, 나머지 부재는 부재력이 0이다.

12. **다음 트러스의 부재력이 0인 부재는?** [기사 04, 10]

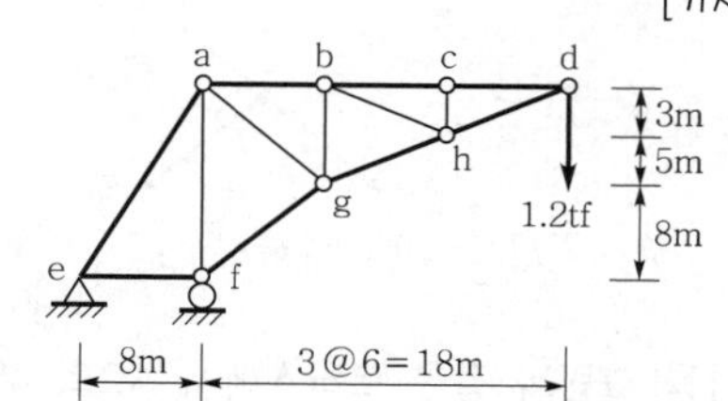

① 부재 a−e ② 부재 a−f
③ 부재 b−g ④ 부재 c−h

해설 트러스 0부재원칙

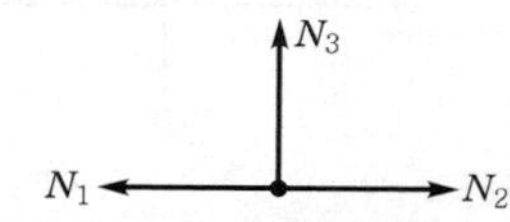

〈조건〉 절점에 모인 부재가 3개이고 외력이 작용하지 않을 때 2개 부재가 일직선상에 존재

$\therefore N_1 = N_2,\ N_3 = 0$

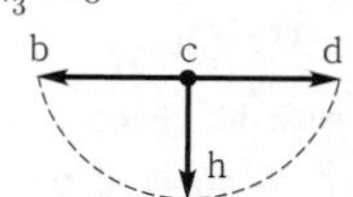

$\therefore \overline{ch} = 0,\ \overline{bc} = \overline{cd}$

정답 6. ② 7. ④ 8. ④ 9. ② 10. ④ 11. ④ 12. ④

13. 다음 그림과 같은 트러스의 각 부재에 생기는 부재력 중 옳은 것은? [기사 06]

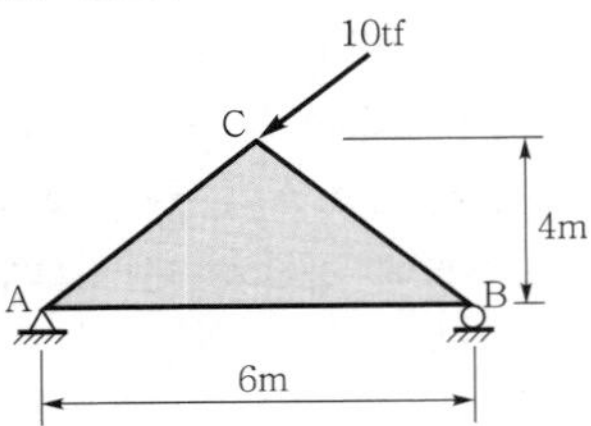

① AC=10tf(인장), AB=0, BC=0
② AC=10tf(압축), AB=5tf(인장), BC=0
③ AC=10tf(압축), AB=0, BC=0
④ AC=20tf(압축), AB=10tf(인장), BC=0

해설 $\Sigma M_A=0$, $R_B=0$

㉠ 절점 B에서 절점법 이용

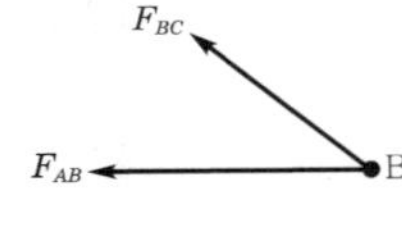

$\Sigma V=0$

$\therefore F_{BC}=0$

$\Sigma H=0$

$\therefore F_{AB}=0$

㉡ 절점 C에서 절점법 이용

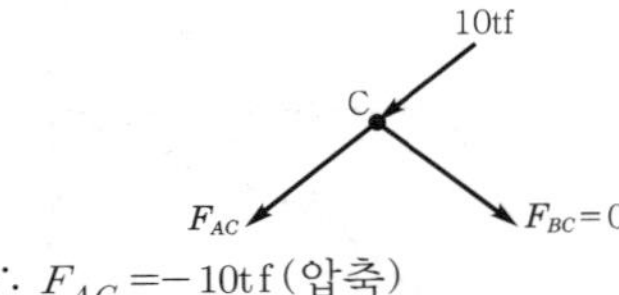

$\therefore F_{AC}=-10\text{tf}$(압축)

14. 다음 그림과 같은 트러스에서 AC의 부재력은? [기사 06, 10, 17]

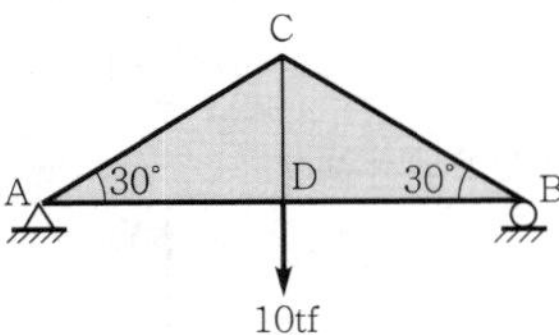

① 인장 10tf
② 인장 15tf
③ 압축 5tf
④ 압축 10tf

해설 대칭 단면이므로

$V_A=V_B=5\text{tf}$

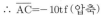

$\overline{AC}\times\sin 30°+5=0$

$\therefore \overline{AC}=-10\text{tf}$(압축)

$\therefore \overline{AD}=\overline{AC}\times\cos 30°=10\times\frac{\sqrt{3}}{2}=5\sqrt{3}\text{tf}$(인장)

15. 다음 그림과 같은 트러스에서 부재 AB의 부재력은? [산업 15]

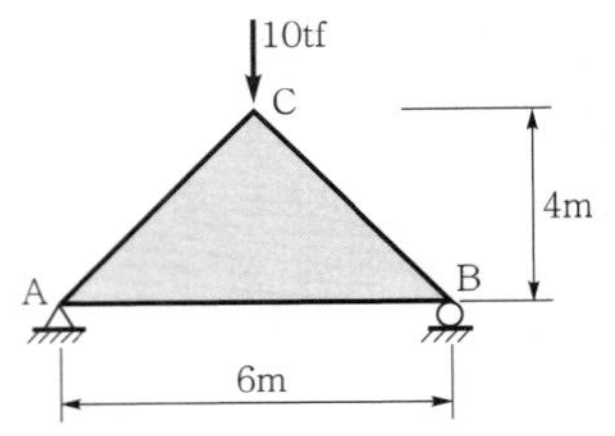

① 3.25tf(인장)
② 3.75tf(인장)
③ 4.25tf(인장)
④ 4.75tf(인장)

해설

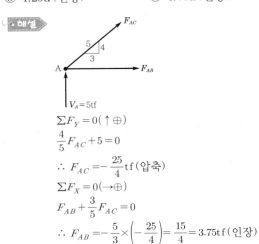

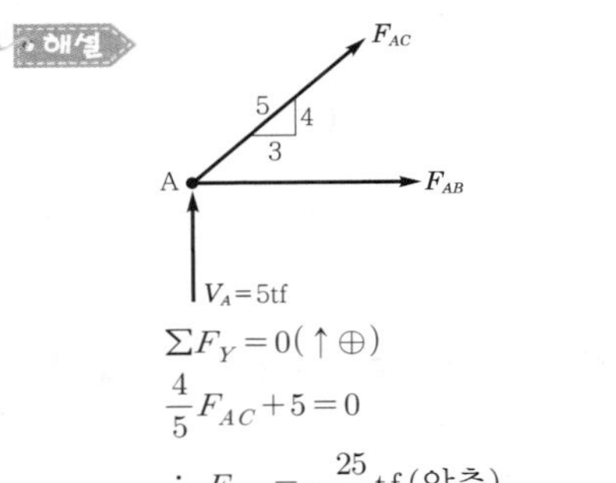

$\Sigma F_Y=0(\uparrow\oplus)$

$\frac{4}{5}F_{AC}+5=0$

$\therefore F_{AC}=-\frac{25}{4}\text{tf}$(압축)

$\Sigma F_X=0(\rightarrow\oplus)$

$F_{AB}+\frac{3}{5}F_{AC}=0$

$\therefore F_{AB}=-\frac{5}{3}\times\left(-\frac{25}{4}\right)=\frac{15}{4}=3.75\text{tf}$(인장)

16. 트러스 구조물의 절점 D에 수평하중 120tf, 절점 B에 연직하중 60tf가 작용한다. 부재 AB의 부재력을 구하면? [기사 02]

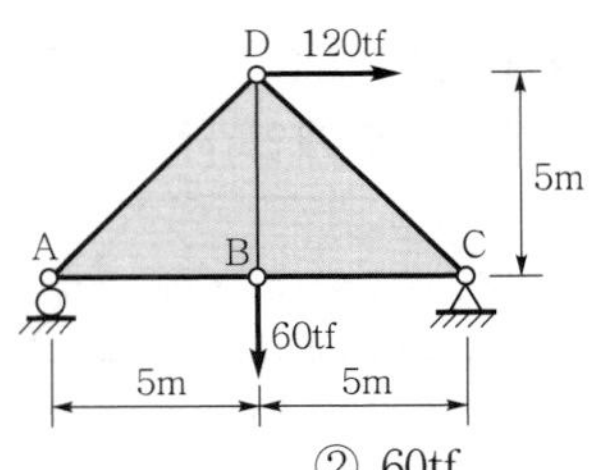

① 30tf
② 60tf
③ 90tf
④ 120tf

해설

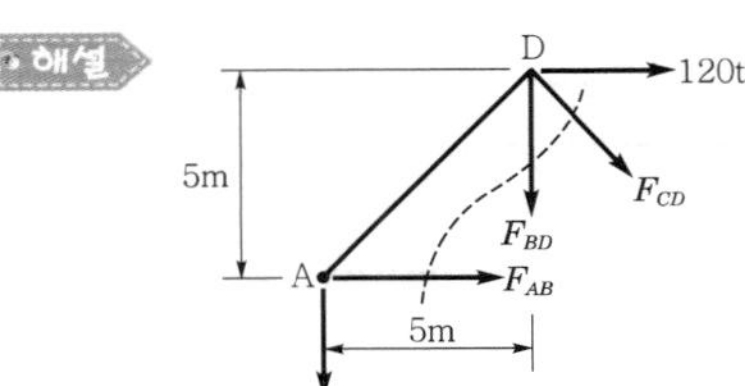

 정답 13. ③ 14. ④ 15. ② 16. ①

$\Sigma M_C = 0(\curvearrowright\oplus)$

$R_A \times 10 - 60 \times 5 + 120 \times 5 = 0$

$\therefore R_A = -30\text{tf}(\downarrow)$

$\Sigma M_D = 0(\curvearrowright\oplus)$

$-30 \times 5 - F_{AB} \times 5 = 0$

$\therefore F_{AB} = -30\text{tf}$(압축)

17. 다음 그림과 같은 대칭 단순트러스에 대칭하중이 작용할 때 $\overline{U_1U_2}$의 부재력은? (단, $\overline{U_1U_2}$의 길이는 6m이다.) [기사 00, 산업 13, 16]

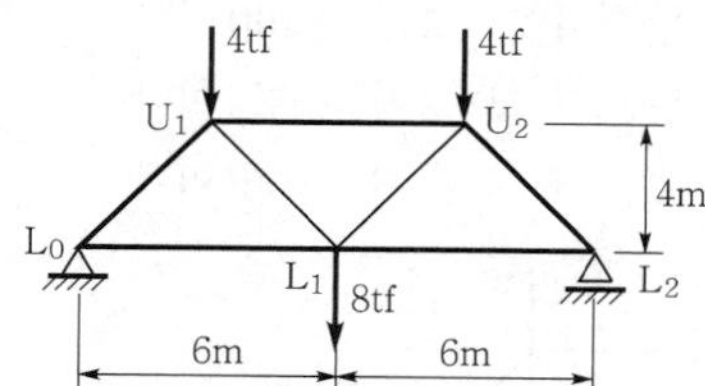

① 9tf(압축) ② 10tf(압축)
③ 11tf(압축) ④ 12tf(압축)

해설 $\Sigma M_{L_2} = 0(\curvearrowright\oplus)$

$R_{L_0} \times 12 - 4 \times 9 - 8 \times 6 - 4 \times 3 = 0$

$\therefore R_{L_0} = 8\text{tf}(\uparrow)$

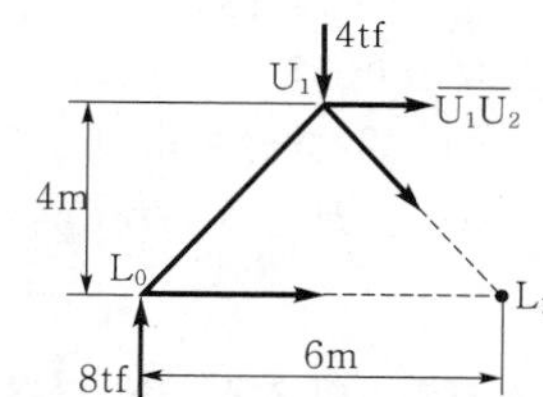

$\Sigma M_{L_1} = 0(\curvearrowright\oplus)$

$8 \times 6 - 4 \times 3 + \overline{U_1U_2} \times 4 = 0$

$\therefore \overline{U_1U_2} = -9\text{tf}$(압축)

18. 다음 그림과 같은 트러스에서 부재 U의 부재력은? [기사 15]

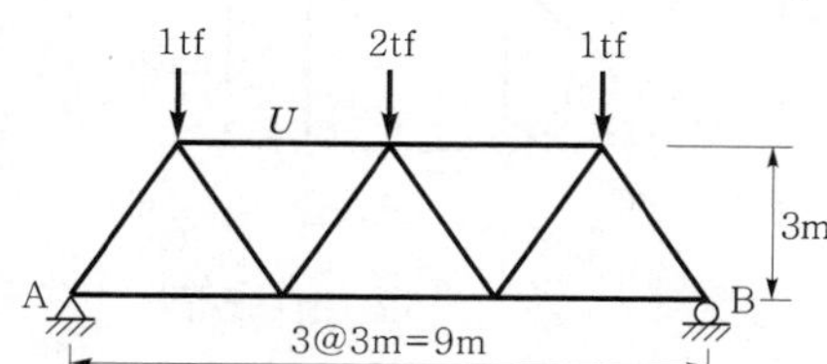

① 1.0tf(압축) ② 1.2tf(압축)
③ 1.3tf(압축) ④ 1.5tf(압축)

해설 대칭 단면이므로

$V_A = V_B = 2\text{tf}(\uparrow)$

• 단면법 이용

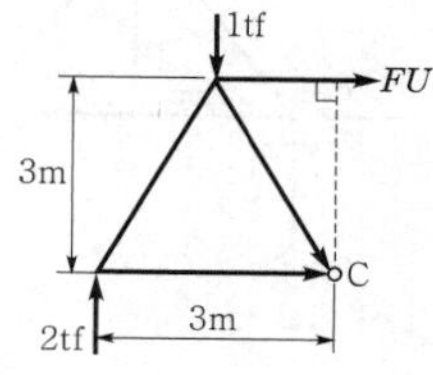

$\Sigma M_C = 0(\oplus\curvearrowright)$

$2 \times 3 - 1 \times 1.5 + F_U \times 3 = 0$

$\therefore F_U = \frac{1}{3} \times (1.5 - 2 \times 3) = -1.5\text{tf}$(압축)

19. 다음 그림의 트러스에서 연직부재 V의 부재력은? [기사 08, 산업 03]

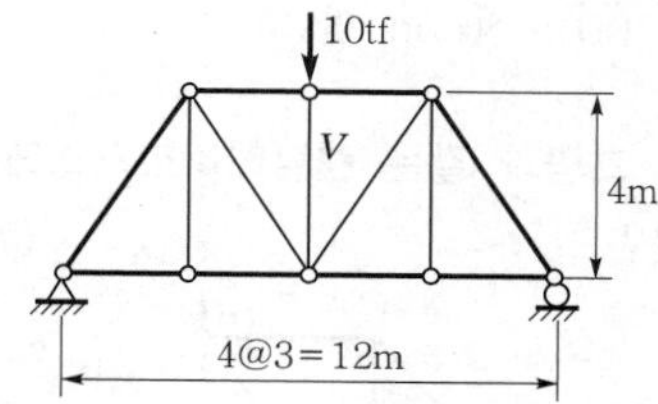

① 10tf(인장) ② 10tf(압축)
③ 5tf(인장) ④ 5tf(압축)

해설 절점법 이용

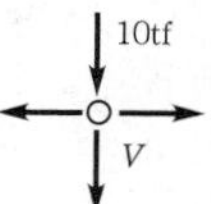

$\Sigma V = 0$

$-10 - V = 0$

$\therefore V = -10\text{tf}$(압축)

20. 다음 그림과 같이 트러스에 하중이 작용할 때 BD의 부재력은? [기사 05, 07]

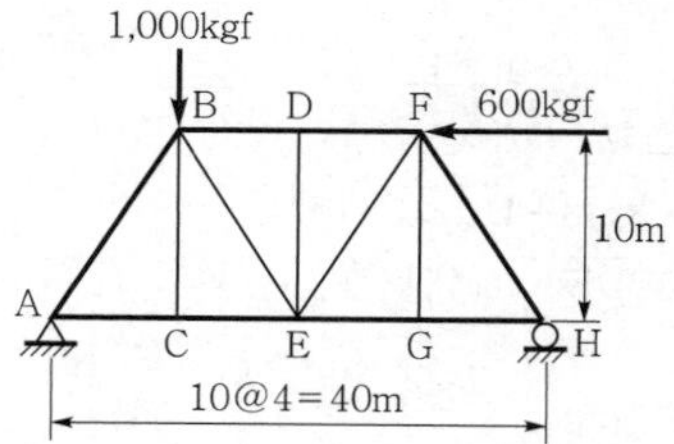

① 600kgf(압축) ② 700kgf(인장)
③ 800kgf(압축) ④ 700kgf(압축)

정답 17. ① 18. ④ 19. ② 20. ③

해설

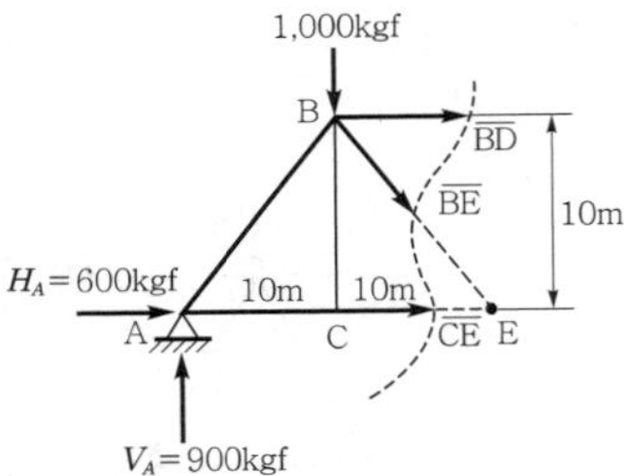

$\Sigma M_H=0(\curvearrowright\oplus)$

$V_A\times40-1{,}000\times30-600\times10=0$

$\therefore\ V_A=900\text{kgf}(\uparrow)$

$\Sigma H=0(\rightarrow\oplus)$

$H_A-600=0$

$\therefore\ H_A=600\text{kgf}$

$\Sigma M_E=0$

$900\times20-1{,}000\times10+(\overline{BD}\times10)=0$

$\therefore\ \overline{BD}=-800\text{kgf}$ (압축)

21. 다음 그림과 같은 캔틸레버트러스에서 DE부재의 부재력은? [기사 00, 09]

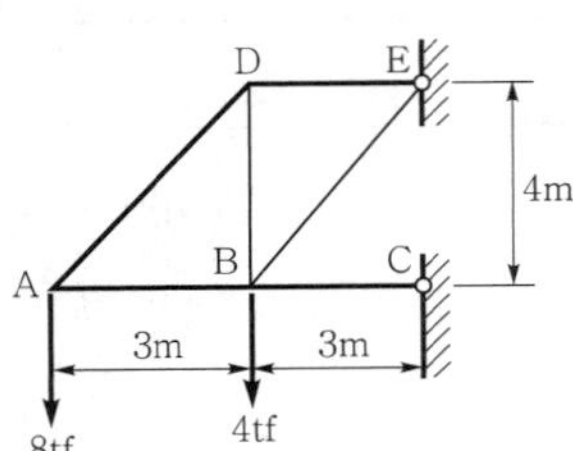

① 4tf ② 5tf
③ 6tf ④ 8tf

해설

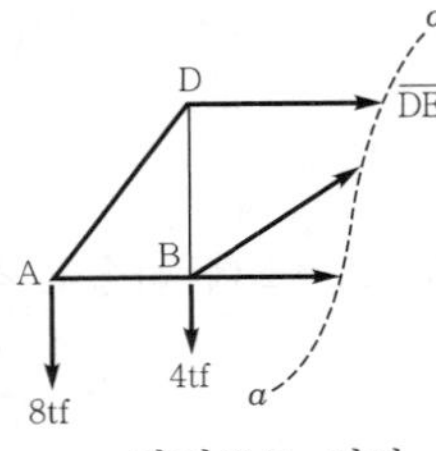

$a-a$ 단면으로 절단

$\Sigma M_B=0(\curvearrowright\oplus)$

$-8\times3+\overline{DE}\times4=0$

$\therefore\ \overline{DE}=6\text{tf}$ (인장)

22. 다음 그림과 같은 트러스의 상현재 U의 부재력은? [기사 04, 08]

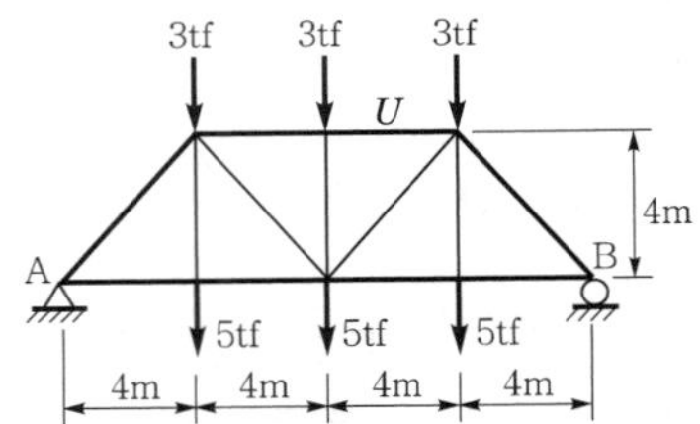

① 인장을 받으며 그 크기는 16tf이다.
② 압축을 받으며 그 크기는 16tf이다.
③ 인장을 받으며 그 크기는 12tf이다.
④ 압축을 받으며 그 크기는 12tf이다.

해설

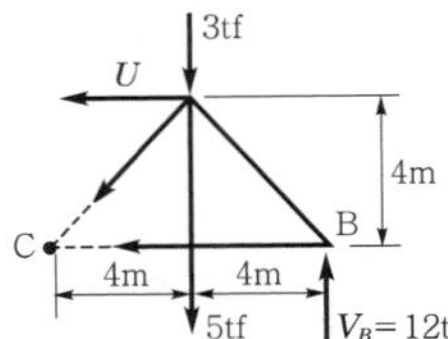

대칭구조이므로

$\Sigma V=0$

$V_A+V_B-24=0$

$\therefore\ V_A=V_B=12\text{tf}$

$\Sigma M_C=0(\curvearrowright\oplus)$

$U\times4+12\times8-8\times4=0$

$\therefore\ U=\dfrac{-64}{4}=-16\text{tf}$ (압축)

23. 다음 트러스의 절점 b에 부재 ab와 평행인 방향으로 하중 P=10tf가 작용할 때 부재 cd의 단면력은? [기사 03]

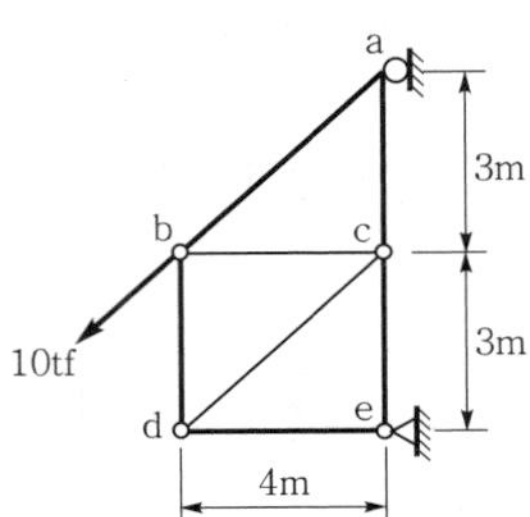

① 0 ② 5tf(압축)
③ 5tf(인장) ④ 10tf(압축)

 정답 21. ③ 22. ② 23. ①

해설

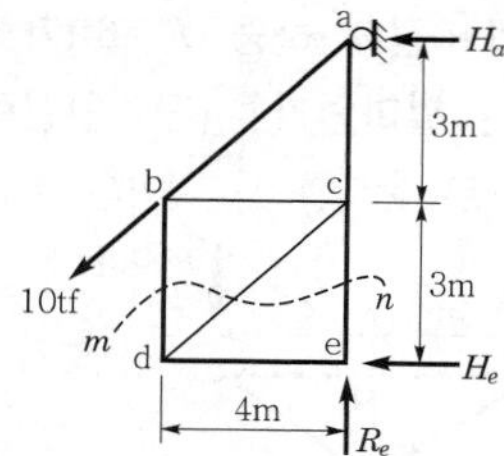

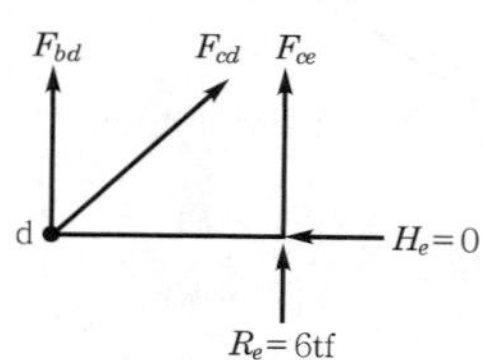

$\Sigma M_A=0$

$H_e\times 6=0$

$\therefore\ H_e=0$

$\Sigma V=0$

$-\dfrac{3}{5}\times 10+R_e=0$

$\therefore\ R_e=6\text{tf}$

$\Sigma H=0$

$\dfrac{4}{5}F_{cd}-H_e=0$

$\therefore\ F_{cd}=0$

24. 다음 트러스의 부재 U_1L_2의 부재력은?

[기사 02, 07]

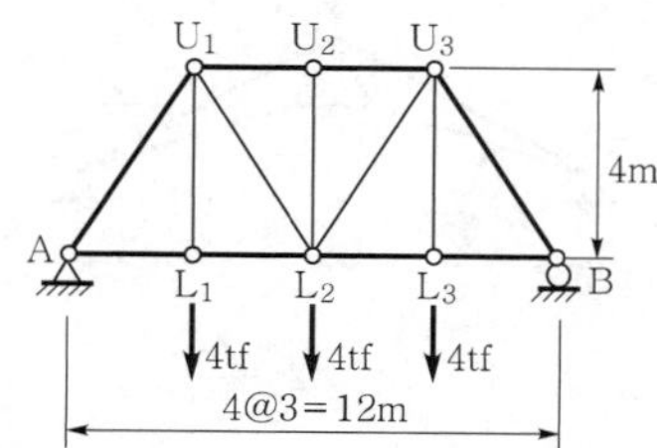

① 2.5tf(인장) ② 2tf(인장)
③ 2.5tf(압축) ④ 2tf(압축)

해설 대칭구조이므로

$R_A=R_B=6\text{tf}$

$\Sigma V=0$

$6-4-\dfrac{4}{5}\overline{U_1L_2}=0$

$\therefore\ \overline{U_1L_2}=2.5\text{tf}$(인장)

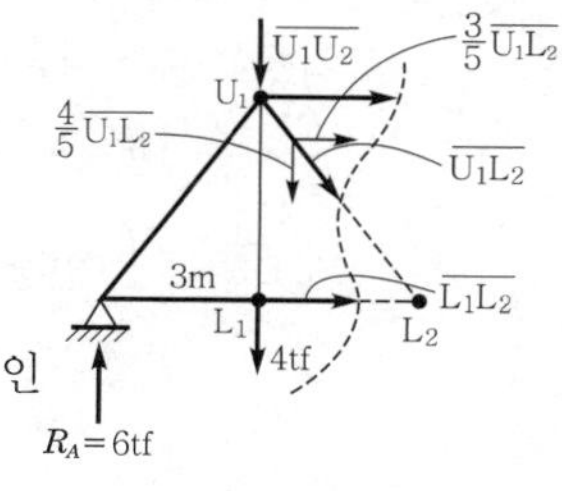

25. 다음 트러스에서 AB부재의 부재력으로 옳은 것은?

[기사 01, 11]

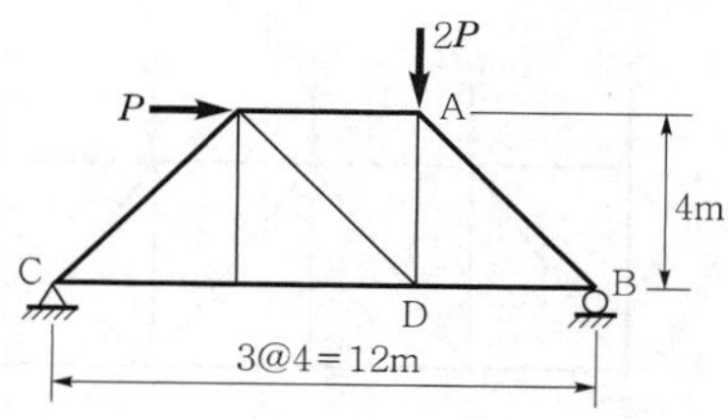

① 1.179P(압축) ② 2.357P(압축)
③ 1.179P(인장) ④ 2.357P(인장)

해설

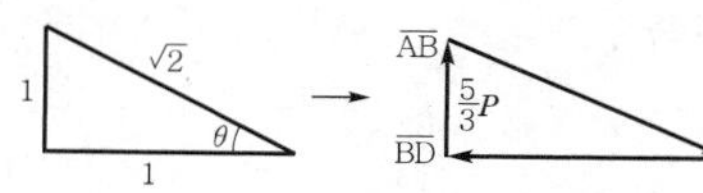

$\Sigma M_C=0(\oplus)$

$R_B\times 12-P\times 4-2P\times 8=0$

$\therefore\ R_B=\dfrac{1}{12}\times 20P=\dfrac{5}{3}P$

$\sqrt{2}:\overline{AB}=1:\dfrac{5}{3}P$

$\therefore\ \overline{AB}=\dfrac{5}{3}P\times\sqrt{2}=2.357P$(압축)

26. 다음 그림과 같은 트러스의 사재 D의 부재력은?

[기사 05, 08, 10]

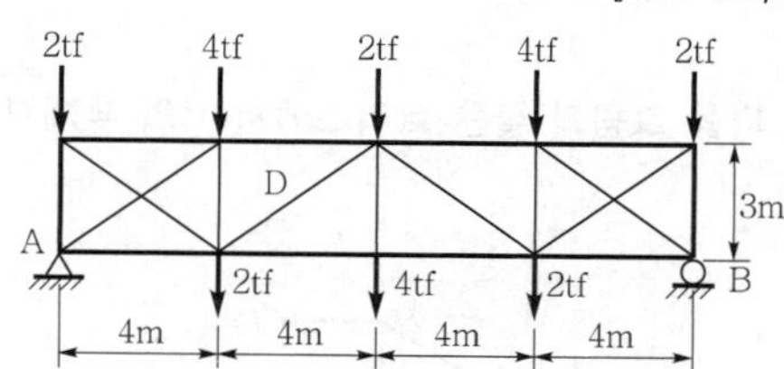

① 5tf(인장) ② 5tf(압축)
③ 3.75tf(인장) ④ 3.75tf(압축)

해설

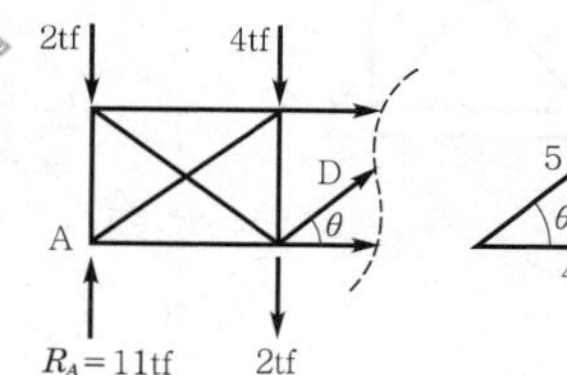

대칭구조이므로

$R_A=11\text{tf}$

$\Sigma V=0$

$R_A+D\sin\theta-2-4-2=0$

$\therefore\ D=\dfrac{1}{\sin\theta}\times(8-11)=\dfrac{5}{3}\times(-3)=-5\text{tf}$(압축)

정답 24. ① 25. ② 26. ②

27. 다음 트러스에서 $\overline{L_1U_2}$부재의 부재력은? [기사 03]

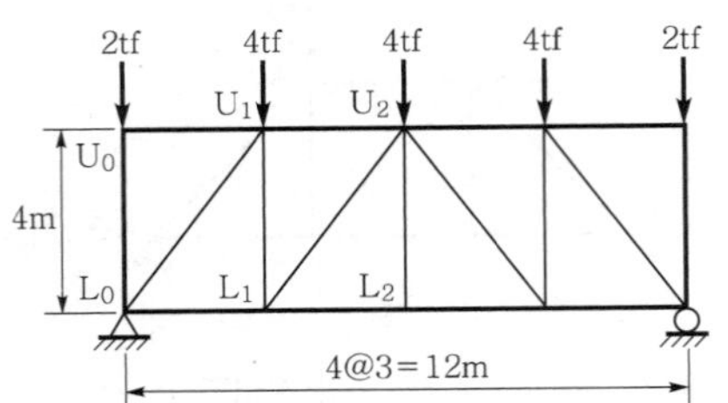

① 2.2tf(인장) ② 2.0tf(압축)
③ 2.2tf(압축) ④ 2.5tf(압축)

해설

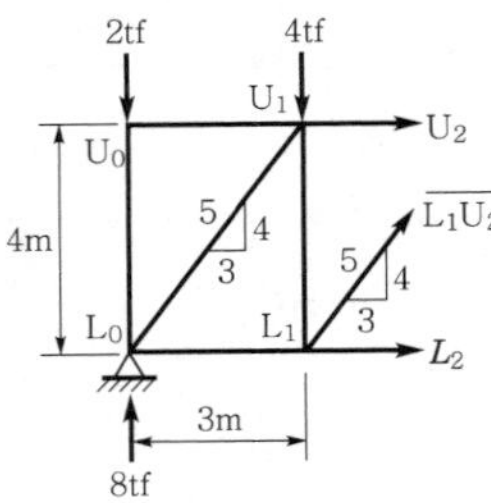

$\Sigma V=0$

$8-6+\frac{4}{5}\overline{L_1U_2}=0$

$\therefore \overline{L_1U_2}=\frac{4}{5}\times(-2)=-2.5\text{tf}$(압축)

28. 다음 그림과 같은 트러스에서 V의 부재력값은? [기사 01, 06]

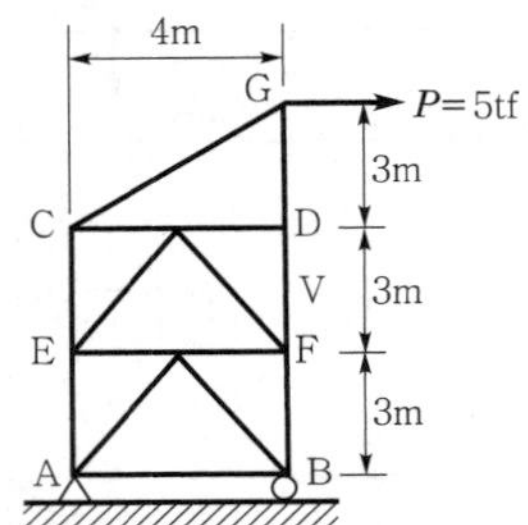

① −6.67tf ② −6.25tf
③ −3.75tf ④ −7.5tf

해설 $\Sigma M_C=0(\oplus)$

$V\times4+5\times3=0$

$\therefore V=-3.75\text{tf}$(압축)

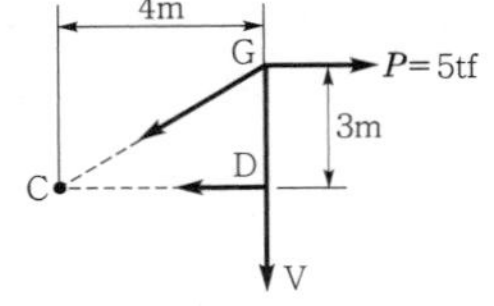

29. 다음 트러스의 c점에 하중 $P=6$tf가 작용하면 부재 ab가 받는 힘은 얼마인가? (단, 인장력 부호는 +, 압축력 부호는 −로 한다.) [기사 01, 산업 12]

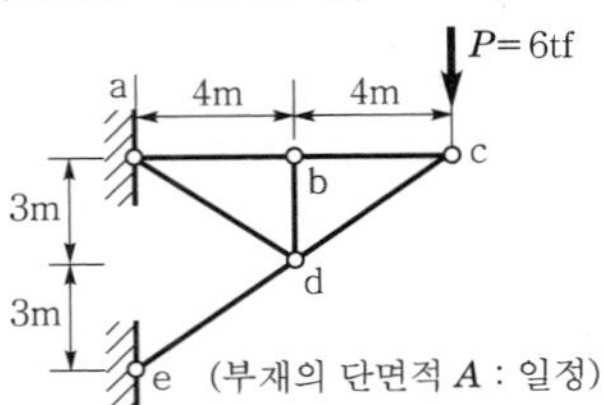

① −6tf ② −8tf
③ +8tf ④ +10tf

해설

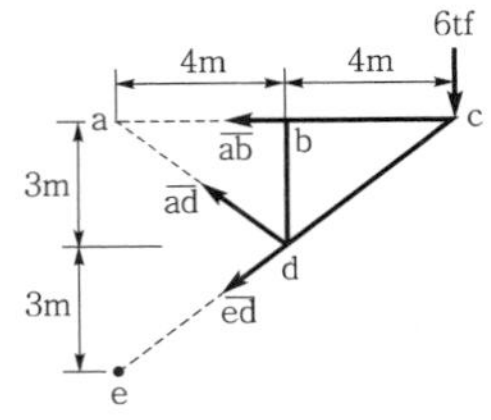

$\Sigma M_d=0(\oplus)$

$6\times4-\overline{ab}\times3=0$

$\therefore \overline{ab}=8\text{tf}$(인장)

30. 다음 그림과 같은 트러스에서 DE부재의 부재력은? [산업 03]

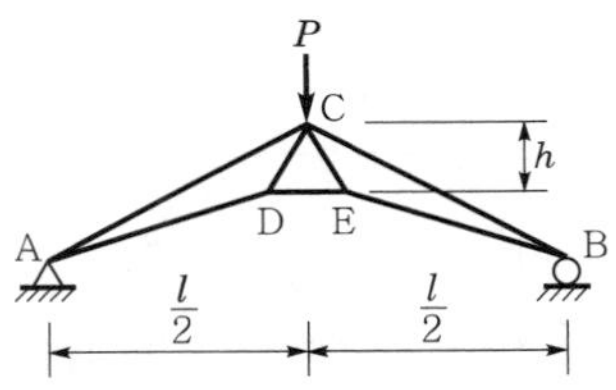

① $\frac{Pl}{4h}$ ② $\frac{2Pl}{3h}$
③ $\frac{Pl}{2h}$ ④ $\frac{3Pl}{4h}$

해설 $\overline{DE}$부재에서 $t-t$ 단면으로 절단하고 $\Sigma M_C=0$을 적용하면

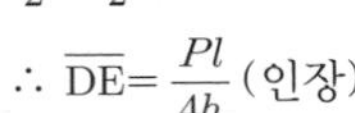

$\frac{P}{2}\times\frac{l}{2}-\overline{DE}\times h=0$

$\therefore \overline{DE}=\frac{Pl}{4h}$(인장)

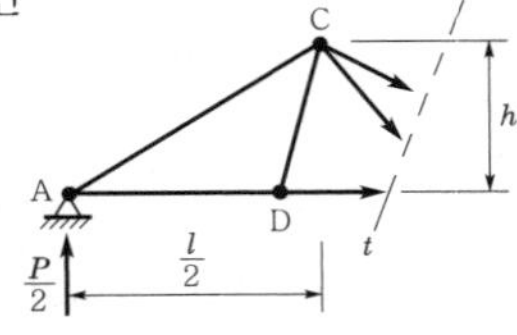

정답 27. ④ 28. ③ 29. ③ 30. ①

31. 다음 그림과 같은 곡현트러스의 BC부재의 부재력은? [기사 00]

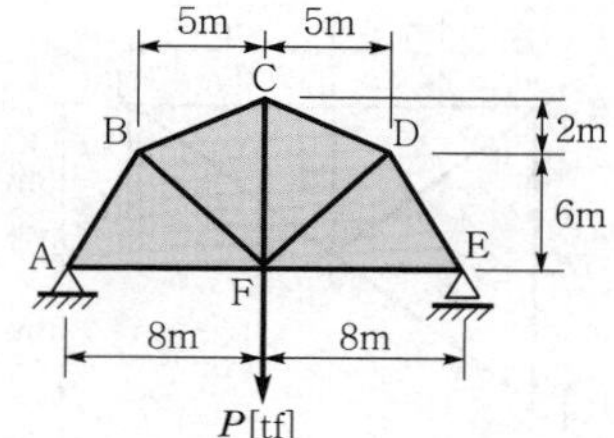

① 4.31P[tf](인장) ② 4.31P[tf](압축)
③ 0.54P[tf](인장) ④ 0.54P[tf](압축)

해설

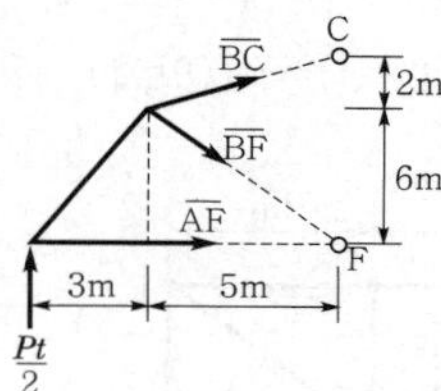

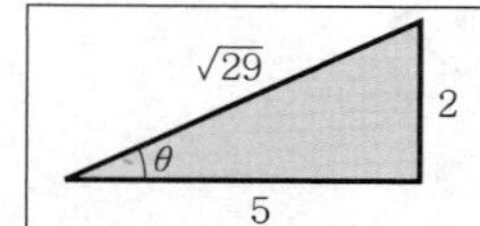

$\overline{BC}_x = \frac{5}{\sqrt{29}}\overline{BC}$

$\overline{BC}_y = \frac{2}{\sqrt{29}}\overline{BC}$

$\Sigma M_F = 0(\circlearrowright\oplus)$

$\frac{P}{2}\times 8+\overline{BC}_x\times 6+\overline{BC}_y\times 5=0$

$4P+\frac{5}{\sqrt{29}}\overline{BC}\times 6+\frac{2}{\sqrt{29}}\overline{BC}\times 5=0$

$\therefore\ \overline{BC}=-0.54P[\text{tf}]$(압축)

32. 다음 그림의 트러스에서 CD부재가 받는 부재력은? [산업 12, 17]

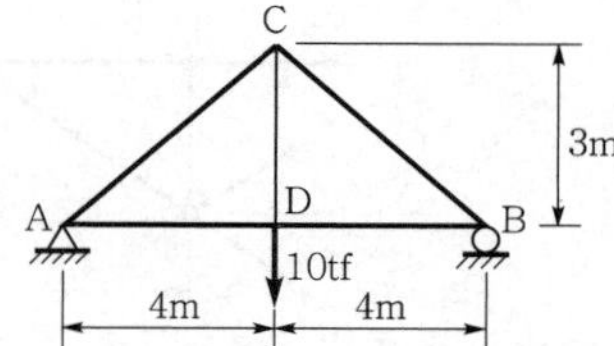

① 6.7tf(인장) ② 8.3tf(압축)
③ 10tf(인장) ④ 10tf(압축)

해설 절점법 이용

$\Sigma H=0$

$\overline{AD}=\overline{BD}$

$\Sigma V=0$

$\therefore\ \overline{CD}=10\text{tf}$(인장)

33. 다음 그림과 같은 트러스에서 부재 AC의 부재력은? [산업 15]

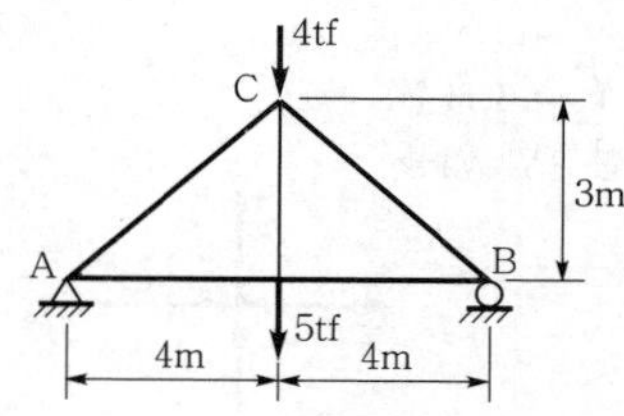

① 4tf(인장) ② 4tf(압축)
③ 7.5tf(인장) ④ 7.5tf(압축)

해설

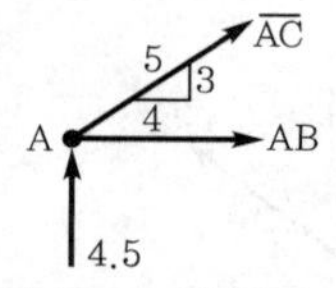

$\Sigma F_Y=0(\uparrow\oplus)$

$\frac{3}{5}\overline{AC}+4.5=0$

$\therefore\ \overline{AC}=-7.5\text{tf}$(압축)

34. 다음 트러스의 절점 d에 연직하중 P=6tf가 작용할 때 부재 cd의 부재력은? [산업 11]

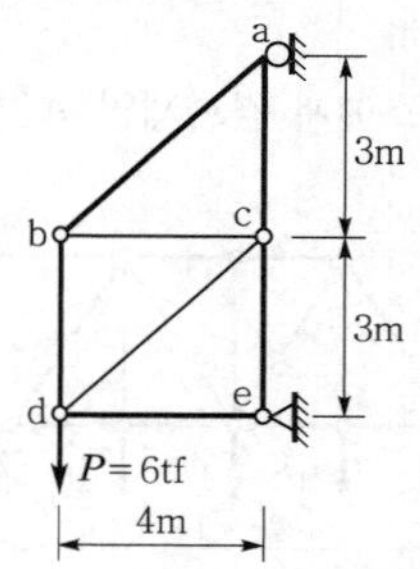

① 0 ② 5tf(인장)
③ 5tf(압축) ④ 10tf(인장)

해설

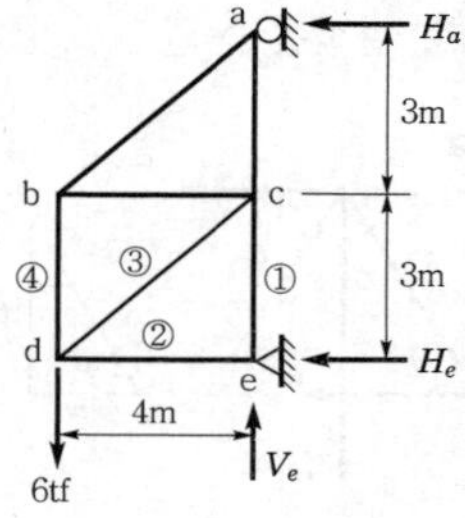

$\Sigma M_a=0(\oplus\circlearrowright)$

$H_a\times 6+6\times 4=0$

$\therefore\ H_a=-4\text{tf}(\rightarrow)$

정답 31. ④ 32. ③ 33. ④ 34. ②

$\Sigma F_X = 0(\leftarrow\oplus)$

$H_a + H_e = 0$

$\therefore\ H_e = -H_a = 4\text{tf}(\leftarrow)$

$\Sigma F_Y = 0(\uparrow\oplus)$

$\therefore\ V_e = 6\text{tf}(\uparrow)$

• 절점법 이용

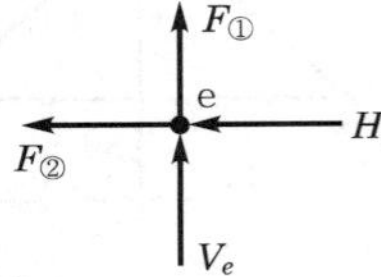

$\Sigma F_Y = 0(\uparrow\oplus)$

$\therefore\ F_{①} = -6\text{tf}$(압축)

$\Sigma F_X = 0(\leftarrow\oplus)$

$\therefore\ F_{②} = -4\text{tf}$(압축)

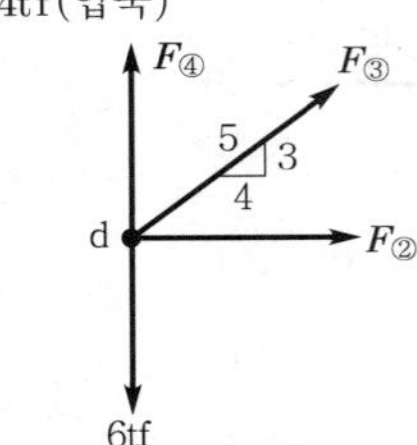

$\Sigma F_X = 0(\rightarrow\oplus)$

$\frac{4}{5}F_{③} + F_{②} = 0$

$\therefore\ F_{③} = -\frac{5}{4}F_{②} = 5\text{tf}$(인장)

35. 다음 트러스에서 경사재인 A′부재의 부재력은? [산업 13]

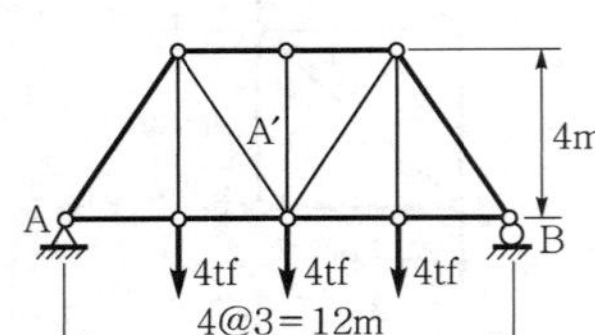

① 2.5tf(인장) ② 2tf(인장)
③ 2.5tf(압축) ④ 2tf(압축)

해설 대칭구조이므로 반력은 동일

$\therefore\ R = 6\text{tf}(\uparrow)$

• 단면법 이용

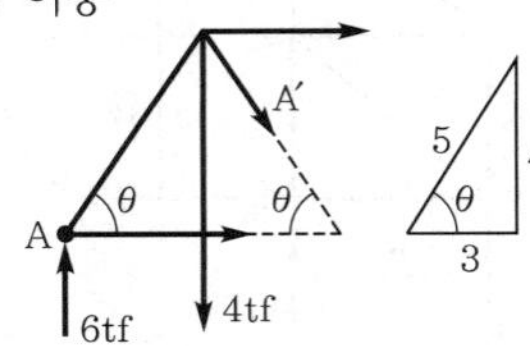

$\Sigma V = 0$

$6 - 4 - A\sin\theta = 0$

$\therefore\ A = 2 \times \frac{5}{4} = 2.5\text{tf}$(인장)

36. 다음 그림과 같은 트러스에서 ⓐ, ⓓ, ⓕ부재의 부재력은 얼마인가? [산업 12]

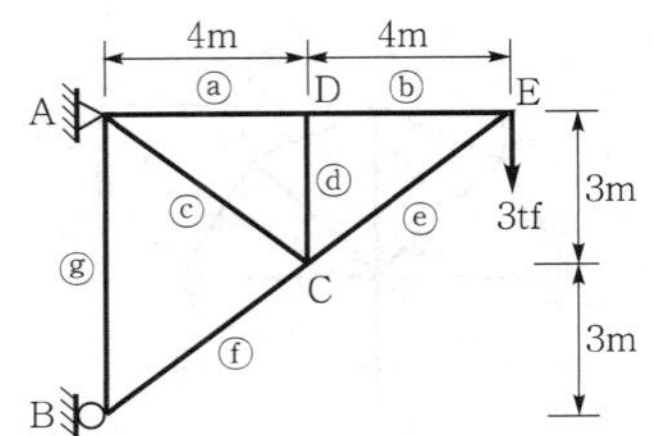

① ⓐ=4tf(인장), ⓓ=0, ⓕ=5tf(압축)
② ⓐ=5tf(인장), ⓓ=0, ⓕ=4tf(압축)
③ ⓐ=4tf(압축), ⓓ=0, ⓕ=5tf(인장)
④ ⓐ=5tf(인장), ⓓ=0, ⓕ=5tf(압축)

해설

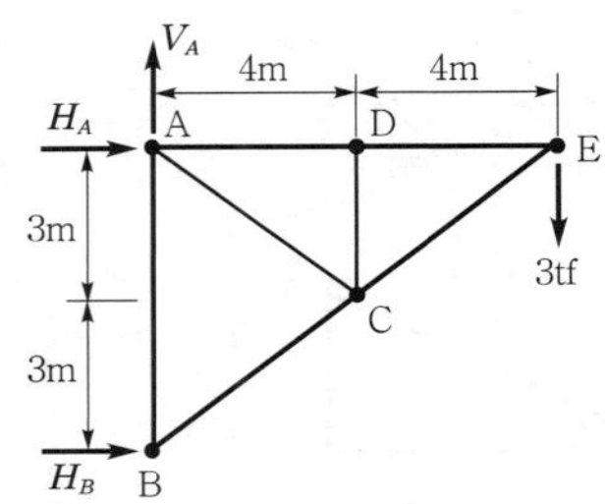

$\Sigma M_A = 0(\oplus\circlearrowright)$

$3 \times 8 - H_B \times 6 = 0$

$\therefore\ H_B = 4\text{tf}(\rightarrow)$

$\Sigma F_X = 0(\rightarrow\oplus)$

$H_A + H_B = 0$

$\therefore\ H_A = -H_B = 4\text{tf}(\leftarrow)$

$\Sigma F_Y = 0(\uparrow\oplus)$

$\therefore\ V_A = 3\text{tf}(\uparrow)$

㉠ ⓐ부재력 산정

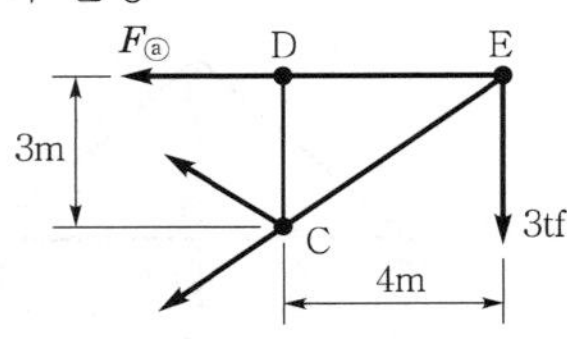

$\Sigma M_C = 0(\oplus\circlearrowright)$

$3 \times 4 - 3 \times F_{ⓐ} = 0$

$\therefore\ F_{ⓐ} = 4\text{tf}$(인장)

㉡ ⓓ부재력 산정

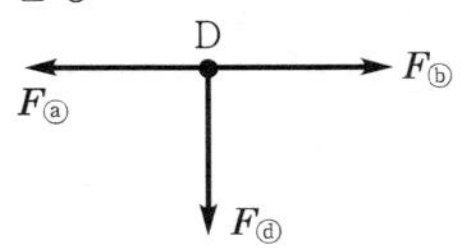

$\Sigma F_Y = 0(\downarrow\oplus)$

 정답 35. ① 36. ①

$\therefore F_{ⓓ} = 0$

㉢ ⓕ부재력 산정

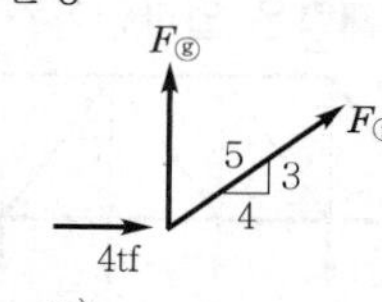

$\Sigma F_X = 0(\rightarrow \oplus)$

$\frac{4}{5}F_{ⓕ} + 4 = 0$

$\therefore F_{ⓕ} = -5\text{tf}$(압축)

37. 다음 그림과 같은 정정 트러스에 있어서 a부재에 일어나는 부재력은? [산업 02, 10]

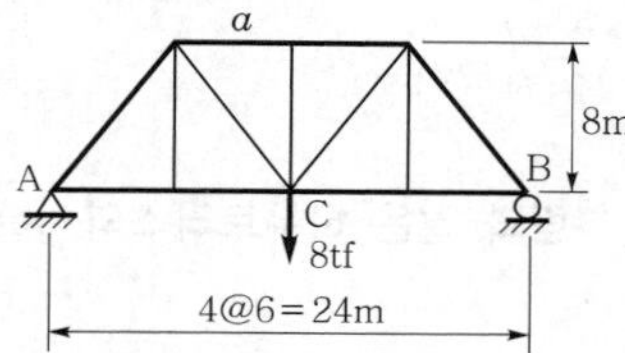

① 6tf(압축) ② 5tf(인장)
③ 4tf(압축) ④ 3tf(인장)

해설 $R_A = R_B = 4\text{tf}(\uparrow)$

C점에서 모멘트를 취하면

$4 \times 12 + a \times 8 = 0$

$\therefore a = -6\text{tf}$(압축)

38. 다음 그림과 같은 트러스에서 사재 D의 부재력은? [산업 07]

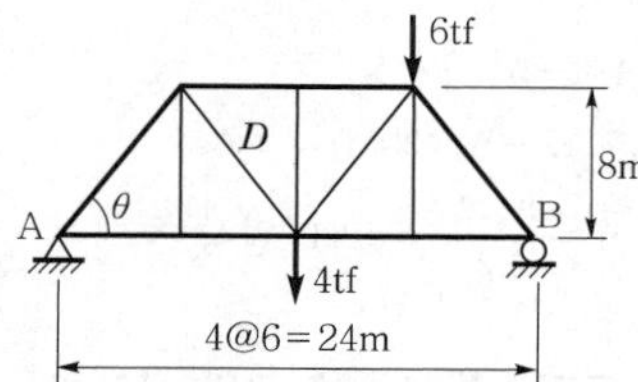

① 3.112tf ② 4.375tf
③ 5.465tf ④ 6.522tf

해설 $\Sigma M_B = 0(\oplus)$

$R_A \times 24 - 6 \times 6 - 4 \times 12 = 0$

$\therefore R_A = 3.5\text{tf},\ R_B = 6.5\text{tf}$

D부재를 포함해서 자르고 전단력법 이용

$R_A - D\sin\theta = 0$

$\therefore D = \frac{R_A}{\sin\theta} = \frac{3.5}{4/5} = 4.375\text{tf}$

39. 다음 그림의 트러스에서 DE의 부재력은? [산업 04, 16]

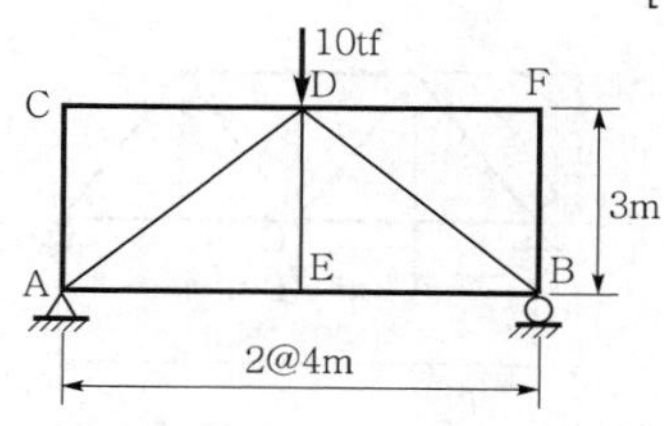

① 0tf ② 2tf
③ 5tf ④ 10tf

해설 절점 E에서 절점법 이용

$\Sigma V = 0$에서 $\overline{DE} = 0$

40. 다음 그림과 같은 정정 트러스에서 D_1부재($\overline{AC}$)의 부재력은? [기사 16]

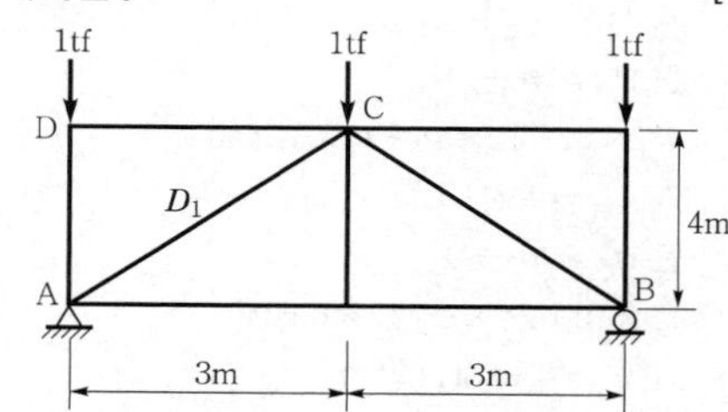

① 0.625tf(인장) ② 0.625tf(압축)
③ 0.75tf(인장) ④ 0.75tf(압축)

해설 절점법 이용

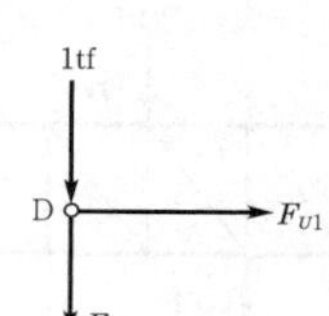

$\Sigma F_Y = 0(\downarrow \oplus)$

$\therefore F_{H1} = -1\text{tf}$(압축)

$\Sigma F_X = 0(\rightarrow \oplus)$

$\therefore F_{U1} = 0$

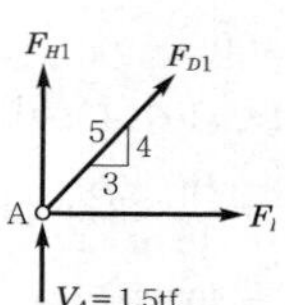

$\Sigma F_Y = 0(\uparrow \oplus)$

$F_{H1} + \frac{4}{5}F_{D1} + 1.5 = 0$

$\therefore F_{D1} = (-1.5 - F_{H1}) \times \frac{5}{4} = (-1.5 + 1) \times \frac{5}{4}$

$= -0.625\text{tf}$(압축)

정답 37. ① 38. ② 39. ① 40. ②

41. 다음 그림의 트러스에서 a부재의 부재력은? [기사 16]

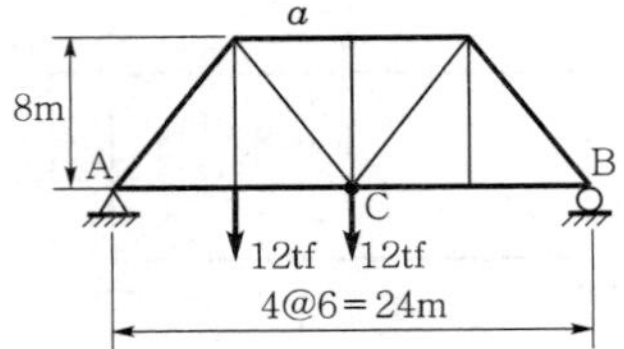

① 13.5tf(인장) ② 17.5tf(인장)
③ 13.5tf(압축) ④ 17.5tf(압축)

해설 반력 산정

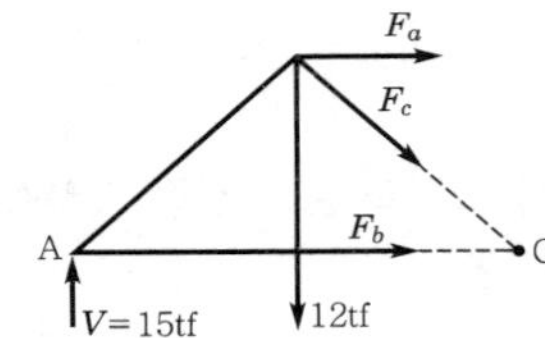

$\Sigma M_B = 0(\oplus)$

$V_A \times 24 - 12 \times 18 - 12 \times 12 = 0$

$\therefore V_A = 15\text{tf}(\uparrow)$

$\Sigma M_C = 0(\oplus)$

$15 \times 12 + F_a \times 8 - 12 \times 6 = 0$

$\therefore F_a = -13.5\text{tf}$(압축)

42. 다음 그림과 같은 트러스에서 상현재 U의 부재력은 약 얼마인가? [산업 11]

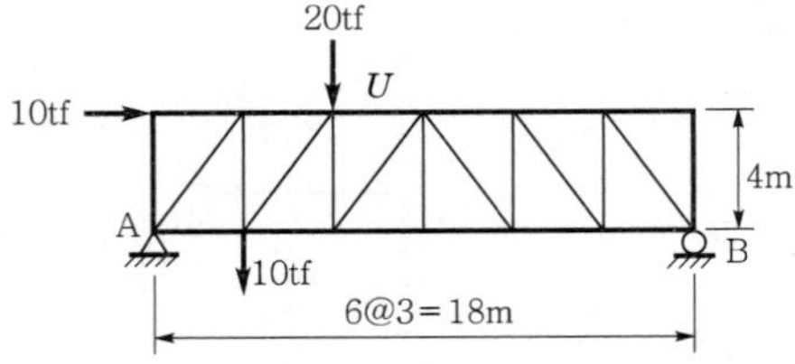

① 12.50tf(압축) ② 15.84tf(압축)
③ 42.56tf(압축) ④ 52.52tf(압축)

해설 $\Sigma M_B = 0$

$R_A \times 18 + 10 \times 4 - 10 \times 15 - 20 \times 12 = 0$

$\therefore R_A = \frac{1}{18} \times 350 = 19.44\text{tf}$

$\therefore R_B = 10.56\text{tf}$

U를 포함해서 모멘트법을 쓰면

$-R_B \times 6 - U \times 4 = 0$

$\therefore U = -\frac{1}{4} \times (10.56 \times 6) = -15.84\text{tf}$(압축)

43. 다음 그림과 같은 트러스에서 부재 V(중앙의 연직재)의 부재력은 얼마인가? [산업 06, 09]

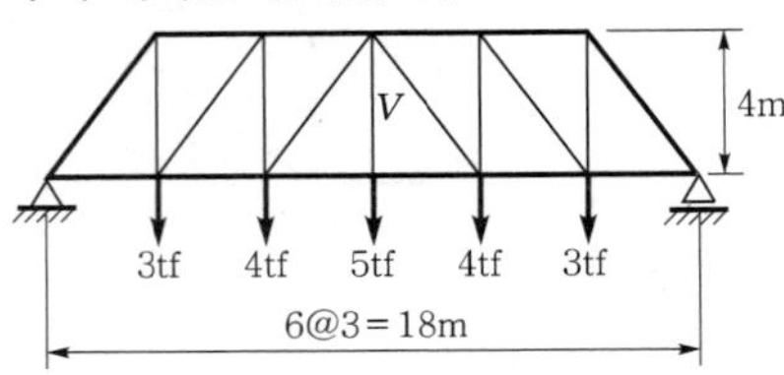

① 5tf(압축) ② 5tf(인장)
③ 4tf(압축) ④ 4tf(인장)

해설 단면법 이용

$\Sigma V = 0$

$V - 5 = 0$

$\therefore V = 5\text{tf}$(인장)

44. 다음 그림과 같은 하우트러스의 bc부재의 부재력은? [산업 04, 08]

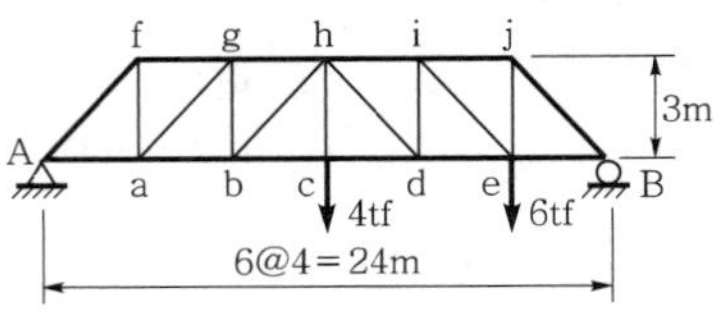

① 2tf ② 4tf
③ 8tf ④ 12tf

해설 $\Sigma M_B = 0$

$R_A \times 24 - 4 \times 12 - 6 \times 4 = 0$

$\therefore R_A = \frac{1}{24} \times (48 + 24) = 3\text{tf}$

$\Sigma M_h = 0$

$R_A \times 12 - \overline{bc} \times 3 = 0$

$\therefore \overline{bc} = \frac{3 \times 12}{3} = 12\text{tf}$(인장)

45. 다음 트러스에서 ①부재의 부재력은 얼마인가? [산업 04, 07]

① 4.5kgf
② 6.0kgf
③ 7.5kgf
④ 8.0kgf

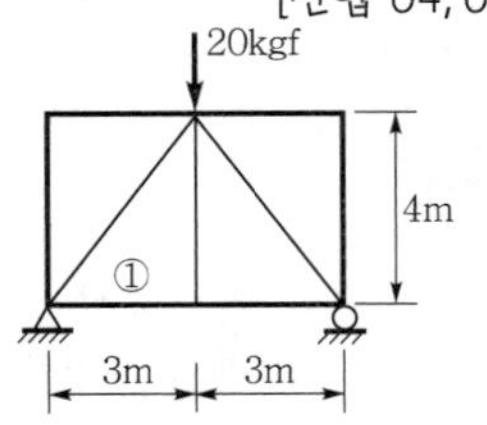

해설 $\Sigma M = 0$

$10 \times 3 - L_{①} \times 4 = 0$

$\therefore L_{①} = \frac{30}{4} = 7.5\text{kgf}$

정답 41. ③ 42. ② 43. ② 44. ④ 45. ③

46. 다음과 같은 구조물에서 지점 A의 수평반력의 크기는? [산업 06]

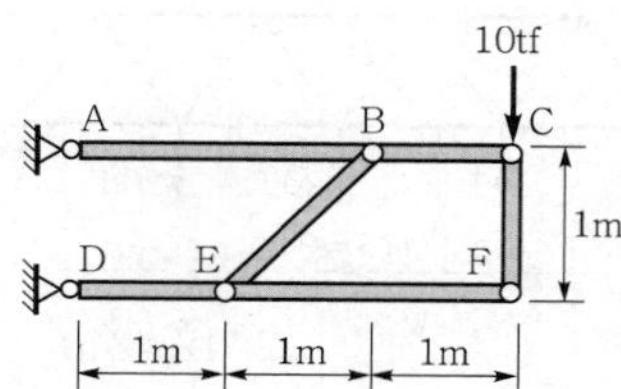

① $\frac{20}{\sqrt{2}}$tf ② $\frac{30}{\sqrt{2}}$tf
③ 20tf ④ 30tf

해설 $\Sigma M_D = 0(\oplus)$
$10\times3 - H_A\times1 = 0$
$\therefore H_A = 30\text{tf}(\leftarrow)$

47. 다음 그림과 같은 트러스에서 U의 부재력은? [산업 02]

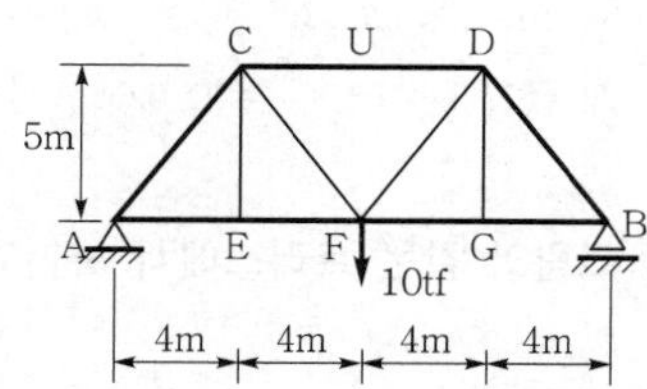

① 6tf(인장) ② 8tf(압축)
③ 6tf(압축) ④ 8tf(인장)

해설 $R_A = R_B = 5\text{tf}$
F점에 모멘트 중심을 잡고 모멘트법으로 풀면
$M_F = R_A\times8 + U\times5 = 0$
$\therefore U = -\frac{5\times8}{5} = -8\text{tf}$(압축)

48. 다음 그림과 같은 트러스에서 CB부재의 부재력은? [산업 11]

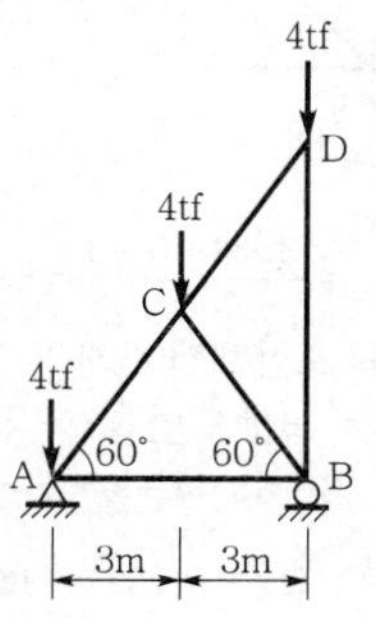

① 0 ② −10.5tf
③ −4tf ④ −2.31tf

해설

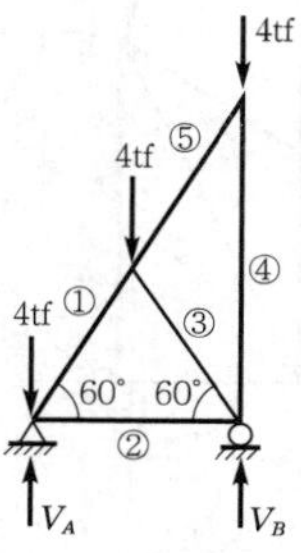

$\Sigma M_B = 0(\oplus)$
$V_A\times6 - 4\times6 - 4\times3 = 0$
$\therefore V_A = 6\text{tf}(\uparrow)$
$\Sigma F_Y = 0(\uparrow\oplus)$
$V_A + V_B = 0$
$\therefore V_B = 6\text{tf}(\uparrow)$
• 절점법 이용

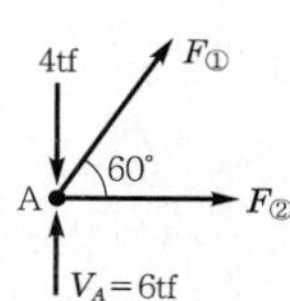

$\Sigma F_Y = 0(\uparrow\oplus)$
$F_{①}\sin60° - 4 + 6 = 0$
$\therefore F_{①} = \frac{-2}{\sin60°} = -2.309\text{tf}$(압축)
$\Sigma F_X = 0(\rightarrow\oplus)$
$F_{①}\cos60° + F_{②} = 0$
$\therefore F_{②} = -F_{①}\cos60° = -2.309\times\cos60°$
$= -1.156\text{tf}$(인장)

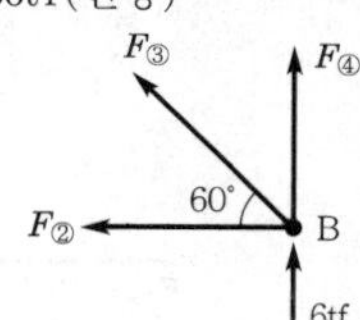

$\Sigma F_X = 0(\leftarrow\oplus)$
$F_{②} + F_{③}\cos60° = 0$
$\therefore F_{③} = -\frac{F_{②}}{\cos60°} = -\frac{1.156}{\cos60°} = -2.309\text{tf}$

정답 46. ④ 47. ② 48. ④

49. 다음 그림과 같은 트러스의 부재 EF의 부재력은?

[기사 16, 산업 13]

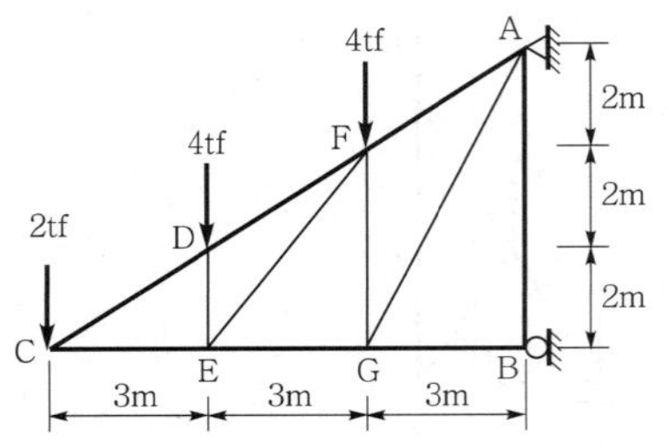

① 4.5tf ② 5.0tf
③ 5.5tf ④ 6.0tf

해설 절점법 이용

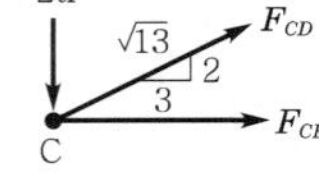

$\Sigma F_Y = 0(\uparrow \oplus)$

$\frac{2}{\sqrt{13}} F_{CD} - 2 = 0$

$\therefore F_{CD} = \sqrt{13}\,\text{tf}$(인장)

$\Sigma F_X = 0(\rightarrow \oplus)$

$\frac{3}{\sqrt{13}} F_{CD} + F_{CE} = 0$

$\therefore F_{CE} = -3\,\text{tf}$(압축)

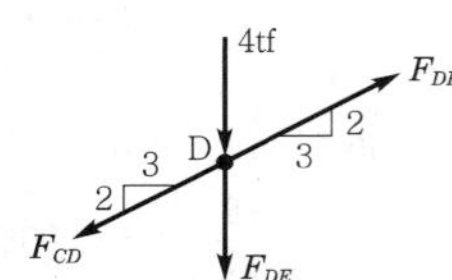

$\Sigma F_X = 0(\leftarrow \oplus)$

$\therefore F_{CD} = F_{DF} = \sqrt{13}\,\text{tf}$(인장)

$\Sigma F_Y = 0(\downarrow \oplus)$

$\therefore F_{DE} = -4\,\text{tf}$(압축)

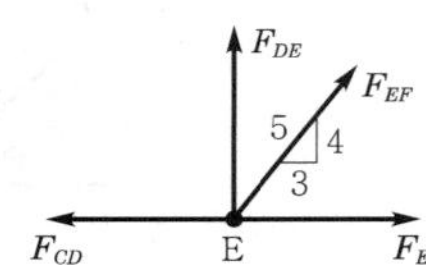

$\Sigma F_Y = 0(\uparrow \oplus)$

$F_{DE} + \frac{4}{5} F_{EF} = 0$

$\therefore F_{EF} = -\frac{5}{4} F_{DE} = -\frac{5}{4} \times (-4) = 5\,\text{tf}$(인장)

50. 다음과 같은 트러스의 D부재의 부재력은?

[산업 12]

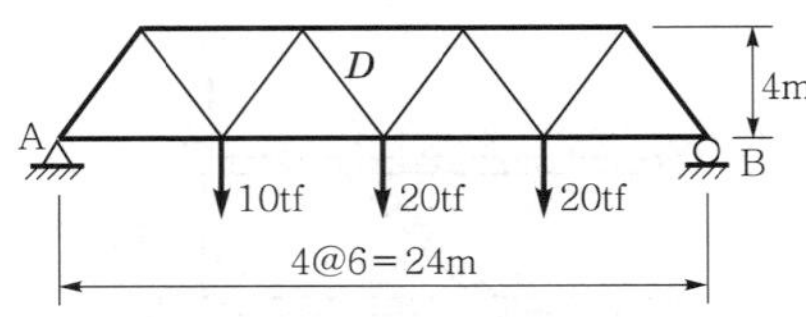

① 10.253tf ② 12.424tf
③ 15.625tf ④ 10.827tf

해설 $\Sigma M_B = 0$

$R_A \times 24 - 10 \times 18 - 20 \times 12 - 20 \times 6 = 0$

$\therefore R_A = \frac{540}{24} = 22.5\,\text{tf}(\uparrow)$

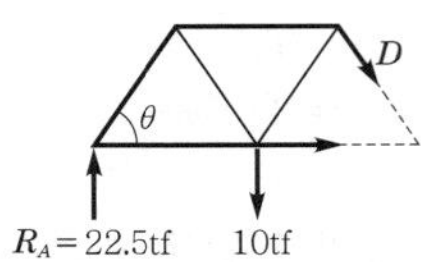

$\Sigma V = 0$

$22.5 - 10 - D\sin\theta = 0$

$\therefore D = (22.5 - 10) \times \frac{5}{4} = 15.625\,\text{tf}$(인장)

51. 다음 그림과 같은 트러스에서 하현재 L의 부재력은?

[산업 03]

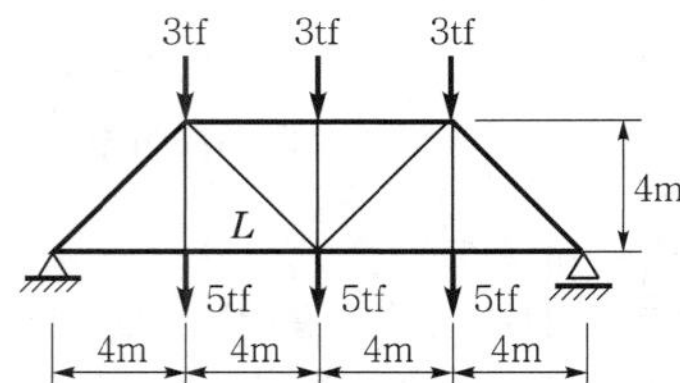

① 16tf(인장) ② −16tf(압축)
③ 12tf(인장) ④ −12tf(압축)

해설

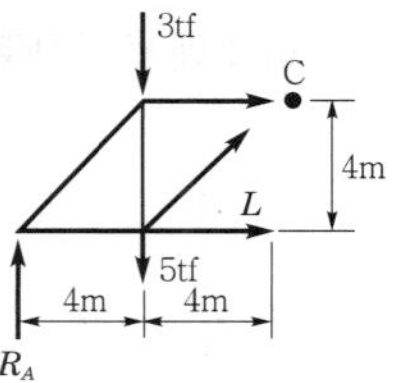

$R_A = R_B = \frac{3 \times 3 + 5 \times 3}{2} = 12\,\text{tf}$

L부재를 포함해서 3개의 부재를 자르고 중앙 3tf점에서 모멘트법을 사용하면

$R_A \times 8 - (3+5) \times 4 - L \times 4 = 0$

$\therefore L = \frac{1}{4} \times (12 \times 8 - 32) = 16\,\text{tf}$(인장)

정답 49. ② 50. ③ 51. ①

52. 다음 트러스에서 하현재인 U부재의 부재력은? [산업 08]

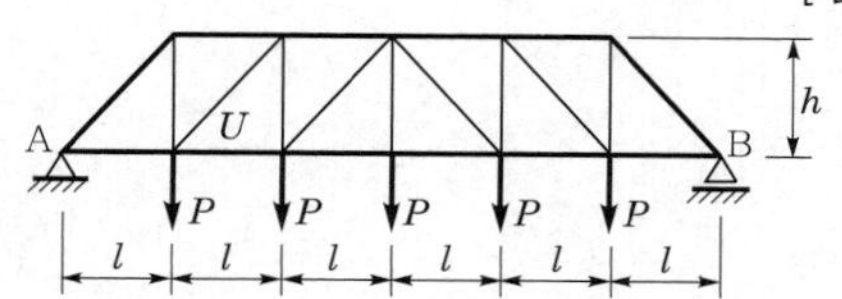

① $\frac{Pl}{h}$ ② $\frac{2Pl}{h}$

③ $\frac{4Pl}{h}$ ④ $\frac{6Pl}{h}$

해설

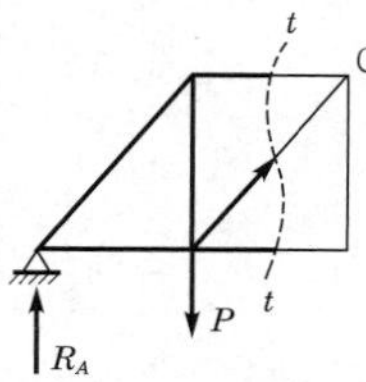

$t-t$ 단면으로 절단하고 모멘트법을 사용하면

$\Sigma M_C=0(\because R_A=2.5P)$

$2.5P\times 2l-Pl-Uh=0$

$\therefore\ U=\frac{4Pl}{h}$ (인장)

53. 다음 그림과 같은 트러스에서 부재 AB의 부재력은? [기사 15, 17]

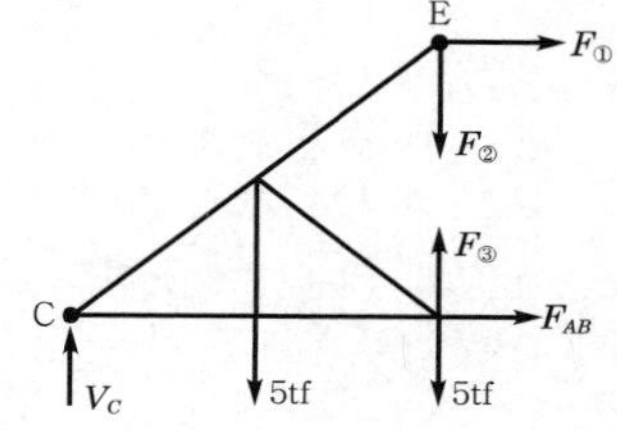

① 10.625tf(인장) ② 15.05tf(인장)

③ 15.05tf(압축) ④ 10.625tf(압축)

해설 반력 산정

$\Sigma M_D=0(\oplus)$

$V_C\times 16-5\times 14-5\times 12-5\times 8-10\times 4=0$

$\therefore\ V_C=13.125\text{tf}(\uparrow)$

$\Sigma M_E=0(\oplus)$

$V_C\times 4-5\times 2-F_{AB}\times 4=0$

$\therefore\ F_{AB}=\frac{13.125\times 4-10}{4}=10.625\text{tf}$ (인장)

MEMO

chapter 10

탄성변형의 정리

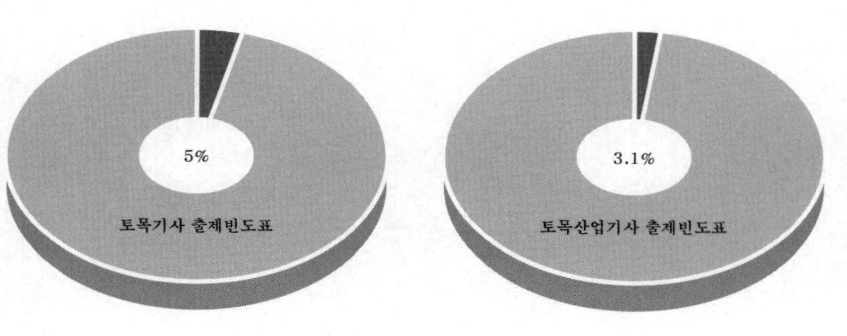

10 탄성변형의 정리

01 탄성구조 해석의 조건

알•아•두•기•

① 정의

구조 해석의 목적은 하중, 온도변화, 지점침하 등의 작용을 받는 평형 상태 구조물의 변위와 변형 및 응력분포를 구하는 데 있다.

② 구조 해석 시 만족조건

(1) 평형조건

외력과 내력(전체응력)은 평형을 이루어야 한다.

(2) 적합조건

변위와 변형은 부재 내부 및 경계면에서 연속이다.

(3) 구성조건

부재는 탄성체로 훅(Hooke)의 법칙이 성립되어야 한다.

02 일(work)

① 정의

물체에 힘이 작용하여 물체를 이동시켰을 때 힘은 물체에 일을 하였다고 하며, 힘과 변위의 곱을 일량이라 한다.

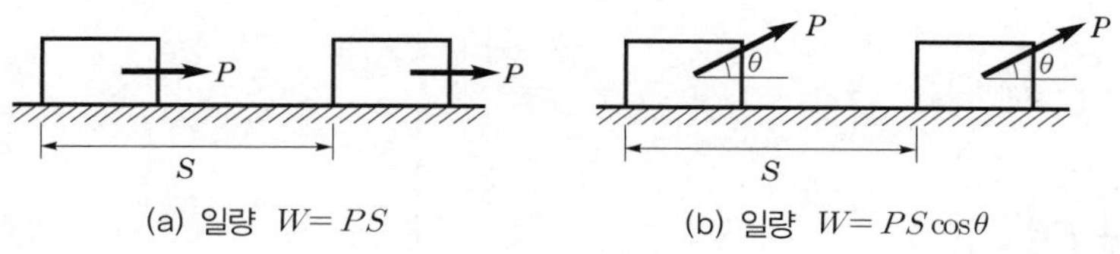

(a) 일량 $W=PS$ (b) 일량 $W=PS\cos\theta$

【그림 10.1】

알•아•두•기•

② 외력일(external work)

(1) 비변동 외력일(일정한 방향의 일정한 힘에 의한 일)

외력 P가 작용하여 물체를 A에서 B′로 움직일 때 외력일은 힘 P와 그 방향 변위 δ의 곱으로 나타낸다.

$$W_E = P\delta = P\overline{\mathrm{AB}'}\cos\theta$$

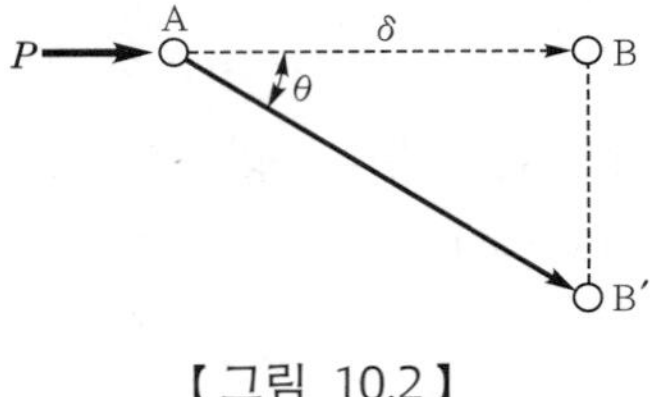

【그림 10.2】

비변동 외력일

질점에 대한 일

- 하중(P) 작용 : $W_E = P\delta$
- 모멘트(M) 작용 : $W_E = M\theta$

(2) 변동 외력일(하중의 크기가 0부터 일정하게 서서히 증가할 때의 일)

기둥에 외력 P가 작용하여 A가 A′로 변위했을 때 외력의 크기를 P'라 하면 훅의 법칙에 따라 외력이 한 일은 다음과 같다.

① 하중(P) 작용

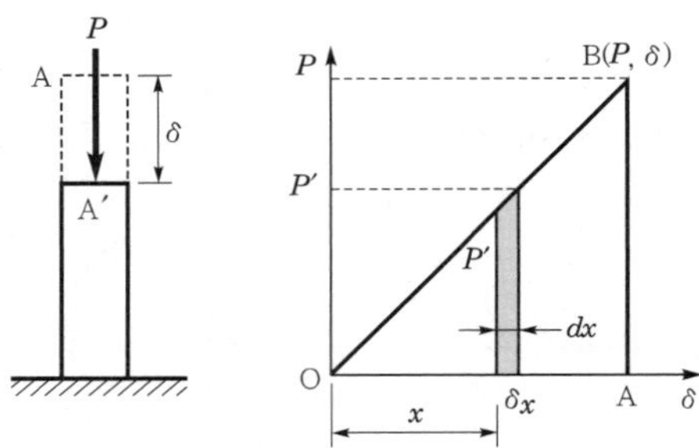

【그림 10.3】 외력 P와 변위 δ의 관계

$$P' : x = P : \delta$$

$$\therefore\ P' = \frac{Px}{\delta}$$

$$W_E = \int_0^{\delta} P'\,dx = \int_0^{\delta} \frac{Px}{\delta}dx$$

$$= \frac{P}{\delta}\left[\frac{1}{2}x^2\right]_0^{\delta} = \frac{1}{2}P\delta$$

변동 외력일

$W = \frac{1}{2}P\delta = \triangle$OAB면적

알•아•두•기•

② 모멘트하중(M) 작용

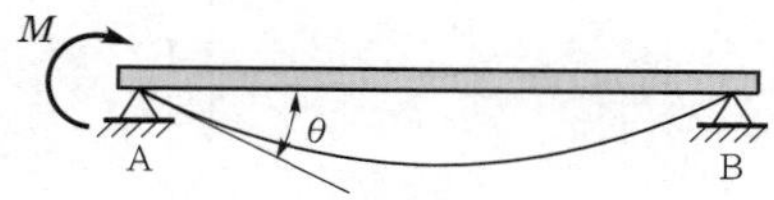

【그림 10.4】 모멘트에 의한 일

$$M' : \theta_x = M : \theta$$

$$\therefore M' = \left(\frac{M}{\theta}\right)\theta_x$$

$$W_E = \int_0^\theta M' d\theta = \int_0^\theta \left(\frac{M}{\theta}\right)\theta_x \, d\theta$$

$$= \frac{M}{\theta}\left[\frac{1}{2}\theta_x\right]_0^\theta = \frac{1}{2}M\theta$$

(3) 외력일의 합(보)

$$W_E = \frac{1}{2}P\delta + \frac{1}{2}M\theta = \frac{1}{2}(P\delta + M\theta)$$

3 내력일(internal work)=탄성변형에너지

(1) 정의

부재에 외력이 작용하면 그 부재는 변형하면서 내부에 응력이 발생한다. 선형 탄성범위 내에서 이 부재에 한 모든 외적일은 내적인 에너지로 저장되고, 이 저장된 에너지를 탄성변형에너지 또는 변형에너지라고 하며, 이것은 내력일과 같다.

(2) 탄성변형에너지(내력일)의 종류

① 수직응력에 의한 탄성변형에너지

$$U_P = \int_0^l \frac{{P_x}^2}{2EA}dx = \Sigma \frac{P^2 L}{2EA}$$

② 전단응력에 의한 탄성변형에너지

$$U_S = \int_0^l \frac{K{S_x}^2}{2GA}dx = \Sigma K\left(\frac{S^2 L}{2GA}\right)$$

여기서, K : 형상계수

내력일

외력에 의해 변형된 내부에서 응력이 하는 일=저항일
=변형에너지=탄성변형일
=원상태로 복귀하려는 에너지
=탄성에너지=처짐에너지
=레질리언스(복원력, 탄력)

레질리언스계수(R)

수직응력에 의한 일

$$W = \int_0^l \frac{P^2}{2AE}dx$$

$$= \frac{P^2 l}{2AE} = \frac{P^2 l}{2AE}\left(\frac{A}{A}\right)$$

$$= \frac{P^2 Al}{2A^2 E} = \frac{\sigma^2 l}{2E} = Rl$$

여기서, $R = \frac{\sigma^2}{2E}$

형상계수(K)

- 원형 단면 : $\frac{10}{9}$
- 직사각형 단면 : $\frac{6}{5}$

③ 휨응력에 의한 탄성변형에너지

$$U_M = \int_0^l \frac{{M_x}^2}{2EI} dx = \Sigma \frac{M^2 L}{2EI}$$

④ 비틀림응력에 의한 탄성변형에너지

$$U_T = \int_0^l \frac{{T_x}^2}{2GJ} dx = \Sigma \frac{T^2 L}{2GJ}$$

⑤ 자중에 의한 탄성변형에너지

$$U_W = \frac{A\gamma^2 l^3}{6E} = \frac{P^3}{6EA^2\gamma}$$

여기서, γ : 재료의 단위무게

$P = Al\gamma$

(3) 내력일의 합(보)

$$U = \int_0^l \frac{{P_x}^2}{2EA} dx + \int_0^l K\left(\frac{{S_x}^2}{2GA}\right) dx + \int_0^l \frac{{M_x}^2}{2EI} dx$$

03 탄성변형의 정리

에너지 불변의 법칙에 의해 외력이 한 일과 내력이 한 일은 같다.

외력일 W_E =내력일 W_i(=탄성변형에너지 U)

〔보〕 $\frac{1}{2}(P\delta + M\theta) = \int_0^l \frac{{P_x}^2}{2EA} dx + \int_0^l \frac{K{S_x}^2}{2GA} dx + \int_0^l \frac{{M_x}^2}{2EI} dx$

여기서, EI : 휨강성

EA : 축강성

GA : 전단강성

GJ : 비틀림강성

강성(rigidity)

변형에 저항하는 성질(정도)

【보강】 보의 탄성변형에너지

하중형태	하중 작용상태	단면력	탄성에너지(U): 휨모멘트에 의한 탄성에너지	탄성에너지(U): 전단력에 의한 탄성에너지
축하중	P, l, x	축방향력 $P_x = P$	$U = \int_0^l \frac{P^2}{2EA} dx = \int_0^l \frac{P_x l}{EA} dP_x = \boxed{\frac{P^2 l}{2EA}}$	
모멘트하중	M, x, l / M, x, l	휨모멘트 $M_x = M$ 전단력 $S_x = 0$	$U = \int_0^l \frac{M^2}{2EI} dx = \boxed{\frac{M^2 l}{2EI}}$	$U = \int_0^l K\left(\frac{S^2}{2GA}\right) dx = 0$
집중하중·등분포하중	A, P, x, l	$M_x = -Px$ $S_x = P$	$U = \boxed{\frac{P^2 l^3}{6EI}}$	$U = \boxed{\frac{KP^2 l}{2GA}}$
	A, w, x, l	$M_x = -\frac{wx^2}{2}$ $S_x = wx$	$U = \boxed{\frac{w^2 l^5}{40EI}}$	$U = \boxed{\frac{Kw^2 l^3}{6GA}}$
	A, B, P, x, l	$M_x = R_A x = \frac{Px}{2}$ $S_x = R_A = \frac{P}{2}$	$U = \boxed{\frac{P^2 l^3}{96EI}}$	$U = \boxed{\frac{KP^2 l}{8GA}}$
	A, B, w, x, l	$M_x = \left(\frac{wl}{2}\right)x - \frac{wx^2}{2}$ $S_x = \frac{wl}{2} - wx$	$U = \boxed{\frac{w^2 l^5}{240EI}}$	$U = \boxed{\frac{Kw^2 l^2}{24GA}}$
	P, x, $l/2$, $l/2$	$M_x = \frac{P}{2}x - \frac{Pl}{8}$ $S_x = \frac{P}{2}$	$U = \boxed{\frac{P^2 l^3}{384EI}}$	$U = \frac{KP^2 l}{8GA}$
	w, x, l	$M_x = \frac{wl}{2}x - \frac{w}{2}x^2 - \frac{wl^2}{12}$ $S_x = \frac{wl}{2} - wx$	$U = \boxed{\frac{w^2 l^5}{1,440EI}}$	$U = \frac{Kw^2 l^3}{24GA}$

알•아•두•기•

탄성변형에너지 정리

(1) 축력(P)에 의한 변형에너지

- $\boxed{U_P = \int_0^l \frac{P_x^{\,2}}{2EA} dx}$ (일반식)
- $U_P = \frac{1}{2}P\delta = \frac{P^2 l}{2EA} = \frac{EA\delta^2}{2l}$
- 레질리언스계수

$$R = \frac{\sigma^2}{2E} = \frac{\sigma\varepsilon}{2}$$

(2) 휨모멘트(M)에 의한 변형에너지

- $\boxed{U_M = \int_0^l \frac{M_x^{\,2}}{2EI} dx}$ (일반식)
- $U_M = \frac{1}{2}M\theta = \frac{M^2 l}{2EI} = \frac{EI\theta^2}{2l}$
- 레질리언스계수

$$R = \frac{\sigma^2}{2E} = \frac{\left(\frac{M}{Z}\right)^2}{2E}$$

(3) 전단력(S)에 의한 변형에너지

- $\boxed{U_S = \int_0^l K\left(\frac{S_x^{\,2}}{2GA}\right) dx}$

(일반식)

- $U_S = \frac{1}{2}S\lambda = \frac{S^2 l}{2GA}$

$= \frac{GA\lambda^2}{2l}$ ($K=1$일 때)

- 레질리언스계수

$$R = \frac{\tau^2}{2G} = \frac{r\nu}{2}$$

(4) 비틀림(T)에 의한 변형에너지

- $\boxed{U_T = \int_0^l \frac{T_x^{\,2}}{2GI_P} dx}$ (일반식)
- $U_T = \frac{1}{2}T\phi = \frac{\tau^2 l}{2GI_P} = \frac{GI_p\phi^2}{2l}$
- 레질리언스계수

$$R = \frac{\tau^2}{2G} = \frac{(T\nu)^2}{2G}$$

알•아•두•기•

04 보에서 외력이 한 일

① 하중이 서서히 작용할 경우(변동하중)

선형 탄성 구조물에 하중이 0에서 서서히 증가하고 동시에 변위도 서서히 증가할 때 외력일 W_E는

$$W_E = \frac{1}{2}(\text{작용하중} \times \text{변위})$$

작용하중 ↔ 변위

$P \leftrightarrow \delta$
$M \leftrightarrow \theta$
$S \leftrightarrow \lambda$
$T \leftrightarrow \phi$

② 하중이 갑자기 작용할 경우(비변동하중)

선형 탄성 구조물에 하중이 갑자기 작용하거나 일정한 하중이 작용한 상태에서 변위가 갑자기 발생할 경우 외력이 한 일 W_E는

$$W_E = \text{작용하중} \times \text{변위}$$

③ 보에서 외력이 한 일의 종류

P_1, P_2가 작용할 경우 외력일(P_1, P_2는 0부터 서서히 증가)

(1) P_1과 P_2가 동시에 작용할 때 외력일

$$W_E = \frac{P_1}{2}(\delta_{11} + \delta_{12}) + \frac{P_2}{2}(\delta_{21} + \delta_{22})$$

첨자의 의미(맥스웰의 기호)

- δ_{11} : P_1 작용, P_1방향 1점 처짐
- δ_{12} : P_1 작용, P_2방향 1점 처짐
- δ_{21} : P_1 작용, P_2방향 2점 처짐
- δ_{22} : P_2 작용, P_2방향 2점 처짐
- 하중 작용방향×그 방향 처짐
  ➡ $P_{②} \times \delta_{①1}$, $P_{②} \times \delta_{②1}$

(2) P_1이 먼저 작용 ➡ P_2가 작용할 때 외력일

$$W_E = \frac{P_1}{2}\delta_{11} + \frac{P_2}{2}\delta_{22} + P_1\delta_{12}$$

(3) P_2가 먼저 작용 ➡ P_1이 작용할 때 외력일

$$W_E = \frac{P_2}{2}\delta_{22} + \frac{P_1}{2}\delta_{11} + P_2\delta_{21}$$

알•아•두•기•

(4) P_1이 먼저 작용 ➡ P_2가 작용할 때 P_1이 한 일

$$W_{P1} = \frac{P_1}{2}\delta_{11} + P_1\delta_{12}$$

(5) P_2가 먼저 작용 ➡ P_1이 작용할 때 P_2가 한 일

$$W_{P2} = \frac{P_2}{2}\delta_{22} + P_2\delta_{21}$$

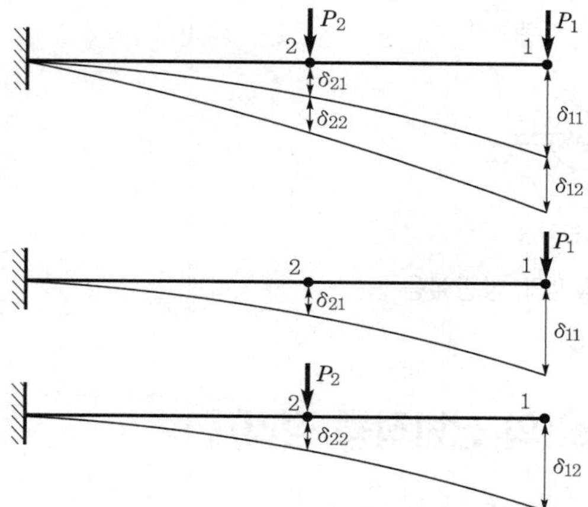

【그림 10.5】 P_1, P_2에 의한 외력이 한 일

05 상반작용의 정리

① 상반일의 정리(Betti의 상반작용 정리)

선형 탄성 구조물에서 동일한 구조물에 서로 다른 두 하중군 P_1, P_2에서 P_1하중이 P_2하중에 의한 변위를 따라가며 한 외적가상일은 P_2하중이 P_1하중에 의한 변위를 따라가며 한 외적가상일과 같다.

$P_1\delta_{12} = P_2\delta_{21}$〔그림 10.6(a))〕
$P_1\delta_{12} = M_2\theta_{21}$〔그림 10.6(b)〕
$M_1\theta_{12} = M_2\theta_{21}$〔그림 10.6(c)〕

■ P_1이 먼저 작용

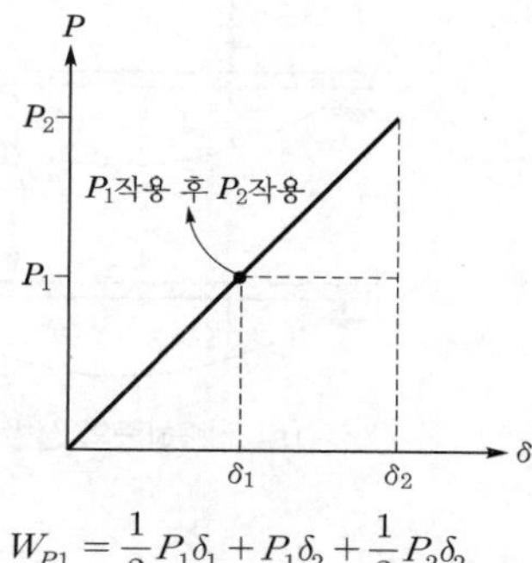

$$W_{P1} = \frac{1}{2}P_1\delta_1 + P_1\delta_2 + \frac{1}{2}P_2\delta_2$$

■ P_2가 먼저 작용

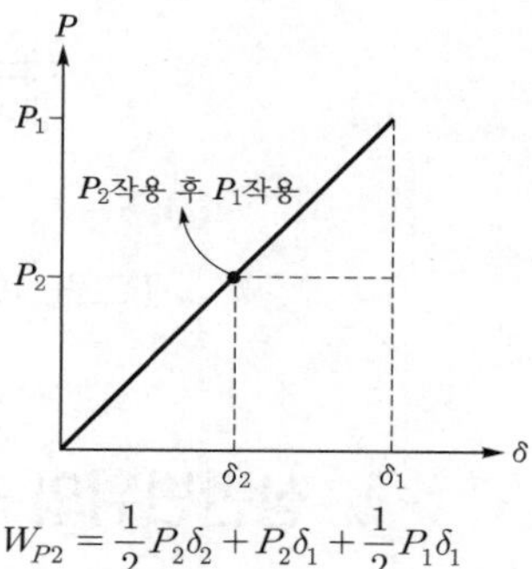

$$W_{P2} = \frac{1}{2}P_2\delta_2 + P_2\delta_1 + \frac{1}{2}P_1\delta_1$$

알•아•두•기•

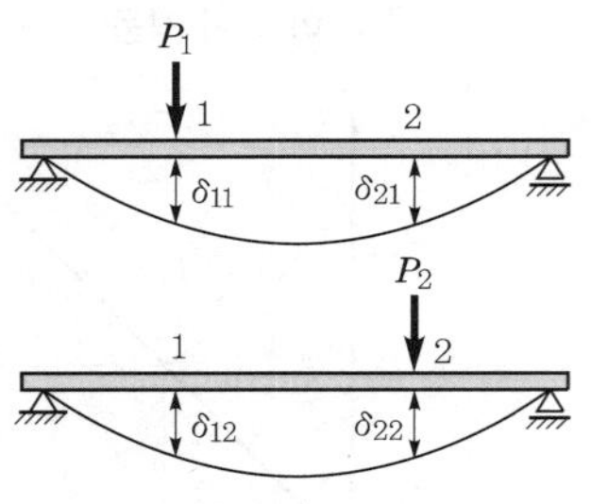

(a) 집중하중의 상반작용

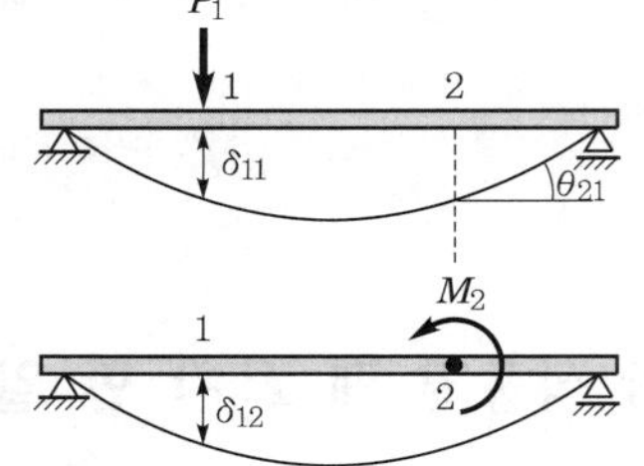

(b) 집중하중과 모멘트하중의 상반작용

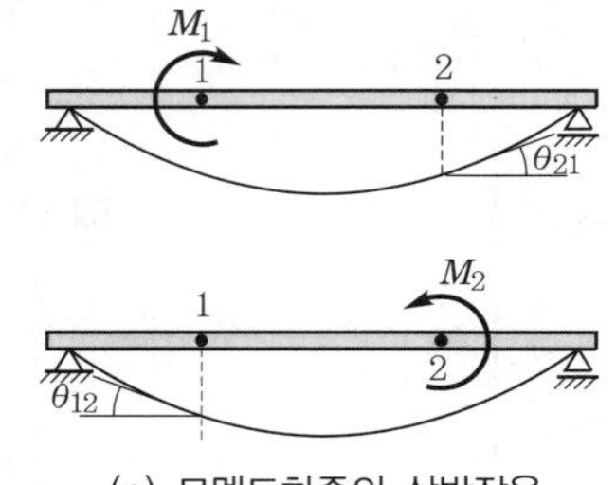

(c) 모멘트하중의 상반작용

【그림 10.6】 처짐과 처짐각의 상반작용

② 상반변위의 정리(Maxwell의 상반작용 정리)

Betti의 정리에서 $P_1 = P_2 = M_1 = M_2 = 1$로 놓은 식

$\delta_{12} = \delta_{21}$ $\theta_{12} = \theta_{21}$	$\delta_{12} = \theta_{21}$

③ 응용

① 부정정 구조물을 해석할 때 변형일치법으로 응용

② 부정정 구조물의 영향선을 만들 때 이용

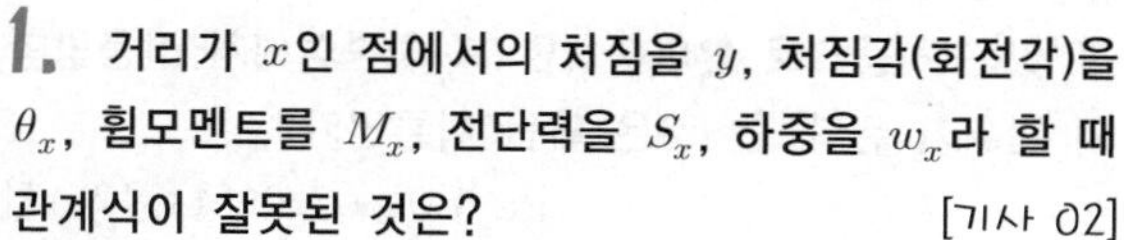

1. 거리가 x인 점에서의 처짐을 y, 처짐각(회전각)을 θ_x, 휨모멘트를 M_x, 전단력을 S_x, 하중을 w_x라 할 때 관계식이 잘못된 것은? [기사 02]

① $\dfrac{dy}{dx}=\dfrac{\theta_x}{EI}$ ② $\dfrac{d^2y}{dx^2}=-\dfrac{M_x}{EI}$

③ $\dfrac{d^3y}{dx^3}=-\dfrac{S_x}{EI}$ ④ $\dfrac{d^4y}{dx^4}=\dfrac{w_x}{EI}$

해설 처짐−처짐각−휨모멘트−전단력−하중의 관계

$$\frac{d^4y}{dx^4}=\frac{d^3\theta}{dx^3}=-\frac{1}{EI}\left(\frac{d^2M_x}{dx^2}\right)=-\frac{1}{EI}\left(\frac{dS_x}{dx}\right)=-\frac{w_x}{EI}$$

2. 탄성변형에너지는 외력을 받는 구조물에서 변형에 의해 구조물에 축적되는 에너지를 말한다. 탄성체이며 선형거동을 하는 길이가 l인 캔틸레버보에 집중하중 P가 작용할 때 굽힘모멘트에 의한 탄성변형에너지는? (단, EI는 일정하다.) [기사 01, 산업 04, 05]

① $\dfrac{P^2l^2}{6EI}$ ② $\dfrac{P^2l^2}{2EI}$

③ $\dfrac{P^2l^3}{6EI}$ ④ $\dfrac{P^2l^3}{2EI}$

해설

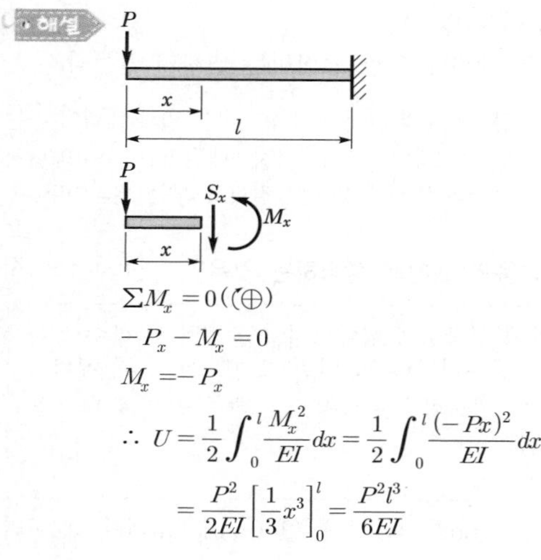

$\Sigma M_x=0(\circlearrowleft\oplus)$

$-P_x-M_x=0$

$M_x=-P_x$

$$\therefore\ U=\frac{1}{2}\int_0^l\frac{M_x^2}{EI}dx=\frac{1}{2}\int_0^l\frac{(-Px)^2}{EI}dx$$

$$=\frac{P^2}{2EI}\left[\frac{1}{3}x^3\right]_0^l=\frac{P^2l^3}{6EI}$$

〔별해〕 하중재하위치에서의 수직처짐량과 탄성변형에너지

$\delta=\dfrac{Pl^3}{3EI}$

$$\therefore\ U=\frac{1}{2}P\delta=\frac{1}{2}P\left(\frac{Pl^3}{3EI}\right)=\frac{P^2l^3}{6EI}$$

3. 축방향력 N, 단면적 A, 탄성계수 E일 때 축방향 변형에너지를 나타내는 식은? [산업 02, 03, 06, 16]

① $\displaystyle\int_0^L\frac{N^2}{2EA}dx$ ② $\displaystyle\int_0^L\frac{N}{2EA}dx$

③ $\displaystyle\int_0^L\frac{N^2}{EA}dx$ ④ $\displaystyle\int_0^L\frac{N}{EA}dx$

4. 다음 그림과 같은 2개의 캔달레버보에 저장되는 변형에너지를 각각 $U_{(1)}$, $U_{(2)}$라고 할 때 $U_{(1)}$: $U_{(2)}$의 비는? [기사 17]

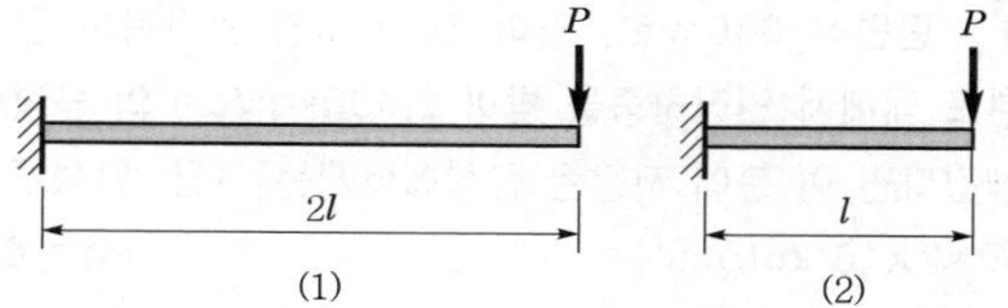

① 2 : 1 ② 4 : 1

③ 8 : 1 ④ 16 : 1

해설

$\delta_{(1)}=\dfrac{P(2L)^3}{3EI}=\dfrac{8PL^3}{3EI}$

$\delta_{(2)}=\dfrac{PL^3}{3EI}$

$U_{(1)}=\dfrac{1}{2}\times P\times\dfrac{8PL^3}{3EI}=8\times\dfrac{P^2L^3}{6EI}$

$U_{(2)}=\dfrac{P^2L^3}{6EI}$

$\therefore\ U_{(1)}:U_{(2)}=8:1$

정답 1. ④ 2. ③ 3. ① 4. ③

5. 다음 그림과 같이 자유단에 휨모멘트 M이 작용할 때 캔틸레버보에 저장되는 탄성변형에너지는? [산업 05]

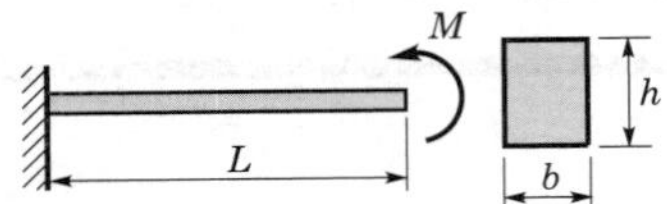

① $\frac{M^2L}{2EI}$ ② $\frac{ML^2}{EI}$

③ $\frac{M^2L}{3EI}$ ④ $\frac{M^2L}{EI}$

해설 $U=\frac{M^2L}{2EI}$

6. 탄성에너지에 대한 설명으로 옳은 것은? [산업 03, 11]

① 응력에 반비례하고 탄성계수에 비례한다.
② 응력의 제곱에 반비례하고 탄성계수에 비례한다.
③ 응력에 비례하고 탄성계수의 제곱에 비례한다.
④ 응력의 제곱에 비례하고 탄성계수에 반비례한다.

해설 $U=\frac{\sigma^2 Al}{2E}$

7. 단면적 600mm², 길이 500mm인 연강봉이 탄성한도 내에서 인장하중을 받아 2,000kgf/cm²의 응력이 생겼다면 이 봉에 저장된 탄성에너지는? (단, 탄성계수 $E=2\times10^6$kgf/cm²) [산업 02]

① 100kgf · cm ② 200kgf · cm
③ 300kgf · cm ④ 400kgf · cm

해설 $U=\frac{P^2l}{2EA}=\frac{\sigma^2 Al}{2E}=\frac{2{,}000^2\times6\times50}{2\times2\times10^6}$
$=300$kgf · cm

8. 다음 그림과 같은 단순보에 저장되는 변형에너지는? (단, EI는 일정하다.) [산업 06]

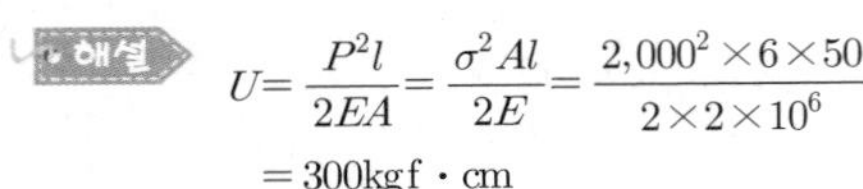

① $\frac{M^2l}{2EI}$ ② $\frac{M^2l}{4EI}$

③ $\frac{M^2l}{6EI}$ ④ $\frac{M^2l}{8EI}$

해설 주어진 보의 모멘트는 전 구간이 동일하게 M이므로

$$U=\int_0^l \frac{M^2}{2EI}dx=\frac{M^2}{2EI}[x]_0^l=\frac{M^2l}{2EI}$$

9. "탄성체가 가지고 있는 탄성변형에너지를 작용하고 있는 하중으로 편미분하면 그 하중점에서 작용방향의 변위가 된다."는 것은 어떤 이론인가? [산업 04, 07, 09, 11, 12, 17]

① 맥스웰(Maxwell)의 상반정리이다.
② 모어(Mohr)의 모멘트－면적정리이다.
③ 카스틸리아노(Castigliano)의 제2정리이다.
④ 클라페이론(Clapeyon)의 3연모멘트법이다.

해설 카스틸리아노의 제2정리
$\frac{\partial U}{\partial P_i}=\delta_i$, $\frac{\partial U}{\partial M_i}=\theta_i$
여기서, U : 탄성변형에너지
P_i : 작용하중(i점에 작용)
δ_i : 작용하중점(i)의 변위 또는 처짐

10. 에너지 불변의 법칙을 옳게 기술한 것은? [산업 03, 07, 10, 13]

① 탄성체에 외력이 작용하면 이 탄성체에 생기는 외력의 일과 내력이 한 일의 크기는 같다.
② 탄성체에 외력이 작용하면 외력의 일과 내력이 한 일의 크기의 비가 일정하게 변화한다.
③ 외력의 일과 내력의 일이 일으키는 휨모멘트의 값은 변하지 않는다.
④ 외력과 내력에 의한 처짐비는 변하지 않는다.

해설 탄성변형의 정리 : 외력이 하는 일과 내력이 하는 일(＝저항일＝변형에너지＝레질리언스)이 에너지 불변의 법칙에 의하여 같다고 보는 원리이다.

11. 다음의 표에서 설명하는 것은? [기사 15, 16]

탄성체에 저장된 변형에너지 U를 변위의 함수로 나타내는 경우에 임의의 변위 Δ_i에 관한 변형에너지 U와 1차 편도함수는 대응되는 하중 P_i와 같다. 즉, $P=\frac{\partial U}{\partial \Delta}$이다.

① Castigliano의 제1정리 ② Castigliano의 제2정리
③ 가상일의 원리 ④ 공액보법

정답 5. ① 6. ④ 7. ③ 8. ① 9. ③ 10. ① 11. ①

12. 강봉에 400kgf의 축하중이 작용하여 축방향으로 4mm가 변형되었다면 탄성변형에너지는? [산업 09]

① 60kgf · cm ② 80kgf · cm
③ 100kgf · cm ④ 120kgf · cm

해설 $U=\frac{1}{2}P\delta=\frac{1}{2}\times 400\times 0.4=80\text{kgf}\cdot\text{cm}$

13. 변형에너지(Strain energy)에 속하지 않는 것은? [산업 04, 07, 09, 13, 16]

① 외력의 일(external work)
② 축방향 내력의 일
③ 휨모멘트에 의한 내력의 일
④ 전단력에 의한 내력의 일

해설 내력일은 $W_i = W_{im} + W_{is} + W_{ip}$로 외력일은 내력일과 크기는 같으나 내력일(변형에너지)은 아니다.

14. 휨모멘트 M을 받는 보에 생기는 탄성변형에너지를 옳게 표시한 것은? (단, 휨강성은 EI이고 A는 단면적이다.) [산업 08, 10, 13]

① $\int \frac{M^2}{2EI}dx$ ② $\int \frac{M^2}{EI}dx$
③ $\int \frac{M^2}{EA}dx$ ④ $\int \frac{2M^2}{EI}dx$

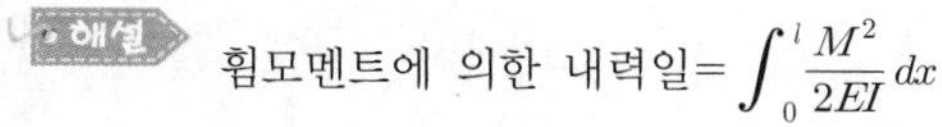

해설 휨모멘트에 의한 내력일$=\int_0^l \frac{M^2}{2EI}dx$

15. 다음 그림과 같은 정사각형 막대 단면의 변형에너지는? [산업 04, 08]

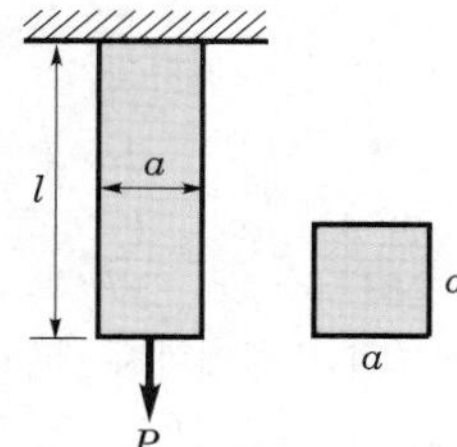

① $\frac{P^2 l}{2a^2 E}$ ② $\frac{2P^2 l}{a^2 E}$
③ $\frac{2a^2 l}{P^2 E}$ ④ $\frac{2EI}{a^2 P^2}$

해설
$$\delta=\frac{Pl}{EA}$$
$$A=a^2$$
$$U=\frac{1}{2}P\delta=\frac{P^2 l}{2Ea^2}$$

16. 다음 그림과 같은 보에서 휨모멘트에 의한 탄성변형에너지를 구한 값은? (단, EI는 일정하다.) [기사 00, 08, 10, 16, 산업 09, 12, 17]

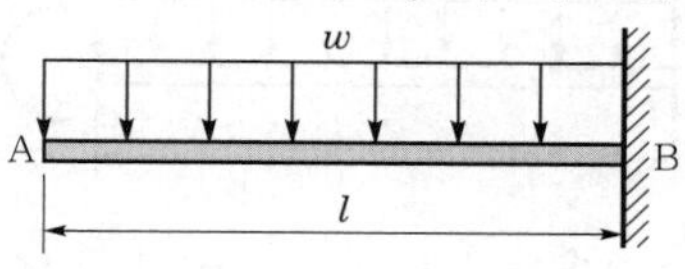

① $\frac{w^2 l^5}{8EI}$ ② $\frac{w^2 l^5}{24EI}$
③ $\frac{w^2 l^5}{40EI}$ ④ $\frac{w^2 l^5}{48EI}$

해설

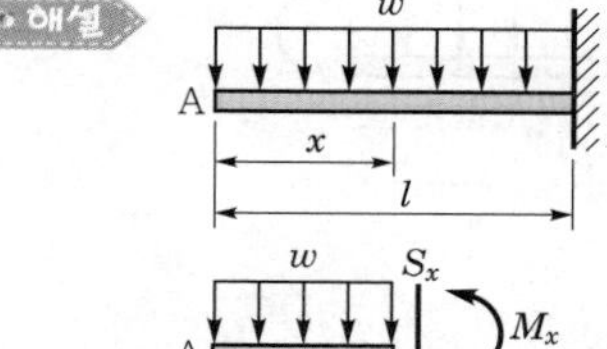

w, S_x, M_x, A, x

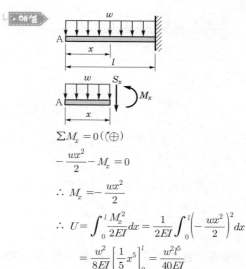

$$\Sigma M_x = 0(\circlearrowright\oplus)$$
$$-\frac{wx^2}{2}-M_x=0$$
$$\therefore M_x=-\frac{wx^2}{2}$$
$$\therefore U=\int_0^l \frac{M_x^2}{2EI}dx=\frac{1}{2EI}\int_0^l\left(-\frac{wx^2}{2}\right)^2 dx$$
$$=\frac{w^2}{8EI}\left[\frac{1}{5}x^5\right]_0^l=\frac{w^2 l^5}{40EI}$$

17. 탄성변형에너지(Elastic Strain Energy)에 대한 설명 중 틀린 것은? [기사 03]

① 변형에너지는 내적인 일이다.
② 외부 하중에 의한 일은 변형에너지와 같다.
③ 변형에너지는 같은 변형을 일으킬 때 강성도가 크면 적다.
④ 하중을 제거하면 회복될 수 있는 에너지이다.

정답 12. ② 13. ① 14. ① 15. ① 16. ③ 17. ③

해설 $U=\frac{1}{2}P\Delta L=\frac{1}{2}\left(\frac{EA\Delta L}{L}\right)\Delta L=\frac{EA(\Delta L)^2}{2L}$

역학적 성질이 다른 두 부재가 서로 같은 변형을 일으킬 경우 강성이 큰 부재의 변형에너지가 더 크다.

18. 다음 그림과 같은 캔틸레버보에서 저장되는 탄성에너지는? (단, EI는 일정하다.) [기사 05]

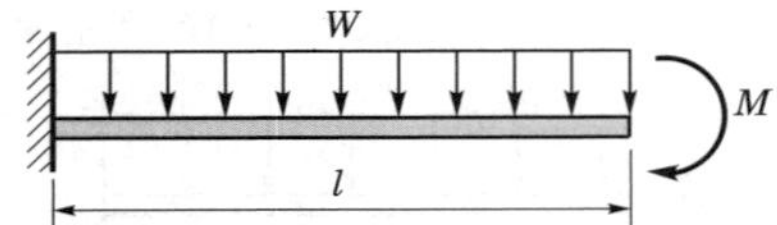

① $\frac{W^2l^5}{20EI}+\frac{M^2l}{2EI}$ ② $\frac{W^2l^2}{20EI}+\frac{M^2l}{3EI}$

③ $\frac{W^2l^5}{40EI}+\frac{M^2l}{3EI}$ ④ $\frac{W^2l^5}{40EI}+\frac{M^2l}{2EI}+\frac{WMl^3}{6EI}$

해설

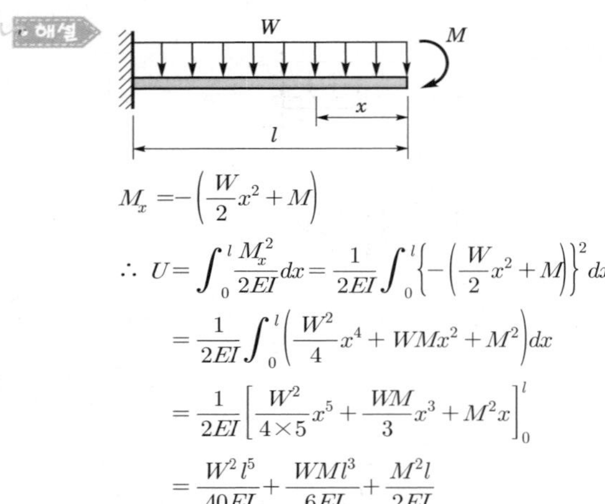

$M_x=-\left(\frac{W}{2}x^2+M\right)$

$$\therefore U=\int_0^l\frac{M_x^2}{2EI}dx=\frac{1}{2EI}\int_0^l\left\{-\left(\frac{W}{2}x^2+M\right)\right\}^2dx$$
$$=\frac{1}{2EI}\int_0^l\left(\frac{W^2}{4}x^4+WMx^2+M^2\right)dx$$
$$=\frac{1}{2EI}\left[\frac{W^2}{4\times5}x^5+\frac{WM}{3}x^3+M^2x\right]_0^l$$
$$=\frac{W^2l^5}{40EI}+\frac{WMl^3}{6EI}+\frac{M^2l}{2EI}$$

19. 축하중 P를 받는 봉이 있다. 봉 속에 저장되는 변형에너지에 대한 설명 중 틀린 것은? [기사 04]

① 전 길이의 단면이 균일하면 변형에너지에 유리하다.
② 봉의 길이가 같은 경우 단면적이 증가할수록 변형에너지는 감소한다.
③ 동일한 최대 응력을 갖는 봉일지라도 홈을 가지면 변형에너지는 감소한다.
④ 변형에너지 흡수능력이 적을수록 같은 하중작용 시 유리하다.

해설 변형에너지의 흡수능력이 클수록 같은 하중작용 시 유리하다.

20. 휨모멘트를 받는 보의 탄성에너지(strain energy)를 나타내는 식은? [기사 04, 07]

① $U=\int_0^L\frac{M^2}{2EI}dx$ ② $U=\int_0^L\frac{2EI}{M^2}dx$

③ $U=\int_0^L\frac{EI}{2M^2}dx$ ④ $U=\int_0^L\frac{M^2}{EI}dx$

해설 ㉠ 휨모멘트 M이 경간에서 변수일 경우

$U=\int_0^L\frac{M^2}{2EI}dx$

㉡ 휨모멘트 M이 경간에서 상수일 경우

$U=\frac{M^2L}{2EI}$

21. 내민보의 굽힘으로 인하여 저장된 변형에너지는? (단, EI는 일정하다.) [기사 00, 02, 06, 07, 산업 17]

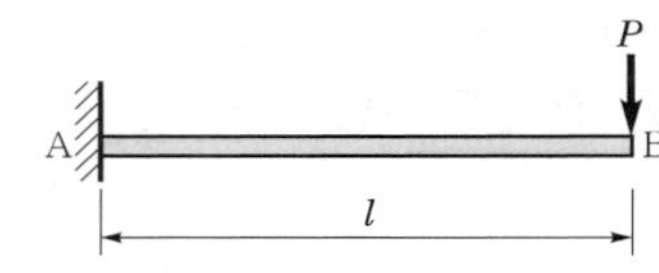

① $\frac{P^2l^3}{6EI}$ ② $\frac{P^2l^3}{48EI}$

③ $\frac{P^2l^3}{12EI}$ ④ $\frac{P^2l^3}{38EI}$

해설

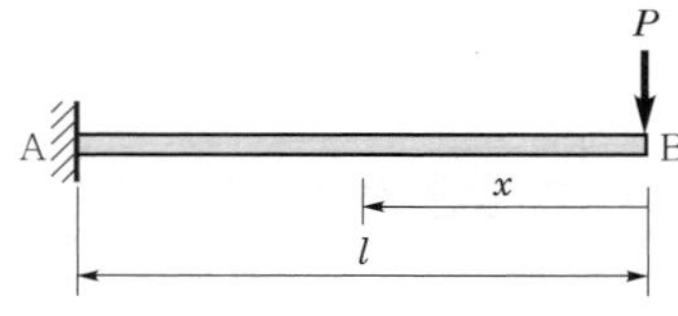

$M_x=-Px$

$$\therefore U=\frac{1}{2}\int_0^l\frac{M_x^2}{EI}dx=\frac{1}{2EI}\int_0^l(-Px)^2dx$$
$$=\frac{P^2}{2EI}\left[\frac{1}{3}x^3\right]_0^l=\frac{P^2l^3}{6EI}$$

〔별해〕 보의 변형에너지

$U=\frac{1}{2}P\delta=\frac{1}{2}\times P\times\frac{Pl^3}{3EI}=\frac{P^2l^3}{6EI}$

 정답 18. ④ 19. ④ 20. ① 21. ①

22. 다음 그림과 같은 단순보에서 휨모멘트에 의한 탄성변형에너지는? (단, EI는 일정하다.)

[기사 09, 16, 17]

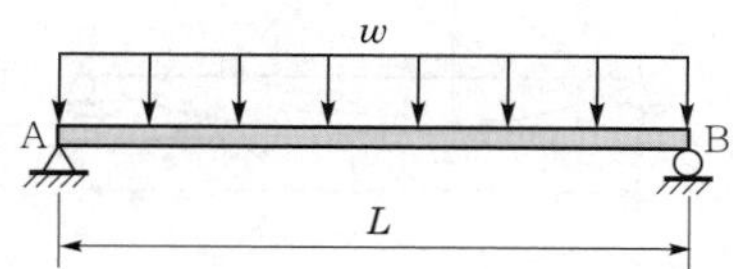

① $\dfrac{w^2L^5}{40EI}$ ② $\dfrac{w^2L^5}{96EI}$

③ $\dfrac{w^2L^5}{240EI}$ ④ $\dfrac{w^2L^5}{384EI}$

해설

$$M_x = R_A x - wx\left(\frac{x}{2}\right)$$

$$= \left(\frac{wL}{2}\right)x - \frac{wx^2}{2} = \frac{w}{2}(Lx - x^2)$$

$$\therefore U = \int_0^L \frac{M_x^2}{2EI}dx = \frac{1}{2EI}\int_0^L \left[\frac{w}{2}(Lx-x^2)\right]^2 dx$$

$$= \frac{w^2}{8EI}\int_0^L (L^2x^2 - 2Lx^3 + x^4)dx$$

$$= \frac{w^2L^5}{240EI}$$

23. 다음 구조물의 변형에너지크기는? (단, E, I, A는 일정하다.)

[기사 03, 05, 11, 15, 16]

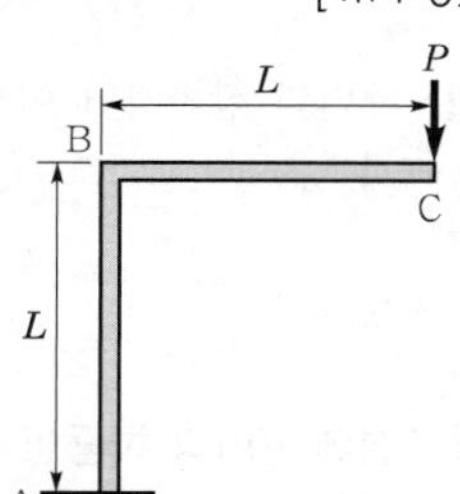

① $\dfrac{2P^2L^3}{3EI} + \dfrac{P^2L}{2EA}$ ② $\dfrac{P^2L^3}{3EI} + \dfrac{P^2L}{EA}$

③ $\dfrac{P^2L^3}{3EI} + \dfrac{P^2L}{2EA}$ ④ $\dfrac{2P^2L^3}{3EI} + \dfrac{P^2L}{EA}$

해설

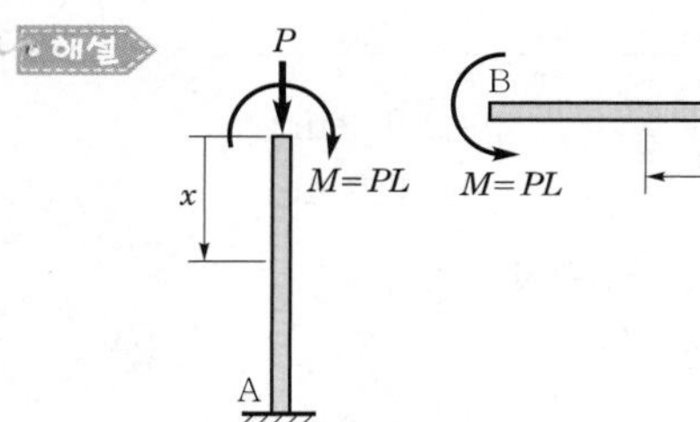

$$U = \int_C^B \frac{M_x^2}{2EI}dx + \int_B^A \frac{M_x^2}{2EI}dx + \int_B^A \frac{N^2}{2EA}dx$$

$$= \frac{1}{2EI}\left[\int_0^L (-Px)^2dx + \int_0^L (PL)^2dx\right]$$

$$+ \frac{1}{2EA}\int_0^L P^2dx$$

$$= \frac{1}{2EI}\int_0^L (P^2x^2 + P^2L^2)dx + \frac{P^2}{2EA}\int_0^L xdx$$

$$= \frac{1}{2EI}\left[P^2\left(\frac{1}{3}x^3\right) + P^2L^2x\right]_0^L + \frac{P^2}{2EA}[x]_0^L$$

$$= \frac{1}{2EI}\left(\frac{P^2L^3}{3} + P^2L^3\right) + \frac{P^2L}{2EA}$$

$$= \frac{2P^2L^3}{3EI} + \frac{P^2L}{2EA}$$

24. 길이 l, 직경 d인 원형 단면봉이 인장하중 P를 받고 있다. 응력이 단면에 균일하게 분포한다고 가정할 때 이 봉에 저장되는 변형에너지를 구한 값으로 옳은 것은? (단, 봉의 탄성계수는 E이다.) [산업 02, 07, 12, 16]

① $\dfrac{4P^2l}{\pi d^2E}$ ② $\dfrac{2P^2l}{\pi d^2E}$

③ $\dfrac{4Pl^2}{\pi d^2E}$ ④ $\dfrac{2Pl^2}{\pi d^2E}$

해설

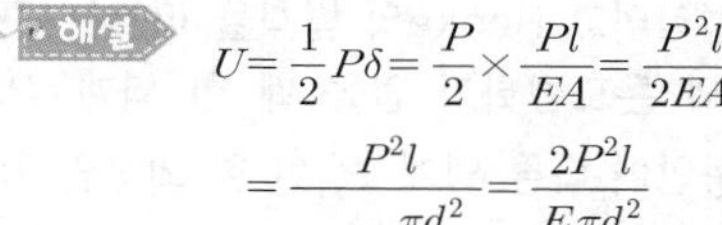

$$U = \frac{1}{2}P\delta = \frac{P}{2}\times\frac{Pl}{EA} = \frac{P^2l}{2EA}$$

$$= \frac{P^2l}{2E\times\dfrac{\pi d^2}{4}} = \frac{2P^2l}{E\pi d^2}$$

25. 다음의 2부재로 된 트러스계의 변형에너지 U를 구하면 얼마인가? (단, ( ) 안의 값은 외력 P에 의한 부재력이고 부재의 축강성 AE는 일정하다.) [기사 15]

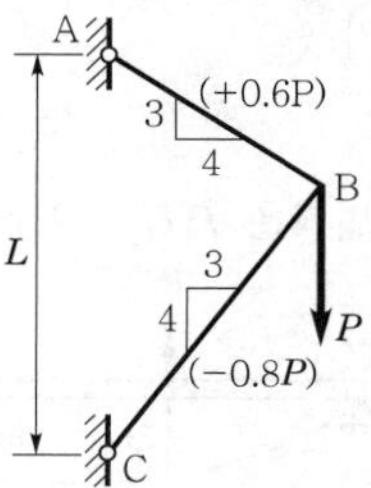

① $0.326\dfrac{P^2L}{AE}$ ② $0.333\dfrac{P^2L}{AE}$

③ $0.364\dfrac{P^2L}{AE}$ ④ $0.373\dfrac{P^2L}{AE}$

정답 22. ③ 23. ① 24. ② 25. ③

해설

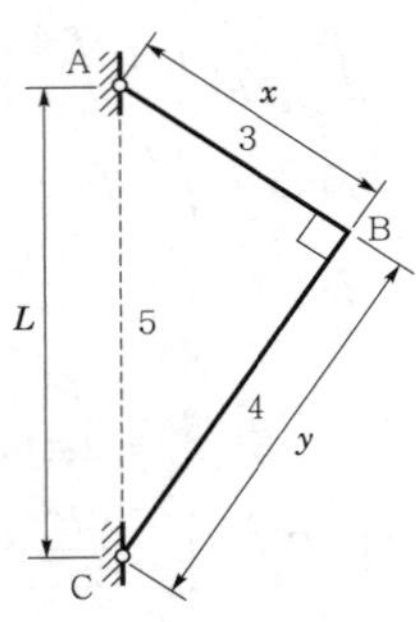

$L : 5 = x : 3$

$\therefore x = \frac{3}{5}L$

$L : 5 = y : 4$

$\therefore y = \frac{4}{5}L$

$\overline{AB}$의 부재력$=0.6P$

$\overline{BC}$의 부재력$=-0.8P$

$$\therefore U = \frac{1}{2}P\delta = \frac{P}{2}\times\frac{PL}{EA} = \frac{P^2L}{2EA}$$

$$= \frac{1}{2EA}\left[(0.6P)^2\times\frac{3}{5}L + (-0.8P)^2\times\frac{4}{5}L\right]$$

$$= \frac{P^2L}{2EA}\left(0.36\times\frac{3}{5} + 0.64\times\frac{4}{5}\right) = 0.364\frac{P^2L}{EA}$$

26. "재료가 탄성적이고 Hooke의 법칙을 따르는 구조물에서 지점침하와 온도변화가 없을 때 한 역계 P_n에 의해 변형되는 동안에 다른 역계 P_m이 한 외적인 가상일은 P_m 역계에 의해 변형하는 동안에 역계 P_n이 한 외적인 가상일과 같다."는 다음 중 어느 것인가? [기사 05, 11, 15, 산업 03, 06, 12]

① 가상일의 원리
② 카스틸리노의 정리
③ 최소 일의 정리
④ 베티의 법칙

해설 베티의 법칙은 $P_1\delta_{12} = P_2\delta_{21}$이다.

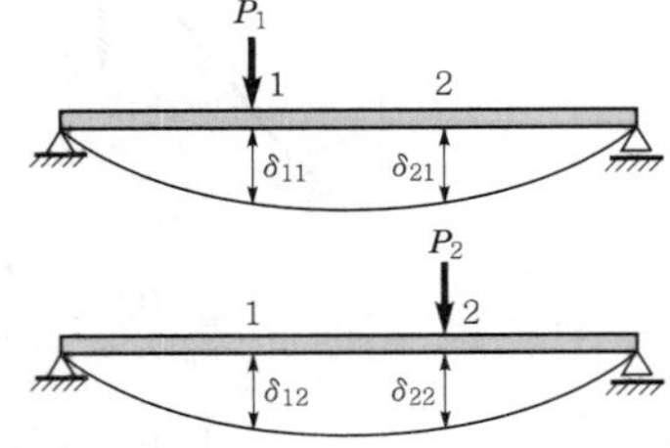

27. 다음 그림의 보에서 상반작용의 원리로 옳은 것은? [기사 00, 06, 07, 산업 10]

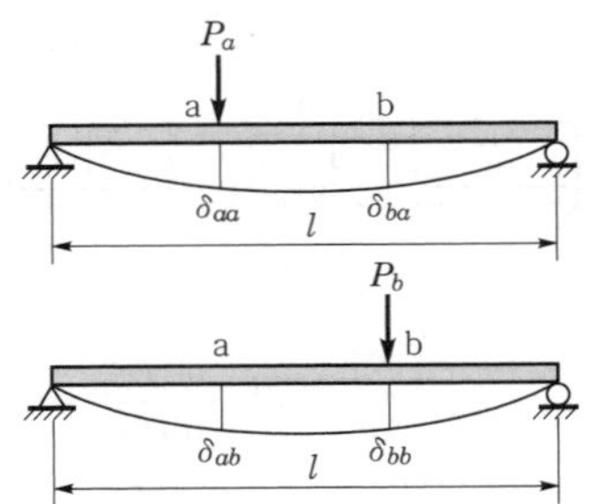

① $P_a\delta_{aa} = P_b\delta_{bb}$ ② $P_a\delta_{ab} = P_b\delta_{ba}$
③ $P_a\delta_{ba} = P_b\delta_{ab}$ ④ $P_a\delta_{bb} = P_b\delta_{aa}$

해설 베티의 상반일정리는 $P_a\delta_{ab} = P_b\delta_{ba}$이다.

28. 다음 보에서 휨강성은 EI로 동일할 때 휨에 의한 처짐량 δ_{CB}와 δ_{BC}의 관계는? [기사 04]

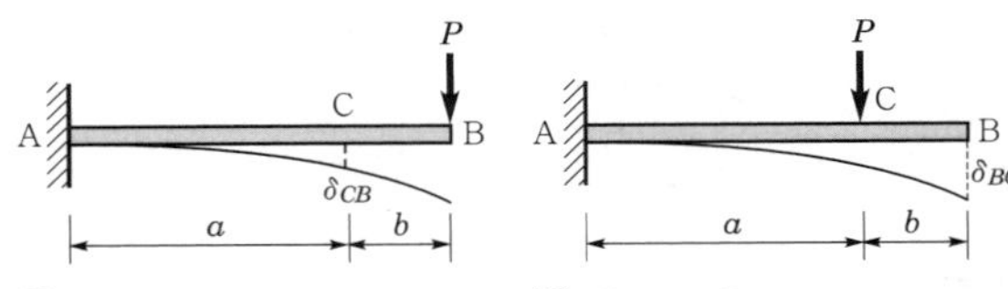

① $\delta_{CB} > \delta_{BC}$ ② $\delta_{CB} < \delta_{BC}$
③ 상관관계 없음 ④ $\delta_{CB} = \delta_{BC}$

해설 맥스웰-베티의 상반정리 이용

$P_B\delta_{CB} = P_C\delta_{BC}$

$P_B = P_C$

$\therefore \delta_{CB} = \delta_{BC}$

29. 단순보의 D점에 10tf의 하중이 작용할 때 C점의 처짐량이 0.5cm라 하면 다음 그림과 같은 경우 D점의 처짐량을 구하면? [기사 08, 산업 02, 15]

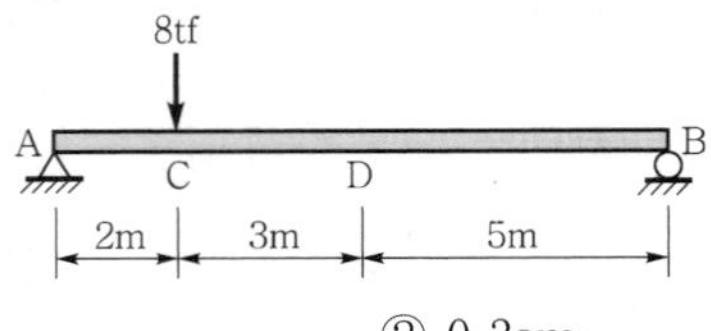

① 0.2cm ② 0.3cm
③ 0.4cm ④ 0.5cm

해설 베티의 상반일정리 이용

$P_C\delta_{CD} = P_D\delta_{DC}$

$$\therefore \delta_{DC} = \left(\frac{P_C}{P_D}\right)\delta_{CD} = \frac{8}{10}\times 0.5 = 0.4\text{cm}$$

 정답 26. ④ 27. ② 28. ④ 29. ③

30. 다음 그림에서 P_1이 C점에 작용하였을 때 C점 및 D점의 수직변위가 각각 0.4cm, 0.3cm이고, P_2가 D점에서 단독으로 작용하였을 때 C, D점의 수직변위는 0.2cm, 0.25cm였다. P_1과 P_2가 동시에 작용하였을 때 P_1, P_2가 하는 일을 구하면? [기사 00, 04, 07]

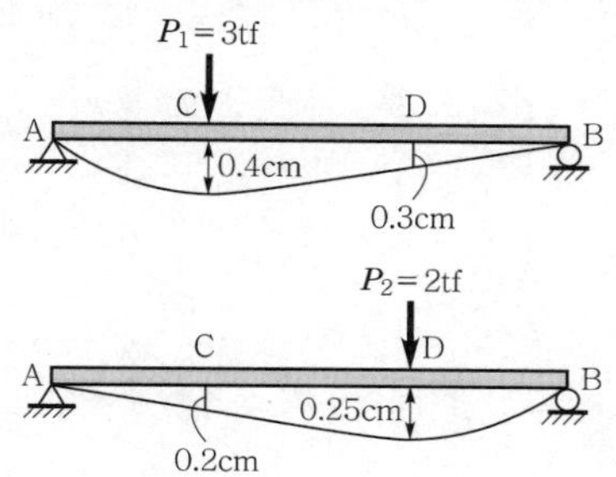

① 1.25tf · cm ② 1.45tf · cm
③ 2.25tf · cm ④ 2.45tf · cm

해설

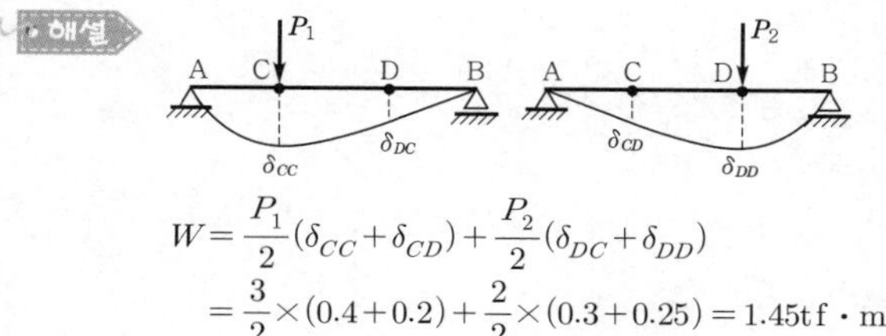

$$W=\frac{P_1}{2}(\delta_{CC}+\delta_{CD})+\frac{P_2}{2}(\delta_{DC}+\delta_{DD})$$
$$=\frac{3}{2}\times(0.4+0.2)+\frac{2}{2}\times(0.3+0.25)=1.45\text{tf}\cdot\text{m}$$

31. 다음 그림과 같은 단순보의 B지점에서 M=2tf · m를 작용시켰더니 A 및 B지점에서의 처짐각이 각각 0.08rad과 0.12rad이었다. 만일 A지점에서 3tf · m의 단모멘트를 작용시킨다면 B지점에서의 처짐각은? [기사 00, 10]

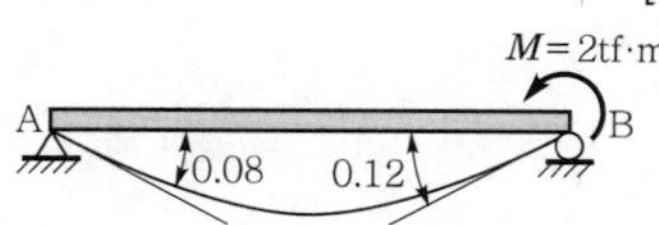

① 0.08rad ② 0.10rad
③ 0.12rad ④ 0.15rad

해설 상반일의 정리 이용

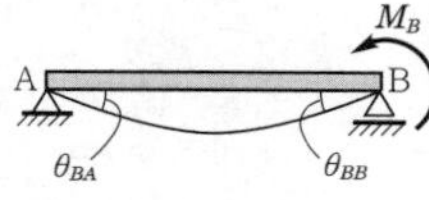

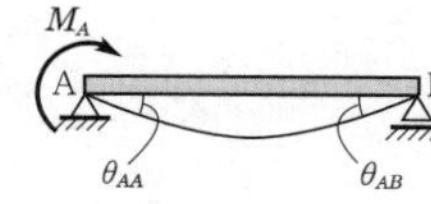

$M_B\theta_{AB}=M_A\theta_{BA}$

$2\times\theta_{AB}=3\times0.08$

$\therefore\ \theta_{AB}=0.12\text{rad}$

32. 다음 그림에서 처음에 P_1이 작용했을 때 자유단의 처짐 δ_1이 생기고, 다음에 P_2를 가했을 때 자유단의 처짐이 δ_2만큼 증가되었다고 한다. 이때 외력 P_1이 행한 일은? [기사 01, 03, 06, 10, 산업 03, 05]

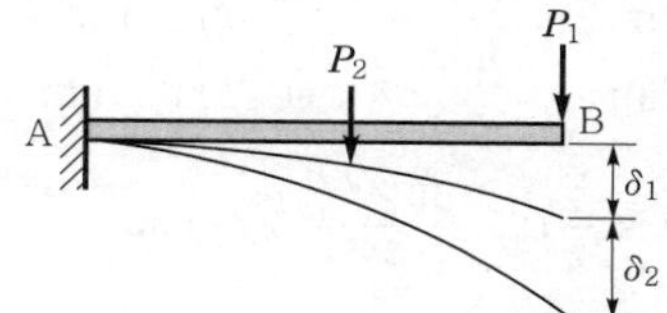

① $\frac{1}{2}P_1\delta_1+P_2\delta_2$ ② $\frac{1}{2}P_1\delta_1+P_1\delta_2$
③ $\frac{1}{2}(P_1\delta_1+P_2\delta_2)$ ④ $\frac{1}{2}(P_1\delta_1+P_1\delta_2)$

해설

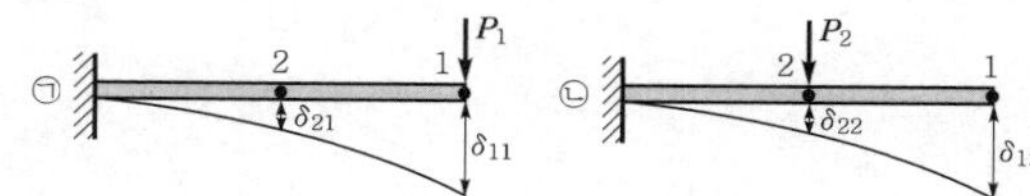

㉠ P_1작용 → P_2작용 : P_1이 한 일

$W_{P1}=\frac{1}{2}P_1\delta_{11}+P_1\delta_{12}$

㉡ P_2작용 → P_1작용 : P_2가 한 일

$W_{P2}=\frac{1}{2}P_2\delta_{22}+P_2\delta_{21}$

$\therefore\ W_{P1}=\frac{1}{2}P_1\delta_1+P_1\delta_2$

33. 다음 그림의 보에서 C점에 Δ_C=0.2cm의 처짐이 발생하였다. 만약 D점의 P를 C점에 작용시켰을 경우 D점에 생기는 처짐 Δ_D의 값은? [산업 08]

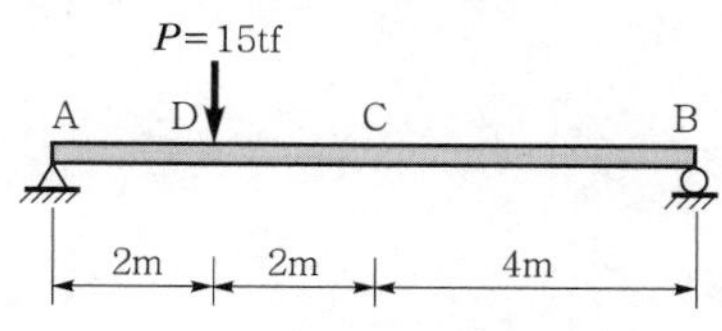

① 0.6cm ② 0.4cm
③ 0.2cm ④ 0.1cm

해설 맥스웰의 상반작용의 원리 이용

$P_A\delta_{AB}=P_B\delta_{BA}$

$P_D\delta_{DC}=P_C\delta_{CD}$

$P_D=P_C$

$\delta_{DC}=\delta_{CD}=0.2\text{cm}$

$\therefore\ \Delta_D=0.2\text{cm}$

정답 30. ② 31. ③ 32. ② 33. ③

34. 지름이 4cm인 원형 강봉을 10tf의 힘으로 잡아당겼을 때 소성은 일어나지 않았고 탄성변형에 의해 길이가 1mm 증가하였다. 강봉에 축적된 탄성변형에너지는 얼마인가? [산업 05, 06, 13, 15]

① 1tf · mm ② 5tf · mm
③ 10tf · mm ④ 20tf · mm

해설 $U=\frac{1}{2}P\delta=\frac{10\times 1}{2}=5\text{tf}\cdot\text{mm}$

정답 34. ②

chapter 11

구조물의 처짐과 처짐각

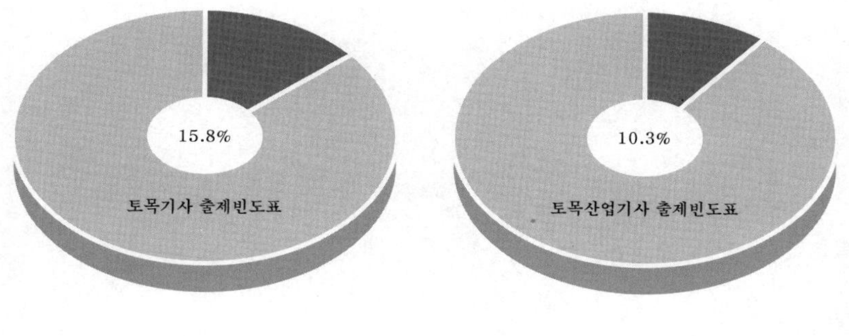

11 구조물의 처짐과 처짐각

01 개요

알•아•두•기•

기호

- 변위, 처짐 : y, δ, Δ
- 처짐각 : θ(radian)

① 용어의 정의

(1) 탄성곡선(elastic curve, 처짐곡선)

하중에 의한 변형된 곡선(AC′B)

(2) 변위(displacement)

임의점 C의 이동량(CC′)

(3) 처짐(deflection)

변위의 수직성분(CC″)≒변위

(4) 처짐각(deflection angle, 회전각, 절점각, 접선각)

변형 전 부재축 방향과 탄성곡선상의 임의점의 접선이 이루는 각 (처짐곡선의 기울)

(5) 변형(deformation)

구조물의 형태가 변하는 것

(6) 부재각(joint translation angle)

지점의 침하 또는 절점의 이동으로 변위가 발생했을 때 부재 양단의 사잇각$\left(R=\dfrac{\delta}{l}\right)$

② 부호의 약속

(1) 처짐

하향 ↓(+), 상향 ↑(−)

(2) 처짐각

변형 전의 축을 기준

① 시계방향(↻) : (+)　　② 반시계방향(↺) : (−)

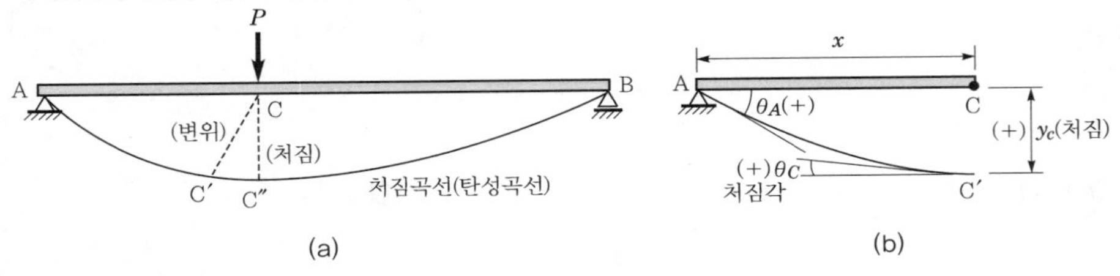

【그림 11.1】 처짐과 처짐각

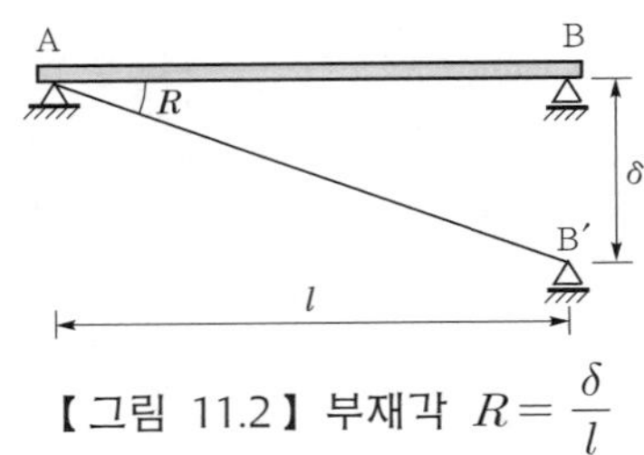

【그림 11.2】 부재각 $R = \dfrac{\delta}{l}$

02 처짐의 해법

① 기하학적 방법

(1) 탄성곡선식법(처짐곡선식법, 미분방정식법, 이중적분법)

보, 기둥에 적용

(2) 탄성하중법

Mohr의 정리 ➡ 단순보, 라멘 적용

(3) 공액보법

모든 보, 라멘 적용

(4) 중첩법(겹침법)

부정정보인 고정보에 주로 적용

처짐 해석의 목적, 원인

- 목적 : 사용성 검토, 부정정 구조물 해석
- 원인 : 휨모멘트, 전단력, 축방향력 등 단면력
- 계산
  - 보, 라멘 : 휨모멘트
  - 트러스 : 축방향력

(5) 모멘트면적법

Green의 정리 ➡ 보, 라멘에 집중하중 작용 시 적용

② 에너지 방법

(1) 가상일의 방법(단위하중법)

모든 구조물에 적용

(2) 실제 일의 방법(탄성변형, 에너지 불변 정리)

① 집중하중 한 개만 작용 시 하중작용점의 처짐만 구함
② 보, 트러스에 적용

(3) Castigliano의 제2정리

모든 구조물에 적용

③ 수치 해석법

① 유한차분법(finite difference method)
② Rayleigh-Ritfz법

03 탄성곡선식법

① 곡률과 휨모멘트의 관계

$$\frac{y}{R} = \frac{\Delta dx}{dx} \qquad \frac{\Delta dx}{dx} = \varepsilon = \frac{\sigma}{E}$$

$$\frac{y}{R} = \frac{\sigma}{E}\left(\sigma = \frac{M}{I}y\right) \qquad \frac{y}{R} = \frac{1}{E}\left(\frac{M}{I}\right)y$$

$\therefore$ 곡률 $\dfrac{1}{R} = \dfrac{M_x}{EI}$

여기서, R : 곡률반경(ρ)

$\dfrac{1}{R}$: 곡률

EI : 휨강성(굴곡강성)

$\dfrac{M}{EI}$: 탄성하중

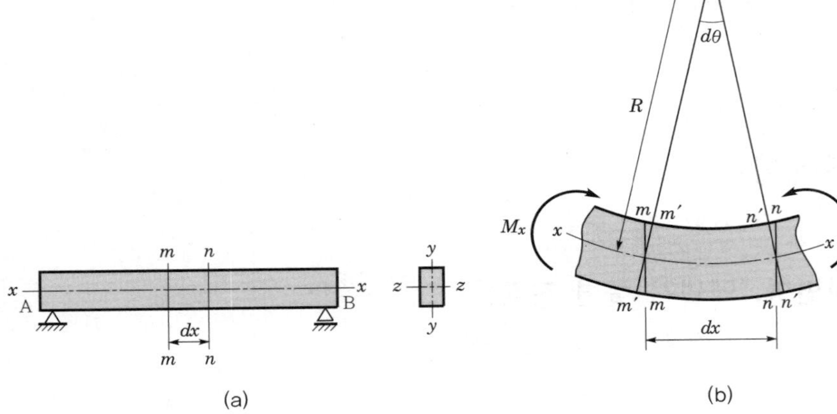

【그림 11.3】 보의 처짐곡선과 곡률반경(R)

② 탄성곡선식(처짐곡선식)

$$\frac{1}{R}=\frac{d\theta}{dx}=\frac{d^2y}{dx^2}=-\frac{M_x}{EI}$$

$\therefore$ 처짐곡선식 $\dfrac{d^2y}{dx^2}=-\dfrac{M_x}{EI}$

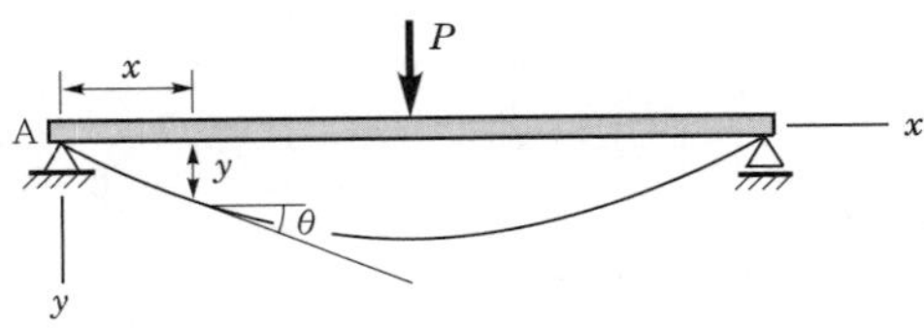

【그림 11.4】 탄성곡선식

③ 처짐각(θ)

$$\theta=y'=\frac{dy}{dx}=-\frac{1}{EI}Mdx+C_1$$

➡ 휨모멘트 한 번 적분

④ 처짐(y)

$$y=\int\frac{dy}{dx}=-\frac{1}{EI}\iint Mdx+\int C_1dx+C_2$$

➡ 휨모멘트 두 번 적분

여기서, C_1, C_2 : 적분상수

처짐 특성

- 휨모멘트 M에 비례
- 단면 2차 모멘트 I에 반비례
- 탄성계수 E에 반비례

⑤ 탄성곡선방정식, 처짐각, 처짐의 관계

(1) 탄성곡선방정식 $\frac{d^2y}{dx^2} = -\frac{M_x}{EI}$

1차 적분 ↓ ↓1차 적분

(2) 처짐각(기울기) $\theta = \frac{dy}{dx} = -\int \frac{M_x}{EI}dx$

1차 적분 ↓ ↓1차 적분

(3) 처짐 $y = -\iint \frac{M_x}{EI}dx$

(4) 탄성하중, 처짐각, 처짐의 관계

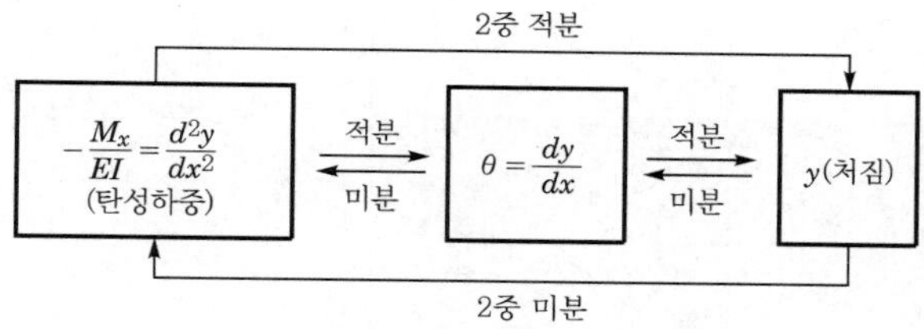

⑥ 탄성곡선방정식의 적용

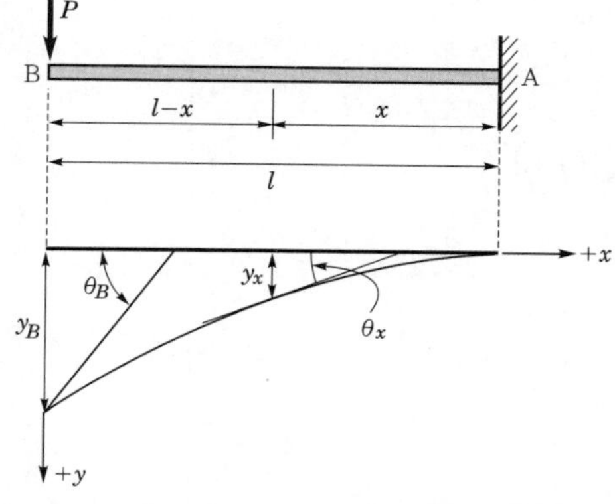

【그림 11.5】 캔틸레버보에 집중하중 작용

(1) 임의점 x의 모멘트

$M_x = -P(l-x)$

알•아•두•기•

(2) 탄성곡선방정식

$$\frac{d^2y}{dx^2} = -\frac{M_x}{EI} = \frac{P(l-x)}{EI}$$

(3) 임의점 x의 처짐각(θ_x), 처짐(y_x)

$$\theta_x = \int \frac{P(l-x)}{EI}dx = \frac{P}{EI}\int(l-x)dx$$

$$= \frac{P}{EI}\left(lx - \frac{x^2}{2}\right) + C_1 \cdots\cdots\cdots ①$$

$$\therefore y_x = \int \theta_x dx = \int\left\{\frac{P}{EI}\left(lx - \frac{x^2}{2}\right) + C_1\right\}dx$$

$$= \frac{P}{EI}\left(\frac{l}{2}x^2 - \frac{x^3}{6}\right) + C_1 x + C_2 \cdots\cdots\cdots ②$$

(4) 처짐각(θ), 처짐(y)의 일반식

$$\theta = \frac{P}{EI}\left(lx - \frac{1}{2}x^2\right)$$

$$y = \frac{P}{EI}\left(\frac{l}{2}x^2 - \frac{1}{6}x^3\right)$$

• 경계조건 이용, C_1, C_2 결정

⬅ ①과 ②에서

$x = 0$(A점) ; $\theta_A = 0$, $y_A = 0$

$\therefore C_1 = 0$, $C_2 = 0$

(5) $x = l$인 점 B의 처짐각(θ_B), 처짐(y_B)

$$\theta_B = \frac{P}{EI}\left(l^2 - \frac{1}{2}l^2\right) = \frac{Pl^2}{2EI}$$

$$y_B = \frac{P}{EI}\left(\frac{l^3}{2} - \frac{l^3}{6}\right) = \frac{Pl^3}{3EI}$$

04 탄성하중법(Mohr의 정리)

① 개념과 적용

① 탄성하중법은 휨모멘트도를 EI로 나눈 값을 하중(탄성하중)으로 취급한다$\left(\text{탄성하중} = \dfrac{M}{EI}\right)$.

② $(+)M$은 하향의 탄성하중으로, $(-)M$은 상향의 탄성하중으로 작용시킨다.

③ 탄성하중법은 단순보에만 적용한다.

② 탄성하중법의 정리

(1) 제1정리(Mohr의 제1정리)

처짐각(θ)은 $\dfrac{M}{EI}$도를 탄성하중으로 작용시켰을 때 그 점의 전단력값과 같다.

$$\theta = \frac{S'}{EI} = \frac{R_A{}'}{EI}$$

여기서, S', M : $\dfrac{M}{EI}$을 하중으로 작용하고 계산한 전단력과 휨모멘트

(2) 제2정리(Mohr의 제2정리)

처짐(y, δ)은 $\dfrac{M}{EI}$도를 탄성하중으로 작용시켰을 때 그 점의 휨모멘트값과 같다.

$$y = \frac{M'}{EI}$$

③ 탄성하중법의 적용

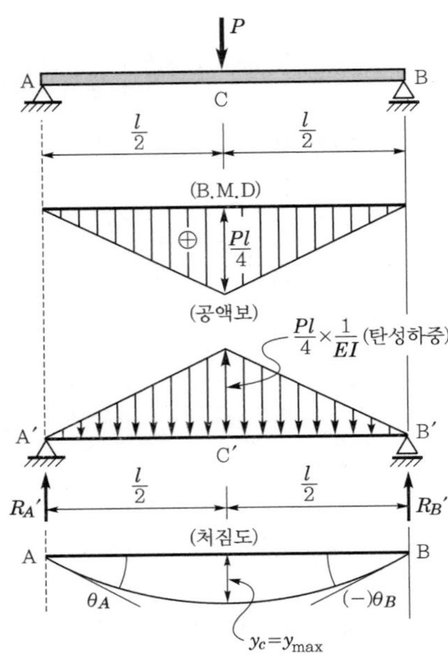

【그림 11.6】 단순보에 집중하중이 작용할 때 탄성하중법 해석

(1) A점의 처짐각(θ_A)

$$\theta_A = S_A{}' = R_A{}' = \frac{Pl}{4EI} \times \frac{l}{2} \times \frac{1}{2} = \frac{Pl^2}{16EI}$$

(2) B점의 처짐각(θ_B)

$$\theta_B = \theta_A = -\frac{Pl^2}{16EI}$$

(3) A점의 처짐(y_A)

$$y_A = M_A{}' = 0$$

(4) C점의 처짐(y_C)$= y_{\max}$

$$y_C = y_{\max} = R_A{}'\left(\frac{l}{2}\right) - \left(\frac{1}{2} \times \frac{l}{2} \times \frac{Pl}{4EI}\right) \times \left(\frac{1}{3} \times \frac{l}{2}\right) = \frac{Pl^3}{48EI}$$

알•아•두•기•

05 공액보법

① 개념과 적용

① 탄성하중법은 단순보만 적용되므로 탄성하중법의 원리를 적용할 수 있도록 지점상태를 바꾸어 만든 가상의 보(공액보)에 탄성하중 $\left(\frac{M}{EI}\right)$을 재하시켜 처짐과 처짐각을 해석하는 방법

② 공액보법은 모든 보에 적용된다.

② 공액보를 만드는 방법

공액보의 적용	• 고정지점 ←상호 적용→ 자유단 • 지간 중간 힌지지점 ←상호 적용→ 지간 중간 힌지절점 • 보의 끝단 활절지점 ←상호 적용→ 보의 끝단 가동지점
공액보의 예	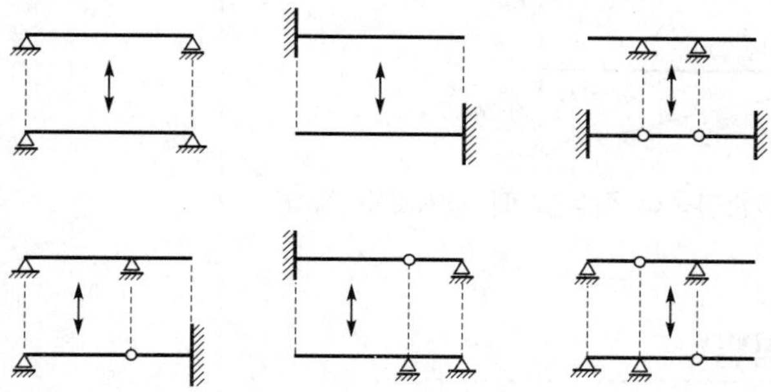

③ 공액보법의 적용

(1) A점의 처짐각(θ_A)과 처짐(y_A)

$$\theta_A = S_A' = 0$$

$$y_A = M_A' = 0$$

알•아•두•기•

(2) B점의 처짐각(θ_B)과 처짐(y_B)

$$\theta_B = S_B{}' = R_B{}' = \frac{Pl}{EI} \times l \times \frac{1}{2} = \frac{Pl^2}{2EI}$$

$$y_B = M_B{}' = \left(\frac{Pl}{EI} \times l \times \frac{1}{2}\right) \times \left(\frac{2l}{3}\right) = \frac{Pl^3}{3EI}$$

$\therefore y_B = y_{\max}$

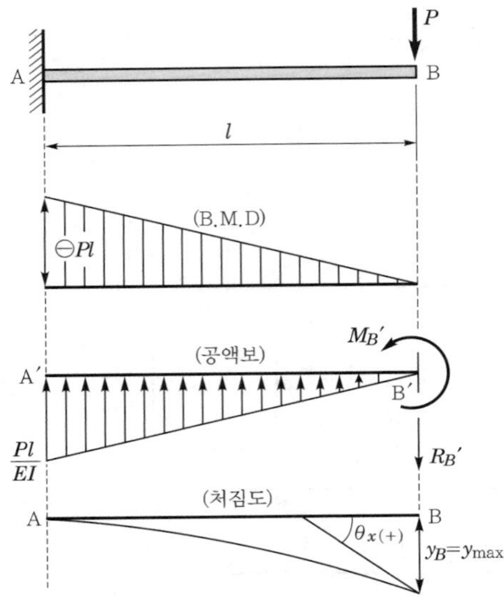

【그림 11.7】 캔틸레버보에 집중하중이 작용할 때 공액보법 해석

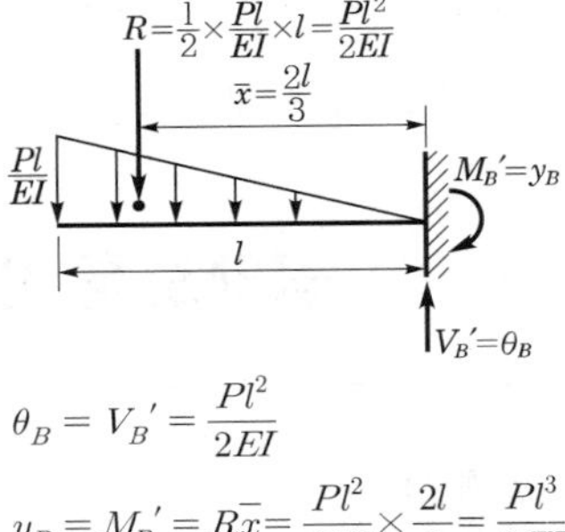

$$\theta_B = V_B{}' = \frac{Pl^2}{2EI}$$

$$y_B = M_B{}' = R\bar{x} = \frac{Pl^2}{2EI} \times \frac{2l}{3} = \frac{Pl^3}{3EI}$$

06 중첩법(겹침법)

① 원리

선형 탄성 구조물에서 여러 가지 하중이 작용할 때 순서에 관계없이 하중에 대한 변위를 계산하여 변위의 대수합으로 구한다.

② 중첩법의 적용

(1) 양단 고정보에 집중하중

$$\delta_C = \delta_{C1} - \delta_{C2}$$
$$= \frac{Pl^3}{48EI} - \frac{(Pl/8)l^2}{8EI}$$
$$= \frac{Pl^3}{192EI}(\downarrow)$$

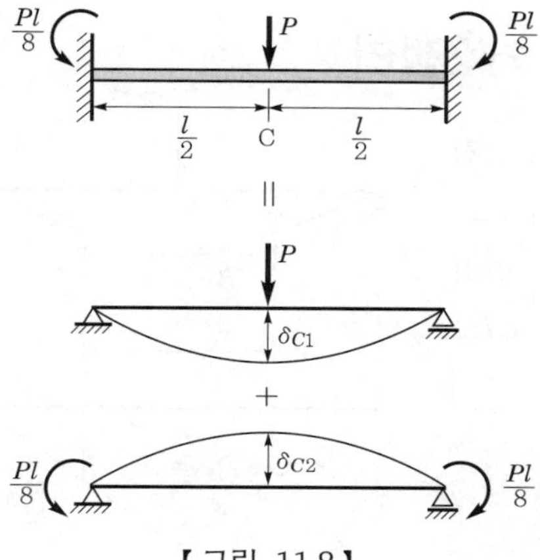

【그림 11.8】

(2) 양단 고정보에 등분포하중

$$\delta_C = \delta_{C1} - \delta_{C2}$$
$$= \frac{5wl^4}{384EI} - \frac{\left(\frac{wl^2}{12}\right)l^2}{8EI}$$
$$= \frac{wl^4}{384EI}(\downarrow)$$

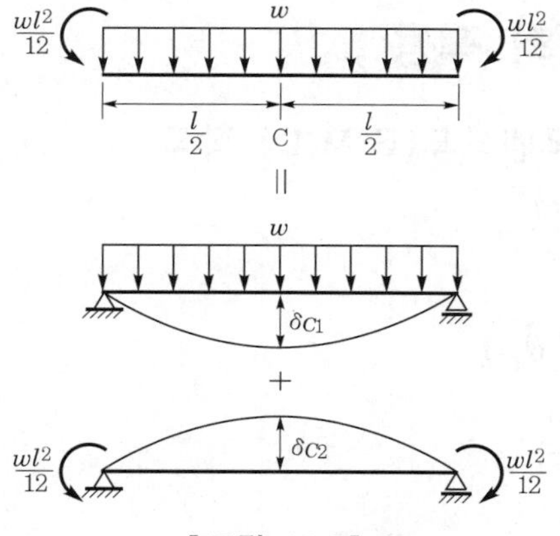

【그림 11.9】

07 모멘트면적법(Green의 정리)

① 모멘트면적법 제1정리

탄성곡선상에서 임의의 두 점의 접선이 이루는 각(θ)은 이 두 점 간의 휨모멘트도의 면적(A)을 EI로 나눈 값과 같다.

알•아•두•기•

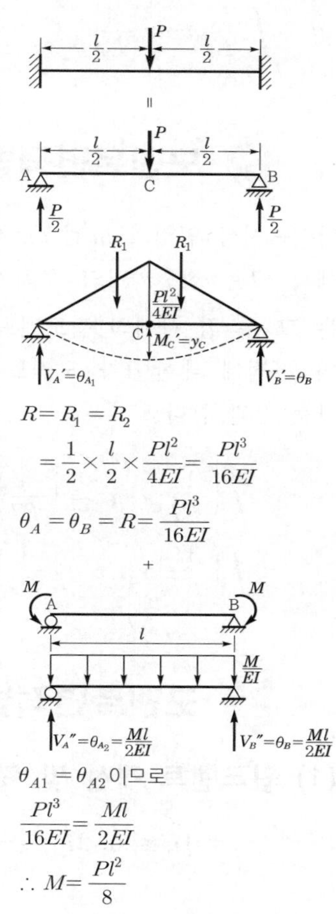

$$\theta = \int \frac{M}{EI} dx = \frac{A}{EI}$$

② 모멘트면적법 제2정리

탄성곡선상 임의의 m점으로부터 n점에서 그은 접선까지의 수직거리(y_m)는 그 두 점 사이의 휨모멘트도 면적의 m점에 대한 1차 모멘트를 EI로 나눈 값과 같다.

$$y_m = \int \left(\frac{M}{EI}\right) x_1 \, dx = \left(\frac{A}{EI}\right) x_1$$

$$y_n = \int \left(\frac{M}{EI}\right) x_2 \, dx = \left(\frac{A}{EI}\right) x_2$$

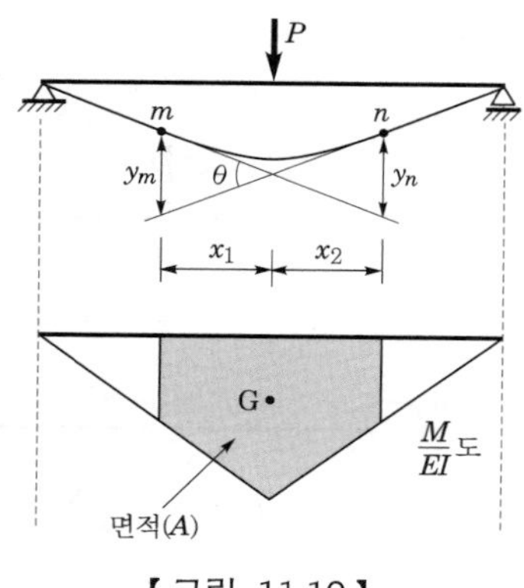

【그림 11.10】

③ 모멘트면적법의 적용

(1) 휨모멘트 계산 및 휨모멘트도(B.M.D) 작도

$$M_B = M_C = 0, \; M_A = -\frac{Pl}{2}$$

(2) B, C점의 처짐각(θ_B, θ_C)

$$\theta_B = \theta_C = \int \frac{M}{EI} dx = \frac{A}{EI}$$

$$= \frac{1}{EI} \times \frac{Pl}{2} \times \frac{l}{2} \times \frac{1}{2} = \frac{Pl^2}{8EI}$$

(3) C점의 처짐(y_C)

$$y_C = \int \left(\frac{M}{EI}\right) x \, dx = \left(\frac{A}{EI}\right) x$$

$$= \frac{1}{EI}\left(\frac{Pl}{2} \times \frac{l}{2} \times \frac{1}{2}\right) \times \left(\frac{2}{3} \times \frac{l}{2}\right) = \frac{Pl^3}{24EI}$$

알•아•두•기•

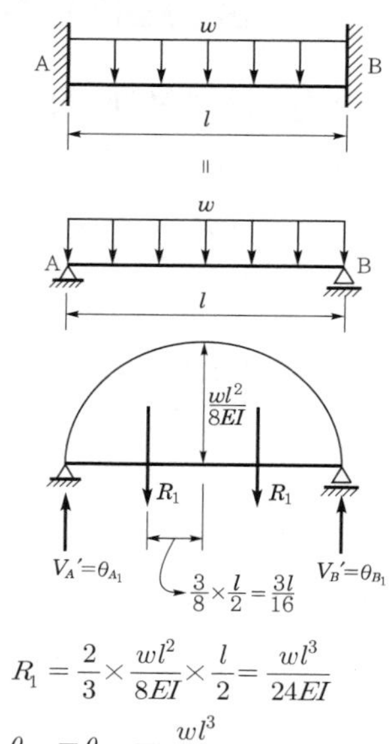

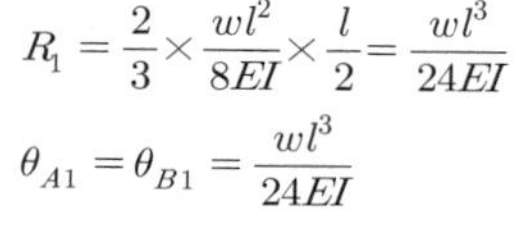

$$R_1 = \frac{2}{3} \times \frac{wl^2}{8EI} \times \frac{l}{2} = \frac{wl^3}{24EI}$$

$$\theta_{A1} = \theta_{B1} = \frac{wl^3}{24EI}$$

+

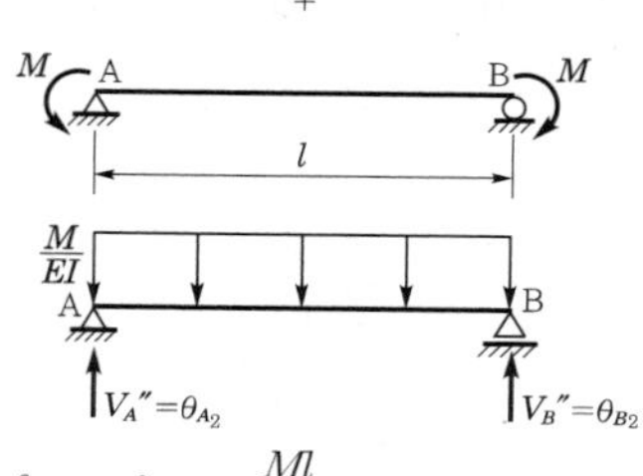

$$\theta_{A2} = \theta_{B2} = \frac{Ml}{2EI}$$

$\theta_{A1} = \theta_{A2}$이므로

$$\frac{wl^3}{24EI} = \frac{Ml}{2EI}$$

$$\therefore M = \frac{wl^2}{12}$$

(4) B점의 처짐(y_B)

$$y_B = \frac{1}{EI}\left(\frac{Pl}{2}\times\frac{l}{2}\right)\times\left(\frac{l}{2}\times\frac{l}{2}\times\frac{2}{3}\right) = \frac{5Pl^3}{48EI}$$

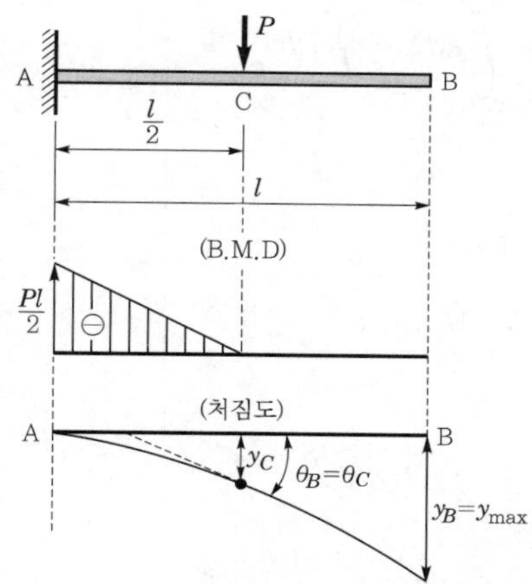

【그림 11.11】 캔틸레버보의 집중하중이 작용할 때 모멘트면적법 해석

08 가상일의 방법 (단위하중법, Maxwell-Mohr법)

① 개념

에너지 불변의 법칙에 근거를 두고, 구조물이 평형상태에 있을 때 이 구조물에 작은 가상변형을 주면 외부 하중에 의한 가상일은 내력에 의한 가상일(탄성에너지)과 같다는 이론으로, 모든 구조물의 처짐각과 처짐을 구할 수 있는 에너지 방법이며, 단위하중법이라고 한다.

> 외부하중에 의한 가상일=내력에 의한 가상일

$$W_{ext} = W_{int}$$

① W_{ext} : 외부 가상일

② W_{int} : 내부 가상일$\left(=\int N d\delta + \int M d\theta + \int S d\lambda + \int T d\phi\right)$

여기서, N, M, S, T : 축력, 휨모멘트, 전단력, 비틀림모멘트에 의한 응력

$d\delta, d\theta, d\lambda, d\phi$: 가상변위

알•아•두•기•

② 가상일의 방법(=단위하중법)

(1) 단위하중법의 일반식

① 외적 가상일 : $W_{ext} = 1\Delta$

② 내적 가상일 : $W_{int} = \int nd\delta + \int md\theta + \int sd\lambda + \int td\phi$

여기서, n, m, s, t : 단위하중에 의한 응력

③ $W_{ext} = W_{int}$이므로

$\therefore \Delta = \int nd\delta + \int md\theta + \int sd\lambda + \int td\phi$

이때 실제 하중에 의한 구조물의 응력 N, M, S, T를 변형으로 표시하면

$d\delta = \frac{N}{EA}dx,\ d\theta = \frac{M}{EI}dx,\ d\lambda = \frac{kS}{GA}dx,\ d\phi = \frac{T}{GI_P}dx$

$$\therefore \Delta = \int \frac{nN}{EA}dx + \int \frac{mM}{EI}dx + k\int \frac{sS}{GA}dx + \int \frac{tT}{GI_P}dx$$

여기서, Δ : 수직 및 수평변위, 회전각, 상대변위 등 구하고자 하는 변위

(2) 휨부재(보, 라멘)의 단위하중법에 의한 변위

휨모멘트만 고려

$$\Delta = \int \frac{mM}{EI}dx$$

여기서, Δ : 구하고자 하는 변위(δ, θ)
m : 단위하중에 의한 휨모멘트
M : 실제 하중에 의한 휨모멘트

(3) 트러스 부재의 단위하중법에 의한 변위

축력만 고려

$$\Delta = \int_0^l \frac{nN}{EA}dx = \Sigma \frac{nN}{EA}L$$

여기서, Δ : 구하고자 하는 처짐(δ)
n : 단위하중에 의한 축력
N : 실제 하중에 의한 축력

③ 가상일의 방법 적용

(1) 트러스의 처짐

① 부재력(AC, BC) : $N_{AC} = N_{BC} = \dfrac{P}{2\sin\theta}$ (인장)

② 단위하중($P=1$)에 의한 부재력 : $n_{AC} = n_{BC} = \dfrac{1}{2\sin\theta}$ (인장)

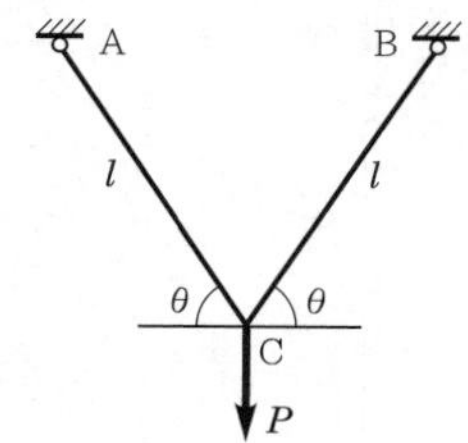

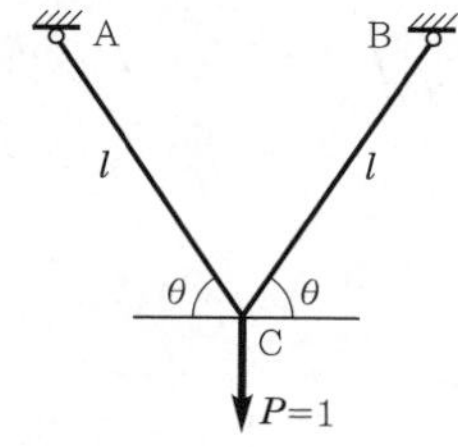

【그림 11.12】

③ C점의 수직처짐(δ_C)

$$\delta_C = \Sigma \frac{nN}{EA} L = \frac{1}{EA}\left(\frac{1}{2\sin\theta} \times \frac{P}{2\sin\theta} \times l\right) \times 2$$

$$= \frac{Pl}{2EA\sin^2\theta}$$

(2) 캔틸레버보의 처짐과 처짐각(집중하중)

① 실제 하중에 의한 휨모멘트 : $M_x = -Px$

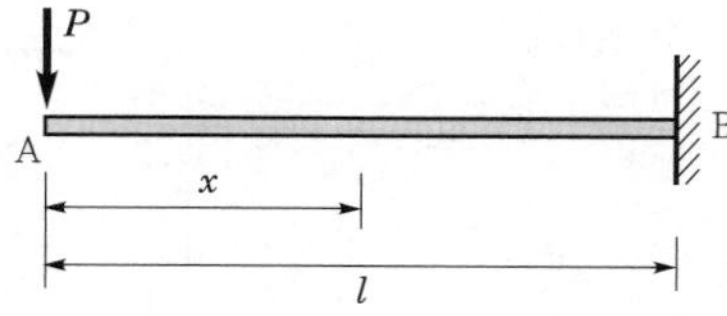

【그림 11.13】 실제 하중

② 처짐 계산을 위한 단위하중($P=1$)에 의한 휨모멘트

$m_x = -x$

$$\therefore \text{ 처짐 } y_A = \int_0^l \frac{mM}{EI} dx = \frac{1}{EI}\int_0^l (-x)(-Px)dx$$

$$= \boxed{\frac{Pl^3}{3EI}}$$

알•아•두•기•

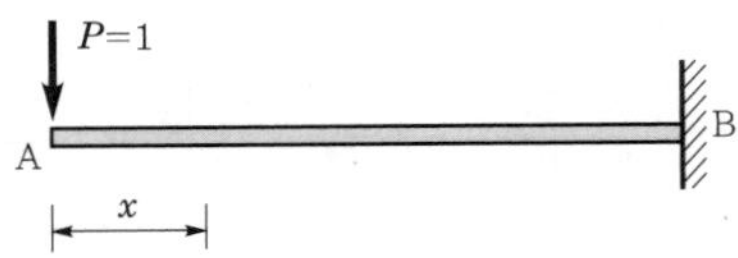

【그림 11.14】 단위하중

③ 처짐각 계산을 위한 단위모멘트하중($M=1$)에 의한 휨모멘트

$m_x = -1$

$\therefore$ 처짐각 $\theta_A = \int_0^l \frac{mM}{EI} dx = \frac{1}{EI} \int_0^l (-1)(-Px) dx$

$$= \frac{Pl^2}{2EI}$$

【그림 11.15】 단위모멘트하중

09 실제 일의 방법(에너지 불변의 법칙)

① 개념

실제 일의 원리는 집중하중이 1개 작용할 경우 에너지 불변의 법칙에 따라(외력일=내력일) 하중작용점의 처짐만 구할 수 있다.

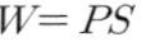 일(work) W

물체에 힘을 가하여 물체를 움직이는 경우 이 힘이 물체에 준 결과는 그 힘뿐만이 아니라 그 물체가 이동한 거리(변위)와도 관계가 있다.

$W = PS$

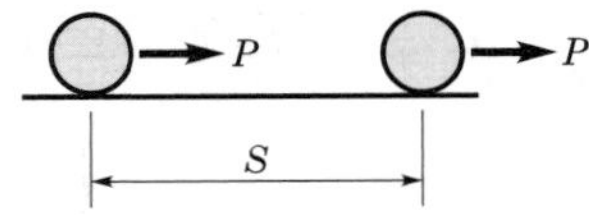

② 실제 일의 원리 적용

(1) 임의점 x 위치의 휨모멘트, 전단력

$R_A = \frac{P}{2}$, $M_x = \frac{P}{2} x$, $S_x = \frac{P}{2}$

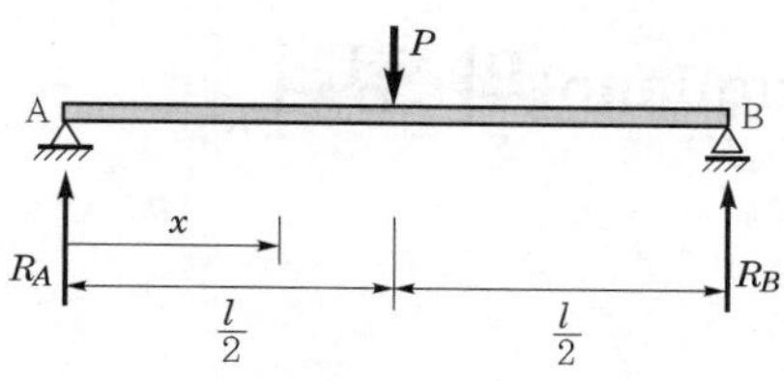

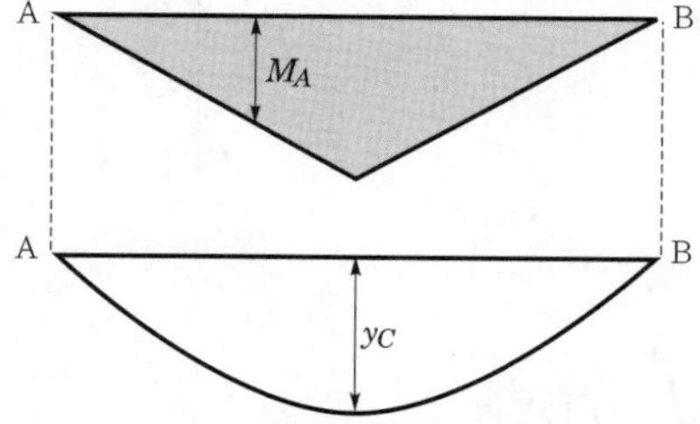

【그림 11.16】 단순보에 집중하중 작용 시 실제 일의 원리 해석

(2) 보 전체의 탄성에너지(U)

$$U = 2\int_0^{\frac{l}{2}} \frac{M^2}{2EI}dx + 2\int_0^{\frac{l}{2}} K\frac{S^2}{2GA}dx$$

(전단력에 의한 탄성에너지는 미소하여 무시)

$$\therefore\ U = 2\int_0^{\frac{l}{2}} \frac{M^2}{2EI}dx = \frac{P^2}{4EI}\int_0^{\frac{l}{2}} x^2\,dx = \frac{P^2 l^3}{96EI}$$

(3) 하중 P에 의한 외력일(W)

$$W = \frac{1}{2}Py_C$$

(4) 에너지 불변의 법칙에 의거(외력일 W = 내력일 U)

$$W_E = W_i\ ;\ \frac{1}{2}Py_C = \frac{P^2 l^3}{96EI}$$

$$\therefore\ y_C = \frac{Pl^3}{48EI}$$

알 • 아 • 두 • 기 •

10 카스틸리아노(Castigliano)의 정리

① 개념

에너지 보전의 법칙에 따라 구조물에서 이루어지는 외력일을 내력일로 계산하는 방법

② 변형에너지(U)

$$U=\int \frac{N^2}{2EA}dx+\int \frac{M^2}{2EI}dx+\int \frac{KS^2}{2GA}dx+\int \frac{T^2}{2GJ}dx$$

③ 카스틸리아노의 제1정리

하중(P, M)을 구한다.

$$P_i=\frac{\partial U}{\partial \delta_i},\ M_i=\frac{\partial U}{\partial \theta_i}$$

④ 카스틸리아노의 제2정리

변위(δ, θ)를 구한다.

$$\delta_i=\frac{\partial U}{\partial P_i},\ \theta_i=\frac{\partial U}{\partial M_i}$$

⑤ 카스틸리아노의 정리 적용

(1) 처짐각(θ_A) 계산

① $M_x=-M_A-\dfrac{wx^2}{2}$ 〔그림 11.17(b)〕

② $\theta_A=\displaystyle\int \frac{\partial M_x}{\partial M}\left(\frac{M}{EI}\right)dx$ 에서 $\dfrac{\partial M_x}{\partial M}=-1$ $(M_A=0)$

$\therefore\ \theta_A=\displaystyle\int_0^l \frac{1}{EI}\left(-\frac{w}{2}x^2\right)(-1)dx=\frac{wl^3}{6EI}$

알•아•두•기•

(2) 처짐(y_A) 계산

① $M_x = -Px - \dfrac{wx^2}{2}$ 〔그림 11.17(c)〕

② $y_A = \displaystyle\int \frac{\partial M_x}{\partial P}\left(\frac{M}{EI}\right)dx$ 에서 $\dfrac{\partial M_x}{\partial P} = -x\ (P=0)$

$$\therefore\ y_A = \int_0^l \frac{1}{EI}\left(-\frac{w}{2}x^2\right)(-x)\,dx = \boxed{\frac{wl^4}{8EI}}$$

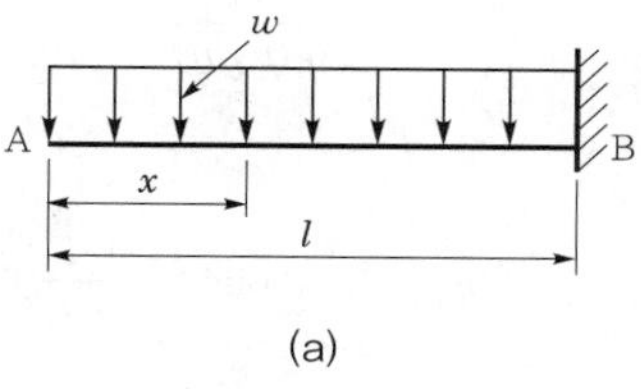

(a)

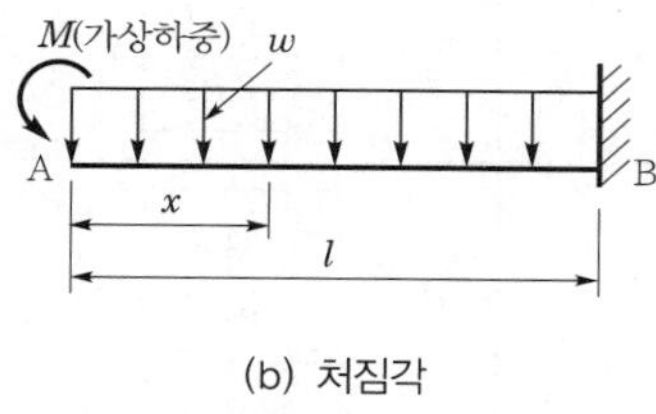

(b) 처짐각

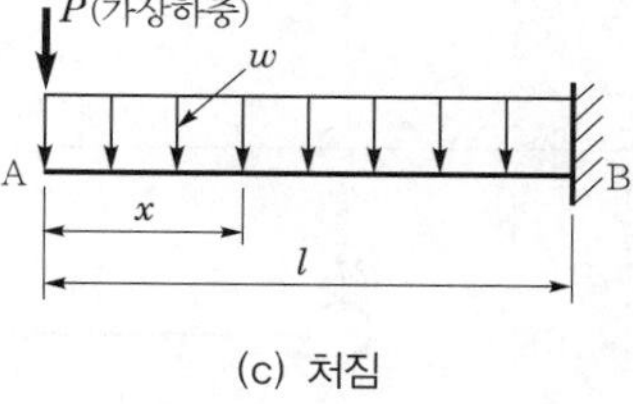

(c) 처짐

【그림 11.17】

11 보의 종류별 처짐각 및 처짐

종류		하중 작용상태	처짐각(θ)	최대 처짐($y_{\max}$)
단순보	1	A, B, C, P, $\frac{l}{2}$, $\frac{l}{2}$	$\theta_A = -\theta_B = \boxed{\dfrac{Pl^2}{16EI}}$	$y_C = \boxed{\dfrac{Pl^3}{48EI}}$
	2	A, B, C, P, a, b, l	$\theta_A = -\dfrac{Pb}{16EIl}(l^2 - b^2)$ $\theta_B = -\dfrac{Pa}{16EIl}(l^2 - a^2)$	$y_C = \boxed{\dfrac{Pa^2b^2}{3EIl}}$
	3	A, B, C, w, $\frac{l}{2}$, $\frac{l}{2}$	$\theta_A = -\theta_B = \boxed{\dfrac{wl^3}{24EI}}$	$y_C = \boxed{\dfrac{5wl^4}{384EI}}$
	4	A, B, w, l	$\theta_A = \dfrac{7wl^3}{360EI}$ $\theta_B = -\dfrac{8wl^3}{360EI}$	$y_{\max} = 0.00652 \times \dfrac{wl^4}{EI}$ $= \dfrac{wl^4}{153EI}$
	5	A, B, C, w, $\frac{l}{2}$, $\frac{l}{2}$	$\theta_A = -\theta_B = \dfrac{5wl^3}{192EI}$	$y_C = \dfrac{wl^4}{120EI}$

종류		하중 작용상태	처짐각(θ)	최대 처짐(y_{max})
단순보	6	M_A, M_B, A, B, l	$\theta_A = \boxed{\frac{l}{6EI}(2M_A+M_B)}$ $\theta_B = \boxed{-\frac{l}{6EI}(M_A+2M_B)}$	$M_A = M_B = M$ $y_{max} = \boxed{\frac{Ml^2}{8EI}}$
	7	M_A, A, B, l	$\theta_A = \boxed{\frac{M_A l}{3EI}}$ $\theta_B = \boxed{-\frac{M_A l}{6EI}}$	$y_{max} = 0.064 \times \frac{Ml^2}{EI}$ $= \frac{Ml^2}{9\sqrt{3}EI}$
	8	M_A, A, B, l	$\theta_A = \boxed{-\frac{M_A l}{3EI}}$ $\theta_B = \boxed{\frac{M_A l}{6EI}}$	$y_{max} = -0.064 \times \frac{Ml^2}{EI}$ $= -\frac{Ml^2}{9\sqrt{3}EI}$
캔틸레버보	9	P, A, B, l	$\theta_B = \boxed{\frac{Pl^2}{2EI}}$	$y_B = \boxed{\frac{Pl^3}{3EI}}$
	10	P, a, b, A, C, B, l	$\theta_C = \theta_B = \frac{Pa^2}{2EI}$	$y_B = \frac{Pa^3}{6EI}(3l-a)$
	11	$\frac{l}{2}$, P, A, C, B, l	$\theta_C = \theta_B = \boxed{\frac{Pl^2}{8EI}}$	$y_B = \boxed{\frac{5Pl^3}{48EI}}$
	12	P, A, C, B, $\frac{l}{2}$, P, $\frac{l}{2}$	$\theta_B = \frac{3Pl^2}{8EI}$	$y_B = \frac{11Pl^3}{48EI}$
	13	w, A, B, l	$\theta_B = \boxed{\frac{wl^3}{6EI}}$	$y_B = \boxed{\frac{wl^4}{8EI}}$
	14	w, A, B, $\frac{l}{2}$, C, $\frac{l}{2}$	$\theta_C = \theta_B = \boxed{\frac{wl^3}{48EI}}$	$y_B = \frac{7wl^4}{384EI}$

종류		하중 작용상태	처짐각(θ)	최대 처짐(y_{max})
캔틸레버보	15	A, B, C, w, $\frac{l}{2}$, $\frac{l}{2}$	$\theta_B = \boxed{\frac{7wl^3}{48EI}}$	$y_B = \frac{41wl^4}{384EI}$
	16	A, B, w, l	$\theta_B = \frac{wl^3}{24EI}$	$y_B = \frac{wl^4}{30EI}$
	17	A, B, M, l	$\theta_B = \boxed{\frac{Ml}{EI}}$	$y_B = \boxed{\frac{Ml^2}{2EI}}$
	18	A, B, C, M, $\frac{l}{2}$, $\frac{l}{2}$	$\theta_B = \boxed{\frac{Ml}{2EI}}$	$y_B = \boxed{\frac{3Ml^2}{8EI}}$
부정정보	19	A, B, C, M, $\frac{l}{2}$, $\frac{l}{2}$	$\theta_B = -\frac{Ml}{4EI}$	
	20	A, B, w, l	$\theta_B = -\frac{wl^3}{8EI}$	$y_{max} = \frac{wl^4}{185EI}$
	21	A, B, C, P, $\frac{l}{2}$, $\frac{l}{2}$		$y_C = \boxed{\frac{Pl^3}{192EI}}$
	22	A, B, C, w, $\frac{l}{2}$, $\frac{l}{2}$		$y_C = \boxed{\frac{wl^4}{384EI}}$

예상 및 기출문제

1. 다음 그림과 같은 보에서 순수 굽힘상태인 CD구간에서 탄성곡선의 곡률반경은 얼마인가? (단, $EI=2\times 10^9$kgf·cm^2) [기사 00]

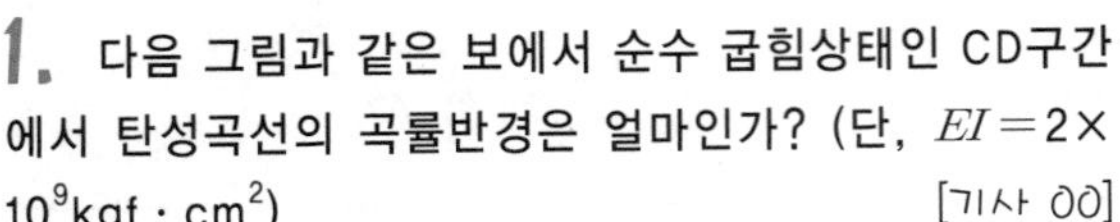

① 121.2m ② 126.7m
③ 133.3m ④ 166.7m

해설 순수 굽힘상태
㉠ 부재의 임의구간에 있어서 전단력은 0이고 모멘트는 일정하게 존재하는 상태
㉡ CD구간 내 임의점에서의 내력상태는 전단력은 0이고 모멘트는 일정한 값을 갖는 상태
$R_C=R_D=1.5\text{tf}(\uparrow)$

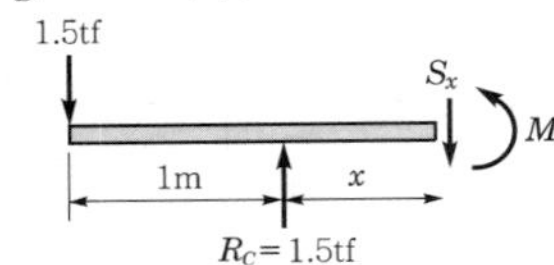

$\Sigma M_x=0(\circlearrowright\oplus)$
$-1.5\times(1+x)+1.5\times x-M_x=0$
$M_x=-1.5\text{tf}\cdot\text{m}$
$\therefore R=-\dfrac{EI}{M_x}=-\dfrac{2\times 10^9}{-1.5\times 10^5}$
$=13,333.3\text{cm}=133.3\text{m}$

2. 다음 그림과 같은 캔틸레버보에 80kgf의 집중하중이 작용할 때 C점에서의 처짐(δ)은? (단, I=4.5cm^4, E=2.1×10^{6}kgf/cm^2) [기사 15]

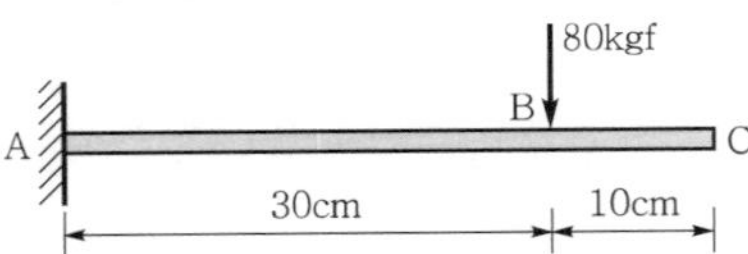

① 1.25cm ② 1.00cm
③ 0.23cm ④ 0.11cm

해설

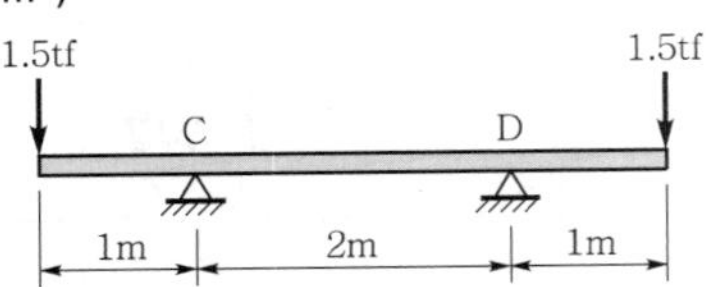

$V_C'=\theta_C=R=\dfrac{1}{2}\times\dfrac{2,400}{EI}\times 30=\dfrac{36,000}{EI}$

$\therefore M_C'=\delta_C=R\times 30=\dfrac{36,000\times 30}{EI}$

$=\dfrac{1,080,000}{2.1\times 10^6\times 4.5}=0.1143\text{cm}$

3. 다음 중 처짐을 구하는 방법과 가장 관계가 먼 것은? [산업 14, 16]

① 3연모멘트법
② 탄성하중법
③ 모멘트면적법
④ 탄성곡선의 미분방정식 이용법

해설 3연모멘트법은 부정정 구조물의 해석법이다.

4. 중앙에 집중하중 P를 받는 다음 그림과 같은 단순보에서 지점 A로부터 $\dfrac{l}{4}$인 지점(점 D)의 처짐각(θ_D)과 수직처짐량(δ_D)은? (단, EI는 일정하다.) [기사 17]

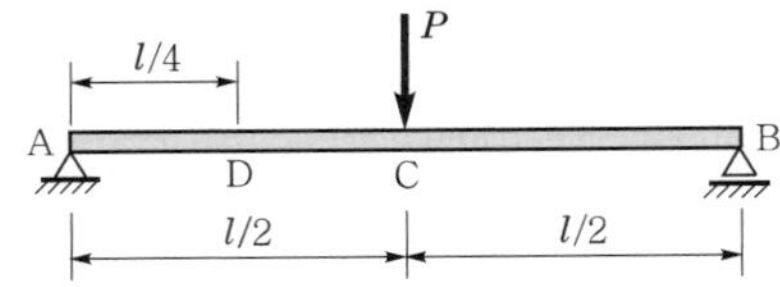

① $\theta_D=\dfrac{5Pl^2}{64EI}$, $\delta_D=\dfrac{3Pl^3}{768EI}$

② $\theta_D=\dfrac{3Pl^2}{128EI}$, $\delta_D=\dfrac{5Pl^3}{384EI}$

③ $\theta_D=\dfrac{3Pl^2}{64EI}$, $\delta_D=\dfrac{11Pl^3}{768EI}$

④ $\theta_D=\dfrac{3Pl^2}{128EI}$, $\delta_D=\dfrac{11Pl^3}{384EI}$

정답 1. ③ 2. ④ 3. ① 4. ③

해설

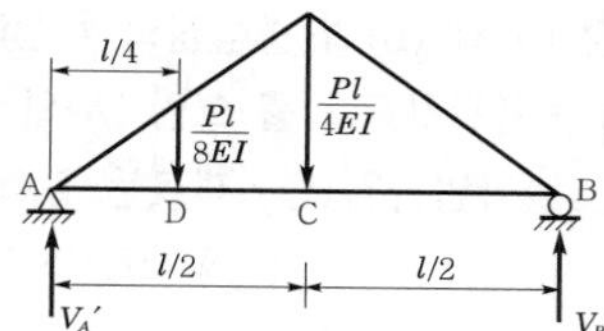

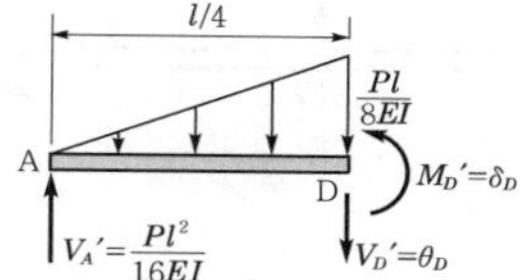

대칭단면이므로

$\Sigma M_B = 0(\oplus)$

$V_A{}' = \frac{1}{2} \times \frac{l}{2} \times \frac{Pl}{4EI} = \frac{Pl^2}{16EI}$

$\Sigma F_Y = 0(\downarrow \oplus)$

$V_D{}' + \frac{1}{2} \times \frac{l}{4} \times \frac{Pl}{8EI} - \frac{Pl^2}{16EI} = 0$

$\therefore\ V_D{}' = \theta_D = \frac{Pl^2}{16EI} - \frac{Pl^2}{64EI} = \frac{3Pl^2}{64EI}$

$\Sigma M_D = 0(\oplus)$

$-M_D{}' + \frac{Pl^2}{16EI} \times \frac{l}{4} - \frac{1}{2} \times \frac{l}{4} \times \frac{Pl}{8EI} \times \frac{l}{4} \times \frac{1}{3} = 0$

$\therefore\ M_D{}' = \delta_D = -\frac{Pl^3}{768EI} + \frac{Pl^3}{64EI} = \frac{11Pl^3}{768EI}$

5. 정정보의 처짐과 처짐각을 계산할 수 있는 방법이 아닌 것은? [기사 15]

① 이중적분법 ② 공액보법
③ 처짐각법 ④ 단위하중법

해설 처짐각법은 부정정 구조물의 해석법이다.

6. 다음 중 A점의 탄성곡선의 경사각은? (단, EI는 일정하다.) [기사 01]

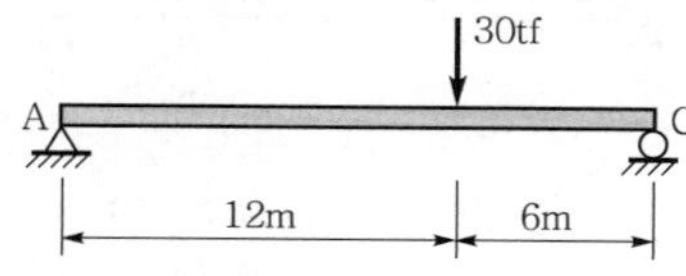

① $\theta_A = \frac{180}{EI}$ ② $\theta_A = \frac{280}{EI}$
③ $\theta_A = \frac{380}{EI}$ ④ $\theta_A = \frac{480}{EI}$

해설

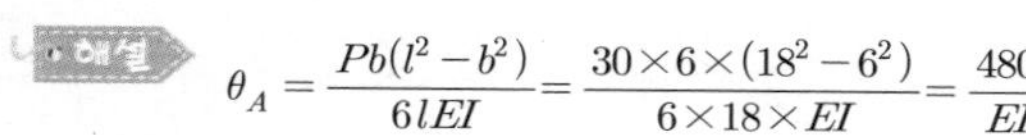

$\theta_A = \frac{Pb(l^2 - b^2)}{6lEI} = \frac{30 \times 6 \times (18^2 - 6^2)}{6 \times 18 \times EI} = \frac{480}{EI}$

7. 전 단면이 균일하고 재질이 같은 2개의 캔틸레버보가 자유단의 처짐값이 동일하다. 이때 캔틸레버보(B)의 휨강성 EI값은? [기사 10]

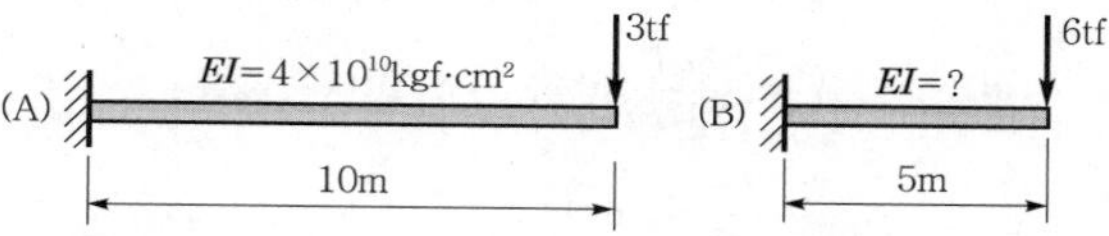

① 0.5×10^{10}kgf · cm ② 1.0×10^{10}kgf · cm
③ 2.0×10^{10}kgf · cm ④ 3.0×10^{10}kgf · cm

해설

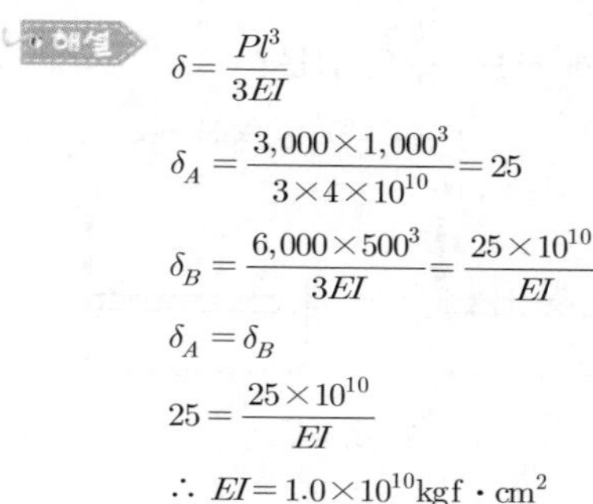

$\delta = \frac{Pl^3}{3EI}$

$\delta_A = \frac{3{,}000 \times 1{,}000^3}{3 \times 4 \times 10^{10}} = 25$

$\delta_B = \frac{6{,}000 \times 500^3}{3EI} = \frac{25 \times 10^{10}}{EI}$

$\delta_A = \delta_B$

$25 = \frac{25 \times 10^{10}}{EI}$

$\therefore\ EI = 1.0 \times 10^{10}$kgf · cm^2

8. 휨강성이 EI이고 길이가 l인 캔틸레버보의 자유단에 집중하중 P가 작용할 때 최대 처짐은? [기사 01]

① $\frac{Pl^3}{3EI}$ ② $\frac{Pl^3}{6EI}$
③ $\frac{Pl^4}{3EI}$ ④ $\frac{Pl^4}{6EI}$

9. 다음 그림과 같이 길이가 같고 EI가 일정한 단순보에서 집중하중 $P = wl$을 받는 단순보의 중앙처짐은 등분포하중을 받는 단순보의 중앙처짐의 몇 배인가? [기사 07]

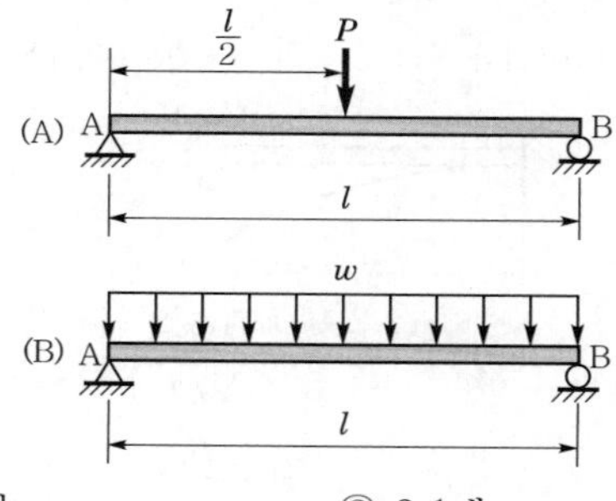

① 1.6배 ② 2.1배
③ 3.2배 ④ 4.8배

정답 5. ③ 6. ④ 7. ② 8. ① 9. ①

해설 ㉠ 집중하중 P에 대한 최대 처짐

$$\delta_P=\frac{Pl^3}{48EI}=\frac{(wl)l^3}{48EI}=\frac{wl^4}{48EI}$$

㉡ 등분포하중 w에 의한 최대 처짐

$$\delta_w=\frac{5wl^4}{384EI}$$

$$\therefore\ \frac{\delta_P}{\delta_w}=\frac{8}{5}=1.6\text{배}$$

10. 재질과 단면이 같은 다음 2개의 외팔보에서 자유단의 처짐을 같게 하는 $\dfrac{P_1}{P_2}$의 값은?

[기사 03, 09, 산업 05, 11, 15]

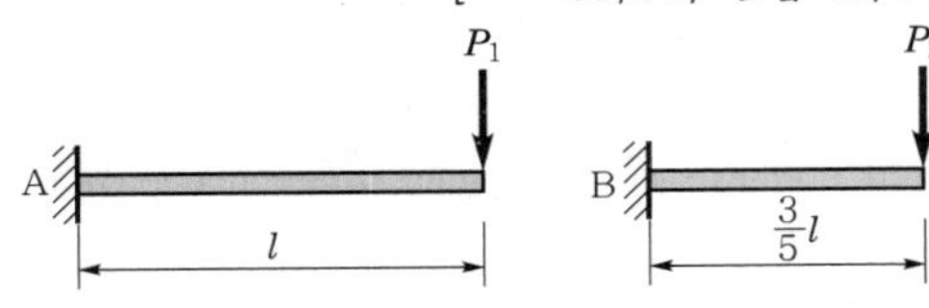

① 0.216　② 0.437
③ 0.325　④ 0.546

해설

$$\delta_1=\frac{P_1l^3}{3EI}$$

$$\delta_2=\frac{P_2\left(\frac{3}{5}l\right)^3}{3EI}=\frac{9P_2l^3}{125EI}$$

$$\delta_1=\delta_2$$

$$\frac{P_1l^3}{3EI}=\frac{9P_2l^3}{125EI}$$

$$\therefore\ \frac{P_1}{P_2}=\frac{27}{125}=0.216$$

11. 다음 그림과 같은 캔틸레버보에 휨모멘트하중 M이 작용할 경우 최대 처짐 $\delta_{\max}$의 값은? (단, 보의 휨강성은 EI이다.)

[기사 06, 09, 15, 산업 13]

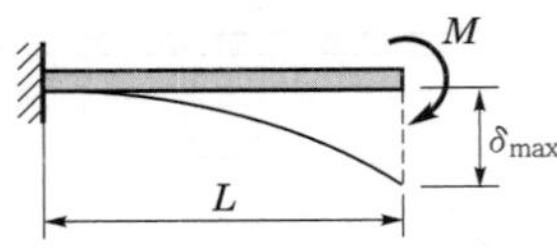

① $\dfrac{ML}{EI}$　② $\dfrac{ML^2}{2EI}$
③ $\dfrac{M^2L}{2EI}$　④ $\dfrac{ML^2}{6EI}$

해설 $\theta_{\max}=\dfrac{ML}{EI}$, $\delta_{\max}=\dfrac{ML^2}{2EI}$

12. 다음 그림 (A)와 (B)의 중심점의 처짐이 같아지도록 그림 (B)의 등분포하중 w를 그림 (A)의 하중 P의 함수로 나타내면 얼마인가? (단, 재료는 같다.)

[기사 02, 08, 10, 15, 17]

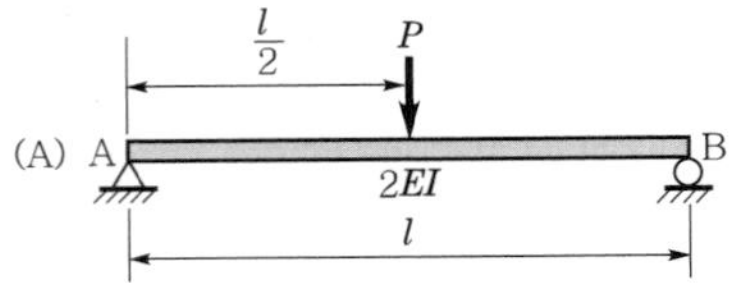

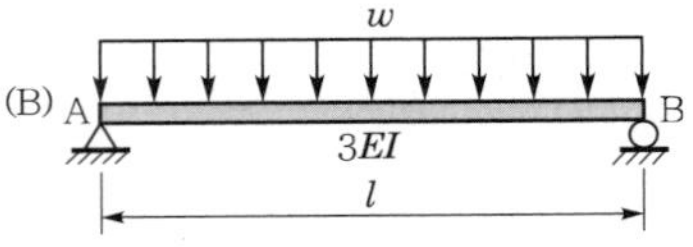

① $1.2\dfrac{P}{l}$　② $2.1\dfrac{P}{l}$
③ $4.2\dfrac{P}{l}$　④ $2.4\dfrac{P}{l}$

해설

$$\delta_{(A)}=\frac{Pl^3}{48\times2EI}=\frac{Pl^3}{96EI}$$

$$\delta_{(B)}=\frac{5wl^4}{384\times3EI}=\frac{5wl^4}{1{,}152EI}$$

$$\delta_{(A)}=\delta_{(B)}$$

$$\frac{Pl^3}{96EI}=\frac{5wl^4}{1{,}152EI}$$

$$\therefore\ w=\frac{12}{5}\frac{P}{l}=2.4\frac{P}{l}$$

13. 폭 20cm, 높이 30cm의 단순보가 중앙점에 다음 그림과 같이 집중하중을 받을 때 중앙점 C의 처짐 δ를 구한 값은? (단, E=80,000kgf/cm^2)

[기사 01, 09, 산업 07, 11]

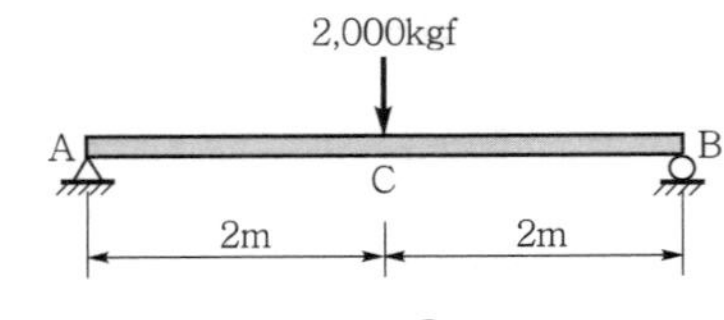

① 1.23cm　② 0.83cm
③ 0.74cm　④ 0.42cm

해설

$$\delta_C=\frac{Pl^3}{48EI}=\frac{2{,}000\times400^3\times12}{48\times8\times10^4\times20\times30^3}$$

$$=0.7407\text{cm}$$

정답　10. ①　11. ②　12. ④　13. ③

14. 캔틸레버보에서 보의 끝 B점에 집중하중 P와 우력모멘트 M_o가 작용하고 있다. B점에서의 연직변위는 얼마인가? (단, 보의 EI는 일정하다.) [기사 06, 17]

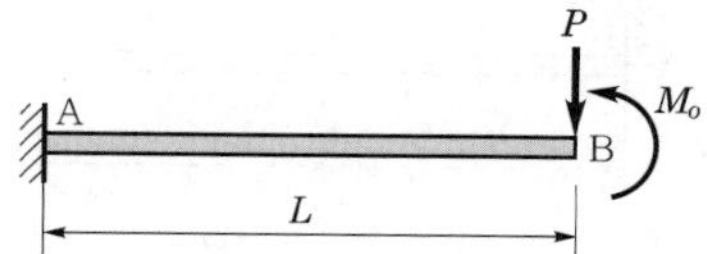

① $\delta_B = \dfrac{PL^3}{4EI} - \dfrac{M_oL^2}{2EI}$
② $\delta_B = \dfrac{PL^3}{3EI} + \dfrac{M_oL^2}{2EI}$
③ $\delta_B = \dfrac{PL^3}{3EI} - \dfrac{M_oL^2}{2EI}$
④ $\delta_B = \dfrac{PL^3}{4EI} + \dfrac{M_oL^2}{2EI}$

해설 ㉠

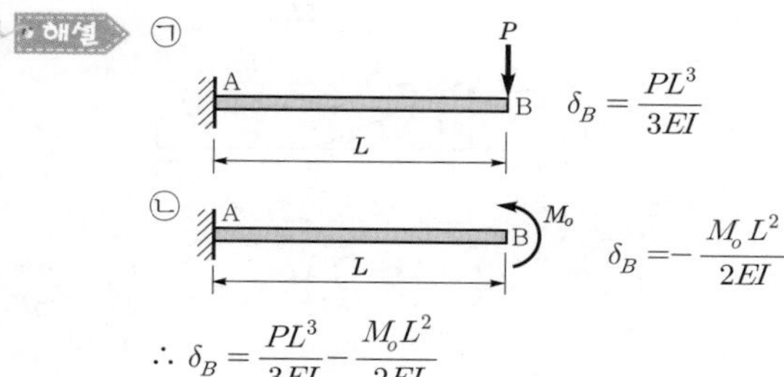

㉠ $\delta_B = \dfrac{PL^3}{3EI}$

㉡ $\delta_B = -\dfrac{M_oL^2}{2EI}$

$\therefore \delta_B = \dfrac{PL^3}{3EI} - \dfrac{M_oL^2}{2EI}$

15. 균일한 단면을 가진 캔틸레버보의 자유단에 집중하중 P가 작용한다. 보의 길이가 L일 때 자유단의 처짐이 $\varDelta$라면 처짐이 약 $9\varDelta$가 되려면 보의 길이 L은 몇 배가 되겠는가? [기사 02, 07]

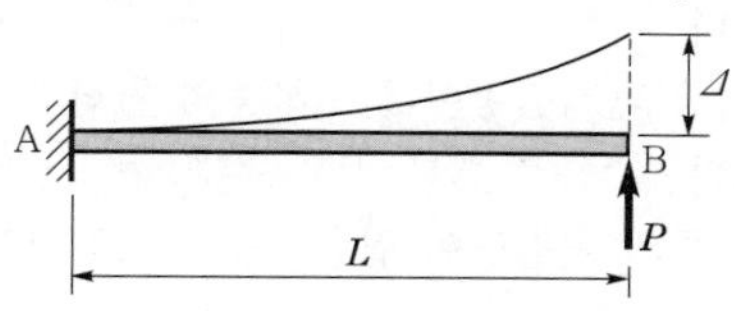

① 1.6배
② 2.1배
③ 2.5배
④ 3.0배

해설

$\varDelta = \dfrac{PL^3}{3EI}$ ……………… ㉠

$9\varDelta = \dfrac{Px^3}{3EI}$ ……………… ㉡

㉠을 ㉡에 대입하면

$9 \times \dfrac{PL^3}{3EI} = \dfrac{Px^3}{3EI}$

$9L^3 = x^3$

$\therefore x = \sqrt[3]{9}\,L = 2.08\,L$

16. 전체 길이가 L인 단순보의 지간 중앙에 집중하중 P가 수직으로 작용하는 경우 최대 처짐은? (단, EI는 일정하다.) [산업 16]

① $\dfrac{PL^3}{8EI}$
② $\dfrac{PL^3}{24EI}$
③ $\dfrac{PL^3}{48EI}$
④ $\dfrac{PL^3}{384EI}$

17. 끝단에 하중 P가 작용하는 다음 그림과 같은 보에서 최대 처짐 δ가 발생하였다. 최대 처짐이 4δ가 되려면 보의 길이는? (단, EI는 일정하다.) [기사 03, 05, 08]

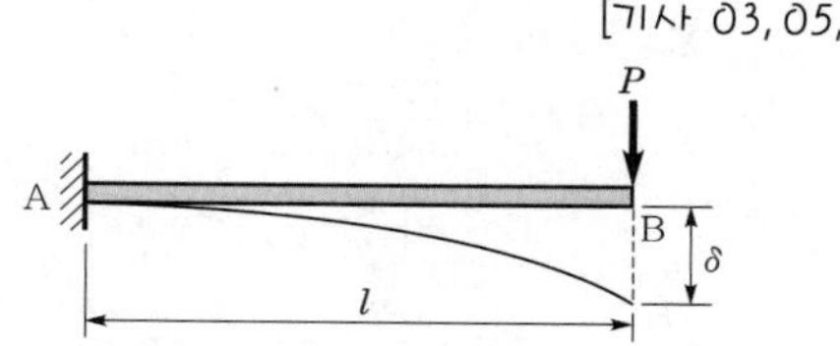

① l의 약 1.2배가 되어야 한다.
② l의 약 1.6배가 되어야 한다.
③ l의 약 2.0배가 되어야 한다.
④ l의 약 2.2배가 되어야 한다.

해설

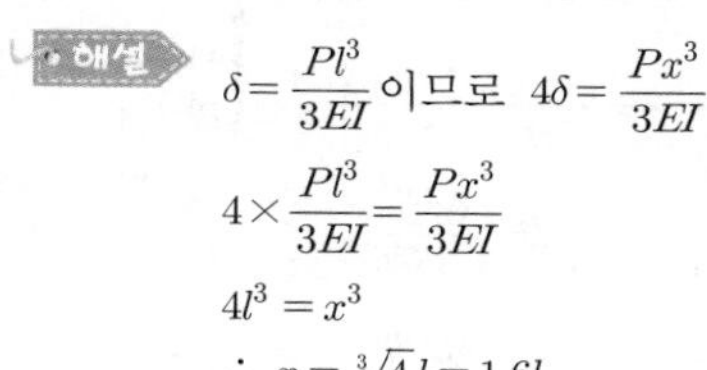

$\delta = \dfrac{Pl^3}{3EI}$ 이므로 $4\delta = \dfrac{Px^3}{3EI}$

$4 \times \dfrac{Pl^3}{3EI} = \dfrac{Px^3}{3EI}$

$4l^3 = x^3$

$\therefore x = \sqrt[3]{4}\,l = 1.6l$

18. 다음 구조물에서 하중이 작용하는 위치에서 일어나는 처짐의 크기는? [기사 04, 06, 15]

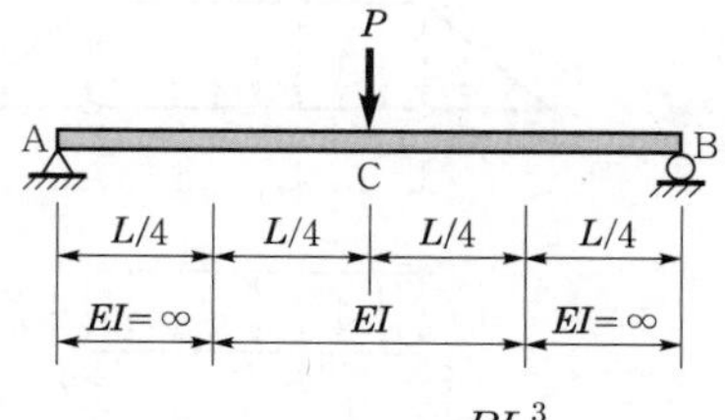

① $\dfrac{PL^3}{48EI}$
② $\dfrac{PL^3}{96EI}$
③ $\dfrac{6PL^3}{384EI}$
④ $\dfrac{7PL^3}{384EI}$

정답 14. ③ 15. ② 16. ③ 17. ② 18. ④

해설

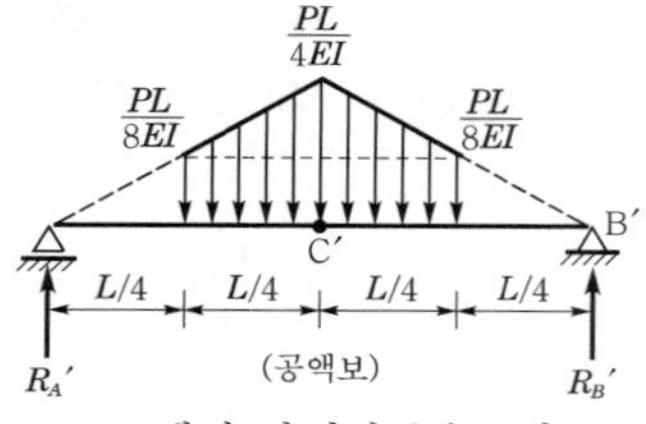

$EI=\infty$에서 탄성하중은 0이므로 중앙 $L/2$구간에 탄성하중이 작용한다.

$\Sigma M_B'=0$

$R_A'\times L-\left(\frac{PL}{8EI}\times\frac{L}{2}\right)\times\frac{L}{2}-\left(\frac{1}{2}\times\frac{PL}{8EI}\times\frac{L}{2}\right)\times\frac{L}{2}=0$

$\therefore R_A'=\frac{3PL^2}{64EI}$

$\Sigma M_C'=0$

$$\therefore \delta_C=M_C'=\frac{3PL^2}{64EI}\times\frac{L}{2}-\left(\frac{PL}{8EI}\times\frac{L}{4}\right)\times\left(\frac{L}{4}\times\frac{1}{2}\right)-\left(\frac{1}{2}\times\frac{PL}{8EI}\times\frac{L}{4}\right)\times\left(\frac{L}{4}\times\frac{1}{3}\right)=\frac{3PL^3}{128EI}-\frac{PL^3}{256EI}-\frac{PL^3}{768EI}=\frac{7PL^3}{384EI}$$

19. 다음 내민보의 그림에서 점 A의 처짐량은? (단, EI은 일정하다.) [기사 05]

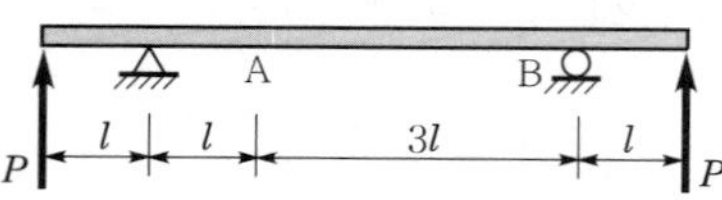

① $\frac{Pl^3}{2EI}$ ② $\frac{3Pl^3}{4EI}$

③ $\frac{Pl^3}{EI}$ ④ $\frac{3Pl^3}{2EI}$

해설 탄성하중법 이용

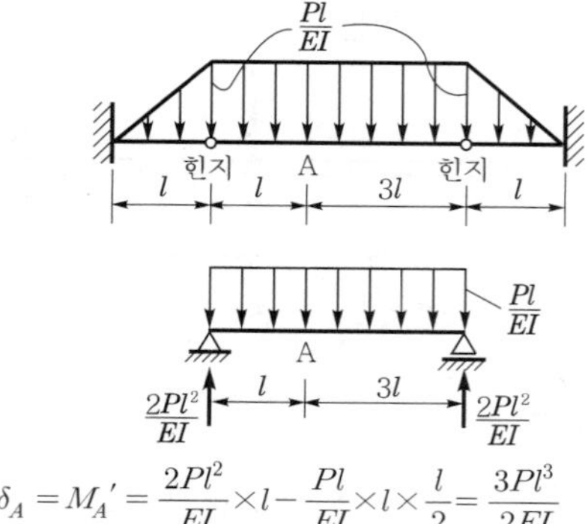

$$\delta_A=M_A'=\frac{2Pl^2}{EI}\times l-\frac{Pl}{EI}\times l\times\frac{l}{2}=\frac{3Pl^3}{2EI}$$

20. 다음의 보에서 점 C의 처짐은? (단, EI는 일정하다.) [기사 06, 09, 산업 07]

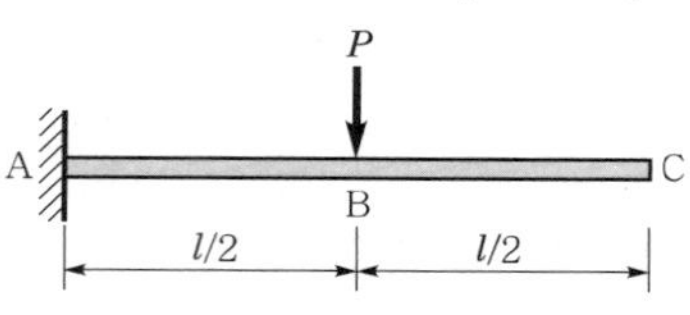

① $\frac{5Pl^3}{48EI}$ ② $\frac{Pl^3}{48EI}$

③ $\frac{Pl^3}{24EI}$ ④ $\frac{Pl^3}{12EI}$

해설 공액보법 이용

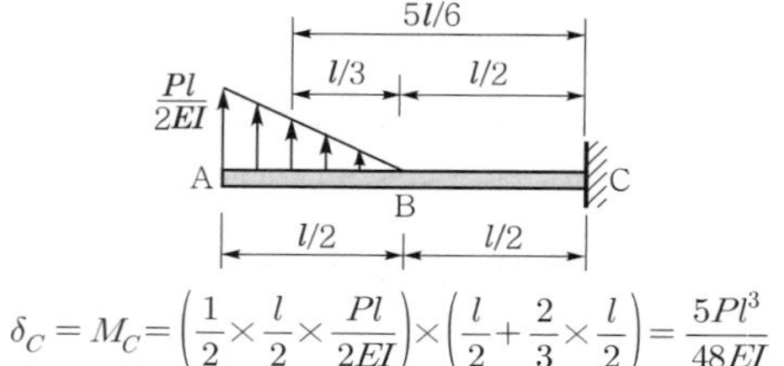

$$\delta_C=M_C=\left(\frac{1}{2}\times\frac{l}{2}\times\frac{Pl}{2EI}\right)\times\left(\frac{l}{2}+\frac{2}{3}\times\frac{l}{2}\right)=\frac{5Pl^3}{48EI}$$

21. 길이가 6m인 단순보의 중앙에 3tf의 집중하중이 작용할 때와 등분포하중 0.5tf/m가 작용할 때의 최대 처짐량에 관한 설명으로 옳은 것은? [기사 11]

① 최대 처짐량은 같다.
② 집중하중의 처짐량이 분포하중의 처짐량보다 1.3배 더 크다.
③ 집중하중의 처짐량이 분포하중의 처짐량보다 1.6배 더 크다.
④ 분포하중의 처짐량이 집중하중의 처짐량보다 1.3배 더 크다.

해설

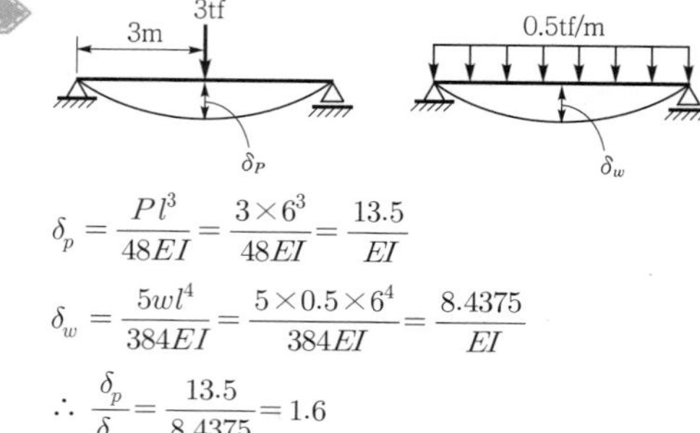

$\delta_p=\frac{Pl^3}{48EI}=\frac{3\times6^3}{48EI}=\frac{13.5}{EI}$

$\delta_w=\frac{5wl^4}{384EI}=\frac{5\times0.5\times6^4}{384EI}=\frac{8.4375}{EI}$

$\therefore \frac{\delta_p}{\delta_w}=\frac{13.5}{8.4375}=1.6$

정답 19. ④ 20. ① 21. ③

22. 다음 그림과 같은 캔틸레버보에서 자유단(B점)의 수직처짐(δ_{max})과 처짐각(θ_C)은? (단, EI는 일정하다.)

[기사 07, 산업 09]

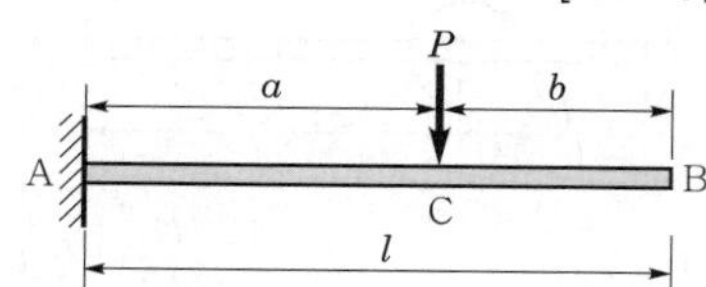

① $\delta_{max} = \frac{Pb^2}{6EI}(3l-a)$, $\theta_C = \frac{Pa^2}{2EI}$

② $\delta_{max} = \frac{Pa^2}{6EI}(3l-a)$, $\theta_C = \frac{Pa^2}{2EI}$

③ $\delta_{max} = \frac{Pa^2}{6EI}(2l+b)$, $\theta_C = \frac{Pb^2}{3EI}$

④ $\delta_{max} = \frac{Pb^2}{6EI}(3l-b)$, $\theta_C = \frac{Pb^2}{2EI}$

해설 공액보법 이용

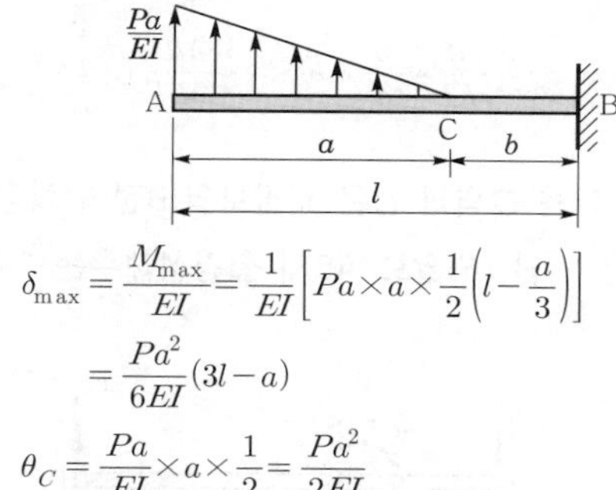

$$\delta_{max} = \frac{M_{max}}{EI} = \frac{1}{EI}\left[Pa \times a \times \frac{1}{2}\left(l - \frac{a}{3}\right)\right]$$

$$= \frac{Pa^2}{6EI}(3l-a)$$

$$\theta_C = \frac{Pa}{EI} \times a \times \frac{1}{2} = \frac{Pa^2}{2EI}$$

23. 다음 그림과 같은 게르버보에서 하중 P로 인한 C점의 처짐은? (단, EI는 일정하고 EI=2.7×10^{11}kgf/cm^{2}이다.)

[기사 04, 10]

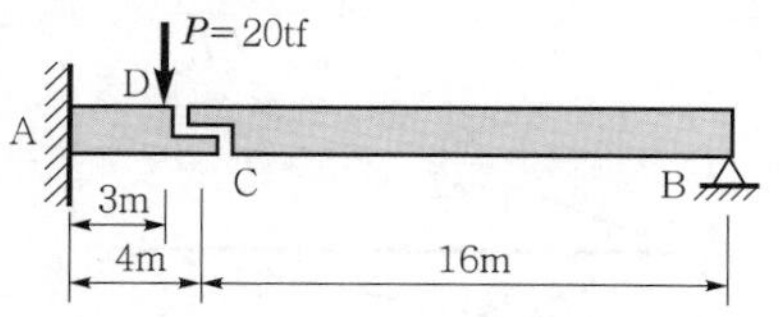

① 0.7cm　　② 2.7cm
③ 1.0cm　　④ 2.0cm

해설 AC부재에 공액보법 이용

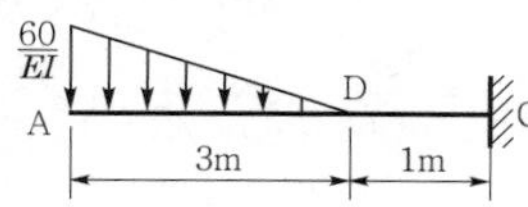

$$M_C' = 60 \times 3 \times \frac{1}{2} \times \left(3 \times \frac{2}{3} + 1\right) = 270\text{tf} \cdot \text{m}^3$$

$$\therefore \delta_C = \frac{M_C'}{EI} = \frac{270 \times 10^9}{2.7 \times 10^{11}} = 1.0\text{cm}$$

24. 다음 그림과 같은 단순보의 지점 B에 모멘트 M이 작용할 때 보에 최대 처짐(δ_{max})이 발생하는 위치 x와 최대 최짐은? (단, EI는 일정하다.)

[기사 01, 03, 04, 05, 07, 17]

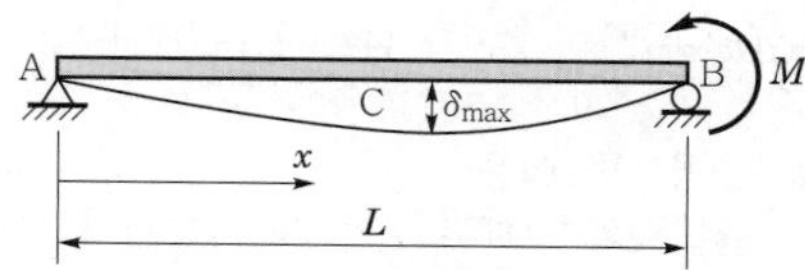

① $x = \frac{\sqrt{3}}{3}L$, $\delta_{max} = \frac{\sqrt{3}}{27}\frac{ML^2}{EI}$

② $x = \frac{\sqrt{3}}{2}L$, $\delta_{max} = \frac{\sqrt{3}}{18}\frac{ML^2}{EI}$

③ $x = \frac{\sqrt{3}}{3}L$, $\delta_{max} = \frac{\sqrt{3}}{18}\frac{ML^2}{EI}$

④ $x = \frac{\sqrt{3}}{2}L$, $\delta_{max} = \frac{\sqrt{3}}{27}\frac{ML^2}{EI}$

해설 탄성하중법 이용

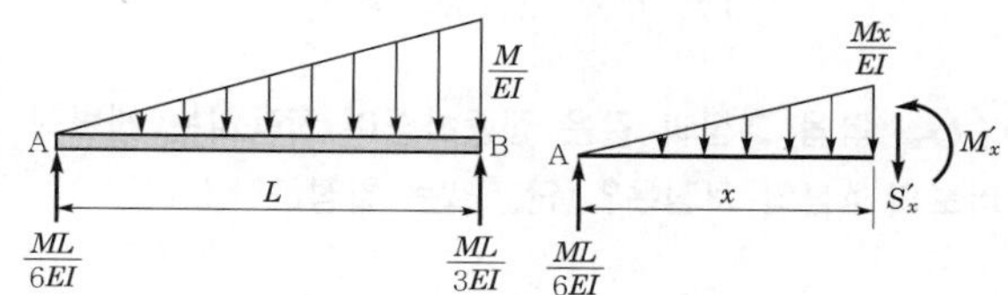

$$\Sigma V = 0$$

$$\theta_x = S_x' = \frac{MLx}{6EI} - \frac{Mx^2}{2EIL} = 0$$

$$\therefore x = \frac{\sqrt{3}}{3}L$$

$$\Sigma M_x = 0$$

$$\frac{ML}{6EI} \times x - \frac{Mx}{EIL} \times x \times \frac{1}{2} \times \frac{x}{3} - M_x' = 0$$

$$\therefore \delta_{max} = M_x' = \frac{MLx}{6EI} - \frac{Mx^3}{6EIL}$$

$$= \frac{ML}{6EI}\left(\frac{\sqrt{3}}{3}L\right) - \frac{M}{6EIL}\left(\frac{\sqrt{3}}{3}L\right)^3$$

$$= \frac{\sqrt{3}}{27}\frac{ML^2}{EI}$$

정답　22. ②　23. ③　24. ①

25. 다음 그림과 같은 변단면 켄틸레버보의 A점의 처짐을 구하면? [기사 03]

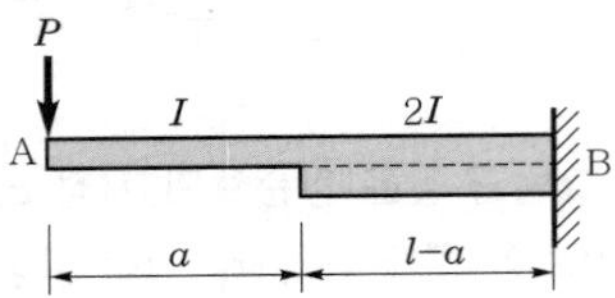

① $\frac{P}{6EI}(a^3+l^3)$　② $\frac{P}{12EI}(a^3+l^3)$

③ $\frac{P}{18EI}(a^3+l^3)$　④ $\frac{P}{24EI}(a^3+l^3)$

해설 공액보법 이용
단면 2차 모멘트 I가 2배이므로 휨모멘트(M)는 1/2로 감소한다.

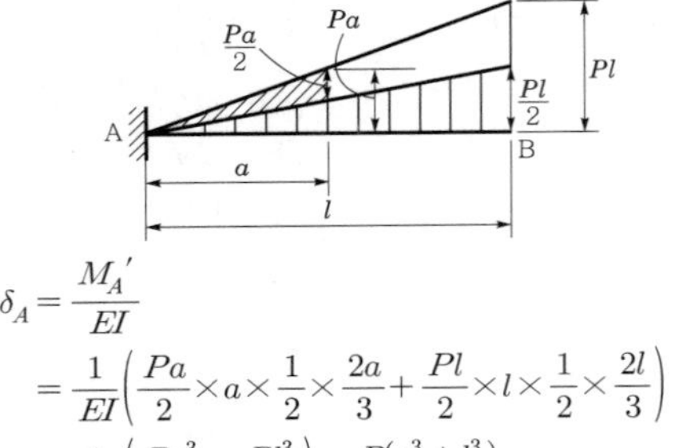

$$\delta_A=\frac{M_A{}'}{EI}$$
$$=\frac{1}{EI}\left(\frac{Pa}{2}\times a\times\frac{1}{2}\times\frac{2a}{3}+\frac{Pl}{2}\times l\times\frac{1}{2}\times\frac{2l}{3}\right)$$
$$=\frac{1}{EI}\left(\frac{Pa^3}{6}+\frac{Pl^3}{6}\right)=\frac{P(a^3+l^3)}{6EI}$$

26. 다음 그림과 같은 집중하중이 작용하는 캔틸레버보의 A점의 처짐은? (단, EI는 일정하다.) [기사 10, 산업 10]

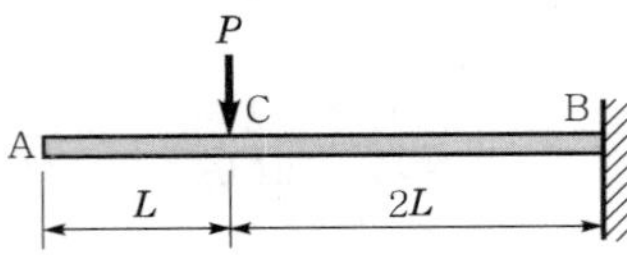

① $\frac{14PL^3}{3EI}$　② $\frac{2PL^3}{EI}$

③ $\frac{8PL^3}{3EI}$　④ $\frac{10PL^3}{3EI}$

해설 공액보법 이용

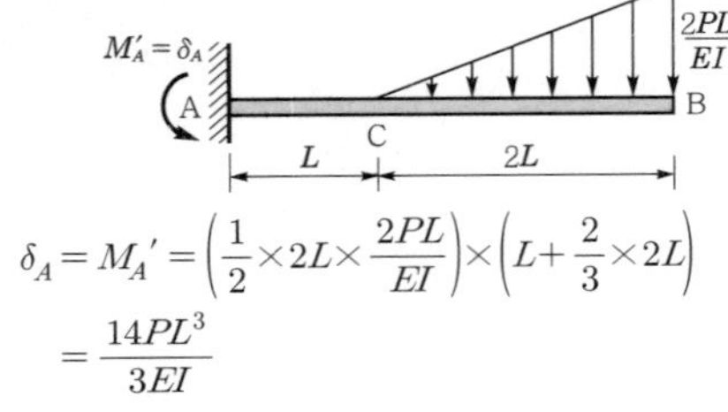

$$\delta_A=M_A{}'=\left(\frac{1}{2}\times 2L\times\frac{2PL}{EI}\right)\times\left(L+\frac{2}{3}\times 2L\right)$$
$$=\frac{14PL^3}{3EI}$$

27. 다음 그림과 같은 캔틸레버보에서 자유단 A의 처짐은? (단, EI는 일정하다.) [기사 01, 02, 05, 16]

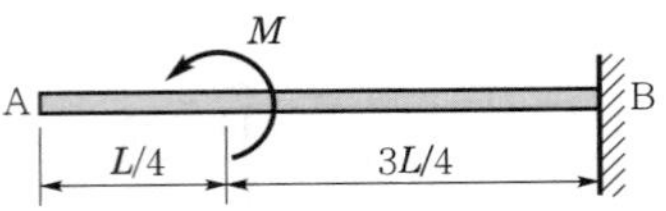

① $\frac{3ML^2}{8EI}(\downarrow)$　② $\frac{13ML^2}{32EI}(\downarrow)$

③ $\frac{7ML^2}{16EI}(\downarrow)$　④ $\frac{15ML^2}{32EI}(\downarrow)$

해설

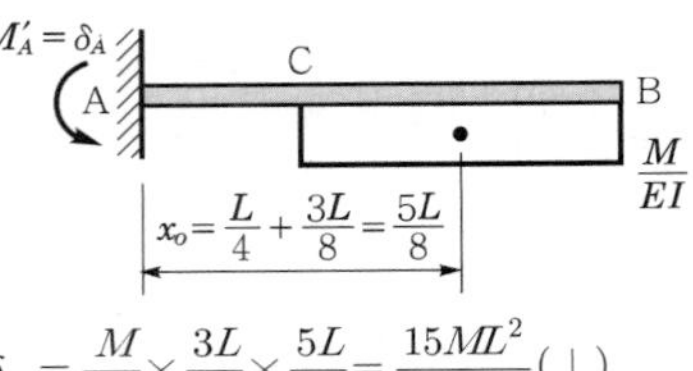

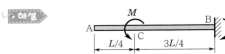

$$\delta_A=\frac{M}{EI}\times\frac{3L}{4}\times\frac{5L}{8}=\frac{15ML^2}{32EI}(\downarrow)$$

28. 다음 그림과 같은 외팔보의 B점의 처짐 δ_B로 맞는 것은? (단, 외팔보 AB의 휨강성계수는 $3EI$이다.) [기사 05]

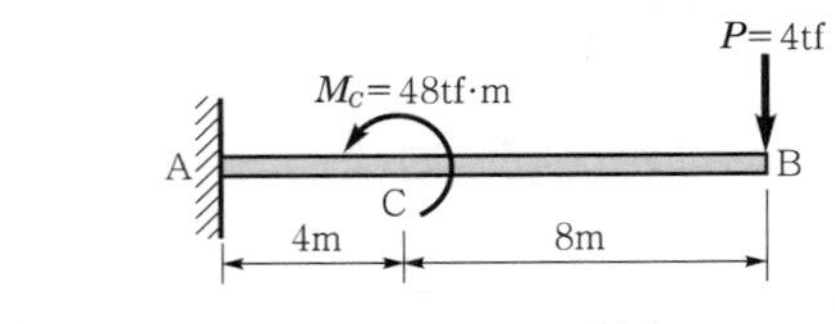

① $\frac{128}{EI}$　② $\frac{384}{EI}$

③ $\frac{1,408}{EI}$　④ $\frac{4,224}{EI}$

해설

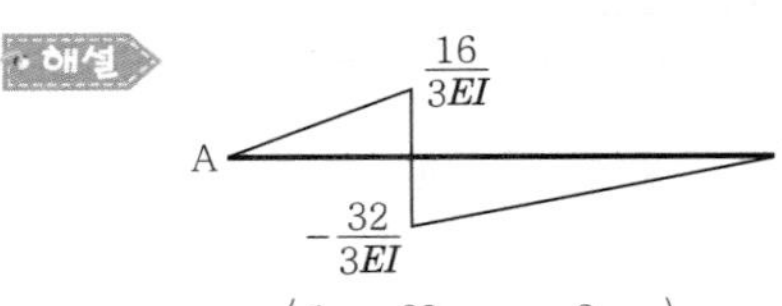

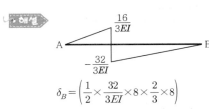

$$\delta_B=\left(\frac{1}{2}\times\frac{32}{3EI}\times 8\times\frac{2}{3}\times 8\right)$$
$$-\left[\frac{1}{2}\times\frac{16}{3EI}\times 4\times\left(8+\frac{4}{3}\right)\right]$$
$$=\frac{128}{EI}$$

정답 25. ① 26. ① 27. ④ 28. ①

29. 다음 그림과 같은 구조물에서 A점의 수직처짐은? (단, $E=2\times10^6$kgf/cm^2, $I=5{,}000$cm^4) [기사 00]

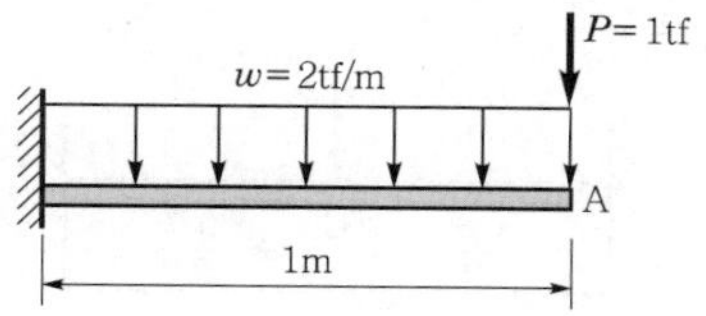

① 0.583cm ② 0.0583cm
③ 0.204cm ④ 0.0204cm

해설

$$\delta_A=\frac{Pl^3}{3EI}+\frac{wl^4}{8EI}=\frac{l^3}{EI}\left(\frac{P}{3}+\frac{wl}{8}\right)$$
$$=\frac{100^3}{2\times10^6\times5{,}000}\times\left(\frac{10^3}{3}+\frac{20\times100}{8}\right)$$
$$=0.0583\text{cm}$$

30. 다음 그림과 같은 캔틸레버보에서 B점의 연직변위(δ)는? (단, $M_O=0.4$tf · m, $P_B=1.6$tf, $L=2.4$m, $EI=600$tf · m^2) [기사 16]

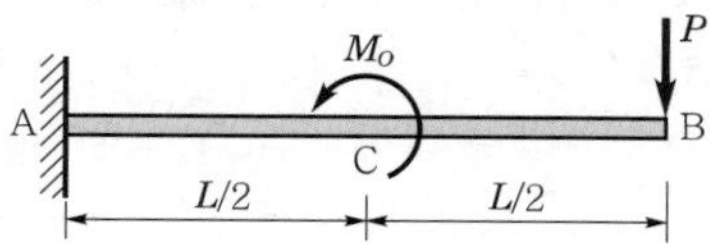

① 1.08cm(↓) ② 1.08cm(↑)
③ 1.37cm(↓) ④ 1.37cm(↑)

해설

$$\delta_{B_1}=-\frac{M_oL}{2EI}\times\frac{3L}{4}=-\frac{3M_oL^2}{8EI}$$
$$\delta_{B_2}=\frac{1}{2}\times\frac{PL}{EI}\times L\times\frac{2L}{3}=\frac{PL^3}{3EI}$$
$$\delta_B=\delta_{B1}+\delta_{B2}=-\frac{3M_oL^2}{8EI}+\frac{PL^3}{3EI}$$
$$=-\frac{3\times0.4\times2.4^2}{8\times600}+\frac{1.6\times2.4^3}{3\times600}$$
$$=-1.44\times10^{-3}+0.0123$$
$$=0.0108\text{mm}=1.08\text{cm}(\downarrow)$$

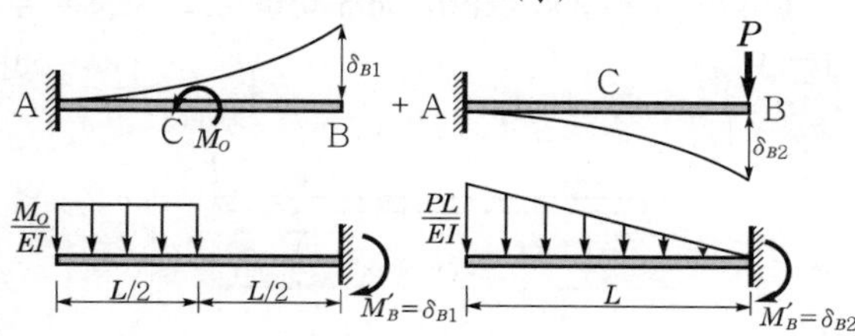

31. 다음 보의 C점의 수직처짐량은? [기사 17, 산업 15]

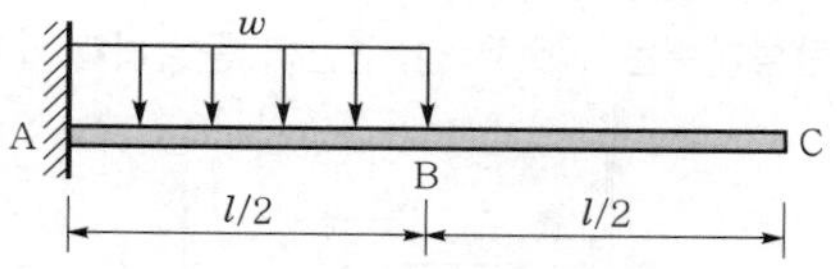

① $\dfrac{7wl^4}{384EI}$ ② $\dfrac{5wl^4}{384EI}$

③ $\dfrac{7wl^4}{192EI}$ ④ $\dfrac{5wl^4}{192EI}$

해설

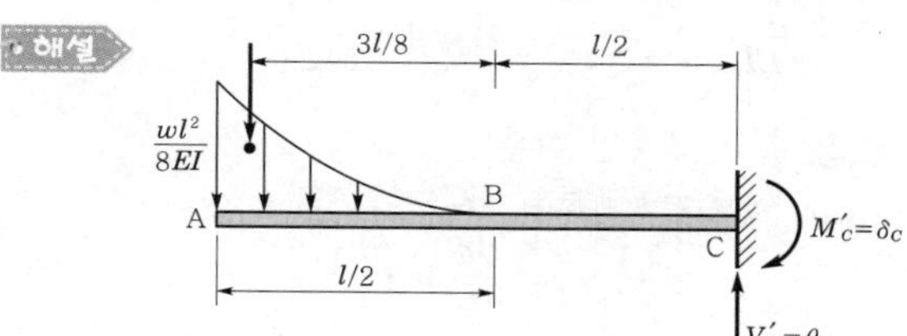

$$V_C{}'=\theta_B=\frac{1}{3}\times\frac{wl^2}{8EI}\times\frac{l}{2}=\frac{wl^3}{48EI}$$
$$\therefore\ M_C{}'=\delta_C=\frac{wl^4}{48EI}\times\left(\frac{3l}{8}+\frac{l}{2}\right)=\frac{7wl^4}{384EI}$$

32. 다음 그림과 같은 캔틸레버보에서 A점의 처짐은? (단, EI는 일정하다.) [산업 15]

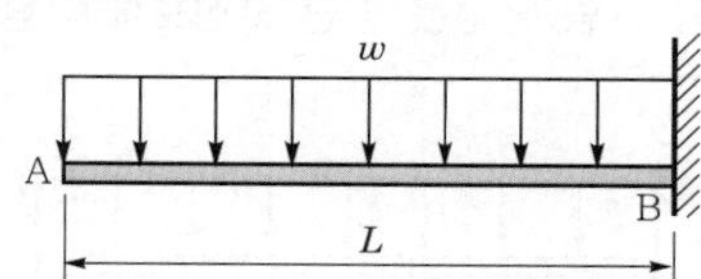

① $\dfrac{5wL^4}{384EI}$ ② $\dfrac{wL^4}{48EI}$

③ $\dfrac{wL^4}{8EI}$ ④ $\dfrac{wL^4}{4EI}$

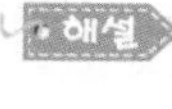

해설

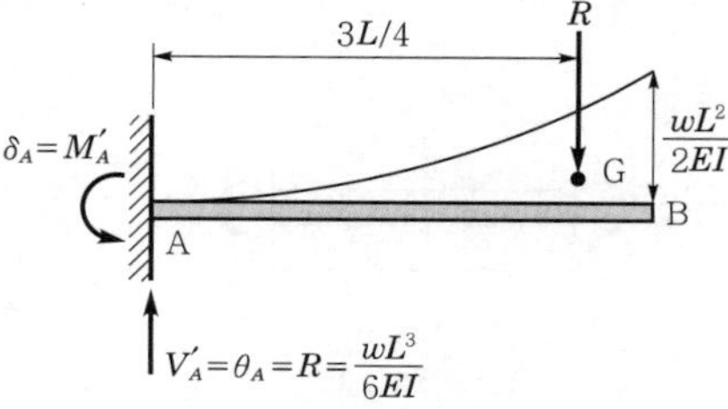

$$R=\frac{1}{3}\times L\times\frac{wL^2}{2EI}=\frac{wL^3}{6EI}$$
$$\therefore\ M_A{}'=\delta_A=V_A{}'\times\frac{3L}{4}=\frac{wL^3}{6EI}\times\frac{3L}{4}=\frac{wL^4}{8EI}$$

정답 29. ② 30. ① 31. ① 32. ③

33. 다음 그림과 같은 외팔보에서 A점의 처짐은? (단, AC구간의 단면 2차 모멘트는 I이고 CB구간은 $2I$이며, 탄성계수는 E로서 전 구간이 동일하다.) [기사 11]

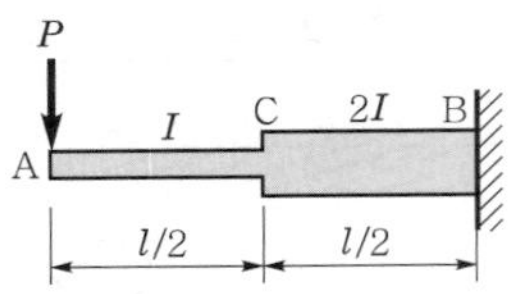

① $\dfrac{2Pl^3}{15EI}$　② $\dfrac{3Pl^3}{16EI}$

③ $\dfrac{5Pl^3}{18EI}$　④ $\dfrac{7Pl^3}{24EI}$

해설 공액보법 이용

δ_A=공액보의 M_A'

$$=\left(\frac{1}{2}\times\frac{l}{2}\times\frac{Pl}{4EI}\right)\times\left(\frac{l}{2}\times\frac{2}{3}\right)+\left(\frac{1}{2}\times l\times\frac{Pl}{2EI}\right)\times\left(l\times\frac{2}{3}\right)=\frac{3Pl^3}{16EI}$$

$\frac{Pl}{4EI}$, $\frac{Pl}{2EI}$, A′, C′, B′

34. 다음 그림과 같은 양단 고정보에서 중앙점의 최대 처짐은? [기사 11]

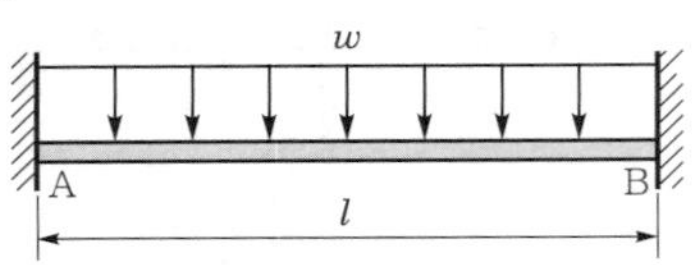

① $\dfrac{wl^3}{24EI}$　② $\dfrac{5wl^4}{384EI}$

③ $\dfrac{wl^4}{384EI}$　④ $\dfrac{4wl^4}{384EI}$

해설

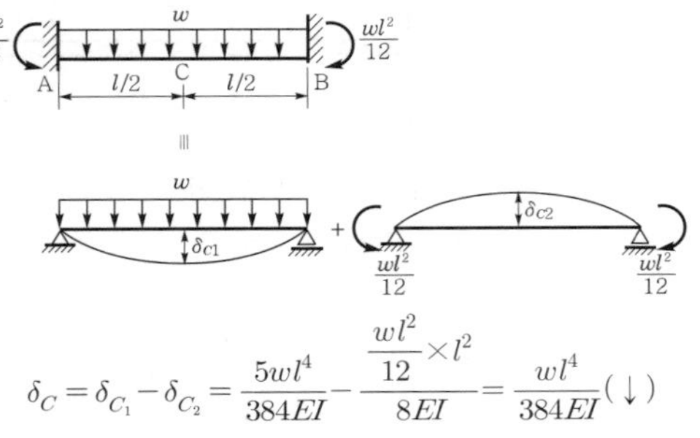

$$\delta_C=\delta_{C_1}-\delta_{C_2}=\frac{5wl^4}{384EI}-\frac{\frac{wl^2}{12}\times l^2}{8EI}=\frac{wl^4}{384EI}(\downarrow)$$

35. 다음 그림과 같이 양단 고정보의 중앙점 C에 집중하중 P가 작용한다. C점의 처짐 δ_C는? (단, 보의 EI는 일정하다.) [기사 10]

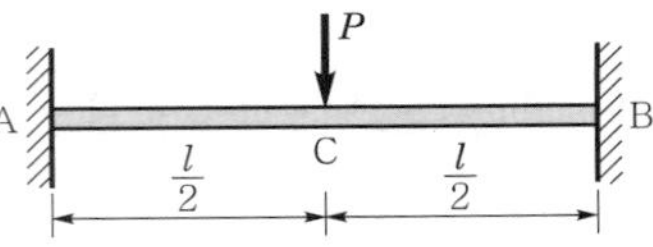

① $0.00521\dfrac{Pl^3}{EI}$　② $0.00511\dfrac{Pl^3}{EI}$

③ $0.00501\dfrac{Pl^3}{EI}$　④ $0.00491\dfrac{Pl^3}{EI}$

해설 $\delta_C=\dfrac{Pl^3}{192EI}=0.00521\dfrac{Pl^3}{EI}$

36. 다음 그림과 같이 캔틸레버보의 ①과 ②가 서로 직각으로 자유단이 겹쳐진 상태에서 자유단에 하중 P를 받고 있다. l_1이 l_2보다 2배 길고 두 보의 EI는 일정하면서 서로 같다면 짧은 보는 긴 보보다 몇 배의 하중을 더 받는가? [기사 02, 06]

① 2배
② 4배
③ 6배
④ 8배

P, l_1, ①, ②, l_2

해설 $\delta_1=\delta_2$

$$\frac{P_1l_1^3}{3EI}=\frac{P_2l_2^3}{3EI}$$

$$P_1(2l_2)^3=P_2l_2^3$$

$$\therefore P_2=8P_1$$

37. 다음 그림과 같은 보의 C점의 연직처짐은? (단, P=30kgf, EI=2×10^{9}kgf·cm^{2}이며 보의 자중은 무시한다.) [기사 08]

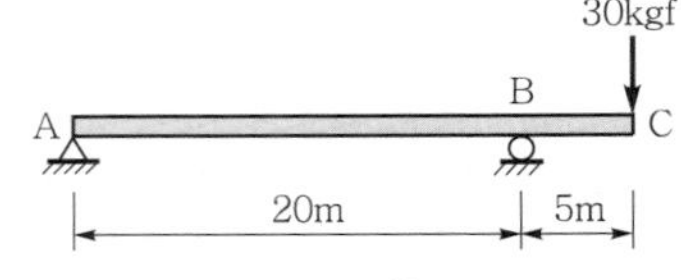

① 1.525cm　② 1.875cm

③ 2.525cm　④ 3.125cm

정답 33. ② 34. ③ 35. ① 36. ④ 37. ④

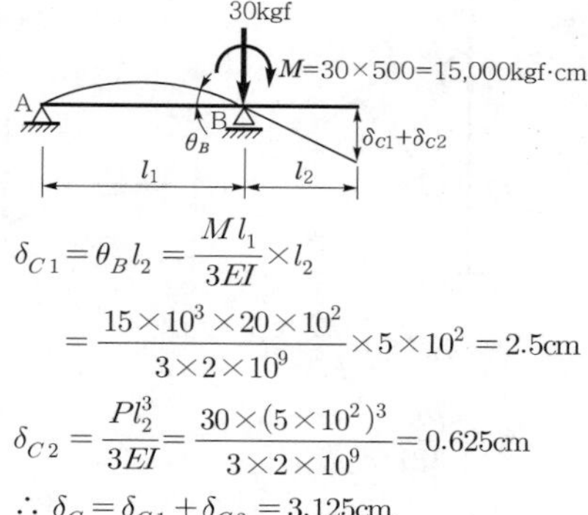

$$\delta_{C1}=\theta_B l_2=\frac{Ml_1}{3EI}\times l_2$$

$$=\frac{15\times10^3\times20\times10^2}{3\times2\times10^9}\times5\times10^2=2.5\text{cm}$$

$$\delta_{C2}=\frac{Pl_2^3}{3EI}=\frac{30\times(5\times10^2)^3}{3\times2\times10^9}=0.625\text{cm}$$

$$\therefore\ \delta_C=\delta_{C1}+\delta_{C2}=3.125\text{cm}$$

38. 길이가 L인 양단 고정보 중앙에 200kgf의 집중하중이 작용하여 중앙점의 처짐이 5mm 이하가 되려면 l은 최대 얼마 이하이어야 하는가? (단, $E=2\times10^6$kgf/cm^2, $I=100$cm^4) [기사 15]

① 324.72cm ② 377.68cm
③ 457.89cm ④ 524.14cm

해설

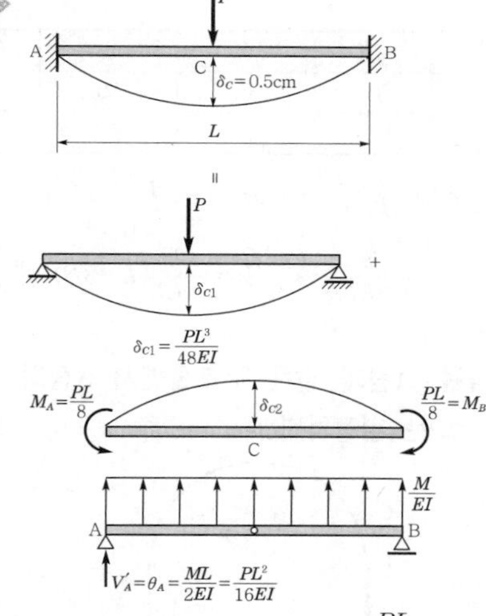

재단모멘트 $M=M_A=M_B=\frac{PL}{8}$ 이용

$$\delta_{C1}=\frac{PL^3}{48EI}$$

$$\delta_{C2}=M_C'=\frac{ML}{2EI}\times\frac{L}{2}-\frac{ML}{2EI}\times\frac{L}{4}=\frac{ML^2}{8EI}=\frac{PL^3}{64EI}$$

$$\delta_C=\delta_{C1}-\delta_{C2}=\frac{PL^3}{48EI}-\frac{PL^3}{64EI}=\frac{PL^3}{192EI}=0.5$$

$$L^3=\frac{0.5\times192\times EI}{P}$$

$$\therefore\ L=\sqrt[3]{\frac{0.5\times192\times2\times10^6\times100}{200}}=457.886\text{cm}$$

39. 다음 그림과 같은 내민보에서 C점의 처짐은? (단, EI는 일정하다.) [기사 00]

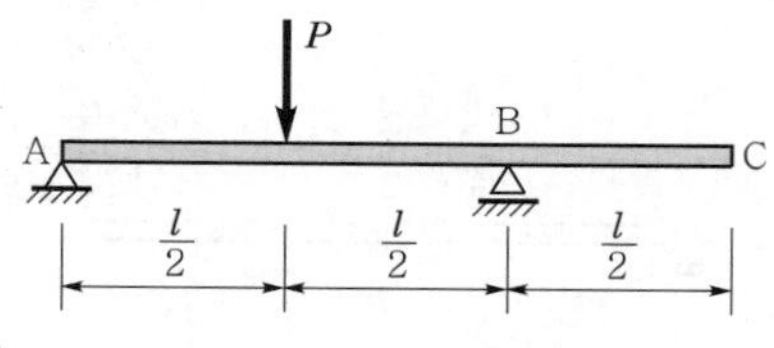

① $\frac{Pl^3}{16EI}$ ② $\frac{Pl^3}{24EI}$
③ $\frac{Pl^3}{32EI}$ ④ $\frac{Pl^3}{48EI}$

해설

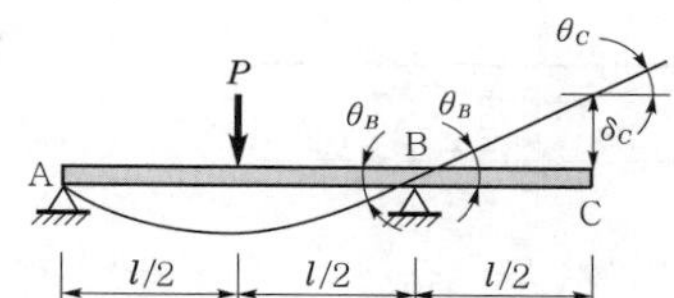

$$\theta_B=-\frac{Pl^2}{16EI}$$

$$\theta_C=\theta_B=-\frac{Pl^2}{16EI}$$

$$\tan\theta_C\fallingdotseq\theta_C=\frac{\delta_c}{l/2}$$

$$\therefore\ \delta_C=\frac{l}{2}\theta_C=\frac{l}{2}\left(-\frac{Pl^2}{16EI}\right)=-\frac{Pl^3}{32EI}(\uparrow)$$

40. 다음 그림과 같은 내민보에서 A점의 처짐은? (단, $I=16{,}000$cm^4, $E=2\times10^6$kgf/cm^2) [기사 11, 15]

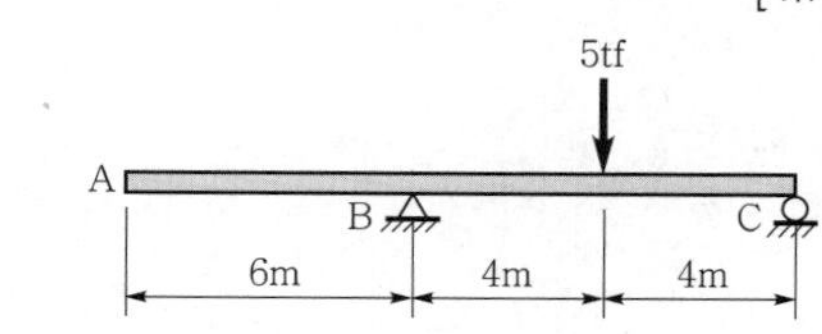

① 2.25cm ② 2.75cm
③ 3.25cm ④ 3.75cm

해설

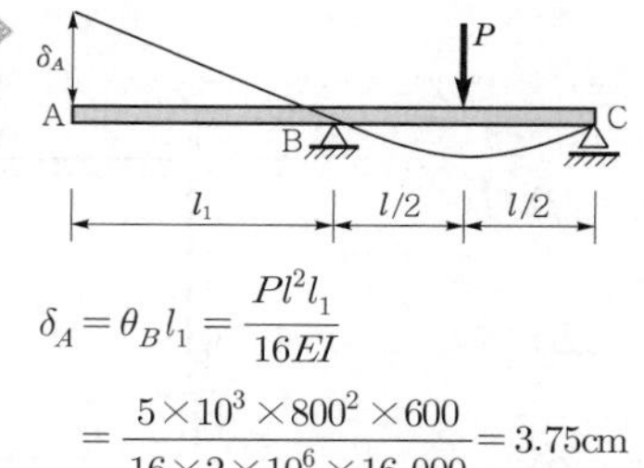

$$\delta_A=\theta_B l_1=\frac{Pl^2l_1}{16EI}$$

$$=\frac{5\times10^3\times800^2\times600}{16\times2\times10^6\times16{,}000}=3.75\text{cm}$$

정답 38. ③ 39. ③ 40. ④

41. 다음 그림과 같은 내민보에서 자유단 C점의 처짐이 0이 되기 위한 P/Q는 얼마인가? (단, EI는 일정하다.) [기사 01, 03, 10]

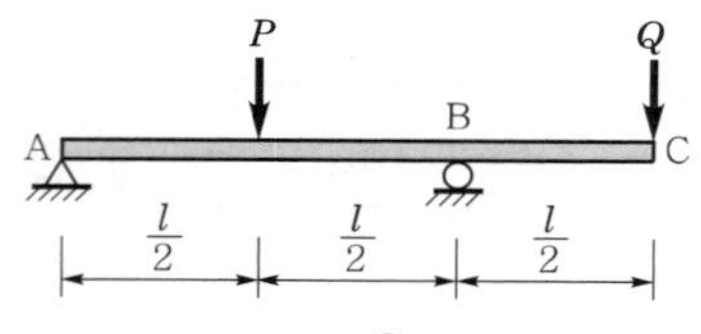

① 3　　② 4
③ 5　　④ 6

해설

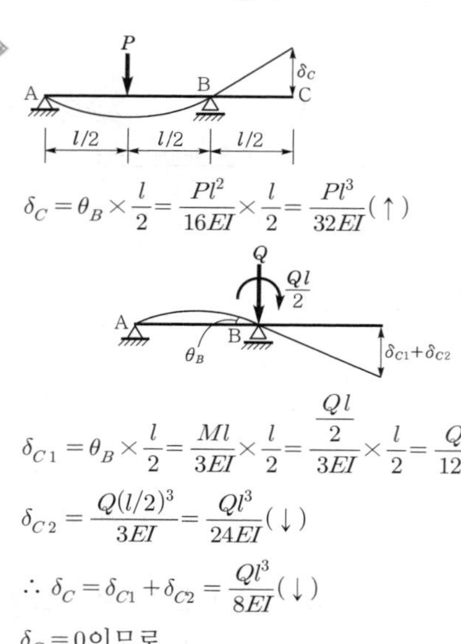

$$\delta_C = \theta_B \times \frac{l}{2} = \frac{Pl^2}{16EI} \times \frac{l}{2} = \frac{Pl^3}{32EI}(\uparrow)$$

$$\delta_{C1} = \theta_B \times \frac{l}{2} = \frac{Ml}{3EI} \times \frac{l}{2} = \frac{\frac{Ql}{2}}{3EI} \times \frac{l}{2} = \frac{Ql^3}{12EI}(\downarrow)$$

$$\delta_{C2} = \frac{Q(l/2)^3}{3EI} = \frac{Ql^3}{24EI}(\downarrow)$$

$$\therefore \delta_C = \delta_{C1} + \delta_{C2} = \frac{Ql^3}{8EI}(\downarrow)$$

$\delta_C = 0$이므로

$$\frac{Pl^3}{32EI} = \frac{Ql^3}{8EI}$$

$$\frac{P}{32} = \frac{Q}{8}$$

$$\therefore \frac{P}{Q} = 4$$

42. 다음 그림과 같은 정정라멘에서 C점의 수직처짐은? [기사 10, 산업 02]

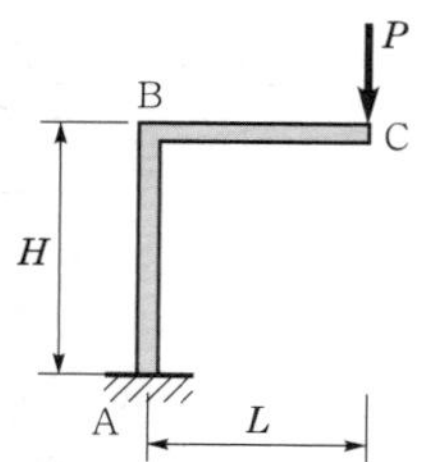

① $\dfrac{PL^3}{3EI}(L+2H)$

② $\dfrac{PL^3}{3EI}(3L+H)$

③ $\dfrac{PL^2}{3EI}(L+3H)$

④ $\dfrac{PL^3}{3EI}(2L+H)$

해설

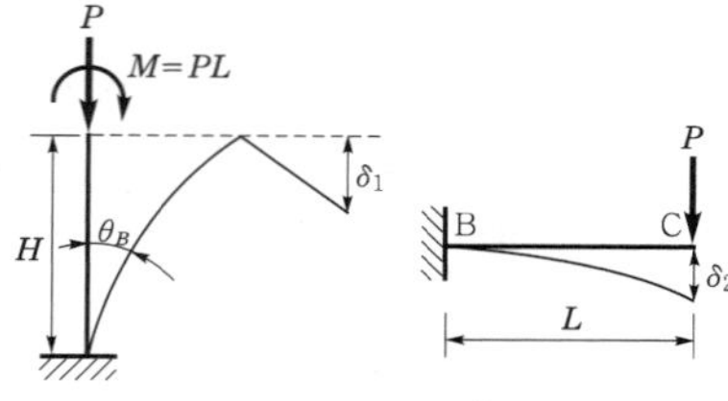

$$\delta_1 = \theta_B L = \frac{MH}{EI} \times L = \frac{PL^2 H}{EI}$$

$$\delta_2 = \frac{PL^3}{3EI}$$

$$\therefore \delta_C = \delta_1 + \delta_2 = \frac{PL^2 H}{EI} + \frac{PL^3}{3EI} = \frac{PL^2}{3EI}(L+3H)$$

〔별해〕 단위하중법

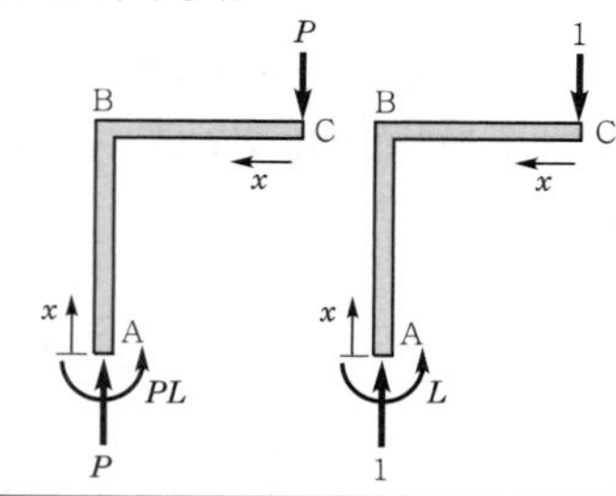

부재	$x=0$	M	m
CB	C	Px	x
AB	A	PL	L

$$\delta_C = \frac{1}{EI}\int_0^L Px^2 dx + \frac{1}{EI}\int_0^H PL^2 dx$$

$$= \frac{PL^3}{3EI} + \frac{PL^2 H}{EI} = \frac{PL^2}{3EI}(L+3H)$$

45. 다음 그림과 같은 구조물에서 B점의 수평변위는? (단, EI는 일정하다.) [기사 16]

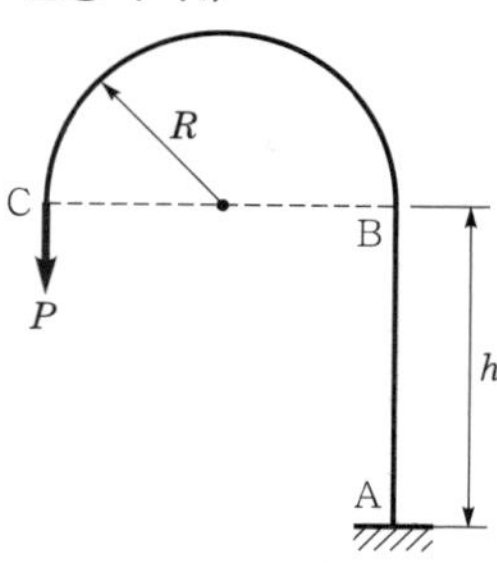

① $\dfrac{Prh^2}{4EI}$　　② $\dfrac{Prh^2}{3EI}$

③ $\dfrac{Prh^2}{2EI}$　　④ $\dfrac{Prh^2}{EI}$

정답 41. ② 42. ③ 45. ④

해설

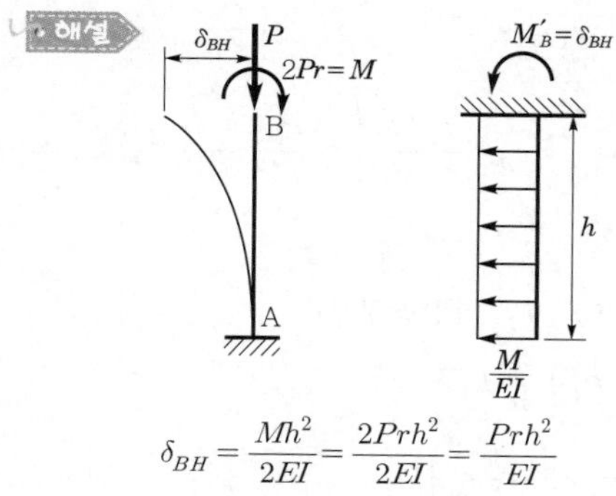

$$\delta_{BH}=\frac{Mh^2}{2EI}=\frac{2Prh^2}{2EI}=\frac{Prh^2}{EI}$$

43. 다음 그림과 같은 구조물에서 C점의 수직처짐을 구하면? (단, $EI=2\times10^9$kgf · cm^{2}이며 자중은 무시한다.) [기사 09, 10, 15]

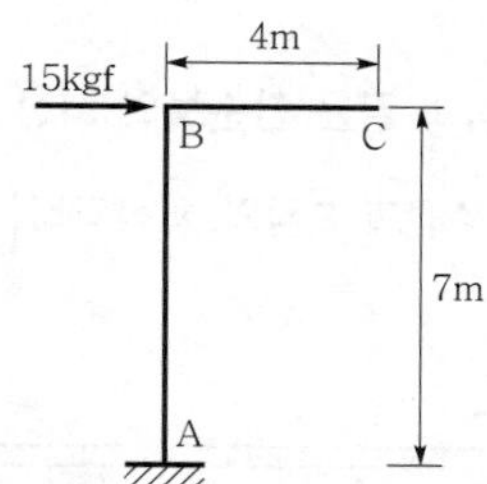

① 2.70mm ② 3.57mm

③ 6.24mm ④ 7.35mm

$$\theta_B=\frac{Pl^2}{2EI}=\frac{15\times700^2}{2\times2\times10^9}=1.8375\times10^{-3}\text{rad}$$

$$\therefore\ \delta_C=\theta_B l=1.8375\times10^{-3}\times400$$

$$=0.735\text{cm}=7.35\text{mm}$$

44. 휨강성이 EI인 프레임의 C점의 수직처짐 δ_C를 구하면? [기사 01, 04, 06]

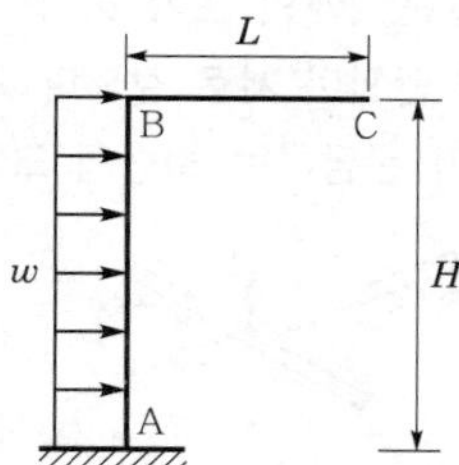

① $\frac{wLH^3}{2EI}$ ② $\frac{wLH^3}{3EI}$

③ $\frac{wLH^3}{6EI}$ ④ $\frac{wLH^3}{12EI}$

해설

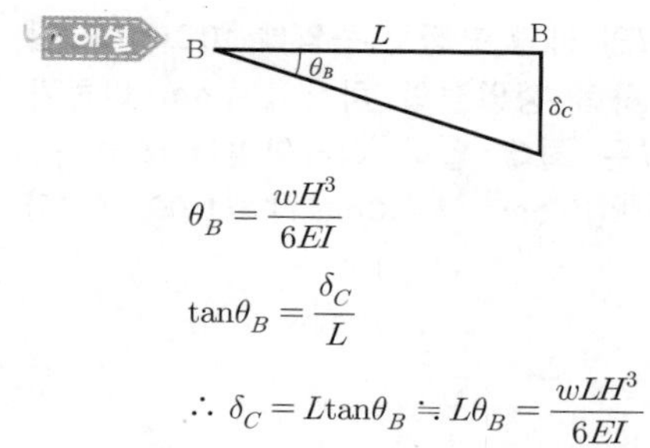

$$\theta_B=\frac{wH^3}{6EI}$$

$$\tan\theta_B=\frac{\delta_C}{L}$$

$$\therefore\ \delta_C=L\tan\theta_B\fallingdotseq L\theta_B=\frac{wLH^3}{6EI}$$

46. 다음 그림과 같은 단순보의 중앙점 C에 집중하중 P가 작용하여 중앙점의 처짐 δ가 발생했다. δ가 0이 되도록 양쪽 지점에 모멘트 M을 작용시키려고 할 때 이 모멘트의 크기 M을 하중 P와 경간 l로 나타내면 얼마인가? (단, EI는 일정하다.) [기사 04]

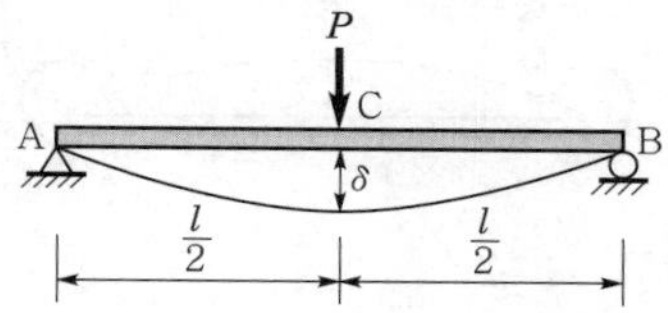

① $M=\frac{Pl}{2}$ ② $M=\frac{Pl}{4}$

③ $M=\frac{Pl}{6}$ ④ $M=\frac{Pl}{8}$

해설 ㉠ 중앙에 집중하중 P가 작용할 경우 C의 처짐

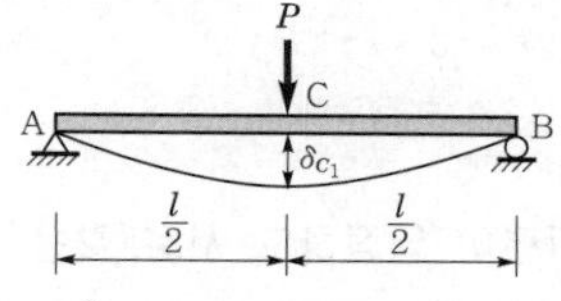

$$\delta_{C1}=\frac{Pl^3}{48EI}$$

㉡ 양쪽 지점에 휨모멘트 $-M$이 작용할 경우 C의 처짐

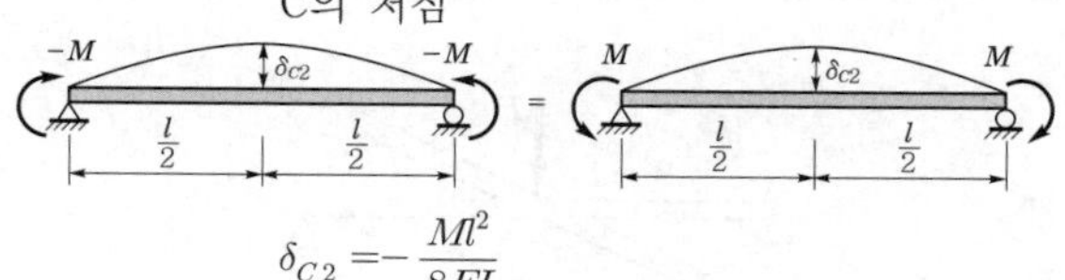

$$\delta_{C2}=-\frac{Ml^2}{8EI}$$

㉢ 중앙에 집중하중 P와 양단에 $-M$이 작용할 경우 C의 처짐

$$\delta_C=\delta_{C1}+\delta_{C2}=\frac{Pl^3}{48EI}-\frac{Ml^2}{8EI}=0$$

$$\therefore\ M=\frac{Pl}{6}$$

정답 43. ④ 44. ③ 46. ③

47. 길이가 l인 양단 고정보 중앙에 100kgf의 집중하중이 작용하여 중앙점의 처짐이 1mm 이하가 되게 하려면 l은 최대 얼마 이하이어야 하는가? (단, $E=2\times10^6$kgf/cm^2, $I=10$cm^4) [기사 00, 05, 15]

① 0.72m ② 1m
③ 1.24m ④ 1.56m

해설

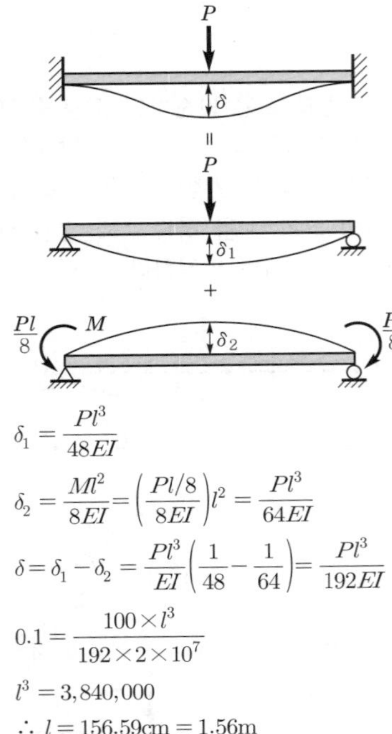

$$\delta_1=\frac{Pl^3}{48EI}$$

$$\delta_2=\frac{Ml^2}{8EI}=\left(\frac{Pl/8}{8EI}\right)l^2=\frac{Pl^3}{64EI}$$

$$\delta=\delta_1-\delta_2=\frac{Pl^3}{EI}\left(\frac{1}{48}-\frac{1}{64}\right)=\frac{Pl^3}{192EI}$$

$$0.1=\frac{100\times l^3}{192\times2\times10^7}$$

$$l^3=3,840,000$$

$$\therefore l=156.59\text{cm}=1.56\text{m}$$

48. 단면이 일정하고 서로 같은 두 개의 보가 중점에서 포개어 놓여 있다. 이 교차점 위에 수직하중 P가 작용할 때 C점의 처짐 계산식으로 옳은 것은? (단, δ_A는 B보가 없을 때 A보만에 의한 C점의 처짐이다.) [기사 00]

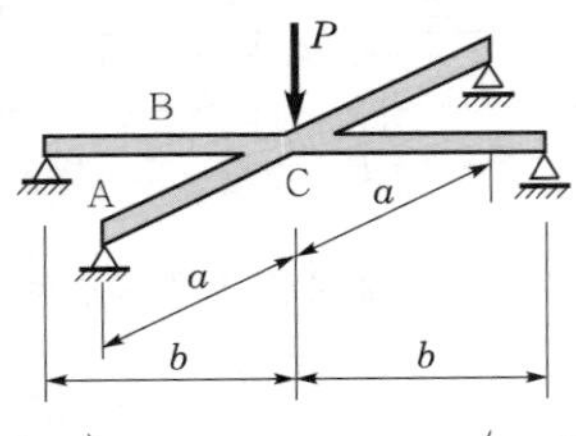

① $\delta_C=\left(\frac{a^4}{a^4+b^4}\right)\delta_A$ ② $\delta_C=\left(\frac{b^4}{a^4+b^4}\right)\delta_A$
③ $\delta_C=\left(\frac{a^3}{a^3+b^3}\right)\delta_A$ ④ $\delta_C=\left(\frac{b^3}{a^3+b^3}\right)\delta_A$

해설

$$\delta_A=\frac{P(2a)^3}{48EI}$$

$$\delta_C=\delta_A=\delta_B=\frac{P_A(2a)^3}{48EI}=\frac{P_B(2b)^3}{48EI}\text{ (적합조건식)}$$

$$\therefore P_B=\frac{a^3}{b^3}P_A$$

$$P=P_A+P_B\text{ (평형방정식)}$$

$$P=P_A+\frac{a^3}{b^3}P_A$$

$$\therefore P_A=\left(\frac{b^3}{a^3+b^3}\right)P$$

$$\therefore \delta_C=\delta_A=\frac{P_A(2a)^3}{48EI}=\left(\frac{b^3}{a^3+b^3}\right)P\frac{(2a)^3}{48EI}$$

$$=\left(\frac{b^3}{a^3+b^3}\right)\delta_A$$

49. 다음 그림과 같은 단순보의 지점 A에 모멘트 M_a가 작용할 경우 A점과 B점의 처짐각비$\left(\frac{\theta_a}{\theta_b}\right)$의 크기는? [기사 10, 17]

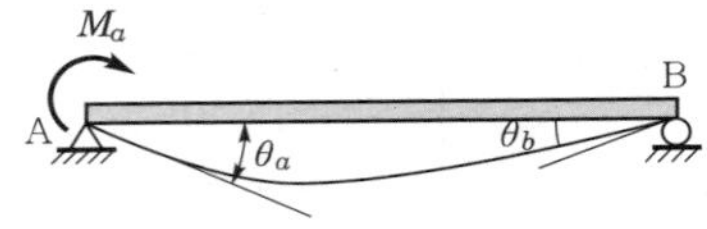

① 1.5 ② 2.0
③ 2.5 ④ 3.0

해설

$$\theta_a=\frac{M_a l}{3EI},\ \theta_b=\frac{M_a l}{6EI}$$

$$\theta_a=2\theta_b$$

$$\therefore \frac{\theta_a}{\theta_b}=2.0$$

50. 다음과 같은 2개의 보가 중앙에서 서로 연결되어 있고 두 보의 단면이 서로 같으며 EI가 일정하다면 길이가 짧은 보가 분담하는 하중의 크기는? [기사 02]

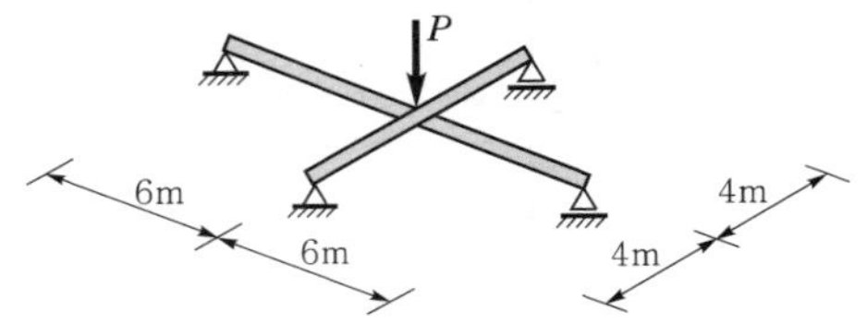

① $0.835P$ ② $0.771P$
③ $0.500P$ ④ $0.229P$

 정답 47. ④ 48. ④ 49. ② 50. ②

해설

$$\delta_{E(AB)} = \delta_{E(CD)}$$

$$\frac{P_{AB} \times 8^3}{48EI} = \frac{P_{CD} \times 12^3}{48EI}$$

$$P_{CD} = 0.296 P_{AB}$$

$$P = P_{AB} + P_{CD} = P_{AB} + 0.296 P_{AB}$$

$$\therefore P_{AB} = \frac{P}{1.296} = 0.771P$$

51. 균일한 단면을 가진 다음 그림과 같은 단순보에서 A지점의 처짐각은? (단, 탄성계수와 단면 2차 모멘트는 각각 E, I이다.) [기사 08, 산업 09]

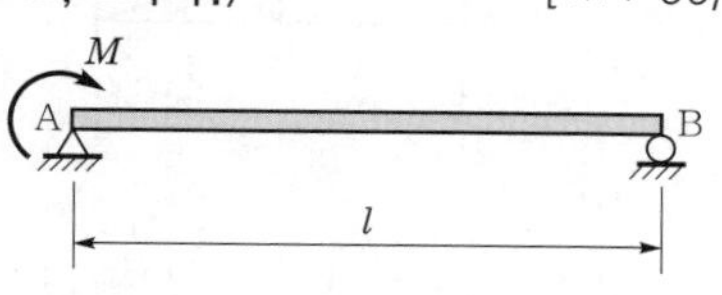

① $\dfrac{Ml}{3EI}$　② $\dfrac{Ml}{4EI}$

③ $\dfrac{Ml}{5EI}$　④ $\dfrac{Ml}{6EI}$

해설

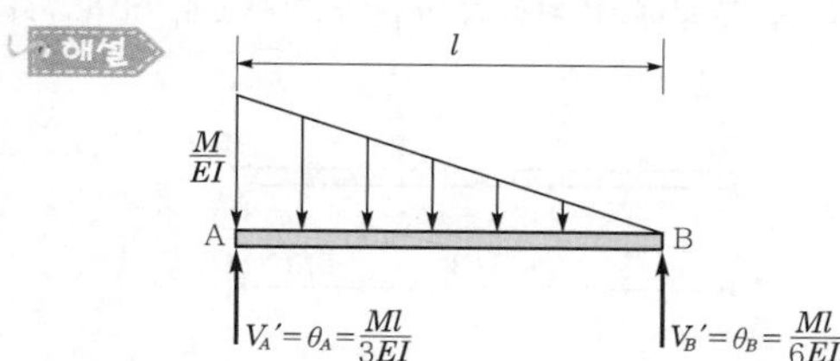

52. 다음 그림과 같은 단순보에 휨모멘트하중 M이 B단에 작용할 때 A점에서의 접선각 θ_A는? (단, 보의 휨강성은 EI이다.) [기사 00, 산업 05]

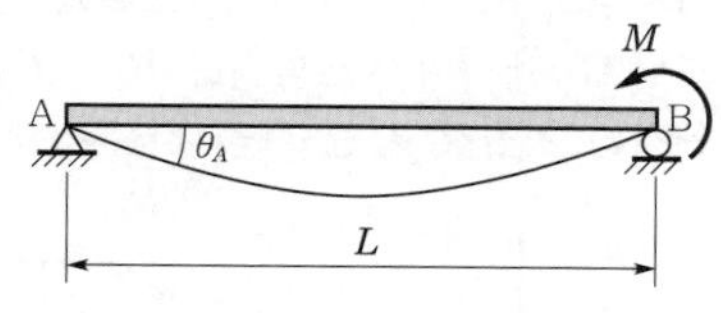

① $\dfrac{ML^2}{6EI}$　② $\dfrac{ML}{3EI}$

③ $\dfrac{ML}{6EI}$　④ $\dfrac{ML^2}{3EI}$

해설

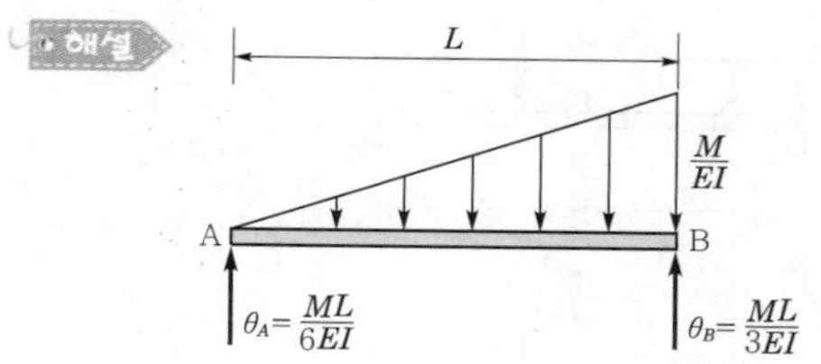

53. 다음의 보에서 B점의 기울기는? (단, EI는 일정하다.) [기사 05]

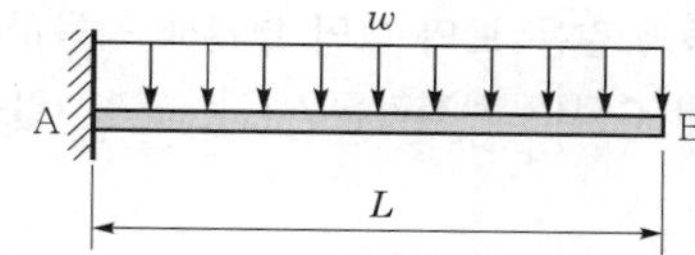

① $\dfrac{wL^3}{8EI}$　② $\dfrac{wL^3}{4EI}$

③ $\dfrac{wL^3}{3EI}$　④ $\dfrac{wL^3}{6EI}$

해설

$$\theta_B = \frac{wL^3}{6EI}$$

54. 단순보의 휨모멘트도가 다음 그림과 같을 때 B점의 처짐각은? [기사 02]

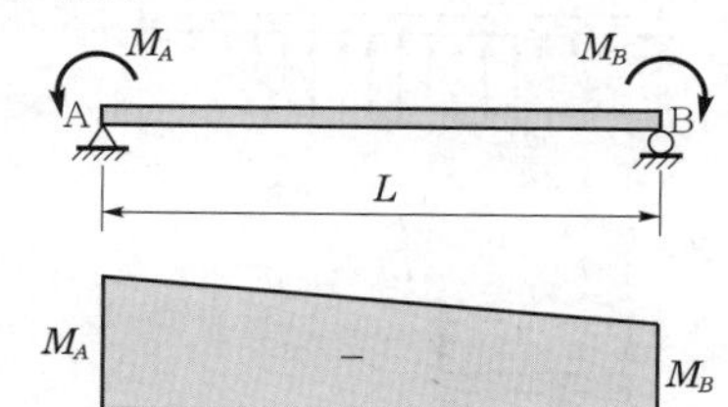

① $\left(\dfrac{M_A + 2M_B}{3EI}\right)l$　② $\left(\dfrac{2M_A + M_B}{6EI}\right)l$

③ $\left(\dfrac{M_A + 2M_B}{6EI}\right)l$　④ $\left(\dfrac{2M_A + M_B}{3EI}\right)l$

해설

$$\theta_B = -\frac{l}{6EI}[2 \times (-M_B) + (-M_A)] = \left(\frac{M_A + 2M_B}{6EI}\right)l$$

55. 길이가 l인 단순보에 등분포하중 w[kgf/m]가 작용하고 있다. 최대 처짐 및 최대 처짐각은? [기사 00]

① $\dfrac{wl^3}{48EI}$, $\dfrac{wl^2}{16EI}$　② $\dfrac{wl^4}{8EI}$, $\dfrac{wl^2}{6EI}$

③ $\dfrac{5wl^4}{384EI}$, $\dfrac{wl^3}{24EI}$　④ $\dfrac{wl^4}{30EI}$, $\dfrac{wl^3}{24EI}$

정답　51. ①　52. ③　53. ④　54. ③　55. ③

해설

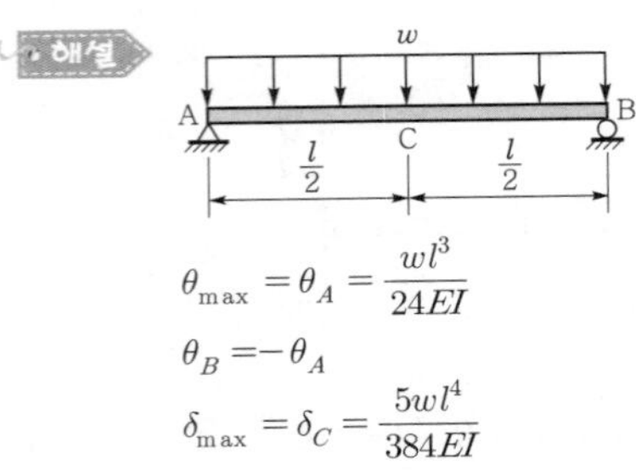

$$\theta_{max}=\theta_A=\frac{wl^3}{24EI}$$

$$\theta_B=-\theta_A$$

$$\delta_{max}=\delta_C=\frac{5wl^4}{384EI}$$

56. 다음과 같은 보의 내민 부분에 작용하는 등분포 하중에 의한 C점의 처짐각은? (단, EI는 일정하다.)

[기사 00]

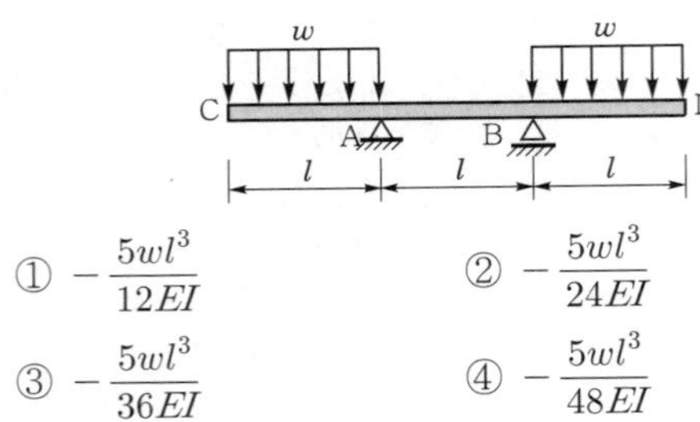

① $-\dfrac{5wl^3}{12EI}$ ② $-\dfrac{5wl^3}{24EI}$

③ $-\dfrac{5wl^3}{36EI}$ ④ $-\dfrac{5wl^3}{48EI}$

해설

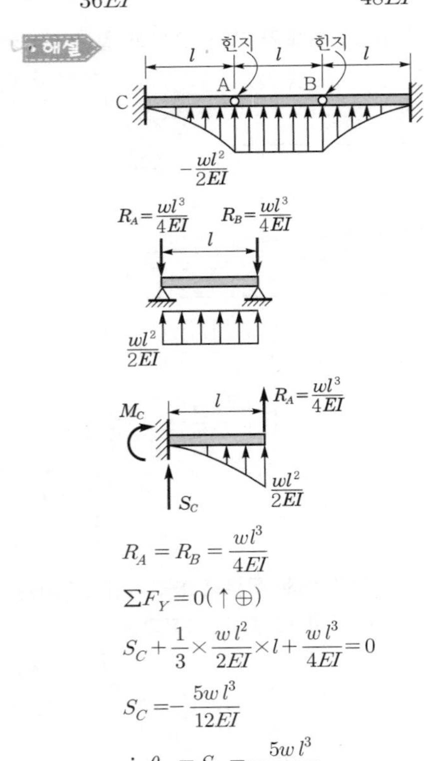

$$R_A=R_B=\frac{wl^3}{4EI}$$

$$\Sigma F_Y=0(\uparrow\oplus)$$

$$S_C+\frac{1}{3}\times\frac{wl^2}{2EI}\times l+\frac{wl^3}{4EI}=0$$

$$S_C=-\frac{5wl^3}{12EI}$$

$$\therefore\ \theta_C=S_C=-\frac{5wl^3}{12EI}$$

57. 다음 그림과 같은 캔틸레버보에서 최대 처짐각 (θ_B)은? (단, EI는 일정하다.)

[기사 00, 07, 16, 산업 07, 08, 11]

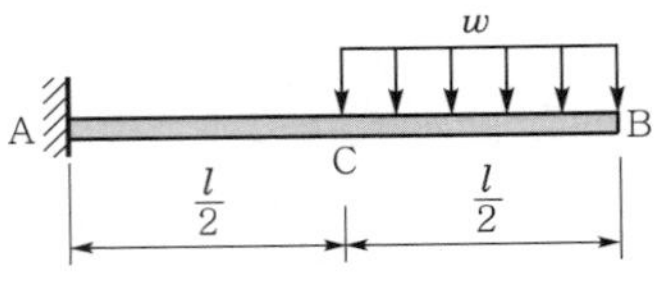

① $\dfrac{3wl^3}{48EI}$ ② $\dfrac{7wl^3}{48EI}$

③ $\dfrac{9wl^3}{48EI}$ ④ $\dfrac{5wl^3}{48EI}$

해설 공액보법 이용

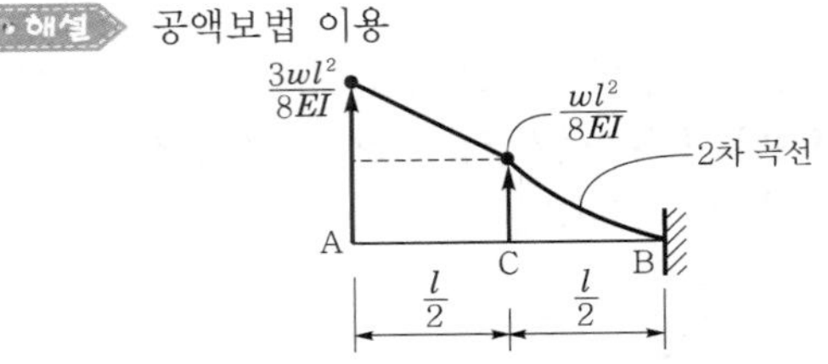

$$\theta_B=S_B$$

$$=\left(\frac{1}{3}\times\frac{l}{2}\times\frac{wl^2}{8EI}\right)+\left(\frac{l}{2}\times\frac{wl^2}{8EI}\right)+\left(\frac{1}{2}\times\frac{l}{2}\times\frac{wl^2}{4EI}\right)$$

$$=\frac{wl^3}{48EI}+\frac{wl^3}{16EI}+\frac{wl^3}{16EI}=\frac{7wl^3}{48EI}$$

58. 다음 그림에서 처짐각 θ_A는? [기사 04, 산업 13]

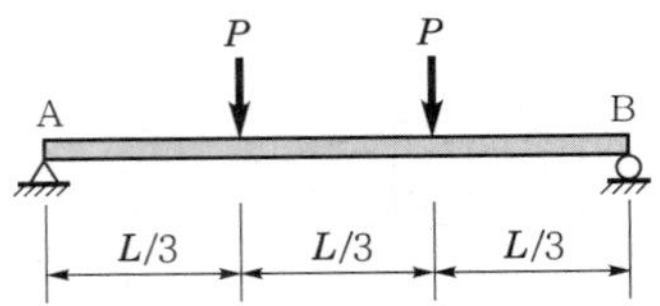

① $\dfrac{PL^2}{EI}$ ② $\dfrac{PL^2}{2EI}$

③ $\dfrac{PL^2}{9EI}$ ④ $\dfrac{10PL^2}{81EI}$

해설 지점 A와 B의 반력은 다음 그림의 (a)와 같고, 그림 (b)에서의 지점반력은 $R_A{}'=R_B{}'$이며 A점에서의 처짐각 θ_A는 다음과 같다.

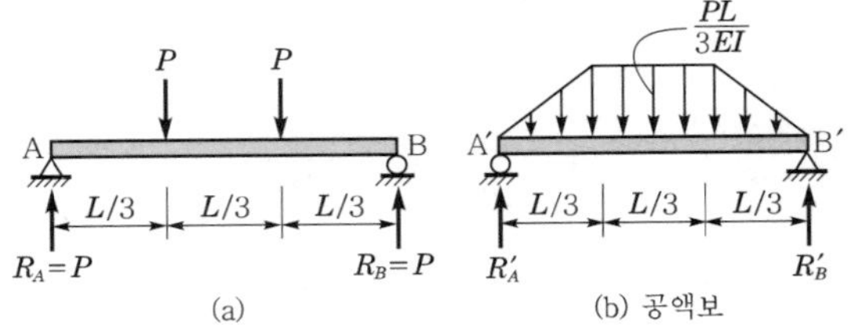

(a) (b) 공액보

 정답 56. ① 57. ② 58. ③

대칭 단면이므로

$\Sigma V=0(\uparrow\oplus)$

$$R_A'=\frac{1}{2}\left(2\times\frac{1}{2}\times\frac{L}{3}\times\frac{PL}{3EI}+\frac{L}{3}\times\frac{PL}{3EI}\right)=\frac{PL^2}{9EI}$$

$$\therefore\ \theta_A=R_A'=\frac{PL^2}{9EI}$$

59. 다음 그림과 같이 단순보의 A단에 M_A의 휨모멘트가 작용한다. 보의 단면 2차 모멘트는 절반이 $2I$이고 나머지 절반이 I이다. A단 회전각 θ_A와 B단 회전각 θ_B의 비(θ_A/θ_B)는? [기사 03]

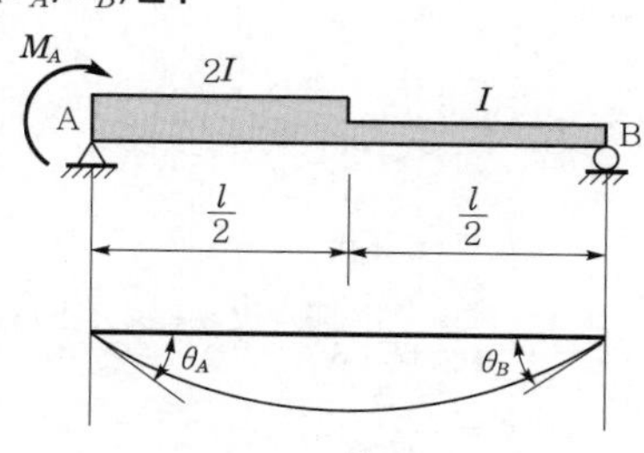

① 0.5 ② 1.0
③ 1.5 ④ 2.0

해설

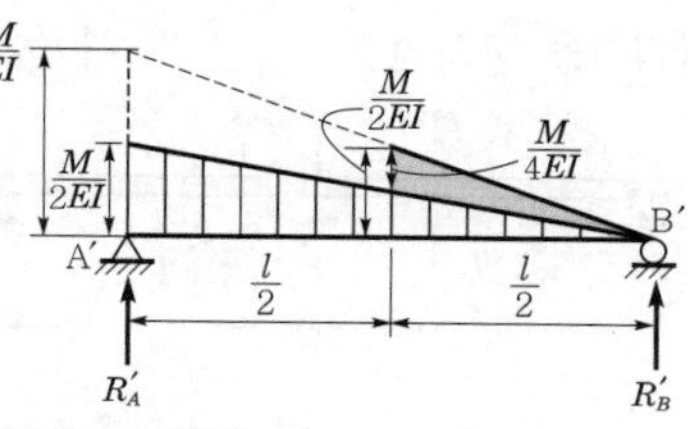

$\Sigma M_A=0(\oplus)$

$$\frac{M}{4EI}\times\frac{l}{2}\times\frac{1}{2}\times\frac{2}{3}l+\frac{M}{2EI}\times l\times\frac{1}{2}\times\frac{l}{3}-R_B'l=0$$

$$R_B'=\frac{Ml}{16EI}\times\frac{2}{3}+\frac{Ml}{12EI}=\frac{3Ml}{24EI}=\frac{Ml}{8EI}$$

$$\therefore\ \theta_B=-R_B'=-\frac{Ml}{8EI}$$

$\Sigma V=0(\uparrow\oplus)$

$$R_A'+R_B'=\frac{M}{2EI}\times l\times\frac{1}{2}+\frac{M}{4EI}\times\frac{l}{2}\times\frac{1}{2}$$

$$=\frac{Ml}{4EI}+\frac{Ml}{16EI}=\frac{5Ml}{16EI}$$

$$R_A'=\frac{5Ml}{16EI}-R_B'=\frac{5Ml}{16EI}-\frac{Ml}{8EI}=\frac{3Ml}{16EI}$$

$$\therefore\ \theta_A=R_A'=\frac{3Ml}{16EI}$$

$$\therefore\ \frac{\theta_A}{\theta_B}=-\frac{3}{2}=-1.5$$

60. 다음 그림과 같은 내민보에 대하여 지점 B에서의 처짐각을 구하면? (단, EI는 일정하다.) [기사 06, 산업 05, 11]

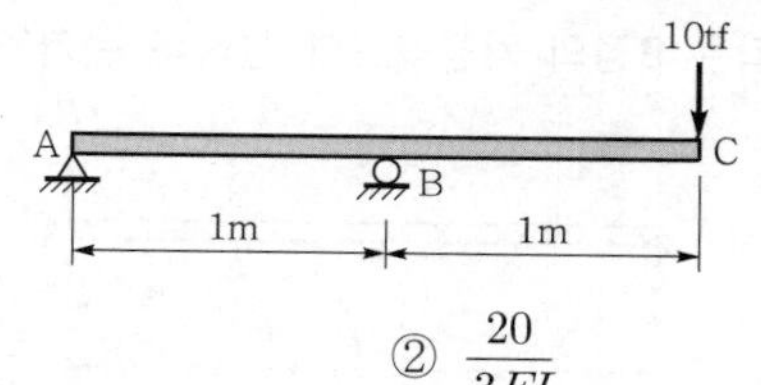

① $\frac{10}{3EI}$ ② $\frac{20}{3EI}$
③ $\frac{9}{6EI}$ ④ $\frac{15}{6EI}$

해설

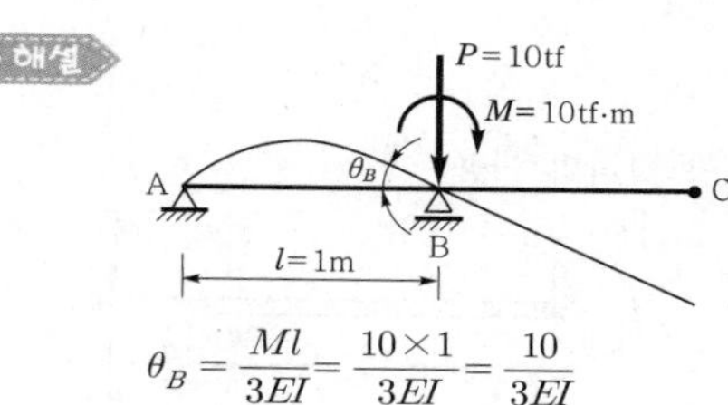

$$\theta_B=\frac{Ml}{3EI}=\frac{10\times1}{3EI}=\frac{10}{3EI}$$

61. 보의 중앙에 집중하중을 받는 단순보에서 최대 처짐에 대한 설명으로 틀린 것은? (단, 폭은 b, 높이는 h로 한다.) [산업 17]

① 탄성계수(E)에 반비례한다.
② 단면의 높이(h)의 3제곱에 반비례한다.
③ 지간(l)의 제곱에 반비례한다.
④ 단면의 폭(b)에 반비례한다.

해설 $\delta_C=\frac{Pl^3}{48EI}=\frac{12Pl^3}{48Ebh^3}=\frac{Pl^3}{4Ebh^3}$

62. 직사각형 단면의 단순보가 등분포하중 w을 받을 때 발생되는 최대 처짐각(지점의 처짐각)에 대한 설명 중 옳은 것은? [기사 09, 산업 16]

① 보의 높이의 3승에 비례한다.
② 보의 폭에 비례한다.
③ 보의 길이의 4승에 비례한다.
④ 보의 탄성계수에 반비례한다.

해설 $\theta=\frac{wl^3}{24EI}=\frac{wl^3}{24E\left(\frac{bh^3}{12}\right)}=\frac{12wl^3}{24Ebh^3}$

정답 59. ③ 60. ① 61. ③ 62. ④

63. 다음 외팔보는 탄성계수가 E인 재료로 되어 있고, 단면은 전 길이에 걸쳐 일정하며 단면 2차 모멘트는 I이다. 다음 그림과 같이 하중을 받고 있을 때 C점의 처짐각은 B점의 처짐각보다 얼마나 큰가? [기사 03]

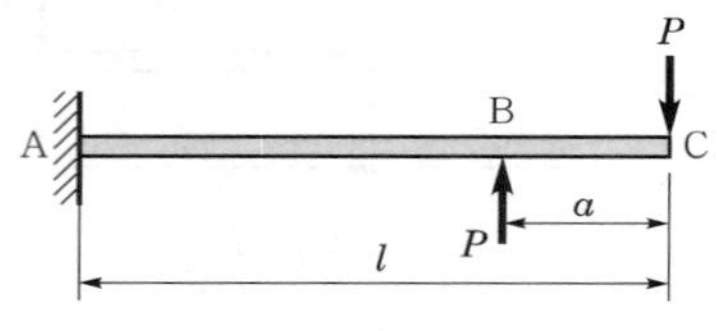

① $\dfrac{Pa^2}{2EI}$ ② $\dfrac{Pa^2}{3EI}$

③ $\dfrac{Pal}{2EI}$ ④ $\dfrac{Pal}{3EI}$

해설 모멘트면적법 이용

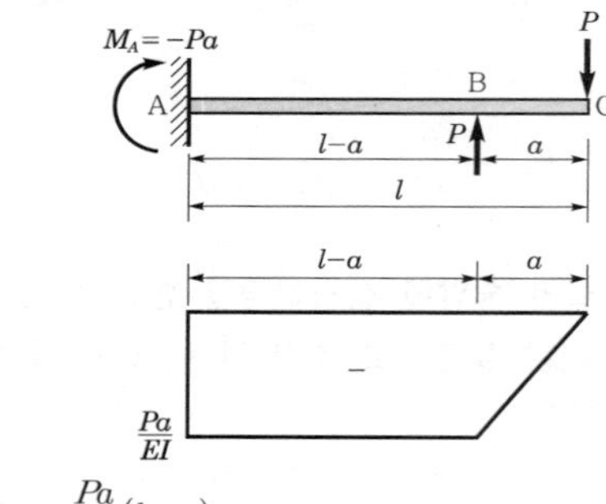

$$\theta_B = \frac{Pa}{EI}(l-a)$$

$$\theta_C = \frac{Pa}{EI}\left[(l-a)+\frac{a}{2}\right]$$

$$\therefore \theta_C - \theta_B = \frac{Pa^2}{2EI}$$

64. 다음 그림과 같은 2부재 트러스의 B에 수평하중 P가 작용한다. B절점의 수평변위 δ_B는 몇 m인가? (단, EA는 두 부재가 모두 같다.) [기사 00, 06, 17]

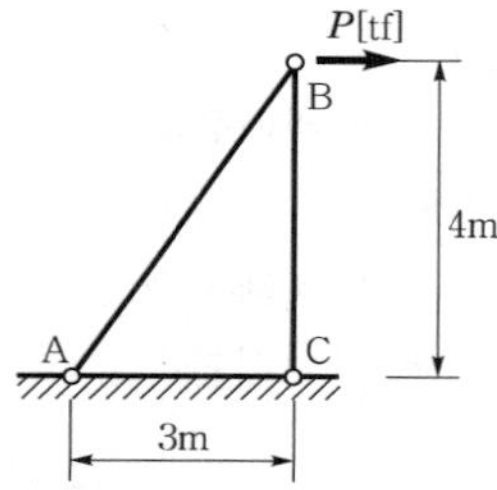

① $\delta_B = \dfrac{0.45P}{EA}$ ② $\delta_B = \dfrac{2.1P}{EA}$

③ $\delta_B = \dfrac{21P}{EA}$ ④ $\delta_B = \dfrac{4.5P}{EA}$

해설 ㉠ 실제 하중

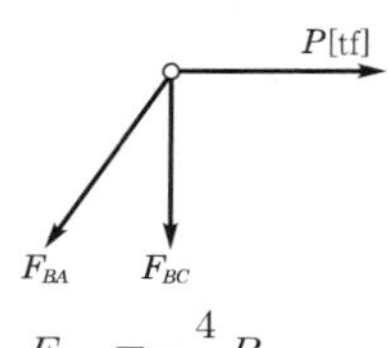

$$F_{BA} = \frac{5}{3}P, \; F_{BC} = -\frac{4}{3}P$$

㉡ 단위하중

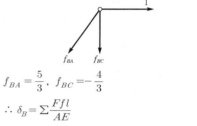

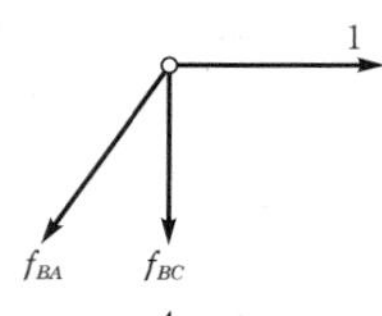

$$f_{BA} = \frac{5}{3}, \; f_{BC} = -\frac{4}{3}$$

$$\therefore \delta_B = \Sigma\frac{Ffl}{AE}$$

$$= \frac{1}{AE}\left[\frac{5}{3}P\times\frac{5}{3}\times5+\left(-\frac{4}{3}P\right)\times\left(-\frac{4}{3}\right)\times4\right]$$

$$= \frac{21P}{AE}\,[\text{m}]$$

65. 단순보의 중앙에 수평하중 P가 작용할 때 B점에서의 처짐각을 구하면? [기사 02, 04, 10]

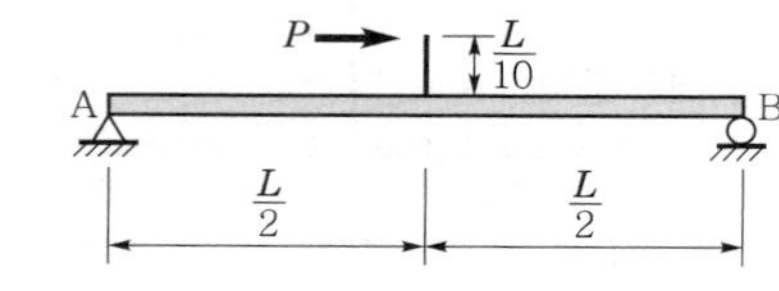

① $-\dfrac{PL^2}{240EI}$ ② $-\dfrac{PL^2}{120EI}$

③ $-\dfrac{3PL^2}{80EI}$ ④ $-\dfrac{3PL^2}{40EI}$

해설

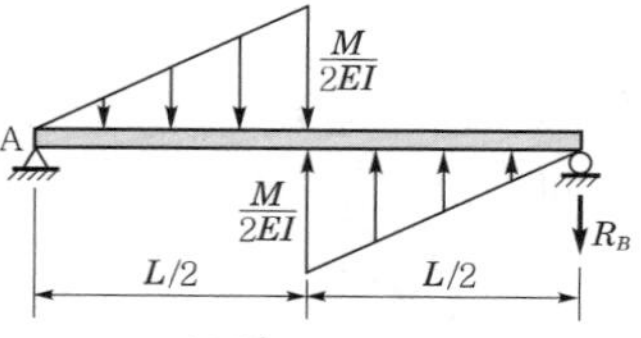

$$\Sigma M_A = 0(\oplus)$$

$$R_B{}'L+\left(\frac{1}{2}\times\frac{L}{2}\times\frac{M}{2EI}\times\frac{L}{2}\times\frac{2}{3}\right)$$

$$-\left(\frac{1}{2}\times\frac{L}{2}\times\frac{M}{2EI}\left(\frac{L}{2}+\frac{L}{2}\times\frac{1}{3}\right)\right)=0$$

$$R_B{}'L = -\frac{ML^2}{24EI}+\frac{ML^2}{12EI}$$

$$\therefore \theta_B = R_B{}' = -\frac{ML}{24EI} = -\frac{L}{24EI}\times\frac{PL}{10} = -\frac{PL^2}{240EI}$$

정답 63. ① 64. ③ 65. ①

66. 단순보의 중앙에 집중하중 P가 작용할 경우 중앙에서의 처짐에 대한 설명으로 틀린 것은? [산업 17]

① 탄성계수에 반비례한다.
② 하중에 정비례한다.
③ 단면 2차 모멘트에 반비례한다.
④ 지간의 제곱에 반비례한다.

해설 $\delta_C = \dfrac{Pl^3}{48EI}$

67. 다음 그림과 같은 트러스의 C점에 300kgf의 하중이 작용할 때 C점에서의 처짐을 계산하면? (단, $E=2\times10^6$kgf/cm^2, 단면적=1cm^2) [기사 07, 15]

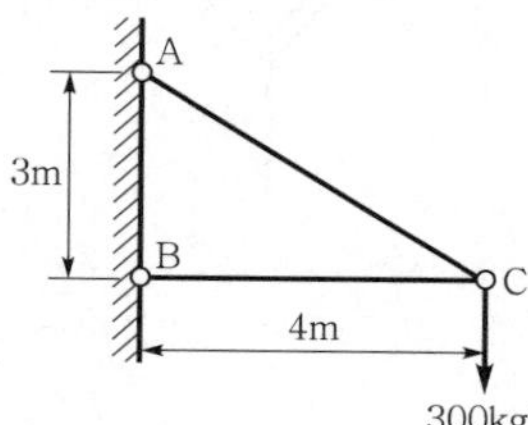

① 0.158cm　　② 0.315cm
③ 0.473cm　　④ 0.630cm

해설 단위하중법 이용

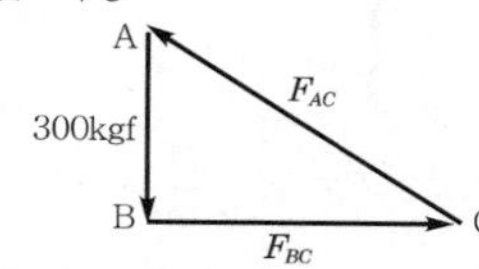

㉠ 실제 하중작용 시

$F_{AC} : 5 = 300 : 3$

$\therefore F_{AC} = \dfrac{5}{3}\times300 = 500\text{kgf}$ (인장)

$F_{BC} : 4 = 300 : 3$

$\therefore F_{BC} = \dfrac{4}{3}\times300 = 400\text{kgf}$ (압축)

㉡ 단위하중작용 시

$f_{AC} = \dfrac{5}{3}$ (인장)

$f_{BC} = \dfrac{4}{3}$ (압축)

$$\therefore \delta_C = \frac{1}{(2\times10^6)\times1}\times500\times\frac{5}{3}\times500 + \frac{1}{(2\times10^6)\times1}\times(-400)\times\left(-\frac{4}{3}\right)\times400 = 0.315\text{cm}$$

68. 다음과 같이 A점에 연직하중 P가 작용하는 트러스에서 A점의 수직처짐량은? (단, AB부재의 축강도는 EA, AC부재의 축강도는 $\sqrt{3}EA$이다.) [기사 01, 04]

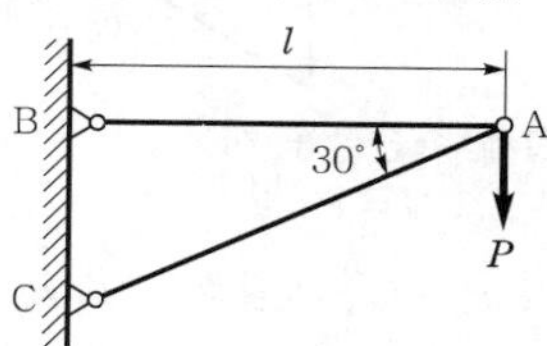

① $\dfrac{17}{2}\dfrac{Pl}{EA}$　　② $\dfrac{17}{3}\dfrac{Pl}{EA}$

③ $\dfrac{17}{4}\dfrac{Pl}{EA}$　　④ $\dfrac{17}{5}\dfrac{Pl}{EA}$

해설

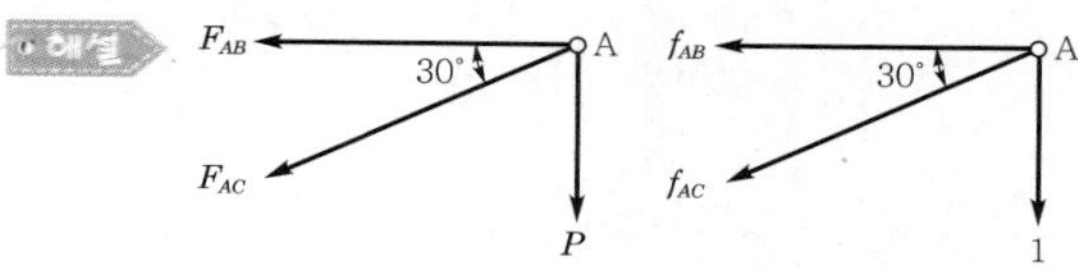

㉠ AB부재 : EA, l

㉡ AC부재 : $\sqrt{3}EA$, $\dfrac{2}{\sqrt{3}}l$

$F_{AB} = \sqrt{3}P$, $F_{AC} = -2P$

$f_{AB} = \sqrt{3}$, $f_{AC} = -2$

$$\therefore \delta_A = \Sigma\frac{Ff}{EA}l = \frac{l}{EA}\times\sqrt{3}P\times\sqrt{3} + \frac{\frac{2}{\sqrt{3}}l}{\sqrt{3}EA}\times(-2P)\times(-2) = \frac{17Pl}{3EA}$$

69. 다음 그림과 같은 트러스에서 A점에 연직하중 P가 작용할 때 A점의 연직처짐은? (단, 부재의 축강도는 모두 EA이고, 부재의 길이 $\overline{AB}=3l$, $\overline{AC}=5l$이며, 지점 B와 C의 거리는 $4l$이다.) [기사 02, 08, 16]

① $8.0\dfrac{Pl}{AE}$

② $8.5\dfrac{Pl}{AE}$

③ $9.0\dfrac{Pl}{AE}$

④ $9.5\dfrac{Pl}{AE}$

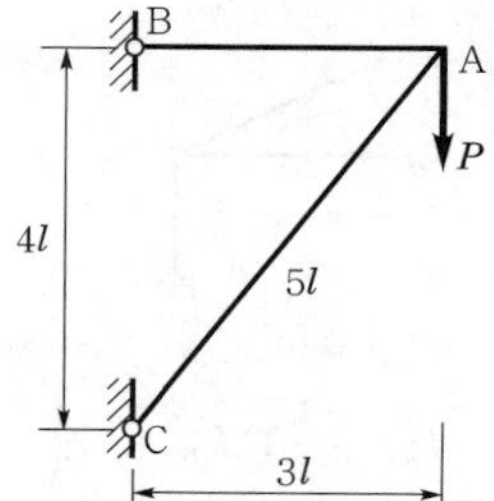

해설 단위하중법 이용

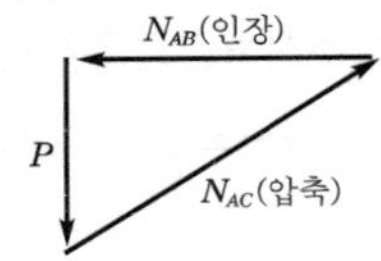

㉠ 실제 하중작용 시

$N_{AC} : 5l = P : 4l$

$\therefore N_{AC} = \frac{5}{4}P$(압축)

$N_{AB} : 3l = P : 4l$

$\therefore N_{AB} = \frac{3}{4}P$(인장)

㉡ 단위하중작용 시

$n_{AC} = -\frac{5}{4}$

$n_{AB} = \frac{3}{4}$

$$\therefore \delta_A = \Sigma \frac{Nn}{EA}L$$

$$= \frac{1}{EA}\left[\frac{3}{4}P \times \frac{3}{4} \times 3l + \left(-\frac{5}{4}P\right) \times \left(-\frac{5}{4}\right) \times 5l\right]$$

$$= 9.5\frac{Pl}{EA}$$

70. 다음 그림과 같은 강재 구조물이 있다. AC, BC 부재의 단면적은 각각 10cm², 20cm²이고 연직하중 $P=$6tf가 작용할 때 C점의 연직처짐을 구한 값은? (단, 강재의 종탄성계수는 2.05×10⁶kgf/cm²이다.) [기사 03]

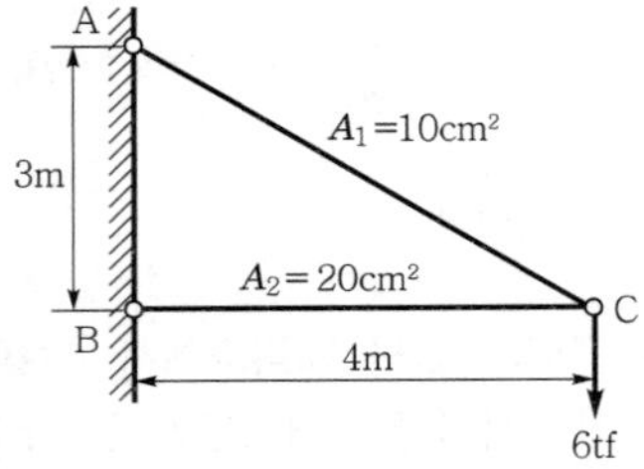

① 1.022cm ② 0.767cm
③ 0.511cm ④ 0.383cm

해설

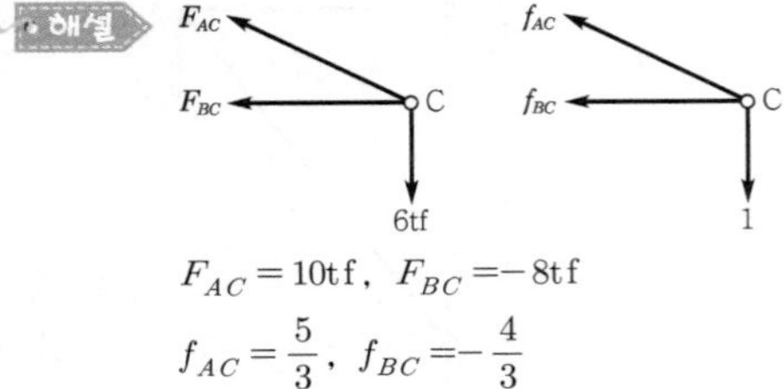

$F_{AC} = 10\text{tf}, \; F_{BC} = -8\text{tf}$

$f_{AC} = \frac{5}{3}, \; f_{BC} = -\frac{4}{3}$

$$\therefore \delta_C = \Sigma \frac{Ff}{AE}l$$

$$= \frac{5 \times 10^2}{10 \times 2.05 \times 10^6} \times 10 \times \frac{5}{3} \times 10^3$$

$$+ \frac{4 \times 10^2}{20 \times 2.05 \times 10^6} \times (-8) \times \left(-\frac{4}{3}\right) \times 10^3$$

$$= 0.511\text{cm}$$

71. 다음 그림과 같은 구조물에서 C점의 수직처짐은? (단, AC 및 BC부재의 길이는 l, 단면적은 A, 탄성계수는 E이다.) [기사 02]

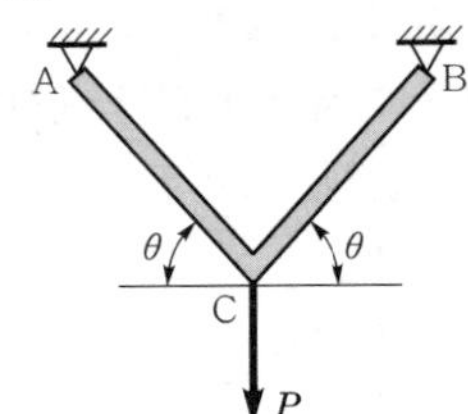

① $\frac{Pl}{2AE\sin^2\theta}$ ② $\frac{Pl}{2AE\cos^2\theta}$

③ $\frac{Pl}{2AE\sin\theta\cos\theta}$ ④ $\frac{Pl}{2AE\sin\theta}$

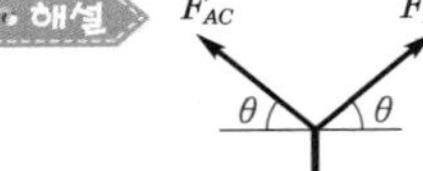
해설

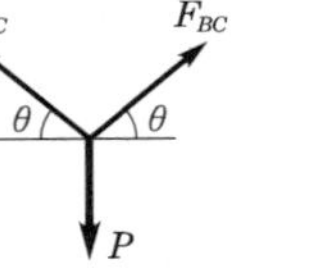

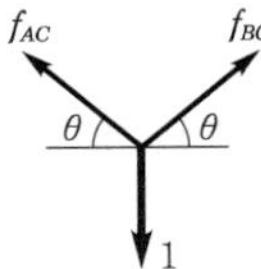

$F_{AC} = F_{BC} = \frac{P}{2\sin\theta}$

$f_{AC} = f_{BC} = \frac{1}{2\sin\theta}$

$$\therefore \delta_C = \Sigma \frac{Ff}{AE}l$$

$$= \frac{l}{AE} \times \frac{P}{2\sin\theta} \times \frac{1}{2\sin\theta}$$

$$+ \frac{l}{AE} \times \frac{P}{2\sin\theta} \times \frac{1}{2\sin\theta}$$

$$= \frac{Pl}{2AE\sin^2\theta}$$

72. 다음 가상일의 원리에 대한 설명 중 옳지 않은 것은? [기사 01, 04]

① 에너지 불변의 법칙이 성립된다.
② 단위하중법이라고도 한다.
③ 가상변위는 임의로 선정할 수가 없다.
④ 재료는 탄성한도 내에서 거동한다고 가정한다.

정답 70. ③ 71. ① 72. ③

해설 가상일의 원리 : 외력에 의해 변형을 일으킨 선형 탄성거동을 하는 구조물이 평형상태에 있다면 그 상태에서 추가적으로 매우 작은 가상의 변형이 발생하더라도 외력에 의한 가상일은 내력에 의한 가상일과 같게 된다.

73. 다음 그림과 같은 강재 구조물이 있다. AC, BC 부재의 단면적은 각각 10cm^2, 20cm^{2}이고 연직하중 P=9tf가 작용할 때 C점의 연직처짐을 구한 값은? (단, 강재의 종탄성계수는 2.05×10^{6}kgf/cm^{2}이다.) [기사 01, 07, 11, 17]

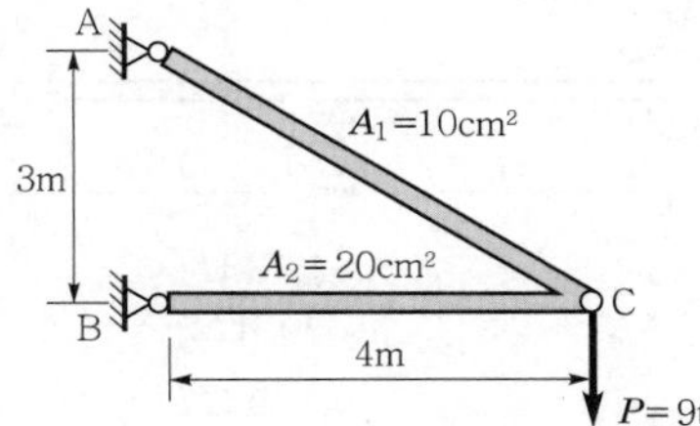

① 1.022cm ② 0.766cm
③ 0.518cm ④ 0.383cm

해설 단위하중법 이용

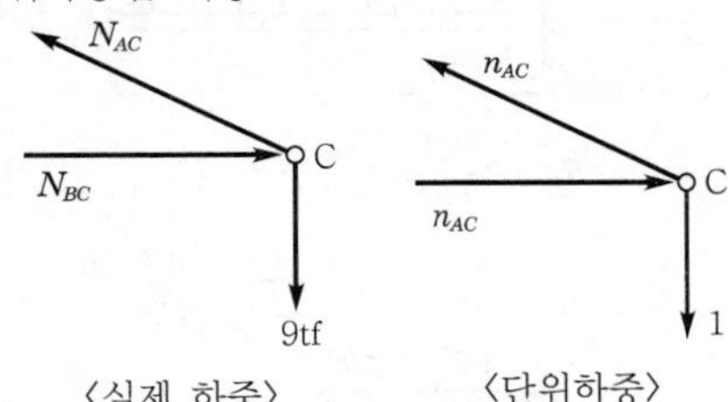

〈실제 하중〉 〈단위하중〉

㉠ $\Sigma V=0$

$\frac{3}{5}N_{AC}-9=0 \quad \therefore N_{AC}=15\text{tf}$

㉡ $\Sigma H=0$

$\frac{4}{5}N_{AC}-N_{BC}=0 \quad \therefore N_{BC}=\frac{4}{5}N_{AC}=12\text{tf}$

㉢ $\Sigma V=0$

$\frac{3}{5}n_{AC}-1=0 \quad \therefore n_{AC}=\frac{5}{3}$

㉣ $\Sigma H=0$

$\frac{4}{5}n_{AC}-n_{BC}=0 \quad \therefore n_{BC}=\frac{4}{5}n_{AC}=\frac{4}{3}$

$$\therefore \delta_C=\Sigma\frac{Nn}{EA}L$$

$$=\frac{15\times10^3\times\frac{5}{3}\times500}{2.05\times10^6\times10}+\frac{12\times10^3\times\frac{4}{3}\times400}{2.05\times10^6\times20}$$

$=0.766\text{cm}$

74. 다음 그림과 같은 트러스의 점 C에 수평하중 P가 작용할 때 점 C의 수평변위량 δ_C는? (단, 모든 부재의 단면적 : A, 탄성계수 : E) [기사 09]

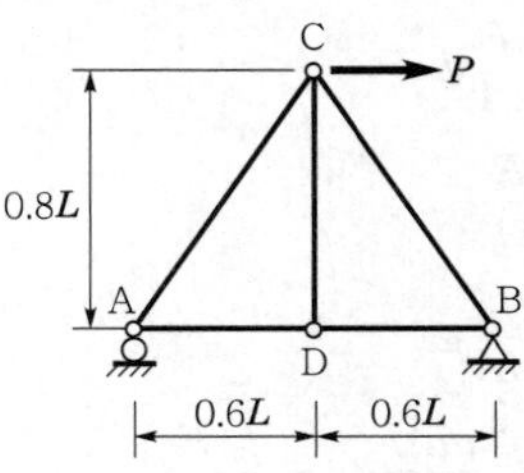

① $\frac{3PL}{10EA}$ ② $\frac{179PL}{180EA}$
③ $\frac{25PL}{18EA}$ ④ $\frac{76PL}{45EA}$

해설 $\overline{CD}$는 0부재이다.

㉠ 실제 하중 P 작용 시

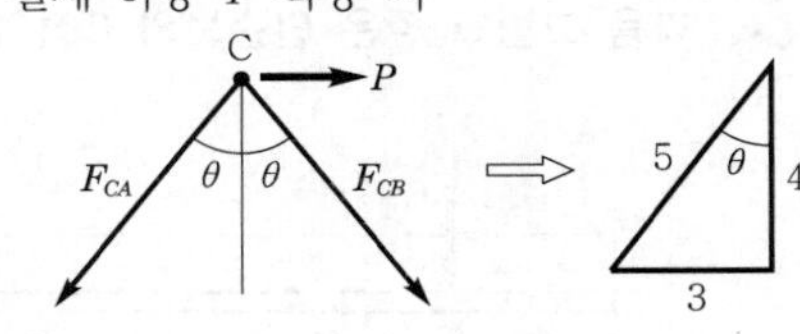

$\Sigma V=0$

$F_{CA}\cos\theta-F_{CB}\cos\theta=0$

$F_{CA}=F_{CB}$

$\Sigma H=0$

$F_{CA}\sin\theta+F_{CB}\sin\theta-P=0$

$2F_{CA}\sin\theta=P$

$F_{CA}=\frac{P}{2\sin\theta}=\frac{5}{6}P=F_{CB}$(인장)

㉡ 가상하중 1 작용

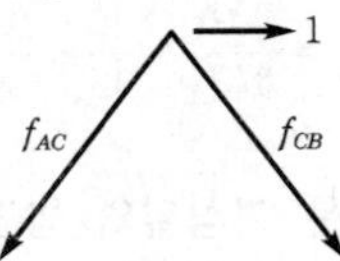

$\Sigma V=0$

$f_{AC}=f_{CB}$

$\Sigma H=0$

$f_{CA}=\frac{1}{2\sin\theta}=\frac{5}{6}=f_{CB}$

$$\therefore \delta_C=\Sigma\frac{Ff}{EA}l=2\times\frac{\frac{5}{6}P\times\frac{5}{6}}{EA}\times l$$

$$=\frac{25Pl}{18EA}$$

정답 73. ② 74. ③

75. 트러스의 격점에 외력이 작용할 때 어떤 격점 I의 특정방향으로 처짐성분 Δi를 가상일의 방법으로 구하는 식은 다음 중 어느 것인가? [기사 01]

① $\Delta i = \int \frac{fF}{EA} dx$

② $\Delta i = \Sigma \frac{fF}{EA} l$

③ $\Delta i = \int \frac{af\delta}{GA} dx$

④ $\Delta i = \Sigma \left(\int \frac{mM}{EI} dx + \frac{f/F}{EA} l \right)$

해설 단위하중법에 의해 트러스부재의 처짐을 구하는 방법

$$\Delta i = \Sigma \frac{fF}{EA} l$$

76. 다음 그림과 같은 단순보의 C점의 처짐은? [산업 12]

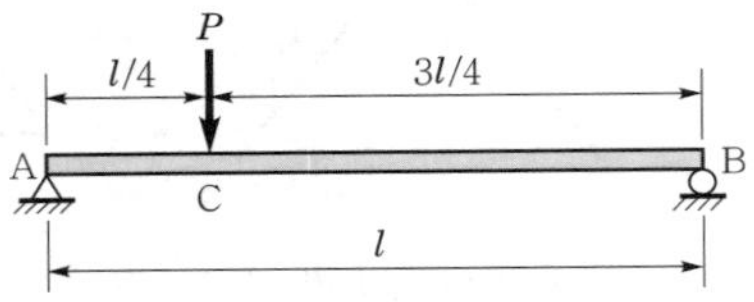

① $\frac{5Pl^3}{198EI}$ ② $\frac{7Pl^3}{198EI}$

③ $\frac{3Pl^3}{256EI}$ ④ $\frac{7Pl^3}{256EI}$

해설
$$\delta_C = \frac{Pa^2b^2}{3EIl} = \frac{P}{3EIl} \times \left(\frac{l}{4}\right)^2 \times \left(\frac{3l}{4}\right)^2$$
$$= \frac{P}{3EIl} \times \frac{l^2}{16} \times \frac{9l^2}{16} = \frac{3Pl^3}{256EI}$$

77. 다음은 가상일의 방법을 설명한 것이다. 틀린 것은? [기사 09]

① 트러스의 처짐을 구할 경우 효과적인 방법이다.
② 단위하중법(unit load method)이라고도 한다.
③ 처짐이나 처짐각을 계산하는 기하학적 방법이다.
④ 에너지 보존의 법칙에 근거를 둔 방법이다.

해설 가상일의 방법은 에너지 불변의 법칙에 근거를 둔 처짐과 처짐각을 계산하는 에너지방법이다.

78. "구조물의 재료가 탄성적이고 온도변화나 지점 침하가 없는 경우에 어느 특정한 힘(또는 우력)에 관한 1차 편도함수는 그 힘의 작용점에서의 작용선방향의 처짐(또는 기울기)과 같다"는 다음 어느 것을 설명한 것인가? [기사 00]

① Castigliano의 원리 ② 최소 일의 원리
③ 가상일의 원리 ④ Betti의 법칙

79. 다음 그림과 같은 내민보의 자유단 A점에서의 처짐 δ_A는 얼마인가? (단, EI는 일정하다.) [산업 11]

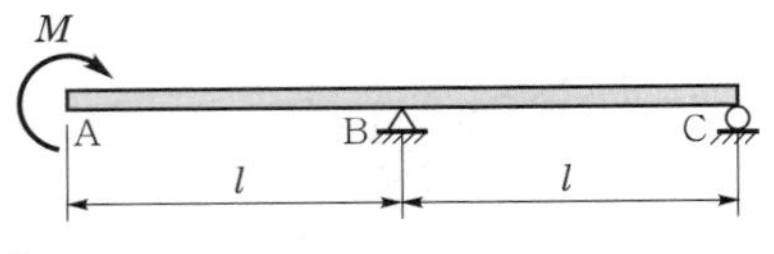

① $\frac{3Ml^2}{4EI}(\uparrow)$ ② $\frac{3Ml}{4EI}(\uparrow)$

③ $\frac{5Ml^2}{6EI}(\uparrow)$ ④ $\frac{5Ml}{6EI}(\uparrow)$

해설

$$R_B{}' = \frac{Ml}{3EI}$$
$$\delta_A = M_A{}' = Ml \times \frac{l}{2EI} + \frac{Ml}{3EI} \times l$$
$$= \frac{Ml^2}{2EI} + \frac{Ml^2}{3EI}$$
$$= \frac{5Ml^2}{6EI}$$

80. 하중을 받고 있는 다음 보 중에서 최대 처짐량이 가장 큰 것은? (단, 보의 길이, 단면치수 및 재료는 동일하고 $P = wl$, l은 보의 길이이다.) [산업 02]

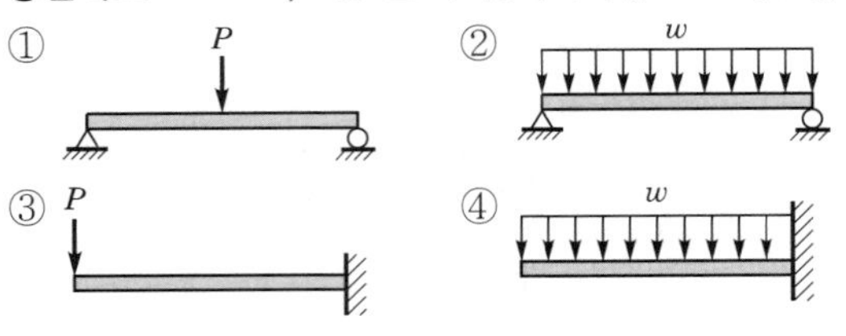

해설 $\delta_{①} = \frac{wl^4}{48EI}$, $\delta_{②} = \frac{5wl^4}{384EI}$, $\delta_{③} = \frac{wl^4}{3EI}$, $\delta_{④} = \frac{wl^4}{8EI}$

정답 75. ② 76. ③ 77. ③ 78. ① 79. ③ 80. ③

81. 보의 단면이 다음 그림과 같고 지간이 같은 단순보에서 중앙에 집중하중 P가 작용할 경우 처짐 δ_1은 δ_2의 몇 배인가? [산업 04, 08]

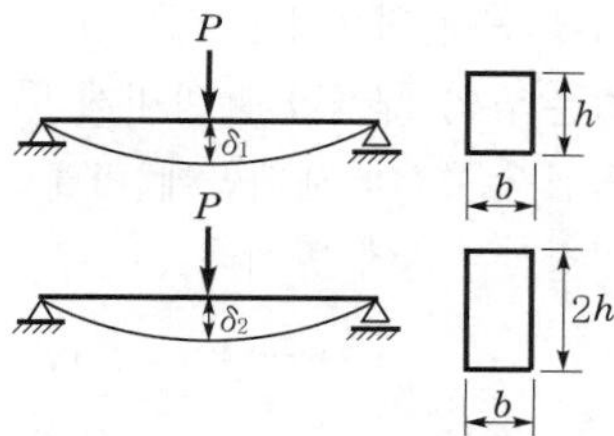

① 1 ② 2
③ 4 ④ 8

해설
$\delta = \dfrac{Pl^3}{48EI} = \dfrac{12Pl^3}{48Ebh^3}$ 이므로 h^3에 반비례한다.
$\therefore \delta_1 : \delta_2 = \dfrac{1}{h^3} : \dfrac{1}{(2h)^3} = 8 : 1$

82. 다음 그림과 같이 집중하중 및 등분포하중을 받고 있는 단순보의 최대 처짐량은? (단, E=2×10^{6}kgf/cm^2, I=10,000cm^4) [산업 12]

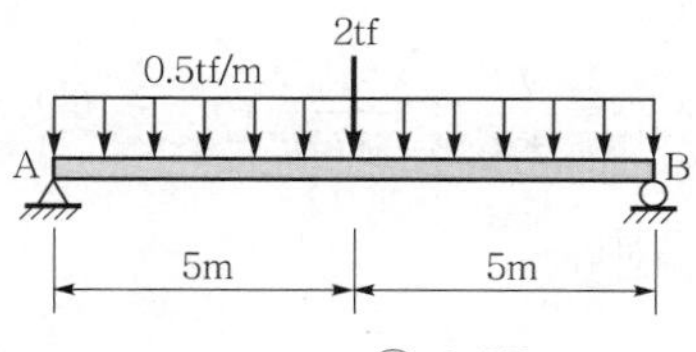

① 1.65cm ② 2.37cm
③ 4.22cm ④ 5.34cm

해설 중첩의 원리 이용
$$\delta_{\max} = \frac{5wl^4}{384EI} + \frac{Pl^3}{48EI}$$
$$= \frac{5\times5\times1{,}000^4}{384\times2\times10^6\times10{,}000} + \frac{2{,}000\times1{,}000^3}{48\times2\times10^6\times10{,}000}$$
$$= 3.256 + 2.083 = 5.339\text{cm}$$

83. 다음 내용이 설명하는 것은? [산업 10, 11, 15]

> 탄성곡선상의 임의의 두 점 A와 B를 지나는 접선이 이루는 각은 두 점 사이의 휨모멘트도의 면적을 휨강도 EI로 나눈 값과 같다.

① 제1 공액보의 정리 ② 제2 공액보의 정리
③ 제1 모멘트면적 정리 ④ 제2 모멘트면적 정리

84. 단면의 폭 20cm, 높이 30cm, 길이 6m의 나무로 된 단순보의 중앙에 2tf의 집중하중이 작용할 때 최대 처짐은? (단, E=1×10^{5}kgf/cm^2) [산업 04, 09, 13]

① 0.5cm ② 1.0cm
③ 2.0cm ④ 3.0cm

해설
$$I = \frac{bh^3}{12} = \frac{20\times30^3}{12} = 45{,}000\text{cm}^4$$
$$\delta = \frac{Pl^3}{48EI} = \frac{2{,}000\times600^3}{48\times1\times10^5\times45{,}000} = 2\text{cm}$$

85. 다음 두 캔틸레버에 M_1, M_2가 각각 작용하고 있다. (1), (2)의 A점의 처짐을 같게 하려할 때 M_1과 M_2의 크기비로 옳은 것은? (단, (1)과 (2)의 EI는 일정하다.) [산업 07]

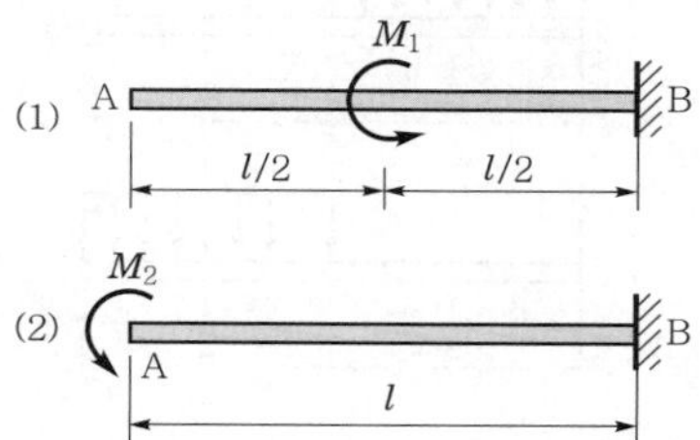

① $M_1 : M_2 = 4 : 3$ ② $M_1 : M_2 = 3 : 4$
③ $M_1 : M_2 = 5 : 3$ ④ $M_1 : M_2 = 3 : 5$

해설
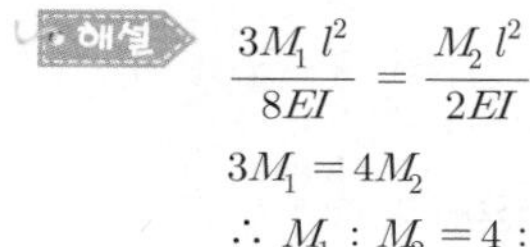
$$\frac{3M_1 l^2}{8EI} = \frac{M_2 l^2}{2EI}$$
$$3M_1 = 4M_2$$
$$\therefore M_1 : M_2 = 4 : 3$$

86. 단순보에 등분포하중이 다음 그림과 같이 작용할 때 최대 처짐량은 얼마인가? (단, EI는 일정하다.) [산업 03, 07, 12]

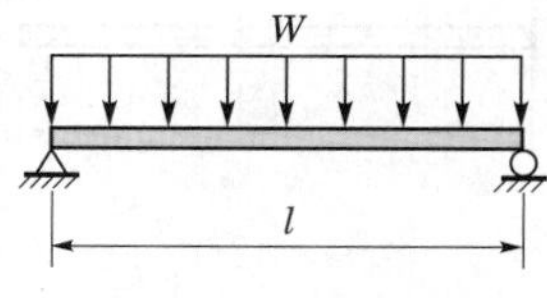

① $\dfrac{Wl^4}{9EI}$ ② $\dfrac{Wl^4}{48EI}$
③ $\dfrac{Wl^4}{24EI}$ ④ $\dfrac{5Wl^4}{384EI}$

해설
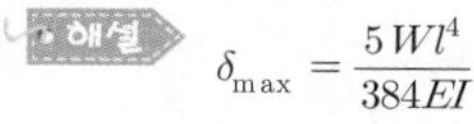
$$\delta_{\max} = \frac{5Wl^4}{384EI}$$

정답 81. ④ 82. ④ 83. ③ 84. ③ 85. ① 86. ④

87. 지간 8m, 폭 20cm, 높이 30cm의 단면을 갖는 단순보에 등분포하중 w=400kgf/m가 만재하여 있을 때 최대 처짐은? (단, E=100,000kgf/cm^2) [산업 07]

① 4.74cm　② 2.10cm
③ 0.90cm　④ 0.009cm

$$I=\frac{bh^3}{12}=\frac{20\times30^3}{12}=45,000\text{cm}^4$$

$$\therefore \delta_{\max}=\frac{5wl}{384EI}=\frac{5\times4\times800^4}{384\times100,000\times45,000}=4.7407\text{cm}$$

88. 다음 그림에서 최대 처짐각비($\theta_B : \theta_D$)는? [산업 02, 05, 09]

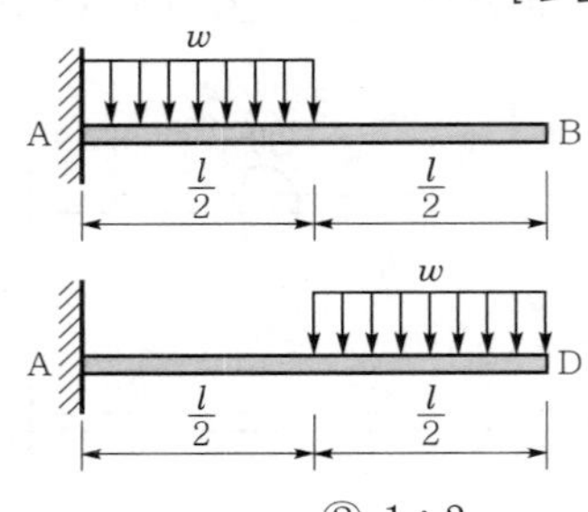

① 1 : 2　② 1 : 3
③ 1 : 5　④ 1 : 7

$$\theta_D=\frac{7wl^3}{48EI}$$

$$\theta_B=\theta_C=\frac{w\left(\frac{l}{2}\right)^3}{6EI}=\frac{wl^3}{48EI}\ (\text{중앙점})$$

$$\therefore \theta_B : \theta_D = 1 : 7$$

89. 다음 그림과 같은 캔틸레버보의 최대 처짐은? [산업 02]

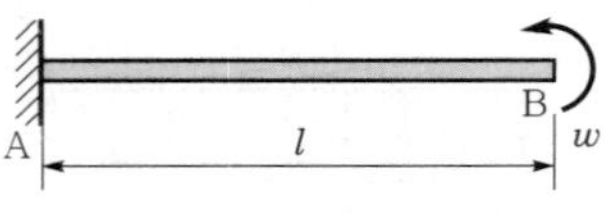

① $\dfrac{wl^2}{8EI}$　② $\dfrac{wl^2}{6EI}$
③ $\dfrac{wl^2}{3EI}$　④ $\dfrac{wl^2}{2EI}$

해설

$$\delta_{\max}=\frac{wl^2}{2EI}$$

90. 폭 b, 높이 h인 단면을 가진 길이 l의 단순보 중앙에 집중하중 P가 작용할 경우 다음 설명 중 옳지 않은 것은? (단, E는 탄성계수이다.) [산업 02, 09]

① 최대 처짐은 E에 반비례
② 최대 처짐은 h의 세제곱에 반비례
③ 지점의 처짐각은 l의 세제곱에 비례
④ 지점의 처짐각은 b에 반비례

해설

$$\delta_{\max}=\frac{Pl^3}{48EI}=\frac{Pl^3}{48E\times\frac{bh^3}{12}}=\frac{Pl^3}{4Ebh^3}$$ 이므로 P, l^3에 비례하고, E, b, h^3에 반비례한다.

91. 직사각형 단면의 단순보가 중앙에 집중하중 P를 받을 때 발생되는 최대 처짐에 대한 설명으로 틀린 것은? [산업 10]

① 보의 높이의 3승에 반비례한다.
② 보의 폭에 반비례한다.
③ 보의 길이의 3승에 비례한다.
④ 보의 탄성계수에 비례한다.

해설

$$\delta_{\max}=\frac{Pl^3}{48EI}=\frac{Pl^3}{\frac{48Ebh^2}{12}}$$ 이므로 탄성계수에 반비례한다.

92. 등분포하중을 받는 단순보에서 지점 A의 처짐각으로서 옳은 것은? [기사 17, 산업 06]

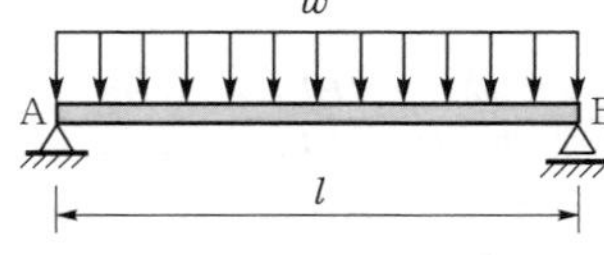

① $\dfrac{5wl^3}{384EI}$　② $\dfrac{wl^3}{48EI}$
③ $\dfrac{wl^3}{24EI}$　④ $\dfrac{wl^3}{16EI}$

해설

$$\theta_A=\frac{wl^3}{24EI}(\curvearrowright)$$

정답 87. ① 88. ④ 89. ④ 90. ③ 91. ④ 92. ③

93. 다음의 캔틸레버보에서 자유단 A점에서의 수직 처짐은 얼마인가? (단, EI는 일정하다.) [산업 03]

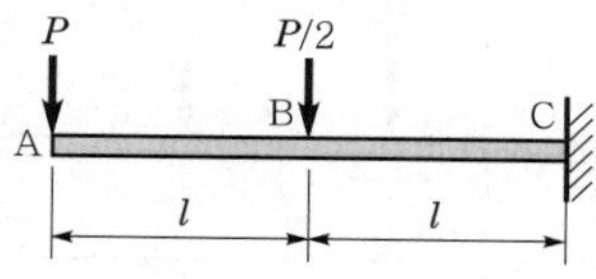

① $\frac{5Pl^3}{12EI}(\downarrow)$ ② $\frac{7Pl^3}{12EI}(\downarrow)$

③ $\frac{37Pl^3}{12EI}(\downarrow)$ ④ $\frac{43Pl^3}{12EI}(\downarrow)$

해설 ㉠ P에 의한 $l=2l$이므로

$$\delta_{A_1}=\frac{Pl^3}{3EI}=\frac{P(2l)^3}{3EI}=\frac{8Pl^3}{3EI}$$

㉡ $\frac{P}{2}$에 의한

$$\delta_{A_2}=\frac{1}{EI}\times P\times l\times l\times\frac{1}{2}\left(l+\frac{2}{3}l\right)=\frac{5Pl^3}{12EI}$$

$$\therefore \delta_A=\delta_{A_1}+\delta_{A_2}=\frac{37Pl^3}{12EI}$$

94. 다음 그림과 같은 단순보에서 지점 B에 모멘트 하중이 작용할 때 A의 처짐각은 얼마인가? [산업 04]

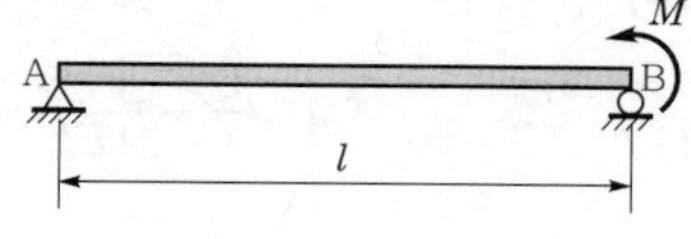

① $\frac{Ml}{6EI}$ ② $\frac{Ml}{5EI}$

③ $\frac{Ml}{4EI}$ ④ $\frac{Ml}{3EI}$

해설 공액보의 처짐각 이용

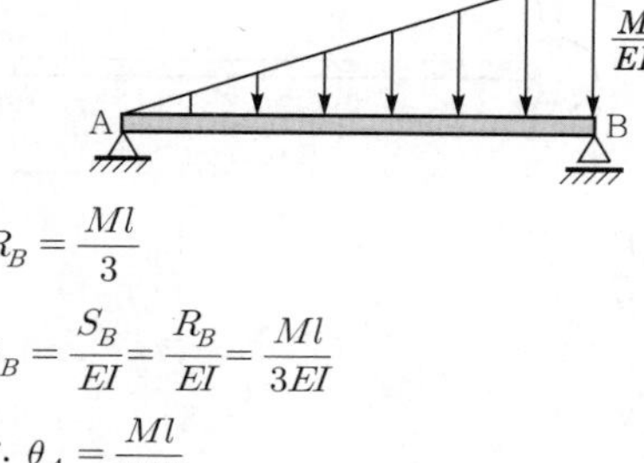

$$R_B=\frac{Ml}{3}$$

$$\theta_B=\frac{S_B}{EI}=\frac{R_B}{EI}=\frac{Ml}{3EI}$$

$$\therefore \theta_A=\frac{Ml}{6EI}$$

95. 캔틸레버보 AB에 같은 간격으로 집중하중이 작용하고 있다. 자유단 B점에서의 연직변위 δ_B는? (단, 보의 EI는 일정하다.) [산업 09]

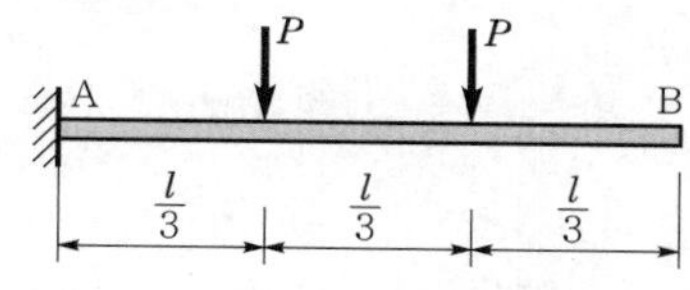

① $\delta_B=\frac{PL^3}{9EI}$ ② $\delta_B=\frac{16PL^3}{81EI}$

③ $\delta_B=\frac{14PL^3}{81EI}$ ④ $\delta_B=\frac{2PL^3}{9EI}$

해설 공액보법 이용

$$\delta_B=\frac{1}{EI}\left(\frac{PL}{3}\times\frac{L}{3}\times\frac{1}{2}\times\frac{8}{9}L+\frac{2}{3}PL\times\frac{2}{3}L\times\frac{1}{2}\times\frac{7}{9}L\right)=\frac{2PL^3}{9EI}$$

96. 모멘트하중을 받는 단순보의 B점의 처짐각은? (단, (+)는 시계방향, (−)는 반시계방향) [산업 02]

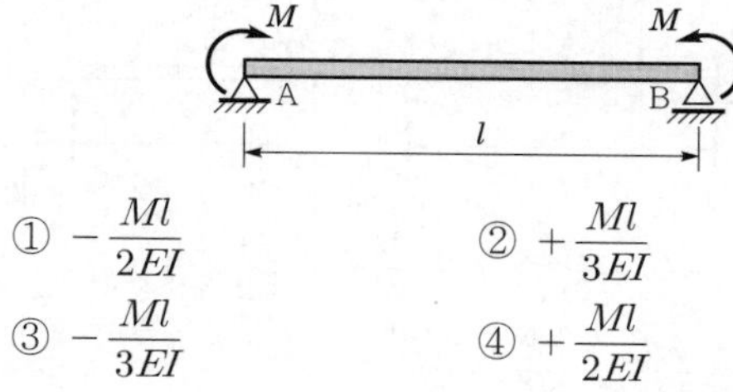

① $-\frac{Ml}{2EI}$ ② $+\frac{Ml}{3EI}$

③ $-\frac{Ml}{3EI}$ ④ $+\frac{Ml}{2EI}$

해설

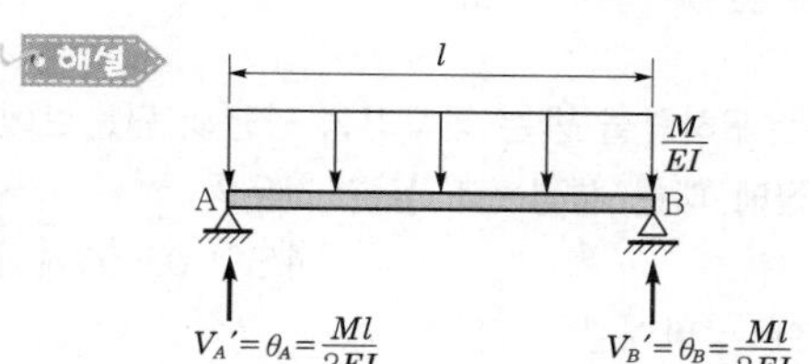

97. EI(단, E는 탄성계수, I는 단면 2차 모멘트)가 커짐에 따라 보의 처짐은? [산업 06, 17]

① 커진다.

② 작아진다.

③ 커질 때도 있고, 작아질 때도 있다.

④ EI는 처짐에 관계하지 않는다.

해설 보의 처짐은 EI에 반비례한다.

정답 93. ③ 94. ① 95. ④ 96. ① 97. ②

98. 길이가 6m인 단순보의 중앙에 3tf의 집중하중이 연직으로 작용하고 있다. 이때 단순보의 최대 처짐은 몇 cm인가? (단, 보의 E=2,000,000kgf/cm^2, I=15,000cm^4) [산업 04, 13]

① 1.5　② 0.45
③ 0.27　④ 0.09

해설
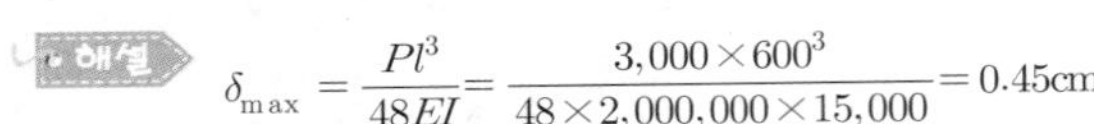

$$\delta_{max} = \frac{Pl^3}{48EI} = \frac{3,000\times 600^3}{48\times 2,000,000\times 15,000} = 0.45\text{cm}$$

99. 다음 그림과 같은 단순보의 중앙점에서의 처짐 δ가 옳게 된 것은? [산업 05]

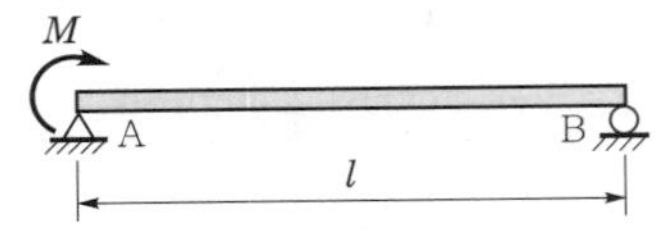

① $\delta = \frac{Ml^2}{4EI}$　② $\delta = \frac{Ml^3}{4EI}$
③ $\delta = \frac{Ml^2}{16EI}$　④ $\delta = \frac{Ml^3}{16EI}$

해설
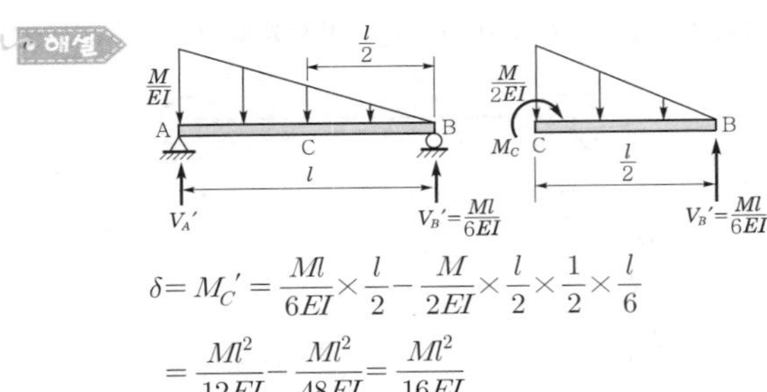

$$\delta = M_C{}' = \frac{Ml}{6EI}\times\frac{l}{2} - \frac{M}{2EI}\times\frac{l}{2}\times\frac{1}{2}\times\frac{l}{6}$$
$$= \frac{Ml^2}{12EI} - \frac{Ml^2}{48EI} = \frac{Ml^2}{16EI}$$

100. 등분포하중을 받는 직사각형 단면의 단순보에서 최대 처짐에 대한 설명으로 옳은 것은? [산업 03, 08, 11]

① 보의 축에 정비례한다.
② 지간의 세제곱에 정비례한다.
③ 탄성계수에 반비례한다.
④ 보의 높이의 제곱에 반비례한다.

해설
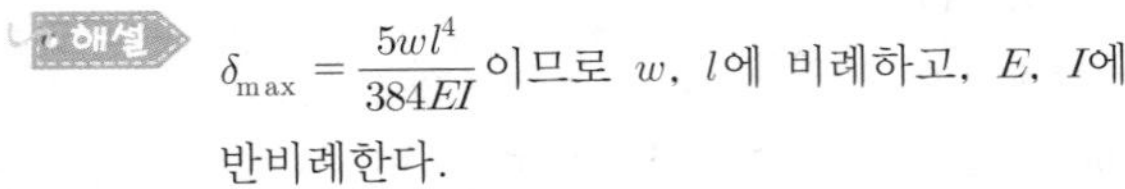

$\delta_{max} = \frac{5wl^4}{384EI}$이므로 w, l에 비례하고, E, I에 반비례한다.

101. 두 개의 집중하중이 다음 그림과 같이 작용할 때 최대 처짐각은? [산업 13]

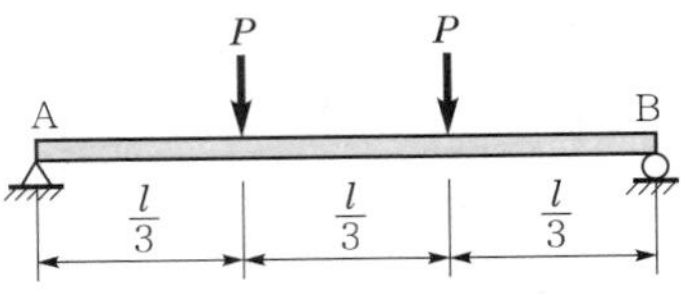

① $\frac{Pl^2}{6EI}$　② $\frac{Pl^2}{4EI}$
③ $\frac{Pl^2}{9EI}$　④ $\frac{Pl^2}{12EI}$

해설 공액보법에서 최대 처짐각은 A지점에서 발생

$$R_A{}' = \frac{1}{2}\times\frac{l}{3}\times\frac{Pl}{3EI} + \frac{Pl}{3EI}\times\frac{l}{3}\times\frac{1}{2} = \frac{Pl^2}{9EI}$$

102. 다음 캔틸레버보에서 B점의 처짐은? (단, EI는 일정하다.) [산업 05]

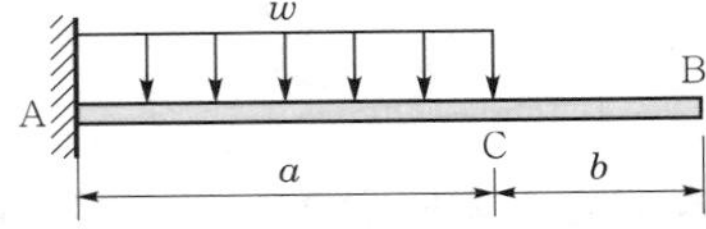

① $\frac{Wa^2(3a+4b)}{24EI}$　② $\frac{Wa^2(4a+3b)}{24EI}$
③ $\frac{Wa^3(3a+4b)}{24EI}$　④ $\frac{Wa^3(4a+3b)}{24EI}$

해설 $\delta_B = \frac{Wa^3(3a+4b)}{24EI}$

103. 다음과 같은 단순보의 양단에 모멘트하중 M이 작용할 경우 최대 처짐은? (단, EI는 일정하다.) [산업 07, 16]

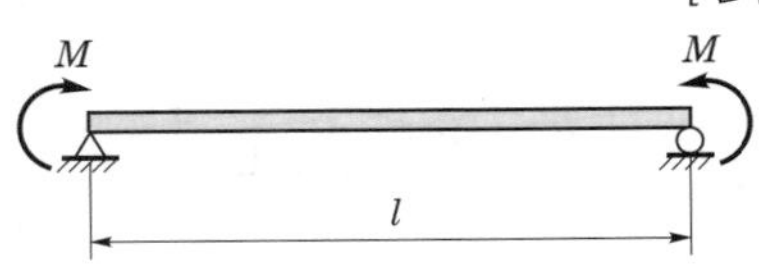

① $\frac{Ml^2}{4EI}$　② $\frac{Ml^2}{8EI}$
③ $\frac{Ml}{4EI}$　④ $\frac{Ml}{8EI}$

해설

$$M_{max} = \frac{wl^2}{8} = \frac{Ml^2}{8}$$
$$\therefore \delta_{max} = \frac{M_{max}}{EI} = \frac{Ml^2}{8EI}(\downarrow)$$

정답 98. ② 99. ③ 100. ③ 101. ③ 102. ③ 103. ②

104. 캔틸레버보의 점 B에 연직하중 P가 작용할 때 점 B와 점 C의 처짐각 θ_B와 θ_C의 비는? [산업 03, 12]

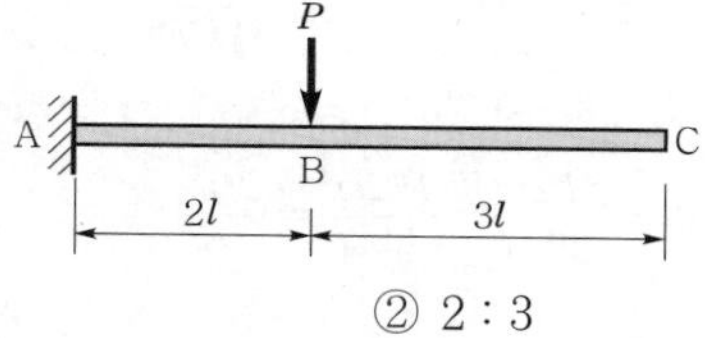

① 1 : 1
② 2 : 3
③ 4 : 7
④ 4 : 9

해설 B점에 하중이 작용할 때 B점에서 생긴 처짐각은 C점까지 직선으로 작용하므로 θ_B와 θ_C는 같다.

105. 캔틸레버보에서 보의 B점에 집중하중 P와 우력모멘트가 작용하고 있다. B점에서 처짐각(θ_B)은 얼마인가? (단, 보의 EI는 일정하다.) [산업 08]

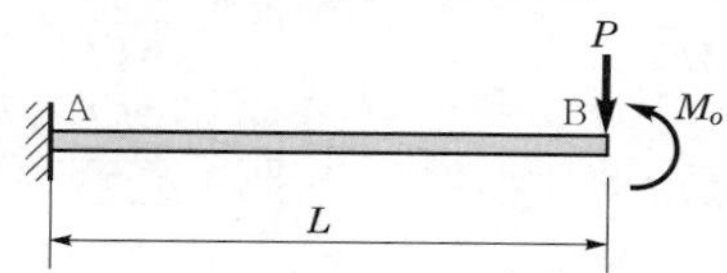

① $\theta_B = \dfrac{PL^2}{4EI} - \dfrac{M_oL}{EI}$
② $\theta_B = \dfrac{PL^2}{2EI} + \dfrac{M_oL}{EI}$
③ $\theta_B = \dfrac{PL^2}{2EI} - \dfrac{M_oL}{EI}$
④ $\theta_B = \dfrac{PL^2}{4EI} + \dfrac{M_oL}{EI}$

해설

$$\theta_B = \frac{PL^2}{2EI} - \frac{M_oL}{EI}$$

106. 다음 그림과 같은 캔틸레버보의 자유단에 단위처짐이 발생하도록 하는 데 필요한 등분포하중 w의 크기는? (단, EI는 일정하다.) [산업 03, 04, 06, 08]

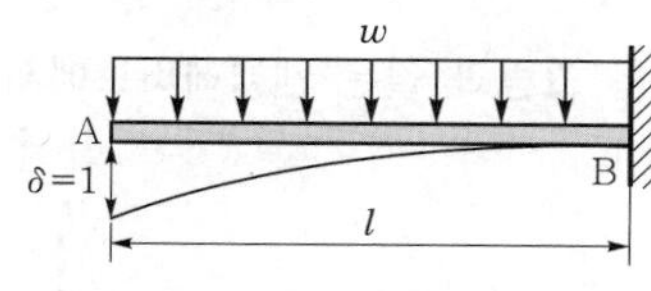

① $\dfrac{6EI}{l^3}$
② $\dfrac{8EI}{l^4}$
③ $\dfrac{3EI}{l^3}$
④ $\dfrac{12EI}{l^4}$

해설

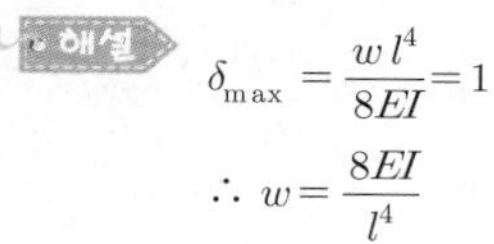

$$\delta_{\max} = \frac{wl^4}{8EI} = 1$$

$$\therefore w = \frac{8EI}{l^4}$$

107. 다음 그림과 같은 단순보에서 C점의 처짐은? [산업 06]

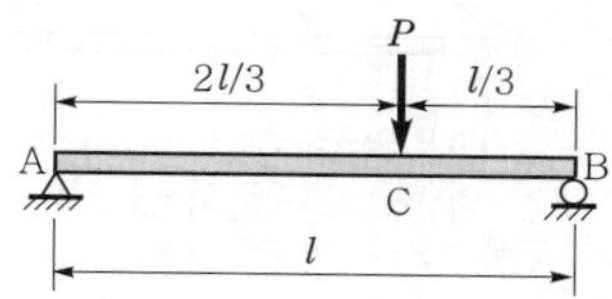

① $\dfrac{7Pl^3}{324EI}$
② $\dfrac{5Pl^3}{324EI}$
③ $\dfrac{3Pl^3}{243EI}$
④ $\dfrac{4Pl^3}{243EI}$

해설

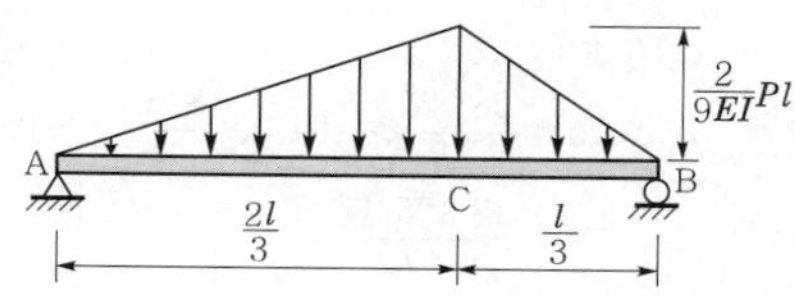

㉠ 처짐각 산정

$$\Sigma M_B' = 0$$

$$R_A' \times L - \left(\frac{1}{2} \times \frac{2PL}{9EI} \times \frac{2L}{3}\right) \times \left(\frac{2L}{3} \times \frac{1}{3} + \frac{L}{3}\right) - \left(\frac{1}{2} \times \frac{2PL}{9EI} \times \frac{L}{3}\right) \times \left(\frac{L}{3} \times \frac{2}{3}\right) = 0$$

$$R_A' \times L - \frac{2PL^2}{27EI} \times \frac{5L}{9} - \frac{PL^2}{27EI} \times \frac{2L}{9} = 0$$

$$R_A' = \frac{2PL^2}{27EI} \times \left(\frac{5}{9} + \frac{1}{9}\right) = \frac{4PL^2}{81EL}$$

$$\therefore \theta_A = R_A' = \frac{4PL^2}{81EI}$$

㉡ 처짐 산정

$$\Sigma M_C' = 0$$

$$\delta_C = R_A' \times \frac{2L}{3} - \left(\frac{1}{2} \times \frac{2PL}{9EI} \times \frac{2L}{3}\right) \times \left(\frac{2L}{3} \times \frac{1}{3}\right)$$

$$= \frac{4PL^2}{81EI} \times \frac{2L}{3} - \frac{2PL^2}{27EI} \times \frac{2L}{9} = \frac{4PL^3}{243EI}$$

108. 다음 그림과 같은 보에서 C점의 처짐을 구하면? (단, $EI = 2 \times 10^9 \text{kgf} \cdot \text{cm}^2$) [산업 10]

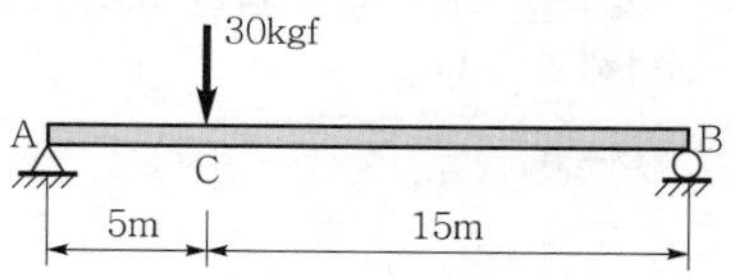

① 0.821cm
② 1.406cm
③ 1.641cm
④ 2.812cm

해설 $\Sigma M_B = 0(\oplus)$

$R_A \times 20 - 30 \times 15 = 0$

$\therefore V_A = 22.5\text{kgf}, \ V_B = 7.5\text{kgf}$

$M_C = V_A \times 5 = 22.5 \times 5 = 112.5\text{kgf}$

정답 104. ① 105. ③ 106. ② 107. ④ 108. ②

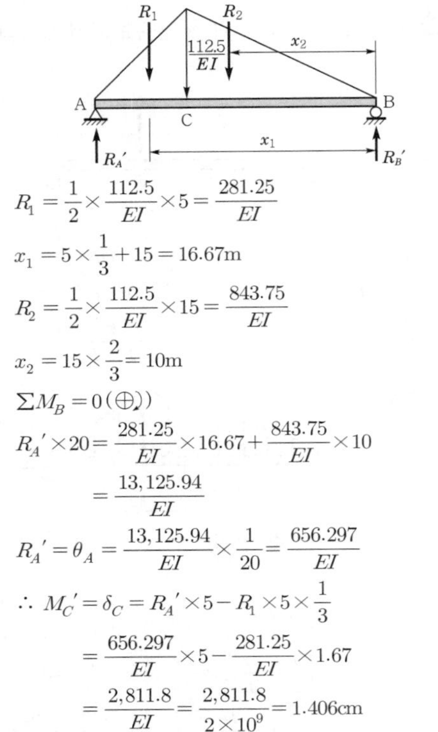

$R_1 = \frac{1}{2} \times \frac{112.5}{EI} \times 5 = \frac{281.25}{EI}$

$x_1 = 5 \times \frac{1}{3} + 15 = 16.67\text{m}$

$R_2 = \frac{1}{2} \times \frac{112.5}{EI} \times 15 = \frac{843.75}{EI}$

$x_2 = 15 \times \frac{2}{3} = 10\text{m}$

$\Sigma M_B = 0(\oplus)$

$R_A' \times 20 = \frac{281.25}{EI} \times 16.67 + \frac{843.75}{EI} \times 10$

$= \frac{13,125.94}{EI}$

$R_A' = \theta_A = \frac{13,125.94}{EI} \times \frac{1}{20} = \frac{656.297}{EI}$

$\therefore M_C' = \delta_C = R_A' \times 5 - R_1 \times 5 \times \frac{1}{3}$

$= \frac{656.297}{EI} \times 5 - \frac{281.25}{EI} \times 1.67$

$= \frac{2,811.8}{EI} = \frac{2,811.8}{2 \times 10^9} = 1.406\text{cm}$

109. 다음 구조물에서 A점의 처짐이 0일 때 힘 Q의 크기는? [산업 10, 12]

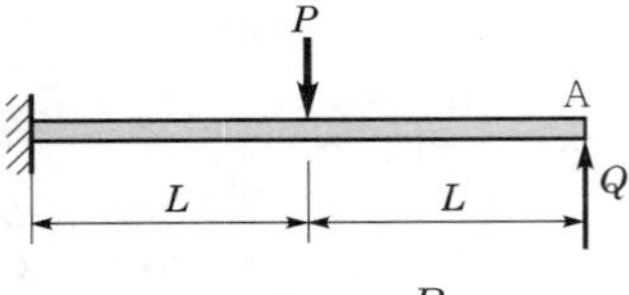

① $\frac{5P}{16}$ ② $\frac{P}{2}$

③ $2P$ ④ $\frac{2P}{3}$

해설 A점의 처짐이 0이라면 A점을 지점으로 간주해도 되므로 일단 고정 타단 힌지의 부정정보로 취급해도 된다.

$\therefore Q = R_A = \frac{5}{16}P$

110. 다음 단순보의 지점 A에서의 처짐각 θ_A는 얼마인가? (단, EI는 일정하다.) [산업 04, 06, 16]

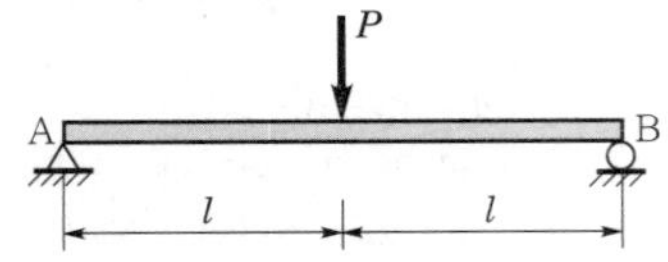

① $\frac{Pl^2}{6EI}$ ② $\frac{Pl^2}{16EI}$

③ $\frac{Pl^2}{8EI}$ ④ $\frac{Pl^2}{4EI}$

해설 $L = 2l$

$\theta_A = \frac{PL^2}{16EI} = \frac{P(2l)^2}{16EI} = \frac{Pl^2}{4EI}$

111. 단순지지보의 B지점에 우력모멘트 M_o가 작용하고 있다. 이 우력모멘트로 인한 A지점의 처짐각 θ_a를 구하면? [기사 16, 산업 03, 17]

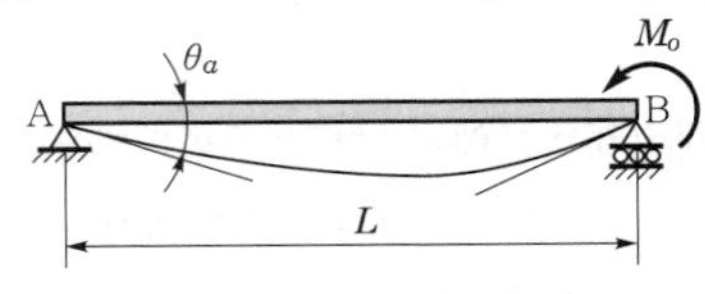

① $\theta_a = \frac{M_oL}{3EI}$ ② $\theta_a = \frac{M_oL}{6EI}$

③ $\theta_a = \frac{M_oL}{9EI}$ ④ $\theta_a = \frac{M_oL}{12EI}$

해설 공액보에서 처짐각 이용

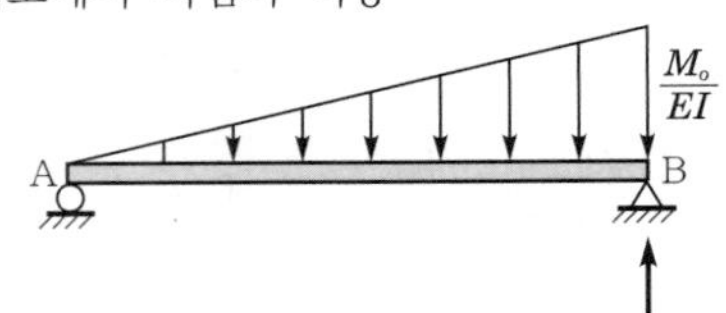

$R_B = \frac{M_oL}{3}$

$\theta_b = \frac{S_B}{EI} = \frac{R_B}{EI} = \frac{M_oL}{3EI}$

$\therefore \theta_a = \frac{M_oL}{6EI}$

112. 다음 그림과 같은 켄틸레버보에서 최대 처짐각은? [산업 06, 17]

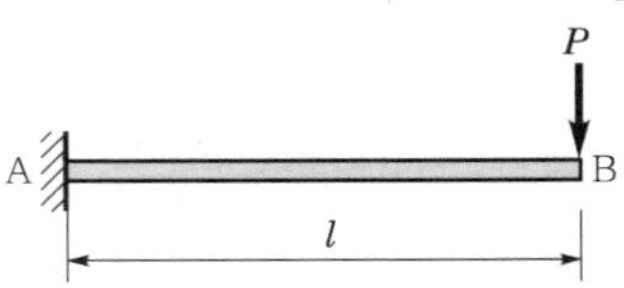

① $\theta_{max} = \frac{Pl^2}{2EI}$ ② $\theta_{max} = \frac{Pl^3}{2EI}$

③ $\theta_{max} = \frac{Pl^2}{3EI}$ ④ $\theta_{max} = \frac{Pl^3}{EI}$

해설 $\theta_{max} = \theta_B = \frac{Pl^2}{2EI}$

정답 109. ① 110. ④ 111. ② 112. ①

113. 다음 그림과 같은 단순보에서 B점에 모멘트 하중이 작용할 때 A점과 B점의 처짐각비($\theta_A : \theta_B$)는?

[산업 03, 10]

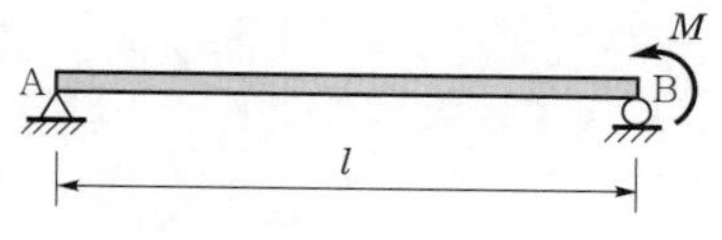

① 1 : 2　　② 2 : 1
③ 1 : 3　　④ 3 : 1

해설 $\theta_A = \frac{M_B l}{6EI}$, $\theta_B = \frac{M_B l}{3EI}$

$\therefore \theta_A : \theta_B = 1 : 2$

114. 길이 3m의 단순보가 등분포하중 0.4tf/m를 받고 있다. 이 보의 단면은 폭 12cm, 높이 20cm의 사각형 단면이고 탄성계수 E=1×10^{5}kgf/cm^{2}이다. 이 보의 최대 처짐량을 구하면 몇 cm인가?

[산업 03, 05, 11, 15]

① 0.53cm　　② 0.36cm
③ 0.27cm　　④ 0.18cm

$I = \frac{bh^3}{12} = \frac{12 \times 20^3}{12} = 8{,}000\text{cm}^4$

$w = 400\text{kgf/m} = 4\text{kgf/cm}$

$\therefore \delta_{\max} = \frac{5wl^4}{384EI} = \frac{5 \times 4 \times 300^4}{384 \times 100{,}000 \times 8{,}000}$

$= 0.53\text{cm}$

115. 다음 그림과 같은 보에서 최대 처짐이 발생하는 위치는? (단, 부재의 EI는 일정하다.) [기사 16]

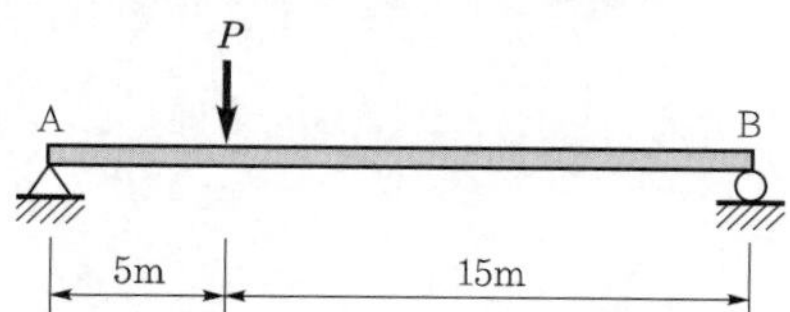

① A점으로부터 5.00m 떨어진 곳
② A점으로부터 6.18m 떨어진 곳
③ A점으로부터 8.82m 떨어진 곳
④ A점으로부터 10.00m 떨어진 곳

해설

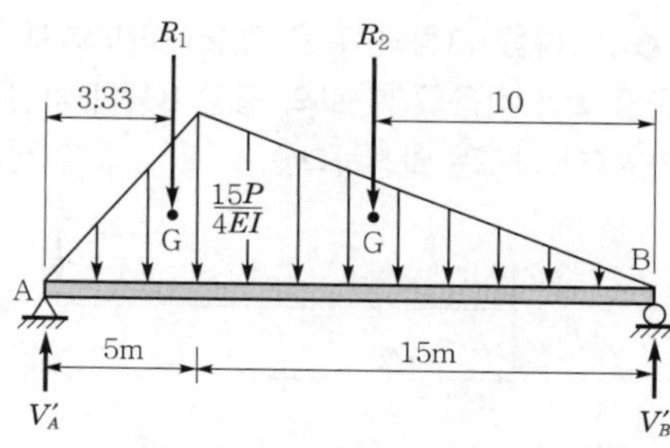

$R_1 = \frac{1}{2} \times 5 \times \frac{15P}{4EI} = \frac{9.375P}{EI}$

$R_2 = \frac{1}{2} \times 15 \times \frac{15P}{4EI} = \frac{28.125P}{EI}$

$\Sigma M_B = 0(\oplus)$

$V_A' \times 20 - \frac{9.375P}{EI} \times 16.67 - \frac{28.125P}{EI} \times 10 = 0$

$\therefore V_A' = \theta_A = \frac{21.876P}{EI}$

$\Sigma F_Y = 0(\uparrow \oplus)$

$V_A' + V_B' = R_1 + R_2$

$V_B' = \frac{9.375P}{EI} + \frac{28.125P}{EI} - \frac{21.876P}{EI} = \frac{15.624P}{P}$

• 최대 처짐각 산정(B점 기준)

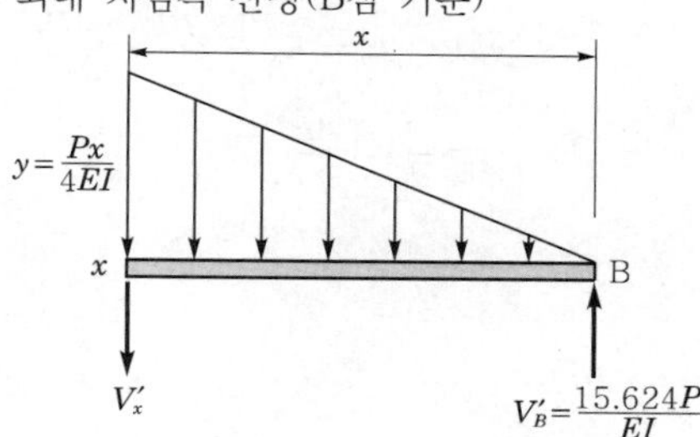

$\Sigma F_Y = 0(\downarrow \oplus)$

$V_X' + \frac{1}{2} \times \frac{Px}{4EI} \times x - \frac{15.624P}{EI} = 0$

$V_X' = \frac{15.624P}{EI} - \frac{Px^2}{8EI}$

$V_X' = 0$인 곳에서 최대 처짐이 발생하므로

$\frac{15.624P}{EI} = \frac{Px^2}{8EI}$

∴ A점에서의 거리 $x = 20 - 11.179 = 8.821\text{m}$

∴ B점에서의 거리 $x = 11.179\text{m}$

정답 113. ① 114. ① 115. ③

116. 다음 그림과 같은 캔틸레버보에서 C점에 집중하중 P가 작용할 때 보의 중앙 B점의 처짐각은 얼마인가? (단, EI는 일정하다.) [산업 12, 17]

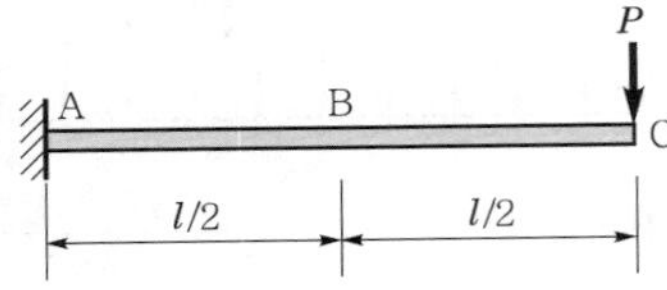

① $\dfrac{Pl^2}{12EI}$　　② $\dfrac{5Pl^2}{12EI}$

③ $\dfrac{Pl^2}{8EI}$　　④ $\dfrac{3Pl^2}{8EI}$

해설

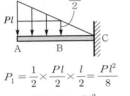

$$P_1 = \frac{1}{2} \times \frac{Pl}{2} \times \frac{l}{2} = \frac{Pl^2}{8}$$

$$P_2 = \frac{Pl}{2} \times \frac{l}{2} = \frac{Pl^2}{4}$$

$$S_B' = P_1 + P_2 = \frac{Pl^2}{8} + \frac{Pl^2}{4} = \frac{3Pl^2}{8}$$

$$\therefore \theta_B = \frac{S_B}{EI} = \frac{3Pl^2}{8EI}$$

chapter 12

부정정 구조물

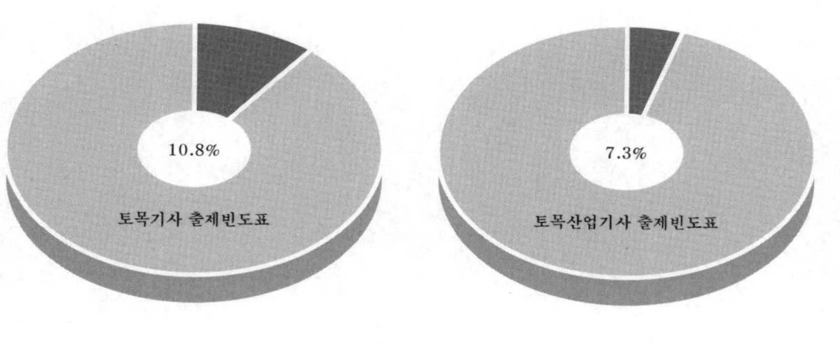

12 부정정 구조물

01 부정정 구조물의 특성

알•아•두•기•

① 정의

구조물의 미지수(반력, 단면력)가 3개 이상인 경우 정역학적 힘의 평형조건식($\sum H=0$, $\sum V=0$, $\sum M=0$)만으로는 해석이 불가능한 구조물을 부정정 구조물이라 한다. 따라서 부정정 구조물을 해석하기 위해서는 구조물의 변형과 구속조건을 고려한 탄성방정식을 추가로 만들어 해석하는 것이 일반적인 방법이다.

② 부정정 구조물의 장단점

(1) 장점

① 휨모멘트 감소로 단면을 작게 할 수 있다.
➡ 재료 절감 ➡ 경제적이다.
② 같은 단면일 때 정정 구조물보다 더 큰 하중을 받을 수 있다.
➡ 지간길이를 길게 할 수 있다.
➡ 교각수가 줄고 외관상 아름답다.
③ 강성이 크므로 변형이 작게 발생한다.
④ 과대한 응력을 재분배하므로 안정성이 좋다.

(2) 단점

① 해설과 설계가 복잡하다(E, I, A값을 알아야 해석 가능).
② 온도변화, 지점침하 등으로 인해 큰 응력이 발생하게 된다.
③ 응력교체가 정정 구조물보다 많이 발생하여 부가적인 부재가 필요하다.

알•아•두•기•

③ 부정정 구조물의 해법

(1) 응력법(유연도법, 적합법)

부정정반력이나 부정정내력을 미지수로 취급하고, 적합조건을 유연도계수와 부정정력의 항으로 표시하여 미지의 부정정력을 계산하는 방법이다.

① 변위일치법(변형일치법) : 부정정 차수가 낮은 단지간 고정보에 적용

② 3연모멘트법 : 연속보에 적용(라멘에는 적용되지 않는다)

③ 가상일의 방법(단위하중법) : 부정정 트러스와 아치에 적용

④ 최소 일의 방법(카스틸리아노의 제2정리 응용) : 변형에너지를 알 때 부정정 트러스와 아치에 적용

⑤ 처짐곡선(탄성곡선)의 미분방정식법

⑥ 기둥유사법 : 연속보, 라멘에 적용

(2) 변위법(강성도법, 평형법)

절점의 변위를 미지수로 하여 절점변위와 부재의 내력을 구하는 방법이다.

① 처짐각법(요각법) : 직선재의 모든 부정정 구조물에 적용(간단한 직사각형 라멘에 적용)

② 모멘트분배법 : 직선재의 모든 부정정 구조물에 적용(고층다경간 라멘에 적용)

③ 최소일의 방법(카스틸리아노의 제1정리 응용)

④ 모멘트면적법(모멘트면적법 제1정리 응용)

(3) 수치 해석법

① 매트릭스 구조 해석법

② 유한요소법(F.E.M)

알•아•두•기•

02 변위일치법(변형일치법)

① 원리

부정정 구조물의 부정정력(redundant force)을 소거시켜 정정 구조물인 기본 구조물을 만든 후에 가동지점 또는 활절지점(hinge)에 처짐 및 처짐각이 발생하지 않는 경계조건을 이용하여 부정정 구조물을 해석하는 방법이다.

변위일치법은 모든 부정정 구조물의 해석에 적용되는 가장 일반적인 방법으로 적합방정식(compatibility equation)과 겹침방정식(superposition equation) 등이 이용된다.

② 적용방법

적용방법	부정정력(여력)	정정 기본 구조물
처짐 이용	이동지점(△)의 수력반력	(외팔보)
처짐각 이용	고정단(고정)의 모멘트	(단순보)

③ 변위일치법의 적용

처짐을 이용한 방법 ➡ 부정정력으로 이동지점 수직반력(R_B) 선택, 소거

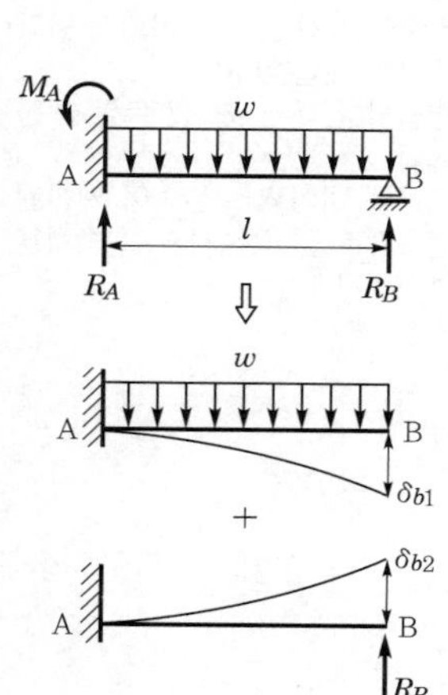

- 부정정력 : R_B 선택
- $\delta_{b1}=\dfrac{wl^4}{8EI}(\downarrow),\ \delta_{b2}=\dfrac{R_Bl^3}{3EI}(\uparrow)$
- B점의 실제 처짐=0이므로

  $\delta_{b1}=\delta_{b2}\ ;\ \dfrac{wl^4}{8EI}=\dfrac{R_Bl^3}{3EI}$

  $\therefore\ R_B=\dfrac{3}{8}wl(\uparrow)$

- $\Sigma M_A=0\ ;\ M_a+wl\left(\dfrac{l}{2}\right)-R_Bl=0$

  $\therefore\ M_A=\dfrac{wl^2}{8}$

- $\Sigma V=0\ ;$ $\therefore\ R_A=\dfrac{5}{8}wl(\uparrow)$

처짐각을 이용한 방법 ➡ 부정정력으로 M_A 선택, 소거

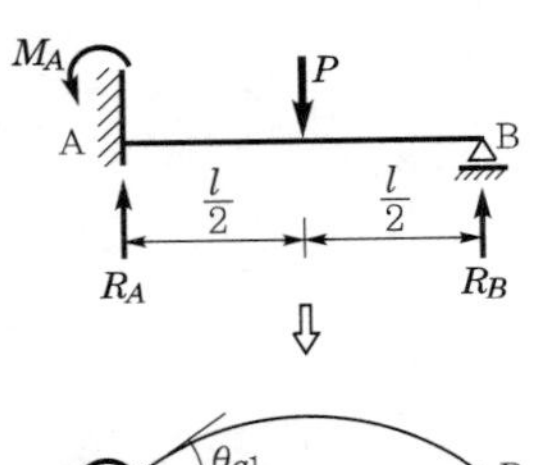

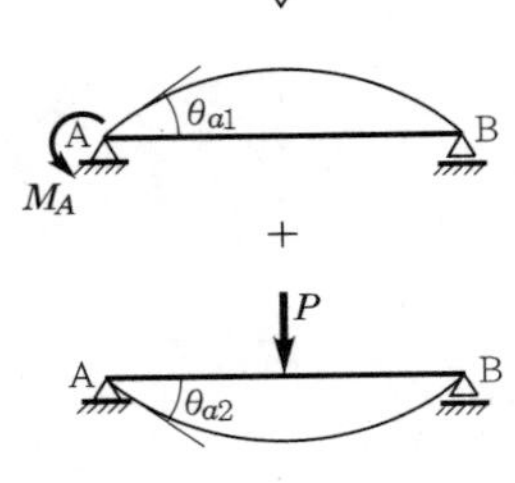

- 부정정력 : M_A 선택
- $\theta_{a1} = -\dfrac{M_A l}{3EI}(\curvearrowleft)$, $\theta_{a2} = \dfrac{Pl^2}{16EI}(\curvearrowright)$
- A점은 고정단으로 $\theta_A = 0$이므로

$\theta_{a1} = \theta_{a2}$; $-\dfrac{M_A l}{3EI} = \dfrac{Pl^2}{16EI}$

$$\therefore M_A = \frac{-3Pl}{16}(\curvearrowleft)$$

- $\Sigma M_B = 0$; $R_A = \dfrac{11}{16}P$
- $\Sigma V = 0$; $R_B = \dfrac{5}{16}P$

03 3연모멘트법

① 원리

부정정 연속보의 2경간 3개 지점에 대한 휨모멘트 관계방정식을 만들어 부정정을 해석하는 방법이다. 즉, 연속보에서 지점모멘트를 부정정 여력으로 취하고, 부정정 여력 수만큼 방정식을 만들어 이것을 연립하여 풂으로써 지점모멘트를 구하는 정리이다.

해법순서

(1) 고정단은 → 힌지지점으로 가상 지간을 만든다($I = \infty$ 가정).
(2) 단순보 지간별로 하중에 의한 처짐각, 침하에 의한 부재각을 계산한다.
(3) 왼쪽부터 2지간씩 중복되게 묶어 공식에 대입한다.
(4) 연립하여 내부 휨모멘트를 계산한다.
(5) 지간을 하나씩 구분하여 계산된 휨모멘트를 작용시키고 반력을 계산한다.

② 적용방법

① 2지간 3개 지점을 묶어 하나의 방정식을 만든다.

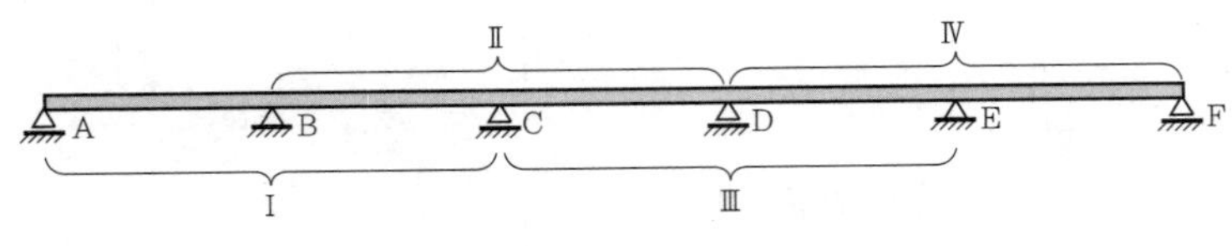

【그림 12.1】

㉠ 부정정 여력 : Ⅰ식 → M_B, Ⅱ식 → M_C, Ⅲ식 → M_D, Ⅳ식 → M_E를 구한다.

㉡ 기본 방정식 수 : 4개

㉢ 최소 방정식 수 : 2개(Ⅰ식 = Ⅳ식, Ⅱ식 = Ⅲ식)

② 고정지점인 경우 가상지간을 연장하여 가동지점으로 한 후 방정식을 수립하여 해석한다.

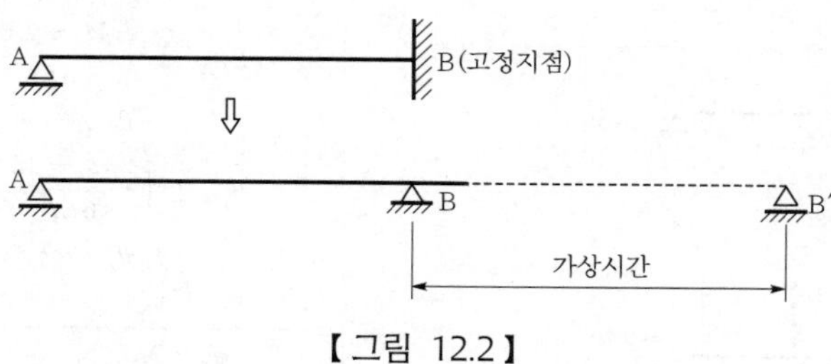

【그림 12.2】

③ 기본식의 처짐각과 부재각은 연속보의 1지간을 단순보로 가정한 값을 적용한다.

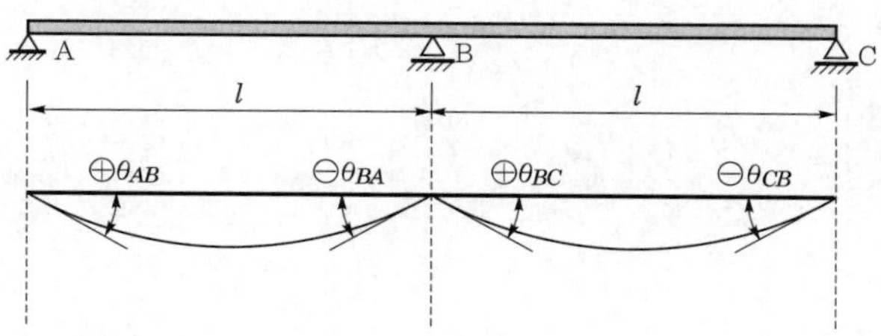

【그림 12.3】 처짐각(시계방향 ⊕, 반시계방향 ⊖)

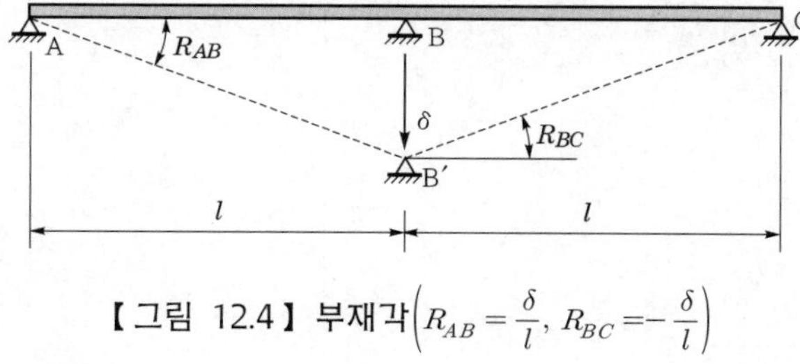

【그림 12.4】 부재각$\left(R_{AB}=\dfrac{\delta}{l},\ R_{BC}=-\dfrac{\delta}{l}\right)$

③ 3연모멘트 기본방정식($I_1 = I_2 = I$, E=일정)

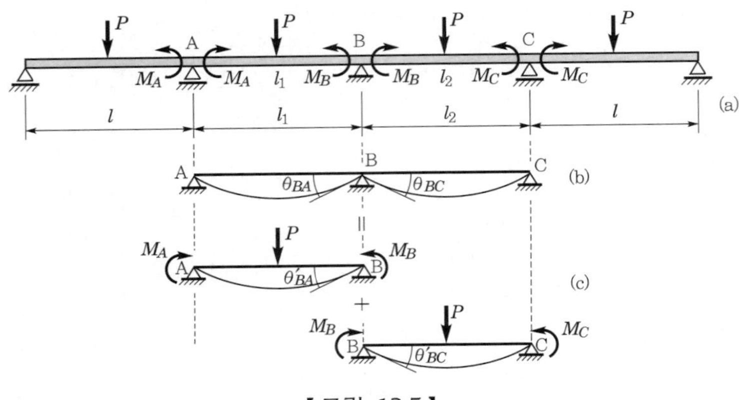

【그림 12.5】

(1) 하중에 대한 처짐각 고려

$$M_A\left(\frac{l_1}{I_1}\right)+2M_B\left(\frac{l_1}{I_1}+\frac{l_2}{I_2}\right)+M_C\left(\frac{l_2}{I_2}\right)=6E(\theta_{BA}-\theta_{BC})$$

(2) 하중과 지점의 부등침하 고려

$$M_A\left(\frac{l_1}{I_1}\right)+2M_B\left(\frac{l_1}{I_1}+\frac{l_2}{I_2}\right)+M_C\left(\frac{l_2}{I_2}\right)$$
$$=6E(\theta_{BA}-\theta_{BC})+6E(R_{AB}-R_{BC})$$

$$R_{AB}=\frac{\delta_1}{l_1}$$

$$R_{BC}=\frac{\delta_2}{l_2}$$

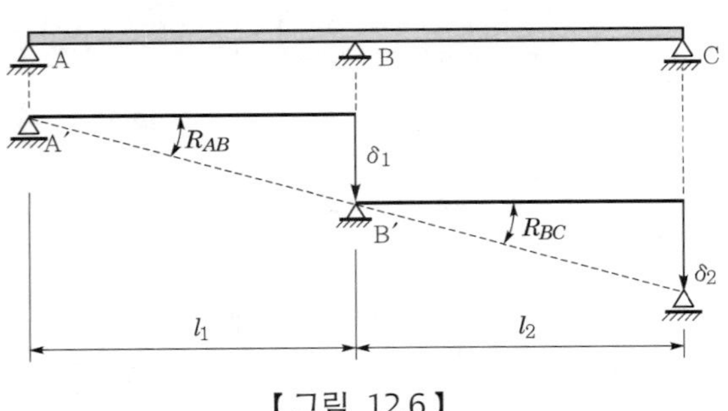

【그림 12.6】

알•아•두•기•

3연모멘트 기본방정식 유도

- 그림 12.5(b)에서
  $\theta_{BA}=\theta_{BC}$ ··············· ①
- 그림 12.5(c)에서
  $\theta_{BA}{}'$ =지점모멘트에 의한 처짐각 +하중에 의한 처짐각
  $\therefore \theta_{BA}{}' = -\left(\frac{M_A+2M_B}{6EI_1}\right)l_1 + \theta_{BA}$ ··············· ②
  $\therefore \theta_{BC}{}' = \left(\frac{2M_B+M_C}{6EI_2}\right)l_2 + \theta_{BC}$ ··············· ③

①, ②, ③에서

$$-\left(\frac{M_A+2M_B}{6EI_1}\right)l_1+\theta_{BA} = \left(\frac{2M_B+M_C}{6EI_2}\right)l_2+\theta_{BC}$$

알•아•두•기•

④ 3연모멘트법의 적용

(1) 2지간 연속보에 집중하중 작용(EI=일정)

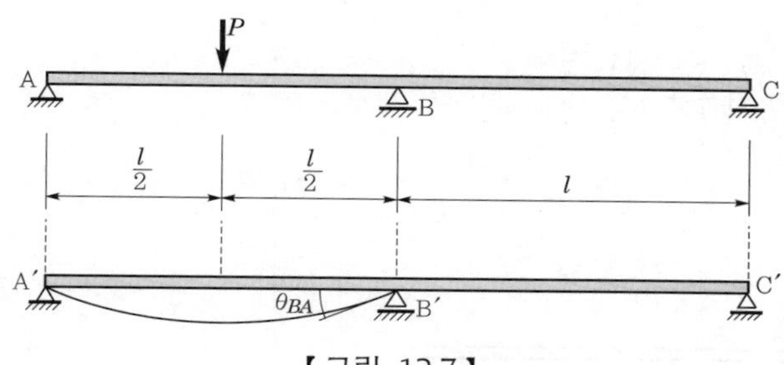

【그림 12.7】

$M_A = M_C = 0$이므로

$$2M_B\left(\frac{l_1}{I_1}+\frac{l_2}{I_2}\right)-6E(\theta_{BA}-\theta_{BC})$$

$$\therefore\ M_B = \frac{6EI}{4l}(\theta_{BA}-\theta_{BC})-\frac{6EI}{4l}\left(-\frac{Pl^2}{16EI}-0\right)$$

$$= -\frac{3Pl}{32}$$

(2) 2지간 연속보에 등분포하중 작용(EI=일정)

$M_A = M_C = 0$이므로

$$2M_D\left(\frac{l_1}{I_1}+\frac{l_2}{I_2}\right)=6E(\theta_{BA}-\theta_{BC})$$

$$\therefore\ M_B = \frac{6EI}{4l}(\theta_{BA}-\theta_{BC})$$

$$= \frac{6EI}{4l}\left(-\frac{wl^3}{24EI}-\frac{wl^3}{24EI}\right)= -\frac{wl^2}{8}$$

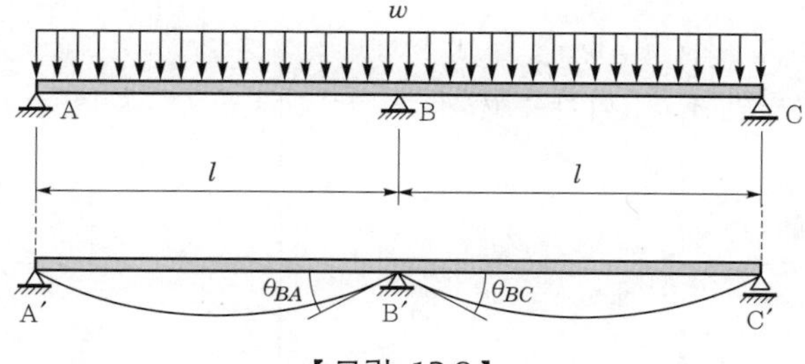

【그림 12.8】

(3) 2지간 연속보에서 B지점이 δ만큼 침하(EI=일정)

$M_A = M_B = 0$이므로

$$2M_B\left(\frac{l_1}{I_1}+\frac{l_2}{I_2}\right)=6E(R_{AB}-R_{BC})$$

$$\therefore\ M_B=\frac{6EI}{4l}(R_{AB}-R_{BC})=\frac{6EI}{4l}\left(\frac{\delta}{l}+\frac{\delta}{l}\right)$$

$$=\frac{6EI}{4l}\times\frac{2\delta}{l}=\frac{3EI\delta}{l^2}$$

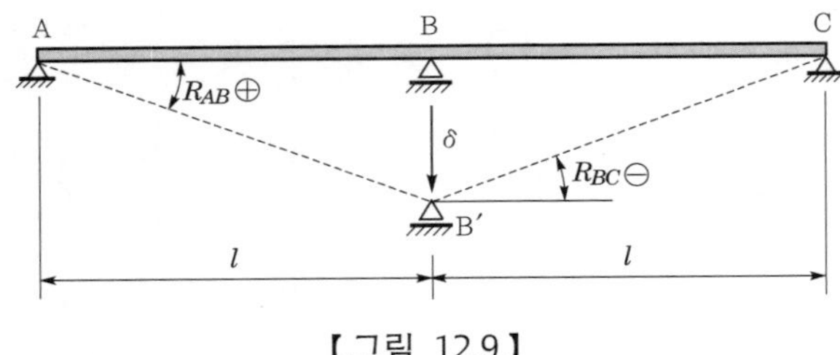

【그림 12.9】

04 최소 일의 방법
(카스틸리아노의 제2정리 응용)

① 원리

부정정 구조물에 외력이 작용할 때 각 부재가 한 내적일은 평형을 유지하기 위하여 필요한 최소의 일이며, 이것을 다음 식과 같이 정의한다. 즉

$$\Delta_1=\frac{\partial U}{\partial X_1}=0$$ (카스틸리아노의 제2정리 응용)

여기서, Δ_1 : X_1방향의 변위(수직, 수평변위 δ, 회전각 θ)

U : 변형에너지

X_1 : 부정정력(수직, 수평모멘트)

알•아•두•기•

적용

(1) 보 및 라멘 구조물

$$U = \int \frac{M^2}{2EI} dx$$

$$\therefore \Delta = \frac{\partial U}{\partial X_1} = \frac{1}{EI} \int M \left(\frac{\partial M}{\partial X_1} \right) dx = 0$$

(2) 트러스 구조물

$$U = \int \Sigma \frac{N^2}{2EA} L$$

$$\therefore \Delta = \frac{\partial U}{\partial X_1} = \Sigma N \left(\frac{\partial N}{\partial X_1} \right) \left(\frac{L}{EA} \right) = 0$$

(3) 보+트러스 합성 구조물

$$U = \int \frac{M^2}{2EI} dx + \Sigma \left(\frac{N^2}{2EA} \right) L$$

$$\therefore \Delta = \frac{\partial U}{\partial X_1} = \Sigma \int M \left(\frac{\partial M}{\partial X_1} \right) \frac{dx}{EI} - \Sigma N \left(\frac{\partial N}{\partial X_1} \right) \left(\frac{L}{EA} \right)$$

$$= 0$$

05 처짐각법(요각법)

원리

직선부재에 작용하는 하중과 하중으로 인한 변형에 의해서 절점에 발생하는 절점각과 부재각으로 표시되는 처짐각방정식(재단모멘트식)을 구성하고, 평형조건식(절점방정식, 층방정식)에 의해 미지수인 절점각과 부재각을 구한다. 이 값을 기본식(재단모멘트식, 처짐각방정식)에 대입하여 재단(고정지점)모멘트 M을 직접 구하는 방법이다.

처짐각법 가정사항

(1) 각 부재의 교각은 변형 후에도 직선유지(직선재)
(2) 절점에 모인 각 부재는 힌지절점을 제외하고 모두 완전 강절점
(3) 축방향력과 전단력에 의한 변형은 무시
(4) 휨모멘트에 의한 부재의 처짐은 고려하나, 처짐으로 인한 변형은 무시
(5) 재단모멘트의 부호는 작용점에 관계 없이 시계방향 ⊕, 반시계방향 ⊖

알•아•두•기•

② 처짐각법의 기본식(재단모멘트방정식)

(1) 방정식의 구성

재단모멘트(M) = 처짐각에 의한 M(처짐각 θ항)
+ 침하에 의한 M(부재각 R항)
+ 하중에 의한 M(하중항 C, H)

(2) 양단 고정절점(고정지점)

$$M_{AB} = 2EK_{AB}(2\theta_A + \theta_B - 3R) - C_{AB}$$
$$M_{BA} = 2EK_{BA}(\theta_A + 2\theta_B - 3R) + C_{BA}$$

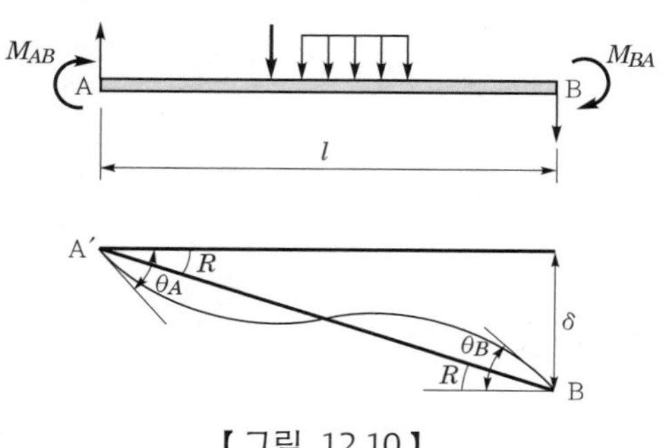

【그림 12.10】

(3) 일단 고정지점, 타단 고정절점

① A점 지점, B점 절점

$$M_{AB} = 2EK_{AB}(\theta_B - 3R) - C_{AB}$$
$$M_{BA} = 2EK_{BA}(2\theta_B - 3R) + C_{BA}$$

② A점 절점, B점 지점

$$M_{AB} = 2EK_{AB}(2\theta_A - 3R) - C_{AB}$$
$$M_{BA} = 2EK_{BA}(\theta_A - 3R) + C_{BA}$$

해법순서

(1) 하중항과 강비 계산
(2) 처짐각 기본식(재단모멘트식) 구성
(3) 평형방정식(절점방정식, 층방정식) 구성
(4) 미지수(처짐각, 부재각) 결정
(5) 미지수를 처짐각 기본식에 대입하여 재단모멘트 M 계산
(6) 지점반력과 단면력 계산

기호 설명

- E : 탄성계수
- K(강도) : $\dfrac{I}{l}$
- R(부재력) : $\dfrac{\delta}{l}$
- C_{AB}, C_{BA} : 하중항
- M_{AB}, M_{BA} : 재단모멘트

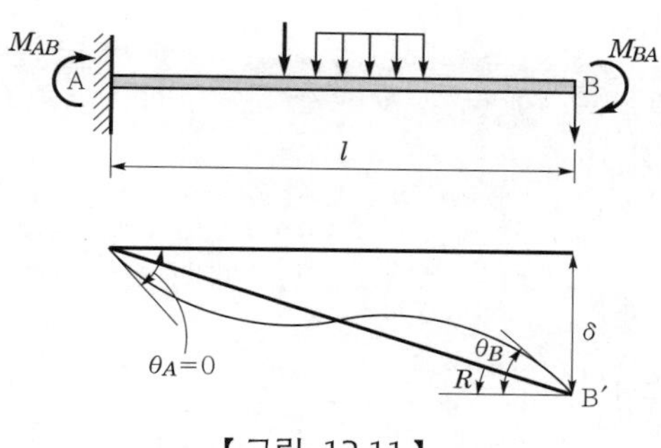

【그림 12.11】

(4) 일단 고정절점, 타단 활절 또는 가동지점

① A점 고정절점, B점 활절(힌지)

$$M_{AB} = 2EK_{AB}(1.5\theta_A - 1.5R) - H_{AB}$$
$$M_{BA} = 0$$

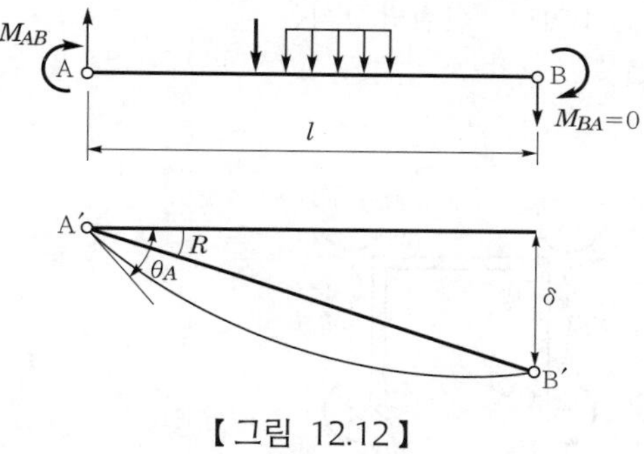

【그림 12.12】

② B점 고정절점, A점 활점(힌지)

$$M_{AB} = 0$$
$$M_{BA} = 2EK_{AH}(1.5\theta_B - 1.5R) + H_{BA}$$

(5) 실용공식

① 양단 고정절점, 고정지점

$$M_{AB} = k_0(2\phi_A + \phi_B + \mu) - C_{AB}$$
$$M_{BA} = k_0(2\phi_B + \phi_A + \mu) + C_{BA}$$

하중항(고정단모멘트)

- C_{AB}, C_{BA} : 양단 고정절점(지점) 일 때 하중항
- H_{AB}, H_{BA} : 일단 고정, 타단 힌지 일 때 하중항

$$\therefore\ H_{AB} = -\left(C_{AB} + \frac{C_{BA}}{2}\right)$$
$$H_{BA} = C_{BA} + \frac{C_{AB}}{2}$$

② 일단 고정절점, 타단 활절 또는 가동지점

$$M_{AB}=k_0(1.5\phi_A+0.5\mu)-H_{AB}$$
$$M_{BA}=0$$

여기서, $\phi=2EK\theta$

$\mu=-6EKR$

k_0 : 강비$\left(=\dfrac{\text{그 부재강도}}{\text{기준강도}}\right)$

③ 평형방정식

처짐각방정식(재단모멘트식)에서 미지수(ϕ, μ)를 구하기 위해 절점방정식(모멘트식)과 층방정식(전단력식)을 사용한다.

(1) 절점방정식(모멘트식)

절점에 모인 각 부재의 재단모멘트 합은 0이며, 절점방정식은 끝 지점을 제외한 절점의 수만큼 존재한다.

① 임의 하중에 의한 절점방정식

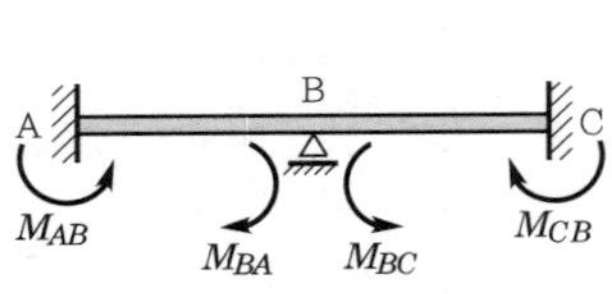

- 절점방정식 : 1개
- $\Sigma M_B=0$;

$M_{BA}+M_{BC}=0$

- 절점방정식 : 2개
- $\Sigma M_B=0$; $M_{BA}+M_{BC}=0$
- $\Sigma M_C=0$; $M_{CB}+M_{CD}=0$

【그림 12.13】

② 모멘트하중(M)이 작용할 때의 절점방정식

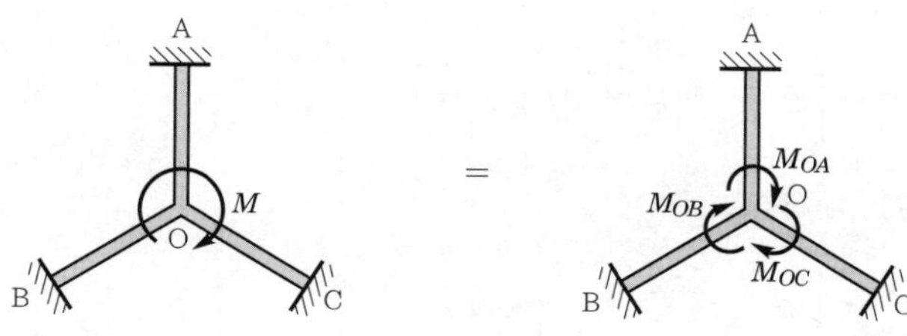

(a) 모멘트하중 (b) 재단모멘트

- 절점방정식 : 1개
- $M = M_{OA} + M_{OB} + M_{OC}$

【그림 12.14】

(2) 층방정식(전단력식)

각 층에서 전단력(수평력)의 합은 0이며, 층방정식 수는 구조물의 층 수만큼 존재한다.

> 각 층의 층방정식
> =위 절점의 재단모멘트+아래 절점의 재단모멘트
> +해당 층 위에 작용하는 수평력×해당 층의 높이
> +해당 층에 작용하는 수평력×기둥 하단에서 수평력까지의 거리
> =0

① 단층 구조의 층방정식

㉠ AC부재의 수평반력(그림 12.15(b))

$\Sigma M_C = 0$: $H_A h + M_{AC} + M_{CA} = 0$

$$\therefore H_A = -\frac{1}{h}(M_{AC} + M_{CA})$$

㉡ BD부재의 수평반력(그림 12.15(c))

$\Sigma M_D = 0$: $H_B h + M_{BD} + M_{DB} = 0$

$$\therefore H_B = -\frac{1}{h}(M_{BD} + M_{DB})$$

㉢ 층방정식(그림 12.15(a))

$\sum H=0$; $P-H_A-H_B=0$

$$\therefore\ P-\left[-\frac{1}{h}(M_{AC}+M_{CA})\right]-\left[-\frac{1}{h}(M_{BD}+M_{DB})\right]=0$$

$$\therefore\ Ph+M_{AC}+M_{CA}+M_{BD}+M_{DB}=0$$

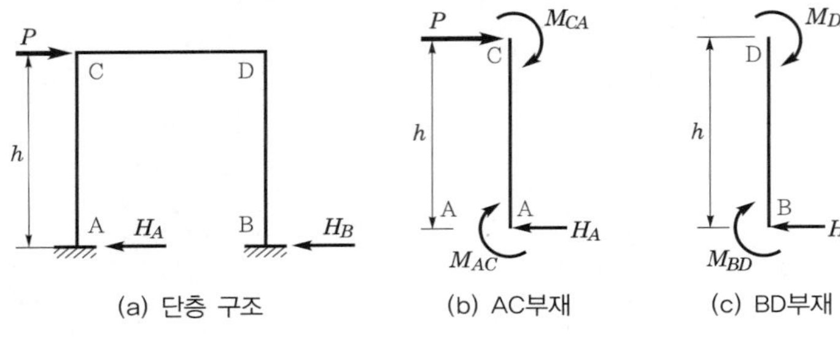

(a) 단층 구조 (b) AC부재 (c) BD부재

【그림 12.15】

② 2층 구조의 층방정식

㉠ 단층에 대한 층방정식

$\sum H=0$; $\sum P+\sum M_0=0$

$$\therefore\ P_1h_1+P_2h_1-P_3y_1+M_{AB}+M_{BA}+M_{EF}+M_{EF}+M_{FE}=0$$

㉡ 2층에 대한 층방정식 : 2층 위에 있는 수평력을 모두 더한다.

$\sum H=0$; $\sum P+\sum M_0=0$

$$\therefore\ P_2y_2+M_{BC}+M_{CB}+M_{DE}+M_{ED}=0$$

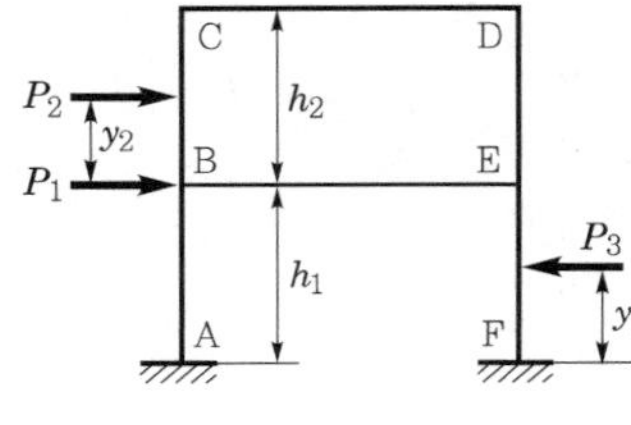

【그림 12.16】

(3) 절점각(θ)과 부재각(R)

① 절점각(처짐각, 회전각) : 절점각 수는 끝지점을 제외한 절점수

② 부재각(침하각) : 부재각 수는 구조물의 층 수만큼 존재

$$R_1 = \frac{\delta_1}{h_1} \quad \rightarrow \delta_1 = R_1 h_1$$

$$R_2 = \frac{\delta_2}{h_2} \quad \rightarrow \delta_2 = R_2 h_2$$

$\therefore\ \delta_1 = \delta_2$이므로 $R_2 = \dfrac{\delta_2}{h_2} = \dfrac{h_1 R_1}{h_2}$

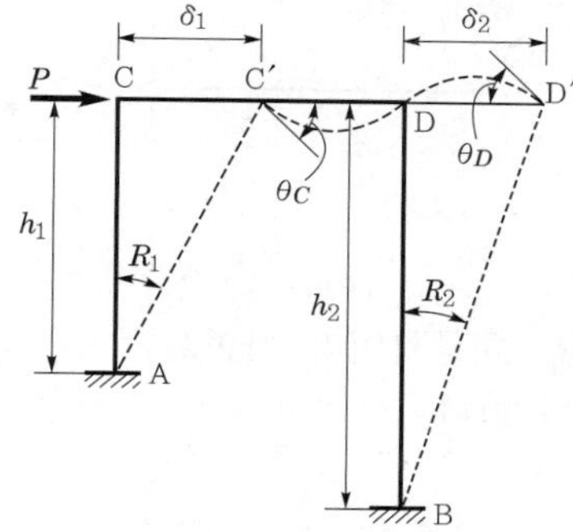

【그림 12.17】

(4) 절점각과 부재각의 최소 미지수 합

유형	단층 구조	2층 구조
구조, 하중 : 대칭	• $\theta=1$개$(\theta_C=\theta_D)$ • $R=0$ ∴ 계 : 1개	• $\theta=2$개$(\theta_C=\theta_D,\ \theta_E=\theta_F)$ • $R=0$ ∴ 계 : 2개
구조 : 대칭 하중 : 역대칭	• $\theta=1$개$(\theta_C=\theta_D)$ • $R=1$개 ∴ 계 : 2개	• $\theta=2$개$(\theta_C=\theta_D,\ \theta_E=\theta_F)$ • $R=2$개(층당 1개) ∴ 계 : 4개

절점각(θ)의 미지수 판정

- 절점각은 끝지점을 제외한 절점수와 같다.
- 한 절점에서 모든 부재의 절점각은 같다.
- 고정지점에서 절점각은 0
- 대칭라멘에서 절점각 수는 절점수의 $\frac{1}{2}$
- 대칭라멘에서 대칭축상에 수직부재가 일치할 경우 절점각은 0

알•아•두•기•

유형	단층 구조	2층 구조
구조, 하중 : 비대칭	• θ=2개($\theta_C \neq \theta_D$) • R=1개 ∴ 계 : 3개	• θ=4개($\theta_C \neq \theta_D$, $\theta_E \neq \theta_F$) • R=2개(층당 1개) ∴ 계 : 6개

④ 하중항(= 고정단모멘트)

재단모멘트에서 하중으로 인해 발생하는 모멘트를 하중항이라 하며, 하중만 작용하는 경우의 재단모멘트 값은 하중항과 같다.

(1) 하중항 공식

① $H_{AB} = -\left(C_{AB} + \frac{1}{2}C_{BA}\right)$

② $H_{BA} = \left(C_{BA} + \frac{1}{2}C_{BA}\right)$

여기서, C_{AB}, C_{BA} : 양단 고정절점(지점)일 때 하중항

H_{AB}, H_{BA} : 일단 고정 타단 힌지일 때 하중항

(2) 하중형태별 주요 하중항 공식

양단 고정보	하중항(C)	일단 고정 타단 힌지보	하중항(H)
	$C_{AB} = -\frac{wl^2}{30}$ $C_{BA} = \frac{wl^2}{20}$		$H_{AB} = \frac{7wl^2}{120}$
	$C_{AB} = -\frac{wl^2}{12}$ $C_{BA} = \frac{wl^2}{12}$		$H_{AB} = -\frac{wl^2}{8}$
	$C_{AB} = -\frac{Pab^2}{l^2}$ $C_{BA} = \frac{Pa^2b}{l^2}$		$H_{AB} = -\frac{Pab}{2l^2}(l+b)$

양단 고정보	하중항(C)	일단 고정 타단 힌지보	하중항(H)
C_{AB} A P B C_{BA}, $l/2$, $l/2$	$C_{AB}=-\dfrac{Pl}{8}$ $C_{BA}=\dfrac{Pl}{8}$	H_{AB} A P B, $\dfrac{l}{2}$, $\dfrac{l}{2}$	$H_{AB}=-\dfrac{3}{16}Pl$
C_{AB} A w B C_{BA}, $l/2$, $l/2$	$C_{AB}=-\dfrac{5wl^2}{192}$ $C_{BA}=\dfrac{11wl^2}{192}$	H_{AB} A P P B, $\dfrac{l}{3}$, $\dfrac{l}{3}$, $\dfrac{l}{3}$	$H_{AB}=-\dfrac{Pl}{3}$
C_{AB} A M B C_{BA}, $l/2$, $l/2$	$C_{AB}=\dfrac{M}{4}$ $C_{BA}=\dfrac{M}{4}$	H_{AB} A M B, $\dfrac{l}{2}$, $\dfrac{l}{2}$	$H_{AB}=\dfrac{M}{8}$

⑤ 처짐각법의 적용

(1) 처짐각법의 기본식 이용

① 예비조건 : 대칭구조이므로 절반만 계산한다.

$M_A=M_F,\ M_B=M_E$

$M_D=0,\ M_{CD}=0$

$\theta_A=\theta_D=\theta_F=\theta_C=0$

$R=0$

$\theta_B=-\theta_E$(미지수 1개)

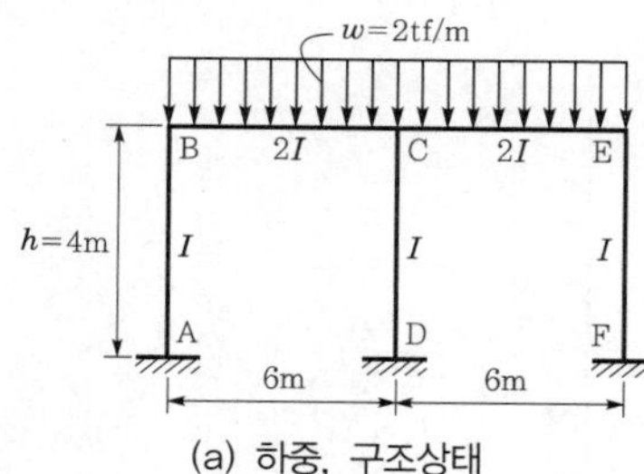

(a) 하중, 구조상태

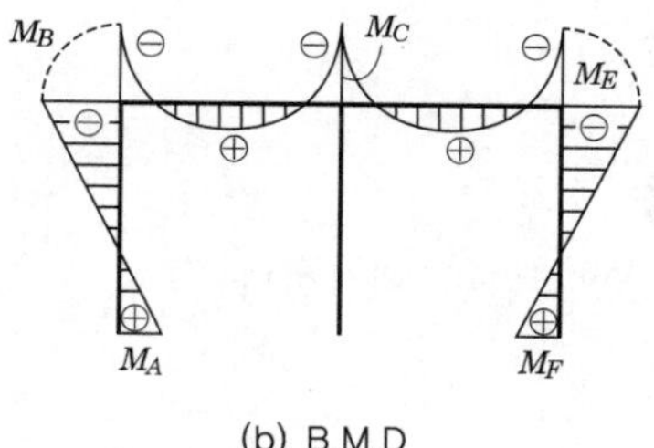

(b) B.M.D

【그림 12.18】

② 강도

$$K_{BA}=\frac{I}{4},\ K_{BC}=\frac{2I}{6}$$

$K_O=K_{BC}$(기준강도)

③ 강비

$$k_{AB}=k_{BA}=\frac{K_{BA}}{K_O}=\frac{I}{4}\times\frac{6}{2I}=0.75$$

$$k_{BC} = k_{CB} = \frac{K_{BC}}{K_O} = 1$$

④ 하중항 : $C_{BC} = C_{CB} = \frac{wl^2}{12} = \frac{2 \times 6 \times 6}{12} = 6\text{tf} \cdot \text{m}$

⑤ 기본식

$$M_{AB} = 2EK_{AB}(2\theta_A + \theta_B - 3R) - C_{AB}$$
$$= k_{AB}(\theta_H) = 0.75\theta_B$$
$$M_{BA} = 2EK_{BA}(\theta_A + 2\theta_B - 3R) + C_{BA}$$
$$= k_{BA}(2\theta_B) = 1.5\theta_B$$
$$M_{BC} = 2EK_{BC}(2\theta_B + \theta_C - 3R) - C_{BC}$$
$$= k_{BC}(2\theta_B) - C_{BC} = 2\theta_B - 6$$
$$M_{CB} = 2EK_{CB}(\theta_B + 2\theta_C - 3R) + C_{CB}$$
$$= k_{CB}(\theta_B) + C_{CB} = \theta_B + 6$$

⑥ 절점방정식

$$\sum M_B = 0\,;\ M_{BA} + M_{BC} - 1.5\theta_B + 2\theta_B - 6 = 0$$

$$\therefore\ \theta_B = \frac{6}{3.5} = 1.71$$

⑦ 재단모멘트

㉠ $M_{AB} = 0.75 \times 1.71 = 1.28\text{tf} \cdot \text{m} = M_{FE}$

㉡ $M_{BA} = 1.5 \times 1.71 = 2.56\text{tf} \cdot \text{m} = -M_{EF}$

㉢ $M_{BC} = 2 \times 1.71 - 6 = -2.58\text{tf} \cdot \text{m} = M_{EC}$

㉣ $M_{CB} = 1.71 + 6 = 7.71\text{tf} \cdot \text{m} = -M_{CE}$

(2) 처짐각법의 실용식 이용

① 예비조건 : 대칭 구조이므로 절반만 계산한다.

$\phi_A = 0,\ \phi_c = -\phi_B$

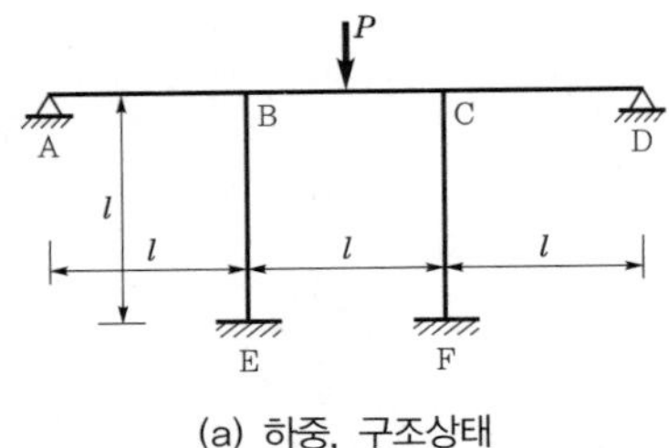

(a) 하중, 구조상태

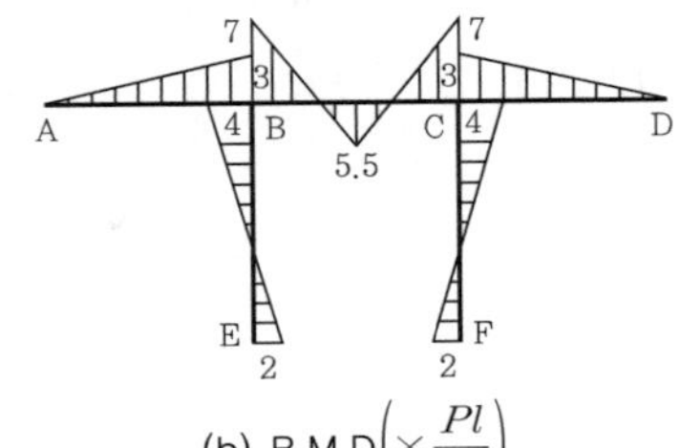

(b) B.M.D$\left(\times \frac{Pl}{72}\right)$

【그림 12.19】 처짐각법의 실용식을 이용한 부정정 해석

알•아•두•기•

② 강도, 강비

$$K_{BA} = K_{BC} = K_{BE} = \frac{I}{l}$$

$$k_{BA} = k_{BC} = k_{BE} = 1$$

③ 하중항

$$C_{BC} = C_{CB} = \frac{Pl}{8}$$

④ 기본식

$$M_{BA} = k_{BA}(1.5\phi_B + 0.5\mu) + H_{AB} = 1.5\phi_B$$

$$M_{BE=}2\phi_B,\ M_{EB} = \phi_B$$

$$M_{BC} = (2\phi_B + \phi_C) - \frac{Pl}{8} = \phi_B - \frac{Pl}{8}$$

⑤ 절점방정식

$$M_{BA} + M_{BC} + M_{BE} = \frac{9}{2}\phi_B - \frac{Pl}{8} = 0$$

$$\therefore\ \phi_B = \frac{Pl}{36}$$

⑥ 재단모멘트

$$M_{BA} = \frac{Pl}{24},\ M_{BC} = \frac{-7Pl}{72},\ M_{BE} = \frac{Pl}{18},\ M_{EB} = \frac{Pl}{36}$$

06 모멘트분배법

① 원리

그림 12.20과 같은 부정정보에서 AB보는 하중이 없어 $M_{BA} = 0$이나, BC보에는 하중으로 인한 M_{BC}가 발생하게 된다. 그러나 평형조건에 의해 B절점이 모멘트 합은 0이 되어야 되는데 $M_{BA} + M_{BC} \neq 0$이다. 이 두 모멘트의 차를 불균형모멘트라 하며, 이 불균형모멘트를 부재의 강도에 따라 AB와 BC부재에 분배하고 B점에 분배된 모멘트를 고정단으로 전달하도록 하여 전달모멘트를 구함으로써 재단모멘트를 해석하는 부정정 해법이다.

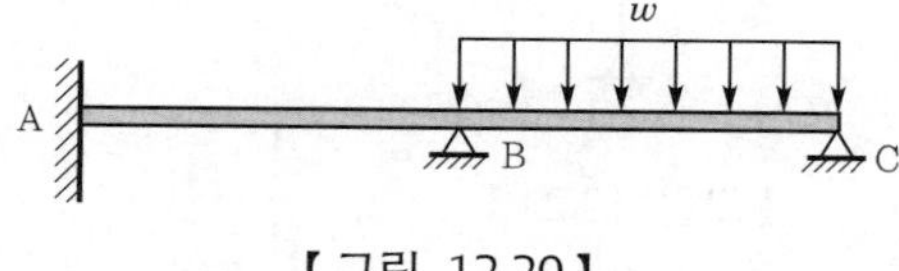

【그림 12.20】

알•아•두•기•

해법순서

(1) 부재강도(K)와 강비(k)

$$K=\frac{\text{단면 2차 모멘트}(I)}{\text{부재길이}(l)}\qquad k=\frac{\text{해당 부재강도}(K)}{\text{기준강도}(K_0)}$$

모멘트분배법 해석순서

(1) 강도(K), 강비(k) 계산
(2) 분배율($D.F$) 계산
(3) 하중항($F.E.M$) 계산
(4) 불균형모멘트($U.M$) 계산
(5) 분배모멘트($D.M$) 계산
(6) 전달모멘트($C.M$) 계산
(7) 적중(지단)모멘트 계산

(2) 유효강비(k_k)

부재의 양단이 고정된 경우를 기준으로 상대부재의 강비를 정한 강비

부재상태	휨모멘트 분포도	유효강비 (강도)	전달률 (f)	절대강도
양단 고정		k (100%)	$\frac{1}{2}$	$\frac{4EI}{l}(=4EK)$
일단 고정 타단 힌지		$\frac{3}{4}k$ (75%)	0	$\frac{3EI}{l}(=3EK)$
일단 고정 타단 자유		0	0	0
대칭 변형		$\frac{1}{2}k$ (50%)	-1	$\frac{2EI}{l}(=2EK)$
역대칭 변형		$\frac{3}{2}k$ (150%)	1	$\frac{6EI}{l}(=6EK)$

(3) 분배율(Distribution Factor : D.F) ➡ 유효강비 사용

분배율의 총합 = 1

$$D.F=\frac{\text{해당 부재강비}(k)}{\text{전체 강비}(\Sigma k)}$$

① $(D.F)_{OA}=\dfrac{k_{OA}}{k_{OA}+k_{OB}+\frac{3}{4}k_{OC}}$

② $(D.F)_{OB}=\dfrac{k_{OB}}{k_{OA}+k_{OB}+\frac{3}{4}k_{OC}}$

③ $(D.F)_{OC}=\dfrac{\frac{3}{4}k_{OC}}{k_{OA}+k_{OB}+\frac{3}{4}k_{OC}}$

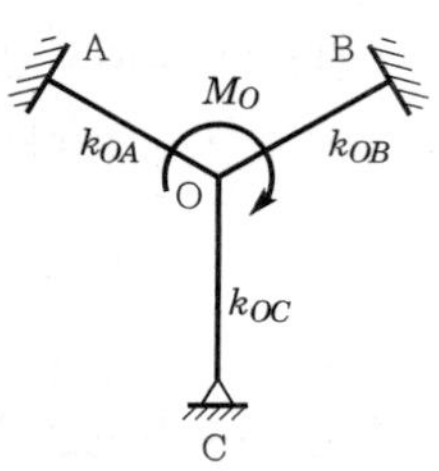

【그림 12.21】

알•아•두•기•

(4) 하중항(Fixed End Moment : F.E.M) ➡ 하중항 공식 이용

고정단에서 하중에 의해 발생되는 재단모멘트로 시계방향 ⊕, 반시계방향 ⊖

(5) 불균형모멘트(Unbalanced Moment : U.M)

한 절점에서 좌·우 모멘트 값의 차이로 총합이 0이 아닌 모멘트양

> ▣ 불균형모멘트와 균형모멘트
> $B.M = -U.M$

(6) 균형모멘트(Balanced Moment : B.M)

불균형모멘트를 해소하기 위해 크기가 같고, 반대방향으로 가한 모멘트양

(7) 분배모멘트(Distributed Moment : D.M)

$D.M$ = 균형모멘트($B.M$) × 분배율($D.F$)

(8) 전달률(f)과 전달모멘트(Carry Moment : C.M)

① 전달률(f) : 한쪽에 작용하는 모멘트를 다른 쪽 지점으로 전달하는 비율

고정절점(지점) : 1/2, 힌지 : 0

② 전달모멘트($C.M$)

$C.M$ = 분배모멘트($D.M$) × 전달률(f)

> ▣ 작용모멘트와 전달모멘트
>
> 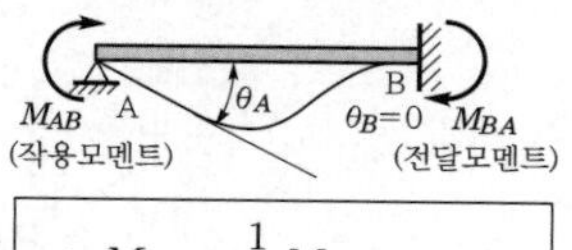
>
>
> $\therefore M_{BA} = \frac{1}{2} M_{AB}$

(9) 재단모멘트(최종모멘트)(Final Moment : F.M)

재단모멘트($F.M$) = 하중항($F.E.M$) + 분배모멘트($D.M$) + 전달모멘트($C.M$)

> ▣ 재단모멘트(F.M) 부호의 의미
> - (+)인 경우(↻)
> - (−)인 경우(↺)

③ 모멘트분배법의 적용

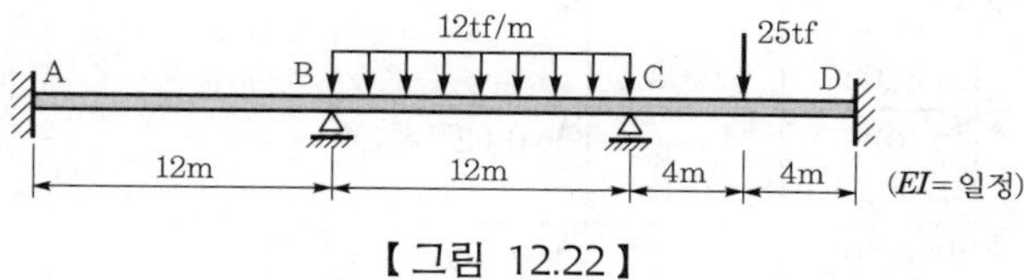

【그림 12.22】

(1) 부재강도

① $K_{AB} = \dfrac{I}{12}$ ② $K_{BC} = \dfrac{I}{12}$ ③ $K_{CD} = \dfrac{I}{8}$

(2) 분배율($D.F$)

① $D.F_{AB} = D.F_{BC} = \dfrac{I/12}{\infty + I/12} = 0$

② $D.F_{BA} = D.F_{BC} = \dfrac{I/12}{I/12 + I/12} = 0.5$

③ $D.F_{CB} = \dfrac{I/12}{I/12 + I/8} = 0.4$

④ $D.F_{CD} = \dfrac{I/8}{I/12 + I/8} = 0.6$

(3) 고정단모멘트($F.E.M$)

① $F.E.M_{BC} = -\dfrac{wL^2}{12} = \dfrac{-2 \times 12^2}{12} = 24\text{tf} \cdot \text{m}$

② $F.E.M_{CB} = \dfrac{wL^2}{12} = \dfrac{2 \times 12^2}{12} = 24\text{tf} \cdot \text{m}$

③ $F.E.M_{CD} = -\dfrac{PL}{8} = \dfrac{-25 \times 8}{8} = -25\text{tf} \cdot \text{m}$

④ $F.E.M_{DC} = \dfrac{PL}{8} = \dfrac{25 \times 8}{8} = 25\text{tf} \cdot \text{m}$

(4) 모멘트분배과정

절점	A	B		C		D
부재	AB	BA	BC	CB	CD	DC
D.F	0	0.5	0.5	0.4	0.6	0
F.E.M		12	-24 12	24 0.4	-25 0.6	25
	6	-0.1	0.2 -0.1	6 -2.4	-3.6	0.3
	-0.05	0.6	-1.2 0.6	-0.05 0.02	0.03	-1.8
	0.3	-0.005	0.01 -0.005	0.3 -0.12	-0.18	0.02
	-0.002	0.03	-0.006 0.003	-0.002 0.001	0.001	-0.09
ΣM	6.25	12.53	-12.53	28.15	-28.15	23.43

(5) 자유물체도와 휨모멘트도

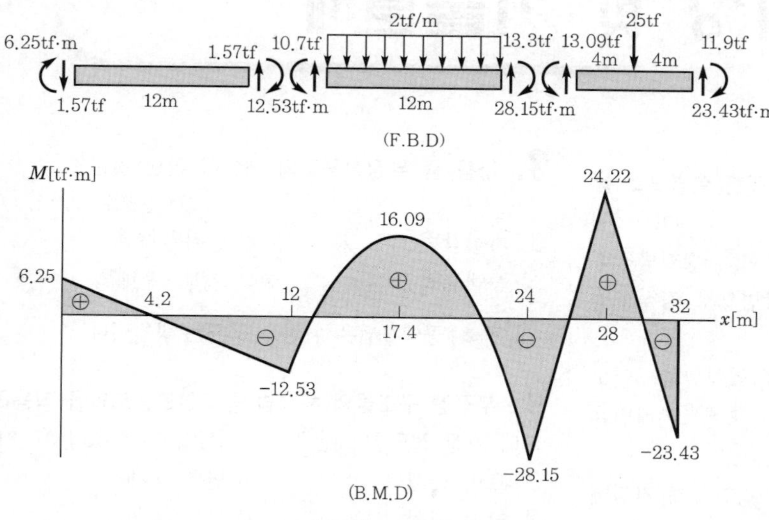

【그림 12.23】

예상 및 기출문제

1. 다음 부정정 구조물의 해석법에 대한 설명으로 옳지 않은 것은? [기사 09]

① 변위법은 변위를 미지수로 하고 힘의 평형방정식을 적용하여 미지수를 구하는 방법으로 강성도법이라고도 한다.
② 부정정력을 구하는 방법으로 변위일치법과 3연모멘트법은 응력법이며, 처짐각법과 모멘트분배법은 변위법으로 분류된다.
③ 3연모멘트법은 부정정 연속보의 2경간 3개 지점에 대한 휨모멘트 관계방정식을 만들어 부정정을 해석하는 방법이다.
④ 처짐각법으로 해석할 때 축방향력과 전단력에 의한 변형은 무시하고 절점에 모인 각 부재는 강절점으로 가정한다.

해설 처짐각법에서 절점에 모인 각 부재는 힌지절점을 제외하고 모두 강절점으로 가정한다.

2. 다음 그림과 같은 구조물에 등분포하중이 작용할 때 A점의 수직반력은 얼마인가? [기사 00, 02, 06, 07, 17, 산업 05, 06, 09, 11]

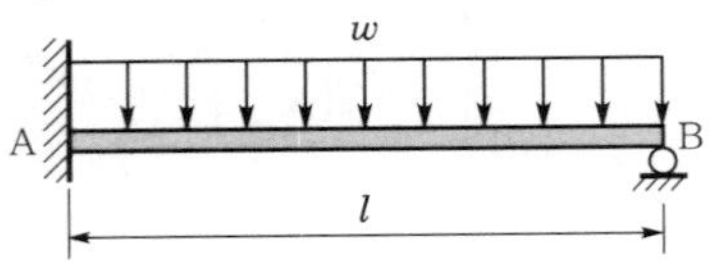

① $\frac{3}{4}wl$ ② $\frac{5}{8}wl$
③ $\frac{3}{8}wl$ ④ $\frac{7}{8}wl$

해설

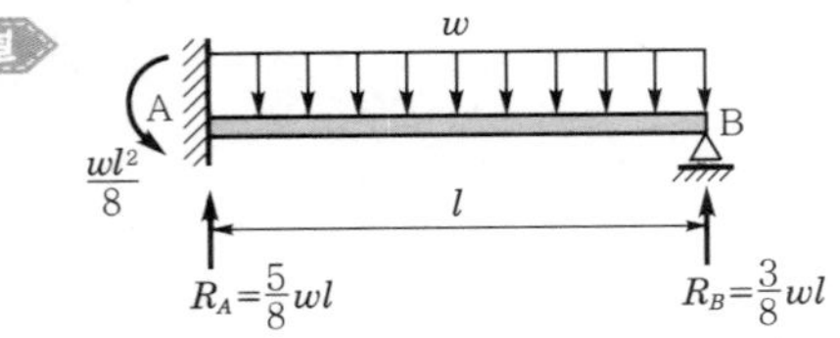

3. 다음 중 부정정구조의 해법이 아닌 것은? [산업 02, 11, 17]

① 처짐각법 ② 변위일치법
③ 공액보법 ④ 모멘트분배법

해설 공액보법은 처짐을 구하는 방법이다.

4. 부정정 구조물의 해석법 중 3연모멘트법을 적용하기에 가장 적당한 것은? [산업 03, 04, 05, 07, 11]

① 트러스 해석 ② 연속보 해석
③ 라멘 해석 ④ 아치 해석

해설 3연모멘트법은 연속 구조물을 경간별로 분리하여 내부 휨모멘트를 부정정 여력으로 보고 푼다.

5. 다음 표에서 설명하는 부정정 구조물의 해법은? [산업 16]

요각법이라고도 부르는 이 방법은 부재의 변형, 즉 탄성곡선의 기울기를 미지수로 하여 부정정 구조물을 해석하는 방법이다.

① 모멘트분배법 ② 최소 일의 방법
③ 변위일치법 ④ 처짐각법

6. 정정 구조물에 비해 부정정 구조물이 갖는 장점을 설명한 것 중 틀린 것은? [기사 15, 산업 04, 06, 10, 15]

① 설계모멘트의 감소로 부재가 절약된다.
② 지점침하 등으로 인해 발생하는 응력이 적다.
③ 외관이 우아하고 아름답다.
④ 부정정 구조물은 그 연속성 때문에 처짐의 크기가 작다.

해설 부정정 구조물은 연약지반의 지점침하, 온도변화, 제작오차 등으로 인하여 큰 응력이 발생할 수 있다는 단점이 있다.

정답 1. ④ 2. ② 3. ③ 4. ② 5. ④ 6. ②

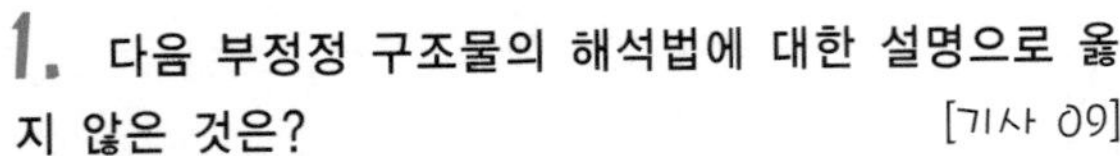

7. 다음 중 부정정 구조물의 해석방법이 아닌 것은? [산업 09, 17]

① 처짐각법 ② 단위하중법
③ 최소 일의 정리 ④ 모멘트분배법

해설 단위하중법은 구조물의 변위를 계산하기 위해 사용되는 방법이다.

8. 보의 탄성변형에서 내력이 한 일을 그 지점의 반력으로 1차 편미분한 것은 "0"이 된다는 정의는 다음 중 어느 것인가? [기사 17]

① 중첩의 원리
② 맥스웰-베티의 상반원리
③ 최소 일의 원리
④ 카스틸리아노의 제1정리

9. 부정정 구조물의 해석법인 처짐각법에 대한 설명으로 틀린 것은? [산업 06, 13, 15]

① 보와 라멘에 모두 적용할 수 있다.
② 고정단 모멘트(fixed end moment)를 계산해야 한다.
③ 모멘트분배율의 계산이 필요하다.
④ 지점침하나 부재가 회전했을 경우에도 사용할 수 있다.

해설 모멘트분배율은 모멘트분배법에 필요한 계산이다.

10. 부정정 구조물의 여러 해법 중에서 연립방정식을 풀지 않고 도상에서 기계적인 계산으로 미지량을 구하는 방법은 어느 것인가? [산업 02]

① 처짐각법 ② 3연모멘트법
③ 요각법 ④ 모멘트분배법

해설 처짐각법, 3연모멘트법은 연립방정식을 풀어야 해를 구할 수 있으나, 모멘트분배법은 불균형 모멘트를 분배, 전달하여 재단모멘트를 구하는 근사적인 해법이다.

11. 부정정 트러스를 해석하는데 적합한 방법은? [산업 15]

① 모멘트분배법 ② 처짐각법
③ 가상일의 원리 ④ 3연모멘트법

12. 다음 중 부정정 구조물의 해법으로 틀린 것은? [산업 09, 12, 16]

① 3연모멘트법 ② 처짐각법
③ 변위일치법 ④ 모멘트면적법

해설 모멘트면적법은 처짐을 구하는 방법이다.

13. 다음 그림과 같이 일단 고정 타단 가동지점의 보에 집중하중이 작용할 때 고정지점 B의 휨모멘트의 크기는? [기사 01, 02]

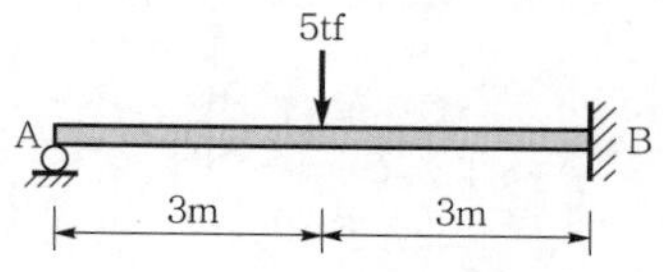

① 5.63tf · m ② 3.75tf · m
③ 2.80tf · m ④ 7.50tf · m

해설 $M_B = -\frac{3Pl}{16} = -\frac{3\times5\times6}{16} = -5.63\text{tf}\cdot\text{m}$

14. 다음 그림과 같이 길이가 $2l$인 보에 w의 등분포하중이 작용할 때 중앙지점을 δ만큼 낮추면 중간지점의 반력(R_B)의 값은 얼마인가? [기사 17]

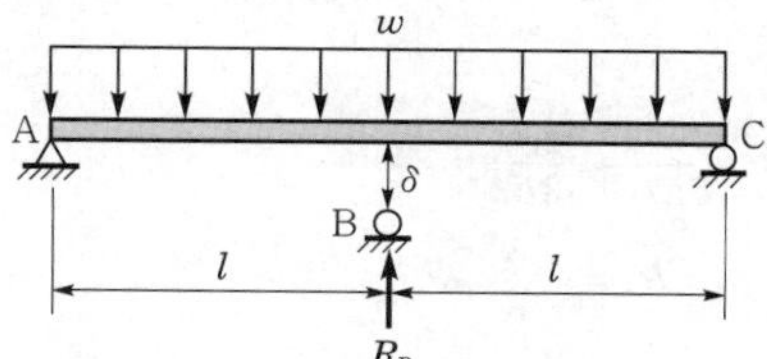

① $R_B = \frac{wl}{4} - \frac{6\delta EI}{l^3}$ ② $R_B = \frac{3wl}{4} - \frac{6\delta EI}{l^3}$
③ $R_B = \frac{5wl}{4} - \frac{6\delta EI}{l^3}$ ④ $R_B = \frac{7wl}{4} - \frac{6\delta EI}{l^3}$

해설

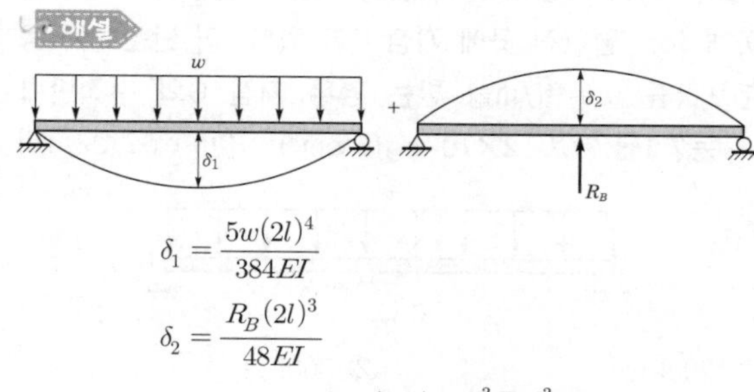

$$\delta_1 = \frac{5w(2l)^4}{384EI}$$

$$\delta_2 = \frac{R_B(2l)^3}{48EI}$$

$$\delta = \delta_1 - \delta_2 = \frac{5\times2^4 w\,l^4}{384EI} - \frac{2^3 R_B\, l^3}{48EI}$$

정답 7. ② 8. ③ 9. ③ 10. ④ 11. ③ 12. ④ 13. ① 14. ③

$$\frac{EI}{l^3}\delta = \frac{5wl}{24} - \frac{1}{6}R_B$$

$$\therefore R_B = \frac{5wl}{4} - \frac{6\delta EI}{l^3}$$

15. 부정정보의 B점의 연직반력(R_B)은? [기사 17]

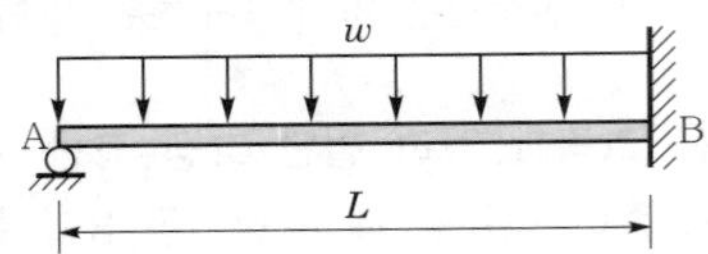

① $\frac{3}{8}wL$ ② $\frac{1}{2}wL$

③ $\frac{5}{8}wL$ ④ $\frac{6}{8}wL$

해설

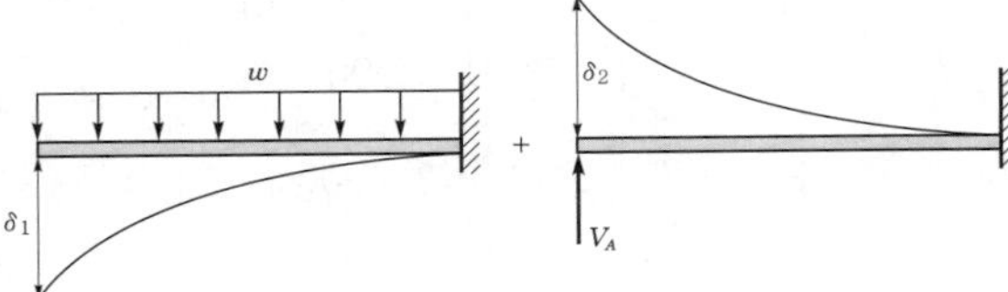

$$\delta_1 = \frac{wL^4}{8EI}$$

$$\delta_2 = \frac{R_A L^3}{3EI}$$

$$\delta_1 = \delta_2$$

$$\frac{wL^4}{8EI} = \frac{R_A L^3}{3EI}$$

$$\therefore R_A = -\frac{3}{8}wL$$

$$\therefore R_B = wL - \frac{3}{8}wL = \frac{5}{8}wL$$

$$M_B = -\frac{3}{8}wL^2 + \frac{wL^2}{2} = \frac{wL^2}{8}$$

16. 다음 그림과 같이 길이 20m인 단순보의 중앙점 아래 1cm 떨어진 곳에 지점 C가 있다. 이 단순보가 등분포하중 w=1tf/m를 받는 경우 지점 C의 수직반력 R_C는? (단, EI=2×10^{12}kgf · cm^2) [기사 02, 08, 16]

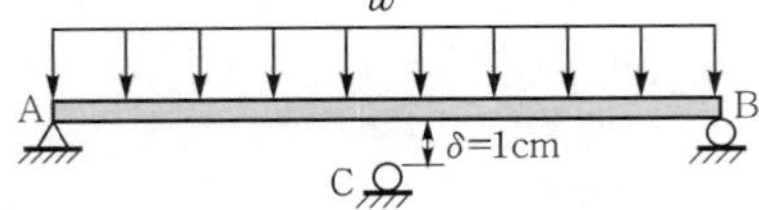

① 200kgf ② 300kgf

③ 400kgf ④ 500kgf

해설

$$R_C = \frac{5wl}{4} - \frac{6\delta EI}{l^3}$$

$$= \frac{5\times\frac{1,000}{100}\times(10\times100)}{4} - \frac{6\times1\times2\times10^{12}}{(10\times100)^3}$$

$$= 500\text{kgf}$$

17. 다음 그림과 같은 양단 고정보에 3tf/m의 등분포하중과 10tf의 집중하중이 작용할 때 A점의 휨모멘트는? [기사 17]

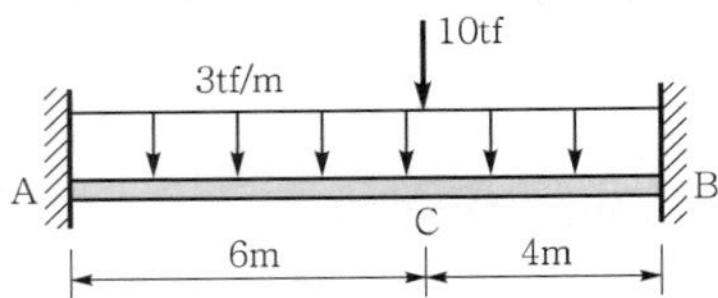

① -31.6tf · m ② -32.8tf · m

③ -34.6tf · m ④ -36.8tf · m

해설

$$M_A = -\left(\frac{Wl^2}{12} + \frac{Pab^2}{l^2}\right)$$

$$= -\left(\frac{3\times10^2}{12} + \frac{10\times6\times4^2}{10^2}\right) = -34.6\text{tf}\cdot\text{m}$$

18. 다음 그림의 부정정보에서 B점의 반력크기는? [기사 00, 06, 산업 10, 12, 15]

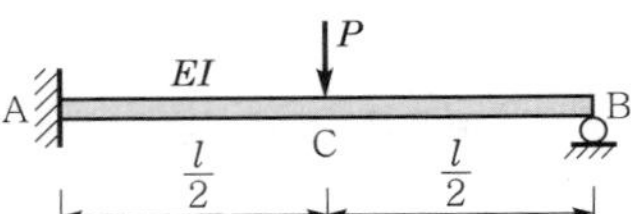

① $\frac{5}{16}P$ ② $\frac{7}{16}P$

③ $\frac{1}{2}P$ ④ $\frac{11}{16}P$

해설 변위일치법 이용

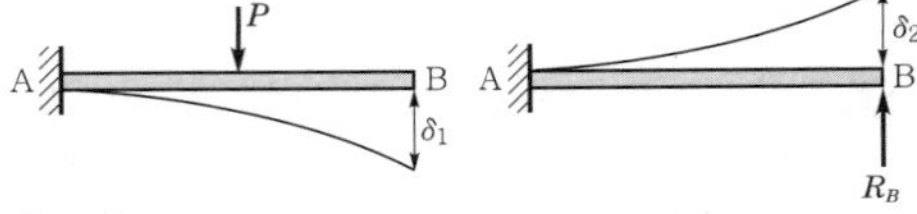

$$\delta_1 = \delta_2$$

$$\frac{5Pl^3}{48EI} = \frac{R_B l^3}{3EI}$$

$$\therefore R_B = \frac{5}{16}P(\uparrow)$$

 정답 15. ③ 16. ④ 17. ③ 18. ①

19. 다음과 같은 부정정 구조물에서 B점의 반력크기는? (단, 보의 휨강도 EI는 일정하다.)

[기사 00, 01, 09]

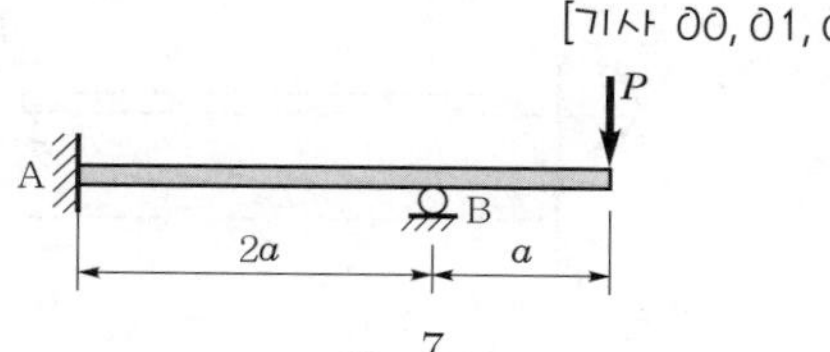

① $\frac{7}{3}P$　② $\frac{7}{4}P$

③ $\frac{7}{5}P$　④ $\frac{7}{6}P$

해설 힌지지점 모멘트는 고정단에 $\frac{1}{2}$이 전달되므로

$M_A = \frac{1}{2}Pa(\downarrow)$

$\Sigma M_A = 0$

$\frac{Pa}{2} - R_B \times 2a + P \times 3a = 0$

$\therefore R_B = \frac{7}{4}P(\uparrow)$

20. 다음 그림에 있는 연속보의 B점에서의 반력을 구하면? (단, $E = 2.1 \times 10^6$kgf/cm^2, $I = 1.6 \times 10^4$cm^4)

[기사 04, 08, 산업 10, 13]

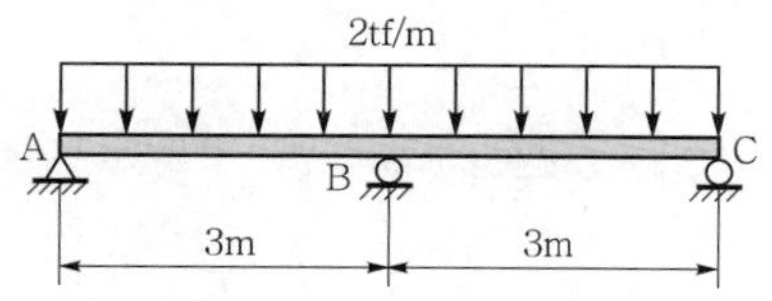

① 6.3tf　② 7.5tf

③ 9.7tf　④ 10.1tf

해설 $R_B = \frac{5wl}{4} = \frac{5 \times 2 \times 3}{4} = 7.5\text{tf}$

21. 다음 그림과 같은 구조물에서 B점에 발생하는 수직반력값은?

[기사 09]

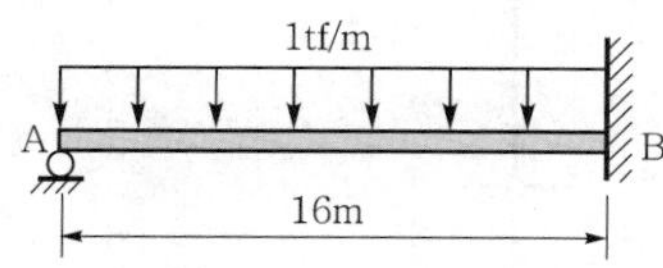

① 6tf　② 8tf

③ 10tf　④ 12tf

해설 $R_B = \frac{5wl}{8} = \frac{5 \times 1 \times 16}{8} = 10\text{tf}$

22. 다음 그림과 같이 1차 부정정보에 같은 간격으로 집중하중이 작용하고 있다. 반력 R_a와 R_b의 비는?

[기사 10]

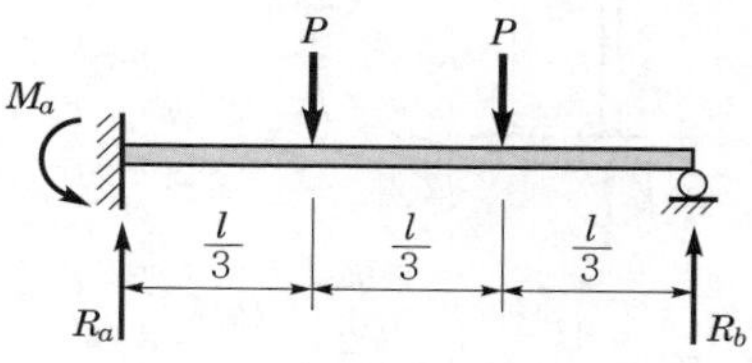

① $R_a : R_b = \frac{5}{9} : \frac{4}{9}$　② $R_a : R_b = \frac{4}{9} : \frac{5}{9}$

③ $R_a : R_b = \frac{2}{3} : \frac{1}{3}$　④ $R_a : R_b = \frac{1}{3} : \frac{2}{3}$

해설 정정 구조로 변환하면

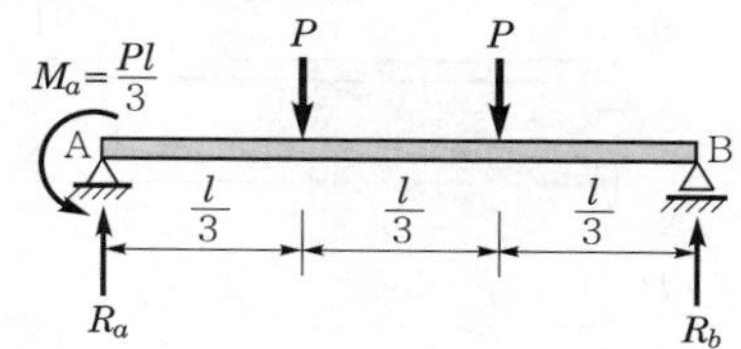

$\Sigma M_B = 0$

$R_a l - \frac{Pl}{3} - P \times \frac{2l}{3} - P \times \frac{l}{3} = 0$

$\therefore R_a = \frac{4}{3}P(\uparrow)$

$\Sigma V = 0$

$R_a + R_b - 2P = 0$

$\therefore R_b = \frac{2}{3}P(\uparrow)$

$\therefore R_a : R_b = \frac{2}{3} : \frac{1}{3}$

23. 다음 구조물에서 B점의 수평방향 반력 R_B를 구한 값은? (단, EI는 일정하다.)

[기사 07, 09, 11]

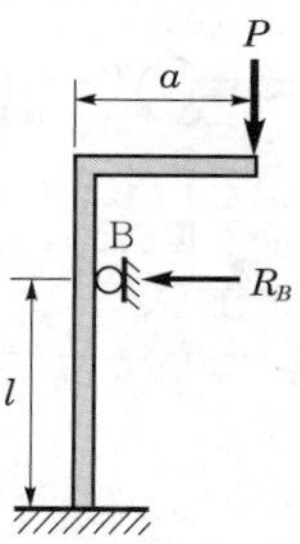

① $\frac{3Pa}{2l}$　② $\frac{3Pl}{2a}$

③ $\frac{2Pa}{3l}$　④ $\frac{Pl}{3a}$

정답　19. ②　20. ②　21. ③　22. ③　23. ①

해설

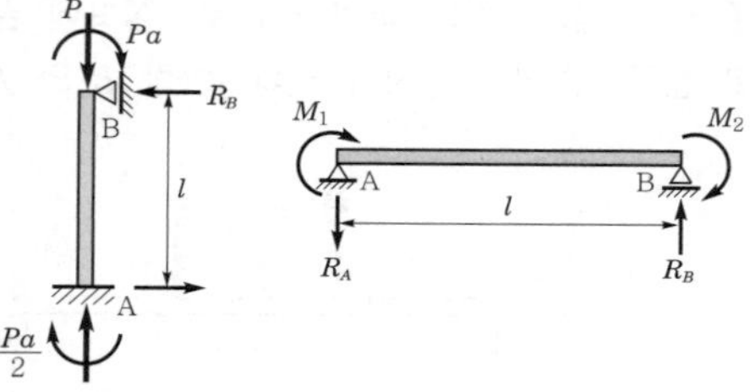

$$R_B = \frac{M_1 + M_2}{l} = \frac{\frac{Pa}{2} + Pa}{l} = \frac{3Pa}{2l}$$

24. 2경간 연속보의 중앙지점 B에서의 반력은? (단, E, I는 일정하다) [기사 03, 09]

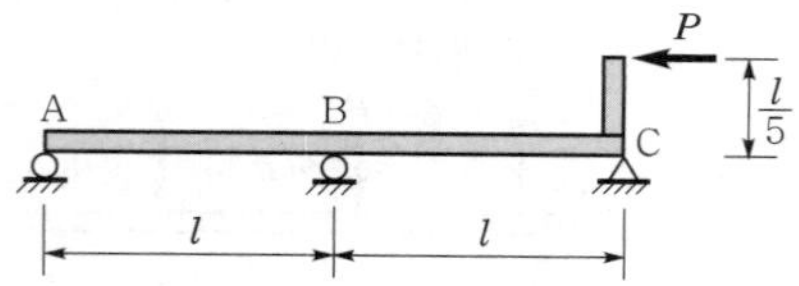

① $\frac{1}{25}P$　② $\frac{1}{15}P$

③ $\frac{1}{5}P$　④ $\frac{3}{10}P$

해설 3연모멘트법 이용

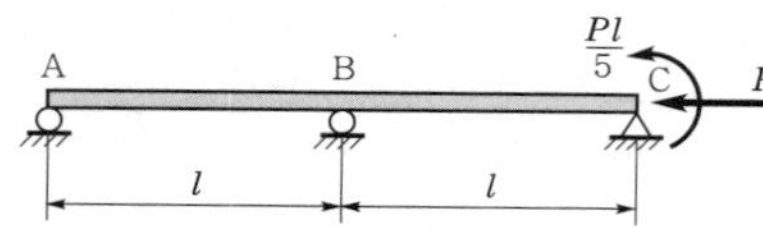

대칭구조이므로 $M_A = M_C = 0$

$$2M_B\left(\frac{l}{I} + \frac{l}{I}\right) = 6E(\theta_{BA} - \theta_{BC})$$

$$\theta_{BC} = \frac{Ml}{6EI} = \frac{1}{6EI} \times \frac{Pl}{5} \times l = \frac{Pl^2}{30EI}$$

$$\therefore M_B = -\frac{Pl}{20}$$

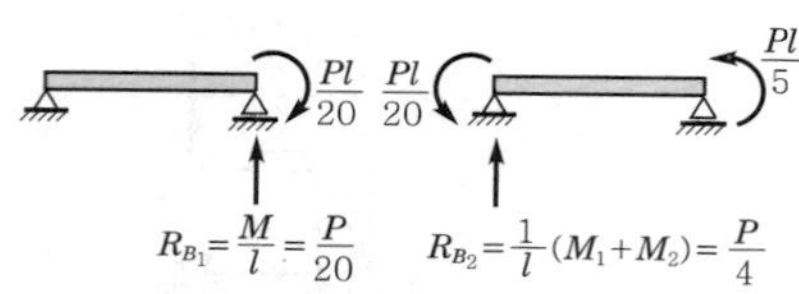

$$\therefore R_B = R_{B1} + R_{B2} = \frac{P}{20} + \frac{P}{4} = \frac{3P}{10}(\uparrow)$$

25. 주어진 보에서 지점 A의 휨모멘트(M_A) 및 반력(R_A)의 크기로 옳은 것은? [기사 11, 15]

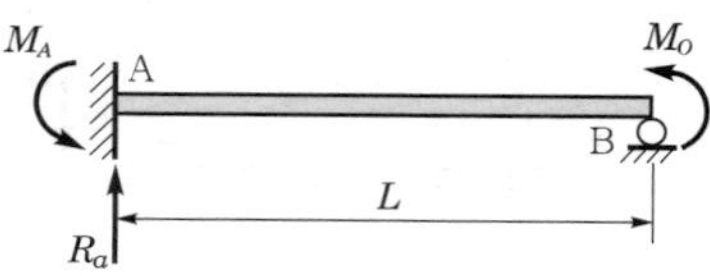

① $M_A = \frac{M_o}{2}$, $R_A = \frac{3M_o}{2L}$

② $M_A = M_o$, $R_A = \frac{M_o}{L}$

③ $M_A = \frac{M_o}{2}$, $R_A = \frac{5M_o}{2L}$

④ $M_A = M_o$, $R_A = \frac{3M_o}{2L}$

해설

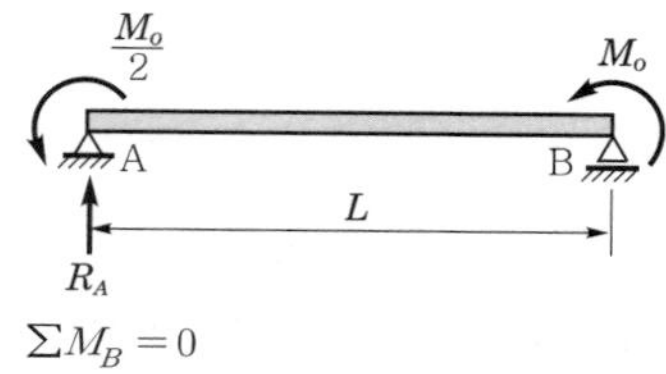

$\Sigma M_B = 0$

$R_A L - \frac{M_o}{2} - M_o = 0$

$\therefore R_A = \frac{3M_o}{2L}(\uparrow)$

$\therefore M_A = \frac{M_o}{2}$ (↙)

26. 다음 그림과 같은 뼈대 구조물에서 C점의 연직 반력을 구한 값은? (단, 탄성계수 및 단면은 전 부재가 동일하다) [기사 05]

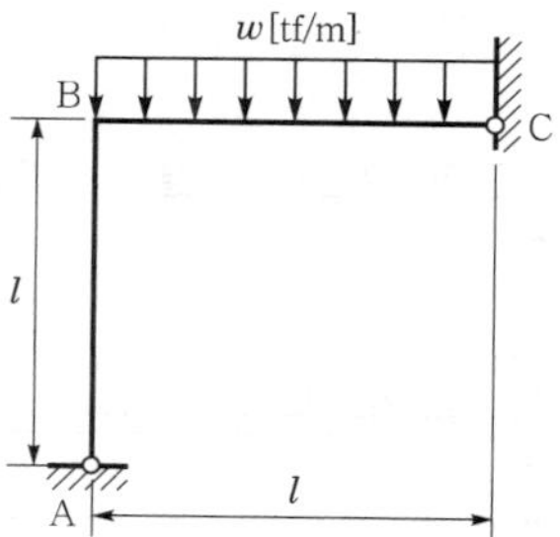

① $\frac{9wl}{16}$　② $\frac{7wl}{16}$

③ $\frac{wl}{8}$　④ $\frac{wl}{6}$

정답 24. ④ 25. ① 26. ②

해설

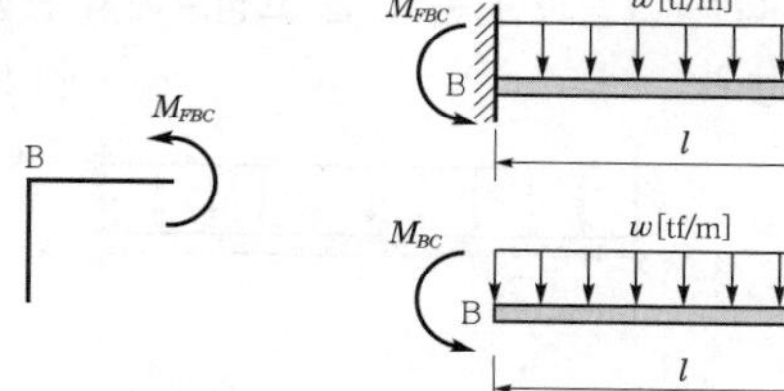

$$M_{FBC}=\frac{wl^2}{8},\ DF_{BC}=\frac{1}{2}$$

$$M_{BC}=\frac{1}{2}M_{FBC}=\frac{1}{2}\times\frac{wl^2}{8}=\frac{wl^2}{16}$$

$$\Sigma M_B=0$$

$$-M_{BC}+\frac{wl^2}{2}-R_C\times l=0$$

$$\therefore R_C=\frac{7wl}{16}$$

27. 연속보를 3연모멘트방정식을 이용하여 B점의 모멘트 M_B=92.8tf · m를 구하였다. B점의 수직반력을 구하면? [기사 02, 06]

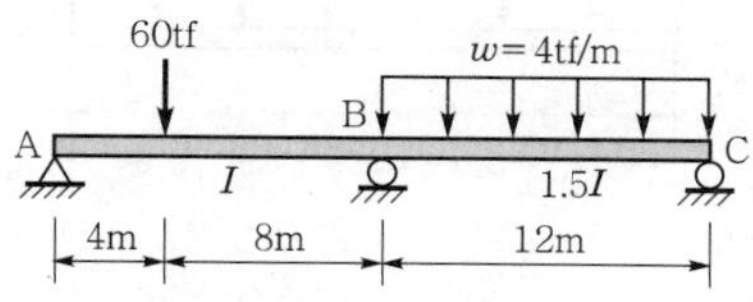

① 28.4tf ② 36.3tf
③ 51.7tf ④ 59.5tf

해설

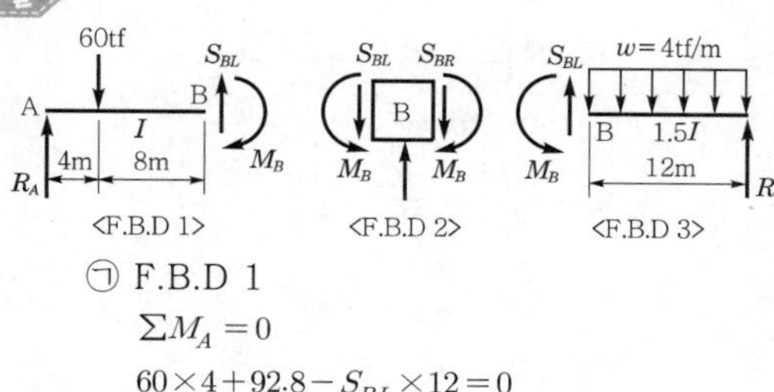

㉠ F.B.D 1

$$\Sigma M_A=0$$

$$60\times4+92.8-S_{BL}\times12=0$$

$$\therefore S_{BL}=27.73\text{tf}$$

㉡ F.B.D 3

$$\Sigma M_C=0$$

$$S_{BR}\times12-4\times12\times6-92.8=0$$

$$\therefore S_{BR}=31.73\text{tf}$$

㉢ F.B.D 2

$$\Sigma V=0$$

$$R_B-S_{BL}-S_{BR}=0$$

$$\therefore R_B=S_{BL}+S_{BR}=27.3+31.73=59.46\text{tf}$$

28. 다음 그림과 같은 부정정보에 집중하중이 작용할 때 B점의 휨모멘트 M_B를 구한 값은? [기사 03, 11]

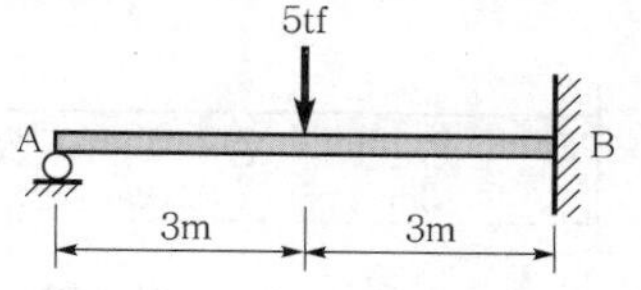

① −5.6tf · m ② −3.6tf · m
③ −4.2tf · m ④ −2.6tf · m

해설

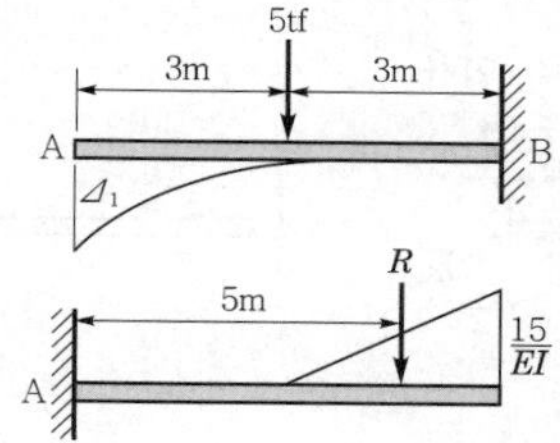

$$\Delta_1=M_A{}'=\frac{1}{2}\times\frac{15}{EI}\times3\times5=\frac{112.5}{EI}$$

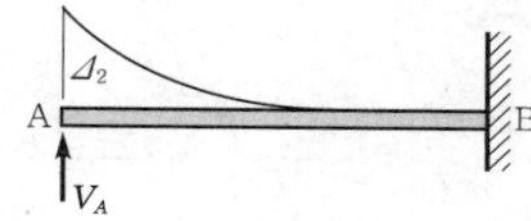

$$\Delta_2=\frac{V_A\times6^3}{3EI}=\frac{72}{EI}V_A$$

$$V_A=\frac{112.5}{72}=1.563$$

$$\therefore M_B=1.563\times6-5\times3=-5.625\text{tf}\cdot\text{m}$$

29. 다음의 그림에서 보에 집중하중 P가 작용할 때 고정단모멘트는? (단, EI는 일정하다) [기사 05, 산업 02]

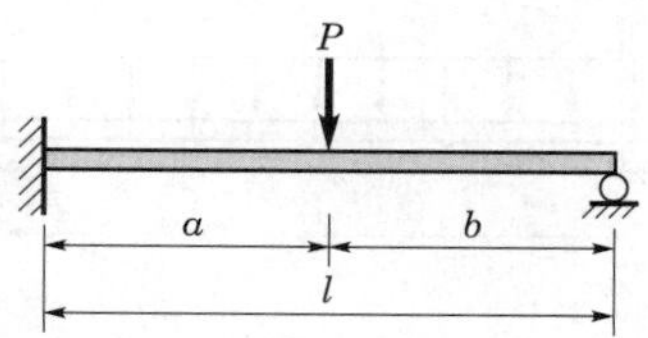

① $-\frac{Pab}{2l^2}(l+a)$ ② $-\frac{Pab}{4l^2}(l+b)$
③ $-\frac{Pab}{2l^2}(l+b)$ ④ $-\frac{Pab}{3l^2}(l+a)$

해설 $M=-\frac{Pab}{2l^2}(l+b)$

정답 27. ④ 28. ① 29. ③

30. 다음 그림에서 A점의 고정단모멘트는? (단, EI는 일정하다) [기사 17]

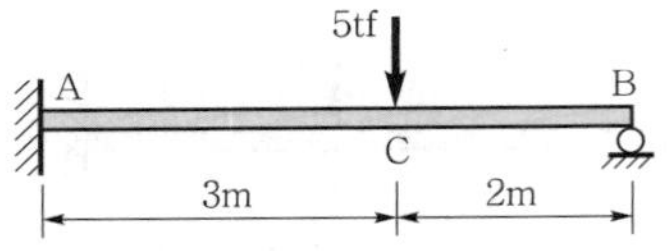

① 3tf · m ② 4.2tf · m
③ 2.5tf · m ④ 3.6tf · m

해설 ㉠ V_B를 부정정력으로 선택
$\Delta_B = 0$ 이용

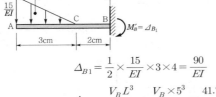

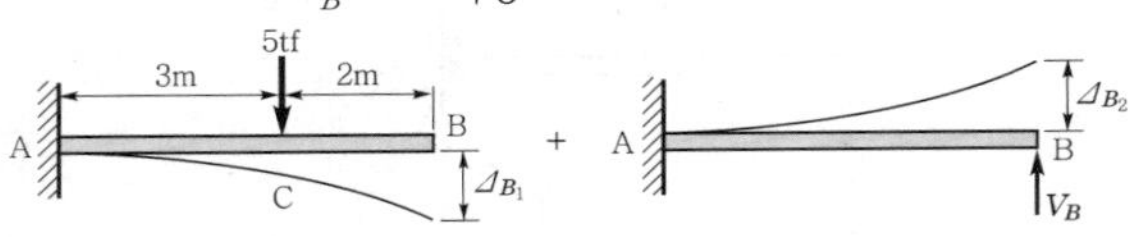

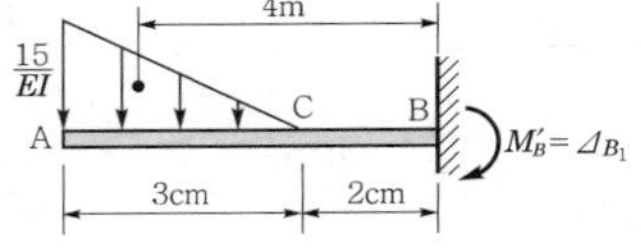

$$\Delta_{B1} = \frac{1}{2} \times \frac{15}{EI} \times 3 \times 4 = \frac{90}{EI}$$

$$\Delta_{B2} = \frac{V_B L^3}{3EI} = \frac{V_B \times 5^3}{3EI} = \frac{41.7 V_B}{EI}$$

$$\Delta_{B1} = \Delta_{B2}$$

$$\therefore\ V_B = \frac{90}{41.7} = 2.158\text{tf}$$

㉡ M_A 산정

$$M_A = 5 \times 3 - 2.158 \times 5 = 4.21\text{tf} \cdot \text{m}$$

31. 등분포하중을 받는 다음 연속보의 지점모멘트 M_B는 얼마인가? (단, 휨강성 EI는 일정하다) [기사 01, 04, 산업 07, 15]

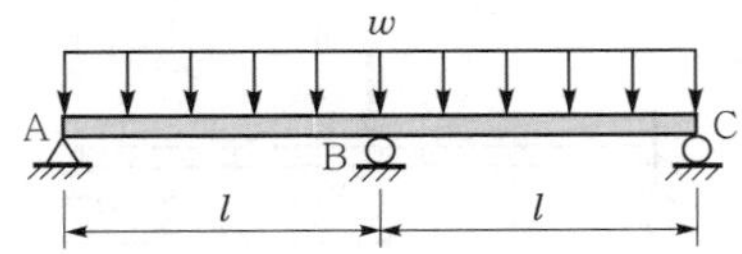

① $-\dfrac{wl^2}{2}$ ② $-\dfrac{wl^2}{4}$
③ $-\dfrac{wl^2}{8}$ ④ $-\dfrac{wl^2}{12}$

해설 $M_B = -\dfrac{wl^2}{8}$

32. 다음 그림과 같은 양단 고정보에서 중앙점의 휨 모멘트는? [기사 05, 06]

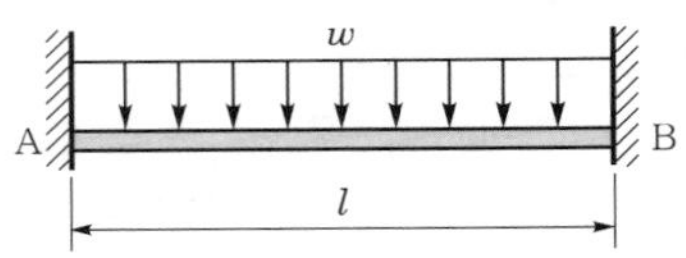

① $\dfrac{wl^2}{12}$ ② $\dfrac{wl^2}{16}$
③ $\dfrac{wl^2}{24}$ ④ $\dfrac{wl^2}{18}$

해설 $M = \dfrac{wl^2}{24}$

33. 다음 그림과 같은 양단 고정보가 등분포하중 W를 받고 있다. 모멘트가 0이 되는 위치는 지점 A부터 약 얼마 떨어진 곳에 있는가? (단, EI는 일정하다) [기사 16]

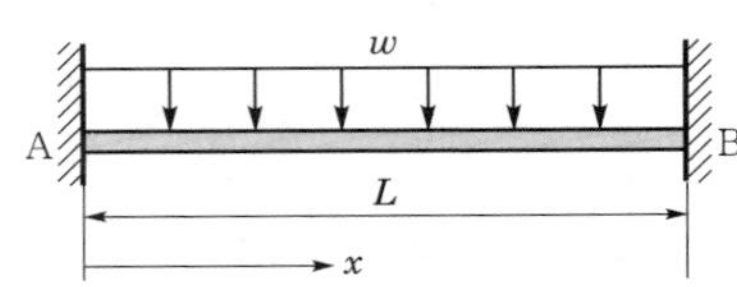

① 0.112L ② 0.212L
③ 0.332L ④ 0.412L

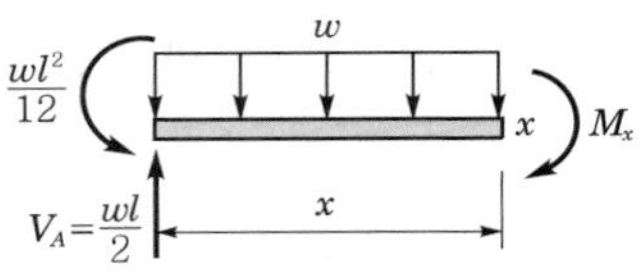

$$\Sigma M_x = 0(\oplus)$$

$$M_x = \frac{wL^2}{12} - \frac{wL}{2}x + \frac{wx^2}{2}$$

$$= \frac{L^2}{12} - \frac{L}{2}x + \frac{x^2}{2} = 0$$

$$\therefore\ x = 0.2113L$$

34. 등분포하중 w=5tf/m를 받고 지간 100m의 양단 고정보의 중앙점에서 모멘트는? [기사 01]

① 20.83tf · m ② 30.50tf · m
③ 41.67tf · m ④ 62.50tf · m

$$M = \frac{wl^2}{24} = \frac{5 \times 10^2}{24} = 20.833\text{tf} \cdot \text{m}$$

정답 30. ② 31. ③ 32. ③ 33. ② 34. ①

35. 양단 고정보에 집중이동하중 P가 작용할 때 A점의 고정단모멘트가 최대가 되기 위한 하중 P의 위치는? [기사 08]

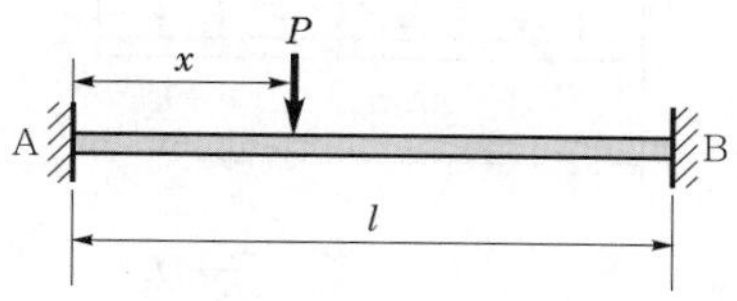

① $x=\frac{l}{2}$ ② $x=\frac{l}{3}$

③ $x=\frac{l}{4}$ ④ $x=\frac{l}{5}$

해설

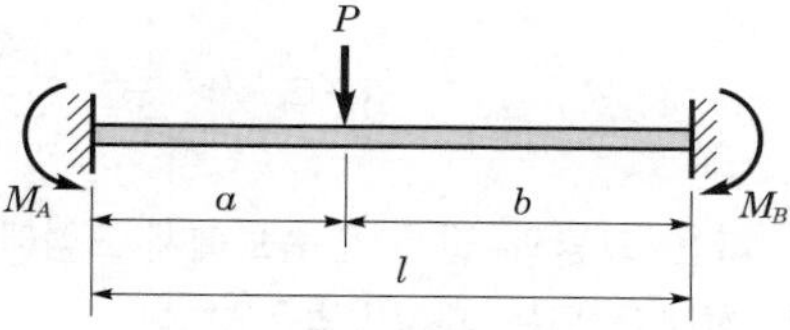

$M_A=-\frac{Pab^2}{l^2}$, $M_B=-\frac{Pa^2b}{l^2}$ 이므로 문제에서

$M_A=-\frac{Px(l-x)^2}{l^2}=-\frac{Px(l^2-2lx+x)^2}{l^2}$

$=\frac{-Pl^2x+2Plx^2-Px^3}{l^2}$

$M_B=-\frac{Px^2(l-x)}{l^2}$

전단력 $S_x=0$인 곳, 즉 $\frac{dM_x}{dx}=0$에서 $M_{\max}$ 발생

$\frac{dM_A}{dx}=\frac{-Pl^2x+2Plx^2-Px^3}{l^2}=0$

$3Px^2-4Plx+Pl^2=0$

$P(3x^2-4lx+l^2)=0$

$(3x-l)(x-l)=0$

$\therefore x=\frac{l}{3}$ 또는 l

36. 다음 부정정보의 A단에 작용하는 모멘트는? [기사 07, 산업 06]

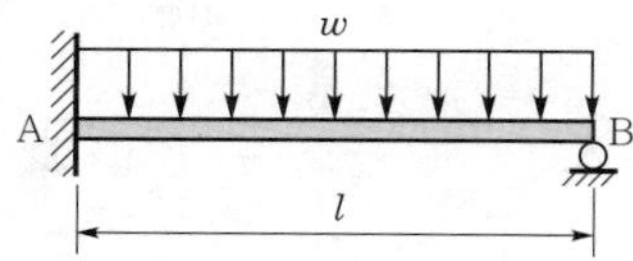

① $-\frac{1}{4}wl^2$ ② $-\frac{1}{8}wl^2$

③ $-\frac{1}{12}wl^2$ ④ $-\frac{1}{24}wl^2$

해설 $M_A=-\frac{1}{8}wl^2$

37. 다음 그림과 같은 양단 고정보에서 보 중앙의 휨모멘트는 얼마인가? [기사 06]

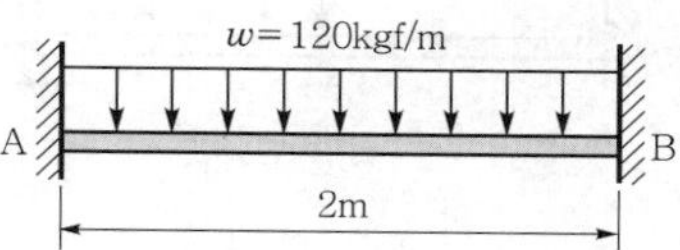

① 10kgf · m ② 20kgf · m

③ 30kgf · m ④ 40kgf · m

해설

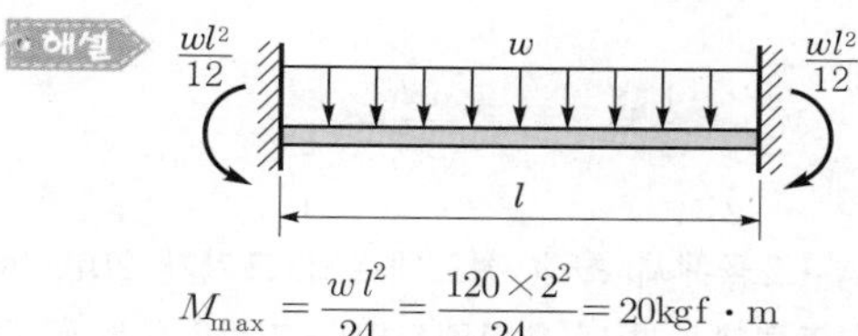

$M_{\max}=\frac{wl^2}{24}=\frac{120\times2^2}{24}=20\text{kgf}\cdot\text{m}$

38. 다음 그림과 같은 부정정보에서 지점 A의 휨모멘트값을 옳게 나타낸 것은? [기사 11, 15]

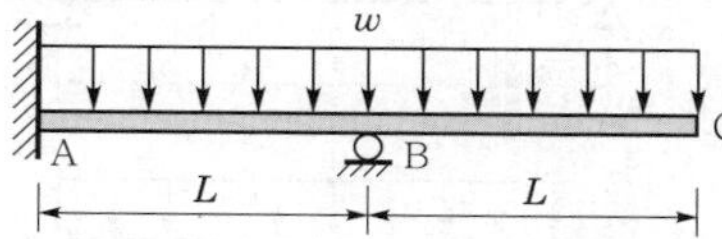

① $\frac{wL^2}{8}$ ② $-\frac{wL^2}{8}$

③ $\frac{3wL^2}{8}$ ④ $-\frac{3wL^2}{8}$

해설 중첩법 이용

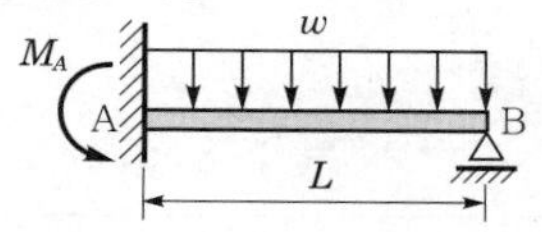

+

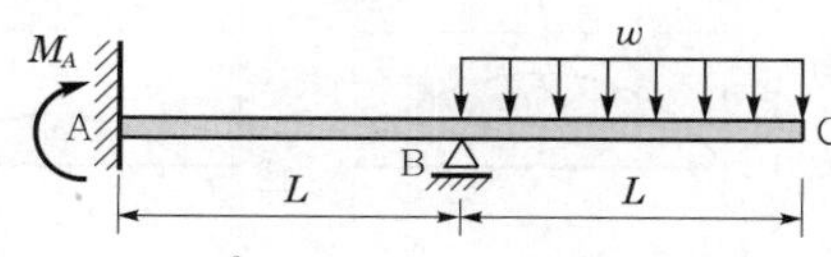

㉠ $M_A=-\frac{wL^2}{8}$ (↶)

㉡ $M_A=\frac{1}{2}M_B=\frac{1}{2}\times\frac{wL^2}{2}=\frac{wL^2}{4}$ (↷)

㉠과 ㉡을 연립하면

$M_A=\frac{wL^2}{4}-\frac{wL^2}{8}=\frac{wL^2}{8}$ (↷)

정답 35. ② 36. ② 37. ② 38. ①

39. 다음과 같은 부정정 구조물에서 지점 B에서의 휨모멘트 $M_B = \dfrac{wl^2}{14}$ 일 때 고정단 A에서의 휨모멘트는? [기사 05]

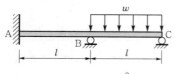

① $\dfrac{wl^2}{28}$　　② $\dfrac{wl^2}{21}$

③ $\dfrac{wl^2}{14}$　　④ $\dfrac{wl^2}{7}$

해설 $M_{AB} = \dfrac{1}{2}M_{BA} = \dfrac{1}{2}\times\dfrac{wl^2}{14} = \dfrac{wl^2}{28}$

40. A구조물에서 최대 휨모멘트의 크기가 20tf · m 이면 B구조물에서 최대 휨모멘트의 크기는? (단, 두 구조물의 단면 및 재료적 성질은 같다.) [기사 02]

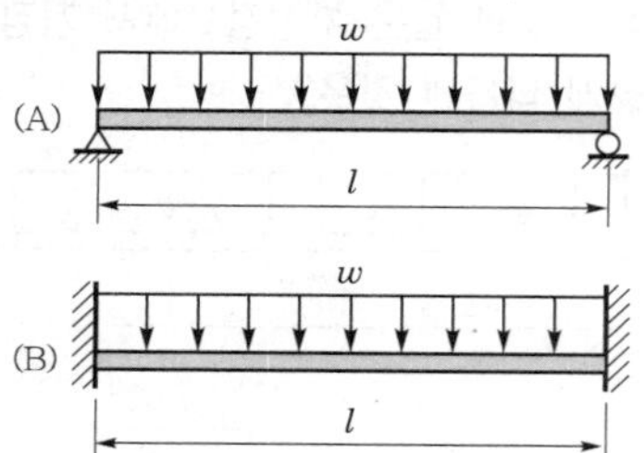

① 10tf · m　　② $\dfrac{20}{3}$ tf · m

③ $10\sqrt{2}$ tf · m　　④ $\dfrac{40}{3}$ tf · m

해설

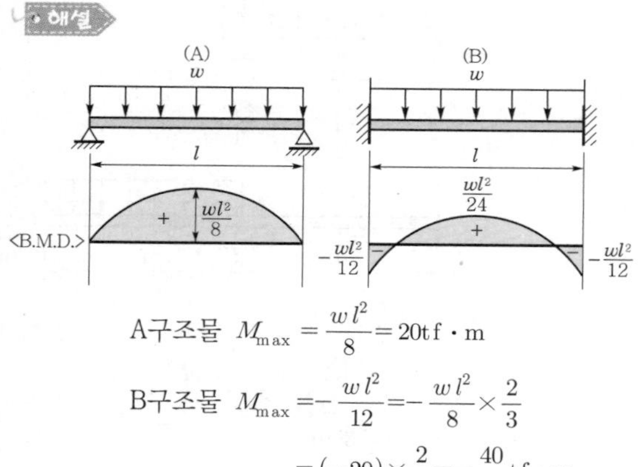

A구조물 $M_{\max} = \dfrac{wl^2}{8} = 20\text{tf}\cdot\text{m}$

B구조물 $M_{\max} = -\dfrac{wl^2}{12} = -\dfrac{wl^2}{8}\times\dfrac{2}{3}$

$= (-20)\times\dfrac{2}{3} = -\dfrac{40}{3}\text{tf}\cdot\text{m}$

41. 다음 그림과 같은 보에서 C점의 모멘트를 구하면? [기사 10]

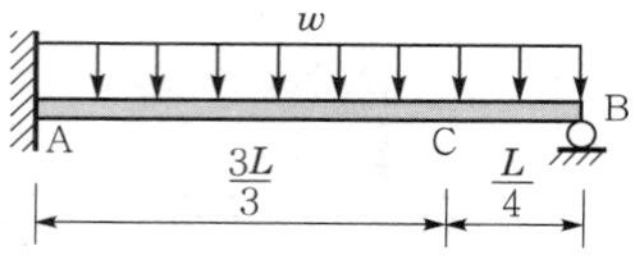

① $\dfrac{1}{16}wL^2$　　② $\dfrac{1}{12}wL^2$

③ $\dfrac{3}{32}wL^2$　　④ $\dfrac{1}{24}wL^2$

해설 $R_B = \dfrac{3wL}{8}$

$\therefore M_C = \dfrac{3}{8}wL\times\dfrac{L}{4} - \dfrac{1}{4}wL\times\dfrac{L}{8} = \dfrac{2wL^2}{32} = \dfrac{wL^2}{16}$

42. 다음 그림과 같은 연속보에서 B점에서의 정모멘트가 최대가 되는 재하방법은? [기사 02]

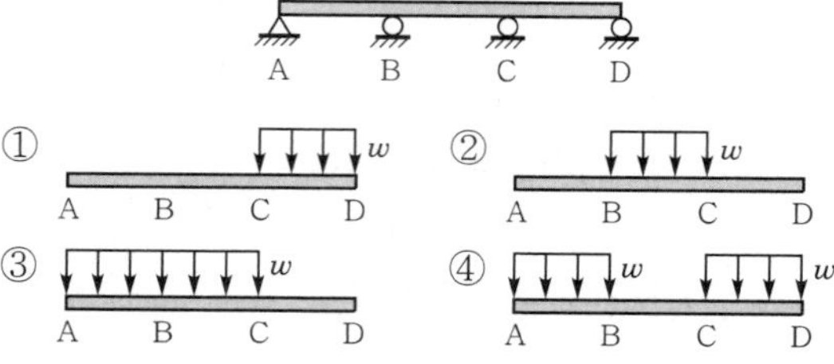

해설 B점의 휨모멘트에 대한 영향선

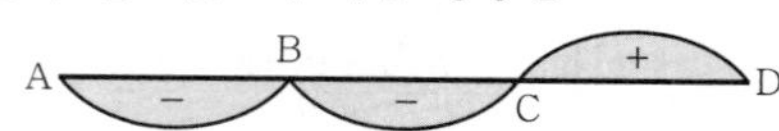

B점에 정모멘트를 발생시키는 하중의 위치는 CD구간이다.

43. 다음 그림과 같은 연속보가 있다. B점과 C점의 중간에 10tf의 하중이 작용할 때 B점에서의 휨모멘트 M은? (단, 탄성계수 E와 단면 2차 모멘트 I는 전 구간에 걸쳐 일정하다.) [기사 10, 17, 산업 03, 05]

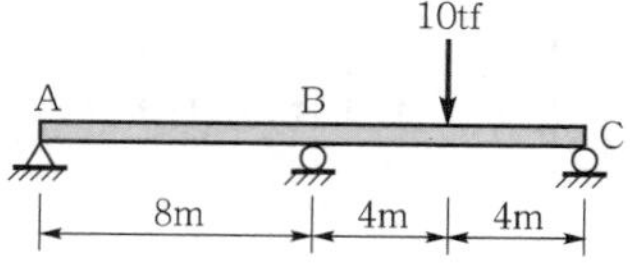

① −5tf · m　　② −7.5tf · m

③ −10tf · m　　④ −15tf · m

정답 39. ① 40. ④ 41. ① 42. ① 43. ②

해설 3연모멘트 정리 이용

$M_A = M_C = 0$

$2M_B\left(\frac{l}{I}+\frac{l}{I}\right)=6E(\theta_{BA}-\theta_{BC})$

$2M_B\left(\frac{8}{I}+\frac{8}{I}\right)=6E\left(0-\frac{10\times 8^2}{16EI}\right)$

$32M_B = -240$

$\therefore M_B = -7.5\text{tf}\cdot\text{m}$

44. 다음 그림에서 중앙지점 B의 휨모멘트는? [기사 01]

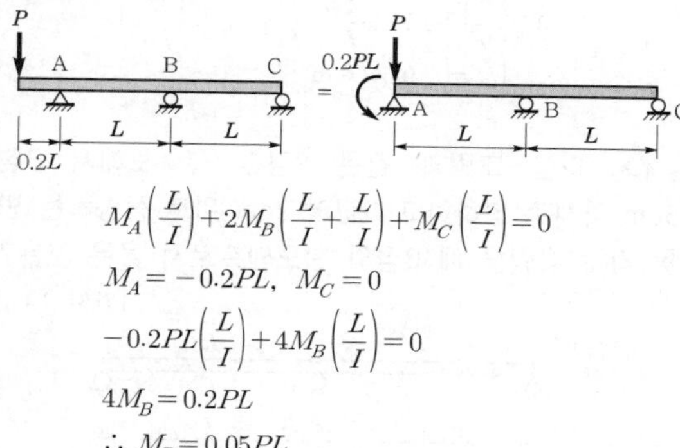

① $0.05PL$ ② $0.10PL$
③ $0.12PL$ ④ $0.20PL$

해설 3연모멘트법 이용

$M_A\left(\frac{L}{I}\right)+2M_B\left(\frac{L}{I}+\frac{L}{I}\right)+M_C\left(\frac{L}{I}\right)=0$

$M_A=-0.2PL,\ M_C=0$

$-0.2PL\left(\frac{L}{I}\right)+4M_B\left(\frac{L}{I}\right)=0$

$4M_B=0.2PL$

$\therefore M_B=0.05PL$

45. 다음 그림과 같이 2경간 연속보의 첫 경간에 등분포하중이 작용한다. 중앙지점 B의 휨모멘트는? [기사 02, 08, 10]

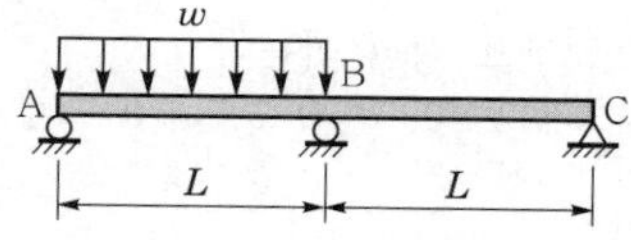

① $-\frac{1}{24}wL^2$ ② $-\frac{1}{16}wL^2$
③ $-\frac{1}{12}wL^2$ ④ $-\frac{1}{8}wL^2$

해설 3연모멘트 정리 이용

$M_A = M_C = 0$

$2M_B\left(\frac{L}{I}+\frac{L}{I}\right)=6E(\theta_{BA}-\theta_{BC})$

$4M_B\left(\frac{L}{I}\right)=6E\left(\frac{wL^3}{24EI}-0\right)$

$\therefore M_B=\frac{wL^2}{16}$

46. 다음 그림과 같은 연속보에서 B지점 모멘트 M_B는? (단, EI는 일정하다.) [기사 00, 05, 07, 10]

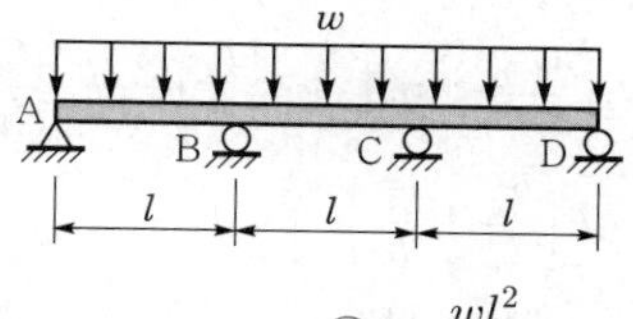

① $-\frac{wl^2}{4}$ ② $-\frac{wl^2}{8}$
③ $-\frac{wl^2}{10}$ ④ $-\frac{wl^2}{12}$

해설 3연모멘트법 이용

$M_A=M_D=0,\ M_B=M_C$(대칭구조)

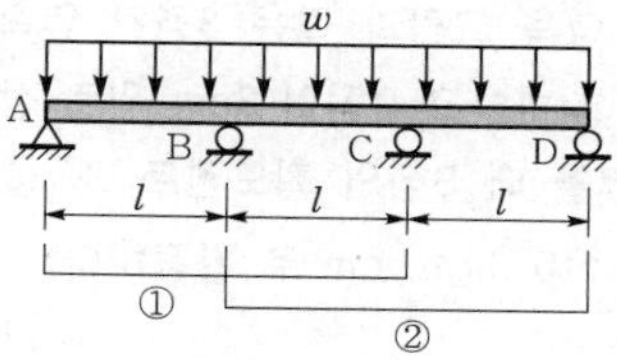

$2M_B\left(\frac{l}{I}+\frac{l}{I}\right)+M_C\left(\frac{l}{I}\right)=6E\left(-\frac{wl^3}{24EI}-\frac{wl^3}{24EI}\right)$

$4M_B+M_C=-\frac{wl^2}{2}$

$M_B=M_C$

$5M_B=-\frac{wl^2}{2}$

$\therefore M_B=-\frac{wl^2}{10}$

47. 다음 부정정보의 B지점에 침하가 발생하였다. 발생된 침하량이 1cm라면 이로 인한 B지점의 모멘트는 얼마인가? (단, $EI=1\times10^6\text{kgf/cm}^2$) [기사 15]

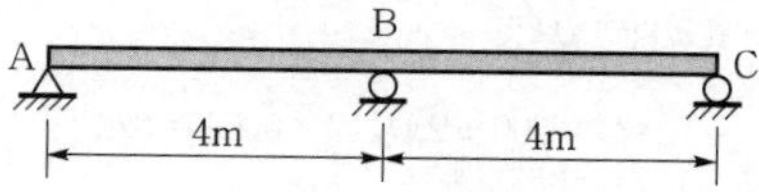

① 16.75kgf · cm ② 17.75kgf · cm
③ 18.75kgf · cm ④ 19.75kgf · cm

정답 44. ① 45. ② 46. ③ 47. ③

해설 3연모멘트법 이용

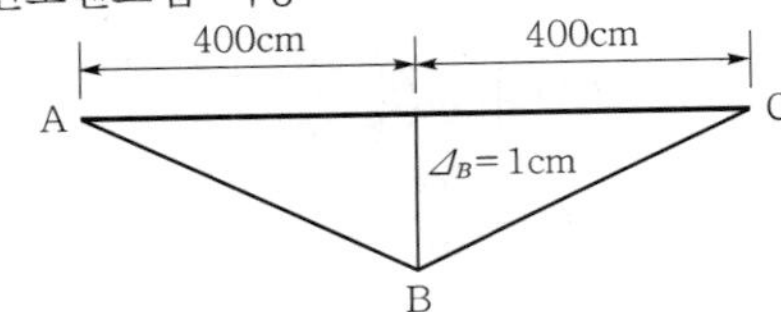

$M_A = M_C = 0$

$I_1 = I_2 = I$

$L_1 = L_2 = 400$

$M_A\left(\frac{L_1}{I_1}\right) + 2M_B\left(\frac{L_1}{I_1} + \frac{L_2}{I_2}\right) + M_C\left(\frac{L_2}{I_2}\right)$

$= 6E\left(\frac{h_A}{L_1} + \frac{h_C}{L_2}\right)$

$2M_B\left(\frac{400}{I} + \frac{400}{I}\right) = 6E\left(\frac{1}{400} + \frac{1}{400}\right)$

$M_B \times 1{,}600 = 6EI \times \frac{1}{200}$

$\therefore\ M_B = \frac{6 \times 1 \times 10^6}{1{,}600 \times 200} = 18.75\text{kgf} \cdot \text{cm}$

48. 다음 그림과 같은 3경간 연속보의 B점이 5cm 아래로 침하하고 C점이 3cm 위로 상승하는 변위를 각각 보였을 때 B점의 휨모멘트 M_B를 구한 값은? (단, EI=8×10^{10}kgf · cm^{2}로 일정하다) [기사 05, 09, 11, 15]

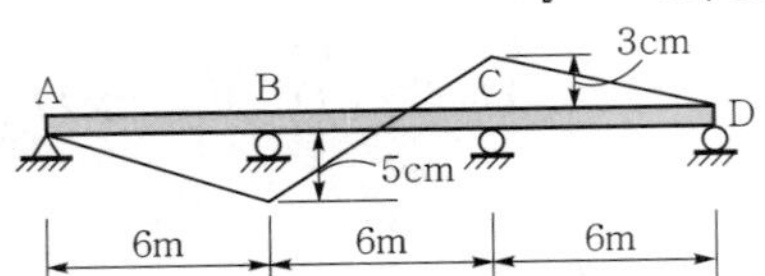

① 3.52×10^6kgf · cm ② 4.85×10^6kgf · cm
③ 5.07×10^6kgf · cm ④ 5.60×10^6kgf · cm

해설 3연모멘트 정리 이용

㉠ ABC부재

$2M_B(2 \times 600) + M_C \times 600 = 6EI\left(\frac{5}{600} + \frac{8}{600}\right)$

$\therefore\ 4M_B + M_C = \frac{78EI}{600^2}$ ………㉠

㉡ BCD부재

$M_B \times 600 + 2M_C(2 \times 600) = 6EI\left(-\frac{8}{600} - \frac{3}{600}\right)$

$M_B + 4M_C = -\frac{66EI}{600^2}$ ………㉡

㉠과 ㉡의 연립방정식에서

$M_B = 5.6 \times 10^6\text{kgf} \cdot \text{cm}$

49. 다음 그림에 보이는 1차 부정정보의 중앙지점에서의 휨모멘트는? (단, EI는 일정하다.) [기사 02]

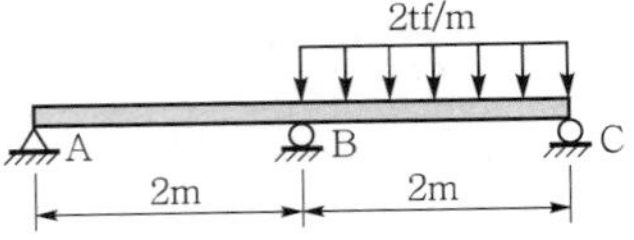

① −0.10tf · m ② −0.25tf · m
③ −0.33tf · m ④ −0.50tf · m

해설

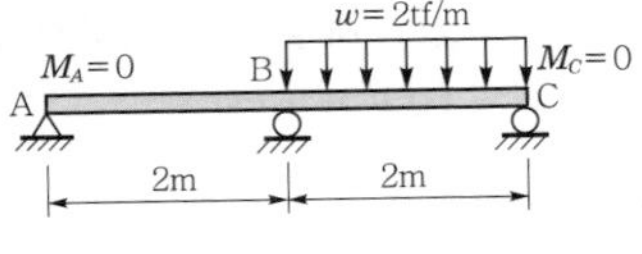

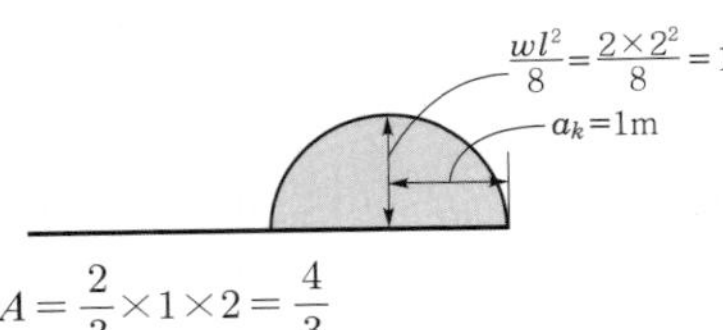

$A = \frac{2}{3} \times 1 \times 2 = \frac{4}{3}$

$M_A\left(\frac{2}{I}\right) + 2M_B\left(\frac{2}{I} + \frac{2}{I}\right) + M_C\left(\frac{2}{I}\right) = 0 - \frac{6 \times \frac{4}{3} \times 1}{2I}$

$\therefore\ M_B = -0.5\text{tf} \cdot \text{m}$

50. 다음 그림과 같은 2경간 연속보에서 B점이 5cm 아래로 침하하고 C점이 2cm 위로 상승하는 변위를 각각 취했을 때 B점의 휨모멘트로서 옳은 것은? [기사 11, 16]

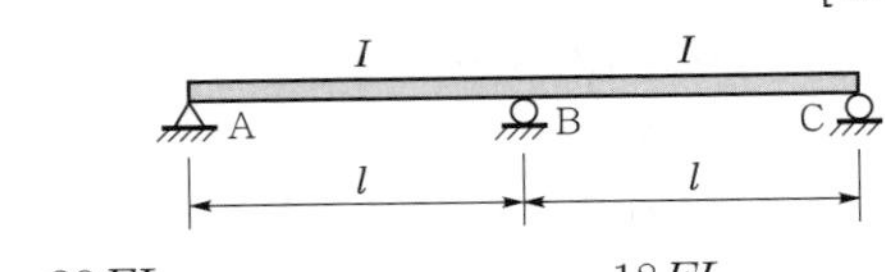

① $\frac{20EI}{l^2}$ ② $\frac{18EI}{l^2}$

③ $\frac{15EI}{l^2}$ ④ $\frac{12EI}{l^2}$

해설 3연모멘트 정리 이용

$M_A = M_C = 0,\ \theta_{BA} = \theta_{BC} = 0$

$R_{AB} = \frac{S_2 - S_1}{l_1} = \frac{5 - 0}{l} = \frac{5}{l}$

$R_{BC} = \frac{S_3 - S_2}{l_2} = \frac{-2 - 5}{l} = -\frac{7}{l}$

$2M_B\left(\frac{l}{I} + \frac{l}{I}\right) = 6E(R_{AB} - R_{BC})$

$4M_B\left(\frac{l}{I}\right) = 6E\left[\frac{5}{l} - \left(-\frac{7}{l}\right)\right]$

$\therefore\ M_B = \frac{18EI}{l^2}$

정답 48. ④ 49. ④ 50. ②

51. 길이가 l인 양단 고정보 AB의 왼쪽 지점이 다음 그림과 같이 θ만큼 회전할 때 생기는 반력을 구한 값은? [기사 06]

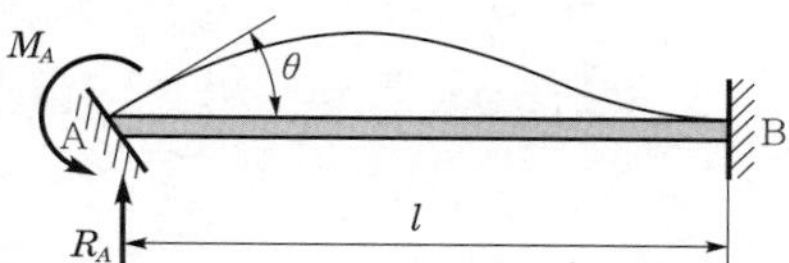

① $R_A=\dfrac{6EI}{l^2}\theta$, $M_A=\dfrac{4EI}{l}\theta$

② $R_A=\dfrac{12EI}{l^3}\theta$, $M_A=\dfrac{6EI}{l^2}\theta$

③ $R_A=\dfrac{4EI}{l^2}\theta$, $M_A=\dfrac{6EI}{l}\theta$

④ $R_A=\dfrac{2EI}{l}\theta$, $M_A=\dfrac{4EI}{l^2}\theta$

해설 처짐각법의 재단모멘트식 이용

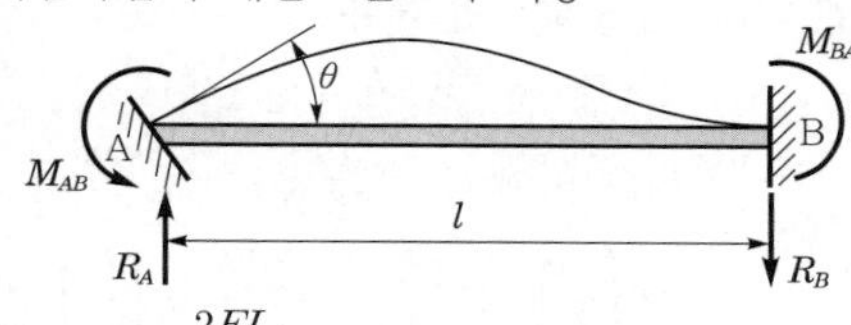

㉠ $M_{AB}=\dfrac{2EI}{l}(2\theta_A+\theta_B-3R)+C_{AB}$

$=\dfrac{2EI}{l}\times 2\theta_A=\dfrac{4EI}{l}\theta_A$

여기서, $\theta_B=0$, $R=0$, $C_{AB}=0$

㉡ $M_{BA}=\dfrac{2EI}{l}(2\theta_A+\theta_B-3R)+C_{AB}$

$=\dfrac{2EI}{l}\theta_A$

여기서, $\theta_B=0$, $R=0$, $C_{AB}=0$

㉢ $\Sigma M_B=0$

$R_A l-\dfrac{4EI}{l}\theta-\dfrac{2EI}{l}\theta=0$

$\therefore R_A=\dfrac{6EI}{l^2}\theta$

52. 다음 그림의 보에서 지점 B의 휨모멘트는? (단, EI는 일정하다.) [기사 08, 10, 16]

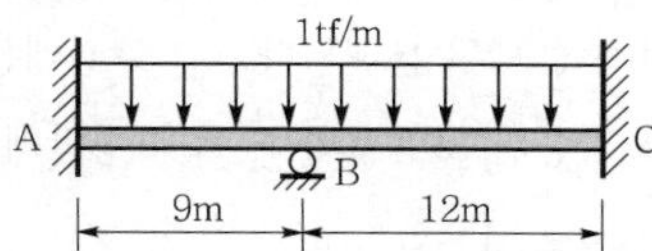

① −6.75tf · m ② −9.75tf · m
③ −12tf · m ④ −16.5tf · m

해설 처짐각법 이용

$M_{BA}=2EK_{BA}(\theta_A+2\theta_B)+C_{BA}$

$=2E\times\dfrac{I}{9}\times 2\theta_B+\dfrac{wl_{BA}^2}{12}$ .... ㉠

$M_{BC}=2EK_{BC}(2\theta_B+\theta_C)-C_{BC}$

$=2E\times\dfrac{I}{12}\times 2\theta_B-\dfrac{wl_{BC}^2}{12}$ .... ㉡

$\theta_A=\theta_C=0$이고 $M_{BA}+M_{BC}=0$이므로

$\left(\dfrac{4EI}{9}\right)\theta_B+\dfrac{1\times 9^2}{12}+\left(\dfrac{4EI}{12}\right)\theta_B-\dfrac{1\times 12^2}{12}=0$

$\therefore \theta_B=\dfrac{6.75}{EI}$

$\therefore M_{BC}=\dfrac{1}{3}\times EI\times\dfrac{6.75}{EI}-\dfrac{1\times 12^2}{12}=-9.75\text{tf}\cdot\text{m}$

53. 다음 그림과 같은 일단 고정보에서 B단에 M_B의 단모멘트가 작용한다. 단면이 균일하다고 할 때 B단의 회전각 θ_B는? [기사 07, 16]

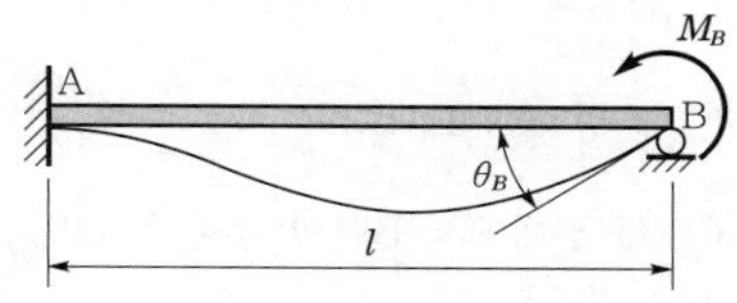

① $\theta_B=\dfrac{l}{4EI}M_B$ ② $\theta_B=\dfrac{l}{3EI}M_B$

③ $\theta_B=\dfrac{l}{2EI}M_B$ ④ $\theta_B=\dfrac{l}{6EI}M_B$

해설 처짐각법의 일반식 이용

$\theta_A=0$, $R=0$, $C_{BA}=0$

$M_{BA}=\dfrac{2EI}{l}\times 2\theta_B=-M_B$

$\therefore \theta_B=-\dfrac{l}{4EI}M_B$(반시계방향)

54. 다음 그림과 같은 보의 지점 A에 10tf · m의 모멘트가 작용하면 B점에 발생하는 모멘트의 크기는? [기사 03, 07, 산업 11]

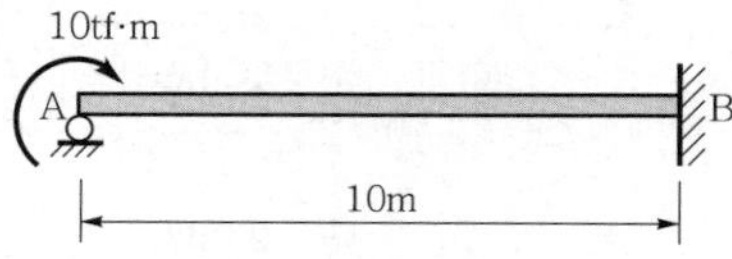

① 1tf · m ② 2.5tf · m
③ 5tf · m ④ 10tf · m

정답 51. ① 52. ② 53. ① 54. ③

해설 힌지지점 모멘트의 고정지점 A로 모멘트전달률은 $\frac{1}{2}$이다.

$\therefore M_B = \frac{1}{2}M_A = \frac{1}{2}\times 10 = 5\text{tf}\cdot\text{m}$

55. 다음 그림과 같은 구조물에서 A점의 휨모멘트의 크기는? [기사 04, 08]

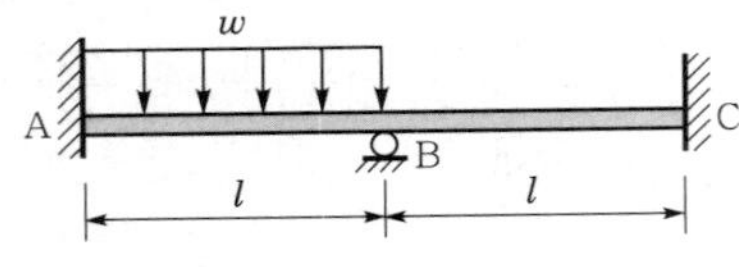

① $\frac{1}{12}wl^2$　② $\frac{7}{24}wl^2$

③ $\frac{5}{48}wl^2$　④ $\frac{11}{96}wl^2$

해설 모멘트분배법 이용

㉠ B점의 불균형 모멘트(U.M) $M_B' = \frac{wl^2}{12}$

㉡ 균형 모멘트(B.M) $M_B = -\frac{wl^2}{12}$

㉢ AB부재에서 B단의 분배율 $DF_{BA} = \frac{1}{2}$

㉣ 분배모멘트 $M_{BA} = \frac{1}{2}\times\left(-\frac{wl^2}{12}\right) = -\frac{wl^2}{24}$

㉤ A점의 전달모멘트

$M_{AB} = \frac{1}{2}\times\left(-\frac{wl^2}{24}\right) = -\frac{wl^2}{48}$

㉥ 재단모멘트 M_{AB}=하중항+전달모멘트

$= -\frac{wl^2}{12} - \frac{wl^2}{48} = -\frac{5wl^2}{48}$

㉦ A점 휨모멘트 $M_A = -M_{AB} = \frac{5}{48}wl^2$

56. 다음 그림과 같은 1차 부정정보에서 지점 B의 반력은? [산업 07, 08, 10, 12]

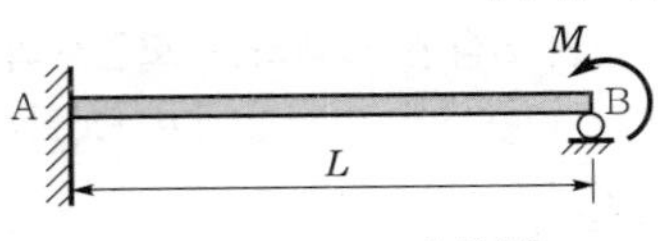

① $\frac{M}{L}$　② $\frac{1.5M}{L}$

③ $\frac{2M}{L}$　④ $\frac{2.5M}{L}$

해설 $M_A = \frac{1}{2}M_B = \frac{M}{2}$(반시계방향)

$\Sigma M_A = 0$

$-\frac{M}{2} - M + R_B L = 0$

$\therefore R_B = \frac{1.5M}{L}(\downarrow)$

57. 다음 그림과 같은 2경간 연속보에서 M_B의 크기는? (단, EI는 일정하다.) [산업 08]

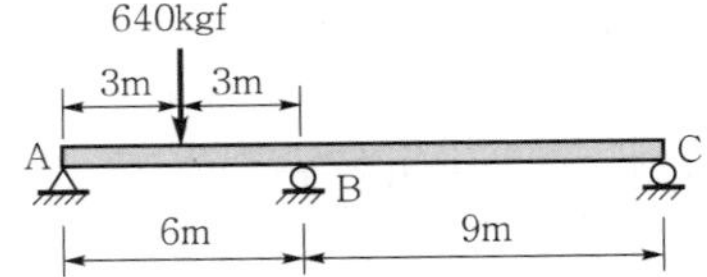

① 288kgf · m　② 248kgf · m

③ 208kgf · m　④ 168kgf · m

해설 3연모멘트법 이용

$M_A = M_C = 0,\ I_1 = I_2 = I_3$

$\theta_{23} = 0,\ \theta_{21} = -\frac{Pl^2}{16EI}$

$M_A\left(\frac{l_1}{I_1}\right) + 2M_B\left(\frac{l_1}{I_1} + \frac{l_2}{I_2}\right) + M_C\left(\frac{l_2}{I_2}\right) = 6E(\theta_{21} - \theta_{23})$

$2M_B\left(\frac{6}{I} + \frac{9}{I}\right) = 6E\left(-\frac{Pl^2}{16EI}\right)$

$2M_B \times \frac{15}{I} = -\frac{6Pl^2}{16I}$

$\therefore M_B = -\frac{6Pl^2}{16\times 30} = -\frac{6\times 640\times 6^2}{16\times 30}$

$= -288\text{kgf}\cdot\text{m}$

58. 다음 그림과 같은 보의 고정단 A의 휨모멘트는? [산업 04, 07]

① 1tf · m
② 2tf · m
③ 3tf · m
④ 4tf · m

2tf
A
B
10m
1m

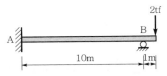

해설 B점 우측이 자유단이므로 작용모멘트는 B점 좌측에 모두 분배된다. $\overline{AB}$구간에는 하중이 없고 작용된 모멘트의 $\frac{1}{2}$이 고정단에 전달되므로

$M_B = 2\times 1 = 2\text{tf}\cdot\text{m}$

$\therefore M_A = \frac{M_B}{2} = 1\text{tf}\cdot\text{m}$

정답 55. ③ 56. ② 57. ① 58. ①

59. 다음 그림 (a)와 같이 하중을 받기 전에 지점 B와 보 사이에 $\varDelta$의 간격이 있는 보가 있다. 그림 (b)와 같이 이 보에 등분포하중 q를 작용시켰을 때 지점 B의 반력이 ql이 되게 하려면 $\varDelta$의 크기를 얼마로 하여야 하는가? (단, 보의 휨강도 EI는 일정하다.) [기사 15]

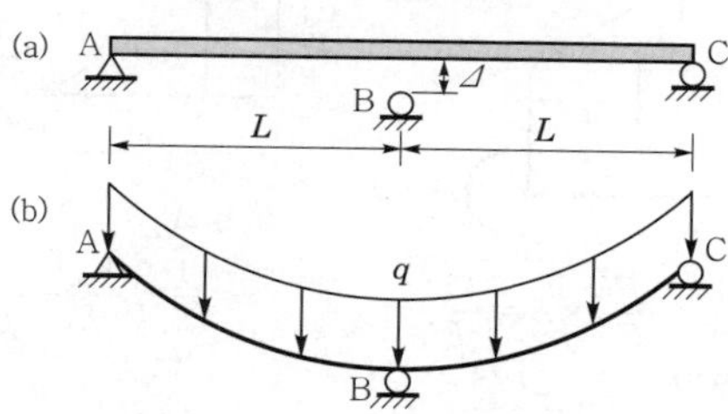

① $0.0208\dfrac{ql^4}{EI}$　② $0.0312\dfrac{ql^4}{EI}$

③ $0.0417\dfrac{ql^4}{EI}$　④ $0.0521\dfrac{ql^4}{EI}$

해설

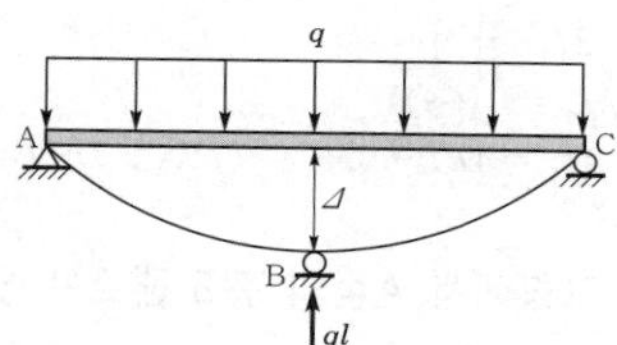

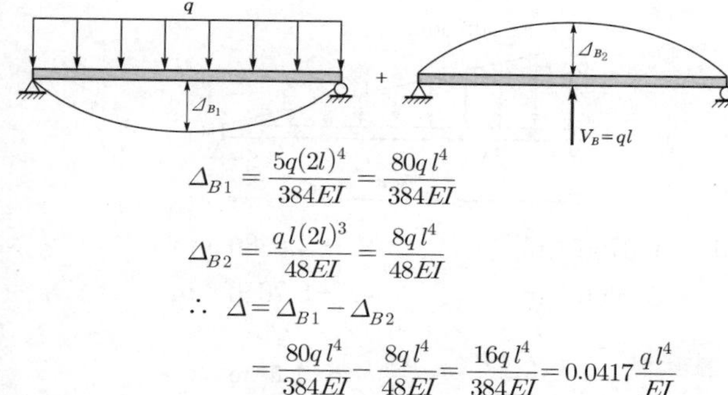

$$\varDelta_{B1}=\frac{5q(2l)^4}{384EI}=\frac{80ql^4}{384EI}$$

$$\varDelta_{B2}=\frac{ql(2l)^3}{48EI}=\frac{8ql^4}{48EI}$$

$$\therefore\ \varDelta=\varDelta_{B1}-\varDelta_{B2}$$

$$=\frac{80ql^4}{384EI}-\frac{8ql^4}{48EI}=\frac{16ql^4}{384EI}=0.0417\frac{ql^4}{EI}$$

60. 다음 그림과 같은 1차 부정정보의 B점에서의 수직반력이 옳게 된 것은? [산업 04]

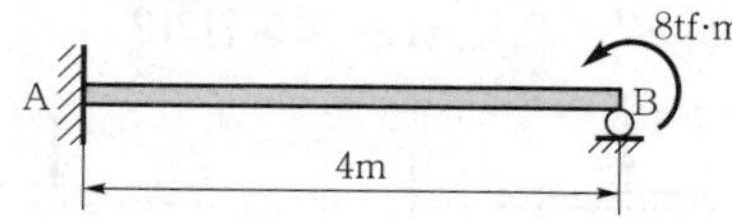

① $R_B=1.5\text{tf}(\uparrow)$　② $R_B=2.0\text{tf}(\uparrow)$

③ $R_B=2.5\text{tf}(\uparrow)$　④ $R_B=3.0\text{tf}(\uparrow)$

해설

$$M_A=\frac{1}{2}M_D=\frac{M}{2}$$

$$\Sigma M_A=0$$

$$-\frac{M}{2}-M+R_D l=0$$

$$\therefore\ R_B=1.5\frac{M}{l}=1.5\times\frac{8}{4}=3\text{tf}(\uparrow)$$

61 다음 그림과 같은 2경간 연속보에 등분포하중 w=400kgf/m가 작용할 때 전단력이 "0"이 되는 위치는 지점 A로부터 얼마의 거리(x)에 있는가? [기사 09, 17]

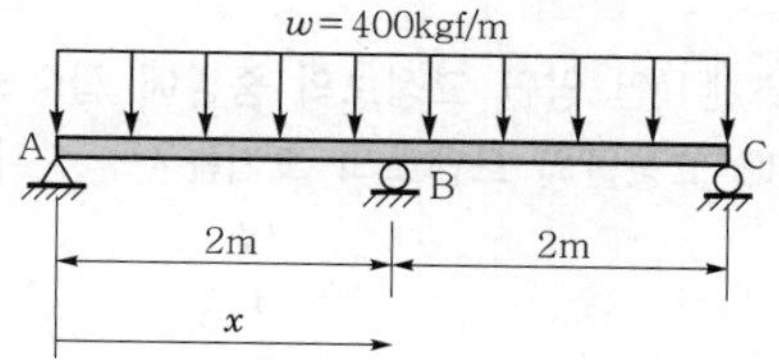

① 0.75m　② 0.85m

③ 0.95m　④ 1.05m

해설 $\varDelta_B=0$

$$\frac{5wl^4}{384EI}=\frac{V_B l^3}{48EI}$$

$$\therefore\ V_B=\frac{5wl}{8}$$

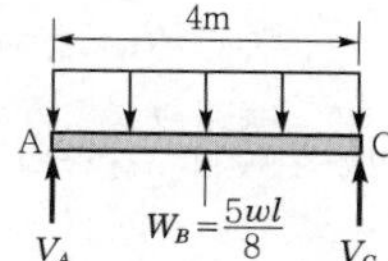

$$\Sigma M_C=0(\oplus)$$

$$V_A\times l-wl\times\frac{l}{2}+\frac{5wl}{8}\times\frac{l}{2}=0$$

$$\therefore\ V_A=\frac{wl}{2}-\frac{5wl}{16}=\frac{3wl}{16}$$

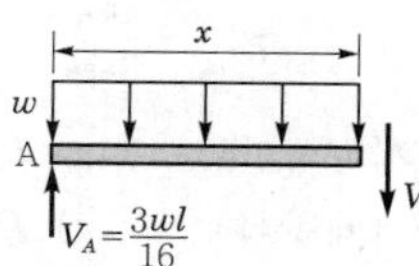

$$\Sigma F_Y=0(\downarrow\oplus)$$

$$V_x=\frac{3wl}{16}-wx=0$$

$$\therefore\ x=\frac{3l}{16}=\frac{3\times4}{16}=0.75\text{m}$$

정답 59. ③ 60. ④ 61. ①

62. 다음 그림과 같은 부정정보에서 B점의 휨모멘트(M_B)는? [산업 04]

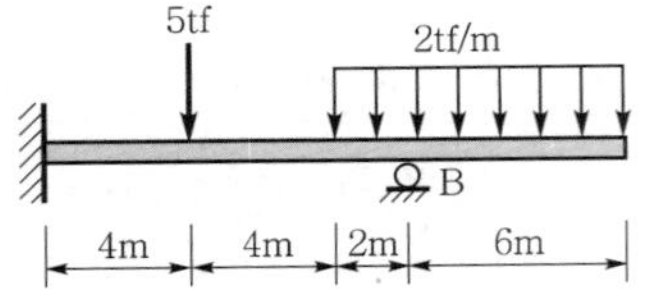

① -31.2tf·m ② -36tf·m
③ -41tf·m ④ -47tf·m

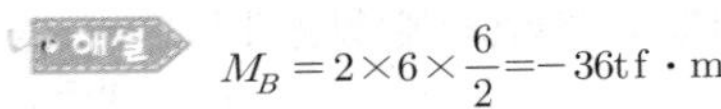

해설 $M_B = 2\times 6\times\dfrac{6}{2} = -36\text{tf}\cdot\text{m}$

63. 스팬 l인 양단 고정보의 중앙에 집중하중 P가 작용할 때 고정단의 모멘트의 크기는? [산업 03]

① $\dfrac{Pl}{2}$ ② $\dfrac{Pl}{4}$
③ $\dfrac{Pl}{8}$ ④ $\dfrac{Pl}{16}$

해설 처짐각법 하중항 공식 이용

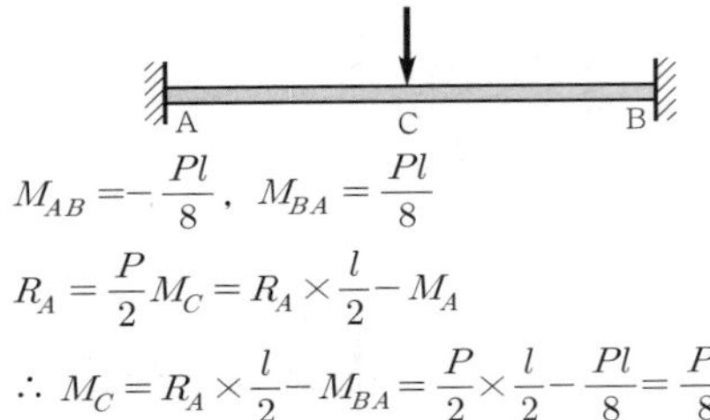

$M_{AB} = -\dfrac{Pl}{8},\ M_{BA} = \dfrac{Pl}{8}$

$R_A = \dfrac{P}{2} M_C = R_A\times\dfrac{l}{2} - M_A$

$\therefore M_C = R_A\times\dfrac{l}{2} - M_{BA} = \dfrac{P}{2}\times\dfrac{l}{2} - \dfrac{Pl}{8} = \dfrac{Pl}{8}$

64. 다음 그림과 같은 보에서 A점의 휨모멘트는? [기사 16]

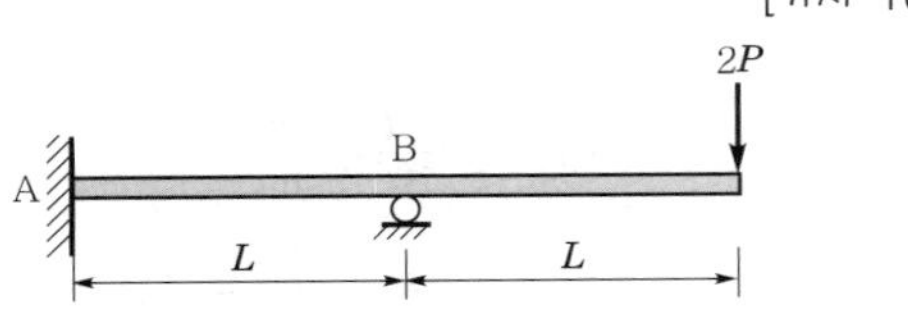

① $PL/8$(시계방향) ② $PL/2$(시계방향)
③ $PL/2$(반시계방향) ④ PL(시계방향)

해설 ㉠ 부정정력 V_B 선택, $\Delta_B = 0$ 이용

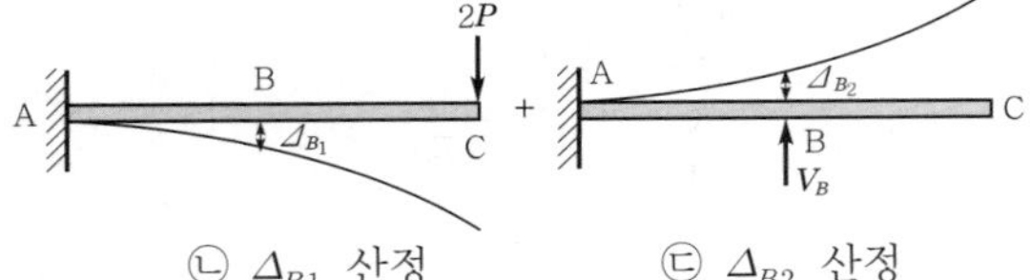

㉡ Δ_{B1} 산정 ㉢ Δ_{B2} 산정

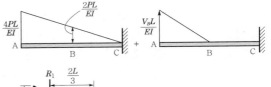

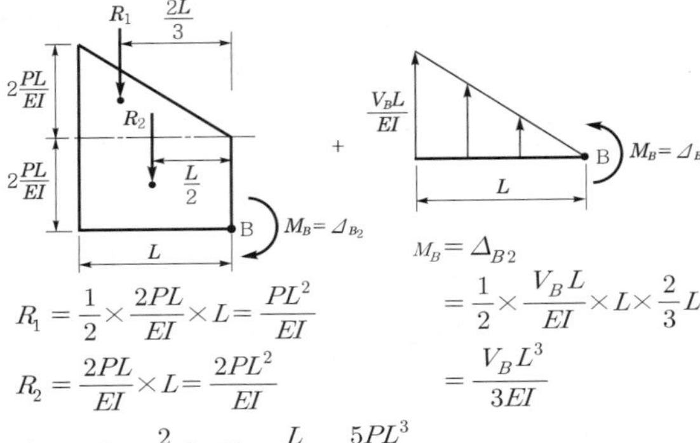

$R_1 = \dfrac{1}{2}\times\dfrac{2PL}{EI}\times L = \dfrac{PL^2}{EI}$

$R_2 = \dfrac{2PL}{EI}\times L = \dfrac{2PL^2}{EI}$

$\Delta_{B1} = R_1\times\dfrac{2}{3}L + R_2\times\dfrac{L}{2} = \dfrac{5PL^3}{3EI}$

$M_B = \Delta_{B2} = \dfrac{1}{2}\times\dfrac{V_B L}{EI}\times L\times\dfrac{2}{3}L = \dfrac{V_B L^3}{3EI}$

㉣ $\Delta_{B1} = \Delta_{B2}$

$\dfrac{5PL^3}{3EI} = \dfrac{V_B L^3}{3EI}$

$\therefore V_B = 5P$

㉤ M_A 산정

$\Sigma M_A = 0(\oplus\circlearrowright)$

$\therefore M_A = 4PL - 5PL = -PL(\downarrow)$(시계방향)

65. 다음 그림에서 A점의 휨모멘트는 얼마인가? [산업 02]

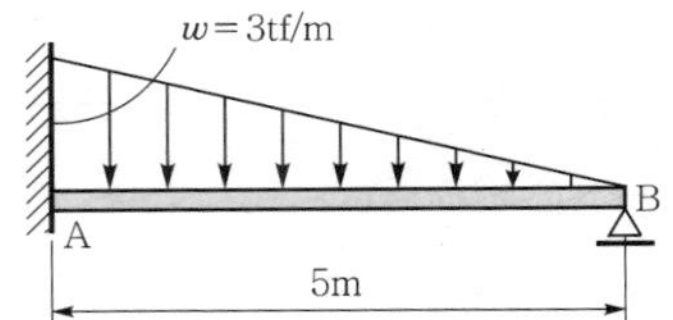

① -9.375tf·m ② -4.688tf·m
③ -5.000tf·m ④ -5.765tf·m

해설 $M_A = -\dfrac{wl^2}{15} = -\dfrac{3\times 5^2}{15} = -5\text{tf}\cdot\text{m}$

66. 다음 그림과 같은 같은 재료, 같은 단면인 2개의 보 (A), (B)에서 최대 휨모멘트가 같게 되기 위한 집중하중의 비 $P_1 : P_2$의 값은 얼마인가? [산업 08]

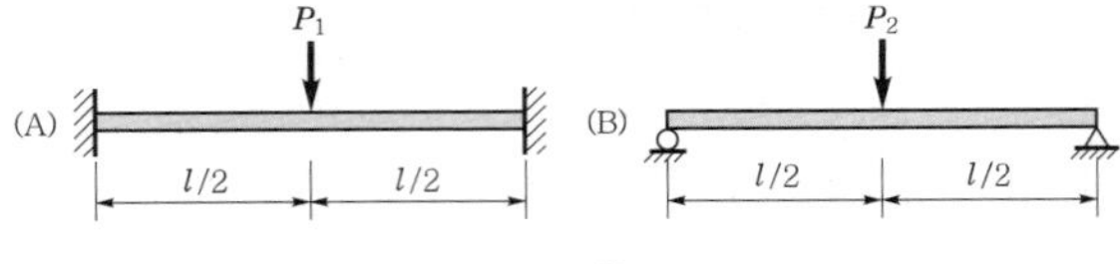

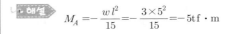

① 2 : 1 ② 4 : 1
③ 3 : 1 ④ 8 : 1

정답 62. ② 63. ③ 64. ④ 65. ③ 66. ①

해설

㉠ A의 경우 최대 휨모멘트 $M_A = \frac{P_A l}{8}$

㉡ B의 경우 최대 휨모멘트 $M_B = \frac{P_B l}{4}$

$\therefore P_1 : P_2 = 2 : 1$

67. 다음 부정정보 C점에서 BC부재에 모멘트가 분배되는 분배율의 값은? [기사 08]

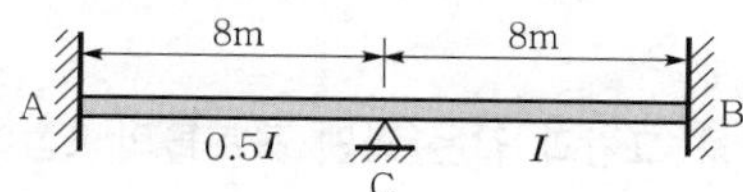

① $\frac{2}{3}$　② $\frac{1}{3}$

③ $\frac{3}{4}$　④ $\frac{1}{4}$

해설

$k_{AC} = \frac{0.5I}{8}$, $k_{BC} = \frac{I}{8}$

$k_{AC} : k_{BC} = 1 : 2$

$\therefore$ 분배율 $= \frac{\text{해당 부재강비}}{\text{전체 강비}} = \frac{2}{1+2} = \frac{2}{3}$

68. 다음 그림과 같은 1차 부정정보의 부재 중에서 모멘트가 0이 되는 곳은 A점에서 얼마 떨어진 곳인가? (단, 자중은 무시한다.) [산업 03, 08, 16]

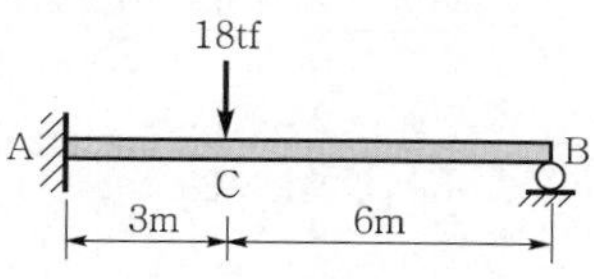

① 3m　② 2.50m

③ 1.95m　④ 1.50m

해설

$$R_B = \frac{Pa^2(3l-a)}{2l^3} = \frac{18\times3^2(3\times9-3)}{2\times9^3} = 2.67\text{tf}$$

$$R_A = 18 - 2.67 = 15.33\text{tf}$$

$$M_A = \frac{-Pab(l+b)}{2l^3} = \frac{-18\times3\times6(9+6)}{2\times9^2} = -30\text{tf}\cdot\text{m}$$

$$M_x = -M_A + R_A x = -30 + 15.33x = 0$$

$$\therefore x = \frac{30}{15.33} = 1.95\text{m}$$

69. 다음 부정정 구조물을 모멘트분배법으로 해석하고자 한다. C점이 롤러지점임을 고려한 수정강도계수에 의하여 B점에서 C점으로 분배되는 분배율 f_{BC}를 구하면? [기사 04, 09]

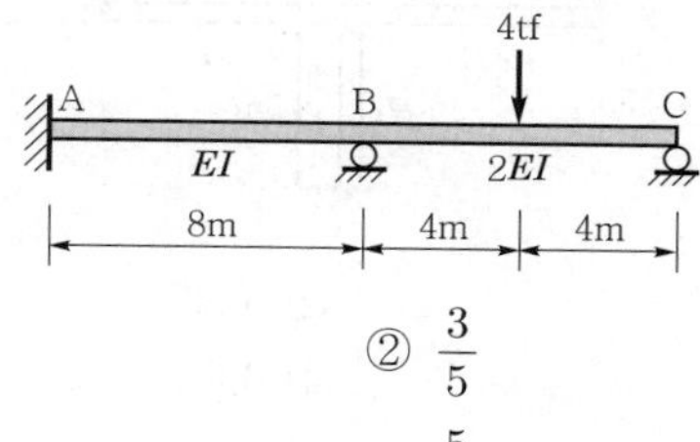

① $\frac{1}{2}$　② $\frac{3}{5}$

③ $\frac{4}{7}$　④ $\frac{5}{7}$

해설 모멘트분배법 이용

㉠ 강도

$K_{BA} = \frac{I}{8}$

$K_{BC} = \frac{2EI}{8}$

㉡ 유효강비

$k_{BA} = 1$

$k_{BC} = 2\times\frac{3}{4} = \frac{3}{2}$

㉢ 분배율

$$D.F_{BC} = \frac{\frac{3}{2}}{1+\frac{3}{2}} = \frac{3}{5}$$

70. 다음 그림과 같은 라멘 구조물의 A점에서 불균형 모멘트에 대한 부재 A1의 모멘트분배율은? [기사 03, 05]

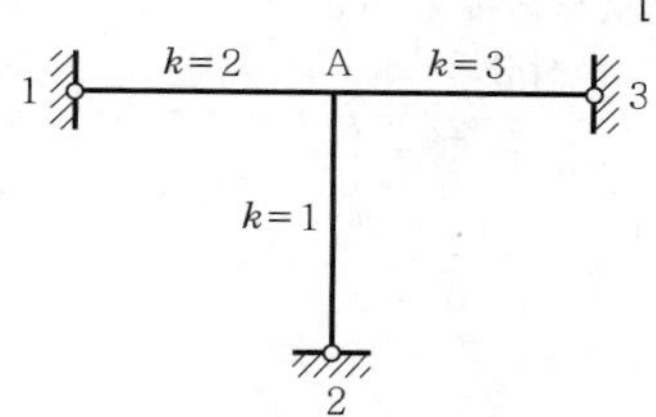

① 0.500　② 0.333

③ 0.167　④ 0.667

해설 $k_{A1} : k_{A2} : k_{A3} = 2 : 1 : 3$

$\therefore$ 분배율 $= \frac{\text{해당 부재강비}}{\text{전체 강비}} = \frac{2}{6} = 0.333$

정답 67. ① 68. ③ 69 ② 70. ②

71. 다음 그림과 같은 구조물에서 AD부재의 분배율을 구한 값으로 맞는 것은? (단, 각 부재의 단면 2차 모멘트는 ( ) 안에 나타내었다.) [기사 02]

① 0.5　② 0.85
③ 0.75　④ 0.8

해설

$$K_{AB} : K_{AC} : K_{AD} = \frac{I}{15} : \frac{I}{15} : \frac{2I}{15} = 1 : 1 : 6$$

$$\therefore D.F_{AD} = \frac{K_{AD}}{\sum K_i} = \frac{6}{8} = 0.75$$

72. 다음 그림과 같은 라멘의 A점의 휨모멘트로서 옳은 것은? [기사 11]

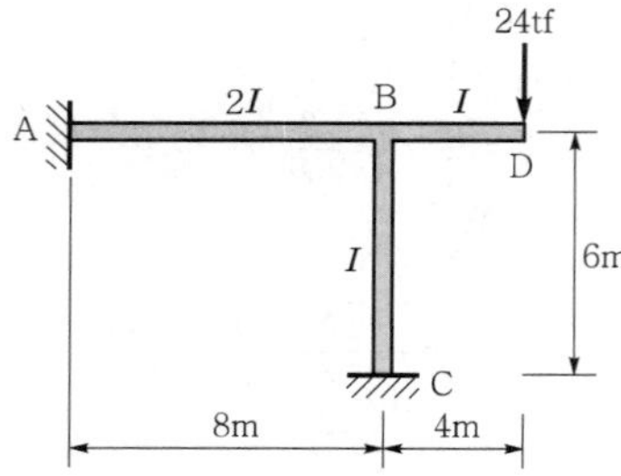

① 28.8tf · m　② −28.8tf · m
③ 57.6tf · m　④ −57.6tf · m

해설 모멘트분배법 이용

㉠ 부재강도

$$K_{BA} = \frac{2I}{8} = \frac{I}{4}$$

$$K_{AC} = \frac{I}{6}$$

㉡ 강비

$$k_{BA} = \frac{I}{4} \times \frac{6}{I} = 1.5$$

$$k_{BC} = \frac{I}{6} \times \frac{6}{I} = 1.0$$

$$M_B = 24 \times 4 = 96\text{tf} \cdot \text{m}$$

㉢ 분배율(D.F)

$$D.F_{BA} = \frac{1.5}{2.5} = 0.6$$

$$D.F_{BC} = \frac{1.0}{2.5} = 0.4$$

㉣ 분배모멘트(D.M)

$$D.M_{BA} = 96 \times 0.6 = 57.6\text{tf} \cdot \text{m}$$

$$D.M_{BC} = 96 \times 0.4 = 38.4\text{tf} \cdot \text{m}$$

㉤ 전달모멘트(C.M)

$$C.M_{AB} = 57.6 \times \frac{1}{2} = 28.8\text{tf} \cdot \text{m}$$

$$C.M_{CB} = 38.4 \times \frac{1}{2} = 19.2\text{tf} \cdot \text{m}$$

73. 다음 그림과 같은 라멘 구조물의 E점에서의 불균형 모멘트에 대한 부재 EA의 모멘트분배율은? [기사 00, 11, 15]

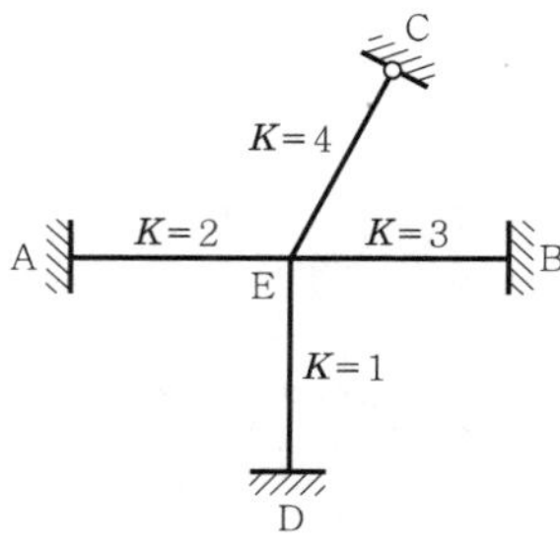

① 0.222　② 0.1667
③ 0.2857　④ 0.40

해설

$$D.F_{EA} = \frac{\text{해당 부재강비}}{\text{전체 강비}} = \frac{k_{EA}}{\sum k}$$

$$= \frac{2}{2 + 4 \times \frac{3}{4} + 3 + 1} = 0.222$$

74. 절점 D는 이동하지 않으며 재단 A, B, C가 고정일 때 M_{CD}의 크기는 얼마인가? (단, k는 강비이다.) [기사 03, 07, 09, 16, 산업 04, 12]

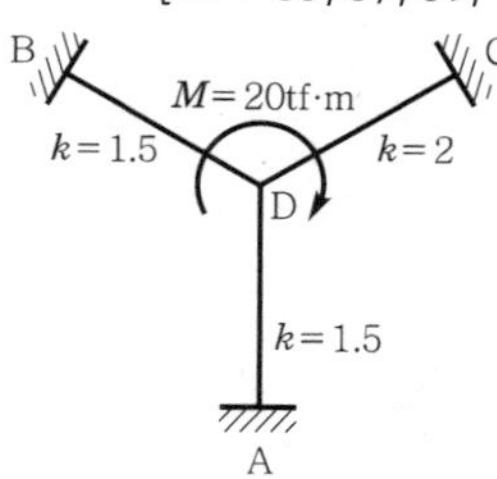

① 2.5tf · m　② 3tf · m
③ 3.5tf · m　④ 4tf · m

정답 71. ③ 72. ① 73. ① 74. ④

해설 $D.F_{DC} = \frac{\text{해당 부재강비}}{\text{전체 강비}} = \frac{2}{1.5+1.5+2} = \frac{2}{5}$

$M_{DC} = \frac{2}{5} \times 20 = 8\text{tf} \cdot \text{m}$

$\therefore M_{CD} = \frac{1}{2} M_{DC} = \frac{1}{2} \times 8 = 4\text{tf} \cdot \text{m}$

75. 다음 라멘에서 부재 AB에 휨모멘트가 생기지 않으려면 P의 크기는? [기사 09]

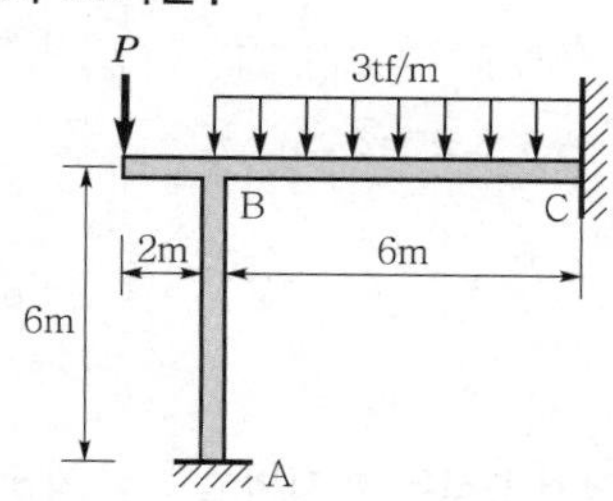

① 3.0tf ② 4.5tf
③ 5.0tf ④ 6.5tf

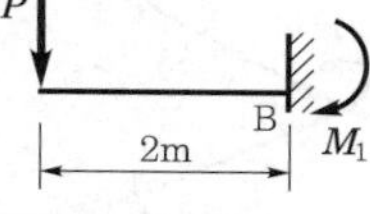

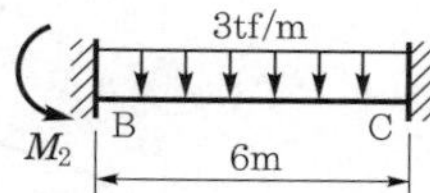

$\Sigma M_B = 0$

$M_1 = 2P$

$M_2 = \frac{wl^2}{12} = \frac{3 \times 6^2}{12} = 9\text{tf} \cdot \text{m}$

$M_1 = M_2$

$2P = 9$

$\therefore P = 4.5\text{tf}$

76. 다음 그림과 같이 A지점이 고정이고 B지점이 힌지인 부정정보가 어떤 요인에 의하여 B지점이 B′로 Δ만큼 침하하게 되었다. 이때 B′의 지점반력은? (단, EI는 일정하다.) [기사 08]

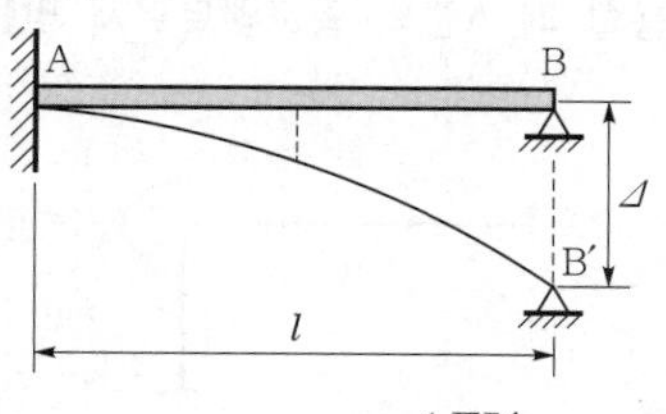

① $\frac{3EI\Delta}{l^3}$ ② $\frac{4EI\Delta}{l^3}$
③ $\frac{5EI\Delta}{l^3}$ ④ $\frac{6EI\Delta}{l^3}$

해설 일단 고정 타단 힌지 재단모멘트

$M_{AB} = 2EK_{AB}(1.5\theta_A - 1.5R) - H_{AB}$

$\theta_A = 0,\ H_{AB} = 0$

$\therefore M_{AB} = 2E \times \frac{I}{l} \times \left(-1.5\frac{\Delta}{l}\right) = -\frac{3EI\Delta}{l^2}$

(반시계방향)

$\Sigma M_A = 0$

$-\frac{3EI\Delta}{l^2} + R_B l = 0$

$\therefore R_B = \frac{3EI\Delta}{l^3}\ (\downarrow)$

77. 다음 그림과 같은 양단 고정보에서 지점 B를 반시계방향으로 1rad만큼 회전시켰을 때 B점에 발생하는 단모멘트의 값이 옳은 것은? [기사 05, 16]

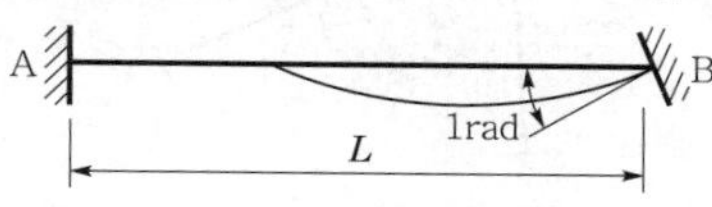

① $\frac{2EI}{L^2}$ ② $\frac{4EI}{L}$
③ $\frac{2EI}{L}$ ④ $\frac{4EI^2}{L}$

해설 $\theta_A = 0,\ \theta_B = 1$

$M_{BA} = M_{FBA} + \frac{2EI}{L}(2\theta_B + \theta_A)$

$= 0 + \frac{2EI}{L}(2 \times 1 + 0)$

$= \frac{4EI}{L}\ (\curvearrowleft)$

78. 다음 부정정보의 b단이 l''만큼 아래로 처졌다면 a단에 생기는 모멘트는? (단, $\frac{l''}{l} = \frac{1}{600}$) [기사 07, 09, 11]

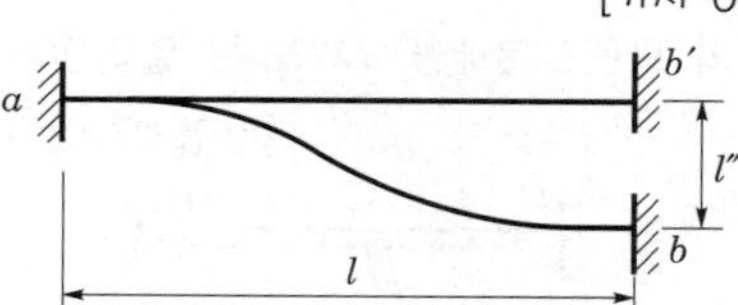

① $M_{ab} = +0.01\frac{EI}{l}$ ② $M_{ab} = -0.01\frac{EI}{l}$
③ $M_{ab} = +0.1\frac{EI}{l}$ ④ $M_{ab} = -0.1\frac{EI}{l}$

정답 75. ② 76. ① 77. ② 78. ②

해설 처짐각법 이용

$\theta_a=\theta_b=0,\ C_{ab}=0$

$K=\frac{I}{l}$

$k=\frac{l''}{l}=\frac{1}{600}$

$\therefore M_{ab}=2EK(2\theta_a+\theta_b-3k)-C_{ab}$

$=2E\times\frac{I}{l}\times\left(-3\times\frac{1}{600}\right)=-0.01\frac{EI}{l}$

79. 다음 그림의 OA부재의 분배율은? (단, I는 단면 2차 모멘트이다.) [산업 03]

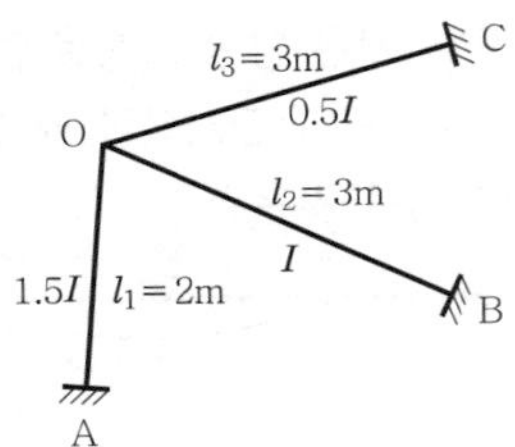

① 2/7 ② 4/7
③ 2/5 ④ 3/5

해설 ㉠ 강도

$K=\frac{I}{l}$

$K_{OA}=\frac{1.5I}{2},\ K_{OB}=\frac{I}{3},\ K_{OC}=\frac{0.5I}{3}$

㉡ K_{OC}를 표준강도 K_o로 하면 강비

$k=\frac{K}{K_o}$

$k_{OA}=\frac{9}{2}=4.5,\ k_{OB}=2k_{OC}=1$

$\therefore D.F_{OA}=\frac{k}{\Sigma k}=\frac{4.5}{7.5}=\frac{3}{5}$

80. 다음 그림의 구조물에서 유효강성계수를 고려한 부재 AC의 모멘트분배율 $D.F_{AC}$는 얼마인가? [산업 02, 04, 05, 10, 13]

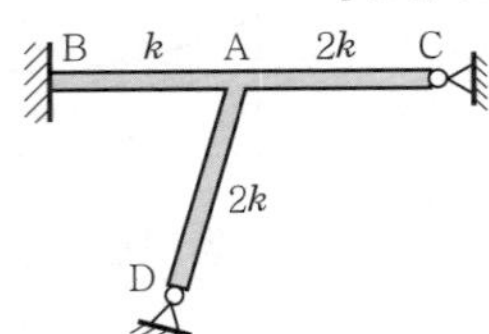

① 0.253 ② 0.375
③ 0.407 ④ 0.567

해설 ㉠ 강도

$K_{AB}=K=K_o$(표준강도)

$K_{AC}=\frac{3}{4}\times2k=\frac{6}{4}k$

$K_{AD}=\frac{3}{4}\times2k=\frac{6}{4}k$

㉡ 강비

$k_{AB}=1,\ k_{AC}=1.5,\ k_{AD}=1.5$

㉢ 분배율

$D.F_{AB}=\frac{1}{1+1.5+1.5}=\frac{1}{4}=0.25$

$D.F_{AC}=\frac{1.5}{4}=0.375$

$D.F_{AD}=\frac{1.5}{4}=0.375$

81. 다음에서 D점은 힌지이고 k는 강비이다. B점에 생기는 모멘트는? [산업 06]

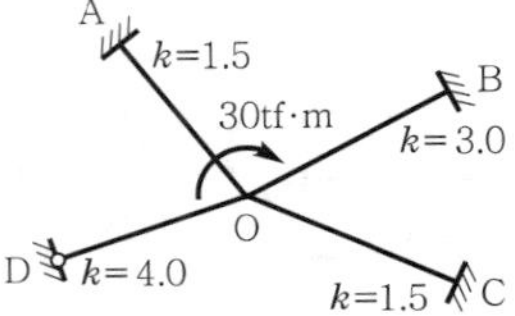

① 5.0tf · m ② 9.0tf · m
③ 10.0tf · m ④ 4.5tf · m

해설 $D.F_{OB}=\frac{3}{1.5+3+1.5+4\times\frac{3}{4}}=\frac{3}{9}=0.33$

$M_{BO}=30\times0.33=10\text{tf}\cdot\text{m}$

$\therefore M_{OB}=\frac{1}{2}M_{BO}=\frac{1}{2}\times10=5\text{tf}\cdot\text{m}$

82. 다음 그림과 같은 라멘의 B점에 36tf · m의 모멘트가 작용할 때 A점의 휨모멘트로서 맞는 것은? [산업 05, 12]

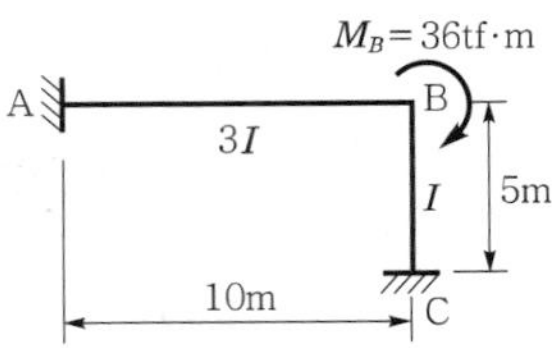

① 21.6tf · m ② −21.6tf · m
③ 10.8tf · m ④ −10.8tf · m

정답 79. ④ 80. ② 81. ① 82. ③

해설 ㉠ 강도

$K=\frac{I}{l}$

$K_{BA}=\frac{3I}{10}$, $K_{BC}=\frac{I}{5}$

㉡ K_{BC}를 표준강도 K_o로 하면 강비

$k=\frac{K}{K_o}$

$k_{BA}=\frac{3}{2}$, $k_{BC}=1$

㉢ 분배율

$D.F=\frac{k}{\sum k}$

$D.F_{BA}=\frac{1.5}{2.5}=0.6$, $D.F_{BC}=\frac{1}{2.5}=0.4$

$M_{BA}=D.F_{BA}M_B=0.6\times 36=21.6\text{tf}\cdot\text{m}$

$\therefore M_{AB}=\frac{1}{2}M_{BA}=\frac{21.6}{2}=10.8\text{tf}\cdot\text{m}$

83. 다음 그림과 같은 구조물의 O점에 모멘트하중 8tf · m가 작용할 때 모멘트 M_{CO}의 값을 구한 것은? [산업 07, 09]

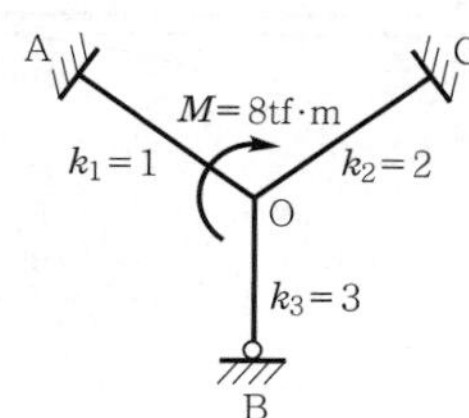

① 4.0tf · m ② 3.5tf · m
③ 2.5tf · m ④ 1.5tf · m

해설

$D.F_{OC}=\frac{2}{1+2+3\times\frac{3}{4}}=\frac{8}{21}$

$M_{OC}=D.F_{OC}M=\frac{8}{21}\times 8=\frac{64}{21}\text{tf}\cdot\text{m}$

$\therefore M_{CO}=\frac{1}{2}M_{OC}=\frac{1}{2}\times\frac{64}{21}=\frac{32}{21}=1.52\text{tf}\cdot\text{m}$

84. 다음 중 전달률을 이용하여 부정정 구조물을 풀이하는 방법은? [산업 07, 10]

① 처짐각법 ② 모멘트분배법
③ 변형일치법 ④ 3연모멘트법

해설 부정정 구조물에 발생하는 불균형 모멘트를 분배율과 전달률을 이용하여 해석하는 방법이 모멘트분배법이다.

85. 다음 연속보에서 B점의 분배율은? [산업 09]

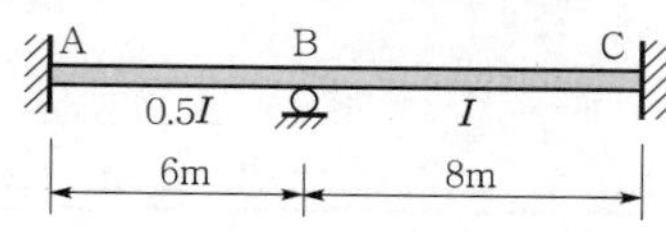

① $D.F_{AB}=\frac{2}{5}$, $D.F_{BC}=\frac{3}{5}$

② $D.F_{AB}=\frac{3}{7}$, $D.F_{BC}=\frac{4}{7}$

③ $D.F_{AB}=\frac{4}{7}$, $D.F_{BC}=\frac{3}{7}$

④ $D.F_{AB}=\frac{3}{5}$, $D.F_{BC}=\frac{2}{5}$

해설

$K_{AB}=\frac{I}{l}=\frac{0.5I}{6}=\frac{I}{12}$

$K_{BC}=\frac{I}{8}$

K_{AB}를 표준강도로 하면 $k_{AB}=\frac{K_{AB}}{K_{AB}}=1$

K_{BC}를 표준강도로 하면 $k_{BC}=\frac{K_{BC}}{K_{AB}}=1.5$

$\therefore D.F_{AB}=\frac{k_{AB}}{\sum k}=\frac{1}{1+1.5}=\frac{1}{2.5}=0.4$

$D.F_{BC}=\frac{k_{BC}}{\sum k}=\frac{1.5}{2.5}=0.6$

86. 다음 그림과 같은 부정정보를 모멘트분배법으로 해석하고자 할 때 BC부재의 분배율($D.F_{BC}$)은 얼마인가? (단, EI는 일정하다.) [산업 08]

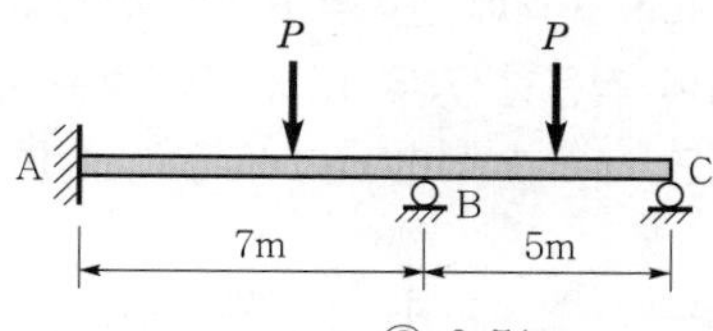

① 0.60 ② 0.51
③ 0.49 ④ 0.40

해설

$K_{AB}=\frac{I}{l}=\frac{I}{7}$

$K_{BC}=\frac{3I}{4l}=\frac{3I}{4\times 5}=\frac{3I}{20}$

$\therefore D.F_{BC}=\frac{\frac{3I}{20}}{\frac{I}{7}+\frac{3I}{20}}=\frac{0.15}{0.143+0.15}=0.51$

정답 83. ④ 84. ② 85. ① 86. ②

87. 다음과 같은 보의 A점의 수직반력 R_A는? [기사 03]

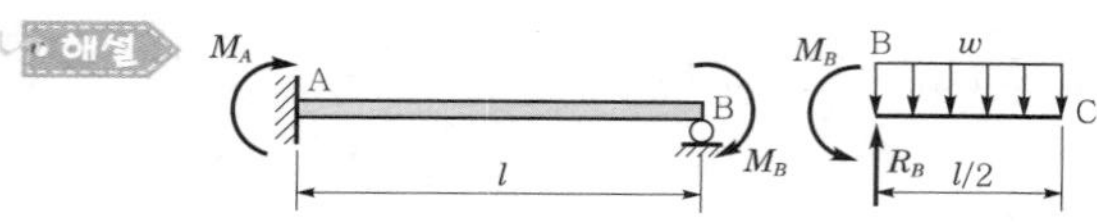

① $\frac{3}{8}wl(\downarrow)$ ② $\frac{1}{4}wl(\downarrow)$

③ $\frac{3}{16}wl(\downarrow)$ ④ $\frac{3}{32}wl(\downarrow)$

해설

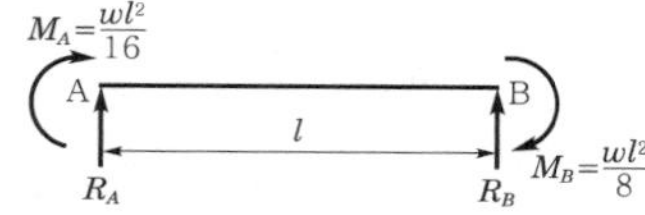

$$M_B = \frac{wl^2}{8}$$

$$M_A = \frac{1}{2}M_B = \frac{wl^2}{16}$$

$$\Sigma M_B = 0$$

$$\frac{wl^2}{16} + R_A l + \frac{wl^2}{8} = 0$$

$$\therefore R_A = -\frac{3}{16}wl$$

88. 다음 그림과 같은 캔틸레버보에서 하중을 받기 전 B점의 1cm 아래에 받침부(B′)가 있다. 하중 20tf가 보의 중앙에 작용할 경우 B′에 작용하는 수직반력의 크기는? (단, $EI = 2\times10^{12}$kgf/cm^2) [기사 02, 11]

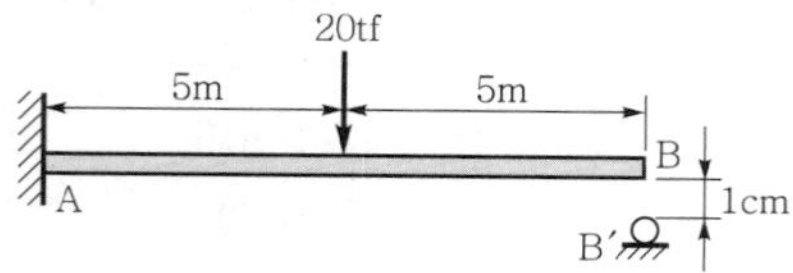

① 200kgf ② 250kgf

③ 300kgf ④ 350kgf

해설 중첩법 이용

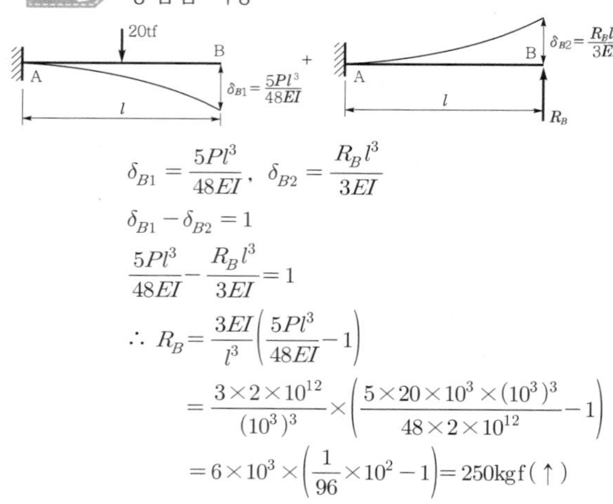

$$\delta_{B1} = \frac{5Pl^3}{48EI},\ \delta_{B2} = \frac{R_B l^3}{3EI}$$

$$\delta_{B1} - \delta_{B2} = 1$$

$$\frac{5Pl^3}{48EI} - \frac{R_B l^3}{3EI} = 1$$

$$\therefore R_B = \frac{3EI}{l^3}\left(\frac{5Pl^3}{48EI} - 1\right)$$

$$= \frac{3\times2\times10^{12}}{(10^3)^3}\times\left(\frac{5\times20\times10^3\times(10^3)^3}{48\times2\times10^{12}} - 1\right)$$

$$= 6\times10^3\times\left(\frac{1}{96}\times10^2 - 1\right) = 250\text{kgf}(\uparrow)$$

89. 길이가 l인 균일 단면보의 A단에 모멘트 M_{AB}가 가했을 때 A단의 회전각 θ_A는? (단, 휨강성은 EI이다.) [산업 02, 07]

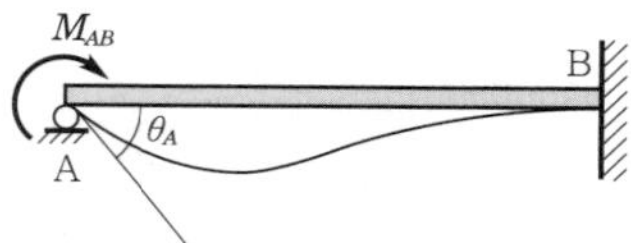

① $\frac{M_{AB}l}{EI}$ ② $\frac{4M_{AB}l}{EI}$

③ $\frac{M_{AB}l}{4EI}$ ④ $\frac{M_{AB}l}{3EI}$

해설 모멘트분배법에서 자유단에 작용하는 모멘트는 그 값의 $\frac{1}{2}$이 고정단에 전달되므로

$$\theta_A = \frac{l}{6EI}(2M_A + M_B) = \frac{l}{6EI}\left(2M_{AB} - \frac{M_{AB}}{2}\right)$$

$$= \frac{M_{AB}l}{4EI}(\curvearrowright)$$

정답 87. ③ 88. ② 89. ③

부록 I

과년도 출제문제

토목기사(2018년 3월 4일 시행)

1. 탄성변형에너지는 외력을 받는 구조물에서 변형에 의해 구조물에 축적되는 에너지를 말한다. 탄성체이며 선형거동을 하는 길이 L인 켄틸레버보의 끝단에 집중하중 P가 작용할 때 굽힘모멘트에 의한 탄성변형에너지는? (단, EI는 일정)

① $\dfrac{P^2L^2}{6EI}$　② $\dfrac{P^2L^2}{2EI}$

③ $\dfrac{P^2L^3}{6EI}$　④ $\dfrac{P^2L^3}{2EI}$

해설

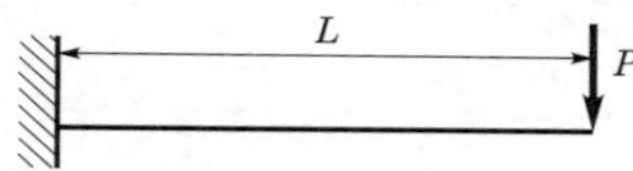

$$W = U = \frac{1}{2}P\delta = \frac{P}{2}\times\frac{PL^3}{3EI} = \frac{P^2L^3}{6EI}$$

여기서, $\delta = \dfrac{PL^3}{3EI}$

2. 다음 그림과 같은 구조물의 BD 부재에 작용하는 힘의 크기는?

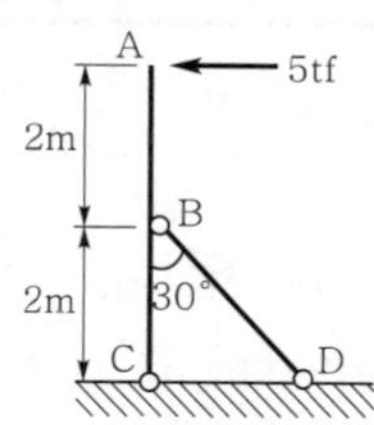

① 10tf　② 12.5tf

③ 15tf　④ 20tf

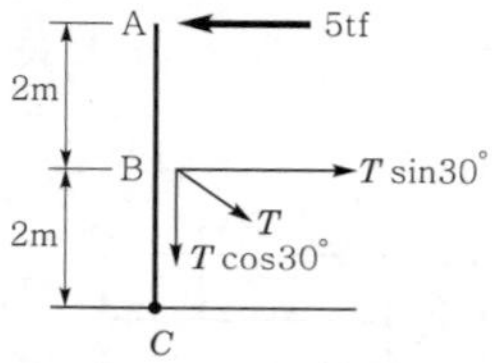

$\Sigma M_C = 0(\oplus)$

$5\times4 - T\times\sin30° \times2 = 0$

$\therefore\ T = \dfrac{5\times4}{2\times\sin30°} = 20\text{tf}(\rightarrow)$

3. 다음 그림과 같이 A지점이 고정이고 B지점이 힌지(hinge)인 부정정보가 어떤 요인에 의하여 B지점이 B′로 Δ만큼 침하하게 되었다. 이때 B′의 지점반력은? (단, EI는 일정)

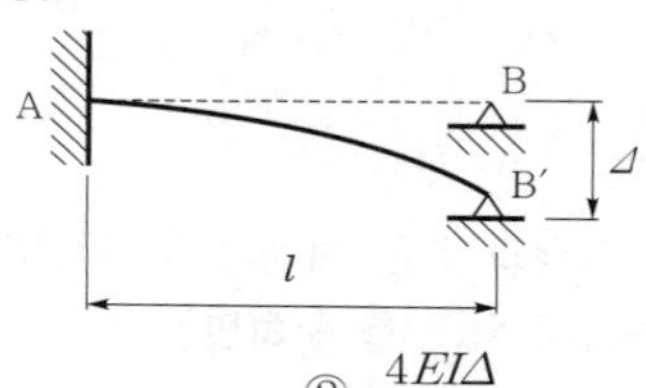

① $\dfrac{3EI\Delta}{l^3}$　② $\dfrac{4EI\Delta}{l^3}$

③ $\dfrac{5EI\Delta}{l^3}$　④ $\dfrac{6EI\Delta}{l^3}$

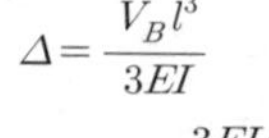
해설 B점의 최종 처짐이 Δ이므로 V_B에 의한 처짐도 Δ이다.

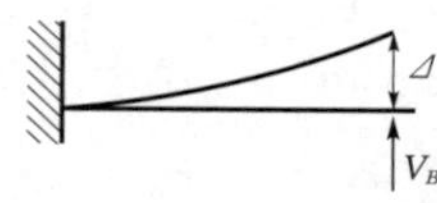

$\Delta = \dfrac{V_B l^3}{3EI}$

$\therefore\ V_B = \dfrac{3EI\Delta}{l^3}$

4. 그림과 같은 구조물에서 C점의 수직처짐을 구하면? (단, $EI = 2\times10^9$kgf · cm^{2}이며 자중은 무시한다.)

① 2.7mm

② 3.6mm

③ 5.4mm

④ 7.2mm

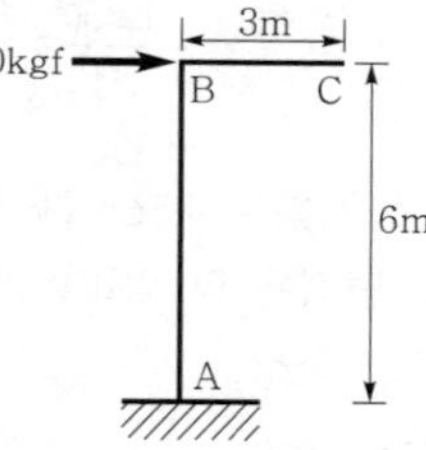

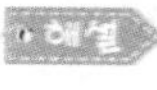

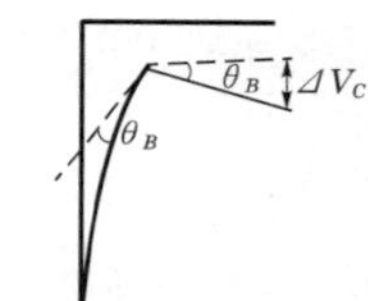

$$\theta_B = \frac{Pl^2}{2EI} = \frac{10\times600^2}{2\times2\times10^9} = 0.0009$$

$\therefore\ \Delta V_C = \theta_B\overline{\text{BC}} = 3{,}000\times0.0009 = 2.7\text{mm}$

정답 1. ③ 2. ④ 3. ① 4. ①

5. 단면이 원형(반지름 r)인 보에 휨모멘트 M이 작용할 때 이 보에 작용하는 최대 휨응력은?

① $\frac{2M}{\pi r^3}$ ② $\frac{4M}{\pi r^3}$

③ $\frac{8M}{\pi r^3}$ ④ $\frac{16M}{\pi r^3}$

해설

$I_X = \frac{\pi D^4}{64} = \frac{\pi(2r)^4}{64} = \frac{\pi r^4}{4}$

$y = r$

$\therefore \sigma = \left(\frac{M}{I}\right)y = \left(\frac{M}{\frac{\pi r^4}{4}}\right)r = \frac{4M}{\pi r^3}$

6. 다음 그림과 같은 보에서 두 지점의 반력이 같게 되는 하중의 위치(x)를 구하면?

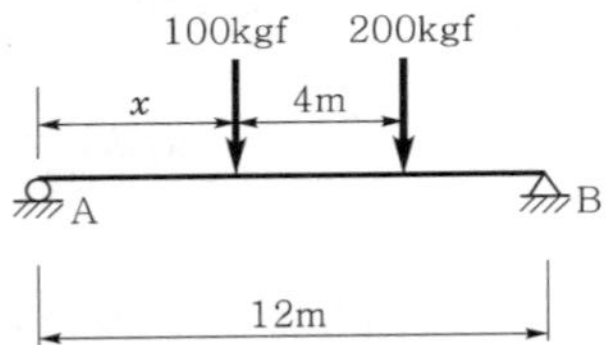

① 0.33m ② 1.33m

③ 2.33m ④ 3.33m

해설

$V_A = V_B = 150\text{kgf}$

$\Sigma M_A = 0(\oplus)$

$V_B \times 12 - 100 \times x - 200(x+4) = 0$

$1{,}800 - 100x - 200x - 800 = 0$

$300x = 1{,}000$

$\therefore x = \frac{1{,}000}{300} = 3.33\text{m}$

7. 반지름이 25cm인 원형 단면을 가지는 단주에서 핵의 면적은 약 얼마인가?

① 122.7cm^2 ② 168.4cm^2

③ 254.4cm^2 ④ 336.8cm^2

해설

$e = \frac{d}{4} = \frac{50}{4} = 12.5\text{mm}$

$\therefore A_e = \frac{\pi e^2}{4} = \frac{\pi \times 12.5^2}{4} = 122.7\text{cm}^2$

8. 같은 재료로 만들어진 반경 r인 속이 찬 축과 외반경 r이고 내반경 $0.6r$인 속이 빈 축이 동일 크기의 비틀림모멘트를 받고 있다. 최대 비틀림응력의 비는?

① 1 : 1 ② 1 : 1.15

③ 1 : 2 ④ 1 : 2.15

해설

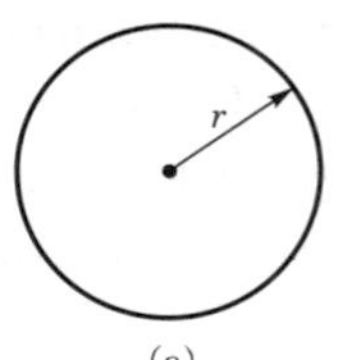

(a)

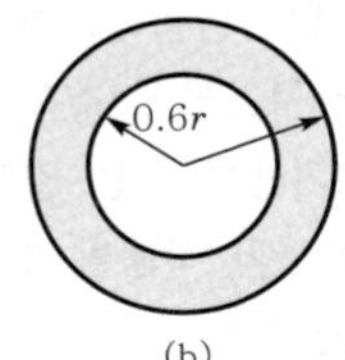

(b)

$\tau = \frac{Tr}{I_P}$

$I_{P(a)} = \frac{\pi D^4}{64} + \frac{\pi D^4}{64} = \frac{\pi D^4}{32} = \frac{\pi r^4}{2}$

$I_{P(b)} = \frac{\pi}{2}(r^4 - (0.6r)^4) = \frac{\pi}{2}(0.87r^4)$

$\therefore \tau_1 : \tau_2 = \frac{Tr}{\frac{\pi r^4}{2}} : \frac{Tr}{\frac{\pi r^4}{2} \times 0.84} = \frac{1}{1} : \frac{1}{0.84}$

$= 1 : 1.15$

9. 그림과 같은 단순보에서 최대 휨모멘트가 발생하는 위치 x(A지점으로부터의 거리)와 최대 휨모멘트 M_x는?

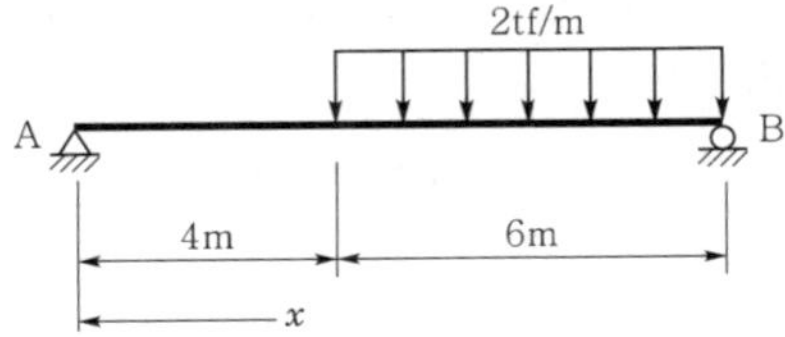

① $x = 4.0\text{m}$, $M_x = 18.02\text{tf}\cdot\text{m}$

② $x = 4.8\text{m}$, $M_x = 9.6\text{tf}\cdot\text{m}$

③ $x = 5.2\text{m}$, $M_x = 23.04\text{tf}\cdot\text{m}$

④ $x = 5.8\text{m}$, $M_x = 17.64\text{tf}\cdot\text{m}$

해설

$\Sigma M_A = 0(\oplus)$

$V_B \times 10 - 12 \times 7 = 0$

$\therefore V_B = 8.4\text{tf}(\uparrow)$

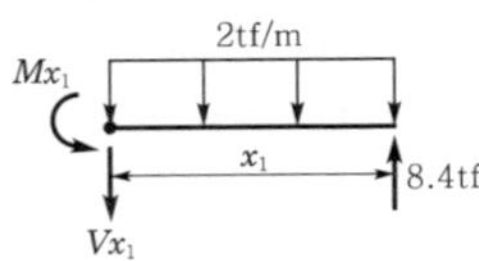

$\Sigma F_Y = 0(\downarrow \oplus)$

$V_{x_1} + 2x_1 - 8.4 = 0$

정답 5. ② 6. ④ 7. ① 8. ② 9. ④

$V_{x_1} = 8.4 - 2x$

$V_{x_1} = 0$

$2x_1 = 8.4$

$\therefore x_1 = 4.2\text{m}$

㉠ 최대 모멘트 발생위치

$x = 10 - 4.2 = 5.8\text{m}$

㉡ 최대 모멘트 산정

$M_{x_1} = M_{\max}$

$\Sigma M_{x_1} = 0(\oplus)$

$2 \times 4.2 \times \frac{2}{2} - 8.4 \times 4.2 + M_{\max} = 0$

$\therefore M_{\max} = 8.4 \times 4.2 - 4.2^2 = 17.64\text{tf} \cdot \text{m}$

10. 그림과 같은 트러스의 상현재 U의 부재력은?

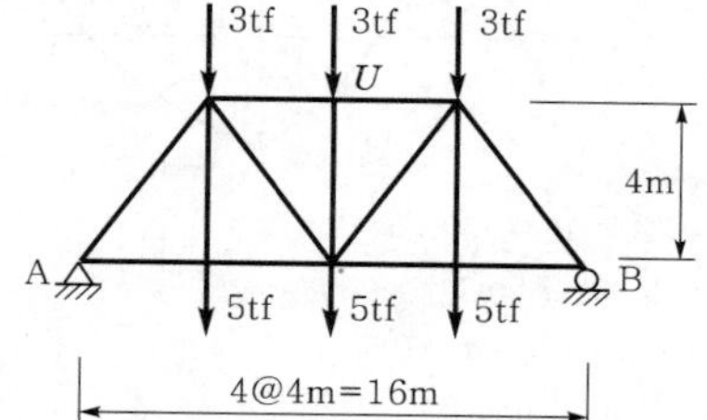

① 인장을 받으며 그 크기는 16tf이다.
② 압축을 받으며 그 크기는 16tf이다.
③ 인장을 받으며 그 크기는 12tf이다.
④ 압축을 받으며 그 크기는 12tf이다.

해설

$\Sigma M_B = 0(\oplus)$

$V_A \times 16 - 8 \times (12 + 8 + 4) = 0$

$\therefore V_A = 12\text{tf}(\uparrow)$

$\Sigma F_y = 0(\uparrow \oplus)$

$V_A + V_B = 24$

$\therefore V_B = 12\text{tf}(\uparrow)$

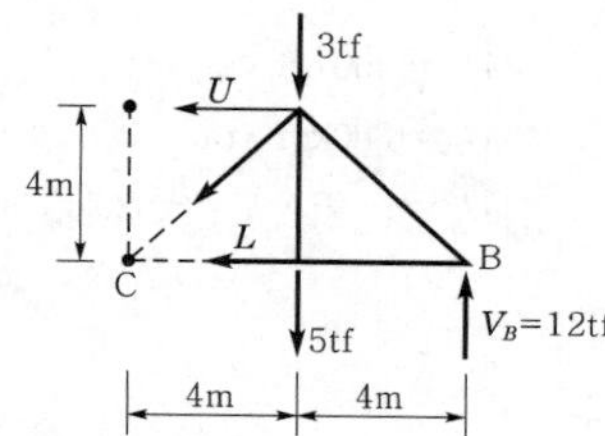

$\Sigma M_C = 0(\oplus)$

$U \times 4 + 12 \times 8 - (3+5) \times 4 = 0$

$\therefore U = \frac{32 - 96}{4} = -16\text{tf}(\text{압축})$

11. 다음 단면에서 y축에 대한 회전반지름은?

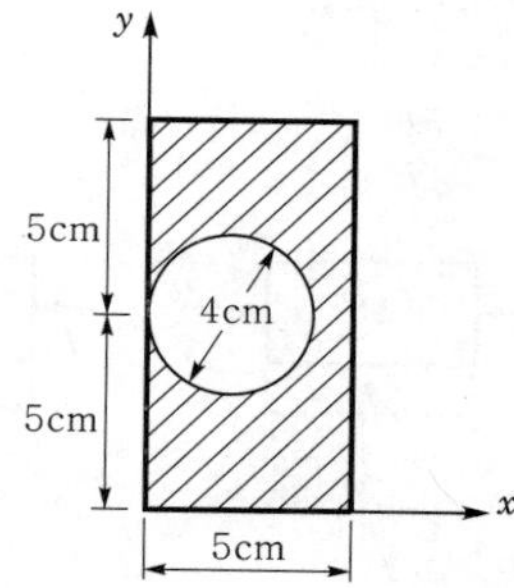

① 3.07cm
② 3.20cm
③ 3.81cm
④ 4.24cm

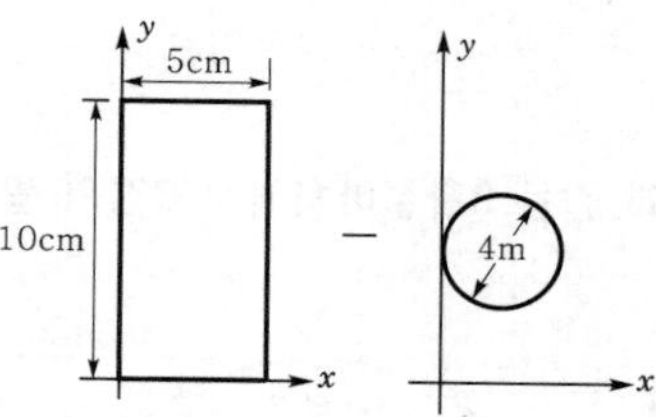

$I_{y_1} = \frac{b^3 h}{3} = \frac{5^3 \times 10}{3} = 416.7$

$I_{y_2} = \frac{5\pi D^4}{64} = \frac{5\pi \times 4^4}{64} = 62.83$

$I_y = I_{y_1} - I_{y_2} = 353.87\text{cm}^4$

$A = 10 \times 5 - \frac{\pi \times 4^2}{4} = 37.43\text{cm}^2$

$\therefore r_y = \sqrt{\frac{I_y}{A}} = \sqrt{\frac{353.87}{37.43}} = 3.074 \fallingdotseq 3.07\text{cm}$

12. 그림과 같은 단면적 A, 탄성계수 E인 기둥에서 줄음량을 구한 값은?

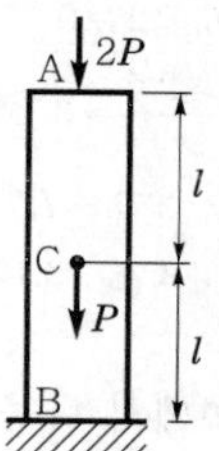

① $\frac{2Pl}{AE}$
② $\frac{3Pl}{AE}$
③ $\frac{4Pl}{AE}$
④ $\frac{5Pl}{AE}$

정답 10. ② 11. ① 12. ④

해설 훅의 법칙 이용

$$\frac{P}{A} = E\varepsilon = E\left(\frac{\Delta l}{l}\right)$$

$$\therefore \Delta l = \frac{Pl}{AE}$$

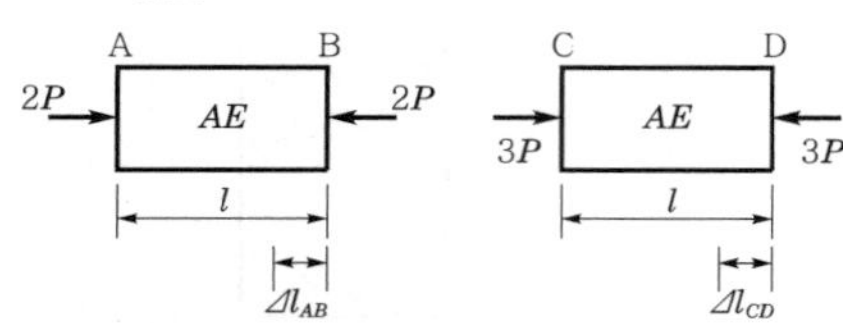

$$\Delta l_{AB} = \frac{2PL}{AE}$$

$$\Delta l_{CD} = \frac{3Pl}{AE}$$

$$\therefore \Delta l = \Delta l_{AB} + \Delta l_{CD} = \frac{5Pl}{AE}$$

13. 다음과 같은 3활절아치에서 C점의 휨모멘트는?

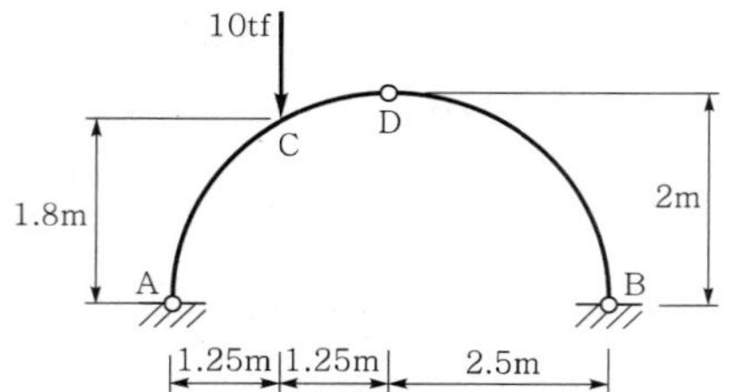

① 3.25tf · m ② 3.50tf · m
③ 3.75tf · m ④ 4.00tf · m

해설 $\Sigma M_A = 0(\oplus)$

$V_B \times 5 - 10 \times 1.25 = 0$

$\therefore V_B = 2.5\text{tf}(\uparrow)$

$\Sigma M_D = 0(\oplus)$

$V_B \times 2.5 - H_B \times 2 = 0$

$$\therefore H_B = \frac{2.5 \times 2.5}{2} = 3.125\text{tf}(\leftarrow)$$

$\therefore M_C = V_B \times 3.75 - H_B \times 1.8$

$= 2.5 \times 3.75 - 3.125 \times 1.8 = 3.75\text{tf} \cdot \text{m}$

14. 그림과 같은 보에서 다음 중 휨모멘트의 절대값이 가장 큰 곳은?

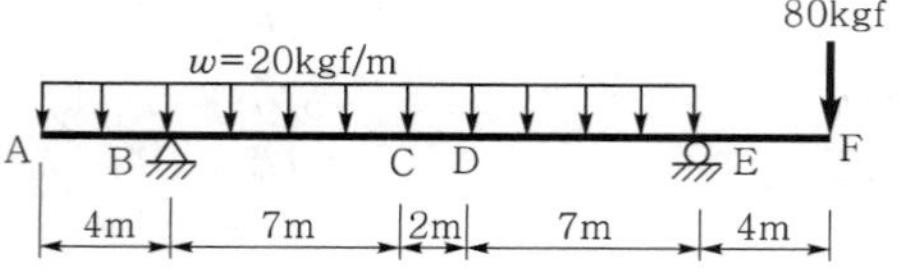

① B점 ② C점
③ D점 ④ E점

해설 $\Sigma M_E = 0(\oplus)$

$V_B \times 16 - 20 \times 20 \times 10 + 80 \times 4 = 0$

$\therefore V_B = 230\text{kgf}(\uparrow)$

$\Sigma F_Y = 0(\uparrow\oplus)$

$V_B + V_E = 480$

$\therefore V_E = 480 - 230 = 250\text{kgf}(\uparrow)$

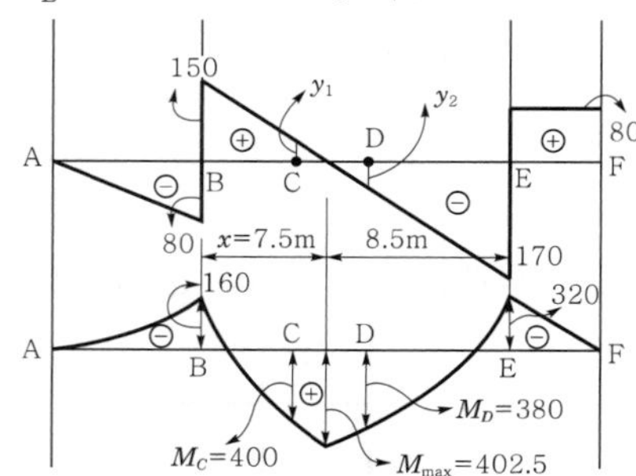

$320 : 16 = 150 : x$

$\therefore x = 7.5\text{m}$

$150 : 7.5 = y_1 : 0.5$

$\therefore y_1 = 10\text{kgf}$

$170 : 8.5 = y_2 : 1.5$

$\therefore y_2 = 30\text{kgf}$

$$M_C = \left(\frac{150 + y_1}{2}\right) \times 7 - 160$$

$$= \left(\frac{150 + 10}{2}\right) \times 7 - 160 = 400$$

$$M_{max} = -\frac{1}{2} \times 80 \times 4 + 150 \times 7.5 \times \frac{1}{2}$$

$= 402.5$

$$M_D = 402.5 - \frac{1}{2} \times 1.5 \times 30 = 380$$

$$\therefore M_B = -\frac{1}{2} \times 4 \times 80 = -160\text{kgf} \cdot \text{m}$$

$M_C = 400\text{kgf} \cdot \text{m}$

$M_D = 380\text{kgf} \cdot \text{m}$

$M_E = -80 \times 4 = -320\text{kgf} \cdot \text{m}$

 정답 13. ③ 14. ②

15. 그림과 같은 뼈대 구조물에서 C점의 수직반력(↑)을 구한 값은? (단, 탄성계수 및 단면은 전 부재가 동일)

① $\dfrac{9wl}{16}$

② $\dfrac{7wl}{16}$

③ $\dfrac{wl}{8}$

④ $\dfrac{wl}{16}$

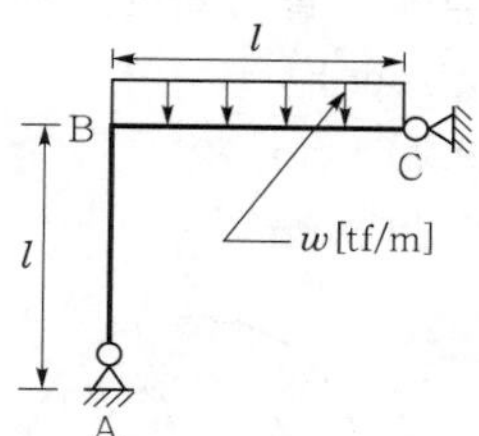

해설 $\Sigma M_A = 0(\oplus)$

$$H_C \times l + V_C \times l - \frac{wl^2}{2} = 0$$

$$\therefore\ H_C = \frac{wl}{2} - V_C$$

$\Sigma F_x = 0(\rightarrow \oplus)$

$$H_A = H_C = \frac{wl}{2} - V_C$$

$\Sigma F_y = 0(\uparrow \oplus)$

$$V_A = \omega l - V_C$$

• 최소 일의 이용(과잉력 V_C 선택)

부재	$x=0$	M_x	$\dfrac{\partial M_x}{\partial V_c}$	$M_x \dfrac{\partial M_x}{\partial V_c}$
AB	A	$-\dfrac{wl}{2}x + V_C x$	x	$-\dfrac{wl}{2}x^2 + V_C x^2$
BC	C	$V_C x - \dfrac{w}{2}x^2$	x	$V_C x^2 - \dfrac{w}{2}x^3$

$\Delta_C = 0$이므로

$$\frac{1}{EI}\int_0^l M_x\left(\frac{\partial M_x}{\partial V_c}\right)dx = 0$$

$$\int_0^l\left(-\frac{wl}{2}x^2 + V_C x^2\right)dx + \int_0^l\left(V_C x^2 - \frac{w}{2}x^3\right)dx = 0$$

$$\left[-\frac{wl}{6}x^3 + \frac{V_C}{3}x^3\right]_0^l + \left[\frac{V_C}{3}x^3 - \frac{w}{8}x^4\right]_0^l = 0$$

$$-\frac{wl^4}{6} + \frac{V_C l^3}{3} + \frac{V_C l^3}{3} - \frac{wl^4}{8} = 0$$

$$\frac{2}{3}V_C l^3 = \frac{4wl^4}{24} + \frac{3wl^4}{24}$$

$$\therefore\ V_C = \frac{7wl^4}{24} \times \frac{3}{2l^3} = \frac{7wl}{16}$$

16. 정육각형 틀의 각 절점에 그림과 같이 하중 P가 작용할 때 각 부재에 생기는 인장응력의 크기는?

① P

② $2P$

③ $\dfrac{P}{2}$

④ $\dfrac{P}{\sqrt{2}}$

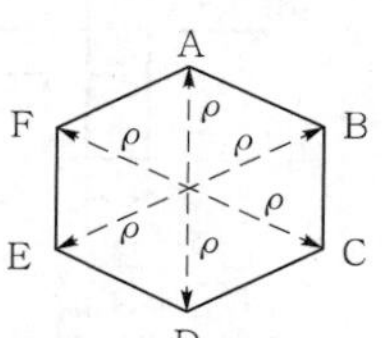

해설

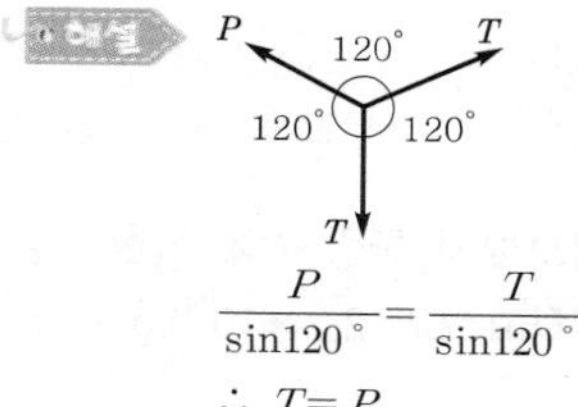

$$\frac{P}{\sin 120^\circ} = \frac{T}{\sin 120^\circ}$$

$$\therefore\ T = P$$

17. 그림과 같은 단면에 1,000kgf의 전단력이 작용할 때 최대 전단응력의 크기는?

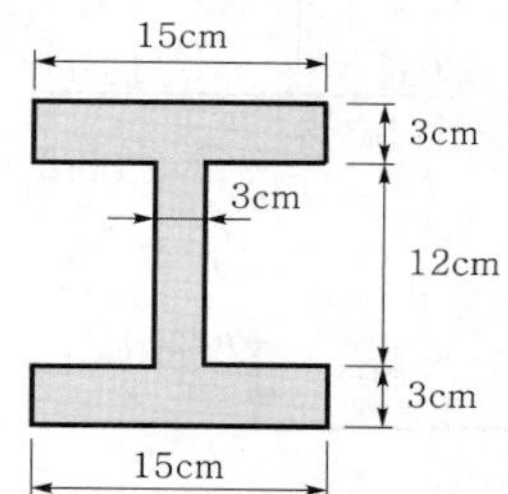

① 23.5kgf/cm²　② 28.4kgf/cm²

③ 35.2kgf/cm²　④ 43.3kgf/cm²

$$I_x = \frac{15 \times 18^3}{12} - \frac{12 \times 12^3}{12} = 5{,}562\text{cm}^4$$

$$Q_x = (15 \times 3 \times 7.5) + (3 \times 6 \times 3) = 391.5\text{cm}^3$$

$$\therefore\ \tau = \frac{VQ_x}{Ib} = \frac{1{,}000 \times 391.5}{5{,}562 \times 3}$$

$$= 23.46 \fallingdotseq 23.5\text{kgf/m}^2$$

18. 다음 그림과 같은 T형 단면에서 도심축 $C-C$ 축의 위치 x는?

① $2.5h$

② $3.0h$

③ $3.5h$

④ $4.0h$

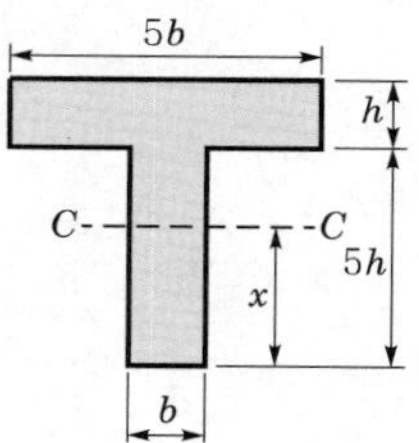

정답　15. ②　16. ①　17. ①　18. ④

해설

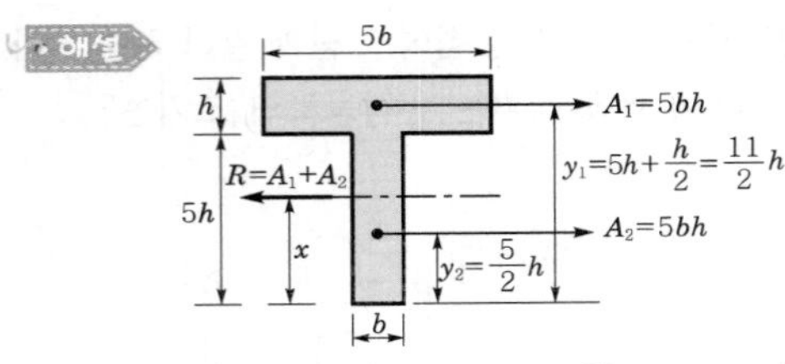

$$\bar{y}=\frac{A_1y_1+A_2y_2}{A_1+A_2}=\frac{5bh\times\frac{11}{2}h+5bh\times\frac{5}{2}h}{10bh}$$

$$=\frac{\frac{55}{2}h+\frac{25}{2}h}{10}=\frac{80h}{20}=4h$$

19. 그림과 같은 게르버보에서 하중 P에 의한 C점의 처짐은? (단, EI는 일정하고 $EI=2.7\times10^{11}$kgf·cm^{2}이다.)

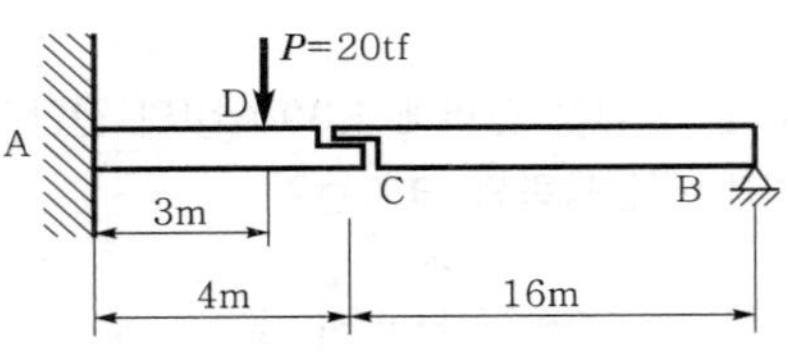

① 2.7cm ② 2.0cm
③ 1.0cm ④ 0.7cm

해설

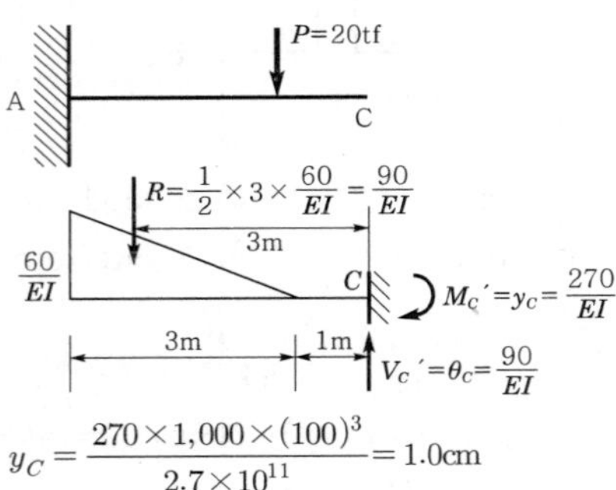

$$y_C=\frac{270\times1,000\times(100)^3}{2.7\times10^{11}}=1.0\text{cm}$$

20. 중공원형 강봉에 비틀림력 T가 작용할 때 최대 전단변형율 $\gamma_{\max}=750\times10^{-6}$rad으로 측정되었다. 봉의 내경은 60mm이고 외경은 75mm일 때 봉에 작용하는 비틀림력 T를 구하면? (단, 전단탄성계수 $G=8.15\times10^5$kgf/cm^2)

① 29.9tf·cm ② 32.7tf·cm
③ 35.3tf·cm ④ 39.2tf·cm

해설

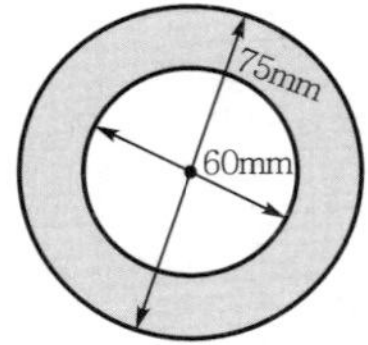

$$I_P=\frac{\pi}{32}(7.5^4-6^4)=183.4\text{cm}^4$$

$$r=\frac{7.5}{2}=3.75\text{cm}$$

$$\tau=\gamma G=750\times10^{-6}\times8.15\times10^5=611.25$$

$$\therefore\ T=\frac{\tau I_P}{r}=\frac{611.25\times183.4}{3.75}$$

$$=29,894.2\text{kgf}\cdot\text{cm}=29.9\text{tf}\cdot\text{cm}$$

정답 19. ③ 20. ①

토목산업기사(2018년 3월 4일 시행)

1. 아래의 정정보에서 A지점의 수직반력(R_A)은?

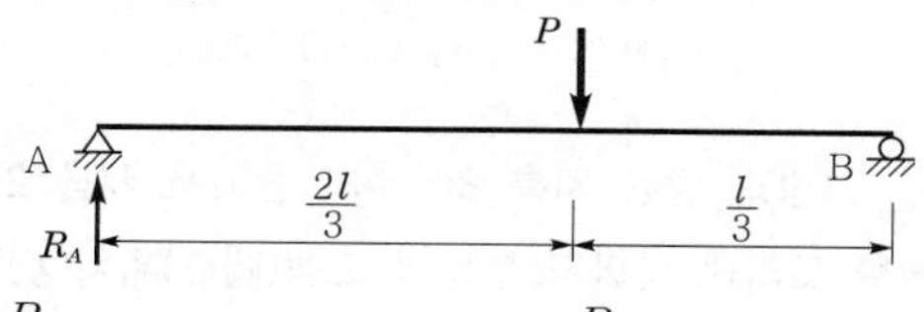

① $\dfrac{P}{4}$ ② $\dfrac{P}{3}$

③ $\dfrac{P}{2}$ ④ $\dfrac{2P}{3}$

해설 $\Sigma M_B = 0(\oplus)$

$R_A \times l - P \times \dfrac{1}{3}l = 0$

$\therefore R_A = \dfrac{P}{3}(\uparrow)$

2. 지름이 d인 원형 단면의 단주에서 핵(Core)의 지름은?

① $\dfrac{d}{2}$ ② $\dfrac{d}{3}$

③ $\dfrac{d}{4}$ ④ $\dfrac{d}{6}$

해설 $I = \dfrac{\pi d^4}{64}$

$A = \dfrac{\pi d^2}{4}$

$y = \dfrac{d}{2}$

$r^2 = \dfrac{I}{A} = \dfrac{d^2}{16}$

$\therefore e = \dfrac{r^2}{y} = \dfrac{\frac{d^2}{16}}{\frac{d}{2}} = \dfrac{d}{8}$

$\therefore$ 단주의 핵지름 $= 2e = \dfrac{d}{4}$

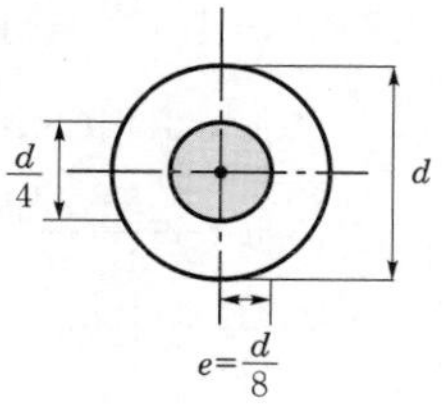

(그림: $\dfrac{d}{4}$, d, $e = \dfrac{d}{8}$)

3. 그림과 같은 트러스에서 부재 V(중앙의 연직재)의 부재력은 얼마인가?

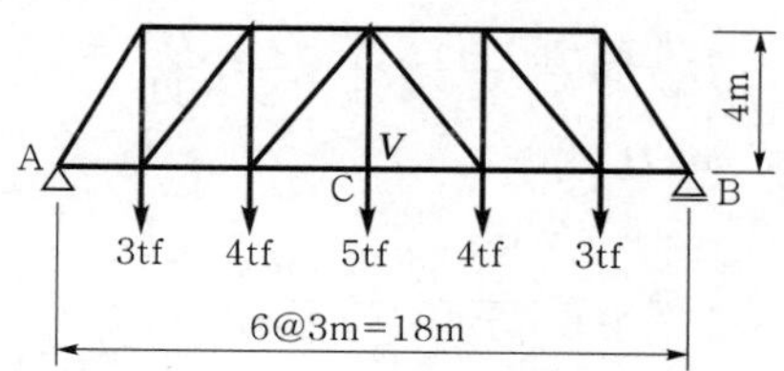

① 5tf(인장) ② 5tf(압축)

③ 4tf(인장) ④ 4tf(압축)

해설

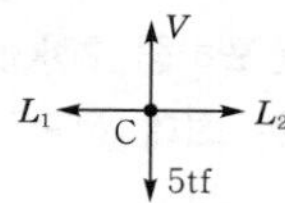

$\Sigma F_Y = 0(\uparrow \oplus)$

$V - 5 = 0$

$\therefore V = 5\text{tf}(\uparrow)$(인장)

4. 다음 중 정정 구조물의 처짐 해석법이 아닌 것은?

① 모멘트면적법 ② 공액보법

③ 가상일의 원리 ④ 처짐각법

해설 처짐각법은 부정정 구조물의 해석법이다.

5. 단면 1차 모멘트의 단위로서 옳은 것은?

① cm ② cm^2

③ cm^3 ④ cm^4

해설 $G = Ay[\text{cm}^2 \times \text{cm} = \text{cm}^3]$

6. 반지름이 R인 원형 단면에 전단력 S가 작용할 때 최대 전단응력($\tau_{\max}$)의 값은?

① $\dfrac{3S}{4\pi R^2}$ ② $\dfrac{4S}{3\pi R^2}$

③ $\dfrac{3S}{2\pi R^2}$ ④ $\dfrac{2S}{3\pi R^2}$

정답 1. ② 2. ③ 3. ① 4. ④ 5. ③ 6. ②

해설

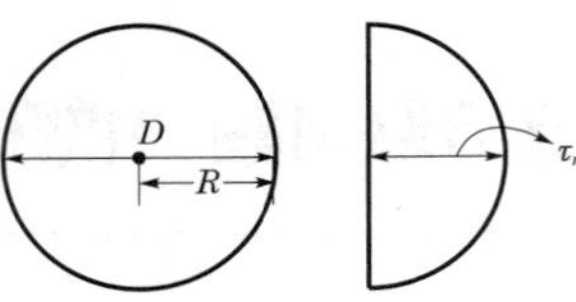

$$\tau = \frac{SG_X}{Ib}$$

$$I = \frac{\pi D^4}{64},\ A = \frac{\pi D^2}{4} \times \frac{1}{2} = \frac{\pi D^2}{8}$$

$$G_X = A\bar{y} = \frac{\pi D^2}{8} \times \frac{4}{3\pi} \times \frac{D}{2} = \frac{D^3}{12}$$

$$b = D$$

$$\therefore \tau_{\max} = \frac{S \times \frac{D^3}{12}}{\frac{\pi D^4}{64} \times D} = \frac{16S}{3\pi D^2}$$

$$= \frac{16S}{3\pi \times (2R)^2} = \frac{4S}{3\pi R^2} = \frac{4S}{3A}$$

7. 지간 10m인 단순보에 등분포하중 20kgf/m가 만재되어있을 때 이 보에 발생하는 최대 전단력은?

① 100kgf ② 125kgf
③ 150kgf ④ 200kgf

해설 $V_{\max} = \frac{20 \times 10}{2} = 100\text{kgf}$

8. 다음 부정정 구조물의 부정정 차수를 구한 값은?

① 8차
② 12차
③ 16차
④ 20차

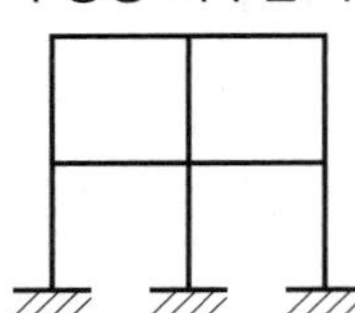

해설

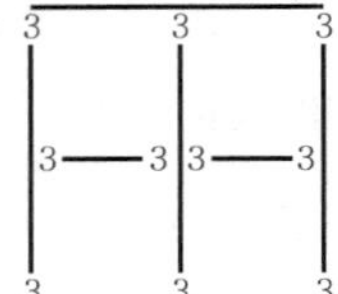

$N = r - 3m = 30 - 3 \times 6 = 12$차 부정정

9. 지름이 5cm, 길이가 200cm인 탄성체 강봉을 15mm만큼 늘어나게 하려면 얼마의 힘이 필요한가? (단, 탄성계수 $E = 2.1 \times 10^6 \text{kgf/cm}^2$)

① 약 2,061tf ② 약 206tf
③ 약 3,091tf ④ 약 309tf

해설 훅의 법칙 이용

$$\frac{P}{A} = E\varepsilon$$

$$A = \frac{\pi \times 5^2}{4} = 19.635\text{cm}^2$$

$$\varepsilon = \frac{\Delta l}{L} = \frac{1.5}{200} = 7.5 \times 10^{-3}$$

$$\therefore P = AE\varepsilon = 19.635 \times 2.1 \times 10^6 \times 7.5 \times 10^{-3}$$
$$= 309,251\text{kgf} = 309.3\text{tf} \fallingdotseq 309\text{tf}$$

10. 그림과 같은 지름 80cm의 원에서 지름 20cm의 원을 도려낸 나머지 부분의 도심(圖心)위치($\bar{y}$)는?

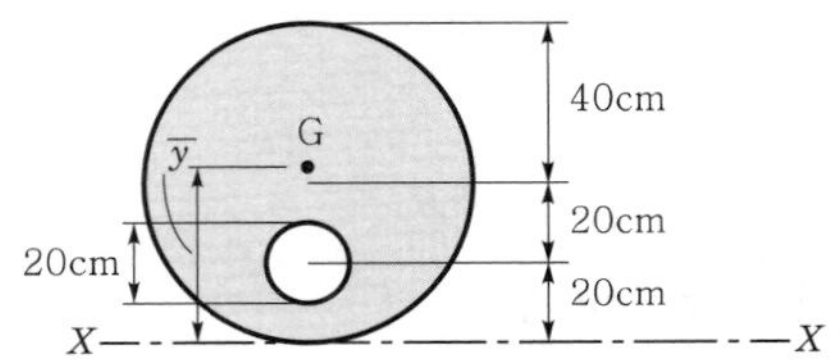

① 40.125cm ② 40.625cm
③ 41.137cm ④ 41.333cm

해설

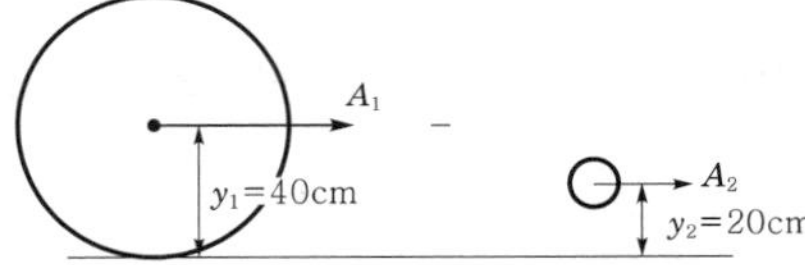

$$A_1 = \frac{\pi \times 80^2}{4} = 5,026.54\text{cm}^2$$

$$A_1 y_1 = 5,026.54 \times 40 = 201,061.6\text{cm}^3$$

$$A_2 = \frac{\pi \times 20^2}{4} = 314.16\text{cm}^2$$

$$A_2 y_2 = 314.16 \times 20 = 6,283.2\text{cm}^2$$

$$\therefore \bar{y} = \frac{A_1 y_1 - A_2 y_2}{A_1 - A_2} = \frac{201,061.6 - 6,283.2}{5,026.54 - 314.16}$$
$$= 41.333\text{cm}$$

11. 그림과 같은 단순보에서 C점의 휨모멘트는?

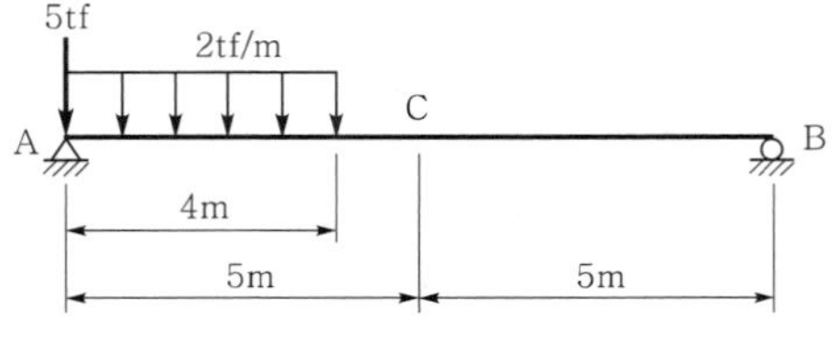

① 4tf · m ② 6tf · m
③ 8tf · m ④ 10tf · m

 정답 7. ① 8. ② 9. ④ 10. ④ 11. ③

해설 $\Sigma M_A = 0(\oplus)$

$V_B \times 10 - 4 \times 2 \times 2 = 0$

$V_B = 1.6\text{tf}(\uparrow)$

$\therefore M_C = V_B \times 5 = 1.6 \times 5 = 8\text{tf} \cdot \text{m}$

12. 보의 단면에서 휨모멘트로 인한 최대 휨응력이 생기는 위치는 어느 곳인가?

① 중립축
② 중립축과 상단의 중간점
③ 중립축과 하단의 중간점
④ 단면 상·하단

해설

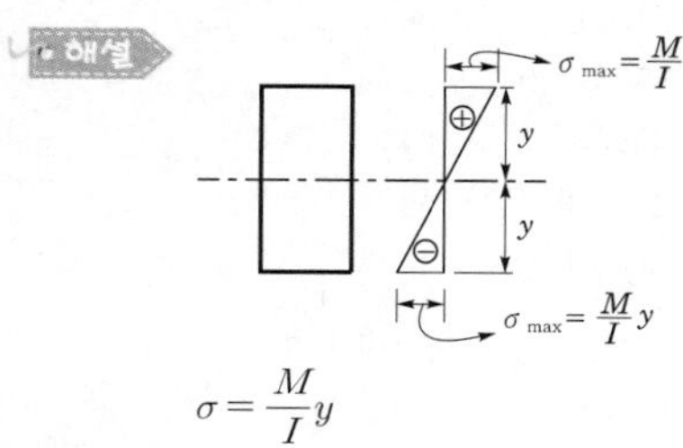

$\sigma = \dfrac{M}{I} y$

∴ 보의 단면 상·하단

13. "재료가 탄성적이고 Hooke의 법칙을 따르는 구조물에서 지점침하와 온도변화가 없을 때 한 역계 P_n에 의해 변형되는 동안에 다른 역계 P_m이 한 외적인 가상일은 P_m 역계에 의해 변형하는 동안에 P_n 역계가 한 외적인 가상일과 같다"는 것은 다음 중 어느 것인가?

① 베티의 법칙
② 가상일의 원리
③ 최소 일의 원리
④ 카스틸리아노의 정리

14. 푸아송비(ν)가 0.25인 재료의 푸아송수(m)는?

① 2　　② 3
③ 4　　④ 5

해설 $\nu = \dfrac{1}{m}$

$\therefore m = \dfrac{1}{\nu} = \dfrac{1}{0.25} = 4$

15. 다음 그림과 같은 세 힘에 대한 합력(R)의 작용점은 O점에서 얼마의 거리에 있는가?

① 1m
② 2m
③ 3m
④ 4m

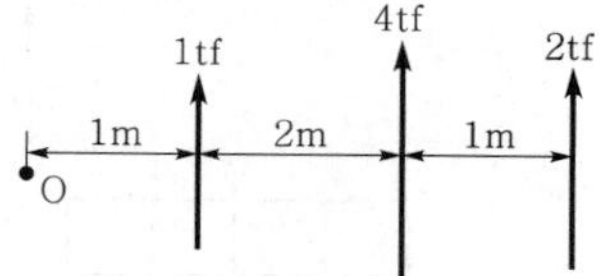

해설

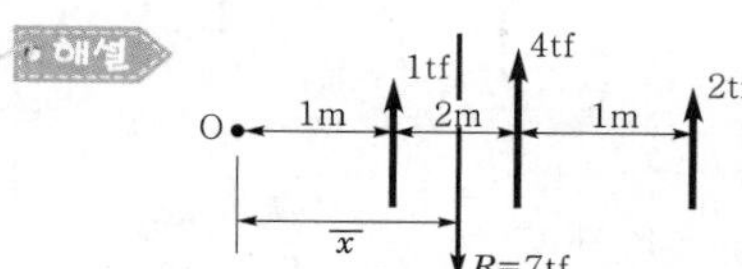

$\Sigma M_O = 0(\oplus)$

$R\bar{x} = P_1x_1 + P_2x_2 + P_3x_3$

$\therefore \bar{x} = \dfrac{P_1x_1 + P_2x_2 + P_3x_3}{R} = \dfrac{1\times1 + 4\times3 + 2\times4}{7}$

$= 3\text{m}$

16. 다음의 2경간 연속보에서 지점 C에서의 수직반력은 얼마인가?

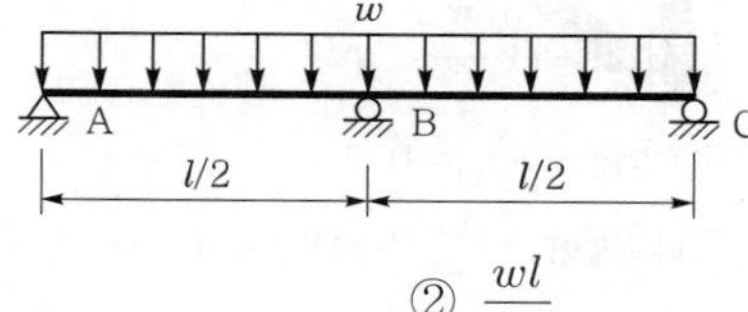

① $\dfrac{3wl}{32}$　　② $\dfrac{wl}{16}$

③ $\dfrac{5wl}{32}$　　④ $\dfrac{3wl}{16}$

해설 1차 부정정 구조물로 $\Delta_B = 0$을 이용하여 V_B 산정 후 V_C를 산정한다.

㉠ $\Delta_B = 0$ 이용 V_B 산정

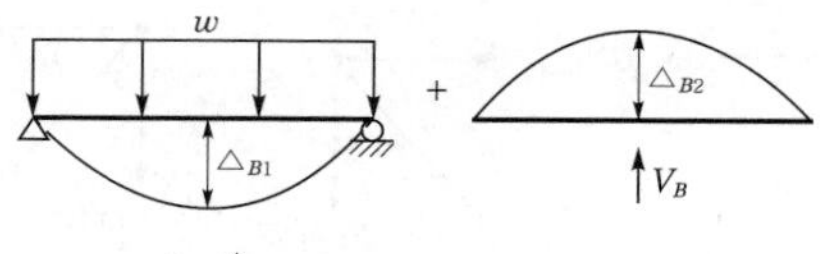

$\Delta_{B_1} = \dfrac{5wl^4}{384EI}(\downarrow)$

$\Delta_{B_2} = -\dfrac{V_B l^3}{48EI}(\uparrow)$

$\Delta_{B_1} + \Delta_{B_2} = 0$

$\Delta_{B_1} = -\Delta_{B_2}$

$\dfrac{5wl^4}{384EI} = \dfrac{V_B l^3}{48EI}$

$\therefore V_B = \dfrac{5wl}{8}$

㉡ V_C 산정

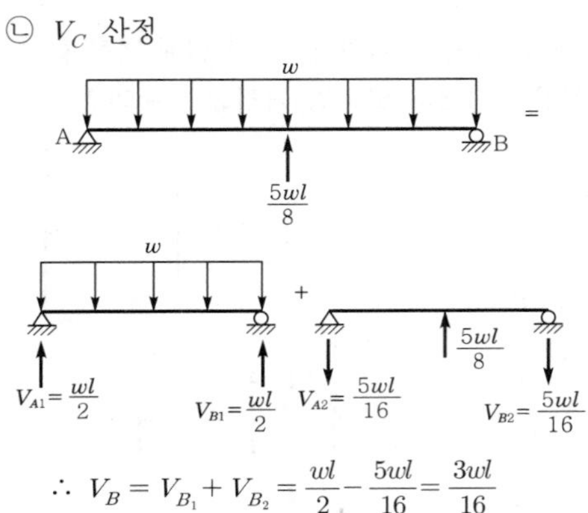

$$\therefore\ V_B = V_{B_1} + V_{B_2} = \frac{wl}{2} - \frac{5wl}{16} = \frac{3wl}{16}$$

17. 그림과 같이 600kgf의 힘이 A점에 작용하고 있다. 케이블 AC와 강봉 AB에 작용하는 힘의 크기는?

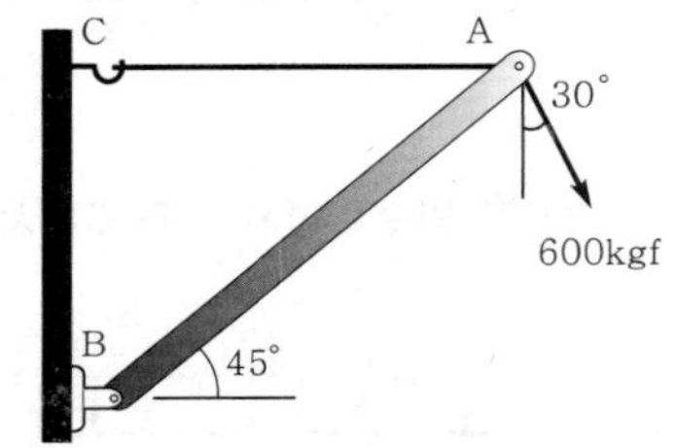

① F_{AB}=600kgf, F_{AC}=0
② F_{AB}=734.8kgf, F_{AC}=819.6kgf
③ F_{AB}=819.6kgf, F_{AC}=519.6kgf
④ F_{AB}=155.3kgf, F_{AC}=519.6kgf

해설

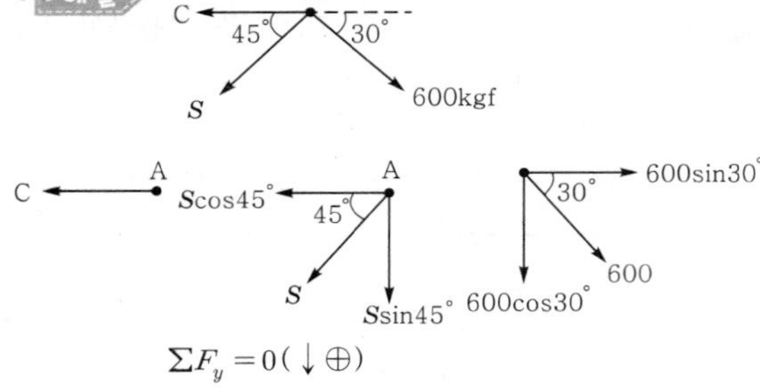

$\Sigma F_y = 0(\downarrow \oplus)$

$S \times \sin 45° - 600 \times \cos 30° = 0$

$\therefore\ S = -734.85$kgf(압축)

$\Sigma F_x = 0(\leftarrow \oplus)$

$C + S \times \cos 45° - 600 \times \sin 30° = 0$

$\therefore\ C = 600 \times \sin 30° - S \times \cos 45°$

$= 600 \times \sin 30° + 734.85 \times \cos 45°$

$= 819.62$kgf(인장)

18. 아래 그림과 같은 3힌지(Hinge) 아치의 A점의 수평반력(H_A)은?

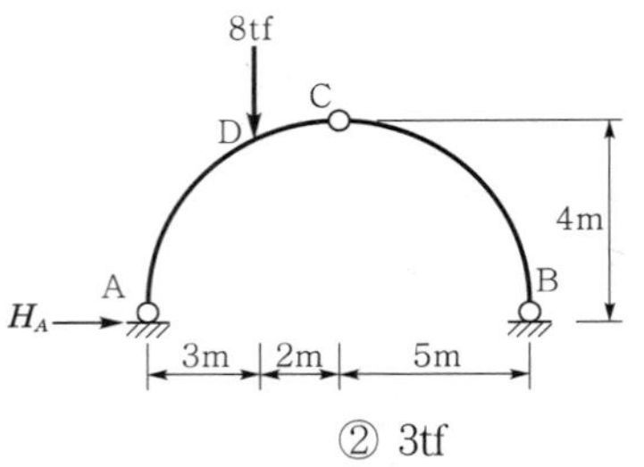

① 2tf　　② 3tf
③ 4tf　　④ 5tf

해설 $\Sigma M_A = 0(\oplus)$

$V_B \times 10 - 8 \times 3 = 0$

$\therefore\ V_B = 2.4$tf(↑)

$\Sigma M_{C(오른쪽)} = 0(\oplus)$

$V_B \times 5 - H_B \times 4 = 0$

$\therefore\ H_B = \frac{5}{4} V_B = \frac{5}{4} \times 2.4 = 3$tf(←)

$\Sigma F_x = 0(\rightarrow \oplus)$

$H_A - H_B = 0$

$\therefore\ H_A = H_B = 3$tf(→)

$\Sigma F_y = 0(\uparrow \oplus)$

$V_A + V_B - 8 = 0$

$\therefore\ V_A = 8 - 2.4 = 5.6$tf(↑)

19. 단순보에 하중이 작용할 때 다음 설명 중 옳지 않은 것은?

① 등분포하중이 만재될 때 중앙점의 처짐각이 최대가 된다.
② 등분포하중이 만재될 때 최대 처짐은 중앙점에서 일어난다.
③ 중앙에 집중하중이 작용할 때의 최대 처짐은 하중이 작용하는 곳에서 생긴다.
④ 중앙에 집중하중이 작용하면 양 지점에서의 처짐각이 최대로 된다.

해설

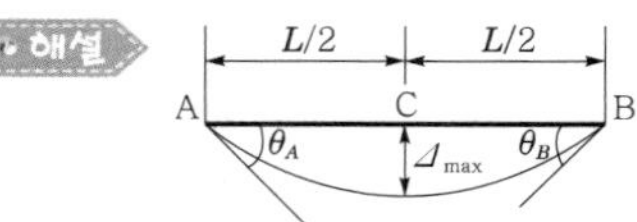

양 지점에서의 처짐각이 발생하며, 중앙점에서는 처짐각 0이다. 처짐은 지점에서 0이며, 중앙점에서 최대로 발생한다.

정답 17. ② 18. ② 19. ①

20. 그림 (A)의 양단 힌지기둥의 탄성좌굴하중이 20tf이었다면 그림 (B)기둥의 좌굴하중은?

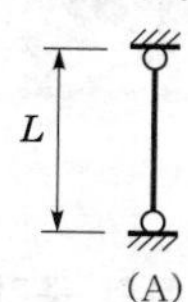

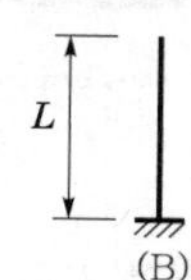

① 1.25tf ② 2.5tf
③ 5tf ④ 10tf

해설

$$P_A = \frac{n\pi^2 EI}{L^2} = \frac{\pi^2 EI}{L^2} \ (n=1\text{일 때})$$

$$P_B = \frac{n\pi^2 EI}{L^2} = \frac{\pi^2 EI}{4L^2} \ (n=\frac{1}{4}\text{ 일 때})$$

$\therefore P_A = 20\text{tf}$이므로

$$P_B = \frac{1}{4} \times P_a = \frac{1}{4} \times 20 = 5\text{tf}$$

토목기사(2018년 4월 28일 시행)

1. 그림과 같은 직사각형 단면의 단주에 편심축하중 P가 작용할 때 모서리 A점의 응력은?

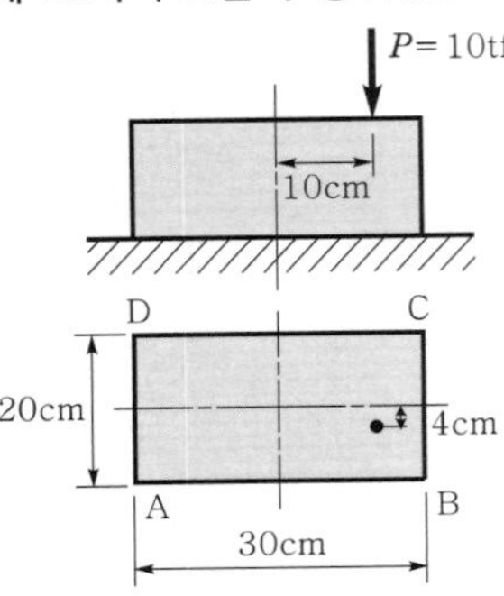

① 3.4kgf/cm^2　② 30kgf/cm^2
③ 38.6kgf/cm^2　④ 70kgf/cm^2

해설

$I_x = \dfrac{30 \times 20^3}{12} = 20{,}000\text{cm}^4$

$y = 10\text{cm}$

$Z_x = 2{,}000\text{cm}^3$

$I_y = \dfrac{20 \times 30^3}{12} = 45{,}000\text{cm}^4$

$x = 15\text{cm}$

$Z_y = 3{,}000\text{cm}^3$

$A = 20 \times 30 = 600\text{cm}^2$

$$\therefore \sigma_A = \frac{P}{A} - \frac{Pe_x}{I_y}y + \frac{Pe_y}{I_x}x$$

$$= \frac{P}{A} - \frac{Pe_x}{Z_y} + \frac{Pe_y}{Z_x}$$

$$= \frac{10 \times 1{,}000}{600} - \frac{10 \times 1{,}000 \times 10}{3{,}000} + \frac{10 \times 1{,}000 \times 4}{2{,}000}$$

$$= 16.67 - 33.333 + 20$$

$$= 3.35 \fallingdotseq 3.4\text{kgf/cm}^2$$

2. 다음 그림과 같은 3힌지 아치의 중간 힌지에 수평하중 P가 작용할 때 A지점의 수직반력과 수평반력은? (단, A지점의 반력은 그림과 같은 방향을 정(+)으로 한다.)

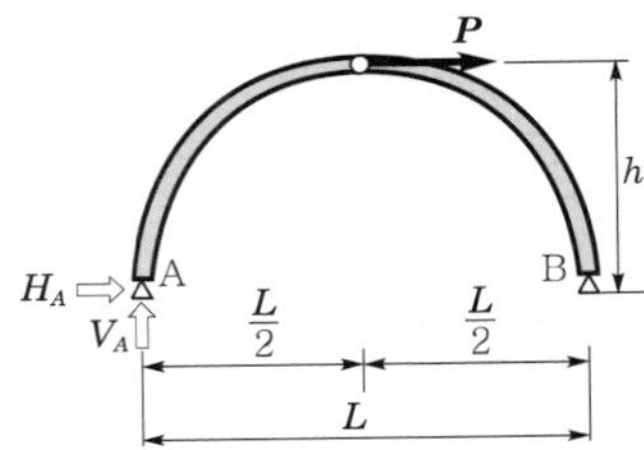

① $V_A = \dfrac{Ph}{l}$, $H_A = \dfrac{P}{2}$

② $V_A = \dfrac{Ph}{l}$, $H_A = -\dfrac{P}{2h}$

③ $V_A = -\dfrac{Ph}{l}$, $H_A = \dfrac{P}{2h}$

④ $V_A = -\dfrac{Ph}{l}$, $H_A = -\dfrac{P}{2}$

해설

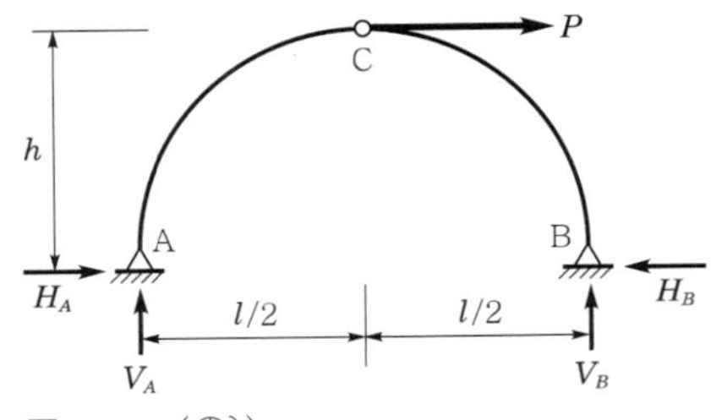

$\sum M_B = 0(\oplus)$

$V_A \times l + P \times h = 0$

$\therefore V_A = -\dfrac{Ph}{l}(\downarrow)$

$\sum M_{C(왼쪽)} = 0(\oplus)$

$V_A \times \dfrac{l}{2} - H_A \times h = 0$

$\therefore H_A = -\dfrac{P}{2}(\leftarrow)$

정답 1. ① 2. ④

3. 다음과 같은 부재에서 길이의 변화량(δ)은 얼마인가? (단, 보는 균일하며 단면적 A와 탄성계수 E는 일정하다.)

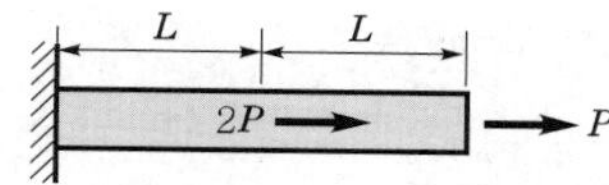

① $\frac{4PL}{EA}$ ② $\frac{3PL}{EA}$

③ $\frac{1.5PL}{EA}$ ④ $\frac{PL}{EA}$

해설

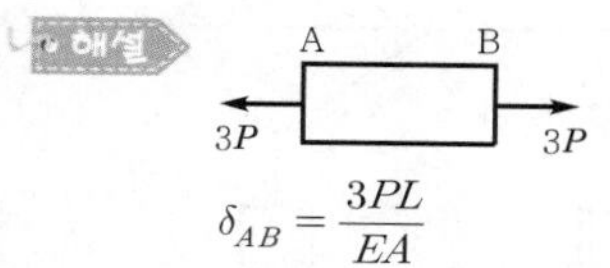

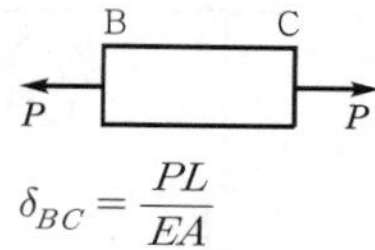

$\delta_{AB} = \frac{3PL}{EA}$ $\delta_{BC} = \frac{PL}{EA}$

$\delta = \delta_{AB} + \delta_{BC} = \frac{4PL}{EA}$

4. 단면이 원형(반지름 R)인 보에 휨모멘트 M이 작용할 때 이 보에 작용하는 최대 휨응력은?

① $\frac{4M}{\pi R^3}$ ② $\frac{12M}{\pi R^3}$

③ $\frac{16M}{\pi R^3}$ ④ $\frac{32M}{\pi R^3}$

해설

$I = \frac{\pi D^4}{64} = \frac{\pi (2R)^4}{64} = \frac{\pi R^4}{4}$

$y = R$

$\sigma = \left(\frac{M}{I}\right) y = \left(\frac{M}{\frac{\pi R^4}{4}}\right) R = \frac{4M}{\pi R^3}$

5. 다음 그림과 같은 단순보의 단면에서 발생하는 최대 전단응력의 크기는?

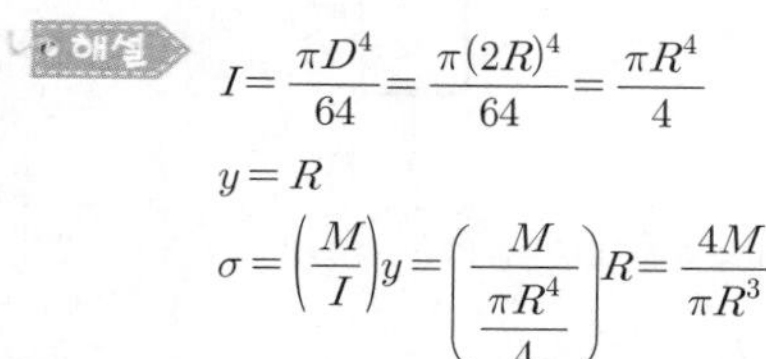

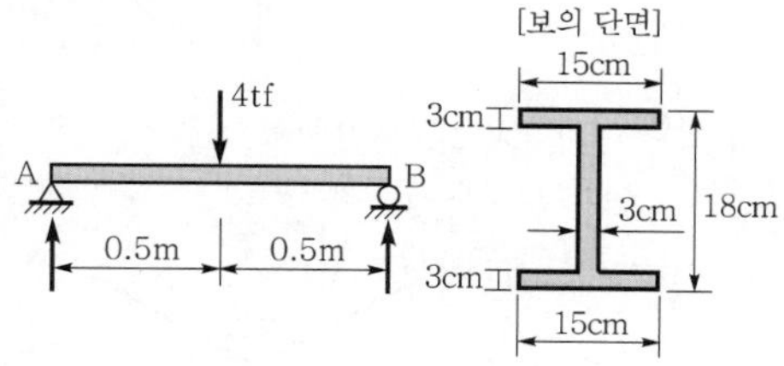

① 27.3kgf/cm² ② 35.2kgf/cm²

③ 46.9kgf/cm² ④ 54.2kgf/cm²

해설

$V_A = V_B = S_{max} = 2\text{tf}$

$I_x = \frac{1}{12}(15 \times 18^3 - 12 \times 12^3) = 5,562\text{cm}^4$

$Q_x = 3 \times 15 \times 7.5 + 3 \times 6 \times \frac{6}{2} = 391.50\text{cm}^3$

$b = 3\text{cm}$

$\therefore \tau_{max} = \frac{Q_x S_{max}}{I_x b} = \frac{391.50 \times 2 \times 1,000}{5,562 \times 3}$

$= 46.92\text{kgf/cm}^2$

6. 정삼각형의 도심(G)을 지나는 여러 축에 대한 단면 2차 모멘트의 값에 대한 다음 설명 중 옳은 것은?

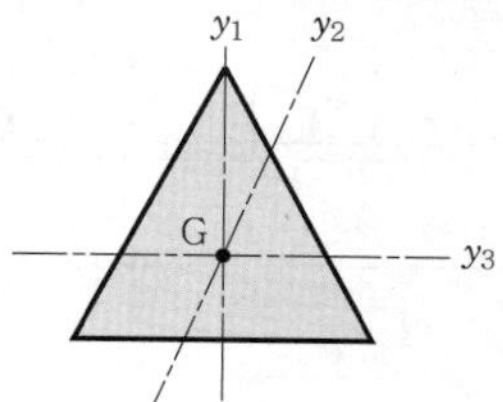

① $I_{y1} > I_{y2}$ ② $I_{y2} > I_{y1}$

③ $I_{y3} > I_{y2}$ ④ $I_{y1} = I_{y2} = I_{y3}$

해설 원형, 정삼각형의 도심축에 대한 단면 2차 모멘트는 축의 회전에 관계없이 모두 같다.

7. 다음 그림과 같이 세 개의 평행력이 작용할 때 합력 R의 위치 x는?

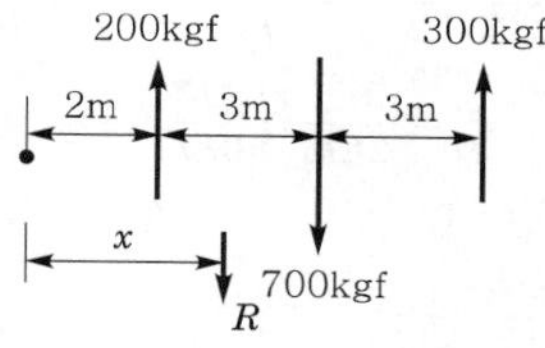

① 3.0m ② 3.5m

③ 4.0m ④ 4.5m

해설 ㉠ 합력 산정

$\Sigma F_Y = 0 (\uparrow \oplus)$

$R + 200 + 300 - 700 = 0$

$\therefore R = 200\text{kgf}(\uparrow)$

㉡ 작용거리 산정

$\Sigma M_o = 0 (\oplus)$

$R \times x + 200 \times 2 - 700 \times 5 + 300 \times 8 = 0$

$\therefore x = \frac{-400 + 3,500 - 2,400}{200} = \frac{700}{200}$

$= 3.5\text{m}$

정답 3. ① 4. ① 5. ③ 6. ④ 7. ②

8. 다음 구조물에서 최대 처짐이 일어나는 위치까지의 거리 X_m을 구하면?

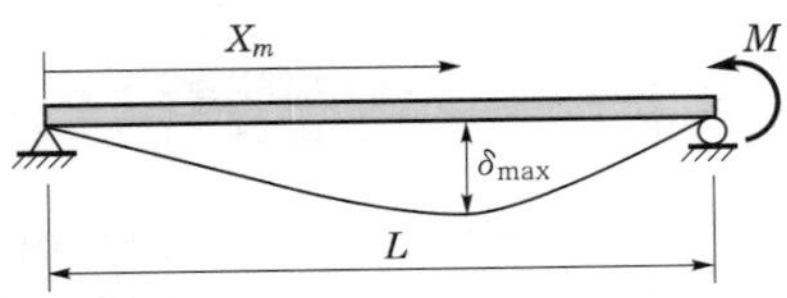

① $\dfrac{L}{2}$ ② $\dfrac{2L}{3}$

③ $\dfrac{L}{\sqrt{3}}$ ④ $\dfrac{2L}{\sqrt{3}}$

해설

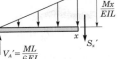

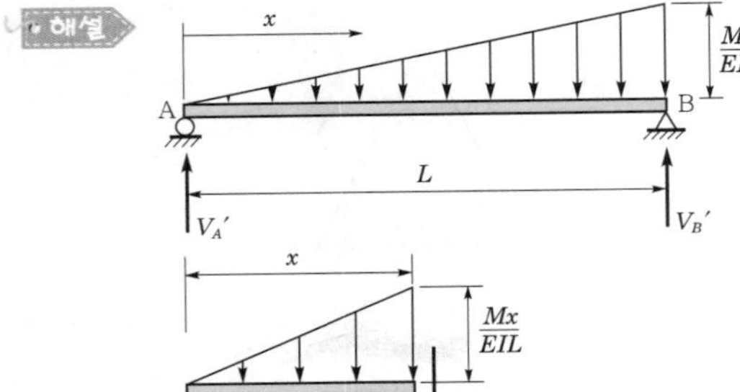

㉠ 최대 처짐이 일어나는 곳은 전단력이 0인 곳

$V_A' = \dfrac{ML}{6EI}$, $V_B' = \dfrac{2ML}{6EI}$

㉡ $\Sigma F_Y = 0(\uparrow \oplus)$

$\dfrac{ML}{6EI} - \dfrac{1}{2} \times x \times \dfrac{Mx}{EIL} - S_x' = 0$

$\therefore S_x' = \dfrac{Mx^2}{2EIL} - \dfrac{ML}{6EI}$

㉢ $S_x' = 0$

$\dfrac{x^2}{2L} = \dfrac{L}{6}$

$\therefore x = \dfrac{L}{\sqrt{3}}$

9. 다음과 같은 부정정보에서 A의 처짐각 θ_A는? (단, 보의 휨강성은 EI이다.)

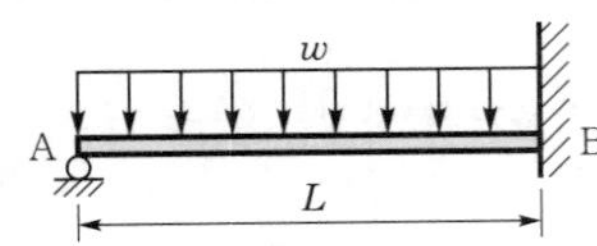

① $\dfrac{wL^3}{12EI}$ ② $\dfrac{wL^3}{24EI}$

③ $\dfrac{wL^3}{36EI}$ ④ $\dfrac{wL^3}{48EI}$

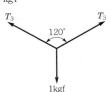

해설 처짐각법 이용

$M_{AB} = 0$, $\theta_B = 0$

$\dfrac{2EI}{L}(2\theta_A + \theta_B) - \dfrac{wL^2}{12} = 0$

$\dfrac{4EI}{L}\theta_A = \dfrac{wL^2}{12}$

$\therefore \theta_A = \dfrac{wL^3}{48EI}$

10. 무게 1kg의 물체를 두 끈으로 늘어뜨렸을 때 한 끈이 받는 힘의 크기순서가 옳은 것은?

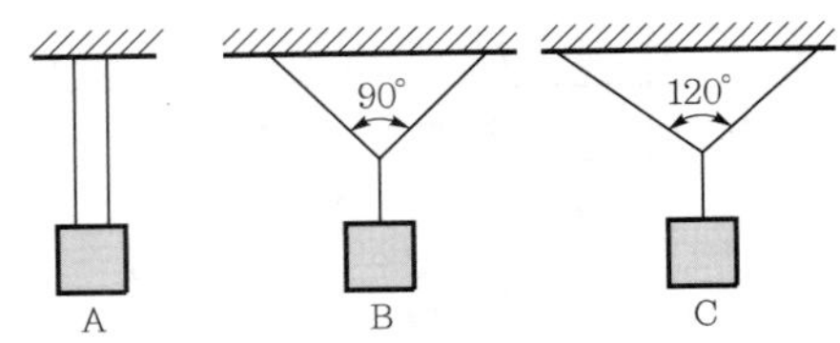

① B > A > C ② C > A > B

③ A > B > C ④ C > B > A

해설 자유물체도(F.B.D)

(A) $\Sigma V = 0$; $2T_1 = 1$

$\therefore T_1 = \dfrac{1}{2}$kgf

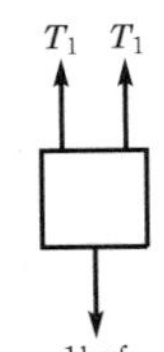

(B) $\Sigma V = 0$; $2T_2 \cos 45° - 1 = 0$

$\therefore T_2 = \dfrac{\sqrt{2}}{2}$kgf

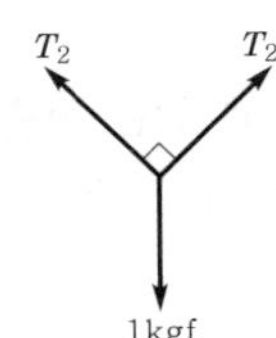

(C) $\Sigma V = 0$; $2T_3 \cos 60° - 1 = 0$

$\therefore T_3 = \dfrac{2}{2}$kgf

T_3 T_3

120°

1kgf

$T_1 : T_2 : T_3 = 1 : \sqrt{2} : 2$

∴ A < B < C

정답 8. ③ 9. ④ 10. ④

11. 다음 그림과 같은 캔틸레버보에서 휨모멘트에 의한 탄성변형에너지는? (단, EI는 일정)

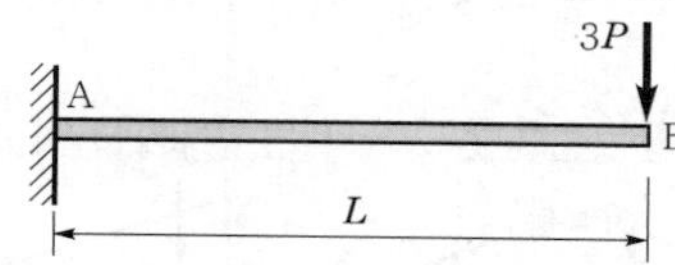

① $\dfrac{2P^2L^3}{3EI}$　② $\dfrac{3P^2L^3}{2EI}$

③ $\dfrac{2P^2L^3}{9EI}$　④ $\dfrac{9P^2L^3}{2EI}$

해설

$$\delta=\frac{3PL^3}{3EI}=\frac{PL^3}{EI}$$

$$\therefore\ U=\frac{1}{2}P\delta=\frac{1}{2}\times 3P\times\frac{PL^3}{EI}=\frac{3P^2L^3}{2EI}$$

12. 다음 그림과 같은 단순보에서 C점의 휨모멘트는?

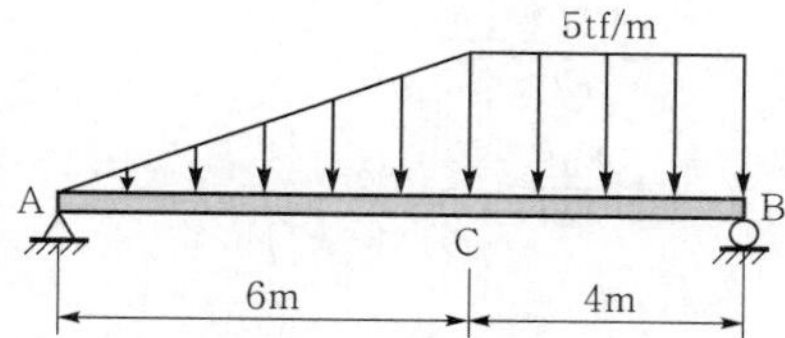

① 32tf · m　② 42tf · m

③ 48tf · m　④ 54tf · m

해설

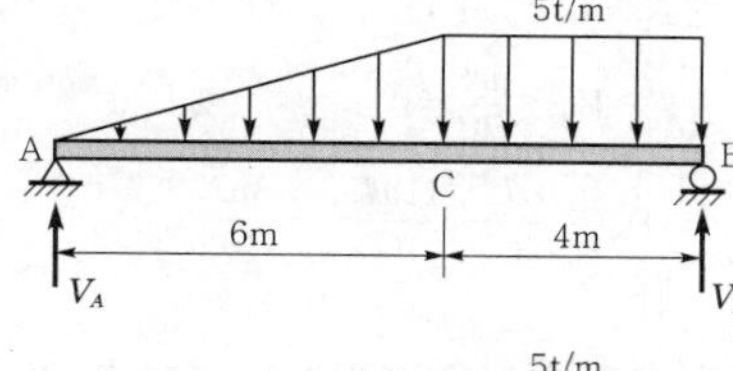

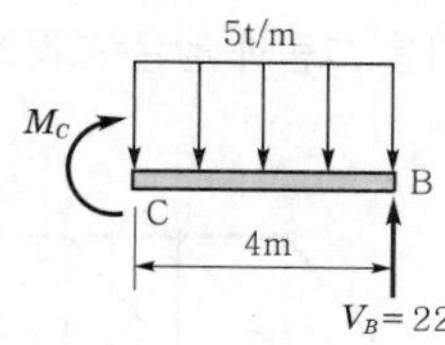

$\Sigma M_B=0(\oplus)$

$V_A\times 10-\dfrac{1}{2}\times 6\times 5\times(2+4)-5\times 4\times 2=0$

$\therefore\ V_A=13\text{tf}(\uparrow)$

$\Sigma F_Y=0(\uparrow\oplus)$

$V_A+V_B=35$

$\therefore\ V_B=22\text{tf}(\uparrow)$

$\Sigma M_C=0(\oplus)$

$-M_C+22\times 4-5\times 4\times 2=0$

$\therefore\ M_C=48\text{tf}\cdot\text{m}$

13. 구조 해석의 기본원리인 겹침의 원리(principle of superposition)를 설명한 것으로 틀린 것은?

① 탄성한도 이하의 외력이 작용할 때 성립한다.
② 외력과 변형이 비선형 관계가 있을 때 성립한다.
③ 여러 종류의 하중이 실린 경우 이 원리를 이용하면 편리하다.
④ 부정정 구조물에서도 성립한다.

해설 겹침의 원리는 선형 탄성한도 내에서 이용한다.

14. 다음 T형 단면에서 X축에 관한 단면 2차 모멘트값은?

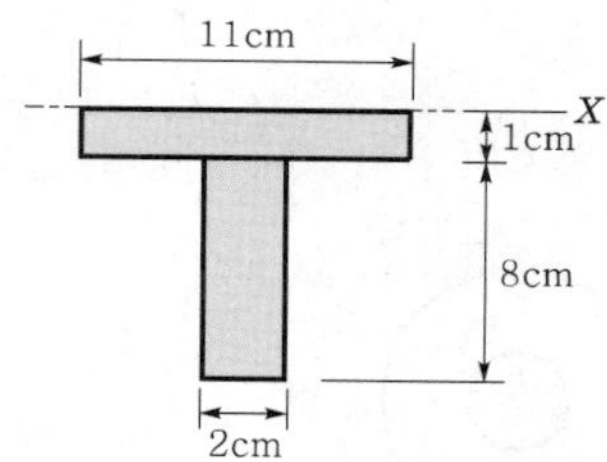

① 413cm⁴　② 446cm⁴

③ 489cm⁴　④ 513cm⁴

해설

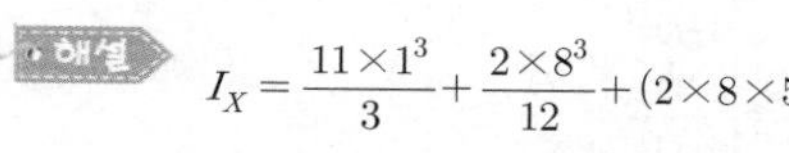

$$I_X=\frac{11\times 1^3}{3}+\frac{2\times 8^3}{12}+(2\times 8\times 5^2)$$
$$=3.667+85.333+400=489\text{cm}^4$$

15. 다음 그림과 같이 게르버보에 연행하중이 이동할 때 지점 B에서 최대 휨모멘트는?

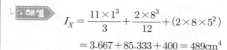

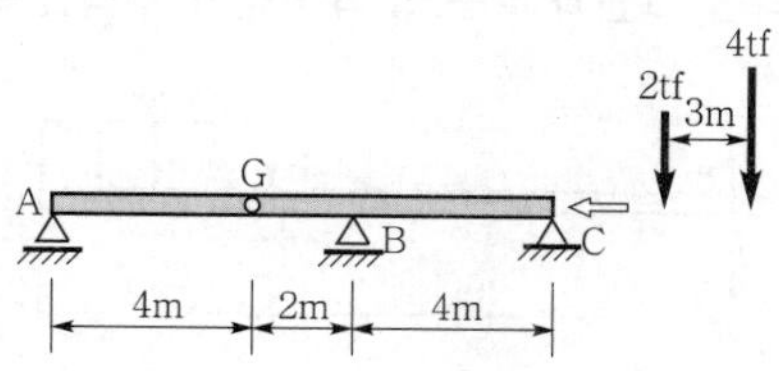

① −9tf · m　② −11tf · m

③ −13tf · m　④ −15tf · m

해설

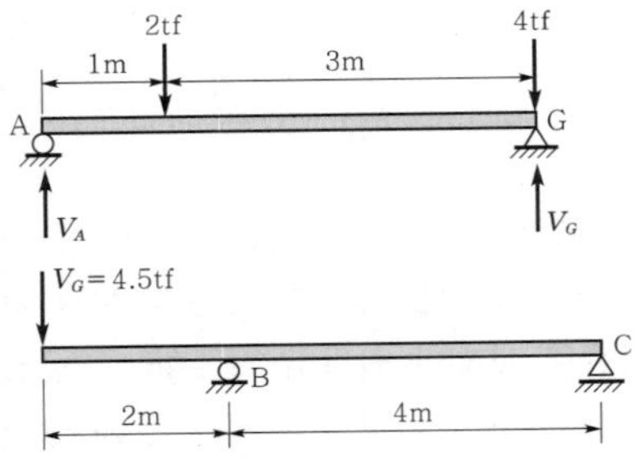

$\Sigma M_A = 0(\oplus)$

$V_G \times 4 - 2\times 1 - 4\times 4 = 0$

$\therefore\ V_G = 4.5\text{tf}(\uparrow)$

$\therefore\ M_B = -4.5\times 2 = -9\text{tf}\cdot\text{m}$

16. 지름이 d인 원형 단면의 단주에서 핵(core)의 지름은?

① $\dfrac{d}{2}$　② $\dfrac{d}{3}$

③ $\dfrac{d}{4}$　④ $\dfrac{d}{8}$

해설

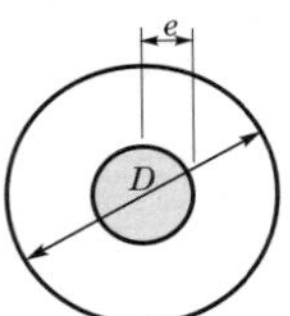

$I = \dfrac{\pi D^4}{64}$, $y = \dfrac{D}{2}$, $Z = \dfrac{\pi D^3}{32}$, $A = \dfrac{\pi D^2}{4}$

$$e = \frac{Z}{A} = \frac{\frac{\pi D^3}{32}}{\frac{\pi D^2}{4}} = \frac{D}{8}$$

$\therefore\ 2e = \dfrac{D}{8}\times 2 = \dfrac{D}{4}$

17. 다음 그림과 같은 보의 A점의 수직반력 V_A는?

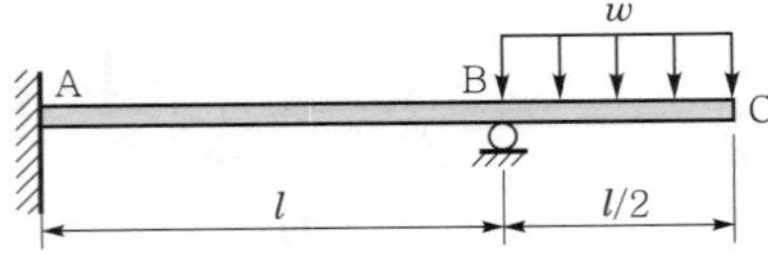

① $\dfrac{3}{8}wl(\downarrow)$　② $\dfrac{1}{4}wl(\downarrow)$

③ $\dfrac{3}{16}wl(\downarrow)$　④ $\dfrac{3}{32}wl(\downarrow)$

해설

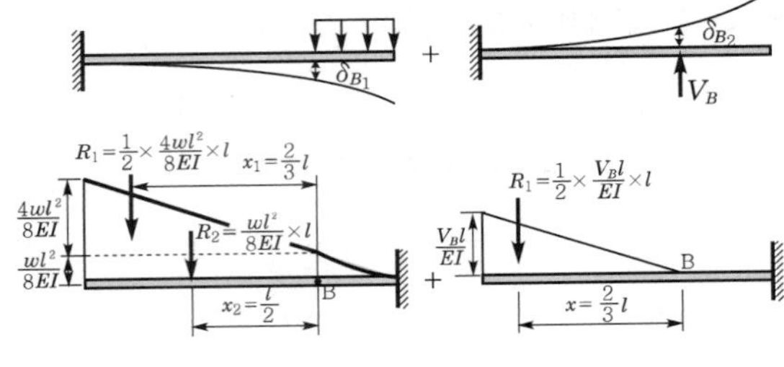

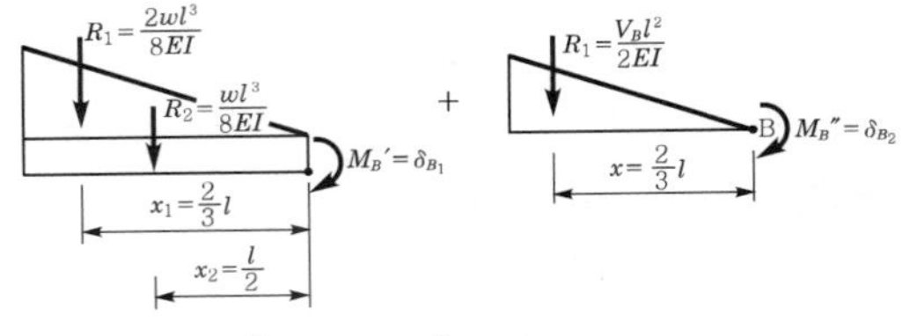

$$\delta_{B_1} = \frac{2wl^2}{8EI}\times\frac{2l}{3} + \frac{wl^3}{8EI}\times\frac{l}{2}$$

$$= \frac{4wl^4}{24EI} + \frac{wl^4}{16EI} = \frac{11wl^4}{48EI}$$

$$\delta_{B_2} = \frac{V_B l^2}{2EI}\times\frac{2l}{3}$$

$$= \frac{V_B l^3}{3EI}$$

$\delta_{B_1} = \delta_{B_2}$

$\dfrac{11wl^4}{48EI} = \dfrac{V_B l^3}{3EI}$

$\therefore\ V_B = \dfrac{11wl}{16}$

$\Sigma F_Y = 0(\uparrow\oplus)$

$V_A + V_B - \dfrac{wl}{2} = 0$

$\therefore\ V_A = \dfrac{wl}{2} - \dfrac{11wl}{16} = -\dfrac{3wl}{16}(\downarrow)$

18. 다음 그림과 같은 트러스의 부재 EF의 부재력은?

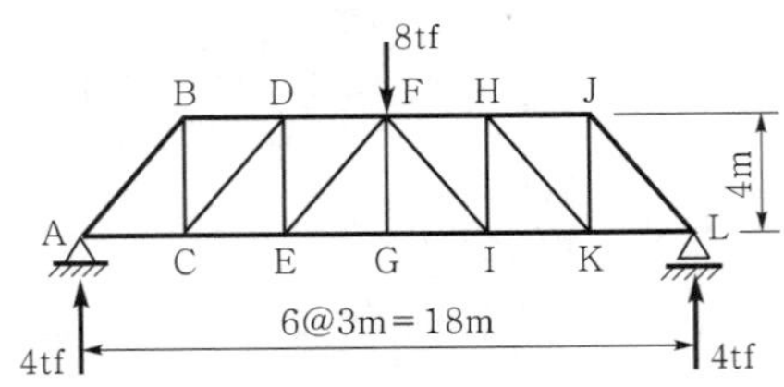

① 3tf(인장)　② 3tf(압축)

③ 4tf(압축)　④ 5tf(압축)

정답 16. ③ 17. ③ 18. ④

해설

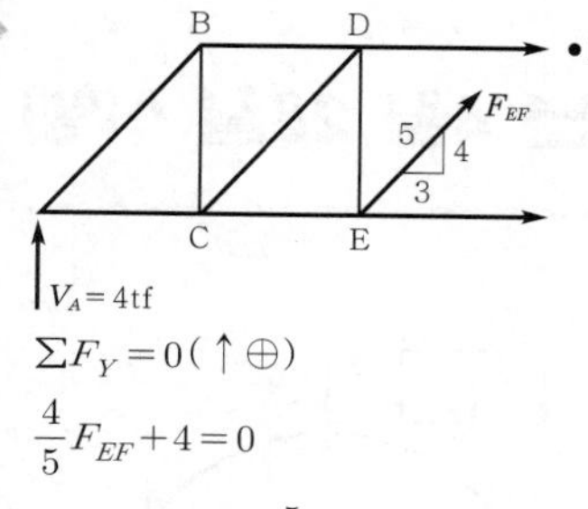

$\Sigma F_Y=0(\uparrow\oplus)$

$\frac{4}{5}F_{EF}+4=0$

$\therefore\ F_{EF}=-4\times\frac{5}{4}=-5$tf(압축)

19. 체적탄성계수 K를 탄성계수 E와 푸아송비 ν로 옳게 표시한 것은?

① $K=\frac{E}{3(1-2\nu)}$　② $K=\frac{E}{2(1-3\nu)}$

③ $K=\frac{2E}{3(1-2\nu)}$　④ $K=\frac{3E}{2(1-3\nu)}$

해설 $K=\frac{mE}{3(m-2)}=\frac{E}{3(1-\nu)}$

20. 다음 그림 (b)는 그림 (a)와 같은 게르버보에 대한 영향선이다. 다음 설명 중 옳은 것은?

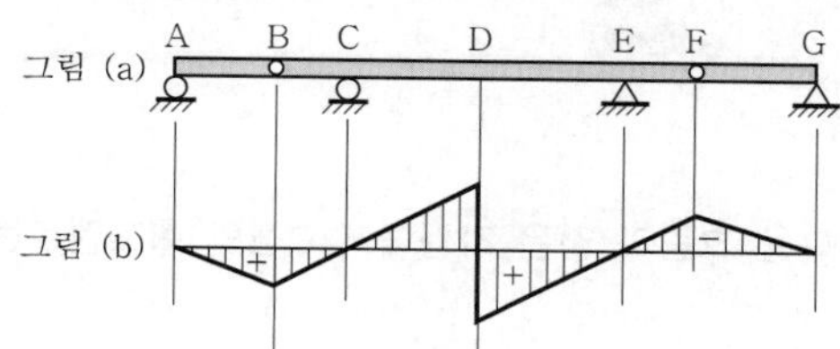

① 힌지점 B의 전단력에 대한 영향선이다.
② D점의 전단력에 대한 영향선이다.
③ D점의 휨모멘트에 대한 영향선이다.
④ C지점의 반력에 대한 영향선이다.

해설

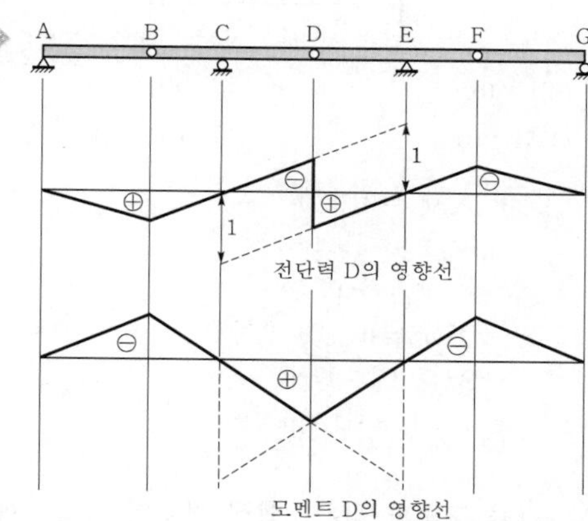

토목산업기사(2018년 4월 28일 시행)

1. 다음 그림과 같은 라멘에서 C점의 휨모멘트는?

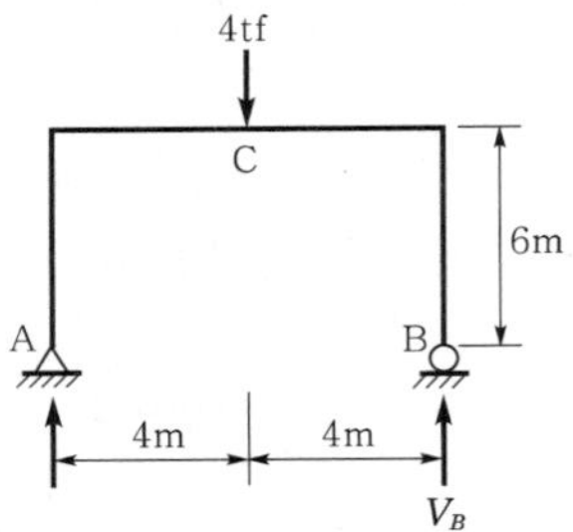

① 4tf · m　　② 8tf · m
③ 12tf · m　　④ 16tf · m

$\Sigma M_B = 0(\oplus)$
$V_A \times 8 - 4 \times 4 = 0$
$\therefore V_A = 2\text{tf}(\uparrow)$
$\Sigma M_C = 0(\oplus)$
$M_C - V_A \times 4 = 0$
$\therefore M_C = 8\text{tf} \cdot \text{m}$

2. 다음 그림과 같은 3활절 아치의 지점 A에서의 지점반력 V_A와 H_A값이 옳은 것은?

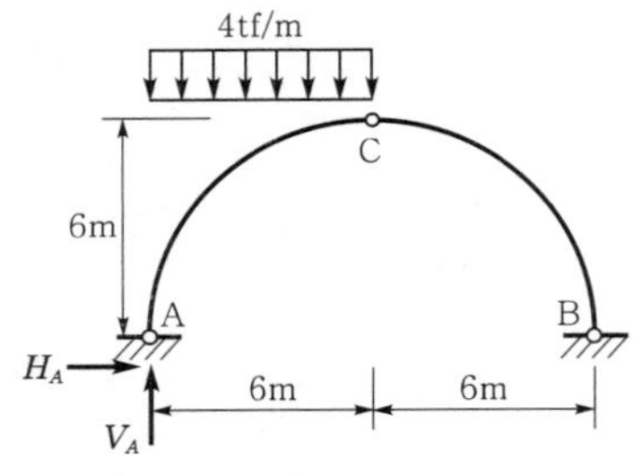

① $V_A = 18\text{tf}(\uparrow)$, $H_A = 18\text{tf}(\rightarrow)$
② $V_A = 18\text{tf}(\uparrow)$, $H_A = 6\text{tf}(\rightarrow)$
③ $V_A = 18\text{tf}(\downarrow)$, $H_A = 18\text{tf}(\leftarrow)$
④ $V_A = 18\text{tf}(\uparrow)$, $H_A = 6\text{tf}(\leftarrow)$

해설

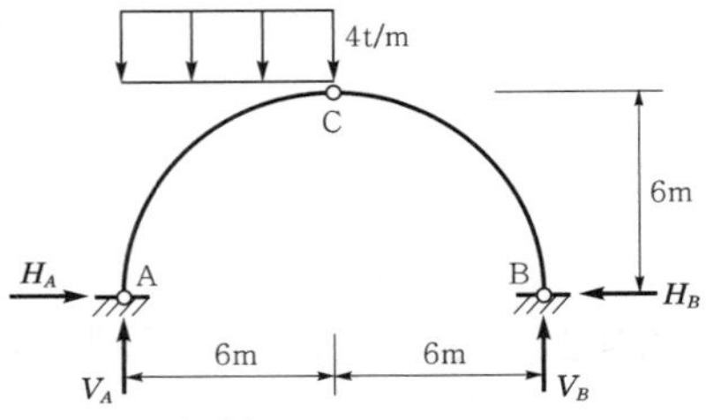

$\Sigma M_A = 0(\oplus)$
$V_B \times 12 - 4 \times 6 \times 3 = 0$
$\therefore V_B = 6\text{tf}(\uparrow)$
$\Sigma F_Y = 0(\uparrow \oplus)$
$V_A + V_B = 24$
$\therefore V_A = 24 - 6 = 18\text{tf}$
$\Sigma M_{C(\text{오른쪽})} = 0(\oplus)$
$V_B \times 6 - H_B \times 6 = 0$
$\therefore H_B = V_B = 6\text{tf}(\leftarrow)$
$\Sigma F_X = 0(\rightarrow \oplus)$
$H_A - H_B = 0$
$\therefore H_A = H_B = 6\text{tf}(\rightarrow)$

3. 다음 그림에서 지점 A의 반력이 영(零)이 되기 위해 C점에 작용시킬 집중하중의 크기(P)는?

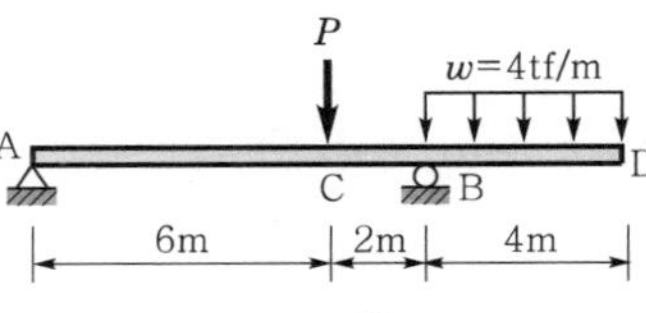

① 12tf　　② 16tf
③ 20tf　　④ 24tf

해설

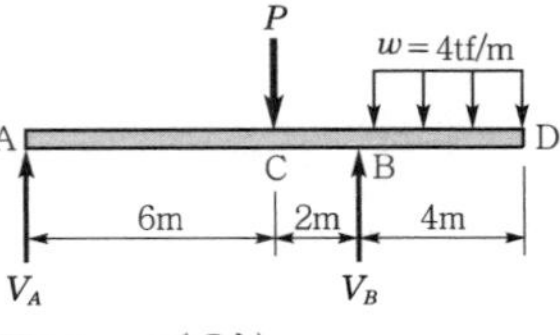

$\Sigma M_B = 0(\oplus)$
$4 \times 4 \times 2 - P \times 2 + V_A \times 8 = 0$
$2P = 32$
$\therefore P = 16\text{tf}(\downarrow)$

정답　1. ②　2. ②　3. ②

4. 재료의 역학적 성질 중 탄성계수를 E, 전단탄성계수를 G, 푸아송수를 m이라 할 때 각 성질의 상호관계식으로 옳은 것은?

① $G=\dfrac{m}{2E(m+1)}$　　② $G=\dfrac{mE}{2(m+1)}$

③ $G=\dfrac{m}{2(m+E)}$　　④ $G=\dfrac{E}{2(m+1)}$

해설 $G=\dfrac{E}{2(1+\nu)}=\dfrac{E}{2\left(1+\dfrac{1}{m}\right)}=\dfrac{mE}{2(m+1)}$

5. 장주에서 오일러의 좌굴하중(P)을 구하는 공식은 다음의 표와 같다. 여기서 n값이 1이 되는 기둥의 지지조건은?

$$P=\frac{n\pi^2 EI}{l^2}$$

① 양단 힌지　　② 1단 고정 1단 자유

③ 1단 고정 1단 힌지　　④ 양단 고정

해설

지지조건	1단 자유 타단 고정	양단 힌지	1단 힌지 타단 고정	양단 고정
좌굴유효 깊이(kl)	$2l$	l	$0.7l$	$0.5l$
좌굴계수 (n)	1/4	1	2	4

6. 다음 구조물 중 부정정 차수가 가장 높은 것은?

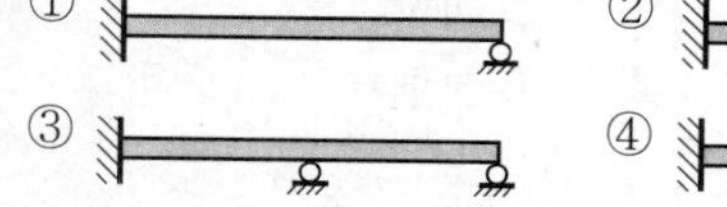

①　②

③　④

해설 ① 반력수 : 4
평형방정식수 : 3
$N=4-3=1$(1차 부정정)

② 반력수 : 4
평형방정식수 : 3
내부 힌지 : 1
$N=4-3-1=0$(정정)

③ 반력수 : 5
평형방정식수 : 3
$N=5-3=2$(2차 부정정)

④ 반력수 : 7
평형방정식수 : 3
$N=7-3=4$(4차 부정정)

7. 다음 그림과 같은 캔틸레버보에서 B점의 처짐은? (단, EI는 일정하다.)

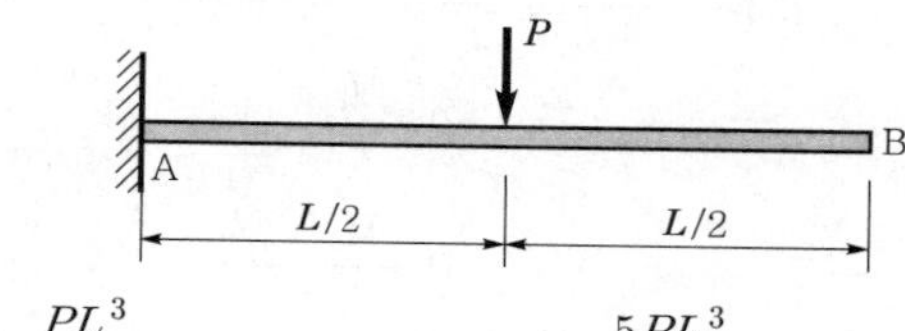

① $\dfrac{PL^3}{24EI}$　　② $\dfrac{5PL^3}{24EI}$

③ $\dfrac{PL^3}{48EI}$　　④ $\dfrac{5PL^3}{48EI}$

해설

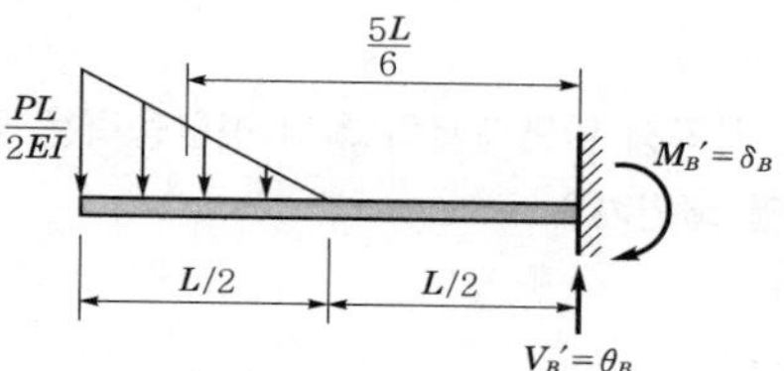

$\theta_B=V_B{}'=\dfrac{1}{2}\times\dfrac{L}{2}\times\dfrac{PL}{2EI}=\dfrac{PL^2}{8EI}$

$\therefore\ \delta_B=M_B{}'=\dfrac{PL^2}{8EI}\times\dfrac{5L}{6}=\dfrac{5PL^3}{48EI}$

8. 다음 중 변형에너지에 속하지 않는 것은?

① 외력의 일

② 축방향 내력의 일

③ 휨모멘트에 의한 내력의 일

④ 전단력에 의한 내력의 일

해설 변형에너지
㉠ 외력으로 인한 변형에 저항하기 위해 부재가 지니고 있는 에너지
㉡ 외력을 제거하면 원형으로 회복 가능한 에너지

9. 다음 중 부정정 트러스를 해석하는데 적합한 방법은?

① 모멘트분배법　　② 처짐각법

③ 가상일의 원리　　④ 3연모멘트법

해설 부정정 트러스 해석은 가상일의 원리를 이용한다.

정답 4. ② 5. ① 6. ④ 7. ④ 8. ① 9. ③

10. 다음 그림과 같은 모멘트하중을 받는 단순보에서 A점의 반력(R_A)은?

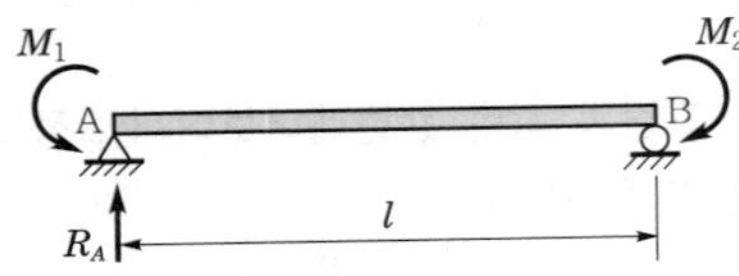

① $\dfrac{M_1}{l}$　② $\dfrac{M_2}{l}$

③ $\dfrac{M_1+M_2}{l}$　④ $\dfrac{M_1-M_2}{l}$

해설 $\Sigma M_B = 0(\oplus)$

$R_A l - M_1 + M_2 = 0$

$\therefore R_A = \dfrac{M_1 - M_2}{l}$

11. 사각형 단면에서의 최대 전단응력은 평균전단응력의 몇 배인가?

① 1배　② 1.5배

③ 2.0배　④ 2.5배

해설 $\tau_{max} = \dfrac{3S}{2A}$

∴ 1.5배

12. 다음 그림에서 부재 AC와 BC의 단면력은?

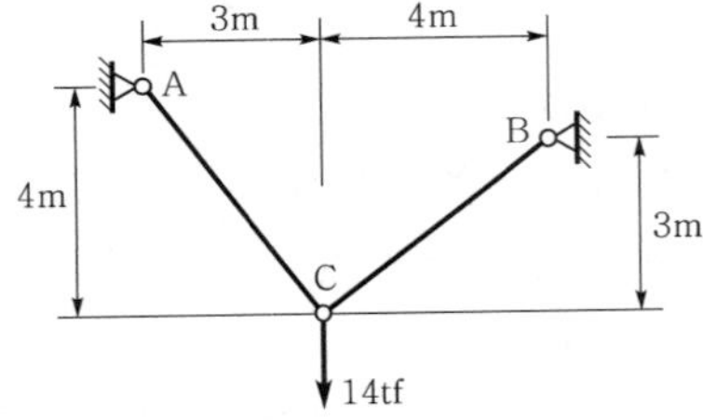

① $F_{AC} = 6.0\text{tf}$, $F_{BC} = 8.0\text{tf}$

② $F_{AC} = 8.0\text{tf}$, $F_{BC} = 6.0\text{tf}$

③ $F_{AC} = 8.4\text{tf}$, $F_{BC} = 11.2\text{tf}$

④ $F_{AC} = 11.2\text{tf}$, $F_{BC} = 8.4\text{tf}$

해설

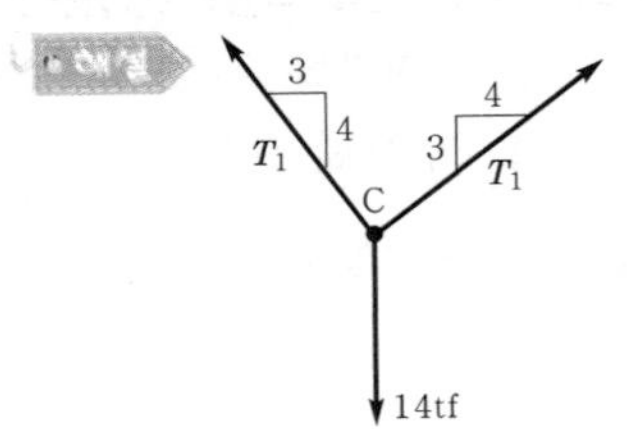

$\Sigma F_Y = 0(\uparrow\oplus)$

$\dfrac{4}{5}T_1 + \dfrac{3}{5}T_2 = 14$ ……… ㉠

$\Sigma F_X = 0(\leftarrow\oplus)$

$\dfrac{3}{5}T_1 - \dfrac{4}{5}T_2 = 0$

$T_1 = \dfrac{4}{3}T_2$ ……… ㉡

㉡을 ㉠에 대입하면

$\dfrac{4}{5}\times\dfrac{4}{3}T_2 + \dfrac{3}{5}T_2 = 14$

$1.667T_2 = 14$

$\therefore T_2 = 8.4\text{tf}$

$T_1 = \dfrac{4}{3}\times 8.4 = 11.2\text{tf}$

13. 등분포하중 2tf/m를 받는 지간 10m의 단순보에서 발생하는 최대 휨모멘트는? (단, 등분포하중은 지간 전체에 작용한다.)

① 15tf · m　② 20tf · m

③ 25tf · m　④ 30tf · m

해설

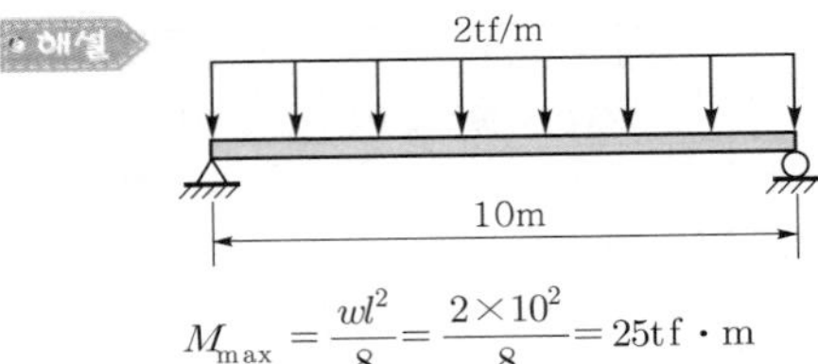

$M_{max} = \dfrac{wl^2}{8} = \dfrac{2\times10^2}{8} = 25\text{tf}\cdot\text{m}$

14. 다음 중 힘의 3요소가 아닌 것은?

① 크기　② 방향

③ 작용점　④ 모멘트

해설 힘의 3요소 : 크기, 방향, 작용점

15. 폭이 20cm이고 높이가 30cm인 직사각형 단면보가 최대 휨모멘트(M) 2tf · m를 받을 때 최대 휨응력은?

① 33.33kgf/cm²　② 44.44kgf/cm²

③ 66.67kgf/cm²　④ 77.78kgf/cm²

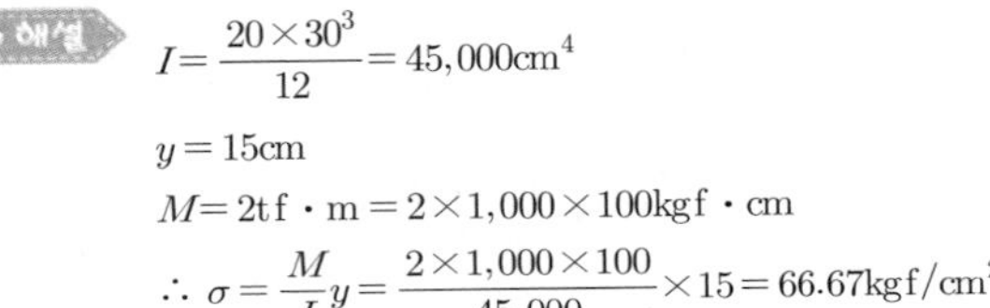
해설 $I = \dfrac{20\times30^3}{12} = 45{,}000\text{cm}^4$

$y = 15\text{cm}$

$M = 2\text{tf}\cdot\text{m} = 2\times1{,}000\times100\text{kgf}\cdot\text{cm}$

$\therefore \sigma = \dfrac{M}{I}y = \dfrac{2\times1{,}000\times100}{45{,}000}\times15 = 66.67\text{kgf/cm}^2$

정답 10. ④ 11. ② 12. ④ 13. ③ 14. ④ 15. ③

16. 등분포하중(w)이 재하된 단순보의 최대 처짐에 대한 설명 중 틀린 것은?

① 하중(w)에 비례한다.
② 탄성계수(E)에 반비례한다.
③ 지간(l)의 제곱에 반비례한다.
④ 단면 2차 모멘트(I)에 반비례한다.

해설 $\delta_{\max} = \frac{5wl^4}{384EI}$, 즉 지간의 4제곱에 비례한다.

17. 다음 그림에서 음영 부분의 도심축 x에 대한 단면 2차 모멘트는?

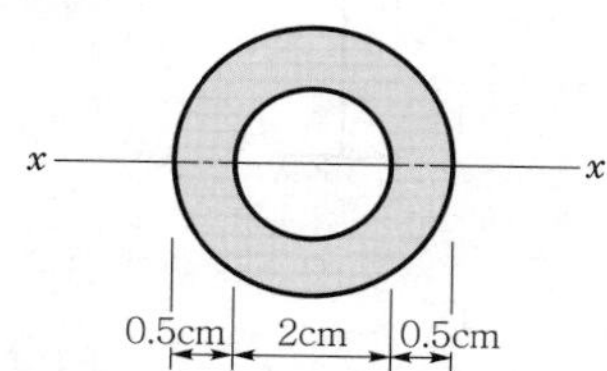

① 3.19cm⁴ ② 2.19cm⁴
③ 1.19cm⁴ ④ 0.19cm⁴

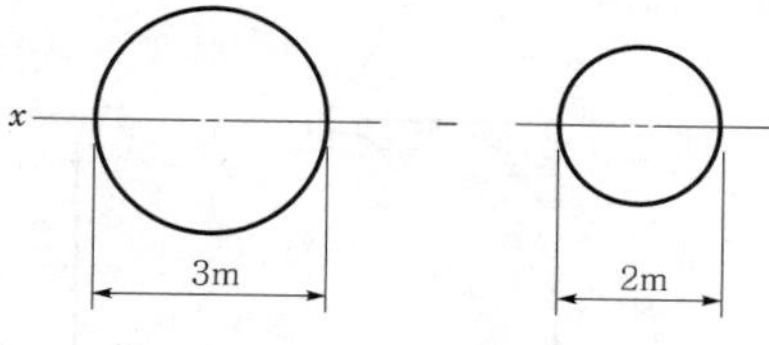

$$I_x = \frac{\pi}{64}(3^4 - 2^4) = 3.19\text{cm}^4$$

18. 지름 1cm, 길이 1m, 탄성계수 10,000kgf/cm² 의 철선에 무게 10kg의 물건을 매달았을 때 철선의 늘어나는 양은?

① 1.27mm ② 1.60mm
③ 2.24mm ④ 2.63mm

해설 $\frac{E}{A} = E\frac{\Delta l}{L}$

$$\therefore \Delta l = \frac{PL}{AE} = \frac{10 \times 100}{\frac{\pi \times 1^2}{4} \times 10{,}000}$$

$= 0.127\text{cm} = 1.27\text{mm}$

19. 단면의 성질에 대한 다음 설명 중 틀린 것은?

① 단면 2차 모멘트와 값은 항상 "0"보다 크다.
② 단면 2차 극모멘트의 값은 항상 극을 원점으로 하는 두 직교좌표축에 대한 단면 2차 모멘트의 합은 같다.
③ 단면 1차 모멘트의 값은 항상 "0"보다 크다.
④ 단면의 주축에 관한 단면 상승모멘트의 값은 항상 "0"이다.

해설 도심을 지나는 단면 1차 모멘트의 합은 0이다.

20. 다음과 같은 단주에서 편심거리 e에 P=30tf가 작용할 때 단면에 인장력이 생기지 않기 위한 e의 한계는?

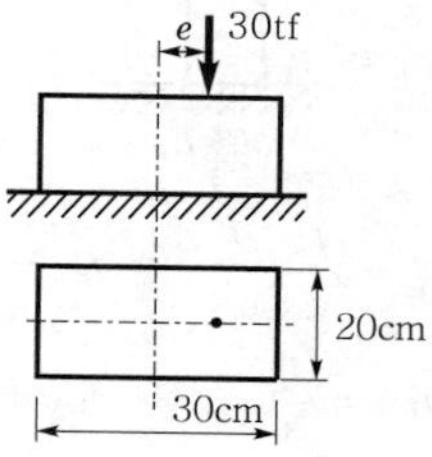

① 3.3cm ② 5cm
③ 6.7cm ④ 10cm

$$I = \frac{20 \times 30^3}{12} = 45{,}000\text{cm}^4$$

$y = 15\text{cm}$

$$Z = \frac{I}{y} = \frac{45{,}000}{15} = 3{,}000\text{cm}^3$$

$A = 20 \times 30 = 6{,}000\text{cm}^2$

$$\therefore e = \frac{Z}{A} = \frac{3{,}000}{600} = 5\text{cm}$$

정답 16. ③ 17. ① 18. ① 19. ③ 20. ②

토목기사(2018년 8월 19일 시행)

1. 상하단이 고정인 기둥에 다음 그림과 같이 힘 P가 작용한다면 반력 R_A, R_B의 값은?

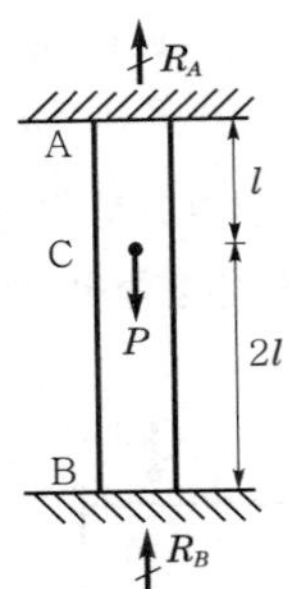

① $R_A=\frac{P}{2}$, $R_B=\frac{P}{2}$　② $R_A=\frac{P}{3}$, $R_B=\frac{2P}{3}$

③ $R_A=\frac{2P}{3}$, $R_B=\frac{P}{3}$　④ $R_A=P$, $R_B=0$

해설

㉠ B점의 구속을 제거한 기본구조물

$\delta_{B1}=\frac{Pl}{EA}(\downarrow)$

㉡ R_B를 부정정력으로 선택

$\delta_{B2}=\frac{3R_Bl}{EA}(\uparrow)$

㉢ $\delta_{B1}-\delta_{B2}=0$이므로

$\frac{Pl}{EA}=\frac{3R_Bl}{EA}$

$\therefore R_B=\frac{P}{3}$

㉣ 평형방정식으로부터

$\Sigma F_Y=0(\uparrow\oplus)$

$R_A+R_B-P=0$

$\therefore R_A=\frac{2P}{3}$

2. 다음 그림과 같은 구조물에서 C점의 수직처짐을 구하면? (단, $EI=2\times10^9$kgf·cm^{2}이며 자중은 무시한다.)

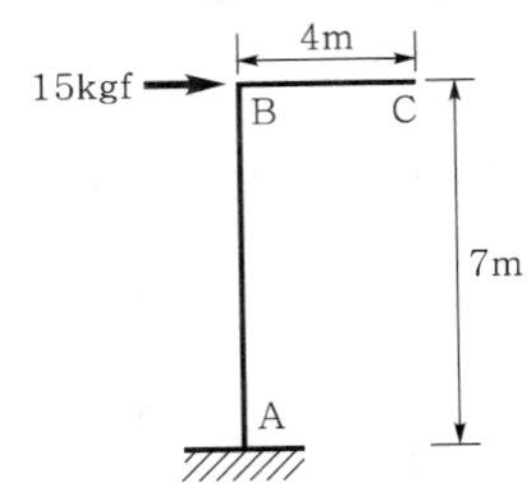

① 2.70mm

② 3.57mm

③ 6.24mm

④ 7.35mm

해설 단위하중법 이용

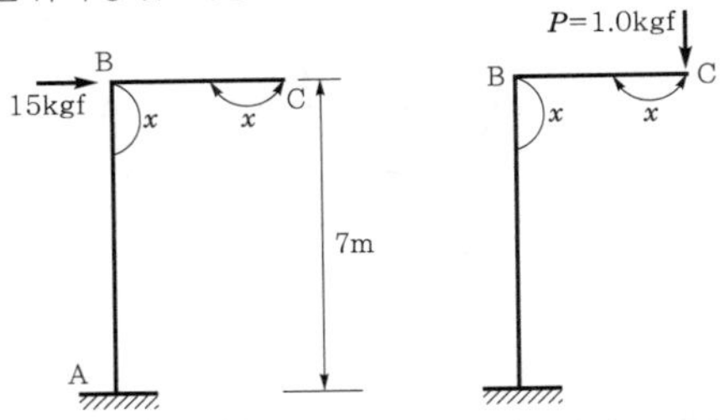

부재	M	m
BC	0	$-x$
BA	$-15x$	400

$$\Delta=\int\frac{Mm}{EI}dx=\int_0^{700}\frac{(-15x)\times400}{EI}dx$$

$$=\frac{6{,}000}{EI}\int_0^{700}-x\,dx=\frac{6{,}000}{EI}\times\left[-\frac{1}{2}x^2\right]_0^{700}$$

$$=\frac{6{,}000}{EI}\times(-245{,}000)=\frac{-1.47\times10^9}{2\times10^9}$$

$=0.735\text{cm}=7.35\text{mm}$

정답 1. ③ 2. ④

3. 다음 그림과 같이 2개의 집중하중이 단순보 위를 통과할 때 절대 최대 휨모멘트의 크기(M_{max})와 발생위치(x)는?

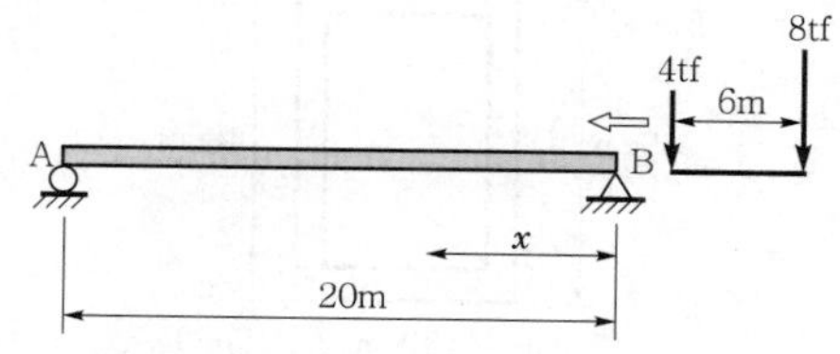

① $M_{max}=36.2$tf · m, $x=8$m

② $M_{max}=38.2$tf · m, $x=8$m

③ $M_{max}=48.6$tf · m, $x=9$m

④ $M_{max}=50.6$tf · m, $x=9$m

해설

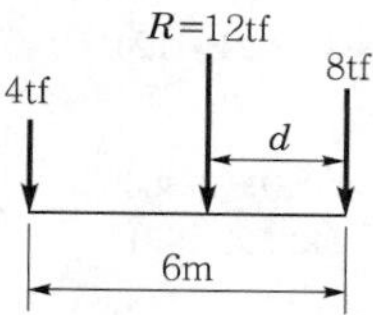

$12\times d=4\times 6$

$\therefore d=2$m

M_{max}는 8tf 아래에서 발생한다.

$\therefore x=\frac{l}{2}-\frac{d}{2}=\frac{20}{2}-\frac{2}{2}=9$m

$\therefore M_{max}=\frac{R}{l}\left(\frac{l-d}{2}\right)^2=\frac{12}{20}\times\left(\frac{20-2}{2}\right)^2$

$=48.6$tf · m

4. 단면 2차 모멘트가 I이고 길이가 l인 균일한 단면의 직선상(直線狀)의 기둥이 있다. 지지상태가 1단 고정 1단 자유인 경우 오일러(Euler)좌굴하중(P_{cr})은? (단, 이 기둥의 영(Young)계수는 E이다.)

① $\frac{\pi^2 EI}{4l^2}$ ② $\frac{\pi^2 EI}{l^2}$

③ $\frac{2\pi^2 EI}{l^2}$ ④ $\frac{4\pi^2 EI}{l^2}$

해설 일단 고정 일단 자유일 때 $n=\frac{1}{4}$

$\therefore P_{cr}=\frac{n\pi^2 EI}{l^2}=\frac{\pi^2 EI}{4l^2}$

5. 부양력 200kgf인 기구가 수평선과 60°의 각으로 정지상태에 있을 때 기구의 끈에 작용하는 인장력(T)과 풍압(w)을 구하면?

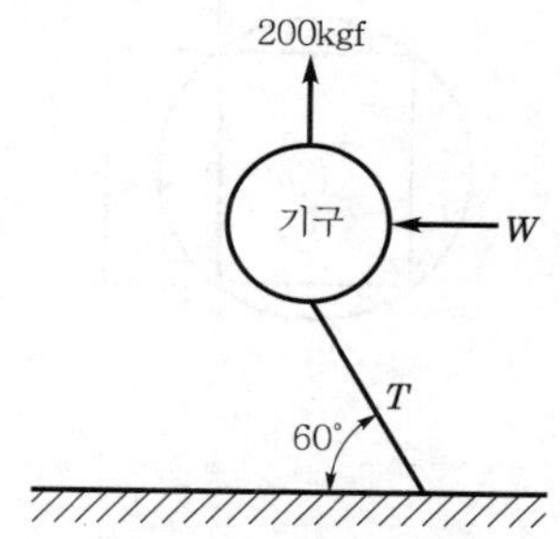

① $T=220.94$kgf, $w=105.47$kgf

② $T=230.94$kgf, $w=115.47$kgf

③ $T=220.94$kgf, $w=125.47$kgf

④ $T=230.94$kgf, $w=135.47$kgf

해설

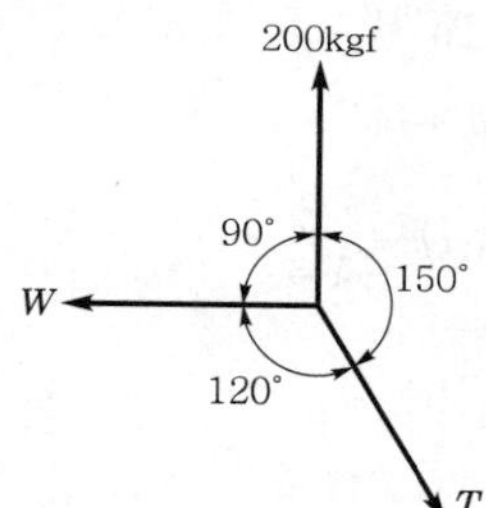

$\frac{200}{\sin 120°}=\frac{T}{\sin 90°}=\frac{W}{\sin 150°}$

$\therefore T=\frac{200}{\sin 120°}\times\sin 90°=230.94$kgf

$W=\frac{200}{\sin 120°}\times\sin 150°=115.4$kgf

〔별해〕 동일점에 작용하는 힘 : 비례법 이용

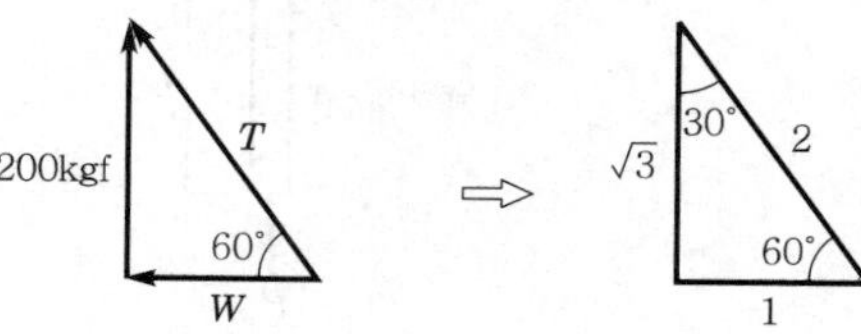

㉠ $T:2=200:\sqrt{3}$

$\therefore T=\frac{1}{\sqrt{3}}\times 400=230.94$kgf

㉡ $W:1=200:\sqrt{3}$

$\therefore W=\frac{1}{\sqrt{3}}\times 200=115.47$kgf

정답 3. ③ 4. ① 5. ②

6. 다음 그림과 같이 지름 d인 원형 단면에서 최대 단면계수를 갖는 직사각형 단면을 얻으려면 b/h는?

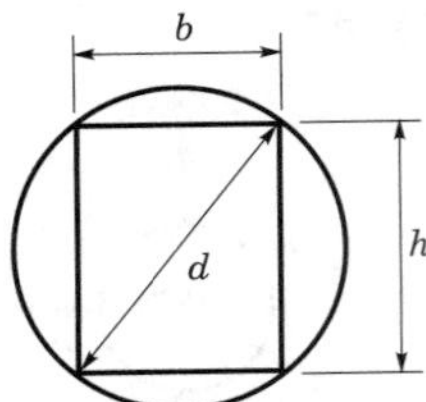

① 1 ② $\frac{1}{2}$

③ $\frac{1}{\sqrt{2}}$ ④ $\frac{1}{\sqrt{3}}$

해설 ㉠ 단면계수 : $d^2 = b^2 + h^2$

$h^2 = d^2 - b^2$

㉡ 최대 단면계수

$Z = \frac{bh^2}{6} = \frac{1}{6}b(d^2 - b^2) = \frac{1}{6}(d^2 b - b^3)$

$\frac{dZ}{db} = \frac{1}{6}(d^2 - 3b^2) = 0$

$b = \sqrt{\frac{1}{3}}\,d,\ h = \sqrt{\frac{2}{3}}\,d$

$\therefore \frac{b}{h} = \frac{1}{\sqrt{2}}$

7. 다음 인장부재의 수직변위를 구하는 식으로 옳은 것은? (단, 탄성계수는 E)

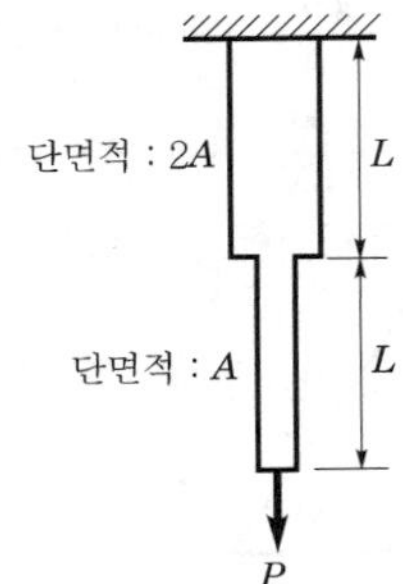

① $\frac{PL}{EA}$ ② $\frac{3PL}{2EA}$

③ $\frac{2PL}{EA}$ ④ $\frac{5PL}{2EA}$

해설 $\Delta L = \frac{PL}{2EA} + \frac{PL}{EA} = \frac{3PL}{2EA}$

8. 다음 그림과 같이 속이 빈 직사각형 단면의 최대 전단응력은? (단, 전단력은 2tf)

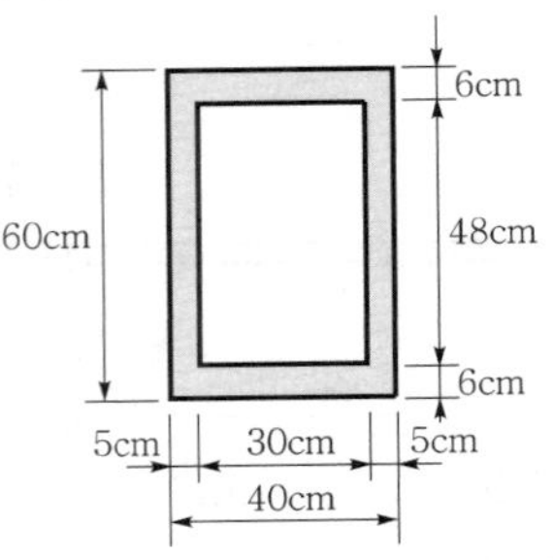

① 2.125kgf/cm^2 ② 3.22kgf/cm^2
③ 4.125kgf/cm^2 ④ 4.22kgf/cm^2

해설 $I = \frac{1}{12} \times (40 \times 60^3 - 30 \times 48^3) = 443,520\text{cm}^4$

$Q_x = (40 \times 6 \times 27) + (5 \times 24 \times 12) \times 2$

$= 9,360\text{cm}^3$

$\therefore \tau_{\max} = \frac{VQ_x}{Ib} = \frac{2,000 \times 9,360}{443,520 \times 10}$

$= 4.22\text{kgf/cm}^2$

9. 다음 그림과 같은 캔틸레버보에 굽힘으로 인하여 저장된 변형에너지는? (단, EI는 일정하다.)

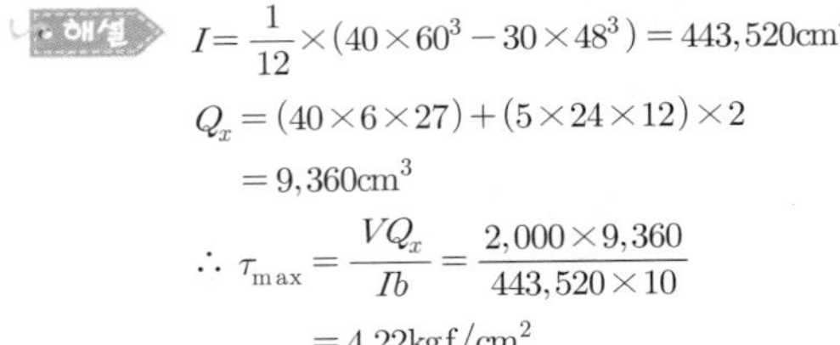

① $\frac{P^2 l^3}{6EI}$ ② $\frac{P^2 l^3}{48EI}$

③ $\frac{P^2 l^3}{12EI}$ ④ $\frac{P^2 l^3}{38EI}$

해설

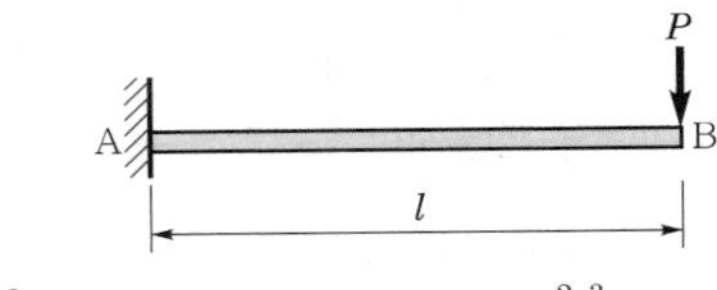

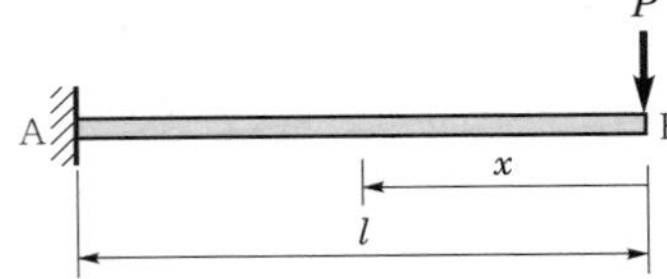

$M_x = -Px$

$\therefore U = \frac{1}{2}\int_0^l \frac{M_x^2}{EI}dx = \frac{1}{2EI}\int_0^l (-Px)^2 dx$

$= \frac{P^2}{2EI}\left[\frac{1}{3}x^3\right]_0^l = \frac{P^2 l^3}{6EI}$

〔별해〕 보의 변형에너지

$U = \frac{1}{2}P\delta = \frac{1}{2} \times P \times \frac{Pl^3}{3EI} = \frac{P^2 l^3}{6EI}$

정답 6. ③ 7. ② 8. ④ 9. ①

10. 다음 그림과 같은 T형 단면에서 $x-x$축에 대한 회전반지름(r)은?

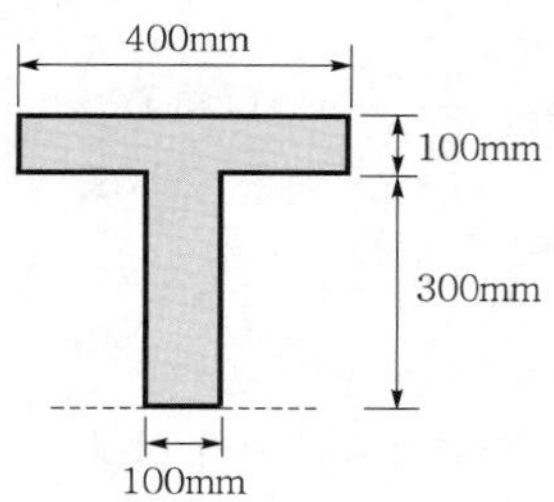

① 227mm ② 289mm
③ 334mm ④ 376mm

해설 ㉠ 전체 단면적 산정

$A = 400\times100 + 300\times100 = 70,000\text{mm}^2$

㉡ 단면 2차 모멘트 산정

$$I_x = I_x + Ae^2$$
$$= \frac{bH^3}{12} + bH\left(\frac{h}{2}\right)^2$$
$$= \frac{400\times100^3}{12} + 400\times100\times350^2$$
$$+ \frac{100\times300^3}{12} + 100\times300\times150^2$$
$$= 4,933,333,333 + 900,000,000$$
$$= 5,833,333,333\text{mm}^4$$

㉢ 회전반지름 산정

$$r = \sqrt{\frac{I_x}{A}} = \sqrt{\frac{5,833,333,333}{70,000}}$$
$$= 288.67 \fallingdotseq 289\text{mm}$$

11. 어떤 재료의 탄성계수를 E, 전단탄성계수를 G라 할 때 G와 E의 관계식으로 옳은 것은? (단, 이 재료의 푸아송비는 ν이다.)

① $G = \dfrac{E}{2(1-\nu)}$ ② $G = \dfrac{E}{2(1+\nu)}$

③ $G = \dfrac{E}{2(1-2\nu)}$ ④ $G = \dfrac{E}{2(1+2\nu)}$

해설

$$m = \frac{2G}{E-2G}$$
$$E = 2G(1+\nu) = 2G\left(1+\frac{1}{m}\right)$$
$$\therefore G = \frac{E}{2(1+\nu)} = \frac{mE}{2(m+1)}$$

12. 다음 내민보에서 B점의 모멘트와 C점의 모멘트의 절대값의 크기를 같게 하기 위한 $\dfrac{l}{a}$의 값을 구하면?

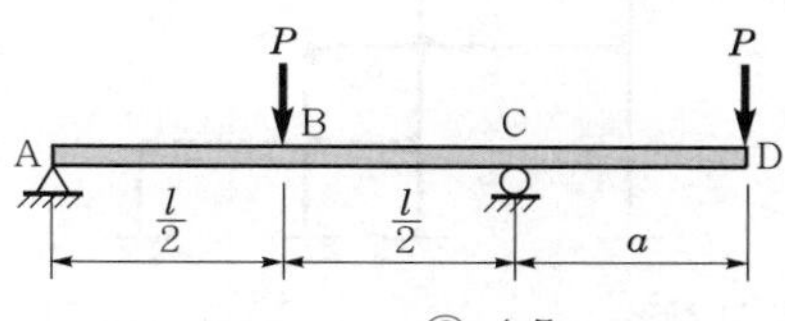

① 6 ② 4.5
③ 4 ④ 3

해설

$$\Sigma M_C = 0(\oplus\!\!\curvearrowright)$$
$$R_A l - \frac{Pl}{2} + Pa = 0$$
$$R_A = \frac{P}{2l}(l-2a)$$
$$M_B = \frac{P}{2l}(l-2a)\times\frac{l}{2} = \frac{P}{4}(l-2a)$$
$$M_C = Pa$$
$$M_B = M_C \text{에서 } a = \frac{1}{4}(l-2a)$$
$$\therefore \frac{l}{a} = 6$$

13. 다음 트러스의 부재력이 0인 부재는?

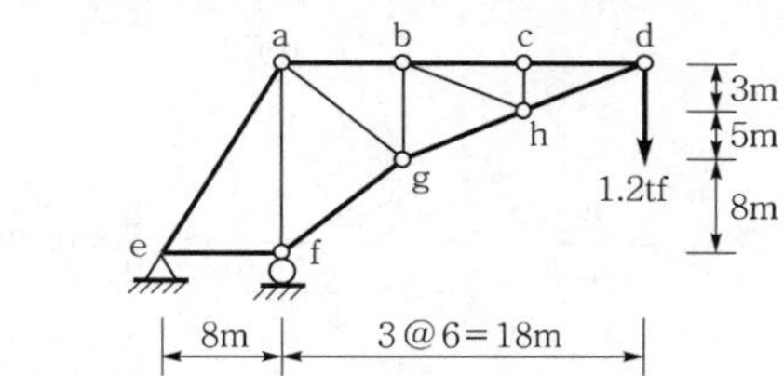

① 부재 a−e ② 부재 a−f
③ 부재 b−g ④ 부재 c−h

해설 트러스 0부재원칙

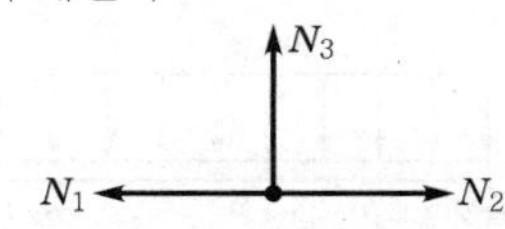

〈조건〉 절점에 모인 부재가 3개이고 외력이 작용하지 않을 때 2개 부재가 일직선상에 존재

$\therefore N_1 = N_2$, $N_3 = 0$

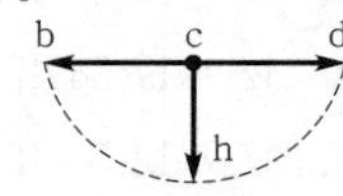

$\therefore \overline{ch} = 0$, $\overline{bc} = \overline{cd}$

14. 다음 구조물은 몇 부정정차수인가?

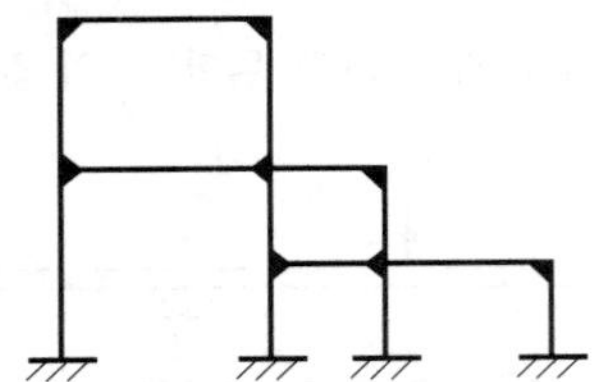

① 12차 부정정　　② 15차 부정정
③ 18차 부정정　　④ 21차 부정정

해설 $N=r-3m=42-3\times9=15$차 부정정
여기서, r : 반력수($=3\times14=42$개)
m : 부재수(9개)

15. 다음 그림과 같은 라멘구조물의 E점에서의 불균형모멘트에 대한 부재 EA의 모멘트분배율은?

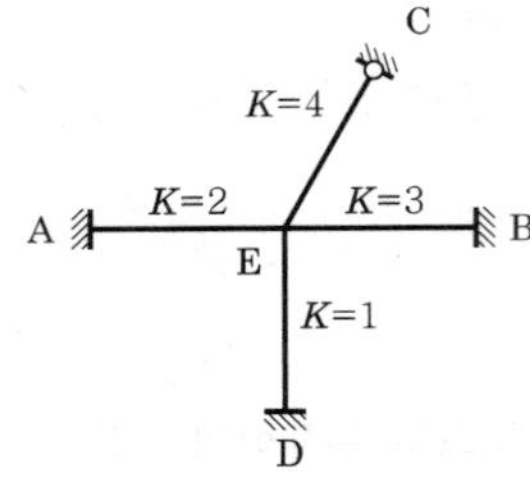

① 0.222　　② 0.1667
③ 0.2857　　④ 0.40

해설 $$D.F_{EA}=\frac{K_{EA}}{\Sigma K}=\frac{2}{2+4\times\frac{3}{4}+3+1}=\frac{2}{9}=0.2222$$

16. 다음 그림과 같은 내민보에서 정(+)의 최대 휨모멘트가 발생하는 위치 x(지점 A로부터의 거리)와 정(+)의 최대 휨모멘트(M_x)는?

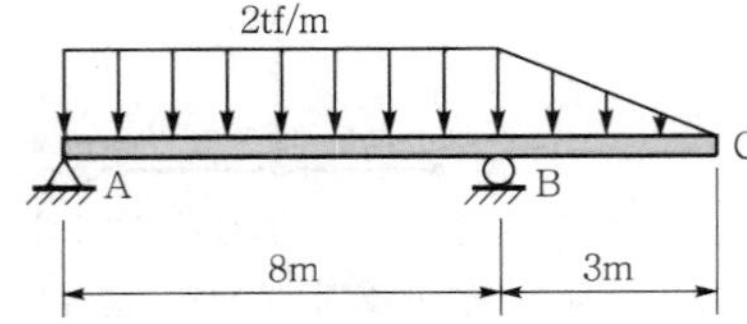

① $x=2.821$m, $M_x=11.438$tf · m
② $x=3.256$m, $M_x=17.547$tf · m
③ $x=3.813$m, $M_x=14.535$tf · m
④ $x=4.527$m, $M_x=19.063$tf · m

해설 $\Sigma M_a=0(\circlearrowright\oplus)$

$$-V_b\times8+2\times8\times4+\frac{2\times3}{2}\times(8+1)=0$$

$$\therefore V_b=\frac{64+27}{8}=11.375\text{tf}$$

$\Sigma F_y=0(\uparrow\oplus)$

$$V_a+V_b=2\times8+\frac{2\times3}{2}=19$$

$\therefore V_a=7.625$tf

㉠ 전단력이 0인 거리 산정

$\Sigma F_y=0(\uparrow\oplus)$

$V_x=V_a-wx$

$=7.625-2x$

$V_x=0$일 때

$x=3.813$m

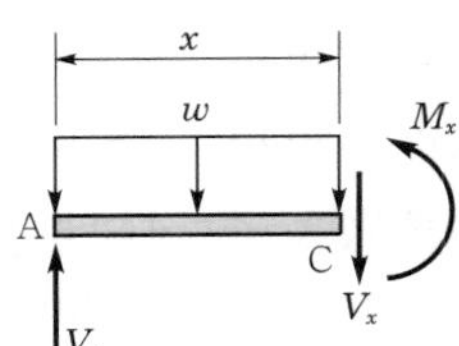

㉡ 최대 모멘트

$\Sigma M_x=0(\circlearrowright\oplus)$

$$M_x=V_ax-\frac{wx^2}{2}$$

$$=7.625\times3.813-\frac{2\times3.813^2}{2}=14.535\text{tf}\cdot\text{m}$$

17. 다음 그림과 같은 반원형 3힌지아치에서 A점의 수평반력은?

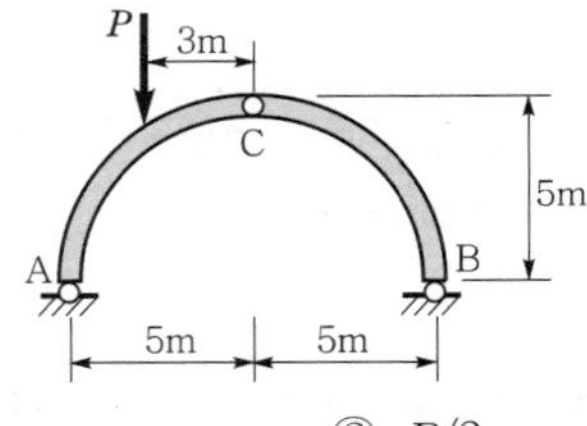

① P　　② $P/2$
③ $P/4$　　④ $P/5$

해설 $\Sigma M_B=0(\circlearrowright\oplus)$

$V_A\times10-P\times8=0$

$$\therefore V_A=\frac{4}{5}P(\uparrow)$$

$\Sigma M_C=0(\circlearrowright\oplus)$

$-H_A\times5-3\times P$

$$+\frac{4}{5}P\times5=0$$

$$\therefore H_A=\frac{P}{5}(\rightarrow)$$

P, C, S_C, N_C, 5m, H_A, A, 2m, 3m, $V_A=\frac{4}{5}P$

정답 14. ② 15. ① 16. ③ 17. ④

18. 휨모멘트가 M인 다음과 같은 직사각형 단면에서 $A-A$에서의 휨응력은?

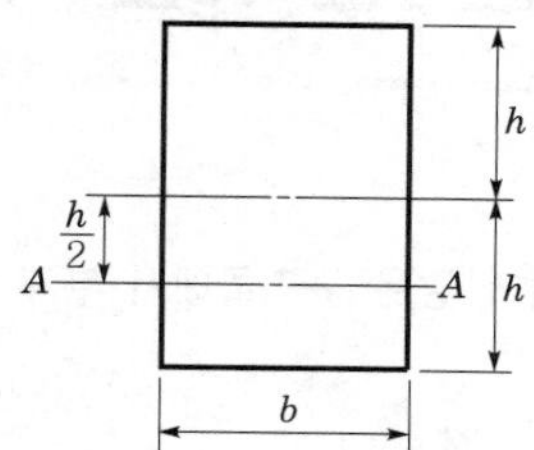

① $\dfrac{3M}{bh^2}$ ② $\dfrac{3M}{4bh^2}$

③ $\dfrac{3M}{2bh^2}$ ④ $\dfrac{M}{4b^2h^2}$

해설

$I=\dfrac{b\times(2h)^3}{12}=\dfrac{8bh^3}{12}$

$y=\dfrac{h}{2}$

$\therefore \sigma=\left(\dfrac{M}{I}\right)y=\dfrac{12M}{8bh^3}\times\dfrac{h}{2}=\dfrac{3M}{4bh^2}$

19. 다음 그림에서 블록 A를 뽑아내는데 필요한 힘 P는 최소 얼마 이상이어야 하는가? (단, 블록과 접촉면과의 마찰계수 $\mu=0.3$)

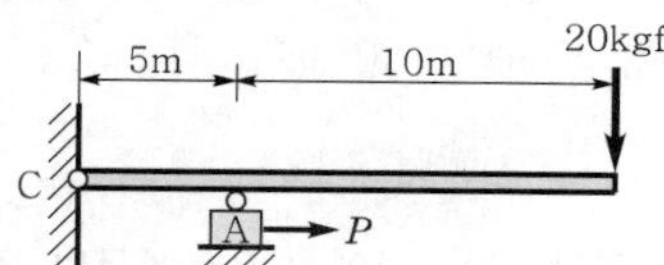

① 6kgf ② 9kgf

③ 15kgf ④ 18kgf

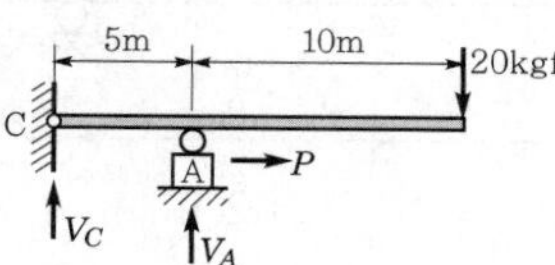

$\Sigma M_B=0(\curvearrowright\oplus)$

$V_A\times5-20\times15=0$

$\therefore V_A=60\text{kgf}$

$\therefore P=\mu V_A=0.3\times60=18\text{kgf}$

20. 다음 그림과 같은 내민보에서 C점의 처짐은? (단, 전 구간의 $EI=3.0\times10^9\text{kgf}\cdot\text{cm}^2$으로 일정하다.)

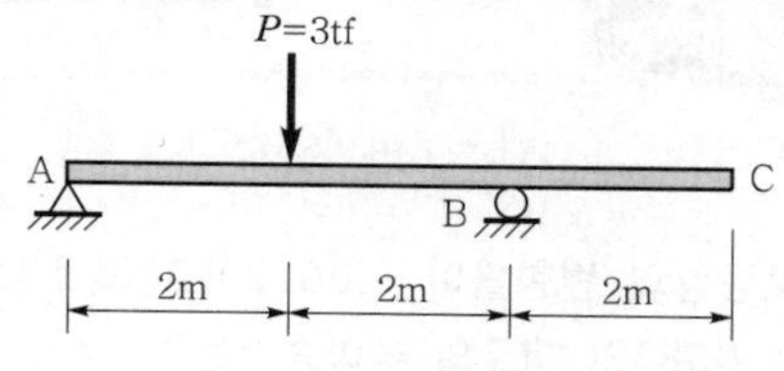

① 0.1cm ② 0.2cm

③ 1cm ④ 2cm

해설

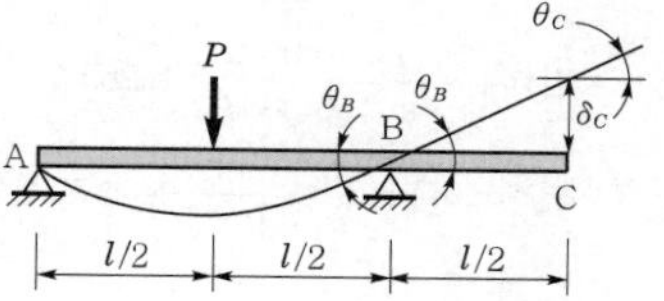

$\theta_B=-\dfrac{Pl^2}{16EI}$

$\theta_C=\theta_B=-\dfrac{Pl^2}{16EI}$

$\tan\theta_C\fallingdotseq\theta_C=\dfrac{\delta_c}{l/2}$

$\therefore \delta_C=\dfrac{l}{2}\theta_C=\dfrac{l}{2}\left(-\dfrac{Pl^2}{16EI}\right)=-\dfrac{Pl^3}{32EI}(\uparrow)$

$=\dfrac{3{,}000\times400^3}{32\times3\times10^9}=2\text{cm}$

정답 18. ② 19. ④ 20. ④

토목산업기사(2018년 9월 15일 시행)

1. 가로방향의 변형률이 0.0022이고 세로방향의 변형률이 0.0083인 재료의 푸아송수는?

① 2.8　② 3.2
③ 3.8　④ 4.2

해설 푸아송비$(\nu)=\dfrac{\beta}{\varepsilon}=\dfrac{0.0022}{0.0083}=0.265$

$\therefore$ 푸아송수$(m)=\dfrac{1}{\nu}=\dfrac{1}{0.265}=3.77 \fallingdotseq 3.8$

2. 다음 그림과 같은 내민보에서 지점 A의 수직반력은 얼마인가?

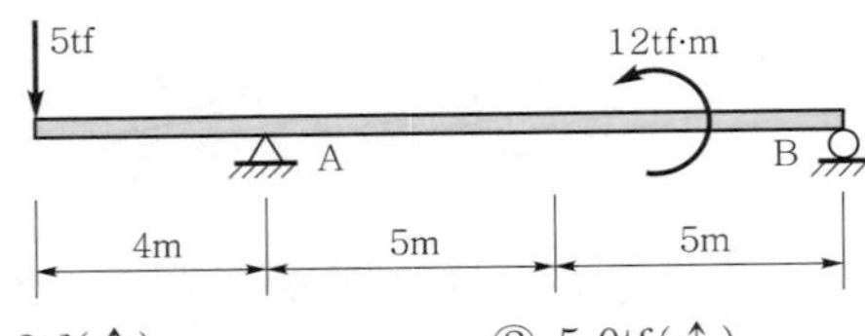

① 3.2tf(↑)　② 5.0tf(↑)
③ 5.8tf(↑)　④ 8.2tf(↑)

해설 $\Sigma M_B=0(\oplus)$

$V_A\times10-5\times14-12=0$

$\therefore V_A=8.2\text{tf}(\uparrow)$

3. 다음 그림과 같은 구조물은 몇 차 부정정 구조물인가?

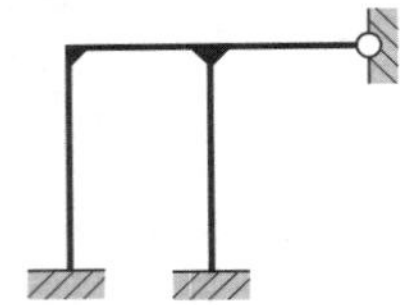

① 3차　② 4차
③ 5차　④ 6차

해설 $N=r+J-3m=8+9-3\times4=5$차

여기서, r : 반력수
J : 절점 구속도수
m : 부재총수

4. 다음 그림과 같은 구조물에서 부재 AC가 받는 힘의 크기는?

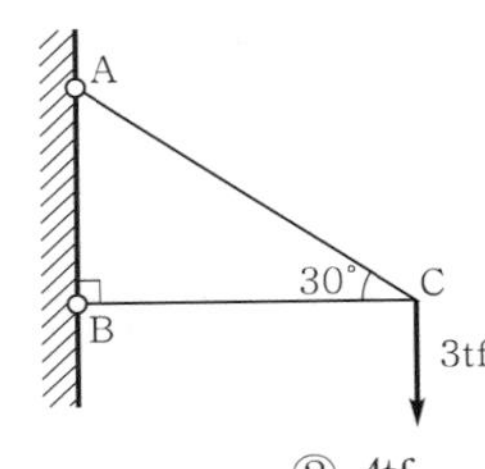

① 2tf　② 4tf
③ 6tf　④ 8tf

해설

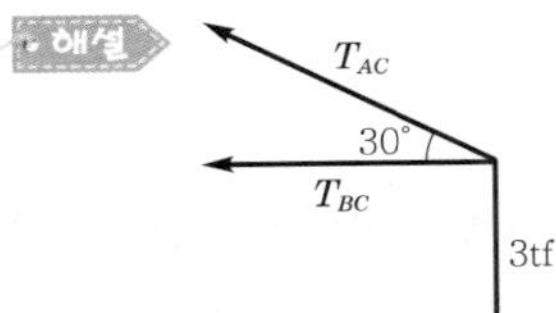

$\Sigma F_Y=0(\uparrow\oplus)$

$T_{AC}\times\sin30^\circ-3=0$

$\therefore T_{AC}=6\text{tf}$

5. 다음 그림과 같은 보에서 C점에서의 휨모멘트는?

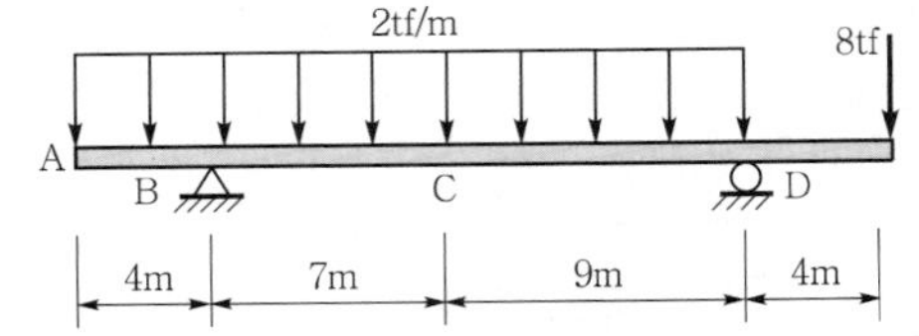

① 16tf · m　② 20tf · m
③ 32tf · m　④ 40tf · m

해설 ㉠ D점의 반력 산정

$\Sigma M_B=0(\oplus)$

$V_D\times16-(8\times20)-(2\times20\times6)=0$

$\therefore V_D=25\text{tf}(\uparrow)$

㉡ C점을 절단한 후 오른쪽의 모멘트합 산정

$\Sigma M_C=0(\oplus)$

$-M_C+V_D\times9-(8\times13)-\left(2\times9\times\dfrac{9}{2}\right)=0$

$\therefore M_C=40\text{tf}\cdot\text{m}(\frown)$

정답 1. ③ 2. ④ 3. ③ 4. ③ 5. ④

6. 변형에너지(strain energy)에 속하지 않는 것은?

① 외력의 일(external work)
② 축방향 내력의 일
③ 휨모멘트에 의한 내력의 일
④ 전단력에 의한 내력의 일

해설 내력일은 $W_i = W_{im} + W_{is} + W_{ip}$로, 외력일은 내력일과 크기는 같으나 내력일(변형에너지)은 아니다.

7. 다음 그림과 같이 단순보에서 B점에 모멘트하중이 작용할 때 A점과 B점의 처짐각비($\theta_A : \theta_B$)는?

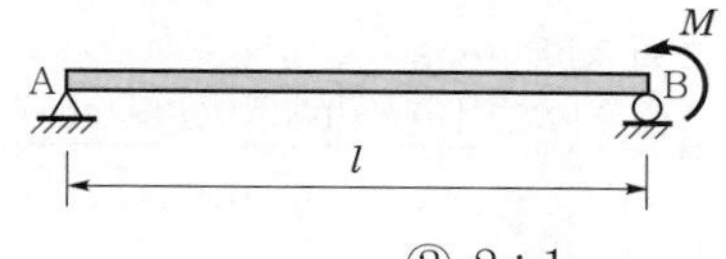

① 1 : 2　　② 2 : 1
③ 1 : 3　　④ 3 : 1

해설 탄성하중법 이용

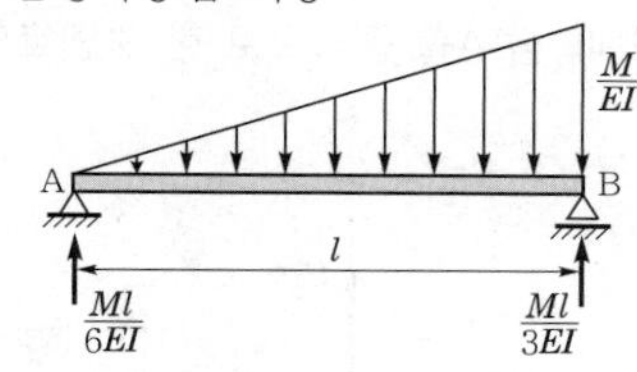

$\theta_A = \dfrac{Ml}{6EI}$

$\theta_B = \dfrac{Ml}{3EI} = \dfrac{2Ml}{6EI}$

$\therefore \theta_A : \theta_B = 1 : 2$

8. 다음 그림과 같은 3-hinge아치에 등분포하중이 작용하고 있다. A점의 수평반력은?

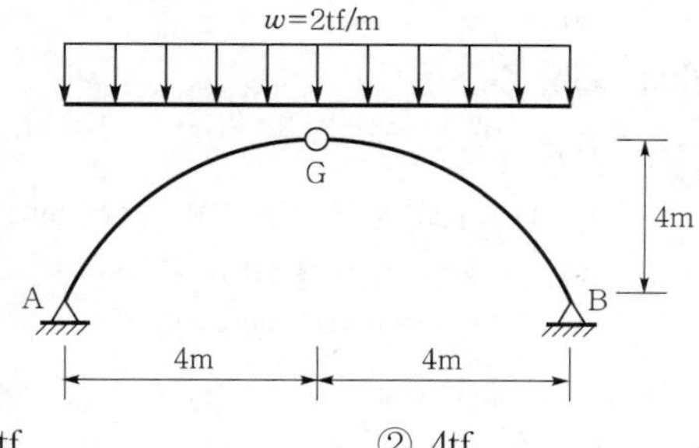

① 3tf　　② 4tf
③ 5tf　　④ 6tf

해설

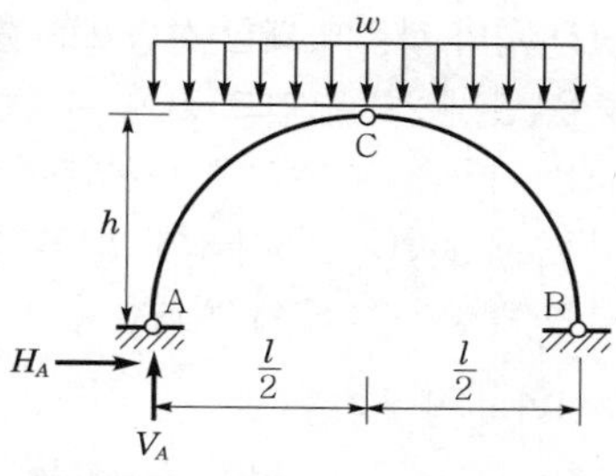

좌우대칭구조

$V_A = V_B = \dfrac{wl}{2}(\uparrow)$

$\Sigma M_C = 0$

$\dfrac{wl}{2} \times \dfrac{l}{2} - H_A \times h - \dfrac{wl}{2} \times \dfrac{l}{4} = 0$

$\therefore H_A = \dfrac{wl^2}{8h} = \dfrac{2 \times 8^2}{8 \times 4} = 4\text{tf}(\rightarrow)$

9. 다음 중 부정정보의 해석방법은?

① 변위일치법
② 모멘트면적법
③ 탄성하중법
④ 공액보법

해설 모멘트면적법, 탄성하중법, 공액보법은 처짐각, 처짐 산정법이다.

10. 반지름이 r인 원형 단면에서 도심축에 대한 단면 2차 모멘트는?

① $\dfrac{\pi r^4}{4}$　　② $\dfrac{\pi r^4}{16}$
③ $\dfrac{\pi r^4}{32}$　　④ $\dfrac{\pi r^4}{64}$

해설

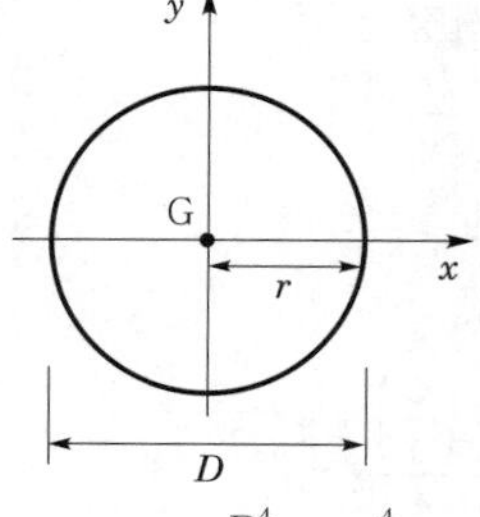

$I_x = I_y = \dfrac{\pi D^4}{64} = \dfrac{\pi r^4}{4}$

정답 6. ① 7. ① 8. ② 9. ① 10. ①

11. **기둥(장주)의 좌굴에 대한 설명으로 틀린 것은?**

① 좌굴하중은 단면 2차 모멘트(I)에 비례한다.
② 좌굴하중은 기둥의 길이(l)에 비례한다.
③ 좌굴응력은 세장비(λ)의 제곱에 반비례한다.
④ 좌굴응력은 탄성계수(E)에 비례한다.

해설 오일러의 장주공식

㉠ 좌굴하중 : $P_{cr} = \dfrac{n\pi^2 EI}{l^2} = \dfrac{\pi^2 EI}{{l_r}^2}$

㉡ 좌굴응력 : $\sigma_{cr} = \dfrac{P_{cr}}{A} = \dfrac{n\pi^2 E}{\lambda^2}$

∴ 좌굴하중은 기둥길이의 제곱에 반비례한다.

12. **폭이 20cm이고 높이가 30cm인 사각형 단면의 목재보가 있다. 이 보에 작용하는 최대 휨모멘트가 1.8tf · m일 때 최대 휨응력은?**

① 30kgf/cm²　② 40kgf/cm²
③ 50kgf/cm²　④ 60kgf/cm²

해설 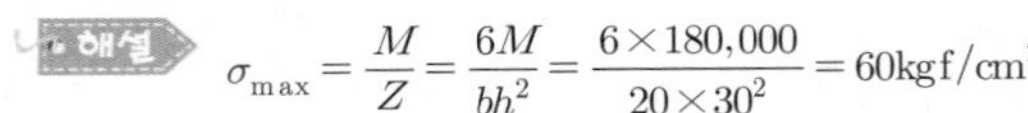
$\sigma_{max} = \dfrac{M}{Z} = \dfrac{6M}{bh^2} = \dfrac{6\times 180{,}000}{20\times 30^2} = 60\text{kgf/cm}^2$

13. **지름이 D인 원형 단면의 단주에서 핵(core)의 면적으로 옳은 것은?**

① $\dfrac{\pi D^2}{4}$　② $\dfrac{\pi D^2}{16}$
③ $\dfrac{\pi D^2}{32}$　④ $\dfrac{\pi D^2}{64}$

해설

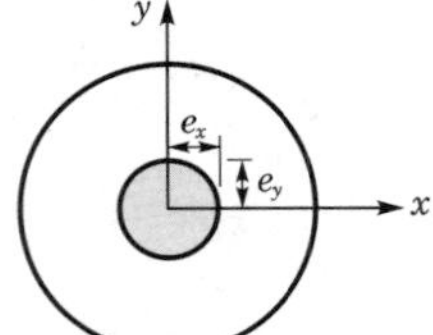

㉠ 핵거리 산정

$e_x = e_y = \dfrac{D}{8}$

$\therefore D = 2e_x = \dfrac{D}{4}$

㉡ 핵면적 산정

$A_{core} = \dfrac{\pi\left(\dfrac{D}{4}\right)^2}{4} = \dfrac{\pi D^2}{64}$

14. **다음 그림과 같이 지름 1cm인 강철봉에 10tf의 물체를 매달면 강철봉의 길이변화량은? (단, 강철봉의 탄성계수 E=2.1×10⁶kgf/cm²)**

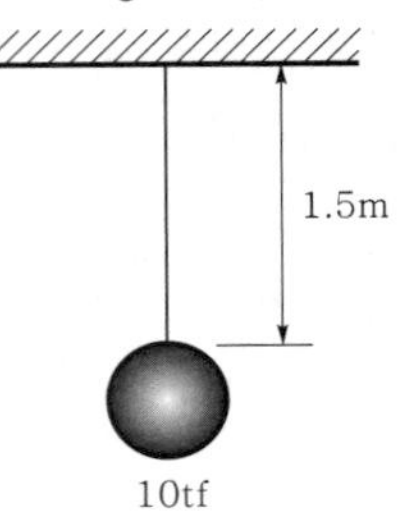

① 0.74cm　② 0.91cm
③ 1.07cm　④ 1.18cm

해설 훅의 법칙 이용

$\Delta L = \dfrac{PL}{EA} = \dfrac{(10\times 1{,}000)\times(1.5\times 100)}{(2.1\times 10^6)\times\dfrac{\pi}{4}} = 0.91\text{cm}$

15. **다음 그림과 같이 O점에 P_1, P_2, P_3의 세 힘이 작용하고 있을 때 점 A를 중심으로 한 모멘트의 크기는?**

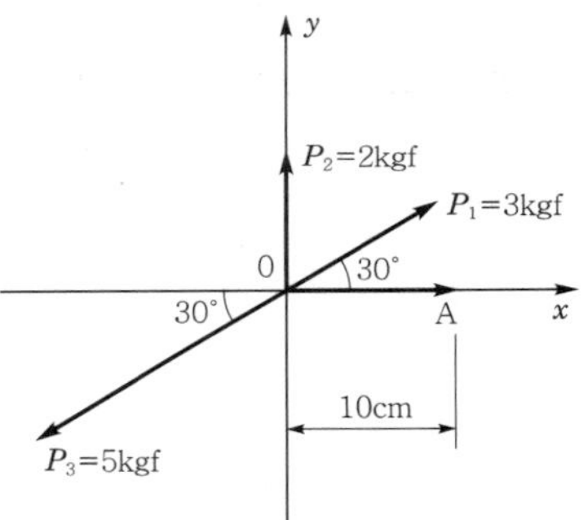

① 8kgf · cm
② 10kgf · cm
③ 15kgf · cm
④ 18kgf · cm

해설 $\Sigma M_A = 0$(⊕↻)

$M_A = (P_1\sin 30°\times 10) + (P_2\times 10) - (P_3\sin 30°\times 10)$
$= (3\times\sin 30°\times 10) + (2\times 10) - (5\times\sin 30°\times 10)$
$= 15 + 20 - 25 = 10\text{kgf}\cdot\text{cm}$

정답 11. ② 12. ④ 13. ④ 14. ② 15. ②

16. 다음 그림과 같이 단순보에 하중 P가 경사지게 작용할 때 지점 A점에서의 수직반력은?

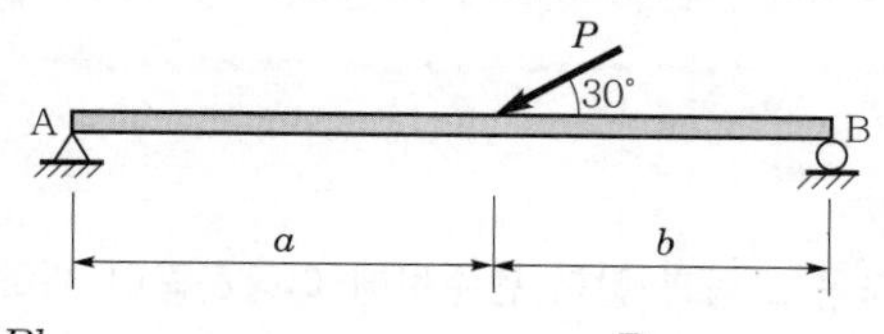

① $\dfrac{Pb}{a+b}$　　② $\dfrac{Pa}{2(a+b)}$

③ $\dfrac{Pa}{a+b}$　　④ $\dfrac{Pb}{2(a+b)}$

해설 $\Sigma M_B = 0(\oplus)$

$V_A \times (a+b) - P \times \sin 30^\circ \times b = 0$

$\therefore V_A = \dfrac{Pb}{2(a+b)}$

17. 다음 그림과 같이 단순보의 중앙에 하중 $3P$가 작용할 때 이 보의 최대 처짐은?

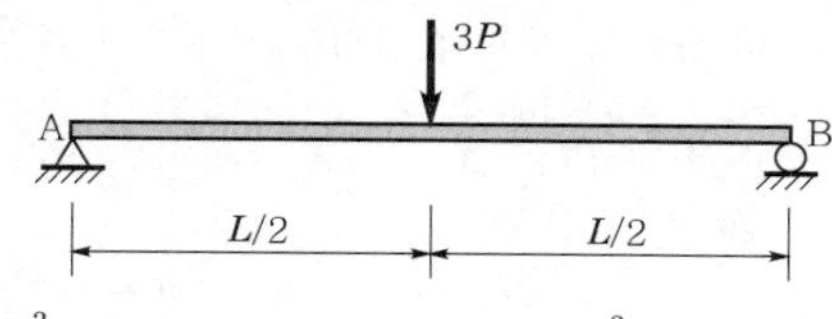

① $\dfrac{PL^3}{4EI}$　　② $\dfrac{PL^3}{8EI}$

③ $\dfrac{PL^3}{16EI}$　　④ $\dfrac{PL^3}{24EI}$

해설 보의 중앙점의 최대 처짐 산정

$\delta = \dfrac{3PL^3}{48EI} = \dfrac{PL^3}{16EI}$

18. 다음 트러스에서 부재 U_1의 부재력은?

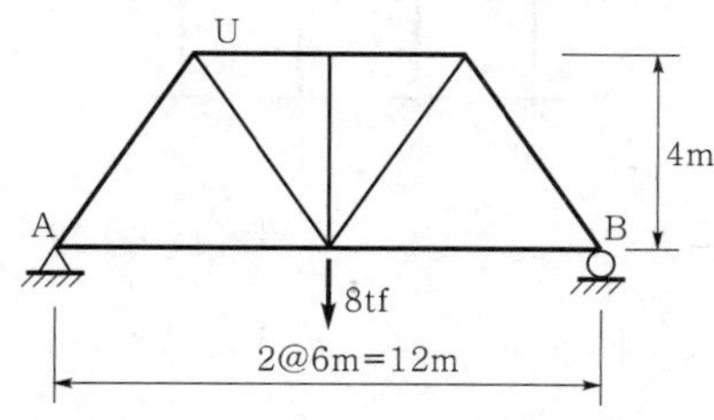

① 6tf(압축)　　② 6tf(인장)

③ 5tf(압축)　　④ 5tf(인장)

해설 ㉠ 반력 산정 : 대칭 단면이므로 $V_A = V_B = 4\text{tf}$

㉡ 단면법 이용 : 하중작용점에서 모멘트를 취하면

$4 \times 6 + U \times 4 = 0$

$\therefore U = -6\text{tf}$(압축)

19. 다음 사다리꼴 도심의 위치(y_0)는?

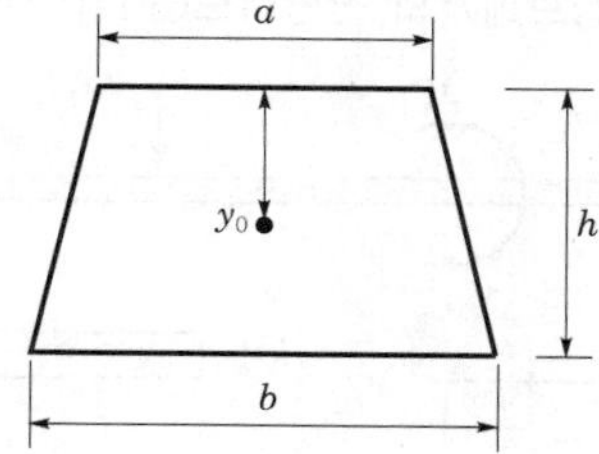

① $y_0 = \dfrac{h}{3}\left(\dfrac{2a+b}{a+b}\right)$　　② $y_0 = \dfrac{h}{3}\left(\dfrac{a+2b}{a+b}\right)$

③ $y_0 = \dfrac{h}{3}\left(\dfrac{a+b}{2a+b}\right)$　　④ $y_0 = \dfrac{h}{3}\left(\dfrac{a+b}{a+2b}\right)$

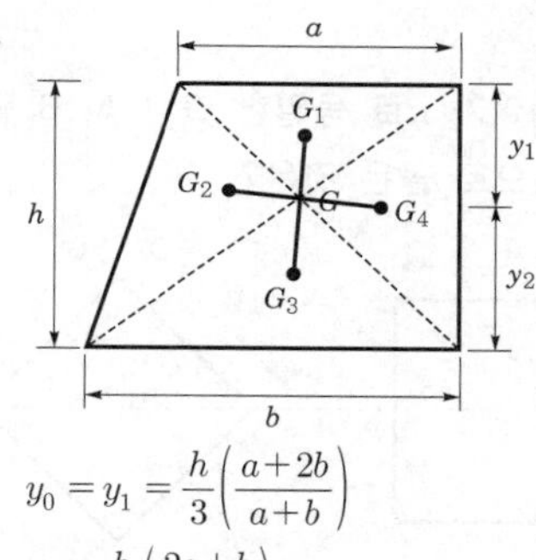

$y_0 = y_1 = \dfrac{h}{3}\left(\dfrac{a+2b}{a+b}\right)$

$y_2 = \dfrac{h}{3}\left(\dfrac{2a+b}{a+b}\right)$

20. 다음 그림과 같은 단순보에 발생하는 최대 전단응력($\tau_{\max}$)은?

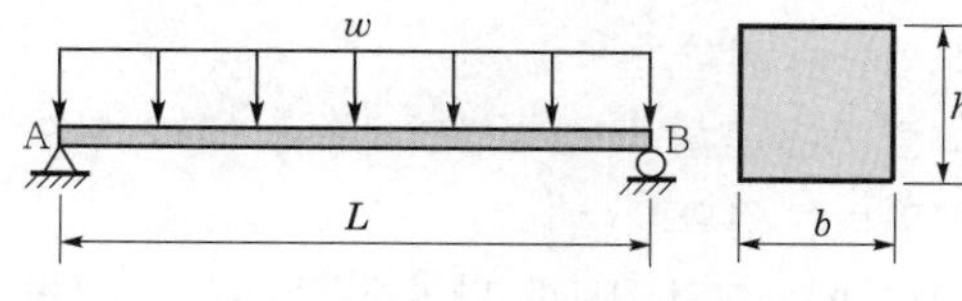

① $\dfrac{4wL}{9bh}$　　② $\dfrac{wL}{2bh}$

③ $\dfrac{9wL}{16bh}$　　④ $\dfrac{3wL}{4bh}$

$V_A = S = \dfrac{wL}{2}$

$\therefore \tau_{\max} = \dfrac{S}{A} \times \dfrac{3}{2} = \dfrac{3}{2} \times \dfrac{1}{bh} \times \dfrac{wL}{2} = \dfrac{3wL}{4bh}$

정답 16. ④　17. ③　18. ①　19. ②　20. ④

토목기사(2019년 3월 3일 시행)

1. 다음 정정보에서의 전단력도(S.F.D)로 옳은 것은?

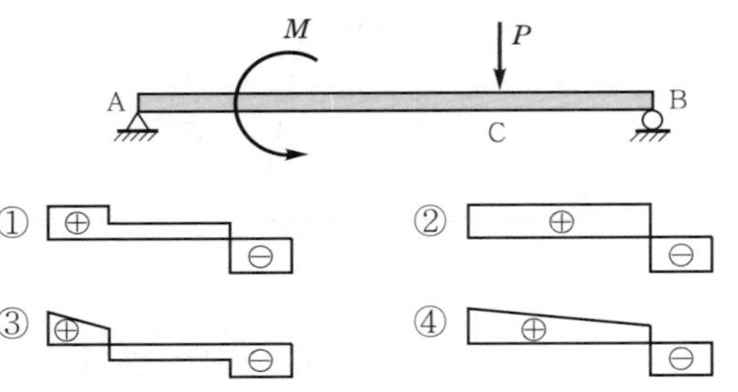

해설 모멘트하중은 전단력과 관계가 없으며 C점에 작용하는 P에 영향을 받는다.

2. 각 변의 길이가 a로 동일한 그림 A, B 단면의 성질에 관한 내용으로 옳은 것은?

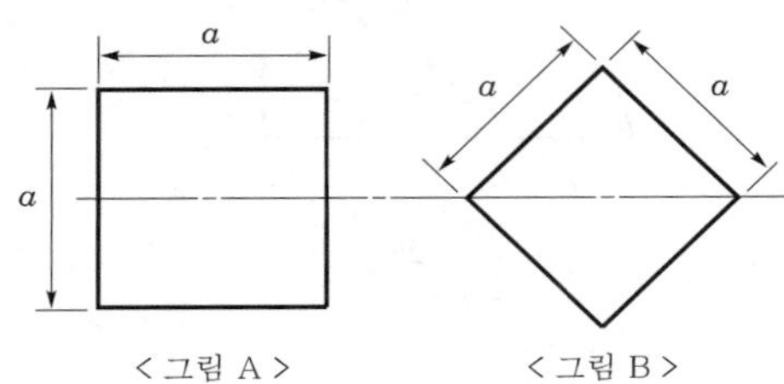

< 그림 A > < 그림 B >

① 그림 A는 그림 B보다 단면계수는 작고, 단면 2차 모멘트는 크다.

② 그림 A는 그림 B보다 단면계수는 크고, 단면 2차 모멘트는 작다.

③ 그림 A는 그림 B보다 단면계수는 크고, 단면 2차 모멘트는 같다.

④ 그림 A는 그림 B보다 단면계수는 작고, 단면 2차 모멘트는 같다.

해설 단면 도심으로부터 단면 상연 또는 하연까지 거리가 그림 B가 더 크기 때문에 단면계수는 그림 A가 그림 B보다 더 크고, 단면 2차 모멘트는 같다.

3. 다음 그림과 같이 단순보에 이동하중이 재하될 때 절대 최대 모멘트는 약 얼마인가?

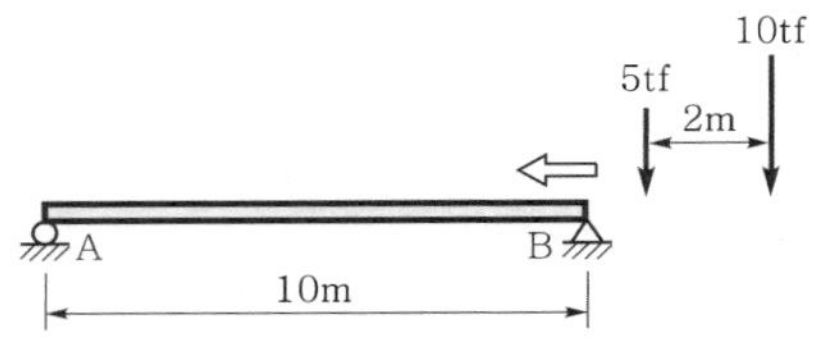

① 33tf · m ② 35tf · m

③ 37tf · m ④ 39tf · m

해설 ㉠ 합력 산정

$R = 5 + 10 = 15\text{tf}(\uparrow)$

㉡ 합력의 작용점 산정(기준점은 10tf 재하점)

$x = \frac{5 \times 2}{15} = \frac{2}{3} = 0.67\text{m}$

㉢ M_{max} 산정

$M_{max} = \frac{R}{l}\left(\frac{l-x}{2}\right)^2 = \frac{15}{10} \times \left(\frac{10-0.67}{2}\right)^2$

$= 32.64\text{tf} \cdot \text{m}$

4. 다음 그림과 같은 기둥에서 좌굴하중의 비 (a) : (b) : (c) : (d)는? (단, EI와 기둥의 길이(l)는 모두 같다.)

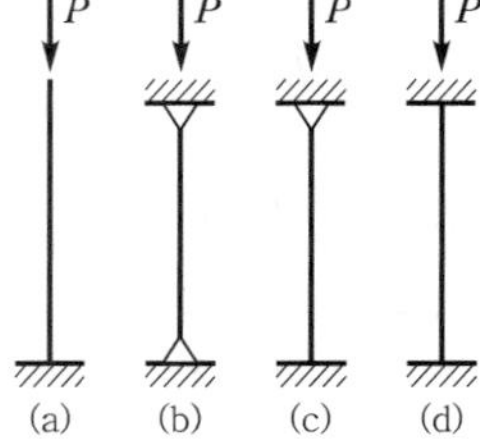

① 1 : 2 : 3 : 4 ② 1 : 4 : 8 : 12

③ $\frac{1}{4}$: 2 : 4 : 8 ④ 1 : 4 : 8 : 16

해설 $P_{cr} = \frac{n\pi^2 EI}{l}$

$\therefore P_a : P_b : P_c : P_d = \frac{1}{4} : 1 : 2 : 4 = 1 : 4 : 8 : 16$

정답 1. ② 2. ③ 3. ① 4. ④

5. 양단 고정보에 등분포하중이 작용할 때 A점에 발생하는 휨모멘트는?

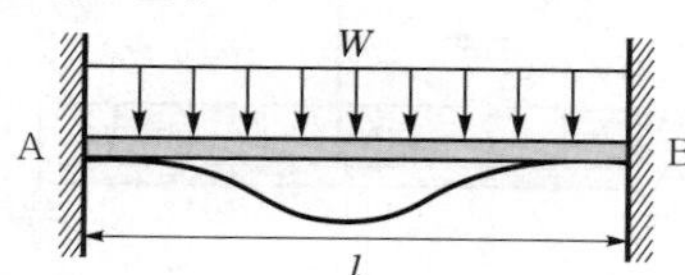

① $-\frac{Wl^2}{4}$　② $-\frac{Wl^4}{6}$
③ $-\frac{Wl^2}{8}$　④ $-\frac{Wl^2}{12}$

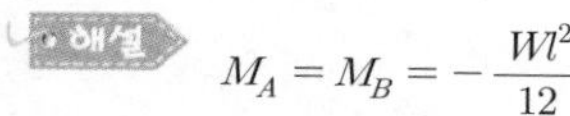

해설 $M_A = M_B = -\frac{Wl^2}{12}$

6. 다음 라멘의 수직반력 R_B는?

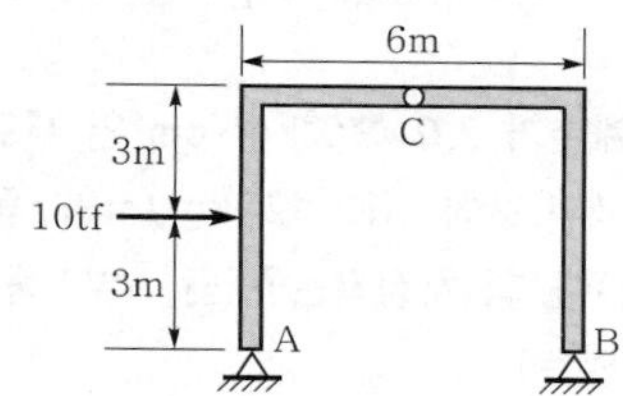

① 2tf　② 3tf
③ 4tf　④ 5tf

해설 $\Sigma M_A = 0(\oplus)$
$R_B \times 6 - 10 \times 3 = 0$
$\therefore R_B = 5\text{tf}(\downarrow)$

7. 단주에서 단면의 핵이란 기둥에서 인장응력이 발생되지 않도록 재하되는 편심거리로 정의된다. 지름 40cm인 원형 단면의 핵의 지름은?

① 2.5cm　② 5.0cm
③ 7.5cm　④ 10.0cm

해설
$$e(\text{핵반지름}) = \frac{Z}{A} = \frac{\frac{\pi D^3}{32}}{\frac{\pi D^2}{4}} = \frac{D}{8} = \frac{40}{8} = 5\text{cm}$$
$$\therefore 2e(\text{핵지름}) = 2 \times 5 = 10\text{cm}$$

8. 지름이 d인 원형 단면의 회전반경은?

① $\frac{d}{2}$　② $\frac{d}{3}$
③ $\frac{d}{4}$　④ $\frac{d}{8}$

해설
$$r = \sqrt{\frac{I}{A}} = \sqrt{\frac{\frac{\pi d^4}{64}}{\frac{\pi d^2}{4}}} = \frac{d}{4}$$

9. 직사각형 단면보의 단면적을 A, 전단력을 V라고 할 때 최대 전단응력 $\tau_{\max}$은?

① $\frac{2}{3}\frac{V}{A}$　② $1.5\frac{V}{A}$
② $3\frac{V}{A}$　④ $2\frac{V}{A}$

해설

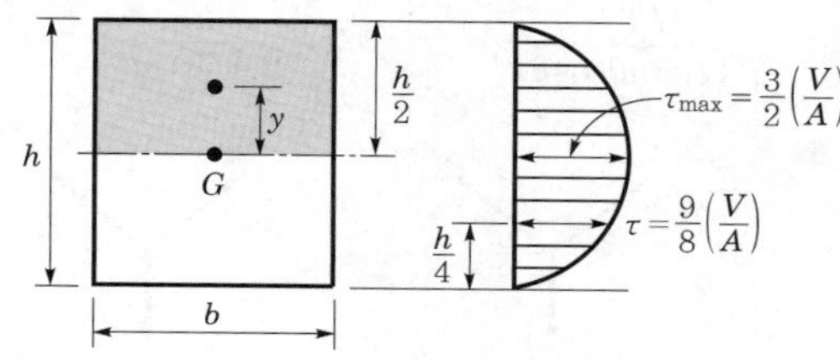

㉠ $G = Ay = \frac{bh}{2} \times \frac{h}{4} = \frac{bh^2}{8}$

㉡ $I = \frac{bh^3}{12}$

$$\therefore \tau_{\max} = \frac{VG}{Ib} = \frac{V\left(\frac{bh^2}{8}\right)}{\left(\frac{bh^3}{12}\right)b} = \frac{3}{2}\left(\frac{V}{bh}\right) = 1.5\frac{V}{A}$$

10. 분포하중(W), 전단력(S) 및 굽힘모멘트(M) 사이의 관계가 옳은 것은?

① $W = \frac{dM}{dx} = \frac{d^2S}{dx^2}$

② $W = \frac{dM}{dx} = \frac{d^2M}{dx^2}$

③ $-W = \frac{dS}{dx} = \frac{d^2M}{dx^2}$

④ $-W = \frac{dM}{dx} = \frac{d^2S}{dx^2}$

해설

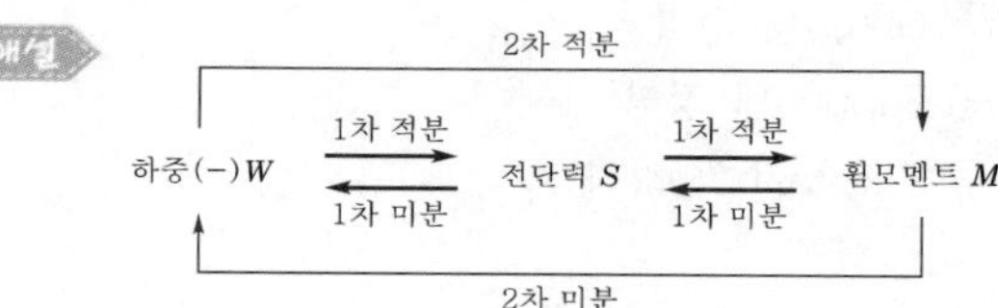

정답 5. ④ 6. ④ 7. ④ 8. ③ 9. ② 10. ③

11. 다음 그림과 같은 구조물에서 C점의 수직처짐은? (단, AC 및 BC부재의 길이는 l, 단면적은 A, 탄성계수는 E이다.)

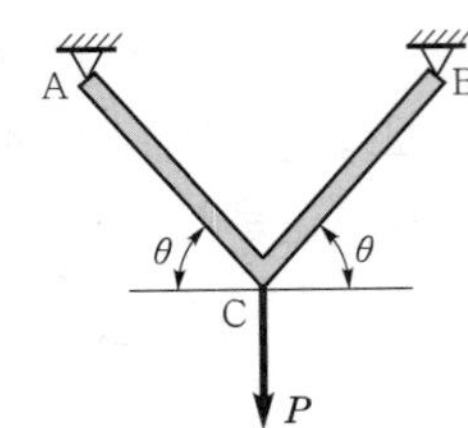

① $\dfrac{Pl}{2AE\sin^2\theta}$　② $\dfrac{Pl}{2AE\cos^2\theta}$

③ $\dfrac{Pl}{2AE\sin\theta\cos\theta}$　④ $\dfrac{Pl}{2AE\sin\theta}$

해설

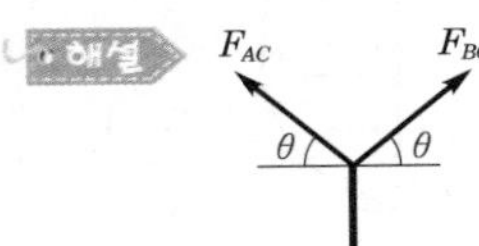

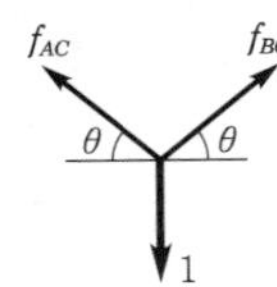

$$F_{AC}=F_{BC}=\frac{P}{2\sin\theta}$$

$$f_{AC}=f_{BC}=\frac{1}{2\sin\theta}$$

$$\therefore\ \delta_C=\Sigma\frac{Ff}{AE}l$$

$$=\frac{l}{AE}\times\frac{P}{2\sin\theta}\times\frac{1}{2\sin\theta}+\frac{l}{AE}\times\frac{P}{2\sin\theta}\times\frac{1}{2\sin\theta}$$

$$=\frac{Pl}{2AE\sin^2\theta}$$

12. 다음에서 설명하는 정리는?

> 동일 평면상의 한 점에 여러 개의 힘이 작용하고 있는 경우에 이 평면상의 임의점에 관한 이들 힘의 모멘트의 대수합은 동일점에 관한 이들 힘의 합력의 모멘트와 같다.

① Lami의 정리
② Green의 정리
③ Pappus의 정리
④ Varignon의 정리

13. 다음 그림과 같은 보에서 C점의 휨모멘트는?

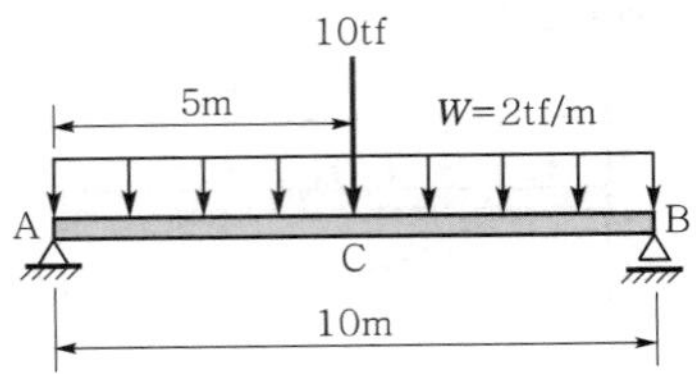

① 0tf · m
② 40tf · m
③ 45tf · m
④ 50tf · m

해설

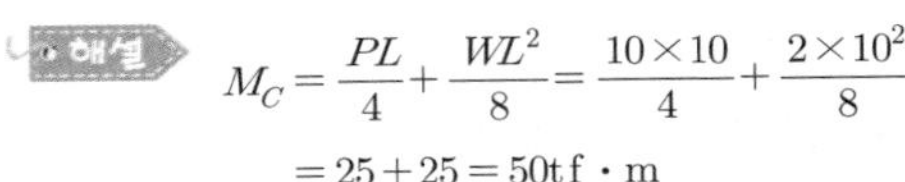

$$M_C=\frac{PL}{4}+\frac{WL^2}{8}=\frac{10\times10}{4}+\frac{2\times10^2}{8}$$

$$=25+25=50\text{tf}\cdot\text{m}$$

14. 탄성계수가 2.0×10^6kgf/cm^{2}인 재료로 된 경간 10m의 캔틸레버보에 W=120kgf/m의 등분포하중이 작용할 때 자유단의 처짐각은? (단, IN : 중립축에 관한 단면 2차 모멘트)

① $\theta=\dfrac{10^2}{IN}$　② $\theta=\dfrac{10^3}{IN}$

③ $\theta=1.5\dfrac{10^3}{IN}$　④ $\theta=\dfrac{10^4}{IN}$

해설 $$\theta=\frac{WL^3}{6EI}=\frac{1.2\times(10\times100)^3}{6\times2.0\times10^6\times IN}=\frac{10^2}{IN}$$

15. 다음 그림과 같은 내민보에서 자유단의 처짐은? (단, $EI=3.2\times10^{11}$kgf · cm^2)

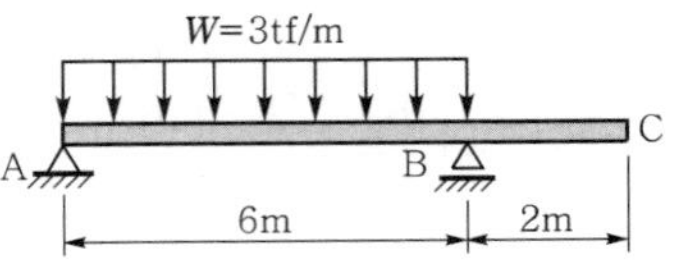

① 0.169m　② 16.9m
③ 0.338m　④ 33.8m

해설

$$\delta_C=\theta_B L_{BC}=\frac{WL_{AB}^3}{24EI}L_{BC}$$

$$=\frac{(3\times10)\times(6\times100)^3}{24\times3.2\times10^{11}}\times(2\times100)=0.169\text{cm}$$

정답 11. ① 12. ④ 13. ④ 14. ① 15. ①

16. 다음 중 단위변형을 일으키는데 필요한 힘은?

① 강성도 ② 유연도
③ 축강도 ④ 푸아송비

해설 ㉠ 강성도(k) : 단위변형($\Delta l=1$)을 일으키는 데 필요한 힘으로 변형에 저항하는 정도
㉡ 유연도(f) : 단위하중($P=1$)에 의한 변형량

17. 다음 그림과 같은 트러스에서 부재 U의 부재력은?

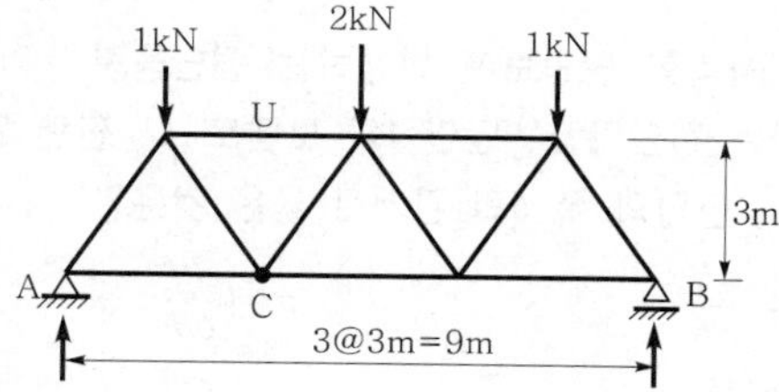

① 1.0kN(압축) ② 1.2kN(압축)
③ 1.3kN(압축) ④ 1.5kN(압축)

해설 대칭 단면이므로
$V_A=V_B=2\text{tf}(\uparrow)$
• 단면법 이용

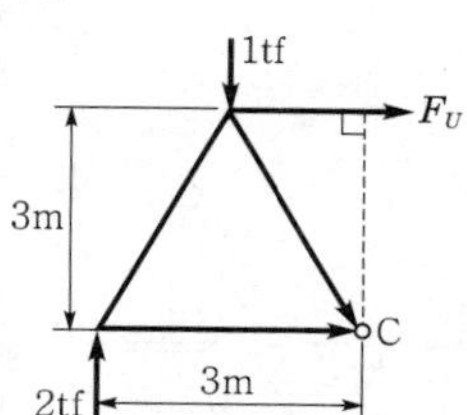

$\Sigma M_C=0(\oplus)$
$2\times3-1\times1.5+F_U\times3=0$
$\therefore F_U=\frac{1}{3}\times(1.5-2\times3)=-1.5\text{tf}$(압축)

18. 20cm×30cm인 단면의 저항모멘트는? (단, 재료의 허용휨응력은 70kgf/cm^2이다.)

① 2.1tf · m ② 3.0tf · m
③ 4.5tf · m ④ 6.0tf · m

해설 $Z=\frac{bh^2}{6},\ \sigma=\frac{M}{Z}$
$\therefore M=\sigma Z=70\times\frac{20\times30^2}{6}$
$=210{,}000\text{kgf}\cdot\text{cm}=2.1\text{tf}\cdot\text{m}$

19. 주어진 보에서 지점 A의 휨모멘트(M_A) 및 반력(R_A)의 크기로 옳은 것은?

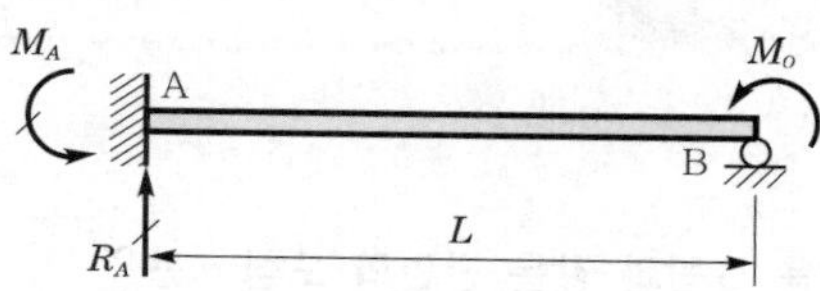

① $M_A=\frac{M_o}{2},\ R_A=\frac{3M_o}{2L}$ ② $M_A=M_o,\ R_A=\frac{M_o}{L}$
③ $M_A=\frac{M_o}{2},\ R_A=\frac{5M_o}{2L}$ ④ $M_A=M_o,\ R_A=\frac{2M_o}{L}$

해설 $M_A=\frac{1}{2}M_B=\frac{M_o}{2}$
$\Sigma M_B=0$
$R_A L-M_A-M_o=0$
$\therefore R_A=\frac{3M_o}{2L}$

20. 다음에서 부재 BC에 걸리는 응력의 크기는?

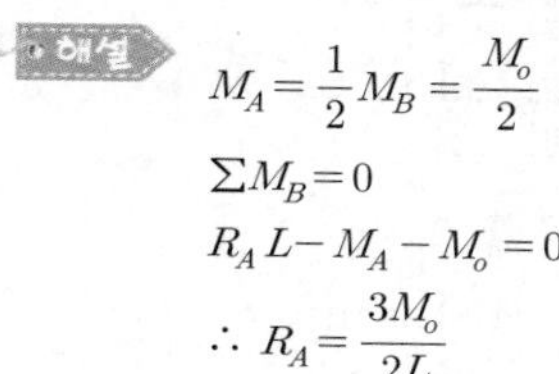

① $\frac{2}{3}\text{tf/cm}^2$ ② 1tf/cm^2
③ $\frac{3}{2}\text{tf/cm}^2$ ④ 2tf/cm^2

해설 R_C를 부정정력으로 선택

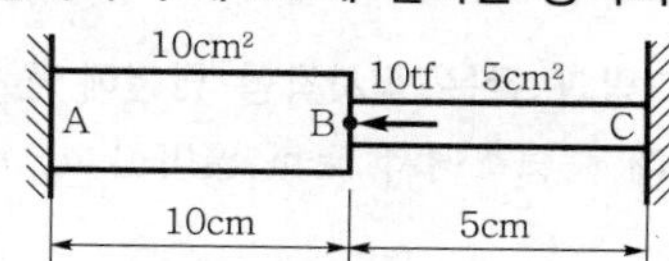

$\Delta_{C1}=\frac{10\times10}{EA_1}=\frac{10\times10}{E\times10}=\frac{10}{E}(\leftarrow)$

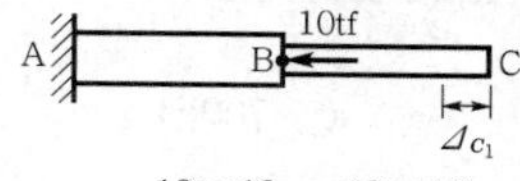

$\Delta_{C2}=\frac{R_C\times10}{EA_1}+\frac{R_C\times5}{EA_2}=\frac{R_C\times10}{E\times10}+\frac{R_C\times5}{E\times5}$
$=\frac{2R_C}{E}(\rightarrow)$
$\Delta_{C1}=\Delta_{C2}$
$\frac{10}{E}=\frac{2R_C}{E}$
$\therefore R_C=5\text{tf}(\rightarrow)$
$\therefore \sigma_{BC}=\frac{R_C}{A_2}=\frac{5{,}000}{5}=1{,}000\text{kgf/cm}^2=1\text{tf/cm}^2$

정답 16. ① 17. ④ 18. ① 19. ① 20. ②

토목산업기사(2019년 3월 3일 시행)

1. 다음 그림과 같은 단면의 도심 $\bar{y}$는?

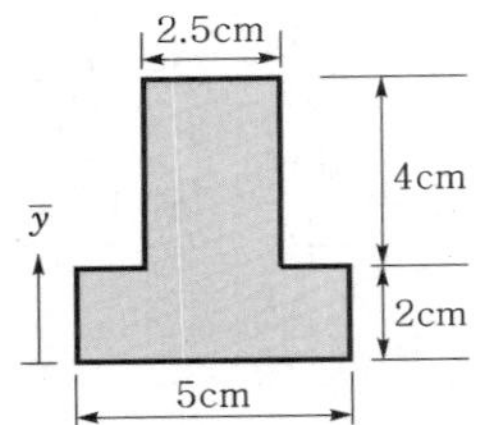

① 2.5cm ② 2.0cm
③ 1.5cm ④ 1.0cm

해설 $\bar{y}=\dfrac{(2.5\times4\times4)+(5\times2\times1)}{(2.5\times4)+(5\times2)}=\dfrac{40+10}{10+10}=2.5\text{cm}$

2. 다음 그림과 같은 직사각형 단면에 전단력 45kN이 작용할 때 중립축에서 5cm 떨어진 $a-a$면의 전단응력은?

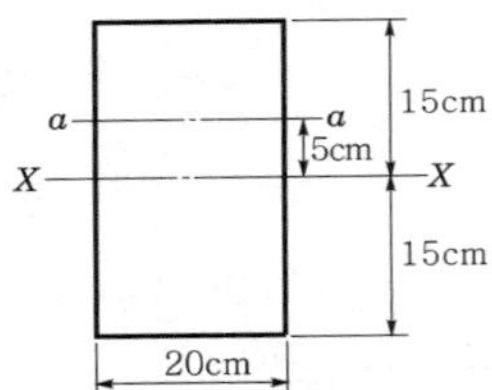

① 100kPa ② 700kPa
③ 1MPa ④ 1GPa

해설
$$I=\frac{bh^3}{12}=\frac{200\times300^3}{12}=45\times10^7\text{mm}^4$$
$$G=200\times100\times100=2\times10^6\text{mm}^3$$
$$\therefore\ \tau=\frac{SG}{Ib}=\frac{(45\times10^3)\times2\times10^6}{45\times10^7\times200}$$
$$=1\text{N/mm}^2=1\text{MPa}$$

3. 길이 2m, 지름 20mm인 봉에 20kN의 인장력을 작용시켰더니 길이가 2.10m, 지름이 19.8mm로 되었다면 푸아송비는?

① 0.1 ② 0.2
③ 0.3 ④ 0.4

해설
$$\nu=-\frac{\varepsilon_d}{\varepsilon_l}=-\frac{\dfrac{19.8-20}{20}}{\dfrac{2.10-2.0}{2.0}}=\frac{0.01}{0.05}=0.2$$

4. 직사각형 단면보에 발생하는 전단응력 τ와 보에 작용하는 전단력 S, 단면 1차 모멘트 G, 단면 2차 모멘트 I, 단면의 폭 b의 관계로 옳은 것은?

① $\tau=\dfrac{GI}{Sb}$ ② $\tau=\dfrac{Sb}{GI}$
③ $\tau=\dfrac{SG}{Ib}$ ④ $\tau=\dfrac{Gb}{SI}$

해설 $\tau=\dfrac{SG}{Ib}$

5. 지름 D, 길이 l인 원형기둥의 세장비는?

① $\dfrac{4l}{D}$ ② $\dfrac{8l}{D}$
③ $\dfrac{4D}{l}$ ④ $\dfrac{8D}{l}$

해설
$$\lambda=\frac{l}{r_{\min}}=\frac{l}{\sqrt{\dfrac{I_{\min}}{A}}}=\frac{l}{\sqrt{\dfrac{\frac{\pi D^2}{64}}{\frac{\pi D^2}{4}}}}=\frac{4l}{D}$$

6. 다음 그림과 같은 구조물에서 부재 AB가 받는 힘은?

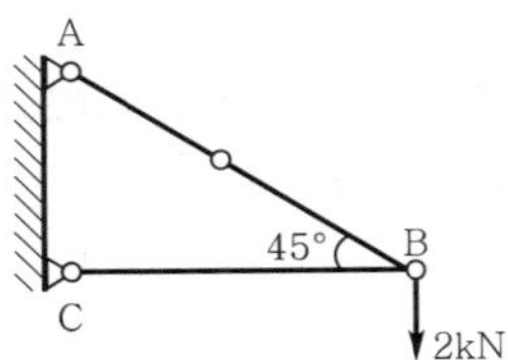

① 2.00kN ② 2.15kN
③ 2.35kN ④ 2.83kN

해설
$$\Sigma F_y=0(\uparrow\oplus)$$
$$F_{AB}\times\sin45°-2=0$$
$$\therefore\ F_{AB}=2\sqrt{2}=2.83\text{kN}$$

정답 1. ① 2. ③ 3. ② 4. ③ 5. ① 6. ④

7. 트러스 해법에 대한 가정 중 틀린 것은?

① 각 부재는 마찰이 없는 힌지로 연결되어 있다.
② 결점을 잇는 직선은 부재축과 일치한다.
③ 모든 외력은 절점에만 작용한다.
④ 각 부재는 곡선재와 직선재로 되어 있다.

해설 각 부재는 직선재로 되어 있다

8. 다음 그림과 같은 세 개의 힘이 평형상태에 있다면 C점에서 작용하는 힘 P와 BC 사이의 거리 x는?

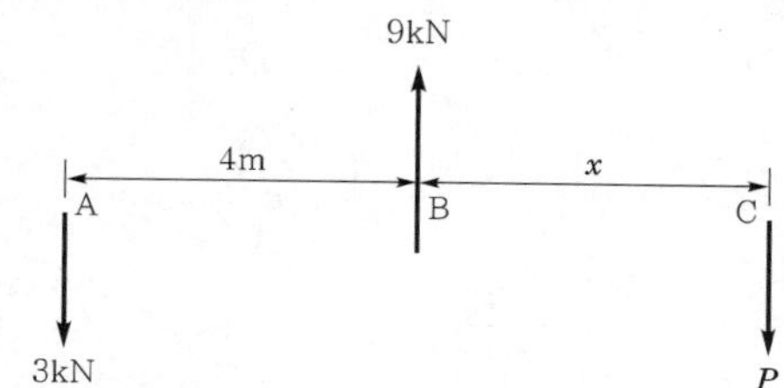

① P=4kN, x=3m　② P=6kN, x=3m
③ P=4kN, x=2m　④ P=6kN, x=2m

해설 ㉠ $\Sigma F_y = 0(\uparrow \oplus)$
$9-3-P=0$
$\therefore P=6\text{kN}(\downarrow)$
㉡ $\Sigma M_B = 0(\oplus)$
$3\times4-P\times x=0$
$3\times4-6\times x=0$
$\therefore x=2\text{m}$

9. 길이 1m, 지름 1cm의 강봉을 80kN으로 당길 때 강봉의 늘어난 길이는? (단, 강봉의 탄성계수는=2.1×10^5MPa)

① 4.26mm　② 4.85mm
③ 5.14mm　④ 5.72mm

해설 $\Delta L = \dfrac{PL}{AE} = \dfrac{(80\times1{,}000)\times1{,}000}{\dfrac{\pi\times10^2}{4}\times2.1\times10^5} = 4.85\text{mm}$

10. 지간길이 l인 단순보에 등분포하중 w가 만재되어 있을 때 지간 중앙점에서의 처짐각은? (단, EI는 일정하다.)

① 0　② $\dfrac{wl^3}{24EI}$
③ $\dfrac{5wl^3}{384EI}$　④ $\dfrac{7wl^3}{384EI}$

해설 $\delta_c = \dfrac{5wl^4}{384EI}$일 때 $\theta_c=0$(중앙점의 처짐각은 0)이다.

11. 밑변 12cm, 높이 15cm인 삼각형이 밑변에 대한 단면 2차 모멘트의 값은?

① 2,160cm^4　② 3,375cm^4
③ 6,750cm^4　④ 10,125cm^4

해설 $I = \dfrac{bh^3}{12} = \dfrac{12\times15^3}{12} = 3{,}375\text{cm}^4$

12. 다음 그림과 같은 내민보에서 A지점에서 5m 떨어진 C점의 전단력 V_C와 휨모멘트 M_C는?

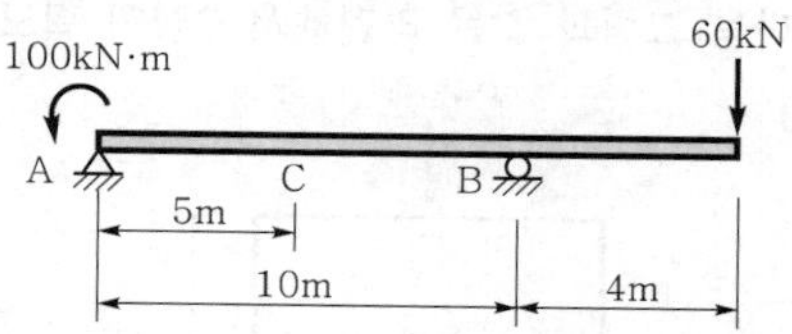

① $V_C=-14$kN, $M_C=-170$kN·m
② $V_C=-18$kN, $M_C=-240$kN·m
③ $V_C=14$kN, $M_C=-240$kN·m
④ $V_C=18$kN, $M_C=-170$kN·m

해설 ㉠ A점의 반력 산정
$\Sigma M_B = 0(\oplus)$
$V_A\times10+60\times4-100=0$
$\therefore V_A=-14\text{kN}(\downarrow)$
㉡ C점의 전단력 산정
$V_C=-14\text{kN}$
㉢ C점의 휨모멘트 산정
$M_C=-14\times5-100=-170\text{kN}\cdot\text{m}$

13. 지름 D인 원형 단면보에 휨모멘트 M이 작용할 때 휨응력은?

① $\dfrac{16M}{\pi D^3}$　② $\dfrac{6M}{\pi D^3}$
③ $\dfrac{32M}{\pi D^3}$　④ $\dfrac{64M}{\pi D^3}$

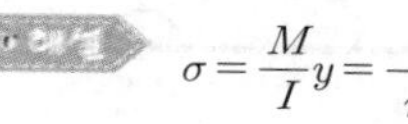
해설 $\sigma = \dfrac{M}{I}y = \dfrac{M}{\dfrac{\pi D^4}{64}}\times\dfrac{D}{2} = \dfrac{32M}{\pi D^3}$

정답 7. ④ 8. ④ 9. ② 10. ① 11. ② 12. ① 13. ③

14. 다음 그림과 같은 단순보의 지점 A에서 수직반력은?

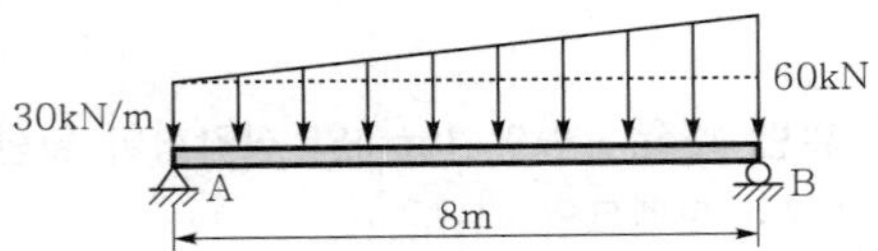

① 80kN ② 160kN
③ 200kN ④ 240kN

해설 $\Sigma M_B = 0(\oplus)$

$V_A \times 8 - (30 \times 8 \times 4) - \left(\frac{1}{2} \times 30 \times 8\right) \times 8 \times \frac{1}{3} = 0$

$\therefore V_A = 160\text{kN}(\uparrow)$

15. 다음 그림과 같은 라멘에서 C점의 휨모멘트는?

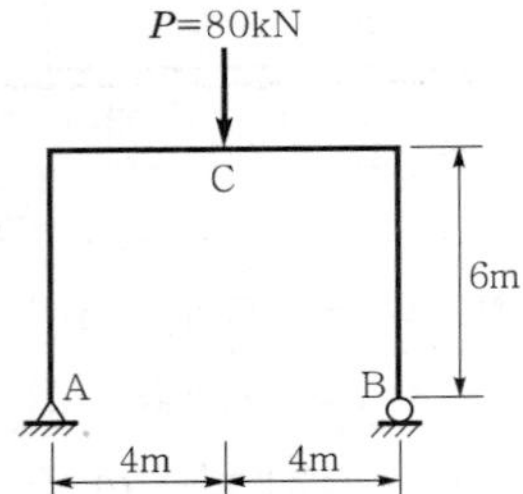

① 120kN · m ② 160kN · m
③ 240kN · m ④ 320kN · m

해설 ㉠ 반력 산정

$V_A = 40\text{kN}(\uparrow)$, $V_B = 40\text{kN}(\uparrow)$

㉡ M_C 산정

$\Sigma M_{C(\text{오른쪽})} = 0(\oplus)$

$\therefore M_C = 40 \times 4 = 160\text{kN} \cdot \text{m}$

16. "동일 평면에서 한 점에 여러 개의 힘이 작용하고 있을 때 평면의 임의점에서의 모멘트총합은 동일점에 대한 이들 힘의 합력모멘트와 같다"는 정리는?

① Mohr의 정리 ② Lami의 정리
③ Castigliano의 정리 ④ Varignon의 정리

17. 다음 그림과 같은 내민보에서 B점의 휨모멘트는?

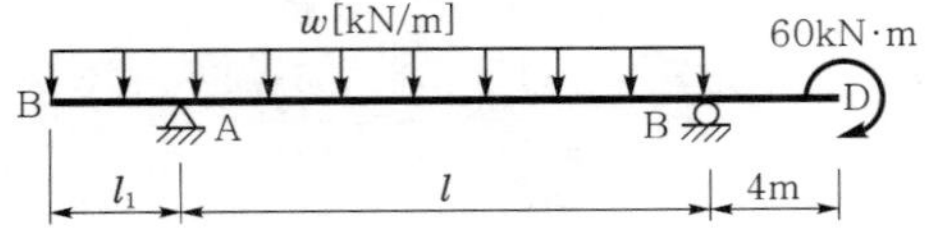

① $\frac{wl^2}{2}$ ② wl^2
③ $-60\text{kN} \cdot \text{m}$ ④ $-24\text{kN} \cdot \text{m}$

해설 B점을 기준으로 오른쪽에서 자유물체도를 고려하면

$\Sigma M_B = 0(\oplus)$

$M_B + 60 = 0$

$\therefore M_B = -60\text{kN} \cdot \text{m}$

18. 지름 D인 원형 단면의 단주기둥에서 핵거리는?

① $\frac{1}{2}D$ ② $\frac{1}{4}D$
③ $\frac{1}{8}D$ ④ $\frac{1}{16}D$

해설

$$e = \frac{Z}{A} = \frac{\frac{\pi D^3}{32}}{\frac{\pi D^2}{4}} = \frac{D}{8}$$

19. 등분포하중을 받는 직사각형 단면의 단순보에서 최대 처짐에 대한 설명으로 옳은 것은?

① 보의 폭에 비례한다.
② 지간의 3제곱에 반비례한다.
③ 탄성계수에 반비례한다.
④ 보의 높이의 제곱에 비례한다.

해설 $\delta_c = \frac{5wl^4}{384EI}$, $I = \frac{bh^3}{12}$

20. 구조물의 단면계수에 대한 설명으로 틀린 것은?

① 차원은 길이의 3제곱이다.
② 반지름이 r인 원형 단면의 단면계수는 1개이다.
③ 비대칭삼각형의 도심을 통과하는 x축에 대한 단면계수의 값은 2개이다.
④ 도심축에 대한 단면 2차 모멘트와 면적을 곱한 값이다.

해설 $Z = \pm\frac{I}{Y} = \pm\frac{\text{단면 2차 모멘트}}{\text{상·하연의 도심}}$

정답 14. ② 15. ② 16. ④ 17. ③ 18. ③ 19. ③ 20. ④

토목기사(2019년 4월 27일 시행)

1. 길이가 4m인 원형 단면기둥의 세장비가 100이 되기 위한 기둥의 지름은? (단, 지지상태는 양단 힌지로 가정한다.)

① 12cm ② 16cm
③ 18cm ④ 20cm

해설

$$\lambda = \frac{l}{r_{\min}} = \frac{l}{\sqrt{\frac{I_{\min}}{A}}} = \frac{l}{\sqrt{\frac{\frac{\pi d^4}{64}}{\frac{\pi d^2}{4}}}} = \frac{4l}{d} = 100$$

$$\therefore d = \frac{4l}{\lambda} = \frac{4\times400}{100} = 16\text{cm}$$

2. 내민보에 다음 그림과 같이 지점 A에 모멘트가 작용하고 집중하중이 보의 양 끝에 작용한다. 이 보에 발생하는 최대 휨모멘트의 절대값은?

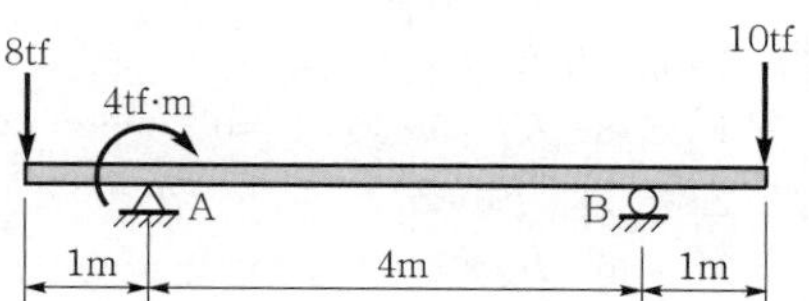

① 6tf · m ② 8tf · m
③ 10tf · m ④ 12tf · m

해설

$\Sigma M_B = 0$

$(R_A\times4)-(8\times5)+4+(10\times1)=0$

$\therefore R_A = 6.5\text{tf}(\uparrow)$

$\Sigma V = 0$

$R_A + R_B = 8+10 = 18\text{tf}$

$\therefore R_B = 11.5\text{tf}(\uparrow)$

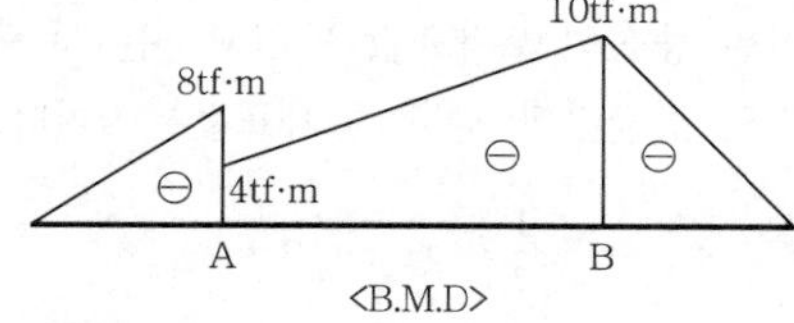

<B.M.D>

$\therefore M_{\max} = -10\text{tf}\cdot\text{m}$

3. 연속보를 3연모멘트방정식을 이용하여 B점의 모멘트 $M_B = -92.8\text{tf}\cdot\text{m}$를 구하였다. B점의 수직반력은?

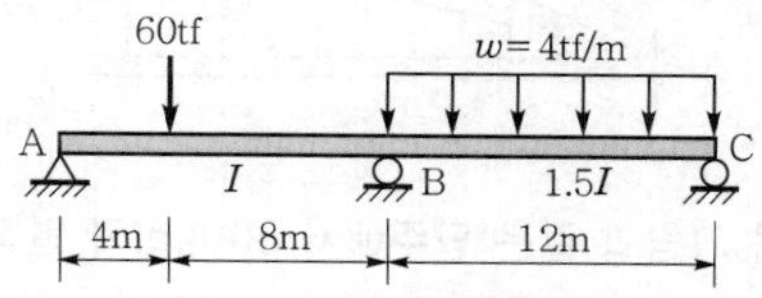

① 28.4tf ② 36.3tf
③ 51.7tf ④ 59.5tf

해설

㉠ F.B.D 1

$\Sigma M_A = 0$

$60\times4+92.8-S_{BL}\times12=0$

$\therefore S_{BL} = 27.73\text{tf}$

㉡ F.B.D 3

$\Sigma M_C = 0$

$S_{BR}\times12-4\times12\times6-92.8=0$

$\therefore S_{BR} = 31.73\text{tf}$

㉢ F.B.D 2

$\Sigma V = 0$

$R_B - S_{BL} - S_{BR} = 0$

$\therefore R_B = S_{BL}+S_{BR} = 27.73+31.73 = 59.46\text{tf}$

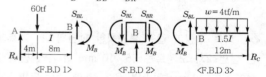

60tf, S_{BL}, A, B, I, R_A, 4m, 8m, M_B / S_{BL}, S_{BR}, B, M_B, M_B / S_{BL}, w=4tf/m, B, 1.5I, 12m, M_B, R_C

<F.B.D 1> <F.B.D 2> <F.B.D 3>

4. 다음 그림과 같은 캔틸레버보에서 A점의 처짐은? (단, AC구간의 단면 2차 모멘트는 I이고 CB구간은 $2I$이며, 탄성계수 E는 전 구간이 동일하다.)

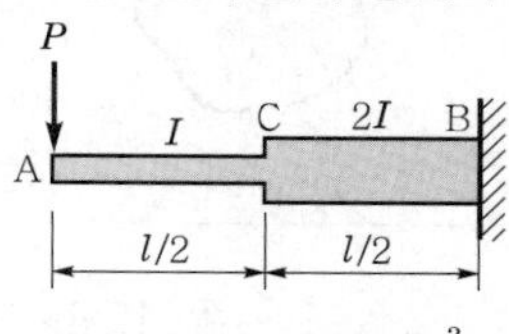

① $\frac{2Pl^3}{15EI}$ ② $\frac{3Pl^3}{16EI}$

③ $\frac{5Pl^3}{18EI}$ ④ $\frac{7Pl^3}{24EI}$

정답 1. ② 2. ③ 3. ④ 4. ②

해설 공액보법 이용

δ_A = 공액보의 M_A'

$$=\left(\frac{1}{2}\times\frac{l}{2}\times\frac{Pl}{4EI}\right)\times\left(\frac{l}{2}\times\frac{2}{3}\right)+\left(\frac{1}{2}\times l\times\frac{Pl}{2EI}\right)\times\left(l\times\frac{2}{3}\right)=\frac{3Pl^3}{16EI}$$

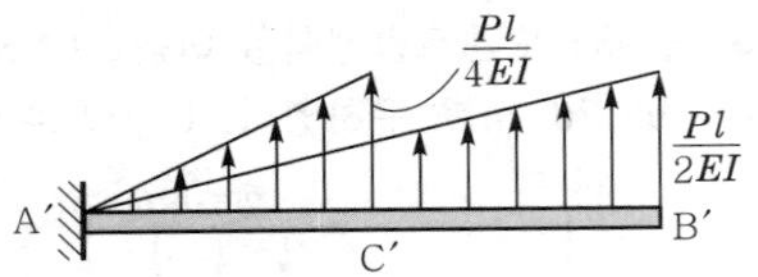

5. 다음 그림과 같은 단주에서 800kgf의 연직하중(P)이 편심거리 e에 작용할 때 단면에 인장력이 생기지 않기 위한 e의 한계는?

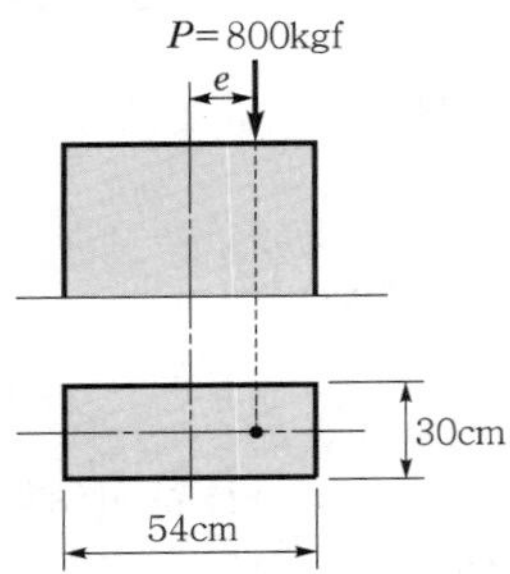

① 5cm ② 8cm
③ 9cm ④ 10cm

해설 $e=\frac{h}{6}=\frac{54}{6}=9\text{cm}$

6. 다음 그림과 같은 불규칙한 단면의 $A-A$축에 대한 단면 2차 모멘트는 $35\times10^6\text{mm}^4$이다. 단면의 총면적이 $1.2\times10^4\text{mm}^2$이라면 $B-B$축에 대한 단면 2차 모멘트는? (단, $D-D$축은 단면의 도심을 통과한다.)

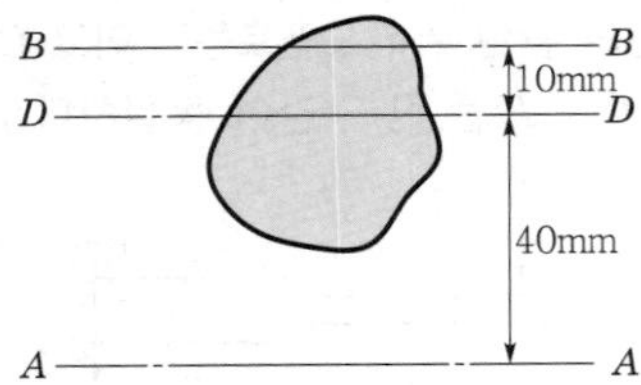

① $17\times10^6\text{mm}^4$ ② $15.8\times10^6\text{mm}^4$
③ $17\times10^5\text{mm}^4$ ④ $15.8\times10^5\text{mm}^4$

해설 평행축정리 이용

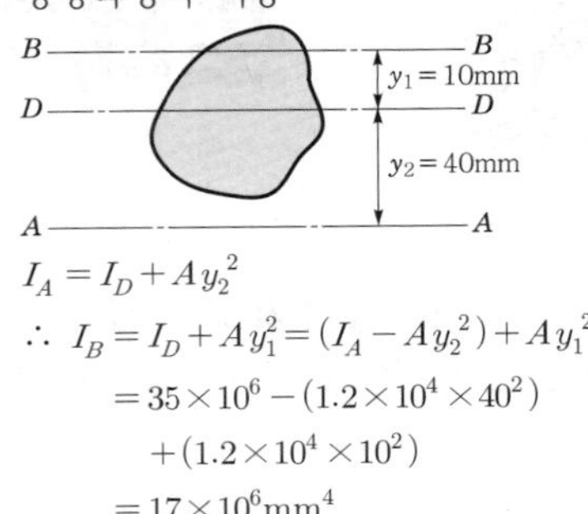

$I_A=I_D+Ay_2^2$

$\therefore\ I_B=I_D+Ay_1^2=(I_A-Ay_2^2)+Ay_1^2$

$=35\times10^6-(1.2\times10^4\times40^2)+(1.2\times10^4\times10^2)$

$=17\times10^6\text{mm}^4$

7. 다음 그림과 같은 비대칭 3힌지 아치에서 힌지 C에 연직하중(P) 15tf가 작용한다. A지점의 수평반력 H_A는?

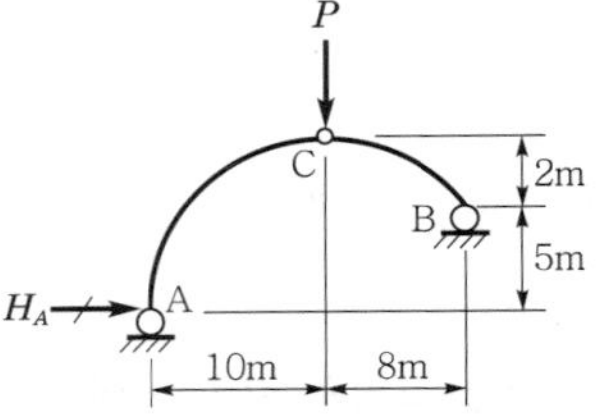

① 12.43tf ② 15.79tf
③ 18.42tf ④ 21.05tf

해설 $\Sigma M_B=0(\oplus)$

$V_A\times18-H_A\times5-15\times8=0$ ······ ㉠

$\Sigma M_{C(왼쪽)}=0(\oplus)$

$V_A\times10-H_A\times7=0$ ······ ㉡

$\therefore\ V_A=11.05\text{tf},\ H_A=15.79\text{tf}$

8. 평면응력상태 하에서의 모어(Mohr)의 응력원에 대한 설명으로 옳지 않은 것은?

① 최대 전단응력의 크기는 두 주응력의 차이와 같다.
② 모어원으로부터 주응력의 크기와 방향을 구할 수 있다.
③ 모어원이 그려지는 두 축 중 연직(y)축은 전단응력의 크기를 나타낸다.
④ 모어원 중심의 x좌표값은 직교하는 두 축의 수직응력의 평균값과 같고, y좌표값은 0이다.

해설 

$$\tau_{\substack{max\\min}}=\pm\frac{1}{2}\sqrt{(\sigma_x-\sigma_y)^2+4\tau_{xy}^2}$$

정답 5. ③ 6. ① 7. ② 8. ①

9. 다음 그림과 같은 트러스에서 U부재에 일어나는 부재내력은?

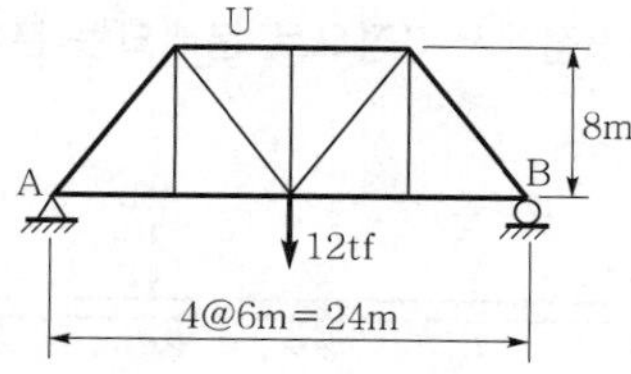

① 9tf(압축) ② 9tf(인장)
③ 15tf(압축) ④ 15tf(인장)

해설 ㉠ 반력 산정
$V_A = V_B = 6\text{tf}$
㉡ 단면법 적용 : 하중작용점에서 모멘트를 취하면
$\Sigma M_{12} = 0(\oplus)$
$V_A \times 12 + U \times 8 = 0$
$\therefore U = -\frac{6\times 12}{8} = -9\text{tf}$(압축)

10. 탄성계수 E, 전단탄성계수 G, 푸아송수 m 사이의 관계가 옳은 것은?

① $G = \frac{m}{2(m+1)}$ ② $G = \frac{E}{2(m-1)}$
③ $G = \frac{mE}{2(m+1)}$ ④ $G = \frac{E}{2(m+1)}$

해설 $m = \frac{1}{\nu}$

$\therefore G = \frac{E}{2(1+\nu)} = \frac{E}{2\left(1+\frac{1}{m}\right)} = \frac{mE}{2(m+1)}$

11. 다음 그림과 같은 캔틸레버보에서 휨에 의한 탄성변형에너지는? (단, EI는 일정하다.)

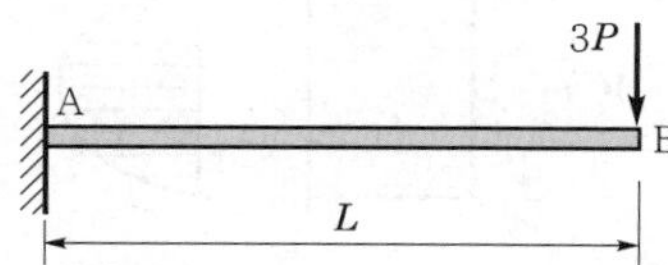

① $\frac{P^2L^3}{3EI}$ ② $\frac{P^2L^3}{2EI}$
③ $\frac{2P^2L^3}{3EI}$ ④ $\frac{3P^2L^3}{2EI}$

해설 $U = \frac{1}{2}P\delta = \frac{1}{2} \times 3P \times \frac{3PL^3}{3EI} = \frac{3P^2L^3}{2EI}$

12. 다음 그림과 같은 단순보의 중앙점 C에 집중하중 P가 작용하여 중앙점의 처짐 δ가 발생했다. δ가 0이 되도록 양쪽지점에 모멘트 M을 작용시키려고 할 때 이 모멘트의 크기 M을 하중 P와 지간 l로 나타낸 것으로 옳은 것은? (단, EI는 일정하다.)

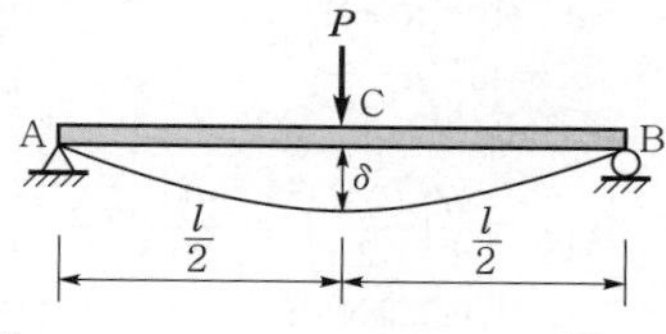

① $M = \frac{Pl}{2}$ ② $M = \frac{Pl}{4}$
③ $M = \frac{Pl}{6}$ ④ $M = \frac{Pl}{8}$

해설 ㉠ 중앙에 집중하중 P가 작용할 경우 C의 처짐

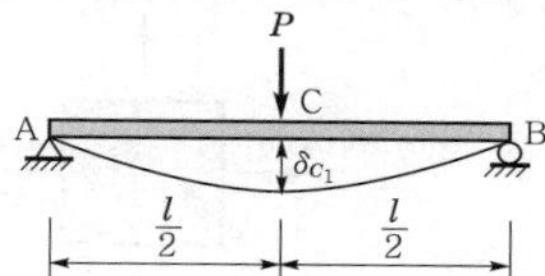

$\delta_{C1} = \frac{Pl^3}{48EI}$

㉡ 양쪽 지점에 휨모멘트 $-M$이 작용할 경우 C의 처짐

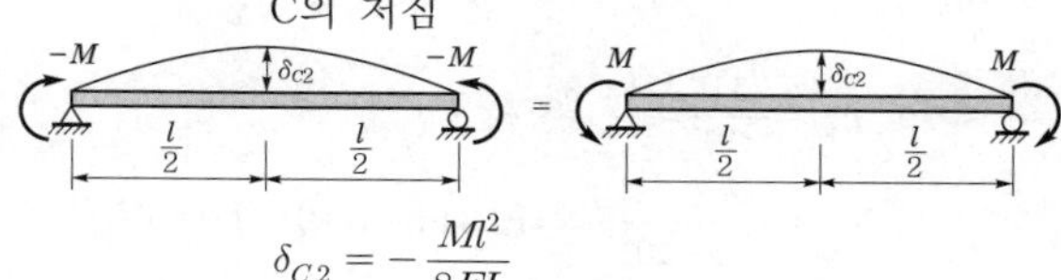

$\delta_{C2} = -\frac{Ml^2}{8EI}$

㉢ 중앙에 집중하중 P와 양단에 $-M$이 작용할 경우 C의 처짐

$\delta_C = \delta_{C1} + \delta_{C2} = \frac{Pl^3}{48EI} - \frac{Ml^2}{8EI} = 0$

$\therefore M = \frac{Pl}{6}$

13. 다음 그림과 같은 단순보에 이동하중이 작용할 때 절대 최대 휨모멘트는?

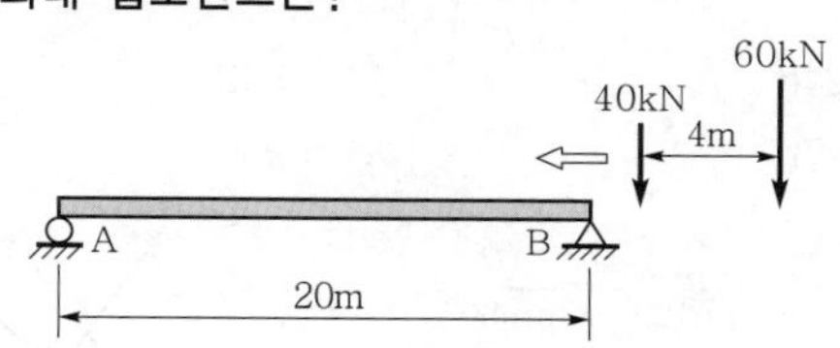

① 387.2kN · m ② 432.2kN · m
③ 478.4kN · m ④ 531.7kN · m

정답 9. ① 10. ③ 11. ④ 12. ③ 13. ②

해설

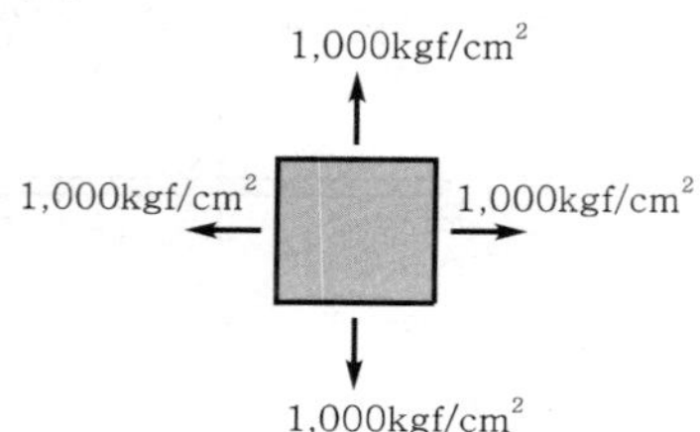

$R = 40 + 60 = 100\text{kN}$

$100 \times d = 40 \times 4$

$\therefore d = 1.6\text{m}$

$\therefore M_{max} = \frac{R}{l}\left(\frac{l-d}{2}\right)^2 = \frac{100}{20} \times \left(\frac{20-1.6}{2}\right)^2$

$= 423.2\text{kN} \cdot \text{m}$

14. 다음 그림과 같이 이축응력을 받고 있는 요소의 체적변형률은? (단, 탄성계수 $E=2\times10^6$kgf/cm², 푸아송비 $\nu=0.3$)

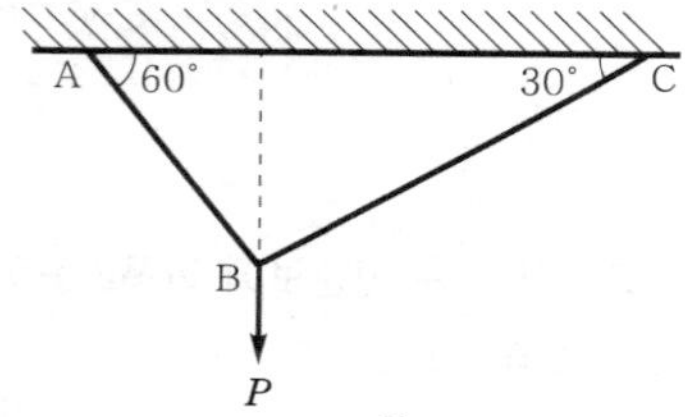

① 2.7×10^{-4}　② 3.0×10^{-4}
③ 3.7×10^{-4}　④ 4.0×10^{-4}

해설 $\varepsilon_V = \frac{\Delta V}{V} = \frac{1-2v}{E}(\sigma_x + \sigma_y)$

$= \frac{1-2\times0.3}{2\times10^6}\times(1{,}000+1{,}000) = 4.0\times10^{-4}$

15. 다음 그림과 같은 구조물에서 부재 AB가 6tf의 힘을 받을 때 하중 P의 값은?

① 5.24tf　② 5.94tf
③ 6.27tf　④ 6.93tf

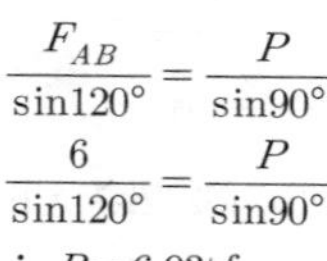

해설 $\frac{F_{AB}}{\sin120°} = \frac{P}{\sin90°}$

$\frac{6}{\sin120°} = \frac{P}{\sin90°}$

$\therefore P = 6.93\text{tf}$

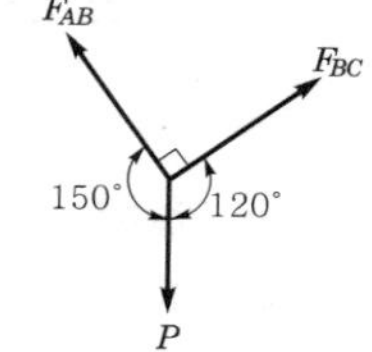

16. 다음의 부정정 구조물을 모멘트분배법으로 해석하고자 한다. C점이 롤러지점임을 고려한 수정강도계수에 의하여 B점에서 C점으로 분배되는 분배율 f_{BC}를 구하면?

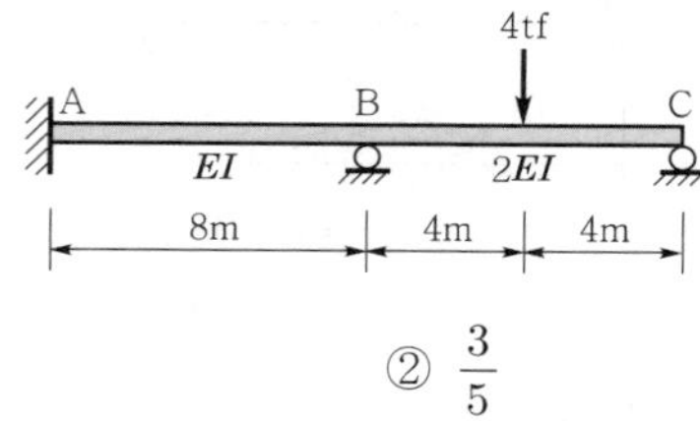

① $\frac{1}{2}$　② $\frac{3}{5}$
③ $\frac{4}{7}$　④ $\frac{5}{7}$

해설 모멘트분배법 이용

㉠ 강도

$K_{BA} = \frac{I}{8}$

$K_{BC} = \frac{2EI}{8}$

㉡ 유효강비

$k_{BA} = 1$

$k_{BC} = 2\times\frac{3}{4} = \frac{3}{2}$

㉢ 분배율

$D.F_{BC} = \frac{\frac{3}{2}}{1+\frac{3}{2}} = \frac{3}{5}$

17. 어떤 보 단면의 전단응력도를 그렸더니 다음 그림과 같았다. 이 단면에 가해진 전단력의 크기는? (단, 최대 전단응력(τ_{max})은 6kgf/cm²이다.)

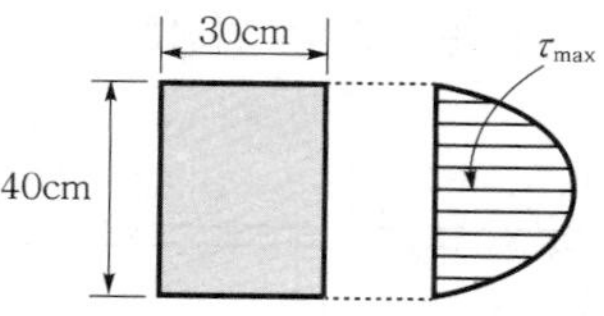

① 4,200kgf　② 4,800kgf
③ 5,400kgf　④ 6,000kgf

해설 $\tau_{max} = \frac{3S}{2A} = \frac{3S}{2bh}$

$\therefore S = \frac{2\tau_{max}bh}{3} = \frac{2\times6\times30\times40}{3} = 4{,}800\text{kgf}$

정답 14. ④　15. ④　16. ②　17. ②

18. 다음 그림과 같은 보에서 A점의 반력이 B점의 반력의 두 배가 되는 거리 x는?

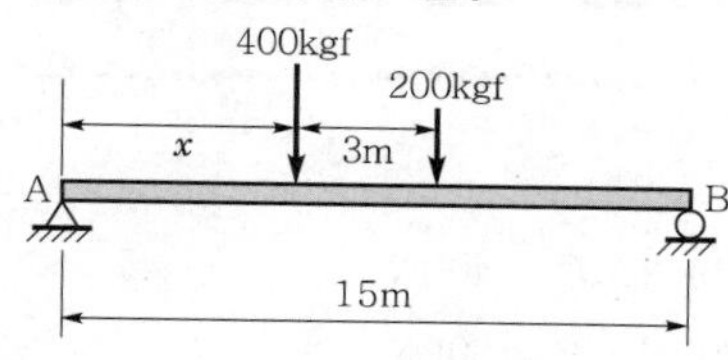

① 2.5m
② 3.0m
③ 3.5m
④ 4.0m

해설
$\Sigma V = 0$
$R_A + R_B - 600 = 0$
$2R_B + R_B - 600 = 0$
$\therefore R_B = 200\text{kgf}$
$\Sigma M_A = 0$
$400 \times x + 200 \times (x+3) - 200 \times 15 = 0$
$\therefore x = 4\text{m}$

19. 다음 그림과 같이 폭(b)와 높이(h)가 모두 12cm인 이등변삼각형의 x, y축에 대한 단면 상승모멘트 I_{xy}는?

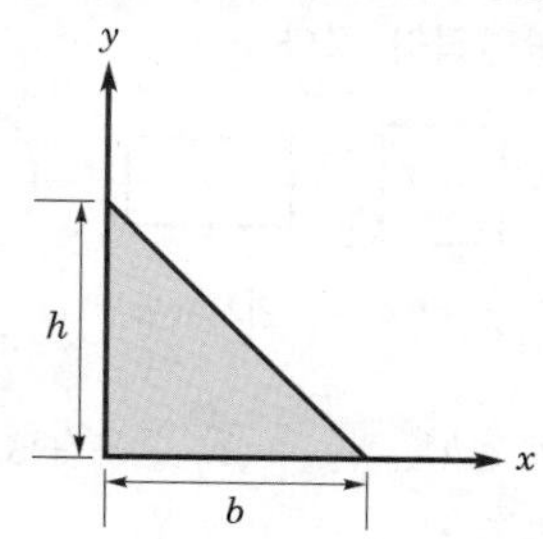

① 576cm^2
② 642cm^2
③ 768cm^2
④ 864cm^2

$$I_{xy} = \int_A xy\,dA = \frac{b^2h^2}{24} = \frac{12^2 \times 12^2}{24} = 864\text{cm}^4$$

20. L이 10m인 다음 그림과 같은 내민보의 자유단에 P=2tf의 연직하중이 작용할 때 지점 B와 중앙부 C점에 발생되는 모멘트는?

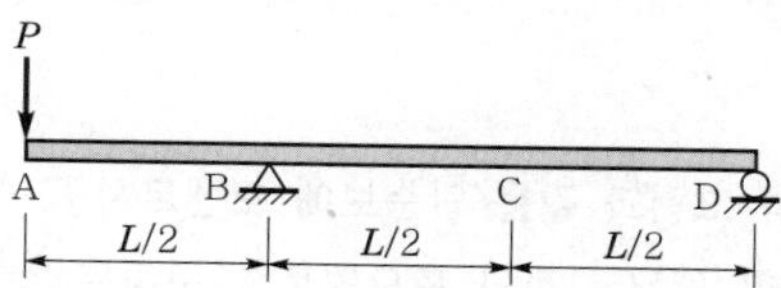

① $M_B = -8\text{tf} \cdot \text{m},\ M_C = -5\text{tf} \cdot \text{m}$
② $M_B = -10\text{tf} \cdot \text{m},\ M_C = -4\text{tf} \cdot \text{m}$
③ $M_B = -10\text{tf} \cdot \text{m},\ M_C = -5\text{tf} \cdot \text{m}$
④ $M_B = -8\text{tf} \cdot \text{m},\ M_C = -4\text{tf} \cdot \text{m}$

해설 반력 산정
$\Sigma M_D = 0(\oplus\!\!\circlearrowright)$
$V_B \times 10 - 2 \times 15 = 0$
$\therefore V_B = 3\text{tf}(\uparrow)$
$V_D = -1\text{tf}(\downarrow)$
$\therefore M_B = -2 \times 5 = -10\text{tf} \cdot \text{m}$
$M_C = -1 \times 5 = -5\text{tf} \cdot \text{m}$

정답 18. ④ 19. ④ 20. ③

토목산업기사(2019년 4월 27일 시행)

1. 다음 그림과 같은 단순보에 모멘트하중 M_1과 M_2가 작용할 경우 C점의 휨모멘트를 구하는 식은? (단, $M_1 > M_2$)

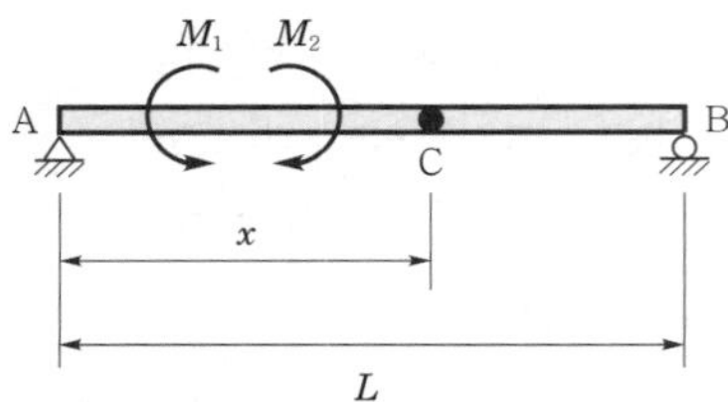

① $\left(\dfrac{M_1-M_2}{L}\right)x+M_1-M_2$

② $\left(\dfrac{M_2-M_1}{L}\right)x-M_1+M_2$

③ $\left(\dfrac{M_1+M_2}{L}\right)x+M_1-M_2$

④ $\left(\dfrac{M_1-M_2}{L}\right)x-M_1+M_2$

해설 $\Sigma M_A=0(\oplus\curvearrowright)$

$V_B L+M_1-M_2=0$

$\therefore V_B=-\dfrac{M_1-M_2}{L}$

$\therefore M_C=V_B(L-x)=\left(\dfrac{M_1-M_2}{L}\right)x-M_1+M_2$

2. 다음 그림과 같이 50kN의 힘을 왼쪽으로 10m, 오른쪽으로 15m 떨어진 두 지점에 나란히 분배하였을 때 두 힘 P_1, P_2의 값으로 옳은 것은?

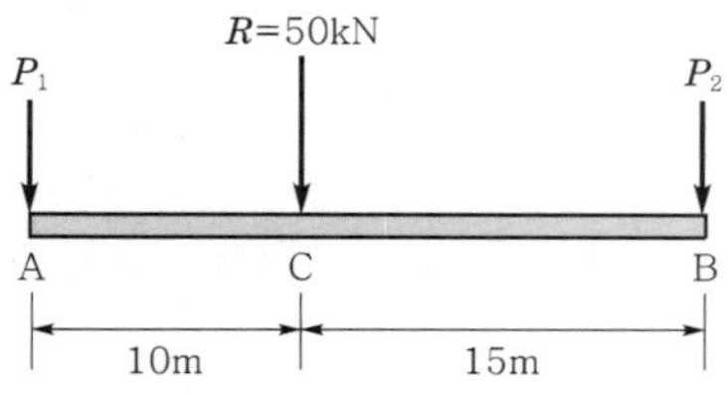

① $P_1=10\text{kN}$, $P_2=40\text{kN}$

② $P_1=20\text{kN}$, $P_2=30\text{kN}$

③ $P_1=30\text{kN}$, $P_2=20\text{kN}$

④ $P_1=40\text{kN}$, $P_2=10\text{kN}$

해설 $\Sigma M_A=0(\oplus\curvearrowright)$

$P_2\times 25-50\times 10=0$

$\therefore P_2=20\text{kN}$

$\Sigma F_y=0(\uparrow\oplus)$

$P_1+P_2=50\text{kN}$

$\therefore P_1=30\text{kN}$

3. 다음 그림과 같은 단면을 갖는 보에서 중립축에 대한 휨(bending)에 가장 강한 형상은? (단, 모두 동일한 재료이며 단면적이 같다.)

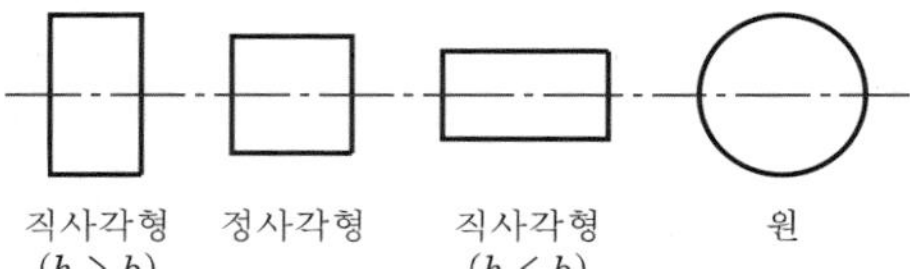

① 직사각형($h>b$) ② 정사각형

③ 직사각형($h<b$) ④ 원

해설 도심에 관한 단면 2차 모멘트가 직사각형($h>b$)이 정사각형과 직사각형($h<b$)보다 크다. 따라서 직사각형($h>b$)과 원형 단면의 단면 2차 모멘트를 비교하면 된다. 두 단면의 면적은 각각 다음과 같다.

$A_{직사각형}=bh,\ A_{원}=\dfrac{\pi d^2}{4}$

두 단면의 면적이 같으므로 d에 관해 정리하면

$d=\sqrt{\dfrac{4bh}{\pi}}$

두 단면의 단면 2차 모멘트를 비교해보면

$I_{직사각형}=\dfrac{b^2h^3}{12}>I_{원}=\dfrac{\pi d^4}{64}=\dfrac{\pi}{64}\sqrt{\dfrac{4bh}{\pi}}=\dfrac{b^2h^2}{4\pi}$

따라서 직사각형 단면이 원형 단면보다 단면 2차 모멘트가 크다.

정답 1. ④ 2. ③ 3. ①

4. 보의 단면이 다음 그림과 같고 지간이 같은 단순보에서 중앙에 집중하중 P가 작용할 경우에 처짐 δ_1은 δ_2의 몇 배인가? (단, 동일한 재료이며 단면치수만 다르다.)

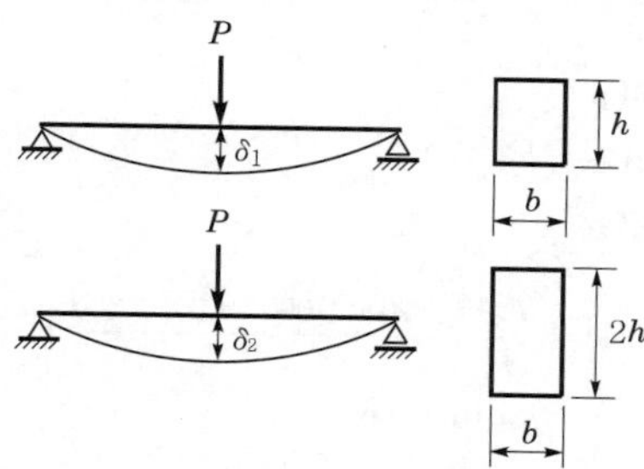

① 2배 ② 4배
③ 8배 ④ 16배

해설

$\delta=\dfrac{Pl^3}{48EI}=\dfrac{12Pl^3}{48Ebh^3}$이므로 h^3에 반비례한다.

$\therefore\ \delta_1:\delta_2=\dfrac{1}{h^3}:\dfrac{1}{(2h)^3}=8:1$

5. 다음 그림과 같은 장주의 강도를 옳게 관계시킨 것은? (단, 동질의 동 단면으로 한다.)

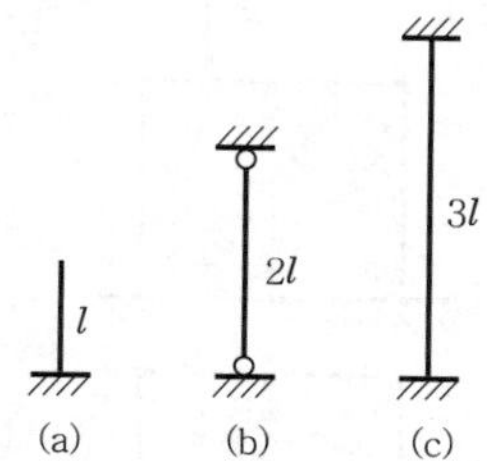

① (a)>(b)>(c) ② (a)>(b)=(c)
③ (a)=(b)=(c) ④ (a)=(b)<(c)

해설

$P_{cr}=\dfrac{n\pi^2EI}{l^2}$에서 π^2EI는 같으므로

$P_{(a)}=\dfrac{\frac{1}{4}}{l^2}=\dfrac{1}{4l^2}$

$P_{(b)}=\dfrac{1}{(2l)^2}=\dfrac{1}{4l^2}$

$P_{(c)}=\dfrac{4}{(3l)^2}=\dfrac{4}{9l^2}$

$\therefore$ (a)=(b)<(c)

6. 다음 그림에서 AB, BC부재의 내력은?

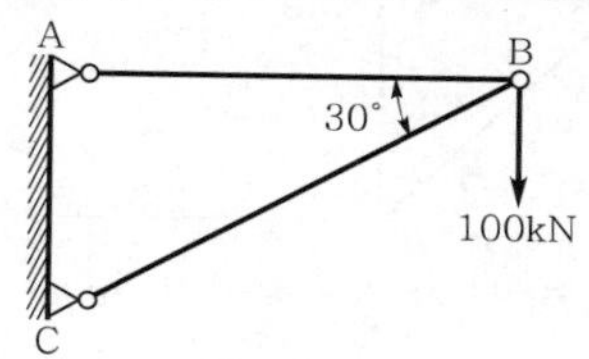

① AB부재 : 인장 $100\sqrt{3}$kN, BC부재 : 압축 200kN
② AB부재 : 인장 100kN, BC부재 : 인장 100kN
③ AB부재 : 인장 100kN, BC부재 : 압축 100kN
④ AB부재 : 압축 $100\sqrt{2}$kN, BC부재 : 인장 $100\sqrt{2}$kN

해설

$\Sigma F_y=0(\downarrow\oplus)$
$BC\times\sin30°+100=0$
$\therefore\ BC=-200$kN(압축)
$\Sigma F_x=0(\leftarrow\oplus)$
$BC\times\cos30°+AB=0$
$\therefore\ AB=100\sqrt{3}$kN(인장)

7. 다음 그림과 같은 트러스에서 D부재에 일어나는 부재내력은?

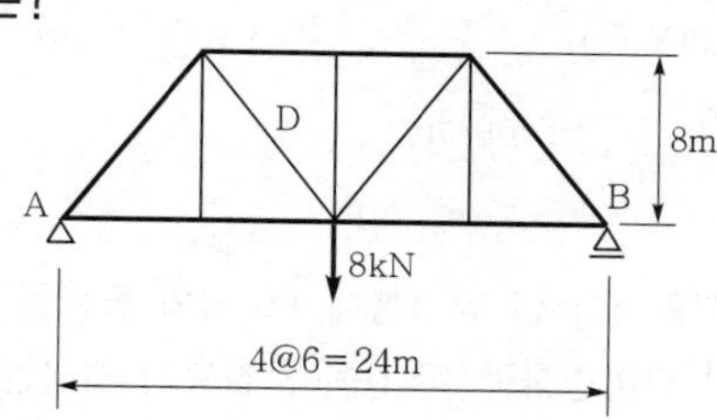

① 10kN ② 8kN
③ 6kN ④ 5kN

해설

반력 산정
$R_A=R_B=4$kN
D부재를 포함해서 자르고 전단력법 이용
$R_A-D\sin\theta=0$
$\therefore\ D=\dfrac{R_A}{\sin\theta}=\dfrac{4}{4/5}=5$kN

8. 다음 그림과 같은 힘의 O점에 대한 모멘트는?

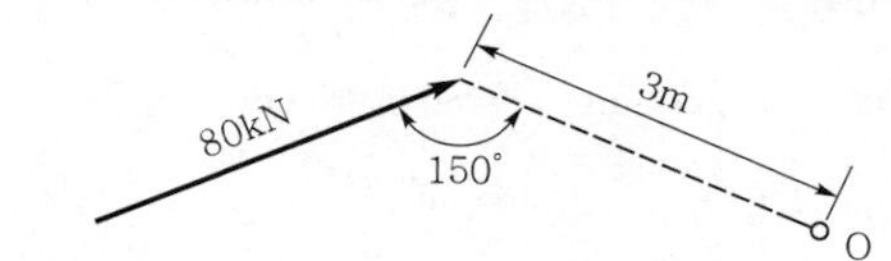

① 240kN·m ② 120kN·m
③ 80kN·m ④ 60kN·m

정답 4. ③ 5. ④ 6. ① 7. ④ 8. ②

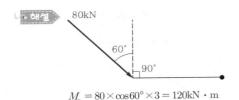

해설 80kN 60° 90°

$$M_o = 80 \times \cos 60° \times 3 = 120\text{kN} \cdot \text{m}$$

9. 다음 표시한 것은 단순보에 대한 전단력도이다. 이 보의 C점에 발생하는 휨모멘트는? (단, 단순보에는 회전모멘트하중이 작용하지 않는다.)

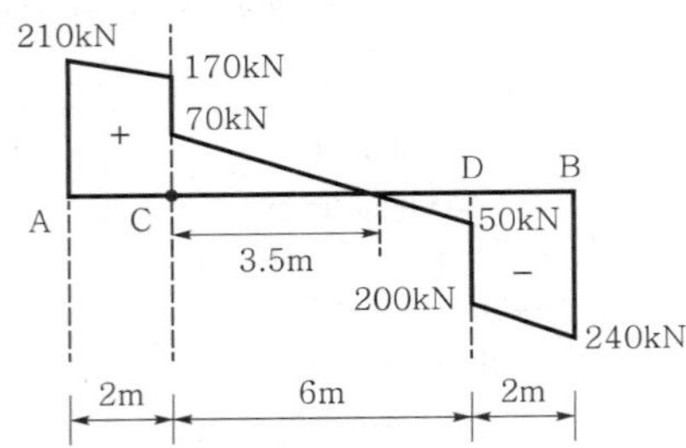

① +420kN·m ② +380kN·m
③ +210kN·m ④ +100kN·m

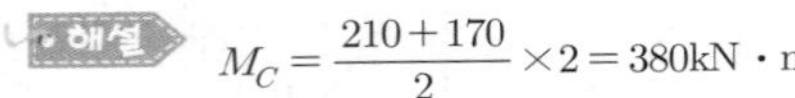
해설 $M_C = \dfrac{210+170}{2} \times 2 = 380\text{kN} \cdot \text{m}$

10. 지름 1cm인 강철봉에 80kN의 물체를 매달 때 강철봉의 길이변화량은? (단, 강철봉의 길이는 1.5m이고 탄성계수 E=2.1×10^{5}MPa이다.)

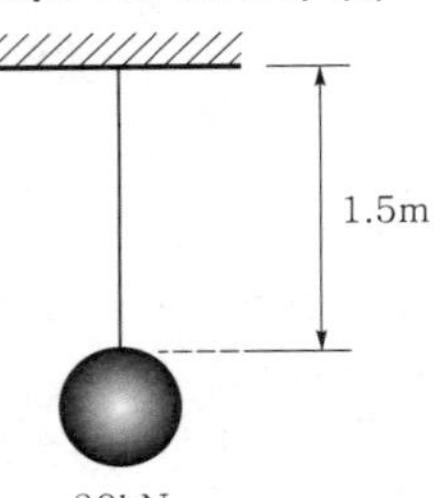

① 7.3mm ② 8.5mm
③ 9.7mm ④ 10.9mm

해설 $L = 1{,}500\text{mm},\ P = 80{,}000\text{N} \cdot \text{m}$

$$A = \frac{\pi \times 10^2}{4} = 25\pi\text{mm}^2$$

$$\therefore \Delta L = \frac{PL}{AE} = \frac{80{,}000 \times 1{,}500}{25\pi \times 2.1 \times 10^5} = 7.276 \fallingdotseq 7.3\text{mm}$$

11. 길이 10m, 단면 30cm×40cm의 단순보가 중앙에 120kN의 집중하중을 받고 있다. 이 보의 최대 휨응력은? (단, 보의 자중은 무시한다.)

① 55MPa
② 52.5MPa
③ 45MPa
④ 37.5MPa

해설
$$M = \frac{PL}{4} = \frac{120 \times 1{,}000 \times 10 \times 1{,}000}{4} = 3 \times 10^8\text{N} \cdot \text{mm}$$

$$Z = \frac{I}{y} = \frac{bh^2}{6} = \frac{300 \times 400^2}{6} = 8 \times 10^6\text{mm}^3$$

$$\therefore \sigma = \frac{M}{Z} = \frac{3 \times 10^8}{8 \times 10^6} = 37.5\text{N/mm}^2 = 37.5\text{MPa}$$

12. 다음 그림과 같이 $a \times 2a$의 단면을 갖는 기둥에 편심거리 $\dfrac{a}{2}$만큼 떨어져서 P가 작용할 때 기둥에 발생할 수 있는 최대 압축응력은? (단, 기둥은 단주이다.)

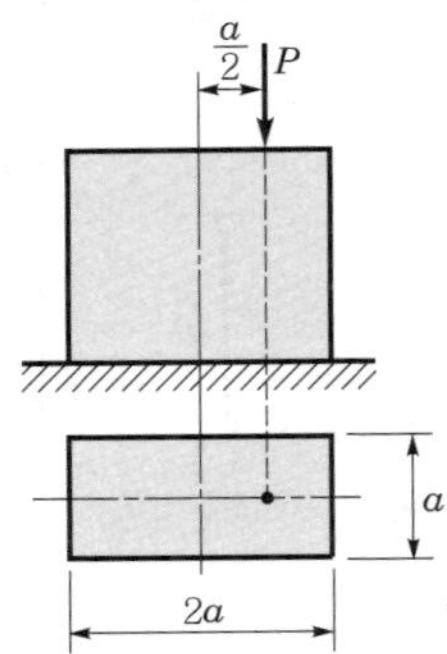

① $\dfrac{4P}{7a^2}$ ② $\dfrac{7P}{8a^2}$
③ $\dfrac{13P}{2a^2}$ ④ $\dfrac{5P}{4a^2}$

해설
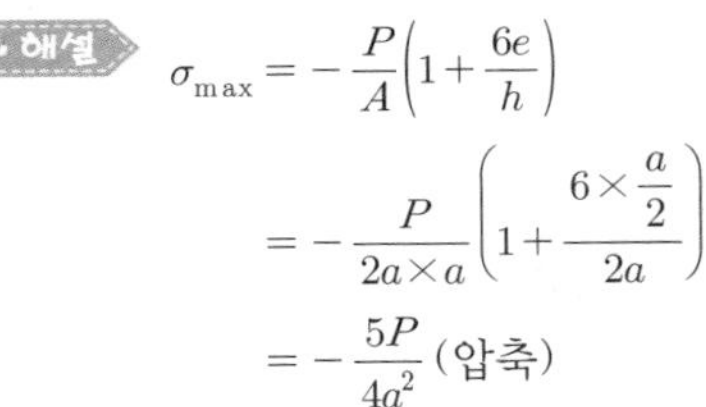

$$\sigma_{max} = -\frac{P}{A}\left(1 + \frac{6e}{h}\right) = -\frac{P}{2a \times a}\left(1 + \frac{6 \times \frac{a}{2}}{2a}\right) = -\frac{5P}{4a^2}\ (\text{압축})$$

 정답 9. ② 10. ① 11. ④ 12. ④

13. 다음 그림과 같이 등분포하중을 받는 단순보에서 C점과 B점의 휨모멘트비$\left(\dfrac{M_C}{M_B}\right)$는?

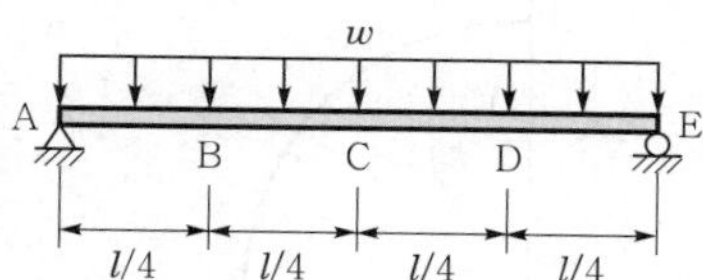

① $\frac{4}{3}$　　② $\frac{3}{2}$

③ 2　　④ $\frac{5}{2}$

해설

$$R_A = R_B = \frac{wl}{2}$$

$$M_B = R_A \times \frac{l}{4} - \left(w \times \frac{l}{4}\right) \times \frac{l}{8} = \frac{wl^2}{8} - \frac{wl^2}{32} = \frac{3wl^2}{32}$$

$$M_C = R_A \times \frac{l}{2} - \left(w \times \frac{l}{2}\right) \times \frac{l}{4} = \frac{wl^2}{4} - \frac{wl^2}{8} = \frac{wl^2}{8}$$

$$\therefore \frac{M_C}{M_B} = \frac{\frac{wl^2}{8}}{\frac{3wl^2}{32}} = \frac{4}{3}$$

14. 다음 그림과 같이 D점에 하중 P를 작용하였을 때 C점에 Δ_C=0.2cm의 처짐이 발생하였다. 만약 D점의 P를 C점에 작용시켰을 경우 D점에 생기는 처짐 Δ_D의 값은?

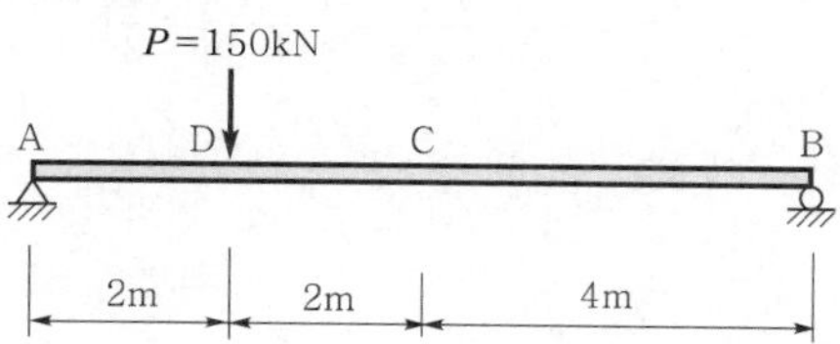

① 0.1cm　　② 0.2cm

③ 0.4cm　　④ 0.6cm

해설

$$P_D \Delta_{CD} = P_C \Delta_{DC}$$

$$150 \times 0.2 = 150 \times \Delta_{DC}$$

$$\therefore \Delta_{DC} = 0.2\text{cm}$$

15. 다음 그림과 같은 도형(빗금 친 부분)의 X축에 대한 단면 1차 모멘트는?

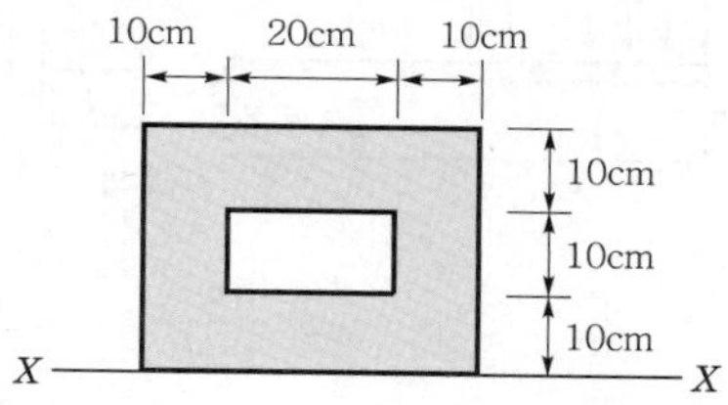

① 5,000cm^3　　② 10,000cm^3

③ 15,000cm^3　　④ 20,000cm^3

해설 $G_x = A\bar{y} = 40 \times 30 \times 15 - 20 \times 10 \times 15 = 15{,}000\text{cm}^3$

16. 단면적 A=20cm^2, 길이 L=0.5m인 강봉에 인장력 P=80kN을 가하였더니 길이가 0.1mm 늘어났다. 이 강봉의 푸아송수 m=3이라면 전단탄성계수 G는 얼마인가?

① 75,000MPa　　② 7,500MPa

③ 25,000MPa　　④ 2,500MPa

해설

$$E = \frac{PL}{A\Delta L} = \frac{80{,}000 \times 500}{20 \times 100 \times 0.1} = 200{,}000\text{N/mm}^2$$

$$\therefore G = \frac{E}{2(1+\nu)} = \frac{E}{2\left(1+\frac{1}{m}\right)} = \frac{200{,}000}{2 \times \left(1+\frac{1}{3}\right)} = 74{,}990.6 \fallingdotseq 75{,}000\text{MPa}$$

17. 다음 그림과 같은 아치에서 AB부재가 받는 힘은?

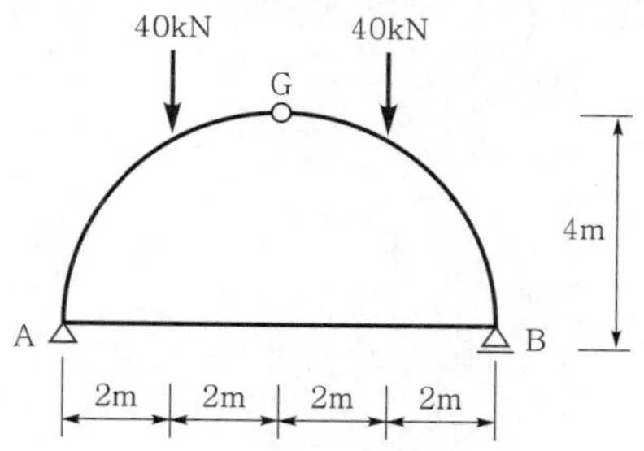

① 0　　② 20kN

③ 40kN　　④ 80kN

해설

$$V_A = V_B = 40\text{kN}$$

$$\Sigma M_{G(\text{왼쪽})} = 0(\oplus)$$

$$V_A \times 4 - 40 \times 2 - H_A \times 4 = 0$$

$$\therefore H_A = \frac{80}{4} = 20\text{kN}$$

정답　13. ①　14. ②　15. ③　16. ①　17. ②

18. 다음 그림과 같은 단순보에서 최대 휨응력은?

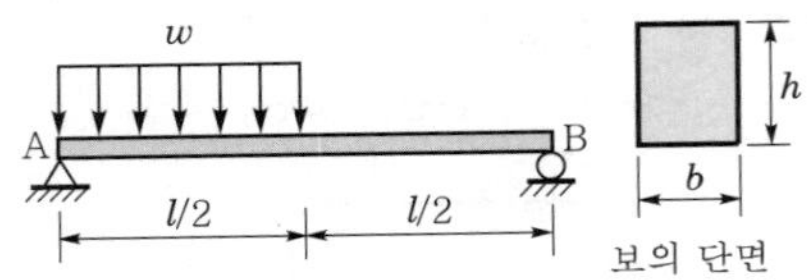

① $\dfrac{3wl^2}{4bh}$ ② $\dfrac{3wl^2}{8bh}$

③ $\dfrac{27wl^2}{32bh^2}$ ④ $\dfrac{27wl^2}{64bh^2}$

해설 $\Sigma M_B = 0(\oplus)$

$R_A l - \dfrac{wl}{2} \times \dfrac{3}{4} l = 0$

$\therefore R_A = \dfrac{3}{8} wl(\uparrow)$

최대 휨모멘트는 전단력이 0인 곳에서 생기므로

$S_x = \dfrac{3}{8} wl - wx = 0$

$\therefore x = \dfrac{3}{8} l$

$$M_{\max} = R_A x - wx\left(\frac{x}{2}\right)$$

$$= \frac{3}{8} wl \times \frac{3}{8} l - \frac{w}{2} \times \left(\frac{3}{8} l\right)^2 = \frac{9wl^2}{128}$$

$$\therefore \sigma_{\max} = \frac{M_{\max}}{Z} = \frac{\dfrac{9wl^2}{128}}{\dfrac{bh^2}{6}} = \frac{27wl^2}{64bh^2}$$

19. 다음 그림과 같은 1/4원에서 x축에 대한 단면 1차 모멘트의 크기는?

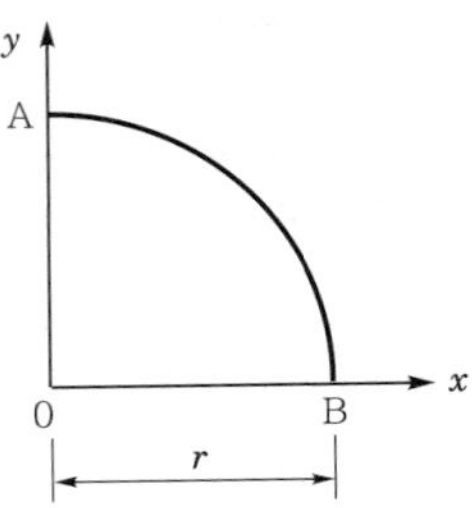

① $\dfrac{r^3}{2}$ ② $\dfrac{r^3}{3}$

③ $\dfrac{r^3}{4}$ ④ $\dfrac{r^3}{5}$

해설 $A = \dfrac{\pi r^2}{4}$, $y = \dfrac{4r}{3\pi}$

$\therefore G_X = Ay = \dfrac{r^3}{3}$

20. 원형 단면인 보에서 최대 전단응력은 평균전단응력의 몇 배인가?

① $\dfrac{1}{2}$ ② $\dfrac{3}{2}$

③ $\dfrac{4}{3}$ ④ $\dfrac{5}{3}$

해설 $G = Ay = \dfrac{\pi r^2}{2} \times \dfrac{4r}{3\pi} = \dfrac{2r^3}{3}$

$I = \dfrac{\pi r^4}{4}$

$$\therefore \tau_{\max} = \frac{S\left(\dfrac{2r^3}{3}\right)}{\dfrac{\pi r^4}{4} \times 2r} = \frac{4}{3}\left(\frac{S}{\pi r^2}\right) = \frac{4}{3}\left(\frac{S}{A}\right)$$

정답 18. ④ 19. ② 20. ③

토목기사(2019년 8월 4일 시행)

1. 단면의 성질에 대한 설명으로 틀린 것은?

① 단면 2차 모멘트의 값은 항상 0보다 크다.
② 도심축에 대한 단면 1차 모멘트의 값은 항상 0이다.
③ 단면 상승모멘트의 값은 항상 0보다 크거나 같다.
④ 단면 2차 극모멘트의 값은 항상 극을 원점으로 하는 두 직교좌표축에 대한 단면 2차 모멘트의 합과 같다.

해설 단면 상승모멘트(I_{xy})는 좌표축에 따라 (+), (−)값을 갖는다.

2. 다음 그림과 같은 라멘에서 A점의 수직반력(R_A)은?

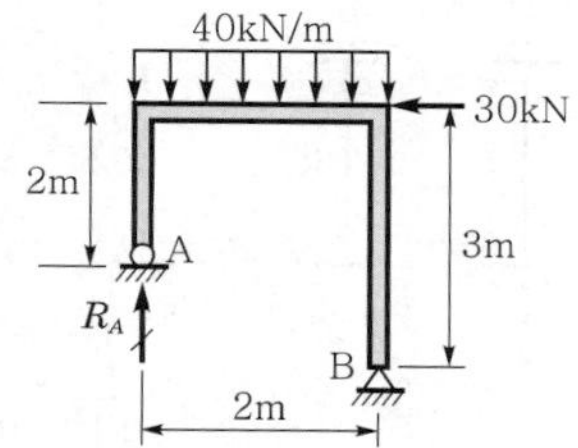

① 65kN　　② 75kN
③ 85kN　　④ 95kN

해설 $\Sigma M_B = 0(\oplus)$
$R_A \times 2 - (40 \times 2 \times 1) - (30 \times 3) = 0$
$\therefore R_A = 85\text{kN}$

3. 다음 그림에 있는 연속보의 B점에서의 반력은? (단, E=2.1×10⁵MPa, I=1.6×10⁴cm⁴)

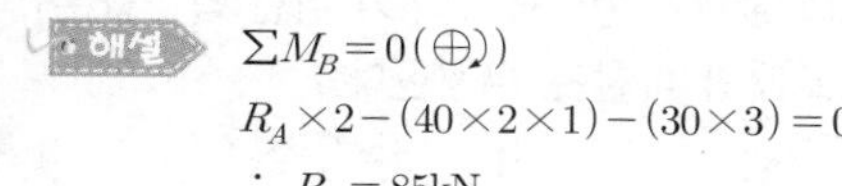

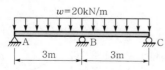

① 63kN　　② 75kN
③ 97kN　　④ 101kN

해설 $R_B = \frac{5wl}{4} = \frac{5 \times 20 \times 3}{4} = 75\text{kN}$

4. 다음 그림과 같은 양단 내민보에서 C점(중앙점)에서 휨모멘트가 0이 되기 위한 $\frac{a}{L}$는? (단, $P=wL$)

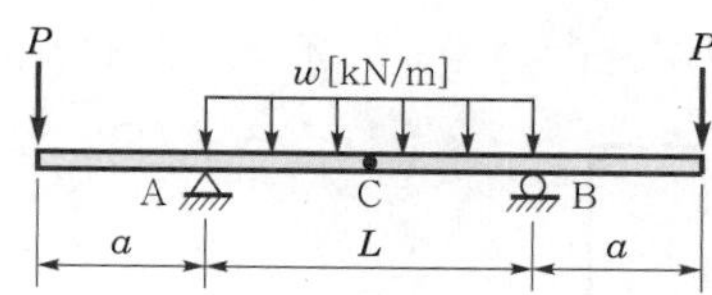

① $\frac{1}{2}$　　② $\frac{1}{4}$
③ $\frac{1}{7}$　　④ $\frac{1}{8}$

해설
$$R_A = P + \frac{wL}{2}$$
$$\Sigma M_C = 0(\oplus)$$
$$-P \times \left(a + \frac{L}{2}\right) + \left(P + \frac{wL}{2}\right) \times \frac{L}{2} - \left(w \times \frac{L}{2} \times \frac{L}{4}\right) = 0$$
$$-Pa + \frac{wL^2}{4} - \frac{wL^2}{8} = 0$$
$$\frac{wL^2}{8} = waL$$
$$\therefore \frac{a}{L} = \frac{1}{8}$$

5. 길이 5m, 단면적 10cm²의 강봉을 0.5mm 늘이는데 필요한 인장력은? (단, 탄성계수 E=2×10⁵MPa이다.)

① 20kN　　② 30kN
③ 40kN　　④ 50kN

해설
$$L = 5\text{m} = 5{,}000\text{mm}$$
$$A = 10 \times 10 \times 10 = 1{,}000\text{mm}^2$$
$$\Delta L = 0.5\text{mm}$$
$$\therefore P = AE\varepsilon = AE\frac{\Delta L}{L}$$
$$= 1{,}000 \times 2 \times 10^5 \times \frac{0.5}{5{,}000}$$
$$= 20{,}000\text{N} = 20\text{kN}$$

정답 1. ③ 2. ③ 3. ② 4. ④ 5. ①

6. 다음 그림과 같은 단면의 단면 상승모멘트 I_{xy}는?

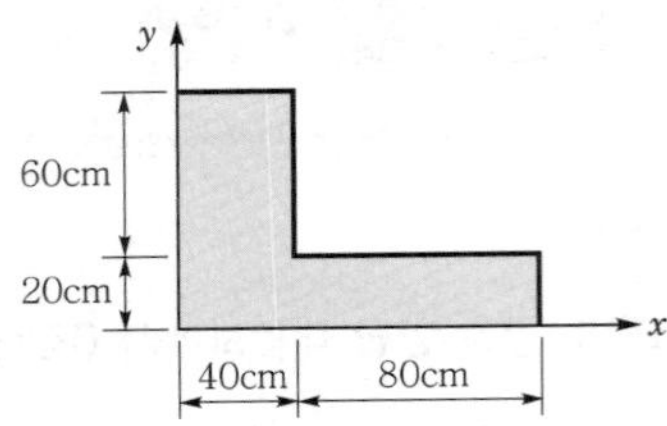

① 3,360,000cm^4 ② 3,520,000cm^4
③ 3,840,000cm^4 ④ 4,000,000cm^4

해설

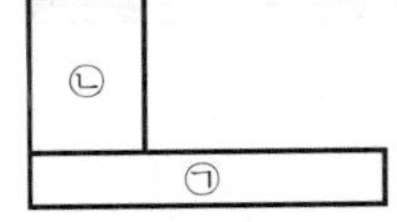

㉠ $I_{xy} = Ax_0y_0$
$= 120 \times 20 \times 60 \times 10 = 1,440,000\text{cm}^4$

㉡ $I_{xy} = Ax_0y_0$
$= 60 \times 40 \times 20 \times 50 = 2,400,000\text{cm}^4$

$\therefore I_{xy} =$ ㉠ + ㉡
$= 1,440,000 + 2,400,000 = 3,840,000\text{cm}^4$

7. 어떤 금속의 탄성계수(E)가 21×10^4MPa이고, 전단 탄성계수(G)가 8×10^4MPa일 때 금속의 푸아송비는?

① 0.3075 ② 0.3125
③ 0.3275 ④ 0.3325

해설 $G = \dfrac{E}{2(1+\nu)}$

$\therefore \nu = \dfrac{E}{2G} - 1 = \dfrac{21 \times 10^4}{2 \times 8 \times 10^4} - 1 = 0.3125$

8. 다음 3힌지 아치에서 수평반력 H_B는?

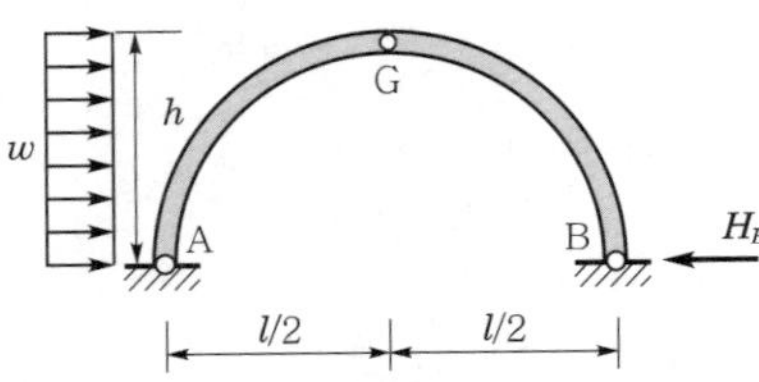

① $\dfrac{1}{4wh}$ ② $\dfrac{1}{2wh}$
③ $\dfrac{wh}{4}$ ④ $2wh$

해설 $\Sigma M_A = 0(\oplus)$

$-V_Bl + wh\left(\dfrac{h}{2}\right) = 0$

$\therefore V_B = \dfrac{wh^2}{2l}(\uparrow)$

$\Sigma M_G = 0(\oplus)$

$H_Bh - \dfrac{wh^2}{2l}\left(\dfrac{l}{2}\right) = 0$

$\therefore H_B = \dfrac{wh}{4}(\leftarrow)$

9. 동일한 재료 및 단면을 사용한 다음 기둥 중 좌굴하중이 가장 큰 기둥은?

① 양단 힌지의 길이가 L인 기둥
② 양단 고정의 길이가 $2L$인 기둥
③ 일단 자유 타단 고정의 길이가 $0.5L$인 기둥
④ 일단 힌지 타단 고정의 길이가 $1.2L$인 기둥

해설 $P_{cr} = \dfrac{n\pi^2EI}{l^2}$에서 $P_{cr} \propto \dfrac{n}{l^2}$이므로

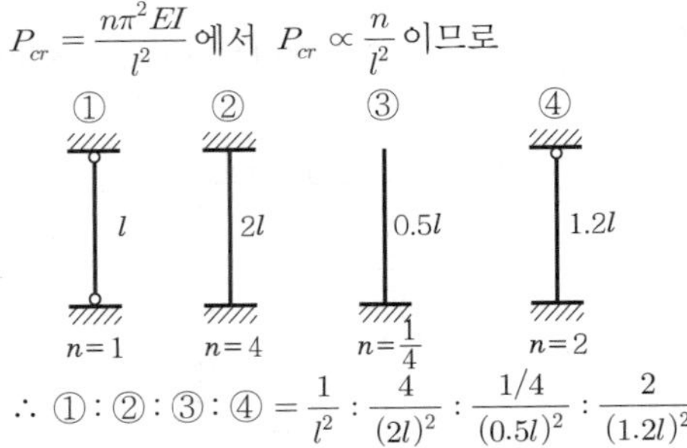

$\therefore$ ① : ② : ③ : ④ $= \dfrac{1}{l^2} : \dfrac{4}{(2l)^2} : \dfrac{1/4}{(0.5l)^2} : \dfrac{2}{(1.2l)^2}$
$= 1 : 1 : 1 : 1.417$

10. 다음 그림과 같이 2개의 도르래를 사용하여 물체를 매달 때 3개의 물체가 평형을 이루기 위한 각 θ값은? (단, 로프와 도르래의 마찰은 무시한다.)

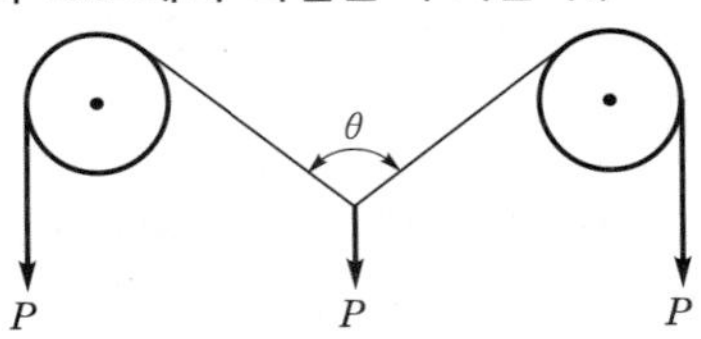

① 30° ② 45°
③ 60° ④ 120°

해설 물체가 평형이 되려면 장력이 모두 P가 되어야 한다. 다음 그림과 같이 O점(중앙 P작용점)에서 평형을 고려하면 라미의 정리에 의해 $\theta = 120°$를 갖는다.

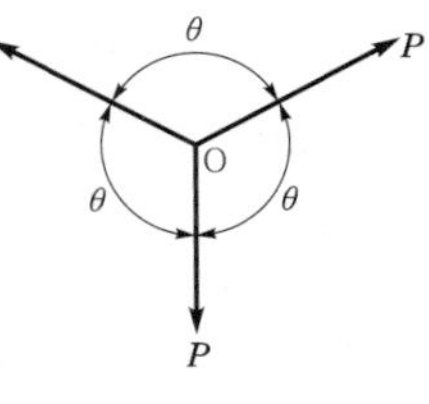

정답 6. ③ 7. ② 8. ③ 9. ④ 10. ④

11. 다음 그림에서 P_1과 R 사이의 각 θ를 나타낸 것은?

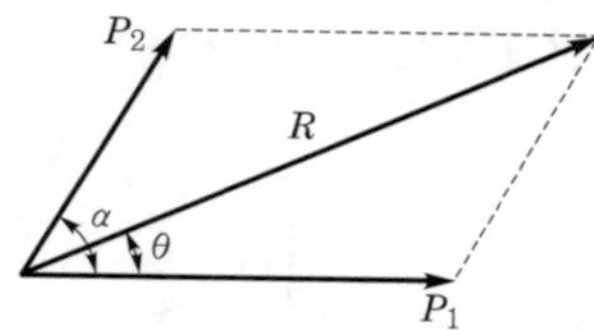

① $\theta=\tan^{-1}\left(\frac{P_2\cos\alpha}{P_2+P_1\cos\alpha}\right)$

② $\theta=\tan^{-1}\left(\frac{P_2\cos\alpha}{P_1+P_2\sin\alpha}\right)$

③ $\theta=\tan^{-1}\left(\frac{P_2\sin\alpha}{P_1+P_2\cos\alpha}\right)$

④ $\theta=\tan^{-1}\left(\frac{P_2\sin\alpha}{P_1+P_2\sin\alpha}\right)$

해설

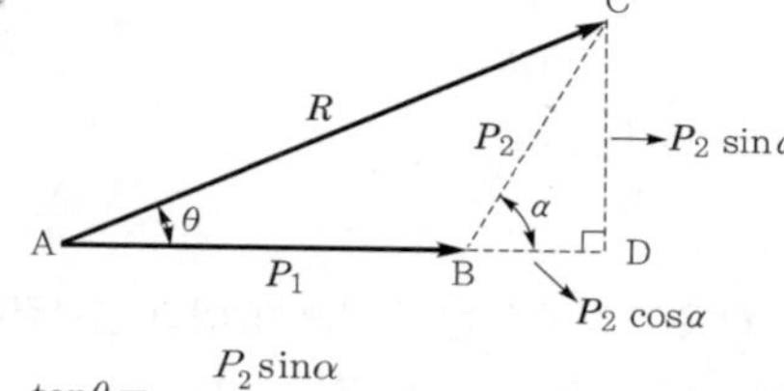

$\tan\theta=\frac{P_2\sin\alpha}{P_1+P_2\cos\alpha}$

$\therefore\ \theta=\tan^{-1}\left(\frac{P_2\sin\alpha}{P_1+P_2\cos\alpha}\right)$

12. 다음 그림과 같이 단순지지된 보에 등분포하중 q가 작용하고 있다. 지점 C의 부모멘트와 보의 중앙에 발생하는 정모멘트의 크기를 같게 하여 등분포하중 q의 크기를 제한하려고 한다. 지점 C와 D는 보의 대칭거동을 유지하기 위하여 각각 A와 B로부터 같은 거리에 배치하고자 한다. 이때 보의 A점으로부터 지점 C의 거리 x는?

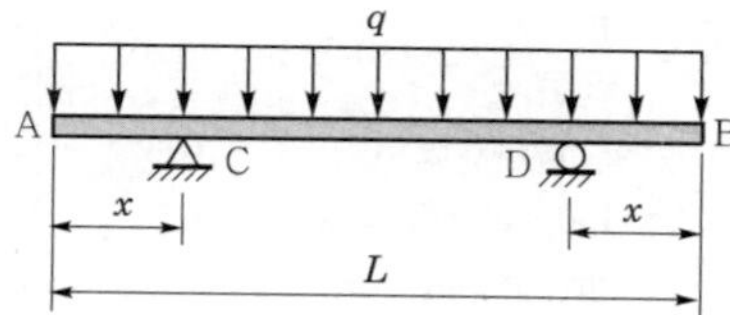

① $0.207L$ ② $0.250L$

③ $0.333L$ ④ $0.444L$

해설

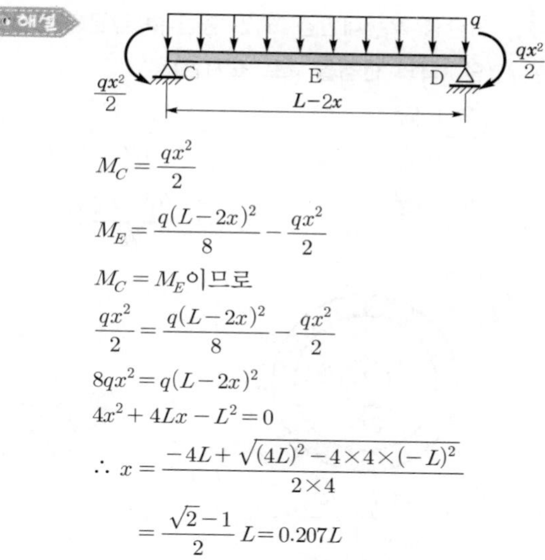

$M_C=\frac{qx^2}{2}$

$M_E=\frac{q(L-2x)^2}{8}-\frac{qx^2}{2}$

$M_C=M_E$이므로

$\frac{qx^2}{2}=\frac{q(L-2x)^2}{8}-\frac{qx^2}{2}$

$8qx^2=q(L-2x)^2$

$4x^2+4Lx-L^2=0$

$\therefore\ x=\frac{-4L+\sqrt{(4L)^2-4\times4\times(-L)^2}}{2\times4}$

$=\frac{\sqrt{2}-1}{2}L=0.207L$

13. 다음 그림과 같은 캔틸레버보에서 B점의 연직변위(δ_B)는? (단, M_o=4kN·m, P=16kN, L=2.4m, EI=6,000kN·m²이다.)

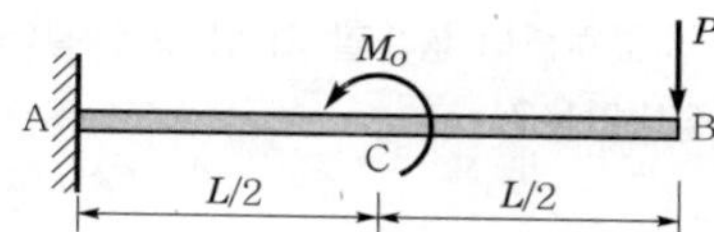

① 1.08cm(↓) ② 1.08cm(↑)

③ 1.37cm(↓) ④ 1.37cm(↑)

해설

$\delta_{B_1}=-\frac{M_oL}{2EI}\times\frac{3L}{4}=-\frac{3M_oL^2}{8EI}$

$\delta_{B_2}=\frac{1}{2}\times\frac{PL}{EI}\times L\times\frac{2L}{3}=\frac{PL^3}{3EI}$

$\therefore\ \delta_B=\delta_{B1}+\delta_{B2}=-\frac{3M_oL^2}{8EI}+\frac{PL^3}{3EI}$

$=-\frac{3\times4\times2.4^2}{8\times6{,}000}+\frac{16\times2.4^3}{3\times6{,}000}$

$=-1.44\times10^{-3}+0.0123$

$=0.0108\text{mm}=1.08\text{cm}(\downarrow)$

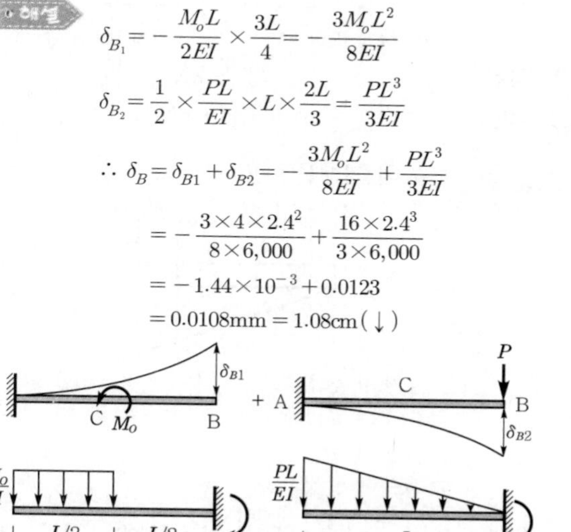

14. 외반경 R_1, 내반경 R_2인 중공(中空)원형 단면의 핵은? (단, 핵의 반경을 e로 표시함)

① $e = \dfrac{R_1^2 + R_2^2}{4R_1}$　② $e = \dfrac{R_1^2 + R_2^2}{4R_1^2}$

③ $e = \dfrac{R_1^2 - R_2^2}{4R_1}$　④ $e = \dfrac{R_1^2 - R_2^2}{4R_1^2}$

해설

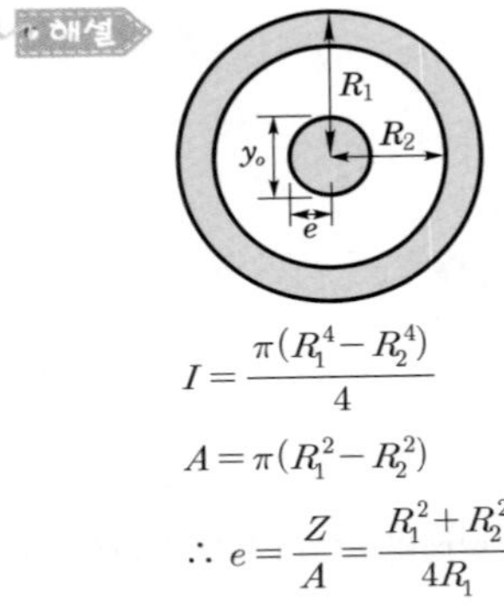

$$I = \frac{\pi(R_1^4 - R_2^4)}{4}$$

$$A = \pi(R_1^2 - R_2^2)$$

$$\therefore e = \frac{Z}{A} = \frac{R_1^2 + R_2^2}{4R_1}$$

15. 자중이 4kN/m인 그림 (a)와 같은 단순보에 그림 (b)와 같은 차륜하중이 통과할 때 이 보에 일어나는 최대 전단력의 절대값은?

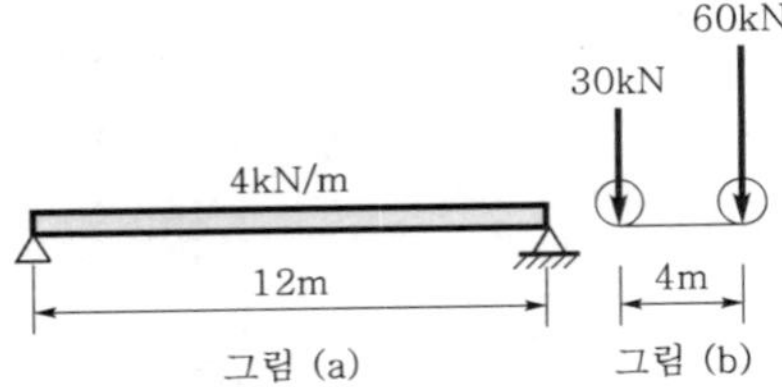

① 74kN　② 80kN

③ 94kN　④ 104kN

해설 ㉠ R_B의 영향선 이용

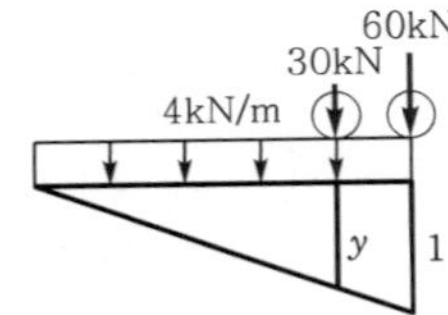

㉡ 종거 y 산정

$1 : 12 = y : 8$

$\therefore y = 0.67$

㉢ 전단력 산정

$$S_{\max} = \left(\frac{1}{2} \times 12 \times 1\right) \times 4 + (1 \times 60) + (0.67 \times 30)$$

$$= 104\text{kN}$$

16. 재질과 단면이 같은 다음 2개의 외팔보에서 자유단의 처짐을 같게 하는 $\dfrac{P_1}{P_2}$의 값은?

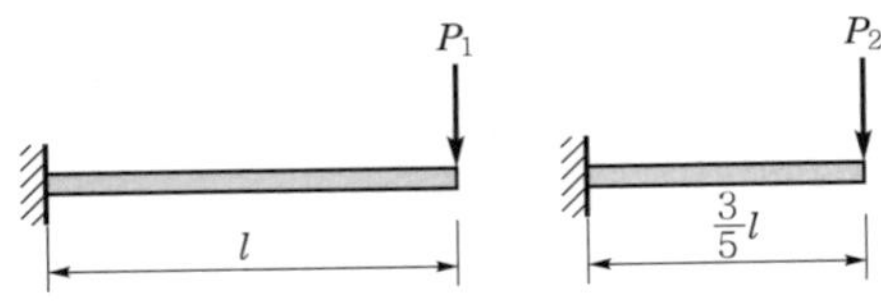

① 0.216　② 0.325

③ 0.437　④ 0.546

해설

$$\delta_1 = \frac{P_1 l^3}{3EI}$$

$$\delta_2 = \frac{P_2\left(\frac{3}{5}l\right)^3}{3EI} = \frac{9P_2 l^3}{125EI}$$

$$\delta_1 = \delta_2$$

$$\frac{P_1 l^3}{3EI} = \frac{9P_2 l^3}{125EI}$$

$$\therefore \frac{P_1}{P_2} = \frac{27}{125} = 0.216$$

17. 다음 그림과 같은 단면에 15kN의 전단력이 작용할 때 최대 전단응력의 크기는?

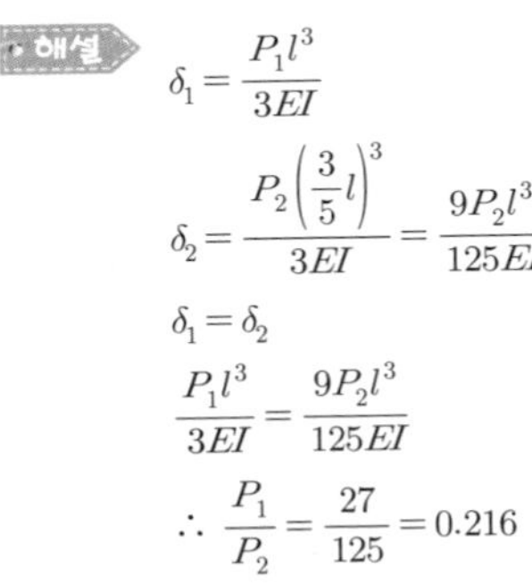

① 2.86MPa　② 3.52MPa

③ 4.74MPa　④ 5.95MPa

해설

$$I_x = \frac{1}{12} \times (150 \times 180^3 - 120 \times 120^3)$$

$$= 55{,}620{,}000\text{mm}^4$$

$$G_x = 150 \times 30 \times 75 + 30 \times 60 \times 30$$

$$= 391{,}500\text{mm}^3$$

$$\therefore \tau_{\max} = \frac{SG_x}{Ib}$$

$$= \frac{15 \times 1{,}000 \times 391{,}500}{55{,}620{,}000 \times 30}$$

$$= 3.52\text{MPa}$$

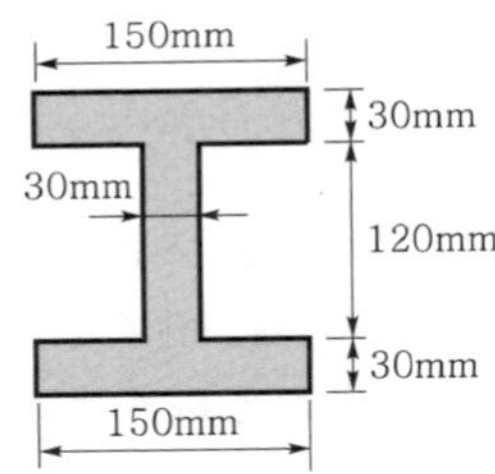

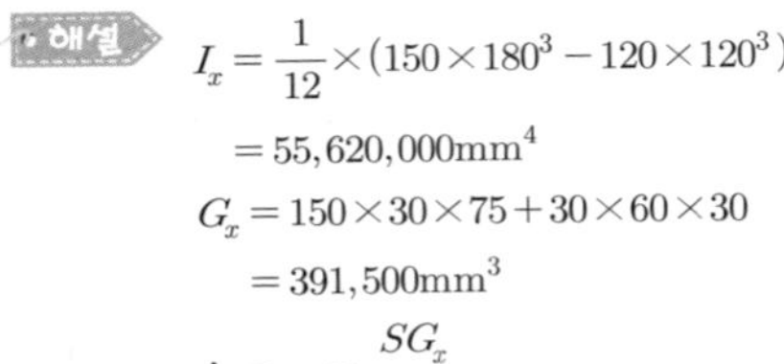

정답　14. ①　15. ④　16. ①　17. ②

18. 다음 그림과 같은 부정정보에서 지점 A의 휨모멘트값을 옳게 나타낸 것은? (단, EI는 일정)

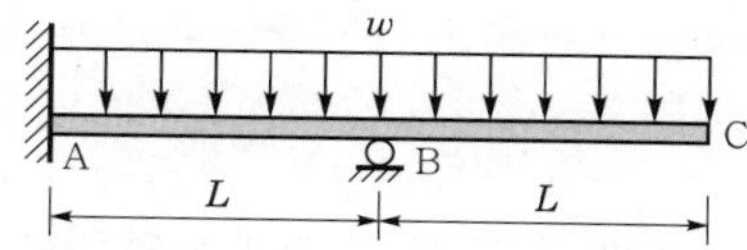

① $\frac{wL^2}{8}$ ② $-\frac{wL^2}{8}$

③ $\frac{3wL^2}{8}$ ④ $-\frac{3wL^2}{8}$

해설 중첩법 이용

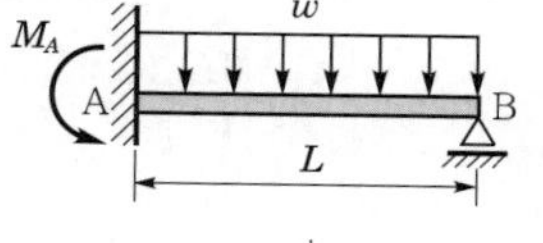

+

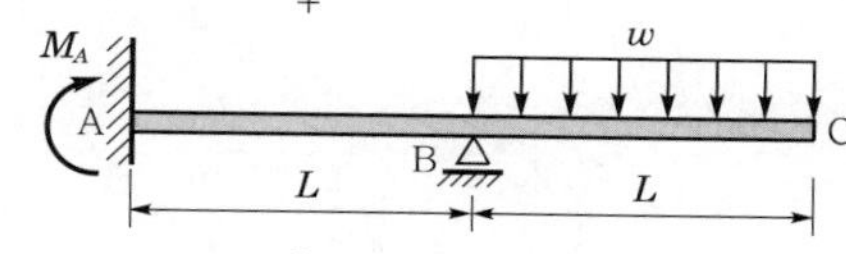

㉠ $M_A = -\frac{wL^2}{8}$ (↺)

㉡ $M_A = \frac{1}{2}M_B = \frac{1}{2} \times \frac{wL^2}{2} = \frac{wL^2}{4}$ (↻)

㉠과 ㉡을 연립하면

$M_A = \frac{wL^2}{4} - \frac{wL^2}{8} = \frac{wL^2}{8}$ (↻)

19. 다음 그림과 같은 보에서 A점의 반력은?

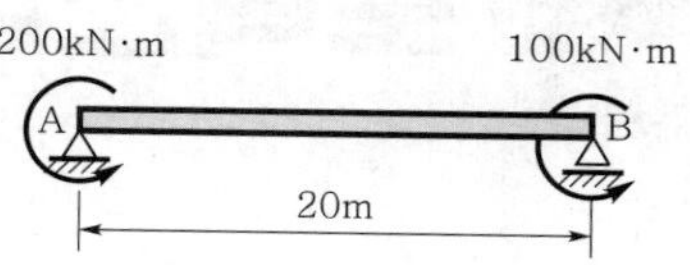

① 15kN ② 18kN

③ 20kN ④ 23kN

해설 $\Sigma M_B = 0$ (⊕↻)

$R_A \times 20 - 200 - 100 = 0$

$\therefore R_A = 15\text{kN}$

20. 다음에서 설명하고 있는 것은?

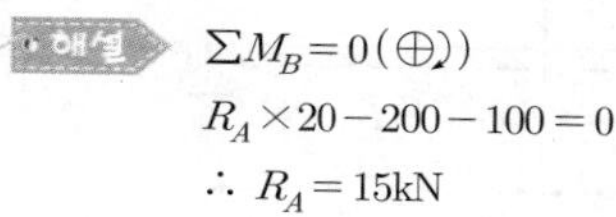

탄성체에 저장된 변형에너지 U를 변위의 함수로 나타내는 경우에 임의의 변위 Δ_i에 관한 변형에너지 U의 1차 편도함수는 대응되는 하중 P_i와 같다. 즉, $P_i = \frac{\partial U}{\partial \Delta_i}$로 나타낼 수 있다.

① 중첩의 원리

② Castigliano의 제1정리

③ Betti의 정리

④ Maxwell의 정리

정답 18. ① 19. ① 20. ②

토목산업기사(2019년 9월 21일 시행)

1. 다음 그림과 같은 단순보에 발생하는 최대 처짐은?

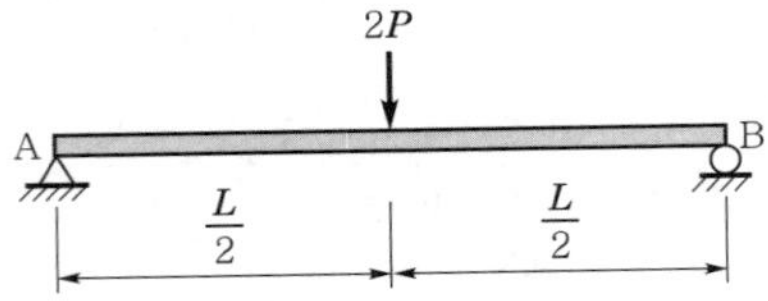

① $\dfrac{PL^3}{6EI}$　　② $\dfrac{PL^3}{12EI}$

③ $\dfrac{PL^3}{24EI}$　　④ $\dfrac{PL^3}{48EI}$

해설 $\delta_{\max} = \dfrac{2PL^3}{48EI} = \dfrac{PL^3}{24EI}$

2. 외력을 받으면 구조물의 일부나 전체의 위치가 이동될 수 있는 상태를 무엇이라 하는가?

① 안정　　② 불안정

③ 정정　　④ 부정정

해설 외력작용 시 구조물의 형태가 변하지 않으면 안정, 구조물의 형태가 변하면 불안정이다.

3. 어떤 재료의 탄성계수가 E, 푸아송비가 ν일 때 이 재료의 전단탄성계수(G)는?

① $\dfrac{E}{1+\nu}$　　② $\dfrac{E}{1-\nu}$

③ $\dfrac{E}{2(1+\nu)}$　　④ $\dfrac{E}{2(1-\nu)}$

해설 $G = \dfrac{E}{2(1+\nu)}$

4. 다음 값 중 경우에 따라서는 부(−)의 값을 갖기도 하는 것은?

① 단면계수　　② 단면 2차 반지름

③ 단면 2차 극모멘트　　④ 단면 2차 상승모멘트

해설 단면 2차 상승모멘트는 좌표축에 따라 (+), (−) 값을 갖는다.

5. 다음 그림과 같은 음영 부분의 단면적이 A인 단면에서 도심 y를 구한 값은?

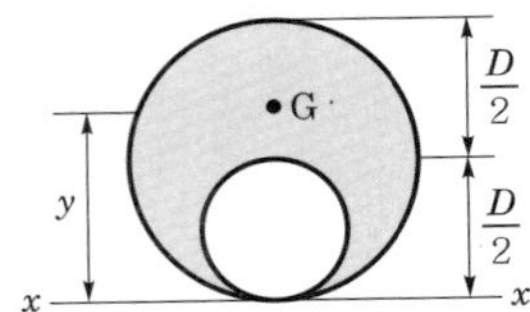

① $\dfrac{5D}{12}$　　② $\dfrac{6D}{12}$

③ $\dfrac{7D}{12}$　　④ $\dfrac{8D}{12}$

해설 $y = \dfrac{G_x}{A} = \dfrac{\dfrac{\pi D^2}{4} \times \dfrac{D}{2} - \dfrac{\pi D^2}{16} \times \dfrac{D}{4}}{\dfrac{\pi D^2}{4} - \dfrac{\pi D^2}{16}} = \dfrac{7D}{12}$

6. 트러스(truss)를 해석하기 위한 가정 중 틀린 것은?

① 모든 하중은 절점에만 작용한다.

② 작용하중에 의한 트러스의 변형은 무시한다.

③ 부재들은 마찰이 없는 힌지로 연결되어 있다.

④ 각 부재는 직선재이며 절점의 중심을 연결하는 직선은 부재축과 일치하지 않는다.

해설 각 부재는 직선재이며 부재의 축은 각 절점에서 한 점에 모인다.

7. 다음 그림과 같은 원형 단면의 단순보가 중앙에 200kN 하중을 받을 때 최대 전단력에 의한 최대 전단응력은? (단, 보의 자중은 무시한다.)

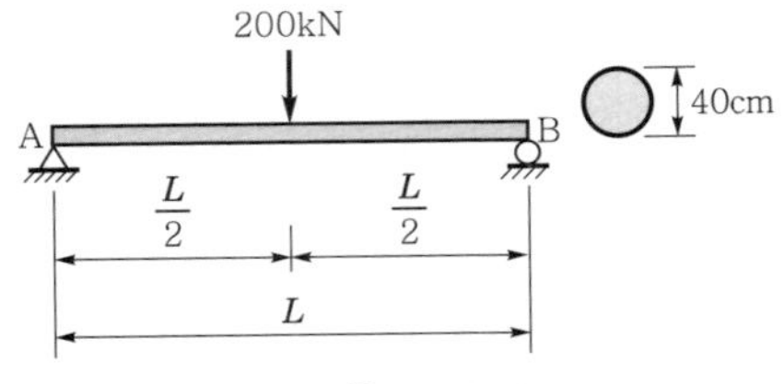

① 1.06MPa　　② 1.19MPa

③ 4.25MPa　　④ 4.78MPa

정답 1. ③ 2. ② 3. ③ 4. ④ 5. ③ 6. ④ 7. ①

해설 $\tau_{\max}=\dfrac{4S}{3A}=\dfrac{4\times 100\times 1{,}000}{3\times\dfrac{\pi\times 400^2}{4}}=1.06\text{MPa}$

8. 균질한 균일 단면봉이 다음 그림과 같이 P_1, P_2, P_3의 하중을 B, C, D점에서 받고 있다. 각 구간의 거리 a=1.0m, b=0.4m, c=0.6m이고 P_2=100kN, P_3=50kN의 하중이 작용할 때 D점에서의 수직방향 변위가 일어나지 않기 위한 하중 P_1은 얼마인가?

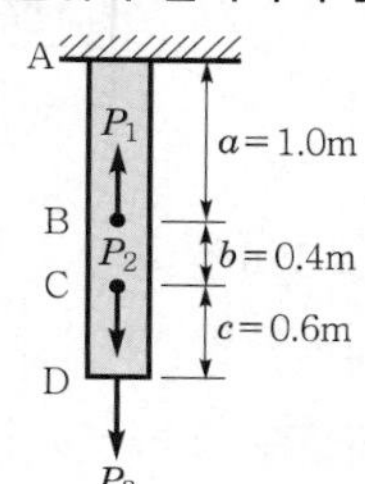

① 240kN
② 200kN
③ 160kN
④ 130kN

해설 자유물체도(F.B.D)

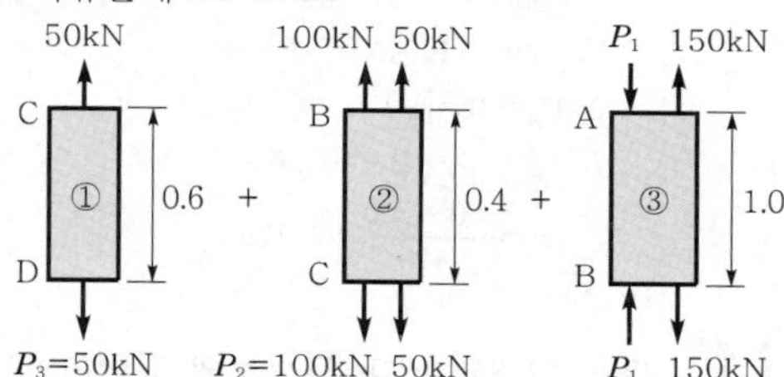

$$\Delta L_1=\frac{50\times 0.6}{AE}=\frac{30}{AE}$$

$$\Delta L_2=\frac{150\times 0.4}{AE}=\frac{60}{AE}$$

$$\Delta L_3=\frac{(150-P)\times 1.0}{AE}=\frac{150-P}{AE}$$

$$\Delta L=\Delta L_1+\Delta L_2+\Delta L_3=0$$

$$\therefore\ P=30+60+150=240\text{kN}$$

9. 지지조건이 양단 힌지인 장주의 좌굴하중이 1,000kN인 경우 지점조건이 일단 힌지 타단 고정으로 변경되면 이때의 좌굴하중은? (단, 재료성질 및 기하학적 형상은 동일하다.)

① 500kN
② 1,000kN
③ 2,000kN
④ 4,000kN

해설 $P_{cr}=\dfrac{n\pi^2 EI}{l^2}$에서 $P_{cr}\propto n$이므로

	고정-고정	자유-고정	힌지-고정
n	4	$\dfrac{1}{4}$	2

$\therefore\ P=2\times 1{,}000=2{,}000\text{kN}$

10. 경간(L)이 10m인 단순보에 다음 그림과 같은 방향으로 이동하중이 작용할 때 절대 최대 휨모멘트는? (단, 보의 자중은 무시한다.)

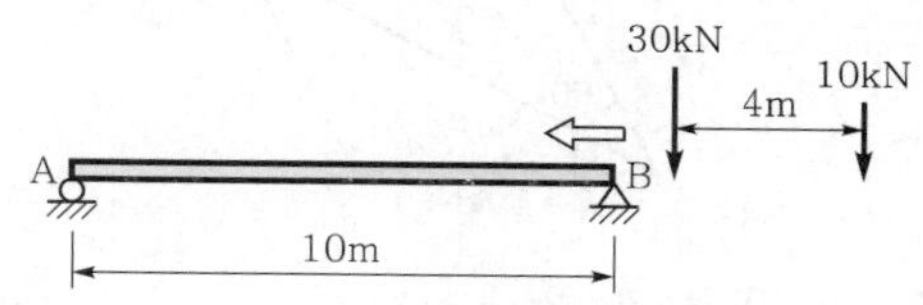

① 45kN · m
② 52kN · m
③ 68kN · m
④ 81kN · m

해설

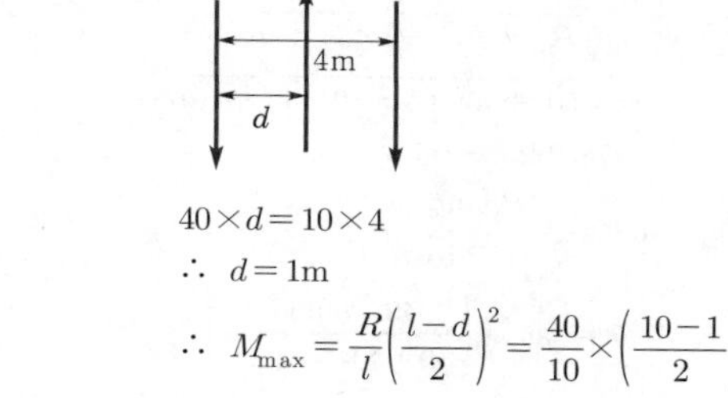

$40\times d=10\times 4$

$\therefore\ d=1\text{m}$

$$\therefore\ M_{\max}=\frac{R}{l}\left(\frac{l-d}{2}\right)^2=\frac{40}{10}\times\left(\frac{10-1}{2}\right)^2=81\text{kN}\cdot\text{m}$$

11. 다음 그림과 같은 3힌지 아치의 수평반력 H_A는?

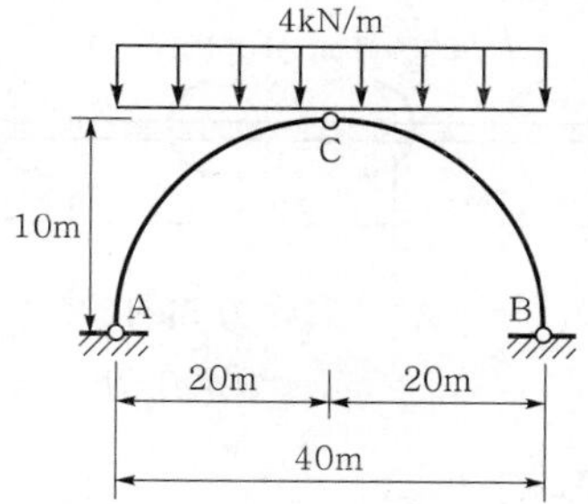

① 60kN
② 80kN
③ 100kN
④ 120kN

해설 좌우대칭구조

$V_A=V_B=\dfrac{wl}{2}(\uparrow)$

$\Sigma M_C=0$

$\dfrac{wl}{2}\times\dfrac{l}{2}-H_A\times h-\dfrac{wl}{2}\times\dfrac{l}{4}=0$

$\therefore\ H_A=\dfrac{wl^2}{8h}=\dfrac{4\times 40^2}{8\times 10}=80\text{kN}(\rightarrow)$

정답 8. ① 9. ③ 10. ④ 11. ②

12. 다음 그림에서 두 힘(P_1=50kN, P_2=40kN)에 대한 합력(R)의 크기와 방향(θ)값은?

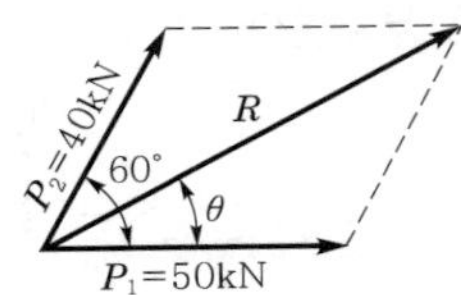

① R=78.10kN, θ=26.3°
② R=78.10kN, θ=28.5°
③ R=86.97kN, θ=26.3°
④ R=86.97kN, θ=28.5°

해설 ㉠ $R=\sqrt{P_1{}^2+P_2{}^2+2P_1P_2\cos\alpha}$

$=\sqrt{50^2+40^2+2\times50\times40\times\cos60°}$

$=78.10\text{kN}$

㉡ $\tan\theta=\dfrac{P_2\sin\alpha}{P_1+P_2\cos\alpha}$

$\therefore\ \theta=\tan^{-1}\left(\dfrac{40\times\sin60°}{50+40\times\cos60°}\right)$

$=0.459\text{rad}=0.459\times\dfrac{180}{\pi}=26.3°$

13. 지점 A에서의 수직반력의 크기는?

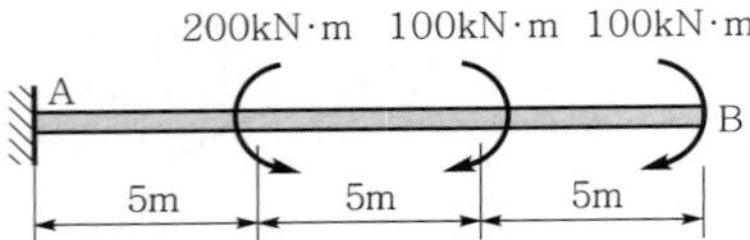

① 0kN ② 5kN
③ 10kN ④ 20kN

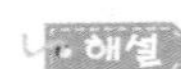
해설 $\Sigma M_A=0(\oplus)$

$\therefore\ M_A=100+100-200=0\text{kN}$

14. 다음 그림과 같이 지름이 d인 원형 단면의 $B-B$ 축에 대한 단면 2차 모멘트는?

① $\dfrac{3\pi d^4}{64}$
② $\dfrac{5\pi d^4}{64}$
③ $\dfrac{7\pi d^4}{64}$
④ $\dfrac{9\pi d^4}{64}$

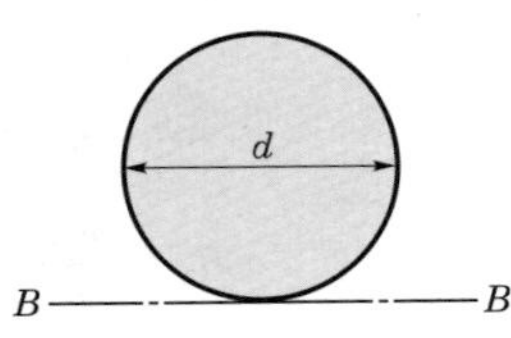

해설 $I_B=I_X+Ae^2=\dfrac{\pi d^4}{64}+\dfrac{\pi d^2}{4}\left(\dfrac{d}{2}\right)^2=\dfrac{5\pi d^4}{64}$

15. 다음 그림과 같이 세 개의 평행력이 작용하고 있을 때 A점으로부터 합력(R)의 위치까지의 거리 x는 얼마인가?

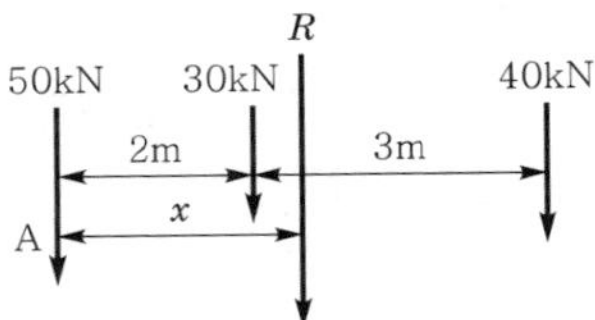

① 2.17m ② 2.86m
③ 3.24m ④ 3.96m

해설 $\Sigma F_Y=0(\downarrow\oplus)$

$R+50+30+40=0$

$\therefore\ R=-120\text{kN}(\uparrow\oplus)$

$\Sigma M_A=0(\oplus)$

$R\times x=30\times2+40\times5$

$\therefore\ x=\dfrac{60+200}{120}=2.17\text{m}$

16. 다음 그림과 같이 단순보의 양단에 모멘트하중 M이 작용할 경우 이 보의 최대 처짐은? (단, EI는 일정하다.)

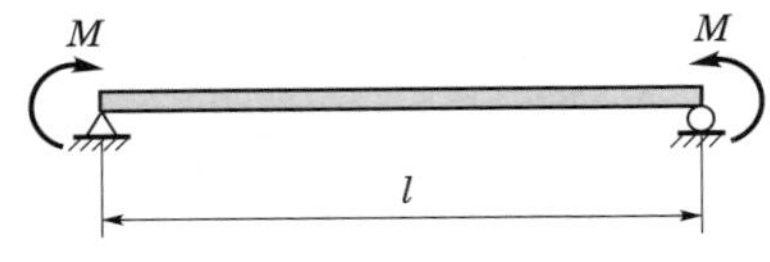

① $\dfrac{Ml^2}{4EI}$ ② $\dfrac{Ml^2}{8EI}$
③ $\dfrac{Ml}{4EI}$ ④ $\dfrac{Ml}{8EI}$

해설

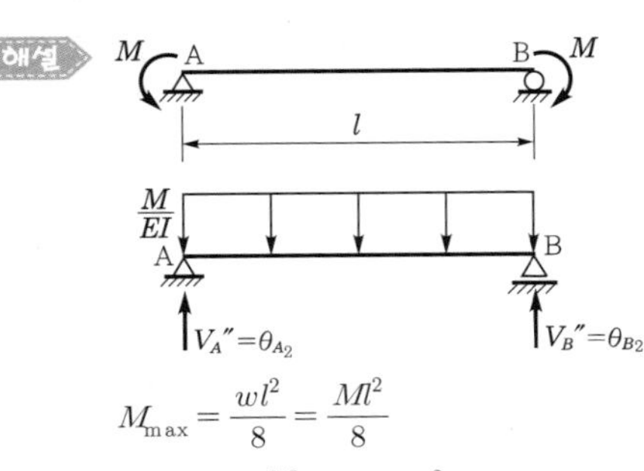

$M_{\max}=\dfrac{wl^2}{8}=\dfrac{Ml^2}{8}$

$\therefore\ \delta_{\max}=\dfrac{M_{\max}}{EI}=\dfrac{Ml^2}{8EI}(\downarrow)$

정답 12. ① 13. ① 14. ② 15. ① 16. ②

17. 다음 그림과 같은 양단 고정인 기둥의 이론적인 유효세장비(λ_c)는 약 얼마인가?

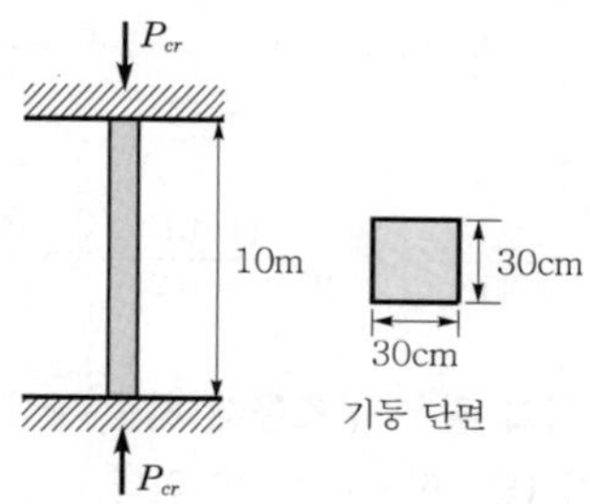

① 38 ② 48
③ 58 ④ 68

해설 $k=0.5$

$$r_{\min}=\sqrt{\frac{I_{\min}}{A}}=\sqrt{\frac{\frac{30\times30^3}{12}}{30\times30}}=8.66$$

$$\therefore\ \lambda=\frac{kl}{r_{\min}}=\frac{0.5\times10\times100}{8.66}=57.7\fallingdotseq58$$

18. 직사각형 단면의 최대 전단응력은 평균전단응력의 몇 배인가?

① 1.5 ② 2.0
③ 2.5 ④ 3.0

해설 $\tau_{\max}=\dfrac{3S}{2A}=1.5\dfrac{S}{A}$

19. 전단력을 S, 단면 2차 모멘트를 I, 단면 1차 모멘트를 Q, 단면의 폭을 b라 할 때 전단응력도의 크기를 나타낸 식으로 옳은 것은? (단, 단면의 형상은 직사각형이다.)

① $\dfrac{QS}{Ib}$ ② $\dfrac{IS}{Qb}$
③ $\dfrac{Ib}{QS}$ ④ $\dfrac{Qb}{IS}$

해설 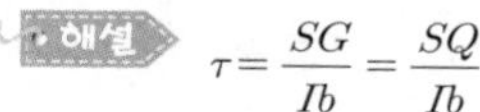 $\tau=\dfrac{SG}{Ib}=\dfrac{SQ}{Ib}$

20. 다음 그림과 같은 단순보에서 B점의 수직반력 R_B가 50kN까지의 힘을 받을 수 있다면 하중 80kN은 A점에서 몇 m까지 이동할 수 있는가?

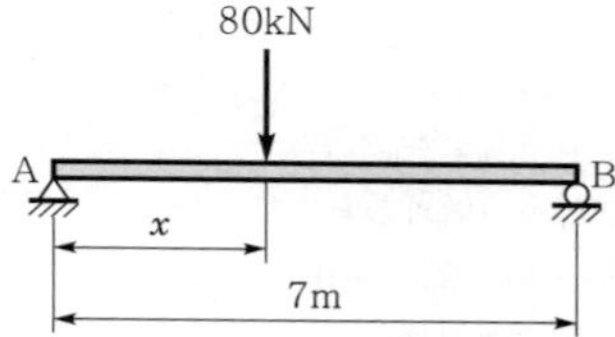

① 2.823m ② 3.375m
③ 3.826m ④ 4.375m

해설 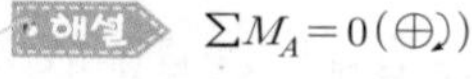 $\Sigma M_A=0(\oplus)$

$80\times x=50\times7$

$\therefore\ x=\dfrac{350}{80}=4.375\text{m}$

정답 17. ③ 18. ① 19. ① 20. ④

토목기사(2020년 6월 6일 시행)

1. 다음 그림과 같은 보에서 B지점의 반력이 $2P$가 되기 위한 $\frac{b}{a}$는?

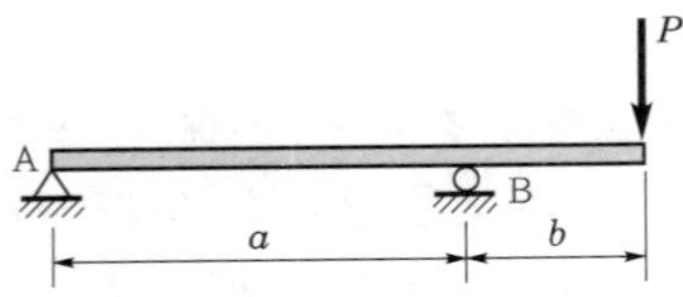

① 0.75　② 1.00
③ 1.25　④ 1.50

해설
$\Sigma M_A = 0(\oplus)$
$P(a+b) - 2Pa = 0$
$Pa + Pb = 2Pa$
$Pa = Pb$
$\therefore \frac{b}{a} = 1$

2. 다음 그림의 트러스에서 수직부재 V의 부재력은?

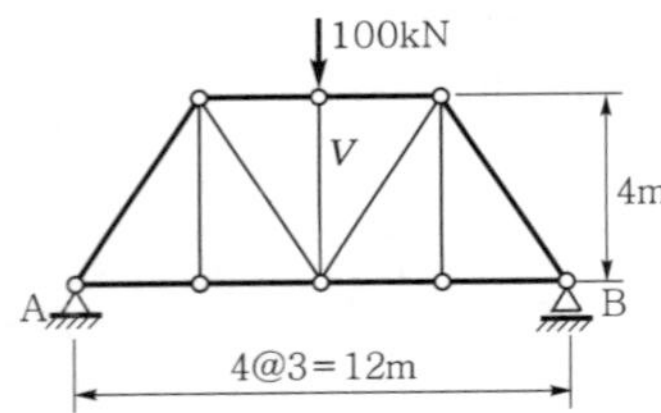

① 100kN(인장)　② 100kN(압축)
③ 50kN(인장)　④ 50kN(압축)

해설
$\Sigma F_y = 0(\downarrow \oplus)$
$V + 100 = 0$
$\therefore V = -100\text{kN}$(압축)

3. 탄성계수(E)가 2.1×10^5MPa, 푸아송비(ν)가 0.25일 때 전단탄성계수(G)의 값은?

① 8.4×10^4MPa　② 9.8×10^4MPa
③ 1.7×10^6MPa　④ 2.1×10^6MPa

해설
$$G = \frac{E}{2(1+\nu)} = \frac{2.1\times10^5}{2\times(1+0.25)} = 8.4\times10^4\text{MPa}$$

4. 다음 그림과 같은 구조물에 하중 W가 작용할 때 P의 크기는? (단, $0° < \alpha < 180°$이다.)

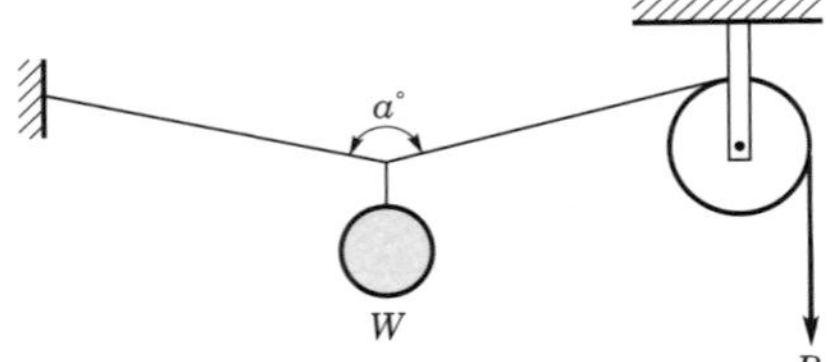

① $P = \frac{W}{2\cos\frac{\alpha}{2}}$　② $P = \frac{W}{2\cos\alpha}$

③ $P = \frac{W}{\cos\frac{\alpha}{2}}$　④ $P = \frac{2W}{\cos\frac{\alpha}{2}}$

해설

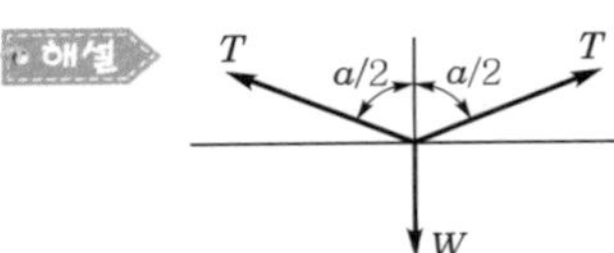

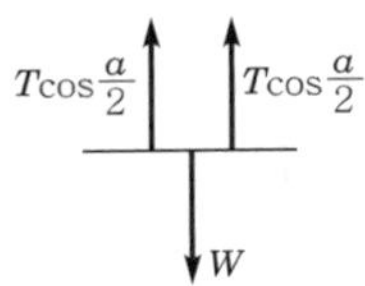

$\Sigma V = 0$; $2T\cos\frac{\alpha}{2} - W = 0$

$\therefore T = P = \frac{W}{2\cos\frac{\alpha}{2}} = \frac{W}{2}\sec\frac{\alpha}{2}$

5. 다음 그림과 같은 단순보의 단면에서 최대 전단응력은?

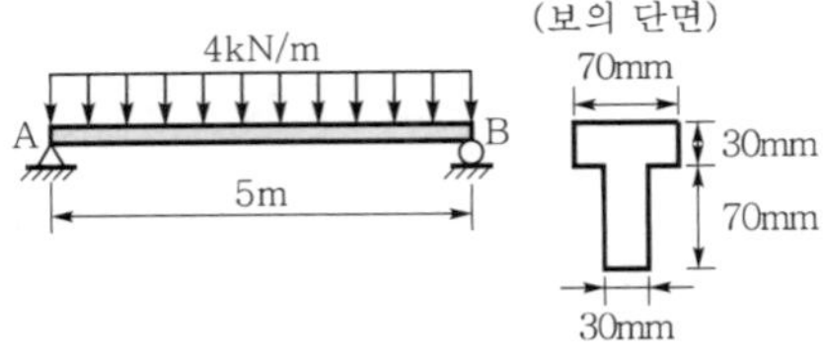

① 2.47MPa　② 2.96MPa
③ 3.64MPa　④ 4.95MPa

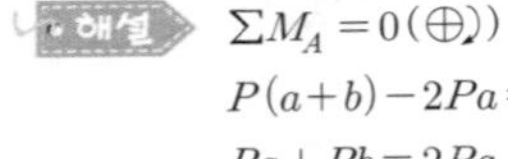

정답　1. ②　2. ②　3. ①　4. ①　5. ④

해설

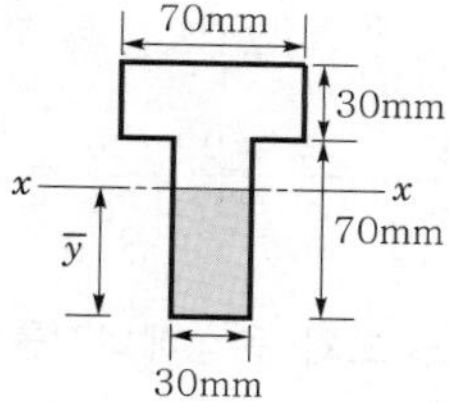

$V=10\text{kN}$

$$\bar{y}=\frac{(70\times30\times85)+(30\times70\times35)}{(70\times30)+(70\times30)}=60\text{mm}$$

$$I_x=\frac{70\times30^3}{12}+(70\times30\times25^2)+\frac{30\times70^3}{12}+(30\times70\times25^2)=3.64\times10^6\text{mm}^4$$

$$G_x=30\times60\times30=5.4\times10^4\text{mm}^3$$

$$\therefore\ \tau_{\max}=\frac{SG}{Ib}=\frac{10\times10^3\times5.4\times10^4}{3.64\times10^6\times30}=4.95\text{MPa}$$

6. 다음 그림과 같은 부정정보에 집중하중 50kN이 작용할 때 A점의 휨모멘트(M_A)는?

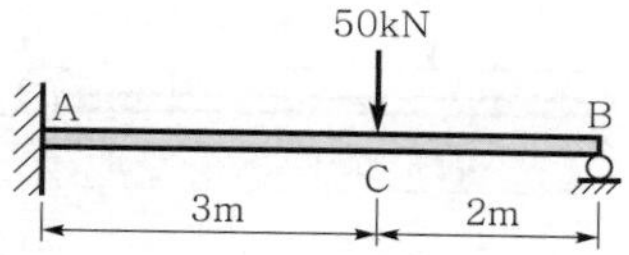

① $-26\text{kN}\cdot\text{m}$ ② $-36\text{kN}\cdot\text{m}$
③ $-42\text{kN}\cdot\text{m}$ ④ $-57\text{kN}\cdot\text{m}$

해설

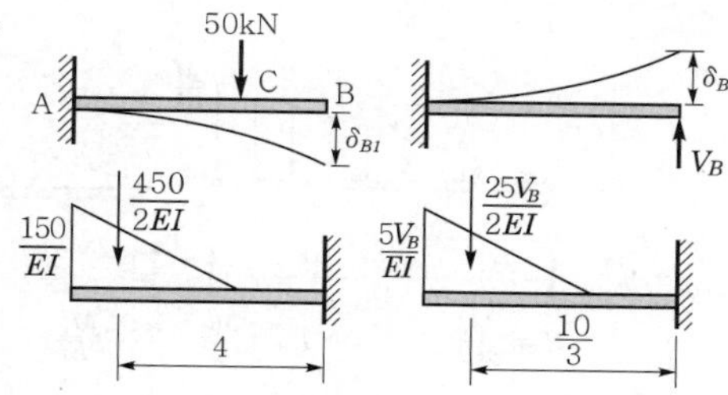

㉠ $\delta_{B1}=\frac{450}{2EI}\times4=\frac{900}{EI}(\downarrow)$

$\delta_{B2}=\frac{25V_B}{2EI}\times\frac{10}{3}=\frac{125V_B}{3EI}(\uparrow)$

$\delta_{B1}+\delta_{B2}=0$이므로

$\frac{125V_B}{3}=900$

$\therefore\ V_B=21.6\text{kN}(\uparrow)$

㉡ $\Sigma M_A=0(\oplus)$

$\therefore\ M_A=21.6\times5-50\times3=-42\text{kN}\cdot\text{m}$

7. 길이 5m의 철근을 200MPa의 인장응력으로 인장하였더니 그 길이가 5mm만큼 늘어났다고 한다. 이 철근의 탄성계수는? (단, 철근의 지름은 20mm이다.)

① $2\times10^4\text{MPa}$
② $2\times10^5\text{MPa}$
③ $6.37\times10^4\text{MPa}$
④ $6.37\times10^5\text{MPa}$

해설 $\sigma=E\varepsilon$

$$\therefore\ E=\frac{\sigma}{\varepsilon}=\frac{200}{\frac{5}{5,000}}=2.0\times10^5\text{MPa}$$

8. 단순보에서 다음 그림과 같이 하중 P가 작용할 때 보의 중앙점의 단면 하단에 생기는 수직응력의 값은? (단, 보의 단면에서 높이는 h, 폭은 b이다.)

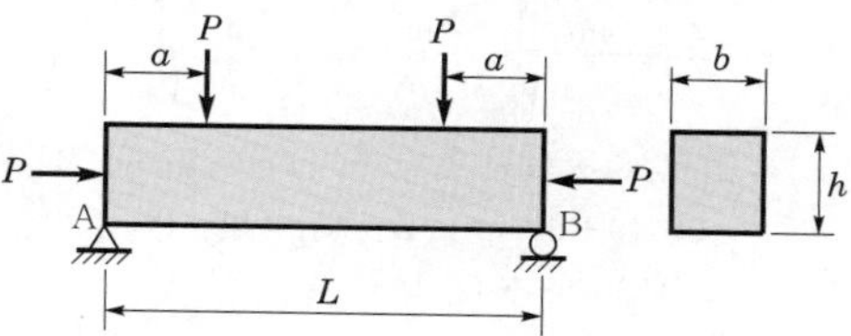

① $\frac{P}{bh^2}\left(1+\frac{6a}{h}\right)$ ② $\frac{P}{bh}\left(1-\frac{6a}{h}\right)$
③ $\frac{P}{b^2h^2}\left(1-\frac{6a}{h}\right)$ ④ $\frac{P}{b^2h}\left(1-\frac{a}{h}\right)$

해설 축방향력이 작용하는 경우 응력도를 보면 다음과 같다.

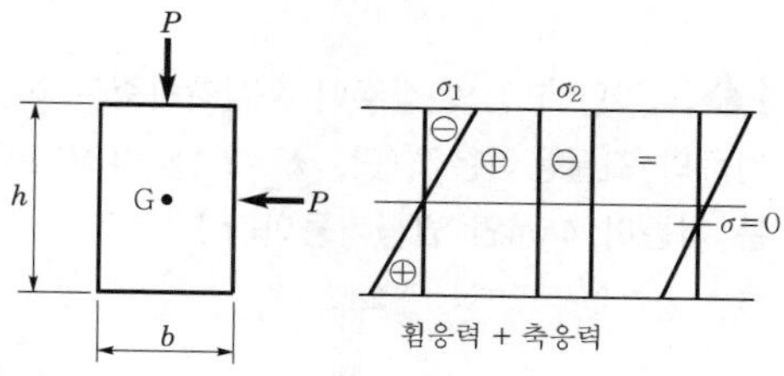

$$\sigma_{상단}=\sigma_{\max}=-\sigma_1-\sigma_2=-\frac{6M}{bh^2}-\frac{P}{A}=-\frac{6Pa}{bh^2}-\frac{P}{bh}=\frac{P}{bh}\left(-\frac{6a}{h}-1\right)$$

$$\sigma_{하단}=\sigma_{\min}=+\sigma_1-\sigma_2=+\frac{6M}{bh^2}-\frac{P}{A}=+\frac{6Pa}{bh^2}-\frac{P}{bh}=\frac{P}{bh}\left(\frac{6a}{h}-1\right)$$

정답 6. ③ 7. ② 8. ②

9. 다음 그림과 같은 게르버보에서 E점의 휨모멘트값은?

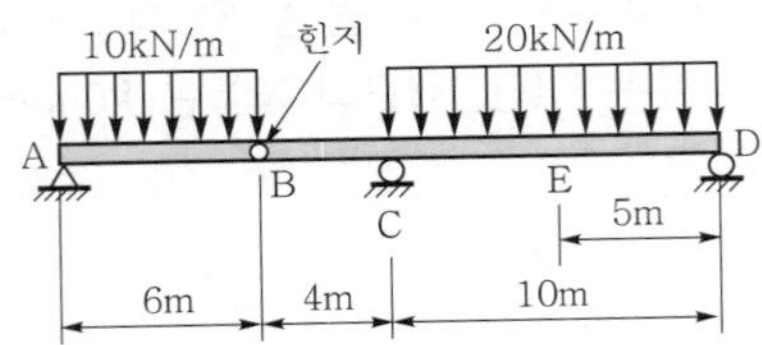

① 190kN · m ② 240kN · m
③ 310kN · m ④ 710kN · m

해설

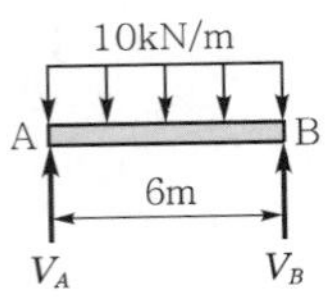

$V_A = V_B = 30\text{kN}(\uparrow)$

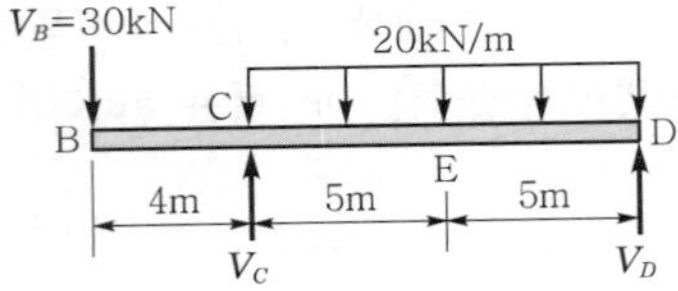

$\Sigma M_C = 0(\curvearrowright\oplus)$

$-30\times4+20\times10\times5-V_D\times10=0$

$\therefore\ V_D = 88\text{kN}(\uparrow)$

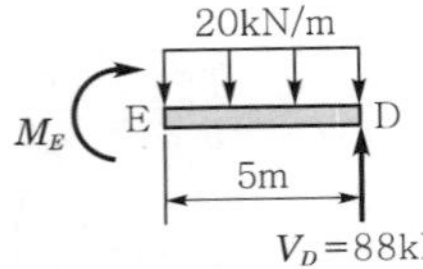

$\Sigma M_E = 0(\curvearrowright\oplus)$

$M_E+20\times5\times2.5-88\times5=0$

$\therefore\ M_E = 190\text{kN}\cdot\text{m}$

10. 양단 고정의 장주에 중심축하중이 작용할 때 이 기둥의 좌굴응력은? (단, E=2.1×10^5MPa이고, 기둥은 지름이 4cm인 원형기둥이다.)

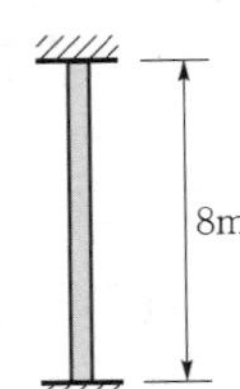

① 3.35MPa ② 6.72MPa
③ 12.95MPa ④ 25.91MPa

해설 $n=4,\ \lambda=\dfrac{l}{r}=\dfrac{4l}{D}=\dfrac{4\times800}{4}=800$

$$\therefore\ \sigma_{cr}=\frac{n\pi^2E}{\lambda^2}=\frac{4\times\pi^2\times2.1\times10^5}{800^2}=12.95\text{MPa}$$

11. 휨모멘트를 받는 보의 탄성에너지를 나타내는 식으로 옳은 것은?

① $U=\displaystyle\int_0^L\frac{M^2}{2EI}dx$

② $U=\displaystyle\int_0^L\frac{2EI}{M^2}dx$

③ $U=\displaystyle\int_0^L\frac{EI}{2M^2}dx$

④ $U=\displaystyle\int_0^L\frac{M^2}{EI}dx$

12. 다음 그림과 같은 단순보에서 B단에 모멘트하중 M이 작용할 때 경간 AB 중에서 수직처짐이 최대가 되는 곳의 거리 x는? (단, EI는 일정하다.)

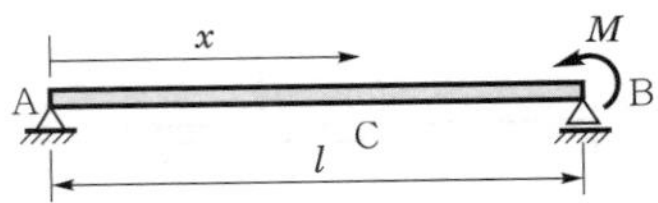

① $0.500l$ ② $0.577l$
③ $0.667l$ ④ $0.750l$

해설 공액보 이용

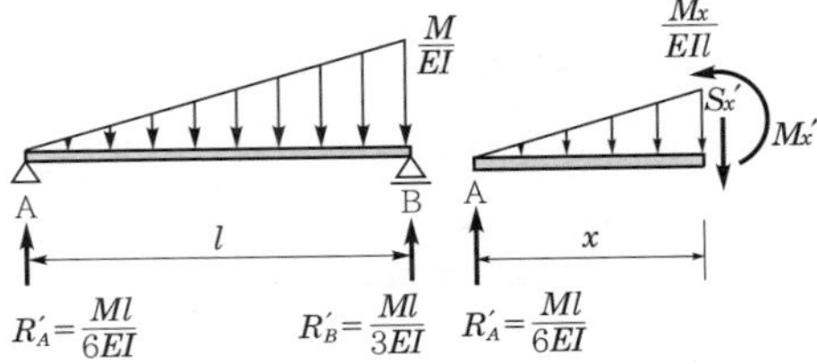

$\Sigma V=0$

$\dfrac{Ml}{6EI}-\dfrac{1}{2}\times\dfrac{Mx}{EIl}\times x-S_x{}'=0$

$S_x{}'=\theta_x=\dfrac{Ml}{6EIl}-\dfrac{Mx^2}{EI}$

$S_x{}'=\theta_x=0$에서 최대 처짐 발생

$S_x{}'=\theta_x=\dfrac{Ml}{6EI}-\dfrac{Mx^2}{2EIl}=0$

$\therefore\ x=\dfrac{l}{\sqrt{3}}=0.577l$

 정답 9. ① 10. ③ 11. ① 12. ②

13. 다음 그림의 캔틸레버보에서 C점, B점의 처짐비($\delta_C : \delta_B$)는? (단, EI는 일정하다.)

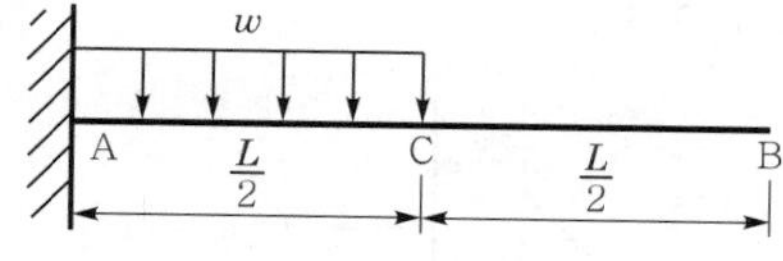

① 3 : 8
② 3 : 7
③ 2 : 5
④ 1 : 2

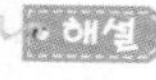

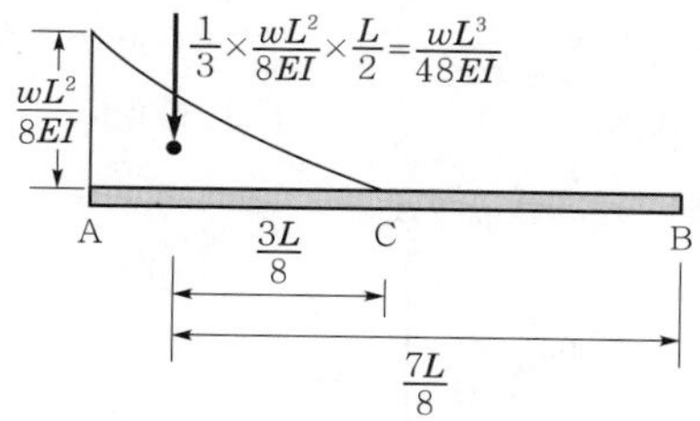

$$\delta_B = \frac{wL^3}{48EI} \times \frac{7L}{8},\ \delta_C = \frac{wL^3}{48EI} \times \frac{3L}{8}$$

$\therefore\ \delta_C : \delta_B = 3 : 7$

14. 다음 그림과 같은 단면을 갖는 부재 A와 부재 B가 있다. 동일 조건의 보에 사용하고 재료의 강도도 같다면 휨에 대한 강성을 비교한 설명으로 옳은 것은?

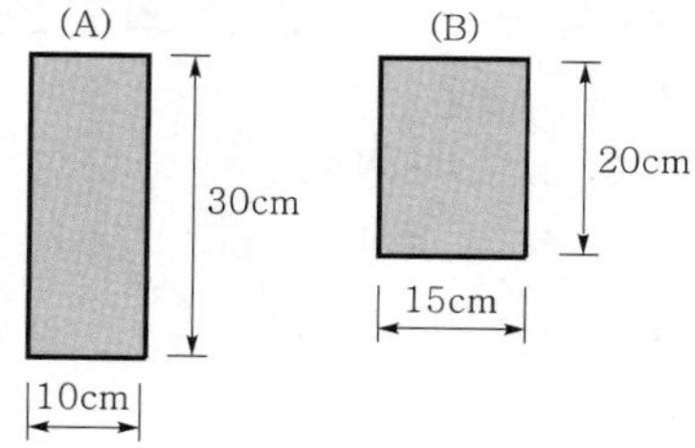

① 보 A는 보 B보다 휨에 대한 강성이 2.0배 크다.
② 보 B는 보 A보다 휨에 대한 강성이 2.0배 크다.
③ 보 A는 보 B보다 휨에 대한 강성이 1.5배 크다.
④ 보 B는 보 A보다 휨에 대한 강성이 1.5배 크다.

해설

$$Z_A = \frac{10\times30^2}{6} = 1{,}500\text{cm}^3$$

$$Z_B = \frac{15\times20^2}{6} = 1{,}000\text{cm}^3$$

$\therefore\ Z_A : Z_B = 3 : 2$이므로 보 A는 보 B보다 휨에 대한 강성이 1.5배 크다.

15. 다음 그림과 같은 3힌지 아치에서 A지점의 반력은?

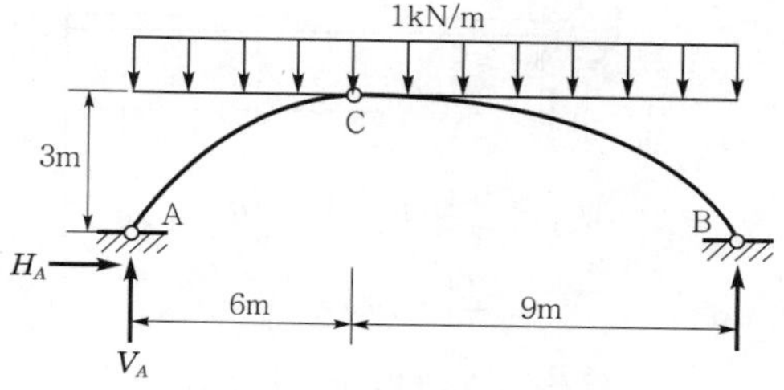

① $V_A = 6.0\text{kN}(\uparrow)$, $H_A = 9.0\text{kN}(\rightarrow)$
② $V_A = 6.0\text{kN}(\uparrow)$, $H_A = 12.0\text{kN}(\rightarrow)$
③ $V_A = 7.5\text{kN}(\uparrow)$, $H_A = 9.0\text{kN}(\rightarrow)$
④ $V_A = 7.5\text{kN}(\uparrow)$, $H_A = 12.0\text{kN}(\rightarrow)$

해설 ㉠ $\Sigma M_B = 0(\oplus)$

$$V_A\times15 - 1\times15\times\frac{15}{2} = 0$$

$\therefore\ V_A = 7.5\text{kN}(\uparrow)$

㉡ $\Sigma M_C = 0(\oplus)$

$$V_A\times6 - H_A\times3 - 1\times6\times3 = 0$$

$$\therefore\ H_A = \frac{1}{3}\times(7.5\times6 - 6\times3) = 9\text{kN}(\rightarrow)$$

16. 길이가 l인 양단 고정보 AB의 왼쪽 지점이 다음 그림과 같이 작은 각 θ만큼 회전할 때 생기는 반력(R_A, M_A)은? (단, EI는 일정하다.)

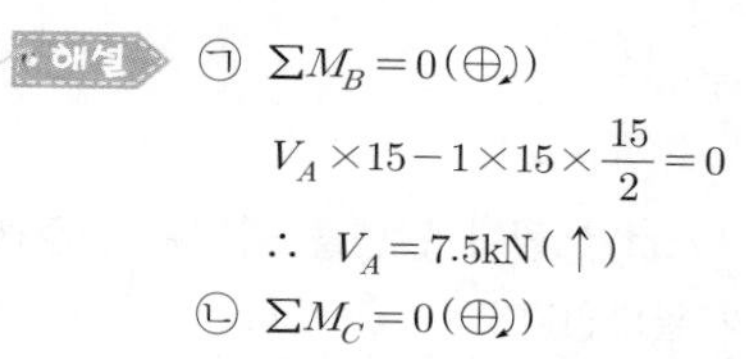

① $R_A = \frac{6EI\theta}{l^2}$, $M_A = \frac{4EI\theta}{l}$

② $R_A = \frac{12EI\theta}{l^3}$, $M_A = \frac{6EI\theta}{l^2}$

③ $R_A = \frac{4EI\theta}{l^2}$, $M_A = \frac{6EI\theta}{l}$

④ $R_A = \frac{2EI\theta}{l}$, $M_A = \frac{4EI\theta}{l^2}$

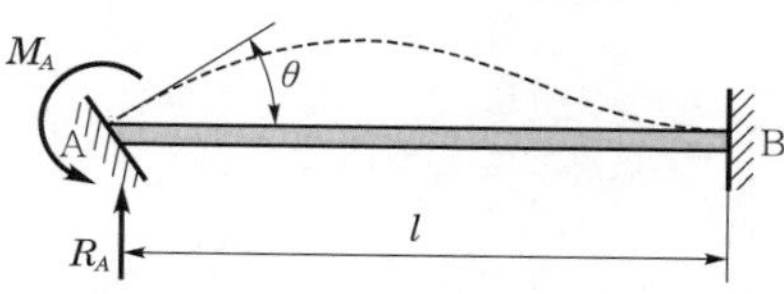

정답 13. ② 14. ③ 15. ③ 16. ①

해설 처짐각법의 재단모멘트식 이용

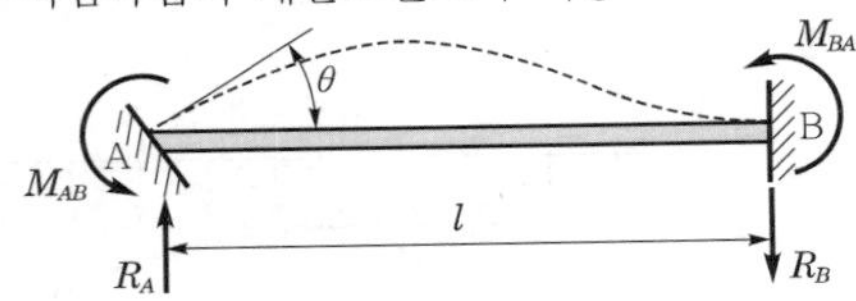

㉠ $M_{AB}=\dfrac{2EI}{l}(2\theta_A+\theta_B-3R)+C_{AB}$

$=\dfrac{2EI}{l}\times 2\theta_A=\dfrac{4EI}{l}\theta_A$

여기서, $\theta_B=0$, $R=0$, $C_{AB}=0$

㉡ $M_{BA}=\dfrac{2EI}{l}(2\theta_A+\theta_B-3R)+C_{AB}=\dfrac{2EI}{l}\theta_A$

여기서, $\theta_B=0$, $R=0$, $C_{AB}=0$

㉢ $\Sigma M_B=0$

$R_A l-\dfrac{4EI}{l}\theta-\dfrac{2EI}{l}\theta=0$

$\therefore\ R_A=\dfrac{6EI}{l^2}\theta$

17. 반지름이 30cm인 원형 단면을 가지는 단주에서 핵의 면적은 약 얼마인가?

① 44.2cm^2 ② 132.5cm^2
③ 176.7cm^2 ④ 228.2cm^2

해설

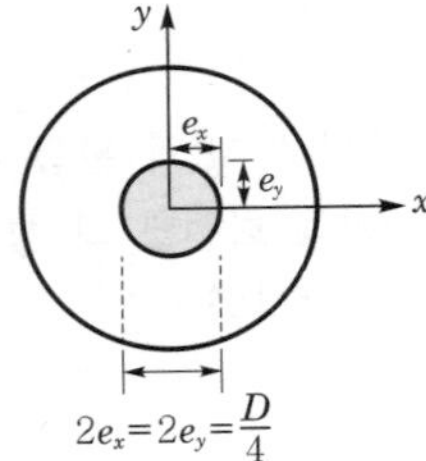

$e_x=e_y=\dfrac{D}{8}$

$\therefore\ A=\dfrac{\pi}{4}\left(\dfrac{D}{4}\right)^2=\dfrac{\pi}{4}\times\left(\dfrac{60}{4}\right)^2=176.7\text{cm}^2$

18. 다음 중 정(+)의 값뿐만 아니라 부(−)의 값도 갖는 것은?

① 단면계수 ② 단면 2차 반지름
③ 단면 2차 모멘트 ④ 단면 상승모멘트

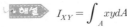

해설 $I_{XY}=\int_A xy\,dA$(비대칭 단면)

$I_{XY}=Axy$(대칭 단면)

∴ 단면 상승모멘트는 좌표축에 따라 (+), (−) 발생

19. 다음 그림과 같은 삼각형 물체에 작용하는 힘 P_1, P_2를 AC면에 수직한 방향의 성분으로 변환할 경우 힘 P의 크기는?

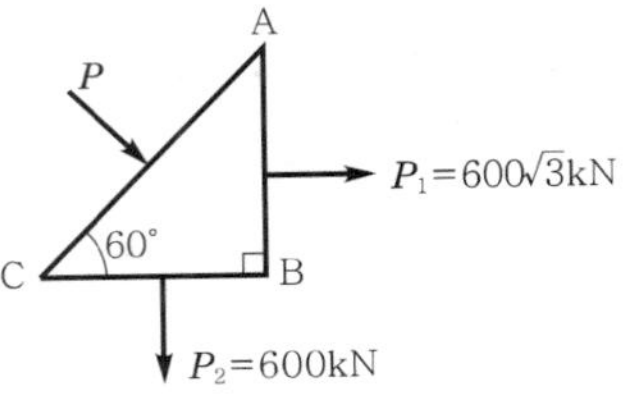

① 1,000kN ② 1,200kN
③ 1,400kN ④ 1,600kN

해설

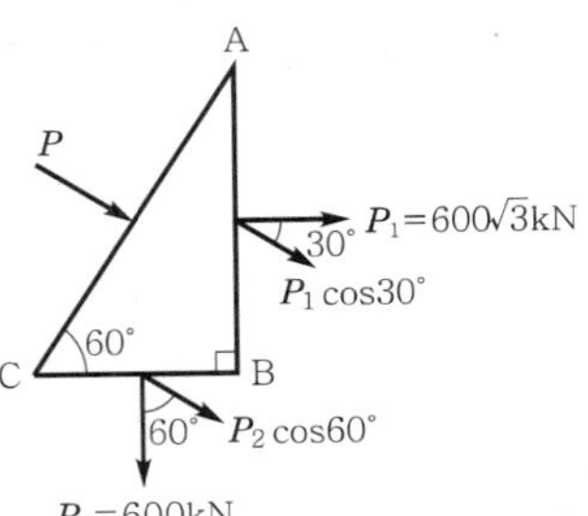

$P=P_1\cos30°+P_2\cos60°=900+300=1{,}200\text{kN}$

20. 지간 10m인 단순보 위를 1개의 집중하중 $P=200$kN이 통과할 때 이 보에 생기는 최대 전단력(S)과 최대 휨모멘트(M)는?

① $S=100$kN, $M=500$kN·m
② $S=100$kN, $M=1{,}000$kN·m
③ $S=200$kN, $M=500$kN·m
④ $S=200$kN, $M=1{,}000$kN·m

해설 $S=200$kN

$M=\dfrac{200\times10}{4}=500$kN·m

정답 17. ③ 18. ④ 19. ② 20. ③

토목산업기사(2020년 6월 13일 시행)

1. 어떤 재료의 탄성계수(E)가 210,000MPa, 푸아송비(ν)가 0.25, 전단변형률(γ)이 0.1이라면 전단응력(τ)은?

① 8,400MPa ② 4,200MPa
③ 2,400MPa ④ 1,680MPa

$$G = \frac{E}{2(1+\nu)} = \frac{210,000}{2\times(1+0.25)} = 84,000\text{MPa}$$

$$\therefore\ \tau = G\gamma = 84,000\times 0.1 = 8,400\text{MPa}$$

2. 반지름 r인 원형 단면의 단주에서 핵반경 e는?

① $\frac{r}{2}$ ② $\frac{r}{3}$
③ $\frac{r}{4}$ ④ $\frac{r}{5}$

해설

$$e = \frac{D}{8} = \frac{2r}{8} = \frac{r}{4}$$

3. 다음 그림에서 단면적이 A인 임의의 부재 단면이 있다. 도심축으로부터 y_1 떨어진 축을 기준으로 한 단면 2차 모멘트의 크기가 I_{x1}일 때 도심축으로부터 $3y_1$ 떨어진 축을 기준으로 한 단면 2차 모멘트의 크기는?

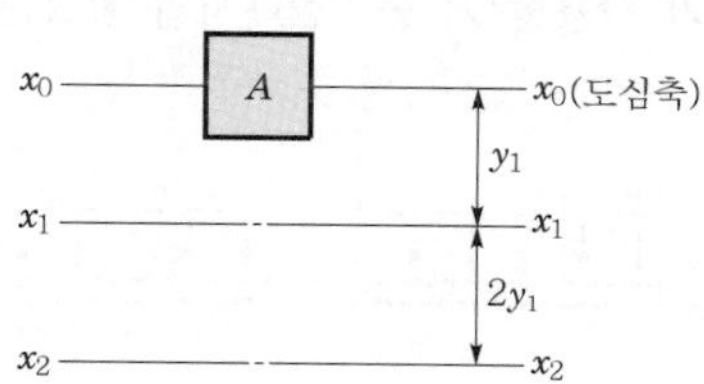

① $I_{x1}+2Ay_1^{\,2}$ ② $I_{x1}+3Ay_1^{\,2}$
③ $I_{x1}+4Ay_1^{\,2}$ ④ $I_{x1}+8Ay_1^{\,2}$

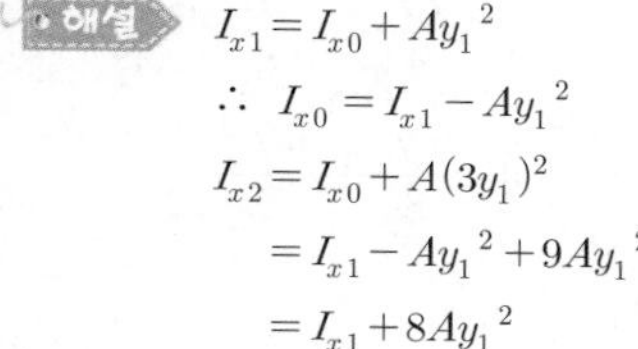

$$I_{x1} = I_{x0} + Ay_1^{\,2}$$

$$\therefore\ I_{x0} = I_{x1} - Ay_1^{\,2}$$

$$I_{x2} = I_{x0} + A(3y_1)^2 = I_{x1} - Ay_1^{\,2} + 9Ay_1^{\,2} = I_{x1} + 8Ay_1^{\,2}$$

4. 다음 그림과 같은 단순보에서 최대 처짐은? (단, EI는 일정하다.)

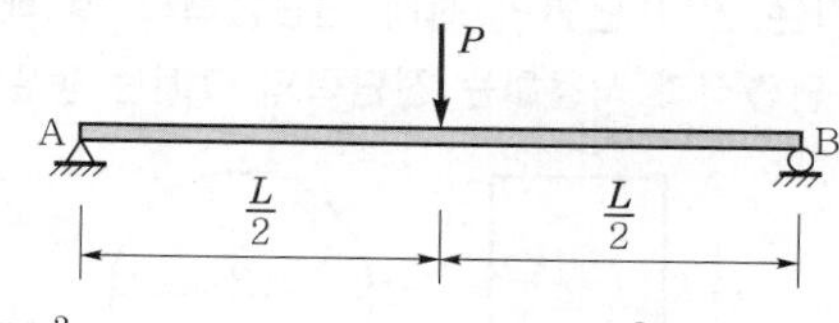

① $\frac{PL^2}{24EI}$ ② $\frac{PL^2}{36EI}$
③ $\frac{PL^3}{12EI}$ ④ $\frac{PL^3}{48EI}$

해설

$$\delta_{\max} = \frac{PL^3}{48EI}$$

5. 다음 그림에서 C점에 얼마의 힘(P)으로 당겼더니 부재 BC에 200kN의 장력이 발생하였다면 AC에 발생하는 장력은?

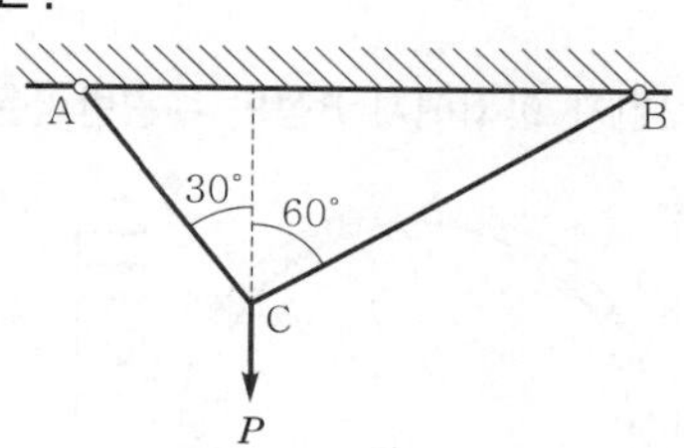

① 86.6kN ② 115.5kN
③ 346.4kN ④ 400.0kN

해설

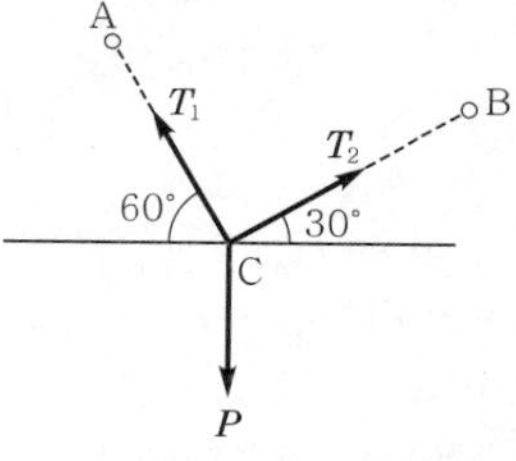

$T_2 = 200\text{kN}$ 이므로

㉠ $\Sigma F_x = 0(\leftarrow\oplus)$

$$T_1\cos 60° = T_2\cos 30°$$

$$\therefore\ T_1 = 200\times\frac{\sqrt{3}}{2}\times 2 = 346.4\text{kN}$$

정답 1. ① 2. ③ 3. ④ 4. ④ 5. ③

㉡ $\Sigma F_y = 0(\uparrow \oplus)$

$$P = T_1 \sin 60° + T_2 \sin 30°$$
$$= 200\sqrt{3} \times \frac{\sqrt{3}}{2} + 200 \times \frac{1}{2}$$
$$= 400\text{kN}$$

∴ AC의 부재력은 346.4kN이다.

6. 다음 그림과 같은 단면에서 직사각형 단면의 최대 전단응력은 원형 단면의 최대 전단응력의 몇 배인가? (단, 두 단면적과 작용하는 전단력의 크기는 동일하다.)

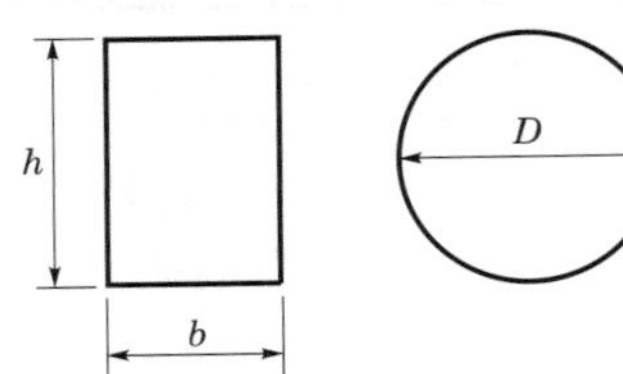

① $\frac{6}{5}$배 ② $\frac{7}{6}$배
③ $\frac{8}{7}$배 ④ $\frac{9}{8}$배

해설 $\frac{\text{직사각형의 } \tau_{\max}}{\text{원형의 } \tau_{\max}} = \frac{9}{8}$배

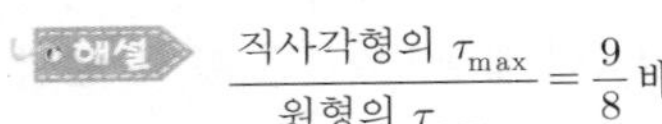

7. 다음 3힌지 아치에서 B점의 수평반력은?

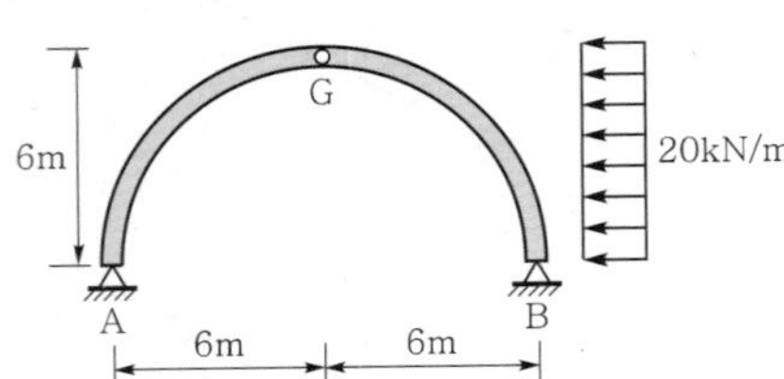

① 50kN(→) ② 70kN(←)
③ 90kN(→) ④ 110kN(←)

해설 ㉠ $\Sigma M_A = 0(\oplus)$

$$V_B \times 12 + 20 \times 6 \times 3 = 0$$
$$\therefore V_B = -30\text{kN}(\downarrow)$$

㉡ $\Sigma M_G = 0(\oplus)$

$$V_B \times 6 + H_B \times 6 - 20 \times 6 \times 3 = 0$$
$$\therefore H_B = 20 \times 3 - V_B$$
$$= 60 + 30$$
$$= 90\text{kN}(\rightarrow)$$

8. "여러 힘이 작용할 때 임의의 한 점에 대한 모멘트의 합은 그 점에 대한 합력의 모멘트와 같다"라는 것은 무슨 정리인가?

① Lami의 정리
② Castigliano의 정리
③ Varignon의 정리
④ Mohr의 정리

9. 다음 그림과 같은 단면도형의 x, y축에 대한 단면 상승모멘트(I_{xy})는?

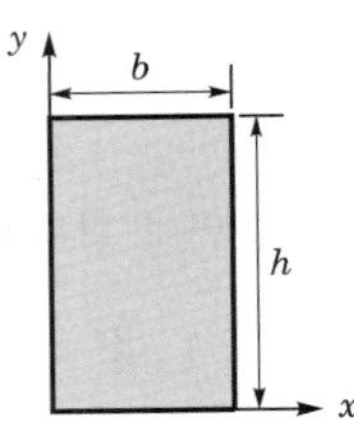

① $\frac{bh^3}{3}$ ② $\frac{b^3h}{3}$
③ $\frac{b^2h^2}{4}$ ④ $\frac{bh^3 + b^3h}{3}$

해설 $I_{xy} = bh \times \frac{b}{2} \times \frac{h}{2} = \frac{b^2h^2}{4}$

10. 단순보에 다음 그림과 같이 집중하중 P와 등분포하중 w가 작용할 때 중앙점에서의 휨모멘트는?

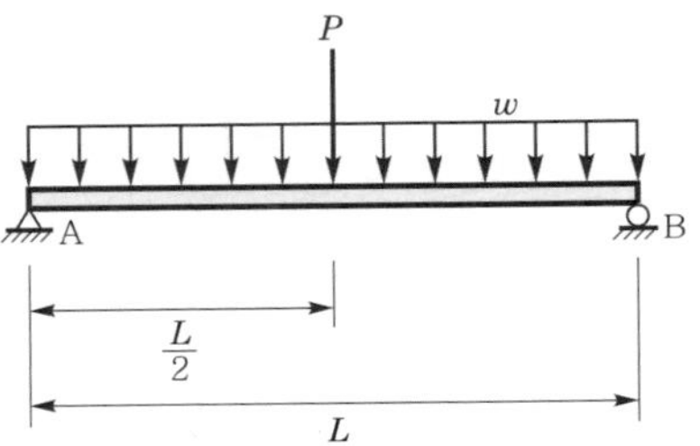

① $\frac{PL}{4} + \frac{wL^2}{4}$ ② $\frac{PL}{4} + \frac{wL^2}{8}$
③ $\frac{PL}{8} + \frac{wL^2}{8}$ ④ $\frac{PL}{8} + \frac{wL^2}{2}$

해설 $M = \frac{wL^2}{8} + \frac{PL}{4}$

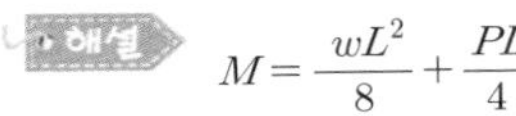

정답 6. ④ 7. ③ 8. ③ 9. ③ 10. ②

11. 지름이 6cm, 길이가 100cm의 둥근 막대가 인장력을 받아서 0.5cm 늘어나고 동시에 지름이 0.006cm 만큼 줄었을 때 이 재료의 푸아송비(ν)는?

① 0.2
② 0.5
③ 2.0
④ 5.0

해설

$$\varepsilon_l = \frac{0.5}{100} = 0.005,\ \varepsilon_d = \frac{0.006}{6} = 0.001$$

$$\therefore\ \nu = \frac{\varepsilon_d}{\varepsilon_l} = \frac{0.001}{0.005} = 0.2$$

12. 정사각형(한 변의 길이 h)의 균일한 단면을 가진 길이 L의 기둥이 견딜 수 있는 축방향 하중을 P로 할 때 다음 중 옳은 것은? (단, EI는 일정하다.)

① P는 E에 비례, h^3에 비례, L에 반비례한다.
② P는 E에 비례, h^3에 비례, L^2에 비례한다.
③ P는 E에 비례, h^4에 비례, L에 비례한다.
④ P는 E에 비례, h^4에 비례, L^2에 반비례한다.

해설

$I = \frac{h^4}{12}$이므로 $P_{cr} = \frac{\pi^2 EI}{L^2} = \frac{\pi^2 Eh^4}{12L^2}$

$\therefore$ E에 비례, h^4에 비례, L^2에 반비례한다.

13. 다음 그림에서 A점으로부터 합력(R)의 작용위치(C점)까지의 거리(x)는?

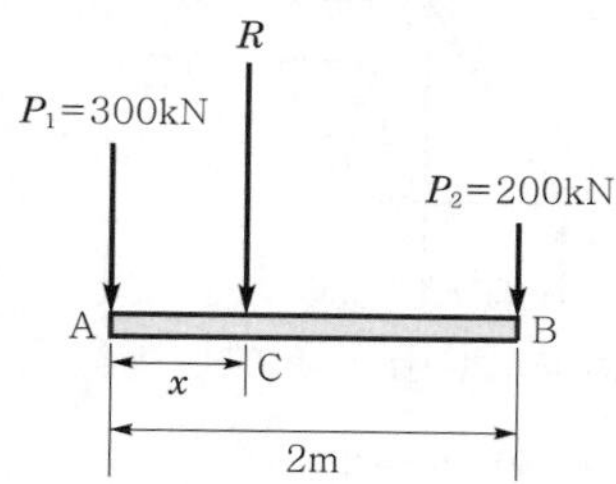

① 0.8m
② 0.6m
③ 0.4m
④ 0.2m

해설

$R = 500\text{kN}\ (\uparrow)$

$\Sigma M_A = 0\ (\oplus)$

$200 \times 2 - R \times x = 0$

$$\therefore\ x = \frac{400}{500} = 0.8\text{m}$$

14. 지름 D인 원형 단면보에 휨모멘트 M이 작용할 때 최대 휨응력은?

① $\frac{6M}{\pi D^3}$
② $\frac{16M}{\pi D^3}$
③ $\frac{32M}{\pi D^3}$
④ $\frac{64M}{\pi D^3}$

해설

$$I = \frac{\pi D^4}{64},\ y = \frac{D}{2}$$

$$\therefore\ \sigma = \frac{M}{I}y = \frac{M}{\frac{\pi D^4}{64}} \times \frac{D}{2} = \frac{32M}{\pi D^3}$$

15. 다음 그림에서 지점 C의 반력이 영(零)이 되기 위해 B점에 작용시킬 집중하중(P)의 크기는?

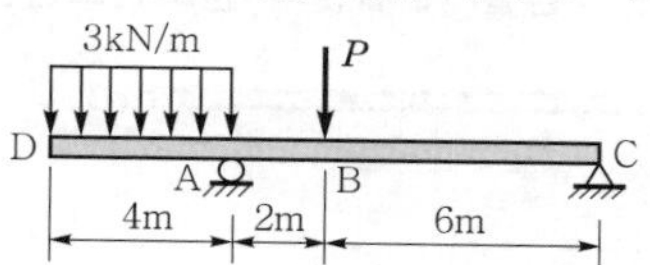

① 8kN
② 10kN
③ 12kN
④ 14kN

해설

$\Sigma M_A = 0\ (\oplus)$

$P \times 2 = 3 \times 4 \times 2$

$\therefore\ P = 12\text{kN}$

16. 다음과 같은 단순보에서 최대 휨응력은? (단, 단면은 폭 300mm, 높이 400mm의 직사각형이다.)

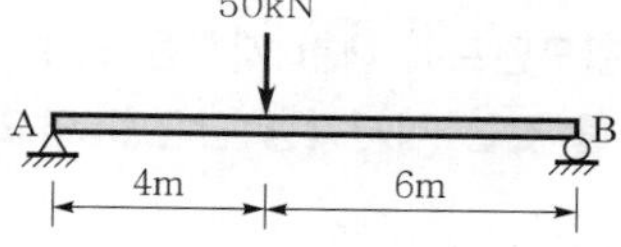

① 15MPa
② 18MPa
③ 22MPa
④ 26MPa

해설

$V_A = 30\text{kN}$

$M_{\max} = V_A \times 4 = 120\text{kN}\cdot\text{m}$

$$\therefore\ \sigma_{\max} = \frac{M_{\max}}{Z} = \frac{6M_{\max}}{bh^2} = \frac{6 \times 120 \times 1{,}000 \times 1{,}000}{300 \times 400^2} = 15\text{MPa}$$

정답 11. ① 12. ④ 13. ① 14. ③ 15. ③ 16. ①

17. 지간이 8m, 높이가 300mm, 폭이 200mm인 단면을 갖는 단순보에 등분포하중(w)이 4kN/m가 만재하여 있을 때 최대 처짐은? (단, 탄성계수(E)는 10,000MPa이다.)

① 47.4mm　② 21.0mm
③ 9.0mm　④ 0.09mm

해설

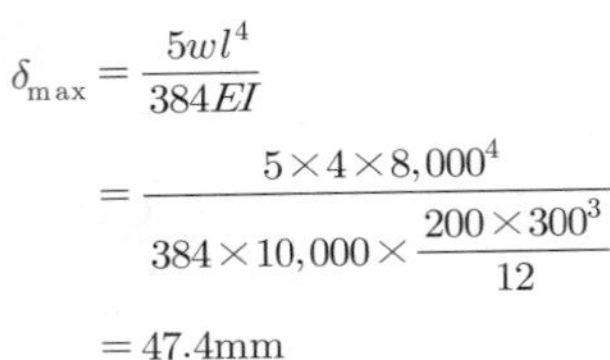

$$\delta_{\max} = \frac{5wl^4}{384EI} = \frac{5\times4\times8{,}000^4}{384\times10{,}000\times\frac{200\times300^3}{12}} = 47.4\text{mm}$$

18. 다음 그림과 같은 단순보의 B지점에 모멘트가 50kN · m가 작용할 때 C점의 휨모멘트는?

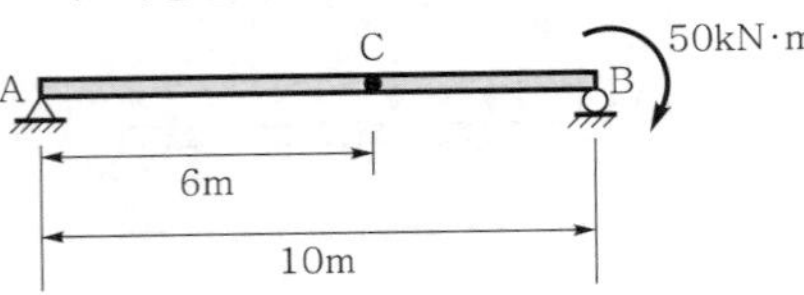

① -20kN · m　② $+20$kN · m
③ -30kN · m　④ $+30$kN · m

해설 $\Sigma M_B = 0(\curvearrowright\oplus)$

$V_A\times10+50=0$

$\therefore\ V_A=-5\text{kN}(\downarrow)$

$\therefore\ M_C = V_A\times6 = -5\times6 = -30\text{kN}\cdot\text{m}$

19. 지름이 D인 원목을 직사각형 단면으로 제재하고자 한다. 휨모멘트에 대한 저항을 크게 하기 위해 최대 단면계수를 갖는 직사각형 단면을 얻으려면 적당한 폭 b는?

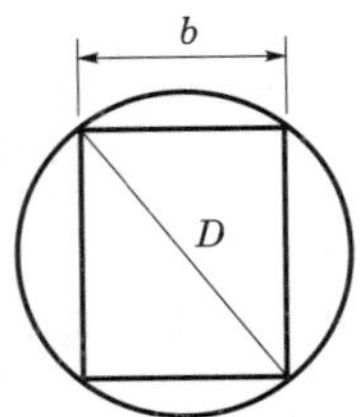

① $b=\frac{1}{2}D$　② $b=\frac{1}{\sqrt{3}}D$
③ $b=\frac{\sqrt{3}}{2}D$　④ $b=\sqrt{\frac{2}{3}}D$

해설

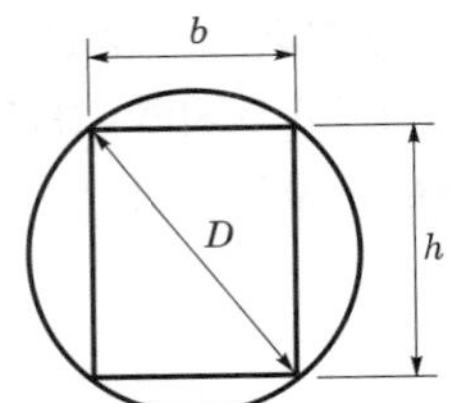

㉠ $D^2=b^2+h^2$

$\therefore\ h^2=D^2-b^2$

㉡ 최대 단면계수

$Z=\frac{bh^2}{6}=\frac{b}{6}(D^2-b^2)=\frac{1}{6}(bD^2-b^3)$

$\frac{\partial Z}{\partial b}=\frac{1}{6}(D^2-3b^2)=0$

$\therefore\ b=\frac{1}{\sqrt{3}}D$

20. 다음 트러스에서 경사재인 A부재의 부재력은?

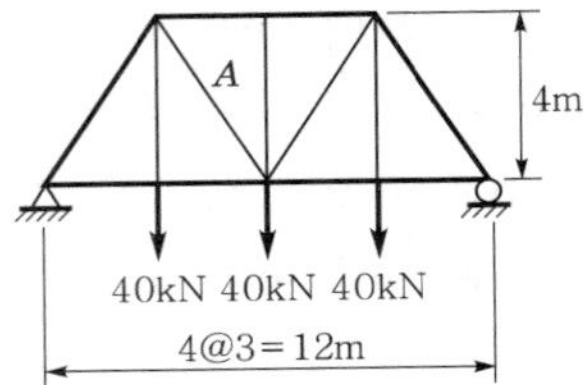

① 25kN(압축)　② 25kN(인장)
③ 20kN(압축)　④ 20kN(인장)

해설 단면법 이용(전단법)

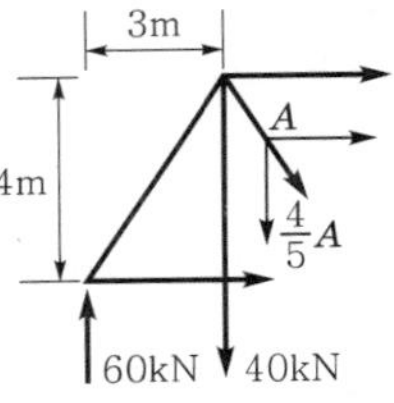

$\Sigma F_y=0(\downarrow\oplus)$

$\frac{4}{5}A+40-60=0$

$\therefore\ A=25\text{kN}$(인장)

정답 17. ①　18. ③　19. ②　20. ②

토목기사(2020년 8월 22일 시행)

1. 지름 d=120cm, 벽두께 t=0.6cm인 긴 강관이 q=2MPa의 내압을 받고 있다. 이 관벽 속에 발생하는 원환응력(σ)의 크기는?

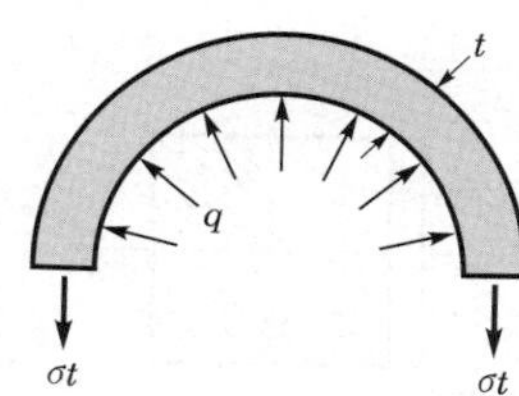

① 50MPa ② 100MPa
③ 150MPa ④ 200MPa

해설 $\sigma=\dfrac{qd}{2t}=\dfrac{2\times1,200}{2\times60}=200\text{MPa}$

2. 다음 그림과 같은 연속보에서 B점의 지점반력은?

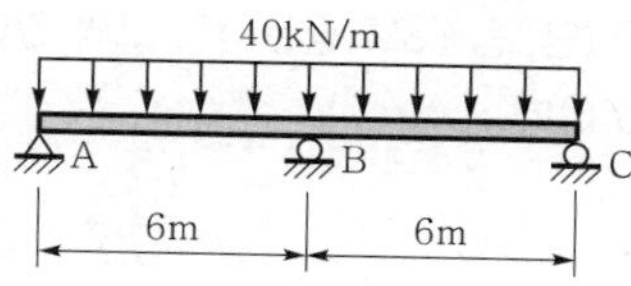

① 240kN ② 280kN
③ 300kN ④ 320kN

해설 $R_B=\dfrac{5wl}{4}=\dfrac{5\times40\times6}{4}=300\text{kN}$

3. 다음 그림과 같은 보에서 A점의 수직반력은?

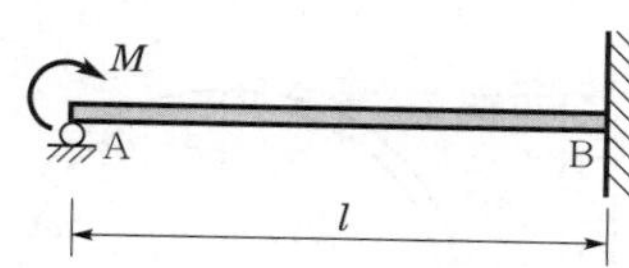

① $\dfrac{M}{l}(\uparrow)$ ② $\dfrac{M}{l}(\downarrow)$
③ $\dfrac{3M}{2l}(\uparrow)$ ④ $\dfrac{3M}{2l}(\downarrow)$

해설 $M_b=\dfrac{M}{2}(\curvearrowright)$

$\Sigma M_B=0(\oplus)$

$R_A l+M+\dfrac{M}{2}=0$

$\therefore\ R_A=-\dfrac{M}{2l}(\downarrow)$

4. 전단 중심(shear center)에 대한 설명으로 틀린 것은?

① 1축이 대칭인 단면의 전단 중심은 도심과 일치한다.
② 1축이 대칭인 단면의 전단 중심은 그 대칭축선상에 있다.
③ 하중이 전단 중심점을 통과하지 않으면 보는 비틀린다.
④ 전단 중심이란 단면이 받아내는 전단력의 합력점의 위치를 말한다.

해설 1축 대칭인 단면의 전단 중심은 도심과 일치하는 것이 아닌 그 대칭축선상에 있다.

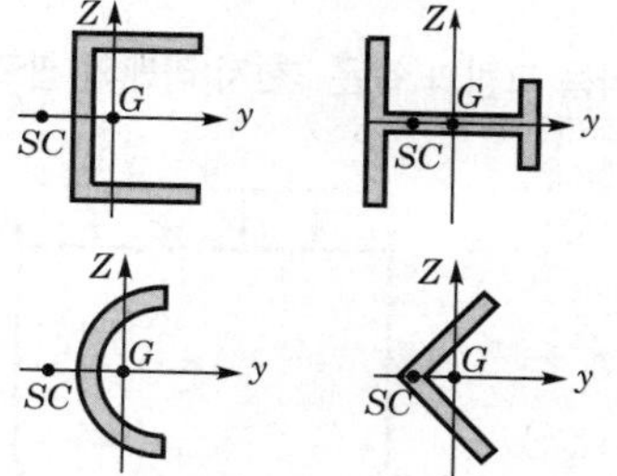

5. 다음 그림과 같은 1/4원 중에서 음영 부분의 도심까지 위치 y_o는?

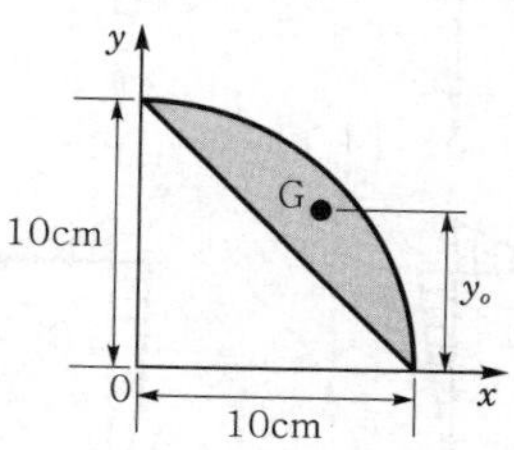

① 4.94cm ② 5.20cm
③ 5.84cm ④ 7.81cm

정답 1. ④ 2. ③ 3. ④ 4. ① 5. ③

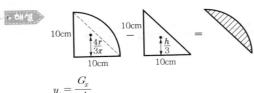

해설

$$y_o = \frac{G_x}{A}$$

$$= \frac{\frac{\pi \times 10^2}{4} \times \frac{4 \times 10}{3\pi} - \frac{10 \times 10}{2} \times \frac{10}{3}}{\frac{\pi \times 10^2}{4} - \frac{10 \times 10}{2}}$$

$$= \frac{166.67}{28.54} \fallingdotseq 5.84\text{cm}$$

6. 다음 그림과 같이 단순보의 A점에 휨모멘트가 작용하고 있을 경우 A점에서 전단력의 절대값은?

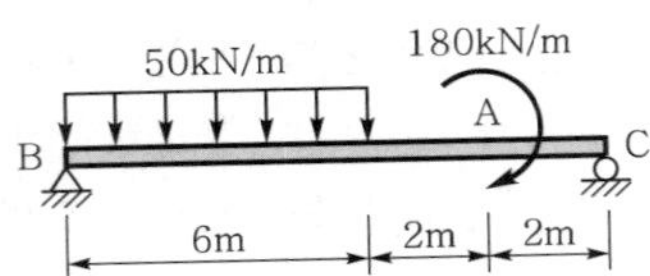

① 72kN　　② 108kN
③ 126kN　　④ 252kN

해설

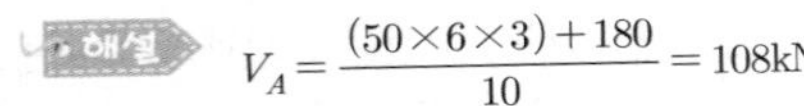

$$V_A = \frac{(50 \times 6 \times 3) + 180}{10} = 108\text{kN}$$

7. 다음 그림과 같은 3힌지 라멘의 휨모멘트도(BMD)는?

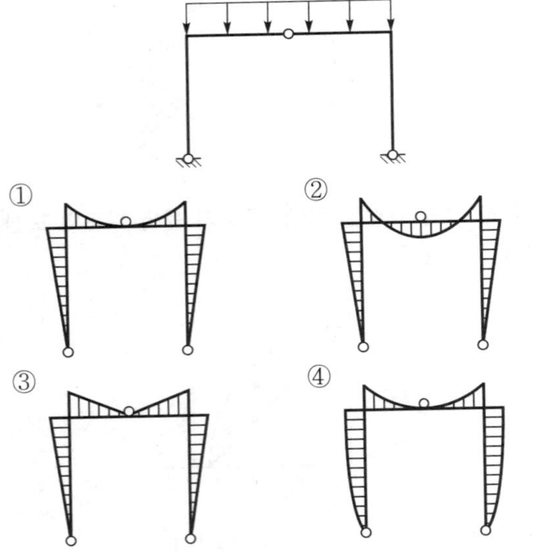

해설 ② 내부힌지에 휨모멘트가 발생했으므로 틀렸다.
③ 등분포하중구간의 휨모멘트개형이 1차 함수로 틀렸다.
④ 등분포하중구간의 휨모멘트개형이 1차이어야 하고, 수직부재구간의 휨모멘트개형도 1차이어야 한다.

8. 다음 그림과 같은 도형에서 빗금 친 부분에 대한 x, y축의 단면 상승모멘트(I_{xy})는?

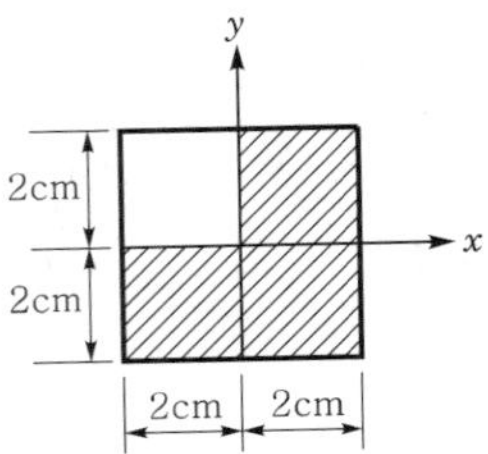

① 2cm^4　　② 4cm^4
③ 8cm^4　　④ 16cm^4

해설 $I_{xy} = (2 \times 2) \times 1 \times 1 = 4\text{cm}^4$

9. 등분포하중을 받는 단순보에서 중앙점의 처짐을 구하는 공식은? (단, 등분포하중은 W, 보의 길이는 L, 보의 휨강성은 EI이다.)

① $\frac{WL^3}{24EI}$　　② $\frac{WL^3}{48EI}$
③ $\frac{WL^4}{8EI}$　　④ $\frac{5WL^4}{384EI}$

해설 $\delta = \frac{5WL^4}{384EI}$

10. 다음 그림과 같은 3힌지 아치에서 B점의 수평반력(H_B)은?

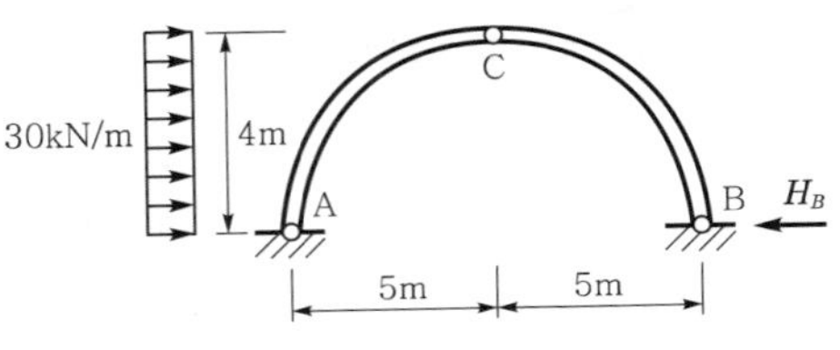

① 20kN　　② 30kN
③ 40kN　　④ 60kN

 정답 6. ② 7. ① 8. ② 9. ④ 10. ②

해설

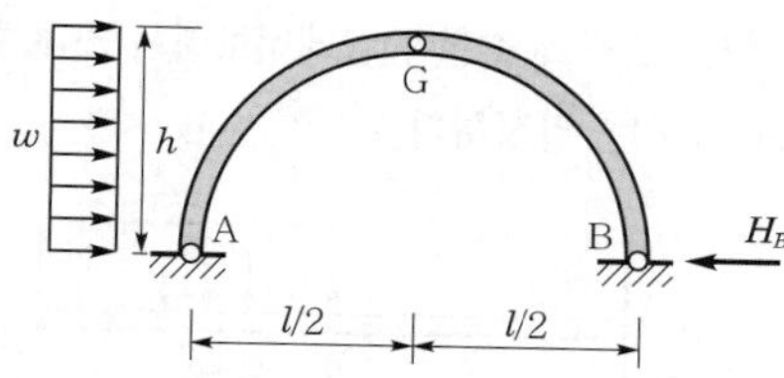

$\Sigma M_A = 0(\oplus)$

$-V_B l + wh\left(\frac{h}{2}\right) = 0$

$\therefore \ V_B = \frac{wh^2}{2l}(\uparrow)$

$\Sigma M_G = 0(\oplus)$

$H_B h - \frac{wh^2}{2l}\left(\frac{l}{2}\right) = 0$

$\therefore \ H_B = \frac{wh}{4} = \frac{30\times4}{4} = 30\text{kN}$

11. 다음 그림과 같은 보의 허용휨응력이 80MPa일 때 보에 작용할 수 있는 등분포하중(w)은?

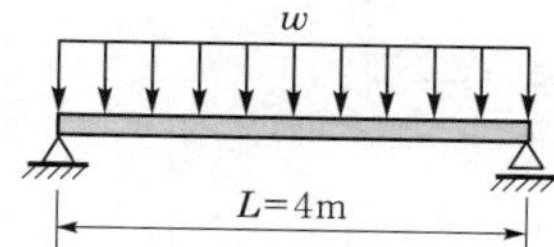

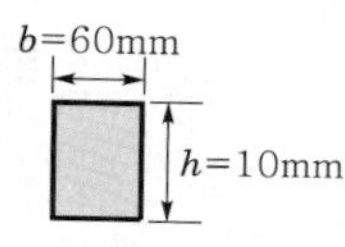

① 50kN/m ② 40kN/m
③ 5kN/m ④ 4kN/m

해설

$$\sigma = \frac{M}{Z} = \frac{\frac{wL^2}{8}}{\frac{bh^2}{6}} = \frac{3wL^2}{4bh^2}$$

$$\therefore \ w = \frac{4\sigma bh^2}{3L^2} = \frac{4\times80\times60\times100^2}{3\times4{,}000^2} = 4\text{kN/m}$$

12. 다음 그림은 정사각형 단면을 갖는 단주에서 단면의 핵을 나타낸 것이다. x의 거리는?

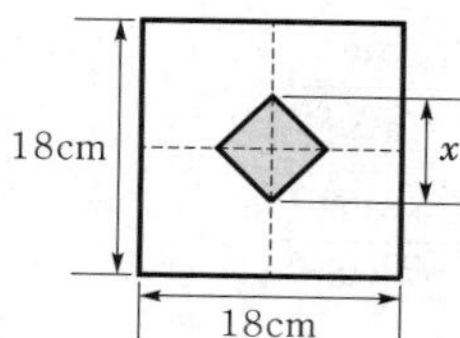

① 3cm ② 4.5cm
③ 6cm ④ 9cm

해설

$$e = x = \frac{h}{3} = \frac{18}{3} = 6\text{cm}$$

13. 다음 그림과 같이 속이 빈 단면에 전단력 V=150kN이 작용하고 있다. 단면에 발생하는 최대 전단응력은?

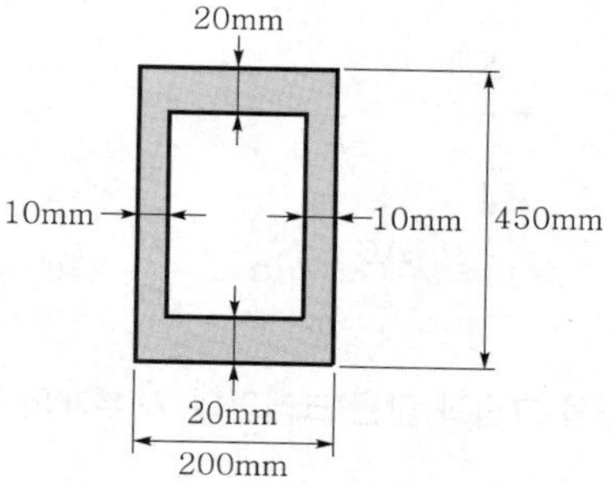

① 9.9MPa ② 19.8MPa
③ 99MPa ④ 198MPa

해설

$I_x = \frac{1}{12}\times(200\times450^3 - 180\times410^3)$

$= 484{,}935{,}000\text{mm}^4$

$G_x = (200\times20)\times215 + (10\times205)\times102.5\times2$

$= 1{,}280{,}250\text{mm}^3$

$b = 10 + 10 = 20\text{mm}$

$S = 150\text{kN} = 150\times10^3\text{N}$

$\therefore \ \tau = \frac{SG_x}{I_x b} = \frac{150\times10^3\times1{,}280{,}250}{484{,}935{,}000\times20} = 19.8\text{MPa}$

14. 다음 그림과 같은 캔틸레버보에서 자유단에 집중하중 $2P$를 받고 있을 때 휨모멘트에 의한 탄성변형에너지는? (단, EI는 일정하고, 보의 자중은 무시한다.)

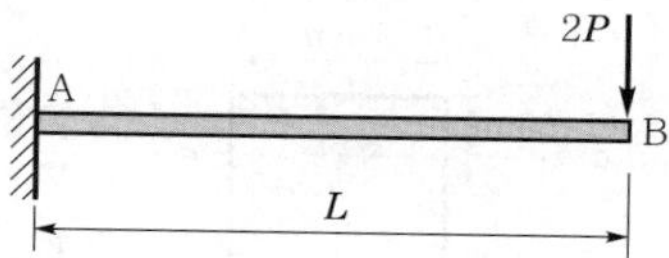

① $\frac{3P^2L^3}{2EI}$ ② $\frac{2P^2L^3}{3EI}$
③ $\frac{P^2L^3}{3EI}$ ④ $\frac{P^2L^3}{6EI}$

해설

$$U = \frac{1}{2}P\delta = \frac{1}{2}\times2P\times\frac{2PL^3}{3EI} = \frac{2P^2L^3}{3EI}$$

정답 11. ④ 12. ③ 13. ② 14. ②

15. 지름 50mm, 길이 2m의 봉을 길이방향으로 당겼더니 길이가 2mm 늘어났다면 이때 봉의 지름은 얼마나 줄어드는가? (단, 이 봉의 푸아송비는 0.3이다.)

① 0.015mm　　② 0.030mm
③ 0.045mm　　④ 0.060mm

$$\nu = \frac{\frac{\Delta d}{d}}{\frac{\Delta L}{L}}$$

$$\therefore\ \Delta d = \nu \frac{\Delta L}{L} d = 0.3 \times \frac{2}{2{,}000} \times 50 = 0.015\text{mm}$$

16. 다음 그림과 같은 크레인의 D_1부재의 부재력은?

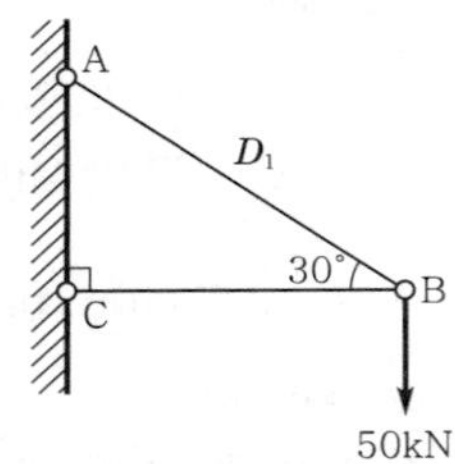

① 43kN　　② 50kN
③ 75kN　　④ 100kN

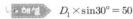

$D_1 \times \sin 30° = 50$

$\therefore\ D_1 = 100\text{kN}$

17. 다음 그림과 같은 직사각형 단면의 보가 최대 휨모멘트 $M_{\max} = 20$kN·m를 받을 때 $a-a$ 단면의 휨응력은?

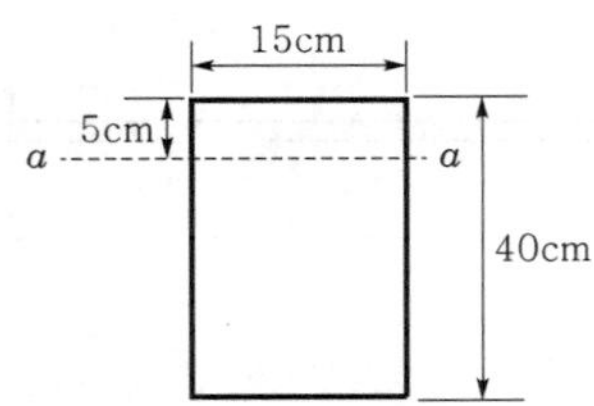

① 2.25MPa　　② 3.75MPa
③ 4.25MPa　　④ 4.65MPa

해설

$$\sigma = \frac{M}{I} y = \frac{20 \times 1{,}000 \times 1{,}000}{\frac{150 \times 400^3}{12}} \times 150 = 3.75\text{MPa}$$

18. 다음 그림과 같은 캔틸레버보에서 최대 처짐각(θ_B)은? (단, EI는 일정하다.)

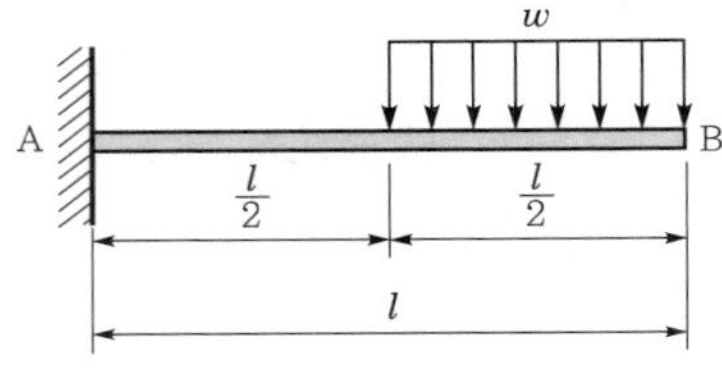

① $\frac{3wl^3}{48EI}$　　② $\frac{5wl^3}{48EI}$
③ $\frac{7wl^3}{48EI}$　　④ $\frac{9wl^3}{48EI}$

해설 공액보법 이용

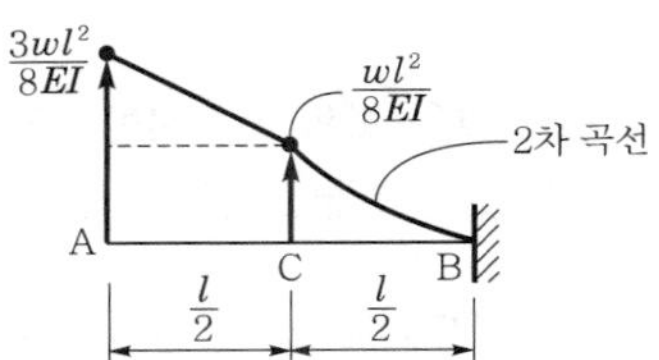

$$\theta_B = S_B = \left(\frac{1}{3} \times \frac{l}{2} \times \frac{wl^2}{8EI}\right) + \left(\frac{l}{2} \times \frac{wl^2}{8EI}\right) + \left(\frac{1}{2} \times \frac{l}{2} \times \frac{wl^2}{4EI}\right)$$

$$= \frac{wl^3}{48EI} + \frac{wl^3}{16EI} + \frac{wl^3}{16EI} = \frac{7wl^3}{48EI}$$

19. 다음 그림에서 합력 R과 P_1 사이의 각을 α라고 할 때 $\tan\alpha$를 나타낸 식으로 옳은 것은?

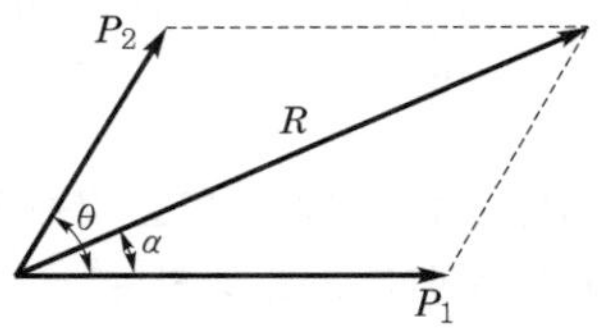

① $\tan\alpha = \frac{P_2 \sin\theta}{P_1 + P_2 \cos\theta}$

② $\tan\alpha = \frac{P_1 \sin\theta}{P_1 + P_2 \cos\theta}$

③ $\tan\alpha = \frac{P_2 \cos\theta}{P_1 + P_2 \sin\theta}$

④ $\tan\alpha = \frac{P_1 \cos\theta}{P_1 + P_2 \sin\theta}$

정답 15. ① 16. ④ 17. ② 18. ③ 19. ①

해설

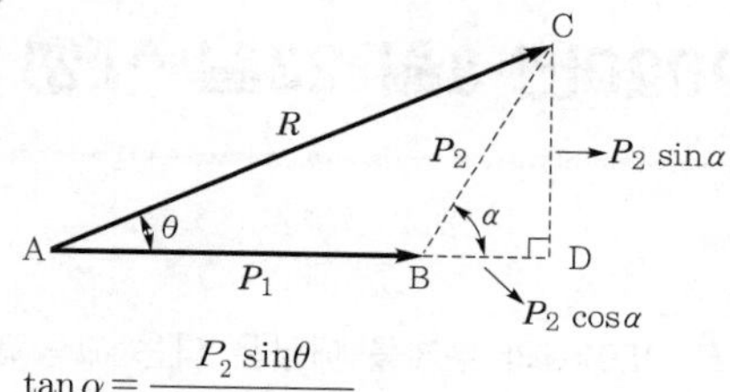

$$\tan\alpha = \frac{P_2 \sin\theta}{P_1 + P_2 \cos\theta}$$

26. 길이가 3m이고 가로 200mm, 세로 300mm인 직사각형 단면의 기둥이 있다. 지지상태가 양단 힌지인 경우 좌굴응력을 구하기 위한 이 기둥의 세장비는?

① 34.6 ② 43.3

③ 52.0 ④ 60.7

해설

$$\lambda = \frac{l}{r_{\min}} = \frac{l}{\sqrt{\frac{I_{\min}}{A}}} = \frac{3,000}{\sqrt{\frac{\frac{300 \times 200^3}{12}}{200 \times 300}}} = 52$$

토목산업기사(2020년 8월 23일 시행)

1. 다음 그림과 같은 캔틸레버보에서 C점의 휨모멘트는?

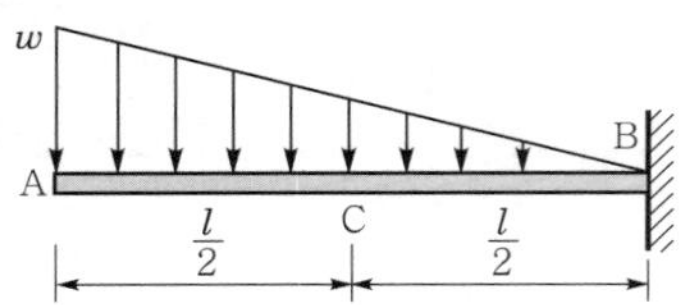

① $-\frac{wl^2}{8}$　　② $-\frac{5wl^2}{12}$

③ $-\frac{5wl^2}{24}$　　④ $-\frac{5wl^2}{48}$

해설

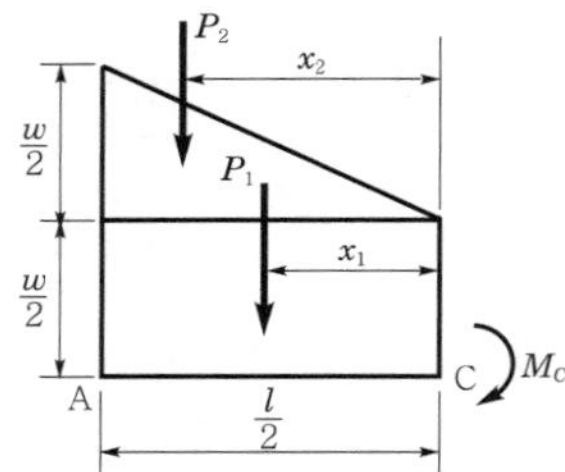

$P_1=\frac{w}{2}\times\frac{l}{2}=\frac{wl}{4}$

$x_1=\frac{l}{2}\times\frac{1}{2}=\frac{l}{4}$

$P_2=\frac{1}{2}\times\frac{w}{2}\times\frac{l}{2}=\frac{wl}{8}$

$x_2=\frac{l}{2}\times\frac{2}{3}=\frac{l}{3}$

$\therefore\ M_C=P_1x_1+P_2x_2$

$=\frac{wl}{4}\times\frac{l}{4}+\frac{wl}{8}\times\frac{l}{3}=\frac{wl^2}{16}+\frac{wl^2}{24}$

$=\frac{5wl^2}{48}$

2. 다음 중 단면계수의 단위로서 옳은 것은?

① cm　　② cm^2

③ cm^3　　④ cm^4

해설 $Z=\frac{I}{y}\left[\frac{\text{cm}^4}{\text{cm}}=\text{cm}^3\right]$

3. P=120kN의 무게를 매달은 다음 그림과 같은 구조물에서 T_1이 받는 힘은?

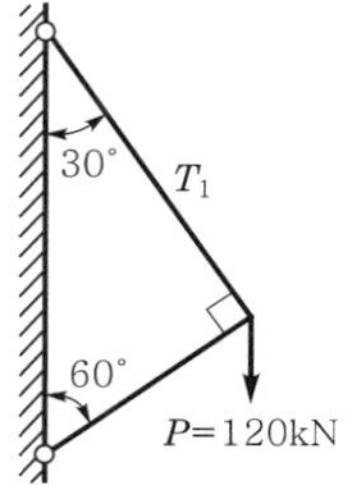

① 103.9kN(인장)　　② 103.9kN(압축)

③ 60kN(인장)　　④ 60kN(압축)

해설 $\Sigma F_y=0(\uparrow\oplus)$

$T_1\times\sin60°-T_2\times\sin30°=120$ ……………… ㉠

$\Sigma F_x=0(\leftarrow\oplus)$

$T_1\times\cos60°+T_2\times\cos30°=0$ ……………… ㉡

식 ㉠과 식 ㉡을 연립하면

$\therefore\ T_1=103.9\text{kN}$ (인장)

4. 지름 200mm의 통나무에 자중과 하중에 의한 9kN·m의 외력모멘트가 작용한다면 최대 휨응력은?

① 11.5MPa　　② 15.4MPa

③ 20.0MPa　　④ 21.9MPa

해설 $\sigma=\frac{M}{Z}=\frac{M}{\frac{\pi D^3}{32}}=\frac{32\times9\times1,000^2}{\pi\times200^3}=11.5\text{MPa}$

5. 지름이 D인 원형 단면의 도심축에 대한 단면 2차 극모멘트는?

① $\frac{\pi D^4}{64}$　　② $\frac{\pi D^4}{32}$

③ $\frac{\pi D^4}{4}$　　④ $\frac{\pi D^4}{2}$

해설 $I_P=I_x+I_y=\frac{\pi D^4}{32}$

정답 1. ④ 2. ③ 3. ① 4. ① 5. ②

6. 단면이 150mm×150mm인 정사각형이고, 길이가 1m인 강재에 120kN의 압축력을 가했더니 1mm가 줄어들었다. 이 강재의 탄성계수는?

① 5,333.3MPa　② 5,333.3kPa
③ 8,333.3MPa　④ 8,333.3kPa

$$\varepsilon = \frac{\Delta L}{L} = \frac{1}{1,000} = 0.001$$

$$\sigma = \frac{P}{A} = \frac{120 \times 1,000}{150 \times 150} = 5.3333\text{N/mm}^2$$

$$\therefore \ E = \frac{\sigma}{\varepsilon} = \frac{5.3333}{0.001} = 5,333.3\text{MPa}$$

7. 다음 그림과 같은 30° 경사진 언덕에 40kN의 물체를 밀어올릴 때 필요한 힘 P는 최소 얼마 이상이어야 하는가? (단, 마찰계수는 0.3이다.)

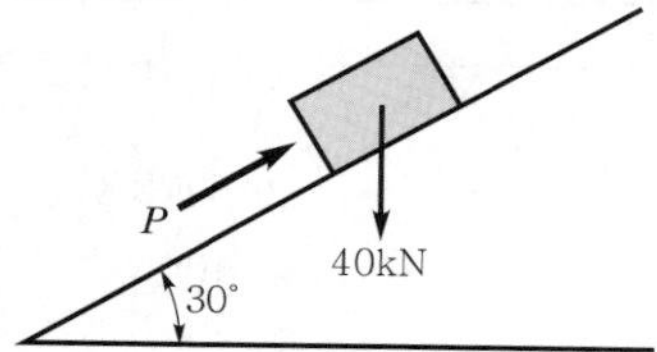

① 20.0kN　② 30.4kN
③ 34.6kN　④ 35.0kN

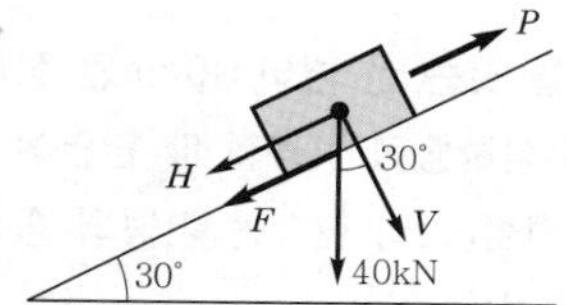

㉠ 수평분력
$H = 40 \times \sin 30° = 20\text{kN}$
㉡ 수직분력
$V = 40 \times \cos 30° = 20\sqrt{3}\,\text{kN}$
㉢ 경사면 마찰력
$F = V\mu = 20\sqrt{3} \times 0.3 = 10.4\text{kN}$
$\therefore \ P \geq H + F = 20 + 10.4 = 30.4\text{kN}$

8. 양단이 고정되어 있는 길이 10m의 강(鋼)이 15℃에서 40℃로 온도가 상승할 때 응력은? (단, $E = 2.1 \times 10^5$MPa, 선팽창계수 $\alpha = 0.00001$/℃)

① 47.5MPa　② 50.0MPa
③ 52.5MPa　④ 53.8MPa

해설 $\sigma_t = \alpha E \Delta t = 0.00001 \times 2.1 \times 10^5 \times 25 = 52.5\text{MPa}$

9. 다음 그림에서 최대 전단응력은?

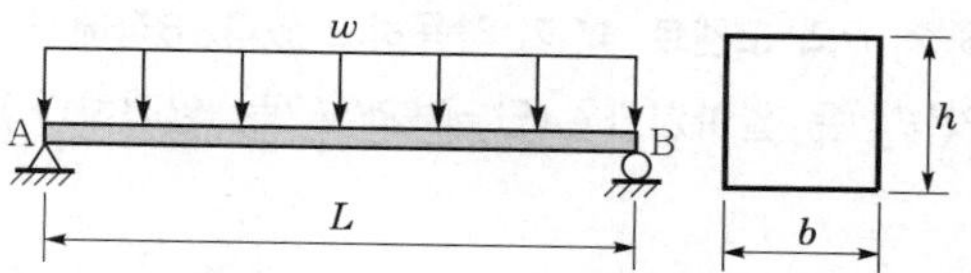

① $\tau = \dfrac{3wL}{2bh}$　② $\tau = \dfrac{2wL}{3bh}$
③ $\tau = \dfrac{4wL}{3bh}$　④ $\tau = \dfrac{3wL}{4bh}$

$$\tau = \frac{3S}{2A} = \frac{3\dfrac{wL}{2}}{2bh} = \frac{3wL}{4bh}$$

10. 다음 그림과 같은 단면에서 도심의 위치($\bar{y}$)는?

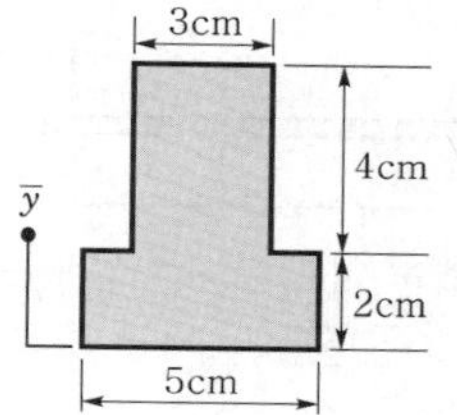

① 2.21cm　② 2.64cm
③ 2.96cm　④ 3.21cm

해설 $\bar{y} = \dfrac{10 \times 1 + 12 \times 4}{10 + 12} = \dfrac{58}{22} = 2.636\text{cm}$

11. 다음 그림과 같은 역계에서 합력 R의 위치 x의 값은?

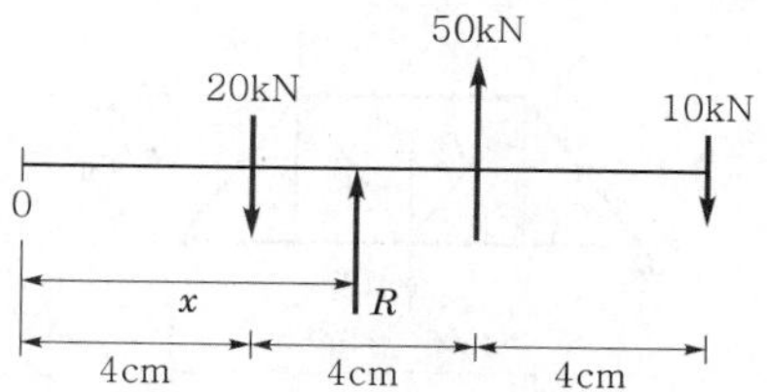

① 6cm　② 8cm
③ 10cm　④ 12cm

해설 $\Sigma F_y = 0\,(\uparrow \oplus)$
$R + 50 - 20 - 10 = 0$
$\therefore \ R = -20\text{kN}\,(\downarrow)$
$\Sigma M_o = 0\,(\oplus)$
$-R \times x + 20 \times 4 - 50 \times 8 + 10 \times 12 = 0$
$\therefore \ x = \dfrac{20 \times 4 - 50 \times 8 + 10 \times 12}{R} = -\dfrac{200}{20} = 10\text{cm}$

정답　6. ①　7. ②　8. ③　9. ④　10. ②　11. ③

12. 다음 그림과 같은 캔틸레버보에서 보의 B점에 집중하중 P와 모멘트 M_o가 작용하고 있다. B점에서의 처짐각(θ_B)은 얼마인가? (단, 보의 EI는 일정하다.)

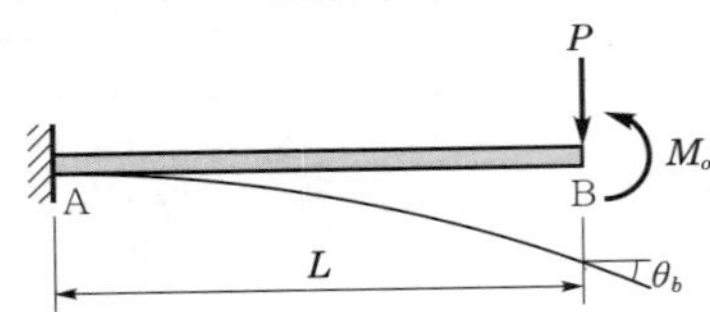

① $\theta_B = \dfrac{PL^2}{EI} - \dfrac{M_oL}{2EI}$ ② $\theta_B = \dfrac{PL^2}{2EI} - \dfrac{M_oL}{EI}$

③ $\theta_B = \dfrac{PL^2}{EI} - \dfrac{M_oL}{4EI}$ ④ $\theta_B = \dfrac{PL^2}{4EI} - \dfrac{M_oL}{EI}$

해설 ㉠ $\delta_B = \dfrac{PL^3}{3EI}$, $\theta_B = \dfrac{PL^2}{2EI}$

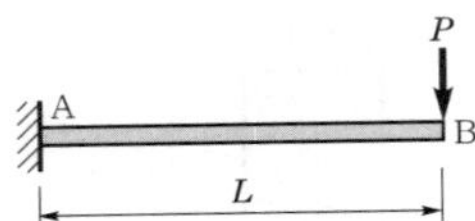

㉡ $\delta_B = -\dfrac{M_oL^2}{2EI}$, $\theta_B = -\dfrac{M_oL}{EI}$

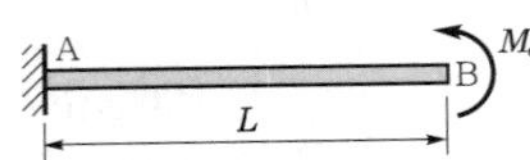

$\therefore\ \theta_B = \dfrac{PL^2}{2EI} - \dfrac{M_oL}{EI}$

13. 다음 그림과 같은 트러스에서 사재(斜材) D의 부재력은?

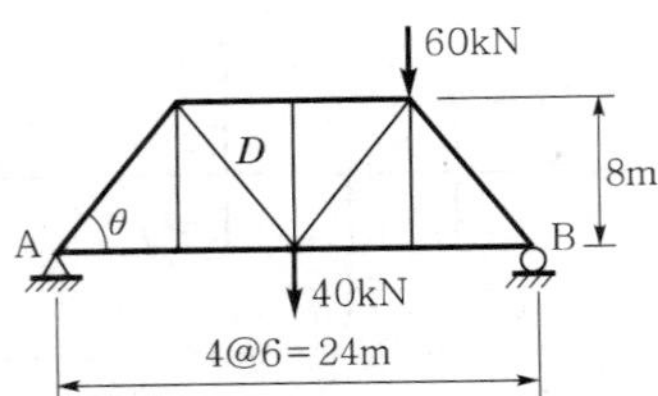

① 31.12kN ② 43.75kN

③ 54.65kN ④ 65.22kN

해설 $\Sigma M_B = 0(\oplus)$

$V_A = \dfrac{40\times12+60\times6}{24} = 35\text{kN}$

단면법을 이용하면

$D\sin\theta - V_A = 0$

$\therefore\ D = V_A\dfrac{1}{\sin\theta} = 35\times\dfrac{5}{4} = 43.75\text{kN}$

14. 기둥의 해석에 사용되는 단주와 장주의 구분에 사용되는 세장비에 대한 설명으로 옳은 것은?

① 기둥 단면의 최소폭을 부재의 길이로 나눈 값이다.

② 기둥 단면의 단면 2차 모멘트를 부재의 길이로 나눈 값이다.

③ 기둥부재의 길이를 단면의 최소 회진반경으로 나눈 값이다.

④ 기둥 단면의 길이를 단면 2차 모멘트로 나눈 값이다.

15. 다음 그림에서 연행하중으로 인한 A점의 최대 수직반력(V_A)은?

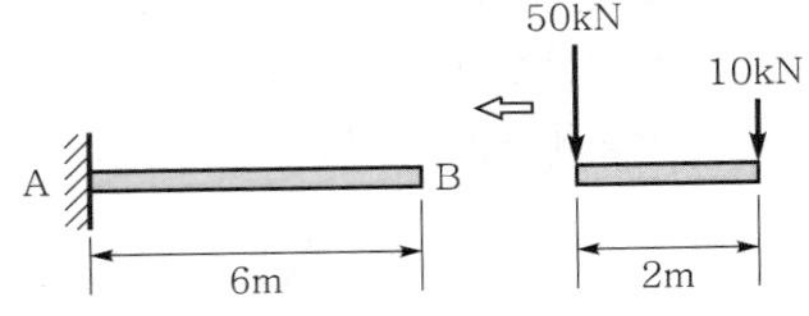

① 60kN ② 50kN

③ 30kN ④ 10kN

해설 $\Sigma F_y = 0(\uparrow\oplus)$

$V_A - 50 - 10 = 0$

$\therefore\ V_A = 60\text{kN}$

16. 1방향 편심을 갖는 한 변이 30cm인 정사각형 단주에서 100kN의 편심하중이 작용할 때 단면에 인장력이 생기지 않기 위한 편심(e)의 한계는 기둥의 중심에서 얼마나 떨어진 곳인가?

① 5.0cm ② 6.7cm

③ 7.7cm ④ 8.0cm

해설 $e = \dfrac{h}{6} = \dfrac{B}{6} = \dfrac{30}{6} = 5\text{cm}$

17. 길이 L인 단순보에 등분포하중(w)이 만재되었을 때 최대 처짐각은 얼마인가? (단, 보의 EI는 일정하다.)

① $\dfrac{wL^2}{24EI}$ ② $\dfrac{wL^3}{24EI}$

③ $\dfrac{wL^2}{48EI}$ ④ $\dfrac{wL^3}{48EI}$

해설 $\theta = \dfrac{wL^3}{24EI}$

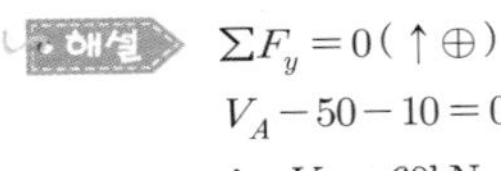

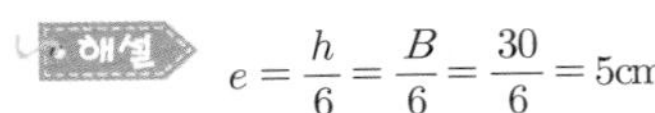

정답 12. ② 13. ② 14. ③ 15. ① 16. ① 17. ②

18. 다음 그림과 같은 단순보에서 각 지점의 반력을 계산한 값으로 옳은 것은?

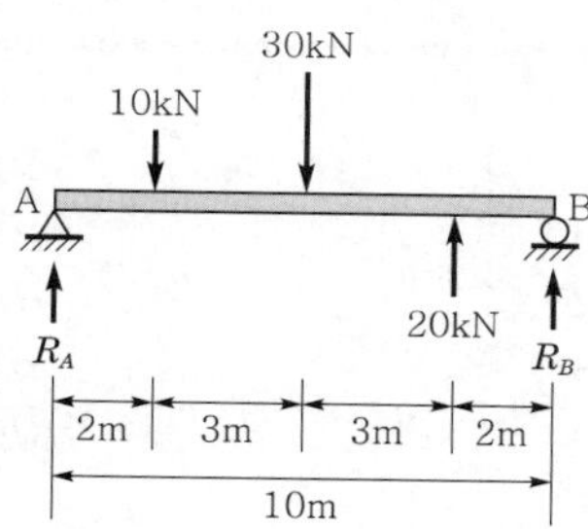

① $R_A = 10\text{kN}$, $R_B = 10\text{kN}$
② $R_A = 14\text{kN}$, $R_B = 6\text{kN}$
③ $R_A = 1\text{kN}$, $R_B = 19\text{kN}$
④ $R_A = 1\text{kN}$, $R_B = 1\text{kN}$

해설 ㉠ $\Sigma M_B = 0(\oplus)$

$$R_A = \frac{10\times8+30\times5-20\times2}{10} = 19\text{kN}(\uparrow)$$

㉡ $\Sigma F_y = 0(\uparrow\oplus)$

$R_A + R_B + 20 - 10 - 30 = 0$

$\therefore\ R_B = 20 - 19 = 1\text{kN}(\uparrow)$

19. 다음 그림과 같은 게르버보의 A점의 전단력은?

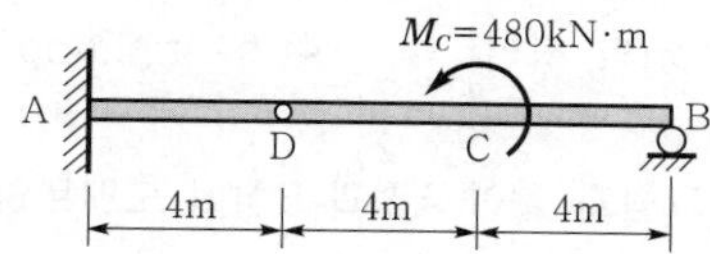

① 40kN ② 60kN
③ 120kN ④ 240kN

해설

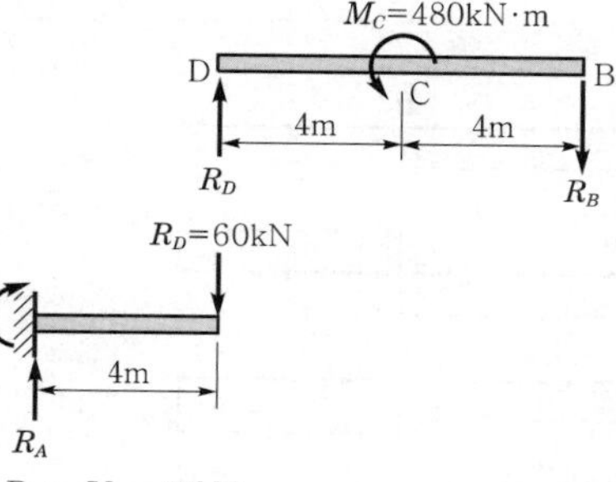

$\therefore\ R_A = V_A = 60\text{kN}$

20. 다음 그림과 같은 3힌지 라멘에 등분포하중이 작용할 경우 A점의 수평반력은?

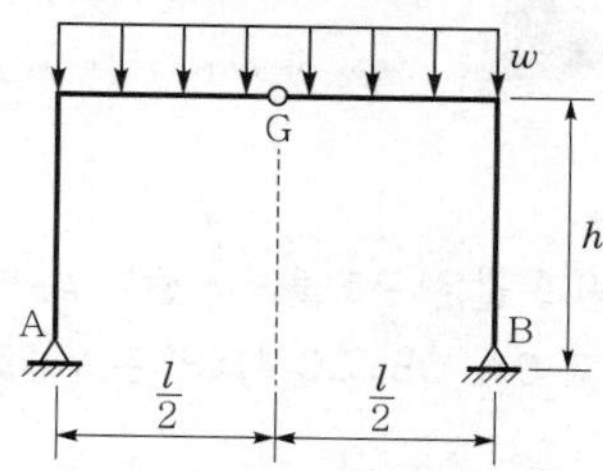

① 0
② $\frac{wl^2}{8}(\rightarrow)$
③ $\frac{wl^2}{4h}(\rightarrow)$
④ $\frac{wl^2}{8h}(\rightarrow)$

해설 $\Sigma V = 0$

$R_A = R_B = \frac{wl}{2}(\uparrow)$

$\Sigma M_C = 0(\oplus)$

$R_A \times \frac{l}{2} - H_A \times h - w \times \frac{l}{2} \times \frac{l}{4} = 0$

$\therefore\ H_A = \frac{wl^2}{8h}(\rightarrow)$

정답 18. ④ 19. ② 20. ④

토목기사(2020년 9월 27일 시행)

1. 다음 그림과 같은 구조물에서 단부 A, B는 고정, C지점은 힌지일 때 OA, OB, OC부재의 분배율로 옳은 것은?

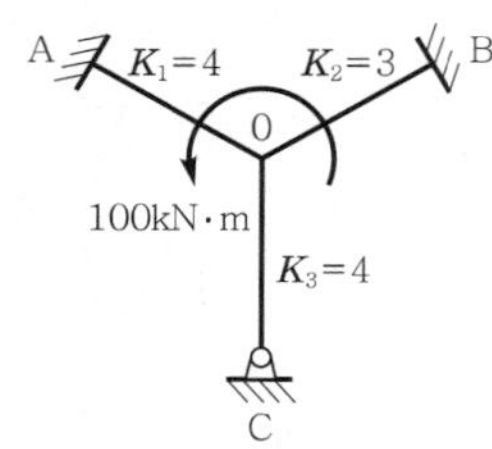

① $DF_{OA}=\frac{4}{10}$, $DF_{OB}=\frac{3}{10}$, $DF_{OC}=\frac{4}{10}$

② $DF_{OA}=\frac{4}{10}$, $DF_{OB}=\frac{3}{10}$, $DF_{OC}=\frac{3}{10}$

③ $DF_{OA}=\frac{4}{11}$, $DF_{OB}=\frac{3}{11}$, $DF_{OC}=\frac{4}{11}$

④ $DF_{OA}=\frac{4}{11}$, $DF_{OB}=\frac{3}{11}$, $DF_{OC}=\frac{3}{11}$

해설

㉠ $DF_{OA}=\dfrac{4}{4+3+4\times\frac{3}{4}}=\dfrac{4}{10}$

㉡ $DF_{OB}=\dfrac{3}{4+3+4\times\frac{3}{4}}=\dfrac{3}{10}$

㉢ $DF_{OC}=\dfrac{4\times\frac{3}{4}}{4+3+4\times\frac{3}{4}}=\dfrac{3}{10}$

2. 다음 그림과 같은 캔틸레버보에서 집중하중(P)이 작용할 경우 최대 처짐(δ_{max})은? (단, EI는 일정하다.)

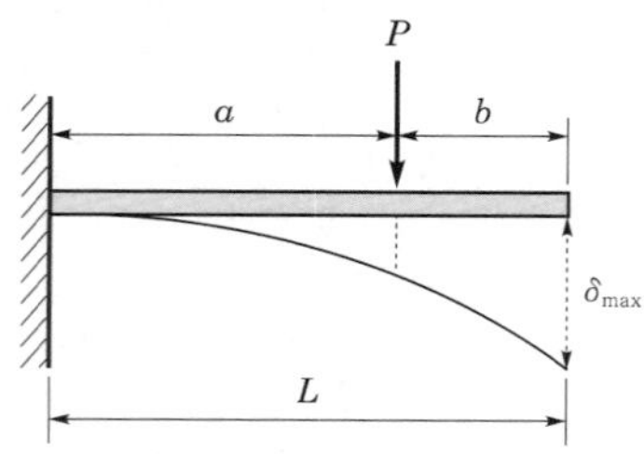

① $\delta_{max}=\frac{Pa^2}{3EI}(3l+a)$　② $\delta_{max}=\frac{P^2a}{3EI}(3l-a)$

③ $\delta_{max}=\frac{P^2a}{6EI}(3l+a)$　④ $\delta_{max}=\frac{Pa^2}{6EI}(3l-a)$

해설 공액보법 이용

$$\delta_{max}=\frac{M_{max}}{EI}$$

$$=\frac{1}{EI}\left[Pa\times a\times\frac{1}{2}\left(l-\frac{a}{3}\right)\right]=\frac{Pa^2}{6EI}(3l-a)$$

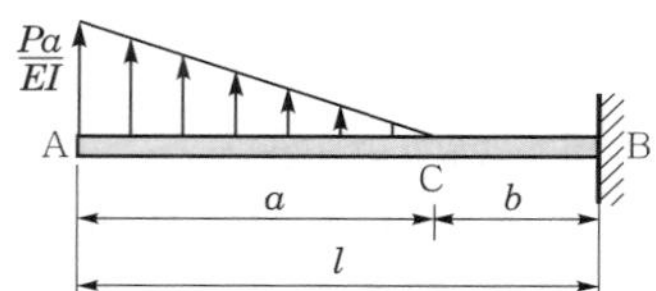

3. 동일 평면상의 한 점에 여러 개의 힘이 작용하고 있을 때 여러 개의 힘의 어떤 점에 대한 모멘트의 합은 그 합력의 동일점에 대한 모멘트와 같다는 것은 무슨 정리인가?

① Mohr의 정리　② Lami의 정리
③ Varignon의 정리　④ Castigliano의 정리

4. 다음 그림과 같이 A점과 B점에 모멘트하중(M_o)이 작용할 때 생기는 전단력도의 모양은 어떤 형태인가?

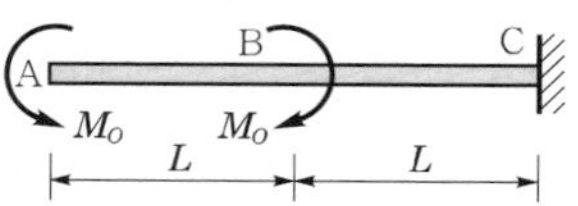

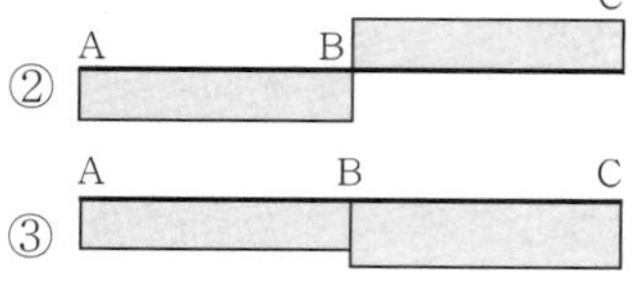

해설 순수 휨을 받으므로 전단력은 발생하지 않는다. 따라서 전단력도는 발생하지 않는다.

정답 1. ② 2. ④ 3. ③ 4. ④

5. 탄성계수(E), 전단탄성계수(G), 푸아송수(m) 간의 관계를 옳게 표시한 것은?

① $G=\dfrac{mE}{2(m+1)}$ ② $G=\dfrac{m}{2(m+1)}$

③ $G=\dfrac{E}{2(m+1)}$ ④ $G=\dfrac{E}{2(m-1)}$

해설 $m=\dfrac{1}{\nu}$

$\therefore\ G=\dfrac{E}{2(\nu+1)}=\dfrac{E}{2\left(\dfrac{1}{m}+1\right)}=\dfrac{mE}{2(m+1)}$

6. 다음 그림과 같은 연속보에서 B점의 반력(R_B)은? (단, EI는 일정하다.)

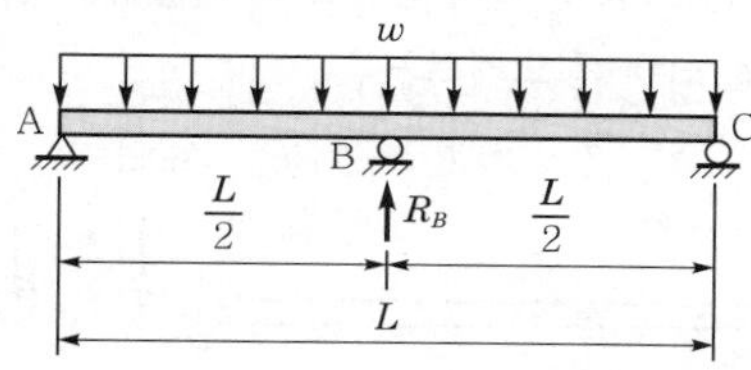

① $\dfrac{3}{10}wL$ ② $\dfrac{3}{8}wL$

③ $\dfrac{5}{8}wL$ ④ $\dfrac{5}{4}wL$

해설 $\delta_1=\delta_2$이므로

$\delta_1=\dfrac{5wL^4}{384EI}$, $\delta_2=\dfrac{R_BL^3}{48EI}$

$\therefore\ R_B=\dfrac{5wL}{8}$

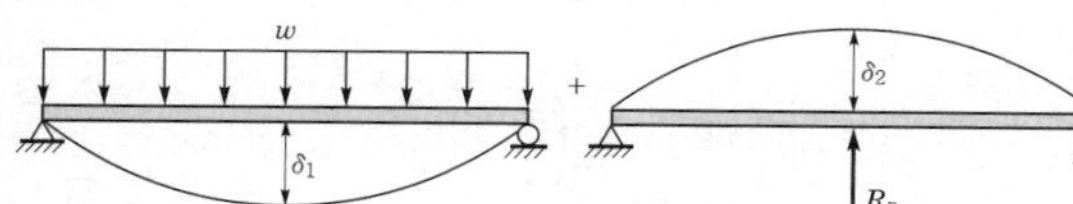

7. 탄성변형에너지는 외력을 받는 구조물에서 변형에 의해 구조물에 축적되는 에너지를 말한다. 탄성체이며 선형거동을 하는 길이 L인 캔틸레버보의 끝단에 집중하중 P가 작용할 때 굽힘모멘트에 의한 탄성변형에너지는? (단, EI는 일정하다.)

① $\dfrac{P^2L^2}{2EI}$ ② $\dfrac{P^2L^3}{2EI}$

③ $\dfrac{P^2L^2}{6EI}$ ④ $\dfrac{P^2L^3}{6EI}$

해설 $\delta=\dfrac{PL^3}{3EI}$

$\therefore\ U=\dfrac{1}{2}P\delta=\dfrac{1}{2}P\left(\dfrac{PL^3}{3EI}\right)=\dfrac{P^2L^3}{6EI}$

8. 지름 D인 원형 단면보에 휨모멘트 M이 작용할 때 최대 휨응력은?

① $\dfrac{64M}{\pi D^3}$ ② $\dfrac{32M}{\pi D^3}$

③ $\dfrac{16M}{\pi D^3}$ ④ $\dfrac{8M}{\pi D^3}$

해설 $\sigma=\dfrac{M}{I}y=\dfrac{M}{\dfrac{\pi D^4}{64}}\times\dfrac{D}{2}=\dfrac{32M}{\pi D^3}$

9. 다음 그림과 같은 트러스의 사재 D의 부재력은?

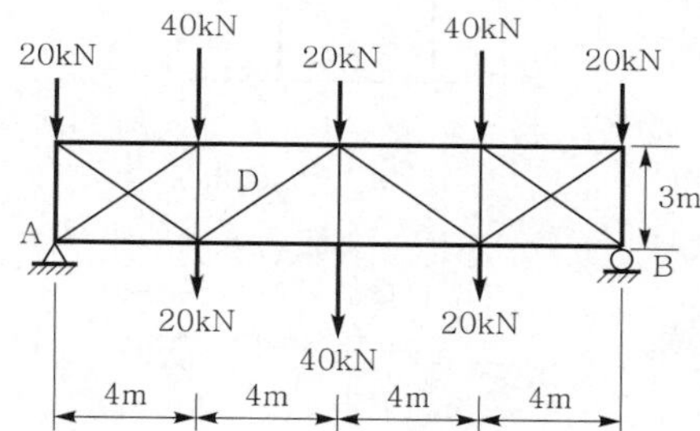

① 50kN(인장) ② 50kN(압축)

③ 37.5kN(인장) ④ 37.5kN(압축)

해설 $\Sigma F_y=0$

$110+D\times\sin\theta-20-40-20=0$

$\therefore\ D=\dfrac{1}{\sin\theta}\times(80-110)$

$=\dfrac{5}{3}\times(-30)$

$=-50\text{kN}$(압축)

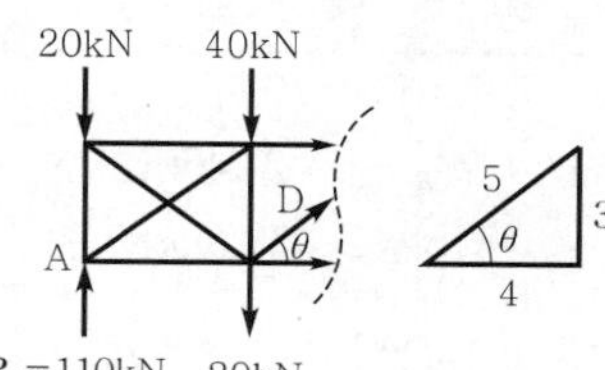

10. 다음 중 정(+)의 값뿐만 아니라 부(-)의 값도 갖는 것은?

① 단면계수
② 단면 2차 반지름
③ 단면 상승모멘트
④ 단면 2차 모멘트

해설 단면 상승모멘트는 좌표축에 따라 (+), (−)가 발생하므로 정(+) 및 부(−)의 값을 갖는다.

11. 다음 그림과 같은 단면의 $A-A$축에 대한 단면 2차 모멘트는?

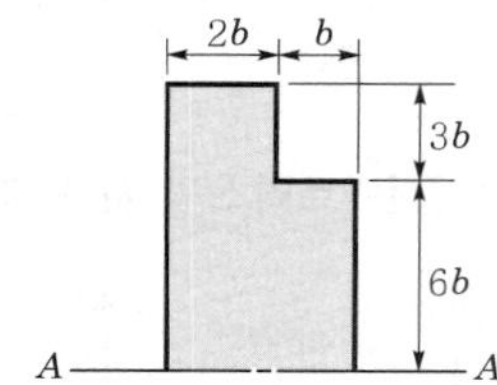

① $558b^4$　② $623b^4$
③ $685b^4$　④ $729b^4$

$$I_A = \frac{2b\times(9b)^3}{3} + \frac{b\times(6b)^3}{3} = 558b^4$$

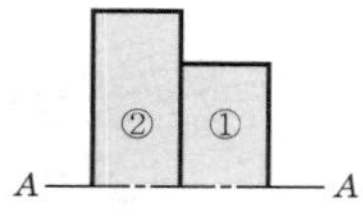

12. 다음 그림과 같은 단순보에 일어나는 최대 전단력은?

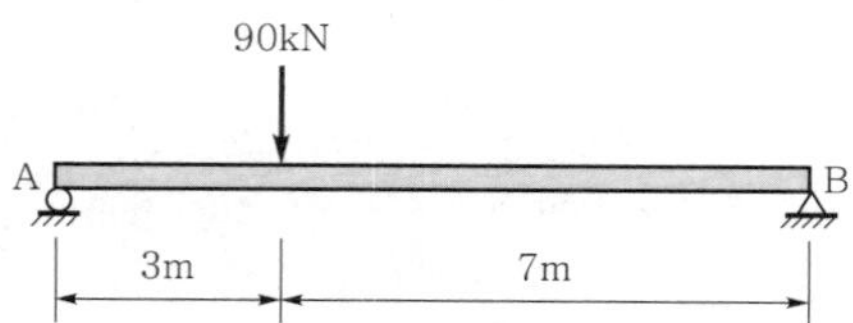

① 27kN　② 45kN
③ 54kN　④ 63kN

해설 $\Sigma M_B = 0(\oplus)$
$R_A\times 10 - 90\times 7 = 0$
$\therefore\ R_A = 63\text{kN}$

13. 다음 그림과 같이 단순보 위에 삼각형 분포하중이 작용하고 있다. 이 단순보에 작용하는 최대 휨모멘트는?

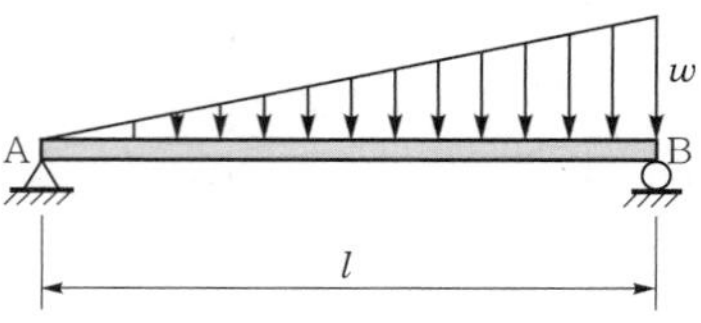

① $0.03214wl^2$　② $0.04816wl^2$
③ $0.05217wl^2$　④ $0.06415wl^2$

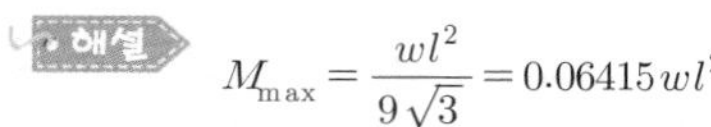

$$M_{\max} = \frac{wl^2}{9\sqrt{3}} = 0.06415wl^2$$

14. 다음 그림과 같이 단순보에 이동하중이 작용하는 경우 절대 최대 휨모멘트는?

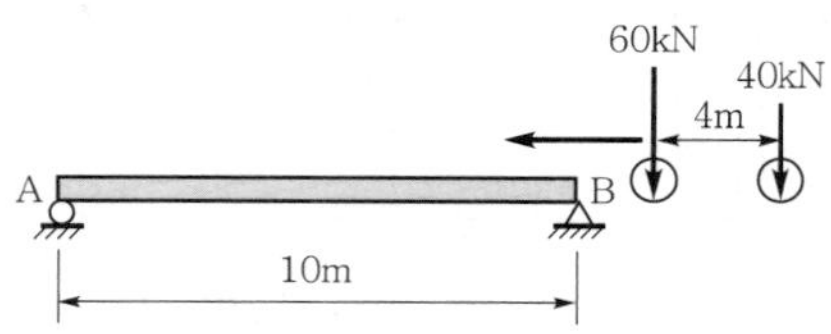

① 176.4kN · m　② 167.2kN · m
③ 162.0kN · m　④ 125.1kN · m

해설 ㉠ $100\times d = 40\times 4$

$\therefore\ d = 1.6\text{m}$

㉡ $R_A = \dfrac{R\left(\dfrac{l}{2}-\dfrac{d}{2}\right)}{l}$

$$\therefore\ M_{\max} = R_A\left(\frac{l}{2}-\frac{d}{2}\right) = \frac{R}{l}\left(\frac{l}{2}-\frac{d}{2}\right)^2 = \frac{100}{10}\times\left(\frac{10}{2}-\frac{1.6}{2}\right)^2 = 176.4\text{kN}\cdot\text{m}$$

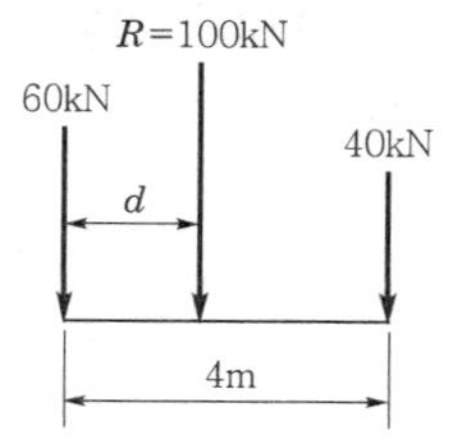

정답 10. ③ 11. ① 12. ④ 13. ④ 14. ①

15. 다음 그림과 같은 단순보에 등분포하중(q)이 작용할 때 보의 최대 처짐은? (단, EI는 일정하다.)

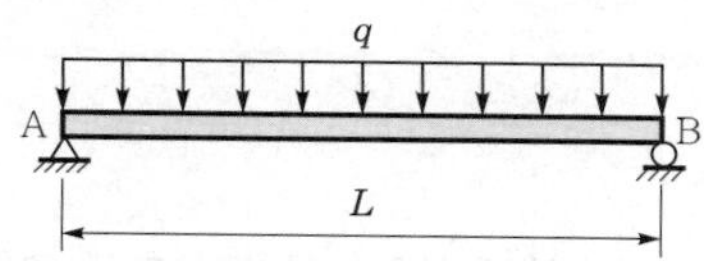

① $\dfrac{qL^4}{128EI}$　　② $\dfrac{qL^4}{64EI}$

③ $\dfrac{qL^4}{38EI}$　　④ $\dfrac{5qL^4}{384EI}$

해설 $\delta_{\max} = \dfrac{5qL^4}{384EI}$

16. 15cm×30cm의 직사각형 단면을 가진 길이가 5m인 양단 힌지기둥이 있다. 이 기둥의 세장비(λ)는?

① 57.7　　② 74.5

③ 115.5　　④ 149.0

해설 $\lambda = \dfrac{l}{r_{\min}} = \dfrac{l}{\sqrt{\dfrac{I_{\min}}{A}}} = \dfrac{500}{\sqrt{\dfrac{\dfrac{30\times15^3}{12}}{30\times15}}} = 115.5$

17. 반지름이 25cm인 원형 단면을 가지는 단주에서 핵의 면적은 약 얼마인가?

① 122.7cm^2　　② 168.4cm^2

③ 254.4cm^2　　④ 336.8cm^2

해설 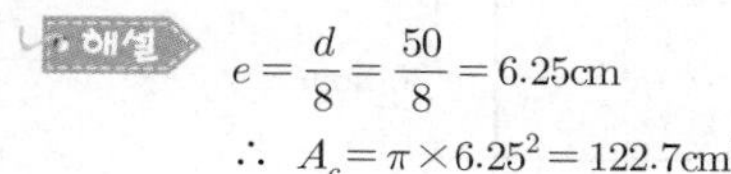

$e = \dfrac{d}{8} = \dfrac{50}{8} = 6.25\text{cm}$

$\therefore\ A_c = \pi\times6.25^2 = 122.7\text{cm}^2$

18. 다음 그림과 같은 3힌지 아치에서 C점의 휨모멘트는?

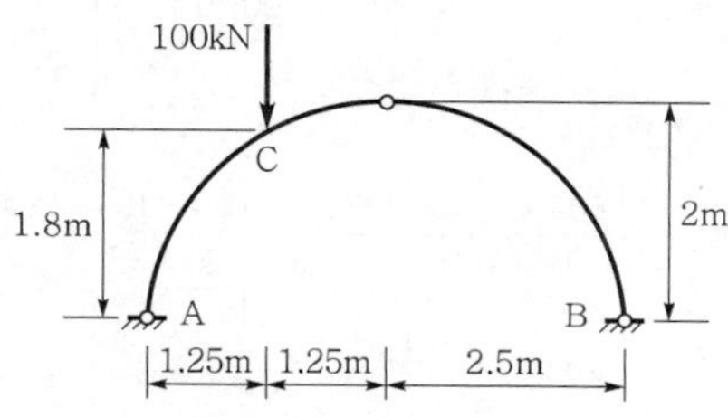

① 32.5kN·m　　② 35.0kN·m

③ 37.5kN·m　　④ 40.0kN·m

해설 ㉠ $\Sigma M_B = 0(\oplus)$

$R_A\times5 - 100\times3.75 = 0$

$\therefore\ R_A = 75\text{kN}(\uparrow)$

㉡ $\Sigma M_G = 0(\oplus)$

$75\times2.5 - H_A\times2 - 100\times1.25 = 0$

$\therefore\ H_A = 31.25\text{kN}(\rightarrow)$

㉢ $M_C = (75\times1.25) - (31.25\times1.8) = 37.5\text{kN}$

19. 다음 그림과 같은 이축응력(二軸應力)을 받는 정사각형 요소의 체적변형률은? (단, 이 요소의 탄성계수 E=2.0×10^{5}MPa, 푸아송비 ν=0.3이다.)

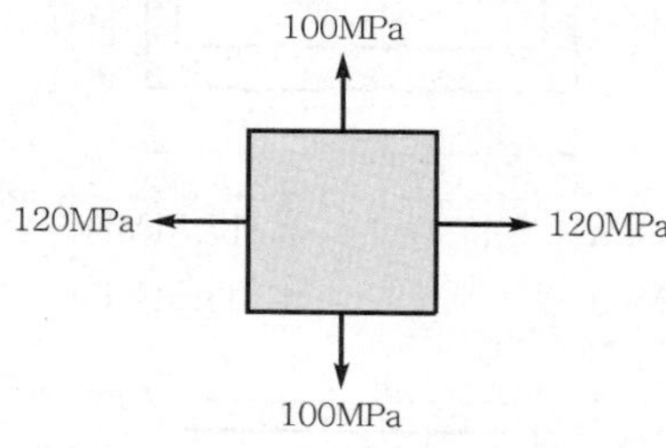

① 3.6×10^{-4}　　② 4.4×10^{-4}

③ 5.2×10^{-4}　　④ 6.4×10^{-4}

해설 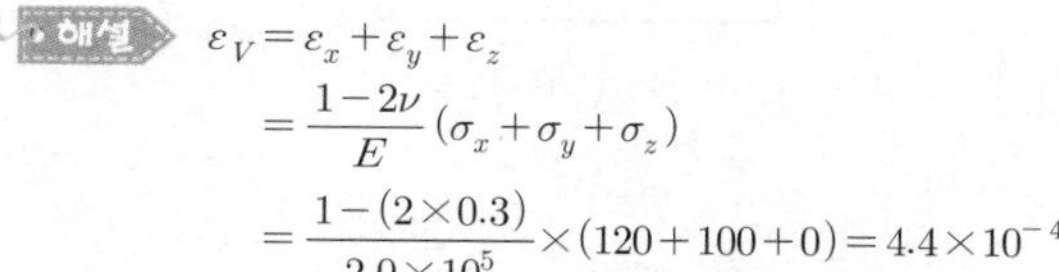

$\varepsilon_V = \varepsilon_x + \varepsilon_y + \varepsilon_z$

$= \dfrac{1-2\nu}{E}(\sigma_x + \sigma_y + \sigma_z)$

$= \dfrac{1-(2\times0.3)}{2.0\times10^5}\times(120+100+0) = 4.4\times10^{-4}$

20. 다음 그림에 표시된 힘들의 x방향의 합력으로 옳은 것은?

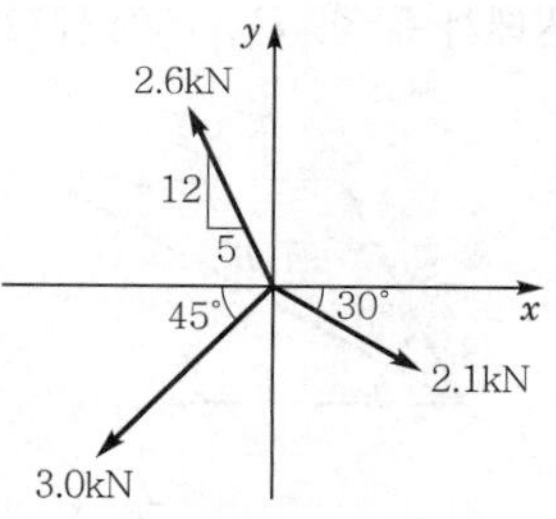

① 0.4kN(←)　　② 0.7kN(→)

③ 1.0kN(→)　　④ 1.3kN(←)

해설 $\Sigma F_x = 0(\leftarrow\oplus)$

$F_x = 2.6\times\dfrac{5}{13} + 3.0\times\cos40° - 2.1\times\cos30°$

$= 1.302\text{kN}(\leftarrow)$

정답 15. ④ 16. ③ 17. ① 18. ③ 19. ② 20. ④

토목기사(2021년 3월 7일 시행)

1. 다음 그림과 같이 x, y축에 대칭인 빗금 친 단면에 비틀림우력 50kN·m가 작용할 때 최대 전단응력은?

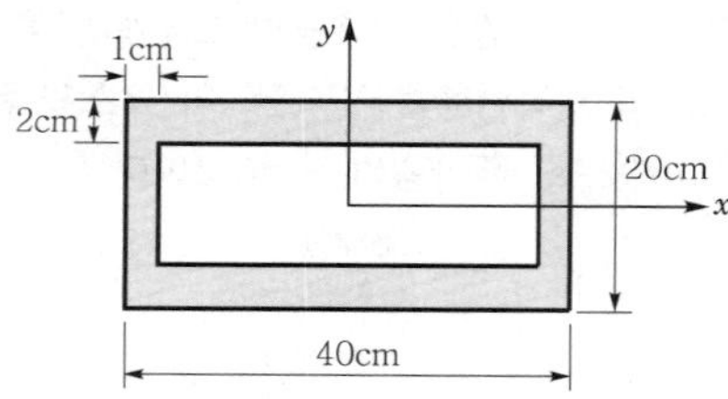

① 15.63MPa ② 17.81MPa
③ 31.25MPa ④ 35.61MPa

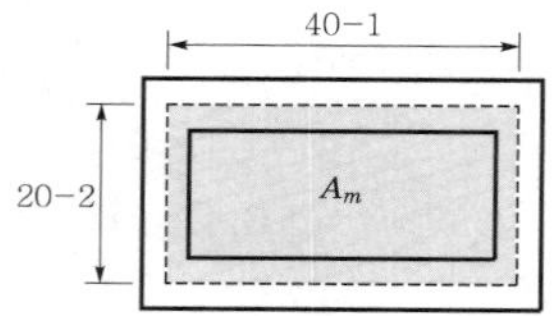

$A_m = (20-2)\times(40-1) = 702\text{cm}^2$

$\therefore \ \tau = \dfrac{T}{2A_m t}$

$= \dfrac{50\times1,000\times1,000}{2\times702\times100\times10}$

$= 35.61\text{MPa}$

2. 다음 그림에서 두 힘 P_1, P_2에 대한 합력(R)의 크기는?

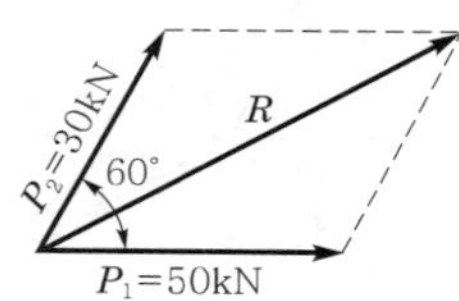

① 60kN ② 70kN
③ 80kN ④ 90kN

$R = \sqrt{{P_1}^2 + {P_2}^2 + 2P_1P_2\cos\theta}$

$= \sqrt{50^2 + 30^2 + 2\times50\times30\times\cos60°}$

$= 70\text{kN}$

3. 다음 그림에서 직사각형의 도심축에 대한 단면 상승모멘트(I_{xy})의 크기는?

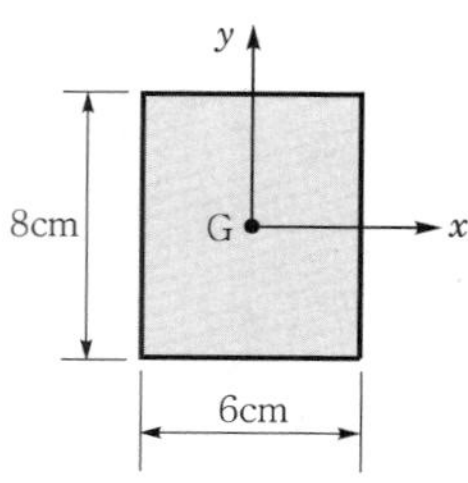

① 0cm^4 ② 142cm^4
③ 256cm^4 ④ 576cm^4

해설 도심에 관한 상승모멘트는 0cm^4이다.

4. 다음 그림과 같은 직사각형 단면의 단주에서 편심하중이 작용할 경우 발생하는 최대 압축응력은? (단, 편심거리(e)는 100mm이다.)

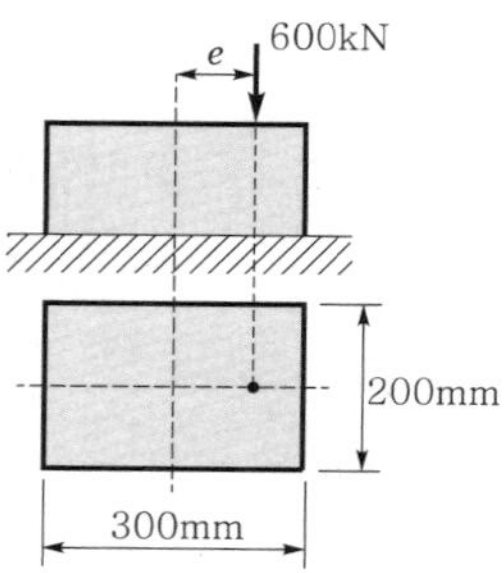

① 30MPa ② 35MPa
③ 40MPa ④ 60MPa

해설 $\sigma = \dfrac{P}{A} + \dfrac{M}{I}y$

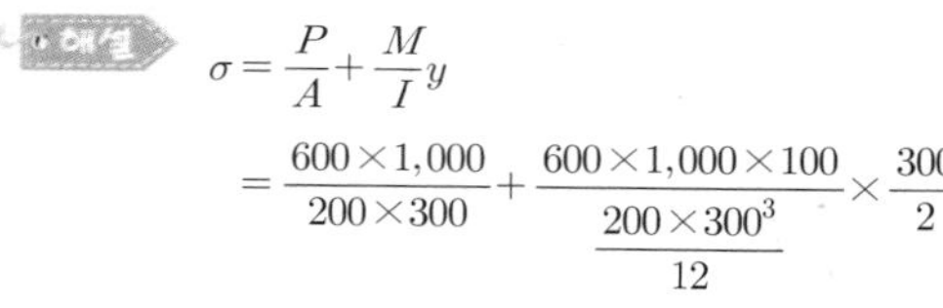

$= \dfrac{600\times1,000}{200\times300} + \dfrac{600\times1,000\times100}{\dfrac{200\times300^3}{12}}\times\dfrac{300}{2}$

$= 30\text{MPa}$

정답 1. ④ 2. ② 3. ① 4. ①

5. 다음 그림과 같은 보에서 지점 B의 휨모멘트 절대값은? (단, EI는 일정하다.)

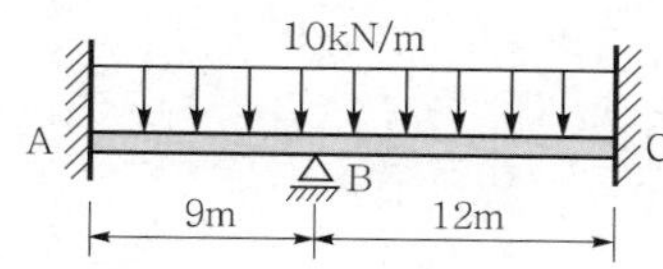

① 67.5kN · m
② 97.5kN · m
③ 120kN · m
④ 165kN · m

해설 처짐각법 이용

$$M_{BA}=2EK_{BA}(\theta_A+2\theta_B)+C_{BA}$$

$$=2E\times\frac{I}{9}\times 2\theta_B+\frac{wl_{BA}^{\ 2}}{12} \cdots\cdots ㉠$$

$$M_{BC}=2EK_{BC}(2\theta_B+\theta_C)-C_{BC}$$

$$=2E\times\frac{I}{12}\times 2\theta_B-\frac{wl_{BC}^{\ 2}}{12} \cdots\cdots ㉡$$

$\theta_A=\theta_C=0$이고 $M_{BA}+M_{BC}=0$이므로

$$\left(\frac{4EI}{9}\right)\theta_B+\frac{10\times 9^2}{12}+\left(\frac{4EI}{12}\right)\theta_B+\frac{10\times 12^2}{12}=0$$

$$\therefore\ \theta_B=\frac{6.75}{EI}$$

$$\therefore\ M_{BC}=\frac{1}{3}\times EI\times\frac{67.5}{EI}-\frac{10\times 12^2}{12}$$

$$=-97.5\text{kN}\cdot\text{m}$$

6. 다음 그림과 같은 라멘구조물에서 A점의 수직반력(R_A)은?

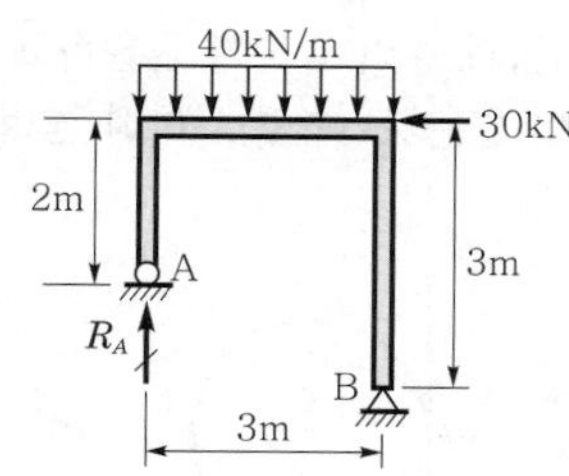

① 30kN
② 45kN
③ 60kN
④ 90kN

해설 $\Sigma M_B=0(\oplus)$

$$R_A\times 3-40\times 3\times\frac{3}{2}-30\times 3=0$$

$$\therefore\ R_A=90\text{kN}$$

7. 다음 그림과 같이 하중을 받는 단순보에 발생하는 최대 전단응력은?

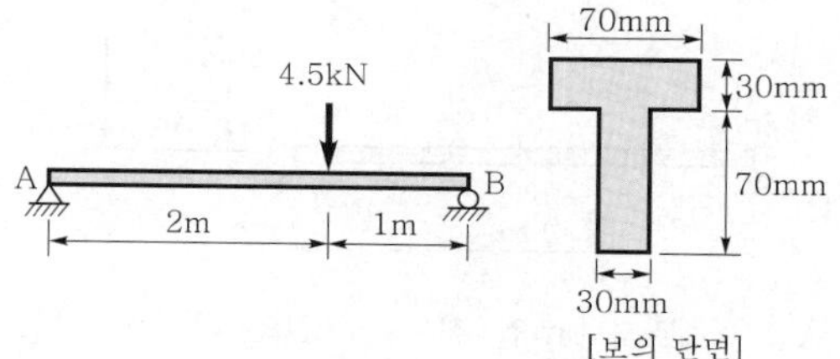

[보의 단면]

① 1.48MPa
② 2.48MPa
③ 3.48MPa
④ 4.48MPa

해설

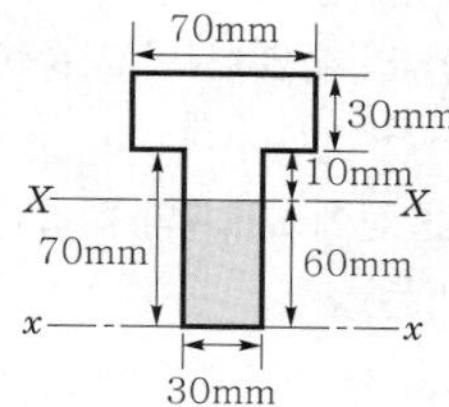

$$V_{\max}=V_B=\frac{4.5}{3}\times 2=3\text{kN}$$

$$y_o=\frac{70\times 30\times 85+30\times 70\times 35}{70\times 30\times 20}=60\text{mm}$$

$$G_X=Ay=30\times 60\times 30=54{,}000\text{mm}^3$$

$$I_x=\frac{70\times 30^3}{12}+70\times 30\times 25^2+\frac{30\times 70^3}{12}$$

$$+30\times 70\times 25^2=3{,}640{,}000\text{mm}^4$$

$$\therefore\ \tau_{\max}=\frac{V_{\max}G_X}{I_x b}=\frac{3\times 1{,}000\times 54{,}000}{3{,}640{,}000\times 30}$$

$$=1.484\text{MPa}$$

8. 단면과 길이가 같으나 지지조건이 다른 다음 그림과 같은 2개의 장주가 있다. 장주 (a)가 30kN의 하중을 받을 수 있다면 장주 (b)가 받을 수 있는 하중은?

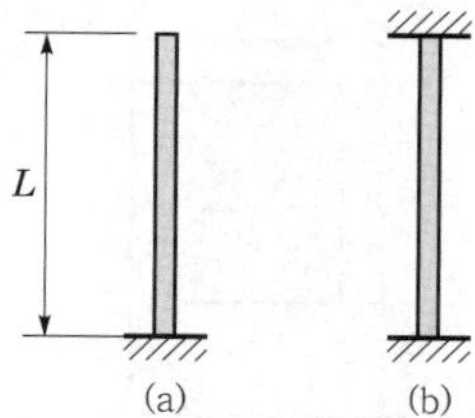

① 120kN
② 240kN
③ 360kN
④ 480kN

해설 $P_{(b)}=16P_{(a)}=16\times 30=480\text{kN}$

정답 5. ② 6. ④ 7. ① 8. ④

9. 다음 그림과 같이 단순보에 이동하중이 작용할 때 절대 최대 휨모멘트가 생기는 위치는?

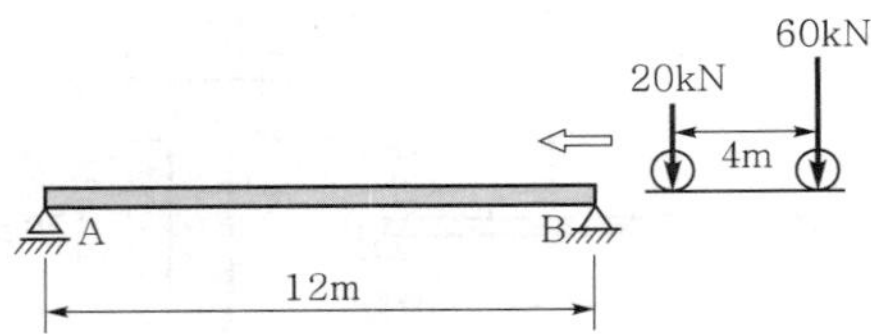

① A점으로부터 6m인 점에 20kN의 하중이 실릴 때 60kN의 하중이 실리는 점
② A점으로부터 7.5m인 점에 60kN의 하중이 실릴 때 20kN의 하중이 실리는 점
③ B점으로부터 5.5m인 점에 20kN의 하중이 실릴 때 60kN의 하중이 실리는 점
④ B점으로부터 9.5m인 점에 20kN의 하중이 실릴 때 60kN의 하중이 실리는 점

해설

$R=80\text{kN}$, 20kN, 60kN, d, 4m

$20\times4=80\times d$

$\therefore\ d=1\text{m}$

$x=\dfrac{l}{2}-\dfrac{d}{2}=6-0.5=5.5\text{m}$ (B점)

따라서 B점으로부터 20kN은 9.5m 지점에 위치하고, B점으로부터 60kN은 5.5m 지점에 위치한다.

10. 다음 그림과 같은 평면도형의 $x-x'$축에 대한 단면 2차 반경(r_x)과 단면 2차 모멘트(I_x)는?

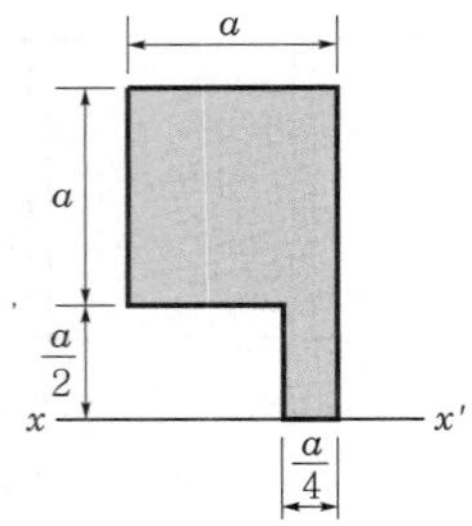

① $r_x=\dfrac{\sqrt{35}}{6}a$, $I_x=\dfrac{35}{32}a^4$

② $r_x=\dfrac{\sqrt{139}}{12}a$, $I_x=\dfrac{139}{128}a^4$

③ $r_x=\dfrac{\sqrt{129}}{12}a$, $I_x=\dfrac{129}{128}a^4$

④ $r_x=\dfrac{\sqrt{11}}{12}a$, $I_x=\dfrac{11}{128}a^4$

해설

$$A=(a\times a)+\left(\frac{a}{2}\times\frac{a}{4}\right)=\frac{9}{8}a^2$$

$$I_x=\frac{1}{3}\times\left(a\times\left(\frac{3a}{2}\right)^3\right)-\frac{1}{3}\times\left(\frac{3a}{4}\times\left(\frac{a}{2}\right)^3\right)$$

$$=\frac{9a^4}{8}-\frac{a^4}{32}=\frac{35a^4}{32}$$

$$r_x=\sqrt{\frac{\frac{35}{32}a^4}{\frac{9}{8}a^2}}=\frac{\sqrt{35}}{6}a$$

11. 다음 그림과 같은 구조물에서 지점 A에서의 수직반력은?

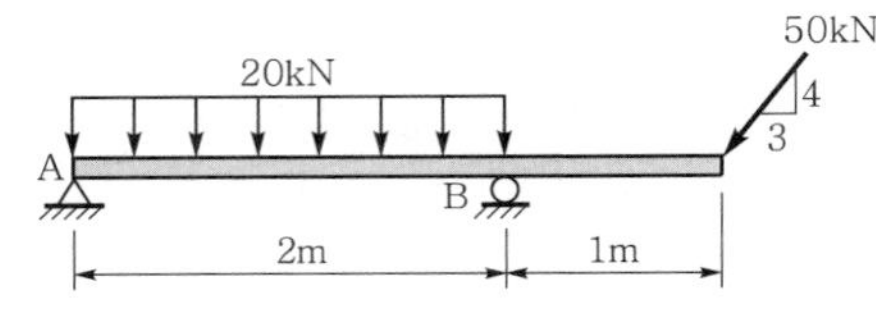

① 0kN ② 10kN
③ 20kN ④ 30kN

해설 $\Sigma M_B=0(\oplus)$

$V_A\times2-20\times2\times1+50\times\dfrac{4}{5}\times1=0$

$\therefore\ V_A=0\text{kN}$

12. 다음 그림과 같이 밀도가 균일하고 무게가 W인 구(球)가 마찰이 없는 두 벽면 사이에 놓여있을 때 반력 R_b의 크기는?

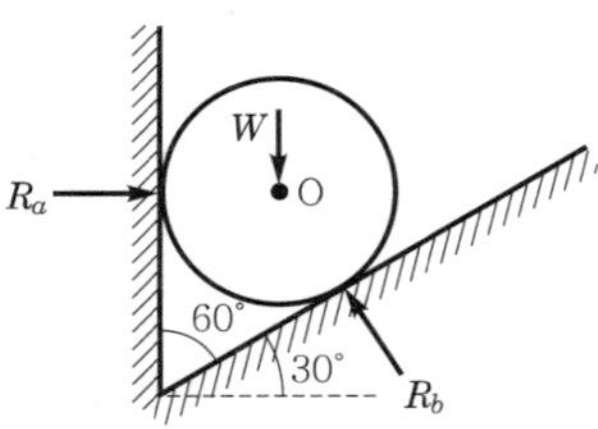

① $0.500\,W$ ② $0.577\,W$
③ $0.866\,W$ ④ $1.155\,W$

 정답 9. ④ 10. ① 11. ① 12. ④

해설 $\Sigma F_y = 0(\uparrow \oplus)$

$R_b \times \cos 30° = W$

$\therefore \ R_b = 1.155W$

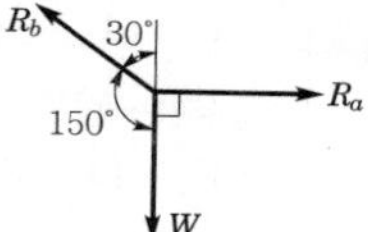

13. 다음 그림과 같은 단순보에 등분포하중 w가 작용하고 있을 때 이 보에서 휨모멘트에 의한 탄성변형에너지는? (단, 보의 EI는 일정하다.)

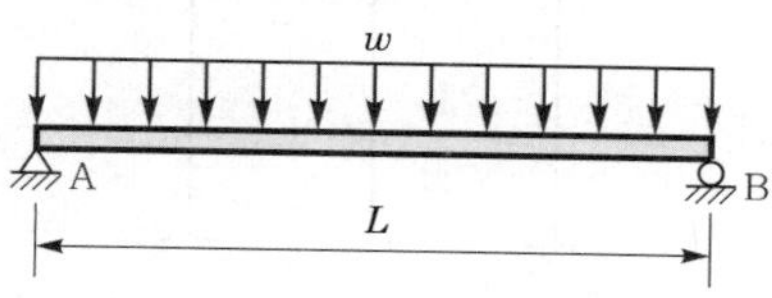

① $\dfrac{w^2L^5}{384EI}$　　② $\dfrac{w^2L^5}{240EI}$

③ $\dfrac{7w^2L^5}{384EI}$　　④ $\dfrac{w^2L^5}{48EI}$

해설 A점에서 임의의 거리를 x라 하면

$$M_x = R_A x - wx\left(\frac{x}{2}\right) = \frac{wl}{2}x - \frac{wx^2}{2} = \frac{w}{2}(lx - x^2)$$

$$\therefore \ U = \int_0^l \frac{M_x^{\ 2}}{2EI}dx = \frac{1}{2EI}\int_0^l \left[\frac{w}{2}(lx - x^2)\right]^2 dx$$

$$= \frac{w^2}{8EI}\int_0^l (l^2x^2 - 2lx^3 + x^4)dx = \frac{w^2 l^5}{240EI}$$

14. 폭 100mm, 높이 150mm인 직사각형 단면의 보가 S=7kN의 전단력을 받을 때 최대 전단응력과 평균 전단응력의 차이는?

① 0.13MPa　　② 0.23MPa

③ 0.33MPa　　④ 0.43MPa

해설

$$\tau_{\max} - \tau = \left(\frac{3}{2} - 1\right)\tau = \frac{1}{2}\tau$$

$$= \frac{1}{2} \times \frac{7 \times 1{,}000}{100 \times 150} = 0.23\text{MPa}$$

15. 다음 그림과 같은 단순보에서 A점의 처짐각(θ_A)은? (단, EI는 일정하다.)

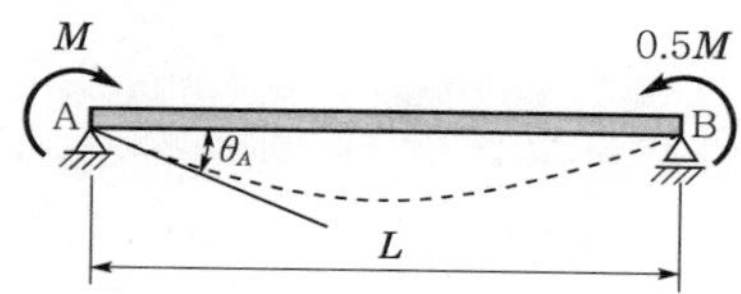

① $\dfrac{ML}{2EI}$　　② $\dfrac{5ML}{6EI}$

③ $\dfrac{5ML}{12EI}$　　④ $\dfrac{5ML}{24EI}$

해설

$$\theta_A = \frac{2ML}{6EI} + \frac{0.5ML}{6EI} = \frac{5ML}{12EI}$$

16. 재질과 단면이 동일한 캔틸레버보 A와 B에서 자유단의 처짐을 같게 하는 $\dfrac{P_2}{P_1}$의 값은?

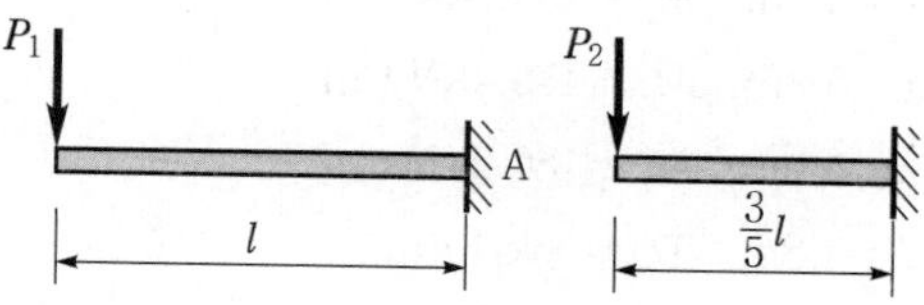

① 0.129　　② 0.216

③ 4.63　　④ 7.72

해설

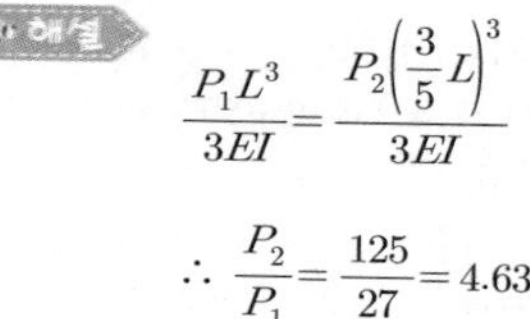

$$\frac{P_1 L^3}{3EI} = \frac{P_2\left(\frac{3}{5}L\right)^3}{3EI}$$

$$\therefore \ \frac{P_2}{P_1} = \frac{125}{27} = 4.63$$

17. 다음 그림과 같이 균일 단면봉이 축인장력(P)을 받을 때 단면 $a-b$에 생기는 전단응력(τ)은? (단, 여기서 $m-n$은 수직 단면이고, $a-b$는 수직 단면과 ϕ=45°의 각을 이루고, A는 봉의 단면적이다.)

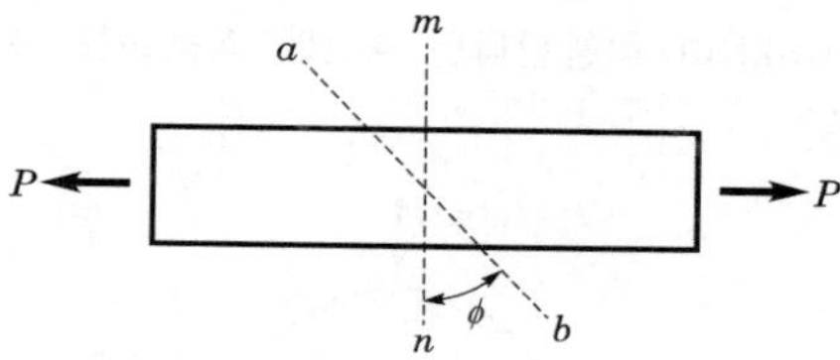

① $\tau = 0.5\dfrac{P}{A}$　　② $\tau = 0.75\dfrac{P}{A}$

③ $\tau = 1.0\dfrac{P}{A}$　　④ $\tau = 1.5\dfrac{P}{A}$

해설

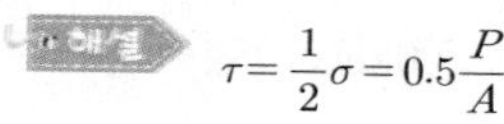

$$\tau = \frac{1}{2}\sigma = 0.5\frac{P}{A}$$

정답　13. ②　14. ②　15. ③　16. ③　17. ①

18. 다음 그림과 같은 단순보에서 최대 휨모멘트가 발생하는 위치 x(A점으로부터의 거리)와 최대 휨모멘트 M_x는?

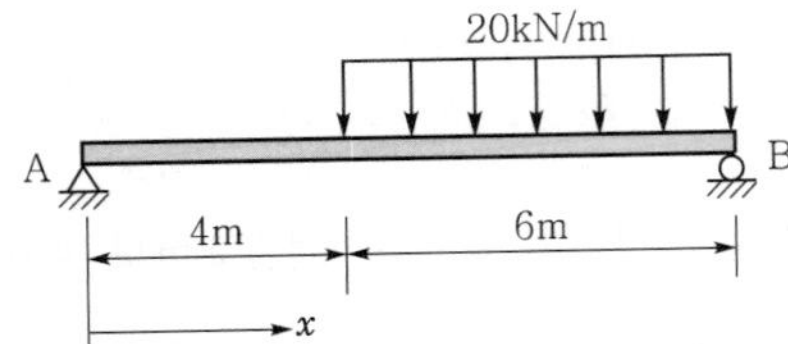

① $x=5.2\text{m}$, $M_x=230.4\text{kN}\cdot\text{m}$
② $x=5.8\text{m}$, $M_x=176.4\text{kN}\cdot\text{m}$
③ $x=4.0\text{m}$, $M_x=180.2\text{kN}\cdot\text{m}$
④ $x=4.8\text{m}$, $M_x=96\text{kN}\cdot\text{m}$

해설 ㉠ $\Sigma M_B=0(\oplus\curvearrowright)$
$V_A\times10-20\times6\times3=0$
$\therefore\ V_A=36\text{kN}$
㉡ 전단력이 0인 거리 산정
$V_x=V_A-(20\times(x-4))=36+80-20x$
$=116-20x=0$
$\therefore\ x=5.8\text{m}$
㉢ x거리에서 모멘트 산정
$M_x=V_A\times5.8-20\times(5.8-4)\times\dfrac{5.8-4}{2}$
$=36\times5.8-20\times1.8\times0.9$
$=176.4\text{kN}\cdot\text{m}$

19. 다음 그림과 같은 3힌지 아치의 C점에 연직하중(P) 400kN이 작용한다면 A점에 작용하는 수평반력(H_A)은?

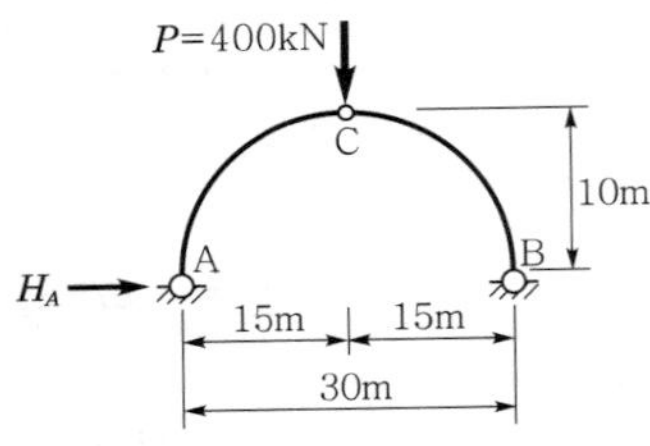

① 100kN
② 150kN
③ 200kN
④ 300kN

해설 $V_A=V_B=200\text{kN}$
$\Sigma M_C=0(\oplus\curvearrowright)$
$V_A\times15-H_A\times10=0$
$\therefore\ H_A=\dfrac{200\times15}{10}=300\text{kN}$

20. 다음 그림과 같은 라멘의 부정정차수는?

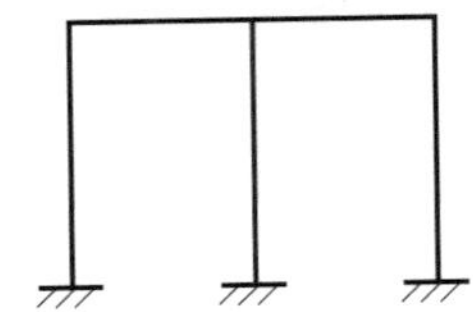

① 3차
② 5차
③ 6차
④ 7차

해설 $N=r+m+s-2k$
$=9+5+4-2\times6=18-12=6$차
〔별해〕 $N=3B-J=3\times2-0=6$차
여기서, B : 폐합 Box수
J : 고정 0, 힌지 1, 롤러 2

정답 18. ② 19. ④ 20. ③

토목기사(2021년 5월 15일 시행)

1. 다음 그림과 같이 케이블(cable)에 5kN의 추가 매달려 있다. 이 추의 중심을 수평으로 3m 이동시키기 위해 케이블길이 5m 지점인 A점에 수평력 P를 가하고자 한다. 이때 힘 P의 크기는?

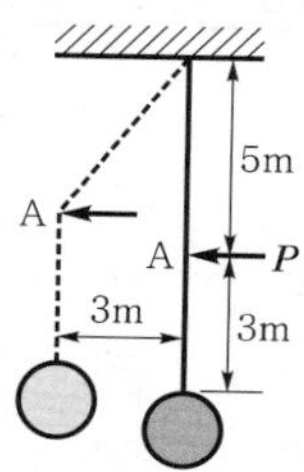

① 3.75kN ② 4.00kN
③ 4.25kN ④ 4.50kN

해설 비례법 이용

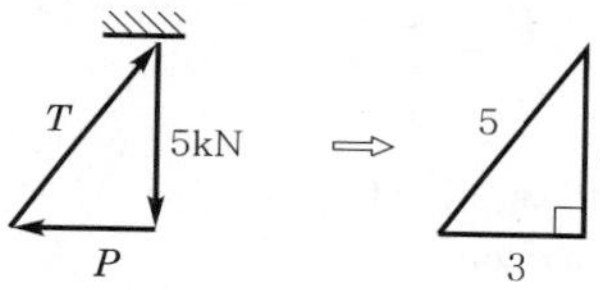

$5:4 = P:3$

$\therefore P = 3.75\text{kN}$

2. 다음 그림과 같은 3힌지 아치에서 A점의 수평반력(H_A)은?

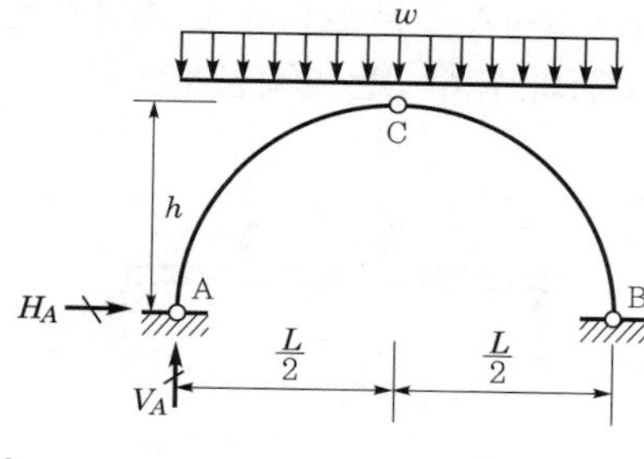

① $\dfrac{wL^2}{16h}$ ② $\dfrac{wL^2}{8h}$

③ $\dfrac{wL^2}{4h}$ ④ $\dfrac{wL^2}{2h}$

해설 좌우대칭구조

$V_A = V_B = \dfrac{wL}{2}(\uparrow)$

$\Sigma M_C = 0$

$\dfrac{wL}{2} \times \dfrac{L}{2} - H_A \times h - \dfrac{wL}{2} \times \dfrac{L}{4} = 0$

$\therefore H_A = \dfrac{wL^2}{8h}(\rightarrow)$

3. 지름이 D인 원형 단면의 단면 2차 극모멘트(I_p)의 값은?

① $\dfrac{\pi D^4}{64}$ ② $\dfrac{\pi D^4}{32}$

③ $\dfrac{\pi D^4}{16}$ ④ $\dfrac{\pi D^4}{8}$

해설 $I_p = I_x + I_y = \dfrac{\pi D^4}{64} + \dfrac{\pi D^4}{64} = \dfrac{\pi D^4}{32}$

4. 단면 2차 모멘트가 I, 길이가 L인 균일한 단면의 직선상(直線狀)의 기둥이 있다. 기둥의 양단이 고정되어 있을 때 오일러(Euler)좌굴하중은? (단, 이 기둥의 탄성계수는 E이다.)

① $\dfrac{4\pi^2 EI}{L^2}$ ② $\dfrac{\pi^2 EI}{(0.7L)^2}$

③ $\dfrac{\pi^2 EI}{L^2}$ ④ $\dfrac{\pi^2 EI}{4L^2}$

해설 $P_{cr} = \dfrac{4\pi^2 EI}{L^2}$

5. 다음 그림과 같은 집중하중이 작용하는 캔틸레버보에서 A점의 처짐은? (단, EI는 일정하다.)

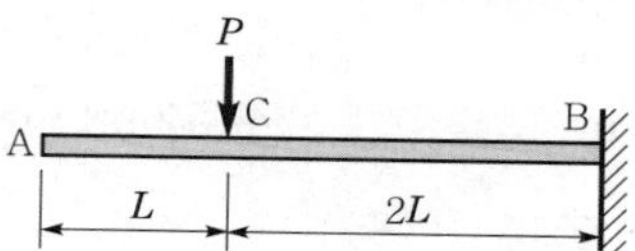

① $\dfrac{14PL^3}{3EI}$ ② $\dfrac{2PL^3}{EI}$

③ $\dfrac{8PL^3}{3EI}$ ④ $\dfrac{10PL^3}{3EI}$

정답 1. ① 2. ② 3. ② 4. ① 5. ①

해설 $\delta_A = \left(\frac{1}{2}\times 2L\times\frac{2PL}{EI}\right)\times\left(2L\times\frac{2}{3}+L\right)=\frac{14PL^3}{3}$

6. 다음에서 설명하는 것은?

> 탄성체에 저장된 변형에너지 U를 변위의 함수로 나타내는 경우에 임의의 변위 Δ_i에 관한 변형에너지 U의 1차 편도함수는 대응되는 하중 P_i와 같다. 즉, $P_i = \frac{\partial U}{\partial \Delta_i}$이다.

① Castigliano의 제1정리
② Castigliano의 제2정리
③ 가상일의 원리
④ 공액보법

7. 재료의 역학적 성질 중 탄성계수를 E, 전단탄성계수를 G, 푸아송수를 m이라 할 때 각 성질의 상호관계식으로 옳은 것은?

① $G=\frac{E}{2(m-1)}$　② $G=\frac{E}{2(m+1)}$
③ $G=\frac{mE}{2(m-1)}$　④ $G=\frac{mE}{2(m+1)}$

해설 $m=\frac{1}{\nu}$

$\therefore\ G=\frac{E}{2(1+\nu)}=\frac{E}{2\left(1+\frac{1}{m}\right)}=\frac{mE}{2(m+1)}$

8. 다음 그림과 같은 단순보에서 C점의 휨모멘트는?

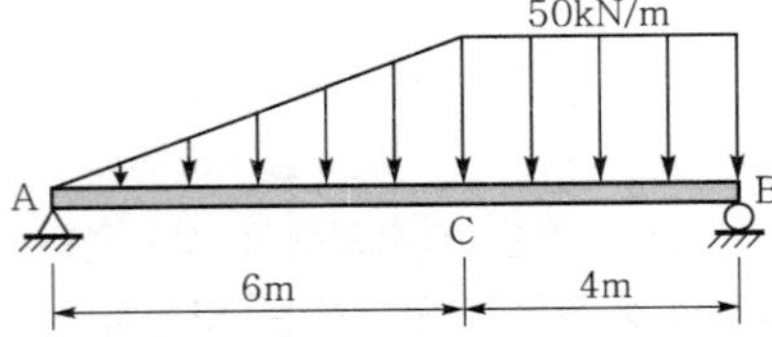

① 320kN · m　② 420kN · m
③ 480kN · m　④ 540kN · m

해설 ㉠ $\Sigma M_B = 0(\oplus)$

$V_A\times 10-\frac{1}{2}\times 50\times 6\times\left(6\times\frac{1}{3}+4\right)$
$-50\times 4\times 2=0$
$\therefore\ V_A = 130\text{kN}$

㉡ $\Sigma M_C = 0(\oplus)$

$V_A\times 6-\frac{1}{2}\times 50\times 6\times\left(6\times\frac{1}{3}\right)-M_C=0$
$\therefore\ M_C = 130\times 6-25\times 6\times 2=480\text{kN}\cdot\text{m}$

9. 다음 그림과 같이 2개의 집중하중이 단순보 위를 통과할 때 절대 최대 휨모멘트의 크기(M_{max})와 발생위치(x)는?

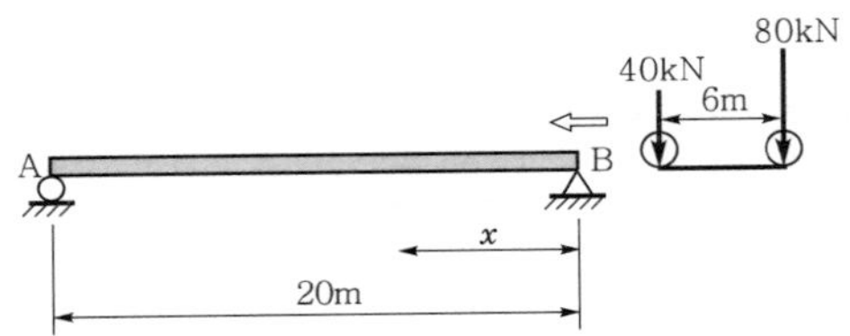

① M_{max} =362kN·m, x =8m
② M_{max} =382kN·m, x =8m
③ M_{max} =486kN·m, x =9m
④ M_{max} =506kN·m, x =9m

해설

120kN
40kN　80kN
d
6m

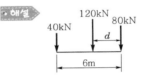

㉠ $120\times d=40\times 6$
$\therefore\ d=2\text{m}$

㉡ $x=\frac{l}{2}-\frac{d}{2}=\frac{20}{2}-\frac{2}{2}=9\text{m}$

㉢ $M_{max}=\frac{R}{l}\left(\frac{l-d}{2}\right)^2=\frac{120}{20}\times\left(\frac{20-2}{2}\right)^2$
$=486\text{kN}\cdot\text{m}$

10. 다음 그림과 같은 보에서 두 지점의 반력이 같게 되는 하중의 위치(x)는 얼마인가?

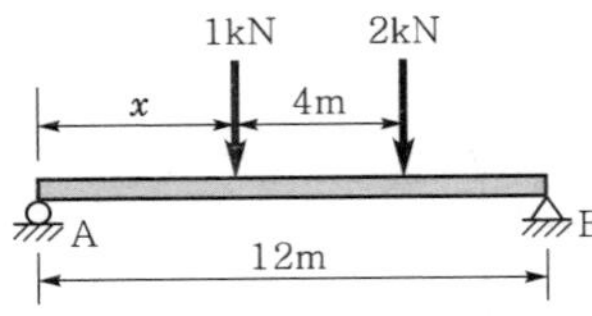

① 0.33m　② 1.33m
③ 2.33m　④ 3.33m

정답 6. ① 7. ④ 8. ③ 9. ③ 10. ④

해설 $\Sigma F_y = 0(\uparrow \oplus)$

$V_A = V_B = 1.5\text{kN}$

$\Sigma M_A = 0(\oplus)$

$V_B \times 12 - 2\times(x+4) - x = 0$

$1.5\times 12 - 2x - 8 - x = 0$

$3x = 10$

$\therefore\ x = 3.33\text{m}$

11. 폭 20mm, 높이 50mm인 균일한 직사각형 단면의 단순보에 최대 전단력이 10kN 작용할 때 최대 전단응력은?

① 6.7MPa ② 10MPa

③ 13.3MPa ④ 15MPa

해설 $\tau_{\max} = \dfrac{3}{2}\dfrac{V}{A}$

$= \dfrac{3}{2}\times\dfrac{10\times 1{,}000}{20\times 50}$

$= 15\text{MPa}$

12. 다음 그림과 같은 부정정보에서 A점의 처짐각(θ_A)은? (단, 보의 휨강성은 EI이다.)

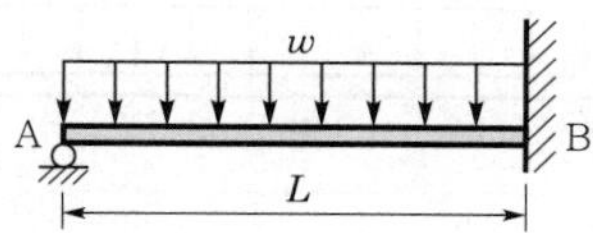

① $\dfrac{wL^3}{12EI}$ ② $\dfrac{wL^3}{24EI}$

③ $\dfrac{wL^3}{36EI}$ ④ $\dfrac{wL^3}{48EI}$

해설 처짐각법 이용

$M_{AB} = 0,\ \theta_B = 0$이므로

$M_{AB} = \dfrac{2EI}{L}(2\theta_A - \theta_B) - \dfrac{wL^2}{12} = 0$

$\dfrac{4EI}{L}\theta_A = \dfrac{wL^2}{12}$

$\therefore\ \theta_A = \dfrac{wL^3}{48EI}$

13. 길이가 같으나 지지조건이 다른 2개의 장주가 있다. 다음 그림 (a)의 장주가 40kN에 견딜 수 있다면 그림 (b)의 장주가 견딜 수 있는 하중은? (단, 재질 및 단면은 동일하며 EI는 일정하다.)

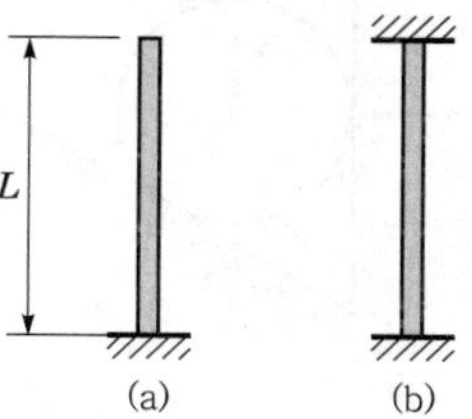

① 40kN ② 160kN

③ 320kN ④ 640kN

해설 $P_{(b)} = 16P_{(a)} = 16\times 40 = 640\text{kN}$

14. 다음 그림에서 표시한 것과 같은 단면의 변화가 있는 AB부재의 강성도(stiffness factor)는?

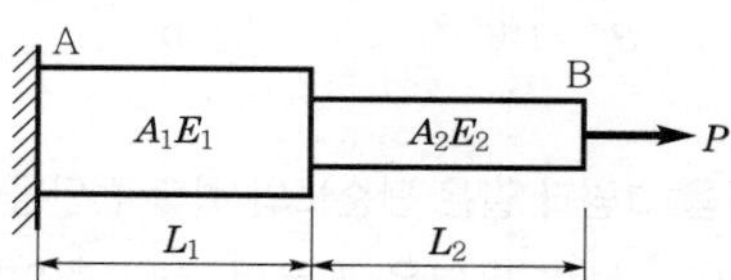

① $\dfrac{PL_1}{A_1E_1} + \dfrac{PL_2}{A_2E_2}$ ② $\dfrac{A_1E_1}{PL_1} + \dfrac{A_2E_2}{PL_2}$

③ $\dfrac{A_1E_1}{L_1} + \dfrac{A_2E_2}{L_2}$ ④ $\dfrac{A_1A_2E_1E_2}{L_1(A_2E_2) + L_2(A_1E_1)}$

해설 강성도 : 단위변위 1을 일으키는 힘

$\delta = P\left(\dfrac{L_1}{E_1A_1} + \dfrac{L_2}{E_2A_2}\right) = P\left(\dfrac{L_1E_2A_2 + L_2E_1A_1}{E_1A_1E_2A_2}\right)$

$P = \dfrac{\delta}{\dfrac{L_1E_2A_2 + L_2E_1A_1}{E_1A_1E_2A_2}}$

$\therefore\ K = \dfrac{1}{\dfrac{L_1E_2A_2 + L_2E_1A_1}{E_1A_1E_2A_2}}$

$= \dfrac{E_1A_1E_2A_2}{L_1E_2A_2 + L_2E_1A_1}$

15. 다음 그림과 같이 밀도가 균일하고 무게가 W인 구(球)가 마찰이 없는 두 벽면 사이에 놓여있을 때 반력 R_a의 크기는?

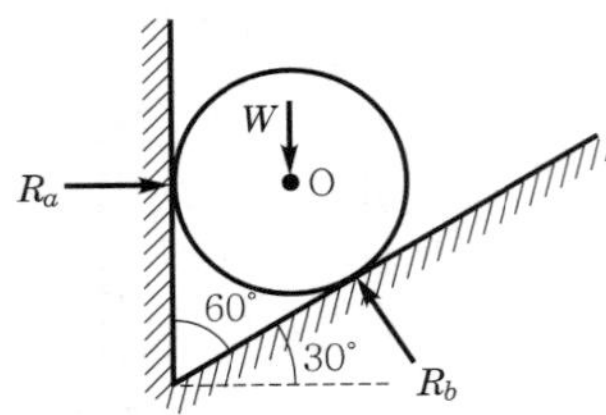

① 0.500 W ② 0.577 W
③ 0.707 W ④ 0.866 W

해설
$\Sigma F_y = 0(\uparrow \oplus)$
$R_b \times \cos 30° = W$
$\therefore R_b = 1.155W$
$\Sigma F_x = 0(\leftarrow \oplus)$
$R_b \times \sin 30° = R_a$
$\therefore R_a = 1.155W \times \frac{1}{2} = 0.577W$

16. 다음 그림과 같은 단순보의 최대 전단응력($\tau_{\max}$)을 구하면? (단, 보의 단면은 지름이 D인 원이다.)

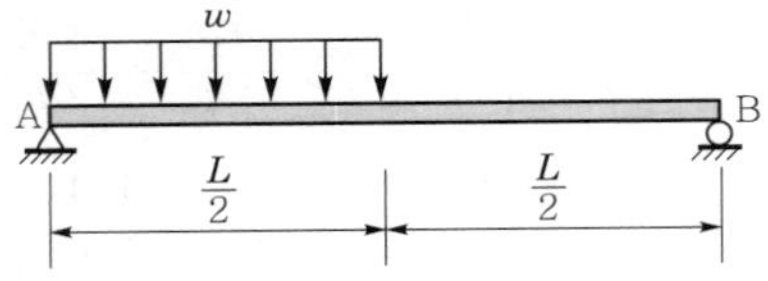

① $\frac{9wL}{4\pi D^2}$ ② $\frac{3wL}{2\pi D^2}$
③ $\frac{2wL}{\pi D^2}$ ④ $\frac{wL}{2\pi D^2}$

해설
$\Sigma M_B = 0$
$R_A L - \frac{wL}{2} \times \frac{3}{4}L = 0$
$\therefore R_A = \frac{3}{8}wL(\uparrow)$
$S_{\max} = \frac{3}{8}wL$
$\therefore \tau_{\max} = \frac{4}{3} \times \frac{S_{\max}}{A} = \frac{4}{3} \times \frac{4}{\pi D^2} \times \frac{3}{8}wL$
$= \frac{2wL}{\pi D^2}$

17. 다음 그림에서 $A-A$축과 $B-B$축에 대한 음영 부분의 단면 2차 모멘트가 각각 $8 \times 10^8 \text{mm}^4$, $16 \times 10^8 \text{mm}^4$일 때 음영 부분의 면적은?

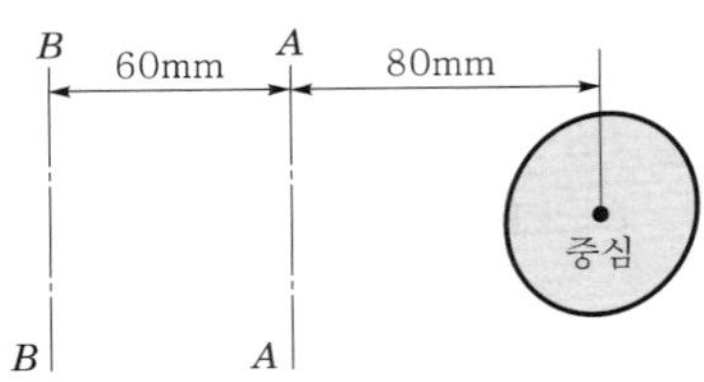

① $8.00 \times 10^4 \text{mm}^2$ ② $7.52 \times 10^4 \text{mm}^2$
③ $6.06 \times 10^4 \text{mm}^2$ ④ $5.73 \times 10^4 \text{mm}^2$

해설 평행축정리 이용
$I_A = I_x + Ay^2$
㉠ $8 \times 10^8 = I_x + A \times 80^2$
㉡ $16 \times 10^8 = I_x + A \times 140^2$
∴ ㉠과 ㉡를 연립하여 풀면
$A = 6.06 \times 10^4 \text{mm}^2$

18. 다음 그림과 같은 연속보에서 B점의 지점반력을 구한 값은?

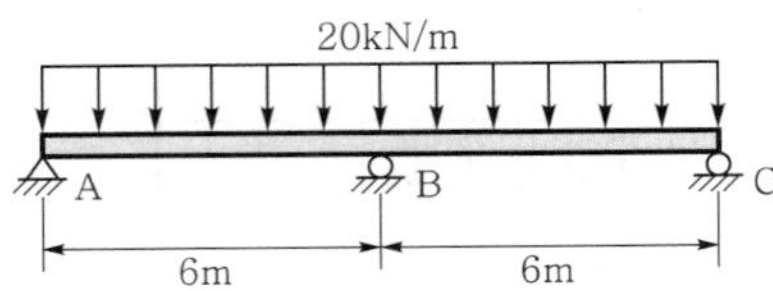

① 100kN ② 150kN
③ 200kN ④ 250kN

해설
$\frac{5wL^4}{384EI} = \frac{V_B L^3}{48EI}$
$\therefore V_B = \frac{5wL}{8} = \frac{5 \times 20 \times 12}{8} = 150\text{kN}$

19. 다음 그림과 같은 캔틸레버보에서 B점의 처짐각은? (단, EI는 일정하다.)

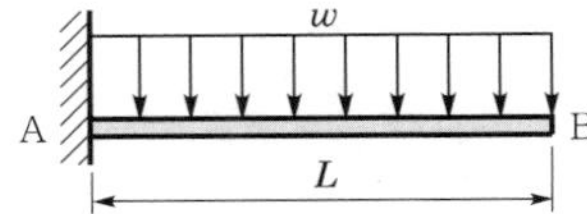

① $\frac{wL^3}{3EI}$ ② $\frac{wL^3}{6EI}$
③ $\frac{wL^3}{8EI}$ ④ $\frac{2wL^3}{3EI}$

정답 15. ② 16. ③ 17. ③ 18. ② 19. ②

해설 $\theta_B = \frac{1}{3} \times L \times \frac{wL^2}{2EI} = \frac{wL^3}{6EI}$

20. 다음 그림과 같은 트러스에서 L_1U_1부재의 부재력은?

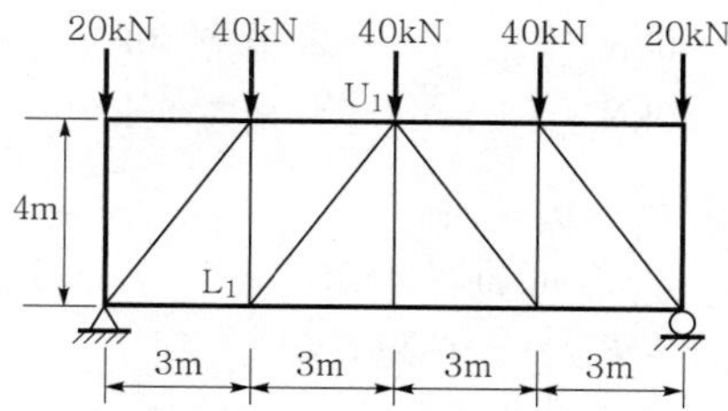

① 22kN(인장) ② 25kN(인장)
③ 22kN(압축) ④ 25kN(압축)

해설 $V_A = V_B = 80\text{kN}$

$\Sigma F_y = 0(\uparrow \oplus)$

$V_A - 20 - 40 + \frac{4}{5} L_1 U_1 = 0$

$80 - 20 - 40 + \frac{4}{5} L_1 U_1 = 0$

$\therefore\ L_1 U_1 = -20 \times \frac{5}{4} = -25\text{kN}$ (압축)

토목기사(2021년 8월 14일 시행)

1. 다음 그림과 같은 구조물의 C점에 연직하중이 작용할 때 AC부재가 받는 힘은?

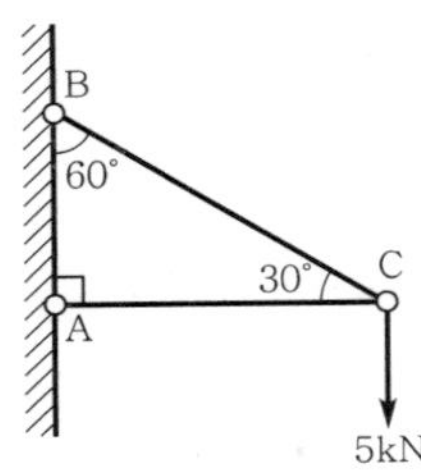

① 2.5kN ② 5.0kN
③ 8.7kN ④ 10.0kN

해설 $5 : \text{AC} = 1 : \sqrt{3}$
$\therefore \text{AC} \fallingdotseq 8.7\text{kN}$

2. 다음 그림과 같은 인장부재의 수직변위를 구하는 식으로 옳은 것은? (단, 탄성계수는 E이다.)

① $\dfrac{PL}{EA}$

② $\dfrac{3PL}{2EA}$

③ $\dfrac{2PL}{EA}$

④ $\dfrac{5PL}{2EA}$

단면적 : $2A$, L
단면적 : A, L
P

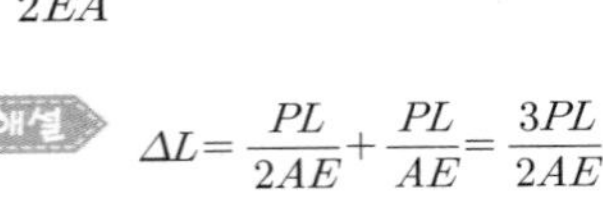

해설 $\Delta L = \dfrac{PL}{2AE} + \dfrac{PL}{AE} = \dfrac{3PL}{2AE}$

3. 다음 그림과 같은 트러스에서 AC부재의 부재력은?

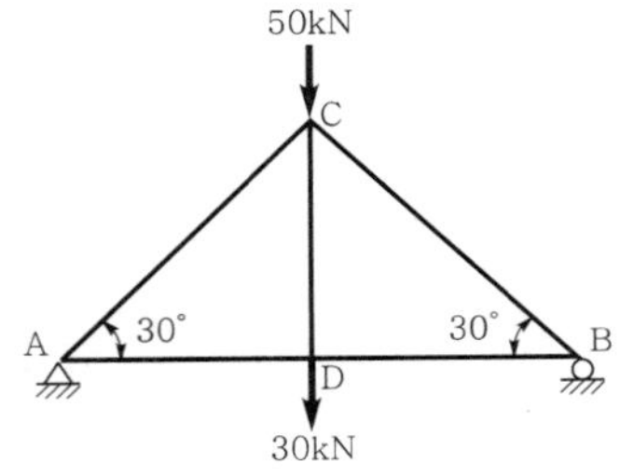

① 인장 40kN ② 압축 40kN
③ 인장 80kN ④ 압축 80kN

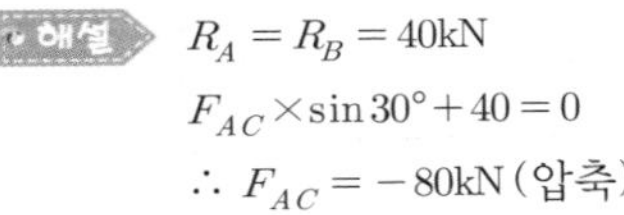

해설 $R_A = R_B = 40\text{kN}$
$F_{AC} \times \sin 30° + 40 = 0$
$\therefore F_{AC} = -80\text{kN}$ (압축)

4. 다음 그림과 같은 단순보에서 C점에 30kN · m의 모멘트가 작용할 때 A점의 반력은?

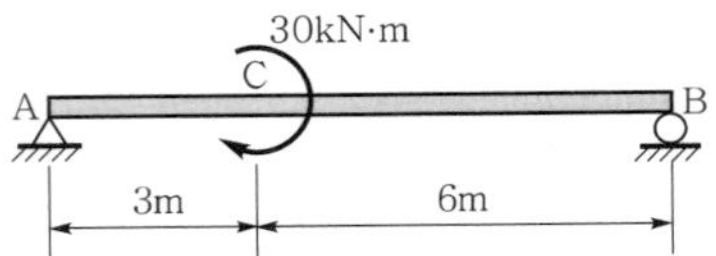

① $\dfrac{10}{3}$kN(↓) ② $\dfrac{10}{3}$kN(↑)

③ $\dfrac{20}{3}$kN(↓) ④ $\dfrac{20}{3}$kN(↑)

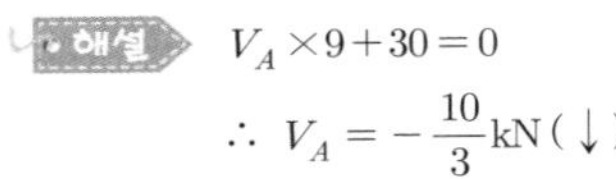

해설 $V_A \times 9 + 30 = 0$
$\therefore V_A = -\dfrac{10}{3}\text{kN}$(↓)

5. 다음 그림과 같은 기둥에서 좌굴하중의 비 (a) : (b) : (c) : (d)는? (단, EI와 기둥의 길이는 모두 같다.)

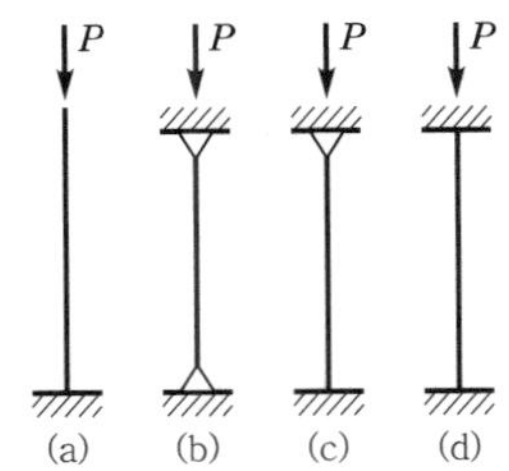

① 1 : 2 : 3 : 4 ② 1 : 4 : 8 : 12
③ 1 : 4 : 8 : 16 ④ 1 : 8 : 16 : 32

해설 $P_{(a)} : P_{(b)} : P_{(c)} : P_{(d)} = \dfrac{1}{4} : 1 : 2 : 4$
$= 1 : 4 : 8 : 16$

정답 1. ③ 2. ② 3. ④ 4. ① 5. ③

6. 다음 그림과 같은 2개의 캔틸레버보에 저장되는 변형에너지를 각각 $U_{(1)}$, $U_{(2)}$라고 할 때 $U_{(1)} : U_{(2)}$의 비는? (단, EI는 일정하다.)

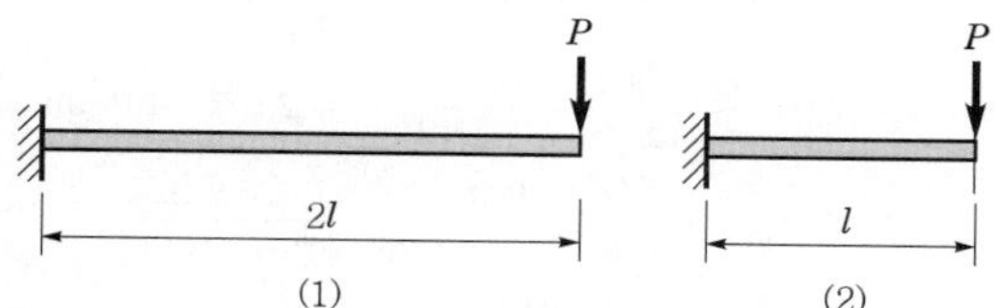

① 2 : 1 ② 4 : 1
③ 8 : 1 ④ 16 : 1

해설

$$\delta_{(1)} = \frac{P(2l)^3}{3EI} = \frac{8Pl^3}{3EI}$$

$$\delta_{(2)} = \frac{Pl^3}{3EI}$$

$$U_{(1)} = \frac{1}{2} \times P \times \frac{8Pl^3}{3EI} = 8 \times \frac{P^2 l^3}{6EI}$$

$$U_{(2)} = \frac{1}{2} \times P \times \frac{Pl^3}{3EI} = \frac{P^2 l^3}{6EI}$$

$$\therefore U_{(1)} : U_{(2)} = 8 : 1$$

7. 다음 그림과 같은 사다리꼴 단면에서 $x-x'$축에 대한 단면 2차 모멘트값은?

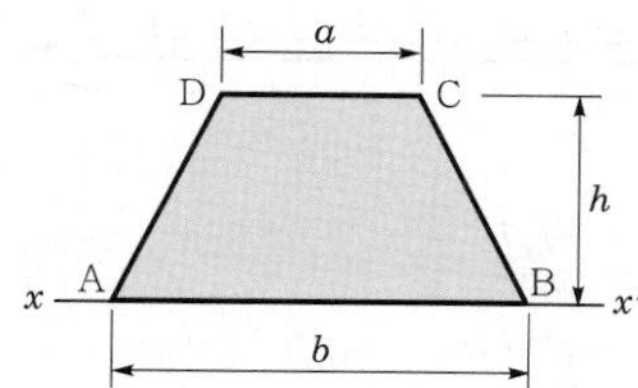

① $\dfrac{h^3}{12}(b+3a)$ ② $\dfrac{h^3}{12}(b+2a)$

③ $\dfrac{h^3}{12}(3b+a)$ ④ $\dfrac{h^3}{12}(2b+a)$

해설

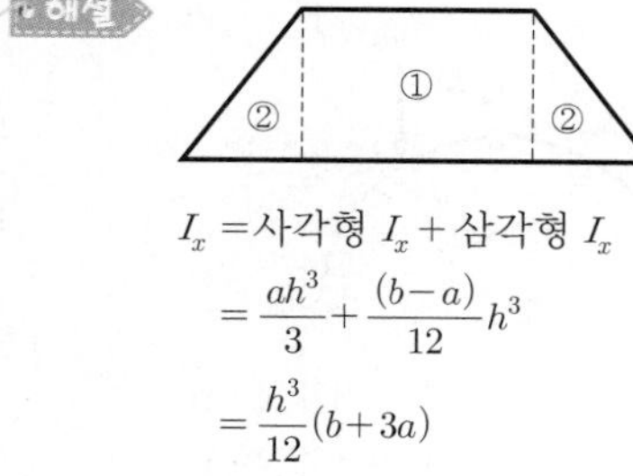

$$I_x = \text{사각형 } I_x + \text{삼각형 } I_x$$

$$= \frac{ah^3}{3} + \frac{(b-a)}{12}h^3$$

$$= \frac{h^3}{12}(b+3a)$$

8. 다음 그림과 같은 단순보에서 C~D구간의 전단력 값은?

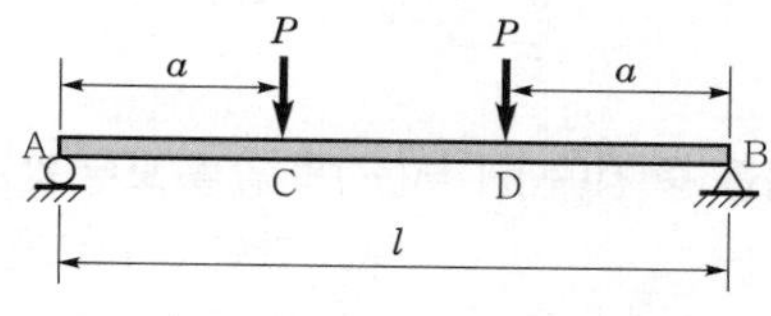

① P ② $2P$

③ $\dfrac{P}{2}$ ④ 0

해설

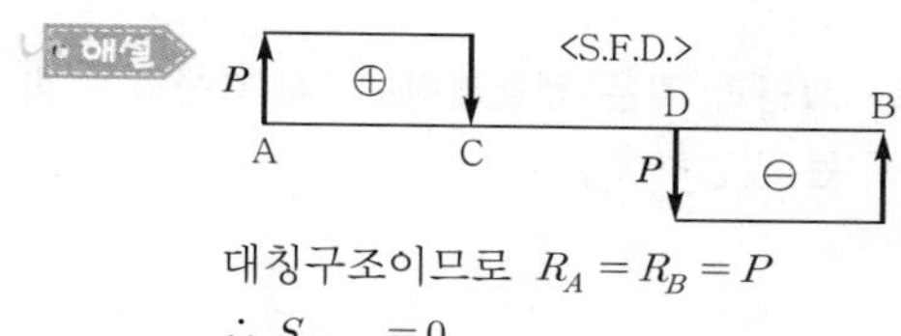

대칭구조이므로 $R_A = R_B = P$

$\therefore S_{C\sim D} = 0$

9. 다음 그림과 같은 구조물의 부정정차수는?

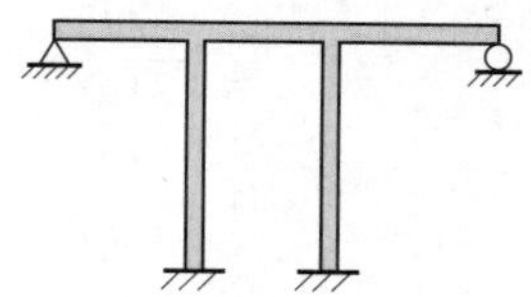

① 6차 부정정 ② 5차 부정정
③ 4차 부정정 ④ 3차 부정정

해설 $N = r + m + s - 2k = 9 + 5 + 4 - 2 \times 6 = 6$차

여기서, s : 강절점수(4개)

k : 지점, 절점수(6개)

10. 다음 그림과 같은 하중을 받는 보의 최대 전단 응력은?

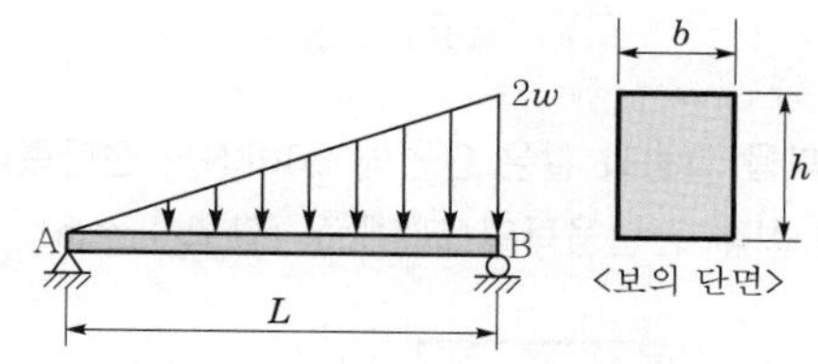

① $\dfrac{2wL}{3bh}$ ② $\dfrac{3wL}{2bh}$

③ $\dfrac{2wL}{bh}$ ④ $\dfrac{wL}{bh}$

정답 6. ③ 7. ① 8. ④ 9. ① 10. ④

해설 $V_{\max} = R_B = \dfrac{2wL}{3}$

$\therefore \tau_{\max} = \dfrac{3}{2}\dfrac{V_{\max}}{A} = \dfrac{3}{2} \times \dfrac{2wL}{3bh} = \dfrac{wL}{bh}$

11. 다음 중 정(+)과 부(−)의 값을 모두 갖는 것은?

① 단면계수 ② 단면 2차 모멘트
③ 단면 2차 반지름 ④ 단면 상승모멘트

해설 단면 상승모멘트(I_{xy})는 좌표축에 따라 (+), (−) 값을 갖는다.

12. 다음 그림과 같은 캔틸레버보에서 C점의 처짐은? (단, EI는 일정하다.)

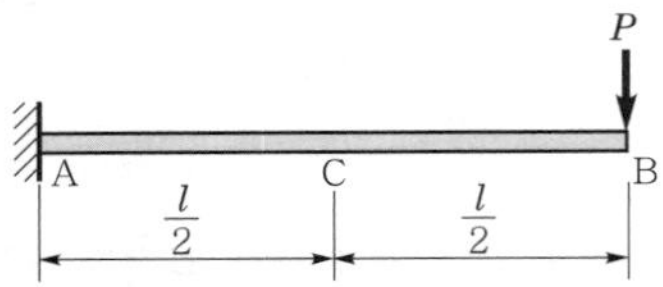

① $\dfrac{Pl^3}{24EI}$ ② $\dfrac{5Pl^3}{24EI}$
③ $\dfrac{Pl^3}{48EI}$ ④ $\dfrac{5Pl^3}{48EI}$

해설

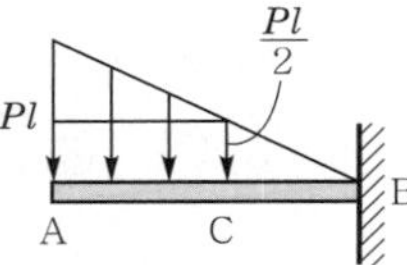

$P_1 = \dfrac{1}{2} \times \dfrac{Pl}{2} \times \dfrac{l}{2} = \dfrac{Pl^2}{8}$

$P_2 = \dfrac{Pl}{2} \times \dfrac{l}{2} = \dfrac{Pl^2}{4}$

$\therefore \delta_C = \dfrac{Pl^2}{8EI} \times \dfrac{l}{3} + \dfrac{Pl^2}{4EI} \times \dfrac{l}{4}$

$= \dfrac{Pl^3}{24EI} + \dfrac{Pl^3}{16EI} = \dfrac{5Pl^3}{48EI}$

13. 다음 그림과 같은 단면에 600kN의 전단력이 작용할 때 최대 전단응력의 크기는? (단위 : mm)

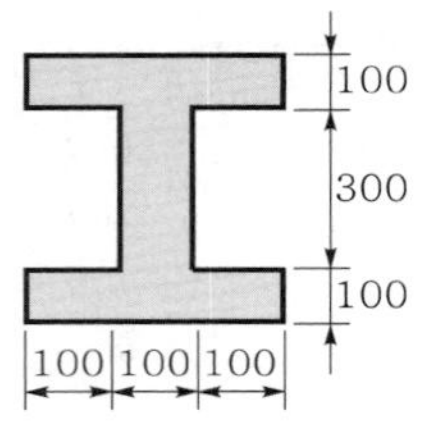

① 12.71MPa ② 15.98MPa
③ 19.83MPa ④ 21.32MPa

해설 $G_x = (300 \times 100 \times 200) + (100 \times 150 \times 75)$
$= 7,125 \times 10^3 \text{mm}^3$

$I_x = \dfrac{300 \times 500^3}{12} - \dfrac{200 \times 300^3}{12} = 2,675 \times 10^6 \text{mm}^4$

$\therefore \tau_{\max} = \dfrac{SG_x}{Ib} = \dfrac{600 \times 10^3 \times 7,125 \times 10^3}{2,675 \times 10^6 \times 100}$

$= 15.98\text{MPa}$

14. 다음 그림과 같은 단순보에서 B점에 모멘트 M_B가 작용할 때 A점에서의 처짐각(θ_A)은? (단, EI는 일정하다.)

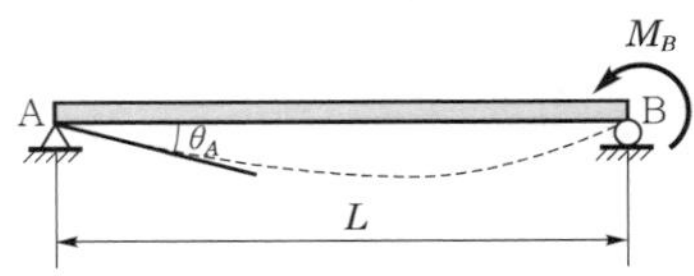

① $\dfrac{M_B L}{2EI}$ ② $\dfrac{M_B L}{3EI}$
③ $\dfrac{M_B L}{6EI}$ ④ $\dfrac{M_B L}{8EI}$

해설 공액보에서 처짐각 이용

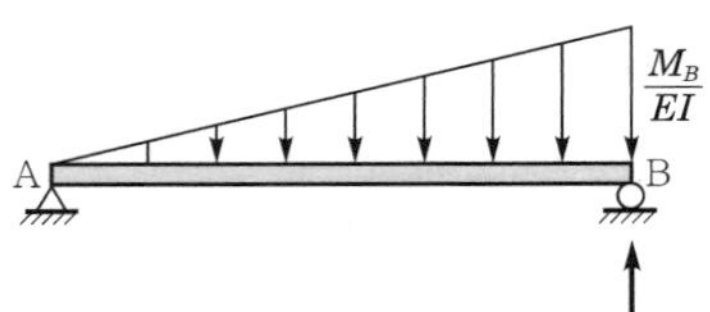

$R_B = \dfrac{M_B L}{3}$

$\theta_B = \dfrac{S_B}{EI} = \dfrac{R_B}{EI} = \dfrac{M_B L}{3EI}$

$\therefore \theta_A = \dfrac{M_B L}{6EI}$

15. 다음 그림과 같은 r=4m인 3힌지 원호아치에서 지점 A에서 2m 떨어진 E점에 발생하는 휨모멘트의 크기는?

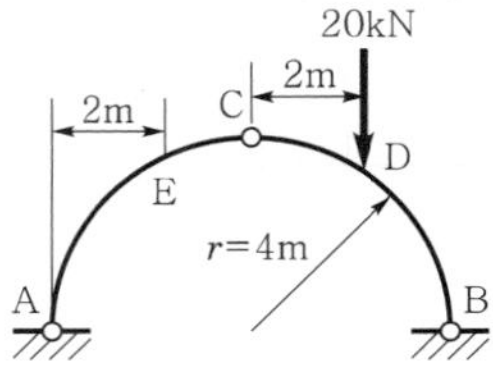

① 6.13kN · m ② 7.32kN · m
③ 8.27kN · m ④ 9.16kN · m

정답 11. ④ 12. ④ 13. ② 14. ③ 15. ②

해설 ㉠ $\Sigma M_B = 0(\oplus\curvearrowright)$

$V_A \times 8 - 20 \times 2 = 0$

$\therefore\ V_A = 5\text{kN}(\uparrow)$

㉡ $\Sigma M_C = 0(\oplus\curvearrowright)$

$V_A \times 4 - H_A \times 4 = 0$

$\therefore\ H_A = 5\text{kN}(\rightarrow)$

㉢ $\Sigma M_E = 0(\oplus\curvearrowright)$

$V_A \times 2 - H_A \times \sqrt{4^2 - 2^2} + M_E = 0$

$5 \times 2 - 5 \times \sqrt{4^2 - 2^2} + M_E = 0$

$\therefore\ M_E = 7.32\text{kN}\cdot\text{m}$

16. 다음 그림과 같은 30° 경사진 언덕에 40kN의 물체를 밀어올릴 때 필요한 힘 P는 최소 얼마 이상이어야 하는가? (단, 마찰계수는 0.25이다.)

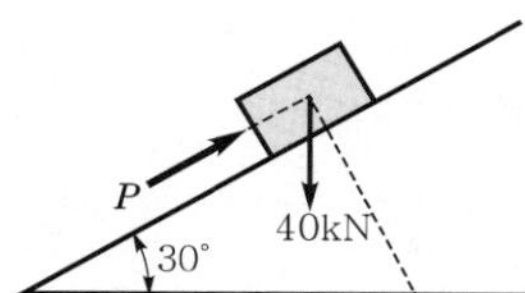

① 28.7kN ② 30.2kN
③ 34.7kN ④ 40.0kN

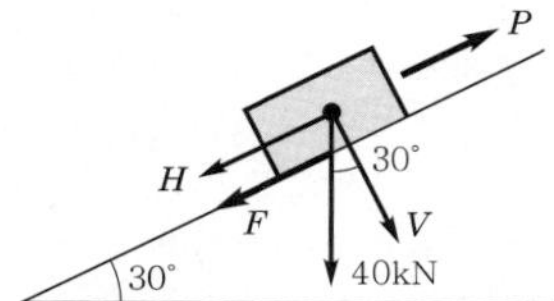

$H = 40 \times \sin 30° = 20\text{kN}$

$V = 40 \times \cos 30° = 20\sqrt{3}\,\text{kN}$

$F = \mu V = 0.25 \times 20\sqrt{3} = 8.66\text{kN}$

$\therefore\ P = H + F = 20 + 8.66 = 28.66\text{kN}$

17. 다음 그림과 같은 부정정 구조물에서 B지점의 반력의 크기는? (단, 보의 휨강도 EI는 일정하다.)

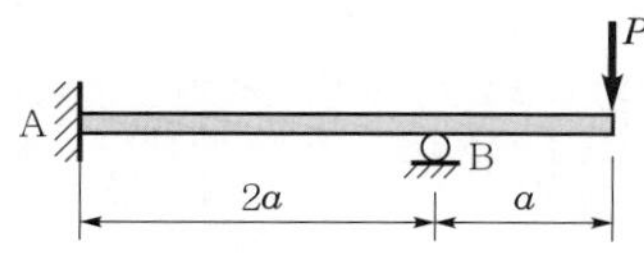

① $\frac{7}{3}P$ ② $\frac{7}{4}P$
③ $\frac{7}{5}P$ ④ $\frac{7}{6}P$

해설 힌지지점 모멘트는 고정단에 $\frac{1}{2}$이 전달되므로

$M_A = \frac{1}{2}Pa(\curvearrowright)$

$\Sigma M_A = 0$

$\frac{Pa}{2} - R_B \times 2a + P \times 3a = 0$

$\therefore\ R_B = \frac{7}{4}P(\uparrow)$

18. 단면이 100mm×200mm인 장주의 길이가 3m일 때 이 기둥의 좌굴하중은? (단, 기둥의 E=2.0×10⁴MPa, 지지상태는 일단 고정 타단 자유이다.)

① 45.8kN ② 91.4kN
③ 182.8kN ④ 365.6kN

해설 양단 힌지일 때 $n=1$

$I = \frac{200 \times 100^3}{12} = 16{,}666{,}666.7\text{mm}^3$

$\therefore\ P_{cr} = \frac{n\pi^2 EI}{l^2}$

$= \frac{\frac{1}{4} \times \pi^2 \times 2.0 \times 10^4}{3{,}000^2} \times \frac{200 \times 100^3}{12}$

$= 91{,}385\text{N}$

$= 91.4\text{kN}$

19. 다음 그림과 같은 단순보에서 A점의 반력이 B점의 반력의 2배가 되도록 하는 거리 x는? (단, x는 A점으로부터의 거리이다.)

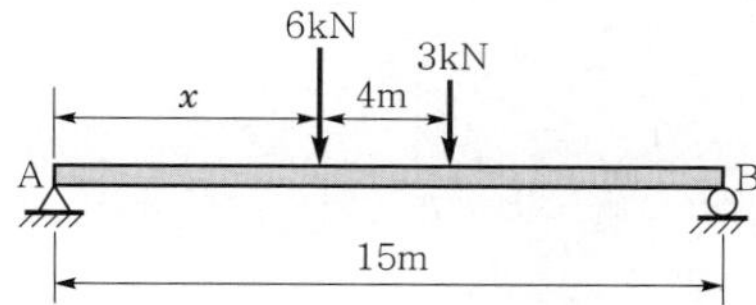

① 1.67m ② 2.67m
③ 3.67m ④ 4.67m

해설 $R_A + R_B = 3R_B = 9\text{kN}$

$\therefore\ R_B = 3\text{kN}$

$\Sigma M_A = 0$

$R_B \times 15 - 3(4 + x) - 6x = 0$

$3 \times 15 - 12 - 9x = 0$

$\therefore\ x = \frac{33}{9} = 3.67\text{m}$

정답 16. ① 17. ② 18. ② 19. ③

20. 다음 그림과 같이 이축응력(二軸應力)을 받고 있는 요소의 체적변형률은? (단, 이 요소의 탄성계수 $E=2\times10^5$MPa, 푸아송비 $\nu=0.3$이다.)

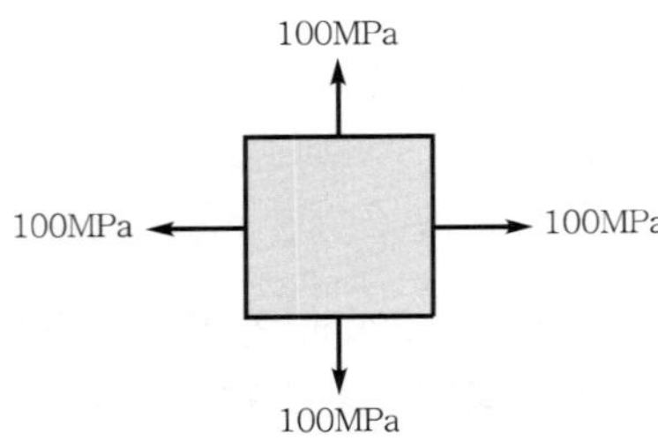

① 3.6×10^{-4}　② 4.0×10^{-4}
③ 4.4×10^{-4}　④ 4.8×10^{-4}

해설 $\varepsilon_v = \dfrac{1-2\times0.3}{2\times10^5}\times(100+100+0)=4\times10^{-4}$

정답 20. ②

토목기사(2022년 3월 5일 시행)

1. 다음 그림과 같이 중앙에 집중하중 P를 받는 단순보에서 지점 A로부터 $\frac{l}{4}$인 지점(점 D)의 처짐각(θ_D)과 처짐량(δ_D)은? (단, EI는 일정하다.)

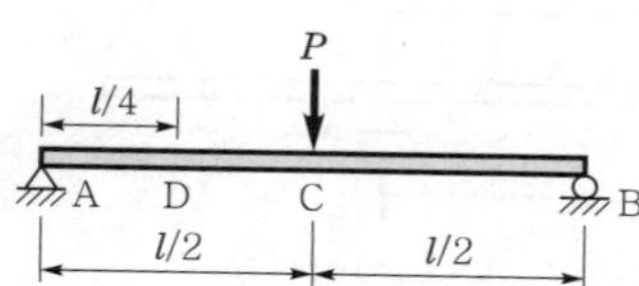

① $\theta_D=\dfrac{3Pl^2}{128EI}$, $\delta_D=\dfrac{11Pl^3}{384EI}$

② $\theta_D=\dfrac{3Pl^2}{128EI}$, $\delta_D=\dfrac{5Pl^3}{384EI}$

③ $\theta_D=\dfrac{5Pl^2}{64EI}$, $\delta_D=\dfrac{3Pl^3}{768EI}$

④ $\theta_D=\dfrac{3Pl^2}{64EI}$, $\delta_D=\dfrac{11Pl^3}{768EI}$

해설

$$R_A'=\frac{1}{2}\times\frac{Pl}{4EI}\times\frac{l}{2}=\frac{Pl^2}{16EI}$$

$$\therefore \theta_D=\frac{Pl^2}{16EI}-\left(\frac{1}{2}\times\frac{l}{4}\times\frac{Pl}{8EI}\right)=\frac{Pl^2}{16EI}-\frac{Pl^2}{64EI}=\frac{3Pl^2}{64EI}$$

$$\therefore \delta_D=\left(\frac{Pl^2}{16EI}\times\frac{l}{4}\right)-\left(\frac{Pl^2}{64EI}\times\frac{1}{3}\times\frac{l}{4}\right)=\frac{Pl^3}{64EI}-\frac{Pl^3}{768EI}=\frac{11Pl^3}{768EI}$$

2. 길이가 4m인 원형 단면기둥의 세장비가 100이 되기 위한 기둥의 지름은? (단, 지지상태는 양단 힌지로 가정한다.)

① 20cm ② 18cm

③ 16cm ④ 12cm

해설

$$\lambda=\frac{l}{r_{\min}}=\frac{l}{\sqrt{\frac{I_{\min}}{A}}}=\frac{l}{\sqrt{\frac{\frac{\pi d^4}{64}}{\frac{\pi d^2}{4}}}}=\frac{4l}{d}=100$$

$$\therefore d=\frac{4l}{\lambda}=\frac{4\times400}{100}=16\text{cm}$$

3. 단면 2차 모멘트가 I이고 길이가 L인 균일한 단면의 직선상(直線狀)의 기둥이 있다. 지지상태가 일단 고정 타단 자유인 경우 오일러(Euler) 좌굴하중(P_{cr})은? (단, 이 기둥의 영(Young)계수는 E이다.)

① $\dfrac{4\pi^2EI}{L^2}$ ② $\dfrac{2\pi^2EI}{L^2}$

③ $\dfrac{\pi^2EI}{L^2}$ ④ $\dfrac{\pi^2EI}{4L^2}$

해설

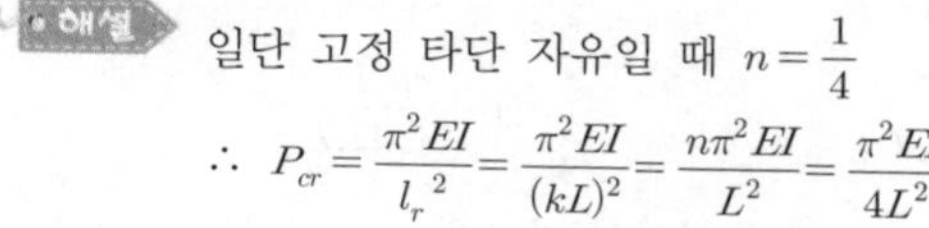

일단 고정 타단 자유일 때 $n=\frac{1}{4}$

$$\therefore P_{cr}=\frac{\pi^2EI}{{l_r}^2}=\frac{\pi^2EI}{(kL)^2}=\frac{n\pi^2EI}{L^2}=\frac{\pi^2EI}{4L^2}$$

4. 직사각형 단면보의 단면적을 A, 전단력을 V라고 할 때 최대 전단응력($\tau_{\max}$)은?

① $\dfrac{2}{3}\dfrac{V}{A}$ ② $1.5\dfrac{V}{A}$

③ $3\dfrac{V}{A}$ ④ $2\dfrac{V}{A}$

해설

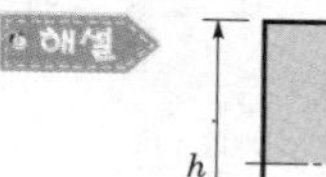

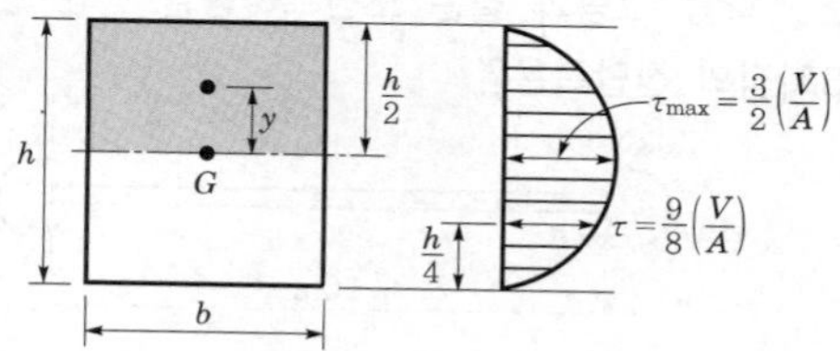

㉠ $G=Ay=\dfrac{bh}{2}\times\dfrac{h}{4}=\dfrac{bh^2}{8}$

㉡ $I=\dfrac{bh^3}{12}$

$$\therefore \tau_{\max}=\frac{VG}{Ib}=\frac{V\left(\frac{bh^2}{8}\right)}{\left(\frac{bh^3}{12}\right)b}=\frac{3}{2}\left(\frac{V}{bh}\right)=1.5\frac{V}{A}$$

정답 1. ④ 2. ③ 3. ④ 4. ②

5. 단면 2차 모멘트의 특성에 대한 설명으로 틀린 것은?

① 단면 2차 모멘트의 최소값은 도심에 대한 것이며 "0"이다.

② 정삼각형, 정사각형 등과 같이 대칭인 단면의 도심축에 대한 단면 2차 모멘트값은 모두 같다.

③ 단면 2차 모멘트는 좌표축에 상관없이 항상 양(+)의 부호를 갖는다.

④ 단면 2차 모멘트가 크면 휨강성이 크고 구조적으로 안전하다.

해설 도심에 대한 단면 2차 모멘트는 최소값이 되며, 0은 아니다.

6. 다음 그림과 같은 단순보에서 휨모멘트에 의한 탄성변형에너지는? (단, EI는 일정하다.)

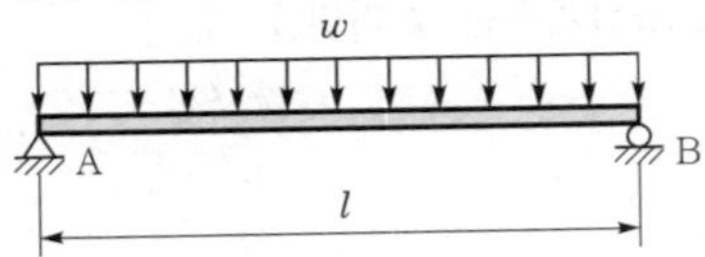

① $\dfrac{w^2 l^5}{40EI}$ ② $\dfrac{w^2 l^5}{96EI}$

③ $\dfrac{w^2 l^5}{240EI}$ ④ $\dfrac{w^2 l^5}{384EI}$

해설 A점에서 임의의 거리를 x라 하면

$$M_x = \frac{wl}{2}x - \frac{w}{2}x^2$$

$$\therefore U = \int_0^l \frac{{M_x}^2}{2EI}dx = \frac{1}{2EI}\int_0^l \left(\frac{wl}{2}x - \frac{w}{2}x^2\right)^2 dx$$

$$= \frac{w^2 l^5}{240EI}$$

7. 다음 그림과 같은 모멘트하중을 받는 단순보에서 B지점의 전단력은?

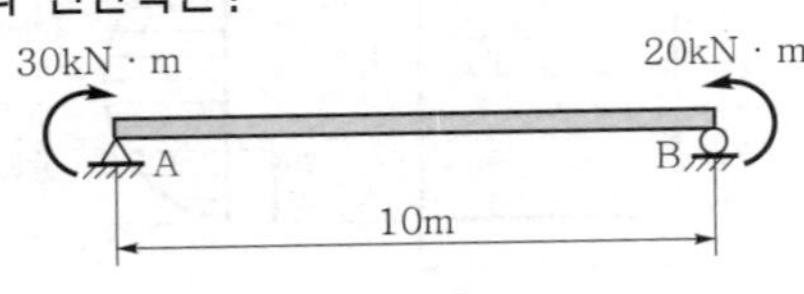

① −1.0kN ② −10kN

③ −5.0kN ④ −50kN

해설 $\Sigma M_B = 0(\oplus)$

$(R_A \times 10) + 30 - 20 = 0$

$\therefore R_A = -1.0\text{kN}(\downarrow)$

$\therefore S_A = S_B = -1.0\text{kN}(\downarrow)$

8. 다음 그림과 같이 양단 내민보에 등분포하중(W)이 1kN/m가 작용할 때 C점의 전단력은?

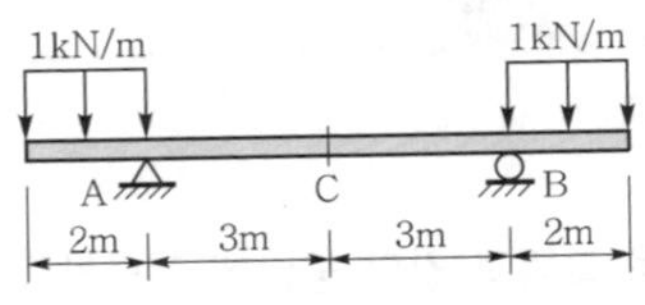

① 0kN ② 5kN

③ 10kN ④ 15kN

해설

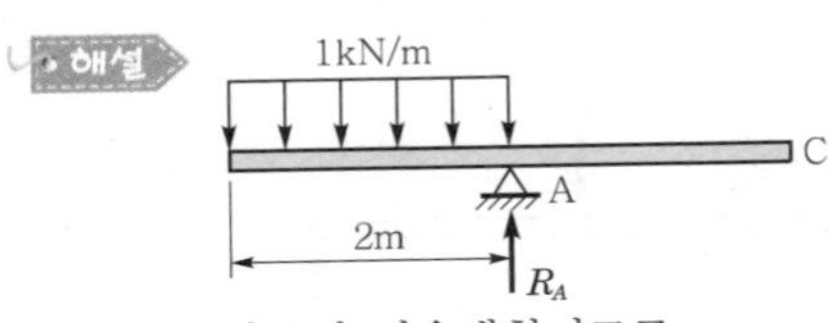

하중이 좌우대칭이므로

$R_A = R_B = 2\text{kN}$

$\therefore S_C = 1 \times 2 - 2 = 0\text{kN}$

9. 다음 그림과 같은 직사각형 보에서 중립축에 대한 단면계수값은?

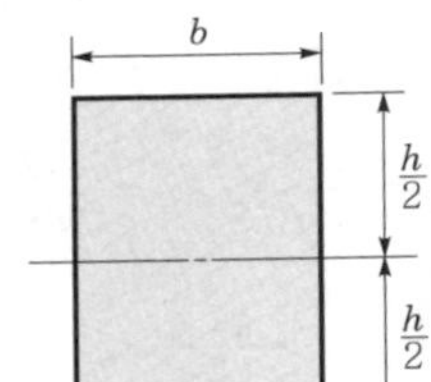

① $\dfrac{bh^2}{6}$

② $\dfrac{bh^2}{12}$

③ $\dfrac{bh^3}{6}$

④ $\dfrac{bh}{4}$

해설

$$Z = \frac{I_X}{y_1} = \frac{\frac{bh^3}{12}}{\frac{h}{2}} = \frac{bh^2}{6}$$

10. 내민보에 다음 그림과 같이 지점 A에 모멘트가 작용하고 집중하중이 보의 양 끝에 작용한다. 이 보에 발생하는 최대 휨모멘트의 절대값은?

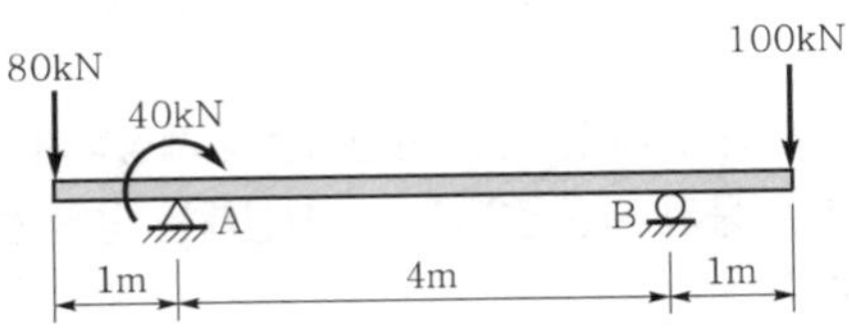

① 60kN·m ② 80kN·m

③ 100kN·m ④ 120kN·m

정답 5. ① 6. ③ 7. ① 8. ① 9. ① 10. ③

해설

$\Sigma M_B = 0$

$(R_A \times 4) - (80 \times 5) + 40 + (100 \times 1) = 0$

$\therefore \ R_A = 65\text{kN}(\uparrow)$

$\Sigma V = 0$

$R_A + R_B = 80 + 100 = 180\text{kN}$

$\therefore \ R_B = 115\text{kN}(\uparrow)$

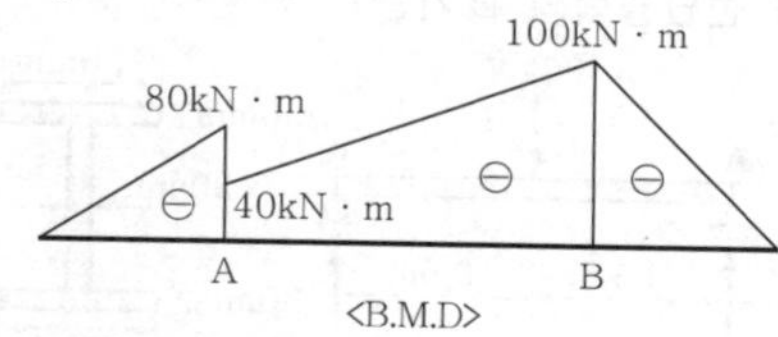

$\therefore \ M_{\max} = 100\text{kN} \cdot \text{m}$

11. 다음 그림과 같이 캔틸레버보의 B점에 집중하중 P와 우력모멘트 M_o가 작용할 때 B점에서의 연직변위(δ_B)는? (단, EI는 일정하다.)

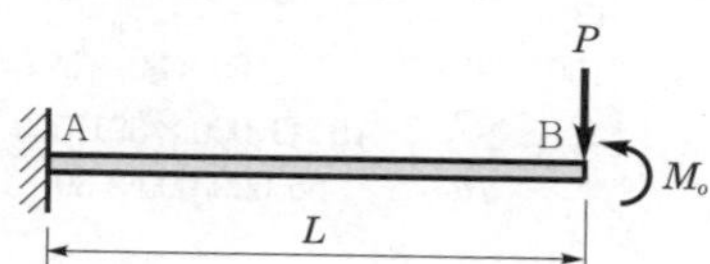

① $\dfrac{PL^3}{4EI} + \dfrac{M_o L^2}{2EI}$ ② $\dfrac{PL^3}{4EI} - \dfrac{M_o L^2}{2EI}$

③ $\dfrac{PL^3}{3EI} + \dfrac{M_o L^2}{2EI}$ ④ $\dfrac{PL^3}{3EI} - \dfrac{M_o L^2}{2EI}$

해설

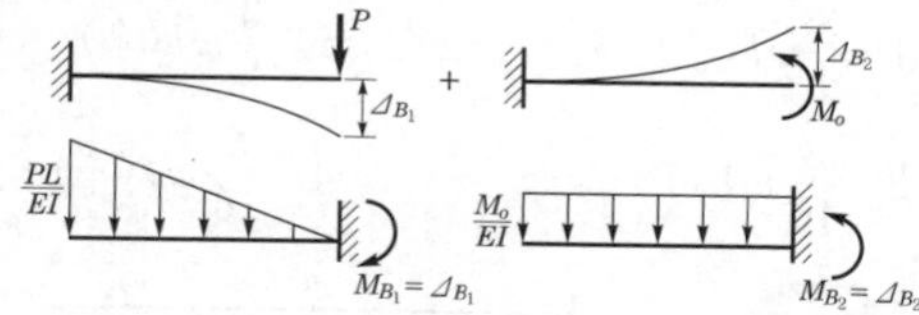

$\Delta_{B1} = M_{B1} = \dfrac{L}{2} \times \dfrac{PL}{EI} \times \dfrac{2L}{3} = \dfrac{PL^3}{3EI}(\downarrow)$

$\Delta_{B2} = M_{B2} = \dfrac{M_o}{EI} \times L \times \dfrac{L}{2} = \dfrac{M_o L^2}{2EI}(\uparrow)$

$\therefore \ \delta_B = \Delta_{B1} + \Delta_{B2} = \dfrac{PL^3}{3EI} - \dfrac{M_o L^2}{2EI}$

12. 전단탄성계수(G)가 81,000MPa, 전단응력(τ)이 81MPa이면 전단변형률(γ)의 값은?

① 0.1 ② 0.01

③ 0.001 ④ 0.0001

해설

$G = \dfrac{\tau}{\gamma}$

$\therefore \ \gamma = \dfrac{\tau}{G} = \dfrac{81}{81,000} = 0.001$

13. 다음 그림과 같은 3힌지 아치에서 A점의 수평반력(H_A)은?

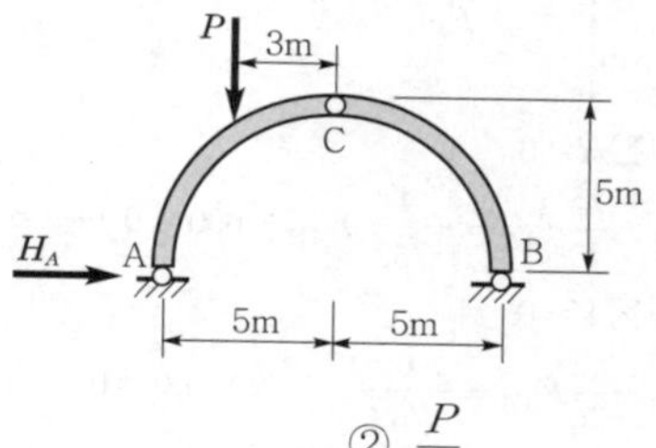

① P ② $\dfrac{P}{2}$

③ $\dfrac{P}{4}$ ④ $\dfrac{P}{5}$

해설

$\Sigma M_B = 0 (\circlearrowright \oplus)$

$V_A \times 10 - P \times 8 = 0$

$\therefore \ V_A = \dfrac{4}{5} P(\uparrow)$

$\Sigma M_C = 0 (\circlearrowright \oplus)$

$-H_A \times 5 - 3 \times P + \dfrac{4}{5} P \times 5 = 0$

$\therefore \ H_A = \dfrac{P}{5}(\rightarrow)$

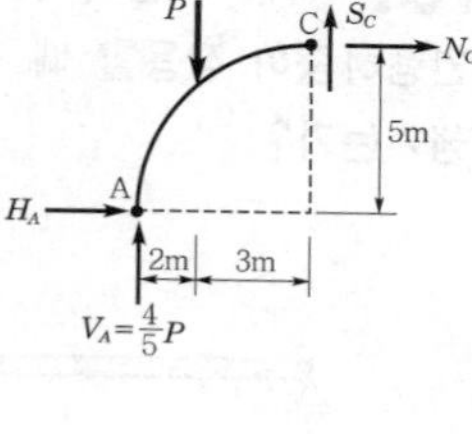

14. 다음 그림과 같은 라멘구조물의 E점에서의 불균형모멘트에 대한 부재 EA의 모멘트분배율은?

① 0.167

② 0.222

③ 0.386

④ 0.441

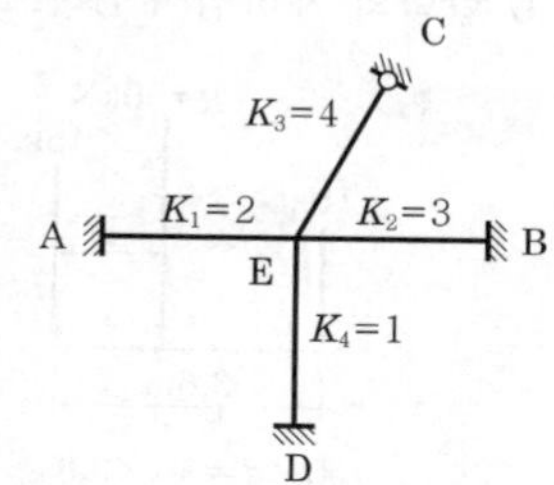

해설

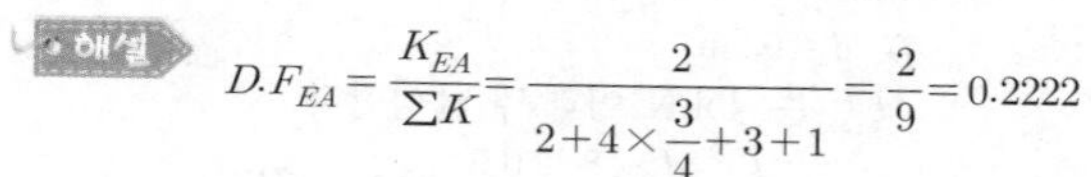

$D.F_{EA} = \dfrac{K_{EA}}{\Sigma K} = \dfrac{2}{2 + 4 \times \dfrac{3}{4} + 3 + 1} = \dfrac{2}{9} = 0.2222$

15. 다음 그림과 같은 구조물에서 부재 AB가 받는 힘의 크기는?

① 3,166.7kN

② 3,274.2kN

③ 3,368.5kN

④ 3,485.4kN

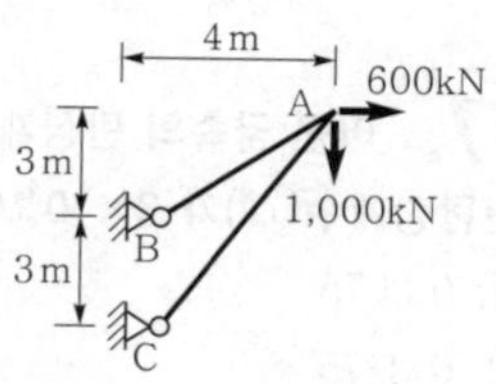

정답 11. ④ 12. ③ 13. ④ 14. ② 15. ①

해설

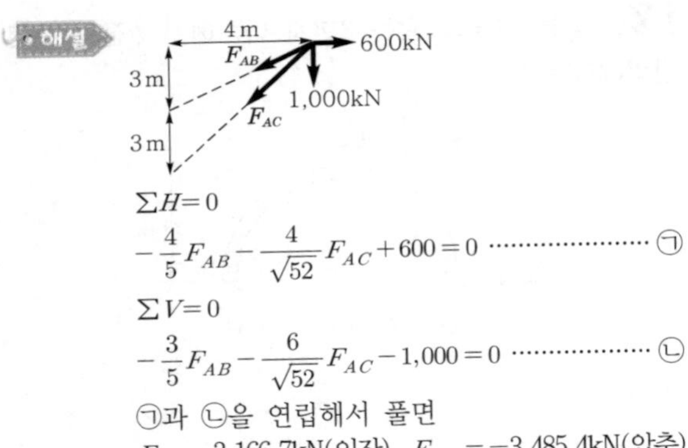

$\Sigma H = 0$

$-\frac{4}{5}F_{AB} - \frac{4}{\sqrt{52}}F_{AC} + 600 = 0$ ······················ ㉠

$\Sigma V = 0$

$-\frac{3}{5}F_{AB} - \frac{6}{\sqrt{52}}F_{AC} - 1{,}000 = 0$ ······················ ㉡

㉠과 ㉡을 연립해서 풀면

$F_{AB} = 3{,}166.7$kN(인장), $F_{AC} = -3{,}485.4$kN(압축)

16. 다음 그림과 같이 지간(span) 8m인 단순보에 연행하중이 작용할 때 절대 최대 휨모멘트는 어디에서 생기는가?

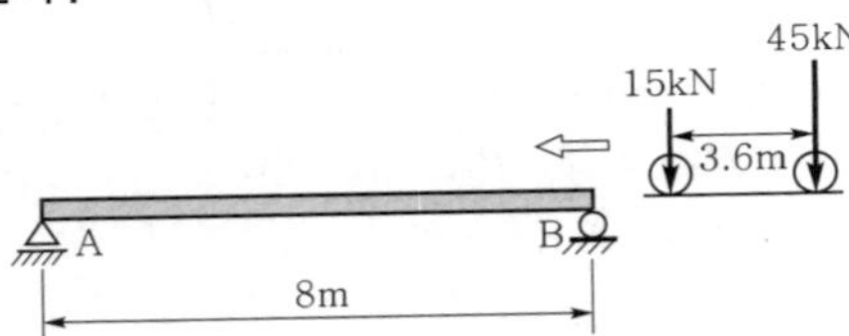

① 45kN의 재하점이 A점으로부터 4m인 곳
② 45kN의 재하점이 A점으로부터 4.45m인 곳
③ 15kN의 재하점이 B점으로부터 4m인 곳
④ 합력의 재하점이 B점으로부터 3.35m인 곳

해설

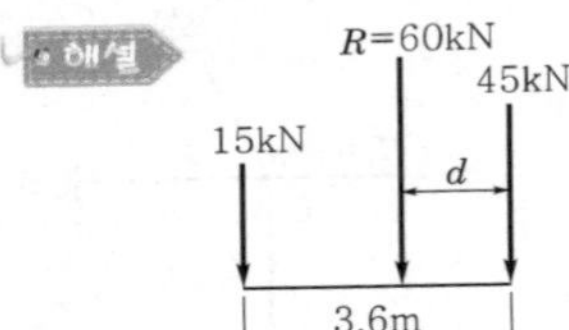

$60 \times d = 15 \times 3.6$

$\therefore\ d = 0.9\text{m}$

$M_{\max}$는 45kN 아래서 발생한다.

$\therefore\ x = \frac{l}{2} - \frac{d}{2} = \frac{8}{2} - \frac{0.9}{2} = 3.55\text{m}$ (B점)

따라서 A점으로부터 15kN은 7.15m 지점에 위치하고, B점으로부터 45kN은 5.5m 지점에 위치한다.

17. 어떤 금속의 탄성계수(E)가 21×10^4MPa이고, 전단탄성계수(G)가 8×10^4MPa일 때 금속의 푸아송비는?

① 0.3075　　② 0.3125
③ 0.3275　　④ 0.3325

해설

$G = \frac{E}{2(1+\nu)}$

$\therefore\ \nu = \frac{E}{2G} - 1 = \frac{21 \times 10^4}{2 \times 8 \times 10^4} - 1 = 0.3125$

18. 다음 그림과 같은 단순보의 단면에서 발생하는 최대 전단응력의 크기는?

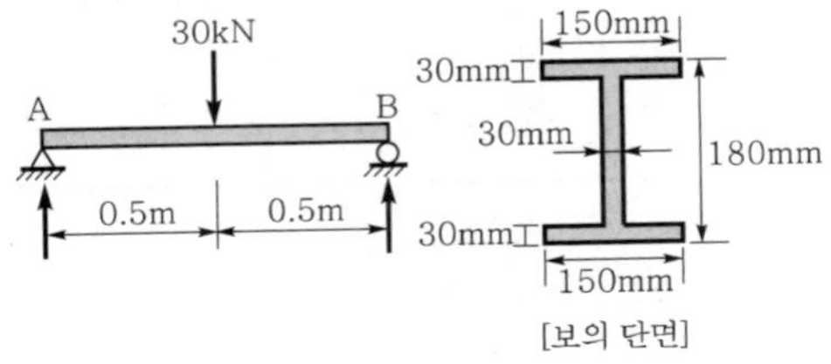

[보의 단면]

① 3.52MPa　　② 3.86MPa
③ 4.45MPa　　④ 4.93MPa

해설

$I_x = \frac{1}{12} \times (150 \times 180^3 - 120 \times 120^3) = 55{,}620{,}000\text{mm}^4$

$G_x = 150 \times 30 \times 75 + 30 \times 60 \times 30 = 391{,}500\text{mm}^3$

$\therefore\ \tau_{\max} = \frac{SG_x}{Ib} = \frac{15 \times 1{,}000 \times 391{,}500}{55{,}620{,}000 \times 30} = 3.52\text{MPa}$

19. 다음 그림과 같은 부정정보에서 B점의 반력은?

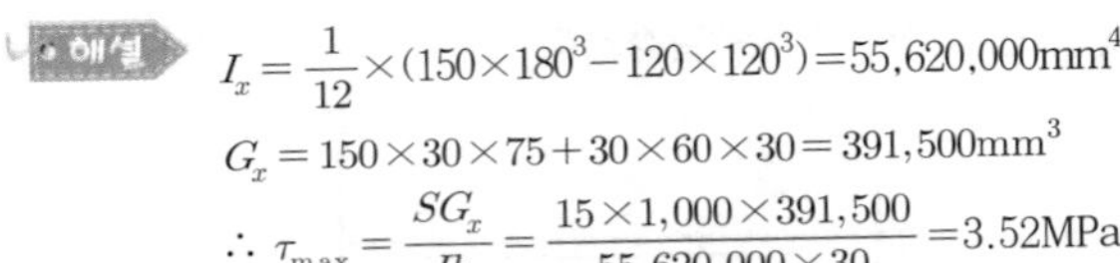

① $\frac{3}{4}wl(\uparrow)$　　② $\frac{3}{8}wl(\uparrow)$
③ $\frac{3}{16}wl(\uparrow)$　　④ $\frac{5}{16}wl(\uparrow)$

해설

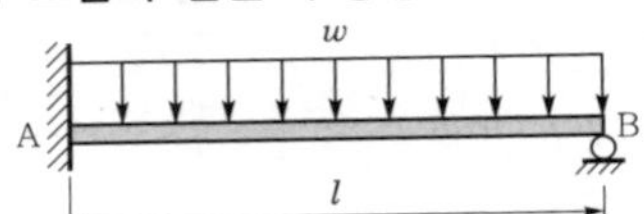

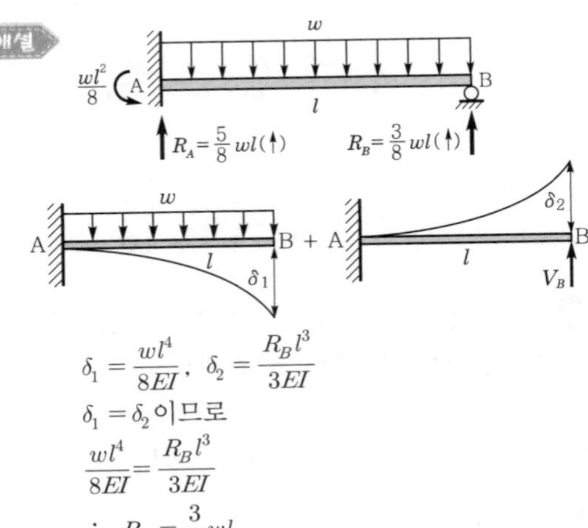

$\delta_1 = \frac{wl^4}{8EI}$, $\delta_2 = \frac{R_B l^3}{3EI}$

$\delta_1 = \delta_2$이므로

$\frac{wl^4}{8EI} = \frac{R_B l^3}{3EI}$

$\therefore\ R_B = \frac{3}{8}wl$

$R_A = wl - \frac{3}{8}wl = \frac{5}{8}wl$

정답 16. ② 17. ② 18. ① 19. ②

20. 다음 그림과 같은 구조에서 절대값이 최대로 되는 휨모멘트의 값은?

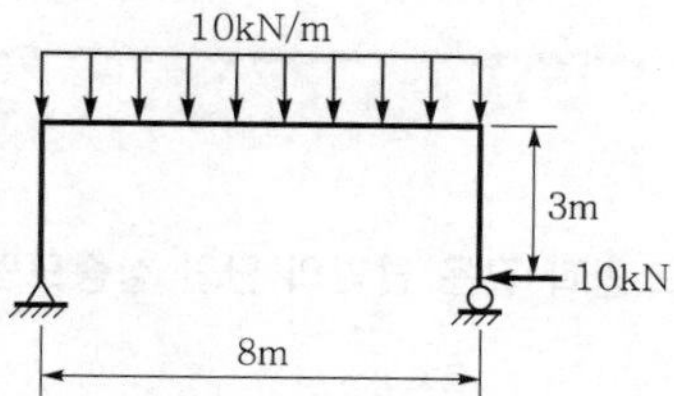

① 80kN·m ② 50kN·m
③ 40kN·m ④ 30kN·m

해설 $\sum M_B = 0$

$V_A \times 8 - 10 \times 8 \times 4 = 0$

$\therefore\ V_A = 40\text{kN}(\uparrow)$

$\sum V = 0$

$\therefore\ V_B = 40\text{kN}(\uparrow)$

$\sum H = 0$

$\therefore\ H_A = 10\text{kN}(\rightarrow)$

$\therefore\ M_E = 40 \times 4 - 10 \times 3 - 10 \times 4 \times 2 = 50\text{kN}\cdot\text{m}$

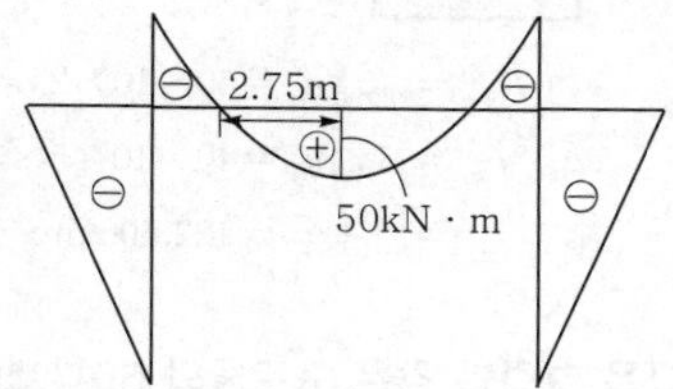

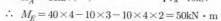

<B.M.D.>

$\therefore\ M_{\max} = 50\text{kN}\cdot\text{m}$

토목기사(2022년 4월 24일 시행)

1. 다음 그림과 같이 이축응력을 받고 있는 요소의 체적변형률은? (단, 탄성계수(E)는 2×10^5MPa, 푸아송비(ν)는 0.3이다.)

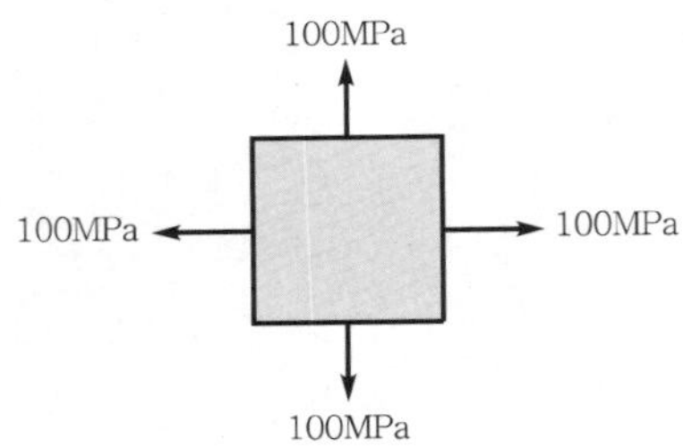

① 2.7×10^{-4}　　② 3.0×10^{-4}
③ 3.7×10^{-4}　　④ 4.0×10^{-4}

$$\varepsilon_v = \varepsilon_x + \varepsilon_y + \varepsilon_z = \frac{1-2\nu}{E}(\sigma_x + \sigma_y + \sigma_z)$$
$$= \frac{1-2\times0.3}{2\times10^5}\times(100+100+0) = 4.0\times10^{-4}$$

2. 다음 그림과 같이 봉에 작용하는 힘들에 의한 봉 전체의 수직처짐의 크기는?

① $\dfrac{PL}{A_1E_1}$
② $\dfrac{2PL}{3A_1E_1}$
③ $\dfrac{4PL}{3A_1E_1}$
④ $\dfrac{3PL}{2A_1E_1}$

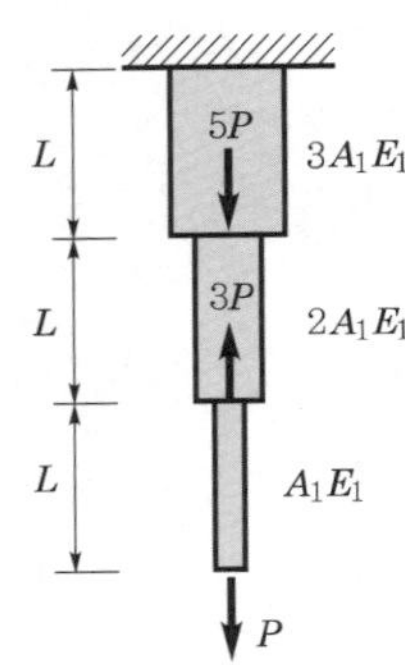

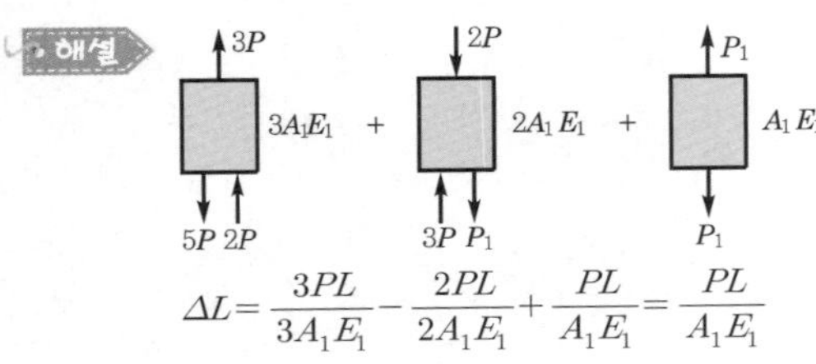

$$\Delta L = \frac{3PL}{3A_1E_1} - \frac{2PL}{2A_1E_1} + \frac{PL}{A_1E_1} = \frac{PL}{A_1E_1}$$

3. 다음 그림과 같은 단면의 단면 상승모멘트(I_{xy})는?

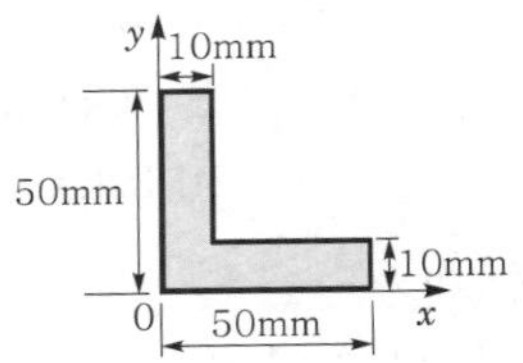

① $77,500\text{mm}^4$　　② $92,500\text{mm}^4$
③ $122,500\text{mm}^4$　　④ $157,500\text{mm}^4$

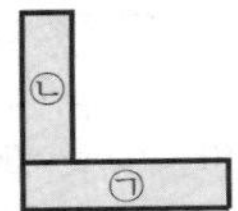

㉠ $I_{xy} = Ax_0y_0 = 50\times10\times25\times5 = 62,500\text{mm}^4$
㉡ $I_{xy} = Ax_0y_0 = 40\times10\times5\times30 = 60,000\text{mm}^4$
∴ $I_{xy} =$ ㉠ + ㉡ $= 122,500\text{mm}^4$

4. 다음 그림과 같은 구조물의 BD부재에 작용하는 힘의 크기는?

① 100kN
② 125kN
③ 150kN
④ 200kN

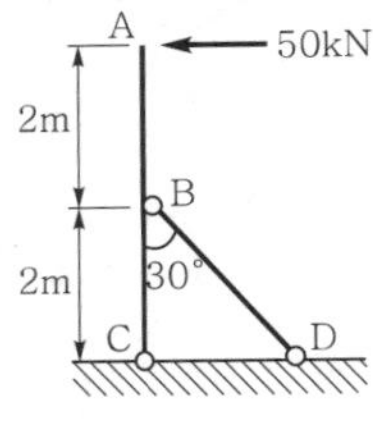

해설

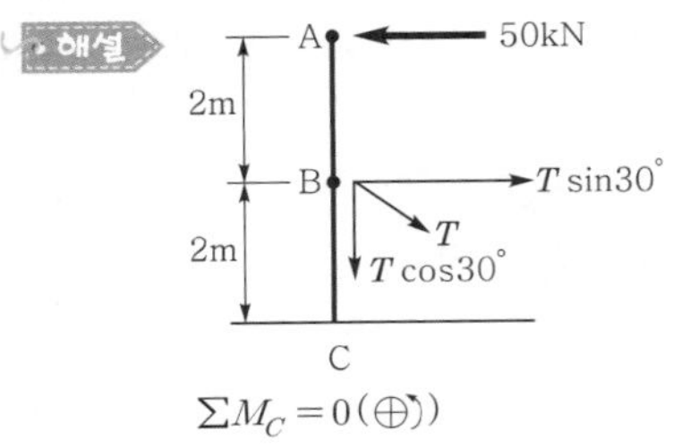

$\Sigma M_C = 0\,(\oplus)$
$50\times4 - T\times\sin30°\times2 = 0$
∴ $T = \dfrac{50\times4}{2\times\sin30°} = 200\text{kN}\,(\rightarrow)$

정답 1. ④ 2. ① 3. ③ 4. ④

5. 다음 그림과 같은 와렌(warren)트러스에서 부재력이 '0(영)'인 부재는 몇 개인가?

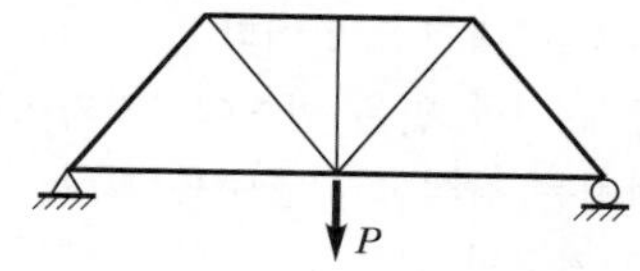

① 0개　　② 1개
③ 2개　　④ 3개

해설

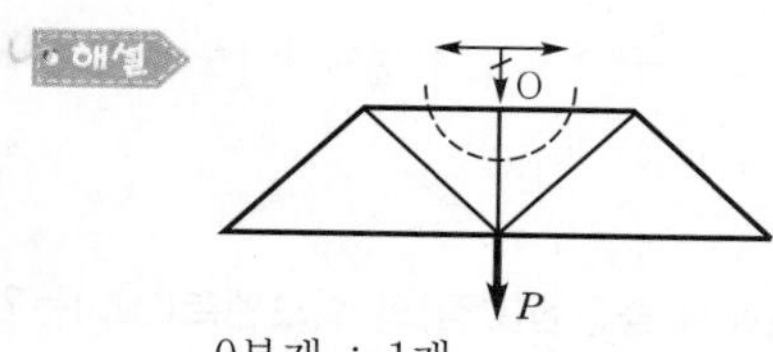

0부재 : 1개

6. 다음 그림과 같은 2경간 연속보에 등분포하중 $w=$ 4kN/m가 작용할 때 전단력이 "0"이 되는 위치는 지점 A로부터 얼마의 거리(x)에 있는가?

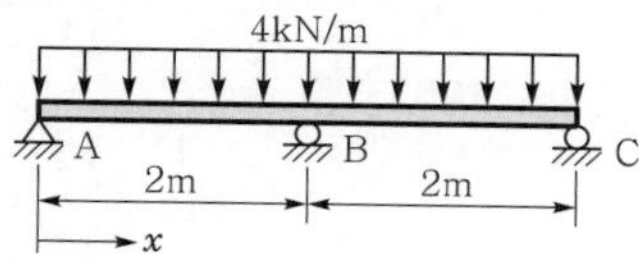

① 0.75m　　② 0.85m
③ 0.95m　　④ 1.05m

해설 ㉠ V_B 산정

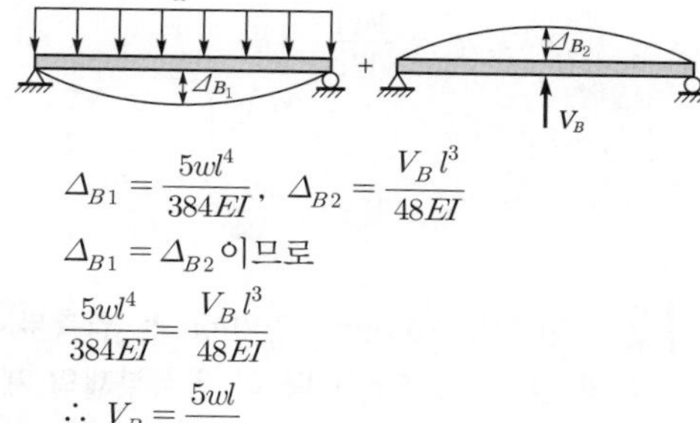

$$\Delta_{B1}=\frac{5wl^4}{384EI},\ \Delta_{B2}=\frac{V_B l^3}{48EI}$$

$\Delta_{B1}=\Delta_{B2}$이므로

$$\frac{5wl^4}{384EI}=\frac{V_B l^3}{48EI}$$

$$\therefore\ V_B=\frac{5wl}{8}$$

㉡ V_A 산정

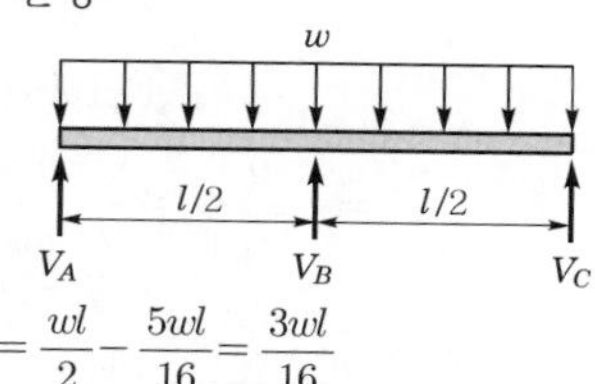

$$V_A=\frac{wl}{2}-\frac{5wl}{16}=\frac{3wl}{16}$$

㉢ $V_x=0$ 산정

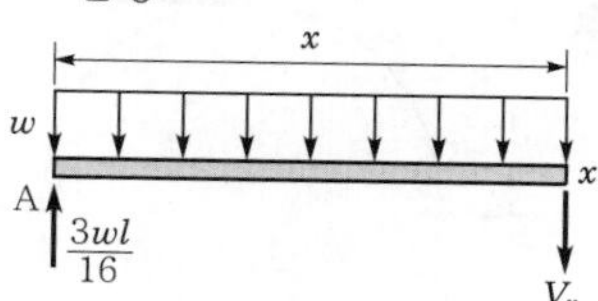

$$V_x=\frac{3wl}{16}-wx=0$$

$$wx=\frac{3wl}{16}$$

$$\therefore\ x=\frac{3l}{16}=\frac{3\times 4}{16}=0.75\text{m}$$

7. 전단응력도에 대한 설명으로 틀린 것은?

① 직사각형 단면에서는 중앙부의 전단응력도가 제일 크다.
② 원형 단면에서는 중앙부의 전단응력도가 제일 크다.
③ I형 단면에서는 상, 하단의 전단응력도가 제일 크다.
④ 전단응력도는 전단력의 크기에 비례한다.

해설 I형 단면은 단면의 중심부에서 전단응력도가 최대이다.

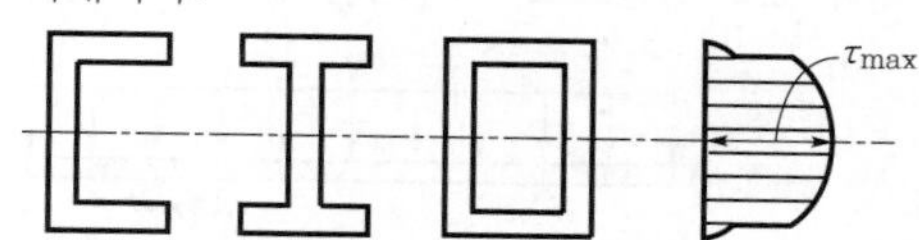

8. 다음 그림과 같은 3힌지 아치의 중간 힌지에 수평하중 P가 작용할 때 A지점의 수직반력(V_A)과 수평반력(H_A)은?

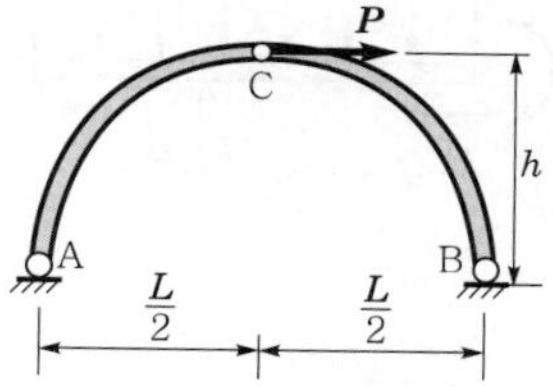

① $V_A=\frac{Ph}{L}(\uparrow),\ H_A=\frac{P}{2h}(\leftarrow)$

② $V_A=\frac{Ph}{L}(\downarrow),\ H_A=\frac{P}{2}(\rightarrow)$

③ $V_A=\frac{Ph}{L}(\uparrow),\ H_A=\frac{P}{2}(\rightarrow)$

④ $V_A=\frac{Ph}{L}(\downarrow),\ H_A=\frac{P}{2}(\leftarrow)$

정답　5. ②　6. ①　7. ③　8. ④

해설

㉠ $\Sigma M_B = 0(\oplus)$

$V_A \times l + P \times h = 0$

$\therefore V_A = -\dfrac{Ph}{l}(\downarrow)$

㉡ $\Sigma M_{C(\text{왼쪽})} = 0(\oplus)$

$V_A \times \dfrac{l}{2} - H_A \times h = 0$

$\therefore H_A = -\dfrac{P}{2}(\leftarrow)$

9. 다음 그림과 같이 단순지지된 보에 등분포하중 q가 작용하고 있다. 지점 C의 부모멘트와 보의 중앙에 발생하는 정모멘트의 크기를 같게 하여 등분포하중 q의 크기를 제한하려고 한다. 지점 C와 D는 보의 대칭거동을 유지하기 위하여 각각 A와 B로부터 같은 거리에 배치하고자 한다. 이때 보의 A점으로부터 지점 C까지의 거리(x)는?

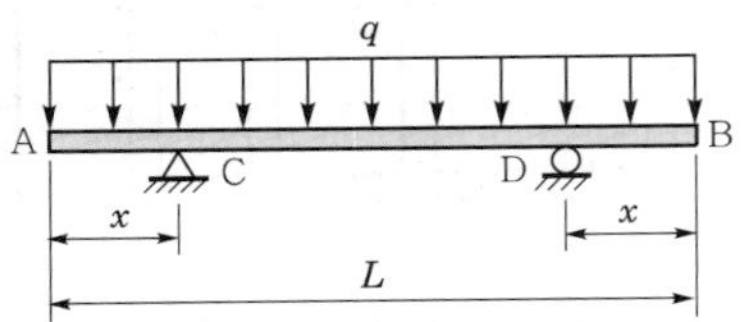

① $0.207L$ ② $0.250L$

③ $0.333L$ ④ $0.444L$

해설

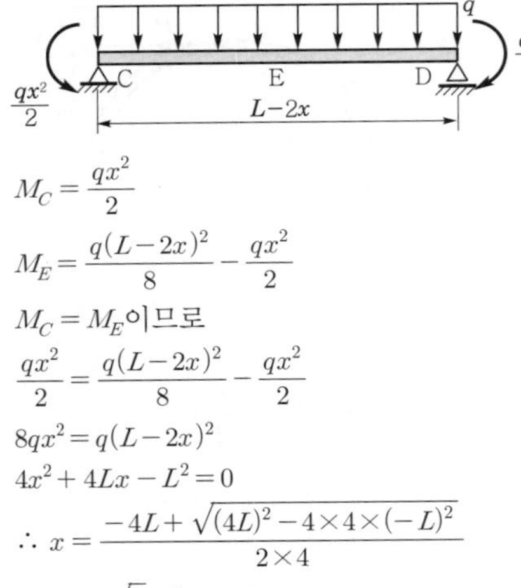

$M_C = \dfrac{qx^2}{2}$

$M_E = \dfrac{q(L-2x)^2}{8} - \dfrac{qx^2}{2}$

$M_C = M_E$이므로

$\dfrac{qx^2}{2} = \dfrac{q(L-2x)^2}{8} - \dfrac{qx^2}{2}$

$8qx^2 = q(L-2x)^2$

$4x^2 + 4Lx - L^2 = 0$

$\therefore x = \dfrac{-4L + \sqrt{(4L)^2 - 4\times4\times(-L)^2}}{2\times4}$

$= \dfrac{\sqrt{2}-1}{2}L = 0.207L$

10. 탄성변형에너지(Elastic Strain Energy)에 대한 설명으로 틀린 것은?

① 변형에너지는 내적인 일이다.

② 외부하중에 의한 일은 변형에너지와 같다.

③ 변형에너지는 강성도가 클수록 크다.

④ 하중을 제거하면 회복될 수 있는 에너지이다.

해설 $U = \dfrac{1}{2}P\delta = \dfrac{1}{2}P\left(\dfrac{PL}{EA}\right) = \dfrac{P^2L}{2EA}$

강성도 $k = \dfrac{EA}{L}$이므로 변형에너지는 강성도에 반비례한다$\left(U \propto \dfrac{1}{k}\right)$.

11. 다음 그림에서 중앙점(C점)의 휨모멘트(M_C)는?

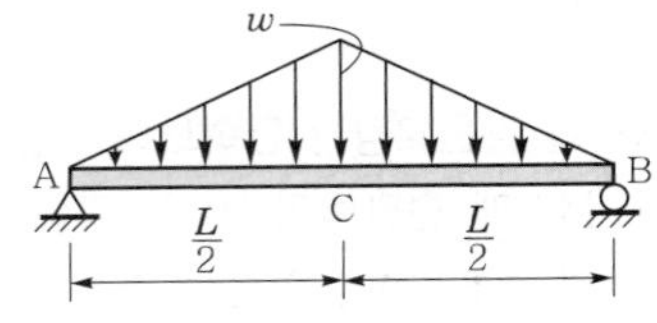

① $\dfrac{1}{20}wL^2$ ② $\dfrac{5}{96}wL^2$

③ $\dfrac{1}{6}wL^2$ ④ $\dfrac{1}{12}wL^2$

해설 $\Sigma M_B = 0(\oplus)$

$(R_A \times L) - \left(w \times \dfrac{L}{2} \times \dfrac{1}{2}\right) \times \left(\dfrac{L}{2} + \dfrac{L}{2} \times \dfrac{1}{3}\right)$

$- \left(w \times \dfrac{L}{2} \times \dfrac{1}{2}\right) \times \left(\dfrac{L}{2} \times \dfrac{2}{3}\right) = 0$

$\therefore R_A = \dfrac{3wL}{12}$

$\therefore M_C = \left(\dfrac{3wL}{12} \times \dfrac{L}{2}\right) - \left(w \times \dfrac{L}{2} \times \dfrac{1}{2}\right) \times \left(\dfrac{L}{2} \times \dfrac{1}{3}\right)$

$= \dfrac{3wL^2}{24} - \dfrac{wL^2}{24} = \dfrac{wL^2}{12}$

12. 단면이 200mm×300mm인 압축부재가 있다. 부재의 길이가 2.9m일 때 이 압축부재의 세장비는 약 얼마인가? (단, 지지상태는 양단 힌지이다.)

① 33 ② 50

③ 60 ④ 100

해설 $\lambda = \dfrac{l}{r_{\min}} = \dfrac{l}{\sqrt{\dfrac{I_{\min}}{A}}} = \dfrac{l}{\sqrt{\dfrac{b^3h}{12bh}}} = \dfrac{l\sqrt{12}}{b}$

$= \dfrac{2.9 \times 10^2 \times \sqrt{12}}{20} = 50.23$

정답 9. ① 10. ③ 11. ④ 12. ②

13. 다음 그림과 같이 한 변이 a인 정사각형 단면의 $\frac{1}{4}$을 절취한 나머지 부분의 도심(C)의 위치(y_o)는?

① $\frac{4}{12}a$

② $\frac{5}{12}a$

③ $\frac{6}{12}a$

④ $\frac{7}{12}a$

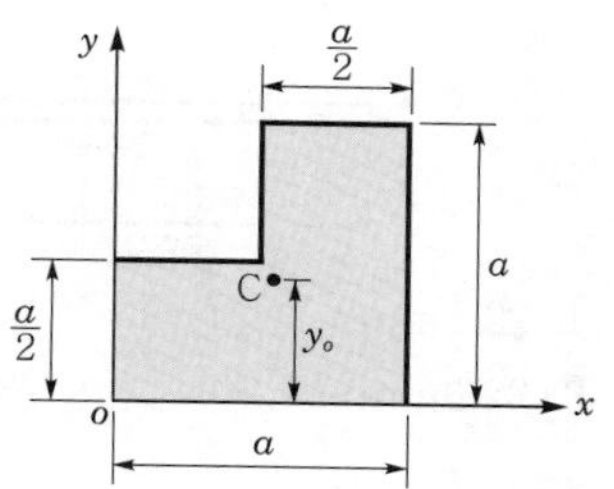

해설 바리뇽의 정리 이용

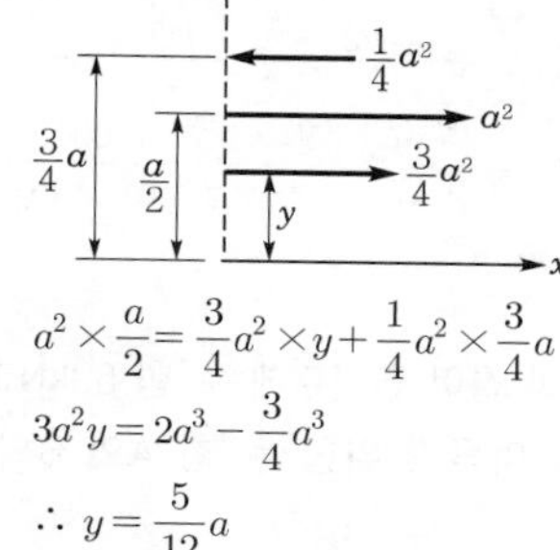

$$a^2 \times \frac{a}{2} = \frac{3}{4}a^2 \times y + \frac{1}{4}a^2 \times \frac{3}{4}a$$

$$3a^2 y = 2a^3 - \frac{3}{4}a^3$$

$$\therefore y = \frac{5}{12}a$$

14. 다음 그림과 같은 게르버보에서 A점의 반력은?

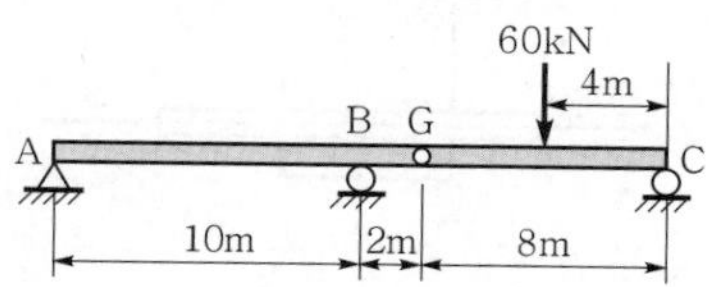

① 6kN(↓) ② 6kN(↑)
③ 30kN(↓) ④ 30kN(↑)

해설

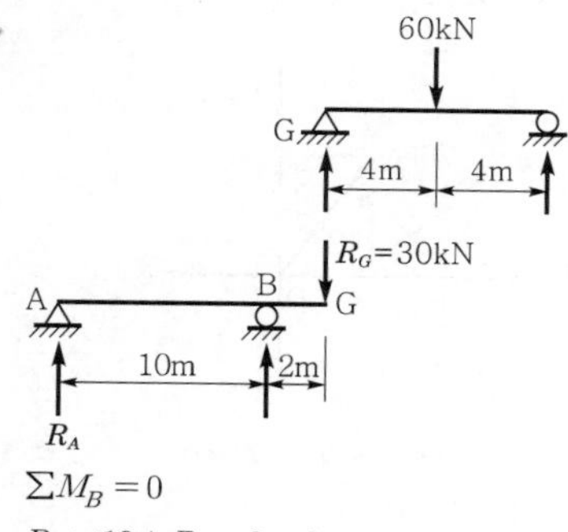

$\Sigma M_B = 0$

$R_A \times 10 + R_G \times 2 = 0$

$R_A \times 10 + 30 \times 2 = 0$

$\therefore R_A = -6\text{kN}(\downarrow)$

15. 다음 그림과 같은 구조물에서 하중이 작용하는 위치에서 일어나는 처짐의 크기는?

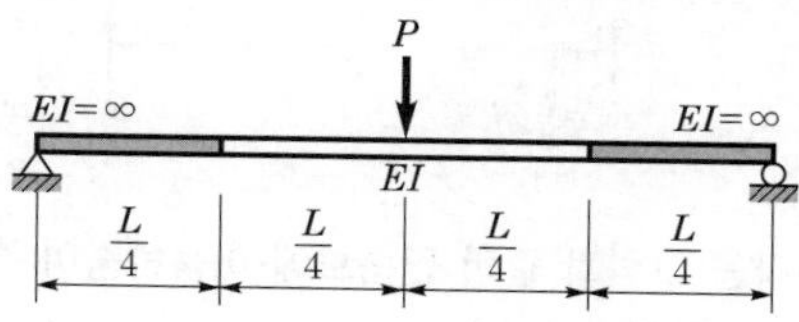

① $\frac{PL^3}{48EI}$ ② $\frac{PL^3}{96EI}$

③ $\frac{7PL^3}{384EI}$ ④ $\frac{11PL^3}{384EI}$

해설

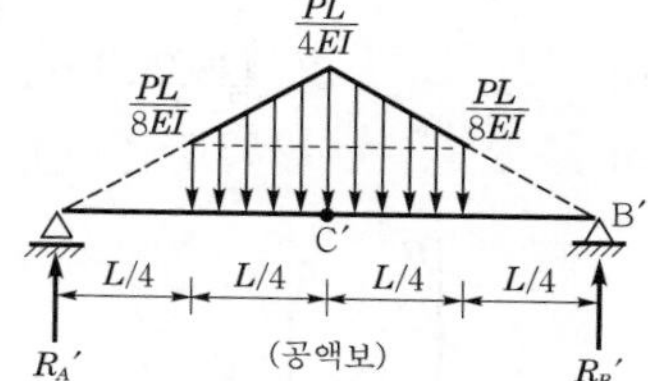

$EI = \infty$에서 탄성하중은 0이므로 중앙 $L/2$구간에 탄성하중이 작용한다.

$\Sigma M_B' = 0$

$$R_A' \times L - \left(\frac{PL}{8EI} \times \frac{L}{2}\right) \times \frac{L}{2} - \left(\frac{1}{2} \times \frac{PL}{8EI} \times \frac{L}{2}\right) \times \frac{L}{2} = 0$$

$$\therefore R_A' = \frac{3PL^2}{64EI}$$

$\Sigma M_C' = 0$

$$\therefore \delta_C = M_C'$$

$$= \frac{3PL^2}{64EI} \times \frac{L}{2} - \left(\frac{PL}{8EI} \times \frac{L}{4}\right) \times \left(\frac{L}{4} \times \frac{1}{2}\right) - \left(\frac{1}{2} \times \frac{PL}{8EI} \times \frac{L}{4}\right) \times \left(\frac{L}{4} \times \frac{1}{3}\right)$$

$$= \frac{3PL^3}{128EI} - \frac{PL^3}{256EI} - \frac{PL^3}{768EI} = \frac{7PL^3}{384EI}$$

16. 다음 그림과 같은 부정정보의 A단에 작용하는 휨모멘트는?

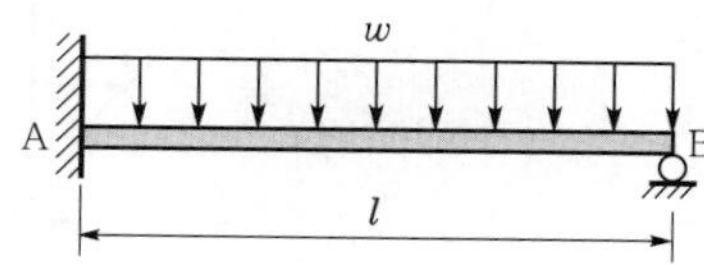

① $-\frac{1}{4}wl^2$ ② $-\frac{1}{8}wl^2$

③ $-\frac{1}{12}wl^2$ ④ $-\frac{1}{24}wl^2$

정답 13. ② 14. ① 15. ③ 16. ②

해설

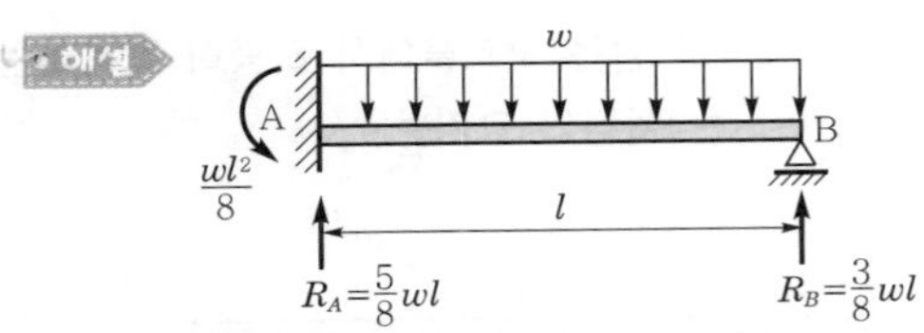

17. 다음 그림과 같이 단순보에 이동하중이 작용할 때 절대 최대 휨모멘트는?

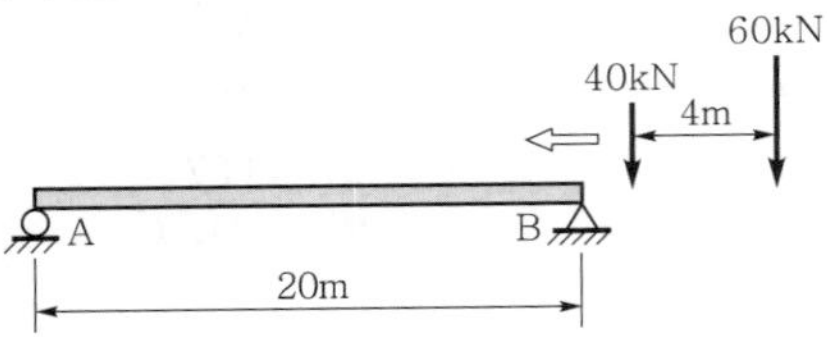

① 387.2kN·m ② 423.2kN·m
③ 478.4kN·m ④ 531.7kN·m

해설

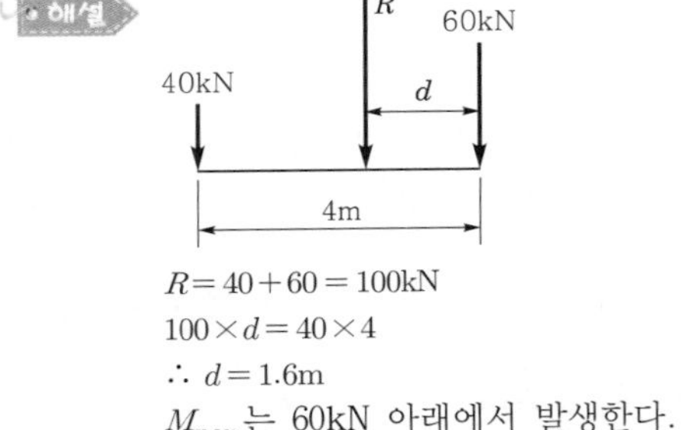

$R=40+60=100\text{kN}$

$100\times d=40\times 4$

$\therefore\ d=1.6\text{m}$

$M_{\max}$는 60kN 아래에서 발생한다.

$\therefore\ M_{\max}=\dfrac{R}{l}\left(\dfrac{l-d}{2}\right)^2=\dfrac{100}{20}\times\left(\dfrac{20-1.6}{2}\right)^2$

$=423.2\text{kN}\cdot\text{m}$

18. 바닥은 고정, 상단은 자유로운 기둥의 좌굴형상이 다음 그림과 같을 때 임계하중은?

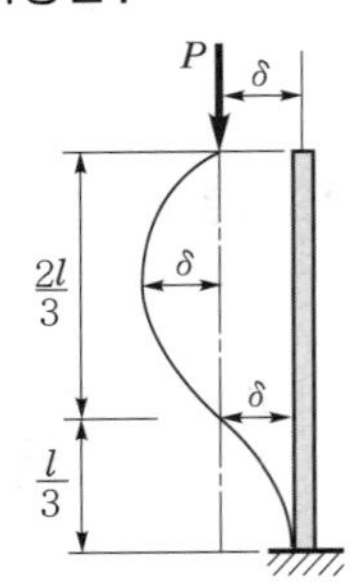

① $\dfrac{\pi^2EI}{4l}$

② $\dfrac{9\pi^2EI}{4l^2}$

③ $\dfrac{13\pi^2EI}{4l^2}$

④ $\dfrac{25\pi^2EI}{4l^2}$

해설 $l_k=\dfrac{2l}{3}$

$\therefore\ P_b=\dfrac{n\pi^2EI}{{l_k}^2}=\dfrac{\pi^2EI}{(kl)^2}=\dfrac{9\pi^2EI}{4l^2}$

19. 다음 그림과 같은 내민보에서 A점의 처짐은? (단, $I=1.6\times10^8\text{mm}^4$, $E=2.0\times10^5\text{MPa}$이다.)

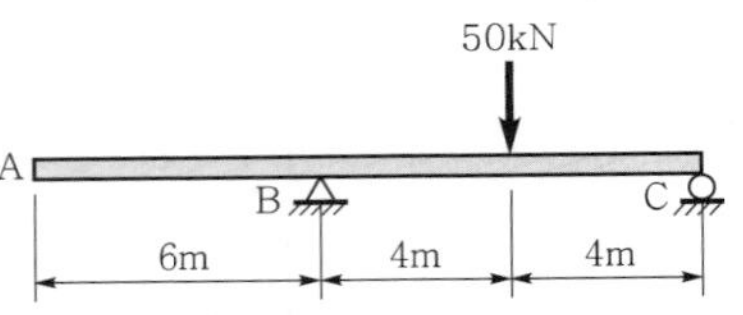

① 22.5mm ② 27.5mm
③ 32.5mm ④ 37.5mm

해설

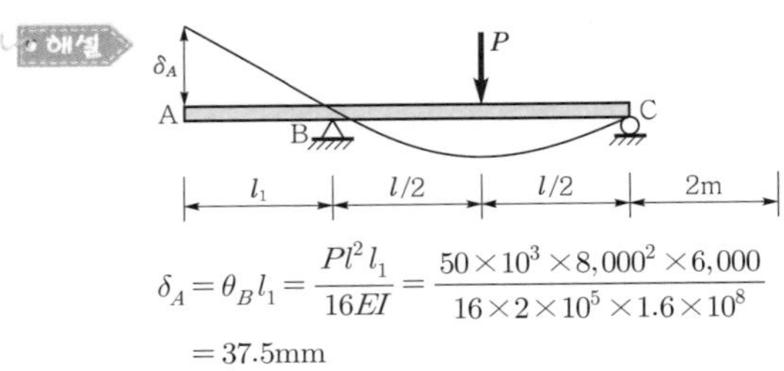

$\delta_A=\theta_B l_1=\dfrac{Pl^2l_1}{16EI}=\dfrac{50\times10^3\times8{,}000^2\times6{,}000}{16\times2\times10^5\times1.6\times10^8}$

$=37.5\text{mm}$

20. 다음 그림과 같이 연결부에 두 힘 50kN과 20kN이 작용한다. 평형을 이루기 위한 두 힘 A와 B의 크기는?

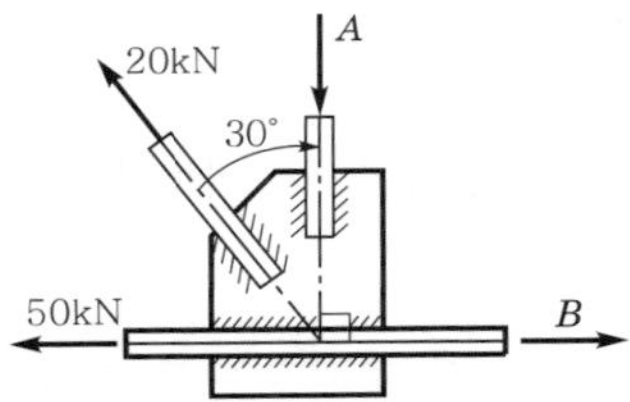

① $A=10\text{kN},\ B=50+\sqrt{3}\text{ kN}$
② $A=50+\sqrt{3}\text{ kN},\ B=10\text{kN}$
③ $A=10\sqrt{3}\text{ kN},\ B=60\text{kN}$
④ $A=60\text{kN},\ B=10\sqrt{3}\text{ kN}$

해설

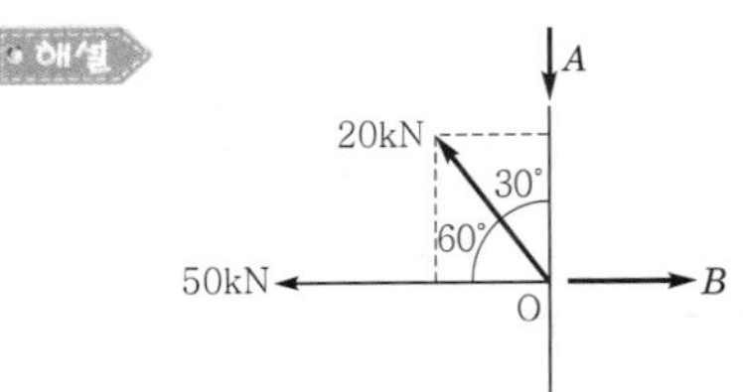

㉠ $\Sigma H=0$

$50+20\times\cos60°-B=0$

$\therefore\ B=60\text{kN}$

㉡ $\Sigma V=0$

$-A+20\times\cos30°=0$

$\therefore\ A=10\sqrt{3}\text{kN}$

정답 17. ② 18. ② 19. ④ 20. ③

부록 II

CBT 대비 실전 모의고사

토목기사 실전 모의고사 1회

▶ 정답 및 해설 : p.154

1. 다음 그림과 같이 세 개의 평행력이 작용할 때 합력 R의 위치 x는?

① 3.0m
② 3.5m
③ 4.0m
④ 4.5m

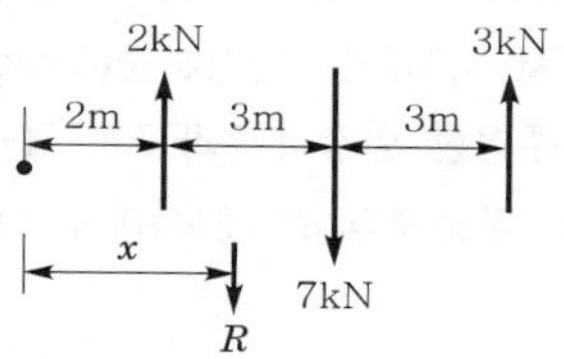

2. 다음 그림과 같은 30° 경사진 언덕에 40kN의 물체를 밀어올릴 때 필요한 힘 P는 최소 얼마 이상이어야 하는가? (단, 마찰계수는 0.25이다.)

① 28.7kN
② 30.2kN
③ 34.7kN
④ 40.0kN

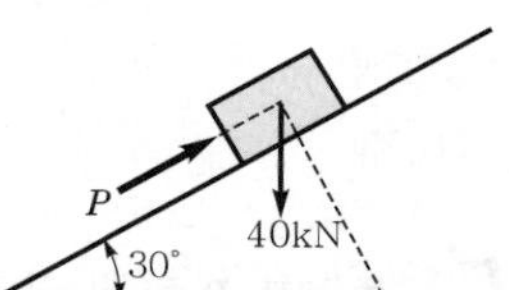

3. 다음 그림과 같은 단면의 $A-A$축에 대한 단면 2차 모멘트는?

① $558b^4$
② $623b^4$
③ $685b^4$
④ $729b^4$

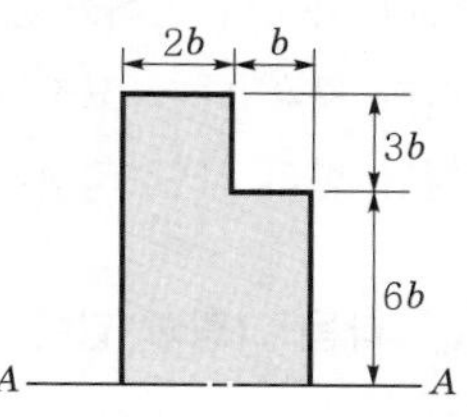

4. 다음 그림과 같은 사다리꼴 단면에서 $x-x'$축에 대한 단면 2차 모멘트값은?

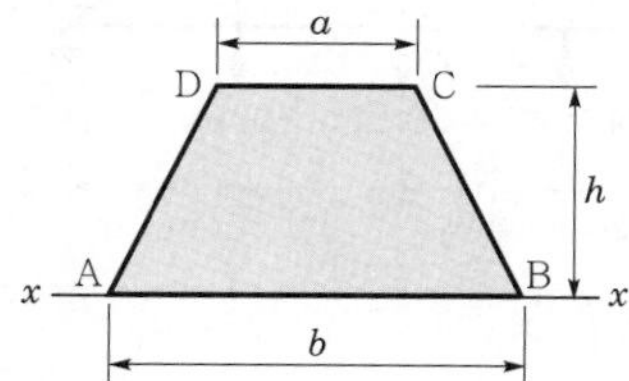

① $\frac{h^3}{12}(b+3a)$
② $\frac{h^3}{12}(b+2a)$
③ $\frac{h^3}{12}(3b+a)$
④ $\frac{h^3}{12}(2b+a)$

5. 탄성계수(E), 전단탄성계수(G), 푸아송수(m) 간의 관계를 옳게 표시한 것은?

① $G=\frac{mE}{2(m+1)}$
② $G=\frac{m}{2(m+1)}$
③ $G=\frac{E}{2(m+1)}$
④ $G=\frac{E}{2(m-1)}$

6. 다음 그림과 같은 인장부재의 수직변위를 구하는 식으로 옳은 것은? (단, 탄성계수는 E이다.)

① $\frac{PL}{EA}$
② $\frac{3PL}{2EA}$
③ $\frac{2PL}{EA}$
④ $\frac{5PL}{2EA}$

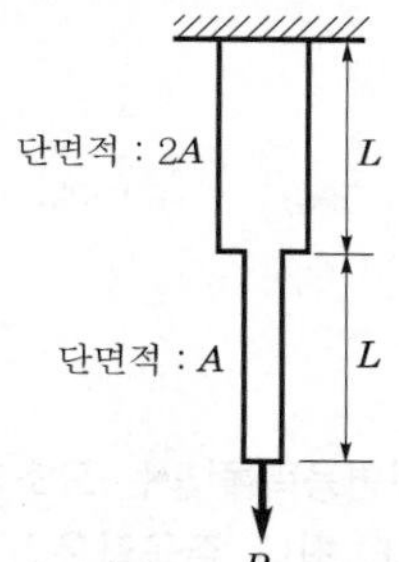

7. 다음 그림과 같은 단순보의 B점에 하중 50kN이 연직방향으로 작용하면 C점에서의 휨모멘트는?

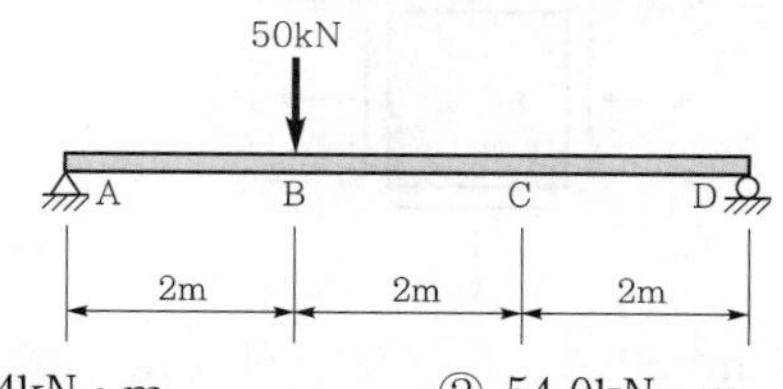

① 33.4kN · m
② 54.0kN · m
③ 66.7kN · m
④ 100kN · m

8. 다음 그림과 같이 C점이 내부힌지로 구성된 게르버보에서 B지점에 발생하는 모멘트의 크기는?

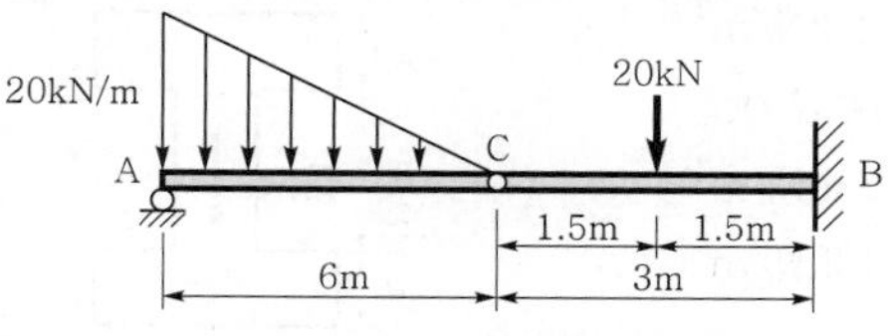

① 90kN · m
② 60kN · m
③ 30kN · m
④ 10kN · m

9. 다음 그림과 같은 3힌지 아치에 집중하중 P가 가해질 때 지점 B에서의 수평반력은?

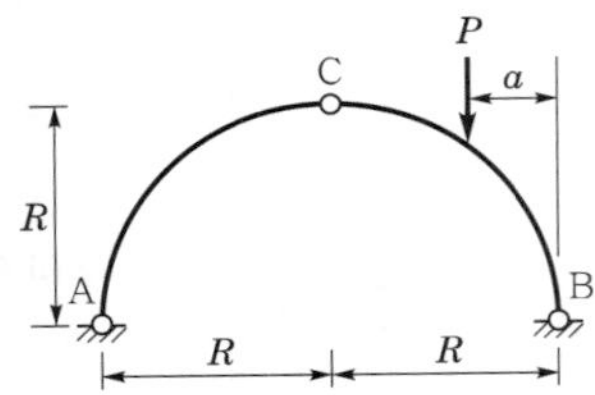

① $\frac{Pa}{4R}$　　② $\frac{P(R-a)}{2R}$

③ $\frac{P(R-a)}{4R}$　　④ $\frac{Pa}{2R}$

10. 다음 라멘의 수직반력 R_B는?

① 20kN
② 30kN
③ 40kN
④ 50kN

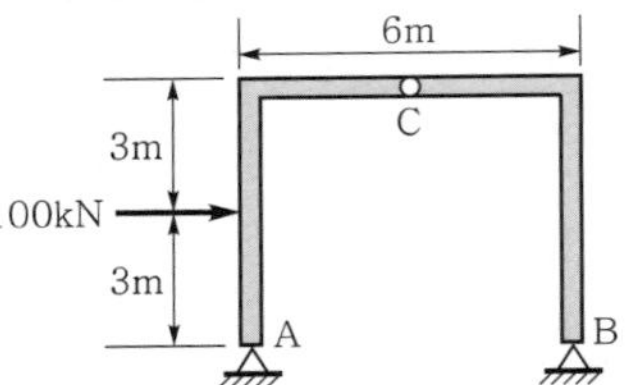

11. 평면응력을 받는 요소가 다음 그림과 같이 응력을 받고 있다. 최대 주응력은?

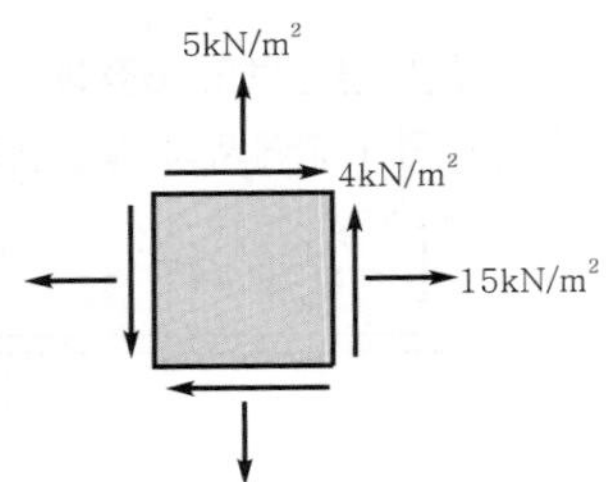

① 6.4kN/m²　　② 3.6kN/m²

③ 13.6kN/m²　　④ 16.4kN/m²

12. 다음 그림과 같은 단면에 전단력 V=600kN이 작용할 때 최대 전단응력은 약 얼마인가?

① 1.27kN/m²
② 1.60kN/m²
③ 1.98kN/m²
④ 2.13kN/m²

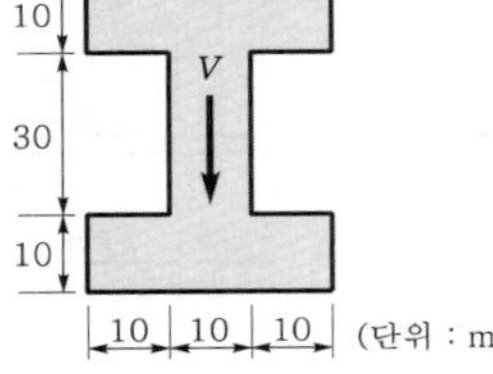

13. 반지름이 25cm인 원형 단면을 가지는 단주에서 핵의 면적은 약 얼마인가?

① 122.7cm²　　② 168.4cm²

③ 254.4cm²　　④ 336.8cm²

14. 길이가 6m인 양단 힌지기둥은 I-250mm×125mm×10mm×19mm의 단면으로 세워졌다. 이 기둥이 좌굴에 대해서 지지하는 임계하중(critical load)은 얼마인가? (단, 주어진 I형강의 I_1과 I_2는 각각 7,340mm⁴과 560mm⁴이며, 탄성계수 E=2×10⁵N/mm²이다.)

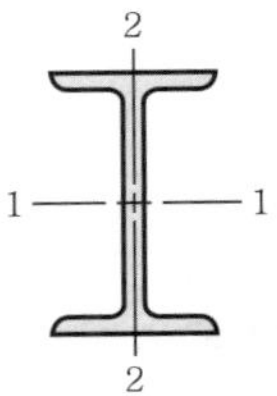

① 3.07N　　② 4.26N

③ 30.7N　　④ 42.6N

15. 동일한 재료 및 단면을 사용한 다음 기둥 중 좌굴하중이 가장 큰 기둥은?

① 양단 힌지의 길이가 l인 기둥
② 양단 고정의 길이가 $2l$인 기둥
③ 일단 자유 타단 고정의 길이가 $0.5l$인 기둥
④ 일단 힌지 타단 고정의 길이가 $1.2l$인 기둥

16. 다음 그림과 같은 트러스에서 부재 AB의 부재력은?

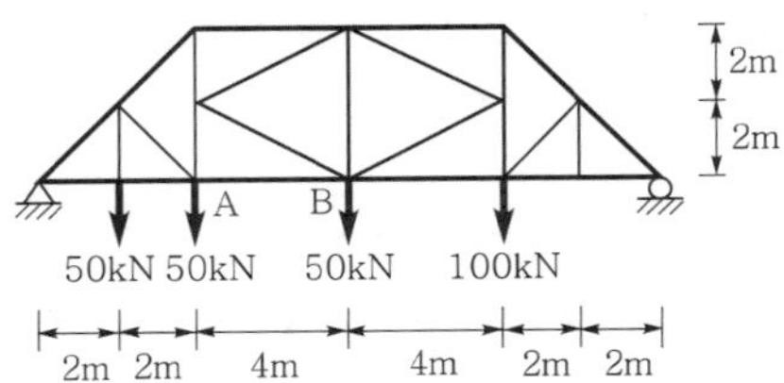

① 106.25kN(인장)
② 105.5kN(인장)
③ 105.5kN(압축)
④ 106.25kN(압축)

17. 다음에서 설명하고 있는 것은?

> 탄성체에 저장된 변형에너지 U를 변위의 함수로 나타내는 경우에 임의의 변위 Δ_i에 관한 변형에너지 U의 1차 편도함수는 대응되는 하중 P_i와 같다. 즉, $P_i = \dfrac{\partial U}{\partial \Delta_i}$로 나타낼 수 있다.

① 중첩의 원리
② Castigliano의 제1정리
③ Betti의 정리
④ Maxwell의 정리

18. 등분포하중을 받는 단순보에서 지점 A의 처짐각으로서 옳은 것은?

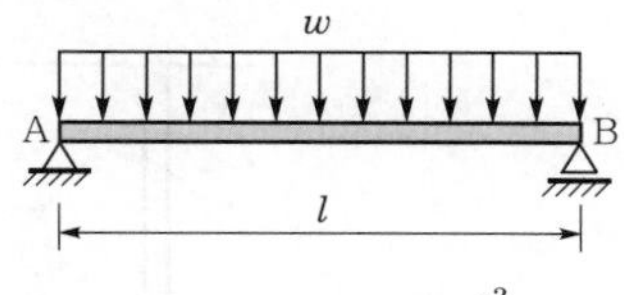

① $\dfrac{5wl^3}{384EI}$　② $\dfrac{wl^3}{48EI}$
③ $\dfrac{wl^3}{24EI}$　④ $\dfrac{wl^3}{16EI}$

19. 주어진 보에서 지점 A의 휨모멘트(M_A) 및 반력(R_A)의 크기로 옳은 것은?

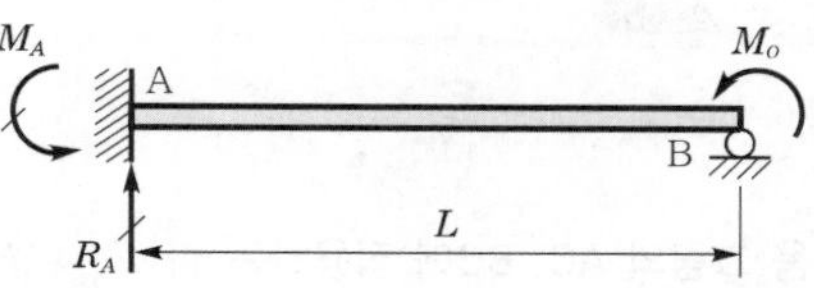

① $M_A = \dfrac{M_o}{2}$, $R_A = \dfrac{3M_o}{2L}$
② $M_A = M_o$, $R_A = \dfrac{M_o}{L}$
③ $M_A = \dfrac{M_o}{2}$, $R_A = \dfrac{5M_o}{2L}$
④ $M_A = M_o$, $R_A = \dfrac{2M_o}{L}$

20. 다음 그림과 같은 라멘 구조물의 E점에서의 불균형 모멘트에 대한 부재 EA의 모멘트분배율은?

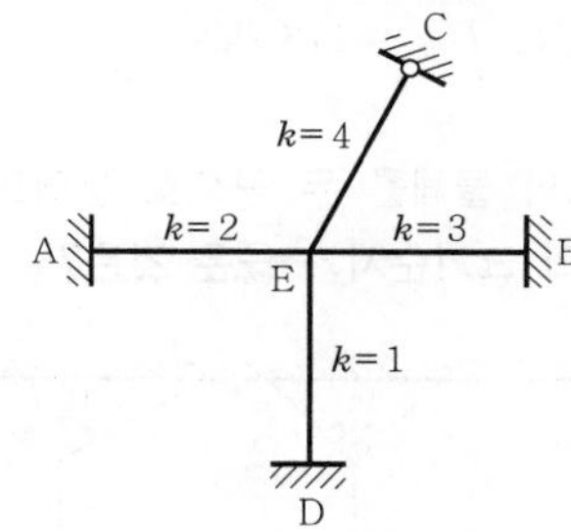

① 0.222　② 0.1667
③ 0.2857　④ 0.40

토목기사 실전 모의고사 2회

▶ 정답 및 해설 : p.156

1. 다음 그림의 AC, BC에 작용하는 힘 F_{AC}, F_{BC}의 크기는?

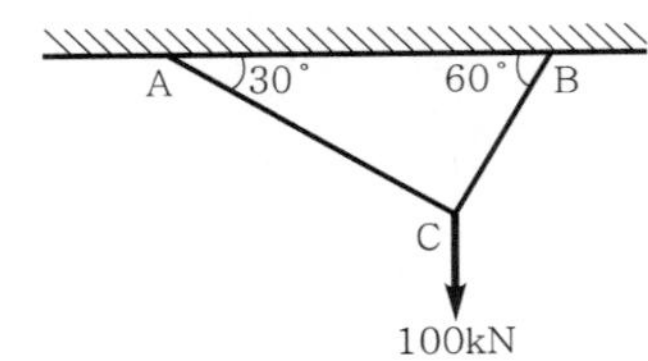

① $F_{AC}=100\text{kN}$, $F_{BC}=86.6\text{kN}$
② $F_{AC}=86.6\text{kN}$, $F_{BC}=50\text{kN}$
③ $F_{AC}=50\text{kN}$, $F_{BC}=86.6\text{kN}$
④ $F_{AC}=50\text{kN}$, $F_{BC}=173.2\text{kN}$

2. 무게 1kN의 물체를 두 끈으로 늘어뜨렸을 때 한 끈이 받는 힘의 크기순서가 옳은 것은?

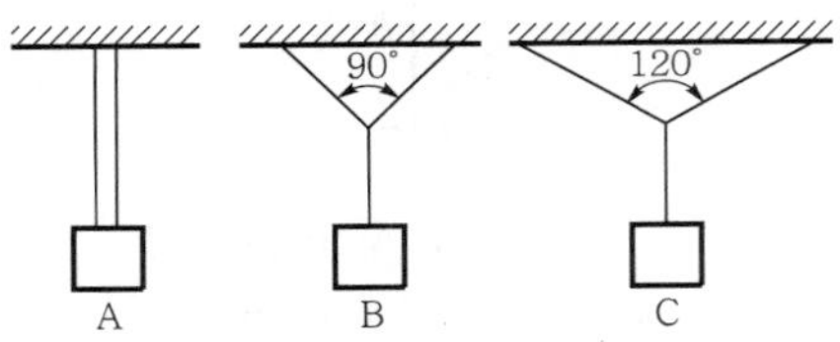

① B>A>C
② C>A>B
③ A>B>C
④ C>B>A

3. 다음 그림과 같은 단순보에 일어나는 최대 전단력은?

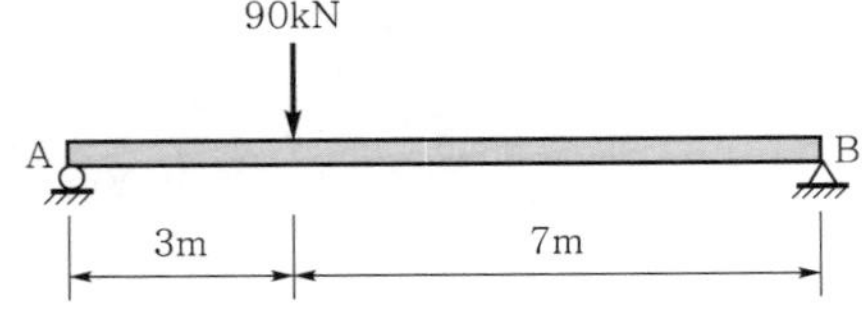

① 27kN ② 45kN
③ 54kN ④ 63kN

4. 다음 중 정(+)과 부(−)의 값을 모두 갖는 것은?
① 단면계수 ② 단면 2차 모멘트
③ 단면 2차 반지름 ④ 단면 상승모멘트

5. 다음 그림과 같이 강선과 동선으로 조립되어 있는 구조물에 2kN의 하중이 작용하면 강선에 발생하는 힘은? (단, 강선과 동선의 단면적은 같고, 강선의 탄성계수는 $2.0\times10^5\text{N/mm}^2$, 동선의 탄성계수는 $1.0\times10^5\text{N/mm}^2$이다.)

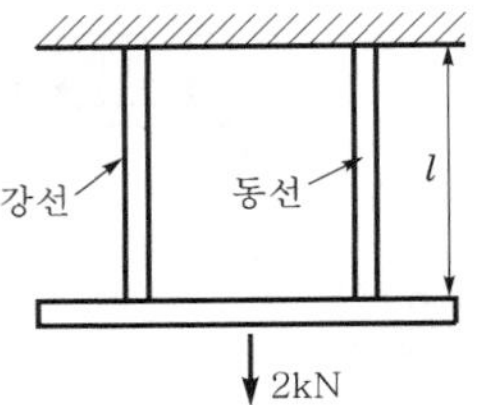

① 0.67kN
② 1.33kN
③ 1.67kN
④ 2.33kN

6. 다음 그림과 같이 이축응력(二軸應力)을 받고 있는 요소의 체적변형률은? (단, 이 요소의 탄성계수 $E=2\times10^5$MPa, 푸아송비 $\nu=0.3$이다.)

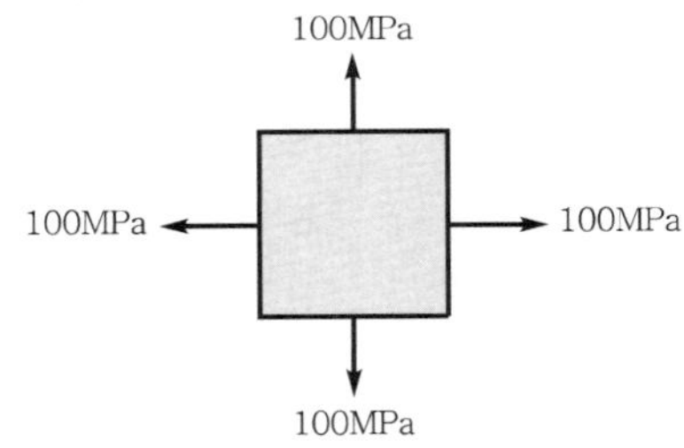

① 3.6×10^{-4} ② 4.0×10^{-4}
③ 4.4×10^{-4} ④ 4.8×10^{-4}

7. 지간 10m인 단순보 위를 1개의 집중하중 $P=200$kN이 통과할 때 이 보에 생기는 최대 전단력 S와 최대 휨모멘트 M이 옳게 된 것은?
① $S=100\text{kN}$, $M=500\text{kN}\cdot\text{m}$
② $S=100\text{kN}$, $M=1{,}000\text{kN}\cdot\text{m}$
③ $S=200\text{kN}$, $M=500\text{kN}\cdot\text{m}$
④ $S=200\text{kN}$, $M=1{,}000\text{kN}\cdot\text{m}$

8. 다음 그림과 같은 내민보에서 D점의 휨모멘트 M_D는 얼마인가?

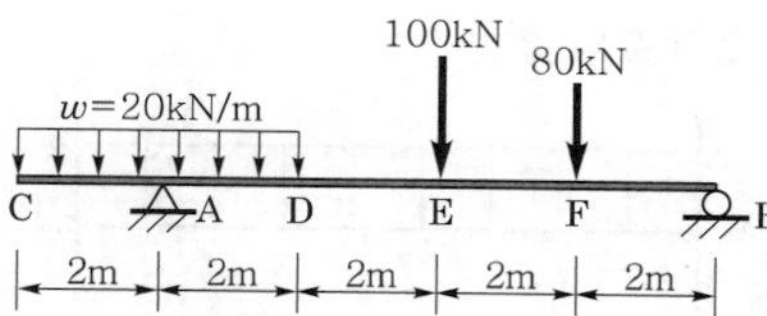

① 180kN · m
② 160kN · m
③ 140kN · m
④ 120kN · m

9. 다음 그림과 같은 비대칭 3힌지 아치에서 힌지 C에 연직하중(P) 150kN이 작용한다. A지점의 수평반력 H_A는?

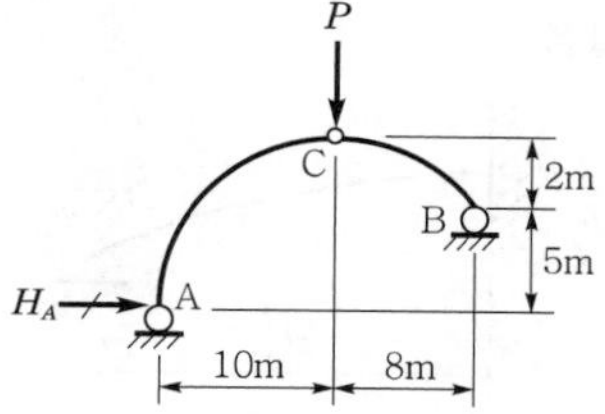

① 124.3kN　　② 157.9kN
③ 184.2kN　　④ 210.5kN

10. 단면이 원형(반지름 R)인 보에 휨모멘트 M이 작용할 때 이 보에 작용하는 최대 휨응력은?

① $\dfrac{4M}{\pi R^3}$　　② $\dfrac{12M}{\pi R^3}$
③ $\dfrac{16M}{\pi R^3}$　　④ $\dfrac{32M}{\pi R^3}$

11. 다음에서 부재 BC에 걸리는 응력의 크기는?

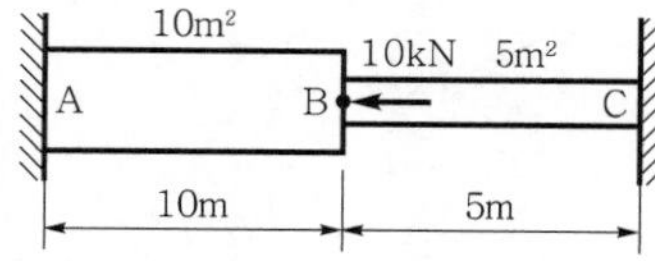

① $\dfrac{2}{3}$kN/m^2　　② 1kN/m^2
③ $\dfrac{3}{2}$kN/m^2　　④ 2kN/m^2

12. 탄성계수가 E, 푸아송비가 ν인 재료의 체적탄성계수 K는?

① $K=\dfrac{E}{2(1-\nu)}$　　② $K=\dfrac{E}{2(1-2\nu)}$
③ $K=\dfrac{E}{3(1-\nu)}$　　④ $K=\dfrac{E}{3(1-2\nu)}$

13. 길이가 같으나 지지조건이 다른 2개의 장주가 있다. 다음 그림 (a)의 장주가 40kN에 견딜 수 있다면 그림 (b)의 장주가 견딜 수 있는 하중은? (단, 재질 및 단면은 동일하며, EI는 일정하다.)

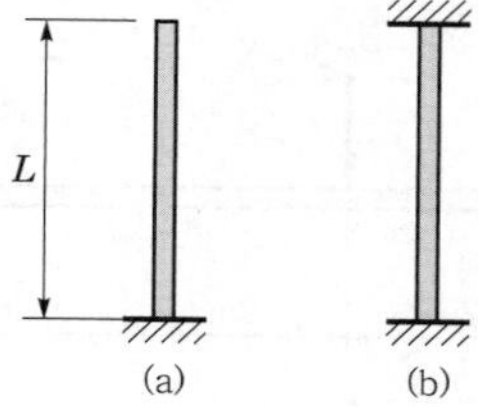

① 40kN　　② 160kN
③ 320kN　　④ 640kN

14. 다음 그림과 같은 정정트러스에서 D_1부재($\overline{AC}$)의 부재력은?

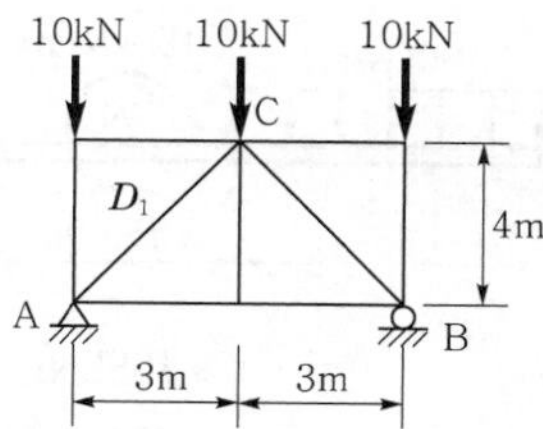

① 6.25kN(인장력)　　② 6.25kN(압축력)
③ 7.5kN(인장력)　　④ 7.5kN(압축력)

15. 다음 그림과 같은 캔틸레버보에서 휨에 의한 탄성변형에너지는? (단, EI는 일정하다.)

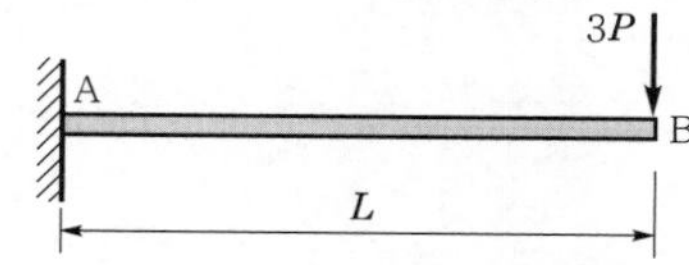

① $\dfrac{P^2L^3}{3EI}$　　② $\dfrac{P^2L^3}{2EI}$
③ $\dfrac{2P^2L^3}{3EI}$　　④ $\dfrac{3P^2L^3}{2EI}$

16. 다음 그림과 같은 구조물에서 C점의 수직처짐을 구하면? (단, EI=2×10^{3}kN · m^{2}이며 자중은 무시한다.)

① 2.7mm
② 3.6mm
③ 5.4mm
④ 7.2mm

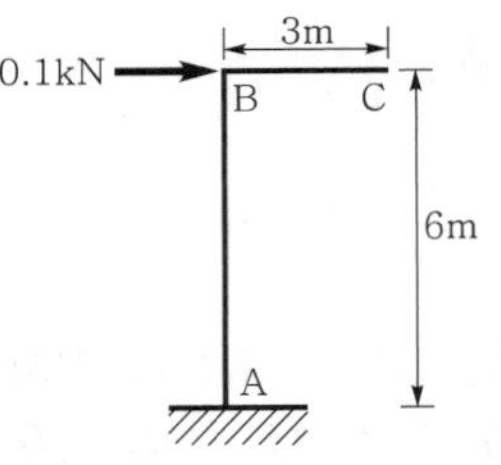

17. 다음 그림과 같은 내민보에서 C점의 처짐은? (단, 전구간의 EI=3.0×10^{3}kN · m^{2}으로 일정하다.)

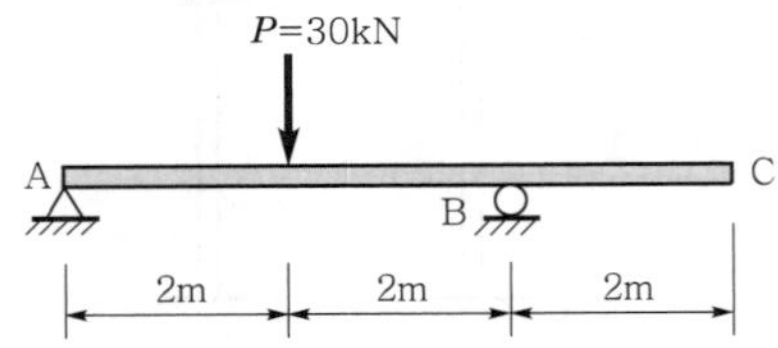

① 0.1cm ② 0.2cm
③ 1cm ④ 2cm

18. 다음 그림과 같이 단순보의 A점에 휨모멘트가 작용하고 있을 경우 A점에서 전단력의 절대값은?

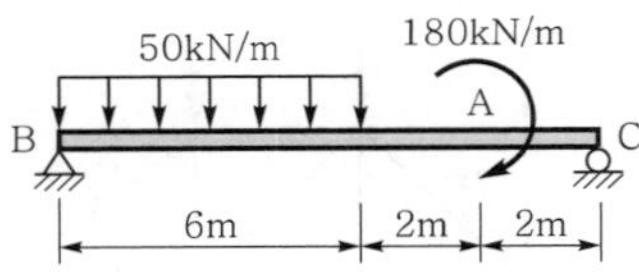

① 72kN ② 108kN
③ 126kN ④ 252kN

19. 다음 그림과 같은 양단 고정보에 등분포하중이 작용할 경우 지점 A의 휨모멘트 절대값과 보 중앙에서의 휨모멘트 절대값의 합은?

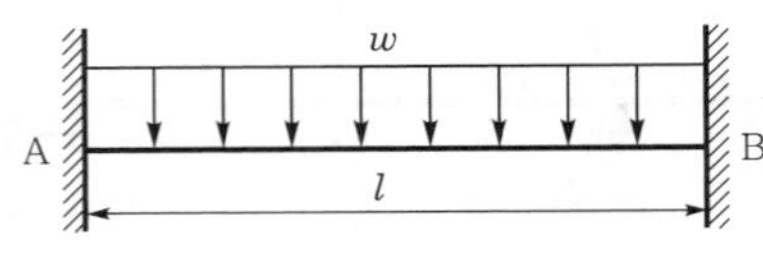

① $\frac{wl^2}{8}$ ② $\frac{wl^2}{12}$
③ $\frac{wl^2}{24}$ ④ $\frac{wl^2}{36}$

20. 다음 그림과 같이 A지점이 고정이고 B지점이 힌지(hinge)인 부정정보가 어떤 요인에 의하여 B지점이 B′로 $\varDelta$만큼 침하하게 되었다. 이때 B′의 지점반력은? (단, EI는 일정)

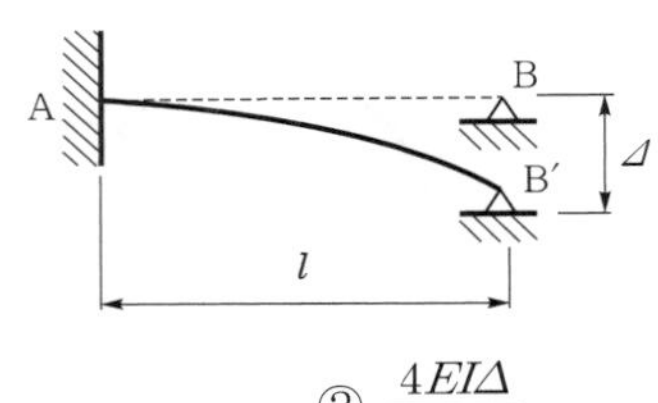

① $\frac{3EI\varDelta}{l^3}$ ② $\frac{4EI\varDelta}{l^3}$
③ $\frac{5EI\varDelta}{l^3}$ ④ $\frac{6EI\varDelta}{l^3}$

토목기사 실전 모의고사 3회

▶ 정답 및 해설 : p.158

1. 다음 그림과 같은 4개의 힘이 작용할 때 G점에 대한 모멘트는?

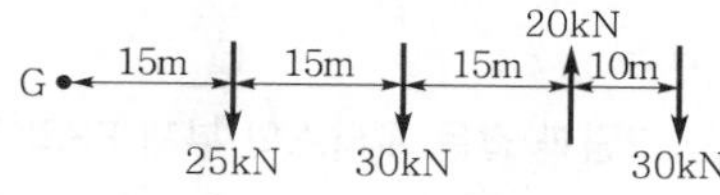

① 3,825kN · m　② 2,025kN · m
③ 2,175kN · m　④ 1,650kN · m

2. 다음 그림과 같은 구조물의 C점에 연직하중이 작용할 때 AC부재가 받는 힘은?

① 2.5kN
② 5.0kN
③ 8.7kN
④ 10.0kN

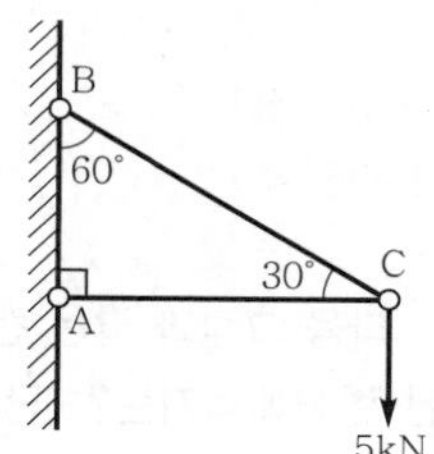

3. 정삼각형의 도심(G)을 지나는 여러 축에 대한 단면 2차 모멘트의 값에 대한 다음 설명 중 옳은 것은?

① $I_{y1} > I_{y2}$
② $I_{y2} > I_{y1}$
③ $I_{y3} > I_{y2}$
④ $I_{y1} = I_{y2} = I_{y3}$

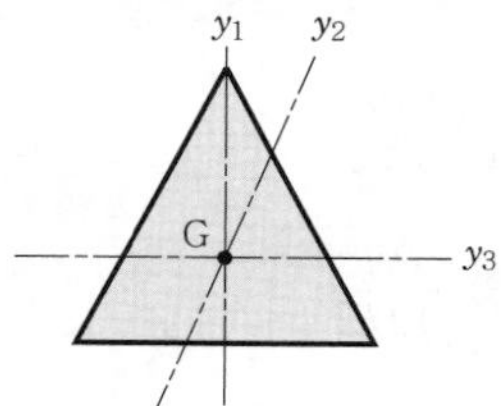

4. 다음 그림과 같은 단면의 단면 상승모멘트 I_{xy}는?

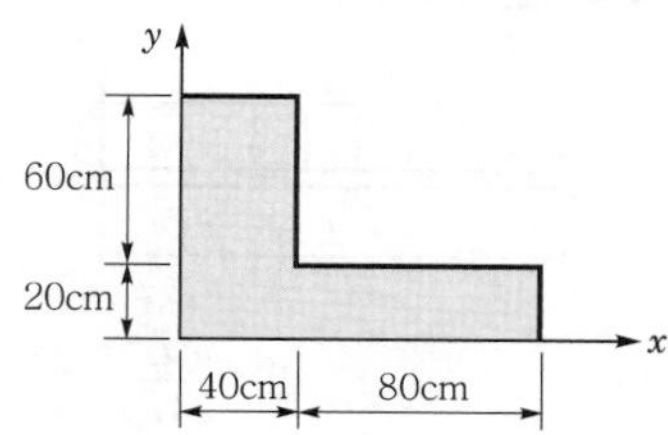

① 3,360,000cm^4　② 3,520,000cm^4
③ 3,840,000cm^4　④ 4,000,000cm^4

5. 다음 그림에 표시된 힘들의 x방향의 합력으로 옳은 것은?

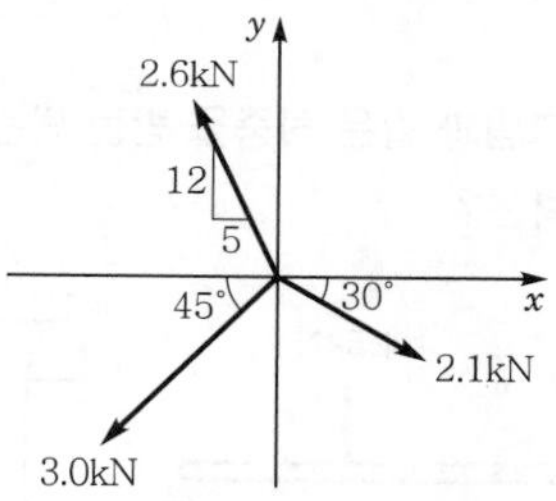

① 0.4kN(←)　② 0.7kN(→)
③ 1.0kN(→)　④ 1.3kN(←)

6. 재료의 역학적 성질 중 탄성계수를 E, 전단탄성계수를 G, 푸아송수를 m이라 할 때 각 성질의 상호관계식으로 옳은 것은?

① $G=\dfrac{E}{2(m-1)}$　② $G=\dfrac{E}{2(m+1)}$
③ $G=\dfrac{mE}{2(m-1)}$　④ $G=\dfrac{mE}{2(m+1)}$

7. 다음 게르버보에서 E점의 휨모멘트값은?

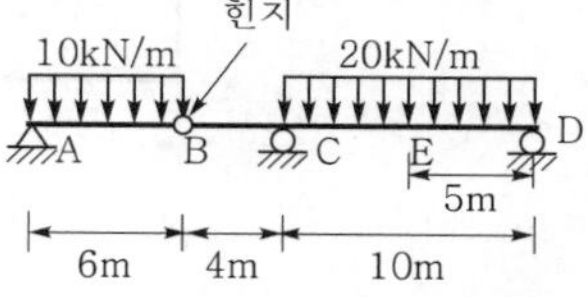

① 190kN · m　② 240kN · m
③ 310kN · m　④ 710kN · m

8. 단순보 AB 위에 다음 그림과 같은 이동하중이 지날 때 A점으로부터 10m 떨어진 C점의 최대 휨모멘트는?

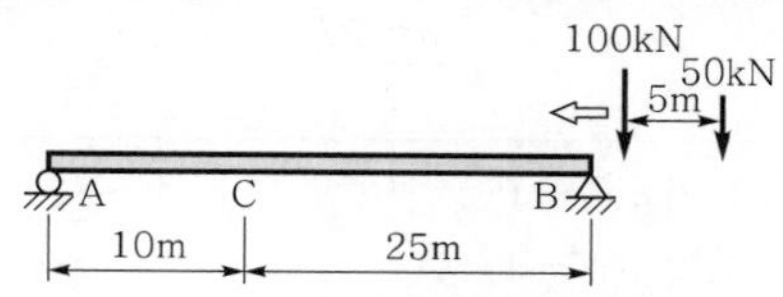

① 850kN · m　② 950kN · m
③ 1,000kN · m　④ 1,150kN · m

9. 다음 그림과 같은 라멘에서 A점의 수직반력(R_A)은?

① 65kN
② 75kN
③ 85kN
④ 95kN

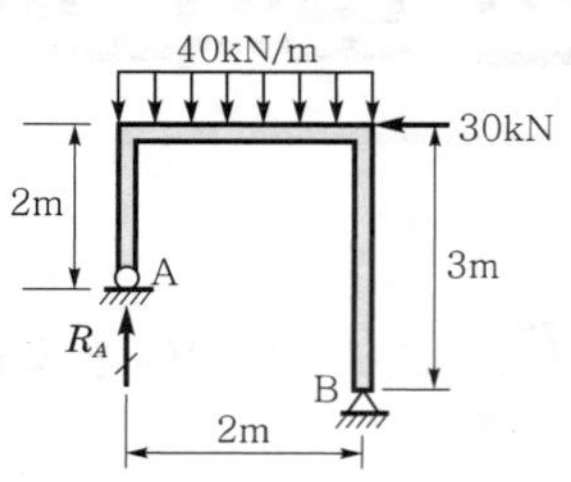

10. 다음 그림과 같은 하중을 받는 단순보에 발생하는 최대 전단응력은?

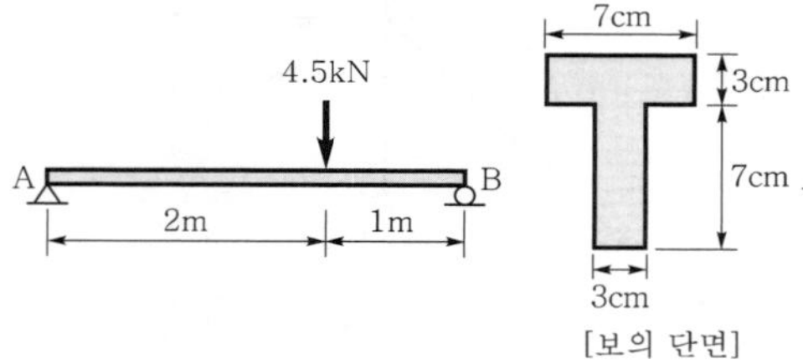

① 4,480kN/m^2　② 3,480kN/m^2
③ 2,480kN/m^2　④ 1,480kN/m^2

11. 휨모멘트가 M인 다음과 같은 직사각형 단면에서 $A-A$에서의 휨응력은?

① $\dfrac{3M}{bh^2}$
② $\dfrac{3M}{4bh^2}$
③ $\dfrac{3M}{2bh^2}$
④ $\dfrac{M}{4b^2h^2}$

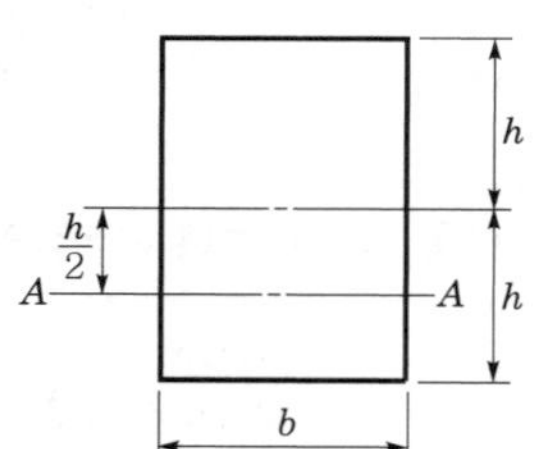

12. 장주의 탄성좌굴하중(elastic buckling load) P_{cr}은 다음 표와 같다. 기둥의 각 지지조건에 따른 n의 값으로 틀린 것은? (단, E : 탄성계수, I : 단면 2차 모멘트, l : 기둥의 높이)

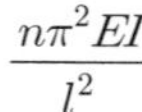

$$\frac{n\pi^2 EI}{l^2}$$

① 양단 힌지 : $n=1$
② 양단 고정 : $n=4$
③ 일단 고정 타단 자유 : $n=1/4$
④ 일단 고정 타단 힌지 : $n=1/2$

13. 단면 2차 모멘트가 I, 길이가 L인 균일한 단면의 직선상(直線狀)의 기둥이 있다. 기둥의 양단이 고정되어 있을 때 오일러(Euler) 좌굴하중은? (단, 이 기둥의 탄성계수는 E이다.)

① $\dfrac{4\pi^2 EI}{L^2}$　② $\dfrac{\pi^2 EI}{(0.7L)^2}$
③ $\dfrac{\pi^2 EI}{L^2}$　④ $\dfrac{\pi^2 EI}{4L^2}$

14. 다음 그림과 같은 트러스의 부재 EF의 부재력은?

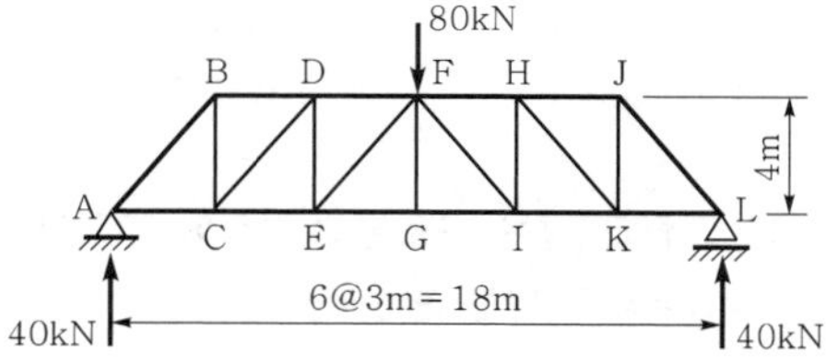

① 30kN(인장)　② 30kN(압축)
③ 40kN(압축)　④ 50kN(압축)

15. 다음 그림과 같은 캔틸레버보에 굽힘으로 인하여 저장된 변형에너지는? (단, EI는 일정하다.)

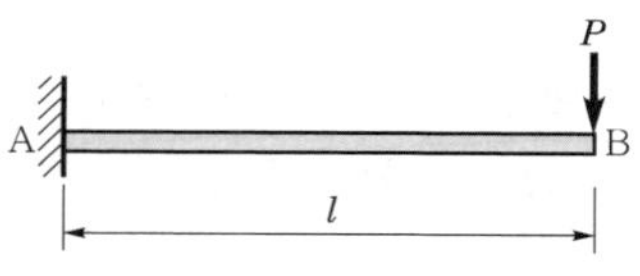

① $\dfrac{P^2l^3}{6EI}$　② $\dfrac{P^2l^3}{48EI}$
③ $\dfrac{P^2l^3}{12EI}$　④ $\dfrac{P^2l^3}{38EI}$

16. 다음과 같은 부정정보에서 A의 처짐각 θ_A는? (단, 보의 휨강성은 EI이다.)

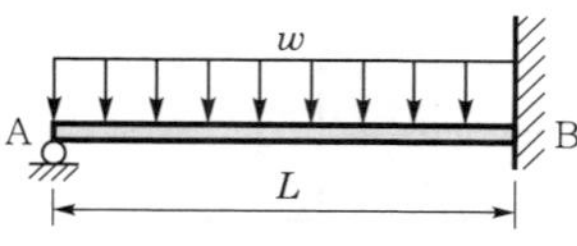

① $\dfrac{wL^3}{12EI}$　② $\dfrac{wL^3}{24EI}$
③ $\dfrac{wL^3}{36EI}$　④ $\dfrac{wL^3}{48EI}$

17. 다음 그림과 같은 단순보의 지점 B에 모멘트 M이 작용할 때 보에 최대 처짐($\delta_{\max}$)이 발생하는 위치 x와 최대 최짐은? (단, EI는 일정하다.)

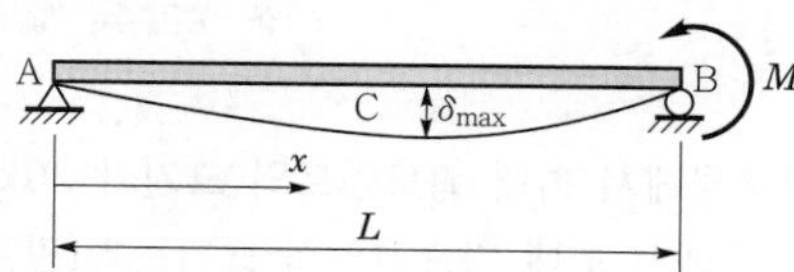

① $x=\frac{\sqrt{3}}{3}L$, $\delta_{\max}=\frac{\sqrt{3}}{27}\frac{ML^2}{EI}$

② $x=\frac{\sqrt{3}}{2}L$, $\delta_{\max}=\frac{\sqrt{3}}{18}\frac{ML^2}{EI}$

③ $x=\frac{\sqrt{3}}{3}L$, $\delta_{\max}=\frac{\sqrt{3}}{18}\frac{ML^2}{EI}$

④ $x=\frac{\sqrt{3}}{2}L$, $\delta_{\max}=\frac{\sqrt{3}}{27}\frac{ML^2}{EI}$

18. 다음 그림과 같은 캔틸레버보에서 B점의 연직변위(δ_B)는? (단, M_o=4kN·m, P=16kN, L=2.4m, EI=6,000kN·m^{2}이다.)

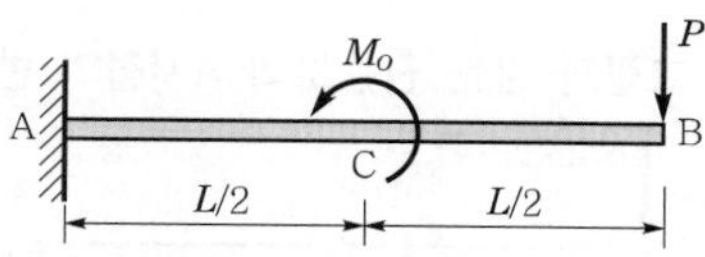

① 1.08cm(↓) ② 1.08cm(↑)
③ 1.37cm(↓) ④ 1.37cm(↑)

19. 다음의 그림에 있는 연속보의 B점에서의 반력을 구하면? (단, E=2.1×10^{5}N/mm^2, I=1.6×10^{4}mm^4)

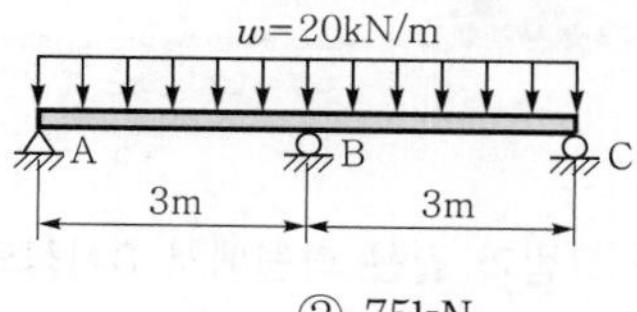

① 63kN ② 75kN
③ 97kN ④ 101kN

20. 다음의 부정정 구조물을 모멘트분배법으로 해석하고자 한다. C점이 롤러지점임을 고려한 수정강도계수에 의하여 B점에서 C점으로 분배되는 분배율 f_{BC}를 구하면?

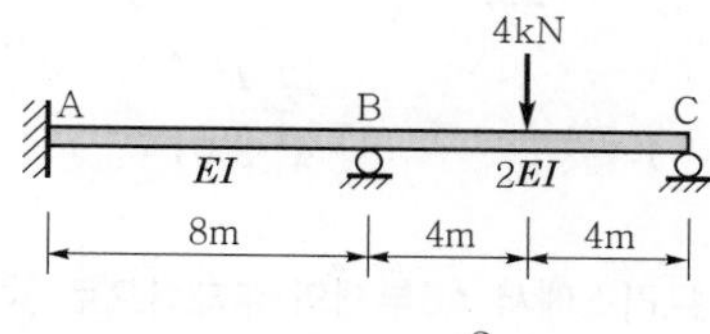

① $\frac{1}{2}$ ② $\frac{3}{5}$
③ $\frac{4}{7}$ ④ $\frac{5}{7}$

토목기사 실전 모의고사 4회

▶ 정답 및 해설 : p.160

1. 다음 그림과 같은 라멘에서 D지점의 반력은?

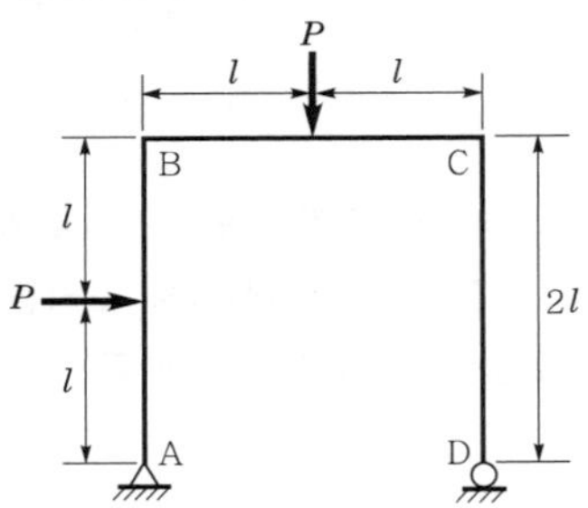

① $0.5P(\uparrow)$　　② $P(\uparrow)$
③ $1.5P(\uparrow)$　　④ $2.0P(\uparrow)$

2. 다음 트러스에서 AB부재의 부재력으로 옳은 것은?

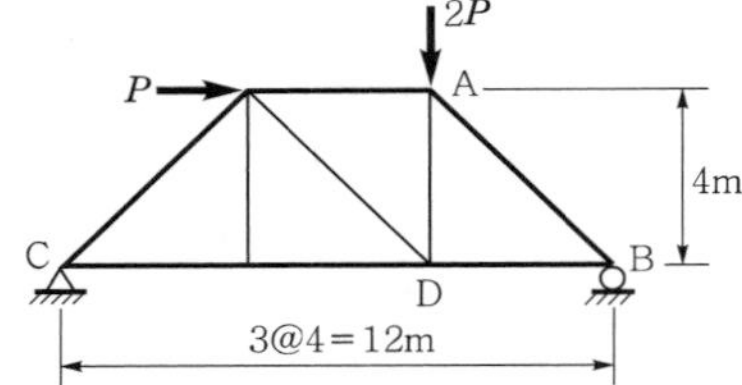

① $1.179P$(압축)　　② $2.357P$(압축)
③ $1.179P$(인장)　　④ $2.357P$(인장)

3. 다음 그림과 같은 라멘 구조물의 E점에서의 불균형 모멘트에 대한 부재 EA의 모멘트분배율은?

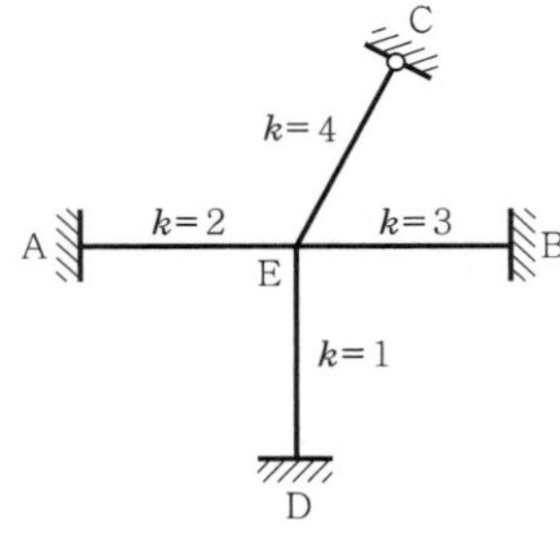

① 0.222　　② 0.1667
③ 0.2857　　④ 0.40

4. A구조물에서 최대 휨모멘트의 크기가 20kN · m이면 B구조물에서 최대 휨모멘트의 크기는? (단, 두 구조물의 단면 및 재료적 성질은 같다.)

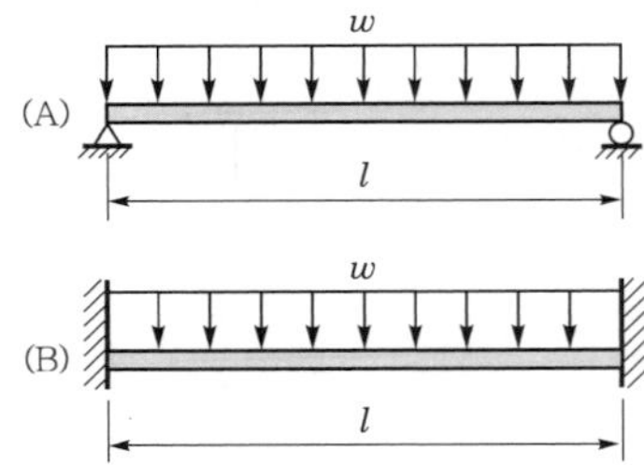

① 10kN · m　　② $\frac{20}{3}$kN · m
③ $10\sqrt{2}$kN · m　　④ $\frac{40}{3}$kN · m

5. 다음 그림과 같은 단순보의 A지점의 반력은?

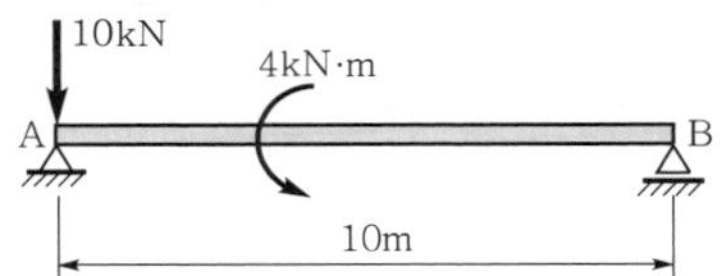

① 10kN　　② 14kN
③ 10.4kN　　④ 11.4kN

6. 다음 그림과 같이 하중 P=1kN이 단면적 A를 가진 보의 중앙에 작용할 때 축방향으로 늘어난 길이는? (단, $EA=1\times10^3$kN, L=2m)

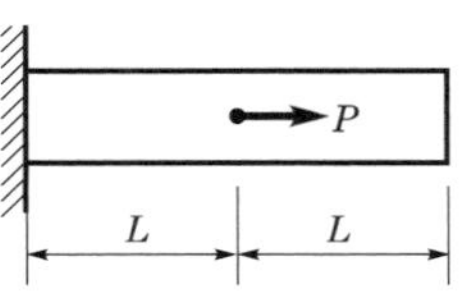

① 0.1mm　　② 0.2mm
③ 1mm　　④ 2mm

7. 끝단에 하중 P가 작용하는 다음 그림과 같은 보에서 최대 처짐 δ가 발생하였다. 최대 처짐이 4δ가 되려면 보의 길이는? (단, EI는 일정하다.)

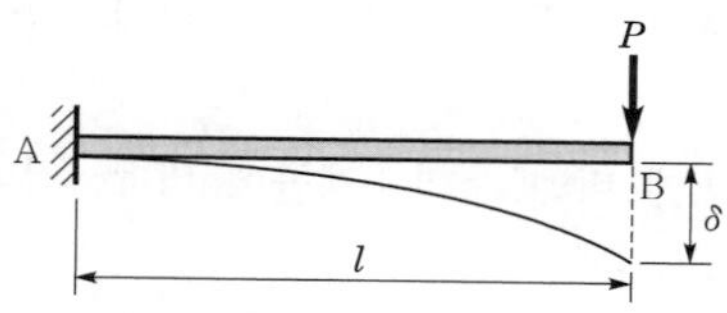

① l의 약 1.2배가 되어야 한다.
② l의 약 1.6배가 되어야 한다.
③ l의 약 2.0배가 되어야 한다.
④ l의 약 2.2배가 되어야 한다.

8. 강재에 탄성한도보다 큰 응력을 가한 후 그 응력을 제거한 후 장시간 방치하여도 얼마간의 변형이 남게 되는데, 이러한 변형을 무엇이라 하는가?

① 탄성변형
② 피로변형
③ 소성변형
④ 취성변형

9. 다음 그림과 같은 2개의 캔달레버보에 저장되는 변형에너지를 각각 $U_{(1)}$, $U_{(2)}$라고 할 때 $U_{(1)}$: $U_{(2)}$의 비는?

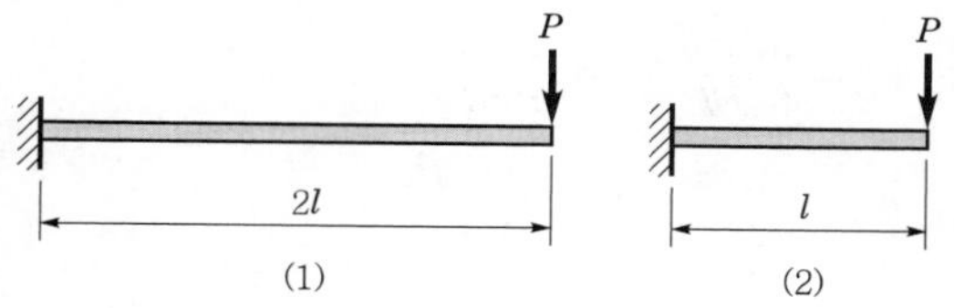

① 2 : 1　　② 4 : 1
③ 8 : 1　　④ 16 : 1

10. 한 점에서 바깥쪽으로 작용하는 두 힘 P_1 =10kN, P_2 =12kN이 45°의 각을 이루고 있을 때 그 합력은?

① 30.0kN
② 32.4kN
③ 24.2kN
④ 20.3kN

11. 단순보에 다음 그림과 같이 집중하중 5kN이 작용하는 경우 허용휨응력이 2kN/m^{2}일 때 최소로 요구되는 단면계수는?

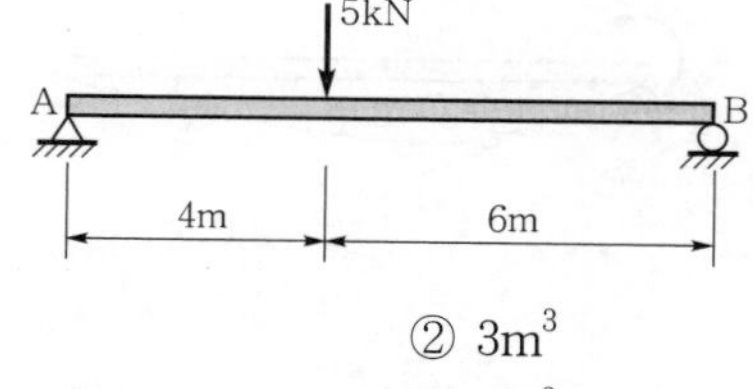

① 1m^3　　② 3m^3
③ 5m^3　　④ 6m^3

12. 다음 그림과 같은 단면의 도심축의 위치 $\bar{y}$는?

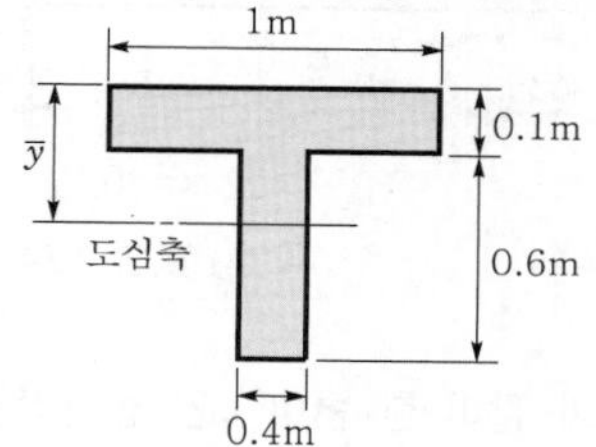

① 107m　　② 297m
③ 303m　　④ 351m

13. 다음 라멘의 부정정 차수는?

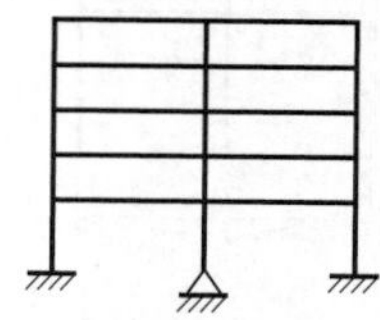

① 23차 부정정　　② 29차 부정정
③ 32차 부정정　　④ 36차 부정정

14. 다음 그림과 같은 직사각형 단면의 보가 최대 휨모멘트 2kN·m를 받을 때 $a-a$ 단면의 휨응력은?

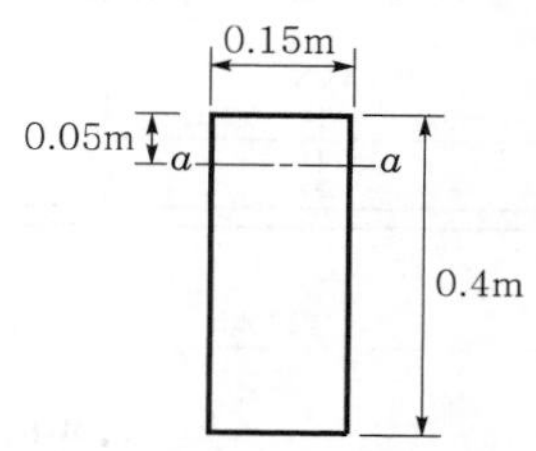

① 225kN/m^2　　② 375kN/m^2
③ 425kN/m^2　　④ 465kN/m^2

15. 다음 그림과 같은 단순보의 지점 A에 모멘트 M_a 가 작용할 경우 A점과 B점의 처짐각비$\left(\frac{\theta_a}{\theta_b}\right)$의 크기는?

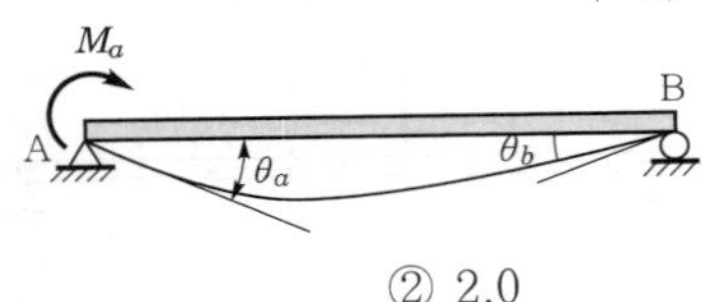

① 1.5　② 2.0
③ 2.5　④ 3.0

16. 다음 그림에서 중앙지점 B의 휨모멘트는?

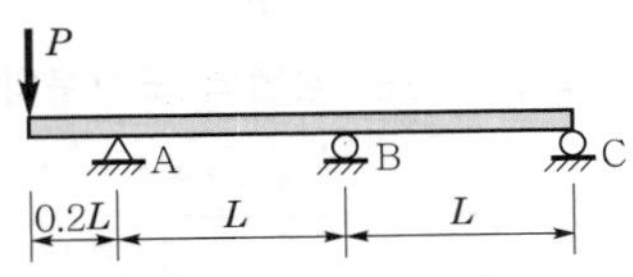

① $0.05PL$　② $0.10PL$
③ $0.12PL$　④ $0.20PL$

17. 다음과 같이 한 변이 a인 정사각형 단면의 1/4을 절취한 나머지 부분의 도심위치 C($\bar{x}$, $\bar{y}$)는?

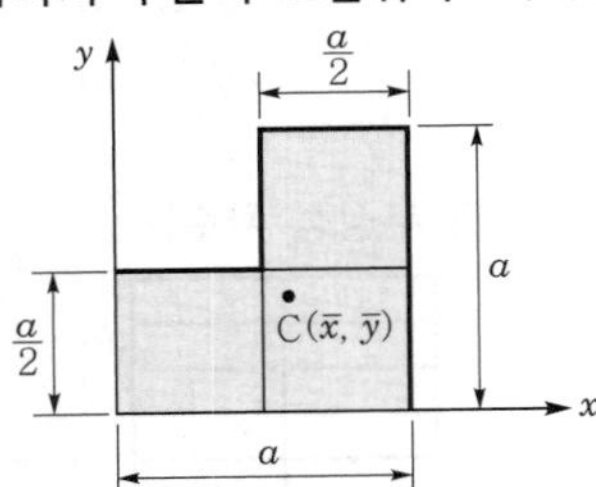

① $C\left(\frac{1}{3}a,\ \frac{2}{3}a\right)$　② $C\left(\frac{2}{3}a,\ \frac{1}{3}a\right)$
③ $C\left(\frac{5}{12}a,\ \frac{7}{12}a\right)$　④ $C\left(\frac{7}{12}a,\ \frac{5}{12}a\right)$

18. 다음 그림과 같은 보에서 두 지점의 반력이 같게 되는 하중의 위치(x)를 구하면?

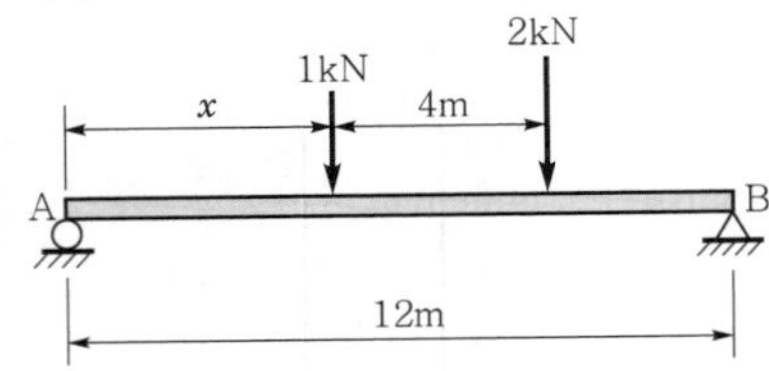

① 0.33m　② 1.33m
③ 2.33m　④ 3.33m

19. 변의 길이가 a인 정사각형 단면의 장주가 있다. 길이가 l이고, 최대 임계축하중이 P이며 탄성계수가 E라면 다음 설명 중 옳은 것은?

① P는 E에 비례, a의 3제곱에 비례, 길이 l^2에 반비례
② P는 E에 비례, a의 3제곱에 비례, 길이 l^3에 반비례
③ P는 E에 비례, a의 4제곱에 비례, 길이 l^2에 반비례
④ P는 E에 비례, a의 4제곱에 비례, 길이 l^3에 반비례

20. 중앙에 집중하중 P를 받는 다음 그림과 같은 단순보에서 지점 A로부터 $\frac{l}{4}$인 지점(점 D)의 처짐각(θ_D)과 수직처짐량(δ_D)은? (단, EI는 일정하다.)

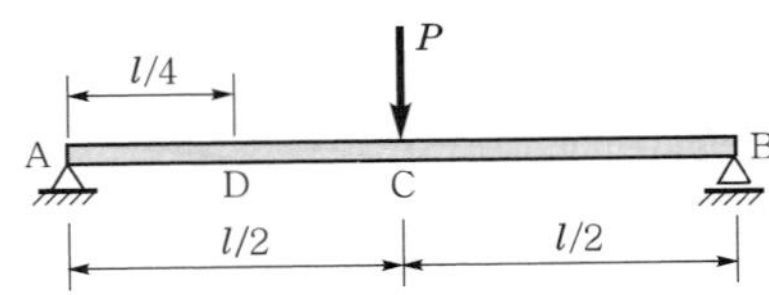

① $\theta_D = \frac{5Pl^2}{64EI}$, $\delta_D = \frac{3Pl^3}{768EI}$

② $\theta_D = \frac{3Pl^2}{128EI}$, $\delta_D = \frac{5Pl^3}{384EI}$

③ $\theta_D = \frac{3Pl^2}{64EI}$, $\delta_D = \frac{11Pl^3}{768EI}$

④ $\theta_D = \frac{3Pl^2}{128EI}$, $\delta_D = \frac{11Pl^3}{384EI}$

토목기사 실전 모의고사 5회

▶ 정답 및 해설 : p.162

1. 다음 그림과 같이 2경간 연속보의 첫 경간에 등분포하중이 작용한다. 중앙지점 B의 휨모멘트는?

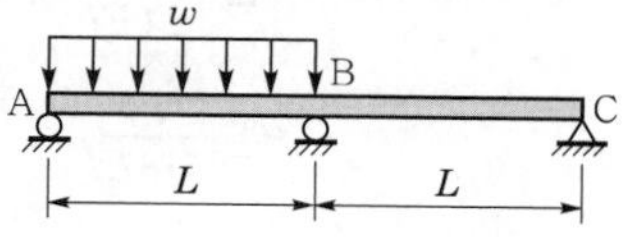

① $-\frac{1}{24}wL^2$　② $-\frac{1}{16}wL^2$

③ $-\frac{1}{12}wL^2$　④ $-\frac{1}{8}wL^2$

2. 탄성계수가 2.1×10^5kN/m², 푸아송비가 0.3일 때 전단탄성계수를 구한 값은? (단, 등방성이고 균질인 탄성체임)

① 7.2×10^5kN/m²　② 3.2×10^5kN/m²

③ 1.5×10^5kN/m²　④ 8.1×10^4kN/m²

3. 단순보에 다음 그림과 같이 집중하중 5kN이 작용할 때 발생하는 최대 휨응력은 얼마인가? (단, 단면은 직사각형으로 폭이 0.1m, 높이가 0.2m이다.)

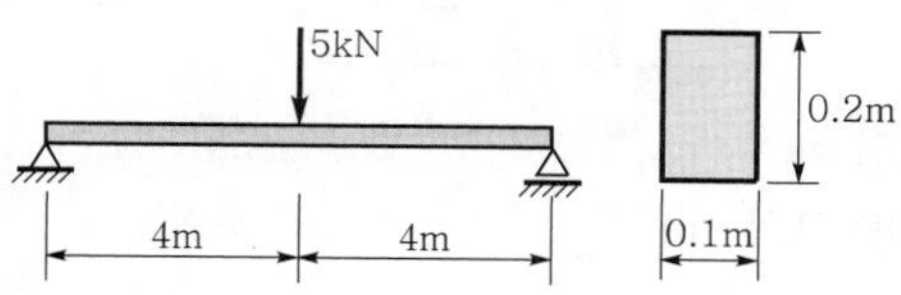

① 10,000kN/m²　② 15,000kN/m²

③ 20,000kN/m²　④ 25,000kN/m²

4. 다음 그림과 같은 단순보에서 옳은 지점반력은? (단, A, B점의 지점반력은 R_A, R_B이다.)

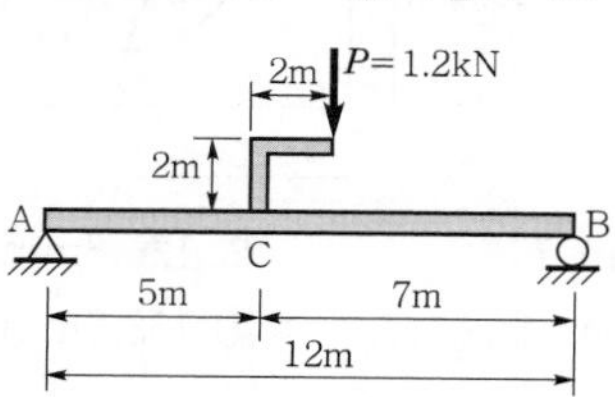

① $R_A=0.8$kN

② $R_B=0.8$kN

③ $R_A=0.5$kN

④ $R_B=0.5$kN

5. 다음 그림과 같은 캔틸레버보에 80kN의 집중하중이 작용할 때 C점에서의 처짐(δ)은? (단, I=4.5m⁴, E=2.1×10^5kN/m²)

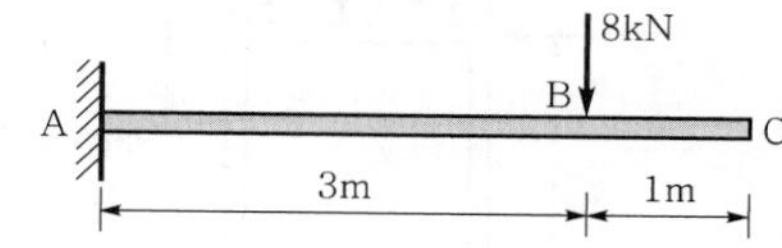

① 1.25mm　② 1.00mm

③ 0.23mm　④ 0.11mm

6. 휨모멘트 M을 받고 원형 단면의 보를 설계하려고 한다. 이 보의 허용응력을 σ_a라 할 때 단면의 지름 d는 얼마인가?

① $d=10.19\frac{M}{\sigma_a}$　② $d=3.19\sqrt{\frac{M}{\sigma_a}}$

③ $d=2.17\sqrt[3]{\frac{M}{\sigma_a}}$　④ $d=1.79\sqrt[4]{\frac{M}{\sigma_a}}$

7. 다음 그림과 같은 라멘의 A점의 휨모멘트로서 옳은 것은?

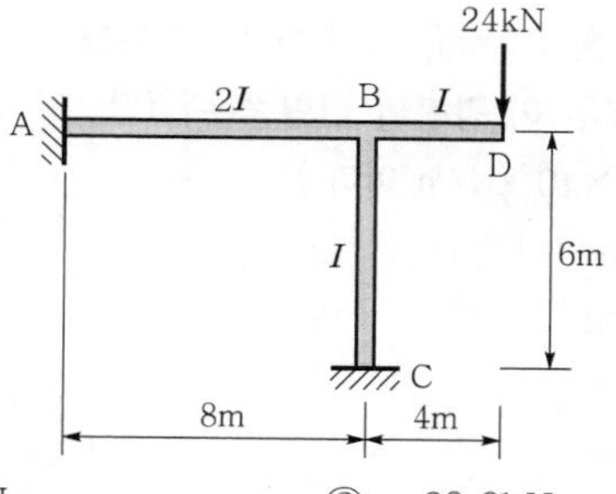

① 28.8kN·m　② −28.8kN·m

③ 57.6kN·m　④ −57.6kN·m

8. 다음의 단순보에서 A점의 반력이 B점의 반력의 3배가 되기 위한 거리 x는 얼마인가?

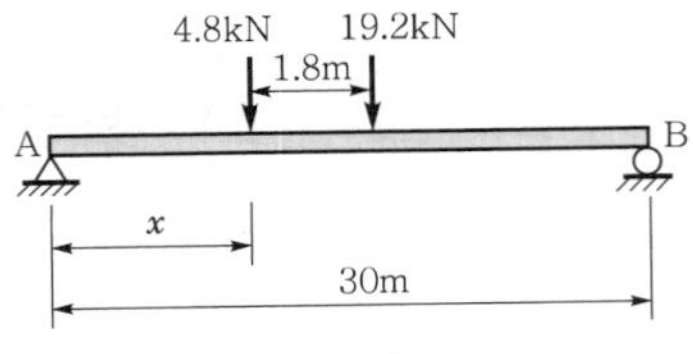

① 3.75m ② 5.04m
③ 6.06m ④ 6.66m

9. 다음 그림과 같은 라멘에서 B지점의 연직반력 R_B는? (단, A지점은 힌지지점이고, B지점은 롤러지점이다.)

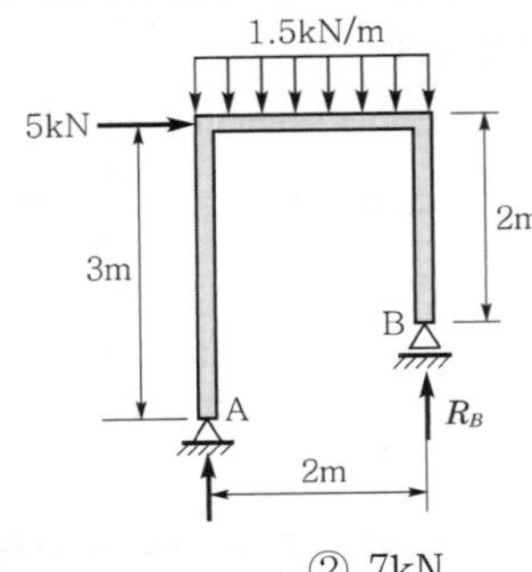

① 6kN ② 7kN
③ 8kN ④ 9kN

10. 길이가 l인 양단 고정보 중앙에 100kN의 집중하중이 작용하여 중앙점의 처짐이 1mm 이하가 되게 하려면 l은 최대 얼마 이하이어야 하는가? (단, $E=2\times10^6$kN/m², $I=10$m⁴)

① 7.2m ② 10m
③ 12.4m ④ 15.7m

11. 지름 20mm, 길이 1m인 강봉을 4kN의 힘으로 인장할 경우 이 강봉의 변형량은? (단, 이 강봉의 탄성계수는 2×10^6kN/m²이다.)

① 9.1mm
② 8.1mm
③ 7.4mm
④ 6.4mm

12. 다음 그림과 같은 내민보에서 C점의 처짐은? (단, EI는 일정하다.)

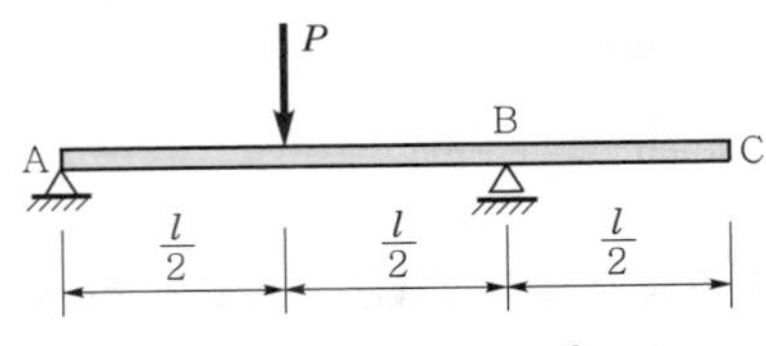

① $\dfrac{Pl^3}{16EI}$ ② $\dfrac{Pl^3}{24EI}$
③ $\dfrac{Pl^3}{32EI}$ ④ $\dfrac{Pl^3}{48EI}$

13. 다음 부정정 구조물은 몇 차 부정정인가?

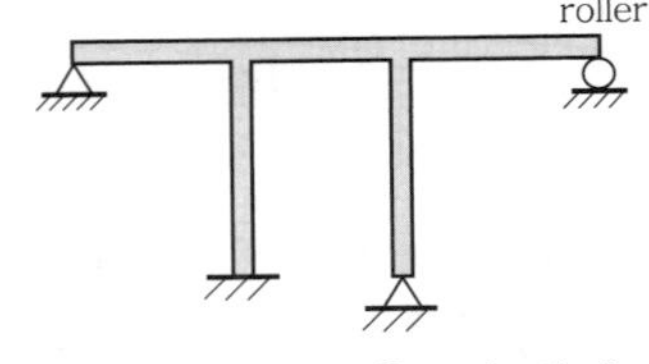

① 8차 부정정 ② 4차 부정정
③ 5차 부정정 ④ 7차 부정정

14. 다음 부정정보의 B지점에 침하가 발생하였다. 발생된 침하량이 10mm라면 이로 인한 B지점의 모멘트는 얼마인가? (단, $EI=1\times10^5$kN/m²)

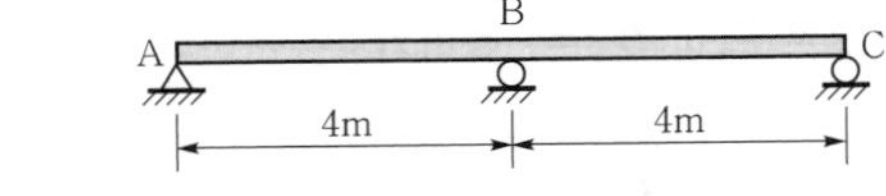

① 167.5kN · m ② 177.5kN · m
③ 187.5kN · m ④ 197.5kN · m

15. 다음 그림과 같은 4분원 중에서 음영 친 부분의 밑변으로부터 도심까지의 위치 y는?

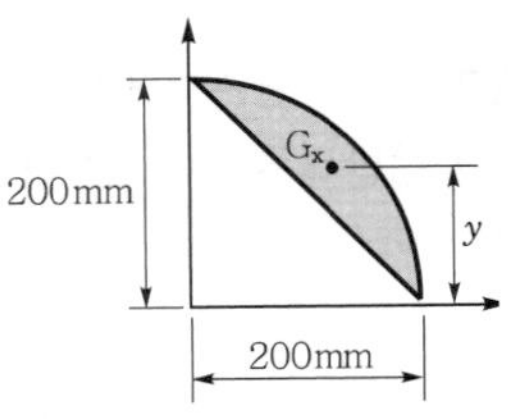

① 116.8mm ② 126.8mm
③ 146.7mm ④ 158.7mm

16. 다음 그림의 삼각형 구조가 평행상태에 있을 때 법선방향에 대한 힘의 크기 P는?

① 200.8kN
② 180.6kN
③ 133.2kN
④ 141.4kN

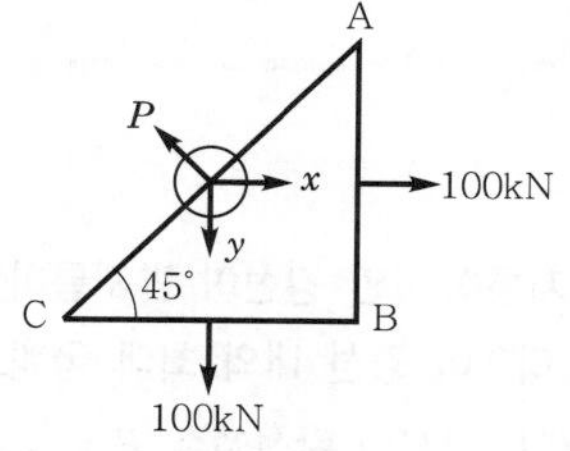

17. 다음의 표에서 설명하는 것은?

> 탄성체에 저장된 변형에너지 U를 변위의 함수로 나타내는 경우에 임의의 변위 Δ_i에 관한 변형에너지 U와 1차 편도함수는 대응되는 하중 P_i와 같다. 즉, $P=\dfrac{\partial U}{\partial \Delta}$ 이다.

① Castigliano의 제1정리
② Castigliano의 제2정리
③ 가상일의 원리
④ 공액보법

18. 다음 그림과 같은 트러스의 사재 D의 부재력은?

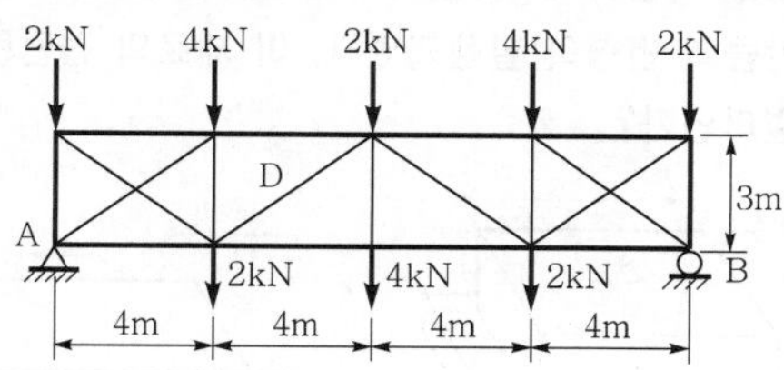

① 5kN(인장)
② 5kN(압축)
③ 3.75kN(인장)
④ 3.75kN(압축)

19. 기둥의 중심에 축방향으로 연직하중 P=120kN, 기둥의 휨방향으로 풍하중이 역삼각형 모양으로 분포하여 작용할 때 기둥에 발생하는 최대 압축응력은?

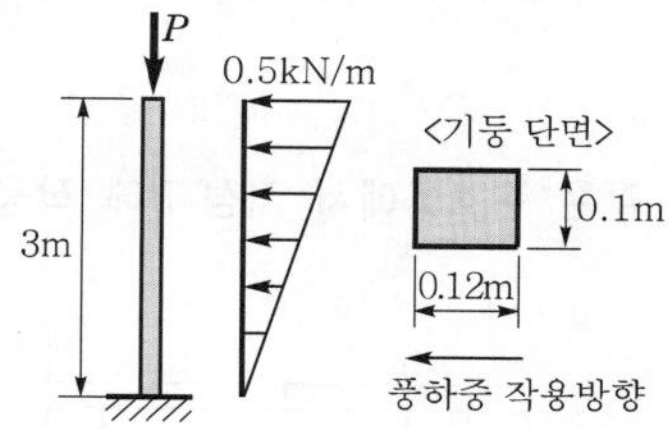

① 37,500kN/m^2
② 62,500kN/m^2
③ 10,000kN/m^2
④ 72,500kN/m^2

20. 다음 그림과 같은 단면의 x축에 대한 단면 1차 모멘트는 얼마인가?

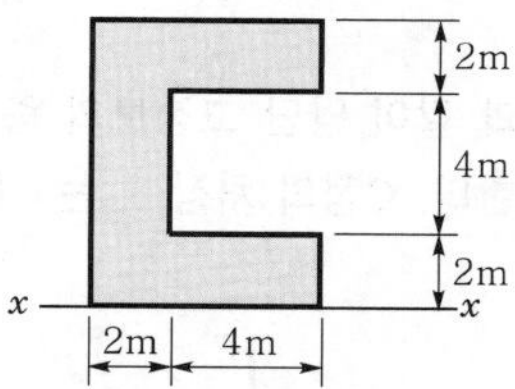

① 128m^3
② 138m^3
③ 148m^3
④ 158m^3

토목기사 실전 모의고사 6회

▶ 정답 및 해설 : p.164

1. 다음과 같은 구조물에서 지점 B에 작용하는 반력의 크기는?

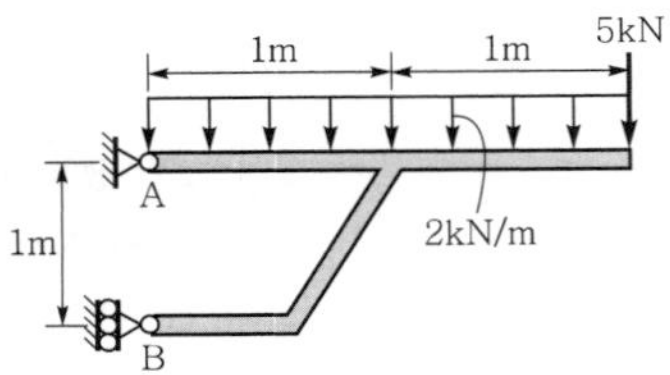

① 14kN ② 18.6kN
③ 19.8kN ④ 21.2kN

2. 다음 그림과 같이 양단 고정보의 중앙점 C에 집중하중 P가 작용한다. C점의 처짐 δ_C는? (단, 보의 EI는 일정하다.)

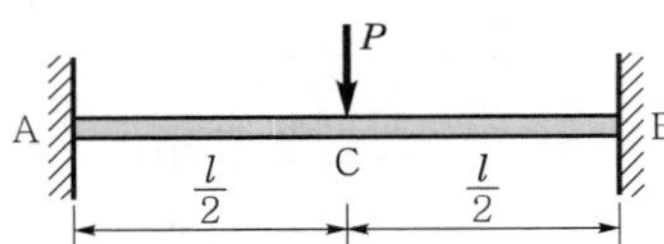

① $0.00521\dfrac{Pl^3}{EI}$ ② $0.00511\dfrac{Pl^3}{EI}$
③ $0.00501\dfrac{Pl^3}{EI}$ ④ $0.00491\dfrac{Pl^3}{EI}$

3. 다음 그림과 같은 구조물에서 C점의 수직처짐은? (단, AC 및 BC부재의 길이는 l, 단면적은 A, 탄성계수는 E이다.)

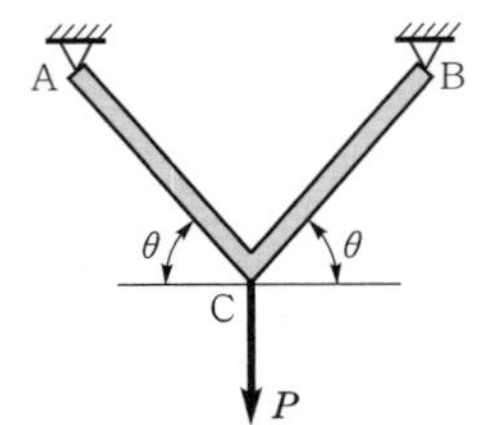

① $\dfrac{Pl}{2EA\sin^2\theta}$ ② $\dfrac{Pl}{2EA\cos^2\theta}$
③ $\dfrac{Pl}{2EA\sin\theta\cos\theta}$ ④ $\dfrac{Pl}{2EA\sin\theta}$

4. 지름이 d인 강선이 반지름이 r인 원통 위로 구부러져 있다. 이 강선 내의 최대 굽힘모멘트 $M_{\max}$를 계산하면? (단, 강선의 탄성계수 $E=2\times10^6$kN/m^2, $d=2$m, $r=10$m)

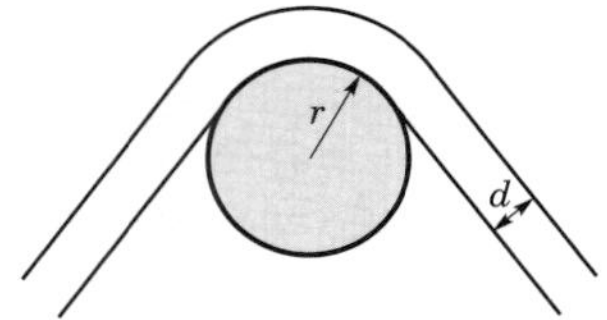

① 1.2×10^5kN · m
② 1.4×10^5kN · m
③ 2.0×10^5kN · m
④ 2.2×10^5kN · m

5. 다음 그림 (a)와 같은 직육면체의 윗면에 전단력 540kN이 작용하여 그림 (b)와 같이 상면이 옆으로 0.6m만큼의 변형이 발생되었다. 이 재료의 전단탄성계수는 얼마인가?

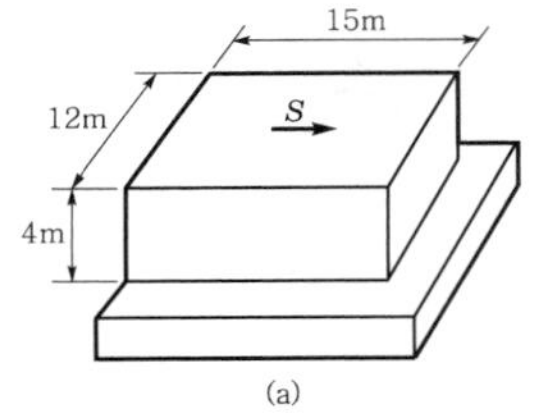

(a)

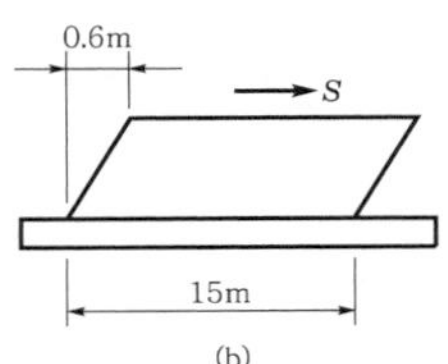

(b)

① 10kN/m^2 ② 15kN/m^2
③ 20kN/m^2 ④ 25kN/m^2

6. 탄성변형에너지(Elastic Strain Energy)에 대한 설명 중 틀린 것은?

① 변형에너지는 내적인 일이다.
② 외부하중에 의한 일은 변형에너지와 같다.
③ 변형에너지는 같은 변형을 일으킬 때 강성도가 크면 적다.
④ 하중을 제거하면 회복될 수 있는 에너지이다.

7. 다음 그림의 단면에서 도심을 통과하는 z축에 대한 극관성모멘트는 23cm⁴이다. y축에 대한 단면 2차 모멘트가 5cm⁴이고, x'축에 대한 단면 2차 모멘트가 40cm⁴이다. 이 단면의 면적은? (단, x, y축은 이 단면의 도심을 통과한다.)

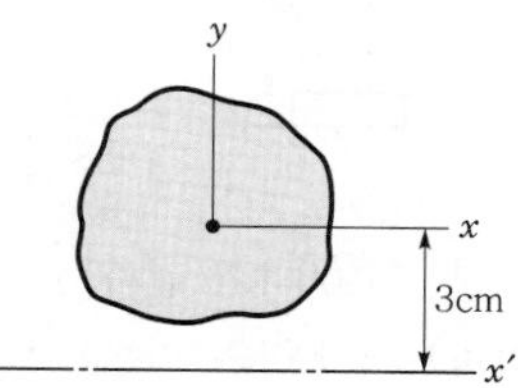

① 4.44cm²　② 3.44cm²
③ 2.44cm²　④ 1.44cm²

8. 다음 그림과 같은 단주에 편심하중이 작용할 때 최대 압축응력은?

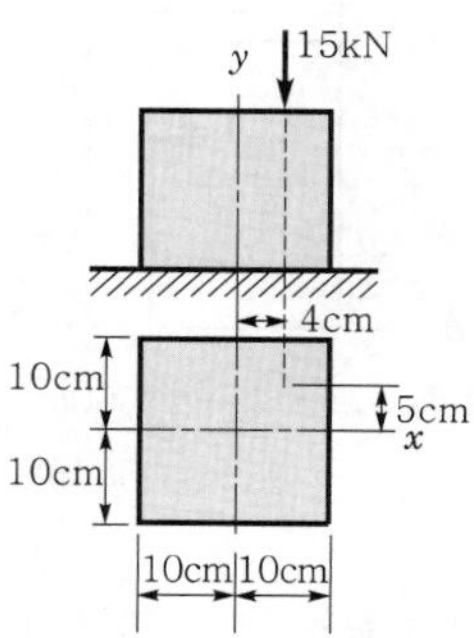

① 1387.5kN/m²　② 1726.5kN/m²
③ 2457.5kN/m²　④ 3176.5kN/m²

9. 다음 인장부재의 수직변위를 구하는 식으로 옳은 것은? (단, 탄성계수 : E)

① $\dfrac{PL}{EA}$

② $\dfrac{3PL}{2EA}$

③ $\dfrac{2PL}{EA}$

④ $\dfrac{5PL}{2EA}$

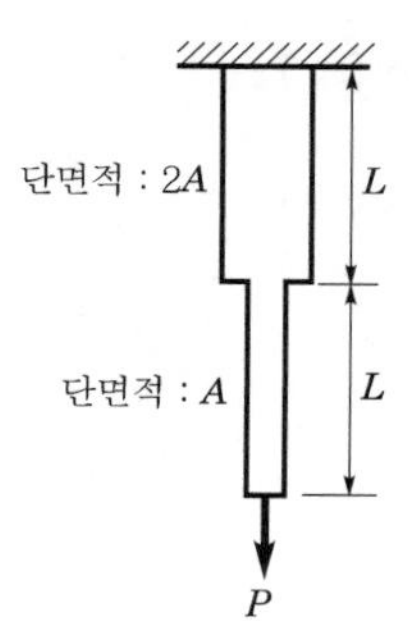

10. 단면이 원형(반지름 R)인 보에 휨모멘트 M이 작용할 때 이 보에 작용하는 최대 휨응력은?

① $\dfrac{4M}{\pi R^3}$

② $\dfrac{12M}{\pi R^3}$

③ $\dfrac{16M}{\pi R^3}$

④ $\dfrac{32M}{\pi R^3}$

11. 다음 그림의 트러스에서 a부재의 부재력은?

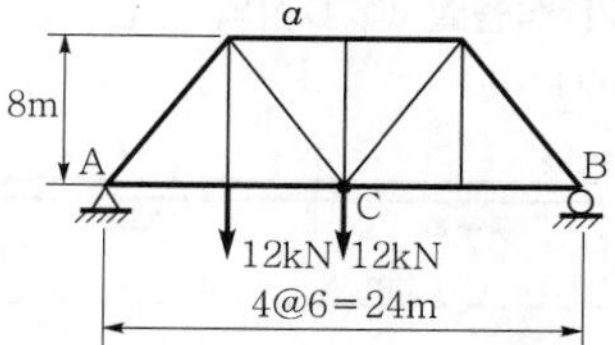

① 13.5kN(인장)　② 17.5kN(인장)
③ 13.5kN(압축)　④ 17.5kN(압축)

12. 다음 그림의 라멘에서 수평반력 H_A를 구한 값은?

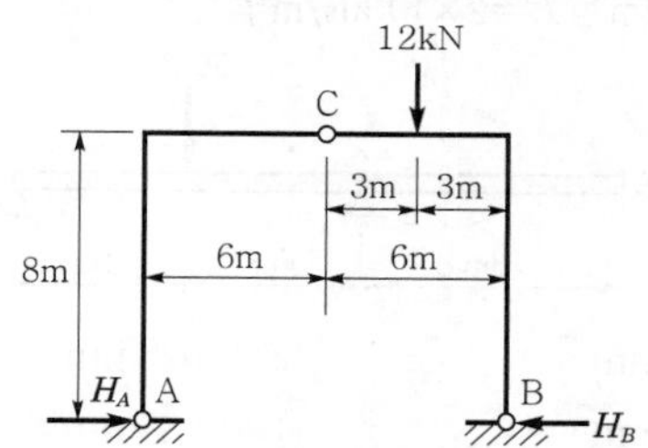

① 9.0kN　② 4.5kN
③ 3.0kN　④ 2.25kN

13. 다음 그림과 같은 구조물에서 A점의 휨모멘트의 크기는?

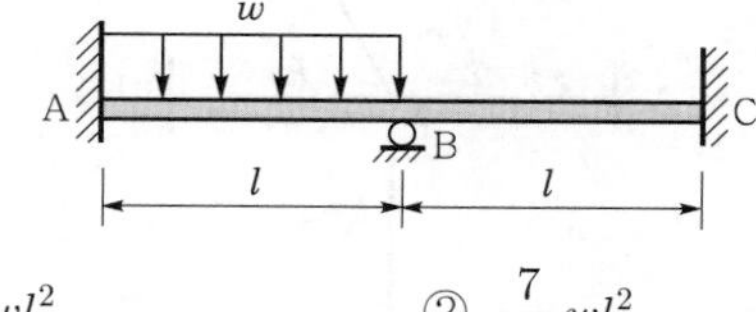

① $\dfrac{1}{12}wl^2$　② $\dfrac{7}{24}wl^2$

③ $\dfrac{5}{48}wl^2$　④ $\dfrac{11}{96}wl^2$

14. 다음 그림과 같은 연속보에서 B지점 모멘트 M_B는? (단, EI는 일정하다.)

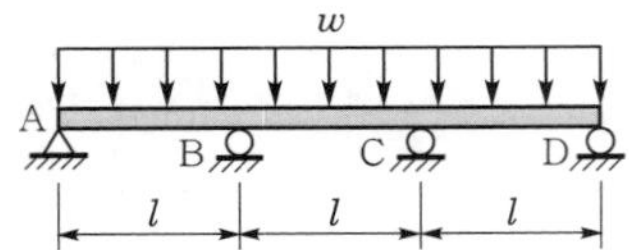

① $-\frac{wl^2}{4}$　　② $-\frac{wl^2}{8}$

③ $-\frac{wl^2}{10}$　　④ $-\frac{wl^2}{12}$

15. 양단 내민보에 다음 그림과 같이 등분포하중 W =100kN/m가 작용할 때 C점의 전단력은 얼마인가?

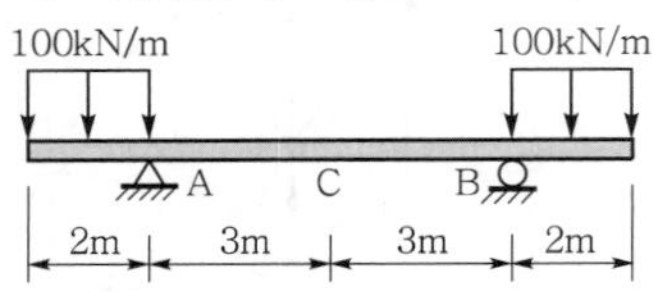

① 0　　② 50kN

③ 100kN　　④ 150kN

16. 다음 그림과 같은 내민보에서 A점의 처짐은? (단, I=16m^4, E=2×10^{6}kN/m^2)

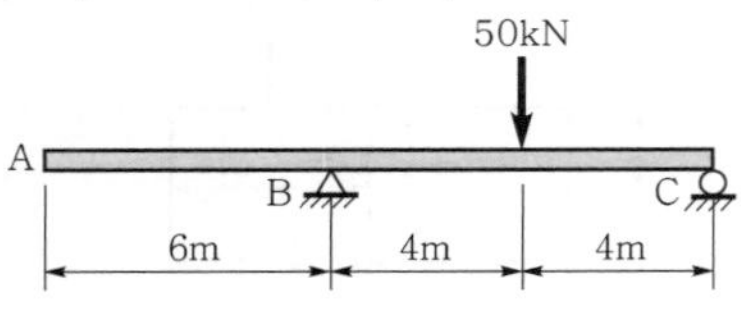

① 0.023mm　　② 0.028mm

③ 0.033mm　　④ 0.038mm

17. 다음 그림과 같은 라멘 구조물의 E점에서의 불균형 모멘트에 대한 부재 EA의 모멘트분배율은?

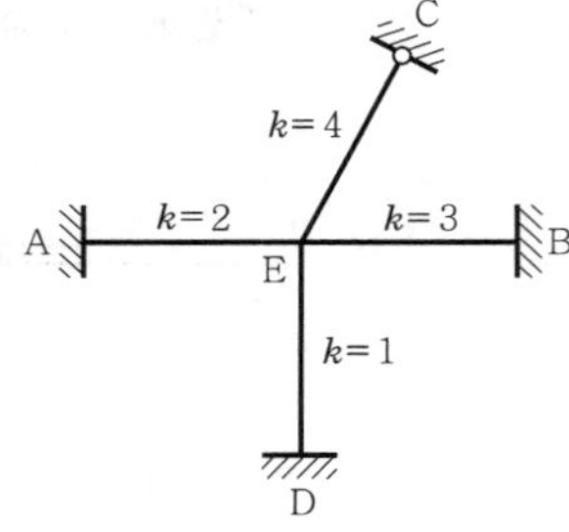

① 0.222　　② 0.1667

③ 0.2857　　④ 0.40

18. 다음 그림과 같은 크레인(crane)에 2,000kN의 하중을 작용시킬 경우 AB 및 로프 AC가 받는 힘은?

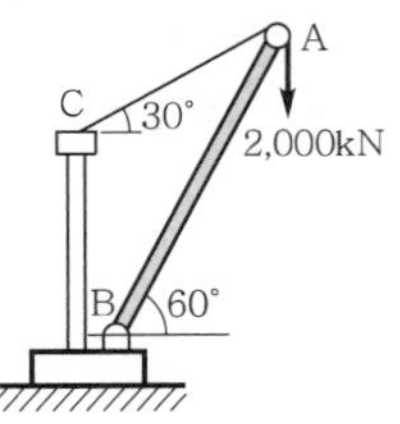

AB　　AC

① 1,732kN(인장), 1,000kN(압축)

② 3,464kN(압축), 2,000kN(인장)

③ 3,864kN(압축), 2,000kN(인장)

④ 1,732kN(인장), 2,000kN(인장)

19. 다음 그림과 같은 단면의 $A-A$축에 대한 단면 2차 모멘트는?

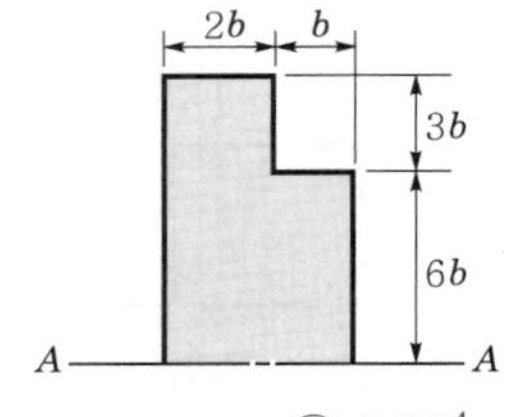

① $558b^4$　　② $560b^4$

③ $562b^4$　　④ $564b^4$

20. 다음 그림과 같은 단순보에서 C점에 3kN · m의 모멘트가 작용할 때 A점의 반력은 얼마인가?

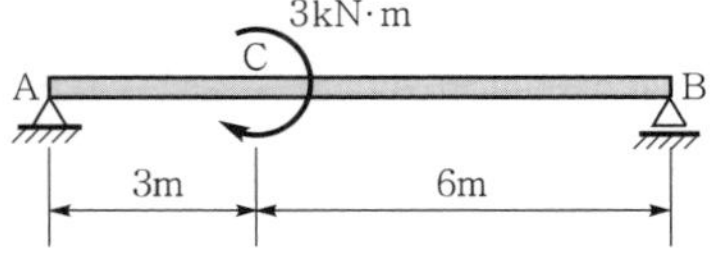

① $\frac{1}{3}$kN(↑)　　② $\frac{1}{3}$kN(↓)

③ $\frac{1}{2}$kN(↑)　　④ $\frac{1}{2}$kN(↓)

토목기사 실전 모의고사 7회

▶ 정답 및 해설 : p.166

1. 다음 그림과 같이 밀도가 균일하고 무게가 W인 구(球)가 마찰이 없는 두 벽면 사이에 놓여있을 때 반력 R_a의 크기는?

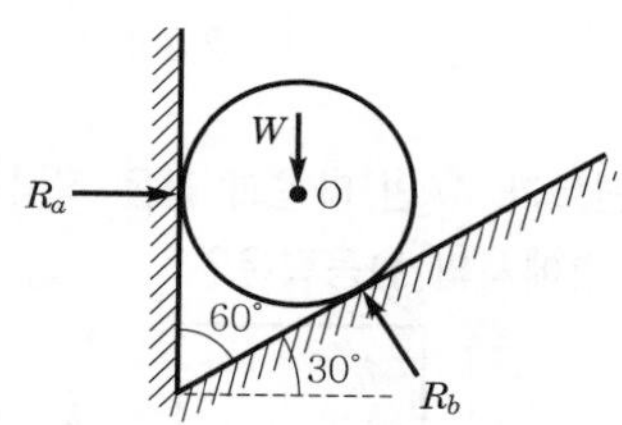

① $0.500\,W$
② $0.577\,W$
③ $0.707\,W$
④ $0.866\,W$

2. 다음 그림과 같은 단면에서 외곽원의 직경(D)이 60cm이고 내부원의 직경($D/2$)은 30cm라면 빗금 친 부분의 도심의 위치는 x에서 얼마나 떨어진 곳인가?

① 33cm
② 35cm
③ 37cm
④ 39cm

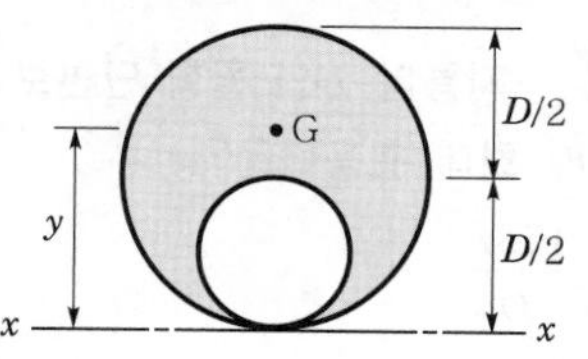

3. 단면 2차 모멘트의 특성에 대한 설명으로 틀린 것은?

① 단면 2차 모멘트의 최소값은 도심에 대한 것이며 그 값은 0이다.
② 정삼각형, 정사각형, 정다각형의 도심에 대한 단면 2차 모멘트는 축의 회전에 관계없이 모두 같다.
③ 단면 2차 모멘트는 좌표축에 상관없이 항상 (+)의 부호를 갖는다.
④ 단면 2차 모멘트가 크면 휨강성이 크고 구조적으로 안전하다.

4. 탄성계수 E, 전단탄성계수 G, 푸아송수 m 사이의 관계가 옳은 것은?

① $G=\dfrac{m}{2(m+1)}$　　② $G=\dfrac{E}{2(m-1)}$
③ $G=\dfrac{mE}{2(m+1)}$　　④ $G=\dfrac{E}{2(m+1)}$

5. 다음 그림과 같이 하중 P=1kN이 단면적 A를 가진 보의 중앙에 작용할 때 축방향으로 늘어난 길이는? (단, $EA=1\times10^3$kN, L=2m)

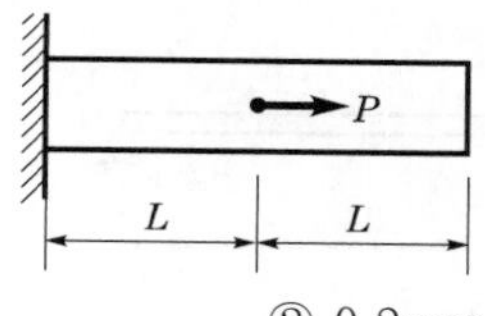

① 0.1mm　　② 0.2mm
③ 1mm　　④ 2mm

6. 상하단이 고정인 기둥에 다음 그림과 같이 힘 P가 작용한다면 반력 R_A, R_B값은

① $R_A=\dfrac{P}{2},\ R_B=\dfrac{P}{2}$
② $R_A=\dfrac{P}{3},\ R_B=\dfrac{2P}{3}$
③ $R_A=\dfrac{2P}{3},\ R_B=\dfrac{P}{3}$
④ $R_A=P,\ R_B=0$

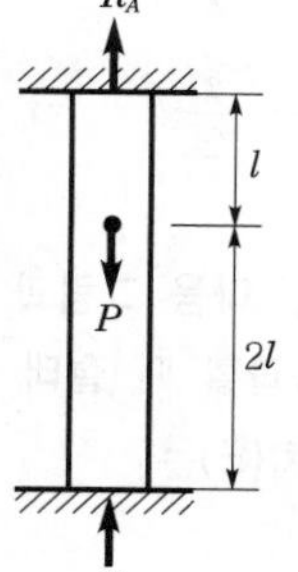

7. 다음 라멘의 부정정 차수는?

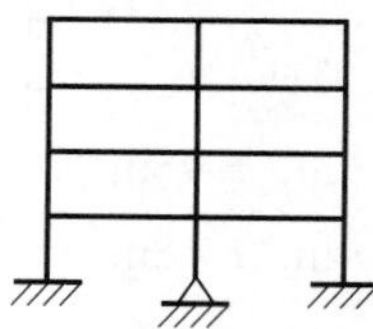

① 23차 부정정　　② 28차 부정정
③ 32차 부정정　　④ 36차 부정정

8. 다음 단순보의 반력 R_{ax}의 크기는?

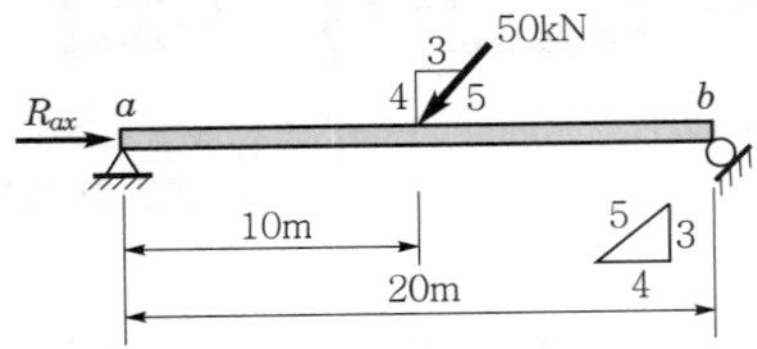

① 30.0kN
② 35.0kN
③ 45.0kN
④ 56.6kN

9. 경간이 l인 단순보 위를 다음 그림과 같이 이동하중이 통과할 때 지점 B로부터 절대 최대 휨모멘트가 일어나는 위치는?

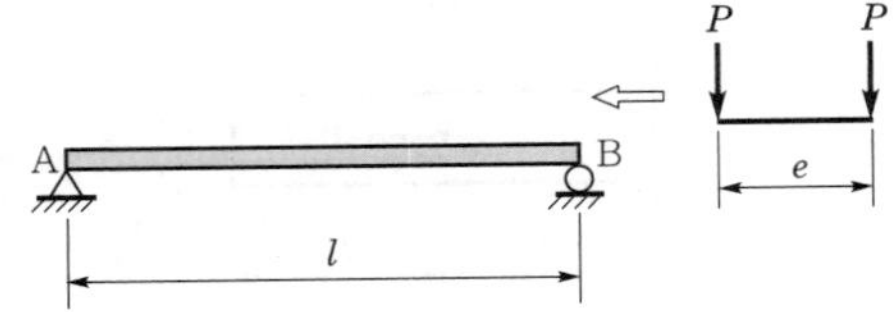

① $\dfrac{l}{2} \pm \dfrac{3e}{4}$

② $\dfrac{l}{2}$

③ $\dfrac{l}{2} \pm \dfrac{e}{4}$

④ $\dfrac{l}{2} \pm \dfrac{e}{2}$

10. 다음 그림과 같이 2개의 집중하중이 단순보 위를 통과할 때 절대 최대 휨모멘트의 크기($M_{\max}$)와 발생위치(x)는?

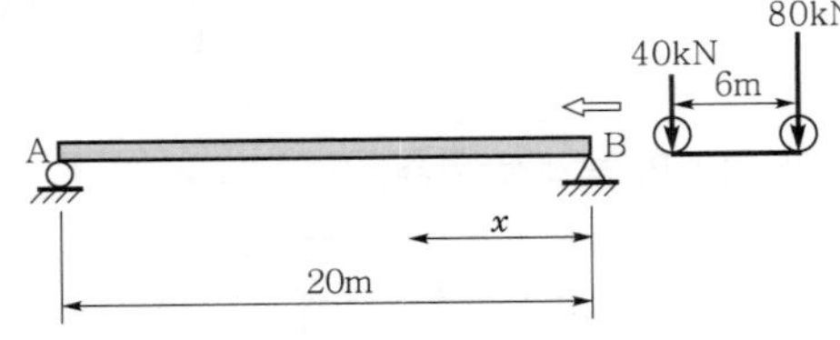

① $M_{\max}$ =362kN · m, x =8m
② $M_{\max}$ =382kN · m, x =8m
③ $M_{\max}$ =486kN · m, x =9m
④ $M_{\max}$ =506kN · m, x =9m

11. 다음 그림의 라멘에서 수평반력 H_A를 구한 값은?

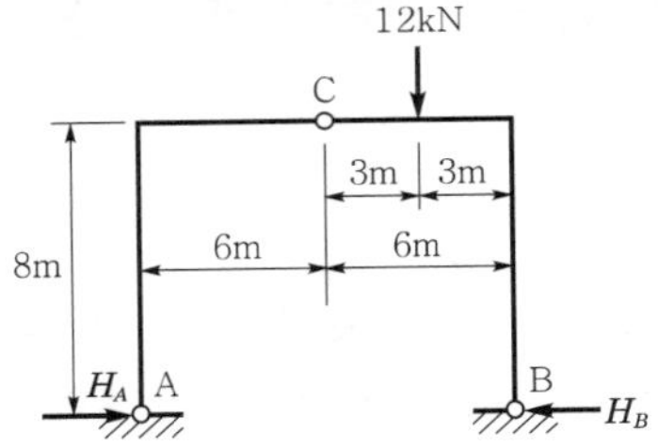

① 9.0kN ② 4.5kN
③ 3.0kN ④ 2.25kN

12. 휨모멘트가 M인 다음과 같은 직사각형 단면에서 $A-A$ 단면에서의 휨응력은?

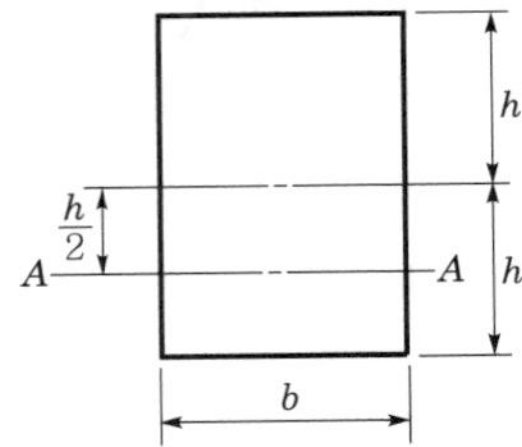

① $\dfrac{3M}{bh^2}$ ② $\dfrac{3M}{4bh^2}$

③ $\dfrac{3M}{2bh^2}$ ④ $\dfrac{M}{4b^2h^2}$

13. 지름이 D인 원형 단면보에 휨모멘트 M이 작용할 때 최대 휨응력은?

① $\dfrac{16M}{\pi D^3}$ ② $\dfrac{6M}{\pi D^3}$

③ $\dfrac{32M}{\pi D^3}$ ④ $\dfrac{64M}{\pi D^3}$

14. 지름이 D인 원형 단면의 핵(core)의 지름은?

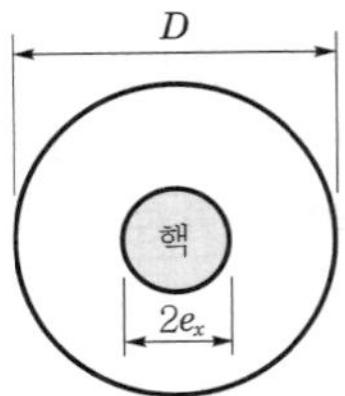

① $\dfrac{D}{2}$ ② $\dfrac{D}{3}$

③ $\dfrac{D}{4}$ ④ $\dfrac{D}{6}$

15. 다음 그림과 같은 트러스에서 V의 부재력은?

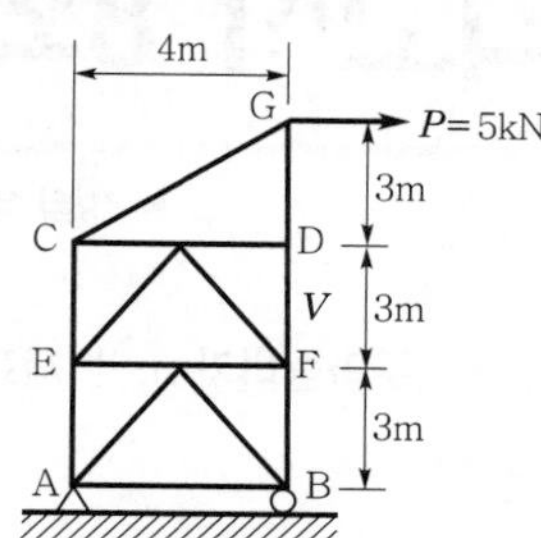

① -6.67kN ② -6.25kN
③ -3.75kN ④ -7.50kN

16. 다음 그림과 같은 2개의 캔달레버보에 저장되는 변형에너지를 각각 $U_{(1)}$, $U_{(2)}$라고 할 때 $U_{(1)}$: $U_{(2)}$의 비는?

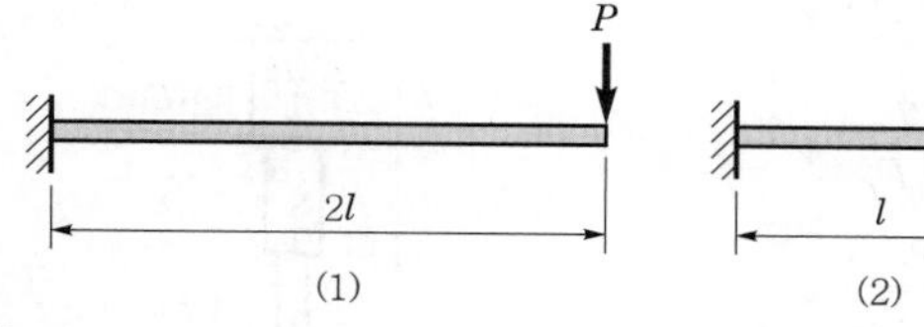

① 2 : 1 ② 4 : 1
③ 8 : 1 ④ 16 : 1

17. 다음 그림과 같이 길이가 같고 EI가 일정한 단순보에서 집중하중 $P=wl$을 받는 단순보의 중앙처짐은 등분포하중을 받는 단순보의 중앙처짐의 몇 배인가?

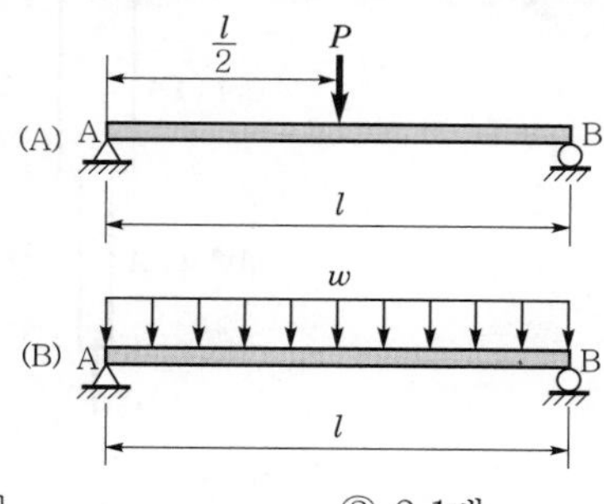

① 1.6배 ② 2.1배
③ 3.2배 ④ 4.8배

18. 다음의 보에서 B점의 기울기는? (단, EI는 일정하다.)

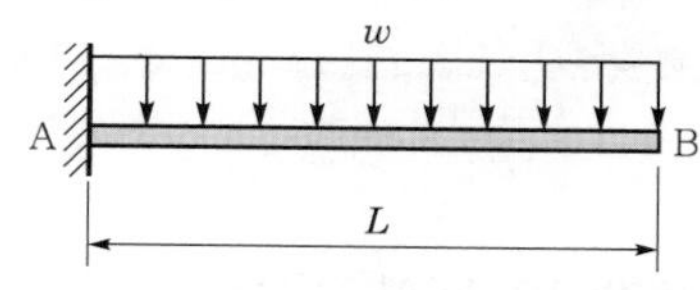

① $\dfrac{wL^3}{8EI}$ ② $\dfrac{wL^3}{4EI}$
③ $\dfrac{wL^3}{3EI}$ ④ $\dfrac{wL^3}{6EI}$

19. 단순지지보의 B지점에 우력모멘트 M_o가 작용하고 있다. 이 우력모멘트로 인한 A지점의 처짐각 θ_a를 구하면?

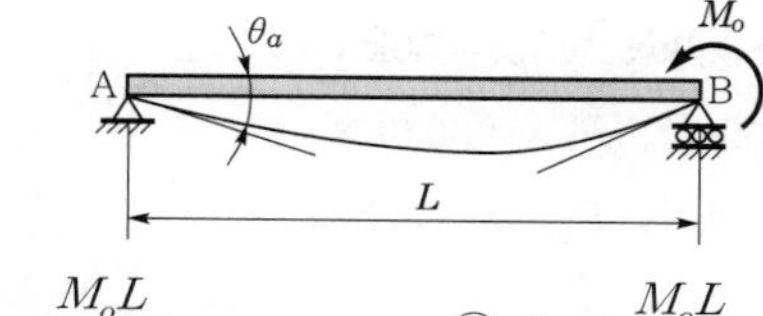

① $\theta_a=\dfrac{M_oL}{3EI}$ ② $\theta_a=\dfrac{M_oL}{6EI}$
③ $\theta_a=\dfrac{M_oL}{9EI}$ ④ $\theta_a=\dfrac{M_oL}{12EI}$

20. 다음 그림과 같은 양단 고정보에 3kN/m의 등분포하중과 10kN의 집중하중이 작용할 때 A점의 휨모멘트는?

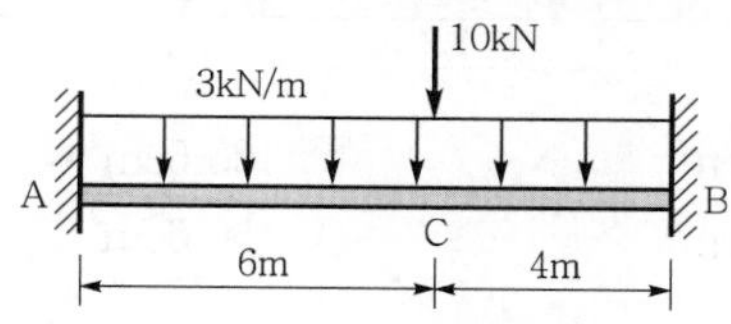

① -31.6kN·m ② -32.8kN·m
③ -34.6kN·m ④ -36.8kN·m

토목기사 실전 모의고사 8회

▶ 정답 및 해설 : p.168

1. 다음 그림의 AC, BC에 작용하는 힘 F_{AC}, F_{BC}의 크기는?

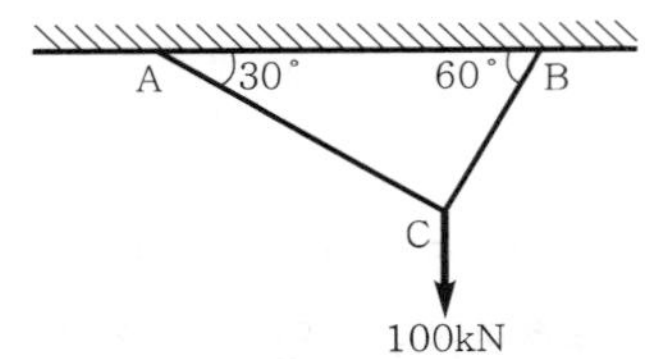

① $F_{AC}=100\text{kN}$, $F_{BC}=86.6\text{kN}$
② $F_{AC}=86.6\text{kN}$, $F_{BC}=50\text{kN}$
③ $F_{AC}=50\text{kN}$, $F_{BC}=86.6\text{kN}$
④ $F_{AC}=50\text{kN}$, $F_{BC}=173.2\text{kN}$

2. 다음 삼각형의 X축에 대한 단면 1차 모멘트는?

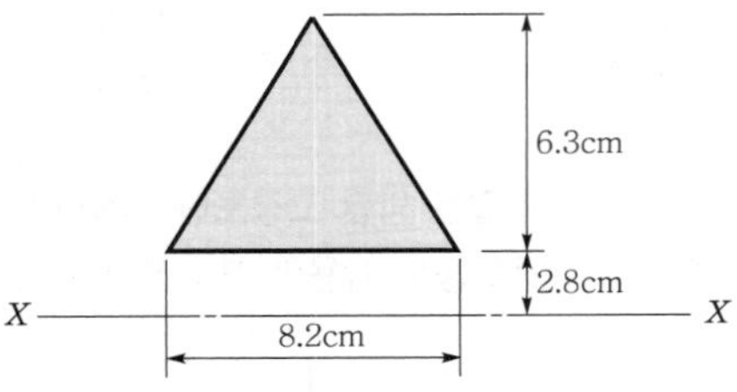

① 126.6cm^3　② 136.6cm^3
③ 146.6cm^3　④ 156.6cm^3

3. 12cm×8cm 단면에서 지름 2cm인 원을 떼어 버린다면 도심축 X에 관한 단면 2차 모멘트는?

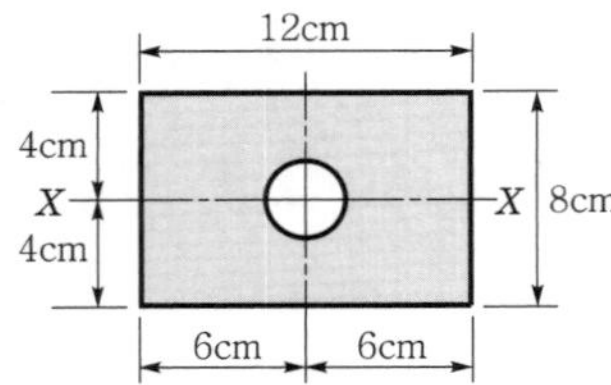

① 556.4cm^4　② 511.2cm^4
③ 499.4cm^4　④ 550.2cm^4

4. 탄성계수가 E, 푸아송비가 ν인 재료의 체적탄성계수 K는?

① $K=\dfrac{E}{2(1-\nu)}$　② $K=\dfrac{E}{2(1-2\nu)}$
③ $K=\dfrac{E}{3(1-\nu)}$　④ $K=\dfrac{E}{3(1-2\nu)}$

5 다음 그림과 같은 봉에서 작용힘들에 의한 봉 전체의 수직처짐은 얼마인가?

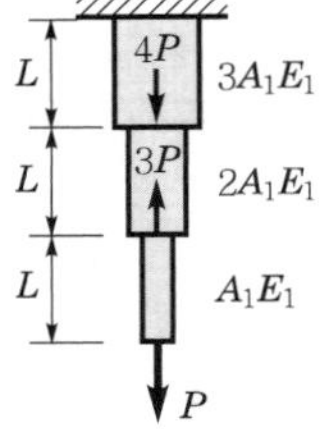

① $\dfrac{3PL}{4A_1E_1}(\downarrow)$
② $\dfrac{2PL}{3A_1E_1}(\downarrow)$
③ $\dfrac{4PL}{3A_1E_1}(\downarrow)$
④ $\dfrac{3PL}{2A_1E_1}(\downarrow)$

6. 다음 인장 부재의 수직변위를 구하는 식으로 옳은 것은? (단, 탄성계수 : E)

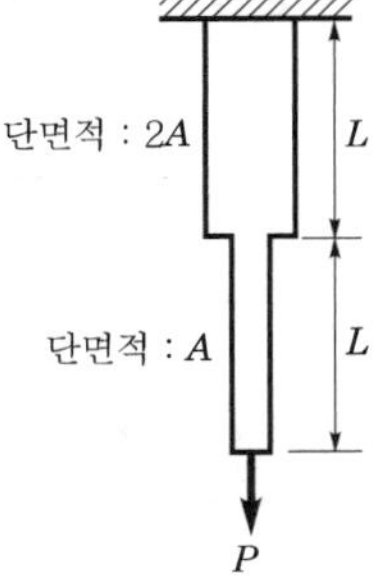

① $\dfrac{PL}{EA}$
② $\dfrac{3PL}{2EA}$
③ $\dfrac{2PL}{EA}$
④ $\dfrac{5PL}{2EA}$

7. 일반적인 보에서 휨모멘트에 의해 최대 휨응력이 발생되는 위치는 다음 중 어느 곳인가?

① 부재의 중립축에서 발생
② 부재의 상단에서만 발생
③ 부재의 하단에서만 발생
④ 부재의 상·하단에서 발생

8. 다음 그림과 같은 내민보에서 C점의 휨모멘트가 영(零)이 되게 하기 위해서는 x가 얼마가 되어야 하는가?

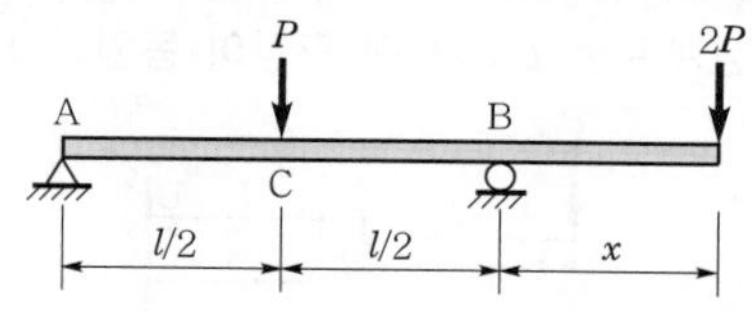

① $x=\frac{l}{3}$　　② $x=\frac{2}{3}l$

③ $x=\frac{l}{4}$　　④ $x=\frac{l}{2}$

9. 다음과 같이 D점이 힌지인 게르버보에서 A점의 반력은 얼마인가?

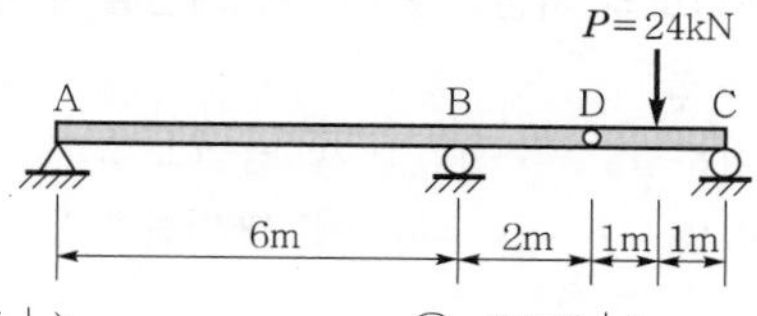

① 3kN(↓)　　② 4kN(↓)

③ 5kN(↑)　　④ 6kN(↓)

10. 다음 그림에서 지점 A의 연직반력(R_A)과 모멘트반력(M_A)의 크기는?

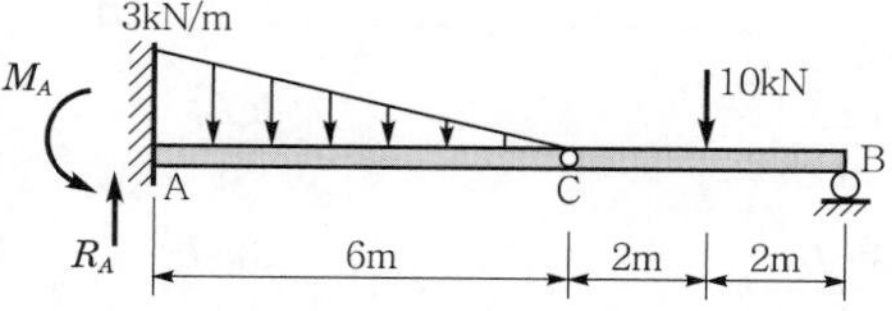

① R_A=9kN, M_A=4.5kN · m

② R_A=9kN, M_A=18kN · m

③ R_A=14kN, M_A=48kN · m

④ R_A=14kN, M_A=58kN · m

11. 다음 그림과 같은 단순보에서 C점에 3tf · m의 모멘트가 작용할 때 A점의 반력은 얼마인가?

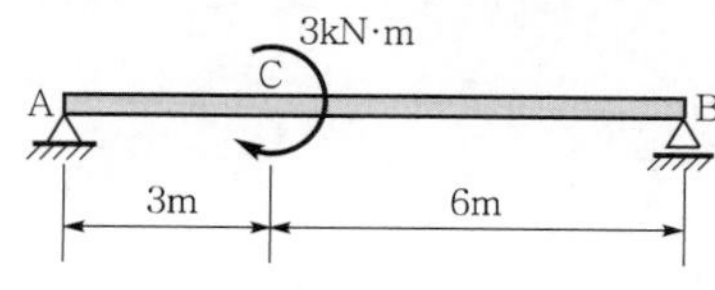

① $\frac{1}{3}$kN(↑)　　② $\frac{1}{3}$kN(↓)

③ $\frac{1}{2}$kN(↑)　　④ $\frac{1}{2}$kN(↓)

12. 다음 그림과 같은 정정라멘에서 C점의 휨모멘트는?

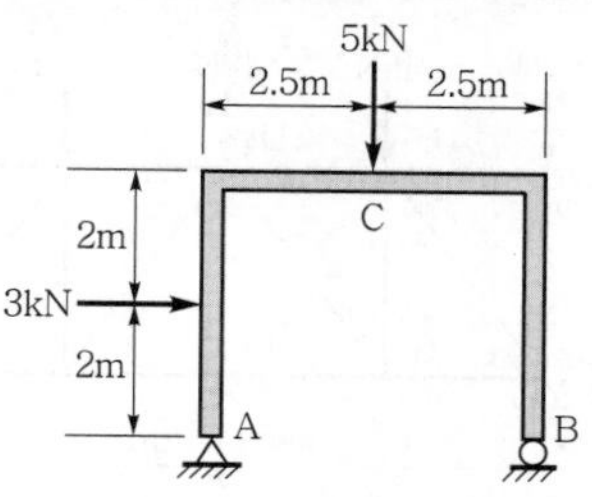

① 6.25kN · m　　② 9.25kN · m

③ 12.3kN · m　　④ 18.2kN · m

13. 다음 그림과 같은 단순보의 최대 전단응력 τ_{max}를 구하면? (단, 보의 단면은 지름이 D인 원이다.)

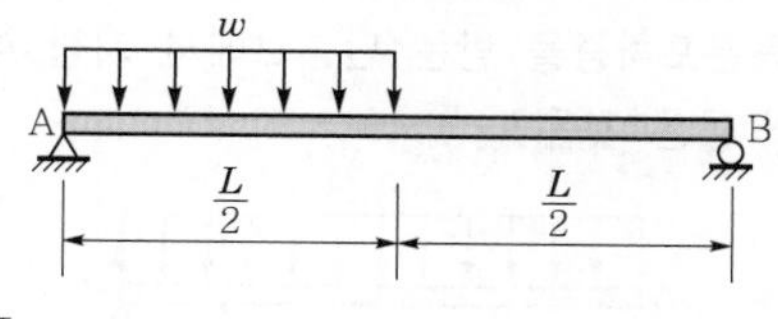

① $\frac{wL}{2\pi D^2}$　　② $\frac{9wL}{4\pi D^2}$

③ $\frac{3wL}{2\pi D^2}$　　④ $\frac{2wL}{\pi D^2}$

14. 바닥은 고정, 상단은 자유로운 기둥의 좌굴형상이 다음 그림과 같은 때 임계하중은 얼마인가?

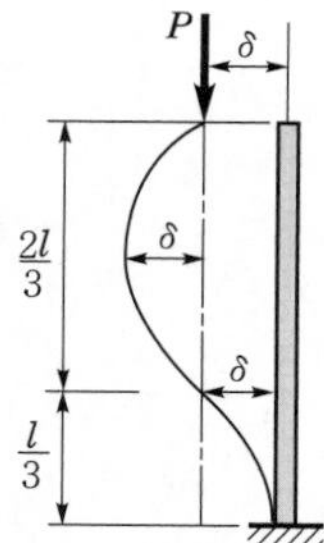

① $\frac{\pi^2 EI}{4l^2}$

② $\frac{9\pi^2 EI}{4l^2}$

③ $\frac{13\pi^2 EI}{4l^2}$

④ $\frac{25\pi^2 EI}{4l^2}$

15. "재료가 탄성적이고 Hooke의 법칙을 따르는 구조물에서 지점침하와 온도변화가 없을 때 한 역계 P_n에 의해 변형되는 동안에 다른 역계 P_m이 한 외적인 가상일은 P_m 역계에 의해 변형하는 동안에 역계 P_n이 한 외적인 가상일과 같다."는 다음 중 어느 것인가?

① 가상일의 원리　　② 카스틸리노의 정리

③ 최소 일의 정리　　④ 베티의 법칙

16. 다음 트러스에서 $\overline{L_1U_2}$부재의 부재력은?

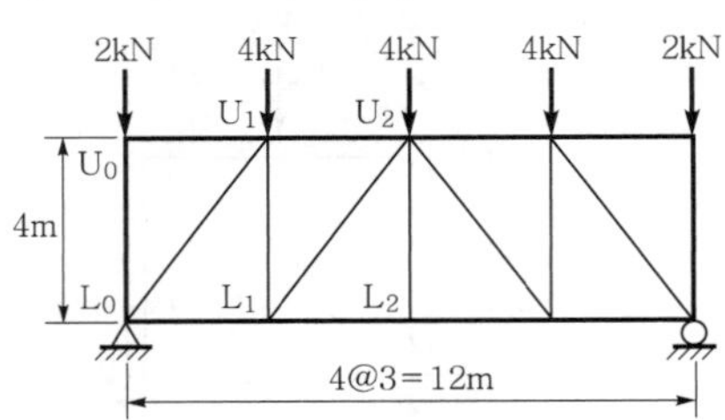

① 2.2kN(인장)
② 2.0kN(압축)
③ 2.2kN(압축)
④ 2.5kN(압축)

17. 등분포하중을 받는 단순보에서 지점 A의 처짐각으로서 옳은 것은?

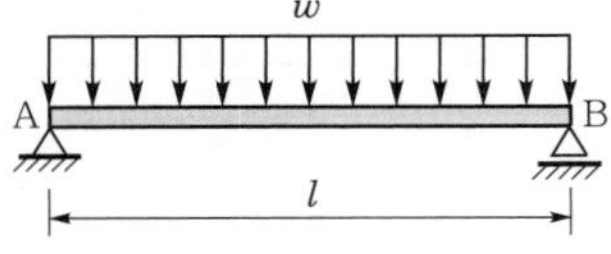

① $\dfrac{5wl^3}{384EI}$ ② $\dfrac{wl^3}{48EI}$
③ $\dfrac{wl^3}{24EI}$ ④ $\dfrac{wl^3}{16EI}$

18. 다음 그림과 같은 외팔보에서 A점의 처짐은? (단, AC구간의 단면 2차 모멘트는 I이고 CB구간은 $2I$이며, 탄성계수는 E로서 전 구간이 동일하다.)

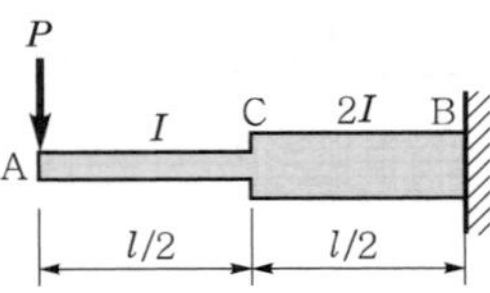

① $\dfrac{2Pl^3}{15EI}$ ② $\dfrac{3Pl^3}{16EI}$
③ $\dfrac{5Pl^3}{18EI}$ ④ $\dfrac{7Pl^3}{24EI}$

19. 정정보의 처짐과 처짐각을 계산할 수 있는 방법이 아닌 것은?

① 이중적분법 ② 공액보법
③ 처짐각법 ④ 단위하중법

20. 다음 그림과 같은 부정정보에서 지점 A의 휨모멘트값을 옳게 나타낸 것은?

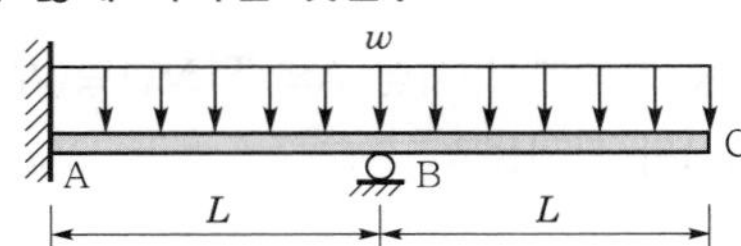

① $\dfrac{wL^2}{8}$ ② $-\dfrac{wL^2}{8}$
③ $\dfrac{3wL^2}{8}$ ④ $-\dfrac{3wL^2}{8}$

토목기사 실전 모의고사 9회

▶ 정답 및 해설 : p.170

1. 다음 그림과 같은 구조물에 하중 W가 작용할 때 P의 크기는? (단, $0° < \alpha < 180°$이다.)

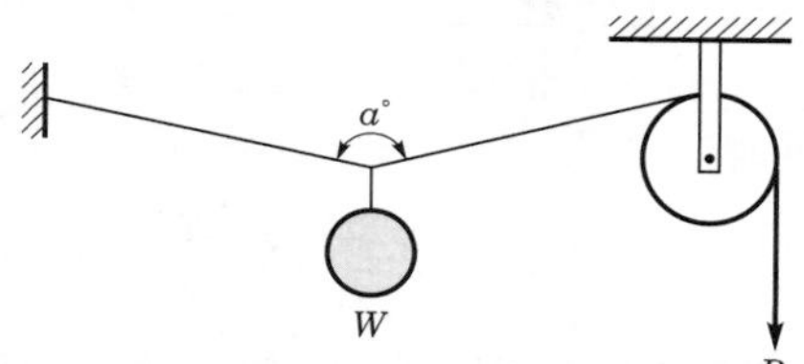

① $P=\dfrac{W}{2\cos\dfrac{\alpha}{2}}$　　② $P=\dfrac{W}{2\cos\alpha}$

③ $P=\dfrac{W}{\cos\dfrac{\alpha}{2}}$　　④ $P=\dfrac{2W}{\cos\dfrac{\alpha}{2}}$

2. 다음 도형의 도심축에 관한 단면 2차 모멘트를 I_g, 밑변을 지나는 축에 관한 단면 2차 모멘트를 I_x라 하면 I_x/I_g값은?

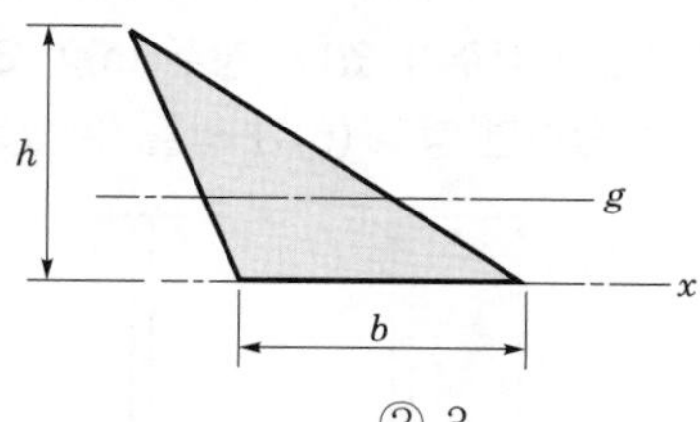

① 2　　② 3

③ 4　　④ 5

3. 다음 그림과 같은 4분원 중에서 빗금 친 부분의 밑변으로부터 도심까지의 위치 y는?

① 116.8mm

② 126.8mm

③ 146.7mm

④ 158.7mm

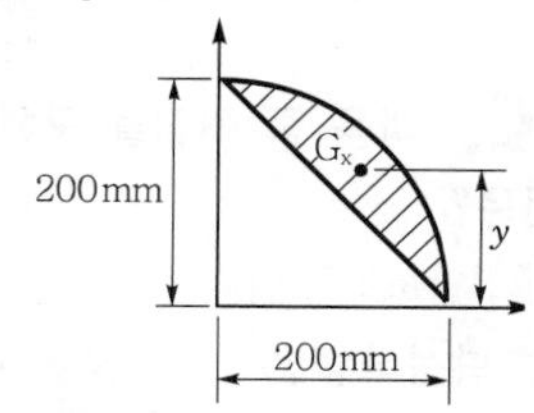

4. 다음 중 탄성계수를 옳게 나타낸 것은? (단, A : 단면적, l : 길이, P : 하중, Δl : 변형량)

① $\dfrac{P\Delta l}{Al}$　　② $\dfrac{Al}{P\Delta l}$

③ $\dfrac{Al}{l\Delta l}$　　④ $\dfrac{Pl}{A\Delta l}$

5. 강재에 탄성한도보다 큰 응력을 가한 후 그 응력을 제거한 후 장시간 방치하여도 얼마간의 변형이 남게 되는데, 이러한 변형을 무엇이라 하는가?

① 탄성변형　　② 피로변형

③ 소성변형　　④ 취성변형

6. 다음과 같은 부재에서 길이의 변화량 ΔL은 얼마인가? (단, 보는 균일하며 단면적 A와 탄성계수 E는 일정하다고 가정한다.)

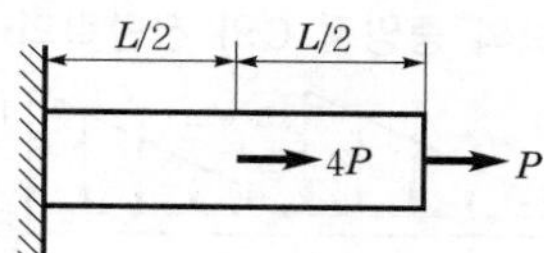

① $\dfrac{PL}{EA}$　　② $\dfrac{1.5PL}{EA}$

③ $\dfrac{3PL}{EA}$　　④ $\dfrac{5PL}{EA}$

7. 다음 그림에서 지점 A의 반력을 구한 값은?

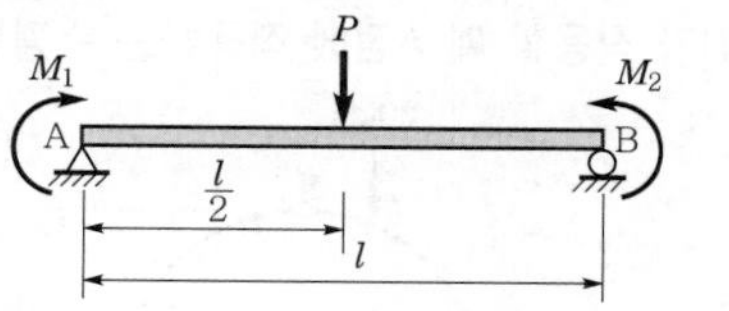

① $R_A=\dfrac{P}{3}-\dfrac{M_2-M_1}{l}$　　② $R_A=\dfrac{P}{3}+\dfrac{M_1-M_2}{l}$

③ $R_A=\dfrac{P}{2}-\dfrac{M_2+M_1}{l}$　　④ $R_A=\dfrac{P}{2}+\dfrac{M_2-M_1}{l}$

8. 다음 그림과 같이 단순보에 이동하중이 작용하는 경우 절대 최대 휨모멘트는?

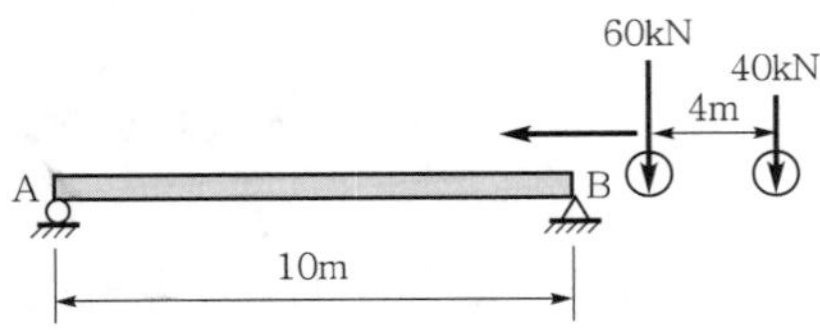

① 176.4kN·m
② 167.2kN·m
③ 162.0kN·m
④ 125.1kN·m

9. 다음 그림과 같은 내민보에서 D점에 집중하중 5kN가 작용할 경우 C점의 휨모멘트는?

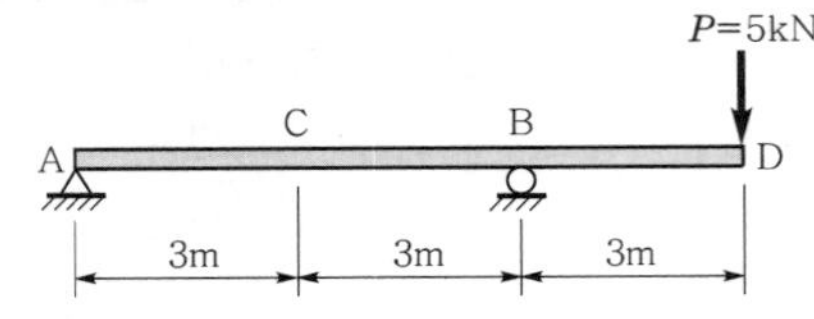

① −2.5kN·m ② −5kN·m
③ −7.5kN·m ④ −10kN·m

10. 다음 보의 중앙점 C의 전단력의 값은?

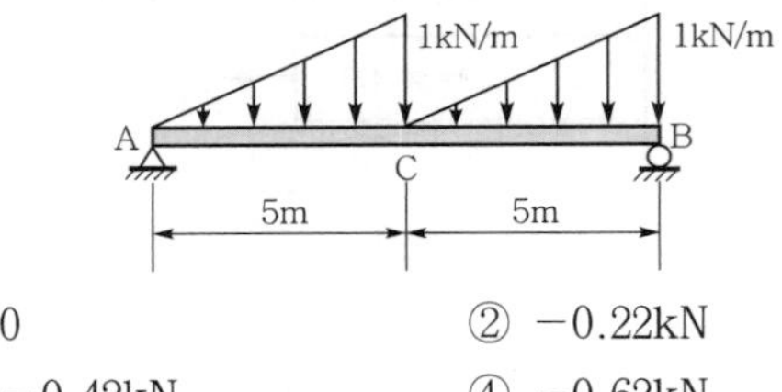

① 0 ② −0.22kN
③ −0.42kN ④ −0.62kN

11. 다음 그림과 같은 3활절아치에서 D점에 연직하중 20kN가 작용할 때 A점에 작용하는 수평반력 H_A는?

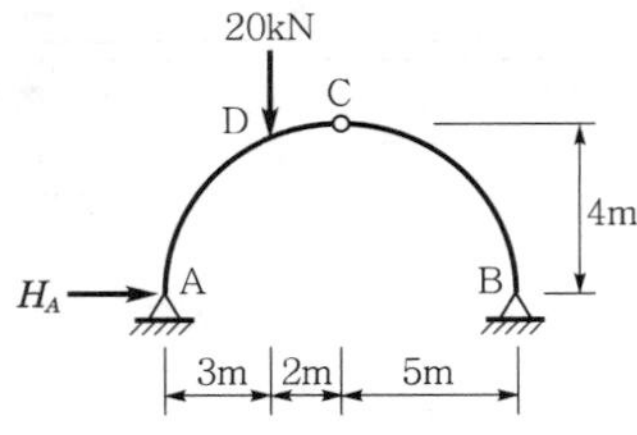

① 5.5kN ② 6.5kN
③ 7.5kN ④ 8.5kN

12. 똑같은 휨모멘트 M을 받고 있는 두 보의 단면이 〈그림 1〉 및 〈그림 2〉와 같다. 〈그림 2〉의 보의 최대 휨응력은 〈그림 1〉의 보의 최대 휨응력의 몇 배인가?

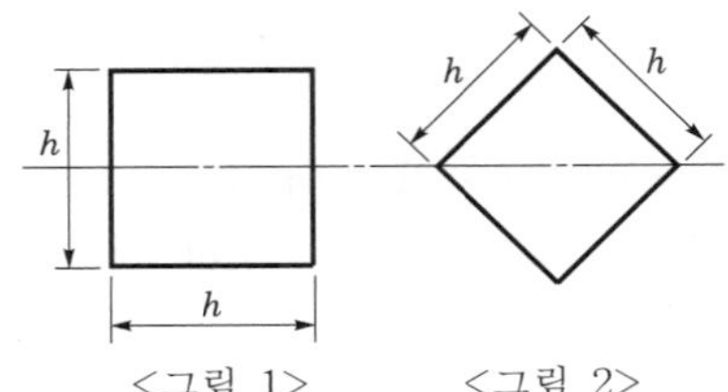

① $\sqrt{2}$ 배 ② $2\sqrt{2}$ 배
③ $\sqrt{5}$ 배 ④ $\sqrt{3}$ 배

13. 다음 그림과 같은 단순보에서 최대 휨응력값은?

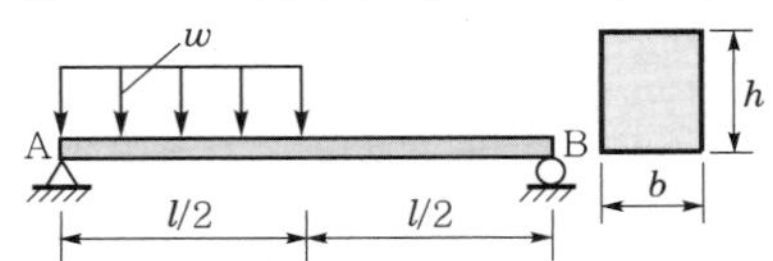

① $\dfrac{3wl^2}{4bh}$ ② $\dfrac{3wl^2}{8bh}$

③ $\dfrac{27wl^2}{32bh^2}$ ④ $\dfrac{27wl^2}{64bh^2}$

14. 단면과 길이가 같으나 지지조건이 다른 다음 그림과 같은 2개의 장주가 있다. 장주 (a)가 30kN의 하중을 받을 수 있다면 장주 (b)가 받을 수 있는 하중은?

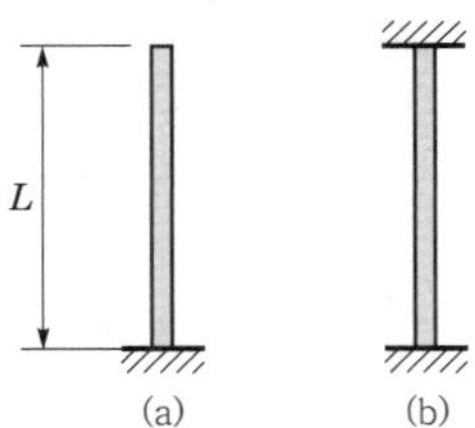

① 120kN ② 240kN
③ 360kN ④ 480kN

15. 다음 중 처짐을 구하는 방법과 가장 관계가 먼 것은?

① 3연모멘트법
② 탄성하중법
③ 모멘트면적법
④ 탄성곡선의 미분방정식 이용법

16. 다음 그림과 같은 정정트러스에서 D_1부재($\overline{AC}$)의 부재력은?

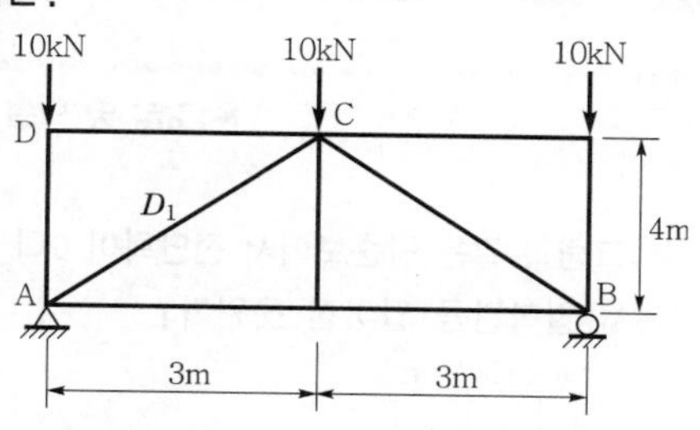

① 6.25kN(인장) ② 6.25kN(압축)
③ 7.5kN(인장) ④ 7.5kN(압축)

17. 다음 그림과 같은 보에서 휨모멘트에 의한 탄성 변형에너지를 구한 값은? (단, EI는 일정하다.)

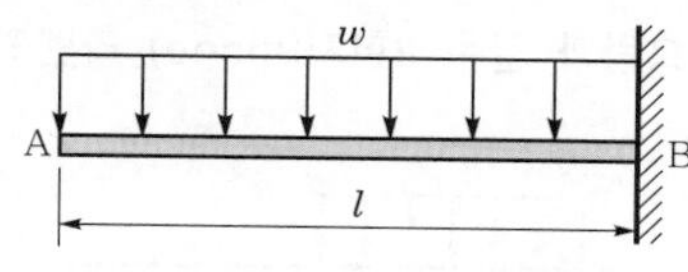

① $\dfrac{w^2l^5}{8EI}$ ② $\dfrac{w^2l^5}{24EI}$
③ $\dfrac{w^2l^5}{40EI}$ ④ $\dfrac{w^2l^5}{48EI}$

18. 다음 그림과 같은 보의 지점 A에 10kN · m의 모멘트가 작용하면 B점에 발생하는 모멘트의 크기는?

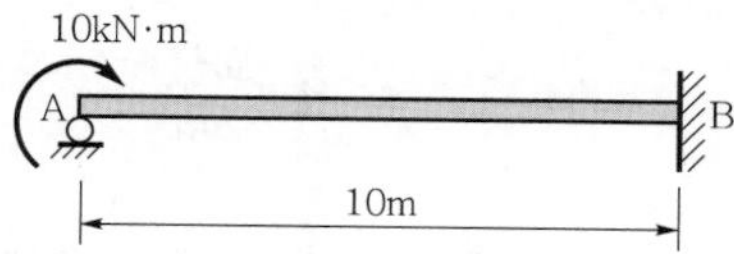

① 1kN · m ② 2.5kN · m
③ 5kN · m ④ 10kN · m

19. 다음 구조물에서 하중이 작용하는 위치에서 일어나는 처짐의 크기는?

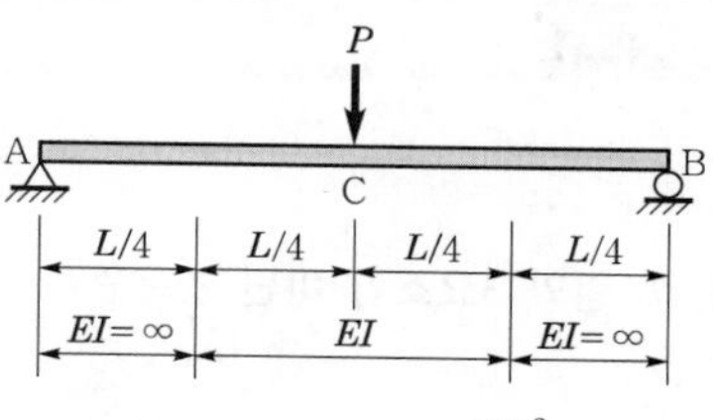

① $\dfrac{PL^3}{48EI}$ ② $\dfrac{PL^3}{96EI}$
③ $\dfrac{6PL^3}{384EI}$ ④ $\dfrac{7PL^3}{384EI}$

20. 다음 그림과 같은 단순보의 지점 B에 모멘트 M이 작용할 때 보에 최대 처짐($\delta_{\max}$)이 발생하는 위치 x와 최대 최짐은? (단, EI는 일정하다.)

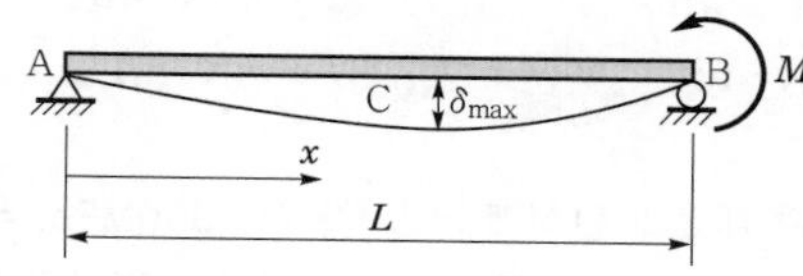

① $x=\dfrac{\sqrt{3}}{3}L,\ \delta_{\max}=\dfrac{\sqrt{3}}{27}\dfrac{ML^2}{EI}$

② $x=\dfrac{\sqrt{3}}{2}L,\ \delta_{\max}=\dfrac{\sqrt{3}}{18}\dfrac{ML^2}{EI}$

③ $x=\dfrac{\sqrt{3}}{3}L,\ \delta_{\max}=\dfrac{\sqrt{3}}{18}\dfrac{ML^2}{EI}$

④ $x=\dfrac{\sqrt{3}}{2}L,\ \delta_{\max}=\dfrac{\sqrt{3}}{27}\dfrac{ML^2}{EI}$

토목산업기사 실전 모의고사 1회

▶ 정답 및 해설 : p.173

1. 다음 중 힘의 3요소가 아닌 것은?

① 크기 ② 방향
③ 작용점 ④ 모멘트

2. 다음 그림과 같은 힘의 O점에 대한 모멘트는?

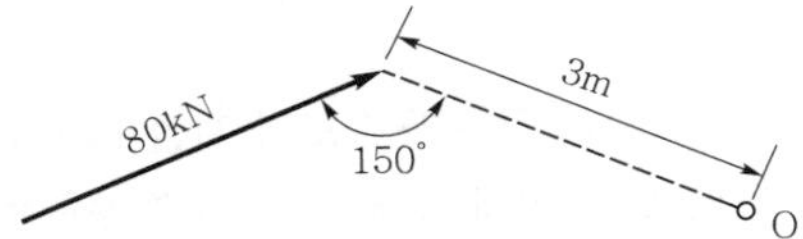

① 240kN · m ② 120kN · m
③ 80kN · m ④ 60kN · m

3. 어떤 재료의 탄성계수(E)가 210,000MPa, 푸아송비(ν)가 0.25, 전단변형률(γ)이 0.1이라면 전단응력(τ)은?

① 8,400MPa ② 4,200MPa
③ 2,400MPa ④ 1,680MPa

4. 다음 그림과 같은 구조물의 부정정 차수는?

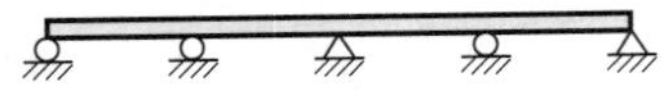

① 1차 부정정 ② 3차 부정정
③ 4차 부정정 ④ 6차 부정정

5. 다음 그림과 같은 단순보에 연행하중이 작용할 경우 절대 최대 휨모멘트는 얼마인가?

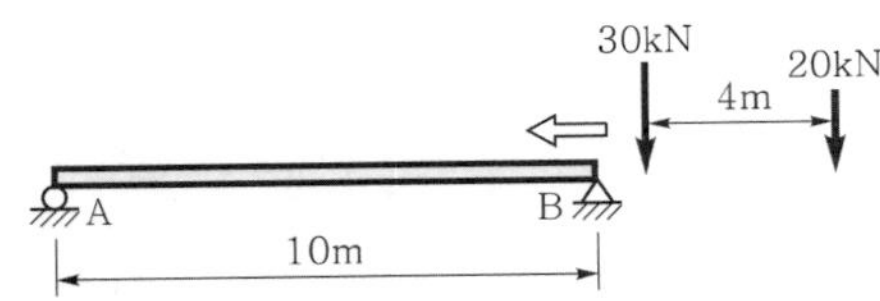

① 65kN · m ② 70.4kN · m
③ 80.4kN · m ④ 88.2kN · m

6. 다음 그림과 같은 단순보에서 전단력이 0이 되는 점은 A점에서 얼마만큼 떨어진 곳인가?

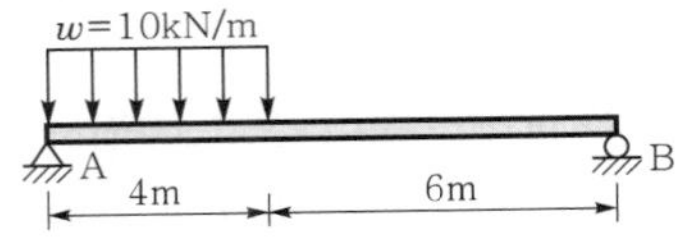

① 3.2m ② 3.5m
③ 4.2m ④ 4.5m

7. 다음 그림과 같은 3힌지(hinge) 라멘의 수평반력 H_A값은?

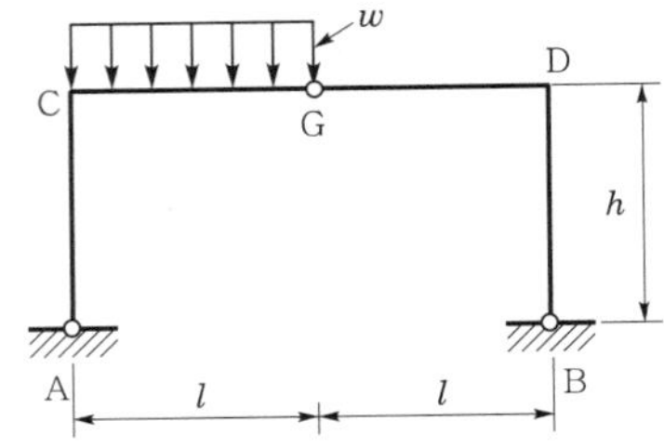

① $\dfrac{wl^2}{4h}$ ② $\dfrac{wl^2}{8h}$
③ $\dfrac{wl^2}{16h}$ ④ $\dfrac{wl^2}{24h}$

8. 다음 그림과 같은 캔틸레버보에서 B점의 처짐은? (단, EI는 일정하다.)

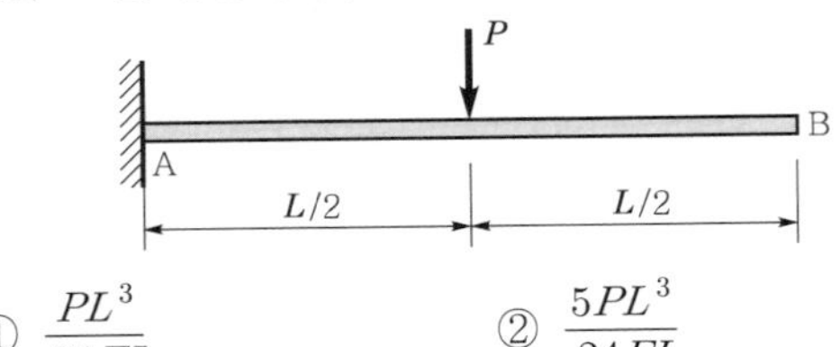

① $\dfrac{PL^3}{24EI}$ ② $\dfrac{5PL^3}{24EI}$
③ $\dfrac{PL^3}{48EI}$ ④ $\dfrac{5PL^3}{48EI}$

9. 지름이 D인 원목을 직사각형 단면으로 제재하고자 한다. 휨모멘트에 대한 저항을 크게 하기 위해 최대 단면계수를 갖는 직사각형 단면을 얻으려면 적당한 폭 b는?

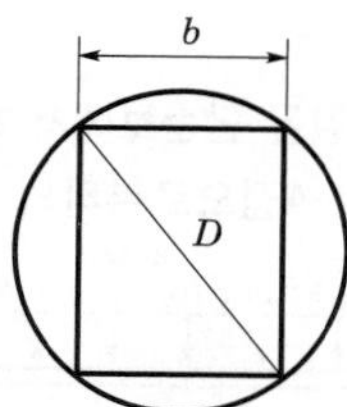

① $b=\dfrac{1}{2}D$　② $b=\dfrac{1}{\sqrt{3}}D$

③ $b=\dfrac{\sqrt{3}}{2}D$　④ $b=\sqrt{\dfrac{2}{3}}D$

10. 지름 200mm의 통나무에 자중과 하중에 의한 9kN·m의 외력모멘트가 작용한다면 최대 휨응력은?

① 11.5MPa　② 15.4MPa

③ 20.0MPa　④ 21.9MPa

토목산업기사 실전 모의고사 2회

▶ 정답 및 해설 : p.174

1. 다음 그림에서와 같은 평행력(平行力)에 있어서 P_1, P_2, P_3, P_4의 합력의 위치는 O점에서 얼마의 거리에 있겠는가?

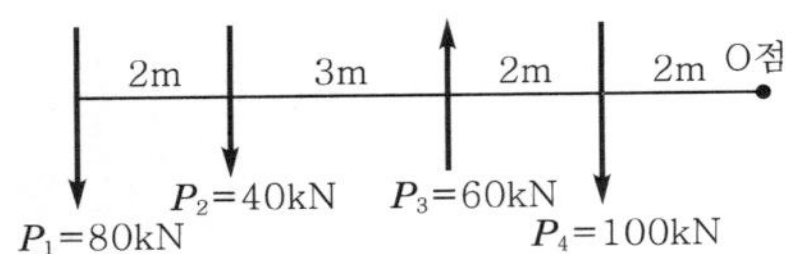

① 4.8m　② 5.4m
③ 5.8m　④ 6.0m

2. 보의 단면이 다음 그림과 같고 지간이 같은 단순보에서 중앙에 집중하중 P가 작용할 경우에 처짐 δ_1은 δ_2의 몇 배인가? (단, 동일한 재료이며 단면치수만 다르다.)

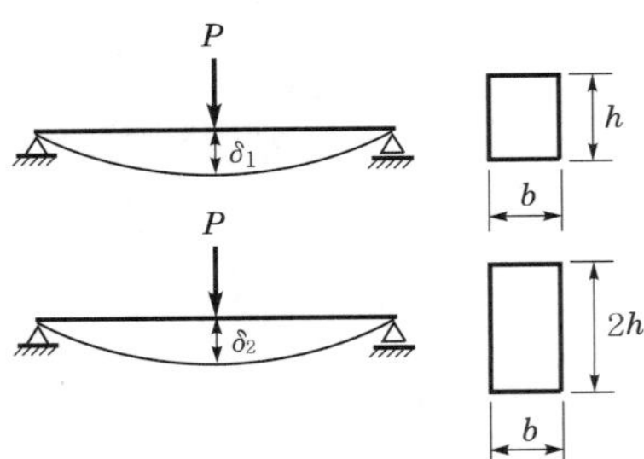

① 2배　② 4배
③ 8배　④ 16배

3. 다음 그림과 같은 라멘(rahmen)을 판별하면?

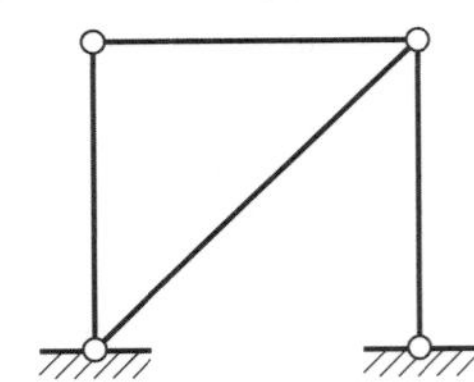

① 불안정　② 정정
③ 1차 부정정　④ 2차 부정정

4. 다음 그림과 같은 단순보에서 최대 휨모멘트가 발생하는 위치는? (단, A점으로부터의 거리 x로 나타낸다.)

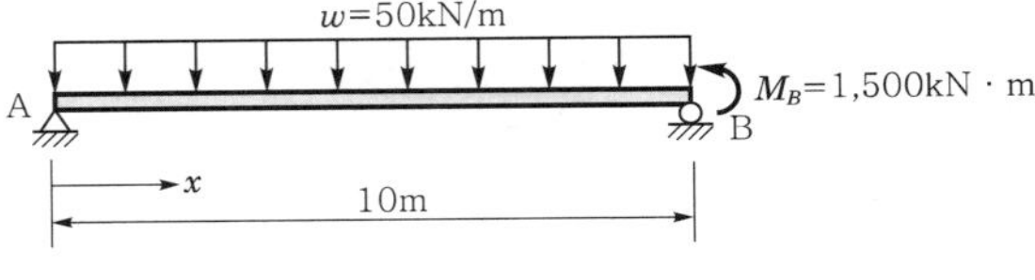

① 6m　② 7m
③ 8m　④ 9m

5. 원형 단면인 보에서 최대 전단응력은 평균전단응력의 몇 배인가?

① $\frac{1}{2}$　② $\frac{3}{2}$
③ $\frac{4}{3}$　④ $\frac{5}{3}$

6. 직사각형 단면의 최대 전단응력은 평균전단응력의 몇 배인가?

① 1.5　② 2.0
③ 2.5　④ 3.0

7. 다음 그림과 같이 $a \times 2a$의 단면을 갖는 기둥에 편심거리 $\frac{a}{2}$만큼 떨어져서 P가 작용할 때 기둥에 발생할 수 있는 최대 압축응력은? (단, 기둥은 단주이다.)

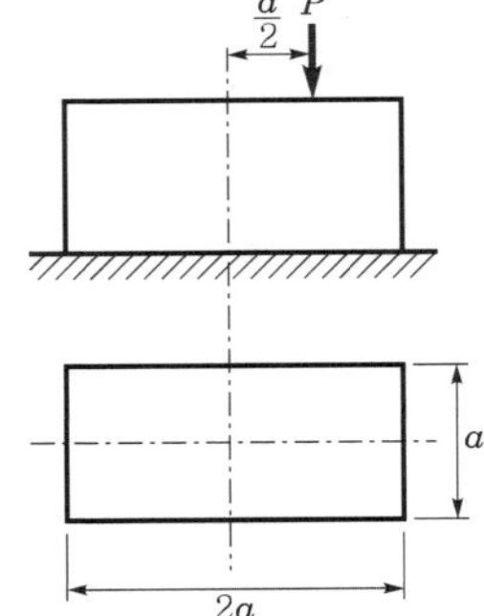

① $\frac{4P}{7a^2}$
② $\frac{7P}{8a^2}$
③ $\frac{13P}{2a^2}$
④ $\frac{5P}{4a^2}$

8. 푸아송비가 0.2일 때 푸아송수는?

① 2 ② 3
③ 5 ④ 8

9. 지간길이 l인 단순보에 등분포하중 w가 만재되어 있을 때 지간 중앙점에서의 처짐각은? (단, EI는 일정하다.)

① 0 ② $\frac{wl^3}{24EI}$
③ $\frac{5wl^3}{384EI}$ ④ $\frac{7wl^3}{384EI}$

10. "재료가 탄성적이고 Hooke의 법칙을 따르는 구조물에서 지점침하와 온도변화가 없을 때 한 역계 P_n에 의해 변형되는 동안에 다른 역계 P_m이 한 외적인 가상일은 P_m 역계에 의해 변형하는 동안에 P_n 역계가 한 외적인 가상일과 같다"는 것은 다음 중 어느 것인가?

① 베티의 법칙
② 가상일의 원리
③ 최소 일의 원리
④ 카스틸리아노의 정리

토목산업기사 실전 모의고사 3회

▶ 정답 및 해설 : p.175

1. 다음 그림과 같이 ABC의 중앙점에 100kN의 하중을 달았을 때 정지하였다면 장력 T의 값은 몇 kN인가?

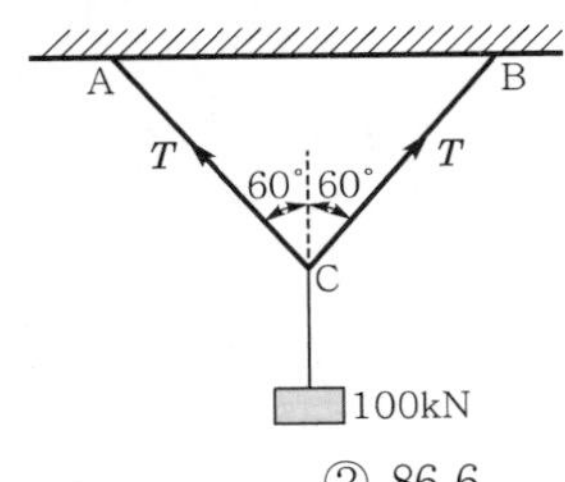

① 100　　② 86.6
③ 50　　④ 150

2. 다음 그림과 같은 단면의 도심 $\bar{y}$는?

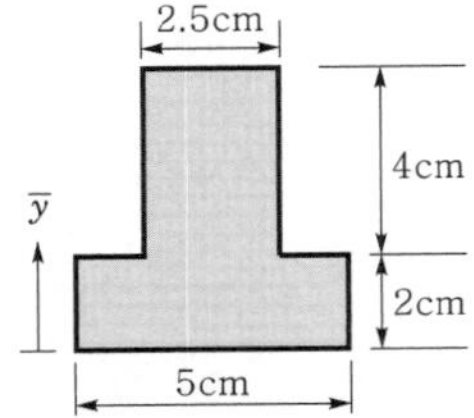

① 2.5cm　　② 2.0cm
③ 1.5cm　　④ 1.0cm

3. 길이 1m, 지름 1cm의 강봉을 80kN으로 당길 때 강봉의 늘어난 길이는? (단, 강봉의 탄성계수는$=2.1\times10^5$MPa)

① 4.26mm　　② 4.85mm
③ 5.14mm　　④ 5.72mm

4. 다음 부정정 구조물의 부정정 차수를 구한 값은?

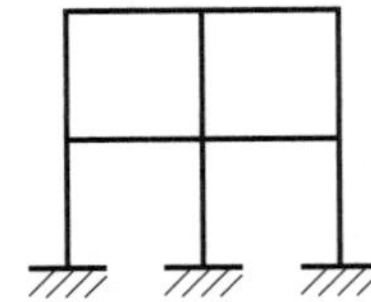

① 8차　　② 12차
③ 16차　　④ 20차

5. 다음 그림과 같은 라멘에서 C점의 휨모멘트는?

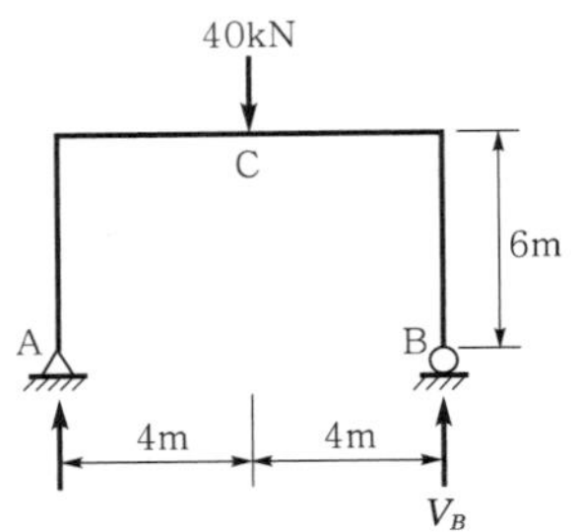

① 40kN · m　　② 80kN · m
③ 120kN · m　　④ 160kN · m

6. 다음 그림과 같은 트러스에서 D부재에 일어나는 부재내력은?

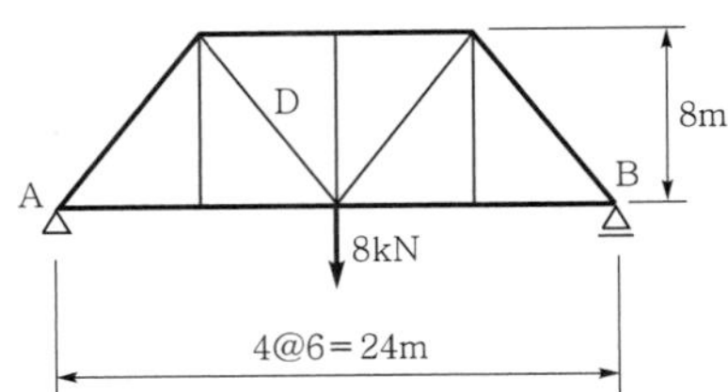

① 10kN　　② 8kN
③ 6kN　　④ 5kN

7. 다음 그림과 같은 길이가 l인 캔틸레버보에서 최대 처짐각은?

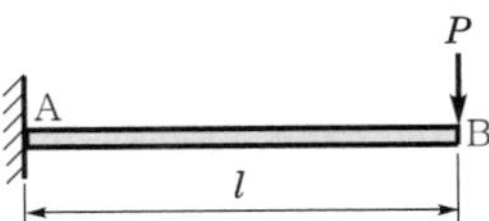

① $\theta_{max}=\dfrac{Pl^2}{2EI}$　　② $\theta_{max}=\dfrac{Pl^3}{2EI}$
③ $\theta_{max}=\dfrac{Pl^2}{3EI}$　　④ $\theta_{max}=\dfrac{Pl^3}{3EI}$

8. 직사각형 단면보에 발생하는 전단응력 τ와 보에 작용하는 전단력 S, 단면 1차 모멘트 G, 단면 2차 모멘트 I, 단면의 폭 b의 관계로 옳은 것은?

① $\tau = \frac{GI}{Sb}$　② $\tau = \frac{Sb}{GI}$

③ $\tau = \frac{SG}{Ib}$　④ $\tau = \frac{Gb}{SI}$

9. 등분포하중을 받는 직사각형 단면의 단순보에서 최대 처짐에 대한 설명으로 옳은 것은?

① 보의 폭에 비례한다.
② 지간의 3제곱에 반비례한다.
③ 탄성계수에 반비례한다.
④ 보의 높이의 제곱에 비례한다.

10. 다음 중 변형에너지에 속하지 않는 것은?

① 외력의 일
② 축방향 내력의 일
③ 휨모멘트에 의한 내력의 일
④ 전단력에 의한 내력의 일

토목산업기사 실전 모의고사 4회

▶ 정답 및 해설 : p.176

1. 다음 구조물에서 A점의 처짐이 0일 때 힘 Q의 크기는?

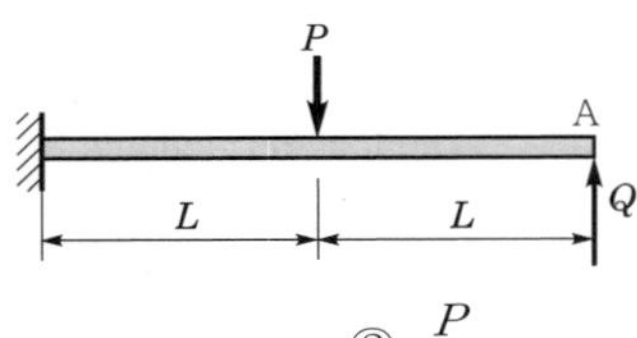

① $\dfrac{5P}{16}$　　② $\dfrac{P}{2}$

③ $2P$　　④ $\dfrac{2P}{3}$

2. 다음 그림과 같은 라멘에서 C점의 휨모멘트는?

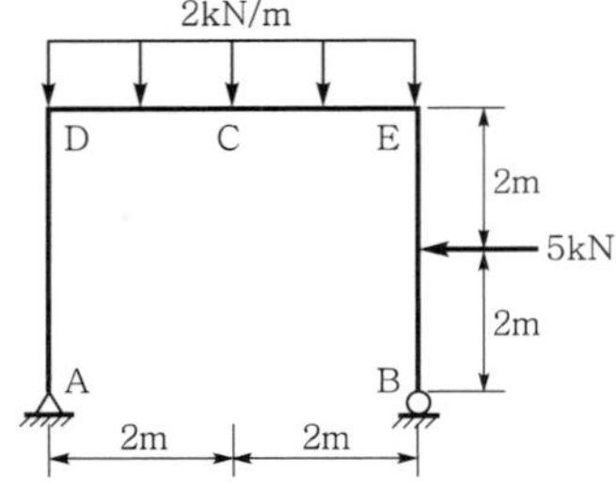

① $-11\text{kN}\cdot\text{m}$　　② $-14\text{kN}\cdot\text{m}$

③ $-17\text{kN}\cdot\text{m}$　　④ $-20\text{kN}\cdot\text{m}$

3. 다음 그림과 같은 구조물의 부정정 차수는?

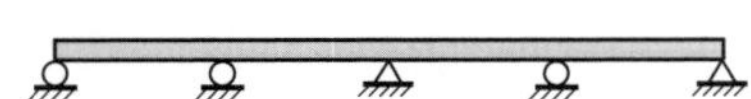

① 1차 부정정　　② 3차 부정정

③ 4차 부정정　　④ 6차 부정정

4. 동일한 재료 및 단면을 사용한 다음 기둥 중 좌굴하중이 가장 작은 기둥은?

① 양단 고정의 길이가 $2l$인 기둥

② 양단 힌지의 길이가 l인 기둥

③ 일단 자유 타단 고정의 길이가 $0.5l$인 기둥

④ 일단 힌지 타단 고정의 길이가 $1.5l$인 기둥

5. 길이 l, 직경 d인 원형 단면봉이 인장하중 P를 받고 있다. 응력이 단면에 균일하게 분포한다고 가정할 때 이 봉에 저장되는 변형에너지를 구한 값으로 옳은 것은? (단, 봉의 탄성계수는 E이다.)

① $\dfrac{4P^2l}{\pi d^2E}$　　② $\dfrac{2P^2l}{\pi d^2E}$

③ $\dfrac{4Pl^2}{\pi d^2E}$　　④ $\dfrac{2Pl^2}{\pi d^2E}$

6. 캔틸레버보 AB에 같은 간격으로 집중하중이 작용하고 있다. 자유단 B점에서의 연직변위 δ_B는? (단, 보의 EI는 일정하다.)

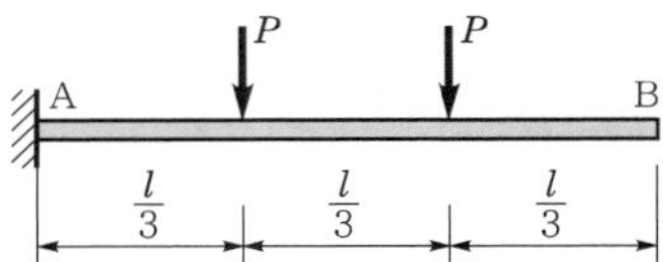

① $\delta_B = \dfrac{PL^3}{9EI}$　　② $\delta_B = \dfrac{16PL^3}{81EI}$

③ $\delta_B = \dfrac{14PL^3}{81EI}$　　④ $\delta_B = \dfrac{2PL^3}{9EI}$

7. 지름이 $2R$인 원형 단면의 단주에서 핵지름 k의 값은?

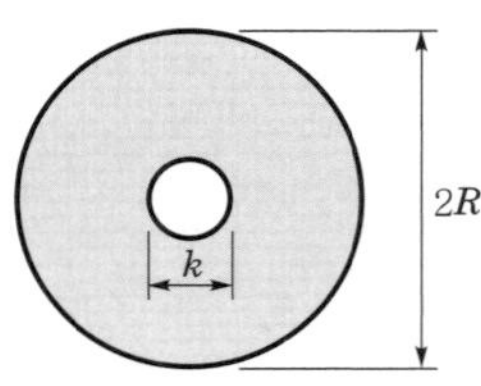

① $\dfrac{R}{4}$　　② $\dfrac{R}{3}$

③ $\dfrac{R}{2}$　　④ R

8. 내민보에 집중하중 2kN이 다음 그림과 같이 작용할 때 원형 단면에 발생하는 최대 전단응력은? (단, 단면의 직경은 0.2m이다.)

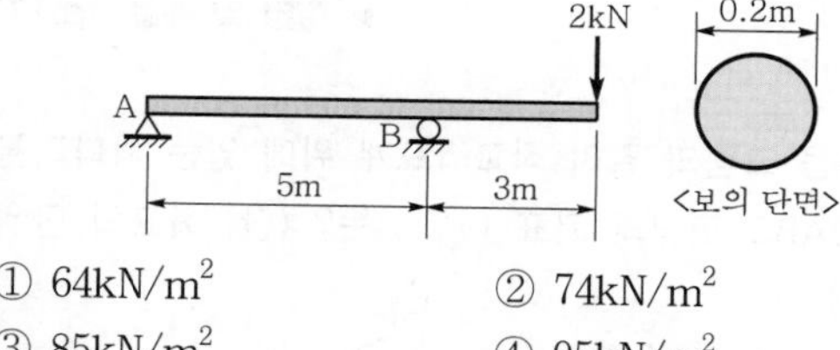

<보의 단면>

① 64kN/m^2　　② 74kN/m^2
③ 85kN/m^2　　④ 95kN/m^2

9. 다음 그림의 OA부재의 분배율은? (단, I는 단면 2차 모멘트이다.)

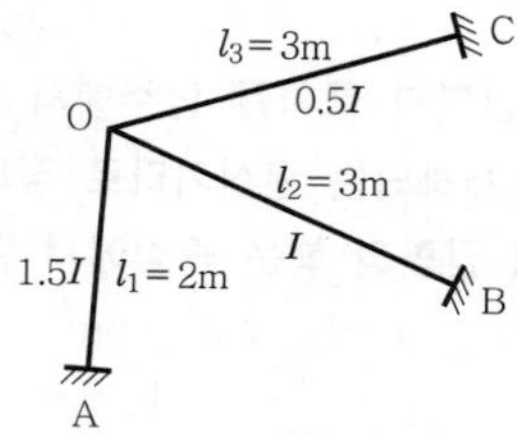

① $\frac{2}{7}$　　② $\frac{4}{7}$
③ $\frac{2}{5}$　　④ $\frac{3}{5}$

16. 다음 그림과 같은 하우트러스의 bc부재의 부재력은?

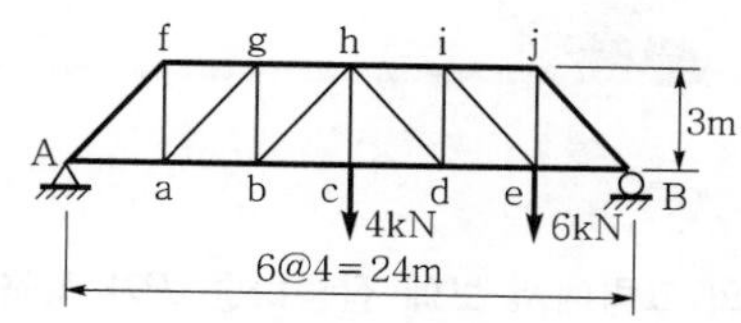

① 2kN　　② 4kN
③ 8kN　　④ 12kN

토목산업기사 실전 모의고사 5회

▶ 정답 및 해설 : p.177

1. 다음의 그림에서 보에 집중하중 P가 작용할 때 고정단모멘트는? (단, EI는 일정하다)

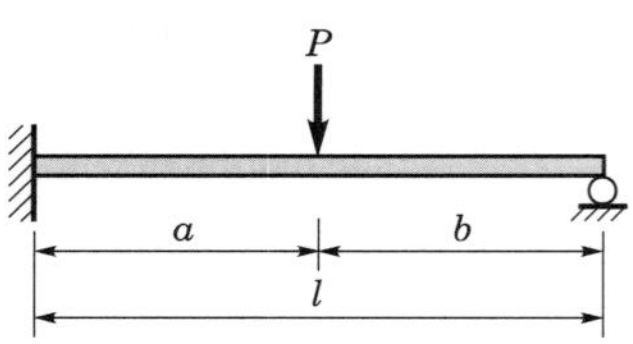

① $-\dfrac{Pab}{2l^2}(l+a)$ ② $-\dfrac{Pab}{4l^2}(l+b)$

③ $-\dfrac{Pab}{2l^2}(l+b)$ ④ $-\dfrac{Pab}{3l^2}(l+a)$

2. 다음 그림과 같은 트러스에서 U의 부재력은?

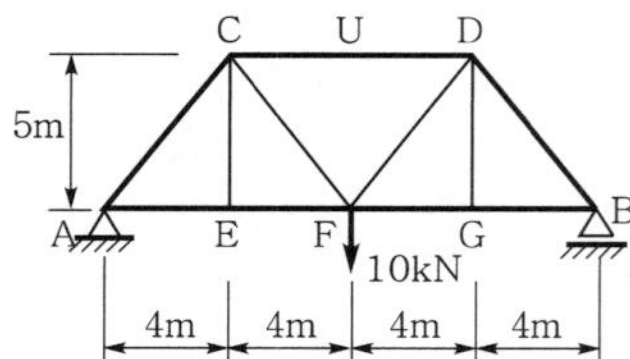

① 6kN(인장) ② 8kN(압축)

③ 6kN(압축) ④ 8kN(인장)

3. 다음 그림과 같은 캔틸레버보에서 최대 처짐각은?

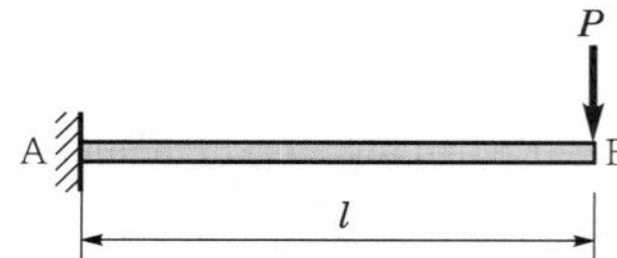

① $\theta_{\max}=\dfrac{Pl^2}{2EI}$

② $\theta_{\max}=\dfrac{Pl^3}{2EI}$

③ $\theta_{\max}=\dfrac{Pl^2}{3EI}$

④ $\theta_{\max}=\dfrac{Pl^3}{EI}$

4. 다음 그림과 같이 직교좌표계 위에 있는 사다리꼴 도형 OABC 도심의 좌표 $(\bar{x},\ \bar{y})$는? (단, 좌표의 단위는 cm)

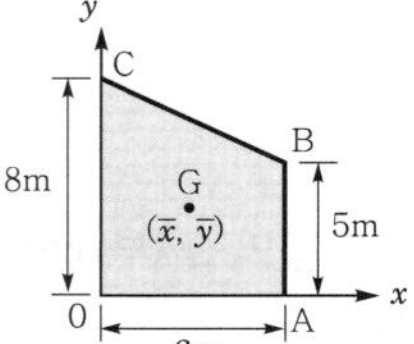

① (2.54, 3.46)

② (2.77, 3.31)

③ (3.34, 3.21)

④ (3.54, 2.74)

5. 기둥에서 단면의 핵이란 단주에서 인장응력이 발생되지 않도록 재하되는 편심거리로 정의된다. 반지름이 10m인 원형 단면의 핵은 중심에서 얼마인가?

① 2.5m ② 5.0m

③ 7.5m ④ 10.0m

6. 다음 그림과 같은 직사각형 단면에 전단력 $S=$ 4.5kN이 작용할 때 중립축에서 5m 떨어진 $a-a$에서의 전단응력은?

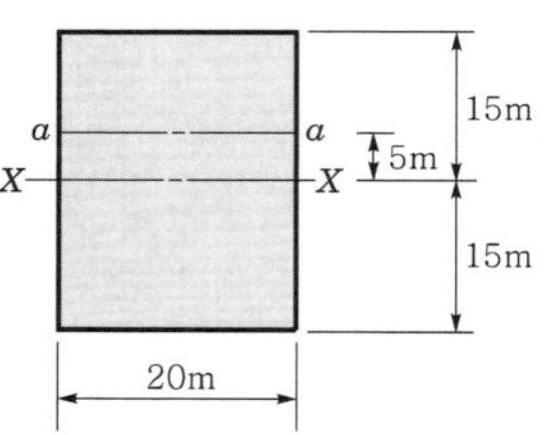

① 0.07kN/m^2 ② 0.08kN/m^2

③ 0.09kN/m^2 ④ 0.01kN/m^2

7. 다음 그림과 같은 단순보에 휨모멘트하중 M이 B단에 작용할 때 A점에서의 접선각 θ_A는? (단, 보의 휨강성은 EI이다.)

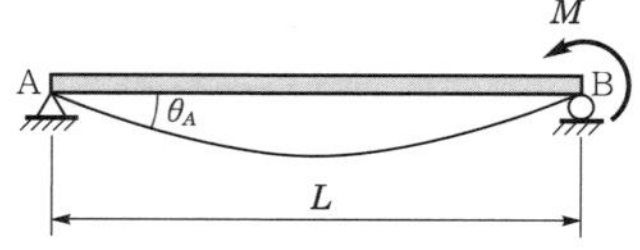

① $\dfrac{ML^2}{6EI}$

② $\dfrac{ML}{3EI}$

③ $\dfrac{ML}{6EI}$

④ $\dfrac{ML^2}{3EI}$

8. 다음 중 부정정구조의 해법이 아닌 것은?

① 처짐각법 ② 변위일치법
③ 공액보법 ④ 모멘트분배법

9. 다음 그림과 같은 3활절라멘의 지점 A의 수평반력 (H_A)은?

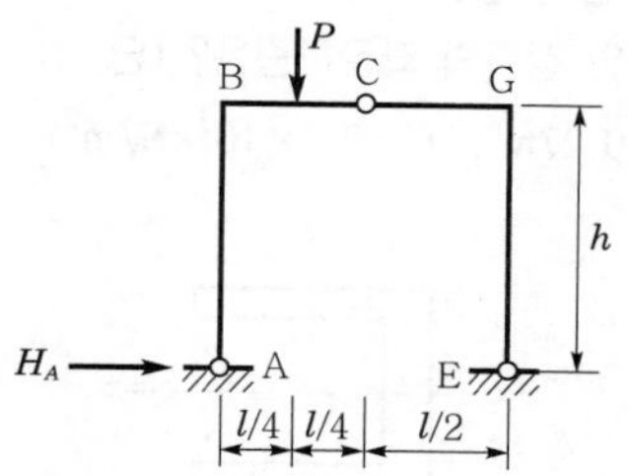

① $\frac{Pl}{h}$ ② $\frac{Pl}{2h}$
③ $\frac{Pl}{4h}$ ④ $\frac{Pl}{8h}$

16. 다음 그림의 보에서 C점에 Δ_C=0.2m의 처짐이 발생하였다. 만약 D점의 P를 C점에 작용시켰을 경우 D점에 생기는 처짐 Δ_D의 값은?

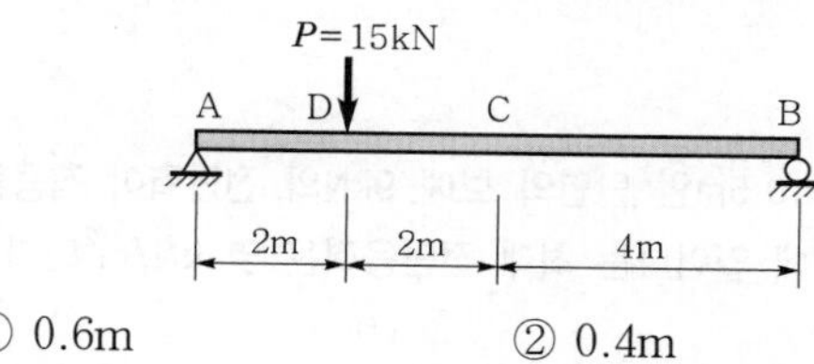

① 0.6m ② 0.4m
③ 0.2m ④ 0.1m

토목산업기사 실전 모의고사 6회

▶ 정답 및 해설 : p.178

1. 0.3m×0.5m인 단면의 보에 9kN의 전단력이 작용할 때 이 단면에 일어나는 최대 전단응력은 몇 kN/m²인가?

① 40　② 60
③ 80　④ 90

2. 다음 그림과 같은 단순보에서 최대 휨모멘트는?

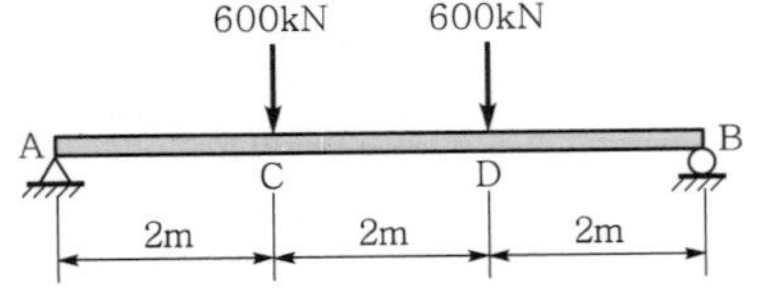

① 1,380kN·m　② 1,056kN·m
③ 1,260kN·m　④ 1,200kN·m

3. 다음 그림과 같은 원의 x축에 대한 단면 2차 모멘트는?

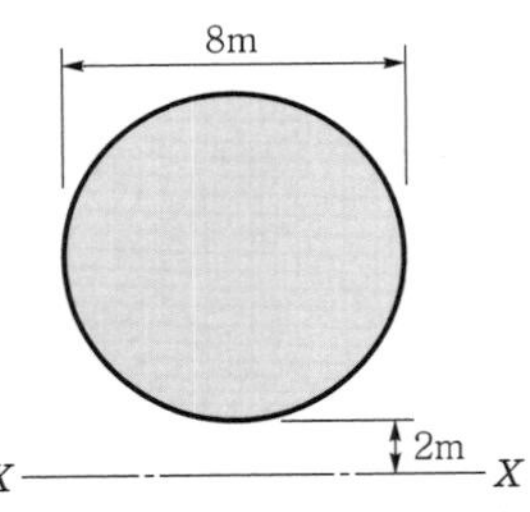

① $320\pi m^4$　② $480\pi m^4$
③ $640\pi m^4$　④ $720\pi m^4$

4. 다음 그림과 같은 부정정보를 모멘트분배법으로 해석하고자 할 때 BC부재의 분배율($D.F_{BC}$)은 얼마인가? (단, EI는 일정하다.)

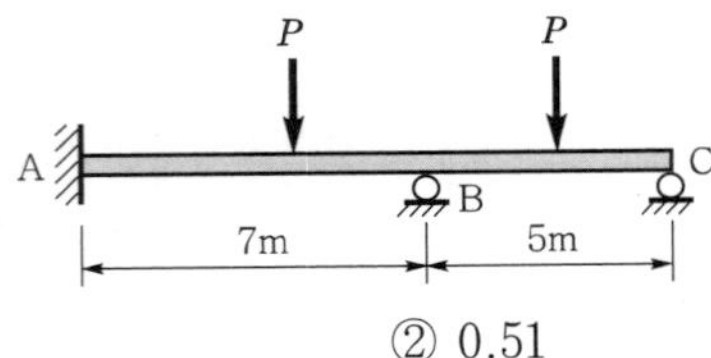

① 0.60　② 0.51
③ 0.49　④ 0.40

5. 다음 그림과 같은 단면을 가진 양단 힌지로 지지된 길이가 40m인 장주의 좌굴하중은? (단, A=1.2m², I_x=1.9m⁴, I_y=0.27m⁴, E=2.1×10⁵kN/m²)

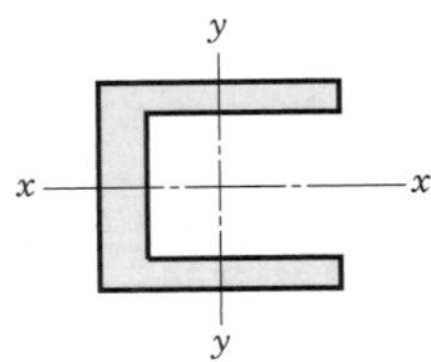

① 140kN　② 210kN
③ 250kN　④ 350kN

6. 다음 그림과 같은 트러스에서 부재 AC의 부재력은?

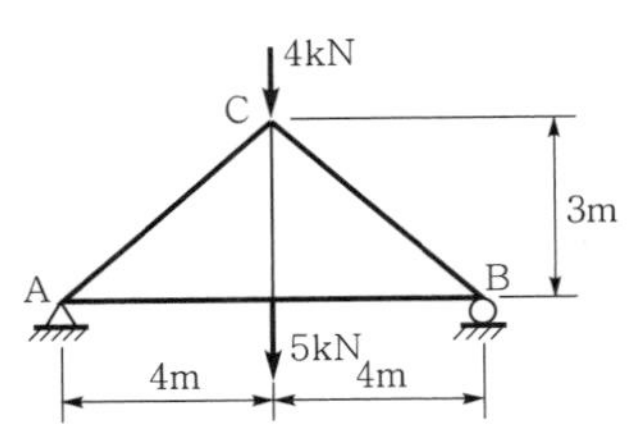

① 4kN(인장)　② 4kN(압축)
③ 7.5kN(인장)　④ 7.5kN(압축)

7. 다음 그림과 같은 캔틸레버보에서 A점의 처짐은? (단, EI는 일정하다.)

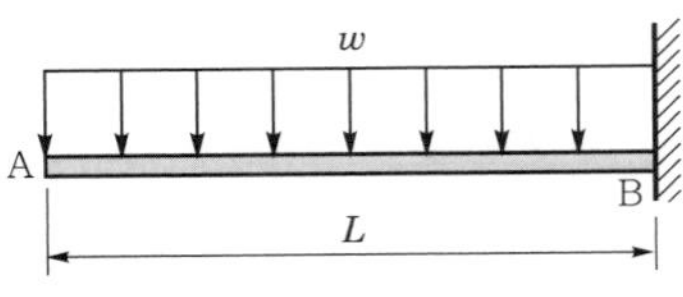

① $\dfrac{5wL^4}{384EI}$　② $\dfrac{wL^4}{48EI}$
③ $\dfrac{wL^4}{8EI}$　④ $\dfrac{wL^4}{4EI}$

8. 다음 그림의 AC, BC에 작용하는 힘 F_{AC}, F_{BC}의 크기는?

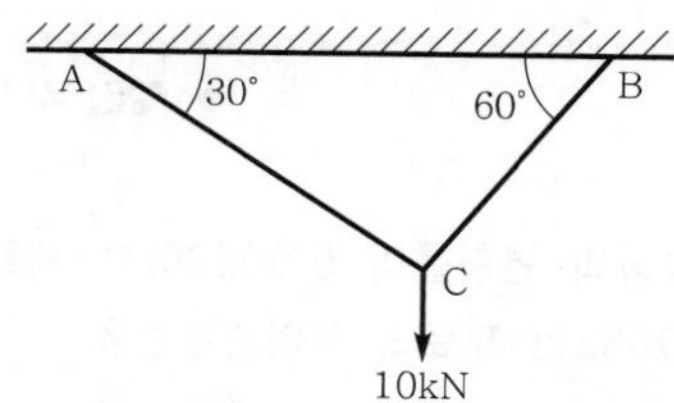

① F_{AC}=10kN, F_{BC}=8.66kN
② F_{AC}=8.66kN, F_{BC}=5kN
③ F_{AC}=5kN, F_{BC}=8.66kN
④ F_{AC}=5kN, F_{BC}=17.32kN

9. 단면적 0.1m^{2}인 원형 단면의 봉이 2kN의 인장력을 받을 때 변형률(ε)은? (단, 탄성계수(E)=2×10^{5}kN/m^2)

① 0.0001　② 0.0002
③ 0.0003　④ 0.0004

10. 다음 부정정 구조물 중 부정정 차수가 가장 높은 것은?

① 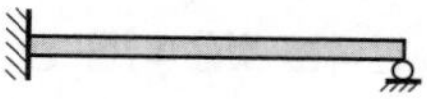　② 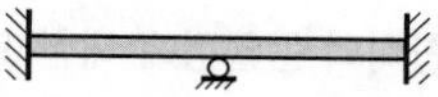
③ 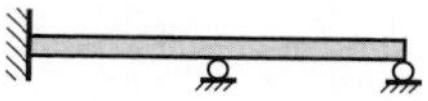　④

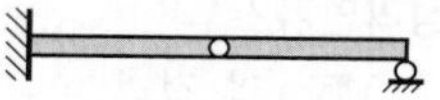

토목산업기사 실전 모의고사 7회

▶ 정답 및 해설 : p.179

1. 동일 평면상의 한 점에 여러 개의 힘이 작용하고 있을 때 여러 개의 힘의 어떤 점에 대한 모멘트의 합은 그 합력의 동일점에 대한 모멘트와 같다는 것은 다음 중 어떤 정리인가?

① Mohr의 정리
② Lami의 정리
③ Castigliano의 정리
④ Varignon의 정리

2. 다음 그림과 같이 네 개의 힘이 평형상태에 있다면 A점에 작용하는 힘 P와 AB 사이의 거리 x는?

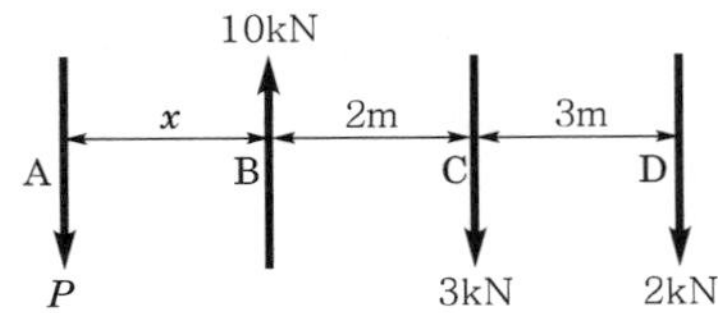

① P=4kN, x=2.5m
② P=4kN, x=3.6m
③ P=5kN, x=2.5m
④ P=5kN, x=3.2m

3. 다음 그림과 같은 단면에서 직사각형 단면의 최대 전단응력은 원형 단면의 최대 전단응력의 몇 배인가? (단, 두 단면적과 작용하는 전단력의 크기는 동일하다.)

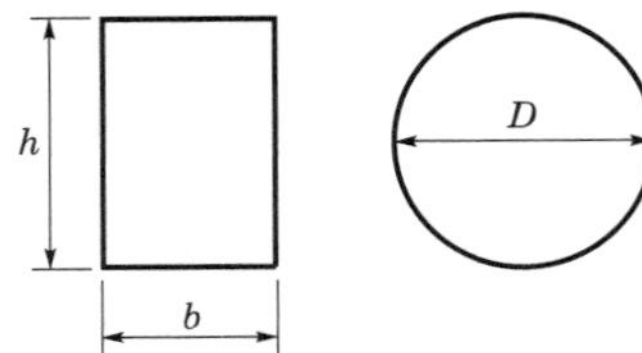

① $\frac{6}{5}$배 ② $\frac{7}{6}$배
③ $\frac{8}{7}$배 ④ $\frac{9}{8}$배

4. 가로방향의 변형률이 0.0022이고 세로방향의 변형률이 0.0083인 재료의 푸아송수는?

① 2.8 ② 3.2
③ 3.8 ④ 4.2

5. 다음 그림과 같은 구조물에서 이 보의 단면이 받는 최대 전단응력의 크기는?

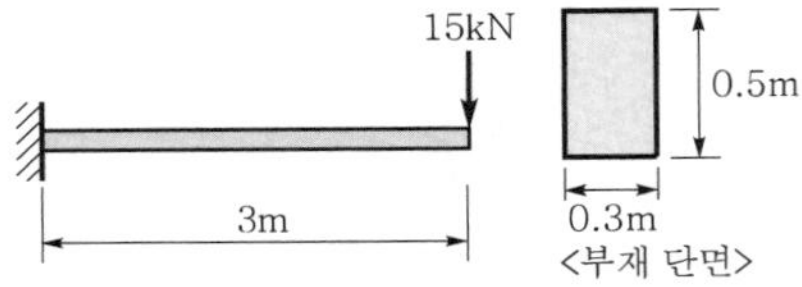

① 100kN/m^2 ② 150kN/m^2
③ 200kN/m^2 ④ 250kN/m^2

6. 다음 그림과 같은 트러스에서 부재 V(중앙의 연직재)의 부재력은 얼마인가?

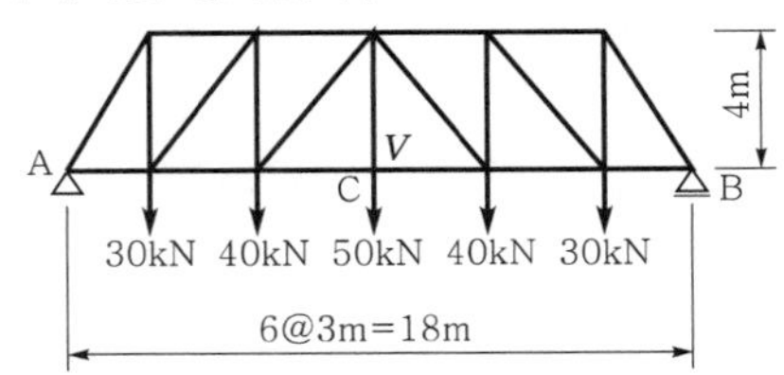

① 50kN(인장) ② 50kN(압축)
③ 40kN(인장) ④ 40kN(압축)

7. 다음 그림과 같은 보의 지점 A에 10kN · m의 모멘트가 작용하면 B점에 발생하는 모멘트의 크기는?

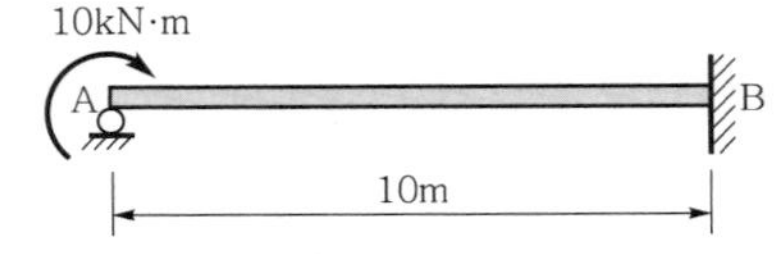

① 1kN · m ② 2.5kN · m
③ 5kN · m ④ 10kN · m

8. 길이가 l인 균일 단면보의 A단에 모멘트 M_{AB}가 가했을 때 A단의 회전각 θ_A는? (단, 휨강성은 EI이다.)

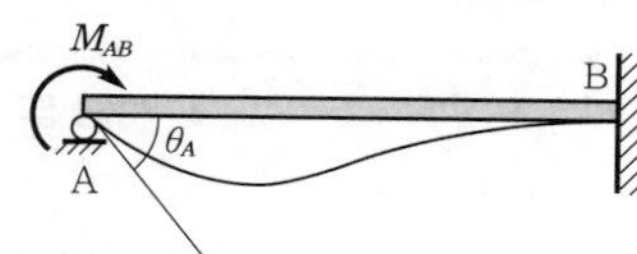

① $\dfrac{M_{AB}l}{EI}$　② $\dfrac{4M_{AB}l}{EI}$

③ $\dfrac{M_{AB}l}{4EI}$　④ $\dfrac{M_{AB}l}{3EI}$

9. 다음 그림과 같은 단순보의 중앙점에서의 휨모멘트는?

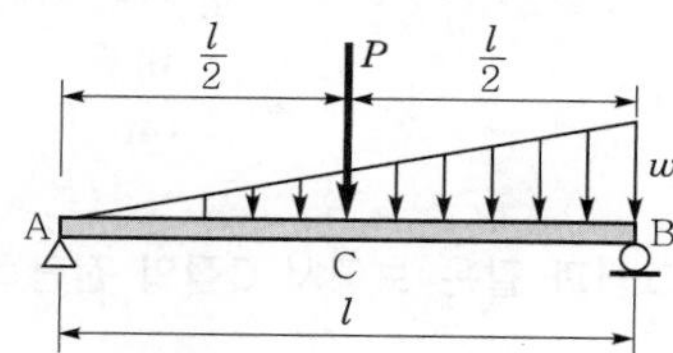

① $M_C = \dfrac{Pl}{2} + \dfrac{wl^2}{8}$　② $M_C = \dfrac{Pl}{4} + \dfrac{wl^2}{6}$

③ $M_C = \dfrac{Pl}{2} + \dfrac{wl^2}{10}$　④ $M_C = \dfrac{Pl}{4} + \dfrac{wl^2}{16}$

10. 다음 그림과 같은 단순보에서 B점의 수직반력 R_B가 50kN까지의 힘을 받을 수 있다면 하중 80kN은 A점에서 몇 m까지 이동할 수 있는가?

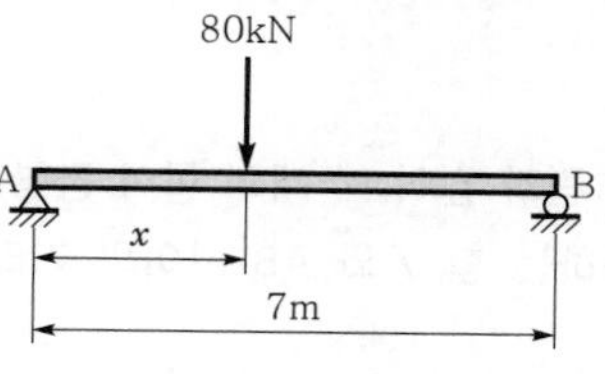

① 2.823m　② 3.375m

③ 3.826m　④ 4.375m

토목산업기사 실전 모의고사 8회

▶ 정답 및 해설 : p.180

1. 다음 그림과 같이 네 개의 힘이 평형상태에 있다면 A점에 작용하는 힘 P와 AB 사이의 거리 x는?

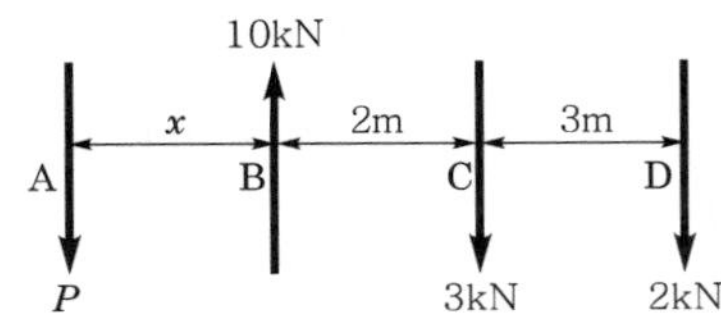

① P=4kN, x=2.5m ② P=4kN, x=3.6m
③ P=5kN, x=2.5m ④ P=5kN, x=3.2m

2. 다음 그림과 같은 도형(빗금 친 부분)의 X축에 대한 단면 1차 모멘트는?

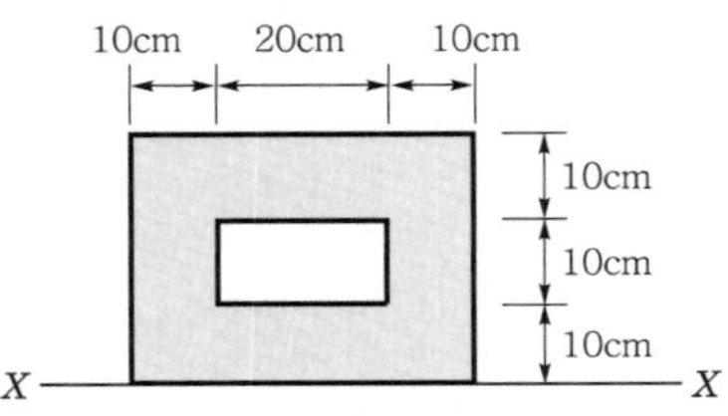

① 5,000cm^3 ② 10,000cm^3
③ 15,000cm^3 ④ 20,000cm^3

3. 다음 중 정(+)의 값뿐만 아니라 부(−)의 값도 갖는 것은?

① 단면계수 ② 단면 2차 반지름
③ 단면 상승모멘트 ④ 단면 2차 모멘트

4. 다음 그림 (A)의 양단 힌지기둥의 탄성좌굴하중이 200kN이었다면 그림 (B)기둥의 좌굴하중은?

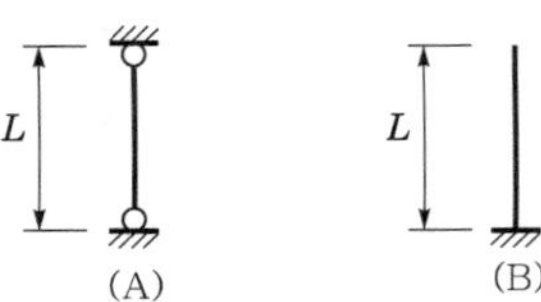

① 12.5kN ② 25kN
③ 50kN ④ 100kN

5. 다음 그림과 같은 캔틸레버보에서 C점의 휨모멘트는?

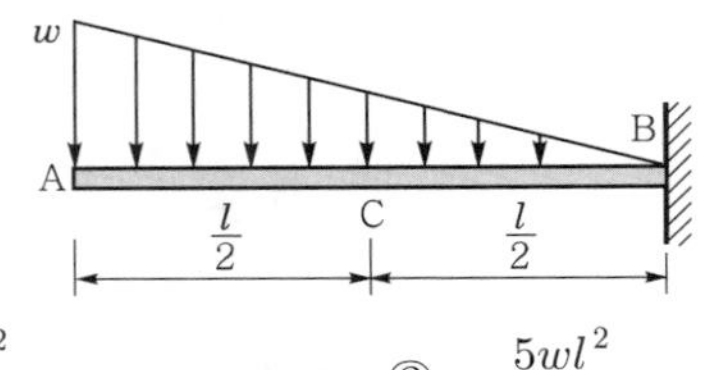

① $-\dfrac{wl^2}{8}$ ② $-\dfrac{5wl^2}{12}$
③ $-\dfrac{5wl^2}{24}$ ④ $-\dfrac{5wl^2}{48}$

6. 다음 그림과 같은 보에서 C점의 전단력은?

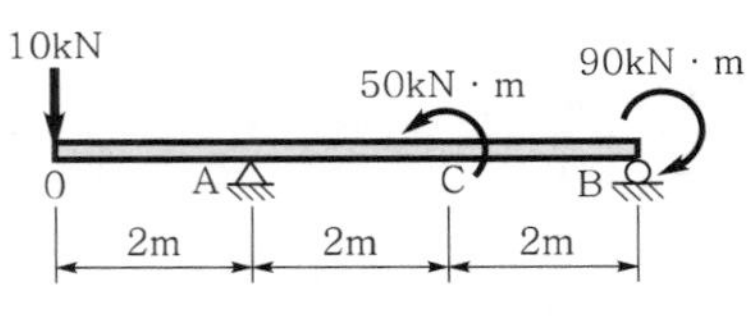

① −5kN ② 5kN
③ −10kN ④ 10kN

7. 다음 그림과 같은 단순보의 중앙점(C)의 휨모멘트는?

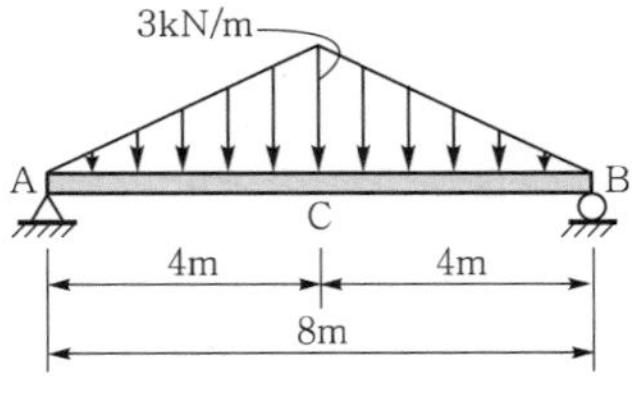

① 8kN · m ② 12kN · m
③ 14kN · m ④ 16kN · m

8. 다음에서 설명하는 부정정 구조물의 해법은?

> 요각법이라고도 부르는 이 방법은 부재의 변형, 즉 탄성곡선의 기울기를 미지수로 하여 부정정 구조물을 해석하는 방법이다.

① 모멘트분배법 ② 최소 일의 방법
③ 변위일치법 ④ 처짐각법

9. 지름이 4cm인 원형 강봉을 10kN의 힘으로 잡아당겼을 때 소성은 일어나지 않았고 탄성변형에 의해 길이가 1mm 증가하였다. 강봉에 축적된 탄성변형에너지는 얼마인가?

① 0.001kN · m　　② 0.005kN · m
③ 0.01kN · m　　④ 0.02kN · m

10. 등분포하중을 받는 직사각형 단면의 단순보에서 최대 처짐에 대한 설명으로 옳은 것은?

① 보의 폭에 비례한다.
② 지간의 3제곱에 반비례한다.
③ 탄성계수에 반비례한다.
④ 보의 높이의 제곱에 비례한다.

토목산업기사 실전 모의고사 9회

▶ 정답 및 해설 : p.181

1. 다음 그림과 같은 음영 부분의 y축 도심은 얼마인가?

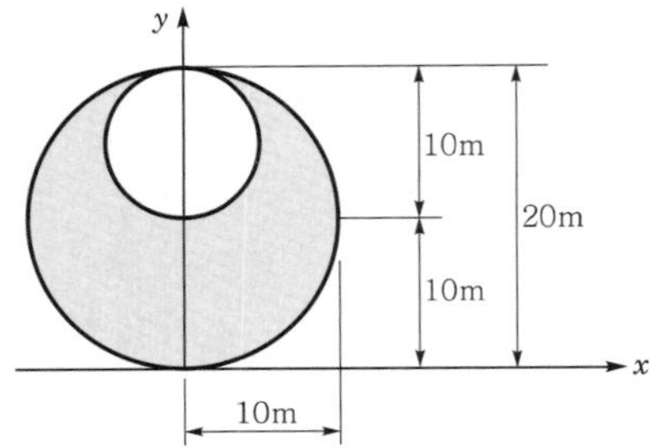

① x축에서 위로 5.43m
② x축에서 위로 8.33m
③ x축에서 위로 10.26m
④ x축에서 위로 11.67m

2. 다음 그림과 같이 C점에 5,000kN이 수직으로 작용할 때 부재 AC의 부재력은?

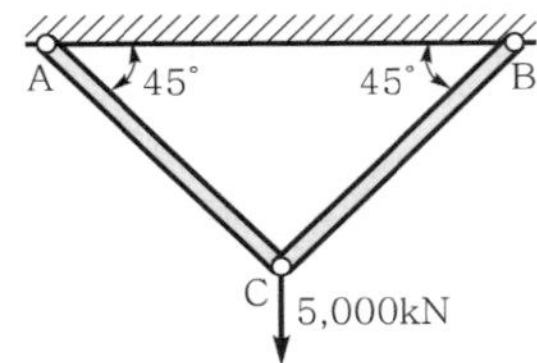

① 3,042kN
② 3,124kN
③ 3,536kN
④ 3,842kN

3. 지름 D, 길이 l인 원형기둥의 세장비는?

① $\dfrac{4l}{D}$

② $\dfrac{8l}{D}$

③ $\dfrac{4D}{l}$

④ $\dfrac{8D}{l}$

4. 다음 보에서 D~B구간의 전단력은?

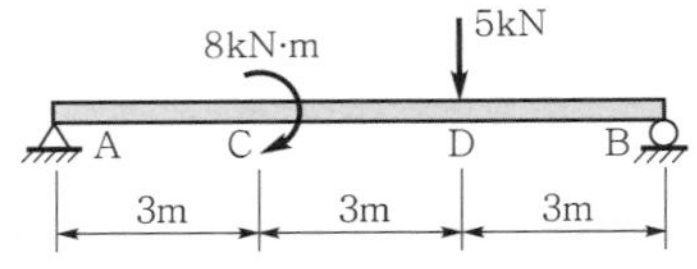

① 0.78kN ② −3.65kN
③ −4.22kN ④ 5.05kN

5. 다음 그림과 같은 3힌지(hinge) 아치의 A점의 수평반력(H_A)은?

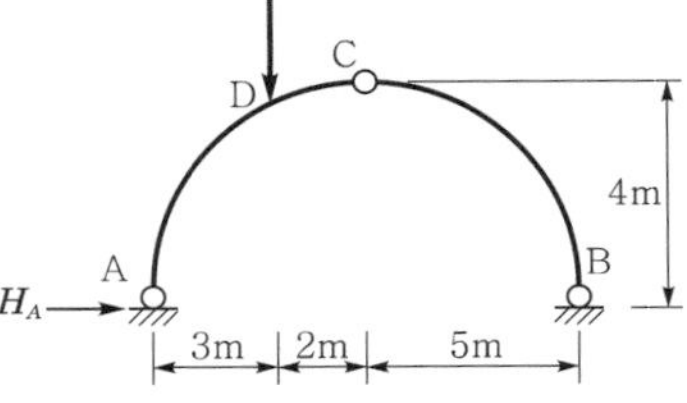

① 20kN
② 30kN
③ 40kN
④ 50kN

6. 다음 그림과 같은 단순보에 발생하는 최대 처짐은?

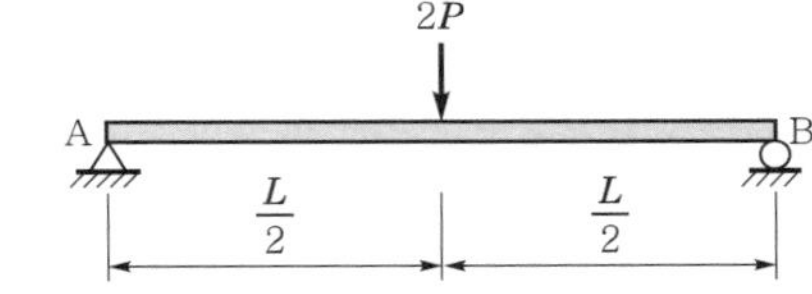

① $\dfrac{PL^3}{6EI}$ ② $\dfrac{PL^3}{12EI}$

③ $\dfrac{PL^3}{24EI}$ ④ $\dfrac{PL^3}{48EI}$

7. 다음 그림과 같은 구조물에서 이 보의 단면이 받는 최대 전단응력의 크기는?

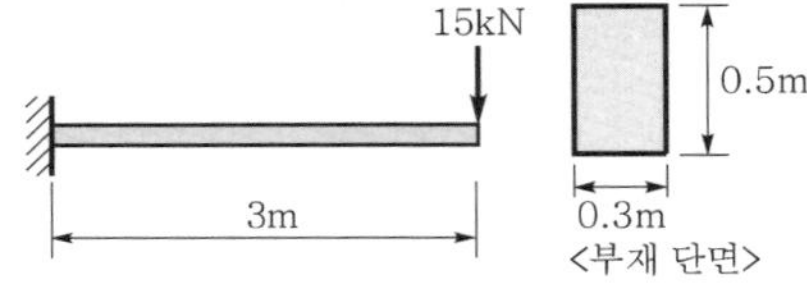

① 100kN/m² ② 150kN/m²
③ 200kN/m² ④ 250kN/m²

8. 단순지지보의 B지점에 우력모멘트 M_o가 작용하고 있다. 이 우력모멘트로 인한 A지점의 처짐각 θ_a를 구하면?

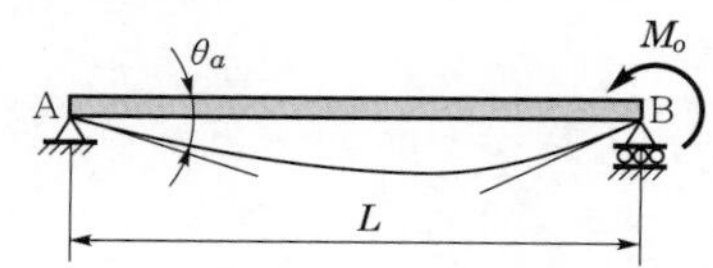

① $\theta_a = \dfrac{M_oL}{3EI}$　　② $\theta_a = \dfrac{M_oL}{6EI}$

③ $\theta_a = \dfrac{M_oL}{9EI}$　　④ $\theta_a = \dfrac{M_oL}{12EI}$

9. 다음 그림에서 A점으로부터 합력(R)의 작용위치(C점)까지의 거리(x)는?

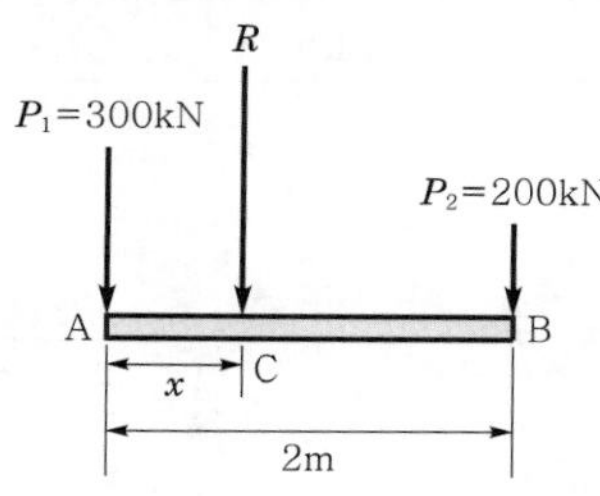

① 0.8m　　② 0.6m

③ 0.4m　　④ 0.2m

10. 다음 그림과 같은 캔틸레버보에서 B점의 처짐은? (단, EI는 일정하다.)

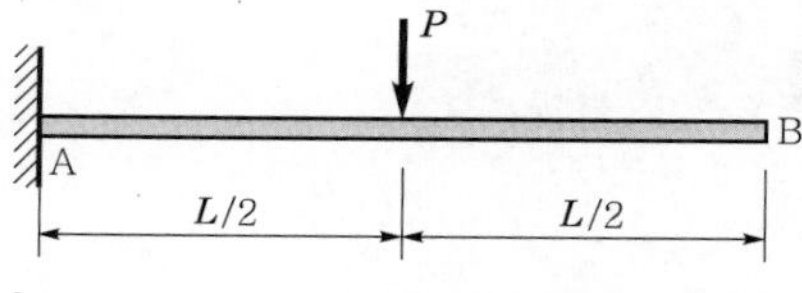

① $\dfrac{PL^3}{24EI}$　　② $\dfrac{5PL^3}{24EI}$

③ $\dfrac{PL^3}{48EI}$　　④ $\dfrac{5PL^3}{48EI}$

정답 및 해설

토목기사 실전 모의고사 제1회 정답 및 해설

01	02	03	04	05	06	07	08	09	10
②	①	①	①	①	②	①	①	④	④
11	**12**	**13**	**14**	**15**	**16**	**17**	**18**	**19**	**20**
④	②	①	③	④	①	②	③	①	①

1 바리뇽의 정리 이용

$R = -2+7-3 = 2\text{kN}(\downarrow)$

$\Sigma M_o = 0$

$2\times x = -3\times 8+7\times 5-2\times 2$

$\therefore x = \frac{7}{2} = 3.5\text{m}$

2

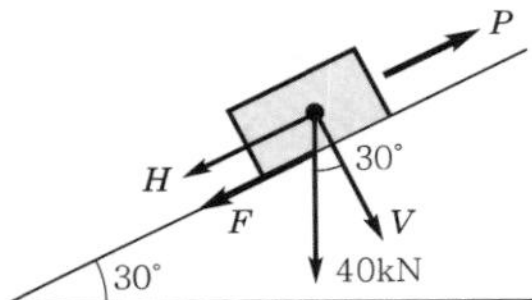

$H = 40\times\sin 30° = 20\text{kN}$

$V = 40\times\cos 30° = 20\sqrt{3}\,\text{kN}$

$F = \mu V = 0.25\times 20\sqrt{3} = 8.66\text{kN}$

$\therefore P = H+F = 20+8.66 = 28.66\text{kN}$

3 $I_A = ②+① = \frac{2b\times(9b)^3}{3}+\frac{b\times(6b)^3}{3} = 558b^4$

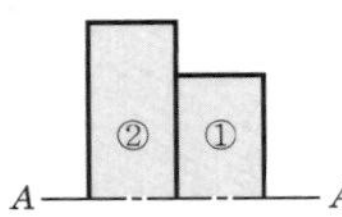

4

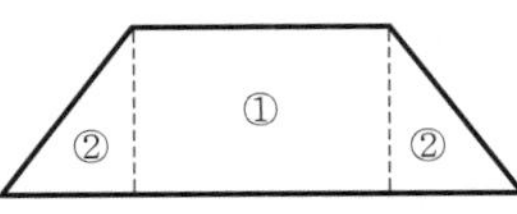

I_x = 사각형 I_x + 삼각형 I_x

$= \frac{ah^3}{3}+\frac{(b-a)}{12}h^3 = \frac{h^3}{12}(b+3a)$

5 $m = \frac{1}{\nu}$

$\therefore G = \frac{E}{2(\nu+1)} = \frac{E}{2\left(\frac{1}{m}+1\right)} = \frac{mE}{2(m+1)}$

6 $\Delta L = \frac{PL}{2AE}+\frac{PL}{AE} = \frac{3PL}{2AE}$

7

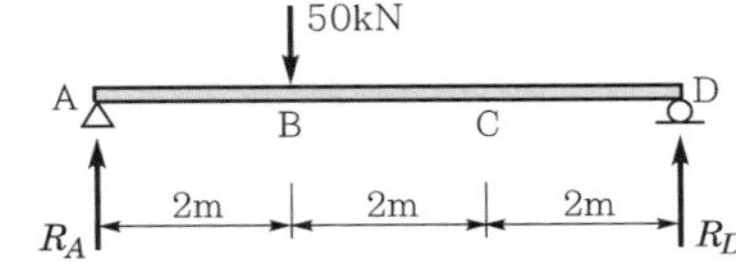

$R_A = \frac{Pb}{l} = \frac{50\times 4}{6} = 33.3\text{kN}$

$R_D = 50-33.3 = 16.7\text{kN}$

$\therefore M_C = 16.7\times 2 = 33.4\text{kN}\cdot\text{m}$

8

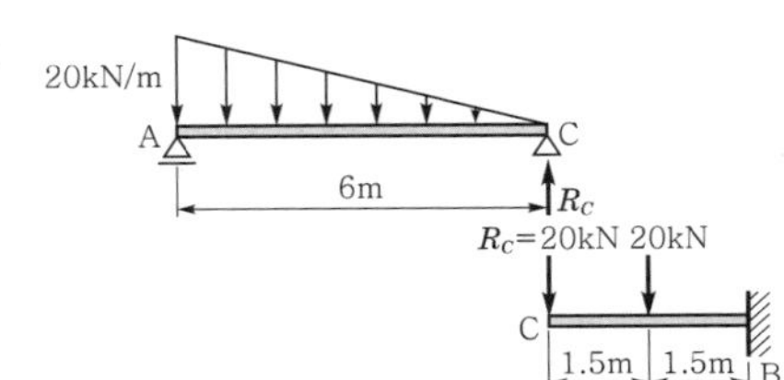

$\Sigma M_A = 0$

$-(R_C\times 6)+\left(\frac{1}{2}\times 20\times 6\times\frac{6}{3}\right) = 0$

$\therefore R_C = 20\text{kN}$

$\therefore M_B = -(20\times 3)-(20\times 1.5) = -90\text{kN}\cdot\text{m}$

9 $R_B = \dfrac{P(2R-a)}{2R}$

$\Sigma M_C = 0$

$-\dfrac{P(2R-a)R}{2R} + H_B R - P(R-a) = 0$

$\therefore\ H_B = \dfrac{Pa}{2R}$

10 $\Sigma M_A = 0(\oplus\curvearrowright)$

$R_B \times 6 - 100 \times 3 = 0$

$\therefore\ R_B = 50\text{kN}(\downarrow)$

11 $\sigma_1 = \dfrac{\sigma_x + \sigma_y}{2} + \sqrt{\left(\dfrac{\sigma_x + \sigma_y}{2}\right)^2 + {\tau_{xy}}^2}$

$= \dfrac{15+5}{2} + \sqrt{\left(\dfrac{15-5}{2}\right)^2 + 4^2}$

$= 16.4\text{kN/m}^2$

12 $I = \dfrac{1}{12} \times (30 \times 50^3 - 20 \times 30^3) = 267{,}500\text{m}^4$

$b = 10\text{m}$

$G_x = (10 \times 30 \times 20) + (10 \times 15 \times 7.5) = 7{,}125\text{m}^3$

$\therefore\ \tau = \dfrac{SG_x}{Ib} = \dfrac{7{,}125 \times 600}{267{,}500 \times 10} \fallingdotseq 1.60\text{kN/m}^2$

13 $e = \dfrac{d}{8} = \dfrac{50}{8} = 6.25\text{cm}$

$\therefore\ A_c = \pi \times 6.25^2 = 122.7\text{cm}^2$

14 $P_{cr} = \dfrac{\pi^2 EI_{\min}}{l^2} = \dfrac{\pi^2 \times 2 \times 10^5 \times 560}{6{,}000^2} = 30.7\text{N}$

15 $P_{cr} = \dfrac{n\pi^2 EI}{l^2}$에서 $P_{cr} \propto \dfrac{n}{l^2}$이므로

①	②	③	④
l	$2l$	$0.5l$	$1.2l$
$n=1$	$n=4$	$n=\frac{1}{4}$	$n=2$

$\therefore$ ①:②:③:④ $= \dfrac{1}{l^2} : \dfrac{4}{(2l)^2} : \dfrac{1/4}{(0.5l)^2} : \dfrac{2}{(1.2l)^2}$

$= 1 : 1 : 1 : 1.417$

16 $\Sigma M_D = 0$

$R_C \times 16 - 50 \times 14 - 50 \times 12 - 50 \times 8 - 100 \times 4 = 0$

$\therefore\ R_C = 131.25\text{kN}(\uparrow)$

$\Sigma M_E = 0$

$131.25 \times 4 - 5 \times 2 - \overline{AB} \times 4 = 0$

$\therefore\ \overline{AB} = 106.25\text{kN}$(인장)

E, C, $\overline{AB}$, 5kN, R_C=131.25kN

17 문제의 설명은 Castigliano의 제1정리에 대한 정의이다.

18 $\theta_A = \dfrac{wl^3}{24EI}(\curvearrowright)$

19 ㉠ $M_A = \dfrac{1}{2}M_B = \dfrac{M_o}{2}$

㉡ $\Sigma M_B = 0$

$R_A L - M_A - M_o = 0$

$\therefore\ R_A = \dfrac{3M_o}{2L}$

20 $D.F_{EA} = \dfrac{\text{해당 부재강비}}{\text{전체 강비}} = \dfrac{k_{EA}}{\Sigma k}$

$= \dfrac{2}{2 + 4 \times \dfrac{3}{4} + 3 + 1} = 0.222$

토목기사 실전 모의고사 제2회 정답 및 해설

01	02	03	04	05	06	07	08	09	10
③	④	④	④	②	②	③	③	②	①
11	12	13	14	15	16	17	18	19	20
②	④	④	②	④	①	④	②	①	①

1 라미의 정리 이용

$$\frac{\overline{AC}}{\sin 30°}=\frac{100}{\sin 90°}=\frac{\overline{BC}}{\sin 60°}$$

$\therefore\ \overline{AC}=100\times\sin 30°=50\text{kN}$

$\overline{BC}=100\times\sin 60°=86.6\text{kN}$

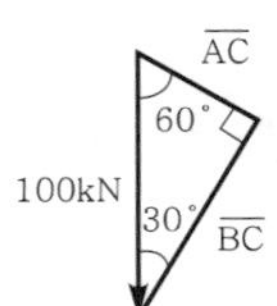

2 자유물체도(F.B.D)

(A) $\Sigma V=0$

$2T_1=1$

$\therefore\ T_1=\frac{1}{2}\text{kN}$

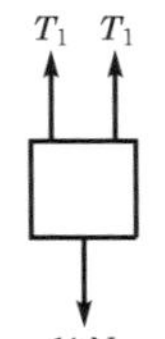

(B) $\Sigma V=0$

$2T_2\cos 45°-1=0$

$\therefore\ T_2=\frac{\sqrt{2}}{2}\text{kN}$

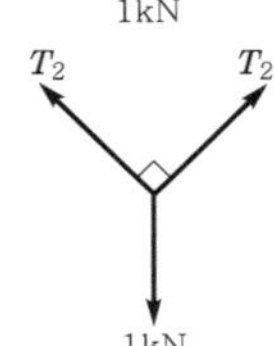

(C) $\Sigma V=0$

$2T_3\cos 60°-1=0$

$\therefore\ T_3=\frac{2}{2}\text{kN}$

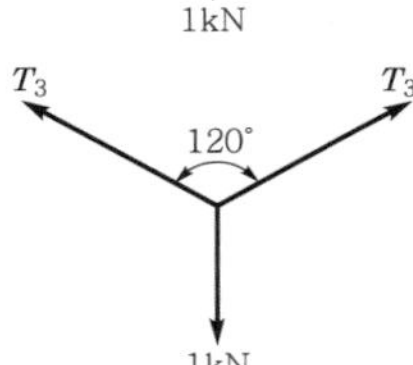

$T_1 : T_2 : T_3 = 1 : \sqrt{2} : 2$

$\therefore$ A < B < C

3 $\Sigma M_B=0(\oplus)$

$R_A\times 10-90\times 7=0$

$\therefore\ R_A=63\text{kN}$

4 단면 상승모멘트(I_{xy})는 좌표축에 따라 (+), (−)값을 갖는다.

5 ㉠ 강선과 동선의 변형률이 같다.

$\varepsilon=\varepsilon_s=\varepsilon_c$

㉡ 강선과 동선은 각각 힘을 분담한다.

$P=P_s+P_c$

㉢ 훅의 법칙 이용

$\frac{P}{A}=E\varepsilon$

$P=E_s\varepsilon_s A_s+E_c\varepsilon_c A_c=(E_s A_s+E_c A_c)\varepsilon$

$\therefore\ \varepsilon=\frac{P}{E_s A_s+E_c A_c}$

㉣ 강선의 응력 산정

$\varepsilon=\varepsilon_s=\frac{\sigma_s}{E_s}=\frac{P}{E_s A_s+E_c A_c}$

$\therefore\ \sigma_s=\frac{PE_s}{E_s A_s+E_c A_c}$

㉤ $A_s=A_c$

$\therefore\ P_s=\sigma_s A_s=\frac{PE_s}{E_s+E_c}$

$=\frac{2\times 2.0\times 10^5}{2.0\times 10^5+1.0\times 10^5}=1.33\text{kN}$

6 $\varepsilon_v=\varepsilon_x+\varepsilon_y+\varepsilon_z=\frac{1-2\nu}{E}(\sigma_x+\sigma_y+\sigma_z)$

$=\frac{1-2\times 0.3}{2\times 10^5}\times(100+100+0)=4.0\times 10^{-4}$

7 ㉠ 영향선을 이용하면 최대 전단력은 지점에서 반력 영향선

$S_{\max}=200\times 1.0=200\text{kN}$

㉡ 휨모멘트 영향선

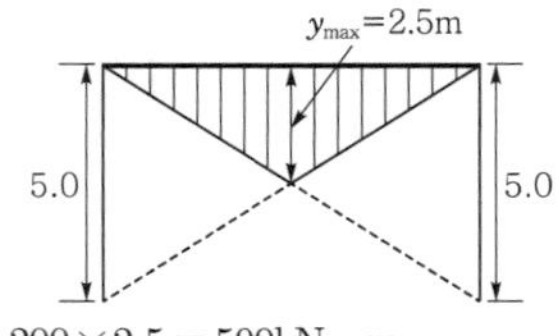

$M_{\max}=200\times 2.5=500\text{kN}\cdot\text{m}$

8 $\Sigma M_B=0(\oplus)$

$-(20\times 2\times 9.0)+(R_A\times 8.0)-(20\times 2\times 7)$

$-(100\times 4)-(80\times 2)=0$

$\therefore\ R_A=150\text{kN}(\uparrow)$

$\therefore\ M_D=-(20\times 2\times 3)+(150\times 2)-(20\times 2\times 1.0)$

$=140\text{kN}\cdot\text{m}$

9 $\Sigma M_B = 0(\oplus)$

$V_A \times 18 - H_A \times 5 - 150 \times 8 = 0$ ···· ㉠

$\Sigma M_{C(\text{왼쪽})} = 0(\oplus)$

$V_A \times 10 - H_A \times 7 = 0$ ·················· ㉡

식 ㉠과 ㉡을 연립하면

$\therefore V_A = 110.5\text{kN},\ H_A = 157.9\text{kN}$

10 $Z = \dfrac{I}{y} = \dfrac{\frac{\pi R^4}{4}}{R} = \dfrac{\pi R^3}{4}$

$\therefore \sigma = \left(\dfrac{M}{I}\right)y = \dfrac{M}{Z} = \dfrac{M}{\frac{\pi R^3}{4}} = \dfrac{4M}{\pi R^3}$

11 R_C를 부정정력으로 선택

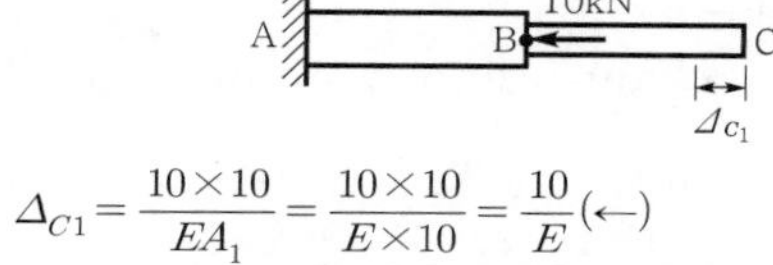

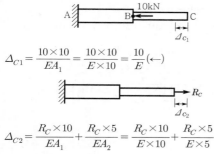

$\varDelta_{C1} = \dfrac{10 \times 10}{EA_1} = \dfrac{10 \times 10}{E \times 10} = \dfrac{10}{E}(\leftarrow)$

$\varDelta_{C2} = \dfrac{R_C \times 10}{EA_1} + \dfrac{R_C \times 5}{EA_2} = \dfrac{R_C \times 10}{E \times 10} + \dfrac{R_C \times 5}{E \times 5}$

$= \dfrac{2R_C}{E}(\rightarrow)$

$\varDelta_{C1} = \varDelta_{C2}$이므로

$\dfrac{10}{E} = \dfrac{2R_C}{E}$

$\therefore R_C = 5\text{tf}(\rightarrow)$

$\therefore \sigma_{BC} = \dfrac{R_C}{A_2} = \dfrac{5}{5} = 1.0\text{kN/m}^2$

12 $K = \dfrac{E}{3(1-2\nu)}$

13 $P_{(b)} = 16P_{(a)} = 16 \times 40 = 640\text{kN}$

14 $R_A = \dfrac{3}{2} = 15\text{kN}(\uparrow)$

$\Sigma V = 0$

$D_1 \sin\theta + 15 - 10 = 0$

$D_1 \times \dfrac{4}{5} + 5 = 0$

$\therefore D_1 = -5 \times \dfrac{5}{4}$

$= -6.25\text{kN}(\text{압축})$

15 $U = \dfrac{1}{2}P\delta = \dfrac{1}{2} \times 3P \times \dfrac{3PL^3}{3EI} = \dfrac{3P^2L^3}{2EI}$

16

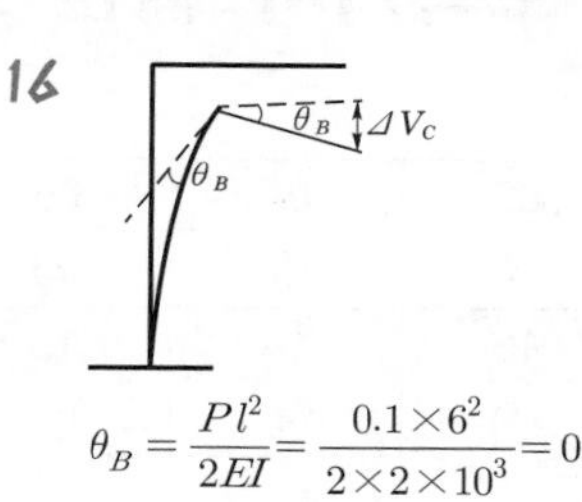

$\theta_B = \dfrac{Pl^2}{2EI} = \dfrac{0.1 \times 6^2}{2 \times 2 \times 10^3} = 0.0009$

$\therefore \varDelta V_C = \overline{\text{BC}}\theta_B = 3{,}000 \times 0.0009 = 2.7\text{mm}$

17

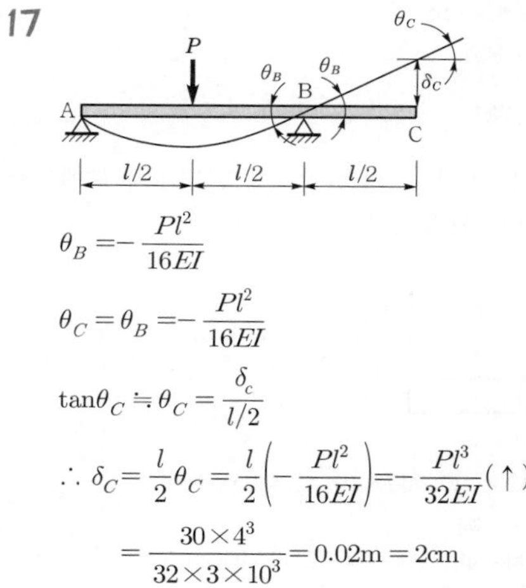

$\theta_B = -\dfrac{Pl^2}{16EI}$

$\theta_C = \theta_B = -\dfrac{Pl^2}{16EI}$

$\tan\theta_C \fallingdotseq \theta_C = \dfrac{\delta_c}{l/2}$

$\therefore \delta_C = \dfrac{l}{2}\theta_C = \dfrac{l}{2}\left(-\dfrac{Pl^2}{16EI}\right) = -\dfrac{Pl^3}{32EI}(\uparrow)$

$= \dfrac{30 \times 4^3}{32 \times 3 \times 10^3} = 0.02\text{m} = 2\text{cm}$

18 $V_A = \dfrac{(50 \times 6 \times 3) + 180}{10} = 108\text{kN}$

19 ㉠ A점 휨모멘트 : $\dfrac{wl^2}{12}$

㉡ 중앙점의 휨모멘트 : $\dfrac{wl^2}{24}$

$\therefore \dfrac{wl^2}{12} + \dfrac{wl^2}{24} = \dfrac{wl^2}{8}$

20 B점의 최종 처짐이 $\varDelta$이므로 V_B에 의한 처짐도 $\varDelta$이다.

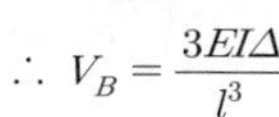

$\varDelta = \dfrac{V_B l^3}{3EI}$

$\therefore V_B = \dfrac{3EI\varDelta}{l^3}$

토목기사 실전 모의고사 제3회 정답 및 해설

01	02	03	04	05	06	07	08	09	10
②	③	④	③	④	④	①	③	③	④
11	**12**	**13**	**14**	**15**	**16**	**17**	**18**	**19**	**20**
②	④	①	④	①	④	①	①	②	②

1 $M_G = 30\times55 - 20\times45 + 30\times30 + 25\times15$
$= 2{,}025\text{kN}\cdot\text{m}$

2 $5 : \text{AC} = 1 : \sqrt{3}$
$\therefore \text{AC} \fallingdotseq 8.7\text{kN}$

3 원형, 정삼각형의 도심축에 대한 단면 2차 모멘트는 축의 회전에 관계없이 모두 같다.

4

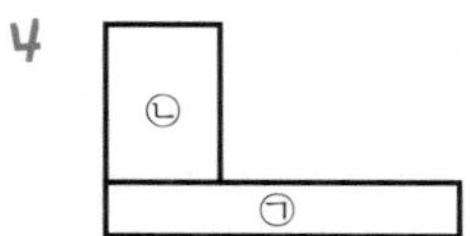

㉠ $I_{xy} = Ax_0y_0$
$= 120\times20\times60\times10 = 1{,}440{,}000\text{cm}^4$

㉡ $I_{xy} = Ax_0y_0$
$= 60\times40\times20\times50 = 2{,}400{,}000\text{cm}^4$

$\therefore I_{xy} =$ ㉠ + ㉡
$= 1{,}440{,}000 + 2{,}400{,}000 = 3{,}840{,}000\text{cm}^4$

5 $\Sigma F_x = 0(\leftarrow\oplus)$
$\therefore F_x = 2.6\times\frac{5}{13} + 3.0\times\cos45° - 2.1\times\cos30°$
$= 1.302\text{kN}(\leftarrow)$

6 $m = \frac{1}{\nu}$
$$\therefore G = \frac{E}{2(1+\nu)} = \frac{E}{2\left(1+\frac{1}{m}\right)} = \frac{mE}{2(m+1)}$$

7 10kN/m, A, B, 6m, V_B

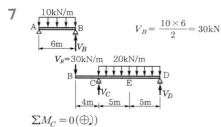

$V_B = \frac{10\times6}{2} = 30\text{kN}$

V_B=30kN/m 20kN/m, B, C, E, D, V_C, V_D, 4m, 5m, 5m

$\Sigma M_C = 0(\oplus\!\curvearrowright)$
$(-30\times4) + (20\times10\times5) - V_D\times10 = 0$
$\therefore V_D = 88\text{kN}$

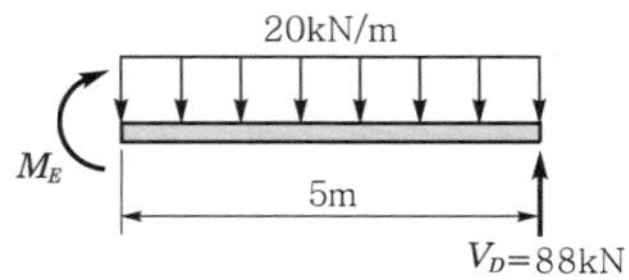

$\Sigma M_E = 0(\oplus\!\curvearrowright)$
$\therefore M_E = (88\times5.0) - (20\times5\times2.5) = 190\text{kN}\cdot\text{m}$

8

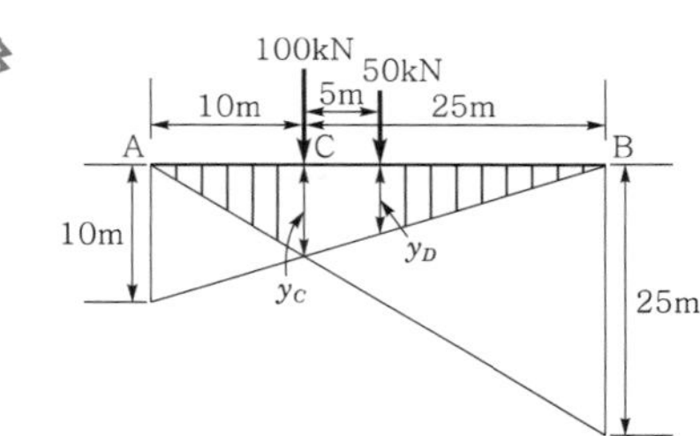

$y_C = 7.142\text{m}$
$y_D = 5.714\text{m}$
$\therefore M_C = (100\times7.142) + (50\times5.714) \fallingdotseq 1{,}000\text{kN}\cdot\text{m}$

9 $\Sigma M_B = 0(\oplus\!\curvearrowright)$
$R_A\times2 - (40\times2\times1) - (30\times3) = 0$
$\therefore R_A = 85\text{kN}$

10 $R_A = \frac{1}{3}\times4.5 = 1.5\text{kN}$

$R_B = \frac{2}{3}\times4.5 = 3\text{kN}$

$S_{\max} = R_B = 3\text{kN}$

$G = 3\times7\times3.5 + 7\times3\times8.5 = 252\text{cm}^3$ (단면 하단기준)

$y_c = \frac{G}{A} = \frac{252}{(3\times7)+(7\times3)} = 6\text{cm}$

$I_c = \left(\frac{7\times3^3}{12} + 7\times3\times2.5^2\right) + \left(\frac{3\times7^3}{12} + 3\times7\times2.5^2\right)$
$= 364\text{cm}^4$

$G_c = 3\times6\times3 = 54\text{cm}^3$

$\therefore \tau_{\max} = \frac{SG_c}{I_c b} = \frac{3\times54}{364\times3} = 0.148\text{kN/cm}^2 = 1{,}480\text{kN/m}^2$

11 $I=\dfrac{b\times(2h)^3}{12}=\dfrac{8bh^3}{12}$

$y=\dfrac{h}{2}$

$\therefore \sigma=\left(\dfrac{M}{I}\right)y=\dfrac{12M}{8bh^3}\times\dfrac{h}{2}=\dfrac{3M}{4bh^2}$

12 일단 고정 타단 힌지의 좌굴계수 $n=2$

13 $P_{cr}=\dfrac{4\pi^2 EI}{L^2}$

14

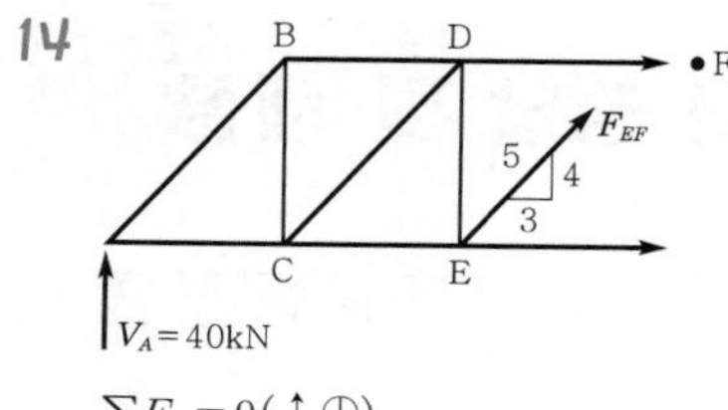

$\Sigma F_y=0(\uparrow\oplus)$

$\dfrac{4}{5}F_{EF}+40=0$

$\therefore F_{EF}=-40\times\dfrac{5}{4}=-50$kN(압축)

15

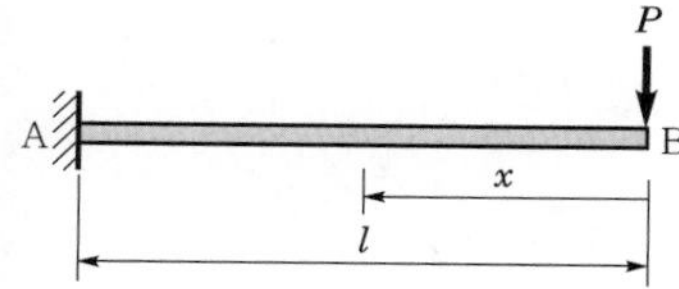

$M_x=-Px$

$\therefore U=\dfrac{1}{2}\displaystyle\int_0^l\dfrac{M_x^{\ 2}}{EI}dx=\dfrac{1}{2EI}\int_0^l(-Px)^2dx$

$=\dfrac{P^2}{2EI}\left[\dfrac{1}{3}x^3\right]_0^l=\dfrac{P^2l^3}{6EI}$

[별해] 보의 변형에너지

$U=\dfrac{1}{2}P\delta=\dfrac{1}{2}\times P\times\dfrac{Pl^3}{3EI}=\dfrac{P^2l^3}{6EI}$

16 처짐각법 이용

$M_{AB}=0,\ \theta_B=0$

$\dfrac{2EI}{L}(2\theta_A+\theta_B)-\dfrac{wL^2}{12}=0$

$\dfrac{4EI}{L}\theta_A=\dfrac{wL^2}{12}$

$\therefore \theta_A=\dfrac{wL^3}{48EI}$

17 탄성하중법 이용

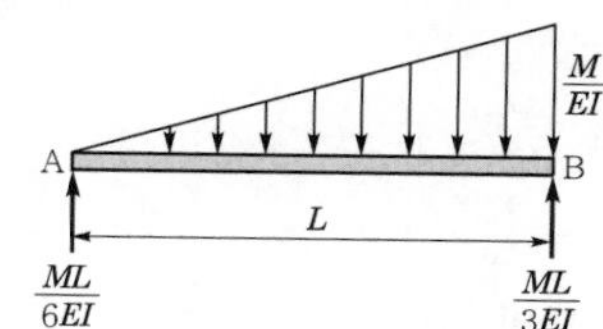

㉠ $\Sigma V=0$

$\theta_x=S_x{}'=\dfrac{MLx}{6EI}-\dfrac{Mx^2}{2EIL}=0$

$\therefore x=\dfrac{\sqrt{3}}{3}L$

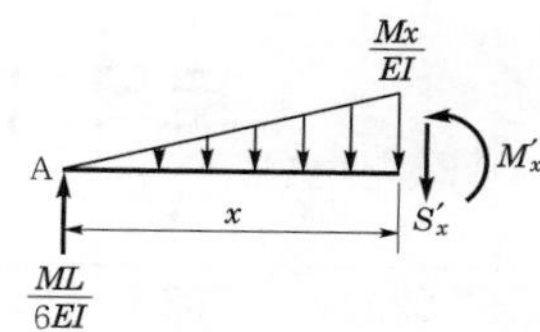

㉡ $\Sigma M_x=0$

$\dfrac{ML}{6EI}\times x-\dfrac{Mx}{EIL}\times x\times\dfrac{1}{2}\times\dfrac{x}{3}-M_x{}'=0$

$\therefore \delta_{\max}=M_x{}'=\dfrac{MLx}{6EI}-\dfrac{Mx^3}{6EIL}$

$=\dfrac{ML}{6EI}\left(\dfrac{\sqrt{3}}{3}L\right)-\dfrac{M}{6EIL}\left(\dfrac{\sqrt{3}}{3}L\right)^3$

$=\dfrac{\sqrt{3}}{27}\dfrac{ML^2}{EI}$

18 $\delta_{B_1}=-\dfrac{M_oL}{2EI}\times\dfrac{3L}{4}=-\dfrac{3M_oL^2}{8EI}$

$\delta_{B_2}=\dfrac{1}{2}\times\dfrac{PL}{EI}\times L\times\dfrac{2L}{3}=\dfrac{PL^3}{3EI}$

$\therefore \delta_B=\delta_{B1}+\delta_{B2}=-\dfrac{3M_oL^2}{8EI}+\dfrac{PL^3}{3EI}$

$=-\dfrac{3\times4\times2.4^2}{8\times6{,}000}+\dfrac{16\times2.4^3}{3\times6{,}000}$

$=0.0108\text{mm}=1.08\text{cm}(\downarrow)$

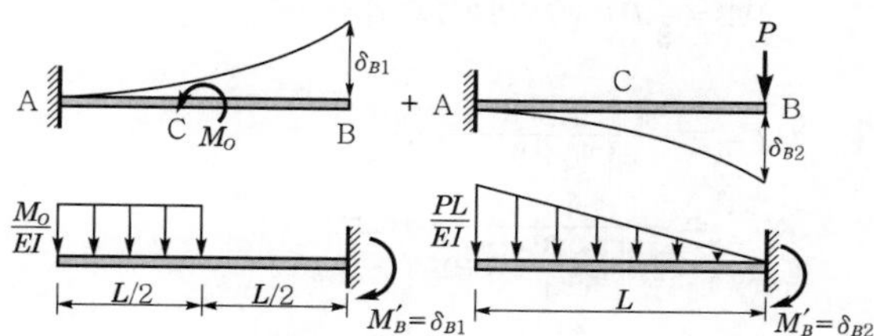

19 변형일치법 이용

$\dfrac{5wl^4}{384}=\dfrac{R_Bl^3}{48}$

$\dfrac{5\times20\times6^4}{384}=\dfrac{R_B\times6^3}{48}$

$\therefore R_B=75$kN

20 모멘트분배법 이용

㉠ 강도

$K_{BA} = \frac{I}{8}$

$K_{BC} = \frac{2EI}{8}$

㉡ 유효강비

$k_{BA} = 1$

$k_{BC} = 2 \times \frac{3}{4} = \frac{3}{2}$

㉢ 분배율

$D.F_{BC} = \frac{\frac{3}{2}}{1+\frac{3}{2}} = \frac{3}{5}$

토목기사 실전 모의고사 제4회 정답 및 해설

01	02	03	04	05	06	07	08	09	10
②	②	①	④	③	④	②	③	③	④
11	**12**	**13**	**14**	**15**	**16**	**17**	**18**	**19**	**20**
④	②	②	②	②	①	④	④	③	③

1 $\Sigma M_A = 0(\oplus)$

$P \times l + P \times l - 2l \times R_D = 0$

$\therefore R_D = P$

2

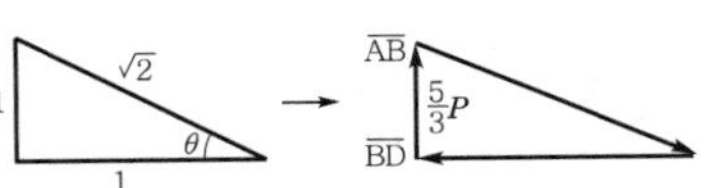

$\Sigma M_C = 0(\oplus)$

$R_B \times 12 - P \times 4 - 2P \times 8 = 0$

$\therefore R_B = \frac{1}{12} \times 20P = \frac{5}{3}P$

$\sqrt{2} : \overline{AB} = 1 : \frac{5}{3}P$

$\therefore \overline{AB} = \frac{5}{3}P \times \sqrt{2} = 2.357P$(압축)

3 $D.F_{EA} = \frac{\text{해당 부재강비}}{\text{전체 강비}} = \frac{k_{EA}}{\Sigma k}$

$= \frac{2}{2+4\times\frac{3}{4}+3+1} = 0.222$

4

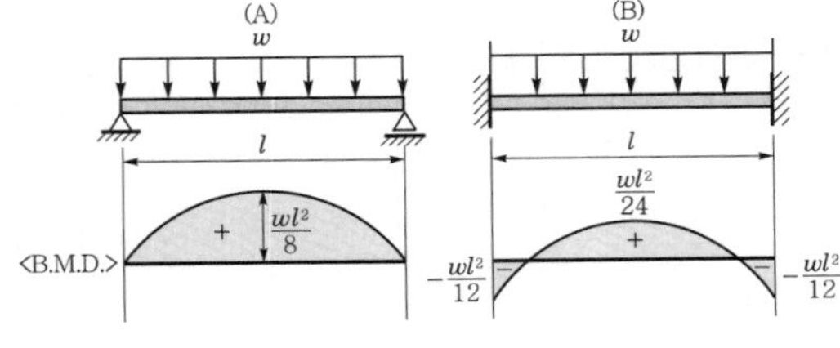

A구조물 $M_{max} = \frac{wl^2}{8} = 20\text{kN}\cdot\text{m}$

B구조물 $M_{max} = -\frac{wl^2}{12}$

$= -\frac{wl^2}{8} \times \frac{2}{3}$

$= (-20) \times \frac{2}{3}$

$= -\frac{40}{3}\text{kN}\cdot\text{m}$

5 $\Sigma M_B = 0(\oplus)$

$R_A \times 10 - 10 \times 10 - 4 = 0$

$\therefore R_A = 10.4\text{kN}(\uparrow)$

6 $\Delta l = \frac{PL}{EA} = \frac{1\times 2}{1\times 10^3} = 0.002\text{m} = 2\text{mm}$

7 $\delta = \frac{Pl^3}{3EI}$ 이므로 $4\delta = \frac{Px^3}{3EI}$

$4 \times \frac{Pl^3}{3EI} = \frac{Px^3}{3EI}$

$4l^3 = x^3$

$\therefore x = \sqrt[3]{4}\, l = 1.6l$

8 탄성한계를 벗어나면 하중(응력)을 제거하여도 원래의 상태로 회복되지 않는 변형을 소성변형이라 한다.

9 $\delta_{(1)} = \dfrac{P(2l)^3}{3EI} = \dfrac{8Pl^3}{3EI}$

$\delta_{(2)} = \dfrac{Pl^3}{3EI}$

$U_{(1)} = \dfrac{1}{2} \times P \times \dfrac{8Pl^3}{3EI} = 8 \times \dfrac{P^2 l^3}{6EI}$

$U_{(2)} = \dfrac{P^2 l^3}{6EI}$

$\therefore U_{(1)} : U_{(2)} = 8 : 1$

10 $R = \sqrt{{P_1}^2 + {P_2}^2 + 2P_1P_2\cos\theta}$

$= \sqrt{10^2 + 12^2 + 2 \times 10 \times 12 \times \cos 45°} = 20\text{kN}$

11 $\sigma_a \geq \sigma_{\max} = \dfrac{M_{\max}}{Z} = \dfrac{1}{Z}\dfrac{Pab}{l}$

$\therefore Z \geq \dfrac{Pab}{l\sigma_a} = \dfrac{5 \times 4 \times 6}{10 \times 2} = 6\text{m}^3$

12 $G_x = A\bar{y} = A_1 y_1 + A_2 y_2$

$\therefore \bar{y} = \dfrac{A_1 y_1 + A_2 y_2}{A}$

$= \dfrac{(1 \times 0.1) \times 0.05 + (0.4 \times 0.6) \times 0.4}{(1 \times 0.1) + (0.4 \times 0.6)}$

$= 0.297\text{mm} = 297\text{mm}$

13 $N = r + m + s - 2k = 8 + 25 + 32 - 2 \times 18 = 29$차

[별해] $N = 3B - J = 3 \times 10 - 1 = 29$차

여기서, B : 폐합 Box수

J : 고정 0, 힌지 1, 롤러 2

14 $I = \dfrac{bh^3}{12} = \dfrac{0.15 \times 0.4^3}{12} = 0.0008\text{m}^4$

$\therefore \sigma = \left(\dfrac{M}{I}\right)y = \dfrac{2}{0.0008} \times (0.2 - 0.05) = 375\text{kN/m}^2$

15 $\theta_a = \dfrac{M_a l}{3EI}$, $\theta_b = \dfrac{M_a l}{6EI}$

$\theta_a = 2\theta_b$

$\therefore \dfrac{\theta_a}{\theta_b} = 2.0$

16 3연모멘트법 이용

P A B C 0.2L L L = 0.2PL P A B C L L

$M_A = -0.2PL$, $M_C = 0$

$M_A\left(\dfrac{L}{I}\right) + 2M_B\left(\dfrac{L}{I} + \dfrac{L}{I}\right) + M_C\left(\dfrac{L}{I}\right) = 0$

$-0.2PL\left(\dfrac{L}{I}\right) + 4M_B\left(\dfrac{L}{I}\right) = 0$

$\therefore M_B = 0.05PL$

17 바리뇽의 정리 이용

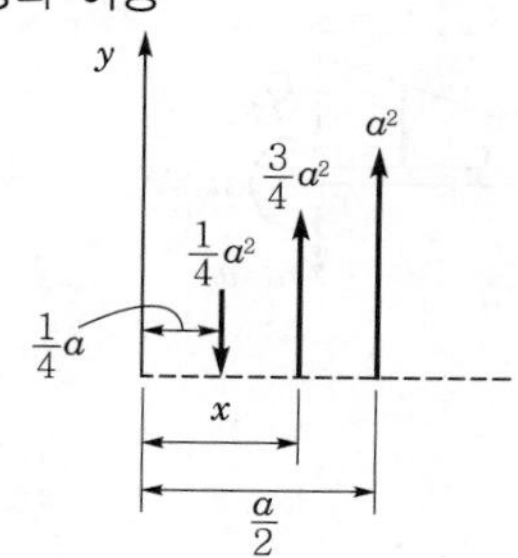

$a^2 \times \dfrac{a}{2} = \dfrac{3}{4}a^2 \times x + \dfrac{1}{4}a^2 \times \dfrac{1}{4}a$

$3a^2 x = 2a^3 - \dfrac{1}{4}a^3$

$\therefore x = \dfrac{7}{12}a$

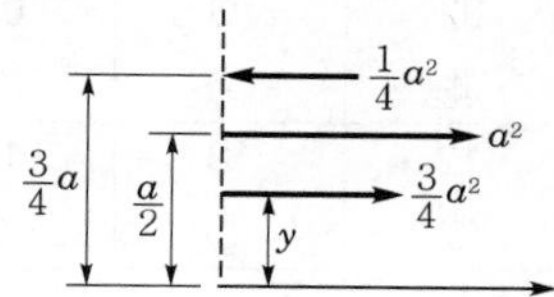

$a^2 \times \dfrac{a}{2} = \dfrac{3}{4}a^2 \times y + \dfrac{1}{4}a^2 \times \dfrac{3}{4}a$

$3a^2 y = 2a^3 - \dfrac{3}{4}a^3$

$\therefore y = \dfrac{5}{12}a$

18 $\Sigma V = 0(\uparrow \oplus)$

$R_A + R_B = 1 + 2 = 3\text{kN}$

$2R_B = 3\text{kN}$

$\therefore R_B = R_A = 1.5\text{kN}$

$\Sigma M_A = 0(\oplus)$

$1 \times x + 2 \times (x + 4) - 1.5 \times 12 = 0$

$\therefore x = 3.33\text{m}$

19 $I = \dfrac{a^4}{12}$

$\therefore P = \dfrac{n\pi^2 EI}{l^2} = \dfrac{n\pi^2 E a^4}{12 l^2}$

20

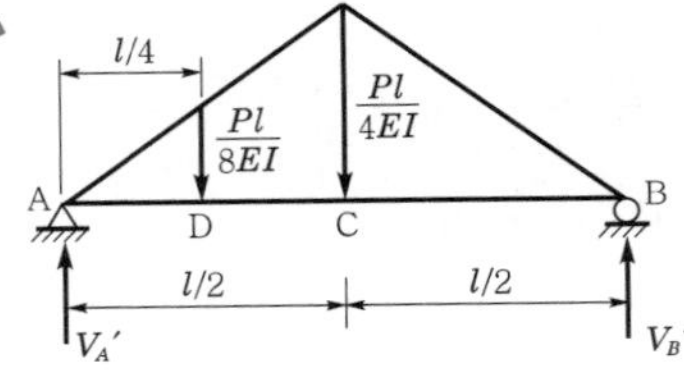

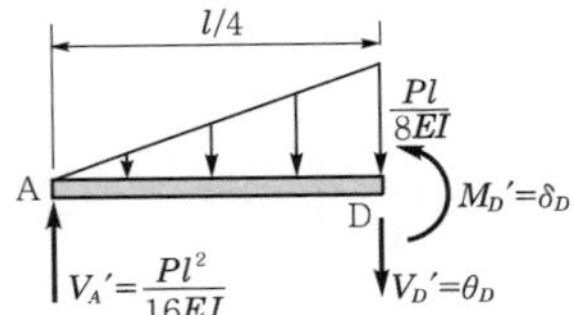

대칭 단면이므로

$\Sigma M_B=0(\oplus\curvearrowright)$

$V_A'=\frac{1}{2}\times\frac{l}{2}\times\frac{Pl}{4EI}=\frac{Pl^2}{16EI}$

$\Sigma F_Y=0(\downarrow\oplus)$

$V_D'+\frac{1}{2}\times\frac{l}{4}\times\frac{Pl}{8EI}-\frac{Pl^2}{16EI}=0$

$\therefore\ V_D'=\theta_D=\frac{Pl^2}{16EI}-\frac{Pl^2}{64EI}=\frac{3Pl^2}{64EI}$

$\Sigma M_D=0(\oplus\curvearrowright)$

$-M_D'+\frac{Pl^2}{16EI}\times\frac{l}{4}-\frac{1}{2}\times\frac{l}{4}\times\frac{Pl}{8EI}\times\frac{l}{4}\times\frac{1}{3}=0$

$\therefore\ M_D'=\delta_D=-\frac{Pl^3}{768EI}+\frac{Pl^3}{64EI}=\frac{11Pl^3}{768EI}$

토목기사 실전 모의고사 제5회 정답 및 해설

01	02	03	04	05	06	07	08	09	10
②	④	②	③	④	③	①	③	④	④
11	12	13	14	15	16	17	18	19	20
④	③	③	③	①	④	①	②	④	①

1 3연모멘트 정리 이용

$M_A=M_C=0$

$2M_B\left(\frac{L}{I}+\frac{L}{I}\right)=6E(\theta_{BA}-\theta_{BC})$

$4M_B\left(\frac{L}{I}\right)=6E\left(\frac{wL^3}{24EI}-0\right)$

$\therefore\ M_B=\frac{wL^2}{16}$

2 $G=\frac{E}{2(1+\nu)}=\frac{2.1\times10^5}{2\times(1+0.3)}=8.1\times10^4\text{kN/m}^2$

3 $\sigma_{\max}=\frac{M_{\max}}{Z}=\frac{6}{bh^2}\left(\frac{Pl}{4}\right)=\frac{3Pl}{2bh^2}$

$=\frac{3\times5\times8}{2\times0.1\times0.2^2}=15{,}000\text{kN/m}^2$

4 $\Sigma M_A=0(\oplus\curvearrowright)$

$1.2\times7-R_B\times12=0$

$\therefore\ R_B=0.7\text{kN}(\uparrow)$

$\Sigma F_Y=0(\uparrow\oplus)$

$R_A-1.2+0.7=0$

$\therefore\ R_A=0.5\text{kN}(\uparrow)$

5

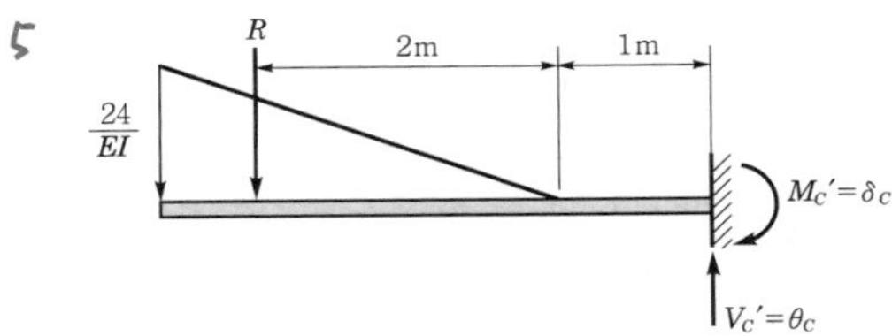

$V_C'=\theta_C=R=\frac{1}{2}\times\frac{24}{EI}\times3=\frac{36}{EI}$

$\therefore\ M_C'=\delta_C=R\times3=\frac{36\times3}{EI}$

$=\frac{108}{2.1\times10^5\times4.5}=0.1\text{mm}$

6 $\sigma_a\geq\sigma_{\max}=\frac{M}{Z}=\frac{32M}{\pi d^3}$

$\therefore\ d\geq\sqrt[3]{\frac{32M}{\pi\sigma_a}}=2.17\sqrt[3]{\frac{M}{\sigma_a}}$

7 모멘트분배법 이용

㉠ 부재강도

$$K_{BA}=\frac{2I}{8}=\frac{I}{4}$$

$$K_{AC}=\frac{I}{6}$$

㉡ 강비

$$k_{BA}=\frac{I}{4}\times\frac{6}{I}=1.5$$

$$k_{BC}=\frac{I}{6}\times\frac{6}{I}=1.0$$

$M_B=24\times 4=96\text{kN}\cdot\text{m}$

㉢ 분배율(D.F)

$$D.F_{BA}=\frac{1.5}{1.5+1.0}=0.6$$

$$D.F_{BC}=\frac{1.0}{1.5+1.0}=0.4$$

㉣ 분배모멘트(D.M)

$D.M_{BA}=96\times 0.6=57.6\text{kN}\cdot\text{m}$

$D.M_{BC}=96\times 0.4=38.4\text{kN}\cdot\text{m}$

㉤ 전달모멘트(C.M)

$$C.M_{AB}=57.6\times\frac{1}{2}=28.8\text{kN}\cdot\text{m}$$

$$C.M_{CB}=38.4\times\frac{1}{2}=19.2\text{kN}\cdot\text{m}$$

8 $R_A=3R_B$

$\Sigma V=0(\uparrow\oplus)$

$R_A+R_B=3R_B+R_B=24\text{kN}$

$\therefore R_B=6\text{kN},\ R_A=18\text{kN}$

$\Sigma M_A=0(\oplus\circlearrowright)$

$4.8\times x+19.2\times(x+1.8)-6\times 30=0$

$\therefore x=6.06\text{m}$

9 $\Sigma M_A=0(\circlearrowright\oplus)$

$5\times 3+1.5\times 2\times 1-2\times R_B=0$

$\therefore R_B=9\text{kN}(\uparrow)$

10

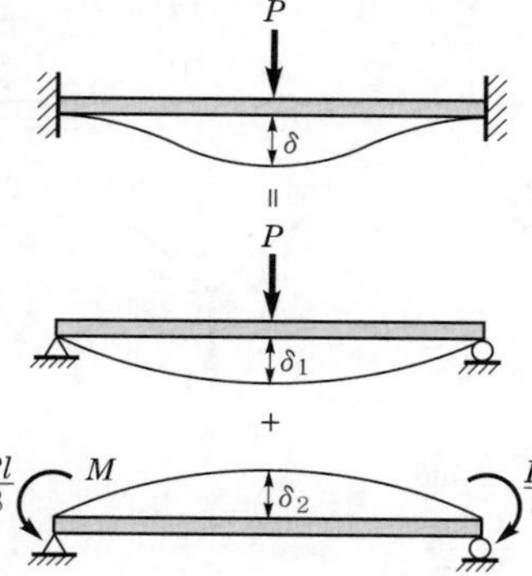

$$\delta_1=\frac{Pl^3}{48EI}$$

$$\delta_2=\frac{Ml^2}{8EI}=\left(\frac{Pl/8}{8EI}\right)l^2=\frac{Pl^3}{64EI}$$

$$\delta=\delta_1-\delta_2=\frac{Pl^3}{EI}\left(\frac{1}{48}-\frac{1}{64}\right)=\frac{Pl^3}{192EI}$$

$$0.001=\frac{100\times l^3}{192\times 2\times 10^6}$$

$\therefore l=15.7\text{m}$

11 $\Delta l=\dfrac{Pl}{AE}=\dfrac{4\times 4\times 1}{\pi\times 0.02^2\times 2\times 10^6}=0.0064\text{m}=6.4\text{mm}$

12

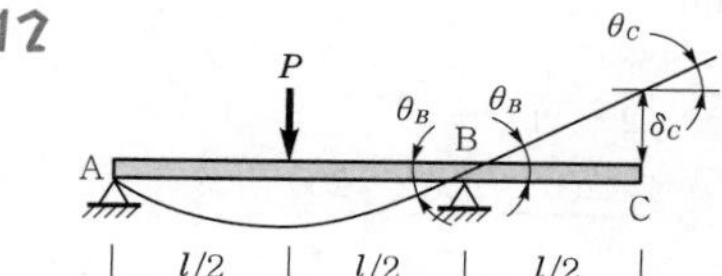

$$\theta_B=-\frac{Pl^2}{16EI}$$

$$\theta_C=\theta_B=-\frac{Pl^2}{16EI}$$

$$\tan\theta_C\fallingdotseq\theta_C=\frac{\delta_C}{l/2}$$

$$\therefore \delta_C=\frac{l}{2}\theta_C=\frac{l}{2}\left(-\frac{Pl^2}{16EI}\right)=-\frac{Pl^3}{32EI}(\uparrow)$$

13 $N=r+m+s-2k=8+5+4-2\times 6=5$차

[별해] 라멘형태로 가정하면

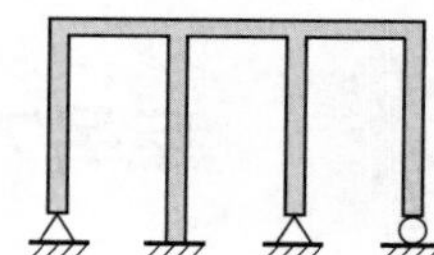

$N=3B-J=3\times 3-4=5$차

여기서, B : 폐합 Box수

J : 고정 0, 힌지 1, 롤러 2

14 3연모멘트법 이용

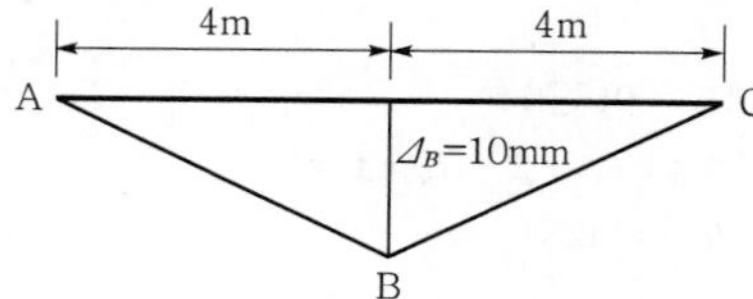

$M_A=M_C=0$

$I_1=I_2=I$

$L_1=L_2=4$

$$M_A\left(\frac{L_1}{I_1}\right)+2M_B\left(\frac{L_1}{I_1}+\frac{L_2}{I_2}\right)+M_C\left(\frac{L_2}{I_2}\right)=6E\left(\frac{h_A}{L_1}+\frac{h_C}{L_2}\right)$$

$$2M_B\left(\frac{4}{I}+\frac{4}{I}\right)=6E\left(\frac{0.01}{4}+\frac{0.01}{4}\right)$$

$$M_B\times16=6EI\times\frac{0.01}{2}$$

$$\therefore\ M_B=\frac{6\times1\times10^5\times0.01}{16\times2}=187.5\text{kN}\cdot\text{m}$$

15 $A=\frac{1}{4}\pi r^2-\frac{1}{2}r^2$

$$=\frac{1}{4}\times\pi\times200^2-\frac{1}{2}\times200^2$$

$$=11,415.9\text{mm}^2$$

$$G_x=\frac{\pi r^2}{4}\times\frac{4r}{3\pi}-\frac{r^2}{2}\times\frac{r}{3}$$

$$=\frac{\pi\times200^2}{4}\times\frac{4\times200}{3\pi}-\frac{200^2}{2}\times\frac{200}{3}$$

$$=1,333,333.4\text{mm}^3$$

$$\therefore\ y=\frac{G_x}{A}=\frac{1,333,333}{11,415}=116.8\text{mm}$$

16 sin법칙 적용

$$\frac{P}{\sin90°}=\frac{100}{\sin135°}$$

$$\therefore\ P=\frac{100\times\sin90°}{\sin(180°-45°)}=\frac{100}{\sin45°}=100\sqrt{2}=141.4\text{kN}$$

17 제시된 설명은 Castigliano의 제1정리이다.

18

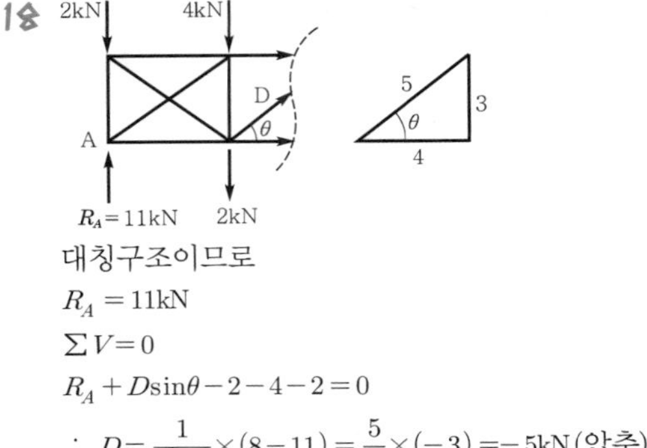

대칭구조이므로

$R_A=11\text{kN}$

$\sum V=0$

$R_A+D\sin\theta-2-4-2=0$

$$\therefore\ D=\frac{1}{\sin\theta}\times(8-11)=\frac{5}{3}\times(-3)=-5\text{kN}(\text{압축})$$

19

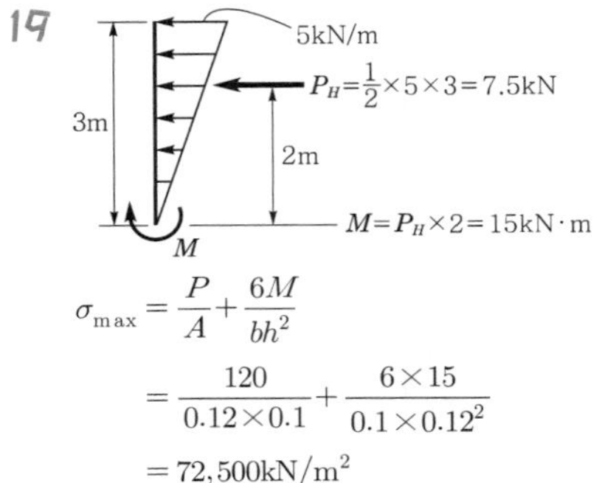

$$\sigma_{max}=\frac{P}{A}+\frac{6M}{bh^2}$$

$$=\frac{120}{0.12\times0.1}+\frac{6\times15}{0.1\times0.12^2}$$

$$=72,500\text{kN/m}^2$$

20 $G_x=Ay=(6\times8\times4)-(4\times4\times4)=128\text{m}^3$

토목기사 실전 모의고사 제6회 정답 및 해설

01	02	03	04	05	06	07	08	09	10
①	①	①	②	③	③	③	①	②	①
11	**12**	**13**	**14**	**15**	**16**	**17**	**18**	**19**	**20**
③	④	③	③	①	④	①	②	①	②

1 $\Sigma M_A=0(\circlearrowleft\oplus)$

$2\times2\times1+5\times2-R_B\times1=0$

$\therefore\ R_B=14\text{kN}(\rightarrow)$

2 $\delta_C=\frac{Pl^3}{192EI}=0.00521\frac{Pl^3}{EI}$

3

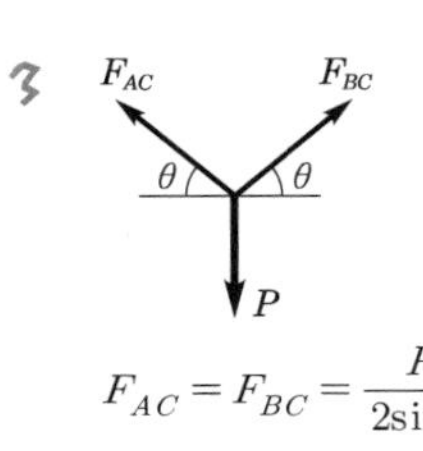

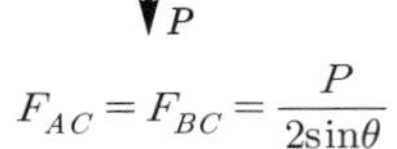

$$F_{AC}=F_{BC}=\frac{P}{2\sin\theta}$$

$$f_{AC}=f_{BC}=\frac{1}{2\sin\theta}$$

$$\therefore \delta_C = \Sigma \frac{Ff}{EA} l$$
$$= \frac{l}{EA} \times \frac{P}{2\sin\theta} \times \frac{1}{2\sin\theta} + \frac{l}{EA} \times \frac{P}{2\sin\theta} \times \frac{1}{2\sin\theta}$$
$$= \frac{Pl}{2EA\sin^2\theta}$$

4 $I = \frac{\pi \times 2^4}{64} = 0.785\text{m}^4$

$R = r + \frac{d}{2} = 10 + 1 = 11\text{m}$

$\frac{1}{R} = \frac{M_{\max}}{EI}$

$\therefore M_{\max} = \frac{EI}{R} = \frac{2 \times 10^6 \times 0.785}{11} = 142,727.27\text{kN} \cdot \text{m}$

5 $\tau = \frac{S}{A} = \frac{540}{12 \times 15} = 3\text{kN/m}^2$

$\gamma_s = \frac{\lambda}{l} = \frac{0.6}{4} = 0.15$

$\therefore G = \frac{\tau}{\gamma_s} = \frac{3}{0.15} = 20\text{kN/m}^2$

6 $U = \frac{1}{2} P\Delta L = \frac{1}{2}\left(\frac{EA\Delta L}{L}\right)\Delta L = \frac{EA(\Delta L)^2}{2L}$

역학적 성질이 다른 두 부재가 서로 같은 변형을 일으킬 경우 강성이 큰 부재의 변형에너지가 더 크다.

7 평행축정리 이용

㉠ $I_P = I_x + I_y$

$\therefore I_x = I_P - I_y = 23 - 5 = 18\text{cm}^4$

㉡ $I_{x'} = I_x + Ay^2$

$\therefore A = \frac{I_{x'} - I_x}{y^2} = \frac{40 - 18}{3^2} = 2.44\text{cm}^2$

8 최대 응력은 부호가 동일할 때 발생

$$\sigma_{\max} = \frac{P}{A} + \frac{M_x}{Z_x} + \frac{M_y}{Z_y}$$
$$= \frac{15}{0.2 \times 0.2} + \frac{6 \times 15 \times 0.05}{0.2 \times 0.2^2} + \frac{6 \times 15 \times 0.04}{0.2 \times 0.2^2}$$
$$= 1387.5\text{kN/m}^2$$

9 $\Delta L = \frac{PL}{2EA} + \frac{PL}{EA} = \frac{3PL}{2EA}$

10 $Z = \frac{I}{y} = \frac{\frac{\pi R^4}{4}}{R} = \frac{\pi R^3}{4}$

$\therefore \sigma = \left(\frac{M}{I}\right) y = \frac{M}{Z} = \frac{M}{\frac{\pi R^3}{4}} = \frac{4M}{\pi R^3}$

11 반력 산정

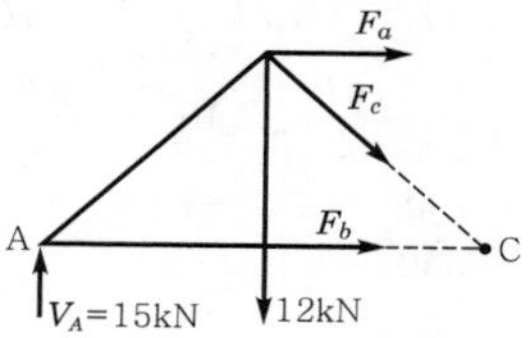

$\Sigma M_B = 0(\oplus)$

$V_A \times 24 - 12 \times 18 - 12 \times 12 = 0$

$\therefore V_A = 15\text{kN}(\uparrow)$

$\Sigma M_C = 0(\oplus)$

$15 \times 12 + F_a \times 8 - 12 \times 6 = 0$

$\therefore F_a = -13.5\text{kN}$(압축)

12 $\Sigma M_B = 0(\oplus)$

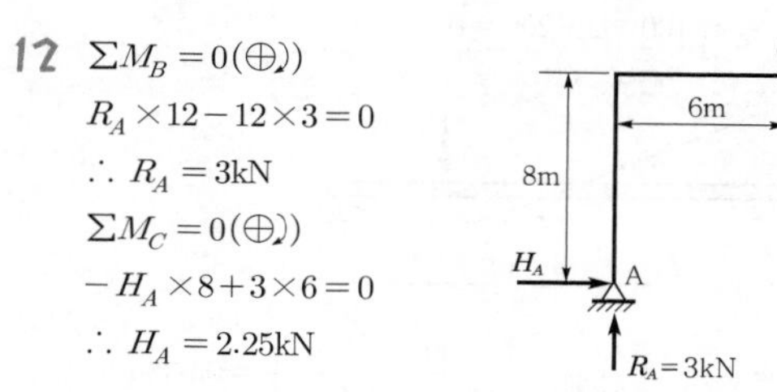

$R_A \times 12 - 12 \times 3 = 0$

$\therefore R_A = 3\text{kN}$

$\Sigma M_C = 0(\oplus)$

$-H_A \times 8 + 3 \times 6 = 0$

$\therefore H_A = 2.25\text{kN}$

13 모멘트분배법 이용

㉠ B점의 불균형 모멘트(U.M) $M_B' = \frac{wl^2}{12}$

㉡ 균형 모멘트(B.M) $M_B = -\frac{wl^2}{12}$

㉢ AB부재에서 B단의 분배율 $D.F_{BA} = \frac{1}{2}$

㉣ 분배모멘트 $M_{BA} = \frac{1}{2} \times \left(-\frac{wl^2}{12}\right) = -\frac{wl^2}{24}$

㉤ A점의 전달모멘트

$M_{AB} = \frac{1}{2} \times \left(-\frac{wl^2}{24}\right) = -\frac{wl^2}{48}$

㉥ 재단모멘트 M_{AB}=하중항+전달모멘트

$= -\frac{wl^2}{12} - \frac{wl^2}{48} = -\frac{5wl^2}{48}$

㉦ A점의 휨모멘트 $M_A = -M_{AB} = \frac{5}{48} wl^2$

14 3연모멘트법 이용

$M_A = M_D = 0$, $M_B = M_C$(대칭구조)

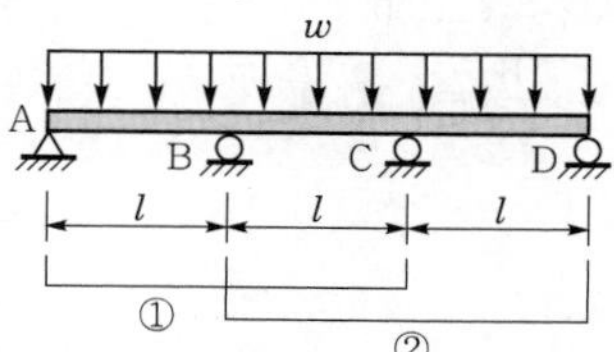

$$2M_B\left(\frac{l}{I}+\frac{l}{I}\right)+M_C\left(\frac{l}{I}\right)=6E\left(-\frac{wl^3}{24EI}-\frac{wl^3}{24EI}\right)$$

$$4M_B+M_C=-\frac{wl^2}{2},\ 5M_B=-\frac{wl^2}{2}$$

$$\therefore M_B=-\frac{wl^2}{10}$$

15

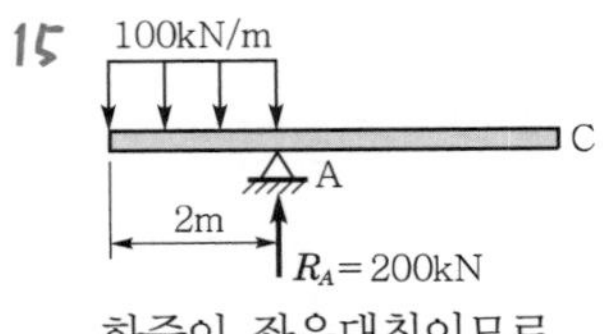

하중이 좌우대칭이므로

$R_A=R_B=200\text{kN}$

$\therefore S_C=100\times2-200=0$

16

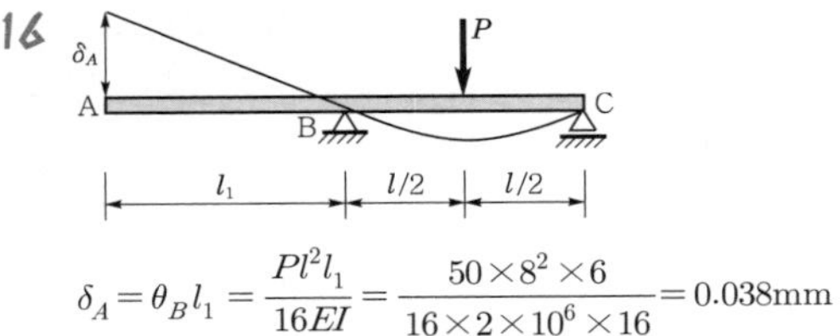

$$\delta_A=\theta_B l_1=\frac{Pl^2l_1}{16EI}=\frac{50\times8^2\times6}{16\times2\times10^6\times16}=0.038\text{mm}$$

17 $D.F_{EA}=\dfrac{\text{해당 부재강비}}{\text{전체 강비}}=\dfrac{k_{EA}}{\sum k}$

$$=\frac{2}{2+4\times\frac{3}{4}+3+1}=0.222$$

18 $\dfrac{2{,}000}{\sin30°}=\dfrac{\overline{AB}}{\sin300°}=\dfrac{\overline{AC}}{\sin30°}$

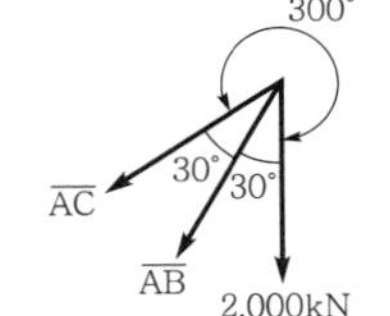

$\therefore \overline{AB}=-3{,}464\text{kN}$ (압축)

$\overline{AC}=2{,}000\text{kN}$ (인장)

19

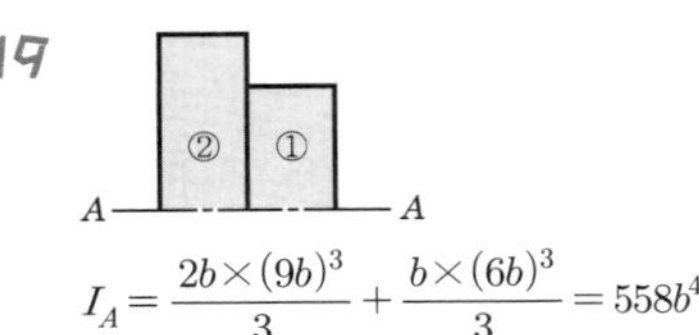

$$I_A=\frac{2b\times(9b)^3}{3}+\frac{b\times(6b)^3}{3}=558b^4$$

20 $\sum M_B=0(\oplus)$

$-R_A\times9+3=0$

$\therefore R_A=\dfrac{1}{3}\text{kN}(\downarrow)$

토목기사 실전 모의고사 제7회 정답 및 해설

01	02	03	04	05	06	07	08	09	10
②	②	①	③	④	③	①	③	③	③
11	**12**	**13**	**14**	**15**	**16**	**17**	**18**	**19**	**20**
④	②	③	③	③	③	①	④	②	③

1 라미의 정리 이용

$$\frac{W}{\sin120°}=\frac{R_a}{\sin150°}$$

$$\therefore R_a=\frac{W}{\sqrt{3}}=0.577W$$

2

$$y=\frac{G_x}{A}=\frac{\frac{\pi D^2}{4}\times\frac{D}{2}-\frac{\pi D^2}{16}\times\frac{D}{4}}{\frac{\pi D^2}{4}-\frac{\pi D^2}{16}}$$

$$=\frac{7}{12}D=\frac{7}{12}\times60=35\text{cm}$$

[별해] 바리뇽의 정리 이용

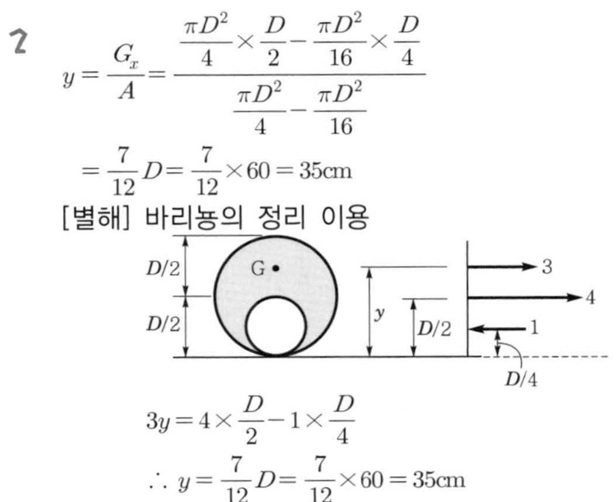

$$3y=4\times\frac{D}{2}-1\times\frac{D}{4}$$

$$\therefore y=\frac{7}{12}D=\frac{7}{12}\times60=35\text{cm}$$

3 도심에 대한 단면 2차 모멘트는 최소값이 되며, 0은 아니다.

4 $m=\dfrac{1}{\nu}$

$\therefore G=\dfrac{E}{2(\nu+1)}=\dfrac{E}{2\left(\dfrac{1}{m}+1\right)}=\dfrac{mE}{2(m+1)}$

5 $\Delta l=\dfrac{PL}{EA}=\dfrac{1\times 2}{1\times 10^3}=0.002\text{m}=2\text{mm}$

6 분담하중(P)

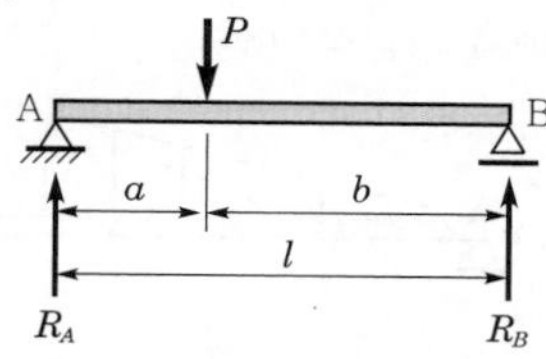

축강성(EA)=일정, $P\propto L$

$\therefore R_A=\dfrac{Pb}{L}=\dfrac{P\times 2L}{3L}=\dfrac{2}{3}P$

$R_B=\dfrac{Pa}{L}=\dfrac{PL}{3L}=\dfrac{1}{3}P$

7 $N=3B-J=3\times 8-1=23$차

여기서, B : 폐합 Box수

J : 고정 0, 힌지 1, 롤러 2

8

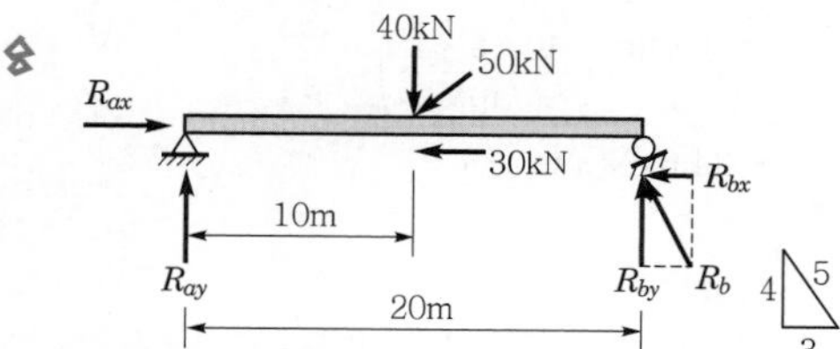

㉠ $\Sigma M_A=0(\oplus)$

$40\times 10-R_{by}\times 20=0$

$\therefore R_{by}=20\text{kN}$

㉡ $R_b=\dfrac{5}{4}R_{by}=25\text{kN}$

㉢ $R_{bx}=\dfrac{3}{5}R_b=15\text{kN}$

㉣ $\Sigma F_X=0(\rightarrow\oplus)$

$R_{ax}-30-15=0$

$\therefore R_{ax}=45\text{kN}(\rightarrow)$

9 ㉠ 합력의 크기 : $R=P+P=2P$

㉡ 합력의 위치

$Rx=Pe$

$\therefore x=\dfrac{Pe}{R}=\dfrac{Pe}{2P}=\dfrac{e}{2}$

$|M_{\max}|$ 발생조건은 합력과 가까운 하중과의 2등분점이 보의 중앙과 일치할 때 큰 하중점 아래에서 발생한다.

〈첫 번째 P 아래서 $M_{\max}$ 발생〉

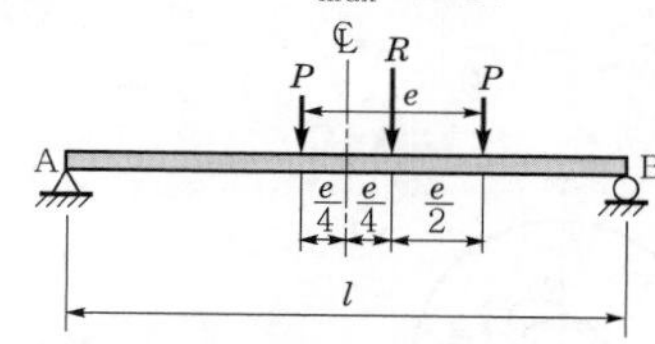

〈두 번째 P 아래서 $M_{\max}$ 발생〉

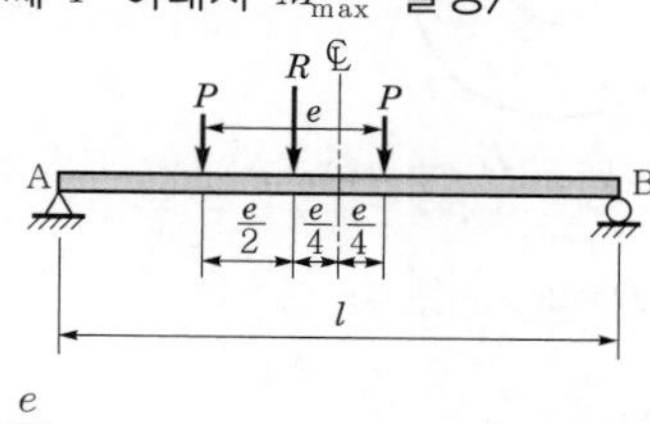

$\therefore \dfrac{1}{2}\pm\dfrac{e}{4}$

10

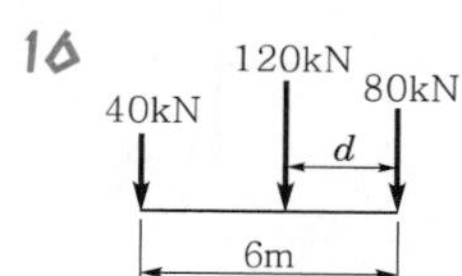

㉠ $120\times d=40\times 6$

$\therefore d=2\text{m}$

㉡ $x=\dfrac{l}{2}-\dfrac{d}{2}=\dfrac{20}{2}-\dfrac{2}{2}=9\text{m}$

㉢ $M_{\max}=\dfrac{R}{l}\left(\dfrac{l-d}{2}\right)^2=\dfrac{120}{20}\times\left(\dfrac{20-2}{2}\right)^2$

$=486\text{kN}\cdot\text{m}$

11 ㉠ $\Sigma M_B=0(\oplus)$

$R_A\times 12-12\times 3=0$

$\therefore R_A=3\text{kN}$

㉡ $\Sigma M_C=0(\oplus)$

$-H_A\times 8+3\times 6=0$

$\therefore H_A=2.25\text{kN}$

12 $I=\dfrac{b\times(2h)^3}{12}=\dfrac{8bh^3}{12}$

$y=\dfrac{h}{2}$

$\therefore \sigma=\left(\dfrac{M}{I}\right)y=\dfrac{12M}{8bh^3}\times\dfrac{h}{2}=\dfrac{3M}{4bh^2}$

13 $I = \frac{\pi D^4}{64}$

$Z = \frac{I}{y} = \frac{\pi D^3}{32}$

$\therefore \sigma_{\max} = \left(\frac{M}{I}\right)y = \frac{M}{Z} = \frac{M}{\pi D^3/32} = \frac{32M}{\pi D^3}$

14

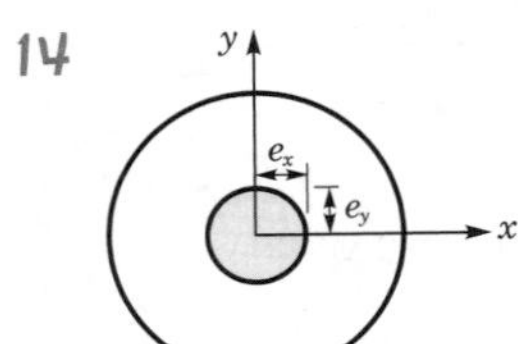

$e_x = e_y = \frac{D}{8}$ (핵거리)

$\therefore D = 2e_x = \frac{D}{4}$

15 $\Sigma M_C = 0(\oplus)$

$V \times 4 + 5 \times 3 = 0$

$\therefore V = -3.75$kN (압축)

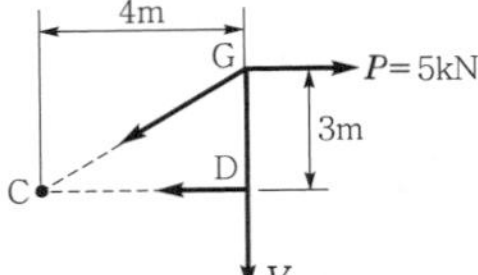

16 $\delta_{(1)} = \frac{P(2l)^3}{3EI} = \frac{8Pl^3}{3EI}$

$\delta_{(2)} = \frac{Pl^3}{3EI}$

$U_{(1)} = \frac{1}{2} \times P \times \frac{8Pl^3}{3EI} = 8 \times \frac{P^2 l^3}{6EI}$

$U_{(2)} = \frac{1}{2} \times P \times \frac{Pl^3}{3EI} = \frac{P^2 l^3}{6EI}$

$\therefore U_{(1)} : U_{(2)} = 8 : 1$

17 ㉠ 집중하중 P에 대한 최대 처짐

$\delta_P = \frac{Pl^3}{48EI} = \frac{(wl)l^3}{48EI} = \frac{wl^4}{48EI}$

㉡ 등분포하중 w에 의한 최대 처짐

$\delta_w = \frac{5wl^4}{384EI}$

$\therefore \frac{\delta_P}{\delta_w} = \frac{8}{5} = 1.6$배

18 $\theta_B = \frac{wL^3}{6EI}$

19 공액보에서 처짐각 이용

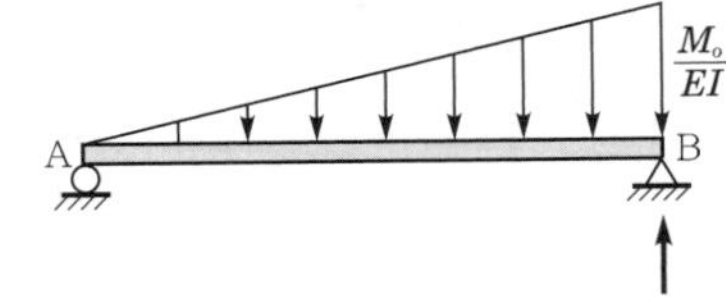

$R_B = \frac{M_o L}{3}$

$\theta_b = \frac{S_B}{EI} = \frac{R_B}{EI} = \frac{M_o L}{3EI}$

$\therefore \theta_a = \frac{M_o L}{6EI}$

20 $M_A = -\left(\frac{Wl^2}{12} + \frac{Pab^2}{l^2}\right)$

$= -\left(\frac{3 \times 10^2}{12} + \frac{10 \times 6 \times 4^2}{10^2}\right)$

$= -34.6$kN · m

토목기사 실전 모의고사 제8회 정답 및 해설

01	02	03	04	05	06	07	08	09	10
③	①	②	④	②	②	④	③	②	③
11	12	13	14	15	16	17	18	19	20
②	②	④	②	④	④	③	②	③	①

1 라미의 정리 이용

$\frac{\overline{AC}}{\sin 30°} = \frac{100}{\sin 90°} = \frac{\overline{BC}}{\sin 60°}$

$\therefore \overline{AC} = 100 \times \sin 30° = 50$kN

$\overline{BC} = 100 \times \sin 60° = 86.6$kN

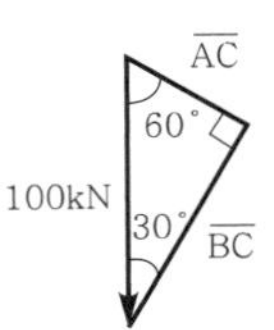

2 $G_x = A\bar{y} = \frac{1}{2} \times 8.2 \times 6.3 \times \left(6.3 \times \frac{1}{3} + 2.8\right) = 126.6\text{cm}^3$

3 $I_X = I_{X1} - I_{X2} = \frac{bh^3}{12} - \frac{\pi D^4}{64} = \frac{12 \times 8^3}{12} - \frac{\pi \times 2^4}{64}$

$= 511.215\text{cm}^4$

4 $G=\dfrac{E}{2(1+\nu)}=\dfrac{mE}{2(m+1)}$

$\therefore K=\dfrac{E}{3(1-2\nu)}$

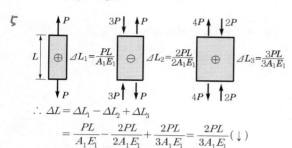

5 $\Delta L_1=\dfrac{PL}{A_1E_1}$ $\quad \Delta L_2=\dfrac{2PL}{2A_1E_1}$ $\quad \Delta L_3=\dfrac{3PL}{3A_1E_1}$

$\therefore \Delta L=\Delta L_1-\Delta L_2+\Delta L_3$

$=\dfrac{PL}{A_1E_1}-\dfrac{2PL}{2A_1E_1}+\dfrac{2PL}{3A_1E_1}=\dfrac{2PL}{3A_1E_1}(\downarrow)$

6 $\Delta L=\dfrac{PL}{2EA}+\dfrac{PL}{EA}=\dfrac{3PL}{2EA}$

7 탄성설계법

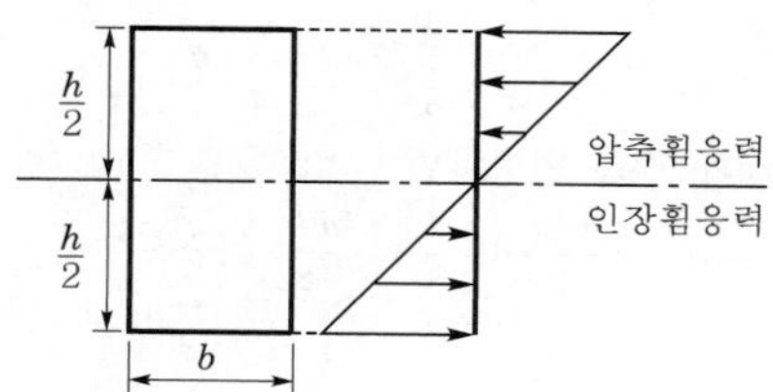

∴ 부재의 상 · 하단에서 휨응력이 최대이다.

8 다음 그림과 같이 지점 B에서 각각의 하중에 대한 평형을 이루어야 한다. 따라서 지점 B에서 모멘트를 취하면 다음과 같다.

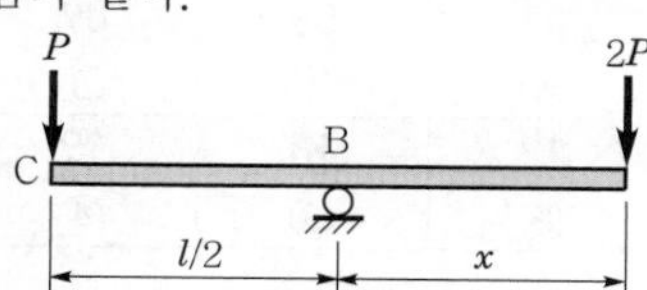

$\Sigma M_B=0(\oplus)$

$2P\times x-P\times\dfrac{l}{2}=0$

$\therefore x=\dfrac{l}{4}$

9 $P=24\text{kN}$, $R_D=12\text{kN}$

$\Sigma M_B=0$

$R_A\times 6+R_D\times 2=0$

$R_A\times 6+12\times 2=0$

$\therefore R_A=-4\text{kN}$

10 C점에 5kN의 집중하중이 작용하므로 캔틸레버보로 분해된 AC부재를 해석하면

$R_A=5+\dfrac{3\times 6}{2}=14\text{kN}$

$M_A=5\times 6+\dfrac{3\times 6}{2}\times\left(6\times\dfrac{1}{3}\right)=48\text{kN}\cdot\text{m}$

11 $\Sigma M_B=0(\oplus)$

$-R_A\times 9+3=0$

$\therefore R_A=\dfrac{1}{3}\text{kN}(\downarrow)$

12 $\Sigma M_B=0(\oplus)$

$V_A\times 5-5\times 2.5+3\times 2=0$

$\therefore V_A=1.3\text{kN},\ V_B=3.7\text{kN}$

$\therefore M_C=3.7\times 2.5=9.25\text{kN}\cdot\text{m}$

13 $\Sigma M_B=0$

$R_A\times L-\dfrac{wL}{2}\times\dfrac{3}{4}L=0$

$\therefore R_A=\dfrac{3}{8}wL(\uparrow)$

$\therefore S_{\max}=\dfrac{3}{8}wL$

$\therefore \tau_{\max}=\dfrac{4}{3}\times\dfrac{S_{\max}}{A}=\dfrac{4}{3}\times\dfrac{4}{\pi D^2}\times\dfrac{3}{8}wL=\dfrac{2wL}{\pi D^2}$

14 $l_k=\dfrac{2l}{3}$

$\therefore P_b=\dfrac{n\pi^2EI}{{l_k}^2}=\dfrac{\pi^2EI}{(kl)^2}=\dfrac{9\pi^2EI}{4l^2}$

15 베티의 법칙은 $P_1\delta_{12}=P_2\delta_{21}$이다.

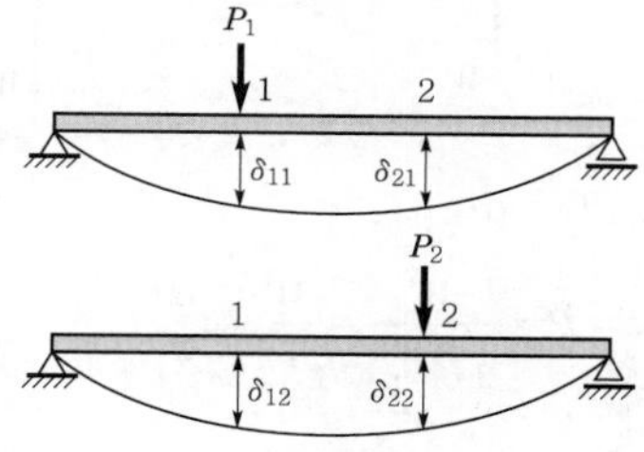

16

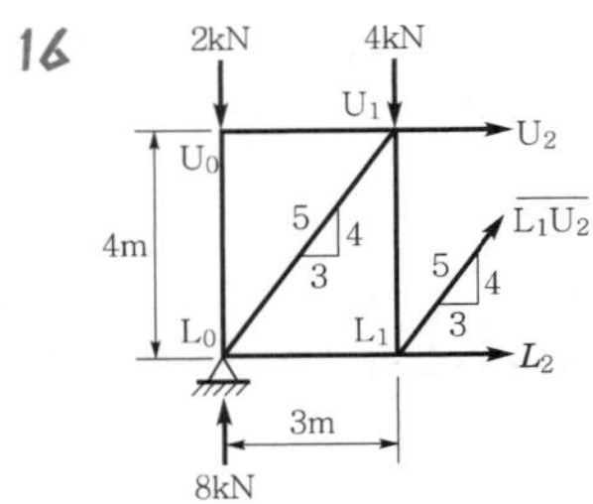

$\Sigma V=0$

$8-6+\frac{4}{5}\overline{L_1U_2}=0$

$\therefore \overline{L_1U_2}=\frac{4}{5}\times(-2)=-2.5\text{kN}$(압축)

17 $\theta_A=\frac{wl^3}{24EI}(\curvearrowright)$

18 공액보법 이용

$\delta_A=$공액보의 $M_A{}'$

$=\left(\frac{1}{2}\times\frac{l}{2}\times\frac{Pl}{4EI}\right)\times\left(\frac{l}{2}\times\frac{2}{3}\right)$

$+\left(\frac{1}{2}\times l\times\frac{Pl}{2EI}\right)\times\left(l\times\frac{2}{3}\right)=\frac{3Pl^3}{16EI}$

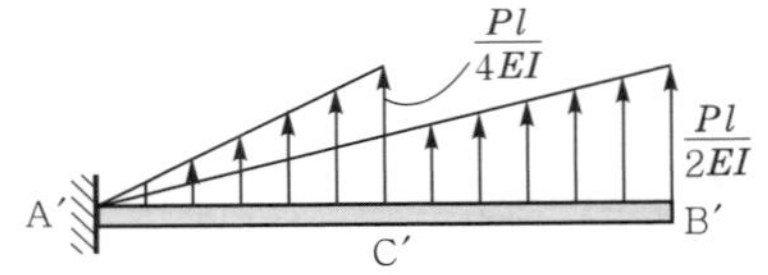

19 처짐각법은 부정정 구조물의 해석법이다.

20 중첩법 이용

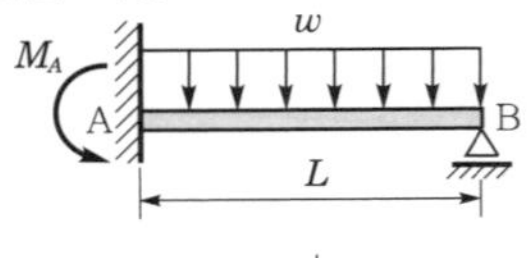

+

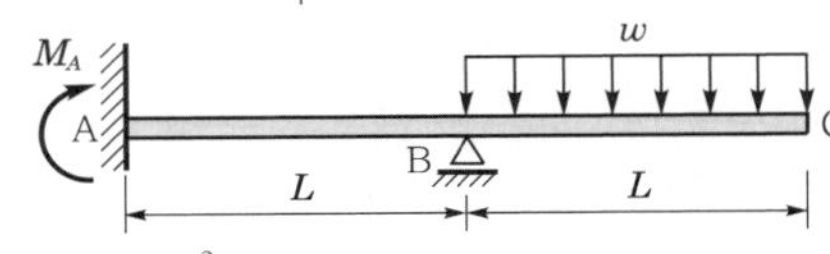

㉠ $M_A=-\frac{wL^2}{8}(\circlearrowleft)$

㉡ $M_A=\frac{1}{2}M_B=\frac{1}{2}\times\frac{wL^2}{2}=\frac{wL^2}{4}(\circlearrowright)$

㉠과 ㉡을 연립하면

$\therefore M_A=\frac{wL^2}{4}-\frac{wL^2}{8}=\frac{wL^2}{8}(\circlearrowright)$

토목기사 실전 모의고사 제9회 정답 및 해설

01	02	03	04	05	06	07	08	09	10
①	②	①	④	③	③	④	①	③	③
11	**12**	**13**	**14**	**15**	**16**	**17**	**18**	**19**	**20**
③	①	④	④	①	②	③	③	④	①

1

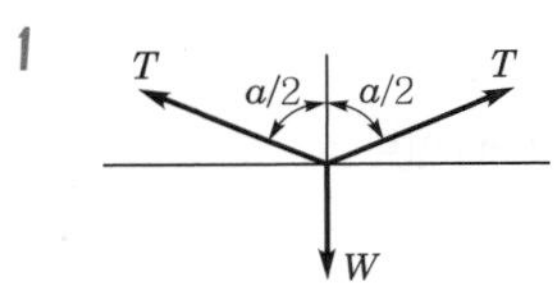

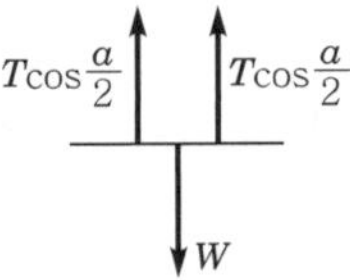

$\Sigma V=0$

$2T\cos\frac{\alpha}{2}-W=0$

$\therefore T=P=\frac{W}{2\cos\frac{\alpha}{2}}=\frac{W}{2}\sec\frac{\alpha}{2}$

2 $I_g=\frac{bh^3}{36}$, $I_x=\frac{bh^3}{12}$

$\therefore \frac{I_x}{I_g}=3$

3 $A=\frac{1}{4}\pi r^2-\frac{1}{2}r^2=\frac{1}{4}\times\pi\times200^2-\frac{1}{2}\times200^2$

$=11,415.9\text{mm}^2$

$G_x=\frac{\pi r^2}{4}\times\frac{4r}{3\pi}-\frac{r^2}{2}\times\frac{r}{3}$

$=\frac{\pi\times200^2}{4}\times\frac{4\times200}{3\pi}-\frac{200^2}{2}\times\frac{200}{3}$

$=1,333,333.4\text{mm}^3$

$\therefore y=\frac{G_x}{A}=\frac{1,333,333}{11,415}=116.8\text{mm}$

4 $\Delta l=\frac{Pl}{AE}$

$\therefore E=\frac{Pl}{A\Delta l}$

5 탄성한계를 벗어나면 하중(응력)을 제거하여도 원래의 상태로 회복되지 않는 변형을 소성변형이라 한다.

6 자유물체도(F.B.D)

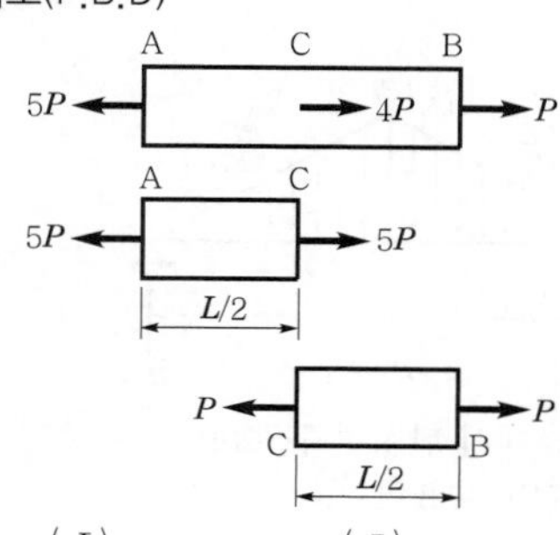

$$\Delta L_{AC} = \frac{5P\left(\frac{L}{2}\right)}{EA}, \quad \Delta L_{BC} = \frac{P\left(\frac{L}{2}\right)}{EA}$$

$$\therefore \Delta L = \Delta L_{AC} + \Delta L_{BC} = \frac{3PL}{EA}$$

7 $\Sigma M_B = 0(\oplus\!\!\circlearrowright)$

$$R_A l - P\frac{l}{2} + M_1 - M_2 = 0$$

$$\therefore R_A = \frac{P}{2} + \frac{M_2 - M_1}{l}$$

8 ㉠ $100 \times d = 40 \times 4$

$\therefore d = 1.6\text{m}$

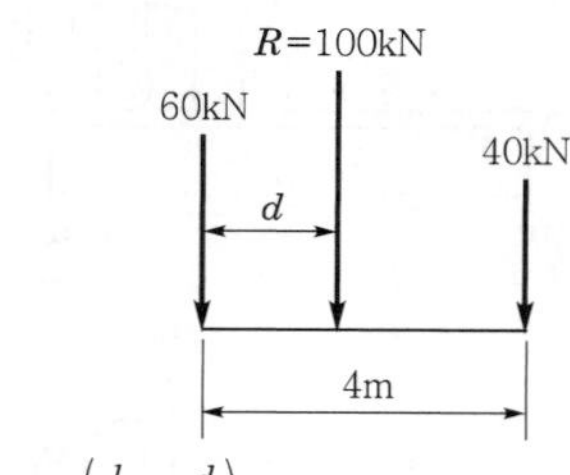

㉡ $R_A = \dfrac{R\left(\frac{l}{2} - \frac{d}{2}\right)}{l}$

$$\therefore M_{\max} = R_A\left(\frac{l}{2} - \frac{d}{2}\right)$$

$$= \frac{R}{l}\left(\frac{l}{2} - \frac{d}{2}\right)^2$$

$$= \frac{100}{10} \times \left(\frac{10}{2} - \frac{1.6}{2}\right)^2$$

$$= 176.4\text{kN} \cdot \text{m}$$

9 ㉠ $\Sigma M_B = 0(\oplus\!\!\circlearrowright)$

$$R_A \times 6 + 5 \times 3 = 0$$

$$\therefore R_A = -2.5\text{kN}(\downarrow)$$

㉡ $M_C = -2.5 \times 3 = -7.5\text{kN} \cdot \text{m}$

10 ㉠ $\Sigma M_B = 0(\oplus\!\!\circlearrowright)$

$$R_A \times 10 - 5 \times 1 \times \frac{1}{2} \times \left(5 + 5 \times \frac{1}{3}\right) - 5 \times 1 \times \frac{1}{2} \times 5 \times \frac{1}{3} = 0$$

$$\therefore R_A = 2.08\text{kN}$$

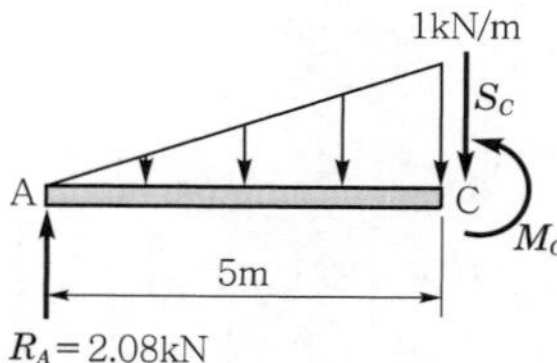

㉡ $\Sigma F_Y = 0(\uparrow \oplus)$

$$R_A - \frac{1}{2} \times 5 \times 1 - S_C = 0$$

$$\therefore S_C = 2.08 - \frac{1}{2} \times 5 \times 1 = -0.42\text{kN}$$

11 ㉠ $\Sigma M_B = 0(\oplus\!\!\circlearrowright)$

$$R_A \times 10 - 20 \times 7 = 0$$

$$\therefore R_A = 14\text{kN}(\uparrow)$$

㉡ $\Sigma M_C = 0(\oplus\!\!\circlearrowright)$

$$R_A \times 5 - H_A \times 4 - 20 \times 2 = 0$$

$$\therefore H_A = \frac{1}{4} \times (14 \times 5 - 20 \times 2) = 7.5\text{kN}$$

12 ㉠ $I_1 = \dfrac{h^4}{12}$

$$Z_1 = \frac{\frac{h^4}{12}}{\frac{h}{2}} = \frac{h^3}{6}$$

$$\sigma_1 = \frac{6M}{h^3}$$

㉡ $I_2 = \dfrac{\sqrt{2}h\left(\frac{h}{\sqrt{2}}\right)^3}{12} \times 2 = \dfrac{h^4}{12}$

$$Z_2 = \frac{\frac{h^4}{12}}{\frac{h}{\sqrt{2}}} = \frac{\sqrt{2}h^3}{12}$$

$$\sigma_2 = \frac{12M}{\sqrt{2}h^3} = \frac{6\sqrt{2}M}{h^3}$$

$$\therefore \sigma_1 : \sigma_2 = \frac{6M}{h^3} : \frac{6\sqrt{2}M}{h^3} = 1 : \sqrt{2}$$

13 ㉠ $\Sigma M_B = 0(\oplus)$

$$R_A l - \frac{wl}{2} \times \frac{3}{4} l = 0$$

$$\therefore R_A = \frac{3}{8} wl(\uparrow)$$

㉡ 최대 휨모멘트는 전단력이 0인 곳에서 생기므로

$$S_x = \frac{3}{8} wl - wx = 0$$

$$\therefore x = \frac{3}{8} l$$

㉢ $M_{\max} = R_A x - wx\left(\frac{x}{2}\right) = \frac{3}{8} wl \times \frac{3}{8} l - \frac{w}{2} \times \left(\frac{3}{8} l\right)^2$

$$= \frac{9wl^2}{128}$$

$$\therefore \sigma_{\max} = \frac{M_{\max}}{Z} = \frac{9wl^2/128}{bh^2/6} = \frac{27wl^2}{64bh^2}$$

14 $P_{cr} = \frac{n\pi^2 EI}{l^2}$에서 $P_{cr} \propto n$이므로

$$P_a : P_b = n_{(a)} : n_{(b)} = \frac{1}{4} : 4 = 1 : 16$$

$$\therefore P_b = 16P_a = 16 \times 30 = 480\text{kN}$$

15 3연모멘트법은 부정정 구조물의 해석법이다.

16 절점법 이용

㉠ $\Sigma F_Y = 0(\downarrow \oplus)$

$\therefore F_{H1} = -10\text{kN}$ (압축)

㉡ $\Sigma F_X = 0(\rightarrow \oplus)$

$\therefore F_{U1} = 0$

㉢ $\Sigma F_Y = 0(\uparrow \oplus)$

$$F_{H1} + \frac{4}{5} F_{D1} + 15 = 0$$

$$\therefore F_{D1} = (-15 - F_{H1}) \times \frac{5}{4}$$

$$= (-15 + 1) \times \frac{5}{4}$$

$= -6.25\text{kN}$ (압축)

17 $\Sigma M_x = 0(\oplus)$

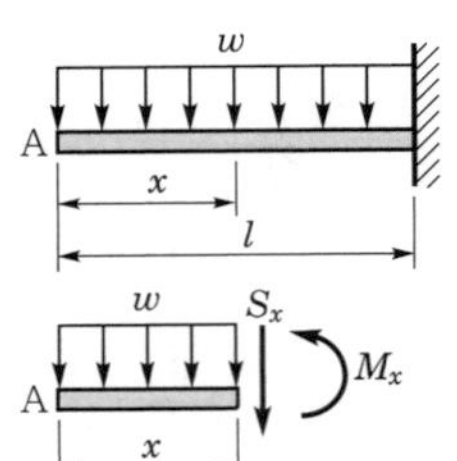

$$-\frac{wx^2}{2} - M_x = 0$$

$$\therefore M_x = -\frac{wx^2}{2}$$

$$\therefore U = \int_0^l \frac{M_x^2}{2EI} dx$$

$$= \frac{1}{2EI} \int_0^l \left(-\frac{wx^2}{2}\right)^2 dx$$

$$= \frac{w^2}{8EI} \left[\frac{1}{5} x^5\right]_0^l = \frac{w^2 l^5}{40EI}$$

18 힌지지점 모멘트의 고정지점 A로 모멘트전달률은 $\frac{1}{2}$이다.

$$\therefore M_B = \frac{1}{2} M_A = \frac{1}{2} \times 10 = 5\text{kN} \cdot \text{m}$$

19

(공액보)

$EI = \infty$에서 탄성하중은 0이므로 중앙 $L/2$구간에 탄성하중이 작용한다.

$\Sigma M_B' = 0$

$$R_A' \times L - \left(\frac{PL}{8EI} \times \frac{L}{2}\right) \times \frac{L}{2} - \left(\frac{1}{2} \times \frac{PL}{8EI} \times \frac{L}{2}\right) \times \frac{L}{2} = 0$$

$$\therefore R_A' = \frac{3PL^2}{64EI}$$

$\Sigma M_C' = 0$

$$\therefore \delta_C = M_C' = \frac{3PL^2}{64EI} \times \frac{L}{2} - \left(\frac{PL}{8EI} \times \frac{L}{4}\right) \times \left(\frac{L}{4} \times \frac{1}{2}\right) - \left(\frac{1}{2} \times \frac{PL}{8EI} \times \frac{L}{4}\right) \times \left(\frac{L}{4} \times \frac{1}{3}\right)$$

$$= \frac{3PL^3}{128EI} - \frac{PL^3}{256EI} - \frac{PL^3}{768EI} = \frac{7PL^3}{384EI}$$

20 탄성하중법 이용

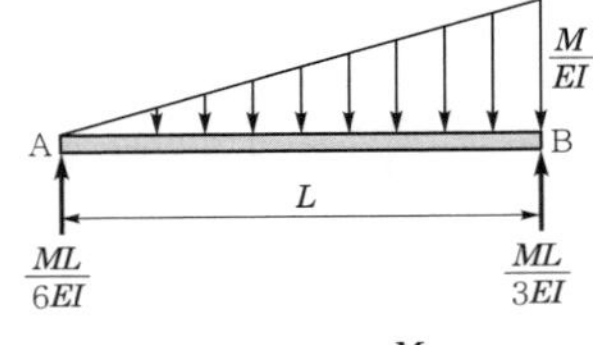

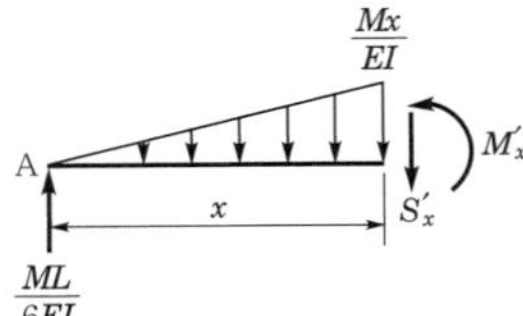

㉠ $\Sigma V = 0,\ \theta_x = S_x' = \frac{MLx}{6EI} - \frac{Mx^2}{2EIL} = 0$

$$\therefore x = \frac{\sqrt{3}}{3} L$$

㉡ $\Sigma M_x = 0$

$$\frac{ML}{6EI} \times x - \frac{Mx}{EIL} \times x \times \frac{1}{2} \times \frac{x}{3} - M_x' = 0$$

$$\therefore \delta_{\max} = M_x' = \frac{MLx}{6EI} - \frac{Mx^3}{6EIL}$$

$$= \frac{ML}{6EI}\left(\frac{\sqrt{3}}{3} L\right) - \frac{M}{6EIL}\left(\frac{\sqrt{3}}{3} L\right)^3$$

$$= \frac{\sqrt{3}}{27} \frac{ML^2}{EI}$$

토목산업기사 실전 모의고사 제1회 정답 및 해설

01	02	03	04	05	06	07	08	09	10
④	②	①	③	④	①	①	④	②	①

1 힘의 3요소 : 크기, 방향, 작용점

2

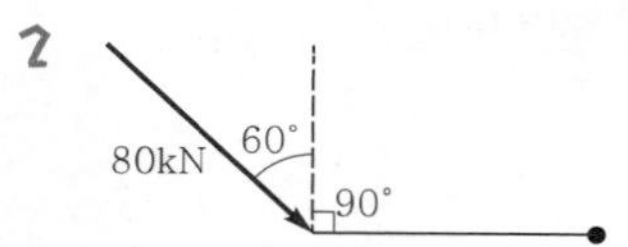

$M_o = 80 \times \cos 60° \times 3 = 120\text{kN} \cdot \text{m}$

3 $G = \dfrac{E}{2(1+\nu)} = \dfrac{210,000}{2 \times (1+0.25)} = 84,000\text{MPa}$

$\therefore\ \tau = G\gamma = 84,000 \times 0.1 = 8,400\text{MPa}$

4 $N = r - 3 = 7 - 3 = 4$차 부정정

5 하중작용점 산정

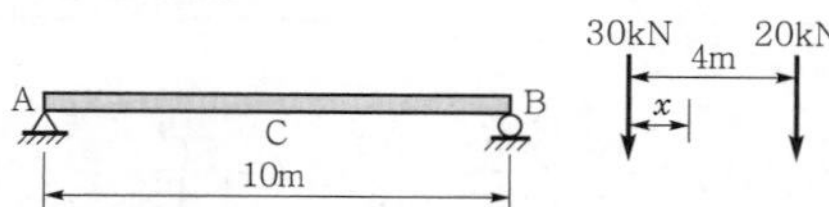

$R \times x = 20 \times 4$

$\therefore\ x = \dfrac{20 \times 4}{50} = 1.6\text{m}$

$\dfrac{x}{2}$가 되는 위치를 지간 중앙 C점에 일치시킨다.

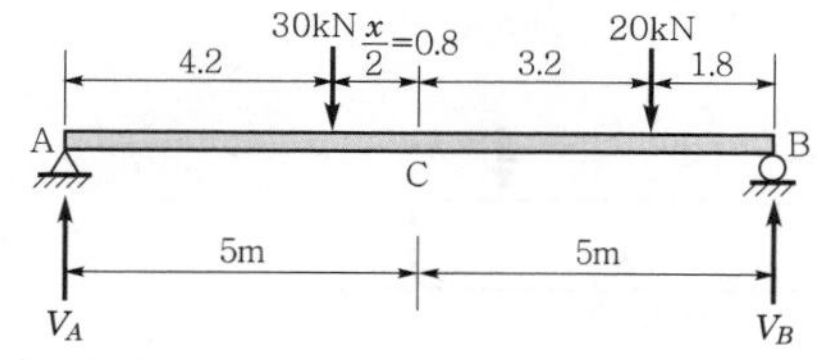

$\Sigma M_B = 0(\oplus\circlearrowright)$

$V_A \times 10 - 30 \times 5.8 - 20 \times 1.8 = 0$

$\therefore\ V_A = 21\text{kN}(\uparrow)$

$\Sigma F_y = 0(\uparrow \oplus)$

$\therefore\ V_B = 50 - V_A = 50 - 21 = 29\text{kN}(\uparrow)$

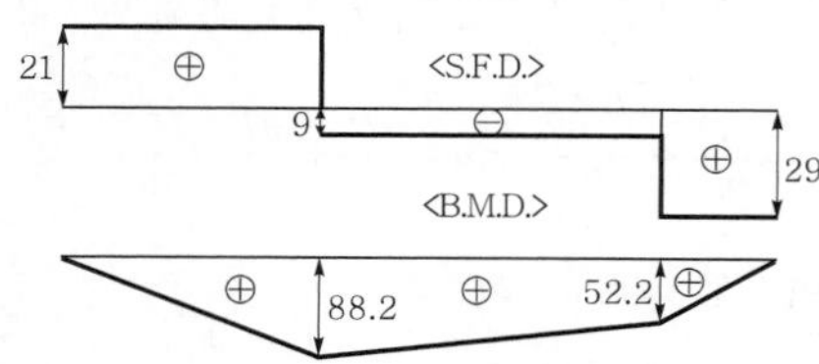

$\therefore\ M_{\max} = 88.2\text{kN} \cdot \text{m}$

6

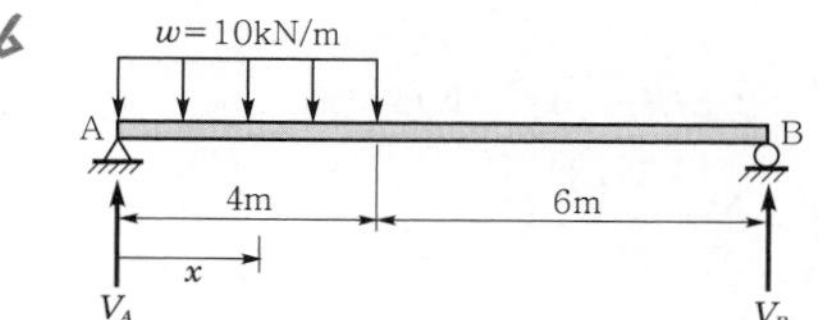

㉠ 반력 산정

$\Sigma M_B = 0(\oplus\circlearrowright)$

$V_A \times 10 - 4 \times 10 \times 8 = 0$

$\therefore\ V_B = 32\text{kN}(\uparrow)$

㉡ 자유물체도

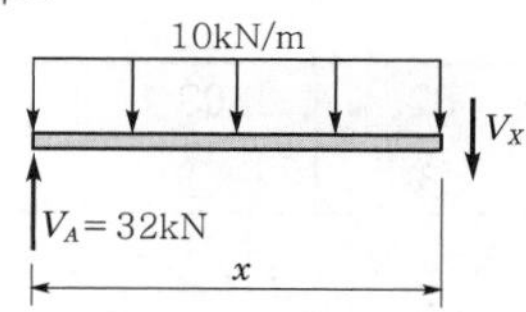

$\Sigma F_y = 0(\downarrow \oplus)$

$V_x + 10 \times x - 32 = 0$

$\therefore\ V_x = 32 - 10x$

㉢ 전단력이 0이 되는 자리 선정

$V_x = 32 - 10x = 0$

$\therefore\ x = 3.2\text{m}$

7

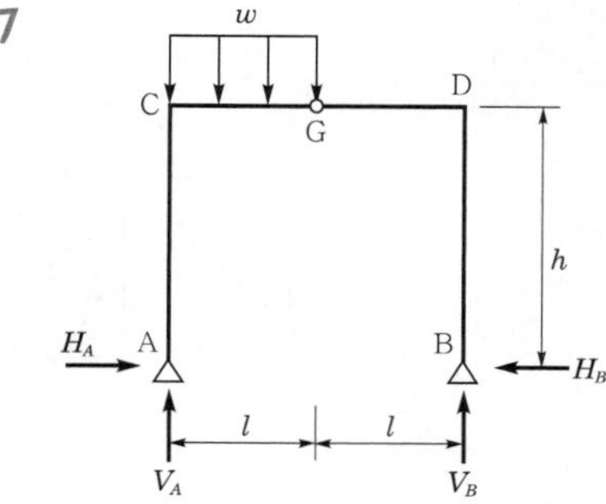

$\Sigma M_A = 0(\oplus\circlearrowright),\ V_B \times 2l - wl \times \dfrac{l}{2} = 0$

$\therefore\ V_B = \dfrac{wl}{4}(\uparrow)$

$\Sigma M_G = 0(\oplus\circlearrowright),\ V_B \times l - H_B \times h = 0$

$\therefore\ H_B = \dfrac{wl^2}{4h}(\leftarrow)$

$\Sigma F_x = 0(\rightarrow \oplus),\ H_A - H_B = 0$

$\therefore\ H_A = H_B = \dfrac{wl^2}{4h}(\rightarrow)$

8

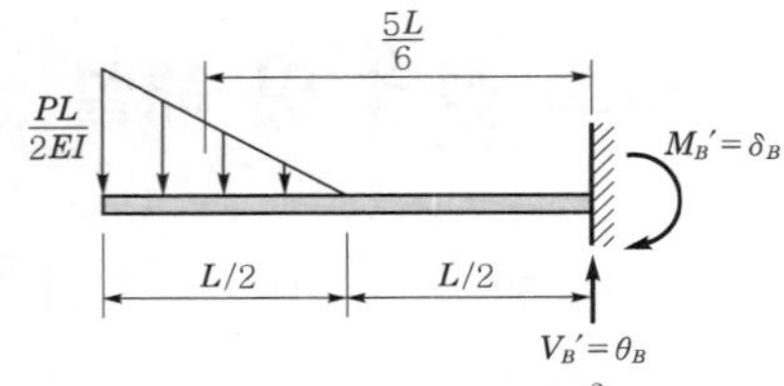

$$\theta_B = V_B' = \frac{1}{2} \times \frac{L}{2} \times \frac{PL}{2EI} = \frac{PL^2}{8EI}$$

$$\therefore \delta_B = M_B' = \frac{PL^2}{8EI} \times \frac{5L}{6} = \frac{5PL^3}{48EI}$$

9 ㉠ $D^2 = b^2 + h^2$

$\therefore h^2 = D^2 - b^2$

㉡ 최대 단면계수

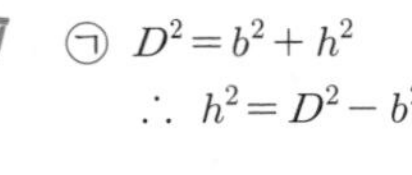

$$Z = \frac{bh^2}{6} = \frac{b}{6}(D^2 - b^2)$$

$$= \frac{1}{6}(bD^2 - b^3)$$

$$\frac{\partial Z}{\partial b} = \frac{1}{6}(D^2 - 3b^2) = 0$$

$$\therefore b = \frac{1}{\sqrt{3}} D$$

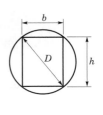

10 $\sigma = \dfrac{M}{Z} = \dfrac{M}{\dfrac{\pi D^3}{32}} = \dfrac{32 \times 9 \times 1{,}000^2}{\pi \times 200^3} = 11.5\text{MPa}$

토목산업기사 실전 모의고사 제2회 정답 및 해설

01	02	03	04	05	06	07	08	09	10
④	③	②	③	③	①	④	③	①	①

1 바리뇽의 정리 이용

$R = -80 - 40 + 60 - 100 = -160\text{kN}(\downarrow)$

$\Sigma M_D = 0$

$-160 \times x = -80 \times 9 - 40 \times 7 + 60 \times 4 - 100 \times 2$

$\therefore x = 6\text{m}$

2 $\delta = \dfrac{Pl^3}{48EI} = \dfrac{12Pl^3}{48Ebh^3}$ 이므로 h^3에 반비례한다.

$\therefore \delta_1 : \delta_2 = \dfrac{1}{h^3} : \dfrac{1}{(2h)^3} = 8 : 1$

3 $N = r - 3m$

$= 12 - 3 \times 4 = 0$

∴ 정정

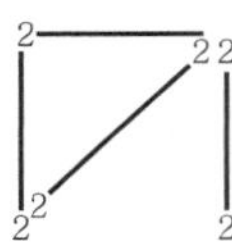

4 $\Sigma M_B = 0$

$R_A \times 10 - 50 \times 10 \times 5 - 1{,}500 = 0$

$\therefore R_A = 400\text{kN}(\uparrow)$

$\Sigma V = 0$

$\therefore R_B = 50 \times 10 - 400 = 100\text{kN}(\uparrow)$

$\Sigma F_Y = 0(\downarrow \oplus)$

$S_x + 50x - R_A = 0$

$S_x = R_A - 50x$

$= 400 - 50x = 0$

$\therefore x = 8\text{m}$

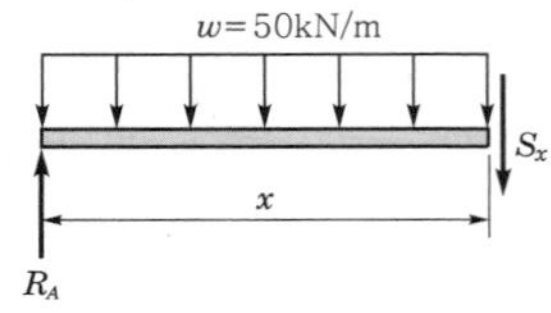

5 $G = Ay = \dfrac{\pi r^2}{2} \times \dfrac{4r}{3\pi} = \dfrac{2r^3}{3}$, $I = \dfrac{\pi r^4}{4}$

$$\therefore \tau_{\max} = \frac{S\left(\dfrac{2r^3}{3}\right)}{\dfrac{\pi r^4}{4} \times 2r} = \frac{4}{3}\left(\frac{S}{\pi r^2}\right) = \frac{4}{3}\left(\frac{S}{A}\right)$$

6 $\tau_{\max} = \dfrac{3S}{2A} = 1.5\dfrac{S}{A}$

7

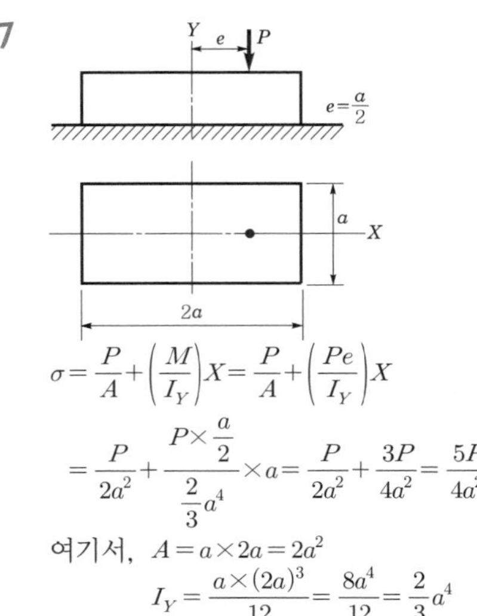

$$\sigma = \frac{P}{A} + \left(\frac{M}{I_Y}\right)X = \frac{P}{A} + \left(\frac{Pe}{I_Y}\right)X$$

$$= \frac{P}{2a^2} + \frac{P \times \dfrac{a}{2}}{\dfrac{2}{3}a^4} \times a = \frac{P}{2a^2} + \frac{3P}{4a^2} = \frac{5P}{4a^2}$$

여기서, $A = a \times 2a = 2a^2$

$I_Y = \dfrac{a \times (2a)^3}{12} = \dfrac{8a^4}{12} = \dfrac{2}{3}a^4$

$X = a$

8 $\nu=\frac{1}{m}$ 이므로 $m=\frac{1}{\nu}=\frac{1}{0.2}=5$

9 $\delta_c=\frac{5wl^4}{384EI}$ 일 때 $\theta_c=0$(중앙점의 처짐각은 0)이다.

10 문제의 설명은 베티(Betti)의 법칙에 대한 정의이다.

토목산업기사 실전 모의고사 제3회 정답 및 해설

01	02	03	04	05	06	07	08	09	10
①	①	②	②	②	④	①	③	③	①

1 $\Sigma F_x=0(\rightarrow\oplus)$

$-T_1\cos 30°+T_2\cos 30°=0$

$\therefore\ T_1=T_2$

$\Sigma F_y=0(\uparrow\oplus)$

$T_1\cos 30°+T_2\cos 30°=100$

$2T_1\cos 30°=100$

$\therefore\ T_1=T_2=100\text{kN}$

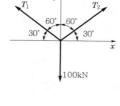

2 $\bar{y}=\frac{(2.5\times4\times4)+(5\times2\times1)}{(2.5\times4)+(5\times2)}=2.5\text{cm}$

3 $\Delta L=\frac{PL}{AE}=\frac{(80\times1{,}000)\times1{,}000}{\frac{\pi\times10^2}{4}\times2.1\times10^5}=4.85\text{mm}$

4 $N=r-3m=30-3\times6$

$=12$차 부정정

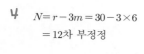

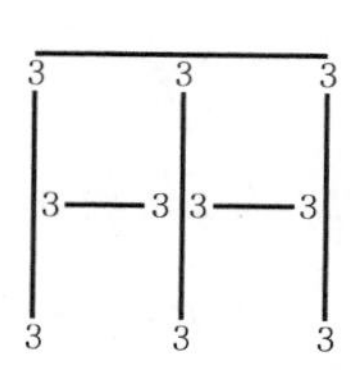

5 $\Sigma M_B=0(\oplus\circlearrowright)$

$V_A\times8-40\times4=0$

$\therefore\ V_A=20\text{kN}(\uparrow)$

$\Sigma M_C=0(\oplus\circlearrowright)$

$M_C-V_A\times4=0$

$\therefore\ M_C=80\text{kN}\cdot\text{m}$

6 반력 산정

$R_A=R_B=4\text{kN}$

D부재를 포함해서 자르고 전단력법 이용

$R_A-D\sin\theta=0$

$\therefore\ D=\frac{R_A}{\sin\theta}=\frac{4}{4/5}=5\text{kN}$

7

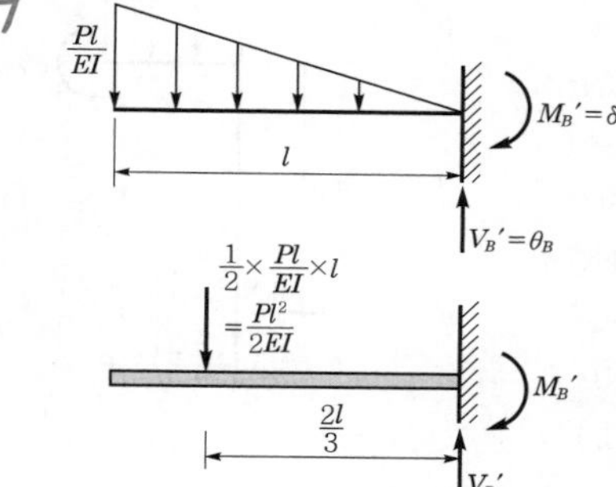

$V_B'=\frac{Pl^2}{2EI}$

$M_B'=\frac{Pl^2}{2EI}\times\frac{2l}{3}=\frac{Pl^3}{3EI}$

$\theta_B=\frac{Pl^2}{2EI},\ \delta_B=\frac{Pl^3}{3EI}$

8 $\tau=\frac{SG}{Ib}$

9 $\delta_c=\frac{5wl^4}{384EI},\ I=\frac{bh^3}{12}$

10 변형에너지

㉠ 외력으로 인한 변형에 저항하기 위해 부재가 지니고 있는 에너지

㉡ 외력을 제거하면 원형으로 회복 가능한 에너지

토목산업기사 실전 모의고사 제4회 정답 및 해설

01	02	03	04	05	06	07	08	09	10
①	①	③	④	②	④	③	③	④	④

1 A점의 처짐이 0이라면 A점을 지점으로 간주해도 되므로 일단 고정 타단 힌지의 부정정보로 취급해도 된다.

$\therefore Q = R_A = \dfrac{5}{16}P$

2 $\Sigma M_B = 0(\oplus\curvearrowright)$

$V_A \times 4 - 8 \times 2 - 5 \times 2 = 0$

$\therefore V_A = 6.5\text{kN}(\uparrow)$

$\Sigma F_Y = 0(\uparrow\oplus)$

$V_A + V_B = 8\text{kN}$

$\therefore V_B = 1.5\text{kN}(\uparrow)$

$\Sigma F_X = 0(\rightarrow\oplus)$

$\therefore H_A = 5\text{kN}(\rightarrow)$

$\Sigma M_C = 0(\oplus\curvearrowright)$

$6.5 \times 2 - 5 \times 4 - 2 \times 2 \times 1 + M_C = 0$

$\therefore M_C = 11\text{kN}\cdot\text{m}$

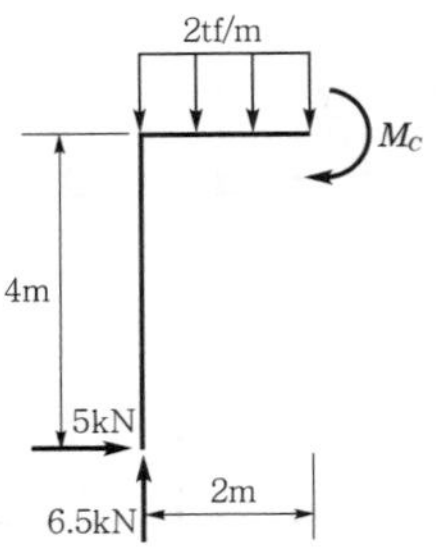

3 $N = r - 3m = 7 - 3 \times 1 = 4$차

4 $P_{cr} = \dfrac{n\pi^2 EI}{l^2}$이므로 n에 비례하고 l의 제곱에 반비례한다.

① $\dfrac{4}{(2l)^2} = \dfrac{1}{l^2}$

② $\dfrac{1}{l^2}$

③ $\dfrac{1/4}{(0.5l)^2} = \dfrac{1}{l^2}$

④ $\dfrac{2}{(1.5l)^2} = \dfrac{0.889}{l^2}$

5 $U = \dfrac{1}{2}P\delta = \dfrac{P}{2} \times \dfrac{Pl}{EA} = \dfrac{P^2 l}{2EA} = \dfrac{P^2 l}{2E \times \dfrac{\pi d^2}{4}} = \dfrac{2P^2 l}{E\pi d^2}$

6 공액보법 이용

$\delta_B = \dfrac{1}{EI}\left(\dfrac{PL}{3} \times \dfrac{L}{3} \times \dfrac{1}{2} \times \dfrac{8}{9}L + \dfrac{2}{3}PL \times \dfrac{2}{3}L \times \dfrac{1}{2} \times \dfrac{7}{9}L\right)$

$= \dfrac{2PL^3}{9EI}$

7 $k = \dfrac{D}{4} = \dfrac{2R}{4} = \dfrac{R}{2}$

8 $\Sigma M_A = 0(\oplus\curvearrowright)$

$(R_A \times 5) + (2 \times 3) = 0$

$\therefore R_A = -1.2\text{kN}(\downarrow)$

$\Sigma V = 0(\uparrow\oplus)$

$R_A + R_B = 2\text{kN}$

$\therefore R_B = 3.2\text{kN}(\uparrow)$

$\therefore S_{\max} = 2\text{kN}$

$\therefore \tau_{\max} = \dfrac{4S}{3A} = \dfrac{4 \times 4 \times 2}{3 \times \pi \times 0.2^2} \fallingdotseq 85\text{kN/m}^2$

9 ㉠ 강도

$K = \dfrac{I}{l}$

$K_{OA} = \dfrac{1.5I}{2}$, $K_{OB} = \dfrac{I}{3}$, $K_{OC} = \dfrac{0.5I}{3}$

㉡ K_{OC}를 표준강도 K_o로 하면 강비

$k = \dfrac{K}{K_o}$

$k_{OA} = \dfrac{9}{2} = 4.5$, $k_{OB} = 2$, $k_{OC} = 1$

$\therefore D.F_{OA} = \dfrac{k}{\Sigma k} = \dfrac{4.5}{4.5 + 2 + 1} = \dfrac{3}{5}$

10 $\Sigma M_B = 0$

$R_A \times 24 - 4 \times 12 - 6 \times 4 = 0$

$\therefore R_A = 3\text{kN}$

$\Sigma M_h = 0$

$R_A \times 12 - \overline{bc} \times 3 = 0$

$\therefore \overline{bc} = \dfrac{3 \times 12}{3} = 12\text{kN}$(인장)

토목산업기사 실전 모의고사 제5회 정답 및 해설

01	02	03	04	05	06	07	08	09	10
③	②	①	②	①	④	③	③	④	③

1 $M=-\dfrac{Pab}{2l^2}(l+b)$

2 $R_A=R_B=5\text{kN}$

F점에 모멘트 중심을 잡고 모멘트법으로 풀면

$M_F=R_A\times 8+U\times 5=0$

$\therefore\ U=-\dfrac{5\times 8}{5}=-8\text{kN}$(압축)

3 $\theta_{\max}=\theta_B=\dfrac{Pl^2}{2EI}$

4 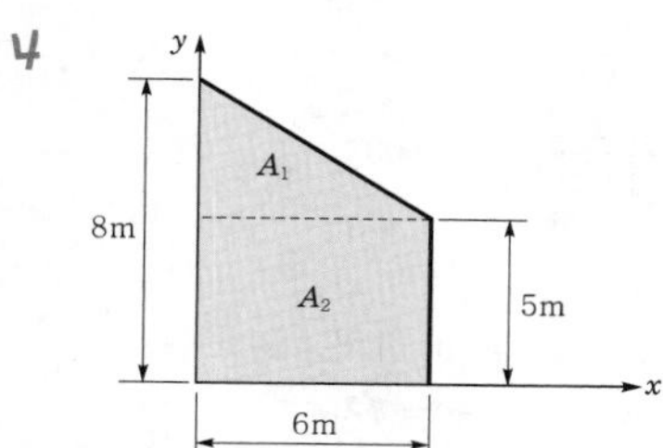

i	A 〔m^2〕	Y_i 〔m〕	X_i 〔m〕	A_iY_i 〔m^3〕	A_iX_i 〔m^3〕
1	1/2×6×3 =9	6	2	54	18
2	5×6=30	2.5	3	75	90
합계	39			129	108

$\bar{x}=\dfrac{108}{39}=2.769\text{m}$

$\bar{y}=\dfrac{129}{39}=3.307\text{m}$

$\therefore\ (\bar{x},\ \bar{y})=(2.77,\ 3.31)$

5 $e=\dfrac{D}{8}=\dfrac{2\times 10}{8}=2.5\text{m}$

6 $\tau=\dfrac{SG}{Ib}=\dfrac{4.5\times(20\times 10\times 10)}{\dfrac{20\times 30^3}{12}\times 20}=0.01\text{kN/m}^2$

7 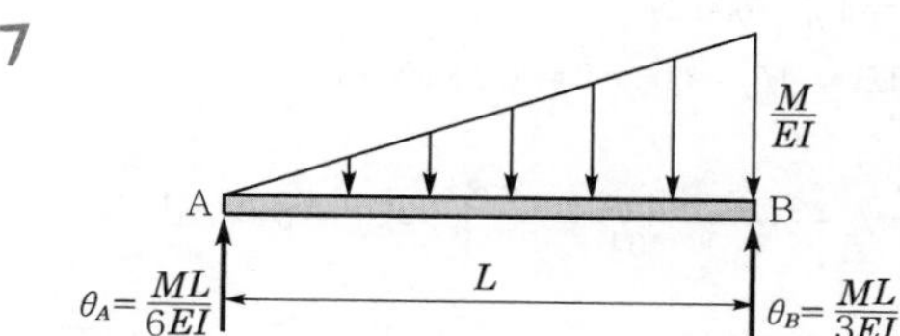

8 공액보법은 처짐을 구하는 방법이다.

9 ㉠ $\Sigma M_E=0(\oplus)$

$V_A\times l-P\times\dfrac{3}{4}l=0$

$\therefore\ V_A=\dfrac{3}{4}P$

㉡ $\Sigma M_C=0(\oplus)$

$V_A\times\dfrac{l}{2}-H_A\times h-P\times\dfrac{l}{4}=0$

$\dfrac{3}{4}P\times\dfrac{l}{2}-H_A\times h-P\times\dfrac{l}{4}=0$

$\therefore\ H_A=\dfrac{Pl}{8h}$

10 맥스웰의 상반작용의 원리 이용

$P_A\delta_{AB}=P_B\delta_{BA}$

$P_D\delta_{DC}=P_C\delta_{CD}$

$P_D=P_C$

$\delta_{DC}=\delta_{CD}=0.2\text{m}$

$\therefore\ \Delta_D=0.2\text{m}$

토목산업기사 실전 모의고사 제6회 정답 및 해설

01	02	03	04	05	06	07	08	09	10
④	④	③	②	④	④	③	③	①	②

1 $\tau_{\max} = 1.5\dfrac{S_{\max}}{A} = 1.5 \times \dfrac{9}{0.3 \times 0.5} = 90\text{kN/m}^2$

2 $V_A = V_B = 600\text{kN}$

$\therefore M_C = M_D = 600 \times 2 = 1{,}200\text{kN} \cdot \text{m}$

3 $I_X = I_x + Ay^2 = \dfrac{\pi \times 8^4}{64} + \dfrac{\pi \times 8^2}{4} \times 6^2 = 640\pi\,\text{m}^4$

4 $k_{AB} = \dfrac{I}{l} = \dfrac{I}{7}$

$k_{BC} = \dfrac{3I}{4l} = \dfrac{3I}{4 \times 5} = \dfrac{3I}{20}$

$\therefore D.F_{BC} = \dfrac{\dfrac{3I}{20}}{\dfrac{I}{7} + \dfrac{3I}{20}} = 0.51$

5 $P_{cr} = \dfrac{n\pi^2 EI}{l^2} = \dfrac{1 \times \pi^2 \times 2.1 \times 10^5 \times 0.27}{40^2} = 350\text{kN}$

6 $\Sigma F_Y = 0(\uparrow \oplus)$

$\dfrac{3}{5}\overline{\text{AC}} + 4.5 = 0$

$\therefore \overline{\text{AC}} = -7.5\text{kN}$(압축)

7

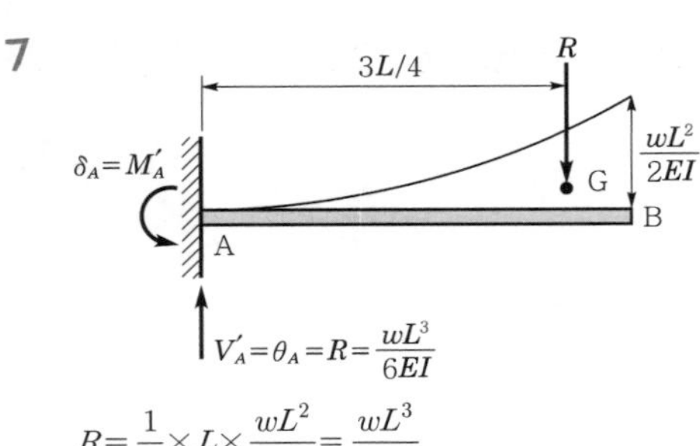

$R = \dfrac{1}{3} \times L \times \dfrac{wL^2}{2EI} = \dfrac{wL^3}{6EI}$

$\therefore M_A{}' = \delta_A = V_A{}' \times \dfrac{3L}{4} = \dfrac{wL^3}{6EI} \times \dfrac{3L}{4} = \dfrac{wL^4}{8EI}$

8

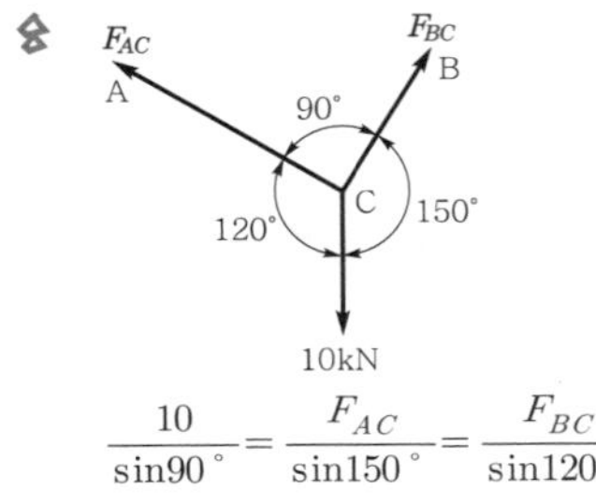

$\dfrac{10}{\sin 90^\circ} = \dfrac{F_{AC}}{\sin 150^\circ} = \dfrac{F_{BC}}{\sin 120^\circ}$

$\therefore F_{AC} = 5\text{kN},\ F_{BC} = 8.66\text{kN}$

9 $\dfrac{P}{A} = \sigma = E\varepsilon$

$\therefore \varepsilon = \dfrac{P}{EA} = \dfrac{2}{2 \times 10^5 \times 0.1} = 0.0001$

10 $N = r - 3 - h$

① $r=4$이므로 $N = 4-3-0 = 1$차

② $r=7$이므로 $N = 7-3-0 = 4$차

③ $r=5$이므로 $N = 5-3-0 = 2$차

④ $r=4$이므로 $N = 4-3-1 = 0$

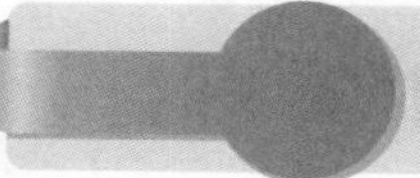

토목산업기사 실전 모의고사 제7회 정답 및 해설

01	02	03	04	05	06	07	08	09	10
④	④	④	③	②	①	③	③	④	④

1 문제의 설명은 Varignon의 정리에 대한 정의이다.

2 ㉠ $\Sigma M_A = 0(\oplus)$

$-10x + 3(x+2) + 2(5+x) = 0$

$\therefore x = 3.2\text{m}$

㉡ $\Sigma F_y = 0(\downarrow \oplus)$

$P + 3 + 2 - 10 = 0$

$\therefore P = 5\text{kN}(\downarrow)$

3 $\dfrac{\text{직사각형의 } \tau_{\max}}{\text{원형의 } \tau_{\max}} = \dfrac{9}{8}$ 배

4 푸아송비$(\nu) = \dfrac{\beta}{\varepsilon} = \dfrac{0.0022}{0.0083} = 0.265$

$\therefore$ 푸아송수$(m) = \dfrac{1}{\nu} = \dfrac{1}{0.265} \fallingdotseq 3.8$

5 $S_{\max} = 15\text{kN}$

$\therefore \tau_{\max} = \dfrac{3S}{2A} = \dfrac{3 \times 15}{2 \times 0.3 \times 0.5} = 150\text{kN/m}^2$

6 $\Sigma F_y = 0(\uparrow \oplus)$

$V - 50 = 0$

$\therefore V = 50\text{kN}(\uparrow)$(인장)

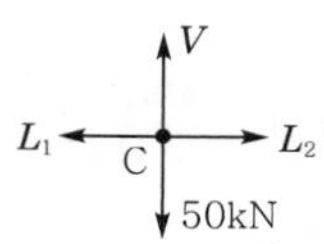

7 힌지지점 모멘트의 고정지점 A로 모멘트전달률은 $\dfrac{1}{2}$이다.

$\therefore M_B = \dfrac{1}{2} M_A = \dfrac{1}{2} \times 10 = 5\text{kN}\cdot\text{m}$

8 모멘트분배법에서 자유단에 작용하는 모멘트는 그 값의 $\dfrac{1}{2}$이 고정단에 전달되므로

$$\theta_A = \frac{l}{6EI}(2M_A + M_B) = \frac{l}{6EI}\left(2M_{AB} - \frac{M_{AB}}{2}\right)$$

$$= \frac{M_{AB}\,l}{4EI}(\curvearrowright)$$

9 $\Sigma M_B = 0(\oplus)$

$$R_A \times l - \frac{wl}{2} \times \frac{l}{3} - \frac{Pl}{2} = 0$$

$$\therefore R_A = \frac{wl}{6} + \frac{P}{2}$$

$$\therefore M_C = R_A \times \frac{l}{2} - \frac{1}{2}\left(\frac{l}{2} \times \frac{w}{2}\right) \times \left(\frac{1}{3} \times \frac{l}{2}\right)$$

$$= \left(\frac{P}{2} + \frac{wl}{6}\right)\frac{l}{2} - \frac{wl^2}{48}$$

$$= \frac{Pl}{4} + \frac{wl^2}{16}$$

10 $\Sigma M_A = 0(\oplus)$

$80 \times x = 50 \times 7$

$\therefore x = 4.375\text{m}$

토목산업기사 실전 모의고사 제8회 정답 및 해설

01	02	03	04	05	06	07	08	09	10
④	③	③	③	④	①	④	④	②	③

1 ㉠ $\Sigma M_A = 0(\oplus\curvearrowright)$

$-10x + 3(x+2) + 2(5+x) = 0$

$\therefore x = 3.2\text{m}$

㉡ $\Sigma F_y = 0(\downarrow\oplus)$

$P + 3 + 2 - 10 = 0$

$\therefore P = 5\text{kN}(\downarrow)$

2 $G_x = A\bar{y} = 40\times30\times15 - 20\times10\times15 = 15{,}000\text{cm}^3$

3 단면 상승모멘트는 좌표축에 따라 (+), (−)가 발생하므로 정(+) 및 부(−)의 값을 갖는다.

4 $P_A = \dfrac{n\pi^2 EI}{L^2} = \dfrac{\pi^2 EI}{L^2}$ ($n=1$일 때)

$P_B = \dfrac{n\pi^2 EI}{L^2} = \dfrac{\pi^2 EI}{4L^2}$ ($n=\dfrac{1}{4}$일 때)

$P_A = 200\text{kN}$이므로

$\therefore P_B = \dfrac{1}{4}P_A = \dfrac{1}{4}\times200 = 50\text{kN}$

5 $P_1 = \dfrac{w}{2}\times\dfrac{l}{2} = \dfrac{wl}{4}$

$x_1 = \dfrac{l}{2}\times\dfrac{1}{2} = \dfrac{l}{4}$

$P_2 = \dfrac{1}{2}\times\dfrac{w}{2}\times\dfrac{l}{2} = \dfrac{wl}{8}$

$x_2 = \dfrac{l}{2}\times\dfrac{2}{3} = \dfrac{l}{3}$

$\therefore M_C = P_1x_1 + P_2x_2$

$= \dfrac{wl}{4}\times\dfrac{l}{4} + \dfrac{wl}{8}\times\dfrac{l}{3}$

$= \dfrac{5wl^2}{48}$

6 ㉠ $\Sigma M_A = 0$

$-10\times2 - 50 + 90 - R_B\times4 = 0$

$\therefore R_B = 5\text{kN}(\uparrow)$

㉡ $\Sigma V = 0$

$R_A = 10 - 5 = 5\text{kN}(\uparrow)$

$\therefore S_C = -5\text{kN}$

7 $\Sigma M_B = 0(\oplus\curvearrowright)$

$(R_A\times8) - \left(3\times4\times\dfrac{1}{2}\right)\times\left(4+\dfrac{4}{3}\right) - \left(3\times4\times\dfrac{1}{2}\right)\times\left(4\times\dfrac{2}{3}\right) = 0$

$\therefore R_A = 6\text{kN}(\uparrow)$

$\therefore M_C = (6\times4) - \left(3\times4\times\dfrac{1}{2}\right)\times\left(4\times\dfrac{1}{3}\right) = 16\text{kN}\cdot\text{m}$

8 문제의 설명은 처짐각법에 대한 것이다.

9 $U = \dfrac{1}{2}P\delta = \dfrac{10\times0.001}{2} = 0.005\text{kN}\cdot\text{m}$

10 $\delta_c = \dfrac{5wl^4}{384EI}$, $I = \dfrac{bh^3}{12}$

토목산업기사 실전 모의고사 제9회 정답 및 해설

01	02	03	04	05	06	07	08	09	10
②	③	①	③	②	③	②	②	①	④

1 $A_1 = \dfrac{\pi D^2}{4}$

$A_2 = \dfrac{\pi}{4}\left(\dfrac{D}{2}\right)^2 = \dfrac{\pi D^2}{16}$

$y_1 = \dfrac{D}{2}, \ y_2 = \dfrac{3D}{4}$

$$\therefore \bar{y} = \frac{A_1 y_1 - A_2 y_2}{A_1 - y_2} = \frac{\frac{\pi D^2}{4} \times \frac{D}{2} - \frac{\pi D^2}{16} \times \frac{3D}{4}}{\frac{\pi D^2}{4} - \frac{\pi D^2}{16}}$$

$$= \frac{5D}{12} = \frac{5 \times 20}{12} = 8.33\text{m}$$

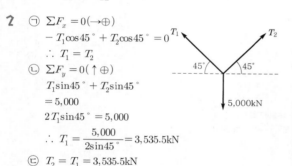

2 ㉠ $\Sigma F_x = 0(\rightarrow \oplus)$

$-T_1 \cos 45° + T_2 \cos 45° = 0$

$\therefore T_1 = T_2$

㉡ $\Sigma F_y = 0(\uparrow \oplus)$

$T_1 \sin 45° + T_2 \sin 45°$

$= 5{,}000$

$2T_1 \sin 45° = 5{,}000$

$\therefore T_1 = \dfrac{5{,}000}{2\sin 45°} = 3{,}535.5\text{kN}$

㉢ $T_2 = T_1 = 3{,}535.5\text{kN}$

T_1, T_2, 45°, 45°, 5,000kN

3 $\lambda = \dfrac{l}{r_{\min}} = \dfrac{l}{\sqrt{\dfrac{I_{\min}}{A}}} = \dfrac{l}{\sqrt{\dfrac{\frac{\pi D^2}{64}}{\frac{\pi D^2}{4}}}} = \dfrac{4l}{D}$

4 $\Sigma M_B = 0(\oplus \curvearrowright)$

$(R_A \times 9) - (5 \times 3) + 8 = 0$

$\therefore R_A = 0.78\text{kN}(\uparrow)$

$S_C = S_A = 0.78\text{kN}(\uparrow)$

$\therefore S_D = 0.78 - 5 = -4.22\text{kN}(\downarrow)$

5 ㉠ $\Sigma M_A = 0(\oplus \curvearrowright)$

$V_B \times 10 - 80 \times 3 = 0$

$\therefore V_B = 24\text{kN}(\uparrow)$

㉡ $\Sigma M_{C(오른쪽)} = 0(\oplus \curvearrowright)$

$V_B \times 5 - H_B \times 4 = 0$

$\therefore H_B = \dfrac{5}{4} V_B = \dfrac{5}{4} \times 24 = 30\text{kN}(\leftarrow)$

㉢ $\Sigma F_x = 0(\rightarrow \oplus)$

$H_A - H_B = 0$

$\therefore H_A = H_B = 30\text{kN}(\rightarrow)$

6 $\delta_{\max} = \dfrac{2PL^3}{48EI} = \dfrac{PL^3}{24EI}$

7 $S_{\max} = 15\text{kN}$

$\therefore \tau_{\max} = \dfrac{3S}{2A} = \dfrac{3 \times 15}{2 \times 0.3 \times 0.5} = 150\text{kN/m}^2$

8 공액보에서 처짐각법 이용

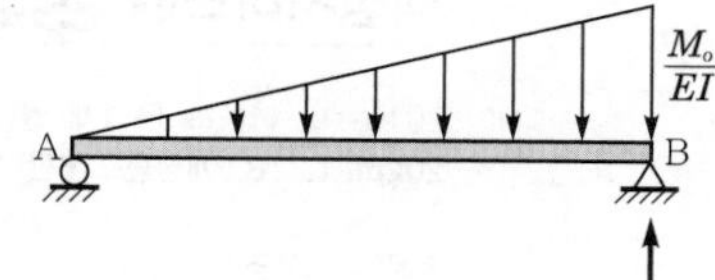

$R_B = \dfrac{M_o L}{3}$

$\theta_b = \dfrac{S_B}{EI} = \dfrac{R_B}{EI} = \dfrac{M_o L}{3EI}$

$\therefore \theta_a = \dfrac{M_o L}{6EI}$

9 $R = 500\text{kN}(\uparrow)$

$\Sigma M_A = 0(\oplus \curvearrowright)$

$200 \times 2 - R \times x = 0$

$\therefore x = 0.8\text{m}$

10

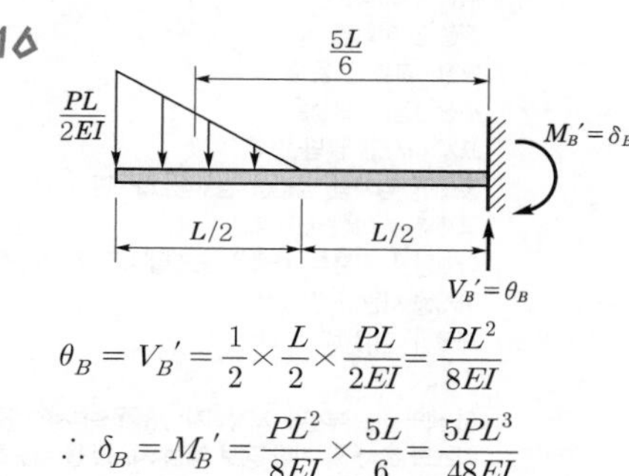

$\theta_B = V_B{}' = \dfrac{1}{2} \times \dfrac{L}{2} \times \dfrac{PL}{2EI} = \dfrac{PL^2}{8EI}$

$\therefore \delta_B = M_B{}' = \dfrac{PL^2}{8EI} \times \dfrac{5L}{6} = \dfrac{5PL^3}{48EI}$

저자약력

고영주
- 공학박사/기술사
- 현, (주)씨이비 대표
- 전, 신성대학교 드론스마트건설과 교수
- 전, 한국도로공사 근무

토목기사 · 산업기사 필기 완벽 대비

핵심시리즈❶ 응용역학

2019. 1. 11. 초 판 1쇄 발행
2025. 1. 8. 개정증보 6판 1쇄 발행

지은이 | 고영주
펴낸이 | 이종춘
펴낸곳 | BM (주)도서출판 성안당
주소 | 04032 서울시 마포구 양화로 127 첨단빌딩 3층(출판기획 R&D 센터)
10881 경기도 파주시 문발로 112 파주 출판 문화도시(제작 및 물류)
전화 | 02) 3142-0036
031) 950-6300
팩스 | 031) 955-0510
등록 | 1973. 2. 1. 제406-2005-000046호
출판사 홈페이지 | www.cyber.co.kr
ISBN | 978-89-315-1161-1 (13530)
정가 | 29,500원

이 책을 만든 사람들
책임 | 최옥현
진행 | 이희영
교정 · 교열 | 문 황
전산편집 | 오정은
표지 디자인 | 박원석
홍보 | 김계향, 임진성, 김주승, 최정민
국제부 | 이선민, 조혜란
마케팅 | 구본철, 차정욱, 오영일, 나진호, 강호묵
마케팅 지원 | 장상범
제작 | 김유석